海军新军事变革丛书

主 编：贲可荣

机载雷达导论

（第三版）

INTRODUCTION TO AIRBORNE RADAR
（THIRD EDITION）

[美] George W. Stimson [英] Hugh D. Griffiths 等 著

察 豪 包中华 蒋燕妮 等 译

电子工业出版社·

Publishing House of Electronics Industry

北京·BEIJING

Introduction to Airborne Radar, 3E by Hugh D. Griffiths and Christopher Baker, ISBN: 9781613530221

Original English Language Edition published by The IET, Copyright© 2014 All Rights Reserved

版权贸易合同登记号　图字：　01-2015-3073

图书在版编目(CIP)数据

机载雷达导论：第三版 /（美）乔治 W. 斯廷森（George W. Stimson）等著；察豪等译. 一北京：电子工业出版社，2023.12
（海军新军事变革丛书）
书名原文：Introduction to Airborne Radar, 3E
ISBN 978-7-121-46097-5

Ⅰ.①机… Ⅱ.①乔… ②察… Ⅲ.①机载雷达 – 普及读物 Ⅳ.① TN959.73-49

中国国家版本馆 CIP 数据核字（2023）第 150082 号

责任编辑：张　毅
印　　刷：三河市鑫金马印装有限公司
装　　订：三河市鑫金马印装有限公司
出版发行：电子工业出版社
　　　　　北京市海淀区万寿路 173 信箱　邮编：100036
开　　本：787×1092　1/16　印张：51.5　字数：1220 千字
版　　次：2023 年 12 月第 1 版（原书第三版）
印　　次：2023 年 12 月第 1 次印刷
定　　价：295.00 元

丛书编委名单

机载雷达导论（第三版）

主　审　申宏亚
主　译　察　豪
翻　译　包中华　蒋燕妮　刘　峰　汤华涛

"海军新军事变革丛书"第四批总序

进入新时代,习近平主席敏锐洞察新一轮科技革命和军事革命发展趋势,基于对现代战争信息化程度不断提高、智能化特征日益显现的机理性变化,明确提出要坚持以机械化为基础、信息化为主导、智能化为方向,推动"三化"融合发展。这一重大战略思想和战略要求,赋予国防和军队现代化新的时代内涵,指明了发展方向、发展路子、发展模式。

未来战争将呈现人机一体、自主协同、分布杀伤的组织形态。智能化军队更加强调建设能执行多样化作战任务的"全域型"部队,通过智能化作战网络体系,按照可重构、可扩充和自适应的作战要求,依据敌情动态、战场环境等态势变化,将不同武器平台进行灵活编组、无缝衔接,实现聚优杀伤。智能化战争作为高维度、高段位和高起点的对抗形态,已经超出常规冲突和低维拼杀的层级,更加注重先知先胜,更加强调智胜拙败,更加讲究战争艺术。打赢智能化战争,需要跳出单纯的军事思维,更好地发挥多域体系的有机联动、多域能量的叠加释放和多域作用的智能增效,激发"智高一筹"的奇点效应。智能化战争的体系运行也已脱离了单纯倚重战场直接作战能力的初始阶段,转而更加强调"软实力"和"硬实力"的刚柔相济。通过"智能+"模式,根据主要对手、潜在对象和幕后推手的关切诉求,审时度势、智斗智取、精准施策,通过不同领域的同步并行或有计划地顺序衔接,来分化瓦解对方阵营,斩断拆解捆绑链条,抽空行动能力。及时组织专家开展研究,并形成理论成果出版,定会推动海军的信息化智能化建设。

着眼打赢战争,做好多域统筹,注重均衡稳定,积极蓄势累积,在动态平衡中构建更开放、更广阔、更宏大的智能对抗体系。党的十九大报告指出,要"加快军事智能化发展,提高基于网络信息体系的联合作战能力、全域作战能力"。党的二十大报告指出,要"坚持机械化信息化智能化融合发展""研究掌握信息化智能化战争特点规律""加快无人智能作战力量发展"。未来战争,从指挥力量编组、到目标选择、行动方式、战法运用等,都将在智能化的背景下展开,作战指挥方式也将发生重大变化。现代海战军事理论研究创新,既是作战准备的急需,也是推动海军转型建设的重要牵引,更是支撑联合作战体系的关键要素,是习近平主席、中央军委赋予人民海军的神圣职责使命。我们要以发展的眼光、战略的视野、科学的角度,理性审视、正确认知智能化革命,分析智能化究竟会带来哪些根本改变,研究思考怎样做才能把握未来战争发展方向,在未来战场占据主动和先机。必须敢于破旧立新,在筹划推动海军建设发展中,把质效作为导向,勇于跳出追随模式、量变思路、传统套路,敢于颠覆、善于逆袭、勇于奇思妙想。

根据海军现代化建设的实际需求,2004年9月至2022年,"海军新军事变革丛书"先后出版了三批,第一批集中介绍了信息技术及其应用成果,第二批主要关注作战综合运用和新一代武器装备情况,第三批在对前期跟踪研究世界海军新军事变革成果的消化、深化和转化基础上，出版了自己编著的图书。前三批以翻译出版外文图书和资料为主，自编海军军内教材与专著为辅，对推进中国特色军事变革要求和海军现代化建设具有较高的参考价值。在前期成果的基础上，丛书编委会启动了第四批丛书的编著和出版工作，邀请各领域专家学者集中撰写与海军建设密切相关的军事智能化理论和装备技术著作。相信第四批丛书定会继续深入贯彻习近平强军思想，紧盯科技前沿，积极适应战争模式质变飞跃，研判战争之变、探寻制胜之法，为迎接智能化战争的挑战，而发展智能化装备、塑造智能化组织形态、谋划智能化战略管理、设计智能化战争，为建设强大的现代化海军带来新的启迪、新的观念、新的思路。

丛书编委会

2023 年 5 月

译 者 序

《机载雷达导论（第三版）》既是一部雷达领域的科普读物，也是一部雷达领域的学术专著，既通俗易懂，又不失科学严谨。这部著作最大的特点是用各种精心设计出来的插图把复杂的概念和数学描述解释得清清楚楚，避免读者在阅读过程中查阅其他资料来佐证自己的猜测和理解是否正确。这部著作中还附有大量的实物照片和成果照片，使读者能够把基本概念、数学推导、物理机理、实物形式、最终结果串在一起，这一点对于雷达领域的初学者、在校学生或者没有从事过雷达领域实际工作的读者尤其重要，正如作者所期望的，这部著作能让一个初学者迅速具备与雷达专家对话的水平。雷达是一个复杂的设备或系统，覆盖了多个学科的知识成果，其复杂性往往会使初学者望而却步，而这部著作能够激发读者兴趣，降低对入门者的知识门槛要求，能够引导更多的读者有志于从事雷达领域的工作，对推动雷达领域的技术发展具有重要意义。这部著作的内容既有经典概念和理论，也有当下技术和成果，还包括未来技术发展动态，对于雷达领域专家、学者来说，是一部完美的参考书。应该说，这部著作的出现，是雷达领域值得庆幸的事，这正是译者向国内读者推荐这部著作原因。

原著全书均为彩印，照片清晰，便于读者查看。受成本限制，译著为黑白印刷，部分照片有可能不清楚，影响阅读效果，译者提供了一个二维码，将书中所有图片集中在几个文件中，供读者阅读时参照。读者也可以通过邮箱 hydchj@126.com 留下宝贵意见或与译者交流。

为了能译好这部著作，在组织翻译过程中，每个章节都是两名专家背靠背翻译，然后两人再将翻译结果进行比对。参加此次翻译工作的有海军工程大学的察豪、包中华、蒋燕妮、刘峰、汤华涛、王彬彬、田斌、左雷，海军驻南京地区第三代表室的王磊，中电科 14 所的丁国胜、杨予昊、邓大松、韩长喜、陈卓、沙舟、冯晓磊和陈丽，中船 724 所的沈宏亚研究员负责审阅了译著的全部内容，卢凌云、卢家豪、刘铎、范润龙等在读研究生对书稿进行了全面校对，在此一并表示感谢！

译 者

2022 年 12 月 28 日

缩 略 语 表

AESA	有源电扫阵列	DSP	数字信号处理器
AEW	机载预警（系统）	EA	电子攻击
AGC	自动增益控制	ECM	电子对抗
AI	空中拦截	ECCM	电子反对抗
ALU	算术逻辑单元	ELINT	电子情报
AMRAAM	先进中程空对空导弹	EMI	电磁干扰
ARM	反辐射导弹	ENR	超噪比
ASIC	专用集成电路	EP	电子防护
ASV	气垫船	ERP	有效辐射功率
ATR	自动目标识别	ES	电子支援
AWACS	机载警戒与控制系统	ESA	电子扫描阵列（简称电扫阵列）
AWG	任意波形发生器	ESM	电子支援措施
BSC	波束扫描控制器	EW	电子战
CBS	背腔螺旋	FAR	虚警率
CCD	相干变化检测	FDOA	到达频差
CEP	圆误差概率	FFT	快速傅里叶变换
CFAR	恒虚警率	FIFO	先进先出
CMOS	互补金属氧化物半导体	FLOPS	每秒浮点运算次数
COR	相干接收	FMCW	调频连续波
COSRO	圆锥扫描接收	FOPEN	叶簇穿透
COTS	商用现货	FPGA	现场可编程门阵列
CPI	相干处理间隔	GMT	地面动目标
CRT	阴极射线管	GMTI	地面动目标显示
CVR	晶体视频接收机	GPU	图形处理单元
CW	连续波	HARM	高速反辐射导弹
DBS	多普勒波束锐化	IF	中频
DBF	数字波束形成	IFM	瞬时测频
DD	差分多普勒方法	InSAR	干涉雷达
DDS	直接数字合成	IRST	红外搜索与跟踪
DFT	离散傅里叶变换	ISAR	逆合成孔径雷达
DOA	波达方向	JEM	喷气发动机调制
DPCA	偏置相位中心天线	LFM	线性调频
DRFM	数字射频存储器	LO	本地振荡器

LORO	接收波束	RGPO	距离门拖引
LP	对数周期	RMS	均方根
LPI	低截获概率	RWR	雷达告警接收机
LSB	最低有效位	SAM	地空导弹，舰空导弹
LSI	大规模集成电路	SAR	合成孔径雷达
LSI	线性系统不变	SAR	搜救
MFR	多功能雷达	SAW	声表面波
MIMO	多进多出	SCR	信杂比
MISO	多进单出	SIJ	防区内干扰
MLC	主瓣杂波	SIMO	单入多出
MLE	最大似然估计	SLAR	侧视机载雷达
MMIC	单片微波集成电路	SLC	旁瓣杂波
MOTS	军用现货	SNR	信噪比
MSA	机械扫描阵列	SOJ	防区外干扰
MTI	动目标显示，动目标指示	SPJ	自卫干扰
NCTR	非合作目标识别	STAP	空时自适应处理
NLFM	非线性调频	STC	灵敏度时间控制
NRCS	归一化雷达截面积	STT	单目标跟踪
OSU	俄亥俄州立大学	SWT	边跟踪边搜索
PBR	无源双基地雷达	TBJ	地形镜面反射干扰
PCB	印制电路板	TDOA	到达时差
PDI	检波后积累（器）	TTD	真时延
POI	截获概率	TWS	边扫描边跟踪
PPI	平面位置显示器	TWT	行波管
PRBS	伪随机二进制序列	UCL	伦敦大学学院
PRF	脉冲重复频率	UHF	特高频
PRI	脉冲重复间隔	ULA	自由逻辑阵列
PSL	峰值旁瓣电平	VCO	压控振荡器
RCS	雷达截面积	VHF	甚高频

前　言

　　把雷达说清楚不容易，George W. Stimson 为了能给读者呈现清楚雷达的相关内容，精心制作了许多插图，还在文中用方框标出许多解释性内容，力图使第三版与第一版和第二版一样清晰易懂。

　　距离第二版出版已经过去 15 年多了，在这段时间里发生了很多事情，其中数字技术飞速发展，对雷达系统的设计和回波的处理产生了巨大影响。在本书中，你将看到数字技术和雷达信号处理的进步所带来的影响。此外，有源电扫阵列（AESA，又称有源电子扫描阵、有源相控阵）已经从概念走向现实，在许多雷达中已经采用了这一新技术。因此，我们将电子扫描阵列（简称电扫阵列）的相关内容从第二版的"先进概念"部分移到本书的"雷达基本原理"部分中。另外，由于雷达在弱目标回波处理的能力方面有了明显的提升，会出现像蜜蜂这样的微小生物体回波与真实目标回波混淆在一起的情况，如何在各类目标中识别出我们需要的目标，成为现阶段面临的难题。

　　本书的写作得到了休斯飞机公司（Hughes Aircraft）许多杰出雷达工程师的帮助，我们也聘请了多位本学科领域的专家对本书的每一章节进行了探讨和评议，对各章内容进行了多次迭代，也对书中所有的插图都进行了评估和完善，增加了许多实物照片，可以使读者更直观、更容易地理解本书内容。

第三版中的新内容

　　由于隐身飞行器的出现和电磁环境的复杂化，以及数字处理能力的快速提升，相比于本书第一版和第二版的内容，第三版新增了 12 个全新的章节，主要包括以下几方面的内容：

● 电扫阵列（ESA）天线——可实现波束捷变；可对消旁瓣进入的有源干扰，而不影响飞机的隐身性能。

● 低截获概率（LPI）技术——在雷达探测目标时，降低雷达辐射信号被截获的可能性。

● 对整个电子战章节的内容进行了扩充和更新，充分反映 21 世纪电子战技术的新进展。

● 隐身目标等电小目标探测技术，以及电扫波束控制技术、三维合成孔径雷达成像技术。

● 电扫阵列的多功能、多任务实现方法和工作模式控制方法。

- 支撑实现上述功能的机载数字处理系统架构。
- 地面低速动目标的探测和跟踪，这是第二版中遗漏的一个重要内容。
- 双基地、网络化和认知雷达技术，这一部分是机载雷达的未来。

新增的第 48 章解释了一些未来将发挥作用的新概念、新技术，同时也更新了目前正在服役的十几个机载雷达的相关内容。

除了对内容进行修订和补充外，应读者的要求，本书第三版在编排方面增加或调整了以下内容：

- 扩展阅读——针对每一章的内容，我们推荐了一些书目和论文，帮助读者拓展相关知识。
- 国际单位制——作为面向国际读者的科技图书，第三版中采用了国际单位。

第三版继承之前版本的内容

尽管第三版的内容更新和改进了很多，但我们仍保留了本书许多原有的风格和特点。本书从零开始，以展开叙述的形式对各种机载雷达技术进行介绍，不只是介绍单个的雷达，而且也介绍雷达的概念和原理。每一章讲述一个故事，故事自然地从一章过渡到另一章。本书仍然旨在满足所有想学习雷达的人的需求，不管他们的技术背景如何都可以使用。本书具有足够的技术深度和数学严谨性，可以满足教授、讲师和工程师的要求。只要读者有基本的代数知识，对三角学和物理学有一点了解，本书就能够把读者带到可以与雷达专家进行对话的程度。

书中，每一个概念的文旁边都用了图表加以说明。几乎每幅插图都有一个描述性的标题，为帮助读者理解图形的关键点，我们一直在努力改进。在一些读者可能需要了解额外细节的地方，我们将补充的材料放在"蓝色插页（本译本采用黑白印刷，原著中的蓝色插页内容采用仿宋字体排版，以便与正文区分）"中，人们可以在第一次阅读时跳过这些插页，稍后再去阅读。我们增加了一些与现代主题相关的蓝色插页，将例外情况、注意事项和说明均放在旁注中。读者可以通过阅读文本、插图和标题或者在文本和插图之间来回移动，以跟踪每一章的内容发展。最后，考虑到对机载雷达感兴趣的人也喜欢飞机，我们在书中分散插入了来自世界各地搭载了雷达的飞机照片和效果图，它们跨越了整个机载雷达的历史，从 1903 年的第一个雷达专利、1936 年的第一个试验，到后来的飞机、无人机，以及现在和未来的卫星。

第三版同样受益于来自世界各地的雷达工程师们提供的见解和信息，这么多人无私地付出了他们的时间，本书就是一份情怀的见证。我们必须感谢布伦特·贝克利（Brent Beckley）从世界各地寻找图片资料，感谢谢亚姆·雷耶斯（Shyam Reyes）制作了精彩的插图，感谢所有那些对各章节初稿进行了审查和评论的人们。我们还要特别对达德利·凯伊（Dudley Kay）说声谢谢，不仅是因为他对完美的坚持和他使杂乱变得有条理的能力，也因为他终身不遗余力地为教育和培养下一代雷达工程师所做出的努力。

最后，我们要向 George W. Stimson 致敬，他一直认为出版本书非常必要，我们相信，我们也已尽最大努力实现了他的这一愿景。

对印刷出版与内容的改进和更正建议，请写信发送至邮箱 stimson3@scitechpub.com。

Hugh D. Griffiths, Chris J. Baker and Dove Adamy

2014 年 5 月

目　录

第三部分　雷达基本原理

第四部分 脉冲多普勒雷达

第五部分 杂 波

第六部分 空对空作战

第七部分 成 像 雷 达

第八部分 雷达与电子战

第九部分　特别专题和先进概念

第十部分　典型雷达系统

阿芙罗·安森号 MK.I 飞机

　　阿芙罗·安森号是世界上第一款装备了完整机载雷达系统（RDF-2）的飞机，时间是 1937 年 8 月。该机载雷达由一个改进型电磁干扰接收机、一部轻型发射机和一台 1 kW 便携式汽油发电机组组成。其发明人阿兰·布鲁雷恩（Alan Blumlein）是位天才的发明家和设计师，20 世纪 30 年代在电磁干扰研究部工作，负责机载雷达系统的实验工作，以保证雷达的实际工作可靠性，使得英国空军（RAF）中队具备真正的夜间飞行能力。

第一部分
机载雷达概述

布里斯托尔"英俊战士"战斗机（1940 年）

　　这是第一架真正成功装备了雷达的战斗机，由飞行员格林·阿什菲尔德（Glyn Ashfield）驾驶，于 1940 年 11 月 7 日晚完成了首次猎杀。其中，AI Mark Ⅳ型雷达探测到 5 km ～ 6 km 距离的空中目标；所装备的武器包括 4 门 20 mm 火炮和 6 挺 7.6 mm 口径机枪。

Chapter 1
第 1 章 ｜ 基本概念

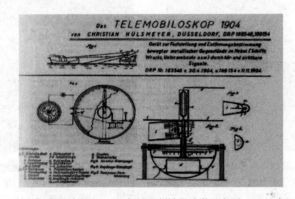

赫尔斯麦耶（Hülsmeyer）的原创性雷达发明专利，1904 年

1.1 回波定位

　　经过 5 000 多万年的时间演化，蝙蝠逐渐发展完善了自己的回波定位能力，即通过发送脉冲序列并获取它们的回波来发现目标。这种能力攸关蝙蝠种群的生死，基于回波定位技术，蝙蝠能够截获飞行中的猎物，并在各种碎片（如树叶或其他杂物）杂波存在的复杂背景中准确识别出食物，而且通常这一过程还伴随着猎物为避免捕捉而做出的种种"干扰"动作。这确实是一种经过时间磨炼而练就的非凡本领，它使得蝙蝠成为地球上分布最广的哺乳动物之一。

　　不太为人所知的是人类也具备先天的回波定位能力，利用这种能力最为充分的是那些失明者。这些特殊人群确实能够听声辨位，他们不仅可以不依赖拐杖走路，甚至还能在有路或无路的地面上骑自行车！不信的话，上网搜索一下丹尼尔·基什（Daniel Kish）的事迹，一定会让你大吃一惊。

　　使用相同的回波定位原理，超声速（又称超音速）战斗机的飞行员能够准确地逼近远在约 200 km 以外且隐藏在云层后方的可能的敌方入侵战机（见图 1-1）。他们是怎样做到这一点的呢？

　　上述所有卓越技艺背后蕴含的原理却十分简单，即利用回波来探测物体的存在并确定它们的距离。如果一定要指出它们的区别，那就是：蝙蝠和盲人利用的是声音回波，而战斗机利用的是无线电回波。本章我们将首先简要介绍雷达（Radar）[①] 相关基本概念，并说明雷达如何在实际中得到应用（如探测目标和测量它们的距离和位置等）。

本章我们要讨论的第二个重要概念是如何确定目标的相对速度（即临近速度）。雷达对目标临近速度的获取是通过测量反射回波相对于发射信号的频率偏移来实现的，也就是大家所熟知的多普勒效应。通过对多普勒频移的感知，雷达不仅可以测量目标的临近速度，更为重要的是，还可以通过它区分运动目标回波和地面或其他静止目标反射的回波（也就是杂波）。此外，本章我们还将接触到合成孔径雷达（SAR）的概念，合成孔径雷达不抑制地面回波，而是利用它们来生成高分辨率的类似于地图的图像（见图 1-2）。

图 1-1　超声速战斗机雷达体积虽小但性能强大，电波从鼻锥处流线型整流罩发出，可使飞行员发现 200 km 外隐藏在云中或云后的入侵敌机

图 1-2　合成孔径雷达在搜索动目标时不抑制地面回波，而利用地面回波来对地物进行实时高分辨率成像，图中即为赖特·帕特森空军基地的雷达成像结果（本图像由空军研究实验提供，公开发行码：88 ABW-12-0578）

1.2　无线电探测

大多数物体，如飞机、船只、车辆、建筑物和各种地形地貌，都会像反射光波一样反射无线电波。事实上，这两种波本质上是相同的，即都是电磁能量的流动，唯一的区别是光波的频率要高很多。反射能量被散射到各个方向，但只有沿原路径返回的那一小部分可以被雷达所探测。

对于舰载雷达和岸基雷达所使用的较长波长（较低频率）频段，甚至是机载雷达所使用的较短波长频段，大气几乎都是完全透明的。通过探测目标反射回波，雷达可以不分昼夜，也可以在雾霾、尘雾或烟云等恶劣气象条件下"看见"目标，这是雷达得以广泛应用的一个主要原因。

雷达系统最基本的组成包括五个部分：一部射频发射机、一部调谐到发射机频率的接收机、两部天线和一台显示器（见图 1-3）。为探测物体（目标）的存在，发射机负责产生无线电波，并由其中一部天线以平面波束向外辐射。这些电波的回波被另外一部天线所接收，并送入接收机。接收机负责监听这些回波，如果检测到目标，显示屏上的光点就会指示目标的位置。

实际应用中，发射机和接收机通常共用一部天线（见图 1-4），这部天线可以 360° 旋转。如果检测到了目标，雷达就会在以其自身为中心的 PPI（平面位置显示器）中显示目标的距离和方位，其中方位代表雷达天线波束进行 360° 扫描时的指向。

---

① 雷达（Radar）：Radio detection and ranging，无线电探测与测距。

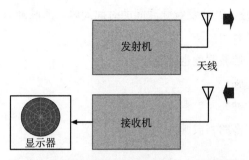

图1-3 雷达的基本组成包括五部分：一部射频发射机、一部射频接收机、两部天线和一台显示器

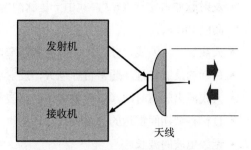

图1-4 实际应用时发射机和接收机分时共用同一部天线

为避免发射机对接收机的干扰，无线电波通常以脉冲形式进行发射，而且在发射机发射期间，接收机是关闭的（被屏蔽）。当收发天线共用时，还需要使用一种名为环形器或收发开关的设备以进一步削弱发射机的干扰。雷达发射脉冲的速率称为脉冲重复频率（PRF），发射脉冲之间的时间间隔称为脉冲重复间隔（PRI）。因此，脉冲重复频率等于脉冲重复间隔的倒数（即 PRF = 1/PRI）（见图1-5）。

在雷达领域，"目标"这一术语泛指任何需要被探测的物体，如飞机、船只、车辆、地面人造建筑物、地表的特定点、雨水(气象雷达)、大气悬浮尘粒乃至自由电子等。和光波一样，在大部分机载雷达所用频段上，电磁波基本上是直线传播的。因此，雷达要想接收到目标的回波，则目标必须位于雷达视线之内（见图1-6）。

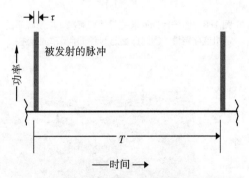

图1-5 为保持收发隔离，雷达通常以脉冲序列发射无线电波，并在发射脉冲的间歇期 T 内监听回波

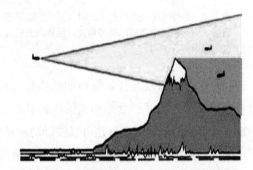

图1-6 对大多数雷达系统，目标必须处于视线内才能被看到。图中浅灰色"阴影"区中的目标不在视线内，所以该目标雷达看不到

即便如此，目标回波必须足够强，才能够从检测背景中被识别出来；否则，雷达也无法完成目标检测。雷达目标检测的背景干扰要么来自始终存在的接收机电气噪声，要么来自同时进入接收机的地面回波（地杂波）。在某些情况下，地杂波可能显著强于接收机噪声。

目标回波的强度与距离的 4 次方（R^4）成反比。因此，当远处目标接近雷达时，其回波迅速增强（见图1-7）。

目标回波强到足以能够被雷达所探测的距离取决于诸多因素，列举其中最为重要者如下：

• 发射波的功率；

- 发射脉冲占空比（τ/T，其中 τ 是脉冲宽度，T 是发射脉冲间的时间间隔，即脉冲重复间隔 PRI）；
- 天线尺寸（天线尺寸越大，波束就越窄，回波强度也就越高）；
- 目标的反射特性（通常目标越大，反射越强）；
- 天线波束驻留时间（以接收较多的回波脉冲）；
- 目标存续期间雷达的扫描帧数（以接收更多的回波脉冲）；
- 无线电波的波长；
- 背景噪声或杂波的强度。

就像阳光照射在远处公路上的汽车时所发生的反射光的闪烁和衰减现象一样，目标散射回雷达方向的回波，其强度也或多或少地随机变化着（见图 1-8）。

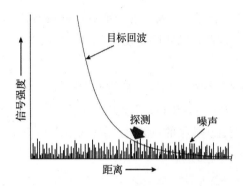

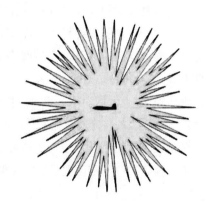

图 1-7 当目标从远处不断接近时，它的回波迅速增强。只有越过噪声或地杂波背景，目标回波的强度才足以被探测到

图 1-8 由于目标回波的起伏和衰减，以及噪声的随机变化特性，雷达探测范围必须用概率值描述

由于这个原因以及背景噪声的随机性，雷达对给定目标的探测距离并不总是相同的，但其在任何特定距离上对目标的检测概率总是可以较确切地被预测。

通过对可控参数的优化而设计制造出来的雷达，其尺寸可以小到足以装进战斗机鼻锥，且同时具备探测 200 km 距离量级的小目标的能力。大型飞机上安装的大型雷达系统（见图 1-9），它的探测距离还可以更远。

图 1-9 像机载警戒与控制系统（AWACS）这样在大型飞机上安装的雷达系统，其对小型飞机的探测距离可达 500 余千米

1.3 确定目标位置

在大多数应用场合，仅知道目标是否存在是不够的，还需要确定目标的位置，即距离（斜距）和方位（角度）。

测距 距离的确定可以通过测量无线电波到达目标并返回雷达天线所需的时间来实现。无线电波基本上是以光速传播的，而光速通常是一个常数。因此，目标距离等于电波传播时间的一半（因为电波脉冲需传播到目标并返回接收机）乘以光速（见图 1-10）。由于光速高

达 3×10^8 m/s，测距时间通常以 10^{-6} s（微秒，μs）计。例如，10 μs 的往返传播时间对应 1.5 km 的距离。

电波传播时间是通过观察发射脉冲与接收回波之间的时间延迟实现的（见图 1-11），这种技术叫作脉冲延迟测距法。为了避免邻近目标的回波因相互重叠而看起来像来自同一目标，脉冲宽度 τ 必须设计得足够小，但这又可能导致雷达在探测远距离目标时辐射能量不足。为此，要想在远距离探测到空间上较为密集的目标，还是必须加大脉冲宽度。这种矛盾可通过对接收回波进行压缩处理来解决。

$$R = \frac{1}{2} \times 往返时间 \times 光速$$

$$= \frac{1}{2} \times 10 \mu s \times 3 \times 10^8 m/s$$

$$= 1.5\ km$$

图 1-10　测量电波传播时间一般以 μs 为单位，10 μs 往返传播时间对应 1.5 km 的距离

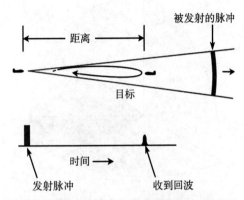

图 1-11　通常，可以很容易地通过测量发射脉冲和接收回波之间的时间延迟来确定目标距离

一种称为线性调频（chirp）的压缩处理方法，即对每个脉冲在脉冲持续时间内线性提高发射频率（见图 1-12）。接收时，回波通过一个与发射频率成反比的时间延迟滤波器，从而将接收能量压缩成窄脉冲。不考虑探测距离的限制，该方法甚至可获得 30 cm 左右的分辨率，此时需要的 chirp 调制频率扩展带宽约为 500 MHz。这个问题将在第 16 章中详细讨论。

连续发射电磁波的连续波（CW）雷达也采用调频（FM）法进行距离测量，调频法测距时，发射波频率随时间变化，通过观察该调制与回波中对应调制之间的时间延迟来确定距离（见图 1-13）。

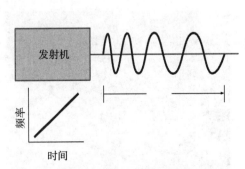

图 1-12　在 chirp 信号脉冲压缩调制时，对于每个脉冲，发射频率在脉冲持续时间 τ 内线性增加

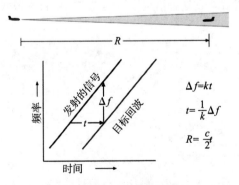

$$\Delta f = kt$$

$$t = \frac{1}{k} \Delta f$$

$$R = \frac{c}{2} t$$

图 1-13　调频法测距时，发射信号频率呈线性变化，并且测量发射机频率和回波频率的瞬时频差 Δf。目标的往返传播时间 t（目标距离 R）与该瞬时频差成正比

测向　在大多数机载雷达中，根据目标视线与参考方向之间的夹角实现角度测量，参考方向可选为正北方向或者飞机机身纵轴线方向。通常，这个角度会进一步被分解为一个名为方位角的水平分量和一个名为俯仰角的垂直分量（见图 1-14）。

当需要同时测量方位角和俯仰角时，雷达波束需要或多或少地呈现锥形特征，这种波束称为笔形波束 [见图 1-15（a）]。在只需获取方位角的场合，例如远程监视、测绘或地面目标探测时，可以使用扇形波束 [见图 1-15（b）]。

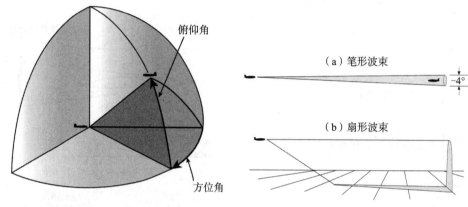

图 1-14　机身参考轴和目标视线的夹角被分解为方位和俯仰两个角度分量

图 1-15　笔形波束（a）用于探测和跟踪飞机，扇形波束（b）用于远程监视、测绘或探测地面目标

自动跟踪　自动跟踪的目的是在继续搜索其他目标的同时实现对一个或多个运动目标的跟踪，一般可通过雷达中的边扫描边跟踪工作模式实现。在该模式下，当天线波束周期性地扫掠过感兴趣目标时，基于所获取的目标距离、临近速度和方向的采样值，即可实现对目标位置的自动跟踪（见图 1-16）。

边扫描边跟踪是保持态势感知的理想方法。对于起飞后可进行轨迹修正的导弹，该方法能够为导弹发射提供足够精确的目标指示数据，尤其是当需要快速完成导弹发射且打击相距较远的数个目标时。但是，边扫描边跟踪不能提供足够精确的数据来为战斗机预测目标的飞行路径，在这种情况下，天线将以单目标模式（见图 1-17）连续对准目标。

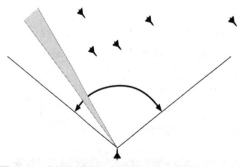

图 1-16　在边扫描边跟踪模式下，可以根据搜索扫描过程中波束扫过每个目标时获取的目标距离、临近速度和方向的采样值，同时完成对任意数量目标的跟踪

图 1-17　对于有精确性要求的任务，如空中加油时预测加油机的飞行路径时，一般采用单目标跟踪模式

　　在该模式下，为保持天线对准目标，雷达必须能够检测出自己的指向误差，实现方法有几种。老式雷达采用圆锥扫描技术，即旋转波束并使天线波束中心围绕其指向轴（瞄准线）扫掠出一个小的圆锥（见图 1-18）。如果目标在瞄准线上（无指向误差），那么在整个圆锥扫描过程中，它与波束中心的距离保持相同，雷达接收到的目标回波振幅不受扫描的影响。但如果存在跟踪误差，由于天线波束强度向其两边递减，圆锥扫描过程中回波将受到调制，调制幅度显示误差角度的大小，幅度达到最小值的点即为误差的方向。

　　另一种角度误差测量方法称作顺序波瓣法，它通过在接收期间交替地将波束中心置于瞄准线两侧的方式来获取指向误差（见图 1-19）。

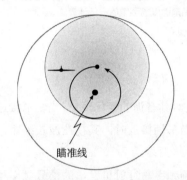

图 1-18　圆锥扫描时，围绕瞄准线旋转天线波束，通过检测接收回波的调制情况获取角度跟踪误差

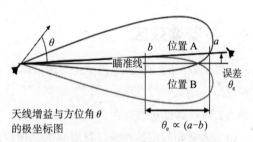

天线增益与方位角 θ 的极坐标图

图 1-19　在顺序波瓣角度跟踪时，天线波瓣交替置于瞄准线左右两侧，以测量角度跟踪误差 θ_e

　　但是，无论是圆锥扫描法还是顺序波瓣法，角度跟踪精度都会因为目标回波幅度的脉间起伏而受到影响。为克服这一缺点，大多数现代雷达均能同时形成多个交叠波束，从而在一个脉冲周期内即可完成指向误差测量，该方法被命名为单脉冲法。在单脉冲法中，有一种实现方法称为比幅单脉冲，即将天线分成两半，产生相互重叠的波瓣。此外，还有一种比相单脉冲方法，两个半部天线产生的波瓣都指向瞄准线方向，假如存在跟踪误差，则目标到两个半部天线间存在细微的距离差，距离差正比于跟踪误差 θ_e，由此可以通过感知两个半部天线接收信号的射频相位差来确定指向误差（见图 1-20）。

　　利用这两种技术中的任何一种，通过不断地感知跟踪误差、并修正天线的指向使误差最小，就能使天线非常精确地跟踪目标的运动。

　　在对目标进行角度跟踪时，可以通过测量持续得到目标的距离和角度，基于连续获得的距离测量值可以计算临近速度，而连续测量得到的角度则可以用来计算角速度，也就是雷达目标相对视线的转动速度。基于距离、临近速度、方向和角速度还可以进一步推算出目标的速度和加速度信息，如图 1-21 所示。

　　绝大多数雷达如今都采用电子扫描方式，这模糊了边扫描边跟踪和单目标跟踪之间的区别，因为在电子扫描雷达中雷达波束可以在任意选定的时间段内驻留，而机械扫描雷达的天线波束驻留时间则是由扫描速度决定的固定时间段。

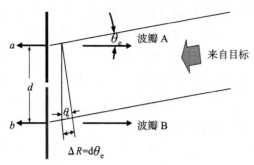

图 1-20　比相单脉冲跟踪时，目标到两个半部天线的距离差为 ΔR。因此，当跟踪误差 θ_e 较小时，两个半部天线的输出 a 和 b 之间的相位差与 θ_e 成正比

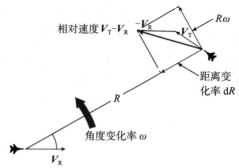

图 1-21　相对径向速度可以基于目标距离、临近速度和角速度的测量值进行计算

1.4　多普勒效应

多普勒效应的一个典型例子是高速公路上车辆驶过时其音调的变化现象。当车辆接近时，音调提高；当其通过并远去时，音调降低。这是因为当车辆接近时，其视在波长缩短，而当车辆远去时，其视在波长变长（见图 1-22）。

由于多普勒效应的存在，接收到的物体回波的射频频率与发射机发出的信号频率相比，存在一个与物体临近速度成比例的偏移。（注：物体临近速度在朝向雷达位置方向上的投影分量，俗称径向速度）。由于雷达所遇到的目标的临近速度远小于无线电波的速度（光速），所以即使以最快速度接近的目标，其多普勒频移（有的文献也称多普勒频率）也极其微小，以至仅能通过脉冲间回波的射频相位偏移观察到。然而，和激光一样，雷达是一个相干传感器，这就使得测量回波上的相移成为可能。相干雷达从连续波信号中截取发射脉冲（见图 1-23），而回波相位又是以发射脉冲相位作为基准的，因而使得我们针对每一个发射脉冲均可提取出目标运动引起的相位变化。一组脉冲序列内的相位变化率直接反映了目标的多普勒频移或径向速度。

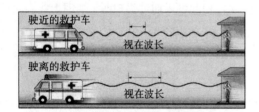

图 1-22　在这个常见的多普勒频移示例中，车辆运动压缩了前方传来声波（增加其视在频率），发散了向后传播的声波（降低其视在频率）

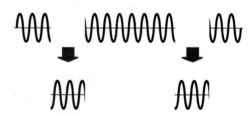

图 1-23　通过从连续波中截取发射脉冲串，同一目标相邻回波脉冲的射频相位具有相干性，使我们可以顺理成章地实现多普勒频移测量

通过感知相继收到的目标回波间的相移，雷达不仅可以直接测得目标临近速度，还可将它的能力扩展到其他方面。其中最主要的就是它可显著削弱杂波，在某些情况下，甚至能够完全消除杂波。通常，目标的临近速度与地面上大部分固定点的临近速度区别较大，与其他静止或缓慢移动的无用物体回波源的临近速度也大不相同。通过检测多普勒频移，雷达能够将运动目标回波从杂波中区分开来，这一技术称为动目标显示（MTI，又称动目标指示）技术。动目标

显示一般还可细分为机载动目标显示（AMTI）和地面动目标显示（GMTI）两类。

对于必须在低高度飞行或者需要下视搜索其他飞行器的机载雷达来说，动目标指示具有难以估量的价值。在目标所在距离范围内，天线波束通常都会截获地表反射回波。没有动目标显示，目标回波就会淹没在地杂波之中（见图1-24）。对高空飞行且直视前方的飞机，动目标显示也可能很重要。因为即便在这种情况下，天线波束的下边缘在远距离也会打到地面。

如果需要的话，雷达还可以通过检测多普勒频移来测量自己的速度。此时，天线波束以较小的倾角指向前方，然后将来自地面固定点的回波分离出来并测量其多普勒频移，通过在几个不同的方位和俯仰角上连续进行几次这样的测量，飞机的水平对地速度就可以被精确地计算出来（见图1-25）。

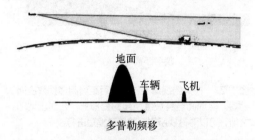 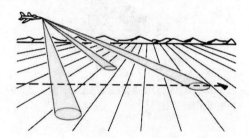

图1-24 在动目标指示时，基于多普勒频移差异，我们可以将运动目标和地面移动车辆从地杂波中分离出来。一般情况下，由于地面车辆的速度较低，它和飞机的回波也是可以区分的

图1-25 雷达自身的运动速度可在已知俯视角的前提下基于地面三个及以上固定点的多普勒频移计算出来

1.5 成像

雷达发射的无线电波被物体沿雷达的方向散射回来，其强度随物体的不同而不同。比如，湖面和公路等光滑表面的后向散射就比较小[2]，但像农田、灌木丛和森林等，其后向散射就会强一些，而最强的似乎来自各类人造建筑物。因此，当天线扫过整块地面时，通过对接收回波强度的差异化显示，就可以生成关于地形地貌的图解地图，也就是所谓的地面测绘图或杂波图。这些应用都是低分辨率雷达成像的例子，其距离分辨率和横向距离分辨率（由天线波束宽度决定）一般相差较大。

雷达地图在如下几个方面与航拍照片及道路交通图有本质区别。首先，由于工作波长的不同，各种地形地物对无线电波的反射率较可见光有明显区别。因此，在光学照片中较明亮的物体在雷达地图中并不一定明亮，反之亦然。此外，与道路交通图不同，雷达地图中存在阴影，还可能会有失真，而且除非采取特殊手段来提高方位分辨率，否则雷达地图只能显示大尺度特征。

雷达地图中的阴影，源于发射电磁波因丘陵、山岳或其他障碍物遮挡，无法到达视线以下的地面。只要设想在雷达的位置上用一个点光源俯视照射立体地形（见图1-26），就可以将这种阴影效应可视化。若地形较为平坦或者雷达的俯视角较大，可将阴影区最小化。

---

② 这取决于俯视角。雷达正下方的水面和平坦地面也会产生很强的回波。

　　然而，当俯视角很大时雷达地图就会失真。这是因为雷达所测距离为斜距，在大俯视角下，同一方位上两个点之间的水平视在距离会因透视效应而缩短，由此可能导致地物间的相互遮蔽（见图 1-27）。在陡峭坡地，两个水平距离很近的点在极端情况下，甚至会被映射在一起。当然，通常可以基于具体的俯视角值对透视引起的距离缩短加以校正，然后再显示出来。

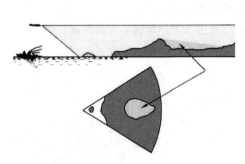

图 1-26　遮挡阴影使得雷达地图出现孔洞，增大俯视角可使遮挡阴影变小

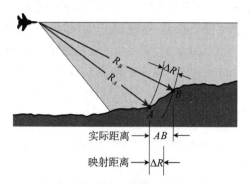

图 1-27　在大俯视角下，映射后距离因透视效应而缩短。除地面自身坡度引起的变形外，在显示地图之前，可以对透视所引起的距离缩短进行校正

　　雷达是一种相干传感器，像激光探测一样，反射回波中含有散斑噪声。散斑噪声来自组成目标的多个散射中心所反射回波的相干叠加或相干抵消，在这一过程中，有的散射中心起到了建设性作用，而有的则产生了破坏性影响。由此导致的细微视角变化可能引发很大的目标反射强度差异。

　　雷达地图所能提供细节信息的程度，取决于该雷达在距离和方位上分离或分辨相互紧邻物体的能力，其中距离分辨率主要受雷达脉冲宽度的限制。

　　合成孔径雷达（SAR）成像　通过发射长时宽脉冲和采用脉冲压缩技术，雷达可在获得很远距离目标的强反射回波的同时，得到 30 cm 左右的精细距离分辨能力。

　　不同于距离分辨率，雷达要实现很高的方位分辨率并不容易。在传统（实波束）雷达地图测绘时，方位分辨率由天线波束宽度决定（见图 1-28）。例如，当波束宽度为 3° 时，在 10 km 的距离上，实波束地形图的方位分辨率不会好于 0.5 km（见图 1-29）。

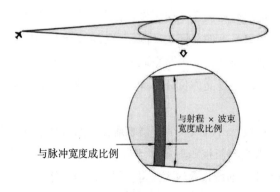

图 1-28　在传统雷达成像地图中，分辨单元的尺寸由脉冲宽度和天线波束宽度决定

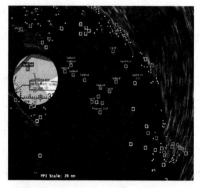

图 1-29　雷神公司 SeaVue XMC 海上监视雷达高海况下小型海上目标探测效果图，该雷达同时还具有逆合成孔径雷达和合成孔径雷达搜索模式

　　增大雷达工作频率或扩大天线尺寸都可使方位分辨率提高。但当频率过高时，雷达的探测距离会因大气衰减而降低。此外，实际中飞机所能容许的天线尺寸也是有限的。好在对几乎任何尺寸的天线，都可以通过所谓的合成孔径雷达技术来实现孔径合成。

　　不同于常规雷达通过旋转天线实现地形的扫描，合成孔径雷达在工作时，始终保持正交于飞机航向的波束指向。每当雷达发射一个脉冲，这个脉冲就像由一个巨大的虚拟合成孔径上的一个阵元发出的一样。由于飞机具有一定速度，因此每个虚拟阵元在飞机航线上依次远离一点点（见图 1-30）。通过存储和组合大量回波脉冲（就像实际天线中馈线收集各馈源振子的回波一样），合成孔径雷达可以合成一个足够长的等效线列阵，使得方位分辨率达到 15 cm（见图 1-31）。

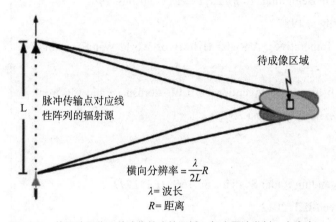

待成像区域

脉冲传输点对应线性阵列的辐射源

$$横向分辨率 = \frac{\lambda}{2L}R$$

$\lambda =$ 波长
$R =$ 距离

图 1-30　将雷达聚焦于待成像的小块区域，每次雷达发射一个脉冲，这个脉冲就好比一个独立阵元。通过对大量脉冲的积累，其结果就和使用一个长度为 L 的线列阵一样。图中所示模式叫作聚束合成孔径雷达（Spotlight SAR）

图 1-31　这是对英国巨石阵的 15 cm 聚束式合成孔径雷达成像结果，巨石阵是欧洲最著名的史前遗迹之一。注意其中雷达照射古老石头阵所产生的长条阴影。该图像的方向是北面向下

　　此外，将合成阵列的长度与成像距离同比例增加，在进行地形测绘时，合成孔径雷达在 100 km 距离上的方位分辨率就会和几千米时一样高。事实上，对合成孔径雷达来说，方位分辨率与距离、波长的关系均不大。合成孔径雷达之所以能够成为遥感和目标监视领域的重要手段，甚至还可在轨道高度 750 多千米的航天器上得到运用，这也是其中的主要原因之一。

1.6　小结

　　通过发射无线电波并对其回波进行监测，雷达可以在任何天气条件下全天时或全天候探测物体。通过将电波能量集中到狭窄的波束上，雷达可以确定目标的角度；而对距离的测量则是通过测量电波传播时间得到的。

　　为了找到目标，雷达反复进行波束扫描，一旦探测到目标，雷达就可自动跟踪目标并计算其相对速度。针对不同情况，所采用的方法有两类：一是通过周期扫描获得目标距离和方向的采样值；二是将天线对准目标连续获得测量数据。对于后一种情况，必须先在距离或多普勒域上将目标回波分离出来，再采取一些手段，例如通过波束转换检测到角度跟踪误差。

由于多普勒效应的存在，雷达回波的射频频率偏移与反射物的临近速度成正比。通过感知这种频率偏移，雷达能够测量目标径向速度、抑制杂波，并区分地表回波和地面移动车辆，甚至还可以完成自身速度的测量。

由于无线电波的散射与地物特征有一定关联，雷达可以对地形进行图形测绘。利用合成孔径雷达（SAR）还可以获得高分辨率的类似于地图的雷达测绘图像（参见图 1-31）。

扩展阅读

历史背景方面

S. S. Swords, Technical History of the Beginnings of Radar, Peter Peregrinus, 1986.

E. G. Bowen, Radar Days, Adam Hilger, 1987.

L. Brown, Technical and Military Imperatives: A Radar History of World War II,Taylor & Francis, 1999.

J. B. McKinney, "Radar: A Case History of an Invention", IEEE Aerospace and Electronic Systems Magazine, Vol. 21, No.8, Part II, August 2006.

技术背景方面

S. Kingsley and S. Quegan, Understanding Radar Systems,SciTech-IET, 1999.

G. R. Curry, Radar Essentials, SciTech-IET, 2012.

P. Hannen, Principles of Radar and Electronic Warfare for the Non-Specialist, 4th Edition, SciTech-IET, 2014.

梅塞施密特 Bf-110 G4 战斗机（1941 年）

　　Bf-110 是德国空军第一架装备了雷达的战斗机，机头上安装了硕大的雷达天线，使其最高飞行时速降低了 25 英里（1 英里 =1.609 km）。立辰斯坦 Telefunken FuG 212 雷达能够探测 200 m ～ 5 km 距离的目标。飞机的武器装备包括 4 门向前发射的 20 mm 机炮和 4 挺 7.9 mm 机枪以及 1 门垂直向上发射的 20 mm 机炮。

Chapter 2

第2章 | 实现方法

谐振腔磁控管原型，1940 年

第1章介绍了雷达的基本概念，本章将探讨雷达的实现方法和需要考虑的相关因素。虽然雷达的设计五花八门，但只需考虑两种不同类型的雷达，就可大致了解其中所涉及的主要内容：① 仅利用回波幅度的非相参脉冲雷达；② 同时利用回波幅度和相位的相参脉冲雷达。

非相参脉冲雷达是一种古老的雷达装备，二十世纪五六十年代的全天候截击机上就装载过这种雷达，它通常也被称为简单脉冲雷达。时至今日，在海上导航、目标监视及其他场合，这种雷达仍在广泛应用。

相参脉冲雷达系统尽管复杂和昂贵得多，但其功能远强于非相参脉冲雷达。相参脉冲雷达通常也被称为脉冲多普勒雷达，被应用在几乎所有的军事领域和越来越多的民用领域。由于可同时获得回波幅度与相位信息，相参脉冲雷达能够测量多普勒速度，这既提高了雷达性能，又能为更广泛的应用提供支持。

电扫阵列（ESA）天线的发明和使用，是进一步提高雷达性能和能力的另一个技术进步，尽管它们要更加复杂和昂贵一些。电扫描可以使雷达波束在任何时候指向任何地方，还能自适应于当前的工作环境，从而提高了有杂波和其他干扰源存在时雷达的目标探测能力。

2.1 非相参脉冲雷达

这种体制的雷达（见图 2-1）具备自动搜索、单目标跟踪和实波束地面成像能力。作为早期军事系统的主力装备，它的陆基形式版本如今仍广泛应用在商船和游艇上进行海上目标监视。实际上，它确实是最为常见的一种雷达样式，该雷达采用磁控管作为发射机（据说磁控管的发明帮助盟军取得了第二次世界大战的胜利）。磁控管也是家用微波炉的功率源，这一点我们显然更为熟悉。

图 2-1　鹰狮战斗机上安装的 PS-05 型多功能脉冲多普勒雷达

还记得吧，第 1 章提到脉冲雷达系统由四个基本功能部件组成：发射机、接收机、分时共用的天线以及显示器。然而，为实现一个实用的简单非相参脉冲雷达系统，我们还需要一些其他设备。脉冲雷达的主要组成示于图 2-2。

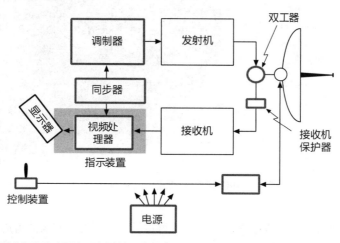

图 2-2　即使是普通的非相参脉冲雷达，除发射机、接收机、天线和显示器外，还需加上图中粗线方框中的一些设备

同步器　该设备产生间隔均匀的连续极窄脉冲串，使发射机和显示器时间同步。这些定时脉冲输入到调制器和显示器中，用以指示雷达发射每个脉冲的具体时刻。

调制器　每收到一次定时脉冲后，调制器负责生成直流大功率脉冲并提供给发射机，它实际上起到一个开关的作用，即负责打开和关闭发射机。

发射机　发射机使用的大功率振荡器通常是磁控管（见图 2-3），在调制脉冲存续期间产生大功率射频电磁波。实际上，就是要把调制脉冲的直流能量转换为发射脉冲的射频能量。至于它是如何做到这一点的，稍后将在面插页 P2.1 中予以详细说明。磁控管所发出射频信号的波长通常在 3 cm ～ 10 cm 之间，具体取值一般可通过对磁控管的设计而确定，也可由操作员在大约 10% 的范围内进行调节。射频电磁波被辐射到一个称为波导的金属管（见图 2-4）中，波导再将其传输到双工器。

图 2-3　磁控管将能量从直流脉冲形式转变为微波脉冲形式

图 2-4　波导是一种可以引导无线电波的金属管，其宽度通常是波长的 3/4，其高度大约是波长的 1/2

双工器　双工器即波导转换开关（见图 2-5），它负责发射机、接收机与天线之间的连接，同时确保收、发之间的有效隔离，以防止大功率发射信号对精密且灵敏的接收机部件的损害。双工器通常是一种对射频电波流动方向敏感的无源器件，即允许来自发射机的电磁波几乎无损耗地通过而到达天线，同时阻止它们流向接收机。类似地，当回波信号返回雷达时，它又允许来自天线的电磁波几乎无损耗地通过而进入接收机，且同时阻塞它们去往发射机的路径。

天线　在简易雷达中，天线系统通常由一个馈源和一个抛物反射面（通常称为抛物面天线）组成，它们均被安装在共用的支架上。在最基本的雷达天线组成结构中，馈源就是一个安装在波导末端的喇叭口，波导的另一端连接双工器。喇叭口将发射机输出的无线电波引向抛物反射面，最终经抛物面反射形成窄波束（见图 2-6）。接收回波时，回波经该抛物面反射进入喇叭口，并通过同一波导管传输到双工器，再到接收机。

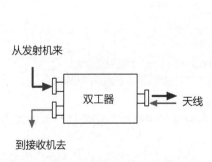

图 2-5　双工器负责雷达系统的收发隔离，将发射大功率脉冲输送至天线，然后从天线接收回波并传输至接收机。

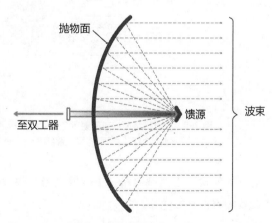

图 2-6　简单脉冲雷达的天线系统由一个馈源和一部抛物面天线组成。抛物反射面形成发射波束，同时也将回波能量反射至馈源中

通常，雷达天线都安装在旋转关节上，以实现方位轴和俯仰轴的旋转扫描。在某些情况下可能还会配备第三个旋转关节，以隔离天线与平台（如飞机、船舶）的滚转。旋转关节上的传感器可测量天线在每个轴上的偏差信号，供给雷达显示器使用。

接收机保护器　由于天线和波导之间存在电气上的不连续性（即阻抗不匹配），部分射频电波能量会被天线反射回双工器。而双工器完全按照电波流向发挥开关作用，反射波由此可不受阻碍地流入接收机（就像雷达回波一样）。虽然反射波能量较发射机输出占比很小，但由于发射功率十分强大，反射波仍可导致接收机损坏。为了防止反射信号回流到接收机并阻止任何其他可能通过双工器泄漏而来的发射信号，需要额外增加接收机保护器。

接收机保护器（见图 2-7）是一种高速微波开关，它能自动阻止任何足以损坏接收机的无线电波的输入。除发射泄漏和天线反射信号以外，该设备还可阻止任何可能从外部意外进入雷达的强信号——例如，当你在实验室中意外触动雷达发射或者对着距离很近的墙面开启雷达时所接收到的回波。

接收机　雷达一般采用超外差式接收机（见图 2-8），即首先将接收信号变换为一个较低频率，在较低的频率上实现回波信号的滤波和放大，相关器件会更加简单，成本也更低廉。变频功能由一种称为混频器的器件实现，在混频器中，接收信号和低功率振荡器（本地振荡器，简称本振）的输出信号进行差拍处理，处理后输出信号的频率称为中频（IF），其值为接收信号原始频率与本振（LO）频率之差。

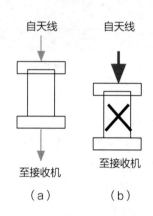

图 2-7　接收机保护器
（a）允许微弱回波以可忽略的衰减量从双工器传输到接收机；
（b）阻止任何足以损坏接收机的信号输入

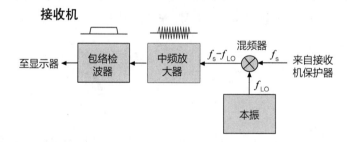

图 2-8　接收机将所接收的射频信号变换到较低频率（中频）上，然后对其放大，
并滤除其他频率信号，最终产生一个与接收信号幅度成比例的视频信号输出

混频器的输出由调谐电路（中频放大器）放大，各种外部干扰以及接收信号带宽以外的电气背景噪声也会被滤除。

P2.1　古老的磁控管

磁控管发明于第二次世界大战初期，由于磁控管技术的突破，大功率微波雷达在人类历

史上首次由理想变为现实。从那时起直到
今天，由于具备成本低、体积小、重量
轻、效率高、简单耐用（加上它能在中等
输入电压下产生较高输出功率）的优点，
磁控管在雷达发射机中得到了广泛的应
用。磁控管雷达是商船、游艇等民用船只

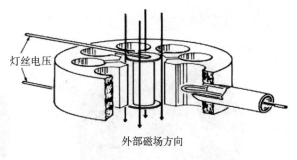

灯丝电压

外部磁场方向

实现导航和目标监视的主流雷达装备，这
些磁控管雷达高度可靠并且持久耐用，而且随着技术的进步，其造价已十分便宜。

　　磁控管属于真空管类振荡放大器的一种，它利用正交于电子运动方向的磁场所产生的洛
伦兹力，促使电子运动轨迹发生弯曲，最终实现射频振荡和大功率输出。电子运动速度越快，
其轨迹的弯曲曲率就会越大。

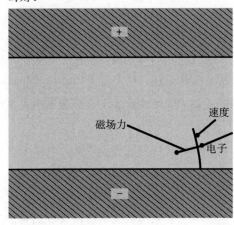

时刻 1

磁场力　　速度

电子

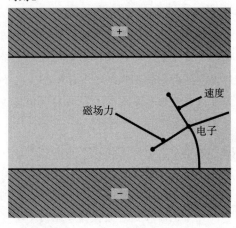

时刻 2

速度

磁场力

电子

　　使用这种机理的真空管统称为正交场效应管，因为在这些真空管中促使电子运动的电场
与外部磁场是相互正交的。如果将磁控管横切为两半，你会看到一个位于中央的圆柱形电极
（阴极），环绕在其外边的是另一个更大的圆柱形电极（阳极）。阴阳两极之间有一间隙，叫作
相互作用区。

　　在阳极的内圆周上，均匀分布着一系列的谐
振腔，谐振腔与相互作用区连通。当阴极被加热
后，它就会释放出自由电子，从而在其周围形成
一团密集的电子"云"。外部安装的永磁体使得相
互作用区内充满强磁场，磁场方向垂直于电极的
轴线方向。

　　为使磁控管激发而产生射频电磁波，在两个
电极间施加一个强直流电压（阴极为负，阳极为
正）。此时，在正电压的吸引下，电子加速朝向阳
极流动。随着电子运动速度的增加，磁场对它们

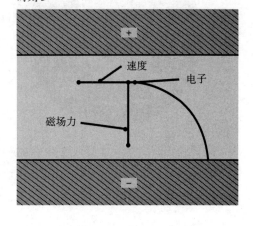

时刻 3

速度

电子

磁场力

的作用力越来越强，导致电子沿弯曲轨迹运动并掠过谐振腔开口处。

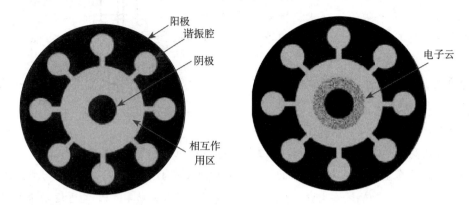

就像你向瓶口吹气时声波在瓶中得以形成那样，当电子扫过谐振腔开口时，振荡的电磁场（射频电波）就会在谐振腔内产生。和声波一样，射频电波的频率完全决定于谐振腔腔体的谐振频率。

一切都是从某个腔体中的一次微小随机扰动开始的。振荡通过相互作用区在腔体之间传播。在每个正半周期，射频振荡电磁波的电场迫使掠过腔口的电子减速并向外运动，直到被阳极所吸收；在每个负半周期，它又会使电子加速并向内运动，从而重新回到磁控管阴极。由此导致电子群很快聚集在一起并形成轮辐状涡旋，该涡旋的旋转速度与振荡电磁波在相互作用区的行程同步。

形成轮辐的那些电子与行波相互作用，并在这个过程中向行波传递能量，随后电子速度逐渐降低，而行波功率不断增大。当然，随着速度的降低，电子运动路径的曲率会变小，结果导致这些电子很快到达阳极。但是当它们到达阳极时，它们受电极间电压差的加速而获取的能量，70% 已转移到射频振荡电磁波中去了（剩余能量会被阳极吸收从而变成热量，必须使用冷却系统将它们带走）。最后，外部电源将用过的电子重新送回阴极。因此，只要能够提供直流电源，能量就会持续不断地从电源传导到射频电磁波中。

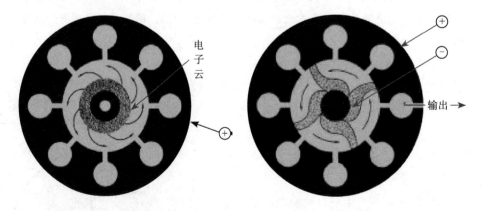

与此同时，通过一个插入在其中任意一个腔体的微型天线，射频振荡电磁波能量被释放到传输波导中，这就是磁控管的输出"端口"。磁控管的工作频率可在一个有限范围内调整变化，其方法就是通过在磁控管腔体中插入塞杆，以改变腔体的谐振频率。

多年来，人们对磁控管的基本结构做了很多的设计改进。其中改进之一就是增加一个同轴谐振输出腔。

在同轴谐振输出腔磁控管中，能量通过间隔出现在腔体中的缝隙导出。通过改变输出腔的谐振频率，就能完成磁控管的频率调谐。

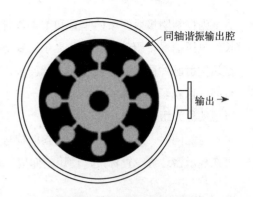

最后，放大后的信号会被送入包络检波器中，检波后输出一个与信号峰值幅度（或称包络）成正比的电压信号。该电压信号送至雷达显示器，在显示屏上显示其具体幅度的强弱，雷达操作员据此对目标的存在与否进行判断。当然，还有一种方案是对包络检波器输出做进一步的处理，并只向雷达操作员显示经过雷达自动检测处理后的目标信息。

显示系统　显示系统用于：① 按照操作员需要的方式显示接收回波；② 自动搜索和跟踪功能控制；③ 在跟踪时提取有用的目标数据。

雷达显示方式多种多样，这里仅描述其中的一种——B 型显示器。（有关雷达常用显示方式的详细信息，请参阅插页 P2.2。）

在 B 型显示器中，目标以明亮光点的形式显示在以距离和方位为坐标的矩形栅格中。在早期雷达系统中，先使用视频放大器将接收机输出放大到合适大小，再通过视频放大器输出控制显像管阴极射线束的强度，操作员一般也会通过调整视频放大器增益，使得噪声散斑在屏幕上几乎不可见（见图 2-9）。这样一来，屏幕上的光点一般只剩下强度大于噪声的目标回波了。

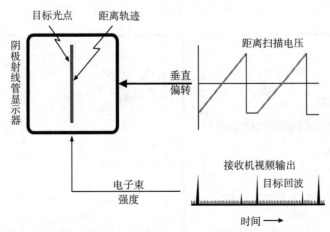

图 2-9　同步器输出的定时脉冲触发产生锯齿波电压，此锯齿波电压施加到垂直偏转电压产生电路上，形成距离扫描线。接收机的视频输出电压调制扫描线的亮度，形成目标亮点。另外，双工器泄漏出来的发射脉冲形成了高亮度的视频尖峰。

为控制阴极射线束的垂直和水平位置，首先由同步器输出定时脉冲触发产生一个线性增长的电压信号，驱使射线束从显示器底部垂直扫掠到它的顶部。由于每次扫掠的起始时刻与雷达发射脉冲同步，若接收到目标回波，则扫掠起点与目标光点之间的距离就对应回波往返时间，也就表征了目标的距离。由于这个原因，该扫掠线也被称为距离扫描线，射线束的垂直运动称为距离扫描。

与此同时，来自天线的方位指向信号用来控制整个距离扫描线的水平偏转位置，此外还可在显示器边缘设置标尺，使用俯仰信号控制标尺上光标的垂直位置，以显示俯仰角信息。

当天线在搜索扫描时，距离扫描线在显示器上来回往复扫描，并与天线方位扫描步调保持一致。每当天线波束掠过目标，距离扫描线上都会出现一个光点，为操作员提供一个关于目标距离和方位的具体指示。图2-10所示为B型显示器在飞机驾驶舱里的典型安装位置示例。

现代雷达都会采用数字显示器，通过同步器和天线获取目标位置数据，然后在屏幕上将它们绘制出来。通过对包络检波后回波信号的处理，雷达可自动检测目标，并抑制噪声与杂波。数字显示器还能很方便地将诸如航速、航向等附加信息纳入显示内容，且通常会使用不同的颜色以提高相关信息的可读性。

图2-10 在台风战机的驾驶舱中，用作抬头显示器的组合玻璃位于挡风玻璃的中央

P2.2 常用雷达显示器

迄今为止，在所有的显示类型中，平面位置显示器（PPI）是最常用的。它们都通过采用数字显示器加以实现，并由此获得数字显示器固有的更好的灵活性。

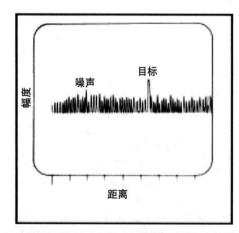

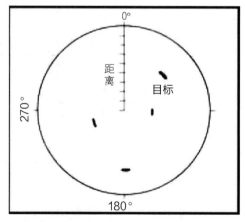

A型显示器：在水平线（即距离扫描线）上绘制出接收机输出信号幅度随距离的变化情况，是最简单的雷达显示器，但因无法显示方位信息，目前很少使用

平面位置显示器（PPI）：在以雷达为中心的极坐标系中显示目标，对于能提供360°方位覆盖的雷达来说，它是一种理想的显示器

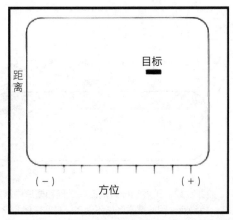

B 型显示器：在距离和方位的直角坐标系中将目标显示为光点。广泛应用于战斗机雷达中，此时零距离附近出现的水平失真无关紧要

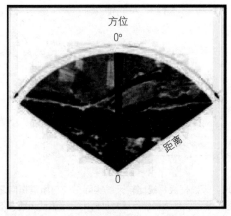

扇区平面位置显示器：提供方位扫描区域的不失真图像。常用于扇区地面成像

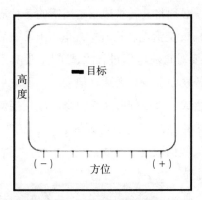

C 型显示器：以俯仰和方位显示目标位置。该显示方式和飞行员透过挡风玻璃目视前方的视觉体验一致，因此，在执行目标追击时很有用。通常作为"平视显示器"投射在挡风玻璃上，以供飞行员使用

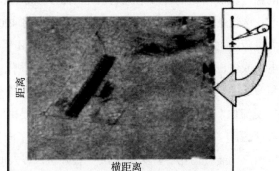

成像：在高分辨率合成孔径雷达（SAR）地面成像中，可显示矩形地块图像。该图像显示了给定距离方位处特定区域的细节情况。图中距离维垂直显示，横向距离维（即垂直于雷达地块视线方向的维度）水平显示。另一种方式是，雷达按其轨迹飞行时生成连续的滚动图像，从而能够监视更宽的区域

　　天线伺服系统　该装置基于角度跟踪系统给出的控制信号完成雷达天线指向的调整，典型的角度跟踪系统有波瓣扫掠和单脉冲等。每个伺服通道对应一个旋转关节，其工作过程如图 2-11 所示。将旋转关节上的传感器测得的电压信号与控制信号相减，就能产生一个正比于天线指向误差的误差电压信号。对该信号进行放大并输入到驱动电动机，就能驱使天线绕旋转关节轴向转动，直至指向误差降为零。

　　机载雷达在搜索扫描时，通常方位扫描范围要比俯仰扫描范围宽得多，由于有伺服系统的帮助，搜索扫描时可不受飞行高度变化的影响而具有稳定性（见图 2-12）。如果天线还配有横滚旋转关节，那么将天线的横滚姿态与垂直陀螺提供的基准信号进行比较，所产生的误

差信号就可用来校正天线横滚。

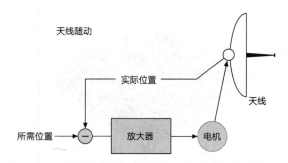

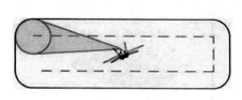

图 2-11　天线伺服系统比较天线实际指向与所需指向之间的误差，并对误差信号进行放大，再用它来驱动天线，使其朝着使误差减小到零的方向转动

图 2-12　天线的搜索扫描在纵摇和横滚中能够保持稳定，因此搜索区域不受飞机高度变化的影响

此外，以陀螺提供的载机姿态信号为基准，其方位误差和俯仰误差都可分解为水平与垂直两个分量。

电源　机载雷达的初级电源通常是 115 V/400 Hz，必须将其转换成雷达所需的各种形式直流电，这就是电源模块所要做的工作。它首先将 400 Hz 交流电转换到标准电压上，然后变交流为直流并对其进行平滑处理。必要时，电源还需要对直流电压进行"调节"，使其不受系统电流或电压变化的影响而保持恒定。尽管这些任务表面上看很普通，但为了实现最小的重量和最低的功耗，只有进行精湛的技术设计才可能达成。天线伺服系统自身一般直接使用 400 Hz 交流电，但其内部的各种继电器开关则需要由飞机的 28 V 直流电源供电。

自动跟踪　当需要雷达进行自动跟踪时，为了向天线伺服提供必要的反馈信号，还需要额外增加三个装置。第一，必须采取一些办法，以及时提取目标回波（即距离）；第二，如第 1 章所述，天线必须增加波瓣扫掠或单脉冲功能；第三，必须配备能使操作员锁定目标回波的控制装置。

在自动跟踪时，操作员使用手持式控制装置（例如，图 2-13 所示的手枪式控制手柄）将光标移动到距离扫描线上任何一个所关注的目标光点上。按下开关或按钮，告知雷达系统，操作员已将光标和他所希望跟踪的目标对齐。

锁定目标的具体操作如下：首先，操作员使用手柄控制天线进行方位对准，调整方位指向使距离扫描线位于目标回波光点中心；其次，调整天线俯仰角，使得回波光点的亮度最大化；再次，驱使光标沿距离扫描线向上移动，直到其刚好处于回波光点之下；最后，按下锁定按钮。

图 2-13　使用一个手枪式控制手柄，操作员通过按下触发器来获得对天线的控制。前后移动控制距离光标的位置，左右移动控制天线的方位指向，俯仰开关控制俯仰角

P2.3　自动距离跟踪

为控制距离门的定时位置，以自动跟随目标距离变化，必须采用距离跟踪伺服控制系统。

通常，它采用两个在距离跟踪波门内选通的子波门——前波门和后波门——对回波进行采样实现，前波门和后波门的宽度均为跟踪波门的一半。前波门在跟踪波门打开时对落入跟踪波门前半段的目标回波进行采样；后波门紧随前波门，对落入跟踪波门后半段的回波进行采样。

距离伺服系统连续调整跟踪波门的延迟位置，以求前后两个子波门的输出达到均衡，这样就可保证目标回波始终位于跟踪波门中心。由此可以看出，前后波门距离跟踪和单脉冲角度跟踪是很相似的，其区别是一个在距离域，另一个在角度域。

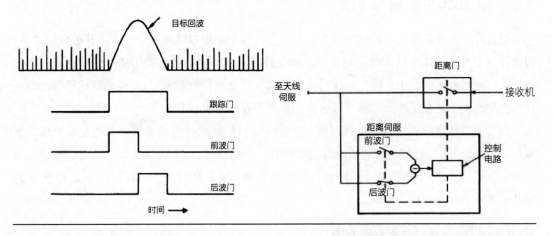

在对异常干扰进行平滑后，正比于方位、俯仰和距离跟踪误差的信号会被送入天线伺服系统。伺服系统据此调整天线的指向角度，使得波束最大值保持指向被跟踪目标（见图 2-14）。

若对跟踪精度要求极高，可以在天线上安装速度积分陀螺装置。它们能够建立起天线伺服系统工作的方位和俯仰基准，以避免载机机动引起的干扰，使得天线稳定地保持在相同的指向位置，这一功能叫作空间稳定。

实现该功能的基本原理是：首先对跟踪误差信号进行平滑处理，然后基于目标相对位置的变化预测载机加速度的影响，由此再对误差信号进行修正。在此基础上，将修正后的误差信号输入到扭矩电动机中，控制陀螺进动，改变基准轴指向，最终使得跟踪误差归零。

简单的非相参脉冲雷达，其主要缺点是很难区分目标回波与杂波。为此，在早期的雷达系统中，为避免地杂波影响，需要保持雷达波束不打到地面（见图 2-15）。可以想象，这会严重限制雷达性能。为克服这些局限，人们研制出各种具备回波相位和幅度获取能力的相参雷达系统。

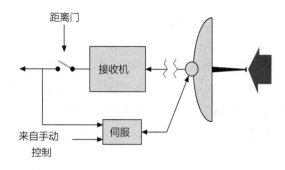

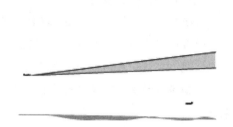

图 2-14　为自动跟踪目标，通过断开电子开关（距离门，又称距离波门），回波在每个确定的接收时刻被提取出来

图 2-15　早期雷达需要保持雷达波束不触及地面，但这对雷达作战能力会有限制

2.2　相参脉冲多普勒雷达

相参脉冲多普勒雷达（见图 2-16）在尺寸上可能和非相参脉冲雷达相同，甚至可能更小，但在性能上却有根本性的改善。基于回波相位计算出来的多普勒速度信息，相参脉冲多普勒雷达可探测远距离的弱小目标（即使目标回波被强地杂波所掩盖）。只要运动目标和静止杂波在多普勒速度上差别足够大，将二者区分开来是很容易的事。

脉冲多普勒雷达能够做到一次跟踪一个或多个目标，同时继续完成对其他更多目标的搜索任务。它既能检测和跟踪地面目标，也可用来检测和跟踪空中运动目标，还能实时进行高分辨率地面的 SAR 成像，且其远距离成像分辨率和在近距离时几乎一样好。图 2-17 所示为脉冲多普勒雷达的简化功能框图。

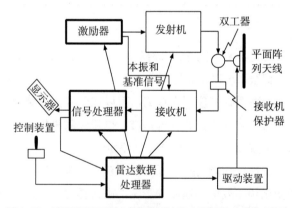

图 2-16　这架 F-15 战机上的脉冲多普勒雷达是机械操纵的 APG-63 型雷达（雷声公司提供）

图 2-17　该图显示了脉冲多普勒雷达的主要部件（未含电源）。粗线框所示部件为通用系统之外的组成部件，其中数据处理器控制所有其他分机，可检验它们的工作状态，并对故障进行隔离

相参性的获得需要有一个本振信号，本振信号可使发射机和接收机同步，这样发射信号的相位就能始终保持不变，而发射信号与接收回波之间的相位差就会仅由目标移动而产生。与相位相参雷达系统一同使用的还有数字信号处理技术，该技术已经得到并将继续处于快速发展之中。二者的联合作用，使得从回波到目标检测跟踪的整个处理过程都实现了自动化，

这样雷达操作员就可以解放出来，将精力集中到确保任务的成功执行上面去。将非相参脉冲雷达组成（参见图 2-2）与图 2-17 进行比较，就可以看出脉冲多普勒雷达有如下明显区别：

- 增加了一台叫作雷达数据处理器的计算机；
- 增加了一个叫作激励器的装置；
- 没有了同步器（其功能部分由激励器完成，但大部分由雷达数据处理器执行）；
- 取消了调制器（其任务得以减少，可集成到发射机中执行）；
- 增加了一台数字信号处理器；
- 取消了显示器（其功能部分由信号处理器执行，部分由雷达数据处理器执行）。

这些部件虽然都是雷达系统的典型部件，但绝不表示这就是唯一的雷达结构组成形式。事实上，数字技术的发展，使得我们已经可以直接数字合成发射信号波形，并直接对射频信号进行数字化采样。对雷达设计人员来说，设计的灵活性在不断增强，可选范围在不断增大。接下来，我们简要介绍脉冲多普勒雷达（相参）系统的主要组成部件，这里既包括 2.1 节非相参系统中的相关部件，也包括相参系统在发射、天线和接收等分系统上的重要改进。我们将向大家展示这些部件是如何协同工作，从而实现脉冲多普勒雷达系统功能的。

激励器　该部件负责产生一个符合所需频率和相位要求的高稳定性、低功率连续波信号，以用作发射机的本振信号和接收机的频率基准信号。

P2.4　性能卓越的栅控行波管

行波管（TWT）放大器是 20 世纪 60 年代的重大技术进展之一，它使多模式雷达系统成为可能。利用行波管，人类首次实现了对大功率发射信号脉冲宽度和重复频率的精确控制。此外，在行波管的功率容限内，几乎可瞬时地对这两个参数的具体取值进行调整。除去这些功能以外，行波管还有其他一些基本特性：多普勒处理所需

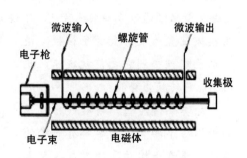

的高相参性，对射频信号的多功能、精确控制，以及可方便地对脉冲的射频或相位进行编码，从而实现脉冲压缩的能力。

行波管基础　行波管是线性电子束类真空管放大器（还包括速调管）的一种，它将电子束的动能转换成射频微波能量。最简单的行波管至少由四个元件组成：

- 电子枪，用以产生高能电子束；
- 螺旋管，对需要放大的信号进行引导；
- 收集极，吸收电子未耗尽的能量，并通过直流电源将其返送至电子枪；
- 电磁体（或螺线管），利用电子之间的排斥力使电子束不扩散［或者使用周期性永磁体链（PPM）来替代，之所以称之为周期性永磁体链，是因为相邻磁体的极性是相反的］。

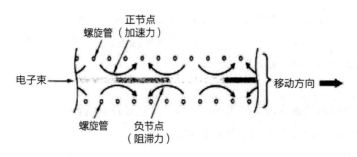

微波输入信号从螺旋管的一端被引入。尽管信号的传输速度接近光速，但由于信号沿螺旋管螺旋下降时所走过的距离较大，其线速度会降低，稍慢于电子束中电子的传播速度。因此，螺旋管也被称作慢波结构。

信号在前进的过程中形成一个沿电子束轴线向下移动的正弦电场。这个电场使处于正节点上的电子得到加速，而使处于负节点上的电子被减速。因此，众多的电子会倾向于围绕零节点处电子（不受力，速度保持不变）形成聚束效应。

移动的电子束必然会生成强大的电磁场。由于电子束的运动速度稍快于信号在螺旋管中的线速度，在场的作用下其能量由电子束传递到射频信号中去，从而放大了信号并降低了电子的速度。螺旋管越长，信号就被放得越大。在高增益行波管中，必须沿螺旋管以一定的间隔（20 dB ～ 35 dB 增益）放置衰减器（服务器），以吸收后向反射能量；否则，会引发行波管的自激振荡。衰减器的使用会稍微降低行波管的增益（每个大约 6 dB），但对整个管子的效率影响较小。

到达螺旋管末端之后，信号会被接入到波导中，该波导也是行波管的输出端口。电子的剩余动能（最多时可能相当于电子枪初始能量的 90%）被收集极吸收并转换成热量，这些热量必须通过冷却系统带走。不过大部分未消耗的电子能量是可以恢复的，即通过将收集极设置为足够大的负极性，使得电子在撞击到它之前就减速，此时动能将转换为势能。

大功率行波管 螺旋线行波管的平均功率和峰值功率都有一定的限制。随着平均功率的增加，越来越多的电子被螺旋管截获，导致螺

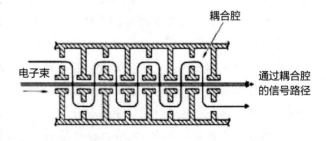

旋管发热损毁，而去除这些足够多的热量是很困难的。当峰值功率也增加时，要求电子束的速度必须随之增大，此时为了能够与电子束进行良好的交互作用，就要求螺旋线足够粗，而这一点通常也很难满足。因此，在大功率行波管中，通常使用其他的慢波结构，其中最流行的是使用一系列的耦合腔。

控制栅极 尽管可以通过接通和关断行波管的方式来实现脉冲式输出，但是在发射电子的阴极和加速电子的阳极（与阴极之间存在正电压差）之间插入一个栅极会更加方便。此时，仅使用一个低压控制信号作用于栅极上，就可实现电子束的打开和关断。为防止栅极因截获电子而发热损坏，一般会将其放置在与阴极有着电气连接的另一个栅极的阴影处。当然，为了彻底消除脉冲间所有的信号输出，还可以对低压微波输入信号也进行脉冲化处理。

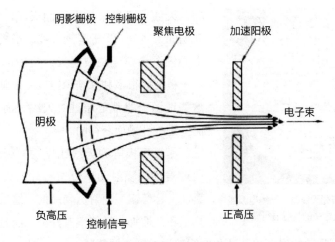

优点 除上述优点外，行波管可以提供增益达 10^7 或以上、效率达 50% 的大功率信号输出。此外，小功率螺旋线行波管还具有可宽带工作的优势，其工作带宽高达 2 倍频程（最高频率为最低频率的 4 倍）。对大功率行波管，由于必须采用其他慢波结构，其带宽一般会降低到 5% ～ 20% 之间。当然，目前已经有一些更大带宽的耦合腔行波管问世。

发射机 机载雷达发射机通常采用大功率行波管作为功率放大器（见图 2-18）。通过将行波管打开和关闭，就能将激励信号剪切为一系列的相参脉冲串，然后将这些脉冲放大到需要的功率水平并发射出去。如以上的面板式插页 P2.4 所述，行波管可由一个施加在控制栅极的低功率信号来导通和关断。

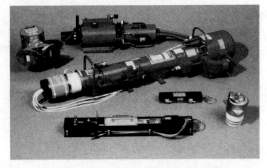

图 2-18 行波管将来自激励器的低功率信号放大到发射所需的功率水平，并且可以很容易用低功率控制信号将其打开和关闭

通过适当地修正栅极控制信号，我们能够很容易地改变高功率发射脉冲的脉冲宽度与重复频率。同样，通过对激励器输出低功率信号的调整，要改变或调整高功率发射脉冲的频率、相位和功率也较为容易实现，这对实现脉冲压缩（见图 2-19）和波形分集很有益处。

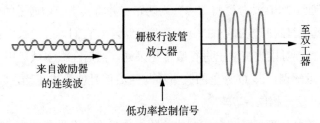

图 2-19 通过用低功率控制信号开关行波管，高功率发射脉冲的脉冲宽度和重复频率易于调整。通过更改激励器提供的低功率输入信号，还可容易地改变或调制发射信号的频率、相位及功率

图 2-20　使用平板阵列天线时，无线电波通过天线背面复合波导中的裂缝进行辐射

天线　可以采用抛物面天线，也可以采用一种新型的天线——平板阵列天线。平板阵列天线不是由中心馈源辐射电磁波至天线反射面的，而是由分布在平板上的很多独立馈源组成一个阵列（见图 2-20）。这些馈源一般都是通过对天线背面那些复合波导的侧壁进行开槽而获得的。

尽管平板阵列天线比抛物面天线更加昂贵，但通过对馈源辐射功率分布特性的设计，能够使得旁瓣（又称旁瓣）辐射达到最低，这对雷达提高动目标显示和杂波抑制性能很有好处。而且，该体制天线的馈源易于调整，这样就能保证单脉冲角度跟踪误差测量的需要。

接收机　如图 2-21 所示，相参雷达接收机在很多方面与前述的非相参雷达有所不同。

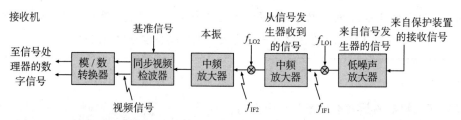

图 2-21　在一般的脉冲多普勒雷达系统的接收机中，为实现数字多普勒滤波，需要使用视频输出或经希尔伯特变换直接数字解调而得到回波同相（I）和正交（Q）分量信号。为实现单脉冲跟踪，还须提供两个分别具有 I 和 Q 分量信号的接收信道

首先，在混频器之前使用低噪声放大器（LNA）来提高输入回波功率水平，以更好地克服混频器固有电气噪声的干扰。低噪声放大器对雷达整机的系统噪声水平具有决定性的影响，也是限制雷达灵敏度的最主要因素。

其次，通过多次中频变换来避免镜频干扰问题（参见第 5 章）。经过中频变换，回波被降为基带信号（零中频）。但在一些现代雷达系统中，也会采用一次中频变换就直接数字化采样的方法，它是在随后的信号处理器中完成信号的数字解调处理的。数字化实现方法不仅使消除镜频干扰变得更为灵活，更重要的是，它还允许对一些小误差进行补偿处理，例如发射机中出现的无关调制等。

在此基础上，通过 3 dB 功分器将信号分为两路，并将其中一个通道的信号相位滞后（或超前）90°，我们就能得到回波信号的 I、Q 基带分量，对它们再进行数字化采样。当然，也可以在中频或基带直接对接收机输出进行数字化采样，然后在数字域运用希尔伯特变换，完成回波信号的双通道解调。I、Q 分量的矢量和与回波信号能量成正比，Q、I 分量之比的反正切函数值即为回波信号相位。

信号处理器　信号处理器是一台定制式的数字计算机，专为有效执行实时信号处理算法而设计，其中涉及大量重复的加法、减法和乘法运算。相关处理程序由雷达数据处理器根据当前雷达选定的工作模式负责加载。

在信号处理程序的指引下，信号处理器按到达时间（也就是距离）来组合数字化回波数据（见图 2-22），并将它们按距离间隔存储在一个又一个叫作距离单元的存储位置上；随后，基于多普勒频移滤除大部分不需要的地杂波。通过为每个距离单元的回波数据进行傅里叶变换而形成的窄带滤波器组，那些具有相同多普勒频移的相邻回波脉冲串能量在信号处理器中得到积累。因此，若目标径向速度与杂波显著不同，它们就会很容易地被检出，因为只需将它们和低功率噪声进行比较。

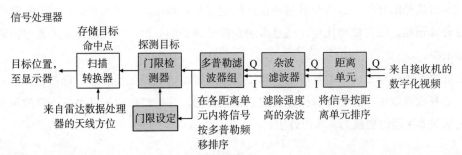

图 2-22　信号处理器按距离组合雷达回波，将其存入距离单元，滤除杂波，然后按多普勒频移对每个距离单元中的回波进行分类，最终实现对目标的自动检测

就像操作员观察 A 型显示器的距离扫描回波一样，信号处理器通过考察每个滤波通道的输出，确定当前的背景噪声和剩余杂波的强度。一旦回波幅值超过该强度，它就自动报告已检测出目标回波。

信号处理器并不直接将回波送到显示器中，而是先将目标位置在其内部存储器中暂存起来。与此同时，它会持续地以极快的速度不断搜索该存储器，最后为操作员提供一个关于所有目标位置的持续明亮的显示，就像电视画面那样（见图 2-23）。这种功能称为数字扫描转换，它解决了在相对较长的方位扫描时间内早期出现的目标光点在显示器上出现亮度消退的问题。经过这一处理，在清晰的显示背景中，人为产生的亮度统一的目标光点指示着所有目标的具体位置，使操作员一目了然。这只是数字处理和显示技术的"牛刀小试"，其特有的灵活性还将使更多先进的工作模式成为可能，这一点我们将在后续章节中看到。

举例来说，机载合成孔径雷达可在距离和方位上提供高分辨率二维成像。通过发射大带宽脉冲信号，经过对海量数据的脉冲压缩处理，雷达可在保持较远探测距离的同时，获得较高的距离分辨率。同时，为了获得较高的方位分辨率，当飞机在空中飞过时，多个距离单元上的多个脉冲回波被同时存储在信号处理器中。基于对每个距离单元上相邻脉冲串的相参积累处理，合成孔径得以形成，这样我们就可以获得高分辨率的雷达图像了。

图 2-23　在信号处理器中，雷达数据处理器能自动输入预存程序，以执行所选定的工作模式

雷达数据处理器　雷达数据处理器一般采用通用数字计算机，负责控制和完成雷达所有组成单元的例行性计算。它负责安排并执行各种工作模式的选择，例如远程搜索、边扫描边跟踪和合成孔径雷达成像等。它还负责接收飞机惯导系统的输入，以便在搜索和跟踪过程中稳定和控制天线。根据信号处理器的输入，雷达数据处理器控制目标的捕捉，使操作员只需在显示器上用一个符号将待跟踪目标套住即可。

在自动跟踪过程中，雷达数据处理器通过对所有可测量和可预估变量影响的预测，实现对跟踪误差信号的计算。这些变量包括雷达的速度与加速度、飞机的方位、对目标速度变化极限的合理预期，以及信噪比等。经过雷达数据处理器的处理，雷达能实现非常平滑和精确的目标跟踪。

在雷达工作过程中，雷达数据处理器还负责监视雷达整机工作状态，包括它自己的工作状态。如有故障发生，它会提醒操作员注意相关问题，并通过机内测试系统，将故障定位到可在机场保养区随时更换的具体组件上。

P2.5　单片微波集成电路

20 世纪 80 年代和 90 年代初，美国国防先进研究计划署（DARPA）开展的微波和毫米波单片集成电路项目在单片微波集成电路（MMIC）方面取得了进展，这些进展使得充分利用有源电扫阵列（AESA）雷达结构成为可能。安装在雷达前端发射 / 接收模块中的单片微波集成电路，它们在发射和接收过程中损耗极低。现代机载雷达的空间合成式发射机使用了数千个这样的发射 / 接收模块，而且几乎所有这些模块都使用的是单片微波集成电路。

单片微波集成电路是采用半导体晶圆加工工艺制成的固态电路，它们对硅集成电路行业中半导体处理工具的发展产生了重要影响。但是在更高频率的集成电路中一般是使用非硅类材料。

这种电路可靠性极高，预计能工作大约 100 万小时——超过 100 年。一个有源电扫阵列使用数千个基于单片微波集成电路的模块，少数模块过早出现故障，其性能下降也并不明显。和真空管发射机相比，单片微波集成电路体积更小、重量更轻，因此非常适合机载有源电扫阵列使用。此外，它们的工作电压一般为数十伏，而真空管放大器则需要数千伏。

砷化镓——既是祝福，也是诅咒。 砷化镓（GaAs）是由元素镓和砷制成的复合半导体材料。它的电子迁移特性优于硅，因此十分适合用来制作 X 波段及其他高频雷达中单片微波集成电路所需的高频晶体管。砷化镓具有更高的饱和电子速度和更高的电子迁移率（一种度量电子在基体材料中移动速度的指标），这就允许砷化镓晶体管在高于 300 GHz 的频率下仍能工作。由于较高的载流子迁移率和较低的器件寄生率，砷化镓器件在高频工作时，其内部噪声小于硅器件。

然而，砷化镓的高频性能优势也不是没有缺点。这种化合物很难制造，而且很脆，意味着它比硅器件更容易断裂。砷化镓在自然界中不像硅那样丰富，而化学计量平衡的大直径晶圆价格很昂贵。与硅不同的是，砷化镓的导热性能很差，因此晶体管在其表面形成的任何热量都必须通过基底材料传导散发出去。此外，与硅材料相比，砷化镓没有天然氧化物，因此很难生产出主流的金属氧化物半导体（MOS）晶体管，所以砷化镓单片微波集成电路一般使用的是金属半导体场效应晶体管（MESFET）。

金属半导体场效应晶体管

双极结晶体管是贝尔实验室的研究人员在 1949 年发明的，当时由于材料质量差，制造金属半导体场效应晶体管的尝试未能成功。后来，随着材料的改进，在硅中形成金属氧化物半导体晶体管成为可能。但这些结构不太适合砷化镓器件，因为砷化镓没有天然氧化物。

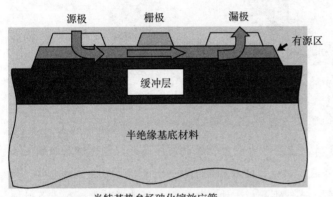
肖特基势垒场砷化镓效应管

第一个砷化镓晶体管是通过直接在半导体上设置金属栅极，并通过由此产生的肖特基势垒结，采用栅极电压来控制电流流动的方式而制成的。它要求漏极和源极之间实现低阻抗欧姆连接。早期的砷化镓晶体管通过蚀刻工艺实现彼此隔离，蚀刻产生了形成有源晶体管的台面。当源极接地并且漏极与正电压相连时，大量电子将在有源区中流动，直到对源极施加负栅极电压为止。在足够高的负栅极电压下，势垒区能扩展到整个有源区，有效地"掐断"通道并阻止电子流动。对于设计良好的晶体管，栅极电压的微小变化都会导致电流的很大变化。这个参数称为晶体管的跨导，是实现放大的基础。

伪单片高迁移率晶体管，在基本的金属半导体场效应晶体管结构中，通过向有源区添加更多的自由电子来提高跨导，但通常会导致这些电子的迁移率降低。在 20 世纪 80 年代，先进的材料生长工艺允许包含不同材料的精密层的使用，如铟镓砷和铝镓砷。添加这些不同的被称为假层或带隙工程层的材料，使应变层显示出更好的性能。这些层允许硅原子平面掺杂区和自由电子的存在。从能量角度出发，为自由电子考虑，首选铟镓砷通道区。

由于有了这些新层，可以将大量的电子添加到材料系统中。此外，由于与母体原子分离，电子可以在非掺杂沟道高速运动。大量的电子也可以在一个狭窄且易于控制的通道中高速移动。从 20 世纪 90 年代中期开始，这些材料的改进，连同非常窄的栅极长度几何结构、栅槽结构和厚镀层，已经成为单片微波集成电路中标志性的晶体管技术。然而，现在又有新的技术出现！

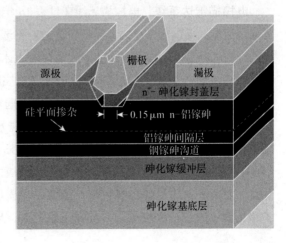

在有源电扫阵列中应用的半导体技术，主要取决于工作频率。在超高频率下，硅双极和硅横向扩散金属氧化物半导体

（LDMOS）是可用的，并且具有成本效益。但是在连续波或长脉冲宽度的应用中，这些技术可能会受到热量的挑战，并且不适用于更高的频率。目前正在开发的陆基、机载和舰载有源电扫阵列涵盖 L、S 或 X 波段。适用于这些波段的晶体管主要有碳化硅（SiC）、砷化镓（GaAs）、氮化镓（GaN）和磷化铟（InP）等。锗化硅（SiGe）能在这些波段工作，但它是一种低功率技术（在 X 波段小于 1 W）。

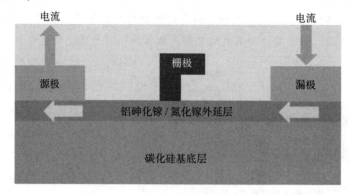

氮化镓并非没有问题，目前还没有大直径的大块氮化镓晶圆。因此，氮化镓层必须生长（沉积）在另一基底材料上。合适的基底材料是蓝宝石和碳化硅。对于单片微波集成电路，碳化硅基片由于其高导热性而成为首选。巧合的是，这种材料组合对微波器件来说，变革性地增加了功率密度。在特定频率下，氮化镓的功率密度可提高 5 倍以上。这意味着氮化镓基单片微波集成电路的尺寸可以是相近功率的砷化镓单片微波集成电路的 1/4 ～ 1/3；或者给定尺寸大小，氮化镓基单片微波集成电路可以提供高 3 ～ 4 倍的功率。由于单位面积上功率的增加，所有先进的有源电扫阵列的开发项目都在设计中考虑使用氮化镓。

随着计算技术的不断进步，信号处理和数据处理之间的界限已越来越模糊，所有的功能都可以在雷达系统的计算机中执行了。

2.3　相参性的应用

电扫描雷达系统　电扫描天线在过去 15 年或更长的时间里是雷达系统的一个重要发展方向，当然，现在它已成为大多数新雷达的首选天线。最简单和最常用的电扫描天线是无源电扫阵列（PESA），它采用平面阵列设计，由计算机控制的移相器直接被插入到每个辐射元后面的馈线系统中（见图 2-24）。通过独立地控制移相器取值，阵列波束可在相当宽的视场范围内实现对任意方向的波束扫描，这种天线通常也称为相控阵天线。

另一种功能更为丰富但成本也更高的实现方式是采用有源电扫阵列（AESA）。它与无源电扫阵列不同的是，在每个辐射元后面都插入了一个微型固态发射 / 接收（T/R）模块（见图 2-25）。为实现波束扫描，每个 T/R 模块中都备有可同时控制收发信号相位与幅度的装置，发射和接收组件也被集成在每个 T/R 模块之中。除此以外，T/R 模块中还集成了电子移相器、固态功率放大器、低噪声放大器、环形器和双工器等部件。通常，T/R 模块都具备自我测试功能，以便整个系统的性能可以得到有效的评估，这就是所谓的机内测试环境（BITE）。在低噪声放大器和天线之间有时会增加一个限幅器。欲知更多细节，请参阅第9章。

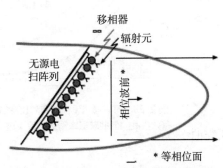

图 2-24　通过控制每个辐射元收发信号的相位，无源电扫阵列移相器可以将雷达波束转到视场内任何方向上

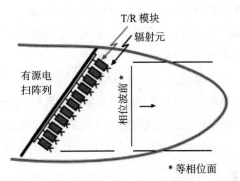

图 2-25　在有源电扫阵列中，收发模块通过控制每个辐射元辐射和接收信号的相位与幅度来控制雷达波束指向

　　相控阵列所面临的一个重要难题是，当雷达系统为获得高距离分辨率而采用大带宽信号时，它的波束扫描能力会降低。针对该问题，有两种解决方法可供选择。其中一种方法就是使用光子真时延（TTD）波束扫描技术，该方法通过以光纤的形式在各辐射元馈线中引入可变的时间延迟，来控制电扫阵列各 T/R 模块发射和接收信号的相位。通过对一系列长度可选的进出各辐射元馈线的光纤的切换，就可以对某个具体光纤馈线的长度进行调整，从而改变信号通过的时间。这一方法极大地拓展了天线的工作带宽，由于是数字波束扫描，它们具有很大的灵活性，不仅成功实现波束指向调整，而且还能改变波束形状，以避免地杂波或者外来辐射源的干扰。

　　电扫阵列有很多优点，其中一个比较重要的优点是极高的波束调度敏捷度（见图2-26）。由于波束（与常规的机扫天线相比）没有惯性，它可在任何时候跳跃性地交替指向多个目标中的一个或另一个。它也可在不明显中断波束扫描过程的同时，在某个目标上获得任意足够长驻留时间的最佳跟踪效果。有源电扫阵列还有一个特殊的优点，那就是它能够在不同频率上发射多个可单独操控的波束（见图2-27）。

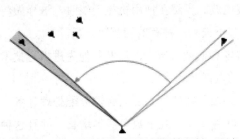

图 2-26　由于雷达波束不受机械惯性限制，通过电子扫描，可以在不到 1 ms 的时间内将其跃迁到视场内任何方向

图 2-27　有了有源电扫阵列天线，雷达甚至可在不同频率上同时发射多个独立的扫描波束

低截获概率雷达 保持雷达信号不被敌方截获和探测具有很大的挑战性。如第 1 章所述，由于电磁波在传向距离 R 处的目标和从目标返回雷达的过程中都会发生扩散效应，雷达接收到的目标回波的强度按 $1/R^4$ 衰减，但是目标处所接收到的雷达信号强度仅会随距离按 $1/R^2$ 规律衰减（见图 2-28）。

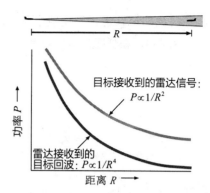

图 2-28 可以通过设计具有防止其信号被有效拦截的低截获概率雷达来解决这个难题

为了克服这一巨大缺陷，人们研究并提出了为低截获概率（LPI）雷达必须具备的一系列功能要素：

- 充分利用雷达对目标回波的相干积累能力；
- 交互式地将峰值发射功率降低到目标探测所需的最小值；
- 将雷达发射功率扩展到极宽的频带上；
- 用从红外传感器或其他无源传感器甚至从外部获取的目标数据补充雷达数据；
- 只在绝对必要时雷达才开机。

可能会令人惊讶，通过组合使用这些要素及其他的 LPI 技术，雷达可在不被敌人有效截获信号的情况下完成对目标的探测与跟踪。电扫天线在低截获概率设计中还可以通过宽波束发射和窄波束高增益接收的方式发挥有益作用，这样敌方可截获信号的功率密度将进一步降低。

图 2-29 由于当时没有截面积较小的雷达，且雷达信号被敌人有效拦截的概率也高，美国第一架隐形战斗机 F-117 没有配备雷达

隐身飞机中的隐形雷达 从正面看去，仅常规雷达天线自身的雷达截面积（RCS）就可能是战斗机的许多倍。把这样的天线放在隐形飞机的机头上肯定会产生严重的反效果。事实上，美国的第一架隐身战斗机（见图 2-29）甚至连雷达都没有装。

要使雷达天线的截面积最小化，首先需要采取的措施就是将其倾斜安装在飞机上的某个固定位置上，不让其表面在敌方雷达来波方向上反射无线电波。当然在使用机械天线时，这样做将使得雷达波束扫描变得很困难，但对电扫天线，它却不失为一种有效的解决方案。

先进处理技术 电子波束调向、波束增益置零和低截获概率，以及其他先进雷达技术的实现，很大程度上依赖于雷达数字处理具备极高的数据吞吐能力。

通过使用高度复杂的技术和在大量（数百个）独立处理单元之间合理分配处理任务、采用并行大容量共享存储器，雷达处理器的数据吞吐量实现了几个数量级的增长，并且这种趋势还在持续。

集成处理可进一步提高处理效率。与传统处理方式下飞机的雷达、光电和电子战系统独立使用自己的处理器不同，在集成处理系统中，一个单一的集成处理器为它们提供全部的服务。由此，处理器的尺寸得以减小，重量得以减轻，成本得到有效节约。

随着存储器成本的大幅降低，利用商用处理器实时完成雷达信号和数据处理已成为可能。事实上，在商业领域这方面的应用已走在了前列，一台电脑游戏机的处理能力往往会超过一架战斗机雷达。在空间和散热能力要求都很重要的场合，使处理速度受限的恰恰就是处理器效率。现代数字处理器所需的供电量都比较大，由此产生很多的热量，必须充分有效地进行散热处理。

2.4 小结

雷达系统的实现有两种基本方案：① 简易的非相参脉冲雷达；② 更现代化的相参脉冲雷达，即脉冲多普勒雷达。

非相参脉冲雷达采用磁控管发射机、抛物反射面天线和超外差接收机。其调制器由同步器的定时脉冲触发，为磁控管提供直流脉冲，并在磁控管中被转换为大功率微波射频脉冲信号。这些射频脉冲信号通过双工器被馈送至天线。天线接收的回波通过双工器后，经接收机保护器进入雷达接收机，接收机将其放大并转换为视频信号显示出来。

与简单脉冲雷达不同，脉冲多普勒雷达需要同时测量回波信号的幅度和相位。其发射机（如行波管放大器）从激励器给出的低功率连续波信号中截取出宽度和重复频率可调的脉冲串。为实现脉冲压缩处理，还可对这些脉冲串进行调制。天线可采用平板阵列天线，同时在方位和俯仰方向设置单脉冲馈源。接收机具有低噪声放大、模拟和（或）数字解调功能，后者用于产生同相和正交通道数据，以实现对回波幅度及相位信息的提取。同相（I）和正交（Q）数据随后被送入高性能计算机中做进一步处理。计算机根据距离和多普勒频移对它们进行组合分类，以滤除地杂波并自动检测目标回波，然后将目标位置存储在一个可被处理器持续查询的存储器中，用以在显示器中实现类似于电视画面的显示效果。雷达的所有操作都由数字计算机（雷达数据处理器）控制，该数字计算机将选定工作模式下的相关程序加载到信号处理器中。

结合使用电扫描技术，脉冲多普勒雷达能够提供更先进的工作模式，例如低截获概率和天线 RCS 削减等，这都有助于提高飞机的隐身性能。

扩展阅读

S. Kingsley and S. Quegan, Understanding Radar Systems, SciTech-IET, 1999.

M. Skolnik, Introduction to Radar Systems, 3rd edition, McGraw-Hill, 2002.

P. Lacomme, J. C. Marchais, J. P. Hardange, and E. Normant, Air and Spaceborne Radar Systems: An introduction, Elsevier, 2007.

波音 B-17 轰炸机（1938 年）

　　B-17轰炸机是按照1934年美国陆军航空兵重型轰炸机规格标准而研发的，乘员 10 人，已生产超 12 000 架。第二次世界大战期间，B-17 轰炸机构成了盟军轰炸欧洲的中坚力量，并赢得了"即使在战争中受到严重损坏仍能继续飞行"的美誉。

Chapter 3
第3章 | 典型应用

F-18"超级大黄蜂"从企业号驱逐舰上起飞

在介绍了雷达的基本原理和实现方法之后,本章简要介绍雷达的典型应用。比如,民用领域中的空中避碰、冰上巡逻、搜救;又如,军事上的早期预警和导弹制导等(见图3-1)。此外,恶劣气象检测、风暴规避、风切变预警等应用,则既有民事意义又有军事价值。

3.1 气象

气象检测和预报 我们都了解恶劣气象条件可能会造成多么严重的破坏作用。尽早发现恶劣天气可以让相关组织与个人提前采取行动,以降低潜在的灾难性后果。

图3-1 这架萨博鹰狮战斗机配备了多功能雷达系统(由航空探索公司提共)

P3.1　典型机载雷达应用

气象

- 天气预报
- 风暴规避
- 风切变预警
- 龙卷风预警

导航设备

- 标记远方设施
- 便利空中交通管制
- 空中防撞
- 高度测量
- 低空盲飞
- 前向测距和测高
- 精确速度修正
- 汽车避碰管理

遥感

- 地形测绘
- 环境监测
- 强化执法
- 盲降导航
- （地表）变化成像监测

侦察和监视

- 搜救
- 探测潜艇
- 远程监视
- 预警
- 海上监视
- 地面战斗控制
- 低空监视
- 瞄准

战斗机 / 拦截机支持

- 空对空搜索
- 突袭评估
- 目标识别
- 火炮 / 导弹火力控制
- 导弹制导

空 / 地瞄准

- 战术盲轰炸
- 战略轰炸
- 防御压制

近炸引信

- 火炮
- 制导导弹

许多国家都采用地基脉冲多普勒雷达网络进行天气观测和预报。事实上，大多数人都已习惯在电视和网络上阅读天气预报中的雷达降雨图。进行天气观测与预报的雷达一般工作在 S 和 C 波段，这些大型雷达系统具有较高的灵敏度，在 150 km 的距离上既能观测到微量降雨，也能发现强风暴。对大部分地区而言，气象图很可能都是通过多个雷达系统得到的，这些雷达的覆盖范围具有一定的重叠性。此外，与飞行安全有关的三种常见威胁气象现象是湍流、冰雹和低空风切变（或称局部气流扰动），其中风切变尤其重要。这三种威胁气象通常都伴随雷暴天气产生，机载气象雷达最常见的用途之一就是提醒飞行员注意它们的危险。

风暴规避　在气象雷达系统中，若发射脉冲射频频率选择适当，雷达就可以穿透云层并获得云层内部雨滴的回波。雨滴越大，则回波信号越强。通过测量雨滴回波强度变化率，雷达就能完成雷暴的检测。雷达在较宽的扇区范围内进行扫描搜索，能够指示哪些区域易遭遇危险天气和湍流，其示例见图 3-2。

风切变预警 风切变是一种可能在雷暴过程中意外发生的强下沉气流扰动。当飞机在低空飞行时，该下沉气流核心区流出的空气，会导致飞机在进入该区域时遭遇逐渐增强的逆风，而在飞出该区域时又遭遇强劲的顺风（见图3-3）。两种因素综合作用，在无任何预警时，可能导致正在起降的飞机发生坠毁。

图 3-2 这是气象雷达系统显示的在 2008 年给新奥尔良及其周边地区造成了严重破坏的飓风——卡特里娜的图像。不同颜色表征了降水和湍流的具体强度（由国家海洋和气象中心提供）

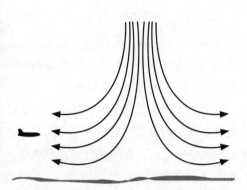

图 3-3 在典型风切变中，当飞机接近下沉气流时，会遇到越来越大的逆风；当它从下沉气流中飞走时，又遇到了强劲的顺风。由此产生的不稳定性可能造成灾难性后果

机载脉冲多普勒气象雷达既能测量降雨强度，也能测量它们的水平速度，因此也就能得到风暴中风场的相关信息。对于降雨区内的风切变，通过测量风场的水平变化率，机载气象雷达可在前方 8 km 范围内探测到风切变，从而为飞行员提供约 10 s 用以规避的预警时间。对于晴空环境中的风切变，机载气象雷达也能通过对尘埃颗粒回波的检测发现它们。

龙卷风预警 龙卷风是一种猛烈旋转的柱状气旋，其下边缘与地表相接，上边缘多数情况会与积雨云相接。它的能量十分巨大，可能造成大面积的财产破坏并危及人类生命。目前，专门用于龙卷风探测与监视的脉冲多普勒雷达系统已经问世。此外，雷达也会被用来研究龙卷风形成过程，以便更好地预测它的威力与移动模式。

3.2 导航设备

雷达很早就被用于辅助导航。最早是在第二次世界大战中，它被用来为执行轰炸任务提供导航服务。机载雷达在导航上的常见应用主要有：远程设施位置标识、空中交通管制辅助、空中防撞、绝对高度测量、低空盲飞导航、前向测距和测高等。然而，如今雷达在上述领域的应用已被应用更加广泛的全球定位系统（GPS）所取代，很多情况下 GPS 才是导航设备的首选。近年来，雷达被日益广泛地用于地面车辆之中，随着越来越多的新型车辆采用多雷达系统，这方面的应用可能才是雷达在导航功能上最普遍的应用。

远程设施位置标识 对一架正在接近的直升机和飞机来说，可使用雷达信标对海上钻井平台、偏僻机场等设施进行位置标识。最简单的雷达信标系统叫作转发式应答机，它由接收

机、低功率发射机和一部全向
天线组成（见图 3-4）。应答机
接收雷达天线波束扫过它时发
射的所有脉冲信号，并以另外
一个不同的频率发出"应答"脉
冲。尽管应答机的发射功率很
低，但其应答信号仍会强于雷
达目标回波。而且，由于应答信
号频率与雷达发射频率不同，

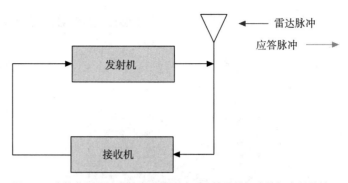

图 3-4　当接收到雷达系统发出的脉冲后，简易信标应答机会以另外一个频率发送应答信号。这构成了雷达导航设备的基础

所以不存在杂波干扰问题，在雷达显示器上它们清晰可见。

　　一种更强大的信标系统（见图 3-5）则包含了询问机设备。询问机负责发射编码脉冲，应答机也以对应的编码应答脉冲信号对其进行响应。这类信标系统最常见的应用是作为空中交通管制系统的信标。直到最近，在空中交通管制系统中，这种空中交通管制雷达信标系统（ATCRBS）仍占据主导地位，但预计它们将会被逐步淘汰。取而代之是自动相关监视广播系统（ADS-B）和模式选择系统（Mode S），与 ATCRBS 相比，这两种新系统在功能上更为强大，可以处理更大的飞机容量和提供更详细的飞行信息。

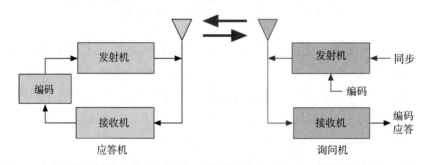

图 3-5　在完整的雷达信标系统中，询问机通常与搜索雷达系统同步，应答机的应答显示在显示器上

　　空中交通管制辅助　除了最小型的私人飞机外，所有其他的飞机上都会安装 S 模式应答机，并且世界上每个主要机场都配备有能和空中交通管制（空管）雷达协同工作的 S 模式询问机。询问机天线采用单脉冲体制，一般安装在空管雷达天线的上面，与空管雷达天线一起移动和扫描（见图 3-6）。此外，在脉冲发射方面，询问机也会保持与空管雷达同步。操作员只需在空管雷达显示屏上点击相应目标"光点"，就可自动完成对正在接近的飞机目标的询问。

　　询问机通常只使用多种可能代码中的两种。其中一种是要求应答机提供所在飞机的识别码，另一种则是要求获取该飞机高度信息。由此，每架装备了该信标系统的飞机都能够被清楚地识别出来，并允许人们在三维空间中对其进行精确的定位[①]。严格来说，这种信标系统并

---

① 每架飞机都有唯一的识别码，因为这样的标识码有 1 600 万个可供选择。

不是雷达；然而，由于命名传统以及它们在用途上与雷达之间的亲近关系，通常都称它们为 S 模式雷达。

空中防撞　交通警报和避碰系统（TCAS）也使用 ATCRBS 应答机，并将其与机载气象雷达集成在一起，对空管应答机和气象雷达搜索扫描范围内的所有飞机目标进行询问。然后，基于应答机的回应，TCAS 可以确定这些飞机在方向、距离和高度上的间隔，以及它们各自的接近速度。依据这些信息，TCAS 进行危险等级排序，并对高威胁优先级目标进行更高速率的询问，在必要时还发出垂直和水平避碰命令。

图 3-6　信标询问机的天线安装在空管雷达天线的顶部。通过编码信标脉冲及其应答，雷达能够识别正在接近的飞机，并能够获得和显示飞行高度和航班号等飞行信息

绝对高度测量　许多情况下，人们都需要知道飞机的绝对高度[②]。由于飞机下方通常有大块地面，而且飞机与地面间距离很近（见图 3-7），通过配置一个低功率宽波束的小型下视雷达就可以连续精确测量飞机的绝对高度，这种雷达通常称作测高仪。测高仪与飞机自动驾驶仪相连，可确保仪表在飞机着陆过程中对滑翔斜坡的平稳跟踪。在遥感应用中，雷达高度测量技术也被用于评估陆地和海洋表面高度的变化。

测高仪可以是连续波（CW）体制，也可以是脉冲体制。在军事应用中，可以通过技术手段使敌方截获测高仪辐射信号的可能性降至最低，具体方法是：以极低脉冲重复频率（PRF）发射脉冲，并采用大压缩比脉冲压缩技术将脉冲功率扩展到很宽的频率范围上。

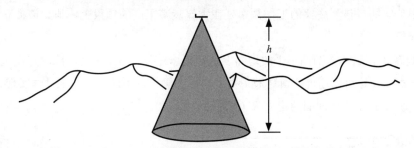

图 3-7　飞机的绝对高度可通过一个低功率宽波束的小型雷达采用测量地面距离的方法来精确地确定

低空盲飞导航　低空飞行从来就是十分危险的活动，但是通过掠地飞行，可以使战斗机避开敌方观察，从而免受攻击。为实现掠地飞行，已经研发了两种基本雷达工作模式，即地形跟踪和地物回避。

在地形跟踪模式（见图 3-8）下，机载前视雷达以笔形波束垂直扫描前方地形地貌，直至地平线。基于由此获取的地物回波纵向剖面，解算出飞机的垂直转向指令，并传递给飞行控制系统，使飞机在恰好能够掠过地面障碍物的高度上自动安全飞行。

---

② 到地面的距离。

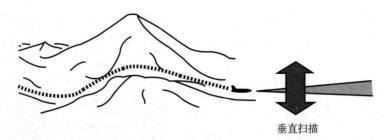

图 3-8　在地形跟踪模式下，雷达用笔形波束垂直扫描前方地形

地物回避模式（见图 3-9）与地形跟踪类似，只是此时雷达还会周期性地进行水平扫描，使得飞机不仅能贴近地面飞行，还能绕过飞行路径上的障碍物。

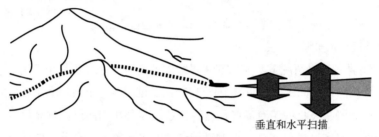

图 3-9　在地物回避模式下，雷达交替在垂直和水平方向扫描前方地形

当前，无人机（UAV）正越来越多地替代各种有人系统。在一个等高线已知的地形图中，无人机能够沿着一个精确定时、紧贴地面的规划航迹飞行，它们的离地高度可通过一个发射功率极低的雷达测高仪测量得到。由于该测高仪只照射飞机正下方地面，所以它被敌方发现的概率会很低。如果该测高仪的工作频率处在大气衰减很高的频段上，那么被截获的概率还会进一步降低。

前向测距和测高　在凹凸不平的地面上执行轰炸任务，常常需要精确测定飞机相对于目标的距离与高度。这可以通过将雷达波束对准目标并测量以下两个参数来具体实现：① 天线俯仰角 θ；② 波束中心到地面的距离 R（见图 3-10）。

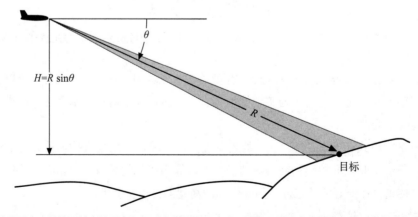

图 3-10　该图画出了对地面某点的距离和相对高度的测量方法。雷达所测距离是仰角跟踪误差信号为零时的雷达目标距离

采用单脉冲技术将目标锁定在波束中心（参见第 31 章）。一旦目标居中，则同时测量目标的距离和俯仰角。基于图 3-10 所示的简单几何关系，我们可以直接计算出飞机相对于目标的高度。

精确速度修正（PVU）　如第 1 章所述，通过测量地面三个不同点处地物回波的多普勒频移，前视雷达可以测出其自身的运动速度，这些测量数据可用来修正飞机的惯导系统。若惯导系统失灵，基于这一原理，雷达还可接管该项工作任务。以这种方式工作的雷达系统称为多普勒导航仪。

汽车防撞管理　越来越多的现代车辆会配备一套微型雷达系统，以改善它们的防撞和导航性能。这些雷达即将成为数量最多的雷达系统，由此汽车防撞雷达也成为一种重要的雷达应用形式。它们通常采用调频连续波（FMCW）设计，在 24 GHz 或 77 GHz 工作频率下，平均发射功率只有几毫瓦，能够探测距离 100 m 范围内的各种障碍物，从而为汽车防撞提供了必要的信息（见图 3-11）。尽管这些系统都很小，成本也只有几十美元，但它们的分辨率可达数十厘米。这种高距离分辨率被用来精确地确定障碍物的具体位置，以

图 3-11　车载雷达系统使用低成本、高复杂度的技术来改善交通安全，提高交通流量（由 AutoLive 提供）

便对驾驶员发出预警；或者在紧急危险情况下生成指令信号，自动控制汽车安全刹车并避开障碍物。汽车行业希望这将最终促成无碰撞甚至无人驾驶汽车的出现。

3.3　遥感

雷达在遥感探测上的应用变得越来越重要，这些应用可以帮助我们了解地球的发展演变，具体包括：农作物监测、植被退化测量、极地冰帽融化对海岸侵蚀的评估、冰上巡逻、高分辨率地形测绘、车辆速度检测、自主盲降导航等。由于满足遥感探测应用需求的雷达系统的数目和种类在不断增长，这样的应用清单也在不断加长中。出于更好了解地球变化的需要，从太空对地球进行遥感的雷达应用也在不断发展之中；事实上，绕地球旋转的天基雷达系统如此之多，以致地球上的某些区域每天都会被测绘好几遍。这里仅简述几个雷达遥感应用的例子。

地形测绘　最早的地形测绘雷达都是实波束非相参系统，称为侧视机载雷达（SLAR），它们有一个从飞机侧方看出去的长线阵列天线。当飞机直线飞行时，雷达波束被拖带着扫过待测区域，形成类似于地图的雷达回波图像。这些早期系统大多出现在数字处理技术发明之前，因此只能采用光学扫描处理器将雷达回波数据记录到底片上。图 3-12 示出了用于测绘冰凝流动的 SLAR 图像。

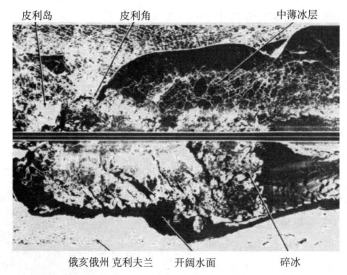

图 3-12 用实波束侧视阵列雷达测绘到的伊利湖上的一次冰凝流动，该雷达装备有一个可看向飞机任意一侧的长而固定的阵列天线

SLAR 的工作距离相对较短（只有几十千米），但频率一般都较高（如 35 GHz 或以上），因此可以获得足够高的分辨率以满足地形测绘的需要，如为冬季结冰水域绘制可通行水道图。此外，由于该雷达结构简单，天线是固定安装的，所以造价也相对便宜。然而，在遥感和监测领域，基于相参成像技术的合成孔径雷达（SAR）才是首选手段。即使是在航天器这样的远程平台上使用，几十厘米甚至更高分辨率的 SAR 成像也是可实现的。

业已充分证明，SAR 成像对军民用高精度、低成本地形测绘都特别有用。另外，基于干涉技术还可获得高分辨率三维地形测绘图像（见图 3-13）。这种 3D 成像技术现在也越来越多地应用在超高精度地表图像测绘中。

图 3-13 这是一张典型的三维干涉 SAR 地形测绘图像（皇家版权 DERA Malvern）

执法 无论是 SLAR，还是近年来越来越多应用的 SAR，它们都在溢油监测、渔业保护和打击走私贩毒等方面发挥着重要作用。由于 SAR 可提供远距离精细分辨能力，所以使用它进行执法监测，具有在发现违法行为的同时而不惊动犯罪分子的优势（见图 3-14）。

盲降导航 飞机正前方的地面无法用 SAR 绘制地图，因此在进行助降导航应用时必须采用其他技术。其中的一种技

图 3-14 这幅 SAR 图像就可用于打击走私犯罪，图中可见越野行驶的卡车车队。从图中树木的雷达阴影可知，测绘出该图像的雷达处在较远的距离上，且方位位于该图像的上方

术采用单脉冲天线对前方狭窄区域进行扫描。在需要关注的较短距离范围内，雷达可获得足够精细的方位分辨率，确保机组成员能够顺利定位机场跑道和其他标识物（见图 3-15），从而在夜间或恶劣气象条件下实现对小型或未改进跑道的自主进近降落。这种技术被称为多普勒波束锐化，它是 SAR 和 SLAR 的近亲。

地貌变化检测　地貌会随着时间和空间而发生变化，如海岸侵蚀、极地冰帽融化和植被退化等，对地貌变化的检测可为我们提供多方面的宝贵信息。图 3-16 所示是一个非相干变化检测的例子，图中第一幅图像中存在而第二幅图像中没有的目标显示为蓝色，第二幅图像中存在而第一幅图像中没有的目标显示为红色。这样做可以让图像分析员对地表上随时间推移而发生的变化产生足够的警觉。

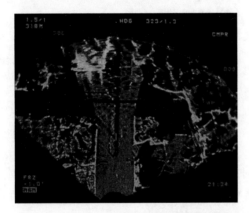

图 3-15　采用单脉冲天线的前视雷达系统通过实波束测绘填补了 SAR 图像在飞机前方的空白。它能提供足够的分辨率，使盲飞进入没有导航设备的降落跑道成为可能（由 Northrop Grumman 公司提供）

图 3-16　非相干变化检测。蓝色表示在第一幅图像中检测到但在第二幅图像中未检测到的目标，红色表示在第二幅中检测到而在第一幅图中未检测到的目标（图像由空军研究实验室提供）

3.4　侦察和监视

侦察和监视是遥感探测的军事应用，但由于军事斗争的特殊性，二者在雷达设计方面截然不同。军事实践业已证明机载雷达在军事行动中的至关重要性，其原因不外乎如下几方面：具有穿透烟、雾、云层和雨水的能力；具备快速大范围搜索能力；能够实现远距离目标探测；可同时跟踪众多分布性目标的能力；在一定程度上进行目标识别的能力。

这里考虑四种典型机载雷达应用模式：远程空地侦察、预警和海上监测、空地监视和战斗管理，低空和海面监视。

远程空地侦察　利用极高分辨率（30 cm）SAR 系统可实现数百千米外军事目标的全天候监视。事实上，由于飞机高度对雷达视距的限制，此时雷达探测已达到其最大可能的作用距离。基于 SAR 雷达的极高成像分辨率，战斗机和轰炸机可获得十分宝贵的目标细节信息，由此可精确定位相应的地面目标。

随着 SAR 技术的进步，目前它们已能够在远程长航时小型无人侦察飞机上执行类似的任务（见图 3-17）。通过卫星，这些雷达获取的分辨率为 30 cm 的 SAR 图像被直接传递给战场

图 3-17 一架远程长航时无人侦察机可以通过卫星直接向战场上的用户传递分辨率为 30 cm 的 SAR 图像

上的己方用户。遗憾的是，实时生成的 SAR 图像数据量十分巨大，即使是多人同时工作，也无法对所有数据进行实时的分析。目前，使用高速计算机对图像进行实时自动分析评估仍然是一个挑战性的课题，许多精细的判读工作仍然必须依赖人工完成。

预警和海上监视 机载雷达可以探测低空飞机和水面舰艇，其探测距离比地面雷达或安装于桅杆上的舰载雷达要远得多。因此，为了对来袭敌方飞机和导弹进行预警并保持对整个海域的有效监视，需要将雷达安装在高空巡航的飞机上，例如鹰眼系统、机载警戒与控制系统（AWACS）等。

由于这些载机体积大、速度慢，因此，机载预警雷达可使用足够大的天线以获得较高的角度分辨率，同时也能工作在足够低的频率下，以忽略大气衰减的影响。与此同时，它们的发射功率也可以做得很大。

这些雷达一般都能够进行 360° 全方位覆盖，对低空飞机的探测距离达到雷达地平线视距（在 10 000 m 的高度上，探测距离超过 300 km），且随着目标高度的增加，探测距离还将显著增大。此外，它们还能同时跟踪数百批目标。

空地监视和战斗管理 正如 AWACS 系统对广阔空域的监视一样，机载雷达也可以对广阔的地面区域进行监视。这类雷达兼容了高分辨率地面成像和地面动目标检测的能力。在单个雷达系统中实现这种兼容确实是相当大的成就，因为支持这两种功能模式的工作条件是完全不同的两个方向。此外，基于单脉冲技术还可以更准确地对动目标进行定位，而且研究表明，偏置相位中心天线（DPCA）和空时自适应处理（STAP）等先进技术可以使杂波背景下的目标检测变得更容易。

这类雷达系统的例子包括 JSTARS、SENTINEL、AN/AP-12。JSTARS 装备了一部较长的电扫侧视天线（见图 3-18），通过动目标显示（MTI）技术探测跟踪地面动目标，通过 SAR 技术探测固定目标。

在 10 000 m 以上高空以跑道模式飞行，保持距离敌边境线 150 km 以上，JSTARS 雷达仍可对敌领土内 150 km 甚至更大范围保持监视。通过安全保密的通信链路，该雷达可以向地面控制站提供完全处理后的雷达数据，且可接入的控制站数量不限。

图 3-18 Joint STARS 雷达的无源电扫天线安装在一个 8 m 长的天线罩内。该雷达具备 SAR 测绘和地面动目标检测功能，用于战场管理中的目标跟踪与监视

低空和海面监视 一直以来，对海面目标的监视都是机载雷达的一项重要功能，其中包括对从潜艇潜望镜到护卫舰这一系列目标的发现和跟踪，对水面舰船甚至还需要对其进行分类识别。为消除杂波、实现小目标检测以及为小船和其他船舶识别提供必要的细节信息，通常需要雷达具有较高的分辨率。

机载雷达对海面监视的一种新的功能应用是用于拦截海上走私者，尤其是那些贩毒走私者。例如，美国海关在美国南部边境部署了"栅栏"雷达系统，即在系留气球上安装采用大型反射天线的远程监视雷达（见图 3-19），世界上其他地方也有类似的应用项目。球载雷达相对稳定的空基平台使得它更适合在海杂波背景下检测活动目标。作为球载雷达的探测对象，目标飞行器通常会更小，而且运动速度会更快。

图 3-19　载有采用大型抛物反射面天线的轻型固态监视雷达的高空气球。系留在 5 000 m 高度上，球载雷达可探测到 300 km 范围内的低空小型飞机。该高空气球可在空中停留 30 天，在 30 m/s 的风速下保持正常运行，最大可承受风速为 40 m/s

3.5　战斗机 / 截击机任务支持

战斗机 / 截击机面临双重作战任务：① 阻止敌方飞机和导弹的攻击；② 保持己方对特定空域的控制。两种情况下战斗机雷达的主要作用通常都会包括四个方面：空对空搜索、空袭评估、目标识别和火力控制。

空对空搜索　战斗机雷达搜索目标的范围差异性很大。一种极端情况是战斗机可能会"定向"拦截一个已经被发现并精确跟踪的目标；另一种极端情况则是雷达

图 3-20　配备了大功率脉冲多普勒雷达，美国空军 F-16 空优战斗机可以进行超大范围空域的监测

需要搜索很大一块空域，以寻找所有可能的目标（见图 3-20）。

空袭评估　即使雷达采用很窄的笔形波束，在较远的距离上它也可能无法分辨来袭的密集飞机编队。因此，战斗机雷达通常具备空袭评估工作模式。这就要求雷达可在边扫描边跟踪和空袭评估两种模式之间自由切换，以同时保持对整体态势的感知和对可疑多目标群的单目标跟踪。当采用空袭评估模式工作时，雷达可以为评估可疑目标群提供十分精确的距离和多普勒分辨率。

目标识别　为了识别超出视距范围的目标，通常需要一些雷达识别手段。其中一个手段是敌我识别系统（IFF）。与战斗机雷达同步的 IFF 询问机发送询问脉冲，由所有友机上的应答机通过编码脉冲进行应答。然而，尽管目前已使用了复杂的编码技术，但密码被破解的可能性始终存在，因此还需要设计其他非合作目标识别手段。

这些非合作识别技术属于特征识别的一般范畴。雷达目标类型识别中，唯一可利用的信息就是接收回波信号特性。更典型的情况是这类方法需要雷达系统具有足够精细的距离分辨率，以便获得一维距离像用于目标识别。更进一步，若采用逆合成孔径雷达（ISAR）系统，那么也可以得到目标的二维图像。图 3-21 示出了可用于目标分类的雷达一维距离像和二维 ISAR 图像的基本样式。

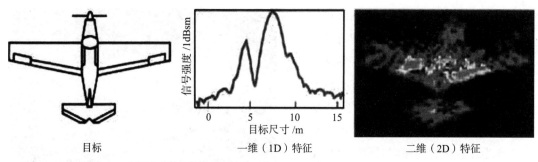

图 3-21　利用非合作目标识别系统分别获得了飞行中目标飞行器的一维和二维特征

火力控制　根据目标距离的不同，飞行员在攻击它时，既可以使用火炮也可以使用导弹。

对于火炮射击，飞行员可选择近距离格斗模式。在该模式下，雷达采用单目标跟踪模式工作，自动锁定目标并持续向飞机火控计算机提供目标距离、距离变化率、角度和角速率信息。火控计算机引导飞行员对目标进行引导追击（见图 3-22），并在合适的距离上发出射击指令。该射击指令和飞行转向指令一起显示在同一个平视显示器上，这样可以使飞行员保持视线不离开目标。

然而当采用导弹对目标进行攻击时，由于雷达制导导弹通常在视距外就可发射，导弹发射时战斗机雷达一般仍处于边扫描边跟踪模式。此时，针对多个不同目标的多枚导弹会被快速连续地发射出去。

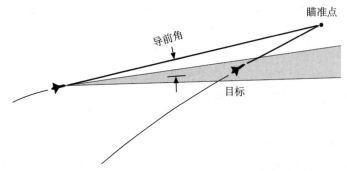

图 3-22　在此火炮射击引导追踪过程示意图中，战斗机的雷达在空战模式下自动锁定目标，并在单目标跟踪模式下跟踪目标

初始阶段，导弹采用惯性制导沿高射弹道飞行。随后过渡到半主动制导阶段，此时导弹导引头在战斗机扫描雷达的周期性辐射波束的指引下，不断飞向目标（见图 3-23）。在最末端，导弹导引头切换到主动制导方式，依靠自己的波束照射目标进行制导。

先进中程空对空导弹（AMRAAM）（见图 3-24）就是采用了这样一种制导工作方式：它配

图 3-23　先进中程空对空导弹（AMRAAM）在 F-35"闪电"战机上试射

有指令－惯导复合制导系统，根据战斗机雷达在
导弹发射前获取的目标数据引导导弹进入预定的
拦截弹道。假设目标在导弹发射后发生变向，战
斗机雷达则会通过给正常发射信号进行编码的方
式，将修正指令信息传递给导弹。导弹上的指令
接收机接收并解码该指令，然后使用它对惯导系
统中的目标航向进行及时修正[3]。进入末制导阶段
后，AMRAAM 的飞行控制权会切换给它自己的
近程主动雷达导引头。

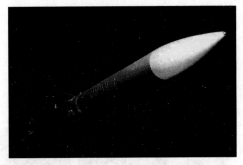

图 3-24　AMRAAM 靠惯导进入预定的拦截弹道；
若目标在导弹发射后发生机动，它可由雷达处获得
弹道修正信息（长度 4 m；射程 25+ km）

3.6　空地攻击瞄准

　　雷达可能在各种空对地攻击中发挥重要作用。为了说明这一点，我们考察四种不同假想
任务类型：① 战术导弹瞄准；② 战术盲轰炸；③ 精确战略轰炸；④ 地面防御压制。对每种
任务类型，雷达使用的基本策略都是既要充分利用雷达的优势能力，又要尽量减少雷达开机
辐射。

　　战术导弹瞄准　在该假想任务中，
一架武装直升机潜伏在小山背后，俯瞰
战场。例如，图 3-25 所示的直升机，它
装备了一种近程超高分辨率毫米波雷达系
统，雷达的天线罩位于直升机主旋翼顶端
正上方。雷达快速扫描相关地面区域，寻
找潜在目标并自动对已探测目标进行威胁
排序，然后传给火控系统。该直升机上装
备的那些小型导弹可自主寻敌，发射后即

图 3-25　通过旋翼桅杆上的高分辨率毫米波雷达小天线，
该攻击直升机能够在战区外探测发现目标，并为其所装载
的"发射后不管"导弹系统提供指示信息

不管，而这些导弹发射前的瞄准由火控系统负责。

　　战术盲轰炸　一架攻击机在惯性导航仪的指引下沿掠地航线飞向敌占区的某个区域，该
区域据信已部署了移动导弹发射装置（见图 3-26）。到达该区域后，操作员打开机载雷达完
成惯导修正，然后使用雷达对该区域进行一次 SAR 成像（随后立即关闭雷达）。基于对冻结
在雷达显示器上 SAR 图像的分析研判，操作员将光标指向目标的大致位置上，然后再次打开
雷达，获得光标指定位置区域的精细 SAR 图像（然后再次关闭雷达）。

　　确认目标后，操作员将光标置于确认目标之上；飞行员将立即开始对该目标进行轰炸引导
指令接收，而炸弹则会在最佳时间被自动投放。这样一来，通过三次短暂地打破无线电静默，
在零能见度条件下，机载雷达为战术盲轰炸任务提供了直接命中目标所需的一切信息。

---

③　即使导弹当时不在雷达波束之内，通过天线旁瓣波束，导弹也会收到该信息。

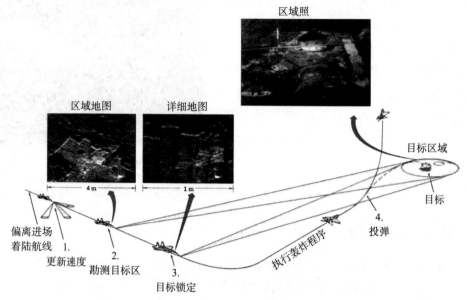

图 3-26 典型的盲轰炸行动，其中攻击机只需三次短暂开启雷达，就能从偏离进场航线过渡到直接命中目标

精确战略轰炸 在这项任务中，隐身轰炸机在约 7 000 m 的高度上飞行，机组人员打开轰炸机雷达，开始获取敌已激活指挥中心区域高分辨率 SAR 图像，开机时间只要确保能完成一次成像即可。该 SAR 图像也被冻结，然后被转换到 GPS 坐标系中。一旦确认目标，操作员操作光标点向目标上方，此时目标 GPS 坐标就会被输入到一个 2 000 磅重的滑翔炸弹的 GPS 导航系统中[④]。该炸弹会在最佳时刻自动被投放，然后滑翔到目标的几乎正上方位置（见图 3-27），随后垂直向目标俯冲，轰炸精度优于 1 m。

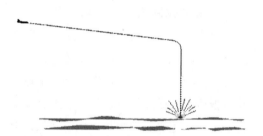

图 3-27 飞行员在投弹前会在轰炸机雷达 SAR 图像中指定目标，GPS 制导炸弹被投放后先是滑翔飞行，直到它几乎到达指定目标正上方后，才垂直向目标俯冲

地面防御压制 高速反辐射导弹（HARM）可利用敌方雷达系统的辐射进行寻的制导，只要敌方地面防空搜索雷达和地空导弹（SAM）阵地一开机辐射，这些反辐射导弹就很可能让它们马上丧失战斗力。

一架特殊装备的飞机低空飞行，潜伏于敌防御雷达视野外，利用数据链所接收的其他情报源数据，确定敌防御雷达的方位和距离。为搜索发现敌雷达信号，机组人员会对 HARM 进行预先的程序设定，然后沿敌雷达方向将该反辐射导弹发射出去。反辐射导弹被发射出去后，很快就能截获敌方雷达信号，然后飞奔向目标，并在敌人意识到被攻击之前，就摧毁目标雷达。

---

④   为防止 GPS 功能失效，也会提供备用投弹手段。

3.7　近炸引信

机载雷达的另一个重要应用是近炸引信。

早期近炸引信在地面回波达到预定幅度时引爆对地攻击炮弹，见图 3-28（a）；或者在炮弹接近飞机目标时依据接收信号幅度变化引爆该防空炮弹，见图 3-28（b）。

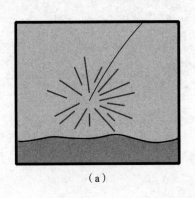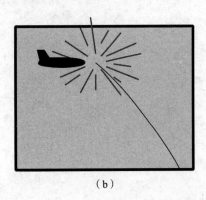

（a）　　　　　　　　　　　　　　　（b）

图 3-28　近炸引信

对于制导导弹，引信技术更加精密。它们不仅需要检测目标存在，而且需要通过测量导弹接近目标过程中回波多普勒频移的变化情况来控制引爆时间。

3.8　小结

雷达系统的设计丰富多样，每种设计都对应着特定的应用。本章中，我们仅简略地介绍了其中的一小部分代表性应用。

扩展阅读

J. A. Scheer and W. L. Melvin (eds.), Principles of Modern Radar Volume 3: Applications, SciTech-IET, 2014.

“哈维兰蚊子”（1941 年）

　　“哈维兰蚊子”的不寻常之处在于它的机身几乎全是木制的。它发挥了多
种用途，包括作为战术轰炸机、夜间高空轰炸机、昼夜战斗机、入侵飞机、海
上攻击机和侦察机等。因为它是木质结构，所以速度较快，几乎能超过敌方所
有飞机。木质结构还让它的雷达特征不太明显。

第二部分
必要的基础知识

梅塞施密特 Me-262（1944 年）

Me-262 中的 Schwalbe（燕子）是第一架达到作战状态的喷气式飞机。因为它设计先进，所以可以用于执行各种任务，如轻型轰炸机、侦察机和夜间战斗机。它的飞行速度和快速爬升能力让它极不容易被反击。多架 B-1a 型教练机被改装为带有 FuG 218 Neptun 雷达和 Hirschgeweih 天线阵列的夜间战斗机。

$\mathcal{C}$hapter 4

第4章 | 无线电波与交变信号

Beaufighter 夜间战斗机驾驶舱

无线电波和交变信号对雷达的所有功能都十分重要，所以从逻辑上讲，任何对雷达基础知识的介绍都需要从它们开始。确实，许多看似很晦涩的雷达概念，如果从无线电波和交变信号的角度来分析，可能会很简单。本章对无线电波的性质及基本特性参量进行讨论。

4.1 无线电波的本质

对无线电波进行建模，最好的处理方法可能是将其想象成空间的辐射能量。这些能量一部分以电场形式存在，另一部分则以磁场形式存在。因此，无线电波也被称作电磁波。

电场和磁场 当电流发生流动时，其周围就会有磁场产生。基于生活中常见的例子，我们可以很容易地区分这两种不同的场。电荷在云层和地面之间积聚并发生闪电（见图4-1），这表明有电场产生；再考虑一个更小尺度的电场，即在特别干燥的天气里，电荷在梳子上积聚，使梳子能够吸引纸屑。对于磁场来说，环绕地球的地磁场使得指南针动作；又比如电话听筒中，当交变电流流过一个缠绕在微型磁体周围的线圈时，它们产生的磁场将使电话膜片振动并发出声波。

电场与磁场密不可分。若电场是正弦变化的，那么它感应产生的磁场也会正弦变化；反之，当一个磁场正弦变化时，由它生成的电场也会正弦变化。每当电荷的运动速度或运动方向发生变化，也就是电荷处于加速运动状态时，它就会生成一个变化的磁场并辐射出电磁能。由于带电粒子的热扰动，我们周围的一切事物都会辐射电磁能量，当然其中仅有很少的一部分处于无线电频率范围。对于任何一次电流的流动，不论它是在前述的闪电过程中还是在电话线里，电场是一定会存在的。而只要有电流流动（见图4-2），也必然会产生磁场，电磁铁就是这样一个常见的例子。

图4-1 电场的一个常见例子是云层与地面之间的闪电

如果相关的场随时间变化，那么它们相互之间会有更加深入的关系。磁场发生任何变化，例如幅度的增强或者减弱，都会诱发电场产生，我们在发电机和变压器的运行过程中可以观察到这种关系。同理，尽管不是那么明显，但反过来这种关系也是成立的，即电场的任何变化都会产生磁场。变化的电场或磁场会使电流能够以电磁波的形式流动。

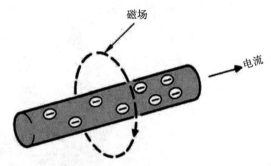

图4-2 电流流动必然导致磁场产生

19世纪下半叶，詹姆斯·克拉克·麦克斯韦提出了一种假设——变化的电场可能会产生磁场（见图4-3）。基于这一假设以及当时已经证实的电场和磁场特性，他假设了电磁波的存在，并对其动力学特性进行了数学描述（这就是麦克斯韦方程组）。但是，对电磁波客观存在性的证明，一直等到13年以后才由海因里希·赫兹通过实验完成。

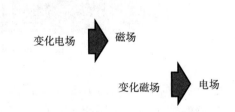

图4-3 电场和磁场的动态交互作用产生无线电波。若一个电场正弦变化，那么它所产生的磁场也会正弦变化；若一个磁场正弦变化，那么它所产生的电场也会正弦变化

电磁辐射 电场和磁场间的动态相互作用激发了电磁波的产生。正因如此，对于一个电荷，比如电子所带电荷，当它发生加速运动，即运动方向或运动速度发生改变时，它将会改变周围的场分布情况并向外辐射电磁能量（见图4-4）。电荷运动状态的变化，首先引起周围由粒子运动所产生的静态磁场发生变化；该磁场的变化又会诱发在稍远处

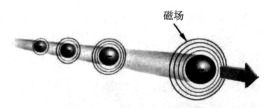

图4-4 当电荷加速运动时，一个变化的磁场就会产生并辐射出电磁能量

产生变化的电场，新的变化的电场反过来又在它的外面诱发一个变化的磁场，如此循环往复，以至无穷。

由此可见，造成辐射的源头数不胜数。由于在所有物质中热扰动永恒存在，它们的电子一直都处于持续的随机运动中。所以，我们周围所有的物体都会辐射电磁能量（见图 4-5）。当然，绝大部分的电磁能量辐射是以热辐射（波长较长的红外线）的形式出现。但总有一小部分电磁能量会以无线电波的形式存在。其实，热辐射、

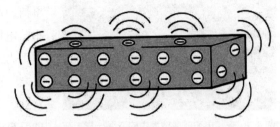

图 4-5　由于热扰动的存在，我们周围的一切物体都会辐射电磁能量，但其中仅有一小部分处于无线电频段

可见光和无线电波本质上都是同一种东西，即电磁辐射，只是它们各自的频率不相同而已。

与自然界中的电磁辐射不同的是，雷达系统是通过采用强电流刺激调谐电路而进行电波辐射的。因此，这种人工制造的电磁辐射，其频率大致相同，它们所包含的能量较自然界相同频段上的辐射信号要强大不知多少倍。

天线如何辐射电磁能量　要想了解辐射如何发生，让我们首先来考察自由空间中的简易天线模型。对此，没有什么比赫兹在他最初的无线电波验证实验中所使用的振子天线更适合的了。

就像电容器那样，赫兹振子天线由一根细长的直导线以及位于导线两端的平板组成（见图 4-6）。在导线中央位置施加交变电压，促使电流在两个极板之间来回涌动。该电流一方面会在导体周围产生不断变化的磁场；与此同时，由于电流在两个极板上的流入和流出，正负电荷交替积聚在两个极板上，从而也会在两个极板之间产生不断变化的电场。

离天线很近的区域，电场和磁场都很强，就像电磁铁或电容器极板之间的场那样。在每次振荡过程中，无论是电场还是磁场，它们包含的大部分能

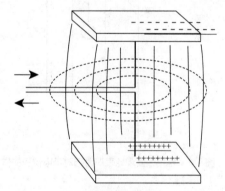

图 4-6　一个简单的偶极子天线，赫兹利用该天线演示了无线电波的存在

量都会返回到天线，但是总有一部分永远不会再回来了。两个极板之间不断变化的电场会在其正上方激发一个新的不断变化的磁场，这个新的交变的磁场反过来又会在其正上方产生一个不断变化的电场，以此类推。同样的道理，导线周围不断变化的磁场会在导线的正上方激发一个不断变化的电场，该电场又会继续在导体正上方产生一个新的交变磁场。以此类推，循环往复。

在这样的能量相互交换中，电场和磁场从天线向外传播出去。就像往池塘里扔进一块石头所产生的涟漪（见图 4-7）那样，在激励电流停止很久之后，它们所激发的电场和磁场仍在向外传播（就像石头已停止移动，涟漪仍能持续很长时间一样）。这些被激发的场以及它们所包含的电磁能量就这样传播出去了。

图 4-7　无线电波就像池塘中的涟漪一样，在扰动源消失很久之后还能向外传播

电场的可视化描述　电场和磁场虽然无法被我们看见，但是想要可视化地表示它们却是很容易的事情。对电场来说，我们可采用电波传播路径上微小带电粒子所受到的作用力来形象化地描述它。该作用力的大小正比于电场强度（E），其方向和电场方向一致[①]。如图 4-8 所示，电场通常被描述为一簇实线，实线方向表示电场方向，其密度（在该方向的垂直面上单位面积内的实线数量）表示电场强度。

同样，对于磁场来说，由于电波传播方向总是垂直于电场和磁场的方向，我们也可以采用电波传播路径上微小磁荷所受到的作用力来形象化地加以描述。和电场的可视化描述一样，磁荷所受作用力的大小正比于磁场强度（H），而且其方向对应磁场方向。磁场线的绘制方法和电场线类似（见图 4-9），不同的是，这里我们使用的是虚线。

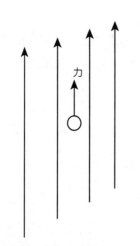

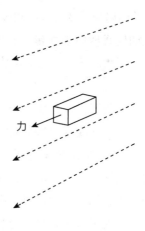

图 4-8　电场最直观地表现为它对带电粒子的作用力　　　图 4-9　磁场最直观地表现为它对磁荷的作用力

4.2　无线电波的特性

描述一个无线电波，可以使用如下基本特性参量：速度、方向、极化、强度、波长、频率和相位。

速度　无线电波在真空中的传播速度是恒定的，等于光速，用 c 表示。在地球大气层中，它们的传播速度要稍慢一些。此外，由于大气组成成分以及温度和压力的不同，电波传播速度也会发生轻微变化。但是，这种变化十分微小，在绝大部分实际应用中，均可假定无线电波传播速度恒定，就像在真空中一样，其值非常接近于 3×10^8 m/s。这是雷达计算中的常用参数值。

[①]　电磁波的传播方向同时正交于该电磁波的电场方向和磁场方向。

方向 电波的行进方向即传播方向（见图 4-10），总是垂直于电场和磁场方向的。而且电波在传播时，它们总是保持着远离辐射体的方向。

当电波在传播过程中碰到反射物体时，总会有其中的一个场的方向会发生反转，由此导致传播方向逆转。在稍后的面板式插页 P4.1 中，你将清晰地看出，反射物的电特性决定了具体哪个场的方向会发生反转。

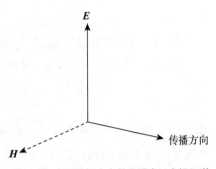

图 4-10 电波传播方向总是垂直于电场和磁场方向的

极化 "极化"是描述电磁场方向的专业术语。按惯例，我们都是取电场方向（施加在带电粒子上作用力的方向）作为极化方向的。我们知道，自由空间中，除离辐射体很近的区域外，电波的磁场方向总是垂直于电场方向的（见图 4-11），而电波传播方向又总是和电场、磁场方向垂直的[2]。

当电场方向垂直于地面时，该电磁波称为垂直极化波；当电场方向与地面保持平行时，该电磁波称为水平极化波。

若电磁波的辐射源是一段细导线，那么在最大辐射方向上，其电场方向将与该导线平行。垂直放置该导线，那么该辐射源的极化方式就是垂直极化（见图 4-12）。反之，水平放置该导线，则其极化方式将变成水平极化。

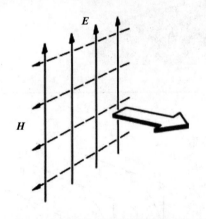

图 4-11 自由空间中，电磁波的磁场方向总是垂直于它的电场方向的，而电波传播方向与两者都垂直

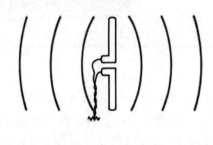

图 4-12 若该辐射源垂直放置，则称该辐射源是垂直极化的

位于电波传播路径上的接收天线，当它们的极化方向与电磁波极化方向一致时，它们可获得最大化的接收能量。若二者的极化方式并不相同，则接收信号能量反比于二者极化方向夹角的余弦值。

---

[2] 译者注：言外之意，若确定了电波的电场方向，磁场方向和电波传播方向也随之确定。

P4.1　光和无线电波的传播速度

光在非磁性介质（如大气）中的传播速度为

$$c = \frac{299.7925 \times 10^6}{(\kappa_e)^{1/2}} \text{ m/s} \quad ③$$

其中 κ_e 是光传播所经过介质的一个特性参数，称为介电常数。以海平面上空的大气为例，其介电常数为 1.000 536。显然，c 非常接近于 3×10^8 m/s，因此在绝大多数雷达计算中，都直接使用后者作为电波传播速度。

大气中的传播速度　大气的介电常数随大气成分、温度和压力的变化而略有不同，变化的结果一般是光速在高海拔处略微高一些。大气介电常数也在一定程度上随波长变化，因此，光和无线电波的速度并不完全相同，无线电波的速度在无线电频谱的不同部分也略有不同。

- 自由空间：$\kappa_e = 1$；
- 空气：$\kappa_e = 1.000\ 536$。

当无线电波被反射时，反射波的极化方向不仅取决于入射波，同时还取决于反射物的结构特性。由此，在实际应用中，我们可以依据雷达回波的极化方向提取出与被照射物体结构组成相关的有用信息。

为了简单起见，这里只讨论线极化波（在整个传播过程中极化方向保持恒定的电磁波）。在有些应用中，我们也可能需要发射极化方向在每个波长上都发生 360° 旋转的电波（见图 4-13）。这种极化方式称为圆极化。实现圆极化的一种可能方法是同时发射相位相差 90° 的水平极化波和垂直极化波。在大多数情况下，电波的极化方式都是椭圆极化（并非正好 90° 的相位偏差）。圆极化和线极化都是椭圆极化的特例。

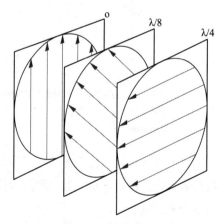

图 4-13　相隔 1/8 波长处圆极化波的示意图。该电磁波由两个相位相差 90° 的等幅线极化波组合而成

---

③　由麦克斯韦方程组可知，$c = (\mu\varepsilon)^{-1/2}$，其中 $\mu = \mu_0\mu_m$，$\varepsilon = \varepsilon_0\kappa_e$。故 $(\mu_0\varepsilon_0)^{-1/2} = 299.792\ 5 \times 10^6$，而且在非磁性介质中，磁导率 $\mu_m = 1$。

P4.2　反射、折射和衍射

反射（使雷达成为可能）、折射、衍射这三种机制中的任何一种或者它们的任意组合都可能改变无线电波的传播方向。

导体表面的反射　当外部电波射向导体表面，其电场会引起导体表面上发生电流流动，从而促使该导体表面产生电波能量辐射，这就是电磁波反射现象的物理过程。若该表面是平坦表面（所有的表面起伏都小于入射波长），则反射近似为镜面反射，这种反射现象也被称为镜面反射。如果表面较粗糙（表面起伏约等于或大于入射波长）或较复杂（例如，树木或飞机等物体表面），电波反射则呈散开状，辐射能量向四面八方扩散，这就是所谓的漫散射。

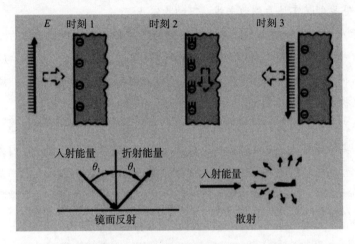

非导体表面反射　当电磁波进入介电常数与传播介质（如空气）不同的非导体（如有机玻璃）中时，入射波的一些部分能量会被反射（就像从导体表面反射那样）。发生反射现象的原因是该介质的介电常数 κ_e 决定了电磁波在其中传播时电场分量和磁场分量之间的能量分配（在真空中，$\kappa_e = 1$，表明平均分配二者之间的能量）。为了适应新的介电常数，能量分配关系需要重新调整以达到平衡，因此，部分入射能量必须被排除，而这就是通过反射实现的。

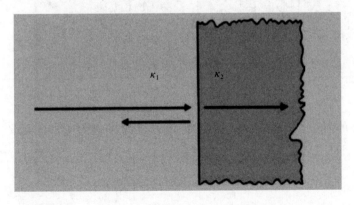

折射　在入射角 θ_1 大于 $0°$ 时，电波进入不同介电常数的两个区域，其能量通过的方向发生转变的现象称为折射。转向角随入射角和两种介质介电常数之差的增加而增大，即随着电波在两种介质中速度差的增大而增大。

假设材料 κ_1 的介电常数比 κ_2 大，则波前在 κ_2 中将比在 κ_1 中传播速度快。因此，首先到达 κ_2 的波前将开始以更高的速度在新材料中行进。还未到达 κ_2 的波前在到达 κ_2 前仍以原来的速度行进。波前的这种渐进变化使其在 κ_2 中以更大角度 θ_2 传播。两种介质中速度的比值称为折射率。

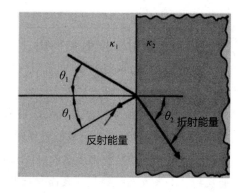

大气折射 大气中存在着折射现象。因为光速随着高度的增加而加快（κ_e 随之减小），一个水平传播的电磁波，它的路径会逐渐弯向地面。这种现象使我们能够在太阳落山后的一段时间内仍能看到它。同样，它也能使雷达看到地平线以下的物体。

衍射 对于尺寸与波长相当的物体，电波会绕射过去，而对尺寸较大的障碍物，电波在其边缘会进行弯曲传播。对于给定尺寸的障碍物，电波的波长越长，这种效应越明显。这就是为什么无线广播电台信号（波长为几百米）可以在建筑物和山脉的阴影中被接收到，而波长只有数米的电视台信号却不能。

这种现象称为衍射。产生衍射现象的物理解释是：电波中每一个点在传递能量时都好像该点处存在一个真实的辐射源。电波作为一个整体能够在给定方向上传播，是因为每个波前在该给定方向上的所有点处的假想辐射信号都是相互增强的，而在其他方向上它们是相互抵消的。如果波前被障碍物阻断，那么在波边缘的这种抵消就会不完全，这将导致离障碍物最近处的波前以不同的方式传播。

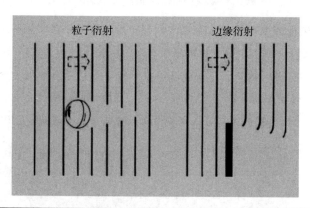

强度 电波的强度描述了无线电波通过空间传递能量的速率[④]，具体定义式是每秒通过垂直于传播方向的平面上单位面积的能量（见图4-14）。

---

④ 该速率的另一个名称是能量通量或功率流量。

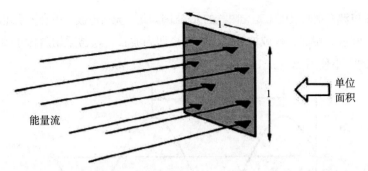

图 4-14　电波强度等于每秒通过垂直于传播方向的单位面积平面内的能量

　　电波的强度与电场和磁场的强度直接相关。它的瞬时值等于两个场强的乘积乘以它们之间夹角的正弦值。如前所述，在稍为远离天线的自由空间中，这个夹角恒等于 90°；因此，电波强度只是两个场强的乘积（EH）。

　　一般来说，我们所关心的并不是电波强度的瞬时值，而是其平均值。如果将天线插在电波传播路径中的某一点处，用电波在该点处的平均强度乘以天线的面积，就能得到天线每秒截获的电波能量的具体值（见图 4-15）。

　　在电路系统中，通常使用功率来描述能量流动速率。而在这里，考虑分析无线电波发射和接收问题的需要，一般使用功率密度来描述一个电波的平均强度。这两个指标相互之间是等价的，因为接收信号的功率等于所截获电波的功率密度乘以接收天线的面积。

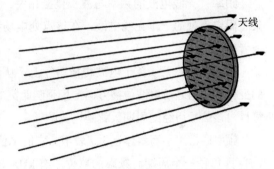

图 4-15　接收信号功率等于所截获电波的功率密度乘以接收天线的面积（功率密度是电波强度的另一种表述方式）

　　波长　如果将一个线极化无线电波在时间上"冻结"起来，然后在空间不同距离处观察它的电场和磁场，我们将会有两点发现：第一，电场强度沿波传播方向周期性变化。它首先从 0 渐变到最大值，再逐渐回到 0，然后再次增加到最大值，如此反复。两个相邻极大值平面内的场分布情况见图 4-16。第二，每次电波强度通过零点时，电场和磁场的方向都会同时发生反转。

　　在电波传播方向上场的强度随距离的变化曲线如图 4-17 所示，其中场强值为负表明此时场作用力是反向的。该曲线在形状上与正弦函数随角度大小发生变化的曲线是一样的（严格来

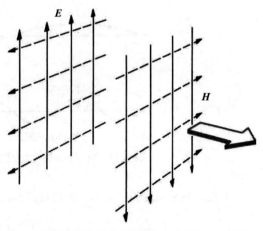

图 4-16　无线电波的电场和磁场，图中所示为在最大强度处将电波空间"冻结"的结果。当电波强度通过零点时，场的方向发生反转

说，该结论要求电波在空间尺度上是无限长的）。正因如此，无线电波一般会被描述成正弦波[5]。

如图 4-17 所示，相邻波峰或波谷之间的距离即为波长，通常采用斜体小写希腊字母 λ 表示，并根据它的大小使用 m、cm、mm 等单位。

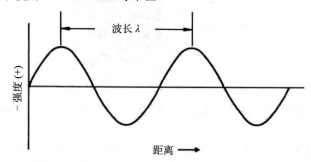

图 4-17　在传播方向上电磁场场强的变化情况，其中两个波峰之间的距离即为波长

频率　无线电波的频率与波长直接相关。若想理解它们之间的关系，可以想象经过空间某个固定点处的一个无线电波，在该点处电场和磁场的强度随着电波的经过而周期性地增大或者减小。

将一个接收天线置于电波传播路径上，从示波器上观察天线两端的电压，其振幅随时间的变化曲线与之前电波传播方向上场强随距离的变化（参见图 4-17）在形状上是完全相同的。每秒内该信号历经的周期数就是电波的频率。

频率通常用小写斜体字母 f 表示，它的单位是 Hz（赫），这是为了纪念海因里希·赫兹。1 Hz 即每秒一个周期。频率的单位还有 kHz（千赫）、MHz（兆赫）、GHz（吉赫）、THz（太赫）等，其中 1 kHz=10^3 Hz，1 MHz=10^6 Hz，1 GHz=10^9 Hz，1 THz=10^{12} Hz。

由于无线电波在特定介质中的传播速度恒定，所以它的频率与波长成反比。波长越短，波峰之间的距离就越近，一定时间内通过某一点处的波峰数就越多，因此频率也就越高（见图 4-18）。

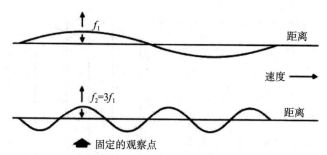

图 4-18　由于无线电波以恒定速度传播，波长越短，频率就越高

显然，频率和波长之间的比例常数即为波速，它们之间的关系为：

$$f = \frac{c}{\lambda}$$

---

[5]　若无线电波是连续的，且它的峰值、频率和相位保持恒定，那么它就是一个纯正弦波（未调制波）。

其中 f 为频率，c 为波速（3×10^8 m/s），λ 为波长。利用这个公式，可以很快地求出任意波长值所对应的频率值。例如，波长为 3 cm 的无线电波，它的频率应为 10 000 MHz 或 10 GHz。

若已知无线电波的频率，则波长也可以简单地通过如下的反变换公式得到：

$$\lambda = \frac{c}{f}$$

周期　计算电波频率的另一种方法是通过周期 T 实现，周期是一个波或信号完成一次循环所需的时间（见图 4-19）。若频率已知，则周期 T（以 s 为单位）可以通过取频率（每秒内的周期数）的倒数得到：

$$T = \frac{1}{f}$$

比如，若频率是 1 MHz（电波或信号每秒完成 100 万次循环），那么它将在百万分之一秒（10^{-6} s）内完成一个周期。它的周期就是 10^{-6} s，或者说 1 μs（微秒）。

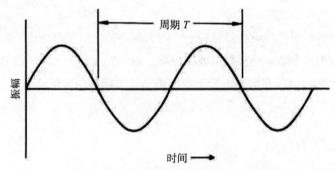

图 4-19　周期是一个信号完成一次状态循环所需的时间

相位　"相位"这一概念对理解雷达系统工作中许多方面的内容都是至关重要的。它表征的是单个周期内一个波或信号与相同频率参考信号之间的一致性程度（见图 4-20）。

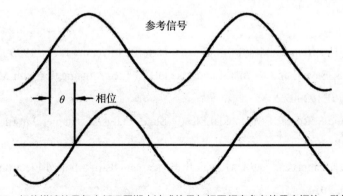

图 4-20　相位描述的是每个循环周期中波或信号与相同频率参考信号之间的一致性程度

相位通常依据信号振幅正向通过零点位置的时刻点而定义。一个信号的相位就是以正向过零点为基准，该信号相比于参考信号超前或滞后的具体时间量。它的取值可以用多种方式给出，其中最简单的也许就是采用波长或周期的一部分来描述。实际上，相位一般以度（°）为单位给出，此时 360° 对应一个完整的周期。例如，如果一个波较参考信号滞后 1/4 波长，则滞后的相位就是 360°×1/4=90°。在后面的章节中我们将看到，当目标回波相位呈现重复性变化特征时，它将能够为我们指示关于目标运动速度或者至少部分速度的信息。

4.3 小结

当电荷加速运动时，无线电波就会被辐射，无论这种电荷加速来自物质中的热扰动，还是来自电流在导体中的来回涌动。电波的能量一部分蕴含在电场中，另一部分则蕴含在磁场中。通过对施加在电波传播路径上带电粒子和小磁铁的作用力的大小与方向的考察，电场和磁场可以分别被形象化地描述。

电磁波的极化表征了它的电场方向。电波传播方向总是垂直于电场和磁场方向的。在离辐射源数个波长以外的自由空间中，磁场与电场相互垂直，则电波的强度等于电场和磁场强度大小的乘积。对于未调制信号，当电波经过空间某一点时，电场和磁场强度呈正弦变化。相邻波峰之间的距离就是波长。

如果将接收天线放置在电波传播路径上，则它两端输出的交流电压正比于电场强度。该电压信号每秒历经的周期数即为接收电波的频率。信号完成一次循环所需的时间就是它的周期。相位是单个周期内信号超前或滞后于相同频率参考信号的时间度量，它通常以（°）为单位。需要记住如下的基本参数关系：

- 无线电波速度 $=3\times10^8$ m/s；

- 波长 $=\dfrac{300\times10^6\,\text{m/s}}{\text{频率}}$；

- 周期 $=\dfrac{1}{\text{频率}}$。

扩展阅读

S. E. Schwarz, Electromagnetics for Engineers, Oxford University Press, 1995.

K. Lonngren, S. Savov, and R. Jost, Fundamentals of Electromagnetics with MATLAB, 2nd ed., SciTech-IET, 2007.

J. W. Nilsson and S. Reidel, "Sinusoidal Steady-State Analysis," chapter 9 in Electric Circuits, Prentice-Hall, 2011.

F. T. Ulaby, E. Michielssen, and U. Ravaioli, Fundamentals of Applied Electromagnetics, 6th ed., Pearson, 2014.

Chapter 5

第 5 章 | 用于理解雷达的非数学方法

"猎迷"驾驶舱

现代雷达系统都具有相参性,这意味着它们既能测量回波幅度也能测量回波相位。下面会介绍对相位的测量是基于参考信号实现的,而通常来说这个参考信号就是雷达发射信号。几乎所有的先进雷达处理技术(以及一些似乎不那么先进的技术)得以建立的基础都是同时获得目标回波的幅度和相位信息。雷达工程师们在描述接收回波幅度和相位时,通常使用一种强大的图形化工具,它的名字叫作矢量图(又称向量图)。虽然矢量图只是多了一个箭头,但它对于用非数学方法理解许多看似深奥的概念十分重要,这些概念在雷达工作中可能经常遇到,例如脉冲信号频谱、时间带宽积、数字滤波、实天线与合成天线波束形成、旁瓣抑制等。

请不要轻易跳过本章而直接阅读后续的"关于雷达"的其他章节,除非你已经熟练掌握矢量图的用法。掌握矢量图之后,你将解开许多本质上很简单的物理概念的秘密,否则你可能会发现很难理解它们。矢量图之所以有如此巨大的功效,是因为它能够描述信号之间的关系,利用它们可以分析信号组合过程并得到描述结果。此外,它们不仅十分形象,而且有着严格的数学基础,因此基于矢量图得到的结果对于定量和定性分析都是可信的。

本章首先简要介绍矢量图的基本含义；然后，为了验证它在实际应用中的作用，我们会用矢量图来解释几个基本的雷达概念，这些概念对于理解后续章节内容非常重要。此外，本章还将介绍分贝（dB）的概念和用法，雷达中对很多指标参量的描述都采用分贝进行度量，熟悉分贝的含义和用法十分必要。

5.1 如何使用矢量图表征一个信号

矢量图在几何上只是一个简单的可旋转的箭头（即矢量），它却可以用来完整地表征一个正弦信号（见图 5-1）。箭头的长度依据信号峰值幅度确定，然后它像时钟的指针一样旋转。相位的演变就表现在该箭头的旋转之中，逆时针方向为正，对应每个信号周期箭头旋转一圈。因此，每秒内矢量图箭头的转数等于信号频率。

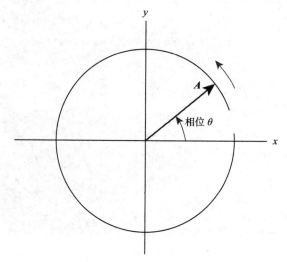

图 5-1 逆时针旋转的矢量图，每转一圈代表信号一个完整的周期

在矢量图中，该箭头在通过旋转轴心的垂直线上的投影长度等于信号幅度与箭头水平轴夹角正弦值的乘积（见图 5-2）。因此，若待分析信号为正弦波，投影长度即为信号的瞬时幅度。

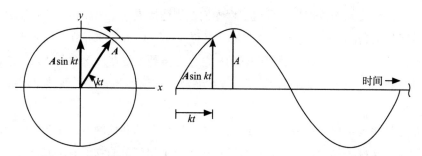

图 5-2 对于正弦波，矢量图箭头在 y 轴上的投影给出了该信号的瞬时幅度

当箭头旋转时（见图 5-3），投影长度不断增大直至完全等于箭头的长度，然后又不断减小，直至为零；随后再反（负）方向增长，如此循环往复，其变化规律和信号瞬时幅度随时

间的变化一模一样。若待分析信号是余弦波，对应信号瞬时幅度的就是该箭头在通过旋转轴心的水平轴上的投影。水平轴和垂直轴在角度上相差 90°，表明余弦波本质上就是一个相移了 90° 之后的正弦波。

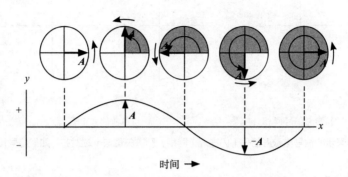

图 5-3　当矢量图箭头旋转时，其在 y 轴上的投影会先变长至正最大值，随后归零；然后再延长到负最大值，又将再次归零

　　为了简单起见，通常表示信号的箭头会被画在一个固定的位置上。它可以被想象成存在一个闪光灯，该闪光灯在每个周期的固定时刻照亮矢量图。若闪光灯的点亮（闪烁）时刻恰好是箭头穿过 x 轴的时刻，则该箭头所代表的信号与一个相同频率的参考信号同相（见图 5-4）。换句话说，闪光灯就是这个参考信号，或者用雷达中的说法，它是本振（LO）信号。

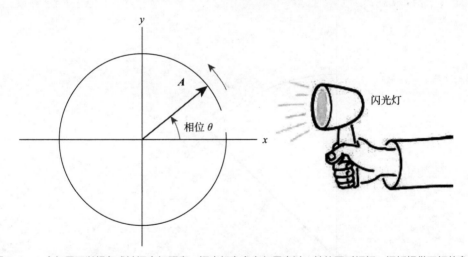

图 5-4　一个矢量可以想象成被闪光灯照亮，闪光灯在参考矢量穿过 x 轴的同时闪烁，闪烁提供了相位参考

　　由此，表征信号的箭头与 x 轴的夹角对应该信号的相位，因而矢量图又称相量图。如果一个信号与参考信号同相，则该箭头矢量将位于 x 轴上（见图 5-5）；如果该信号与参考信号相位相差 90°，即它与参考信号正交，则它的箭头矢量就会与 y 轴成一条直线。而且当信号超前参考信号 90° 时，信号箭头矢量指向朝上；反之，当滞后参考信号 90° 时，信号箭头矢量指向朝下。

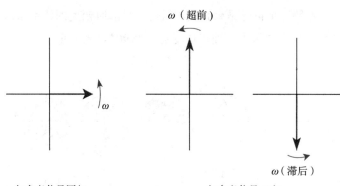

与参考信号同相　　　　　　　　　与参考信号正交

图 5-5　如果某矢量表示的信号与参考信号（闪光灯）同相，则该矢量与 x 轴对齐；如果信号和参考信号正交，则该矢量将与 y 轴对齐

通常，箭头矢量的转动速度用希腊字母 ω 表示。虽然可以使用多种不同单位 [如 r/s 或 (°)/s] 表示 ω 的具体值，但最常用的还是 rad/s（弧度 / 秒）。从圆心出发画出一段圆弧，当其弧长与半径相等时，该圆弧对应的角度就是 1 rad。而一个圆的周长是 2π 乘以半径，所以箭头矢量的旋转速度以 rad/s 计是 2π 乘以每秒转数（也就是频率）（见图 5-6）。因此，

$$\omega = 2\pi f$$

其中，f 是信号的频率，单位为 Hz。

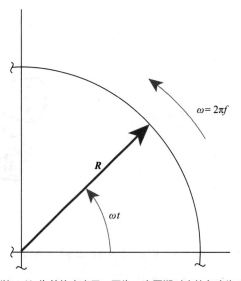

图 5-6　转速 ω 通常以 rad/s 为单位来表示。因为一个周期对应的角度为 2π rad，所以 $\omega = 2\pi f$

矢量图的真正强大之处，在于它能够清晰简洁地表示两个或多个信号之间的关系。它既可以用来表示频率相同但相位不同的信号的叠加，也可以表示不同频率信号的叠加，还可以将信号分解为同相分量和正交分量（现代雷达系统的关键）。雷达工作中几个常见但十分重要的问题，包括目标闪烁、频率转换、镜像频率和边带信号的产生等，都可以借助矢量图加以解释。

5.2　不同相位信号的合成

要了解频率相同但相位不同的两个无线电信号是如何合成在一起的，从矢量图出发，可以考虑首先在相同的轴心位置画出代表它们两个的箭头矢量，然后将一个箭头矢量平移至另一个的顶端。此时从旋转轴心到第二个箭头矢量尖端画出第三个箭头。这个与其他箭头一起逆时针旋转的箭头矢量就代表了两个信号的矢量和（见图 5-7）。

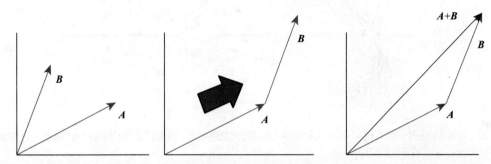

图 5-7　要将矢量 *A* 和矢量 *B* 相加，只需将 *B* 滑至 *A* 的顶端，从原点到矢量 *B* 顶端的新矢量就表示它们的和

在不移动第二个箭头矢量的情况下，也可以通过构建平行四边形的方法得到它们的和矢量（合成矢量），该四边形的两个相邻边由待合成的信号矢量组成。信号的矢量和就是从轴点出发到它在该平行四边形对角的矢量（见图 5-8）。这样一个看似简单的关于两个信号合成求和的矢量图方法，可以用来解释目标闪烁效应。

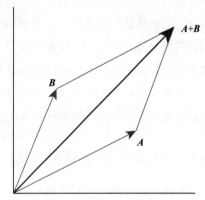

图 5-8　通过构建平行四边形也可求合成矢量，此时只需画出轴点与其对角的连接箭头即可

目标闪烁　考虑这样一种情况：雷达接收回波主要来自目标上两个部件对发射波的反射（见图 5-9）。两个反射波的场将会混合叠加在一起。为了考察不同条件下混合波的情况，使用矢量图对信号进行表征。

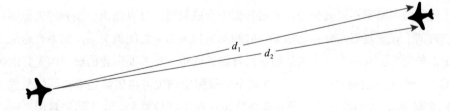

图 5-9　这种情况下，雷达主要接收目标上两个强散射点的反射回波，这两个点与雷达的距离分别是 d_1 和 d_2

首先，假设目标方向满足这样的条件，即雷达到目标两个部件的距离几乎完全相等（或者大体上相差波长的整数倍）。此时，两个反射波基本同相。如图 5-10 中左图所示，合成波的振幅十分接近单个反射波振幅的和。

接下来，就像正常飞行过程可能碰到的情况一样，假设目标方向略有变化但足以使得两个反射波之间大约有 180° 的相位差，则此时两个波在合成时就基本抵消了（见图 5-10 中的右图）。

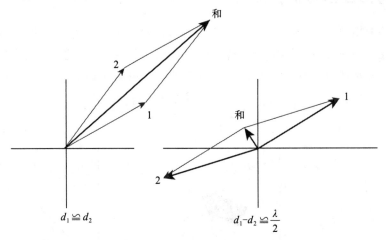

图 5-10　若雷达到两个点的距离 d_1 和 d_2 大致相等，合成回波就会很大，但是如果它们相差约半个波长，合成回波就会很小，因为它们近于反相叠加

　　显然，若相位之差在上述两种极端情况之间，则两个反射波既不会被完全相加，也不会被全部抵消，它们的和会有一个中间值。因此，不同时刻的两个反射波的和可能差异很大。当然，已有经验告诉我们，一个目标的许多不同部件可能反射出很多的回波，在不同时刻它们的和值差异也会很大。这就解释了为什么一个目标的雷达回波会闪烁，也解释了为什么需要用统计方法来预测雷达对目标的最大探测距离。

　　如果这些反射波没有被全部相加，那么其余的反射能量会怎样？它们不会凭空消失，而会在雷达接收机方向以外的各个方向上叠加。

5.3　不同频率信号的合成

　　矢量图的应用并不局限于相同频率的信号，它们还可用来说明两个或多个不同频率信号相加会发生什么，或者对于单个频率的信号，当其振幅（幅度）或相位在较低频率上发生变化（被调制）时会发生什么。

　　对于两个频率略有不同的信号，考察它们的合成问题，可以画出一系列的矢量图，这些矢量图在时间上逐渐延迟，分别显示某些时刻其所代表信号之间的关系。如果合适地选择绘图的时刻，使得它们与其中一个矢量的逆时针旋转同步（将前面所述的虚拟闪光灯的频率调整到与其中一个矢量的频率一致），则在每个矢量图中该矢量将始终处于相同的位置（见图 5-11 中的矢量 A），而另外一个矢量将会依次出现在不同位置上。在不同矢量图之间，该矢量位置的差异反映这两个信号之间的频率差。

　　若两个信号的频率差为正且第二个信号频率较高，则相对于第一个矢量，第二个矢量会做逆时针旋转（见图 5-12 左图）；若差值为负且第二个信号频率较低，那么相对于第一个矢量它将顺时针旋转（见图 5-12 右图）。

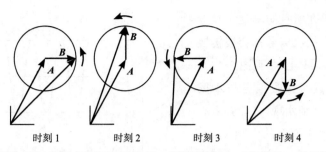

图 5-11　不同频率信号的合成。假设虚拟闪光灯与矢量 A 旋转过程同步，则看起来 A 就是静止的，而矢量 B 会相对于 A 旋转

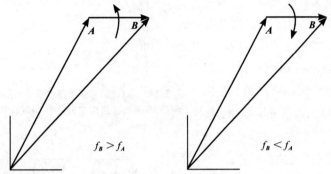

图 5-12　若矢量 B 的频率大于矢量 A 的频率，则 B 会相对于 A 逆时针旋转；反之，它将顺时针旋转

当两个矢量在同相和反相之间变换时，和矢量的振幅将以一个等于两个信号频率差值的速率起伏波动（或称调制）。同样，也以该速率被调制的还有和矢量的相位。在差频信号的半个周期里，它落后于矢量 A；在另半个周期里，它会超前于矢量 A。随着相位的不断改变，和矢量的转速也发生改变，也就是说和信号的频率也被调制了。

通过采用这种方式描述不同频率的信号，雷达工作中诸如镜像频率、边带的产生等很多重要问题都可以被图形化地说明。

频率变换　由于和矢量振幅的波动速率等于形成该和矢量的两个矢量的转速之差，所以我们可以以任意想要的频移量将信号进行下变频，将频率差适当的一个信号叠加到另一个信号之上，就能实现这种下变频，然后我们再提取和信号的振幅波动信息。图 5-13 示出了这一过程是如何在雷达接收机中被具体实现的，其中本振（LO）频率（f_{LO}）和中频频率（f_{IF}）对所有雷达来说都是十分重要的设计参数。

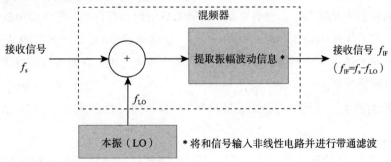

图 5-13　将接收信号加到 LO 信号中，可将其转换到一个较低的频率 f_{IF} 上，然后提取和信号的幅度调制信息

事实上，几乎在所有的早期无线电或雷达接收机中，接收信号都会被转换到较低的中频（IF）频率上（参见图 5-13）。这种频率变换通过将接收信号与本振（LO）输出进行混频而实现，LO 频率与信号频率的差值等于期望的中频（f_{IF}）频率。

一种混频技术是直接将信号 f_s 简单地叠加到 LO 输出中，如图 5-14 所示，然后提取（检测）和信号的振幅波动。另一种混频技术则采用 LO 输出信号对接收信号幅度进行调制。幅度调制产生镜像频率分量（或称为边带分量）。此时，其中一个边带的频率就是接收信号和 LO 信号的差频，也就是所谓的中频 f_{IF}。[①]

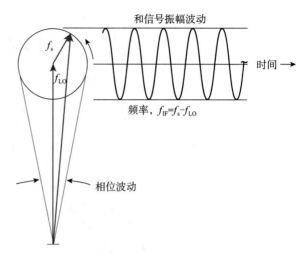

图 5-14　若 LO 信号强于接收信号，那么和信号的振幅波动除了频率被转移到 f_{IF} 之外几乎与接收信号相同

镜像频率　图 5-15 所示的相位图给出了关于频率变换的一种微妙阐述。其频率高于 LO 频率和低于 LO 频率同等量的两个信号，在频率变换时所产生的振幅调制完全相同。代表这两个不同信号的箭头矢量旋转方向相反，但它们对合成信号幅度的影响在本质上却是一样的。两种情况下，合成信号振幅都以信号差频为频率进行波动。

可见，如果存在一个杂散信号，其频率低于 LO 频率，频率差值等于期望信号高于 LO 频率的量（反之亦然），那

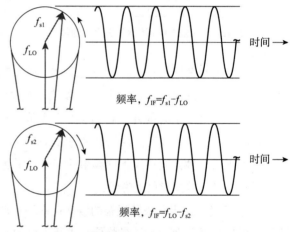

图 5-15　其频率高于和低于 f_{LO} 同等量的两个信号分别与 f_{LO} 合成时，和信号的幅度调制结果

么该杂散信号和期望信号将被转换到相同的中频上。因此，即使在初始频率上杂散信号与期望信号相差两倍的中频频率，它也会对期望信号形成干扰。符合这一条件的杂散信号称为镜像干扰信号，其频率称为镜像频率（见图 5-16）。镜像干扰引起的另一个后果是，在镜像频率处产生的噪声会被引入到期望信号必须对抗的噪声基底之中。好在，目前对这两个镜像干扰问题都已有解决方案。

边带信号的产生　当使用矢量图表示两个不同频率信号的合成时，它们和信号的相位调

[①]　若接收信号与本振之间的频差较大，该关系不一定成立。当信号矢量的频率小于参考信号频率的一半，或者在参考信号频率的 $1\frac{1}{2} \sim 2, 2\frac{1}{2} \sim 3, 3\frac{1}{2} \sim 4$ 倍等之间时，矢量信号的视在旋转方向将会出现反向。

制可以通过引入第三个矢量而被完全
抵消。这第三个矢量必须与第二个矢
量等长，且以第一个矢量为基准，它
和第二个矢量的转速相等、转向相反
（见图 5-17）。如果相互反向旋转的两
个矢量能够同步通过第一个矢量的指
向轴（即图 5-17 中的垂直轴），那么
和信号的相位调制将会被完全抵消，
只剩下幅度波动，和信号成为一个纯
粹的调幅（AM）信号，就像 AM 广
播电台中所使用的信号类型一样。

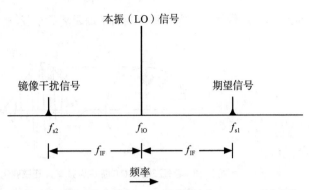

图 5-16 若工作频率高于 f_{LO}，则镜像频率为 $f_{LO} - f_{IF}$，反之亦然

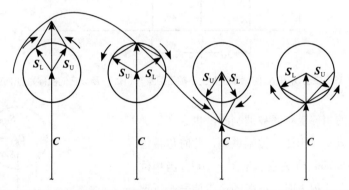

图 5-17 若将两个反向旋转的矢量 S_L 和 S_U 加到第三个矢量 C 上，且它们的相位和频率在相同时刻通过 C 的指向轴，则这三个信号的和信号就是一个纯调幅信号

在前述关于信号调制的例子中，和信号的幅度被固定矢量与任意一个相互反向旋转矢量之间的差频所调制，并且这三个矢量同步旋转。但是在图 5-17 中无法将此种旋转描绘出来，因为在虚拟闪光灯的照亮下，每一个周期中这些矢量只被照亮一次。

在某些情况下，这种调幅（AM）信号的生成实际上是通过首先分别产生这些反向旋转矢量所代表的信号，然后再将它们加入要调制的信号中去而实现的。此时情况恰好相反。反向旋转矢量信号代表幅度调制的必然结果。

正如图 5-18 的矢量图所示，当采用一个较低频率 f_m 的信号对频率为 f_c 的信号进行幅度调制时，总是会产生两个新的信号。其中一个信号可用矢量 S_U 表示，其频率在 f_c 之上多出 f_m（Hz），另一个则在 f_c 之下少了 f_m（Hz），如图 5-19 所示。这一现象很容易通过对实际信号的观测来验证。

由于这些两个新信号的频率位于 f_c 两侧（见图 5-19），因此它们被称为边带信号或简称边带。被调制的信号载有调制信息（调制信息的添加或去除是基于该信号的幅度而进行的），因而它又被称为载波。

图 5-18 中连接已调制波各波峰的线条勾画出了所谓的调制包络。边带信号的频率等于调

制频率。边带信号与中心基准线的平均距离等于载波幅度。

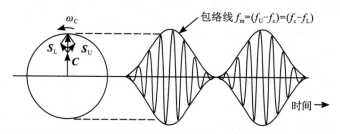

图 5-18　若载波信号 C 的振幅以频率 f_m 正弦变化，两个新信号 S_L 和 S_U 由此产生

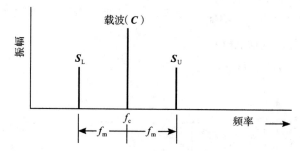

图 5-19　由于 S_L 和 S_U 的频率在 f_c 上下都是相差 f_m（Hz），所以它们被称为边带信号

当载波信号的相位或频率被调制时，也会产生类似的边带信号。只不过相比于振幅调制，此时边带信号与载波会有不同的相位关系（见图 5-20）。当相位或频率的变化百分比很大时，很多的边带信号会以调制频率整数倍间隔成对出现。

在某些情况下，即使目标回波和地杂波具有不同的多普勒频移，发射机脉冲调制过程中产生的边带信号也会使得它们仍能通过同一个多普勒滤波器（详见第 23 章）。

5.4　将信号分解为同相、正交分量

通过将接收回波分解为同相（I）分量和正交（Q）分量，回波的相位和幅度就可以得到恢复。相位信息

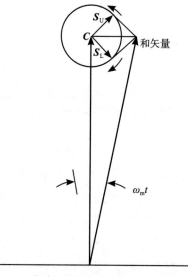

图 5-20　频率和相位调制与振幅调制的区别之处在于边带信号的相位偏移了 90°

对于数字多普勒滤波、合成孔径雷达（SAR）和电扫描波束形成等技术来说是必需的。I 分量和 Q 分量具有相同的频率和峰值，但相位相差 90°。由于余弦波比正弦波早 90° 到达正峰值，所以把这两个分量画成一个正弦波（$A \sin \omega\tau$）和一个余弦波（$A \cos \omega\tau$）是最方便的方法。按照惯例，这个余弦波称为 I 分量[2]。考虑到 90° 等于一个圆的 1/4，所以正弦波被称为 Q 分量。

---

[2]　之所以采用这种惯例，是因为通过电阻的电流与通过电阻的电压是同相的，而通过电抗的电流要么超前于电压 90°，要么滞后于电压 90°。

如果用矢量图来表示信号，则可以通过将矢量投影到水平轴（x 轴）上来求得 I 分量的瞬时振幅；通过将矢量投影到 y 轴上，可以求得 Q 分量的瞬时振幅（见图 5-21）。

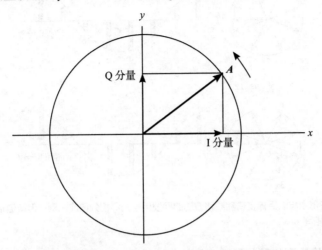

图 5-21　通过将信号矢量投影到 x 轴和 y 轴上，就能得到信号 I 分量和 Q 分量的瞬时值

若一个矢量的视在旋转方向为逆时针方向，则表明它所代表信号的频率高于参考信号频率（类似于前述的闪光灯），其 I 分量比 Q 分量早 90° 到达正最大值。另外，对于视在旋转方向为顺时针方向的矢量，该矢量所代表信号的频率低于参考信号，且 Q 分量比 I 分量早 90° 到达正最大值。

分辨多普勒频移方向　将一个信号分解为 I 和 Q 分量，对此需求更为突出的例子是那些采用数字多普勒滤波处理技术的雷达系统。为了进行数字滤波处理，接收机中频（IF）输出信号必须转换到视频，以去除载波，仅保留信号的形状或包络信息。一旦频率转换完成，为了保持对目标多普勒频移极性（正或负）的感知，必须有两个视频信号：一个与该回波多普勒频移的余弦（I）对应，另一个对应它的正弦（Q）。

目标多普勒频移表现为相继接收的回波脉冲的射频相位 ϕ 相对于雷达发射信号相位的渐进变化（参见第 15 章）。图 5-22 中的矢量图示出了这种回波间的相位偏移（相移）。

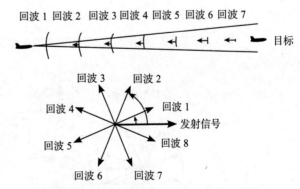

图 5-22　目标多普勒频移表现为脉冲间的相位偏移

通过检测这种渐进式的相位变化信息，雷达会得到一个幅度随目标多普勒频移波动的视频信号。图 5-23 所示为相同取值但极性分别为正和负的两个多普勒频移信号。在正负两种多普勒偏移下，信号的幅度波动特征是完全相同的。

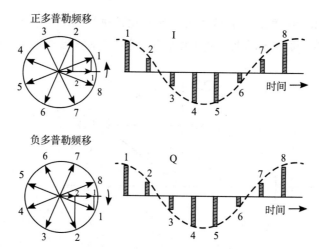

图 5-23　视频信号在波形上与以目标多普勒频移波动的回波信号的同相分量成比例，但取值相同的正、负多普勒频移信号的波动规律完全相同

　　如果我们已经检测到相移信号的 I 分量和 Q 分量，那么正多普勒频移和负多普勒频移之间的差异就能很容易地确定了。若多普勒频移为正，则 Q 分量的波动将滞后 I 分量（见图 5-24）；反之，若多普勒频移为负，则 Q 分量的波动将超前 I 分量（见图 5-25）。

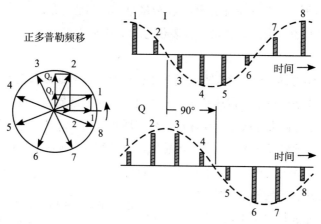

图 5-24　若多普勒频移为正，且可同时提供 I、Q 视频信号，则 Q 分量将滞后 I 分量 90°

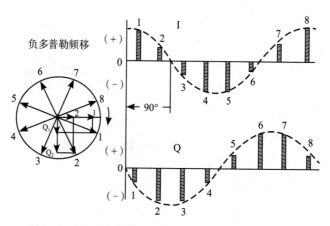

图 5-25　如果多普勒频移为负，则 Q 分量会超前 I 分量 90°

区分信号及其镜频干扰：镜频抑制 正如在接收信号从中频（IF）转化为视频时，可以通过 I、Q 分量分解实现多普勒频移正负极性区分那样，镜像频率也可在雷达回波由工作频率转化为中频（IF）过程中从信号中被分离出来。如图 5-26 给出的矢量图所示，若信号频率高于 LO 频率，混频器输出的 Q 分量将滞后 I 分量 90°；若信号频率低于 LO 频率，Q 分量将超前 I 分量 90°。在接收机混频器设计中，通过对这种差异性进行运用，可以实现镜频抑制。

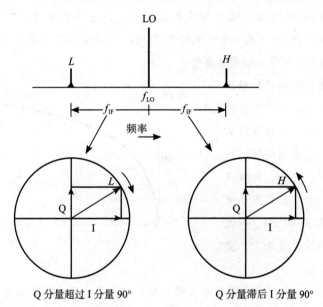

图 5-26 若接收信号频率低于 f_{LO}，混频器输出时 Q 分量将超前于 I 分量；反之，若接收信号频率高于 f_{LO}，则混频器输出时 Q 分量将滞后于 I 分量

P5.1 无处不在的分贝

在雷达系统设计和实现中，分贝（dB）是使用最为广泛的工具之一。如果你对分贝十分了解，可以自由完成分贝的换算，并能轻松应对专家抛出的关于分贝的问题，那么请跳过这部分内容。否则，花费几分钟时间阅读这部分内容，你将发现是非常值得的。

什么是分贝 分贝最初是用来表示功率比的对数单位，但现在也用于表示其他各类比值。特别是，

$$功率比（dB）= 10 \lg \frac{P_2}{P_1}$$

其中，P_2 和 P_1 是两个进行对比的功率值。比如，若 P_2/P_1 等于 1 000，则以分贝为单位表示，该功率比为 30 dB。

起源 在分贝这个单位出现以前，人们使用一种以亚历山大·格雷厄姆·贝尔（Alexander Graham Bell）的名字命名的单位，用以度量电话线中信号的传输衰减，即电话线输出端信号功率与另一端输入信号功率的比值。巧合的是，

新的单位"分贝"（dB）出现后，1 dB 几乎正好等于 1 英里距离上标准电话线的衰减量（1 英里 =1.609 km）。此外，人耳能清晰辨别出的最小声音信号功率，与人耳的听觉门限的比值也恰好等于 1 dB，所以分贝很快也被应用于声学领域。于是，很自然地，"dB"这个度量单位就从电话通信转移到无线电通信领域，然后被引入到雷达行业之中了。

优势 分贝的几个特征使它对雷达工程师特别有用。首先，由于分贝是用对数表示的，因此在表征大比值的数时可大大减少所需的数字量。以分贝为单位，2 与 1 的功率比为 3 dB，而 10 000 000 或 10^7 与 1 的功率比也仅为 70 dB。考虑到雷达中所涉及功率值的范围极宽，所以分贝所提供的数字量压缩是非常有价值的。

在雷达中，探测性能与目标距离的 4 次方成反比。因此，在所有其他参数保持不变的情况下，目标距离从 1 km 变化到 10 km，将会引起探测性能发生 1 万倍的变化，这么大的数在雷达计算中是很典型的。若采用分贝表示，则 10 000 也只是 40 dB，不过一个很小的数值。因此，传统上，雷达参数常用分贝进行表示。

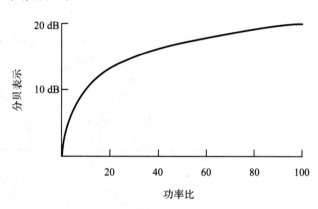

采用分贝表示的另一个优势也源于分贝的对数性质：两个用对数表示的数可以通过简单的加法运算实现相乘。因此，用分贝表示比值可以使功率复合问题处理起来更加容易一些。比如，在头脑中计算 2 500/1 乘以 63/1 并不容易。但是，当这些相同的比率用分贝表示时，就太容易了：

$$\frac{2\,500}{1} \times \frac{63}{1} = 157\,500$$

$$34\ \text{dB} + 18\ \text{dB} = 52\ \text{dB}$$

同样，有了对数这个工具，计算一个数的倒数（1 除以这个数）就很容易了，直接给相应的对数加一个负号即可。只要改变以分贝表示的比值的符号，这个比值的分子分母就可以立即颠倒过来。例如，157 500 是 52 dB，那么 1/ 157 500 就是 −52 dB。

$$52\ \text{dB} = \frac{157\,500}{1} = 157\,500$$

$$-52\ \text{dB} = \frac{1}{157\,500} = 0.000\,006\,349$$

当涉及求取一个比值的高次方或求其根值时，分贝的优势就更大了。若一个比值用分贝表示，其值为 63（18 dB），你可以用 2 乘以它求平方：$63^2 = 18\ \text{dB} \times 2 = 36\ \text{dB}$；也可以将它除以 4 得到它的 4 次方根：$\sqrt[4]{63} = 18\ \text{dB} \div 4 = 4.5\ \text{dB}$。

对于雷达，使用分贝进行表述，最具优势的可能是：由于探测距离随大部分参数的 1/4 次方变化，而目标信号功率的变化可能是上万亿倍的，计算过程中 20% 或 30% 的损失也许都可以忽略不计，因此使用分贝进行交流和思考问题，比科学严谨的数值计算或者计算器计算要容易得多。更何况，在传统上雷达的许多参数都是以分贝的形式给出的。

要像一个经验丰富的雷达工程师那样熟练地运用分贝，你仅需要搞清楚两件事情：① 如何将功率比转换成分贝，以及如何将分贝转换成功率比；② 如何将分贝应用到雷达的一些基本特性参数计算中。如果你了解相关方法，这两件事都很简单。而且，这个方法本身也确实很简单。

将功率比转换为分贝（dB） 你可以按任意精度要求将任何功率比（P_2/P_1）转换为分贝，方法是将 P_2 除以 P_1，再取对数，然后乘以 10：

$$10 \lg \frac{P_2}{P_1} \text{（dB）}$$

不过，为了达到你通常想要的精度，没有必要使用计算器。用下面的方法，只要记住几个简单的数字，就可以心算了。

第一步是将比值表示为十进制数，用 10 的 n 次幂表示（科学记数法）。例如，10 000 与 4 的比值是 2 500，在科学记数法中，

$$2\,500 = 2.5 \times 10^3$$

当转换成分贝时，这个表达式的两部分都非常重要：数字 2.5，我们称之为基本功率比；数字 3，它表示 10 的幂次。

现在，以分贝表示的比率同样由两个基本部分组成：① 个位数（加上任何可能的小数部分）；② 个位数左边的数。在前面的例子中，个位数表示基本功率比：2.5。如果有的话，个位数左边的数表示 10 的幂次：在该例中为 3。

顺便提一下，正如你可能已经注意到的那样，如果功率比 P_2/P_1 四舍五入到最近的 10 的次幂（如 2.5×10^3 舍入为 10^3），则将其转换为分贝将是一个更简单的过程。此时，基本功率比就是 0（$\lg 1 = 0$），所以相当于 P_2/P_1 的分贝数就是 10 乘以 10 的幂次（在这个例子中是 30）。

功率比	10 的幂次	分贝数 /dB
1	0	0
10	1	10
100	2	20
1 000	3	30
10 000 000	7	70

当然，基本功率比可以是 1 ~ 10 之间（但不包括 1）的任意值，即：分贝表示的数值，其个位数可以是 0 到 9.999 之间的任意值。

下表给出了 0 ~ 9 dB 的基本功率比。为了简化表格，除了 1 dB 对应的比值外，其余都四舍五入为两位以下有效数字。如果你想熟练运用分贝，就要记住这些比值对应的分贝数。

功率比	分贝数 /dB
1	0
1.26	1
1.6	2
2	3

续表

功率比	分贝数 /dB
2.5	4
3.2	5
4	6
5	7
6.3	8
8	9

回到我们的例子，查找与基本功率比 2.5 相等的分贝数（或者更好的是我们的记忆），我们发现它是 4 dB。因此，用分贝表示，总功率比 2.5×10^3 为 34 dB。

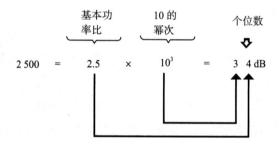

将分贝转换为功率比　要将分贝转换成功率比，可以使用计算器。在这种情况下，用分贝数除以 10，然后取它以 10 为底的幂函数值，最终得到功率比：

$$功率比 = 10^{dB数/10}$$

但是，也可以使用上一段中所述的过程轻松地通过心算进行转换。

比如，要将 36 dB 转换为相应的功率比。个位数是 6 dB，对应功率比绝对值为 4；个位数左边的数字为 3，表示 10 的 3 次方。那么，功率比就是 $4 \times 10^3 = 4\,000$。

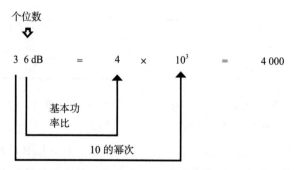

如上所述，这个过程看起来可能有点费力，但是一旦试过几遍，只要你能够记住分贝数 1～9 所对应的那些功率比绝对值，就不会有任何问题。

　　分贝的使用　分贝在雷达中的一个常见用法是表示功率增益和功率损耗。功率增益描述的是功率水平的增加。例如在功率放大器中，将一个低功率微波信号提高到天线辐射所需的功率水平，功率增益指的就是放大器输出信号功率与输入信号功率的比值[③]。

$$功率增益 = \frac{输出功率}{输入功率}$$

　　现在假设输出功率是输入功率的 250 倍，功率增益就是 250，功率比（250∶1）的分贝表示即为 24 dB。

　　功率损耗是描述功率下降的专业术语。根据惯例，它定义为输入功率与输出功率的比值——正好与增益的定义相反。

$$功率损耗 = \frac{输入功率}{输出功率}$$

　　以电压表示的功率增益　有时候用电压来表示功率会更方便一些。电阻中耗散的功率等于施加在电阻两端的电压 V 乘以流过它的电流 I，即 $P = VI$，但同时电流又等于电压除以电阻（$I = V/R$），故功率 $P = V^2/R$。

　　因此，一个电路的输出功率等于 V_o^2/R_o，输入功率等于 V_i^2/R_i。若该电路的输入阻抗和输出阻抗相同，则增益为 V_o^2/V_i^2。以分贝表示，则增益为

$$G = 10\lg\left(\frac{V_o}{V_i}\right)^2 = 20\lg\left(\frac{V_o}{V_i}\right)$$

　　分贝做绝对单位　虽然分贝最初只是用来表示功率比，但它用来表示功率的绝对值也是可以的。此时需要做的工作就是建立一个参照用的绝对单位值。通过将给定功率值与该参照单位值联系起来，它就可以用分贝来表示。

　　一个常用的参照单位值是 1 W（瓦），1 W 对应的分贝单位称为 dBW。1 W 的功率就是 0 dBW，2 W 的功率就是 3 dBW，1 kW（10^3 W）的功率就是 30 dBW。

　　另外一个常用的参照单位值是 1 mW（毫瓦）。1 mW 对应的分贝单位称为 dBm。dBm 广泛地用来表示小信号功率，如雷达回波功率。雷达回波的功率差异十分巨大，来自远程小目标的回波可能只有 -130 dBm 或更低，而来自近程目标的回波可能达到 0 dBm 或以上。因此，回波功率的动态范围至少为 130 dB。考虑到 -130 dBm 是 10^{-13} mW，或者写为 0.000 000 000 000 1 mW，用 dBm 表示绝对功率值是相当方便的。

5.5　小结

　　本章介绍了矢量图，它是一种可视化描述信号相位和频率关系的强大工具。矢量长度对应振幅，转速对应频率，角度对应相位。通过想象存在一个每个周期固定时刻闪亮的闪光灯，

[③]　假设该放大器与激励源以及输出负载之间均有良好的阻抗匹配。

在矢量图中可以将信号矢量画在固定位置上。若一个矢量所表征的信号和参考信号同相，则该矢量指向水平方向。

相同频率的信号合成在一起，其和信号的幅度将取决于这些信号之间的相对相位关系。由于这种依赖性，目标观测视角一个很小的变化，也会引起目标回波的闪烁效应。

为了在矢量图中可视化地描述两个不同频率信号的和信号，可以假设虚拟的闪光灯与其中一个矢量的旋转过程同步，这样该矢量看起来就是固定的，而另一个矢量将以差频频率进行旋转。

和信号的幅度与相位都将受到调制，调制频率等于合成前的两个信号之间的差频。若能使第二个信号远强于第一个信号，则相位调制效应将实现最小化。通过提取和信号的幅度调制信息，可以将第一个信号变换到差频频率之上；但与此同时，若存在另外一个信号，它的频率在相反方向上（镜像）且较第一个信号在频率上相差同样的值，那么这个信号也会被变换到差频频率之上。

当一个载波信号的振幅被调制时，就会产生双边带信号。两个边带信号的频率与载波频率之差都等于调制频率。

通过将表征信号的矢量投射到 x 和 y 坐标轴上，就能实现信号的同相（I）分量和正交（Q）分量分解。在将接收机中频输出信号转换到视频的过程中将其分解成 I 分量和 Q 分量，能够使得数字滤波器具备区分多普勒频移正负极性的能力。

分贝可用来描述功率比。作为一种对数表示方式，它极大地压缩了表示很宽动态范围内一个具体数值时所需的数字量。

分贝还能使合成功率比的计算变得更加容易。在执行功率比的乘法运算时可以将它们的分贝数相加，而在实现除法（求逆）运算时直接将分贝数取负号即可，另外在对一个数进行幂运算时可以通过将其分贝数与指数相乘得到。

可以认为用分贝表示的功率比由两部分组成：个位数表示基本功率比，它左边的数字表示 10 的幂次，通过心算就能将分贝数转换成功率比。首先将其换算成基本功率比，然后在它的右边补上数个 0，补零的个数等于该分贝数对应 10 的多少次方。若将功率比转换成分贝数，则需进行反向操作。

正分贝数对应大于 1 的功率比；零分贝对应的功率比为 1；负分贝数对应小于 1 的功率比。功率比为 0 时没有等效的分贝数表示。

分贝通常被用来描述增益和损耗。增益是输出除以输入，损耗则是输入除以输出。

参考一个绝对单位值，分贝数也用来表示一个物理量的绝对值。

扩展阅读

J. W. Nilsson and S. Reidel, "Sinusoidal Steady-State Analysis," chapter 9 in Electric Circuits, Prentice-Hall, 2011.

波音 B-52 轰炸机 (1955 年）

　　B-52 轰炸机是少数在动力飞行史中超过一半时间的在服役的飞机。它是远程亚声速喷气式轰炸机，乘员 5 人。该轰炸机由波音公司设计并大量生产，美国空军（USAF）自 20 世纪 50 年代起就装备了该机型。一项持续到 2015 年的升级计划将使该轰炸机的期望服役时间持续到 21 世纪 40 年代。

Chapter 6
第6章 学习雷达必备的数学基础

澳大利亚楔尾 AEW 雷达天线

第 5 章介绍了一种分析处理雷达信号的非数学方法。本章将介绍一些基础数学工具，以实现对雷达系统更加全面且相当简单的描述。这些工具用于雷达信号的分析与综合，也用于支持目标检测所采用的信号处理方法。它们也与第 5 章关于矢量图的内容直接相关，并且这些数学方法和非数学方法是完全兼容的。此外，在本章我们还将看到，矢量图方法对于从数学上理解雷达也至关重要，这种重要性不但体现在可视化描述信号相位、频率关系上，同时也体现在对复数的处理上。我们首先会从对雷达系统中使用的不同类型信号的正式定义开始，当然，如果你只希望掌握雷达的基本概念，而不考虑底层的数学问题，则请跳过本章。

6.1 信号分类

信号可以用多种方式进行分类。其中最简单的一种也许就是周期信号（大多数雷达波形是周期性的）。一个周期信号 $f(t)$，在一段固定的时间后会重复，它可以写成：

$$f(t)=f(t+T)$$

其中 T 为重复周期。

若一个信号在一段固定的时间后不再重复，那么它就称为非周期信号。信号通常也被归类为能量信号或功率信号。

（模拟的）能量信号定义为一种能量分布在开始和结束时刻之间（这将被认为是信号的开始和结束）的信号，其间信号总能量 E 非零且为有限值：

$$E=\int_{-\infty}^{\infty}f^2(t)\mathrm{d}t$$

雷达信号是能量信号的实例，它们的能量值可以简单地通过在脉冲持续时间内对信号功率求积分来获得。

若一个信号在从开始到结束的时间内，其平均功率非零且有限，则该信号定义为功率信号：

$$P=\lim_{T\to\infty}\frac{1}{2T}\int_{-\infty}^{\infty}f^2(t)\mathrm{d}t$$

功率信号的一个例子是直流（DC）信号。功率信号在通信系统中更常见一些。对于那些周期信号，通过对信号周期的合理选择，可以将上式中的积分极限运算简化为如下的平均功率表达式：

$$P=\frac{1}{T}\int_0^T f^2(t)\mathrm{d}t$$

综上所述，能量信号和功率信号代表两个非常不同的信号类型。如果一个信号的能量有限，它的功率将是零，因此不可能是一个功率信号；反之，若一个信号的功率是有限的，那么它的能量就会无限大。

6.2 复数

复数远没有它们的名称所暗示的那样复杂，我们可以将它们与信号的非数学的矢量图描述法直接联系起来。作为信号矢量来源的正弦和余弦函数，除了可以采用三角函数表示外，还可以等价地采用指数形式表示 [①]，比如：

$$A\sin(\omega t)=\frac{A(\mathrm{e}^{j\omega t}-\mathrm{e}^{-j\omega t})}{2j}$$

$$A\cos(\omega t)=\frac{A(\mathrm{e}^{j\omega t}-\mathrm{e}^{-j\omega t})}{2}$$

指数项中的字母"j"，其"值"为 $\sqrt{-1}$；因为 $\sqrt{-1}$ 不是一个实数，所以说 j 是一个虚数。同时存在虚部和实部的变量（或数）称为复变量（或复数）。

通常，正弦函数用指数形式比用三角函数更容易处理一些。乍一看，指数项 $\mathrm{e}^{j\omega t}$ 和 $\mathrm{e}^{-j\omega t}$

---

① 它们的等价性可用麦克劳林定理将函数 sin$x$、cos$x$ 和 e^{jx} 进行幂级数展开来证明。

似乎没有什么物理意义；但以它们表示的一些函数，可以很容易地采用矢量图进行形象化的描述。在矢量图中，e^j 表示逆时针旋转，而 e^{-j} 表示顺时针旋转。$e^{j\omega t}$ 表示一个单位长度矢量正以 ω（rad/s）的速度逆时针旋转，而 $e^{-j\omega t}$ 则表示一个单位长度矢量正以 ω（rad/s）的速度顺时针旋转，如图 6-1 所示。

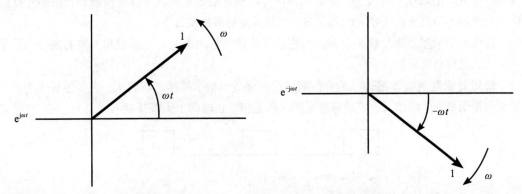

图 6-1　单位长度矢量以 ω(rad/s) 的速度分别逆时针（$e^{j\omega t}$）和顺时针（$e^{-j\omega t}$）旋转

如图 6-2 所示，和值 $e^{j\omega t}+e^{-j\omega t}$ 等于这两个矢量在 x 轴上的投影之和，其值等于 $2\cos(\omega t)$（记住，将其中任一个矢量平移到另一个矢量顶端即可得到合成矢量）。差值 $e^{j\omega t}-e^{-j\omega t}$ 等于前一个矢量在 y 轴上的投影减去后一个矢量在 y 轴上的投影，如图 6-3 所示，其值等于 $2\sin(\omega t)$（同样也是将其中一个矢量平移到另一个矢量的顶端即可以合成矢量）。

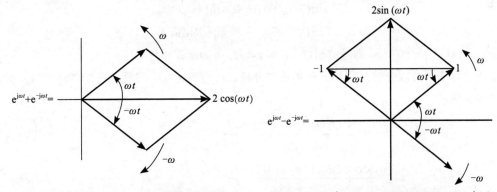

图 6-2　矢量 $e^{j\omega t}$ 与 $e^{-j\omega t}$ 在 x 轴上的投影之和

图 6-3　矢量 $e^{j\omega t}$ 在 y 轴上的投影减去矢量 $e^{-j\omega t}$ 在 y 轴上的投影，其值等于 $2\sin(\omega t)$

这些基本关系将是后续分析的基础，记住如下的 j 的不同次幂的值，你将能够很容易地形象化理解复变量相关运算过程：

$$j=\sqrt{-1}$$
$$j^2=\sqrt{-1}\times\sqrt{-1}=-1$$
$$j^3=-1\times\sqrt{-1}=-j$$
$$j^4=(-1)\times(-1)=+1$$

6.3 傅里叶级数

傅里叶级数和傅里叶变换（参见 6.4 节）是以法国数学家、物理学家约瑟夫·傅里叶（1768—1830）的名字命名的。不论采用严谨的数学方法还是用直观的图形示意，现已证明，任何一个连续的周期重复波形，例如脉冲信号，都可用一系列具备特定振幅和相位的正弦波信号来表示，而且这些正弦波的频率均为波形重复频率的整数倍。

这个波形的重复频率称为基频，而它的倍频信号称为谐波。对基频和谐波的集合的数学表达式就是傅里叶级数。

傅里叶级数的数学描述 为完成对傅里叶级数的数学描述，我们从一个如图 6-4 所示的理想周期函数 $f(t+T)$ 出发，T 是重复周期（假定信号在时间上无限重复）。

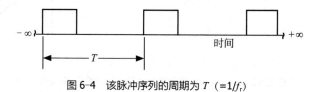

图 6-4 该脉冲序列的周期为 T（$=1/f_r$）

时间函数 $f(t+T)$ 可表示为常数 a_0 加上其频率等于重复频率 f_r（$=1/T$）整数倍的一系列正弦波的和函数，这些正弦波构成了该周期信号的各谐波分量。比如：

$$f(t)=A_0+\underset{\text{（基波）}}{A_1\sin(\omega_0 t+\phi_1)}+\underset{\text{（二次谐波）}}{A_2\sin(2\omega_0 t+\phi_2)}+$$

$$\underset{\text{（三次谐波）}}{A_3\sin(3\omega_0 t+\phi_3)}+\underset{\text{（四次谐波）}}{A_4\sin(4\omega_0 t+\phi_4)}+\cdots$$

其中 $\omega_0=2\pi f_r$，$f_r=1/T$，ϕ_1 为基波相位，ϕ_2、ϕ_3、ϕ_4 等为谐波相位。

通过对应谐波项分解为同相分量和正交分量，可将表达式中显性存在的谐波相位消除，如图 6-5 所示。

$$f(t)=a_0+\underset{\text{（基波）}}{\underbrace{a_1\cos(\omega_0 t)+b_1\sin(\omega_0 t)}}+$$

$$\underset{\text{（二次谐波）}}{\underbrace{a_2\cos(2\omega_0 t)+b_2\sin(2\omega_0 t)}}+$$

$$\underset{\text{（三次谐波）}}{\underbrace{a_3\cos(3\omega_0 t)+b_3\sin(3\omega_0 t)}}+\cdots$$

$$f(t)=a_0+\underset{\text{（基波）}}{(\underbrace{a_1\cos(\omega_0 t)+b_1\sin(\omega_0 t)}}+\underset{\text{（二次谐波）}}{a_2\cos(2\omega_0 t)+b_2\sin(2\omega_0 t)}+\underset{\text{（三次谐波）}}{a_3\cos(3\omega_0 t)+b_3\sin(3\omega_0 t))}+\cdots$$

图 6-5 此方程将相位分解为 I 分量和 Q 分量

于是，对该信号的完整级数表达式可以简洁地写为 n 阶谐波的求和（n=1, 2, 3，…），即

$$f(t)=a_0+\sum_{n=1}^{\infty} a_n\cos(n\omega_0 t)+b_n\sin(n\omega_0 t)$$

这就是傅里叶三角级数的一般形式。a_n 和 b_n 分别是傅里叶正弦和余弦系数，它们表示组成信号的各谐波分量的幅度。常数项 a_0 表征信号的常数或直流分量。虽然严格来说，该级数的和是严格地周期性变化的，但它也可用来描述时间长度为 T 的区间上的任意信号。

傅里叶级数的图形描述　图 6-6 所示的方波，以图形方式说明了傅里叶级数的概念。

图 6-6 中的和信号是将基波、三次谐波和五次谐波叠加而得到的。不同谐波分量之间的增强和抵消效应产生了这样的一个近似方波的和信号。引入更多的谐波分量，该和信号将会越来越逼近方波。需要指出的是，和信号的复合波形不但与谐波幅度有关，也与谐波相位有关。为产生这样一个方波信号，就相位方面来说，要求所有谐波和基波至少有一次同时达到正负极值。

图 6-7 所示为一个更规整的方波。理论上要产生一个真正的方波信号，需要无限多个谐波分量的叠加，而实际中高次谐波的幅度会相对较小；因此，我们使用有限数量的谐波分量进行叠加，也可以得到实际可用的方波信号波形。

在基波中加入两个谐波分量就可产生一个图 6-6 所示可识别的方波波形。而为了得到图 6-7 所给出的更加规整的方波波形，也只是加入四个谐波分量。引入越多的谐波分量，方波信号波形就会越规整，而合成波形中的波纹起伏就越不明显。

如图 6-8 所示，由于引入了 100 次以内的所有谐波分量，除矩形边沿所在尖角处外，波纹起伏已经减小到可忽略不计的程度了。

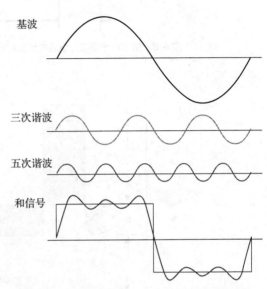

图 6-6　此方波是由基波加上两个谐波分量叠加而成的。由于正、负脉冲的持续时间相等，所以偶次谐波分量的幅值恒为零

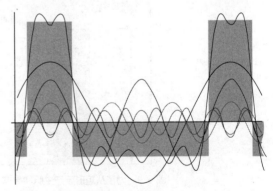

图 6-7　此方波由基波加四个谐波分量而成。复合波形由谐波的相对幅度和相位来决定。为使波形的矩形，要求所有谐波和基波至少有一次同时达到正负极值

为了产生一组幅度为 $A+B$ 的脉冲串信号（即信号幅度交替在 0 和 1 之间变化），除了需要上述产生方波信号的一系列谐波分量外，还需要引入一个频率为零的直流分量。直流分量的值为 B，它等于上述矩形波负回路的幅值，只不过极性相反而已，如图 6-9 所示。

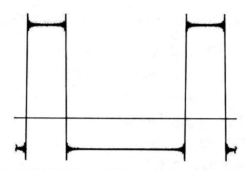

图 6-8　由 100 个谐波分量叠加而成的方波信号波形，注意图中纹波起伏减小了

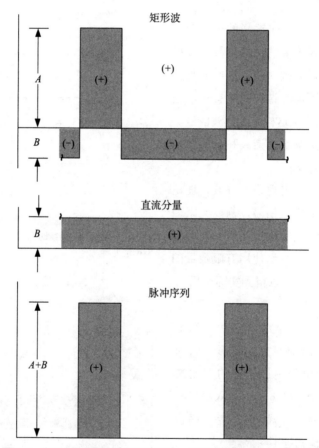

图 6-9　为了从矩形波产生脉冲串信号，必须额外叠加上一个直流分量

傅里叶级数的指数形式　傅里叶级数也可以用复数的指数形式表示。为得到傅里叶级数的指数形式，sin 和 cos 函数都用复数代替。

$$a_n\cos(n\omega_0 t)=\frac{a_n}{2}[\mathrm{e}^{jn\omega_0 t}+\mathrm{e}^{-jn\omega_0 t}]$$

$$b_n\sin(n\omega_0 t)=\frac{b_n}{2\mathrm{j}}[\mathrm{e}^{jn\omega_0 t}+\mathrm{e}^{-jn\omega_0 t}]$$

因此

$$a_n\cos(n\omega_0 t)+b_n\sin(n\omega_0 t)=X_n\mathrm{e}^{jn\omega_0 t}+X_{-n}\mathrm{e}^{-jn\omega_0 t}$$

其中

$$X_n = \frac{1}{2}(a_n - \mathrm{j}b_n)\ ;\ X_{-n} = \frac{1}{2}(a_n + \mathrm{j}b_n)$$

表示周期信号的指数级数的一般表达式为

$$f(t) = X_0 + X_1 \mathrm{e}^{\mathrm{j}\omega_0 t} + X_2 \mathrm{e}^{\mathrm{j}2\omega_0 t} + \cdots + X_{-1}\mathrm{e}^{-\mathrm{j}\omega_0 t} + X_{-2}\mathrm{e}^{-\mathrm{j}2\omega_0 t} + \cdots = \sum_{n=-\infty}^{n=\infty} X_n \mathrm{e}^{\mathrm{j}n\omega_0 t}$$

系数 X_n 也是复数，它表示描述信号 $f(t)$ 的对应谐波分量的幅度及相位。

6.4　傅里叶变换

傅里叶变换（FT）是一种数学结构，它可以将一个时域信号转换到频域进行表示，也可以进行相反的变换工作。

通过在时域和频域间的切换，在一个域中非常混乱的信号在另一个域中可能会有十分清晰的结构特征。傅里叶变换使我们既能在时域观察信号，也能在频域观察信号。

此外，由于在信号从时域变换到频域的过程中，傅里叶变换与目标的多普勒运动建立了直接的联系，因而它是雷达检测运动目标的一个基本工具。傅里叶变换还有很多其他的用途，在雷达（或许多其他领域）的诸多课题中有着深入的应用，就像在天线（第 8 章）和合成孔径雷达（SAR）处理（第七部分）中那样。

时域和频域　将信号幅度与时间联系起来的图（或方程）即为该信号的时域表示（见图 6-10）。

将信号的幅值及相位与频率联系起来的图（或方程）称为信号的频域表示（信号的频谱）（见图 6-11）。

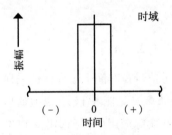

图 6-10　方波脉冲时域信号

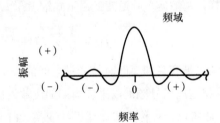

图 6-11　图 6-10 所示时域信号的频域（即傅里叶变换后的）形式

在每个域中信号都能得到完整表达。

域间切换　通过傅里叶变换（见图 6-12），信号在一个域的表示可以很容易地转换成在另一个域的等价表示。

从时域变换到频域的数学表达式称为傅里叶变换，从频域变换到时域的数学表达式称为傅里叶逆变换（见图 6-13）。这两个变换合称傅里叶变换对。因此，图 6-12 和图 6-13 所示的是一对傅里叶变换对。用这种方法，时域的正弦波转换到傅里叶变换域（或称频域）后会变为一条单谱线（在正弦波频率处），这是同一信号的两种完全不同形式的表达。

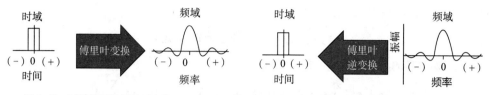

图 6-12　时域信号的傅里叶变换　　　　　图 6-13　频域信号的傅里叶逆变换

傅里叶变换的计算　为了计算一个信号的傅里叶变换，将其时域表达式 $f(t)$ 插入积分项中，然后进行积分运算：

$$F(\omega)=\int_{-\infty}^{+\infty}f(t)\mathrm{e}^{-\mathrm{j}\omega t}\mathrm{d}t$$

同样，为了计算傅里叶逆变换，将信号频域表达式 $F(\omega)$ 插入积分项中，然后进行积分运算：

$$f(t)=\int_{-\infty}^{+\infty}\frac{1}{2\pi}F(\omega)\mathrm{e}^{+\mathrm{j}\omega t}\mathrm{d}t$$

其中，变量 ω 是以 rad/s 为单位的角频率（$\omega=2\pi f$）；$\mathrm{e}^{-\mathrm{j}\omega t}$ 是表达式 $\cos(\omega t)-\mathrm{j}\sin(\omega t)$ 的指数形式。

不过，随着数字信号处理技术在实际雷达系统中的出现，对傅里叶变换和逆变换的计算都是通过离散傅里叶变换算法实现的。

此时，连续时间信号的傅里叶变换为：

$$F[k]=\sum_{n=0}^{N-1}f[n]\mathrm{e}^{-\mathrm{j}(2\pi/N)nk},\quad k=1,2,3,4$$

其中，$f[n]$ 是 $t=n$ 时时域信号的离散采样值；$X[k]$ 是 $\omega=k$ 处频域信号的离散采样值；N 为采样间隔。

同样，离散傅里叶逆变换由下式给出：

$$f[n]=\frac{1}{N}\sum_{n=0}^{N-1}F[k]\mathrm{e}^{\mathrm{j}(2\pi/N)kn},\quad n=0,1,2,3,4$$

连续时域变量和离散时域变量之间的一个主要区别是信号在时间上被周期性采样（数字化）。这将造成信号频谱以采样周期的倒数为周期而不断重复（见图 6-14）。离散傅里叶变换（DFT）通常以一种称为快速傅里叶变换（FFT）的形式在实际应用中得到实现，FFT 算法利用了傅里叶变换中的一些冗余环节，因而能够显著提升运算速度。好消息是，用于处理雷达信号的数学计算软件均可自动完成 FFT 计算，你要做的只是简单地输入矢量信号。不过，你还是需要关注运算的结果，以确保它的正确性。因篇幅有限，感兴趣的读者可以自行进行更深入的研究。

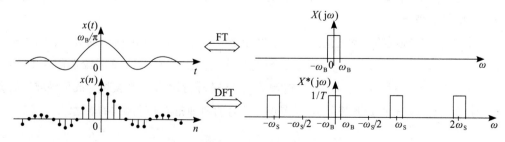

图 6-14　脉冲采样信号傅里叶变换的演示验证

　　相关概念的重要性　时域和频域的概念以及它们之间的转换是非常有用的，对于学习雷达来说，它们是不可或缺的。从一种表示法到另一种表示法的转换是理解和设计现代信号处理系统的关键。比如，在时域进行距离分辨和距离测量要更加容易一些；对于实现多普勒分辨和多普勒速度测量，以及诸如高分辨率地形测绘等某些特殊应用来说，频域可能是更适合的选择。傅里叶变换几乎在所有的雷达系统中都有应用，当然，在现代系统中通常都基于离散傅里叶变换的形式。

6.5　统计和概率

　　我们所生活的世界在本质上是一个统计的世界，因此当你发现雷达也是统计的时，就一点也不奇怪了。的确，虽然雷达系统可以发射经过精心设计的规则信号，但对于接收机捕获的回波来说，情况就不一样了。用最简单的术语来说，这些回波可能是随机（热）噪声，也可能在某些特征上与噪声相同（例如，来自随机粗糙表面的散射）。这意味着最简单的雷达目标探测也必须在随机噪声（在雷达接收机中存在）背景下进行，或者必须考虑随机粗糙表面散射的情况。因此，通常情况下雷达的性能需要采用概率来描述，这意味着我们需要理解统计学相关的一些基本内容。第 12 章将会对噪声及其在目标检测中的作用进行详细介绍。

　　随机过程的实现　作为随机过程的一个实际例子，考虑讲座中的一组学生。这些学生被要求抛硬币，并依次记录他们观察到正面和反面的结果。图 6-15 展示了一个有 20 名学生参与、每人抛 24 次硬币的统计试验结果。向上的点表示结果正面朝上，向下的点表示反面朝上。

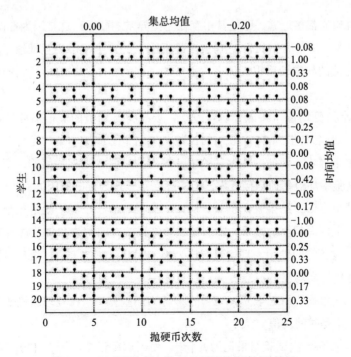

图 6-15　20 名学生每人抛 24 次硬币的统计试验结果

很明显，有两名学生的硬币投掷试验出现了异常，学生 2 的硬币全部正面朝上，而学生 14 的硬币全部反面朝上。其他学生的硬币投掷试验是合理的：正反面的数量大致相同。与本试验相关的统计术语如下：

抛一枚硬币是一个随机事件；

某学生连续抛 24 次硬币获得的结果序列是一次随机实现；

所有 20 名学生各抛 24 次硬币的观测结果序列构成了对一个随机过程的抽样试验。

试验中所有可能出现的随机实现值的结合称为总的样本集。此处提供的是该试验总样本集中的 20 个序列或称随机实现。

时间均值和集总均值 重要的是我们要理解，由于随机试验的随机性，同样的学生、同样的硬币在不同场合做同样的实验，可能会得到不同的结果。每名学生在抛硬币试验中正反面结果序列基本上不会相同，但诸如均值之类的统计特性却可以是相似的。在随机噪声背景下的雷达探测也是如此。计正面朝上为 +1，计反面朝上为 -1，对均值的数值计算可以采用下面两种方法中的任何一种：

（1）若硬币均匀，那么每名学生抛出正面和反面的数量大致相等。因此，每名学生抛出硬币的结果序列，其均值应该是零（或接近零）。以这种方式取均值相当于对前面图中所示统计试验中的行进行平均。可以看出，除了学生 2 和学生 14 的硬币出现偏差外，其他学生的行平均值都非常接近零。这种均值称为时间均值或序列均值。

（2）对均值的求取也可以按列进行（即所有学生的平均值），称为集总均值。图 6-15 中没有空间显示所有的集总均值，只显示了其中的几个。例如，所有学生第 10 次抛硬币的平均结果是 -0.1。

所有的集总均值都接近零，即使其中存在一些异常的硬币。这是因为在图 6-15 所给出的例子中，学生 2（全是正面）和学生 14（全是反面）的异常硬币相互抵消了。然而，即使是存在一个无法抵消的异常硬币也没什么大不了的，因为在集总均值中，它的影响会被其他正常硬币稀释掉。

均值的估计和真均值 可能你已经发现，要想得到均值的真值需要使用整个总体样本集。我们所做的 20 名学生抛 24 次硬币的试验只是这个总体样本集（无穷多学生抛无穷多次硬币）中的一个小样本，因此，从该试验中计算出的均值只是真均值的一个估计值（这就是为什么抛硬币试验中均值估计值接近零，但实际上不一定为零的原因）。

试验规模越小，估计结果就会越差。例如，最极端的一个例子就是一个学生只抛了一次硬币，得到了一个反面朝上的结果。基于该试验结果的时间均值和集总均值都是 -1，尽管我们都知道对于一枚正常的硬币，真均值应该为零。因此，总的来说，统计试验规模越大，对均值的估计就越接近真均值。

E 表示法 集总均值用 E 表示，"E" 也被称为期望算子。在处理随机变量时，切记 E 表示集总均值，而不是时间均值。

设第 n 个学生第 m 次试验结果记为 $f_n[m]$。使用该标记法，则 $f_{15}[20]=H$ 表示学生 15 第 20 次抛硬币得到正面。记第 n 个学生历次试验结果序列为 $\{f_n[m]\}$。例如，学生 1 的试验结

果序列为 $\{f_1[m]\}=\{\text{HTHTHH}\cdots\}$（或者 $\{f_1[m]\}=\{1,-1,1,-1,1,1,\cdots\}$，其中假设正面计为 1，反面计为 -1）。

集总均值都是通过有限次样本实现估计得到的。例如，对所有的 20 名学生的第 10 次抛硬币（见图 6-15 中第 10 列）结果求均值，其值可由下式给出（其中 $N=20$ 和 $m=10$；n 为学生数，m 为抛硬币次数）：

$$S_E[m]=\frac{1}{N}\sum_{n=1}^{N}f_n[m]$$

$$S_E[10]=\frac{1}{20}\sum_{n=1}^{20}f_n[10]$$

注意，这里给出的数值计算结果是依据第 m 次抛硬币试验对集总均值的估计 $S_E[m]\approx E(f[m])$。当 N 变得非常大时，随机波动会被最小化，此时第 m 次抛硬币试验的集总均值的真值才可以得到：

$$E(f[m])=\lim_{N\to\infty}\left(\frac{1}{N}\sum_{n=1}^{N}f_n[m]\right)$$

抛硬币试验中，集总均值给出了所有硬币的均值特性信息。如果所有硬币都是均匀的，那么对于每一个 m，集总均值都为零。即使有一些硬币偏向出现正面或反面的结果，对大量硬币试验结果取平均也意味着这些有偏差的硬币在均值计算中所起到的作用往往会相互抵消。

时间均值的计算　基于每名学生自己掷硬币的结果序列，可以计算时间均值（或称序列均值）。时间均值是 M 次抛硬币的结果，求和是基于参数 m（抛硬币次数）进行的。第 n 个学生硬币抛掷试验的时间均值由下式计算：

$$S_{nT}=\frac{1}{M}\sum_{m=1}^{M}f_n[m]$$

若该名学生抛硬币的次数很多，则 S_{nT} 的值将逐渐收敛到时间均值的真值。时间均值的真值通常用横杠或加帽符号表示的，如 $\bar{f}_n$ 或 $\hat{f}_n$，因此

$$\bar{f}_n=\lim_{M\to\infty}\left(\frac{1}{M}\sum_{m=1}^{M}f_n[m]\right)$$

时间均值包含关于第 n 个硬币的属性（或者可能是第 n 个学生抛硬币技巧）的信息。若第 n 个硬币是均匀的，那么 $\bar{f}_n=0$；若第 n 个硬币偏向正面，那么 $\bar{f}_n>0$；如果第 n 个硬币偏向反面，则 $\bar{f}_n<0$。

方差和均方差　方差和均方差是用来度量一个随机分布的均值的宽度的统计量。具体来说，方差是用来说明样本总体偏离均值的起伏特性的专门术语，因此对前面给出的投硬币试验，它适用于使用图 6-15 中各列数据进行计算：

$$\mathrm{Var}(f)=E\left\{[f-E(f)]^2\right\}$$

其中，$f-E(f)$ 被称为去均值数据，即在数据中集总均值或者说期望值已经被减掉了。

因此，$f-E(f)^2$ 表示的是偏离均值的方差或者说是标准差的平方。比如，若正面记为 +1，反面记为 -1，且 $E(f)=0$，则 $[f-E(f)]^2$ 总是等于 +1；所以，该方差的期望值即为 +1。也就是说，这些观测值预期会以 +1 和 -1 的幅度波动（在抛硬币试验中只会出现这两种情况）。

因此，对于抛硬币试验，$\text{Var}(f)=E\{[f-E(f)]^2\}=1$。

均方差（MSD）用来估计某个随机序列（即在一次样本实现之中）的起伏特性，因此对前述的投抛硬币试验来说，对它的计算适用于图 6-15 中的各行数据，其计算表达式为

$$\text{MSD}(f)=\lim_{M\to\infty}\left[\frac{1}{M}\sum_{m=1}^{M}(f[m]-\bar{f})^2\right]$$

无偏差硬币的均方差（MSD）为 +1。但对于那些有偏差的硬币，就像学生 2 所使用的硬币，其均方差（MSD）为零。因为，在学生 2 所进行的投硬币试验中，所有 $f[m]$ 都是 +1（正面），因此时间均值为 +1，而且所有的 $f[m]-\bar{f}$ 都等于零，这导致该有偏差硬币试验中均方差（MSD）取值为零。

方差和均方差的数值估计 下面的表达式展示了如何在已知 $E[f]$ 的情况下从试验数据中估计出方差。例如，在抛硬币试验中，若硬币是无偏的，就完全可以提前假设 $E[f]=0$，然后基于下式计算方差值：

$$\text{Var}(f)\approx\frac{1}{N}\sum_{n=1}^{N}[f_n-E(f)]^2$$

若必须首先从同一组数据中估计出 $E(f)$，那么方差就可使用下式计算：

$$\text{Var}(f)\approx\frac{1}{N-1}\sum_{n=1}^{N}\left(f_n-\frac{1}{N}\sum_{n=1}^{N}f_n\right)^2$$

其中未知的 $E(f)$ 已经用下式进行了预估：

$$E(f)\approx\frac{1}{N}\sum_{n=1}^{N}f_n$$

统计理论表明，使用后一种方式首先从数据中大致导出 $E(f)$，较前一种 $E(f)$ 已知情况下，前者得出的 $\text{Var}(f)$ 估计值略大于后者。这就解释了为什么后者关于 $\text{Var}(f)$ 的表达式，其分母中出现的是 $N-1$ 而不是 N。类似的表达式也适用于均方差估计，若 $\bar{f}$ 已知，那么

$$\text{MSD}(f)\approx\frac{1}{M}\sum_{m=1}^{M}(f[m]-\bar{f})^2$$

若 $\bar{f}$ 是从数据中估计得到的，那么

$$\text{MSD}(f)\approx\frac{1}{M-1}\sum_{m=1}^{M}\left(f[m]-\frac{1}{M}\sum_{m=1}^{m}f[m]\right)^2$$

各态历经序列和平稳序列 各态历经随机序列来自一类非常特殊的随机过程，它的集总均值和时间均值是相同的。只使用正常硬币的抛硬币试验将具有各态历经性。从信号处理的角度来看，具备各态历经性的好处是集总属性可以通过单次样本实现结果来确定。对抛硬币试验，这意味着试验者可以假定 100 枚硬币每枚抛 1 次与 1 枚硬币抛 100 次的平均结果是一样的。若用于试验的硬币是正常无偏的，那么这将是一个合理假设。

各态历经性适用于随机过程的所有统计特性：

（1）期望等于时间均值；

（2）方差等于均方差；

（3）随机过程的概率分布函数（PDF）与样本实现中随机变量的值分布相同。

在图 6-16 中，图（a）是一个高斯分布（在本例中已知）的类似于噪声的随机过程的单次样本实现结果；图（b）中关于 $p(x)$ 的柱状图是基于上图数据获得的，对其进行平滑处理，所得曲线即为该随机过程所服从的高斯分布。由于该随机过程是各态历经的，因此来自单次样本实现数据的统计分布可用于估计生成该数据随机过程的分布函数。

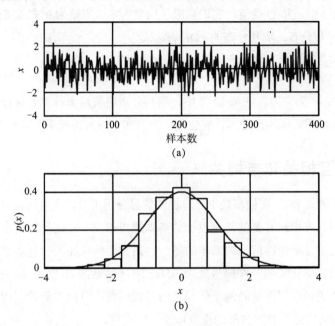

图 6-16　一个具有高斯分布的随机噪声序列。图（b）内的柱状图由图（a）数据估计得到，而图（b）中的平滑曲线则是该随机过程的高斯分布函数

若一个随机序列的集总特性参数 $E(f)$ 和 $\mathrm{Var}(f)$，或者更一般地，它的概率分布函数不随时间而变化，我们就称该序列是平稳的；否则，它就是非平稳序列或非平稳随机过程。非平稳随机过程一定不会是各态历经的。雷达数据确实可能会出现这种情况，为处理这些数据，最终需要进行非常复杂的处理，这已超出了本书的范围。

非平稳过程在日常生活中也经常以多种形式发生。一个例子是北半球 1 月到 3 月的日气温，日气温的非平稳性源于它们的上升趋势。由于气温通常在 1 月至 3 月间会上升，因此综合考虑 2010—2020 年等年份，1 月 1 日的集总平均气温将低于 3 月 31 日的集总平均气温（在相应年度内进行估计）。需要注意的是，这两个集总均值与任何特定年份 1 月至 3 月期间的平均温度（时间均值）都不同。

概率分布　雷达系统中的噪声，例如接收机热噪声，以及某些情况下来自分布式目标（如海洋或植被）的回波，都可以用高斯概率分布函数来描述。由于这个原因，在描述雷达系统性能时，它的特征将非常集中（接下来几章中我们将会看到）。此外，正是噪声（和目标回波）的统计特性，使得雷达探测性能只能采用统计术语来描述。描述一个已知服从高斯分布的随机变量（如随机噪声）的概率密度的数学表达式为

$$p(f)=\frac{1}{\sqrt{2\pi}\sigma}\exp\left[-\frac{(f-\mu)^2}{2\sigma^2}\right]$$

其中，μ 和 σ 是分布参数；σ^2 是该随机变量的方差；σ 是标准差，μ 是均值。

第二个相关的概率密度函数（PDF）则是瑞利分布。想必你还记得，大多数现代雷达系统都会对回波信号进行下变频并使用同相（I）信道和正交（Q）信道获取幅度和相位信息。噪声会同时出现在 I 信道和 Q 信道，它们都服从均值为零、方差为 σ^2 的高斯分布。合成振幅 $\sqrt{(I^2+Q^2)}$ 因此服从瑞利分布。瑞利分布的 PDF 表达式为

$$p(f)=\frac{f}{\sigma^2}\exp\left(\frac{-f^2}{2\sigma^2}\right)$$

其中，σ 为标准差；σ^2 为方差。在第 12 章中，瑞利分布将被用来计算目标检测时将噪声误判为目标的概率，其结果表征为虚警率，它也是计算真实目标发现概率（探测概率）的一部分。

6.6 卷积、互相关和自相关

卷积和相关是"近亲"，它们都是十分宝贵的信号分析工具，在雷达信号处理的很多方面得到经常性的应用。卷积运算是滤波器设计的基本组成部分，它还被特别应用于匹配滤波器（参见第 16 章）之中，所谓匹配滤波器指的是一种最大化信噪比的信号滤波方法。卷积也被应用于与脉冲压缩密切相关的一些信号处理方法之中（参见第 16 章），脉冲压缩用于产生高距离分辨率。互相关函数用于检验两个信号之间的相似性；自相关函数则用于评估给定信号的自相似性，以确定它是否存在内部的重复以及如何重复。

卷积　两个时域采样信号 $f[n]$ 和 $g[n]$ 的离散卷积函数可写成如下的表达形式：

$$R_{fg}[l]=\sum_{n=-\infty}^{\infty}f[n]g[n-l],\ l=0,\pm1,\pm2,\cdots,K$$

其中，l 为时延，表示随着 l 值的变化一个信号较另一个信号的离散滑动；K 表示被卷积信号的有限的时间范围。注意：该式表示的是信号 $f[n]$ 对信号 $g[n]$ 的卷积。我们也可以写出信号 $g[n]$ 对 $f[n]$ 卷积的类似表达式，只需将顺序颠倒过来即可。比如：

$$R_{gf}[l]=\sum_{n=-\infty}^{\infty}g[n]f[n-l],\ l=0,\pm1,\pm2,\cdots,K$$

卷积方程在计算过程中，首先"翻转"其中的一个信号，然后在另一个信号上滑动它，再对相互重叠部分的乘积（由 l 的值决定）进行积分（求和）。信号翻转是表示信号方向的一种简洁方法。例如，作为一种实现高距离分辨率的技术，在脉冲压缩处理（参见第 16 章）时，我们会将回波信号与发射信号的复制品进行卷积处理。当然，回波信号的传播方向与发射信号是相反的，而信号翻转则对此进行了处理。

图 6-17 示出了一个卷积运算的例子。这里对两个不同幅度的方波函数进行了卷积处理，并具体展示了卷积函数中滑动和积分操作的机理。首先，将右侧的方波函数绕垂直轴翻转，并重新定位到坐标轴左边，然后将它从左至右滑过另一个方波函数。滑动和积分的结果是输出一个三角波。注意，当两个方波函数完全重合时，它的积分达到最大值（时延 l 的值为零）。

此外，时延值的取值范围取决于信号持续时间（在给定采样率下），不需要扩展到正无穷和负无穷。也就是说，将信号持续期间以外的零值与更多的零值进行卷积是没有意义的。

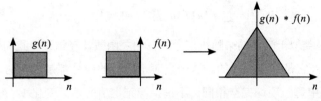

图 6-17　两个方波函数的卷积

如果将 $f[n]$ 和 $g[n]$ 转换到频率，对它们的频谱进行相乘，然后应用傅里叶逆变换，则可以得到相同的结果。

相关　相关运算与卷积运算几乎相同，唯一不同之处在于不对信号进行翻转操作。相关运算既可用来检验两个信号（$x[n]$ 和 $y[n]$）的相似程度，也可特别用来检验它们自身的周期性。信号的互相关函数可写成

$$R_{xy}[l] = \sum_{n=-\infty}^{\infty} x[n]\, y[n+l], \quad l=0,\pm 1,\pm 2,\cdots,K$$

图 6-18 示出了两个类似于噪声的随机信号的互相关结果，表明这两个信号之间不存在相似性（和随机噪声一样）。当两个信号均为周期信号且变化周期相同时，例如频率相同的两个正弦波，我们将得到一个高度结构化、强相关的输出，原因在于此时两个信号随时延值的变化而达到同相或异相。

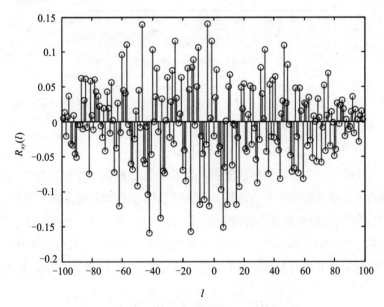

图 6-18　两个类似于噪声的随机信号的互相关结果

自相关　自相关是关于信号 $f[n]$ 与它自身之间相关性的描述。自相关可用来揭示信号自身的一些特性，比如它是否具有周期性；利用自相关也可将所选用信号与其他信号以及类似

的噪声等干扰源区分开来。信号 $f[n]$ 的自相关函数可通过将互相关表达式中的 $g[n]$ 替换为 $f[n]$ 而得到：

$$R_{ff}[l] = \sum_{n=-\infty}^{\infty} f[n]f[n+l], \quad l=0, \pm1, \pm2, \cdots, K$$

图 6-19 示出了类似于噪声的某随机信号的自相关函数计算结果。我们可以清楚地看到，在时延 l 等于零时，它是完全相关的。这一点对于所有的信号都是正确的，原因在于此时自相关函数求和运算中每一项均完全相同。不过，当延迟值哪怕只变化 1（$l=1$）时，信号的相关性就会突然降低，并像随机噪声那样在零均值附近上下波动。这表明，类似于噪声的随机信号中不存在周期性或重复成分。

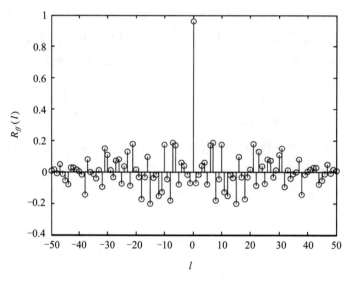

图 6-19　随机信号的自相关

自协方差　随机过程的自协方差特性描述了该随机信号时间序列中前一部分与后一部分的相似程度。其值可用如下的表达式计算：

$$\gamma_{ff}(l) = E(f[n]f[n+l])$$

在上式中，$f[n]$ 是一个去均值随机变量，也就是说它的数学期望 $E[f]=0$，也可以说 f 的均值已经被减去了。该方程表明自协方差 γ_{ff} 是延迟值 l 的函数，定义为 n 时刻 f 的取值乘以 $n+l$ 时刻 f 的取值然后取数学期望。若 $f[n+l]$ 与 $f[n]$ 相关，那么 $\gamma_{ff}(l)$ 将取得非零值；若它们之间不相关，那么 $\gamma_{ff}(l)$ 就等于零。对自协方差的估计，可以依据长度为 N 的单个数据序列来进行，估计时 $f[n]$ 和 $f[n+l]$ 都必须首先进行去均值处理，然后使用下面的表达式进行计算：

$$\gamma_{ff}(l) \approx \frac{1}{N-1} \sum_{l=1}^{N-1} f[n]f[n+l]$$

其中，N 为样本数。

领悟自协方差　当 $l = 0$ 时，自协方差等于 $\mathrm{Var}(f)$，自协方差计算表达式取得最大值（因为 $f[n]=f[n]$），原因很简单：此时两个信号是完全相同的。随着 l 的变大，$\mathrm{Var}(f)$ 的值会变小，

它随 l 减小的速度反映信号自相似性方面的信息（即信号的周期性）。比如，一个特殊的情况是当 $f[n]$ 是振荡信号时，假设每个振荡周期正好有 20 个样本：

$$f[1]=f[21]=f[41] = \cdots$$
$$f[2]=f[22]=f[42] = \cdots$$

换句话说，不考虑信号中存在随机噪声的情况，那么 $f[n]$ 与 $f[n+20]$ 完全相等。因此，当 l =20 时，自相关值也会很大。此外，若该振荡信号的峰值出现在 $f[1]$、$f[21]$、$f[41]$ 等处，那么在 $f[11]$、$f[31]$、$f[41]$ 等处就会出现谷值（最小值）。因此，当 l=10 时，自协方差也会很大且其值为负。

上述推理过程突显了关于自协方差的一个重要结论：一个振荡信号的自协方差函数会以与该信号相同的周期进行振荡。此外，由于计算自协方差时对 N-1 个样本进行了平均处理，因此自协方差与原始信号相比，它含有的噪声将小得多。自协方差函数揭示出一个信号的周期性程度，如果仅在时域观察，信号自身的周期性是完全可能被掩盖掉的。

目前在空时自适应信号处理等先进雷达处理思想中，协方差估计已越来越多地用于确定某个距离单元中仅存在杂波还是包含有目标。

互协方差　平稳零均值随机信号 $\{f[n]\}$ 和 $\{g[n]\}$ 的互协方差定义为

$$\gamma_{fg}[l]=E(f[n]g[n+l])=E(f[n-l]g[n])$$

符号 γ_{fg} 代表 $\{f[n]\}$ 和后来的 $\{g[n]\}$ 之间的互协方差。与之相反，下面的 γ_{gf} 则代表 $\{g[n]\}$ 和后来的 $\{f[n]\}$ 之间的互协方差：

$$\gamma_{gf}[l]=E(g[n]f[n+l])=E(g[n-l]f[n])$$

延迟值也可能取负值。在这里，因为延迟值是负的 (-l)，所以协方差计算在 $\{f[n]\}$ 和较早出现的 $\{g[n]\}$ 之间进行：

$$\gamma_{fg}[-l]=E(f[n]g[n+l])$$

互协方差函数并不具备对称性：

$$\gamma_{fg}[l] \neq \gamma_{fg}[-l]$$

例如，如果对于一个因果 [2] 数字滤波器，$\{f[n]\}$ 是输入而 $\{g[n]\}$ 为输出，那么可以预期的是输入序列 $\{f[n]\}$ 以某种方式与 $\{g[n]\}$ 序列中稍后出现的值相关。因此，$\gamma_{fg}(l)$ 的值一般不会为零。但如果所采用的滤波器为因果滤波器，那么 $\{f[n]\}$ 和 $\{g[n]\}$ 序列中较早出现的那些值就没有关系了，所以 $\gamma_{gf}(-l)$ 将均等于零。基于这种方式，互协方差提供了两个信号之间的相似性信息，就像自协方差提供单个信号内部的自相似性信息那样。

维纳－辛钦定理　该定理表明，直接基于离散傅里叶变换，自协方差函数提供了一种可估计信号功率谱的方法（参见第 19 章）：

$$S_{ff}[k]= \frac{1}{N}|F[k]^2|$$

其中，k 为整数。

---

[2]　如果一个系统在任何时候的输出只取决于当前或过去的输入值，那么这个系统就是因果系统。也就是说，在有输入之前，它不能有输出，并且它不能预测未来会有什么样的输入。汽车就是一种因果系统，因为它无法预测司机未来的行为（至少现在还不能）。

维纳－辛钦定理指出，这种功率谱估计也可以通过对自协方差进行傅里叶变换得到，即

$$S_{ff}[k]=\sum_{l=0}^{n-1}\gamma_{ff}(l)\mathrm{e}^{-\mathrm{j}2\pi\frac{l}{N}}$$

其中，l 表示以整数形式存在的延迟值。

反之，正如预期的那样，自协方差可以通过对有 $N-1$ 个频率通道的功率谱进行傅里叶逆变换来确定：

$$\gamma_{ff}[l]=\frac{1}{N}\sum_{k=0}^{N-1}S_{ff}(k)\mathrm{e}^{\mathrm{j}2\pi l\frac{k}{N}}$$

6.7 小结

本章介绍了一些广泛用于雷达性能描述和雷达信号评估与处理的数学概念和结构。

雷达信号是能量信号的实例。复数是一种表示矢量的数学方法，它与我们前面提到的表示雷达信号的非数学方法存在有益的联系。周期信号可由傅里叶级数描述，而傅里叶级数由一系列谐波频率分量组成。傅里叶变换提供了一种在频域和时域之间转换表示雷达信号的方法。

雷达系统中的噪声，当 I 和 Q 信道中噪声电压为零均值时，它们可分别用高斯概率分布函数来表示。合成后的待检测幅度 $\sqrt{(I^2+Q^2)}$ 则由瑞利分布函数表示。

卷积、相关和自相关为实现匹配滤波器、高距离分辨率脉冲压缩以及合成孔径的形成等提供了有力手段，它们也是确定雷达信号特性的有用工具。自协方差的傅里叶变换为雷达信号功率谱估计提供了又一种方法。

扩展阅读

R. N. Bracewell, The Fourier Transform and Its Applications, 3rd ed., McGraw-Hill, 1999.

D. P. Bertsekas and J. N. Tsitsiklis, Introduction to Probability, 2nd ed., Athena Scientific, 2008.

M. L. Meade and C. R. Dillon, Signals and Systems, Chapman and Hall, 2009.

H. Hsu, Schaum's Outline of Probability, Random Variables, and Random Processes, 2nd ed., McGraw-Hill, 2010.

J. F. James, A Student's Guide to Fourier Transforms; with Applications in Physics and Engineering, Cambridge University Press, 2011.

H. Hsu, Schaum's Outline of Signals and Systems, 3rd ed., McGraw-Hill, 2013.

第三部分
雷达基本原理

英国电气"堪培拉"（1957年）

"堪培拉"是英国第一代大批量生产的喷气动力轻型轰炸机。它于1951年服役，曾用作核打击机、战术轰炸机和侦察平台（摄影和电子侦察）。它以0.88马赫的速度飞行，比当时的喷气式截击机还快，而且它的适应性使它非常适合出口。"堪培拉"创造了多项飞行纪录，包括第一次喷气式飞机不间断地飞越大西洋，以及两次飞行高度纪录（分别在1955年和1957年）。

Chapter 7

第7章 | 无线电频率的选择

费朗蒂 AI23: 第一部机载单脉冲雷达

在雷达设计过程中，最重要的指标就是它辐射的无线电波的频率，也就是雷达的工作频率。雷达能不能实现它的设计目标，例如探测距离、角分辨率、多普勒性能、尺寸、重量和成本等，通常都取决于雷达无线电频率的选择。反过来，雷达无线电频率的选择又会严重影响雷达的设计和制造过程。本章将给出雷达常用频率的大概范围，并结合实例说明在确定一部雷达最佳工作频率过程中到底需要考虑哪些因素。

7.1 雷达所用各种频率

目前，雷达工作频率范围非常宽，最低只有几兆赫（MHz），而最高则达到了 300 000 000 MHz（见图 7-1）。

使用低频率的雷达都是一些高度专业化的雷达。例如，用于测量电离层高度的无线电探测仪，还有超视距（OTH）雷达。这种雷达利用了电离层可以反射无线电波的特点，使得雷达探测距离可以超越视线限制，因而能够探测数千千米以外的目标。

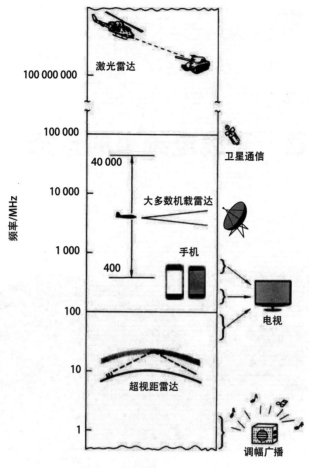

图 7-1　雷达使用的电磁频谱范围

　　工作频率最高的雷达是激光雷达，这种雷达工作在可见光和红外光区域，可为战场单个目标距离测量提供所需的高角分辨能力。

　　目前，大多数雷达的工作频率介于几百兆赫和 100 000 MHz 之间。其中，用于搜索、监视和多功能工作模式的机载雷达主要工作在 425 MHz ～ 12 GHz 之间的频率上。

　　这些雷达的工作频率非常高，为了描述上的方便，我们用 GHz（吉赫）作为频率的单位。1 GHz =1 000 MHz，所以 100 000 MHz 就是 100 GHz。

　　在有些情况下，我们也会用波长来表示雷达工作频率，其换算方法为：光速（3×10^8 m/s）除以雷达工作频率（单位为 Hz）即为波长，见图 7-2。

　　事实上，如果已知某一无线电波的频率，要计算其波长，有一个简单的计算方法，就是先将这个无线电波的频率换算成以 GHz 为单位的形式，然后用 30 除以这个频率，就得到了以 cm 为单位的无线电波波长。例如，某无线电波的频率为 10 GHz，30 除以 10 等于 3，那么这个无线电波的波长就是 3 cm。

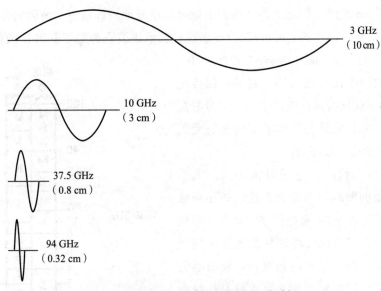

图 7-2　以实际尺寸表示的机载雷达工作波长

同样，如果已知某一无线电波的波长，要计算其频率，可将上述计算方法反过来。具体而言，就是先将该波长换算成以 cm 为单位的形式，然后用 30 除以该波长，就得到了以 GHz 为单位的频率。例如，假设某无线电波的波长为 3 cm，用 30 除以 3 等于 10，那么该无线电波的频率就是 10 GHz。

7.2　频段

除了使用离散的频率或者波长值来表示外，无线电波还可根据其频率处于任意划分的一系列频率区间中的具体哪一个来进行粗略的分类，例如可以将无线电波分为高频（HF）、甚高频（VHF）和特高频（UHF）等。雷达常用的频率区间有甚高频、特高频、微波和毫米波（见图 7-3）。

第二次世界大战期间，军方将微波波段又分成了若干个更窄的频段（又称波段），并且出于保守军事秘密的目的，使用一些字母对其进行命名，这就是所谓的 L 波段、S 波段、C 波段、X 波段和 K 波段（军方用户倾向于不透露具体的工作频率值）。为增强保密安全性，这些字母并没有按顺序排列。尽管在今天这些字母所表示的频段已被解密多年，但这种命名方式一直被沿用了下来。

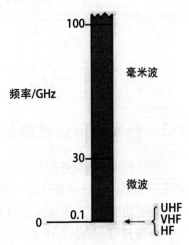

图 7-3　以线性刻度表示的雷达常用电磁频谱区域。可用的毫米波频段带宽比微波频段带宽大很多

K 波段的频率与水蒸气谐振频率非常接近，由此导致该频段工作的无线电波在大气中传播时，其水蒸气吸收衰减严重。为了解决这个问题，K 波段又被进一步细分为三个更小的波段，按照频率由小到大的顺序依次被命名为 Ku 波

段、K 波段和 Ka 波段。实际上，从字面上就可以很好地理解这三个波段的命名规则：Ku 波段中的"u"是英文单词"under"的首字母，表示该波段的频率要比 K 波段低；而 Ka 波段中的"a"是英文单词"above"的首字母，表示该波段的频率比 K 波段高。目前，国际电信联盟（ITU）仅仅将这些波段中的一部分分配给雷达使用，并且雷达的工作频率通常还受到射频组件带宽的进一步限制。

20 世纪 70 年代，在电子对抗领域，人们设计了一种新的波段序列命名方法，该序列依次采用英文字母 A 到 M 来进行波段命名（见图 7-4）。后来，人们尝试着将这种新的命名规则应用于雷达中，但是最大的问题是：新命名方法中相邻两个波段的频率交叉点正好是传统命名法中某一波段的中心频率，也就是大量雷达集中的地方。因此，这些尝试最终失败了。而在美国，这种新的命名方法也仅仅应用在电子对抗领域，就像当初设想的那样。

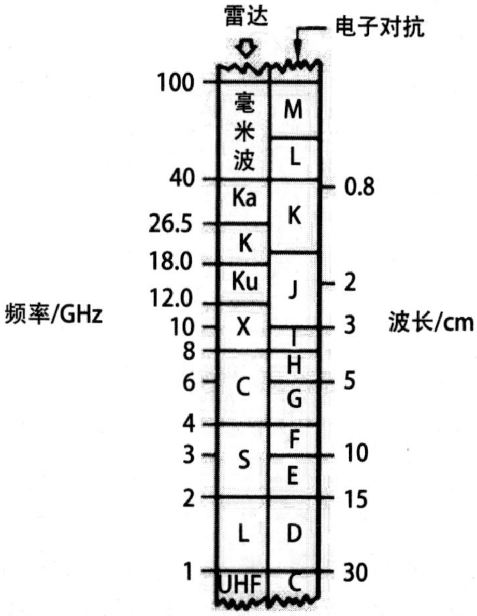

图 7-4　雷达和电子对抗波段命名及其相应波长

请记住下列 5 个雷达波段的中心频率和波长（如果你还没能完全记住的话）：

波段	中心频率 /GHz	波长 /cm
Ka	38	0.8
Ku	15	2
X	10	3
C	6	5
S	3	10

7.3　频率对雷达性能的影响

雷达的设计用途决定了它应该选用的最佳工作频率。同其他大多数的设计决策过程一样，对工作频率的选择需要在诸多因素之间折中或权衡，其中最重要的几个因素包括：物理尺寸、辐射功率、天线波束宽度和大气衰减等。

物理尺寸　通常，用于产生和发射无线电波的雷达硬件设备的尺寸都会与电波波长成正比。在低频段（波长较长），这些硬件通常又大又重；而在高频段（波长较短）工作的那些雷达通常都能封装到更小的舱体内，占用空间较小，重量也会轻很多（见图 7-5）。有限的空间要求在雷达设计时进行更紧密的电子器件排列，这对设计工作提出了不小的挑战。

辐射功率　由于波长对雷达尺寸的影响，波长的选择间接决定了一部雷达具备的大功率辐射的能力。雷达发射机所能处理的功率水平在很大程度上受到电压梯度值（单位长度上的电压）以及散热要求的限制。因此，毫不奇怪的是一些较大、较重的雷达工作在米波频段，它的平均辐射功率能够达到兆瓦级，而毫米波雷达的平均辐射功率只能被限制在几百瓦以内。

实际上在大多数情况下，在可用功率范围内，雷达的实际使用功率还受限于雷达的大小、重量、可靠性和探测距离等多种因素。

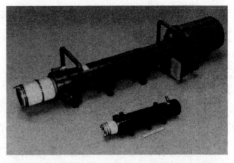

图 7-5　射频器件的物理尺寸和功率处理容限随着频率增大而减小。上方为一个 30 cm 雷达的发射管，而下方则为一个 0.8 cm 雷达的发射管

天线波束宽度　在第 8 章中将会详细说明：一部雷达的天线波束宽度正比于波长和天线宽度的比值。为获得某一给定的波束宽度，雷达的波长越长，天线就必须做得越宽。在那些低频雷达中，为了得到令人满意的窄波束，不得不采用大型的天线；在高频雷达中，较小的天线即可满足需要（见图 7-6）。我们之所以要得到窄波束，原因在于波束越窄，某一时刻集中在特定方向上的功率就会越大，进而雷达的角分辨率也就越高。

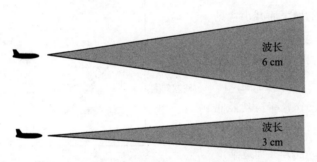

波长
6 cm

波长
3 cm

图 7-6　对于相同尺寸的天线，波束宽度与波长成正比

大气衰减　无线电波在穿过大气层的过程中会衰减，其作用机理主要有两个：大气吸收和大气散射（详见面板式插页 P7.1）。其中，大气吸收主要是由氧气（频率为 60 GHz）和水蒸气（频率为 21 GHz）所引起的；大气散射则几乎全由凝结态水蒸气（如水滴）所产生。无论是吸收还是散射，它们都随频率的升高而变得愈加严重。大约在频率低于 0.1 GHz 时，大气衰减基本可忽略；当频率大约高于 10 GHz 后，大气衰减将变得越来越严重。

更为重要的是，当频率高于 10 GHz 后，雷达在探测目标时，它的性能因受气象杂波影响会变得越来越差。即便大气衰减足够小，也只有当目标散射回雷达方向的能量足够大时，目标才能被检测到。在不采用动目标显示（MTI）处理技术的那些简单雷达中，大气回波（气象杂波）可能会遮盖住目标。

对机载雷达来说，通常我们不会考虑电离层的影响；但实际上，当特高频（UHF）或者更低频段的雷达信号穿越电离层时，电离层的影响可能也是很显著的（由于衰减、折射、散射和法拉第旋转等原因）。

穿透树叶　在一些特殊的应用场合，机载雷达可能需要探测隐藏在树林里的目标，此时机载雷达的穿透能力取决于树叶对雷达信号的衰减程度。研究表明，树叶对无线电波的衰减也随频率的提高而增大。在实际应用中，对树丛穿透雷达而言，必须采用 L 波段或更低的频段。

相对带宽　一部雷达的相对带宽定义为信号带宽除以它的中心频率。后面我们将看到，雷达信号的带宽决定了它的距离分辨率。也就是说，带宽越大，距离分辨率越好。当雷达信号带宽给定时，中心频率越低，则相对带宽就会越大。而大相对带宽（当其大于 15% 时）会给雷达硬件特别是天线部分的设计制造造成困扰。

与其他用户共存　电磁频谱被很多用户共同使用，除雷达以外，还有通信、广播和无线电导航等。整个电磁频谱依据国际协议被分配给这些不同的用户，其中，有些频段归某一用户专用，而有些频段则供所有用户共同使用。当然，所有用户都希望自己分到的频段越宽越好，但电磁频谱资源是有限的。所以，即使在国际协议这个框架下，各用户之间的运用仍然存在相互干扰的问题。为了解决该问题，寻找特殊技术来提升发射机频谱纯度以抑制干扰，以及研究和量化评估用户对干扰的容许程度，已成为该领域十分活跃的研究课题。

环境噪声　在高频频段，外部电气噪声源影响很大。但是，这种影响随着雷达频率的增大而减小（见图 7-7），大约在 0.3 GHz ～ 10 GHz 之间这种影响达到最低值；具体在哪个频率上取得最低，则取决于随太阳状态而变化的星系噪声水平。从最低值频率点往后，大气噪声逐渐占据主导地位，并随着频率的升高而逐渐增强，且在 K 波段及其以上频率上增长迅速。对于大部分的雷达系统，内部噪声起主要作用；但是，随着满足

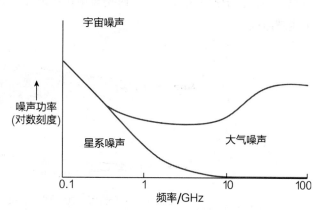

图 7-7　在 0.3 GHz ～ 10 GHz 之间，环境噪声的影响降至最低，具体情况取决于受太阳活动状态影响的星系噪声的强度

远程目标探测需要的低噪声接收机的出现，在选择雷达工作频率时，外部噪声也成为了一个重要的考虑因素。

多普勒相关考虑　多普勒频移不仅与目标接近速度成正比，也和雷达射频频率成正比。对于给定接近速度的目标，雷达工作频率越高，则多普勒频移就越大。在后面的章节中我们将清晰地看到，过大的多普勒频移会产生一些问题。在某些应用场合，可能会因此而限制可用频率的范围。但从另一方面考虑，通过选择更高的频率，可以在探测接近速度差异较小的目标时提升雷达的多普勒敏感度。

P7.1　大气衰减

吸收　无线电波在透过大气传播时，它的能量会被组成大气的气体所吸收。随着频率的增大，大气吸收效应会急剧增加。

当频率低于大约 0.1 GHz 时，大气吸收可忽略不计；当频率高于 5 GHz 后，大气吸收效应变得较为显著；当频率高于 20 GHz 以上时，这种大气吸收效应会十分严重。典型的吸收"窗口"出现在 35 GHz ～ 94 GHz 之间。

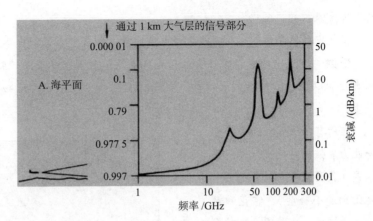

绝大部分的大气吸收来自大气中的氧气和水蒸气。因此，在高空中，大气对无线电波能量的吸收会比较小，一方面是因为高空中空气比较稀薄，另一方面则是因为那里的空气湿度也较小。

氧气分子（O_2）和水蒸气分子（H_2O）都具有它们自己的一些谐振频率。

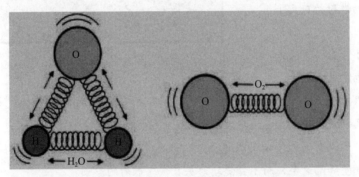

当无线电波在这些频率上被发射时，氧气和水蒸气的分子就吸收较多的电波能量，这就是吸收衰减曲线中相关峰值出现的原因。由于分子间的相互碰撞作用，吸收峰得到展宽；而在高空中由于大气中相关分子不像低空大气中那样密集，分子碰撞减弱，此时吸收峰会尖锐一些，但吸收频率是完全一致的。（图 B 的横坐标与图 A 相同，纵坐标向下有一定的平移，以便将幅度上更低的吸收衰减曲线包含在内。）

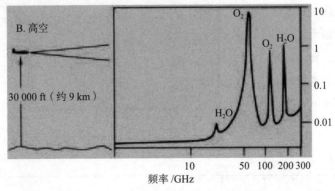

22 GHz 和 185 GHz 处出现的吸收峰源于水蒸气分子，而 60 GHz 和 120 GHz 处出现的吸收峰则是由氧气分子谐振而引起的。各吸收峰之间的区域，由于大气吸收相对较低，它们被

称为大气吸收的"窗口"。

空气中的悬浮颗粒也会吸收无线电波能量，但这种吸收的基本机理来自散射效应。

散射 空气中的悬浮颗粒会散射无线电波，其散射强度随微粒的介电常数及电尺寸（颗粒直径除以波长）的增大而增加。当颗粒直径与电波波长可比拟时，这种散射效应会十分严重。

在所有的大气颗粒中，散射能力最强的是雨滴，其次是冰雹（原因在于它的介电常数要比雨滴小一些）。雪花的散射能力较弱，这是因为它的含水量较少且下落速度也较慢。由极细小的水滴组成的云朵，其散射能力就更弱了。至于烟和灰尘，它们的散射效应几乎可以忽略不计，一方面是因为它们的颗粒太小，另一方面是由于它们的介电常数也很小。

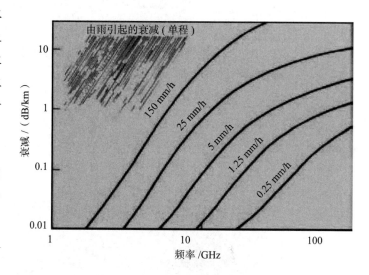

在 S 波段（3 GHz）以上，散射效应开始变得明显起来。S 波段及其以上波段，这种散射效应的强度已足以使得降雨在雷达中清晰可见。

在 S 波段，云层对无线电波的吸收和散射仍可忽略不计。因此，在此频段工作的气象雷达可以顺利地测量降雨速率，而不会受到云层衰减或散射的影响。

但是，对于频率在 10 GHz 以上的无线电波，云层的散射和吸收效应开始变得相当可观了。云层引起的电波能量衰减与它的内部含水量成正比。

随着温度的下降，由于水的介电常数反比于温度，云层造成的衰减会增大。但是，对于结冰的云层，这种衰减效应反而会降低，原因是冰的介电常数非常小。

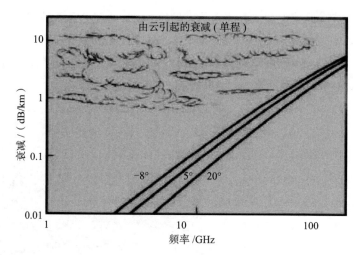

7.4　最佳频率的选择

由前面的叙述可知，雷达工作频率的选择受到多种因素的影响：雷达的设计功能，雷达的运行环境，雷达运行平台的物理限制和成本造价等。本节中，我们将以一些典型的应用为例，具体阐述应该如何选择雷达的最佳工作频率。为了更好地贴合频率选择这个主题，我们不仅会考虑机载雷达，也会考虑地基雷达和舰载雷达的情况。

地基雷达　地基雷达所用频率覆盖了整个雷达工作频率范围，一个极端的应用例子是兆瓦级的远程监视雷达。由于可以不受尺寸与重量的限制，它们可以设计得非常庞大，这样就可以在使用相对较低的工作频率的同时也能得到较高的角分辨能力。还有那些超视距雷达，它们工作在高频（HF）频段，该频段十分适合利用电离层对电波进行反射传播。空间监视与预警雷达会工作在特高频（UHF）和甚高频（VHF）频段，在这两个频段中，外部环境噪声影响最小且大气衰减可忽略不计。

然而，上述这些频段中已挤满了各种通信信号，因此这些频段仅限于开放给那些特定功能雷达或特殊地理位置部署的雷达使用（因雷达发射信号通常占据较大的频带宽度）。当不需要如此远的探测距离且可容许一定程度的大气衰减损耗时，一般会将雷达设计得更小一些，其方法就是将雷达工作频率提升到 L 波段、S 波段、C 波段甚至更高的频段（见图 7-8）。

图 7-8　在远程探测并不重要的一些场合，地基雷达一般工作在较高频段。图中所示为迫击炮炮位跟踪雷达。为减小尺寸并提高测量精度，可以使用 X 和 Ku 波段

舰载雷达　由于舰船上空间的有限性，舰载雷达在应用时，物理尺寸是个重要的限制因素。同时，要求舰船在绝大多数恶劣天气中仍能有效工作，这就给舰载雷达所使用的工作频率设置了一个上限。好在这种约束通常不算严格，因为海上目标探测并不需要那么远的作用距离。更为重要的是，为了有利于探测海面和低空目标，舰载雷达必须采用较高的工作频率。

当掠射角接近零时，雷达接收到的目标回波很可能会被海面反射回来的目标回波所抵消，这种现象称为多径传播效应（见图 7-9）。这两个回波之所以会相互抵消，原因在于经过海面反射，反射回波的相位存在一个 180° 的反转。随着掠射角的增加，直达波和非直达波之间的路径长度差加大，这种抵消效应会减弱。雷达波长越短，这种抵消效应就消失得越快。因此，较短波长的 S 和 X 波段在海面搜索、低空探测以及导航雷达中得到广泛的应用。需要说明的是，这种多径传播现象在较为平滑的地面上也会发生。

图 7-9　当掠射角较小时，目标回波几乎完全被海面反射的目标回波所抵消

机载雷达　在飞机上，对雷达尺寸的要求更加严格。机载雷达的工作频率，最低也要达到 UHF、L 和 S 波段，而且仅会在一些特定场合采用。例如，E-2 预警机上的机载预警雷达和 E-3 预警机上的机载警戒与控制系统（AWACS）（见图 7-10）中都采用了相关频段，其目的是获得较远的探测距离以适应预警探测的需要。看看这些预警机上巨大的天线罩，你就会明白为什么对于战斗机类的小型机，要想获得窄天线波束，就必须采用较高的工作频率。

机载雷达中使用的次最低工作频段是 C 波段，雷达高度计就工作在该频段。有趣的是，最初决定选用该频段的原因是便于选用重量更轻、造价更便宜、采用三极发射管的相关设备。该频段的另一个优势是具备较好的云层穿透能力。由于雷达高度计结构简单，仅需一定的发射功率，并且不要求天线具有很强的方向性，因此它可以在使用 C 波段的同时做到设备尺寸仍较小。

不同于雷达高度计，气象雷达需要更好的方向性，但是它也会工作在 C 波段，当然有时也会选择 X 波段。对这两个频段的选择反映了设计决策过程中在两个因素上的权衡。一是在风暴穿透能力和风暴散射损耗之间的权衡。若散射效应过于严重，雷达就不能足够深入地穿透风暴，以获取关于风暴的全面信息；但是，若散射效应过于微弱，仅有很少一部分回波被反射回来，那雷达也就不能探测到风暴的存在。另一个权衡因素则是风暴穿透能力和雷达尺寸大小。工作在 C 波段的气象雷达具备较好的风暴穿透能力，由此获得了较远的探测距离，是商用飞机气象雷达的首选。而工作在 X 波段的气象雷达，在提供良好探测性能的同时其尺寸可以更小一些，它更多的应用是在那些私人飞机上。

大部分战斗机、攻击机和侦察机上安装的雷达都工作在 X 和 Ku 波段，采用 X 波段时大部分会使用 3 cm 波长（见图 7-11），而采用 Ku 波段时一般会采用 2 cm 波长。

图 7-10　AWACS 雷达工作在 S 波段，能够提供预警服务。它的天线非常庞大，以满足所需的角分辨能力要求

图 7-11　该雷达工作在 X 波段，在获得良好角分辨率的同时可将天线做得足够小，以满足飞机鼻锥内安装的需要

采用 3 cm 波长可以说是一举三得。首先，在该波长上，大气衰减虽然已较为明显但仍然相对较低，在海平面高度上它的双程衰减损耗也只有 0.02 dB/km。其次，在该波长上，天线尺寸小到可以装进小型飞机机头的同时，仍然能够获取足够窄的波束宽度，以提供足够高的功率密度和优异的角分辨能力。最后，由于该波长的广泛应用，可以从很多的供货商那里轻易地获得适用于 3 cm 雷达的那些微波组件。

当探测距离不再是问题而同时实现小尺寸和高角度分辨率却很关键时，一般我们会选择更高的雷达工作频率。例如，Ka 波段雷达被证明可以很好地应用于小型飞机的地面搜索和地形回避功能之中，但由于该频段衰减严重，到目前为止相关应用仍相对较少。

随着毫米波功率产生设备的投入使用，雷达设计者们正在开发一种用于小型空对空导弹的末端精确制导雷达（见图 7-12），这种雷达利用 94 GHz 这个大气衰减窗口，虽然探测距离较近，但是体积非常小。在 94 GHz 的工作频率上，10 cm 长的天线就能达到 10 GHz（波长为 3 cm）时 0.94 m 长天线完全一样的角分辨能力。

图 7-12　该空对空导弹雷达工作频率为 94 GHz，其微型天线能够提供与图 7-11 中给出的尺寸大得多的天线一样的角度分辨能力

典型工作频率的选择	
预警雷达	UHF、L 及 S 波段
雷达高度计	C 波段
气象雷达	C 和 X 波段
战斗机 / 攻击机雷达	X 和 Ku 波段

7.5　小结

机载雷达的工作频率从几百兆赫一直延伸到 100 GHz，对于任何的雷达应用而言，对最佳工作频率的选择都需要综合考虑多种因素。

一般来说，雷达工作频率越低，它的尺寸就会越大，但可用的辐射功率也会越高。而雷达工作频率越高，当天线尺寸给定时，雷达的波束就会越窄。

当雷达工作频率高于 0.1 GHz 左右时，主要由水蒸气和氧气造成的大气衰减现象开始变得显著。当频率达到 3 GHz 或更高时，由水蒸气凝结而成的雨、冰雹以及雪会引起雷达观测中的气象杂波。它们不但会引起电波传播损耗，对于那些未采用动目标显示（MTI）技术的雷达系统，气象杂波甚至会掩盖住目标。当频率高于约 10 GHz 时，大气吸收和散射变得愈加严重，此时由云层引起的衰减也变得不可忽视了。

在雷达工作频率处于 0.3 GHz 至 10 GHz 之间时，噪声影响最低；但在频率高于 20 GHz 后，它们的影响越来越严重。

多普勒频移随雷达工作频率的提升而增加，在某些特定应用场合中，这也可能成为不得不考虑的一个负担。

扩展阅读

D. E. Kerr, Propagation of Short Radio Waves, IEEE Press, 1986.

M. E. Davis, Foliage Penetration Radar: Detection and Characterization of Objects under Trees, SciTech-IET, 2011.

L. W. Barclay, Propagation of Radiowaves, 3rd ed., IET, 2012.

洛克希德（Lockheed）U-2"龙女"(1957年)

　　和SR-71"黑鸟"一样，U-2"龙女"也是洛克希德臭鼬工厂（Lockheed Skunk Works ）设计制造的一种高空侦察机。在冷战期间，它的主要作用是侦察苏联和其他国家的情报。它还到过阿富汗和伊朗，以支持北约的行动。

Chapter 8
第8章 | 方向性和天线波束

安装在 B17"堡垒"轰炸机上的"机载雪茄"干扰装置

方向性是指雷达天线向某个方向集中辐射能量的程度，它是机载雷达的一个关键性能指标。一方面，雷达的方向性决定了雷达测角的能力；另一方面，雷达的方向性还与雷达处理地杂波的能力相关，也是决定雷达探测距离的主要因素。

在本章中，我们将学习雷达天线辐射的能量在角度上是如何分布的，并研究辐射方向图的主要特征：波束宽度、增益和旁瓣（又称副瓣）。我们还将学习如何减小旁瓣，以及电子扫描能够以多快的速度实现多用途波束定位，可以达到多高的角分辨率和角度测量精度。最后，我们将了解在地面测绘中如何优化雷达波束。

8.1 辐射能量在角度上的分布

从常见的简单例子来看，可以假设雷达天线将所有发射能量集中到一个被称为笔形波束的很窄的波束中，并且波束内部能量均匀分布。如果这种笔形波束能够像手电筒一样照射到空中的一个虚拟屏幕上，那它就可以在屏幕上照出一个圆斑，且在圆斑内部亮度是均匀的。这种理想的情况是我们所需要的，但不同于手电筒，它在雷达天线上不可能实现。

实际情况却是像其他所有天线一样，这种笔形波束天线会向几乎每一个方向辐射一部分能量。如图 8-1 中的三维图所示，雷达天线辐射的绝大部分能量会集中在一个几乎呈圆锥形的区域内，而这个圆锥的中心线是天线的轴线，这个圆锥区域也被称作主瓣。如果用一个经过圆锥轴线的平面把圆锥切成两半，我们会发现在轴线的两侧有一系列弱一点的波束（见图 8-2），我们把这些波束称为旁瓣，方向朝后的波束也被称为尾瓣。

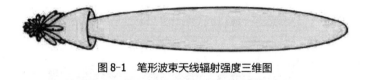

图 8-1 笔形波束天线辐射强度三维图

图 8-2 图 8-1 的剖面。注意主瓣两侧的一系列小瓣

无线电波的这种瓣状结构是由衍射产生的。衍射是一种常见的自然现象，当一束光穿过一个小孔时就会发生衍射（见图 8-3）。光线穿过小孔后就会发散，如果这束光的所有光波波长相等，照射到屏幕上就会形成一系列的光环，并且这些光环的亮度会逐渐变弱。

为了方便理解无线电波的衍射现象，我们假设有一个一维的线性垂直天线阵列，它水平安装在平台上。这个天线阵列由一排紧密排列的辐射单元组成，每个辐射单元向所有方位辐射无线电波，且所有无线电波的幅度、相位和频率都相同。为了测量不同方位角处无线电波的合成强度，我们把场强探测仪尽量放置得离天线远一点，以保证探测仪接收到的从不同辐射单元辐射的无线电波是非常接近平行的。如图 8-4 所示，从阵列的垂直等分线（轴线）开始，以阵列的中心为圆点，将探测仪以恒定的半径做弧形移动。

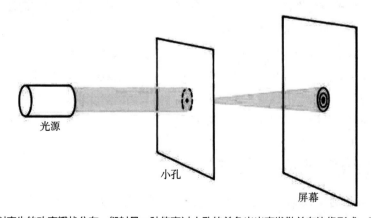

图 8-3 由衍射产生的功率瓣状分布。衍射是一种使穿过小孔的单色光光束发散并在边缘形成一系列光环的过程

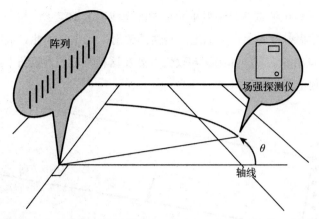

图 8-4　为了确定阵列辐射能力的分布，场强探测仪沿着一条半径不变的圆弧移动。阵列由一排间距很小的垂直排列辐射单元组成

　　探测仪结果显示，任何一点的场强（单位为 V/m）取决于接收波的相对相位。反过来，相对相位又由探测仪到各辐射单元的距离的差值决定。为了计算探测仪到各辐射单元的距离的差值，我们从阵列的某一端画一条直线，使该直线垂直于探测仪的视线，也就是图 8-5 中的直线 AB。显然，直线 AB 与阵列之间的夹角等于探测仪的方位角 θ。

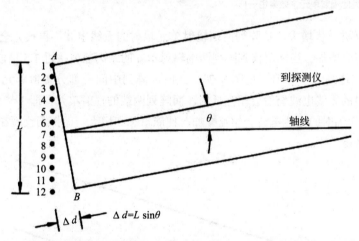

图 8-5　线段 AB 标出从阵列各个单元到场强探测仪的距离差。线段 AB 与阵列之间的夹角等于场强探测仪的方位角

　　假设夹角 θ 为零（探测仪在阵列的视线方向），且探测仪到阵列的距离足够远，从而可以认为探测仪到阵列的每个辐射单元的距离都相等（也就是探测仪到每个辐射单元的视线都基本平行）。又因为这些无线电波的相位都相同，所以它们合成之后的场强达到一个极大值。

　　然而，如果夹角 θ 大于零，探测仪到每个辐射单元的距离将沿着直线 AB 逐渐增大。这将会导致探测仪接收到的无线电波相位略有不同，因此它们合成之后的场强就没有之前的大。

　　随着方位角的增大，距离的差值也会增加。若方位角不断增大，最终会到达一个特殊点，在该点处探测仪到越过阵列中心的第一个辐射单元（7 号辐射单元）的距离大于探测仪到阵列近端辐射单元的距离，并且两者刚好相差半个波长（$\lambda/2$），见图 8-6。其结果是，从 1

号辐射单元辐射的无线电波被 7 号辐射单元辐射的无线电波抵消了。相同的情况还会发生在 2 号辐射单元和 8 号辐射单元上。类似地，其他的辐射单元也是如此。最终，探测仪从所有辐射单元接收的能量总和为零。如果探测仪恰好处在这种特定的方位角上，在这个方位角上接收到天线的总辐射能量为零。

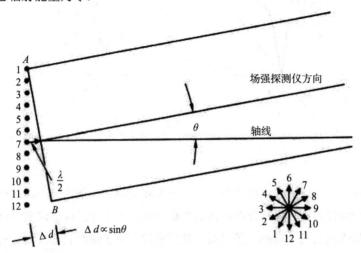

图8-6 当从探测仪到 7 号辐射单元的距离比到 1 号辐射单元的距离长半个波长时，从这两个辐射单元接收的信号会相互抵消。对于其他辐射单元，效果也一样

如果夹角 θ 进一步增大，从阵列两端辐射单元辐射的无线电波不再被完全抵消，阵列辐射的能量总和将会增加。当探测仪到阵列两端辐射单元的距离差值接近 1.5 倍波长（1.5λ）时，总能量曲线会到达另一个峰值（见图 8-7）。此时，阵列中间一部分辐射单元，即 3 号至 10 号辐射单元辐射的无线电波仍然会相互抵消，而阵列两端的辐射单元，即 1 号和 2 号及 11 号和 12 号辐射单元辐射的无线电波会相互叠加，使能量总和增大。而探测仪现在所处的位置正好是阵列第一旁瓣的中心。

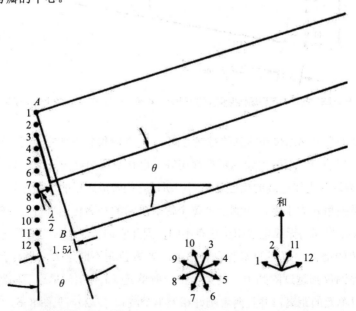

图8-7 当探测仪到阵列两端辐射单元的距离差值接近 1.5 倍波长时，只有 3 号至 10 号辐射单元的信号会相互抵消

如果夹角 θ 进一步增加，则阵列辐射的无线电波相互抵消的程度又会增大，因而相同的过程将会重复发生。最终，探测仪穿过了一片由零点和逐渐变弱的波束交替出现的区域。

在图 8-8 中画出了场强随方位角变化的曲线，从曲线中可以看出场强存在多个旁瓣，且这些旁瓣在主瓣两侧对称出现。该曲线的数学表达式为：

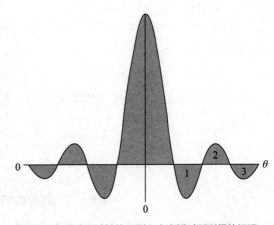

图8-8 在移动通过轴线两侧几个旁瓣时所测得的场强。奇数旁瓣（即1号和3号旁瓣）的射频相位是相反的，因此这几个旁瓣画成负的

$$E \propto \frac{\sin x}{x}$$

其中，E 是场强；x 与夹角 θ 成正比。这个数学表达式读作 x 分之 $\sin x$，也称为辛格函数。

实际上，$x = \pi(L/\lambda)\sin\theta$，其中 λ 是无线电波的波长。所以，只有当 θ 很小时，x 才与 θ 成正比。当 θ 增大时，$\sin\theta$ 逐渐变得比 θ 小，导致高阶旁瓣的间隔逐渐增大。

P8.1 $(\sin x)/x$ 曲线

当到某一远点的视线和线性阵列天线轴线的夹角 θ 不断增大时，从各个辐射单元接收的无线电波的相位矢量呈扇形散开，因此和值减小。

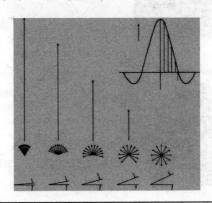

由于无线电波的场强很容易测量，也便于观察，所以我们使用场强来描述阵列天线的方向性。

然而，在雷达的所有性能中，最重要的是单位时间内雷达辐射的总能量，也就是辐射功率（见图 8-9），而辐射功率又与场强的平方成正比。因此，用功率表示的辐射能量在角度上的分布表达式是：

$$功率 \propto \left(\frac{\sin x}{x}\right)^2$$

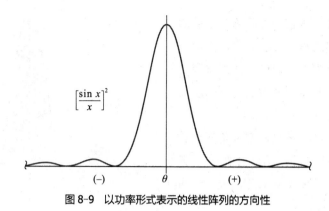

图 8-9 以功率形式表示的线性阵列的方向性

机载雷达中常用的二维平面阵列天线，从本质上讲是由大量线性阵列叠加而成的。

P8.2 两种常见的机载雷达天线

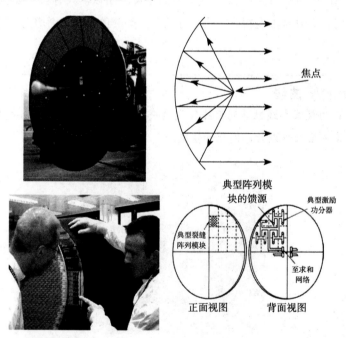

多年来，抛物面反射天线是机载雷达中最常用的天线形式。馈源安装在反射面的焦点处，工作时馈源先将无线电波辐射到反射面上，再由反射面辐射出去。对于抛物面天线而言，从馈源发射的所有无线电波经抛物面反射后，到达抛物面口径平面处的距离相等。因此，天线孔径平面上任意一点的无线电波的相位也相等，从而可以在空中形成较窄的笔形波束。这种天线的特点是结构简单，生产费用也相对较低。

在先进战斗机雷达的平面阵列天线中，二维天线的所有辐射单元（即波导裂缝）分布在一个平面上，这些辐射单元发射的信号相位相同。平面阵列的孔径效率比较高，而反向辐射（溢出）比较低。这种天线的背面连接着电抗性（无耗散的）功率分配器（简称功分器），利用功率分配器控制进入波导裂缝的激励，可以控制从波导裂缝辐射出来的能量的分布，从而降低旁瓣。这种天线的主要缺点是带宽相对较窄（约为 10%），且成本较高。此外，这种天线很难实现圆极化。

　　为了使天线呈圆形或者椭圆形，天线上半部分和下半部分每一行的辐射单元数量需要逐渐减少。天线各辐射单元辐射的无线电波最终合成总的波束。即使天线每个单元辐射的无线电波都一样（实际上不可能），合成之后的辐射方向图也不会具有简单的 $(\sin x)/x$ 数学模型。但是，波束的大概形状基本上符合 $(\sin x)/x$ 函数。顺便提一下，从均匀分布的圆形天线辐射出的波束形状同前面提到的光穿过小圆孔时形成的衍射形状一样 [1]。

8.2　辐射方向图的特征

　　天线在任何一个平面上辐射出的功率（场强）随这个平面内与天线轴线的夹角而变化的图形，称为辐射方向图。鉴于辐射的方向性，在主瓣中心处的能量通常被当作参考值，而其他方向上的辐射能量被定义为与该值的比值。这个比值通常以分贝表示，它在直角坐标系中的曲线如图 8-10 所示。

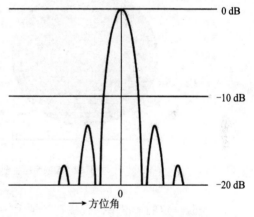

图 8-10　辐射方向图通常是以分贝表示的相对于主瓣中心处能量的比值，并以直角坐标系来表示

　　由于方向图通常不是关于主瓣中心旋转对称的，因此必须在很多不同的平面上作出剖面来充分地描述天线的方向性。同样，方向图一般以两种极化方式来表示：一种是用于天线设计的极化方式；另一种是与其垂直（正交）的极化方式，称为交叉极化。

　　一般来说，我们比较关心辐射方向图的三个特征：主瓣宽度、主瓣增益和旁瓣的相对强度。

　　波束宽度　主瓣的宽度称为波束宽度，它是波束两侧边界的夹角。由于主瓣一般是旋转对称的，所以波束宽度同时表示了方位波束宽度和仰角波束宽度。

　　当主瓣偏离波束中心的角度增大时，主瓣的强度会减小得越来越快，为了使波束宽度的任何一个指标都有意义，必须明确什么是波束的边界。

　　波束的边界也许最容易定义为主瓣两边的零点。但是，在实际天线中，这些零点又不是特别明显。从雷达工作的观点看（见图 8-11），这些边界通常可以更准确地定义为波束中心的某些点，在这些点处波束功率随机降到中央波束功率的某个设定比例值。最常用的比例值是 1/2，如果用分贝来表示，1/2 的功率因子就是 –3 dB。因此，在这些点之间测出的波束宽度就称为 3 dB 波束宽度。

---

[1]　该方向具有 $J_1(x)/x$ 方程形状，其中 J_1 是一阶贝塞尔曲线。

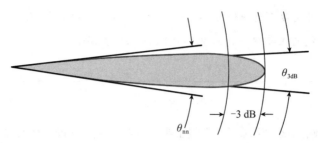

图 8-11　波束宽度通常是在功率降到最大值一半（﹣3 dB）的点之间测量得到的。3 dB 波束宽度 $\theta_{3\,dB}$ 大约是零点到零点波束宽度 θ_{nn} 的一半

不管波束宽度的定义是什么样的，它都是主要由天线前端的尺寸决定的。我们把天线前端的尺寸称为孔径，孔径的尺寸包括宽度、高度或直径，且这些参数不是以英寸或厘米来计量的，而以辐射能量的波长来计量（见图 8-12）。

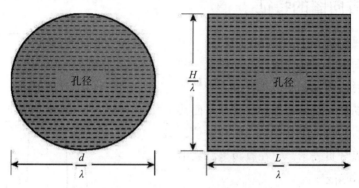

图 8-12　波束宽度主要由以波长表示的天线孔径决定

在波长一定的情况下，天线孔径越大，波束就越窄。正如我们前面学习到的，线性天线的主瓣两侧的零点出现在一个特殊的角度上，在这个角度上探测仪到天线一端的距离刚好比到天线另一端的距离长 1 个波长。

因此，不管是线性阵列天线，还是辐射能量均匀分布的矩形孔径天线，用 rad（弧度）表示的零点到零点的波束宽度的数值，都是波长与阵列长度的比值的 2 倍（见图 8-13）：

$$\theta_{nn} = 2\frac{\lambda}{L}\ (\text{rad})$$

其中，λ 是辐射能量的波长，L 是孔径的长度（单位和 λ 的单位相同）。3 dB 波束宽度只比从零点到零点波束宽度的一半小一点：

$$\theta_{3dB} = 0.88\frac{\lambda}{L}\ (\text{rad})$$

对于一个直径为 d 的能量均匀分布的圆形孔径天线，它的 3 dB 波束宽度要稍微大一点。

$$\theta_{3dB} = 1.02\frac{\lambda}{d}\ (\text{rad})$$

一个直径为 60 cm 的圆形天线，假如它辐射的无线电波的波长为 3 cm，那么它的波束宽度为：1.02 rad×3/60 =0.051 rad。

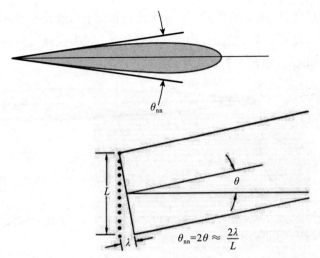

图 8-13 对于均匀辐射的线性阵列天线，从轴线到第一个零点的角度（用 rad 表示）等于波长与阵列长度的比值。零点到零点波束宽度是这个角度的 2 倍

1 rad = 360° /（2π）=57.3°，见图 8-14。因此，将上面的波束宽度换算成角度就是：0.051 rad×57.3=2.9°。

如果天线采用锥削辐射技术来控制旁瓣，如同战斗机雷达通常使用的天线一样，那么波束宽度会稍微大一点，即：

$$\theta_{3dB} \approx 1.25\frac{\lambda}{d} \text{ (rad)}$$

X 波段波束宽度的经验公式	
对于锥削辐射： $\theta_{3dB} \approx 216°/d$	对于非锥削辐射： $\theta_{3dB} \approx 178°/d$
其中，d 是以 cm 为单位的孔径直径。	

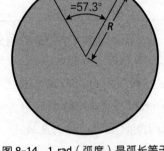

图 8-14 1 rad（弧度）是弧长等于半径 R 的圆弧所对应的角度。圆的周长为 $2\pi R$，即 2π rad=360°，因此 1 rad=360°/（2π）= 57.3°

因此，一个采用锥削辐射的 60 cm 天线的波束宽度大约为 3.6°。

一个 60 cm 天线的 3 dB 波束宽度大约为 216°÷60=3.6°。如果不采用锥削辐射，那么这个计算公式中的 216° 应该用 178° 来替换。

天线增益 天线增益是指当天线辐射的总功率不变时，在特定方向上辐射时单位立体角内的功率与向各个方向辐射功率都一样（即各向同性）时单位立体角内的功率之比（见图 8-15）[2]。因此，天线在几乎所有方向都存在增益。但是，大多数方向上的天线增益还是会小于 1，因为根据能量守恒定律，全向天线的增益平均值为 1。

因此，当天线指向某一个方向时，主瓣中心的增益是衡量辐射能量在天线指向上能量集中程度的主要标准。主瓣越窄，增益就越大。

---

[2] 严格地讲，这里提到的增益是方向性增益。更一般的是，天线增益是指方向性增益减去天线损耗功率后的值。

对于一个给定尺寸的天线，它能达到的最大增益正比于以波长平方表示的孔径面积乘以一个辐射效率因子。如果天线孔径能够均匀辐射能量，且没有损耗（当然在实际情况中不可能出现，虽然希望如此），那么这个效率因子就等于 1。

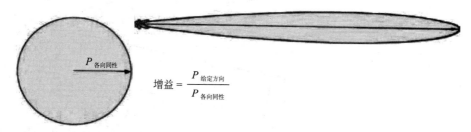

$$增益 = \frac{P_{给定方向}}{P_{各向同性}}$$

图 8-15 天线的方向性增益是指在感兴趣的方向上辐射的功率与各向同性天线在这个方向上辐射的功率的比。各向同性天线在所有方向上辐射功率相同的无线电波

事实上，平面天线的效率介于 0.6 ～ 0.8 之间，而抛物面天线的效率只有 0.45。对于这两种天线，当结构一定时，它们的效率因子会随着天线设计时所设定的通过频率的带宽的变化而变化。通常情况下，带宽越大，效率越低。

P8.3 天线增益和有效面积的关系

假设有一个有效尺寸为 $a \times b$ 的矩形天线孔径。它在两个平面内的波束宽度分别大约为 λ/a 和 λ/b（rad），当这个波束照射在一个以 R 为半径的球面上时，它所照射的区域是一个尺寸为 $(R\lambda/a) \times (R\lambda/b)$ 的矩形。

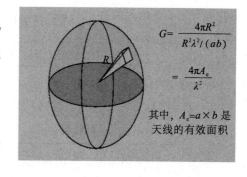

$$G = \frac{4\pi R^2}{R^2 \lambda^2 / (ab)}$$

$$= \frac{4\pi A_e}{\lambda^2}$$

其中，$A_e = a \times b$ 是天线的有效面积

天线的增益是主波束的功率密度与各向同性天线的功率密度之比，即球体的总表面积与面积 $(R\lambda/a) \times (R\lambda/b)$ 之比。

因此，天线增益通常是相对于各向同性天线的增益，通常以 dB（分贝）为单位，即 dBi。

由于用解析的方法来计算效率因子存在困难，在实践中多采用实验的方法来计算增益，并以孔径的有效面积来表示，如下式：

$$G = \frac{4\pi A_e}{\lambda^2}$$

其中，G 是主瓣中心的天线增益，λ 是辐射能量的波长，A_e 为天线孔径的有效面积（与 λ^2 单位相同）。

有效面积等于物理面积乘以孔径效率（前已指出，孔径效率实际上总是小于 100%），因此天线增益的另一种表达式为：

$$G = \frac{4\pi A\eta}{\lambda^2}$$

其中，A 是孔径的物理面积，η 是孔径效率。

旁瓣　天线旁瓣的出现不仅仅局限于前半球。由于总是会有一定量的辐射在天线的边缘附近"溢出"，所以旁瓣会向所有方向延伸，甚至会伸展到天线后面（尾瓣）。此外，当天线安装在天线罩内时，反向的辐射会增大，这是因为天线罩会散射一部分主瓣的能量，就如同电灯泡的磨砂玻璃会散射灯丝发出的光一样。

旁瓣的轮廓也不很整齐，各旁瓣之间同样有尖锐的零点。如图 8-16 所示，旁瓣里有很多零点。

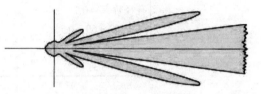

图 8-16　天线的旁瓣可以向所有方向延伸，甚至可能向后延伸

对于均匀辐射的圆形孔径，最强（第一）旁瓣的增益大约只有主瓣增益的 1/64。如果用 dB 来表示，第一旁瓣的增益比主瓣小 18 dB，即第一旁瓣下降了 18 dB，而其他旁瓣的增益会更小。

然而，所有旁瓣加起来会占用相当多的主瓣功率。对于全向均匀辐射的天线，由于旁瓣覆盖的立体角较大，大约有 25% 的功率被主瓣之外的波束所消耗。

对于大多数小目标而言，即使是最强的旁瓣，反射回来的能量也很弱，因此可以忽略不计[3]；但是对于地面目标而言，即使是最弱的旁瓣，也可以产生相当大的回波。在第 23 章将会讲述，地面的房屋和其他建筑物会形成角反射器，即使在旁瓣的照射下，也会产生很强的回波。

在军事应用中，旁瓣会使己方雷达更容易被敌方探测（发射时），也会使雷达更容易受到干扰（接收时）。例如，当雷达被大功率噪声干扰机干扰时，干扰功率可能远大于由主瓣在探测小目标或远程目标时产生的回波。因此，我们通常希望旁瓣的增益越小越好。

旁瓣抑制　辐射功率在主瓣上的集中程度称为立体角效率。为了使立体角效率尽可能大，同时降低地杂波和干扰造成的影响，通常需要减小旁瓣的增益。为了达到这个目的，在设计天线时，应该使天线孔径中央部分（见图 8-17）单位面积的辐射功率尽可能大，这项技术称为锥削辐射。使用这种方法能够增大波束宽度，同时也会减小主瓣峰值增益。当然，为了降低旁瓣，这个代价是可以接受的。

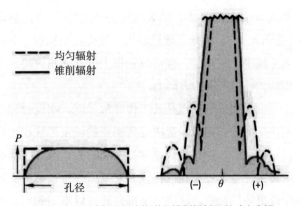

图 8-17　通过在孔径边缘进行锥削辐射可以减小旁瓣

---

③　但是，对于在某些方向上能够把大部分入射能量反射回雷达的目标，旁瓣回波可能相对很大。

天线增益的估算	
X 波段经验法则： $G \approx d^2 \eta$ $d=$ 直径（cm） $\eta=$ 孔径效率 例如： 直径 = 60 cm 孔径效率 = 0.7 $G \approx 60 \times 60 \times 0.7$ ≈ 2520 ≈ 34 dB	一般经验法则： $G \approx 9d^2 \eta$ $d=$ 直径（波长） 例如： 波长 = 3 cm 直径 = 60 cm = 20λ 孔径效率 = 0.7 $G \approx 9 \times (20)^2 \times 0.7$ ≈ 2520 ≈ 34 dB

8.3 电子波束扫描

大多数机载雷达，通过机械运动将天线转到需要的方位角和仰角来实现天线波束的指向（见图 8-18）。而阵列天线可采用另一种方法，即有区别地改变每个辐射单元辐射无线电波的相位，以此来改变波束的指向。这种技术被称为电子波束扫描（也称为电子扫描）。

正如前面所描述的简单线性阵列，在阵列辐射最强的方向（主瓣方向）上，所有辐射单元的无线电波是同相的。如果所有阵元辐射的无线电波的相位都相同，那么此时波束指向将垂直于阵列平面。然而，如果发射无线电波的相位从一个辐射单元到另一个辐射单元渐进变化，那么最大辐射方向也将相应地移动（见图 8-19）。因此，通过适当地改变各个辐射单元输入无线电波的相位，就可以在很大的立体角内将波束偏转到任何所需的方向上。

电子扫描的优点是其工作非常灵活，实现过程非常快。电子扫描可以形成任何想要的波束形状，也可以以任意的扫描方式快速进行空间搜索，或几乎瞬时跳转至任意的波束指向位置。它甚至还可以被分成两个或更多的波束，这些波束可以同时以不同的频率进行辐射，还可以同时指向不同的目标（以牺牲探测距离为代价）。

根据应用需要，电子扫描可以实现一维或者二维扫描（见图 8-20）。此外，它还可以与天线机械扫描

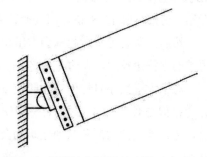

图 8-18 通常波束是通过机械转动天线来扫描的

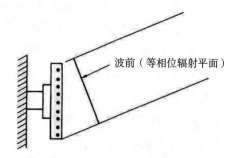

图 8-19 对于电子扫描，波束通过连续改变各个辐射单元辐射信号的相位来扫描

图 8-20 侧视空对地雷达天线，其扇形波束在方位上进行电子扫描。天线安装在机身下的吊舱中。当天线绕着纵轴旋转时，可以观测飞机两侧的目标

或者机械旋转联合使用，如机载警戒与控制系统（AWACS）雷达采用的就是这种扫描方式。

当然，电子扫描也有缺点，如增加了雷达结构的复杂性，降低了雷达在大角度探测时的性能。电子扫描性能下降的原因是，当波束运动到死点时，天线的有效孔径会缩短（见图 8-21）。天线有效孔径缩短的长度与波束角度的余弦成正比。这种影响对于小搜索角可以忽略不计，但会随着搜索角的增大而变得越来越严重。这种影响（在辐射方向上天线孔径变小）会导致波束宽度增大，更重要的是会使增益减小，因此电子扫描的最大实用视角为 ±60°。

而对于机械扫描，就不会出现这种情况。因为在机械扫描时，不管目标在哪个角度，天线孔径所在的平面总是垂直于主瓣的方向。

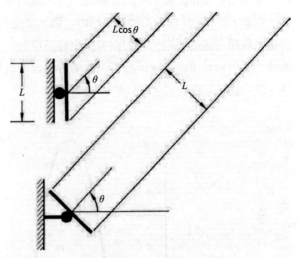

图 8-21 对于电子扫描，视在孔径长度 L 会随着视角 θ 的余弦而减小；而对于机械扫描，就不会发生这种情况

8.4 角分辨率

图 8-22 中的两个图形简要地描述了雷达在方位上和仰角上分辨目标的能力，它们主要是由方位和仰角波束宽度决定的。

在第一个图中，有两个完全相同的目标，即 A 和 B，它们几乎处在相同的距离处，只不过在角度上分开了一点，并且分开的角度稍大于波束宽度。当波束扫描到它们所处的位置时，雷达将会

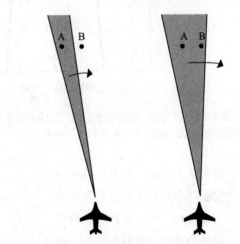

图 8-22 在角度上分辨目标的能力主要由天线波束宽度决定。当波束宽度小于目标的角度间隔时，就能分辨目标

先接收到目标 A 的回波，再接收到目标 B 的回波。因此，雷达可以轻松地分辨两个目标。

在第二个图中，同样是两个相同的目标，即 A 和 B，它们两个也是相互分开的，不过它们分开的角度要小于波束宽度。当波束扫描到它们的位置时，雷达会先接收到目标 A 的回波。但是，在雷达停止接收目标 A 的回波以前，雷达就已经开始接收目标 B 的回波。因此，两个目标的回波混合在一起了。

从表面上看，角分辨率似乎完全受零点主瓣宽度的限制。但实际上，角分辨率要优于零点到零点波束宽度，因为分辨率不仅取决于主瓣的宽度，还受限于主瓣内部功率的分布情况。

图 8-23 所示是主瓣扫描到孤立目标时接收信号的强度曲线。当主瓣的前沿经过目标时，回波非常弱，基本上检测不到。但是，当主瓣的中心扫描到目标时，回波强度增加非常快，并达到最大。当主瓣的后沿经过目标时，回波又变得非常弱，同样检测不到。需要注意的是，当这个曲线与辐射方向图绘制在类似坐标系中时，曲线形状不相同，前者比后者有更锋利的波峰。发生这种情况的原因是，天线的方向性同时作用于发射和接收，这种特性被称为互易性，因此这种双程波束宽度较窄。

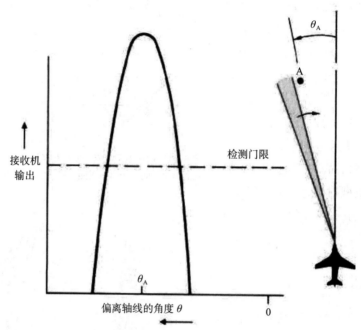

图 8-23　当波束扫过目标时，角测量精度可以通过利用接收机输出的峰值来提高。除非目标回波非常强，否则检测到回波的方位角要比零点到零点波束宽度 θ_{nn} 小得多

为了说明以上情况，假设在目标位置，雷达辐射功率只有主瓣辐射功率的 1/2（下降了 3 dB）。当雷达接收到目标回波时，回波的功率将再减小一半。因此，此目标回波的强度（下降 6 dB）只有主瓣中心处目标回波强度的 1/4（见图 8-24）。

由于双程衰减的影响，回波信号的功率图会比辐射方向图窄一点。又因为靠近波束边缘的目标回波很弱，基本探测不到（除非目标距离很近），所以能够有效探测到目标的方位角范围比零点到零点的波束宽度要窄。

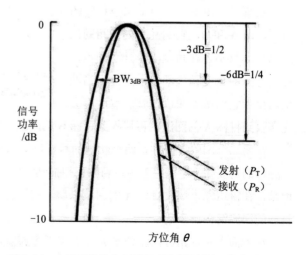

图 8-24　由于天线的方向性同时影响发射波和接收波，接收信号强度随方位角的变化曲线显得更加尖锐

图 8-25 中的三条曲线可以清楚地说明目标回波功率曲线变窄对角分辨率造成的实际影响。这些钟形曲线中有两个回波强度相同的目标，即 A 和 B。当两个目标间距很小时，它们的回波功率曲线合并成了一个单一的宽驼峰曲线。随着它们的间距逐渐增大，驼峰曲线的顶部出现了一个缺口，当它们的间距进一步增大时，缺口也会持续增大，直到驼峰分裂成两个。

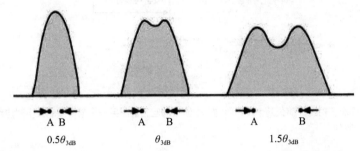

图 8-25　随着两个靠得很近的目标间距逐渐增加，在接收机输出随方位角的变化曲线中会出现一个缺口

在实际情况中，当两个目标的间距为天线 3 dB 波束宽度的 1 ～ 1.5 倍时，缺口会变得非常明显。因此，雷达 3 dB 波束宽度是衡量雷达角分辨率的一项技术指标。

8.5　角度测量

前面的叙述并没有说明雷达测量目标角度的精度完全由波束宽度决定，当波束扫描到目标时，目标回波的幅度对称地变化。因此，对于一个孤立目标，只需要波束宽度的很小一部分就能测量目标的方向。

通过放弃天线搜索扫描，可以进一步提高目标角度测量的精度。顺序波瓣就是实现这种方法的一项技术。

顺序波瓣　在接收过程中，将主瓣中心交替地放在目标的两侧（见图 8-26）。如果目标在波瓣的中心，那么两个波瓣的回波强度相同。如果不在波瓣中心，那么其中一个波瓣的回波会比另一个强。

通常情况下，两个波瓣会相互分开一点距离，使得它们刚好在半功率的位置相交。在两个波瓣相交的区域，辐射方向图的斜率相对陡峭。因此，若目标轻微偏离经过交叉点的直线，就会引起两个波瓣回波强度的巨大变化（见图 8-27）。通过调整天线位置，使得回波强度的差值为零（即消除了角误差），就可以使天线精确地对准目标。

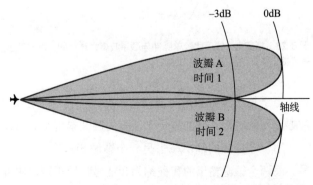

图 8-26　对于顺序波瓣，在接收过程中，角度跟踪误差是通过把波瓣交替地放置在天线轴线两侧来确定的

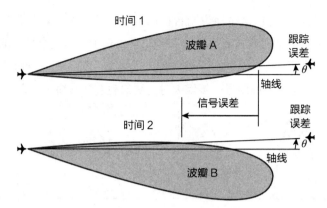

图 8-27　如果目标偏离了轴线，那么两个波瓣中的一个波束的回波会比另一个强。差的大小对应跟踪误差的大小，差的符号对应误差的方向

　　然而，由于顺序波瓣是序贯式的，在这个过程中如果出现目标起伏或电子干扰，会使目标回波强度发生短时变化，在两个波瓣上引起回波能量的差别，进而降低跟踪精度。为了避免这种问题发生，可以在设计时使天线能够同时发出两个波瓣。由于这种方式可以通过一个脉冲回波得到所有需要的角度跟踪信息，因此相对于连续扫掠天线而言，这种方式通常被称为单脉冲工作。

　　单脉冲　单脉冲系统一般有两种类型。它们的区别主要有两点：一是波瓣的方向不同；二是两个对立波瓣回波的比较方式不同。

　　第一种类型称为幅度比较单脉冲雷达，它本质上是复制同时形成的顺序波瓣（见图8-28）。幅度比较单脉冲技术通常应用于反射面天线。

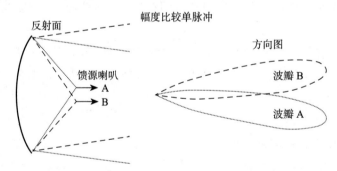

图 8-28　事实上，幅度比较单脉冲与顺序波瓣大体相同，唯一的区别在于它能够同时从两个波瓣接收回波。误差信号是输出 A 和 B 的差

　　由于每个波瓣的指向会稍有不同，当目标不在天线的轴线上时，其中一个波瓣接收的回波幅度与同时接收到的另一个波瓣的回波幅度会有所差别，其差值与角度误差成正比。

　　用一个馈源的输出减去另一个馈源的输出，就得到常被称为误差信号的角度跟踪误差信号。而两个馈源输出的和被称为和信号，用于距离跟踪。

　　第二种类型是相位比较单脉冲雷达，它的典型应用是平板阵列天线。在这种天线中，阵列被分成了两半，而这两个半部分阵列的波瓣指向同一个方向。因此，不管目标是否在天线轴线上，两个波瓣的回波幅度仍然相同。但是，如果目标不在天线轴线上，由于目标到阵列天线两半部分之间的平均距离不同，两个波瓣的回波相位会不同（见图8-29）。

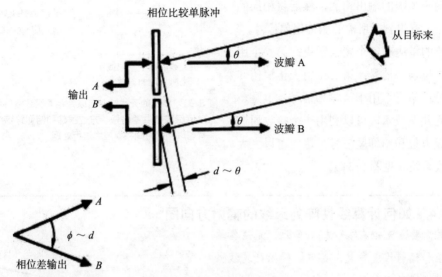

图 8-29　在相位比较单脉冲雷达中，由于天线两半部分的波瓣指向同一个方向，输出 A 和 B 的幅度相等。但是，它们存在相位差 ϕ，且 ϕ 与角度误差成正比

将天线两半部分中的一半的输出相移 $180°$，然后将两个输出求和，就得到了正比于相位差的误差信号（见图8-30）。如果没有跟踪误差，输出将会相互抵消。如果有角度误差，由此产生的相位差只会抵消一部分外部相移，而产生一个正比于跟踪误差的相位差输出。

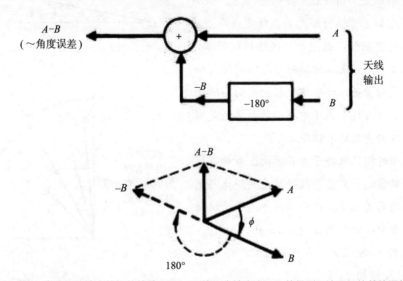

图 8-30　将一半阵面的输出的相位偏转 $180°$，再将两个输出求和，就得到正比于相位差的误差信号

将这两个没有外部相移的输出相加，就得到用于距离跟踪的和信号。

为了实现方位和俯仰方向的单脉冲跟踪，一般将天线分为四个象限。在计算方位误差信号时，先将这四个象限中左右各两个象限的输出相加，然后将相加的结果求差，就得到了所需的方位误差信号。俯仰误差信号的计算方法与方位误差信号类似，先将这四个象限中上下各两个象限的输出相加，然后将相加的结果求差，就得到了所需的俯仰误差信号。

传统的雷达有三个接收通道：第一个用于传输方位误差信号；第二个用于传输俯仰误差信号；第三个用于传输和信号。但是，基于时间共享技术，可以利用一个接收通道交替形成方位和俯仰差信号，这样可以大大简化接收系统（见图 8-31）。

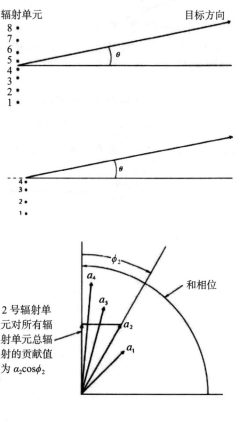

$$\varSigma = A + B + C + D$$
$$\varDelta_{Az} = (A+C) - (B+D)$$
$$\varDelta_{El} = (A+B) - (C+D)$$

平板天线的四个象限或
四喇叭反射面馈源

图 8-31　单脉冲天线馈源可以为距离跟踪提供和信号，为角度跟踪提供差信号。方位跟踪和俯仰跟踪所用的差信号可以利用时间共享技术进行处理

P8.4　如何计算线性阵列天线的辐射方向图

如果需要，无论有多少辐射单元，无论各单元的间距和辐射锥度多大，都可以轻松计算线性阵列天线的辐射方向图。

对于连续的 θ 角，我们只需将单个辐射单元在 θ 角方向上的贡献值加到总辐射场强中。如果阵面关于它的中轴对称，那么中轴两边的阵面互为镜像，此时我们只需对一半阵面求和。

正如前面描述 $(\sin x)/x$ 方程部分所述，任何辐射单元（比如 2 号辐射单元）在给定方向上对总辐射强度的贡献值，正比于馈送给该辐射单元的信号的幅度（a_2）乘以该辐射单元辐射的复向量，而这个复向量是该辐射单元辐射方向与阵面中心辐射单元（在这个例子中中心辐射单元是假定的）辐射方向夹角的余弦值。

当然，相对相位取决于在 θ 方向上目标（到阵面的距离非常远）到 2 号辐射单元的距离与到阵面中心的距离差 Δd_2。这个距离差还等于该辐射单元到阵面中心的距离 d_2 乘以 $\sin\theta$。

将 Δd_2 除以波长 λ，再乘以 2π，得到以 rad 为单位的相对相位：

$$\phi_2 = \frac{2\pi\Delta d_2}{\lambda} = \frac{2\pi d_2}{\lambda}\sin\theta$$

因此，在 θ 方向上，2 号辐射单元对总辐射场强的贡献值为

辐射单元
8·
7·
6·
5·
4·
3·
2·
1·

目标方向

ϕ_2
a_4
a_3
a_2
a_1

和相位

2 号辐射单元对所有辐射单元总辐射的贡献值为 $a_2\cos\phi_2$

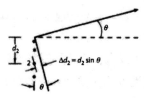

$\Delta d_2 = d_2\sin\theta$

$$E_2 \propto a_2 \exp^{\left(j\frac{2\pi d_2}{\lambda}\sin\theta\right)}$$

因而总辐射场强可用下面的求和公式来表示：

$$E_{\text{total}} \propto \sum_{i=1}^{N/2} a_i \exp^{\left(j\frac{2\pi d_i}{\lambda}\sin\theta\right)}$$

θ 从 $0°$ 增大到 $90°$ 时重复计算上式的值，就可以得到阵列的辐射方向图。

当然，这个求和公式与前面给出的 $(\sin x)/x$ 公式的关系也很明确。假设总激励 A 均匀分布在长度为 L 的阵列上，对这个表达式在 L 上关于 d 进行积分，就可以得到总辐射强度。

$$E \propto \int_{-L/2}^{L/2} \frac{A}{L} \exp\left(j\frac{2\pi d}{\lambda}\sin\theta\right)\mathrm{d}d$$

$$\propto A\frac{\sin\left(\frac{\pi L}{\lambda}\sin\theta\right)}{\frac{\pi L}{\lambda}\sin\theta}$$

$$\propto A\frac{\sin x}{x}$$

其中，当 θ 角很小时，$x = \dfrac{\pi L}{\lambda}\sin\theta \approx \dfrac{\pi L}{\lambda}\theta$。

8.6　地图测绘用的天线波束

为了进行地图测绘，整个需要测绘的区域要用天线的主瓣进行照射（见图 8-32）。如果雷达工作在低空区域，或者测绘区的距离范围相对较窄，那么笔形波束可以提供足够的照射；否则，天线必须采用扇形波束。

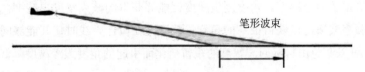

笔形波束

图 8-32　为了进行地图测绘，如果雷达工作在低空区域，或者测绘区的距离范围较窄，就可以使用笔形波束；否则，需要使用扇形波束

理想情况下，波束应该具有这样的形状，相同大小的地面目标的回波强度与这些目标到雷达的距离无关。因此，天线的单向增益必须与雷达到地面距离 R 的平方成正比。在设计天线时，使其垂直面的增益与俯视角 ϕ 的余割的平方成正比，即可达到这个目的（见图 8-33）。因此，这种波束被称为余割平方波束。

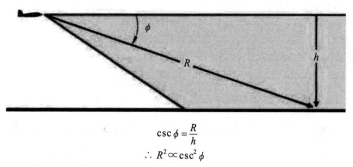

$$csc\,\phi=\frac{R}{h}$$

$$\therefore\ R^2\propto csc^2\,\phi$$

图 8-33　为了在所有的距离上都均匀照射地面，在角度上的辐射功率必须正比于 R^2，因此也正比于俯视角余割的平方

需要指出的是，多功能天线并非专门用于地图测绘，它通常不会辐射余割平方波束，而是辐射笔形波束。在这种情况下，回波强度随距离减弱的问题，可以用随距离的增大而增加接收机灵敏度的方法来补充，这个过程称为灵敏度时间控制（STC）或者自动增益控制（AGC），这将在第 25 章予以叙述。

8.7　小结

定向天线会辐射一个由若干个逐渐变弱的旁瓣包围的主瓣。主瓣的宽度（即波束宽度）与用波长表示的天线孔径宽度成反比。

天线的方向性是指当辐射的总功率相同时，天线在某个特定方向上辐射的功率与全向天线均匀辐射时在该方向上辐射的功率的比值。主瓣轴线上的增益与以波长的平方表示的孔径面积成正比。

旁瓣会从主瓣掠走很大一部分功率，而且旁瓣也是产生令人讨厌的地杂波的原因。可以通过使孔径中心在单位面积上辐射比在孔径边缘更多功率的方法来减小旁瓣增益。

当对雷达的多用性和速度要求很高时，可以通过逐渐改变由连续辐射单元辐射出的无线电波相位的方法来实现阵列天线主瓣的电子扫描。

波束宽度决定了角分辨率。角度测量精度比能够获得的波束宽度更精细，并且在单目标跟踪中，通过顺序波瓣可以获得很高的角测量精度。在设计天线时使其能够同时产生多个波瓣（单脉冲），可以避免由目标回波幅度的短暂变化而引起的角度跟踪精度降低的问题。

P8.5　应该记住的几个关系式
对于直径为 d、均匀辐射的 X 波段圆形孔径天线：
$\theta_{3dB}=178°/d$　（d 的单位为 cm）
$G=d^2\eta$
（如果是锥削辐射，在波束宽度表达式中用 216° 代替 178°。）
对于波长为 λ、均匀辐射的圆形孔径天线：
$\theta_{3dB}=\lambda/d$（rad）　（d 和 λ 单位相同）
$G=9(d/\lambda)^2\eta$
角分辨率 $=\theta_{3dB}$

扩展阅读

S. Drabowitch, A. Papiernik, H. D. Griffiths, J. Encinas, and L. Smith, Modern Antennas, 2nd ed., Springer, 2005.

A. Balanis, Antenna Theory: Analysis and Design, 3rd ed., John Wiley & Sons, Inc., 2005.

L. V. Blake and M. Long, Antennas: Fundamentals, Design, Measurement, 3rd ed., SciTech-IET, 2009.

W. L. Stutzman and G. A. Thiele, Antenna Theory and Design, 3rd ed., 2012.

诺斯罗普·格鲁曼（Northrop Grumman）E-8 Joint STARS（1991 年）

E-8 Joint STARS（联合监视目标攻击雷达系统，简称联合星）搭载于波音707 飞机，用于跟踪地面目标，并向地面和空中战区指挥中心传输图像和战术信息。它采用 AN/APY-7 雷达，具有多种工作模式，包括地面动目标显示（GMTI）、固定目标指示（FTI）目标分类和合成孔径雷达（SAR）。

Chapter 9

第9章 | 电子扫描阵列天线

诺斯罗普·格鲁曼公司为 JSF 研制的 AN/APG-81 有源电子扫描阵列雷达系统

自 20 世纪 50 年代起，电子扫描阵列（ESA，简称电扫阵列）天线就开始应用于地基雷达[①]。但是由于这种雷达结构复杂、体积大、费用高，一直以来，在机载应用方面取代机械扫描天线的进展很慢。随着现代技术的发展，电子扫描天线在机载雷达应用方面开始占据主导地位。在本章中，我们将简要介绍电子扫描阵列的概念，认识不同类型的电子扫描阵列技术，还将介绍电子扫描阵列的许多引人注目的优点以及一些明显的局限之处。

9.1 基本概念

电子扫描阵列（ESA）与传统的机械扫描阵列的区别在于：电子扫描阵列可以通过分别控制单个辐射单元所辐射和接收无线电波的相位，从而控制由这些无线电波所合成的波束（见图 9-1）。由于具有电子控制波束的能力，这种雷达的阵面可以安装在飞机结构体的固定位置上；但同时，为了扩大雷达的视野，电子扫描阵列也可以进行机械扫描。

---

① 在地基雷达中，电子扫描阵列被称为相控阵，这种称呼是从机载应用中引用过来的。为了与机械扫描对应，它们也经常被称为电子扫描阵列。鉴于这项技术的多功能性，它被广泛应用于现代雷达。

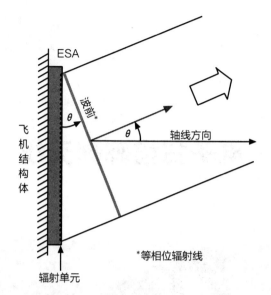

图 9-1 ESA 安装在飞机结构体的固定位置上，通过单独控制每个辐射单元发射和接收的波束相位来实现波束扫描

数字处理器（也称为波束扫描控制器），可以将辐射方向转化为每个辐射单元所需的相位指令。

为了使波束根据要求偏移角度 θ，必须依次给每个辐射单元施加相位增量 $\Delta\phi$，并且 $\Delta\phi$ 与 θ 的正弦成正比（详见面板式插页 P9.1）：

$$\Delta\phi = \frac{2\pi d\sin\theta}{\lambda}$$

其中，d 是辐射单元间距，λ 是波长。

P9.1 波束控制需要的相移

为了让波束偏移轴线 θ 角度，需要使单元 A 的激励相位比单元 B 的激励相位延迟 $\Delta\phi$，这样也会导致单元 B 辐射的无线电波多传输 ΔR 的距离。而当无线电波传输一个波长 λ 时，就会使相位延迟 2π（rad 弧度），因此当无线电波传输 ΔR 的距离时，形成的相位延迟为

$$2\pi\frac{\Delta R}{\lambda}\quad(\text{rad})$$

从右图中可以看出：

$$\Delta R = d\sin\theta$$

因此，让波束偏移轴线 θ（rad）所需的相邻单元间的相位差为

$$\Delta\phi = 2\pi\frac{d\sin\theta}{\lambda}$$

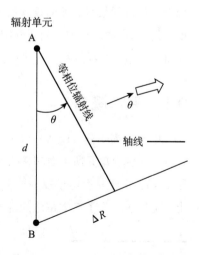

为了实现搜索，波束在扫描时以小增量步进的形式从一个位置移动到下一个位置（见图 9-2），而波束在每个位置驻留的时间为所期望的目标驻留时间 t_{ot}。每次步进的尺寸通常大约为 3 dB 波束宽度的一半，但要做到最优化，还需要权衡考虑两个因素：波束形状损耗和扫描帧时间。

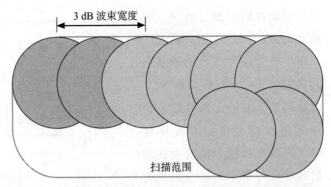

图 9-2　为了搜索，波束每次步进的尺寸通常大约为 3 dB 波束宽度的一半，而波束在每个位置驻留的时间为所期望的目标驻留时间 t_{ot}

9.2　电子扫描阵列天线的类型

电子扫描阵列（ESA）的基本类型有两种：无源 ESA 和有源 ESA。

无源 ESA　虽然相比于机械扫描天线（MSA）而言，无源 ESA 要复杂得多，但它比有源 ESA 简单得多。在某种程度上，无源 ESA 的中央发射机和接收机的运行方式与 MSA 相同。为了控制由阵列形成的波束，在一维扫描阵列后面的每个辐射单元（见图 9-3）或者每列辐射单元后面都安装了一个电控移相器。移相器由一个被称为波束扫描控制器（BSC）的本地处理器或中央处理器控制。

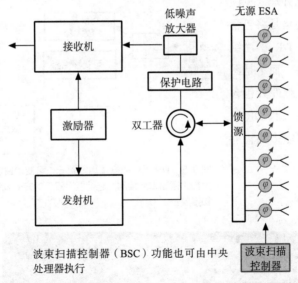

图 9-3　无源 ESA 采用与 MSA 相同的中央发射机和接收机。通过在每个辐射单元后面安装电子控制移相器来实现波束扫描

有源 ESA　有源 ESA 比无源 ESA 的复杂程度要高一个数量级。有源 ESA 同时拥有发射机功率放大功能和接收机前端功能。有源 ESA 直接在辐射单元后面安装了一个精密的小型发射 / 接收组件（T/R 组件）（见图 9-4），而不是移相器。

T/R 组件包含有一个多级高功率放大器（HPA）、一个双工器（换流器）、一个用于阻

止辐射脉冲通过双工器向接收
通道泄漏的保护电路，以及一
个用于放大接收信号的低噪声
放大器（LNA）（见图9-5）。
射频的输入和输出都经过一个
可变增益放大器和可变移相
器，这两个过程分别发生在发
射和接收过程中，以分时的方
式进行。射频输入和输出以及
控制它们的开关都由一个逻辑
电路来控制，当然这个逻辑电
路还要按照从 BSC 送来的指令
工作。

为了降低 T/R 组件的成本
并减小其体积，以便能够将其安
装在紧密排列的辐射单元后面，
这些组件在设计时采用了集成电
路，并进行了微型化处理（见图
9-6）。最新的发展趋势是将包含
有多个辐射单元的 T/R 芯片组
整合成一个大的组件，而不是图
9-6 所示的一个 T/R 组件只包含
一个辐射单元。这种大的 T/R 组
件可以容纳两个或者更多的辐射
单元。

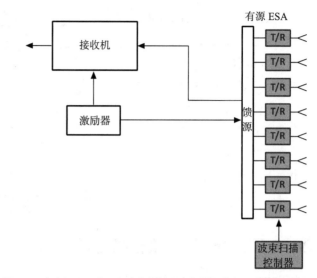

图9-4　在有源ESA中，每个辐射单元后面都安装有一个小型T/R组件。因此，中央发射机、双工器和前端接收单元都被移除了

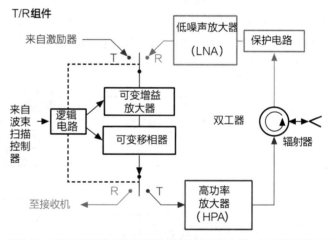

图9-5　T/R 组件的基本功能单元。可变增益放大器、可变移相器和开关都由逻辑单元控制。它们能以双工的方式或者以分时的方式进行发射和接收

图9-6　典型的单辐射单元 T/R 组件，即使相当小的 ESA，也可包含 2 000 ～ 3 000 个这种组件

9.3　应用于宽带的时间延迟法

大多数 ESA，不管是无源 ESA 还是有源 ESA，都使用移相器来实现波束的电子扫描。如前所述，每个辐射单元所需的相移量与频率有关。因此，移相器只能对宽带信号中的一部分信号进行精确的波束扫描。如图 9-7 所示，使用移相器的宽带 ESA 会出现波束指向偏差（或波束偏斜），偏差的大小可用以下公式表示：

$$\Delta\theta = \frac{-\Delta f}{f_0}\tan\theta_s$$

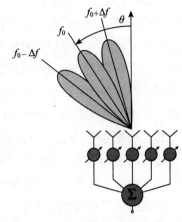

图 9-7　当系统的工作频率与标准频率不同时，移相器会出现偏差。为此，在宽带信号中经常使用时间延迟技术

尽管用来补偿自由空间路径长度所需的相位会随着频率的变化而改变，但是时间不会随着频率的变化而改变。因此，宽带阵列天线使用的是时间延迟法，而不是相移法。阵列天线中相邻两个单元所需的时间延迟可用下式表示：

$$\Delta t = \frac{d\,\sin\theta}{c}$$

时间延迟可以通过很多方式来实现。其中一种模拟实现方式是通过改变每个 T/R 组件馈源的长度来获取所需的相移。由于光技术在通信系统中具有很高的实用性，可用光纤馈源来给组件提供信号输入。精确设计导入或导出馈源的光纤长度，就可以控制信号经过馈源的时间延迟。由于消除了电子移相所固有的瞬时带宽的限制，光技术可以产生非常大的瞬时波束宽度。在 9.7 节还将讨论时间延迟的另一个应用，即用于数字波束形成。

9.4　无源 ESA 和有源 ESA 的共同优点

无源 ESA 和有源 ESA 都有三个显著的优点，并且这些优点被证明在军用飞机中的作用越来越重要。这三个优点分别是：① 它们很容易减小飞机的雷达截面积（RCS）；② 它们能够达到极高的波束敏捷度；③ 它们具有很高的可靠性。

易于减小 RCS　对于任何一个必须具有小 RCS 的飞机，其雷达天线的安装至关重要。即使是相对较小的平板阵列天线，当它被垂直于天线平面（即轴线方向）的无线电波照射时，仍然会产生几千平方米的 RCS。在搜索时，MSA 需要围绕其万向节的轴不断运动，因此，在感兴趣的威胁窗口中，MSA 视轴方向的 RCS 在飞机 RCS 中的占比无法轻易削减。并且，当雷达工作在单目标跟踪模式时，其天线平面持续地指向所跟踪的目标，因此 RCS 将非常大。而 ESA 被固定安装在飞机结构体上，其天线 RCS 在飞机 RCS 中的占比能够减到最小。其工作原理将在第 42 章给予解释。

极高的波束敏捷度　由于 ESA 在进行波束扫描时不需要克服惯性，因此它比 MSA 的波束要灵活很多。为了评估两者的差异，可以分析一些典型操作的时间量级。MSA 波束扫描的最大速度，也就是波束的敏捷度，会由于万向节驱动电动机的功率限制而只能达到 $100°/s \sim 150(°)/s$。

此外，改变波束的运动方向大概需要 0.1 s。

而相比之下，ESA 的波束只需要几毫秒就能到达 ±60° 范围内的任何位置（见图 9-8）。如此高的敏捷度有很多优点，例如：一旦侦察到目标，就能立即进行跟踪；多目标跟踪的精度能达到单目标跟踪的程度；当由雷达控制的导弹所跟踪的目标超过雷达的搜索范围时，雷达仍然可以对目标进行照射和跟踪；为了满足搜索和跟踪的不同要求，驻留时间和波形可以分别进行优化；采用序列检测技术，显著增加搜索范围；大大改进地形跟踪能力；天线视场内的任何位置都可以使用电子欺骗。

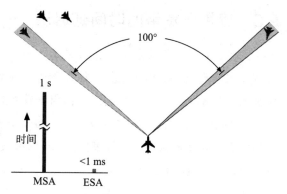

图 9-8　使天线波束从一个目标跳转到相差 100° 的另外一个（或两个）目标，MSA 大约需要 1 s，而 ESA 只需要不到 1 ms 的时间

这些能力将雷达的通用性和效率提高到了一个全新的高度，从而可以分配雷达前端和处理资源，以及控制和交替使用多种雷达工作模式。

高可靠性　ESA 可靠性高，还能够实现柔性降级。ESA 完全不需要万向节系统、驱动电动机和旋转铰链，而这些都是潜在的故障发生点。

在无源 ESA 中，移相器是唯一的有源元器件，而高质量的移相器非常可靠。在故障随机出现的情况下，即使移相器的故障率高达 5%，天线的性能都不会下降很多，也不需要更换移相器。

有源 ESA 使用相互独立的 T/R 组件高功率放大器来取代中央行波管发射机，因此可靠性更高。历史上，在机载雷达发生的故障中，大部分是由中央行波管发射机及其高压电源引起的。而有源 ESA 不仅使用了集成的固态电路，还采用低压直流电源供电。

另外，就像无源 ESA 的移相器一样，有源 ESA 的组件在其故障率低于 5% 时，它的性能仍不会受很大影响。即使单个组件发生故障，通过适当调整故障组件附近组件的辐射，可以降低故障的影响。因此，一个精心设计的有源 ESA 的平均严重故障间隔时间（MTBCF）与飞机的寿命相当。

9.5　有源 ESA 的其他优点

相对于无源 ESA 而言，有源 ESA 还有很多其他优点。其中一部分优点得益于 T/R 组件的低噪声放大器（LNA）和高功率放大器（HPA）紧挨在辐射单元后面，可以大大消除天馈系统和移相器中损耗的影响。

此外，如果忽略辐射单元、双工器和接收机保护电路中相对较小的信号功耗，低噪声放大器（LNA）将完全决定了接收系统的噪声系数（见图 9-9）。因此，在设计时可以使接收系统具有很低的噪声系数。类似地，设计时也可以减小发射功率的损耗。但是，这种改进可能会被组件的效率与行波管很高的潜在效率之间的差别所抵消。

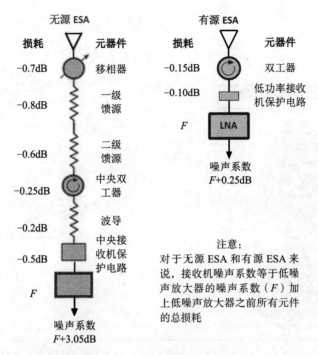

图 9-9　与无源 ESA 相比，通过消除 LNA 之前的损耗源，有源 ESA 可以极大地减小接收机噪声系数

同相位一样，在发射和接收过程中，每个辐射单元的幅度也可以单独控制。因此，在用于地形跟随以及近程合成孔径雷达（SAR）和逆合成孔径雷达（ISAR）成像时，有源 ESA 可以提供非常灵活的波束形状。通过将孔径分成多个子孔径并分别给它们提供适当的馈源，可以辐射出多个独立的扫描波束。通过 T/R 组件的合理设计，可以使不同频率的多个独立扫描波束同时共享整个孔径。

P9.2　观测区域受限问题

随着 ESA 的扫描偏离轴线，孔径的有效宽度 W' 在缩小：

$$W'=W\cos\theta$$

孔径有效宽度的缩小加宽了波束。更重要的是，从偏离轴线 θ 角的方向看，它还减小了阵列的投影面积 A'，即

$$A'=A\cos\theta$$

由于天线增益与投影面积成正比，为了保证较大的天线增益，ESA 的最大实用观测区域被限制在 $\pm60°$ 范围以内。

注意：这里假设阵列辐射单元是具有余弦（θ）辐射方式的典型辐射单元。

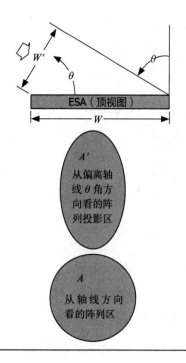

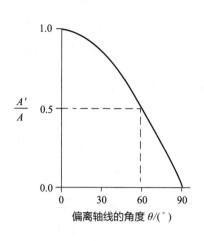

9.6 关键局限性及其对策

不管是有源 ESA 还是无源 ESA，它们在有许多优点的同时，还有一些局限性，即 ESA 使雷达的设计在以下两个方面变得复杂，而 MSA 在这两个方面相对简单：① MSA 可以观测较宽的区域；② 当飞机变换姿态时可以稳定天线波束。下面对这些复杂性及其对策进行简单阐述。

获得较宽的视场 对于 MSA，无论天线罩可以提供何种程度的能见度，天线的观测区域都可以在不影响雷达性能的情况下得到增加。但是，对于 ESA，由于它的天线波束从偏离轴线方向开始扫描，因此孔径宽度被缩小了，并且其缩小程度与波束偏离轴线的角度的余弦成正比，从而增加了方位角波束宽度（参见面板式插页 P9.2）。更重要的是，孔径的投影面积也减小了，且其减小程度同样与波束偏离轴线的角度的余弦成正比，从而导致增益相应地减小。

在某种程度上，可以根据用途，以牺牲扫描效率为代价来增加驻留时间，从而补偿增益的衰减。尽管如此，最大可用视场一般仍被限制在大概 ±60° 范围以内。

尽管 ±60° 的范围能够满足很多应用场景，但有时希望获得更宽的观测区域。在增加费用能得到许可的情况下，可以使用多个 ESA 来提供更宽的视场。例如，在一个前向的主阵列两侧补充两个侧阵列，以扩大对两侧的视场（见图 9-10）。

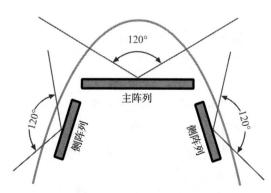

图 9-10 当需要更宽的视场时，可以使用多个 ESA 阵列。图中在主阵列两侧补充两个小阵列，这两个"侧阵列"可以提供对两侧的近程观测，提高态势感知能力

波束稳定性　对于 MSA 来说，波束稳定性不成问题，因为它的天线安装在万向节中，并且在快速作用的闭环伺服系统和速度积分陀螺仪的共同作用下，波束会在空间坐标系内一直指向所需的波束方向。如果天线和万向节处于动态平衡，那么这个系统就可以有效地隔离天线，使其不受飞机姿态变化的影响。此时，波束扫描仅需要跟踪搜索扫描方向图或跟踪目标，而这两者对角速度都没有太高的要求。

对于 ESA 来说，实现天线稳定性就没那么容易。因为天线固定在机身上，飞机每次改变姿态，不管是翻滚、倾斜，还是偏航，天线都会由于惯性而感应到。每个辐射单元都必须计算波束控制相位指令，以应对飞机姿态的变化。同时，这些指令又必须传输到天线的移相器或 T/R 组件并被执行。整个过程的循环速度必须非常高，这样才能赶上飞机姿态的变化。

如果飞机的机动非常剧烈，那么这个速度会非常高。对于每秒 2 000 个波束位置的标准"重复扫描"速度而言，必须在 500 μs 以内对 2 000 ～ 3 000 个辐射单元的相位指令进行计算、分配和执行。

幸运的是，有了先进的机载数字处理系统，这种级别的计算现在都可以实现。

9.7　向数字波束形成发展的趋势

从机械扫描天线到电子扫描阵列的发展，极大地提高了机载雷达的性能。而同样的变革正处于从模拟波束形成到数字波束形成的转型过程中。

数字波束形成（DBF）可以减少搜索时间，实现干扰消除。同时，还可以为宽带波束扫描应用时间延迟法提供便利。

数字波束形成的概念已经被探讨了数十年，但是一直到最近，数字计算技术的发展才使数字波束形成得到实际应用。

使用数字波束形成的阵列通常也被称为数字 ESA（DESA），它在某些方面与传统的 ESA 有所不同。首先，该阵列的接收部分被分成多个数字通道，并且波束形成的最后阶段是在信号处理器中完成的。一个极端情况是，每个单元后面都有一个模数（A/D）转换器，这种形式被称为单元级数字波束形成，如图 9-11 所示。另外一个极端情况是，传统的模拟波束形成加上一个独立的数字通道。有一个折中的方法，就是依托模拟子阵列，把阵列分成为数不多的数字通道。这种子阵列设计如图 9-12 所示，由于它能够显著地减小数字通道的数量和数据吞吐量，从而降低数据处理要求，是目前最实用的数字波束形成实现方法。这种子阵列结构将在第 10 章中更加详细地讨论。

数字波束形成的优势　数字波束形成（DBF）有许多优势。首先，它可以利用同一组数字信号同时形成多种接收波束。这种多波束的编组可以使一定区域的搜索速度更快，还使其他处理技术［如最大似然估计（MLE）］有机会替代传统的单脉冲技术，从而提高角度估计精度。

其次，DBF 可以提供数字时间延迟，以克服由移相器带来的指向偏差问题。同时，由于幅度和相位（或时间）权重被数字化，DBF 比模拟波束形成的指向偏差要小；因为后者的精度低，且对温度起伏非常敏感。为了得到更宽的波束宽度，会优先选择实时延迟，而不是移相器。当然，前者比较笨重。

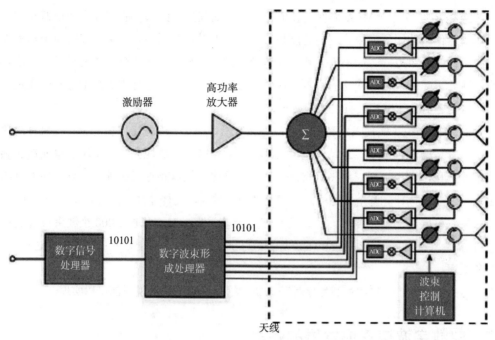

图 9-11　对于单元级的数字波束形成，每个单元后面都有一个 A/D 转换器

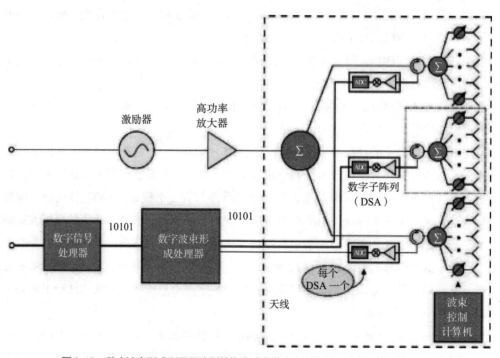

图 9-12　数字波束形成利用子阵列结构来减少数字电子器件，并降低数据处理要求

　　最后，数字通道可以对消干扰源，或使干扰源的影响为零。当数字通道的数量增加时，可以被对消的干扰源数量也会相应增加。这些可以通过应用前述关于干扰的相关知识或者更复杂的自适应阵列处理技术来实现。在第 26 章将会讨论，对于机载雷达系统，DBF 提供了空时自适应处理（STAP）所需的使能框架。

数字波束形成面临的挑战 数字波束形成（DBF）具有良好的性能，但同时，它在具体实现的过程中又会遇到很多挑战。

通常，机载雷达工作的频段对于直接在射频进行数字采样来说频率太高。因此，需要将 A/D 转换器安装在中频或基带部分。对于每个数字通道，都会安装一个或多个混频器，同时还安装有一个数字接收机，当然这些组件都要占用空间。而由于机载 ESA 的组件间距很小，并且体积有限制，增加这些额外的组件会给硬件安装带来挑战。

随着数字通道的数量增加，从接收机到波束形成计算机所需要的数字数据量也会相应地增加。一旦数据到达处理器，实时地处理这些数据又是另外一个挑战，特别是当应用了自适应算法的时候，挑战难度更大。并且，这些挑战会随着带宽的增加而增大。

9.8 小结

由于电子扫描阵列（ESA）固定安装在飞机结构体上，它通过单独控制每个辐射单元辐射和接收信号的相位来实现波束扫描。

无源 ESA 使用传统的中央发射机和接收机来工作。相反，有源 ESA 的发射机和接收机前端功能被分散到辐射单元这一级。无源 ESA 比 MSA 要复杂得多；而有源 ESA 比无源 ESA 的复杂程度要高一个数量级，但能提供更好的波束控制，并提高可靠性。DBF 是通过利用多个数字接收机来实现的，能够提高处理技术。DBF 比较复杂，并且带来处理和数据吞吐量方面的挑战。

有源 ESA 和无源 ESA 有三个主要的共同优点：① 在感兴趣的威胁窗口中，它们的反射率在飞机 RCS 中的占比能够轻易地降低；② 它们的波束非常敏捷；③ 它们的可靠性很高，能够柔性降级。此外，有源 ESA 还具有以下优点：可以提供非常小的接收机噪声系数，能够提供多用途的波束形成，可以辐射相互独立的不同频率的多个波束。

ESA 的主要局限在于：① 由于 ESA 缩小了孔径，从而减小了波束大角度偏离轴线时的增益，因此它的最大观测区域被限制在大约 ±60° 范围内；② 当飞机进行剧烈机动时，需要大量的处理器吞吐量来稳定天线波束的指向。

扩展阅读

W. F. Gabriel, "Adaptive Arrays: An Introduction," Proceedings of the IEEE, Vol. 64, No. 2, pp. 239–272, February 1976.

M. I. Skolnik (ed.), "Phased Array Radar Antennas," chapter 13 in Radar Handbook, 3rd ed., McGraw Hill, 2008.

E. Brookner, "Phased-Array Radars: Past, Astounding Breakthroughs and Future Trends," Microwave Journal, Vol. 51, No. 1, January 2008.

M. A. Richards, J. A. Scheer, and W. A. Holm (eds.), "Radar Antennas," chapter 9 in Principles of Modern Radar: Basic Principles, SciTech-IET, 2010.

W. L. Melvin and J. A. Scheer (eds.), "Adaptive Digital Beamforming," chapter 9 in Principles of Modern Radar: Advanced Techniques, SciTech-IET, 2013.

Chapter 10

第 10 章 | 电子扫描阵列设计

单片微波集成电路（MMIC）移相器

为了充分体现电子扫描阵列（ESA）的诸多显著优点，在对其进行设计和实现的过程中必须满足很多苛刻的要求，其中很重要的是能够负担得起的成本。

本章首先讨论设计有源和无源 ESA 时都必须考虑的设计因素，然后分别讨论各型 ESA 的设计因素。

10.1 设计无源和有源 ESA 时要考虑的共同因素

有源和无源 ESA 的造价随着所需移相器和发射 / 接收（T/R）组件数目的增加而快速上升，从而也随着阵列中的辐射单元数目的增加而上升。

因此，设计两种体制 ESA 的关键要求是在不产生栅瓣的情况下，让辐射单元的间距尽可能宽；如果有隐身的要求，还要求不能产生布拉格波瓣。另外，在某些情况下，通过合理设计辐射单元子阵，可进一步减少所需辐射单元的数目。

避免栅瓣　栅瓣（见图 10-1）是天线主瓣的复制品[①]，若辐射单元之间的间距与工作波长相比时过大，就会产生栅瓣。通常我们不希望产生这种波瓣，因为它们会导致主瓣的能量降低，并将能量辐射到错误的方向，接收时这些方向的回波与主瓣方向的回波叠加在一起，会导致模糊。另外，通过栅瓣接收到的地面回波和干扰会遮蔽感兴趣的目标，还会压低自动增益控制（AGC）从而降低雷达灵敏度。

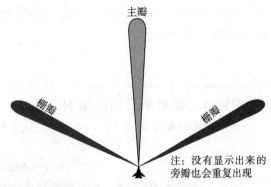

图 10-1　栅瓣是主瓣的重复。如果辐射单元之间的间距与波长相比时过大，就会产生栅瓣

并非只有 ESA 天线才会产生栅瓣，如果辐射单元的间距过大，任何阵列天线中都会产生栅瓣。和主瓣一样，假设某方向有一个远距离目标，该目标接收到的所有辐射单元辐射的波同相，那么该方向上就会产生栅瓣。但是，如稍后的面板式插页 P10.1 所述，对于机械扫描阵列，所有辐射单元辐射的波同相，即使辐射单元的间距达到了 1 个波长，仍然不会产生栅瓣。

但是，在 ESA 中，辐射单元的间距不可能这么大。这是由于使所有辐射单元辐射的波同相的角度，不仅取决于辐射单元的间距，还取决于单元之间不断增加的相位差 $\Delta\phi$，而这个相位差在前面提到过，它被用于波束扫描控制。若辐射单元的间隔不小于 1 个波长，则当主瓣从轴线开始搜索时（相位差 $\Delta\phi$ 从 0° 开始增加），栅瓣会在轴线的另一侧出现并进入视场（见图 10-2）。

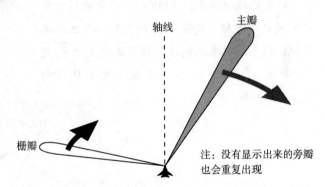

图 10-2　对于 ESA，如果辐射单元间距不小于 1 个波长，则当主瓣搜索偏离轴线时，栅瓣就会出现并且进入视场

因此，对于 ESA 来说，所需的最大扫描角越大，辐射单元的间距就必须越小。最大允许间距为：

$$d_{\max}=\frac{\lambda}{1+\sin\theta_s}$$

其中 λ 为波长，θ_s 是所需的最大扫描角。如面板式插页 P10.1 所示，当最大扫描角为 60° 时，辐射单元的间距稍大于半个波长。对宽带阵列而言，必须用最高工作频率来计算辐射单元的间距，因为如果用中心频率来计算，可能会导致在频带上边缘出现栅瓣。

需要说明的是，在一维阵列中，我们可以很轻松地观察栅瓣的位置和移动方式，但在二

[①]　旁瓣也一样。

维阵列中却很难观察。不过，如面板式插面 P10.2（$\sin\theta$ 空间）所述，在 $\sin\theta$ 空间中绘制波瓣位置将较为简单。

P10.1 辐射单元间距举例

如果最大扫描角 θ_s 为 30°，那么在能消除栅瓣的情况下，辐射单元的最大间距是多少？

$$d_{\max}=\frac{\lambda}{1+\sin 30°}=\frac{\lambda}{1.5}\approx 0.67\lambda$$

如果 θ_s 增加到 60°，$d_{\max}$ 必须降低到多少？

$$d_{\max}=\frac{\lambda}{1+\sin 60°}=\frac{\lambda}{1.87}\approx 0.54\lambda$$

消除栅瓣

栅瓣产生的位置在哪？和主瓣一样，假设 θ_n 方向上有一个远距离目标，且该目标接收到的所有辐射单元辐射的波同相，那么 θ_n 方向就会产生栅瓣。

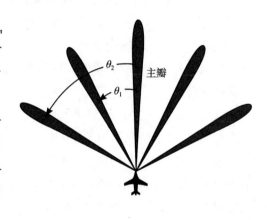

对于机械扫描阵列（MSA），所有的辐射单元的激励都同相。假设 θ_n 方向上有一个远距离目标，相邻辐射单元到该目标距离的差 ΔR_θ 是工作波长（λ）的 n 倍（n 为整数），那么 θ_n 方向就会产生栅瓣。

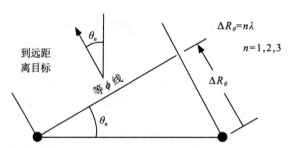

因此，第 n 对栅瓣的方向角 θ_n 与工作波长 λ 以及辐射单元的间距 d 是正弦关系。

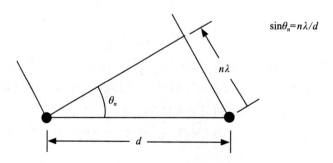

当 θ 趋于 90° 时，各辐射单元的增益趋于 0。

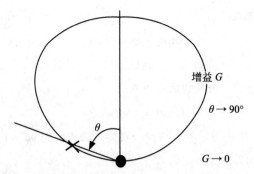

当 d 减小到 λ 时，第一栅瓣方向 θ_1 增大到 90°；当 d 小于 λ 时，栅瓣的值进入虚区间，栅瓣消失。

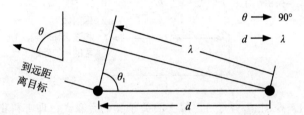

因此，对于 MSA 来说，可以通过将相邻辐射单元的间距减小到等于或小于 1 个波长来消除栅瓣，即

$$d \leq \lambda$$

对于电子扫描阵列（ESA），消除栅瓣并不简单，因为相位增量差 $\Delta\phi$ 已经用于主瓣扫描，为了将主瓣扫描至特定角度 θ_s，不能随意改动相位增量差 $\Delta\phi$。

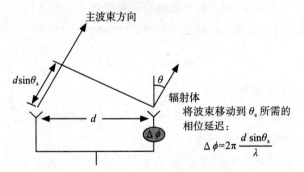

因此，对于 ESA，在栅瓣产生的方向 θ_n 上，相邻辐射单元到远距离目标之间的距离的差 ΔR_θ，等于工作波长的整数倍 $n\lambda$ 减去 $\Delta\phi$ 后的结果，而 $\Delta\phi$ 是由相位延迟 ΔR_θ 引起的距离差。

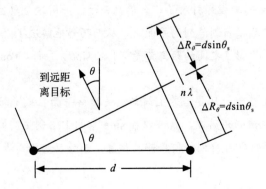

因此，可得到以下关系式：

$$d\sin\theta_n = n\lambda - d\sin\theta_s$$

根据以上关系式，我们可以得到所有可能栅瓣的位置。设 $n=1$，θ_1 为需要的最大扫描角，就得出了确定第一栅瓣位置的"最坏情况"等式：

$$d\sin\theta_1 = \lambda - d\sin\theta_s$$

与 MSA 一样，为了消除栅瓣，第一栅瓣必须偏离轴线方向 $90°$ 以上。如下图所示，当 d 逐渐减小，趋于 λ 减去 $d\sin\theta_s$ 的值时，θ_1 趋于 $90°$。

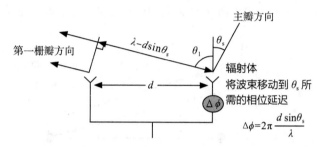

又由于 $\sin90° = 1$，令 $\sin\theta_1$ 等于 1，解上面关于 d 的方程式，即可得出为消除栅瓣，ESA 相邻辐射单元的最大间距为

$$d \leqslant \frac{\lambda}{1+\sin\theta_s}$$

P10.2 $\sin\theta$ 空间

即使是机械扫描阵列（MSA），由于栅瓣和天线轴线之间的夹角 θ_n 与辐射单元的间距 d 以及波长 λ 正弦相关，因此很难直观地显示栅瓣的可能位置。

$$\sin\theta_n = n\frac{\lambda}{d} \quad n=1,2,3$$

其中，n 为波瓣的序号（主瓣为 0）。

而对于一个电子扫描阵列（ESA），困难在于方向角 θ_n 不仅取决于辐射单元的间距，同时还取决于主瓣偏离轴线方向的偏转角：

$$\sin\theta_n = n\frac{\lambda}{d} \pm \sin\theta_s$$

在二维 ESA 中，由于波瓣存在于三维空间，所以情况更加复杂。

一位名叫 Von Aulock 的工程师引入了一个单位矢量，并用这个单位矢量表示主瓣和每个栅瓣，再把这个矢量的尖端投射到阵列的平面上，从而巧妙地解决了上述问题。

由于平面中心与每个投影点之间的距离都是（$1 \times \sin\theta$），所以 Von Aulock 将投影平面命名为 sine 空间。

sine 空间的巧妙之处在于，只要沿着主瓣与相关栅格平面 u 或 v 轴线的夹角 ϕ 方向，将主瓣移动主瓣偏转量正弦值的距离 θ_s，就可以在 sine 空间上绘制主瓣的位置。然后，将主瓣向其两侧各移动一段距离，即可得到任何栅瓣的位置，而移动的距离等于 $n\lambda$ 与 d_u 和 d_v 的商。

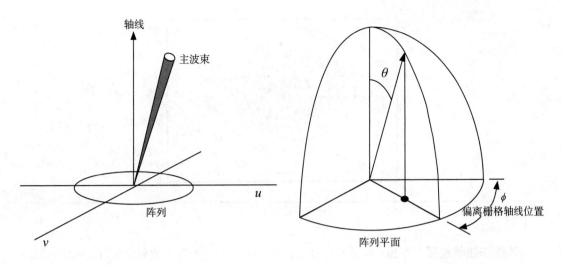

- 主瓣距离 $=\sin\theta_0$（ϕ 角处）

- 栅瓣距离 $=\pm\dfrac{\lambda}{d_u}$ 和 $\pm\dfrac{\lambda}{d_v}$

　　波瓣不会存在于偏离轴线方向 90° 以上的区域，我们以原点为中心画一个半径为 1 的圆，圆内区域被称为实空间，圆外区域称为虚空间。

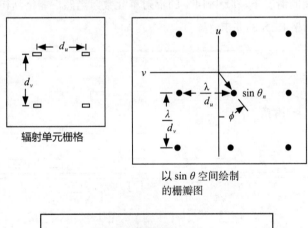

辐射单元栅格

以 $\sin\theta$ 空间绘制的栅瓣图

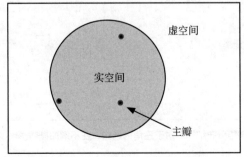

　　在评估辐射单元栅格类型和辐射单元间距时，通常在实空间和虚空间中同时绘制潜在栅瓣的位置。

　　然后就可以很容易地看到，当主瓣扫描至所需观测区域边界时，是否有波瓣进入实空间。

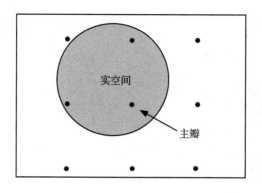

消除布拉格波瓣　布拉格波瓣是一种后向反射波[2]。当一个阵列被另一个雷达从偏离轴线一定角度照射时，就会产生这种反向反射波。如果有隐身的要求，就必须想办法消除布拉格波瓣。而想要消除布拉格波瓣，可能需要将辐射单元排列得比消除栅瓣时更加紧密，这一点将在第 41 章中予以介绍。

栅格结构的选择　对于 ESA，辐射单元栅格结构的选择会影响 ESA 所需辐射单元的数目。最常见的栅格结构有矩形、三角形及菱形（见图 10-3）。如果使用三角形栅格结构，可以在不影响栅瓣性能的情况下，减少 14% 的辐射单元数。当然，栅格结构的选择也受其他因素的影响，如降低栅格 RCS 的要求。

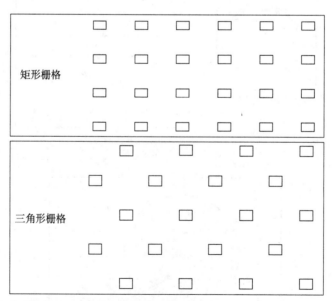

图 10-3　最常见的两种辐射体栅格分布结构。对于三角形结构，在不增加栅瓣影响的情况下，可以使辐射单元的数目减少 14%

② 能量向它来的方向反射。

通过有选择性地减小阵列边缘附近辐射单元的密度，以代替幅度锥削和旁瓣控制，可以进一步减少所需辐射单元的数目。因此，在评估降低辐射单元密度的过程中，一定要考虑到对旁瓣的影响，以及与 RCS 降低所需边沿处理的关系。

总之，无论采用哪种方案，减少辐射单元数目总要付出一定代价，但也不能简单地将辐射单元的间距限制在 d_{max} 以内。

10.2 无源 ESA 的设计

在设计无源 ESA 时要考虑到几个基本问题，包括移相器的选择、馈电类型的选择以及传输线的选择。

移相器的选择 在一个拥有 2 000 个或更多辐射单元的无源 ESA 中，移相器（见图 10-4）的重量和成本通常要占整个天线的一半还多。因此，选择重量轻、成本低的移相器非常有必要。另外，为了不降低辐射功率和显著增加接收噪声系数，移相器的插入损耗也必须非常低。移相器的其他重要电气参数还有相

图 10-4　无源 ESA 中采用的 X 波段双模铁氧体移相器，其长度大概为 10 cm

位控制精度、开关速度和电压驻波比等。虽然固态移相器已经成为有源 ESA 设计的标准要求，但由于无源 ESA 的大功率处理能力和低损耗的需要，无源 ESA 仍然在使用铁氧体移相器。

馈电类型的选择 无源 ESA 常用的馈电有两种基本类型：强迫馈电和空间馈电。强迫馈电利用传输线将发射功率分配给各辐射单元，并收集接收到的信号功率。空间馈电通过自由空间来完成这个步骤。强迫馈电又分行波馈电和组合馈电两种类型。

在行波馈电中，单个辐射单元或数列辐射单元共享传输线（见图 10-5）。这种馈电类型相对简单，但其瞬时带宽有限。其原因是这种馈电方式馈电路径的电长度，也就是从公共馈源到各辐射单元的相移不同。如果频率发生变化，会导致波位变化，所以一个波位只适用于有限的频率范围。

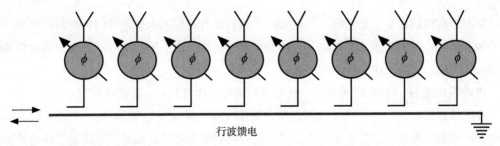

行波馈电

图 10-5　行波馈源简单而且价格低廉。但是，由于到每个辐射单元的路径电长度不同，每个单元都要进行与频率相关的相位校正，限制了瞬时带宽

可以通过为各辐射单元的移相器提供一个合适的补偿方式，来校正这种差异；但是，因为补偿值又是通过馈源的信号波长的函数，每个移相器一般只能在较窄的频率范围内进行补偿。

组合馈电是一种金字塔形的分叉结构（见图 10-6），这种馈电方式可以很容易使所有辐射单元馈电路径的物理长度（也就是电长度）都相同，因此不再需要进行相位补偿。其瞬时带宽仅受辐射单元以及组合馈电系统的辐射器、移相器以及传输线和连接器的带宽限制。

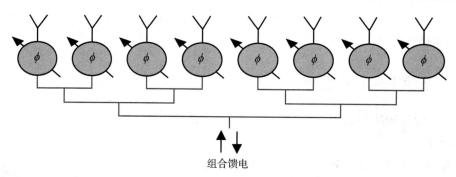

图 10-6　组合馈电使连接所有辐射单元的电路径长度相同，从而不需要进行相位校正，同时可增大瞬时带宽

空间馈电在设计上各不相同。图 10-7 示出了一个典型的馈电结构。图中，一个喇叭状天线或者一个小的辐射单元主阵列对安装在孔径上的电子透镜进行照射，该透镜由紧密排列的辐射单元组成（如短的开口波导槽），且每个辐射单元都包含一个电子控制移相器。

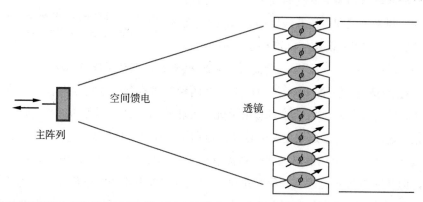

图 10-7　空间馈电简单、价格低廉，而且有可以与组合馈电相比拟的瞬时带宽。但是主阵列与透镜之间的焦距增加了天线深度

空间馈电结构简单、重量轻、价格低，并且具有组合馈电水平的低能耗和瞬时带宽。但主阵列和透镜之间的焦距大大增加了天线的深度。而且，由于空间馈电不能实现辐射单元级别的振幅锥削，因而很难进行旁瓣控制。

传输线的选择　无源 ESA 馈电系统中常用的传输线有两种：带状线和空心波导。

带状线由夹在两片介电材料之间的窄金属线（条）组成（见图 10-8）。它重量轻、结构紧凑、成本低。此外，它能传输高达全倍频程的瞬时带宽信号。因此，它满足了从电子防护（EP）和低截获概率（LPI）到高分辨率成像应用的要求。

空心金属波导（见图 10-9）比较重、成本较高，而且只有有限的瞬时带宽，但是它的损耗很低。因此，空心金属波导多应用于高发射功率、弱信号检测以及远距离传输等场景。

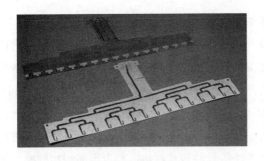

图 10-8　电介质带状线常用于无源 ESA，因为它重量轻、结构紧凑、成本低，并能承载大带宽

图 10-9　空心金属波导。它比带状线更重、更贵，而且瞬时带宽有限。但是它的损耗很低，多应用于需要高发射功率和弱信号检测的场景

随着塑料成型和电镀技术的进步，高质量、低成本、金属涂层的空心塑料波导的吸引力越来越大。

10.3　有源 ESA 的设计

有源 ESA 的关键组成部分是发射 / 接收（T/R）组件。在设计该组件时要考虑的重要因素很多，包括所需不同种类的集成电路的数目、提供的输出功率、传输噪声的限制，以及所需的幅度和相位的控制精度等，还有阵列的关键物理设计也需要考虑到。下面我们对这些因素进行简要介绍。

芯片组　理想情况下，一个模块的所有电路都应该集成在一块晶片上。近年来，为了实现这一目标，技术上已经取得了许多进展；但是由于各功能单元的要求不同，现有技术仍然不能满足要求。因此，目前的做法是将电路按功能进行划分，不同的电路安装在不同的芯片内，然后将这些芯片在混合微电路中连接起来（见图 10-10）。

图 10-10　一个 T/R 模块。左边是环流器、功率放大器和低噪放大器，右边是控制电子器件

一个 T/R 组件的基本芯片组（见图 10-11）包括 3 个单片微波集成电路（MMIC）和 1 个数字超大规模集成电路（VLSL）：

- 高功率放大器（MMIC）；
- 低噪声放大器（LNA）和保护电路（MMIC）；
- 可变增益放大器和可变移相器（MMIC）；
- 数字控制电路（VLSI）。

根据应用情况，可能还需要加入一些其他电路。比如当需要高峰值功率时，可加入 MMIC 驱动器，以放大高功率放大器的输入，也可以加入机内测试电路。

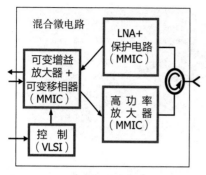

图 10-11 一个典型 T/R 组件的基本芯片组，包括 3 个单片微波集成电路（MMIC）和 1 个数字超大规模集成电路（VLSI）

大多数工作在 X 波段以及更高频率的 MMIC 都是用砷化镓（GaAs）制造的，砷化镓的一个局限是它的热传导性很低。为了使由砷化镓制造的电路满足散热要求，它的厚度必须控制在 2 mil ～ 4 mil 范围内（1 mil= 10^{-3} in=2.54×10^{-3} cm），并且还必须安装在散热片上。氮化镓（GaN）和锗化硅（SiGe）作为新兴材料，可以作为未来 T/R 组件的设计材料。当占用面积相同时，氮化镓功率放大器的功率放大能力比砷化镓功率放大器高 5 倍，从而提高了放大器灵敏度和雷达探测距离。另外，虽然锗化硅提供的功率比砷化镓低很多，但是锗化硅材料非常便宜，这使得它很有可能成为未来低成本、低功率密度雷达系统的制造材料。

功率输出 一般来说，对于给定尺寸的阵列，它的平均输出功率取决于所需的最大探测距离。然而，可实现的平均输出功率通常受飞机设计师分配给 ESA 的主电气功率、冷却能力以及组件效率的限制。对于一个给定的主功率和冷却能力，组件效率越高，阵列的平均输出功率也越高。

关于组件效率，有两个经常出现的术语：功率增加效率（PAE）和功率开支，将在稍后的面板式插页 P10.3 中对其进行解释。

在设计组件的高功率放大器时，要重点关注所需的峰值功率。当然，峰值功率等于每个组件需要的平均功率除以最小占空比。

对于给定的阵列整体峰值输出功率，每个组件需要的峰值输出功率与组件的数量（或者说阵列的面积）成反比。因此，为了使面积为 2 m² 的阵列的峰值输出功率与面积为 4 m² 的阵列的峰值输出功率相同，前者每个组件的峰值功率必须是后者每个组件峰值功率的 2 倍（见图 10-12）。

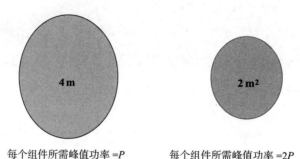

每个组件所需峰值功率 =P   每个组件所需峰值功率 =2P

图 10-12 每个组件峰值功率和阵列面积的关系

发射机噪声限制 与采用中央发射机的雷达一样，调制在有源 ESA 发射信号的噪声必须降至最低。有源 ESA 中调制噪声的主要来源是直流（DC）输入电压中的纹波和由负载的脉冲特性引起的输入电压的波动。由于发射机输入电压较低，而电流较大，所以对输入功率进行充分滤波是一项非常必要的工作。它可能需要在阵列内部的中间层设置功率调节功能，甚至在每个 T/R 组件中加入稳压器。

接收机噪声系数　有源 ESA 的一个主要优点是接收损耗低，所以为了充分发挥 ESA 的潜能，降低 T/R 组件的接收机噪声系数非常关键。通常情况下，接收机的噪声系数是由整个模块贡献的，它等于 LNA 的噪声系数加上 LNA 之前的器件（辐射器、双工器、接收机保护电路和连接电路）的损耗，见图 10-13。

相位和幅度控制　辐射器这一级的发射和接收信号的相位和幅度的精度，由整个阵列的最大可接收旁瓣电平决定。旁瓣电平越低，相位和幅度控制电路的量化步长就必须越小，实现必要的辐射锥削以降低旁瓣所需的幅度控制范围就越宽，因而可接受的相位和幅度误差就越小。

阵列物理设计　一个有源 ESA 的性能和成本不仅取决于 T/R 组件的设计，还取决于组合阵列的物理设计。

一般情况下，如果需要降低天线 RCS，辐射体必须精确、牢固地安装在刚性背板上。因为阵列表面的任何不规则都会导致随机散射，且这种散射无法通过技术途径消除。

这些组件通常安装在冷却板的背板上，因为冷却板可以带走组件产生的热量。在冷却板的后面还有其他组成部分：① 一个用来连接各组件与激励器和中央接收机的低损耗馈电歧管；② 给每个组件提供控制信号和直流电源的配电网络；③ 一个让冷却剂在冷却板中流动的分配系统。

这种总体设计的实现方法有很多种，其中一种被称为贴装结构法，如图 10-14 所示。

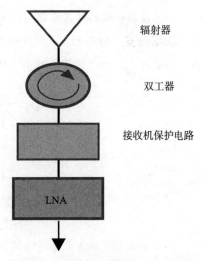

图 10-13　接收机噪声系数等于 LNA 的噪声系数加上 LNA 之前的器件（包括辐射器、双工器、接收机保护电路和连接电路）的损耗

图 10-14　一个小型火控雷达 AESA（左）和它的一个贴装元件的放大图（右）。这个天线有两种贴装结构：一种有 16 个，每个可以安装 20 个 T/R 组件；另一种有 8 个，每个可以安装 16 个 T/R 组件。一共有 448 个 T/R 组件

P10.3　组件效率的测量

功率增加效率　由于组件的高功率放大器（HPA）通常包含多级，最后一级的效率一般用功率增加效率（PAE）来表示

$$PAE = \frac{P_o - P_i}{P_{dc}}$$

其中，P_o 为射频输出功率，P_i 为射频输入功率，P_{dc} 为直流输入功率。

如果最后一级的增益非常大，那么功率增加效率就近似等于整个放大链的效率。

功率开支 功率开支是组件的其他元件消耗的功率，包括开关电路、LNA 和控制电路。由于这些开支，一个组件的效率会比 HPA 的效率低很多，而 HPA 的效率大约在 35% ～ 45% 范围内。

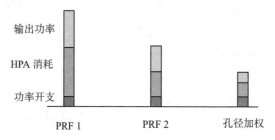

由于功率开支的大部分是连续消耗的，而射频输出是脉冲的，所以组件的效率与 PRF 会有所不同。

此外，由于功率开支与输出功率无关，如果所有模块参数都相同，那么孔径加权会显著降低许多模块的效率。为了尽量避免这种情况，从而减小旁瓣，人们开发了适用于有源 ESA 的特殊加权算法。

有源 ESA 的另外一种物理设计方法被称为瓦片结构法，它采用了如硬币大小的三维四通道组件。

在每个组件内部（见图 10-15）叠加安装了三块电路板，每个电路板上放置了四个发射 / 接收电路，每块电路板上电路产生的热量会被传导到周围的金属框架上。

组件被夹在冷却板之间，冷却板上有传递射频信号、直流功率和控制信号的馈电通路裂缝（见图 10-16）。

图 10-15 在组件内部有三块电路板，每块电路板上安装了四个发射 / 接收电路，每个电路板产生的热量会被传导到周围的金属框架上

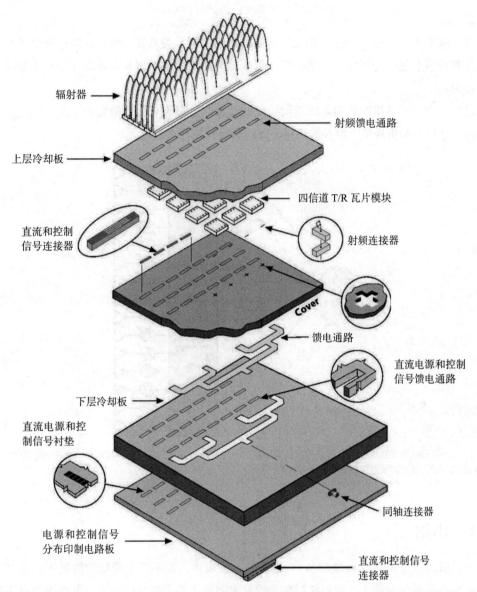

辐射器

射频馈电通路

上层冷却板

四信道 T/R 瓦片模块

直流和控制
信号连接器

射频连接器

Cover

馈电通路

直流电源和控制
信号馈电通路

下层冷却板

直流电源和控
制信号衬垫

同轴连接器

电源和控制信号
分布印制电路板

直流和控制信号
连接器

图 10-16　在这种瓦片阵列结构中，四信道三维 T/R 组件被夹在两层冷却板中间。射频输入和输出信号、控制信号和直流功率馈电在下层冷却板上的裂缝中传输。进出辐射单元馈源的射频信号在上层冷却板上的裂缝中传输

　　第三种方法是子阵列结构法，常用于宽带阵列和实现数字波束形成阵列。子阵列就是天线阵列的子集，每个子阵包含 16 ～ 64 个辐射单元，天线可以相对独立地为每个子阵产生和提供模拟波束形成，子阵列使用廉价的移相器来对波束进行精细控制。在第 9 章讨论过，当移相器在校准频率以外的频率下工作时，移相器会导致波束指向误差，所以需要在每个子阵列中插入一个时间延迟单元来提供时间延迟，以实现波束扫描控制（见图 10-17）。对于数字波束形成应用，子阵列可直接馈送给数字接收机。

　　子阵列结构是一种既经济又实用的实现时间延迟或数字波束形成的方法，并且它的性能降低最少。它减少了设计时所需的时间延迟单元和数字接收机的数量，简化了封装复杂性，

并降低了成本。

对于减小旁瓣，每个组件内相位和增益的精确控制至关重要。因此，组件提供了综合自动自检和校准功能。为了应对制造公差，每个组件的初始校准值设置在组件控制电路的永久存储器中。

最后，由于在飞机的使用寿命期间，可能会有超过最大可接受数量的组件发生故障，所以必须设计拆除和更换单个组件的规程，而这种设计往往难度很大。

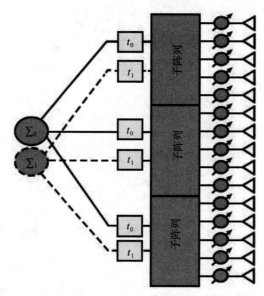

图 10-17　子阵列结构是实现时间延迟或数字波束形成的一种经济、实用的方法。阵列被分成更小的子阵列，并在这些子阵列中插入模拟时间延迟单元或数字接收机

10.4　小结

为了最大限度地减少有源 ESA 和无源 ESA 的成本，在不产生栅瓣的情况下，所有辐射单元的间距必须尽可能大，一般辐射单元的最大间距大约为波长的一半。而电磁隐身需避免产生布拉格波瓣，辐射单元的间距又应该小一些。

使用三角形栅格可以使辐射单元数量减少 14%，而减小阵列边缘辐射单元的密度，可进一步减少辐射器数量。然而，这样设计的代价是增加了旁瓣和 RCS。

无源 ESA 的关键元件是移相器。移相器占了整个阵列一半多的重量和成本，因此必须减轻移相器重量，并降低其成本。当然，传输线和馈电也很关键。为了提高工作带宽，必须使用带状线、组合馈电或者空间馈电。为了满足高功率和弱信号检测要求，需要使用空心波导管。

有源 ESA 的关键单元是 T/R 组件，它是由混合微电路板上有限个单片微波集成电路构成的。对于 X 波段和更高频率的有源 ESA，它的单片电路由砷化镓制造。组件的关键电参数包括：组件的峰值输出功率、相位和幅度控制精度、接收机噪声系数和发射信号的噪声调制。

其中，发射信号的噪声调制必须通过直流功率的滤波来抑制。

为了最大限度地减小天线 RCS，辐射器需安装在刚性非常强的背板上。将 T/R 组件安装在冷却板上，紧靠刚性背板。另外，自检和自校准功能也很重要。

扩展阅读

S. Sabatini and M. Tarrantino, Multifunction Array Radar—System Design, Artech House, 1994.

R. Mailloux, Phased Array Antennas Handbook, 2nd ed., Artech House, 2005.

S. Drabowitch, A. Papiernik, H. D. Griffiths, J. Encinas, and B. L. Smith, Modern Antennas, 2nd ed., Springer, 2005.

T. Jeffrey, Phased Array Radar Systems, SciTech-IET, 2010.

W. Wirth, Radar Techniques Using Array Antennas, 2nd ed., IET, 2013.

火神式轰炸机 Avro Vulcan (1956 年)
　这架四引擎、三角翼的火神式轰炸机在 20 世纪 50 年代和 60 年代一直是
英国核威慑力量的先锋，它装备了 H2S S 波段雷达，其设计可追溯到第二次世
界大战期间，它最后一次服役是在 1982 年。

Chapter 11

第 11 章 | 脉冲工作

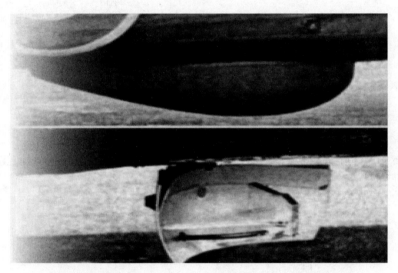

WWII H2S 雷达安装在 Halifax 飞机上，带天线罩（上）和不带天线罩（下）

雷达一般分为两大类型：连续波（CW）雷达和脉冲雷达。连续波雷达可以连续发射无线电波，并同时接收回波。而脉冲雷达以窄脉冲形式间歇性地发射无线电波，且在发射的间隙接收回波。

脉冲雷达也可分为两类：能感知多普勒频移的脉冲雷达和不能感知多普勒频移的脉冲雷达。前者被称为脉冲多普勒雷达，而后者则被简单地称为脉冲雷达。在某种程度上，几乎所有的现代雷达都利用了多普勒效应来测量目标的速度或者抑制静止杂波。这里所说的脉冲雷达将在广义上指所有发射脉冲的雷达。

在本章中，我们将研究脉冲发射的优点、脉冲波形的特性以及脉冲发射对发射功率和能量的影响。

11.1 脉冲发射的优点

除了多普勒导航仪、高度计、近炸引信，大多数机载雷达都是脉冲雷达。其主要原因是脉冲工作可以避免发射机对接收造成干扰，这些干扰通常包括泄漏、自扰动或自干扰。

自干扰问题主要体现在两个方面：一方面是大信号干扰可以致使接收机增益压缩或者饱和，这个问题通常可以通过对发射和接收天线进行物理隔离的方法来缓解；另一方面是发射信号的噪声边带会掩盖弱目标回波。

直接信号泄漏通常可以采用天线隔离和频率分离的方法来控制。在多普勒导航仪中（见图 11-1），多普勒频移提供了足够的频率分离度，以保证发射信号不会干扰接收。在高度计中（见图 11-2），多普勒频移通常接近零，可通过不断变换发射机频率来避免发射信号的干扰。由于无线电波达到地面并返回雷达接收机需要一段时间，使得回波信号的频率滞后于发射机的频率，因此信号不会被干扰。

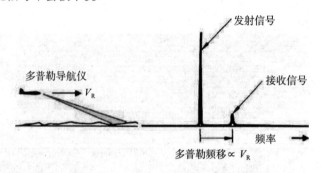

图 11-1　在回波的多普勒频移较大的应用中，多普勒频移可以避免发射信号干扰接收过程

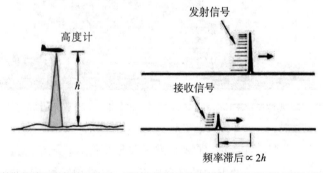

图 11-2　当多普勒频移可以忽略不计时，通过不断地变换发射机频率可以避免发射信号干扰接收过程

大多数机载应用中的难题是电噪声。每台发射机都不可避免地会产生噪声，并且这些噪声会对发射机的输出信号进行调制。在这个过程中，产生了噪声调制边带（参见第 5 章），而这个边带覆盖了发射机频率两侧很宽的频带（见图 11-3）。尽管这些噪声边带的功率可以认为无限小（相比于短距离地面回波可以忽略不计），但是仍然比空中目标的平均回波强好几个数量级。

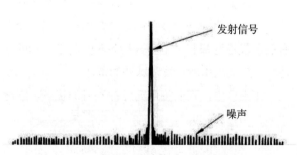

图 11-3　噪声边带覆盖了发射信号频率两侧很宽的频带，并且比典型的空中目标的回波强很多。边带的干扰可以通过发射脉冲信号来消除

为了防止这种噪声干扰接收机，接收机必须与发射机隔离，可以通过对发射机和接收机进行物理隔离并给它们单独设计天线来得到足够的隔离度（如同地面和舰载 CW 雷达一样）。

然而，在机载雷达中，由于空间的限制，通常需要同一个天线进行发射和接收（见图 11-4）。在这种情况下，防止发射机输出信号的噪声通过天线泄漏到接收机内是非常困难的，因而代价也很高。

图 11-4　当发射和接收必须使用同一个天线时，脉冲发射可以避免发射机信号泄漏到接收机内

11.2　脉冲波形

如果发射的是脉冲，那么发射信号和发射机噪声都不是问题，因为脉冲雷达的发射和接收不是同时进行的。

脉冲工作状态下还可以方便地测距。如果脉冲分得足够开，则只需测量同一个脉冲从发射到接收回波所经过的时间，即可精确测量目标的距离。

总的来说，脉冲雷达辐射的无线电波（即发射信号）的形式被称为发射波形（见图 11-5）。

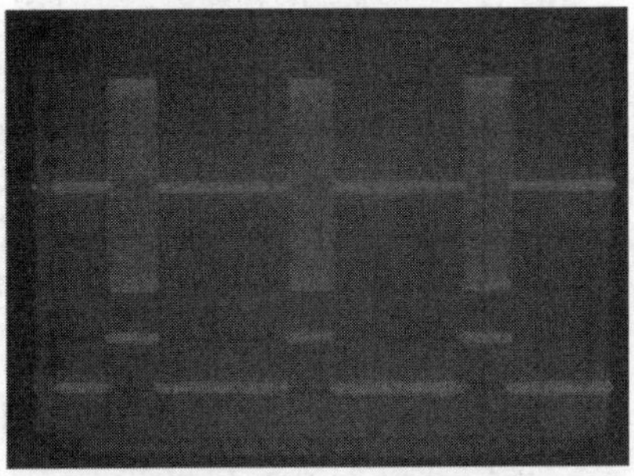

图 11-5　发射波形的基本特点

这种波形有四个基本特性参数：
- 载频；
- 脉冲宽度；
- 每个脉冲内部或脉冲与脉冲之间的调制（如果有的话）；
- 脉冲发射速率（脉冲重复频率，PRF）。

载频　载频并不是一直不变的，有可能为了满足特定的系统或者工作要求而以不同的方式变化。从一个脉冲到下一个脉冲，载频可能增大，也可能减小。在单个脉冲期间，载频也可以随机地或以某种特定的模式变化，这种变化就是脉内调制。

脉冲宽度　脉冲宽度是指脉冲的持续时间（见图 11-6），它通常用小写的希腊字母 τ 来表示。脉冲宽度可以从几分之一微秒到几十毫秒，这取决于雷达的应用场景。

脉冲宽度也可以用物理长度来表示，即任一瞬间脉冲穿过空间时它的前后沿之间的距离。脉冲的这个长度 L 等于脉冲宽度 τ 乘以电波的传播速

图 11-6　在示波器上看到的射频脉冲。脉冲宽度就是脉冲的持续时间

度，而电波传播速度非常接近于 3×10^8 m/s，因此脉冲的物理长度（见图 11-7）大约为 300 Mm/s 乘以脉冲宽度的值：

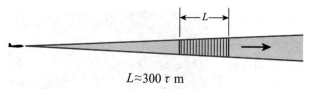

图 11-7 脉冲长度是指脉冲穿过空间时它的前后沿之间的距离

$$脉冲长度 \approx 300\,\tau \text{ m}$$

其中，τ 表示以 μs 为单位的脉冲宽度的数值。

脉冲长度具有很重要的意义，如果没有脉内调制，那么脉冲长度就决定了雷达分辨（分开）距离上离得很近的目标的能力。脉冲越短（假如没有用于压缩的调制），它的距离分辨率越高。

采用非调制脉冲的雷达，要在一个脉冲内从距离上分辨两个目标，这两个目标的间距必须满足以下条件：在远目标回波的前沿到达近目标之前，发射脉冲的回波后沿必须已掠过近目标（见图 11-8）。为了满足这个条件，两个目标的间距必须大于脉冲长度的一半。

随着脉冲长度的减小，单个脉冲包含的能量会减小，最终会达到一个极限点，在该点处能量不能再减小，脉冲宽度也不能再减小。这个限制似乎就是雷达距离分辨率能达到的极限，而事实上并非如此，在第 16 章中将要介绍的脉冲压缩就可以突破这个限制。

脉内调制 为了突破最小脉冲长度对距离分辨率的限制，可以利用相位调制或频率调制，将发射脉冲进行连续递增的逐段编码（见图 11-9）。这样操作以后，每个目标回波也带有类似的编码。然后，在接收回波时解调，通过对脉内相关分量的依次延迟处理，雷达就把一个分量叠加到另一个分量上。经过脉内调制，雷达获得同样分辨率时所具有的脉冲能量几乎没变，但脉冲长度却相当于单个分量的长度，这项技术称为脉冲压缩，将在第 16 章中对其进行详细讨论。

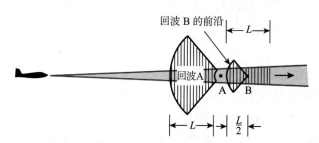

图 11-8 要在一个长度为 L 的非调制脉冲内分辨两个目标 A 和 B，它们之间的距离必须大于 $L/2$，因为只有这样两个目标的回波才不会重叠

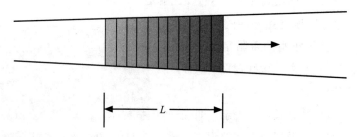

图 11-9 如果用脉内调制对发射脉冲的连续段进行编码，那么就可以得到与单段脉冲宽度一样的分辨率

脉冲重复频率 脉冲重复频率（PRF）是雷达发射脉冲的速率，即每秒发射脉冲的个数（见图 11-10），通常用 f_r 表示。机载雷达的 PRF 范围从几百赫到几千赫。在雷达工作过程中，

PRF 可以发生变化，至于其原因将在后续章节中进行讨论。

度量脉冲速率的另外一个量是脉冲速率的倒数，即从一个脉冲开始到下一个脉冲开始之间的时间，它被称为脉冲重复间隔（PRI），一般用大写字母 T 表示。有些场合它也被称为脉间周期。

PRI（见图 11-11）等于每秒发射的脉冲数 f_r 的倒数，即

$$T = \frac{1}{f_r}$$

例如，如果 PRF 为 100 Hz，那么 PRI 就是 1/(100 Hz)=0.01 s，或者 10 000 μs。

PRF 的选择非常重要，因为它决定了雷达观测的距离和多普勒频移是否会出现模糊，以及模糊的程度。

距离模糊产生的原因如下：雷达不能直接判断一个特定回波属于哪一个发射脉冲。如果 PRI 足够长，雷达可以在发射下一个脉冲之前接收到上一个脉冲的所有回波，那么这个问题可以忽略，因为任何一个回波都属于刚刚发射的那个脉冲（见图 11-12）。但是如果 PRI 很短，取决于其具体的短的程度，此刻接收到的某个回波就可能属于前面一系列脉冲中的任何一个。因此，雷达的观测距离就出现了模糊。在这里引出了一个定义：最大不模糊距离 R_u，即对于给定的 PRF，只要距离为 R_u 的目标的双向传播时延（时间延迟）小于 T，那么这个回波就一定属于之前刚刚发射的那个脉冲，所以 $R_u=cT/2$，经过转换，$R_u=c/(2\times\text{PRF})$。

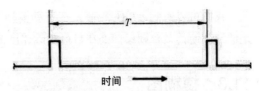

图 11-10 每秒发射的脉冲个数就是脉冲重复频率（PRF）。相邻脉冲的间隔时间就是脉冲重复间隔 T

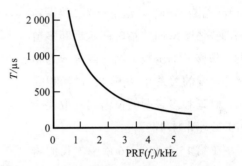

图 11-11 脉冲重复间隔 T 随着 PRF 的增大而减小

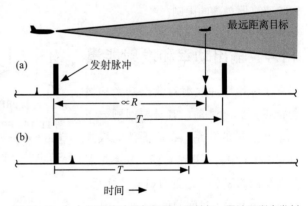

图 11-12 （a）如果脉冲重复间隔 T 足够长，雷达可以在发射下一个脉冲之前接收到上一个脉冲的所有回波，那么回波可以认为是刚刚发射的那个脉冲返回的；（b）如果脉冲重复间隔 T 很短，那么上述结论就不一定成立

多普勒模糊是由信号的脉冲特性引起的，因为脉冲雷达回波的多普勒频移是对逐个脉冲进行采样而得到的，并且采样率等于 PRF。关于多普勒效应将在第 18 章进行更详细的叙述。一般，设目标相对于雷达的速度为 v，如果此时在一个 PRI 时间内双向传播距离变化为 1 个波长（或者更一般地，为整数个波长），那么相邻脉冲的回波相位为恒定值，就好像多普勒频移为零一样。在这种情况下，目标的速度满足：$v\times T=n\lambda/2$，其中 n 为整数。这就意味着在这种情况下存在多普勒模糊，其间隔为 $1/T$。

我们可以看到，PRF 越高，多普勒模糊间隔就越大，而距离模糊间隔就越小。如果 PRF 足够高，使得多普勒模糊处在目标实际速度范围以外，那么多普勒频移就可以无模糊地测量。

11.3 模糊图

由 PRF 产生的距离模糊和多普勒模糊的间隔可以用模糊图进行直观的解释（见图 11-13）。这是一个二维图，该图描述了双向传播时间延迟和多普勒（频移）的函数关系（或等效为距离和速度的关系）。从图 11-13 可以看出，时延和多普勒的模糊间隔取决于 PRF（见图 11-14）。

在第 15 章和第 16 章中，我们将会学习模糊图如何更加直观地展现波形本质属性，以及如何利用不同的 PRF 来克服模糊的限制。

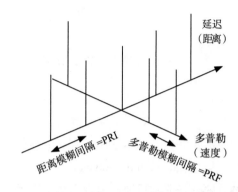

图 11-13 这种模糊函数的基本形式显示了延迟轴和多普勒轴上关于雷达 PRF 的模糊性。其他不在轴线上的模糊（此处没有显示出来）形成延迟 / 多普勒空间的"针毡"

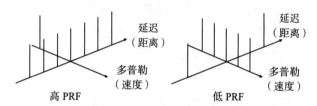

图 11-14 PRF 对延迟模糊和多普勒模糊间隔的影响。在左图中，高 PRF 使得延迟模糊间隔较小而多普勒模糊间隔较大；在右图中，低 PRF 使得延迟模糊间隔较大而多普勒模糊间隔较小

11.4 输出功率和发射能量

在讨论脉冲发射对输出功率和发射能量的影响之前，有必要回顾一下功率和能量的关系。在后面的面板式插页 P11.1 中将要详细解释：功率是能量流变化的速率（见图 11-15）；相反，能量是功率关于时间的积分。

雷达发射的能量等于输出功率乘以雷达发射的时间。

通常用两种不同的量来描述脉冲雷达的输出功率 峰值功率和平均功率。

峰值功率 峰值功率是指单个脉冲的功率。如果脉冲是矩形的，也就是说如果在每个脉冲内部，从开始到结束，脉冲的功率水平是恒定的，那么峰值功率就简单地等于发射机工作或发射时的输出功率（见图 11-16）。在这里，峰值功率用 P 来表示。

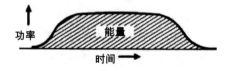

图 11-15 功率是能量流的速率。雷达探测的是后向散射能量

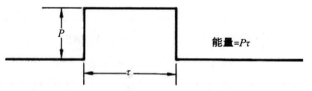

图 11-16 峰值功率同时决定了电压的大小和单位脉冲宽度的能量

峰值功率的重要性体现为以下几点：首先，它决定了雷达必须提供给发射机的电压；其次，峰值功率也决定了必须与之相匹配的电磁场强度，包括加在绝缘体上的电磁场以及连接发射机和天线的波导中的电磁场等。如果这些电磁场太强，就会出现电晕和电弧问题。电晕是一种电场太强而使空气电离的放电现象，这也是高压电线嗡嗡响的原因（见图 11-17）。而当空气电离的程度足够大，在空气中形成了导电通路时，就产生了电弧。这两种现象都会造成大量电能损失，并且会损坏设备。因此，单一传输路径（如波导）可传输的峰值功率存在上限。

图 11-17 电晕是导致高压电线嗡嗡响的原因。在雷达中，电晕会造成大量功率损失，还会损坏设备

峰值功率和脉冲宽度一起决定了发射脉冲传送的能量总量。如果脉冲是矩形的，那么每个脉冲的能量等于峰值功率乘以脉冲宽度，即

$$每个脉冲的能量 = P\tau$$

但是，通常情况下一连串脉冲的能量更为重要，而这些能量与平均功率有关。

平均功率 雷达的平均发射功率是发射脉冲在 PRI 期间的平均功率（见图 11-18）。本书中，平均功率用 P_{avg} 表示。

如果雷达的脉冲是矩形的，那么平均功率就等于峰值功率乘以脉冲宽度 τ 与脉冲重复间隔 T 的比值，即

$$P_{avg} = P\tau/T$$

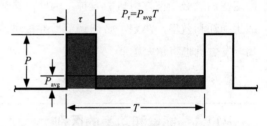

图 11-18 平均功率等于峰值功率乘以脉冲宽度，再除以脉冲重复间隔

例如，假设雷达的峰值功率为 100 kW，脉冲宽度为 1 μs，PRI 为 2 000 μs，那么雷达的平均功率为 100 kW×1 μs/2 000μs=0.05 kW，即 50 W。

比值 τ/T 又称为发射机的占空比（见图 11-19）。这个因子表示雷达发射时间所占的比例。例如，假设雷达的脉冲宽度为 0.5 μs，PRI 为 100 μs，那么雷达的占空比为 0.5÷100=0.005。这个雷达在工作期间有 0.5% 的时间在发射，也就是说它的占空比为 0.5%。

占空比 $=\tau/T$

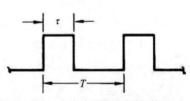

图 11-19 占空比是雷达发射时间所占的比例

平均输出功率的重要性在于，它是决定雷达最大探测距离的关键因素。在一个给定的周期内，雷达发射的总能量等于平均功率乘以周期 T，即

$$发射能量 = P_{avg}T$$

为了最大限度地提高探测距离，可以通过以下任意一种方式提高平均功率：增加 PRF、增大脉冲宽度和提高峰值功率（见图 11-20）。

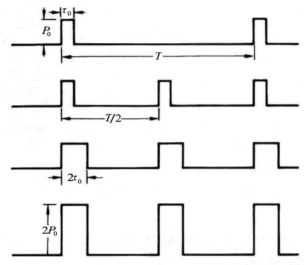

图 11-20　有三种相互独立的方法来提高平均功率，也可以联合使用这三种方法来提高平均功率

平均功率值得关注还有其他原因，它和发射机效率一起决定了由于损耗而产生的热量，而这些热量必须被发射机散发掉。因此，这也决定了用来散热所消耗的能量。平均输出功率加上损耗和效率，决定了必须调节后并提供给发射机的输入功率的大小。最后，平均功率越高，发射机也将越大越重。

P11.1　能量和功率的区别

我们很多人在使用功率和能量这两个词时不是很严谨，并且还经常相互替换。但是，如果我们要理解雷达的原理，就必须搞清楚这两个词的区别。

能量是做功的能力。它有很多形式：机械能、电能和热能等。做功是通过将能量从一种形式转化为另外一种形式来完成的。

以白炽灯为例。它将电能转化为电磁能，结果产生了光。由于效率较低，它也将相当一部分电能转化为热能。其结果是产生了热，而热能又以电磁波的形式辐射出去。

功率是做功的速率，即每秒内能量从一种形式转化为另外一种形式的量。

功率也是能量发射的速率。例如，每秒内雷达波束传送到目标的能量。功率的常用单位是 W（瓦）（1W=1J/s）和 kW（1kW=1 000 W）。

有多少能量被转化或者被发射取决于功率作用的时间。能量的常用单位是 J（焦耳）（1J=1W·s）和 W·h（1W·h=3 600 W·s）。

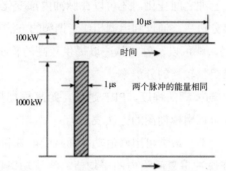

一个 25 W 的电灯持续亮 4 小时会将 100 W·h 的电能转化为光和热，这些能量与 100 W 的电灯持续亮 1 小时消耗的能量一样多。

同样，一个 100 kW 的雷达脉冲持续发射 10 μs 消耗的能量，与一个 1 000 kW 的雷达脉冲持续发射 1 μs 消耗的能量一样。

设备等级。虽然转化和做功的是能量，但大多数电气设备以额定功率来分级。电动机以马力（hp）分级（1 马力 =746 W），无线电发射机以瓦（W）或千瓦（kW）分级。

用额定功率来分级，是因为额定功率不但决定了设备处理能量的能力，而且它还是设备设计过程中的重要指标之一。

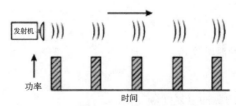

我们需要知道的是：雷达向某一目标发现的射频能量等于发射波的功率乘以每个脉冲持续的时间，再乘以脉冲的个数。

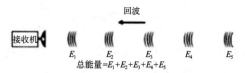

总能量=$E_1+E_2+E_3+E_4+E_5$

我们还要记住：雷达接收回波的能量达到何种程度才能探测到目标，通常取决于雷达将包含于连续出现的脉冲序列中的能量相加的能力。

11.5 小结

由于防止发射信号的噪声边带进入接收机存在困难，只有当收发天线分开时，连续波雷达才能有效地探测小目标。脉冲发射避免了这个问题，并且提供了一个简单的测距方法。

发射波形的基本特征包括：无线电频率、脉冲宽度、脉内或脉间调制以及脉冲重复频率（PRF）。

无线电频率不仅可以在脉冲之间变化，还可以在脉冲内部变化（脉内调制）。

脉冲宽度决定雷达距离分辨率。通过利用调相或者调频的方法对脉冲进行连续递增编码，然后在接收回波时进行解码，就可以发射宽脉冲以提供较高的输出功率，同时可以对接收脉冲进行压缩（脉冲压缩）以提供较高的分辨率。

PRF 决定了距离和多普勒模糊的程度。PRF 越低，距离模糊越低；PRF 越高，多普勒模糊越低。距离和多普勒模糊可以用模糊图的方法表示。

峰值功率是单个脉冲的功率。最大可用峰值功率通常受电晕和电弧的限制。

平均功率是峰值功率在脉冲重复间隔内的平均值。峰值功率越高，脉冲宽度越大，PRF越高，平均功率就越大。

用来做功的是能量而不是功率。脉冲串的能量等于平均功率乘以脉冲串的长度。

11.6 需要记住的换算关系式

- 脉冲长度 $\approx 300\tau$ m
- 距离分辨率 $\approx 150\tau$ m
- PRI（脉冲重复间隔）：T=PRI=1/PRF
- 占空比 $=\tau/T$
- 平均功率 $P_{avg}=P\tau/T$

其中：

τ——以 μs 为单位的脉冲宽度

P——峰值功率

T——以 μs 为单位的脉冲重复间隔

扩展阅读

P. M. Woodward, Probability and Information Theory, with Applications to Radar, Pergamon Press, 1953 (reprint Artech House, 1980).

C. M. Alabaster, Pulse Doppler Radar: Principles, Technology, Applications, SciTech-IET, 2012.

诺斯罗普·格鲁曼 E-2 "鹰眼"（Northrop Grumman E-2 Hawkeye)（1964 年）
E-2 "鹰眼" 是一种机载预警（AEW）双涡轮螺旋桨飞机，旨在取代 E-1 "跟踪者" 预警机。它能够从航空母舰上起飞，主要由美国海军使用。它是仅有的两架在航母（C-2 "灰狗"）上服役的螺旋桨飞机之一。目前的 E-2D 版本在其雷达罩中搭载了 APY-9 雷达，其特点是采用了有源电扫阵列（AESA）。

𝕮hapter 12

第 12 章 | 探测距离

雷达角反射器

一般来说，雷达的最大探测距离是设计者和用户最为关注的技术指标。在本章中，我们将会讨论决定雷达最大探测距离的各种因素。

由于目标回波最终必须从背景电噪声中区分开来，我们将首先追踪背景电噪声的来源，并讨论使背景电噪声降到最低的办法。然后，考查影响回波强度的各个因素，并研究探测过程。最后，我们还要研究雷达如何将大量发射脉冲的回波进行积累，从而将远距离目标的微弱回波从噪声中提取出来。

12.1 决定探测距离的因素

原则上，机载雷达的最大探测距离可以达到几百千米。但是，它们的实际探测距离要近很多，其中有一个重要的原因是视线遮挡。

机载雷达所用频段的无线电波的特性与可见光非常相像，所不同的是，这些无线电波可以穿透云层，并且不容易被悬浮微粒（悬浮在大气中的微粒）散射。但这些无线电波不能穿透较厚的液体或者固体，尽管它会随着高度的增加而提高传播速度，进而使传播路径发生轻微的弯曲，因此在某种程度上能够绕过障碍物，但这种影响微乎其微。

因此，不管雷达的功率有多大，也不管它设计得多么精巧，它的探测距离实质上都受到最大视线距离的限制。雷达不能穿透大山，也不能探测低空目标或者地平线以下的目标。

当然，当目标在视线范围内时，也并不意味着它就一定能被探测到（见图 12-1）。根据工作环境的不同，目标的回波可能被淹没在地杂波或者由雨、冰雹和雪产生的杂波中（取决于波长和天气）。此外，目标的回波也可能被其他雷达的发射信号、人工干扰和其他电磁干扰（EMI）所遮蔽。

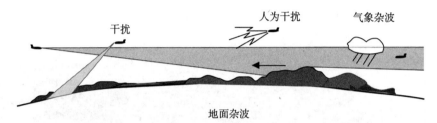

图 12-1　当目标在视线范围内时，并不意味着它就一定能被探测到；它可能被淹没在杂波和人为干扰中

可以通过多普勒处理（动目标显示）来有效抑制杂波。同样，也有很多方法来对付大多数的人为干扰。

但是，如果目标太小或者距离太远，目标回波仍然会淹没在普遍存在的电噪声背景中。

因此，在理想情况下，能否将一个给定的目标检测出来，最终取决于目标回波的强度与背景电噪声强度之比（见图 12-2），即信噪比（SNR）。

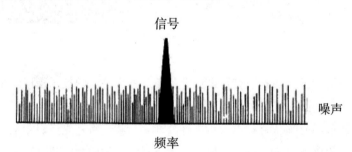

图 12-2　当没有杂波和干扰时，能否检测到目标最终取决于目标回波的强度与背景电噪声强度之比

12.2　背景电噪声

顾名思义，电噪声是幅度随机和频率随机的电能量，它存在于每部无线电接收机的输出端，雷达接收机也不例外。在大多数雷达使用的频段上，噪声主要由接收机内部产生。

接收机噪声　大多数噪声来源于接收机的输入级，这并不是因为这一级的噪声本身比其他级大，而是因为它会被接收机全增益放大，而掩盖了后面各级所产生的噪声（见图 12-3）。

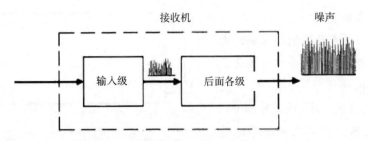

图 12-3 输入级的噪声在被接收机的全增益放大后掩盖了后面各级产生的噪声

由于噪声和接收信号被同等（或近乎同等）放大，所以在计算信噪比时，通过确定接收机输入端信号的强度，并用接收机输出噪声除以接收机增益，以去掉接收机增益因子。因此，接收机噪声通常定义为接收机单位增益上的噪声。

$$接收机噪声 = \frac{接收机输出噪声}{接收机增益}$$

利用面板式插页 P12.1 中的方法，在实验室里可以很方便地测量这个比值。

在早期使用无线电时，人们就习惯了用噪声系数（F）来描述接收机的噪声性能。噪声系数是实际接收机的噪声输出与一个假想的具有相同增益且噪声最低的"理想"接收机的噪声输出之比：

$$F = \frac{实际接收机噪声输出}{理想接收机噪声输出}$$

需要注意的是：由于两种接收机的增益相同，F 与接收机增益无关。

P12.1 如何测量接收机的噪声系数

尽管可能从不需要真的去测量某部雷达接收机的噪声系数，但是，如果了解了如何去测量它，也许就会对它的意义有着更深刻的理解。

测量方法基本上是一个三步测量过程，被称为 Y 因子法。该过程使用一个校准过的噪声源，并且已知其噪声功率的精确值。在室温条件下（$T_0=290K$），当没有直流电输入时，这个噪声源相当于一个匹配电阻。当施加直流电时，该噪声源输出噪声，其噪声功率是根据温度 T_H 定义的，表征了当带宽为 B 时，其噪声功率等于 kT_HB。T_H/T_0 的比值就是超噪比（ENR），常常以分贝（dB）为单位表示为 $10\lg(T_H/T_0)$。当然，尽管 T_H 有可能会达到几千度，这个值也仅仅是用来描述噪声功率特征的一个数字，噪声源本身完完全全是凉的，触碰它没有问题。

在这种情况下，当带宽为 B，且没有直流电源输入时，测得的噪声源噪声功率为 kT_0B；而当有直流电源输入（即"热"条件）时测得的噪声功率为

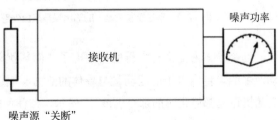

噪声源"关断"

T_0

kT_HB。测量过程如下：

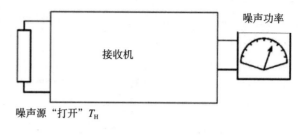

噪声源"打开" T_H

第一步，把噪声源接到接收机的输入端，在不加直流电源的条件下测量接收机的输出功率；

第二步，将直流电源（通常为 24 V）接入噪声发生器，测量噪声功率的增加量；

我们以 Y 表示噪声源"关断"和"打开"时的噪声功率之比，则

$$Y = \frac{kB(T_s + T_H)}{kB(T_s + T_0)}$$

其中，T_s 为接收机系统的噪声温度。将上式进行换算，可以得到

$$T_s = \frac{T_H - YT_0}{Y - 1}$$

第三步，将测得的 Y 值和已知的 T_H、T_0 代入上式，即可得到 T_s，因此噪声系数 $F = 1 + T_s / T_0$。

从前面给出的噪声系数的定义，可以直接得到以下关系式：

$$F = \frac{\text{实际接收机噪声输出}}{\text{理想接收机噪声输出}} = \frac{k(T_0 + T_s)B}{kT_0B} = 1 + \frac{T_s}{T_0}$$

噪声系数通常以 dB（$10\lg F$）来表示，因为它是功率的比值。

当然，理想接收机的内部并不会产生噪声，其仅有的输出噪声是从外部接收来的。总的来说，这些噪声的频谱特性与导体中由热扰动产生的噪声的频谱特性一样。因此，作为确定 F 的标准，实际接收机和理想接收机的外部噪声源都可以合理地用一个跨接在接收机输入端的电阻 R 来表示（见图 12-4）。（电阻就是一个用来导通电流并具有特定阻值的导体。）

图 12-4　理想接收机唯一的输出噪声来自外部噪声源，可以用电阻内部的热扰动表示

每个导体内部都有大量的自由电子，而热扰动噪声就是由这些自由电子不间断地随机运动产生的。自由电子的运动量与导体的热力学温度（又称绝对温度）成正比（绝对零度是所有随机运动都停止时的那个温度）。偶尔，在任何时刻，向某个方向运动的自由电子数总会比向另一个方向运动的自由电子数要多。这种不平衡会在导体两端产生一个随机电压，该电压

值与温度成正比（见图 12-5）。

热噪声在整个频谱上大致是均匀分布的。因此，理想接收机的输出噪声正比于跨接于其输入端的电阻的绝对温度与接收机通过的频率宽度（即接收机带宽）的乘积（见图 12-6）。

因此，假设的理想接收机输出噪声的平均功率（每单位接收机增益）为：

理想接收机的平均噪声功率 $=kT_0BW$

其中，

k——玻尔兹曼常量，1.38×10^{-23} J/K

T_0——外部噪声的电阻的绝对温度（K）

B——接收机带宽（Hz）

因为对于实际接收机和理想接收机而言，只要每个人在确定噪声系数时都使用相同的温度 T，则它们的外部噪声相同，其确切值究竟是多少并不重要。习惯上，我们设 T 为 290 K，这是一个近似于室温的温度，则 kT_0 大约为 4×10^{-23} W/Hz。

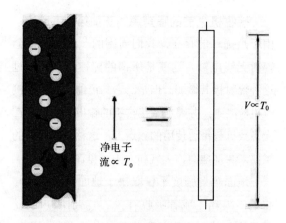

图 12-5 由于热扰动，任何导体的电阻两端会产生一个随机电压，这个电压与热力学温度成正比

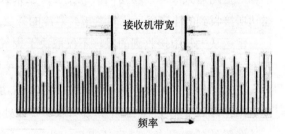

图 12-6 接收机的输出噪声正比于接收机的带宽

当内部产生的噪声比外部噪声大很多时（就如同现在绝大多数机载雷达一样），通常用噪声系数乘以上述理想接收机的单位增益上的平均噪声功率来表示背景噪声电平，此背景噪声正是在目标检测时需要滤除的：

$$实际接收机平均噪声功率 =kT_0BFW$$

这个表达式既包括了外部噪声的标称估计值（等效于室温条件下在电阻内部产生的噪声），又包含了内部产生噪声的精确测量值。

对于大多数接收机而言，由于内部噪声占主导地位，因此可以通过在接收机的混频器这一级之前加入一个低噪声前置放大器和使用低噪声混频器的方法大大减小内部噪声（见图 12-7）。相对于后面各级产生的热噪声而言，前置放大器增大了信号的强度，而本身却只产生了最小的噪声。当使用低噪声前置放大器时，就有必要对接收机之前各噪声源的噪声进行更精确的估计。

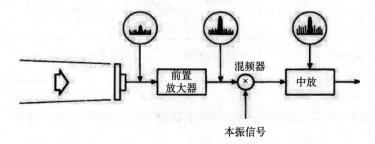

前置放大器　混频器　中放　本振信号

图 12-7 在接收机的混频器之前加入一个低噪声前置放大器和使用低噪声混频器可以大大降低内部噪声

接收机之前的噪声源 正如第 4 章所述，由于热扰动的存在，我们周围的一切事物都会辐射无线电波。这就是所谓的黑体辐射，不过这种辐射极其微弱。但是，它却可能被灵敏的接收机检测到，并叠加到接收机的输出噪声中。在大多数机载雷达使用的频点上，这种自然辐射的主要来源是地面、大气和太阳（见图 12-8）。

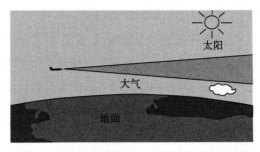

图 12-8 飞机外部的主要噪声源随着天线增益和指向的变化而改变

地面辐射强度不仅取决于地面温度，还与它的"损耗"或者吸收有关。（辐射噪声的功率正比于绝对零度与吸收系数的乘积。）因此，虽然某一片水域可能与某一块地面的温度相同，但是由于水是良导体，而陆地通常不是，所以这片水域辐射的噪声相当小。雷达接收到的辐射量随着天线增益和指向的改变会产生很大变化。例如，当天线下视对着温暖的地面，雷达所接收到的噪声就远比对着极其寒冷的外层空间的一片水域时要大得多。

雷达从大气中接收到的噪声不仅取决于大气的温度和损耗，还与天线照射到的大气的多少有关。由于大气损耗随着时间变化而变化，所以接收到的噪声还与雷达的工作频率有关。

从太阳接收到的噪声随着太阳的状态和雷达工作频率的不同而有很大变化。自然地，如果太阳正好处于天线的主瓣上，那么噪声要比处在旁瓣上大很多。

在雷达的载机上，噪声还来自天线罩、天线以及连接天线和接收机的波导接头（见图 12-9）。这些噪声源产生的噪声同样正比于它们的绝对温度与损耗系数的乘积。

如前所述，落在接收机通带范围内的来自所有这些外部源的噪声，本质上与接收机噪声的频谱特征完全相同。因此，当外部噪声很大时，每种外部源的噪声以及接收机噪声通常可以等效于一个噪声温度（见图 12-10）。这些温度合起来产生整个系统的等效噪声温度 T_s。因此，噪声功率的表达式变成：

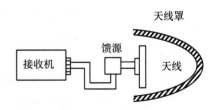

图 12-9 飞机内部的其他噪声源

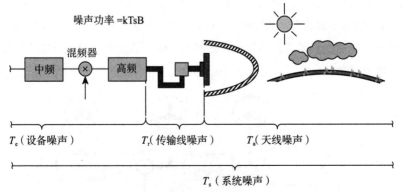

图 12-10 当外部噪声很大时，每种外部源的噪声都可以等效于一个噪声温度[1]

---

[1] 由于 T_e 不包含输入电阻的噪声，但是 T_0F 却包含，因此 $T_e=T_0(F-1)$。

对抗噪声能量 无论是用接收机噪声系数，还是用等效噪声温度来表示噪声，所指的都是噪声能量，不是噪声功率；而噪声能量是目标回波必须与之相对抗的。正如第 11 章所述，功率是能量流的速率。噪声能量是噪声功率乘以噪声能量流的时间，该时间就是从任何一个可分辨距离单元接收到的回波的持续时间。因此，

$$平均噪声能量 = kT_sBt_n$$

其中，t_n 为噪声的持续时间。

对于任何给定的噪声温度和持续时间，都可以通过最小化接收机带宽 B 的方法来减小噪声。实践中，一种常用的方法是使中频通带变窄，直到它刚好能够通过接收回波中的大部分能量，这就是所谓的匹配滤波设计（见图 12-11）。

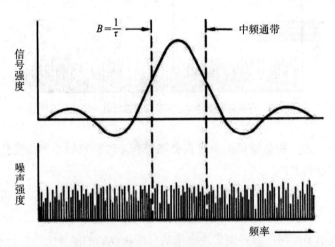

图 12-11 可以通过缩小中频放大器通带直到只有大部分的信号能量通过，可使信噪比最大化

另一种处理方法是接收机中频放大器的调谐电路在每个接收脉冲的宽度 τ 内对所接收到的能量进行积累。因此，它们积累了脉冲所包含的能量，并同时消除了脉冲宽度外的噪声。最佳带宽非常接近于脉冲宽度 τ 的倒数 B。在平均噪声表达式中用 $1/\tau$ 代替 B，则

$$匹配滤波设计的平均噪声能量 = KT_st_n/\tau$$

在多普勒雷达中，在中频放大器之后设置一个多普勒滤波器，该滤波器可以进一步减小带宽。（通常为每一个可分辨距离和多普勒频移的预期组合提供一个独立的滤波器）。在第 18 章将要提到，多普勒滤波器的通带近似等于 $1/t_{int}$，其中 t_{int} 为滤波器积累雷达回波的时间（也称为相干处理间隔）（见图 12-12）。

τ 是微秒（μs）级的，而 t_{int} 则是毫秒（ms）级的。因此，多普勒滤波器的通带的量级为中频通带的千分之一。

积累时间 t_{int} 也是噪声被接收和被滤波器积累的时间。当用 t_{int} 替代 t_n，而用 $1/t_{int}$ 替代 $1/\tau$ 时，这两项抵消，表达式变为

$$多普勒雷达的平均噪声能量 = KT_s$$

在噪声能量流入滤波器的同时，滤波器的通带（与积累时间成反比）变窄了。其结果是，

滤波器中积累的噪声能量的电平几乎与积累时间的长短无关。

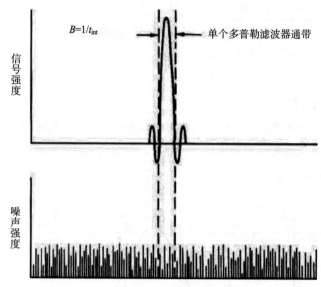

图 12-12　在多普勒雷达中，多普勒滤波器进一步减小了带宽

由于噪声是随机的，积累能量的电平也会随着积累时间段的不同而变化，但是在一个长积累时间内其平均值为 KT_s。

因此，要检测一个目标，就必须从这个目标接收到足够多的能量，使得滤波器输出的目标回波显著高于这个平均噪声电平。

这也给我们提出了疑问：哪些因素决定了从目标接收到的能量大小？什么是信号能量？

12.3　目标回波的能量

在天线波束照射目标的时间 t_{ot} 内，有 4 个基本因素决定了雷达从目标接收到的能量的大小，见图 12-13。（注意：天线照射目标的时间等于积累时间或者多重积累时间，并取决于雷达的工作模式。）这 4 个因素是：

• 向目标方向辐射的无线电波的平均功率，即能量流动的速率；

• 被目标截获并向雷达方向散射的无线电波的功率；

• 被雷达天线捕获的功率；

• 天线波束照射目标的时间。

当天线照射一个目标时，目标所在方向辐射的无线电波的功率密度正比于发射机的平均输出功率 P_{avg} 与天线主瓣增益 G 的乘积（见图 12-14）。（功率密度就是无线电波传播方向的垂直平面上单位面积内能量流动的速率。）[2]

---

② 功率密度的另外一个术语是"功率通量"。

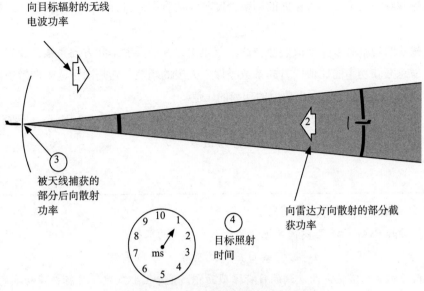

图 12-13　决定目标信号能量的四个因素

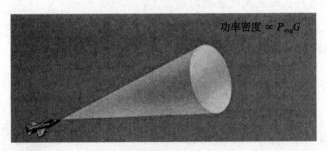

图 12-14　目标所在方向辐射的无线电波的功率密度正比于平均输出功率与该方向上天线增益的乘积

无线电波在向目标传输的过程中，其功率密度会因为两个原因而被削弱：大气的吸收和能量扩散。除了波长较短的情况，其他频段的无线电波由大气吸收造成的衰减比较小，因此大气吸收可以忽略；但是由于扩散造成的功率密度减小不能忽略。

当无线电波向目标传播时，其能量会扩散到一个不断扩大的区域中（就像不断扩大的肥皂泡一样）（见图 12-15）。这个区域的大小正比于它与雷达之间距离的平方，即在距离雷达 R 处的功率密度只有距离雷达 1 km 处的 $1/R^2$。

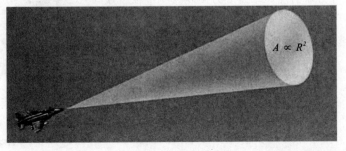

图 12-15　当无线电波向目标传播时，其能量会扩散到一个不断扩大的区域中

被目标截获的功率等于目标处的功率密度与雷达看到的目标的几何截面积（投影面积）的乘积。

目标截获的功率有多少被散射回雷达，取决于目标的反射率和方向系数。反射率就是总散射功率与总截获功率的比值；方向系数类似于天线的增益，它是向雷达方向散射的功率与各方向均匀散射时在同一方向上散射的功率的比值。

习惯上，把目标的几何截面积、反射率和方向系数统一成一个因素——雷达截面积（RCS）。它用希腊字母 σ 来表示，常用单位为 m^2。

P12.2 雷达截面积（RCS）

一个目标的 RCS（σ）可以简单地认为是三个因子的乘积：

$$\sigma = 几何截面积 \times 反射率 \times 方向系数$$

几何截面积是从雷达方向看到的目标横截面积。这个面积决定了目标截获功率的大小。

$$P_{截获} = \Phi \times A$$

其中，Φ 是照射到目标上的无线电波的功率密度，单位为 W/m^2。

反射率是由目标重新辐射出去（或散射）的被截获功率的比例。

$$反射率 = \frac{P_{散射}}{P_{截获}} = \frac{P_{散射}}{\Phi A}$$

（散射功率等于截获功率减去被目标吸收的功率。）

方向系数是指目标向雷达方向散射的能量与目标向各个方向均匀（各向同性）散射时的能量之比。

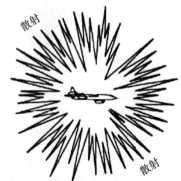

$$方向系数 = \frac{P_{反向散射}}{P_{各向同性}}$$

一般来说，$P_{后向散射}$ 和 $P_{各向同性}$ 都用单位立体角上的功率来表示。因此，$P_{各向同性}$ 等于 $P_{后向散射}$ 除以球内单位立体角的个数。

立体角的单位为球面度。球面度为面积等于半径平方的球面所对应的球心角。

由于球的面积为 4π 乘以半径的平方，一个球包含 4π 个球面度，因此

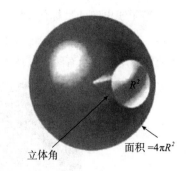

立体角　　　　面积 $=4\pi R^2$

$$方向系数 = \frac{P_{反向散射}}{[1/(4\pi)]P_{散射}}$$

一个目标可以认为是由大量独立的反射单元（散射体）组成的。

这些组成单元的散射在雷达方向上叠加的程度，取决于来自这些独立单元的反射波的相对相位，而这又取决于这些单元到雷达之间的相对距离（以波长为单位）。根据目标的外形和方位，其方向系数既可以是一个分数，也可以是一个很大的数字。

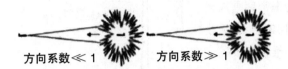

方向系数≪1   方向系数≫1

σ的完整表达式   将前述包含有各因子的RCS表达式展开，可得到：

$$\sigma = A \times \frac{P_{散射}}{AP_{照射}} \times \frac{P_{反向散射}}{[1/(4\pi)]P_{散射}}$$

经化简，得：

$$\sigma = 4\pi \frac{单位球面度的后向散射功率}{截获电磁波的功率密度}$$

这是RCS定义的一般形式，它的优点是使雷达方程更容易书写。但是，把σ的表达式写成几何截面积、反射率和方向系数的形式显得更加明了，充分体现了σ和这些决定因子之间的关系。

向雷达方向散射的无线电波的功率密度可以用到达目标的发射波的功率密度乘以目标的RCS得到（见图12-16）。由于目标的方向性很强，在某些姿态下，目标RCS可能是目标几何横截面面积的很多倍；而在其他一些姿态下，情况可能恰恰相反。

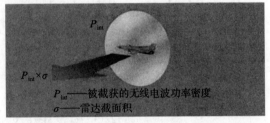

图12-16   向雷达方向散射的无线电波的功率密度等于被截获无线电波功率密度乘以目标的RCS

当无线电波从目标返回时，它们同发射时一样也会经历几何扩散，它们的功率密度在发射时已经降低至$1/R^2$倍，返回时还要再降低至$1/R^2$倍（见图12-17）。将这两个因素联合，得到当无线电波到达雷达时其功率密度只有目标距离为1 km（或者度量距离R的其他任何单位）时的$(1/R^2) \times (1/R^2) = 1/R^4$倍。

图12-17   反射功率在返回雷达的过程中也会经历相同程度的扩散

为了感觉这个差异的大小，图12-18示出了当目标保持姿态不变，距离从1 km到50 km变化时，其回波的相对强度。假设在距离1 km处回波的强度为1，那么在50 km处，回波的相对强度只有0.000 000 16，这个强度太小了，在图中已经看不出来。

顺便提一下，图12-18还明显地说明了为什么接收机必须处理大小差别很大的功率，即必须有足够宽的动态范围。

当反射波到达天线时，天线只会截获反射波的一小部分功率，这部分功率等于无线电波的功率密度乘以天线的有效面积 A_e（见图12-19）。天线截获的总能量等于这个乘积再乘以天线驻留在该目标上的时间 t_{ot}。

就像我们在第8章中看到的一样，面积 A_e 说明了天线的孔径效率。为了使所有截获的能量通过天线馈源有效地叠加起来，目标必须处于天线主瓣的中心。

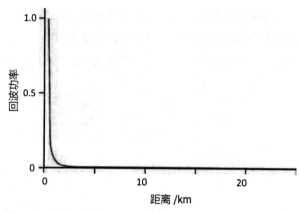

图 12-18　目标回波强度随距离增加而减小。距离为 50 km 的目标回波强度只有距离为 1 km 的目标回波强度的 0.000 000 16 倍

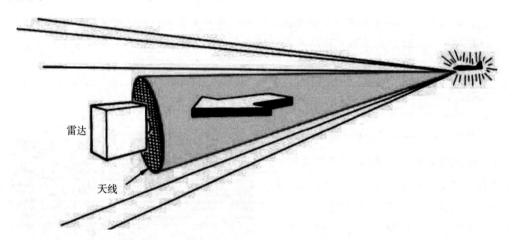

图 12-19　被雷达截获的反射功率正比于天线的有效面积

P12.3　雷达方程

我们将上述这些概念组合起来，就可以得到关于给定距离上给定目标信噪比的基本方程。

首先，假设给各向同性天线馈送了发射功率为 P_t 的无线电波。由于向所有方向辐射的功率都相同，所以在半径为 R 的球面上 $1\,\text{m} \times 1\,\text{m}$ 的区域的通过的功率为 $\Phi = P_t \times \dfrac{1}{4\pi R^2}(\text{W/m}^2)$，因为球的表面积为 $4\pi R^2$。

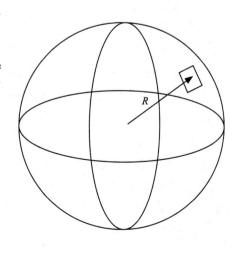

但是，任何实际天线都有方向性，所以在增益最大的方向上的功率密度变为

$$\Phi = P_t G \times \frac{1}{4\pi R^2}(\text{W/m}^2)$$

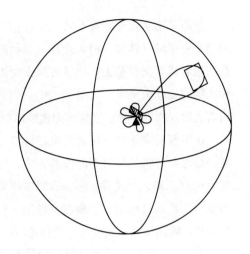

一部分无线电波照射到 RCS 为 σ m^2 的目标上，那么截获功率为

$$P_t G \times \frac{1}{4\pi R^2} \times \sigma \, (\mathrm{W})$$

其中一部分无线电波被反射回雷达，被反射的无线电波的功率密度为

$$\Phi' = P_t G \times \frac{1}{4\pi R^2} \times \sigma \times \frac{1}{4\pi R^2} \, (\mathrm{W/m^2})$$

然后，其中一部分无线电波被雷达天线截获，如果雷达天线的有效面积为 A_e，则接收功率 P_r 为

$$P_r = P_t G \times \frac{1}{4\pi R^2} \times \sigma \times \frac{1}{4\pi R^2} \times A_e \, (\mathrm{W})$$

在第 11 章中我们看到，天线增益和有效面积的关系为

$$G = \frac{4\pi A_e}{\lambda^2}$$

因此，

$$P_r = P_t G \times \frac{1}{4\pi R^2} \times \sigma \times \frac{1}{4\pi R^2} \times \frac{G\lambda^2}{4\pi} = \frac{P_t G^2 \lambda^2 \sigma}{(4\pi)^3 R^4} \, (\mathrm{W})$$

由于接收机的输入噪声功率为 $P_n = kT_0 BF$，则信噪比为

$$\frac{P_r}{P_n} = \frac{P_t G^2 \lambda^2 \sigma}{(4\pi)^3 R^4 kT_0 BF}$$

上式就是雷达方程的基本形式。需要注意的是：由于天线增益 G 同时影响雷达的发射和接收两个过程，所以它在式中取平方；而信噪比和距离的关系是 $1/R^4$。

这个方程可以通过考虑损耗、积累增益、杂波影响以及噪声、目标和杂波的波动统计等因素而得到改进，所以这个看起来很简单，但最终可能变得相当复杂。这方面的详细知识将在第 13 章加以讨论。

接收信号以能量的形式表示为

$$\text{信号能量} = \frac{P_{avg} G^2 \lambda^2 \sigma t_{ot}}{(4\pi)^3 R^4}$$

其中，P_{avg}——平均发射功率

G——天线增益

σ——目标的 RCS

t_{ot}——目标驻留时间

R——距离

这个表达式大致显示了在天线波束停留在目标上的时间 t_{ot} 内雷达所接收到的总能量。这些能量是否全部被实际利用，取决于雷达对接收到的波形进行积累的能力。

在简单的老式非多普勒雷达中，积累是通过显示器来完成的（例如，由荧光物质引起的余辉停留在阴极射线管的屏幕上，再经过操作者眼睛的观察和大脑的处理来完成，见图 12-20）。因为它发生在检波之后，所以这种积累被称为检波后积累（PDI）。

在多普勒雷达中，积累发生在检波之前，它主要由信号处理机的多普勒滤波器完成。如果积累时间 $t_{int}=t_{ot}$ [③]，那么上式就表示每次照射结束时，滤波器输出的积累目标信号的幅度。当然，目标能否被检测到，取决于这个幅度与之前讨论过的积累噪声的幅度的比值。

图 12-20　在非多普勒雷达中，积累是通过显示器以及操作者的眼睛和大脑完成的

不过，为了完全理解信噪比和最大探测距离之间的关系，我们必须知道更多关于实际探测或检测过程的知识。

12.4　检测过程

假设有一个小目标正在从很远的距离接近一个正在执行搜索任务的多普勒雷达。最初，目标回波非常弱，以至被淹没在背景噪声中。人们可能会认为，通过增加接收机的增益可以把回波从噪声中提取出来；但是，接收机在放大目标回波的同时，也放大了噪声，因此增加增益毫无用处。

在每一次天线波束扫过目标时（见图 12-21），雷达都会接收到一连串的脉冲。此时，雷达信号处理机中的多普勒滤波器就将包含在这串脉冲中的能量积累起来。因此，滤波器输出的目标信号就非常接近天线波束照射目标期间雷达接收到的总能量。同时，滤波器还将噪声能量积累起来，并与目标回波能量混在一起，两者无法区分开来。

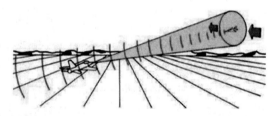

图 12-21　在每一次天线波束扫过目标时，雷达都会接收到一连串的脉冲

当目标的距离减小时，一方面积累信号的强度会增大；另一方面噪声的平均强度基本保持不变。最终，积累信号变强，足以超过噪声而被检测出来（见图 12-22）。

在多普勒雷达中，检测是自动完成的。在每个积累时间的末尾，各个滤波器的输出会送到各自的检波器上。如果积累后的信号加上伴随噪声超过了一定的门限，那么检波

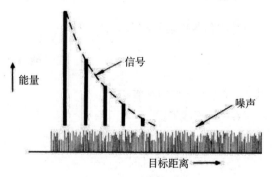

图 12-22　连续在目标上驻留时接收到的信号能量。随着距离的减小，信号能量与噪声能量的比值会增大

---

③　假设目标处在其中一个滤波器的通带的中心，而且天线波束停留在目标上的时间与积累时间完全一致。

器就会判定该目标存在，并且在显示器上显示一个明亮的合成光点；否则，显示器上就不会有任何亮点（见图 12-23）。

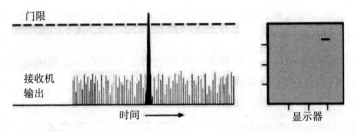

图 12-23　如果接收机的输出超过了检测门限，就在显示器上显示一个明亮的标记

完全随机的噪声本身偶尔也会超过门限，此时检测器会错误地显示检测到目标（见图 12-24），这就叫作虚警。虚警发生的概率称为虚警率。检测门限与噪声能量的平均电平比值越大，虚警率就越低；反之亦然。

显然，门限的设置至关重要。如果将它设置得太高（见图 12-25），实际存在的目标可能漏检；而如果将它设置得太低，又会导致虚警过多。门限的最佳设置是使其略高于噪声的平均电平，刚好使虚警率不超过允许值。但是，噪声的平均电平以及系统增益会在很大范围内变化；因此，必须持续监测雷达多普勒滤波器的输出，以保持最佳门限设置。

一般地，单个检波器的门限都是单独设置的，其门限值基于两个噪声电平：一个是本滤波器的输出噪声电平（"本地"噪声电平），另

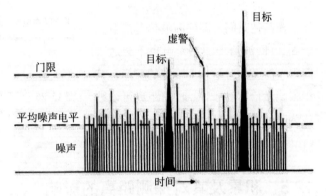

图 12-24　门限越高于平均噪声电平，噪声尖峰超过这个门限并产生虚警的概率就越低

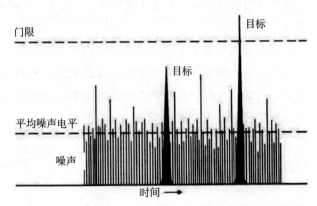

图 12-25　如果将门限设置得太高，一些实际存在的目标可能漏检

外一个是所有滤波器的平均噪声电平（"总体"噪声电平）。通常情况下，本地噪声电平可以由该滤波器任意一侧的一组（集合）滤波器的平均输出确定。由于这些滤波器的输出大部分是由噪声引起的，因此它们的平均值可以认为近似于该滤波器的可能噪声电平。

总体噪声电平是通过对所有滤波器设置第二噪声检测门限来确定的，这个门限设置得远低于目标检测门限，以便使超过这个门限的噪声尖峰远多于目标回波。通过不断计算超过门限的次数，并从统计上调整超过这两个门限的次数，最终确定整个系统的虚警率。

究竟如何设置本地滤波器组的门限以及如何设置滤波器组的平均门限加权值，因系统和工作模式而异。总的原则是，应尽可能地将门限设置得能够保持每个检波器的虚警率为最佳值。如果虚警率太高，就提高门限；而如果虚警太低，就降低门限。因此，自动检波器也被称为恒虚警率（CFAR）检测器。

不管相对于平均噪声电平的目标检测门限如何接近最佳值，它都确定了积累信号能量的最小值 S_{det}，这个值也是目标检测所需的平均值（见图 12-26）。需要注意的是，由于噪声能量平均值的随机性，即使回波信号能量小于 S_{det}，回波信号加上伴随噪声有时候仍会超过门限。同样，在其他时间，即使回波信号能量大于 S_{det}，回波信号加上噪声也不会达到门限。然而，对于一个给定的目标，其积累能量恰好等于 S_{det} 时的距离可以被认为是这个特定目标的最大探测距离（在现有工作条件下）。

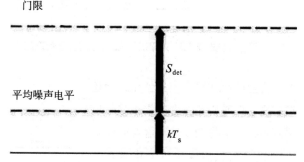

图 12-26 设置相对于平均噪声电平的检测门限，以确定目标检测所需的最小积累信号 S_{det}

12.5 积累及其对探测距离的影响

虽然信号积累隐含在信号能量的表达式中，但是积累能够从噪声中把远距离目标的微弱信号提取出来的巨大作用往往被忽视了。通过一个简单的实验，我们就可以深刻了解这个重要过程的意义。

实验装置 为了了解噪声能量和信号能量如何在一个窄带（多普勒）滤波器中进行积累，我们用一部简单的雷达来搜索在给定距离和给定方位上的目标。在将天线对准预期的目标方向后，我们让接收机在一段固定的时间内开机。同时，在每个脉冲周期内，当接收到从预期目标距离返回的回波时，我们立即闭合开关（距离门），从而将一段只有一个脉冲宽度的接收机中频输出信号送到窄带滤波器（见图 12-27），这样就把滤波器调谐到了目标的多普勒频移上。

单个积累周期内只有噪声 我们先在没有目标的情况下进行实验，当距离门关闭时，所有滤波器接收到的只有噪声能量脉冲。

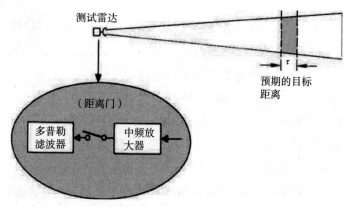

图 12-27 构建了一部简单雷达来搜索给定距离处的目标。在脉冲周期内，当接收到从预期目标距离返回的回波时，闭合开关

如同大多数雷达一样，在这个雷达中，接收机中频放大器的通带刚好能够通过目标回波的大部分能量（匹配滤波器设计）。因此，这些噪声在通过中频放大器并被分割成窄脉冲之后，看起来很像是目标回波（见图 12-28）。在多普勒滤波器看来，它们最大的区别是：目标回波脉冲的相位是恒定的，而噪声脉冲的相位以及幅度随机变化。如果用相位矢量来表示噪声脉冲，我们就可以清楚地看到相位的变化（见图 12-29）。

现在，滤波器的作用是通过对连续脉冲的能量进行积累来进一步缩小接收机的通带。实际上，滤波器的工作是将这些相位矢量相加。在只存在噪声时，由于噪声脉冲相位的随机性，这些脉冲大部分被抵消了。[4]

在积累周期结束时，积累后的噪声总和（积累噪声）的振幅与单个噪声脉冲的幅度有一点差别，并且只有各个脉冲的幅度之和的几分之一。我们假定积累周期对应单次目标驻留时间。

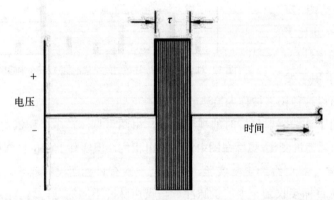

图 12-28　通过中频放大器并被分割成窄脉冲之后，每个噪声脉冲看起来都和目标回波很相像

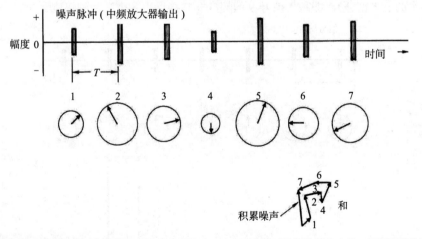

图 12-29　用相位矢量表示送到多普勒滤波器的噪声脉冲。由于噪声脉冲的相位发生变化，积累噪声的幅度只有各个脉冲幅度总和的很小一部分

[4]　实际上，目标回波的相位随目标多普勒频移的变化而变化。但正如调谐到这个频率的滤波器所看到的，其相位几乎是恒定的。

只有噪声，连续多次照射目标 多次重复上述实验，每次重复都对应一个不同的目标驻留时间。正如预期的那样，由于噪声的随机性，在滤波器中积累的噪声能量 $\bar{N}$ 的幅度和相位因目标驻留时间段的不同而变化很大。

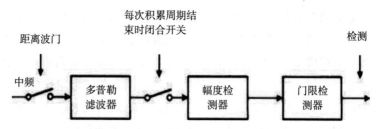

图 12-30　每个积累周期（目标驻留时间）结束时，滤波器中积累能量的幅度会被检测到，并被送到门限检测器

在每次目标驻留时间结束时，所积累能量的幅度被检测到（见图 12-30），即产生了一个正比于幅度的电压（视频信号）。顺便说一句，由于积累发生在检波之前，所以这种积累被称为检波前积累。

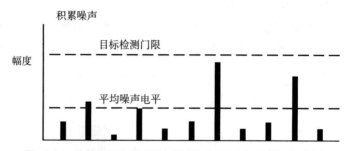

图 12-31　连续目标驻留时间结束时图 12-30 中幅度检测器的输出

图 12-31 示出了连续照射目标时的视频输出。由图可见，在多个积累周期上，积累噪声的幅度在平均值附近随机变化。虽然在图中没有画出相位，但实际上相位也同样是随机变化的。

只有目标信号 我们继续重复实验，不过这一次有目标而没有噪声。每次关闭距离门时，滤波器都会从目标接收到一个能量脉冲。与噪声脉冲不同的是，这些回波脉冲的相位相同[5]，当被滤波器积累时，这些脉冲有效地叠加起来。在每个积累周期结束时，它们的和（见图 12-32 中的上半部分），即积累信号 $\vec{S}$ 的幅度非常接近于各个脉冲的幅度之和。

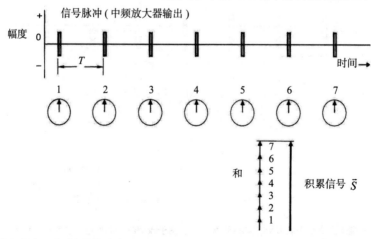

图 12-32　用相位矢量表示送到多普勒滤波器的信号脉冲。由于各脉冲的相位相同，积累信号的幅度是单个脉冲幅度的很多倍

---

[5] 这里讨论的是在一次非常短的时间间隔内。

如何将信号和噪声相结合 最后，我们再重复几次实验，这次同时有目标信号和噪声信号。尽管它们混合在一起而无法识别，并因此只能同时被积累，但是，如果我们认为信号和噪声是分别进行积累的，然后在目标驻留时间结束时将它们的和 $\vec{S}$ 与 $\vec{N}$ 进行矢量相加，就可以更清楚地看到结果。当然，这个矢量和的幅度不仅取决于 $\vec{S}$ 和 $\vec{N}$ 的幅度，还取决于它们之间的相对相位角（见图 12-33）。如果噪声与信号同相，这两个矢量将会完全叠加；如果它们的相位相差 180°，这两个矢量将完全相减。它们的结合方式还可能是介于这两种之间的任意一种。因此，在任何一个目标驻留时间内，滤波器中积累能量的幅度等于积累信号的幅度 $\vec{S}$ 加上或减去积累后的噪声幅度 $\vec{N}$ 的一小部分。

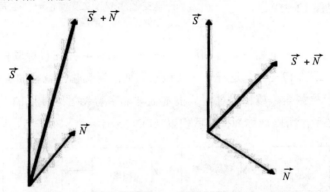

图 12-33 积累信号加上噪声的幅度随着 $\vec{S}$ 和 $\vec{N}$ 的幅度和相位的不同而变化很大

信噪比的改善 现在，检测前积累如何改善信噪比就非常清楚了。一方面，虽然滤波器中积累的噪声能量在不同积累周期之间差别很大，但本质上噪声能量的平均电平与积累时间无关。另一方面，积累的信号能量（目标回波）的增加与积累时间成正比。因此，通过增加积累时间，可以显著提高信噪比。

例如，单个目标回波脉冲包含的能量可以只有单个噪声脉冲能量的 1/1 000，但是，经过 10 000 个脉冲的积累，信号强度可能大大高于噪声。

事实上，通过检波前积累改善信噪比的方法只受以下三个因素的限制：① 目标驻留时间 t_{ot}；② 最大实际积累时间 t_{int}（如果它小于 t_{ot}）；③ 目标多普勒频移保持稳定的时间必须足够长，以使滤波器能够对目标信号进行相关处理（见图 12-34）。当然，对信噪比的改善越大，就能探测更弱的目标回波，因而探测距离就越远。

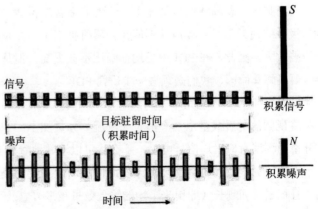

图 12-34 如果目标回波保持相关，信噪比的改善最终仅受目标驻留时间的限制

12.6 检波后积累

有时候，最大实际积累时间比目标驻留时间要短很多。例如，预期目标的多普勒频移可能快速变化的情况就是如此。由于滤波器通带的宽度反比于积累时间（带宽），如果使 $t_{int}=t_{ot}$，就会使得通带太窄，导致远在目标停驻留时间结束之前信号就已经超过了滤波器的通带（见图 12-35）。

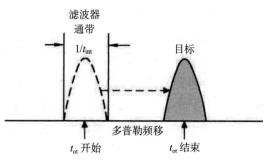

图 12-35 注意目标多普勒频移在目标驻留时间 t_{ot} 内快速变化的情况。如果使 $t_{int}=t_{ot}$，会导致在积累结束之前目标就已经超过通带

在这种情况下，与其损失信号，还不如在提供所需带宽的前提下缩短多普勒滤波器的积累时间，并在目标驻留时间内重复进行积累和视频检波（见图 12-36）。这样，连续积累周期的视频输出就叠加到了一起（积累），其和信号送至门限检测器。该积累过程从根本上与非多普勒雷达使用的完全相同。由于它发生在视频检波之后，所以被称为检波后积累（PDI）。

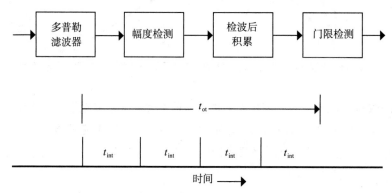

图 12-36 解决问题的方法是将 t_{ot} 分成很多足够短的积累周期以提供合适的多普勒带宽，并将整个目标驻留时间内的滤波器输出相加

一旦某个多普勒滤波器的输出（或者非多普勒雷达中的某个中频放大器的输出）被转换为单极性的视频信号，噪声就不能在积累时抵消了。相反，噪声在整个积累时间内会同信号一样被放大。因此，在 PDI 中平均信噪比不会提高，但是 PDI 会使检测灵敏度得到相同的改善。要了解其原因，我们必须进一步研究 PDI。

事实上，PDI 只不过是取平均，它与视频信号通过低通（而不是带通）滤波器的作用一样。如果将视频信号看成是由一个恒定（直流）分量加上一个波动（交流）分量组成的，并且直流分量的幅度对应平均信号电平，那么就可以清楚地看清 PDI 的作用。

直流分量的幅度不因平均而改变，但是交流分量的幅度会因平均而减小。波动的频率越高，且积累时间越长（即用来平均的输入数量越多），交流分量的幅度将减小得越多。取平均从以下两个方面提高了检测灵敏度：

第一个方面是它降低了积累噪声能量的平均偏差。因此，在不提高虚警率的情况下，可以将目标检测门限设置得更接近于平均噪声电平（见图 12-37）。积累信号不需要很强也可以超过门限，因而更远距离上的目标的微弱回波也可以被检测到。

　　取平均产生的第二个改善更加微妙。就像我们看到的那样，当目标回波被接收到时，积累信号被相干地加到积累噪声上。由于噪声的随机性，噪声与信号的相位往往不一致，因此相加的结果会减小。

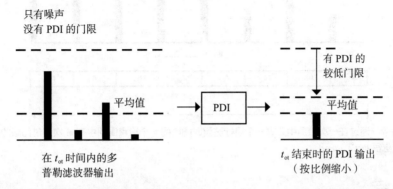

图 12-37　通过将目标驻留时间内多普勒滤波器的噪声输出取平均值，PDI 可以在不提高虚警率的前提下，使目标检测门限设置得更低

　　但是，当积累信号加上噪声经过很多个积累周期的平均后，因噪声产生的波动几乎消失，而只留下信号，这样就大大降低了由于与噪声相减而丢失其他可探测目标的可能性。

　　两个方面结合起来，PDI 可以大大减小目标检测所需的信噪比。如图 12-38 所示，极端情况下，当噪声和信号加噪声的波动减小到使平均信噪比小于 1 时，系统仍然可以检测到信号。

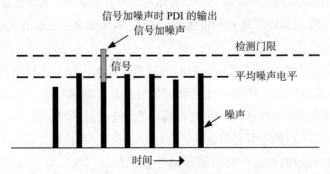

图 12-38　PDI 的两种作用使得平均信噪比即使小于 1 时信号也能被检测到

　　有时候，用所谓的 n 中取 m 检测准则来近似 PDI。如果目标驻留时间跨越了 n 个检测前积累周期，就要求信号处理机在每个目标驻留时间内有 m 次超过门限，而不是只有 1 次过门限来作为检测条件（见图 12-39），孤立的噪声尖峰产生虚警的概率也因此降低了。于是，在不提高虚警率的情况下就降低了检测门限，并且可以探测到更远的目标。

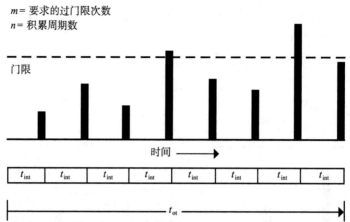

$m=$ 要求的过门限次数
$n=$ 积累周期数

图 12-39　有时候，通过在一次检测中要求一个目标驻留时间内的 n 个积累周期中有 m 次超过门限的方法，可以获得等效的 PDI。这里 $m=2$，$n=8$

12.7　小结

由于机载雷达所使用频段的无线电波基本上是直线传播的，目标必须在视距以内才能被探测到。探测距离可能进一步受杂波或者人为干扰的限制。归根结底，探测距离由信噪比确定。

噪声的主要来源是接收机输入级的热扰动。噪声能量通常用噪声系数 F 来表示，F 是跨接在接收机输入端的电阻的热扰动所产生的外部噪声的近似值。在低噪声接收机中，外部噪声源占主要地位，而外部噪声用等效系统噪声温度来表示。

从目标接收到的能量的多少取决于：① 雷达的平均发射功率、天线增益和天线有效面积；② 目标照射时间；③ 目标的距离 R 和雷达截面积 σ，其中后者由目标的大小、反射率和方向系数计算得出。

大部分雷达会在天线扫过目标的同时对回波进行积累。如果在视频检波前积累（检波前积累），积累过程会增加信噪比，且其增加量与积累时间成正比。如果在视频检波后积累（PDI），则积累完成了两件事情：① 它对噪声的波动进行平均，因而减小了噪声的尖峰；② 它对噪声和信号结合时的不利影响进行平均，因而降低了可检测目标丢失的概率。

对于一个需要检测的目标，它的积累信号必须超过门限，而门限又必须设置得足够高，以保持噪声超过门限的概率处在可接受的低值。在多普勒雷达中，为了保持最佳的恒虚警率（CFAR），每个多普勒滤波器输出的幅度检测器的门限是基于两个噪声电平设置的，其中一个是相邻滤波器组输出的平均噪声电平，另一个是所有滤波器输出的平均噪声电平。

12.8　需要记住的一些关系式

- 平均噪声功率 $=kT_0BF$ 或 kT_sB，单位为 W，

　其中：

　　　F——接收机噪声系数

T_0——噪声温度 (通常为 290 K)

k——玻尔兹曼常量，1.38×10^{-23} J/K

B——接收机带宽，单位为 Hz

$kT_0 = -174$ dBm/Hz

T_s——系统噪声温度（包括内部噪声和外部噪声）

- 平均噪声能量 $= kT_sBt_n$，其中 t_n 为噪声持续时间
- 匹配滤波器的平均噪声能量 $= kT_sBt_n/\tau$
- 多普勒雷达的平均噪声能量 $= kT_s$
- 信号能量 $= \dfrac{P_{avg}G^2\lambda^2\sigma t_{ot}}{(4\pi)^3R^4}$

其中，

P_{avg}——平均发射功率，单位为 W

G——天线增益

σ——雷达目标有效截面

t_{ot}——目标驻留时间

R——距离

扩展阅读

J. V. DiFranco and W. L. Rubin, Radar Detection, SciTech-IET, 2004.

L. V. Blake, Radar Range Performance Analysis, Artech House, 1986.

H. L. Van Trees, Detection, Estimation and Modulation Theory, Part III, Radar-Sonar Signal Processing and Gaussian Signals in Noise, John Wiley & Sons, Inc., 2001.

D. K. Barton, Radar Equations for Modern Radar, Artech House, 2013.

H. L. Van Trees and K. L. Bell, Detection, Estimation, and Modulation Theory, Second Edition, Part 1—Detection, Estimation and Filtering Theory, John Wiley & Sons, Inc., 2013.

北美航空 XB-70"女武神"（Valkyrie）（1964 年）

　　虽然 XB-70 深穿透核轰炸原型机从未投产，但并不妨碍该轰炸机成为有史以来最吸引人的开发项目之一。"女武神"（Valkyrie）这个名字来自美国空军 1958 年举办的"B-70 命名"比赛。作为一架六引擎大型飞机，它能够在 70 000 英尺（1 英尺 =0.304 8 m）的高空以高于 3Ma（马赫数）的速度飞行，并避开拦截器，这是当时唯一有效的轰炸机威慑力量。由于多方面因素，包括研发高空地对空导弹、预算超支、引进洲际弹道导弹以及政治因素等原因，"女武神"号永远也不会正式服役。

Chapter 13

第 13 章 | 距离方程的作用和局限性

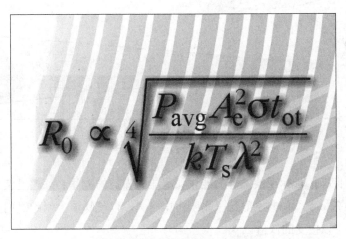

用于单次扫描的距离方程: SNR=1

在第 12 章中我们了解到,在视距内,如果没有干扰和地面回波,探测距离完全取决于从目标接收到的能量,即信号与背景噪声的能量之比。同时,我们知道了决定信号和噪声能量的主要因素,并熟悉了检测过程。

在这些知识的基础上,本章将先给出最大探测距离的一般方程,并对其进行分析,了解所确定的每个因素是如何单独影响探测距离的,然后,将研究范围缩小到三坐标扫描这个特例上。最后,将探讨探测距离中的统计变化因素,并弄清如何对其进行解释。

13.1 一般距离方程

就像我们在第 12 章中看到的那样,当雷达天线照射到目标时(见图 13-1),在任意一段积累时间内从目标接收到的能量为

$$接收信号能量 \approx \frac{P_{avg} G \sigma A_e t_{int}}{(4\pi)^2 R^4}$$

其中,

P_{avg}——平均发射功率

G——天线增益

σ——雷达目标有效截面

A_e——天线有效面积

t_{int}——积累时间

R——距离

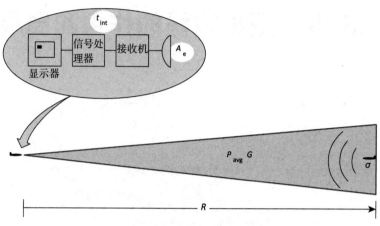

图 13-1　决定接收信号能量的因素

为了检测到目标，目标回波信号的能量加上伴随噪声的能量必须超过某个门限值。这个门限值要设置得高一点，使其刚好比平均噪声电平大，以使噪声尖峰超过门限的概率（即虚警率）降到一个可以接受的低值。

平均而言，信号超过检测门限所必须具有的最小能量是检测门限与平均噪声电平的差值，通常用 S_{min} 来表示（见图 13-2）。

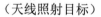

（天线照射目标）

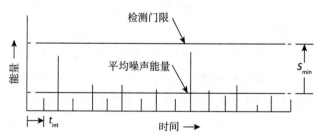

图 13-2　持续积累时间 t_{int} 结束时的积累噪声能量。平均而言，为了检测到目标，该目标的积累信号能量必须等于或大于 S_{min}

假设是完全积累，给定目标能被探测的最大距离为接收信号能量等于 S_{min} 时的距离。因此，设信号能量表达式等于 S_{min}，就产生了一个简单的求解最大探测距离的方程

$$R_{max} \approx \sqrt[4]{\frac{P_{avg}G\sigma A_e t_{int}}{(4\pi)^2 S_{min}}}$$

（天线持续照射目标）

　　事实上，此方程只适用于当天线持续照射目标，且目标处在主瓣中心，即目标被定向照射的情形。（记住：尽管天线可能持续照射目标，但是 t_{int} 受到目标回波信号相位保持相干的时间限制。）

　　在搜索过程中，最大积累时间被限制在天线扫过目标的时间（目标停留时间 t_{ot}）内。此外，实际上主瓣中心只有一瞬间对准了目标。我们可以通过用 t_{ot} 代替 t_{int} 来消除第一个限制，还可以通过以下办法暂时回避第二个限制：假设在主瓣包围的整个立体角内，天线增益是相同的，并且对于特定的扫描方式，目标处在波束路径的中心（见图 13-3）。

　　在这些条件下，对于单次搜索扫描的最大探测距离为

$$R_{max} \approx \sqrt[4]{\frac{P_{avg}G\sigma A_e t_{ot}}{(4\pi)^2 S_{min}}}$$

（天线单次扫描）

　　顺便提一下，如果我们用脉冲宽度 τ 来代替 t_{ot}，并用峰值功率 P 来代替 P_{avg}，那么对于单脉冲探测的距离方程变为

$$R_{max} \approx \sqrt[4]{\frac{PG\sigma A_e t}{(4\pi)^2 S_{min}}}$$

（单脉冲：非多普勒雷达）

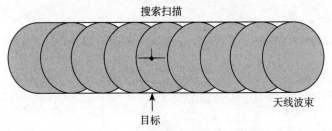

图 13-3　通过假设辐射能量均匀分布在天线波束的横截面上且目标处在波束的中心，可以使简单距离方程应用于搜索过程

　　假设检波后积累是单独计算的，这种形式的距离方程可以应用于非多普勒雷达（见图 13-4）。

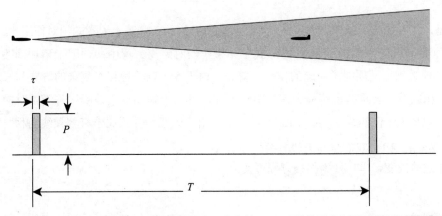

图 13-4　通过用脉冲宽度 τ 来代替 t_{ot}，并用峰值功率 P 来代替 P_{avg}，可以使距离方程适用于非多普勒雷达。检波后积累必须单独计算

遗漏　不管我们使用上述哪种形式的距离方程，这些方程都是不完全的。其中比较明显的遗漏有以下几点：

图 13-5　简单距离方程遗漏的许多重要损失之一——大气衰减

- 大气吸收和散射（见图 13-5）；
- 由于目标不一定处于天线波束扫描中心而造成的信号能量的削弱（也被称为仰角波束形状损失）；
- 当波束扫描到目标时，由于收发两用天线在波束中心偏角上的下降造成信号能量进一步的削弱（也被称为方位波束形状损失）（见图 13-6）；
- 由不全部匹配，即通过了某些多余的噪声或者过滤掉某些信号能量造成的损失（见图 13-7）；
- 由于目标未必处在多普勒滤波器中心造成的损失；
- 由于目标回波不完全积累造成的信噪比下降；
- 战场上系统性能下降造成的影响。

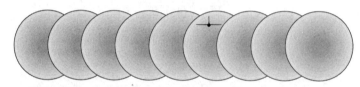

图 13-6　没有直接考虑的其他因素包括：目标没有处在波束中心的可能性和收发两用天线增益在波束偏角上的下降

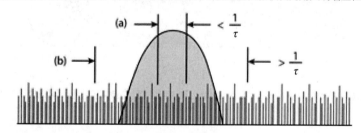

图 13-7　中频滤波器的不匹配：（a）一些比伴随噪声强的信号被过滤掉；（b）一些比伴随信号强的噪声通过了

但是，尽管如此，距离方程还是说明了我们所看到的一些基本因素的相对作用[①]。

一种更有启迪作用的距离方程形式　如果我们对距离方程中两项因子稍加修改，就可以更清楚地看到这两项因子所起的作用。首先，由于 $S_{\min}$ 以一种相对复杂的方式与平均噪声能量 kT_s 相联系，若重新求解最大探测距离方程，且只求解当积累信噪比等于 1 时的探测距离，则可以用 kT_s 代替 $S_{\min}$（见图 13-8）。其次，由于天线增益正比于有效天线面积与波长平方的商（$G \propto A_e / \lambda^2$），我们将与天线有关的项合并。

由于这些改变，单次搜索扫描方程可变为

---

① 通过在距离方程的分母中加入损失因子 L，且 $L \geqslant 1$，就可以将所有这些减小信噪比的因素考虑在内。

$$R_0 \propto \sqrt[4]{\frac{P_{\text{avg}} A_c^2 \sigma t_{ot}}{k T_s \lambda^2}}$$

（单次搜索扫描：SNR=1）

其中，R_0 为信噪比等于 1 时的距离，λ 为波长。

尽管这个距离方程不完整，但是它不仅良好地揭示了改变不同参数对探测距离的影响，还揭示了在设计雷达时需要权衡考虑的一些因素。

平均功率　该距离方程告诉我们，如果以给定系数增加发射机功率，那么探测距离的增加倍数大约只有给定系数的四次方根。例如，我们将功率增加到 3 倍（见图 13-9），则探测距离将只增加大约 30%（$R_2 = R_1 \sqrt[4]{3} \approx 1.32 R_1$）。

噪声　与此同时，该距离方程还告诉我们，以给定系数减小背景噪声的平均电平 kT_s 的效果与以相同系数增加平均功率一样。例如，如果我们将噪声减小 50%，那么探测距离的增加量与将功率加倍时探测距离的增加量一样（见图 13-10），都大约为 20%（$R_2 = R_1 \sqrt[4]{2} \approx 1.19 R_1$）。

目标驻留时间　该距离方程同样还让我们能够预测目标驻留时间或者积累时间的变化所造成的影响。假设通过降低扫描速度来使目标驻留时间加倍，只要目标回波仍然可以进行积累，那么这样做的效果就与功率加倍一样（见图 13-11）。

雷达截面积（RCS）　进一步地，该距离方程使我们能够预

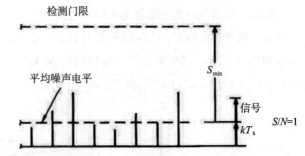

图 13-8　由于检测门限以一种复杂的方式与平均噪声电平相联系，通过求解当积累信噪比等于 1 时的距离方程，可以用噪声能量来更为简单地表示探测距离

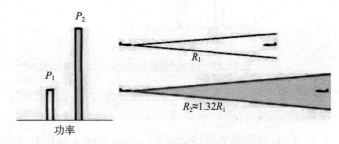

图 13-9　将发射机功率提高到 3 倍会使探测距离仅增加 32%

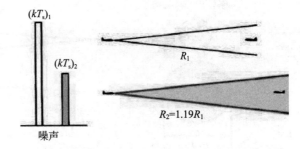

图 13-10　以相同倍数降低系统噪声和增加功率对探测距离的影响一样

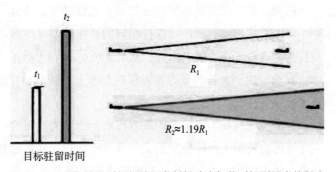

图 13-11　目标驻留时间加倍和发射机功率加倍对探测距离的影响一样

测一个给定雷达对不同大小目标的不同探测距离。

例如，假设雷达探测一个 40 km 处且具有一定 RCS 的目标，那么只要这个目标的外形和方向系数保持不变，这个雷达就可以探测到 66 km 远的具有该目标 4 倍 RCS 的目标（见图 13-12）（$R_2 = R_1\sqrt[4]{4} \approx 40 \times 1.41 = 66$）。

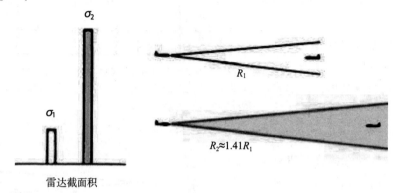

图 13-12 以相同倍数增加目标 RCS 和增加目标驻留时间对探测距离的影响一样

天线尺寸 同样，该距离方程让我们能够预测天线尺寸变化造成的影响。假设天线是圆形的，我们将它的直径增大 1 倍，并假设天线效率不变，这样会使 A_e 增加至 2^2 倍，即 $A_e \propto d^2\eta$。该距离方程告诉我们，假设天线一直指向目标，增加 A_e（见图 13-13）可以使雷达对给定目标的探测距离加倍，$R_2 = R_1\sqrt[4]{(2^2)^2} = 2R_1$。

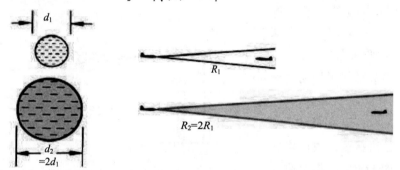

图 13-13 假设降低扫描速度以提高相同的目标驻留时间，那么将天线直径加倍会使探测距离加倍

但是，将天线直径加倍会导致波束宽度减半。所以，当雷达正在搜索目标时，我们将不得不降低天线扫描速度，以保持相同的目标驻留时间。如果我们不这么做，t_{ot} 将被减半，并且探测距离将只增加到 1.68 倍，$R_2 = R_1\sqrt[4]{16 \times 0.5} \approx 1.68R_1$。

波长 由于波长的平方在方程的分母上，减小 λ 对雷达探测距离的影响将与增加有效天线面积 A_e 一样。

但是，这里显示了简单距离方程的一个重要局限性：减小 λ 对探测距离的最初影响在很大程度上会被增大相同倍数的大气吸收所抵消，其抵消量取决于原始波长的大小和波长的减小量，而大气吸收是该距离方程没有考虑的因素之一。

该距离方程显示，当波长从 3 cm 减小到 1 cm 时，雷达探测距离将增大约 70%（即 $R_2 = R_1\sqrt[4]{1/(1/3)^2} \approx 1.73R_1$）。然而，当观察了大气衰减随波长的变化曲线之后，我们就不会简单这么认为（见图 13-14）。

和天线尺寸一样，减小 λ 也会减小波束宽度，且 $\theta_{3dB} \propto \lambda/d$。因此，在扫描过程中，为了使探测距离的增加不被 t_{ot} 的减小而抵消，也不得不降低扫描速度（见图 13-15）。

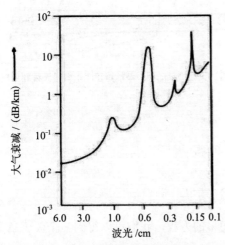

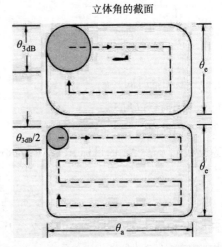

图 13-14　减小波长对探测距离的最大影响在很大程度上会被增大相同倍数的大气衰减所抵消

图 13-15　如果波束宽度被减小，就必须降低扫描速度以提高相同的目标驻留时间 t_{ot}

由于没有考虑波长和天线尺寸变化对 t_{ot} 的影响，对于三坐标雷达这种给定扫描时间和扫描空间的情况，该距离方程不太适用。因此，为了进行三坐标扫描，通常需要对该距离方程进行轻微改动。

13.2　三坐标扫描方程

为了修改上述距离方程以便应用于三坐标扫描，目标驻留时间 t_{ot} 以下列形式展开：① 天线完成一帧搜索扫描的时间；② 这一帧所对应的立体角大小。帧扫描时间用 t_f 表示，一帧扫描所对应的立体角用方位角 θ_a 和仰角 θ_e 的乘积表示。虽然这种转变是直截了当的（详见面板式插页 P13.1），但是我们可以通过一个简化的推导过程，得到关于三坐标扫描中基本关系的更直观认识。

简化的推导　在任意一帧时间内的 t_f 总辐射能量等于 $P_{avg}t_f$。假设本次扫描的能量在整个立体角上均匀分布，其中被目标截获并反射回雷达的一部分能量正比于下面两项的比值：一是目标 RCS；二是在目标距离上进行扫描时的立体角的横截面积（见图 13-16）。然后，被雷达天线截获的反射波

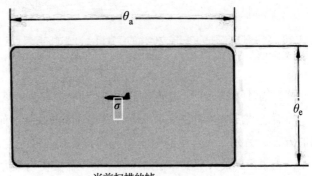

图 13-16　在帧扫描时间内，总反射波能量正比于雷达目标有效截面积 σ 与在目标距离上扫描时的立体角横截面面积 $R^2\theta_a\theta_e$ 的比值，即 $\sigma/(R^2\theta_a\theta_e)$

能量正比于 A_e（见图 13-17）。

因此，对于三坐标扫描，距离方程可以简化为

$$R_0 \propto \sqrt[4]{P_{avg} t_f \times \frac{\sigma}{\theta_a \theta_e} \times A_e}$$

其中，

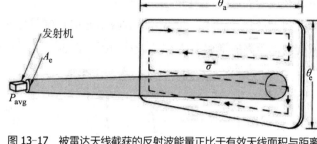

图 13-17　被雷达天线截获的反射波能量正比于有效天线面积与距离平方的商 A_e/R^2

t_f——帧扫描时间

θ_a——扫描方位角

θ_e——扫描仰角

忽略我们无法控制的目标 RCS，再重新整理，可得

$$R_0 \propto \sqrt[4]{P_{avg} A_e \times \frac{t_f}{\theta_a \theta_e}}$$

三坐标扫描方程告诉了我们什么　从这个简单的方程，我们可以得到三个关于三坐标扫描探测距离的重要结论：

- 波长只有通过对大气吸收、平均可用功率、孔径效率、环境噪声和目标方向系数等的二次影响才能影响探测距离；
- 对于帧扫描时间和扫描立体角的任意组合（见图 13-18），探测距离只取决于它们的乘积 $P_{avg} A_e$。

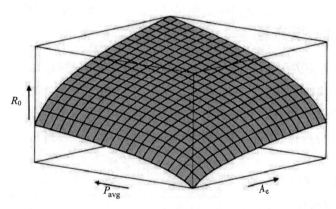

图 13-18　对于帧扫描时间和扫描立体角的任意组合，通过使用最大可用平均功率 P_{avg} 和最大可用天线面积 A_e 可使探测距离最大化

帧扫描时间与三坐标扫描范围的比值越大，探测距离越远。

然而，帧扫描时间会受系统所需反应时间的限制，而这个反应时间本身又是关于探测距离的方程。另外，立体角的大小由预期目标的分布决定。因此，该距离方程可以得出以下结论：为了得到最大三坐标扫描探测距离，需要使用最大可用平均功率和最大可用天线。

P13.1　修改距离方程使其适用于三坐标扫描

为了使距离方程适用于三坐标扫描，假设天线波束的均匀截面宽度为 θ_{3dB}。

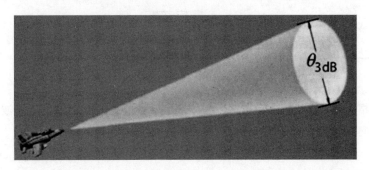

而波束被认为在经过被扫描的立体角的时间内一次跳过一个波束宽度[②]。

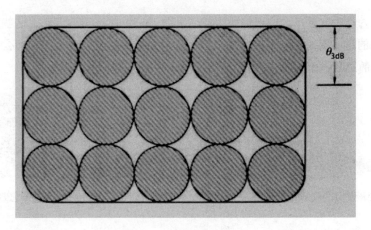

波束占据位置的数目等于单位距离上立体角的截面积与相同距离上波束截面积的商

$$波束位置数 = \frac{\theta_a \theta_e}{(\theta_{3dB})^2}$$

由于波束必须在一个帧扫描时间 t_f 内完成整个扫描过程，因此波束驻留在任何一个目标上的时间为

$$目标驻留时间 = t_f \frac{(\theta_{3dB})^2}{\theta_a \theta_e}$$

波束宽度正比于波长 λ 与天线直径 d 的比值 $(\theta_{3dB} \propto \lambda/d)$。同时，$d$ 又正比于有效天线面积的平方根 $\sqrt{A_e}$。因此，目标驻留时间 t_{ot} 为

$$t_{ot} \propto t_f \frac{(\lambda/\sqrt{A_e})^2}{\theta_a \theta_e} = \frac{t_f \lambda^2}{\theta_a \theta_e A_e}$$

用这个表达式代替距离方程中的 t_{ot}，可以得到

---

② 当然，在实际情况中，单个波束不是并排堆叠在一起，而是同时在方位和仰角上重叠以保持至少完全 3dB 覆盖整个三坐标扫描区域。实际覆盖方式取决于所使用扫描模式的类型。

$$R_0 \propto \sqrt[4]{\frac{P_{\text{avg}} A_e^2 \sigma t_{\text{ot}}}{kT_s \lambda^2}} = \sqrt[4]{\frac{P_{\text{avg}} A_e^2 \sigma t_f \lambda^2}{kT_s \lambda^2 \theta_a \theta_e A_e}}$$

消除同类项，得

$$R_0 \propto \sqrt[4]{\frac{P_{\text{avg}} A_e \sigma t_f}{kT_s \theta_a \theta_e}}$$

即使所有相关因素都已包含在雷达方程中，由于背景噪声和 RCS 的连续波动，它仍不能确切地告诉我们：对于一个给定的目标，在大多距离上可以探测出来。

13.3 RCS 的波动

把目标认为是由大量单个散射体所组成（见图 13-19）。在雷达方向上这些散射体回波叠加或相互抵消的程度取决于它们的相对相位。如果它们的相位大致相同，那么回波将叠加而形成一个巨大的总和；而如果它们的相位不相同，那么总和可能相当小[3]。

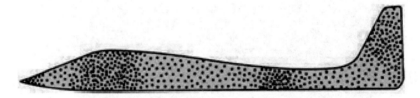

图 13-19　目标被认为由无数个微小的反射体组成。这些反射体的回波如何叠加，取决于它们的相对相位

相对相位取决于反射体与雷达以波长计算的瞬间距离。由于雷达电波传输的往返特性，在距离上相差 1/4 波长会导致相位相差 180°。

由于波长可能很短，目标外形的轻微变化，即使是振动，都会使目标回波像星光一样闪烁[4]。而且，由于从不同方向观察时，很多目标的外形变化很大，而较大的外形变化会产生强烈的尖峰或者较深的衰弱（见图 13-20）。经过一段时间，这些变化通常会趋于平均。然而，如果装载雷达的飞机在接近过程中目标保持有相同的相对外形，那么这种 RCS 尖峰或者衰弱可能会持续一段时间。

事实上，在早期的全天候截击机时代，经常会收到飞行员的投诉：当他们在远距离从一个有利角度发现目

图 13-20　一个典型目标的雷达截面积 σ 的极坐标图，注意 σ 如何随着目标外形的变化而剧烈变化

---

[3]　通常，总和都倾向于聚集在平均值的附近。
[4]　更准确地说，就像星星处于低仰角时某种特殊谱线的光。

标并锁定后，却因为截击机转为恒向攻击航线而使目标处于较深的衰弱，从而导致目标丢失。由于不了解这种现象，他们常认为雷达发生了故障。

由于从单个反射体返回的回波的相位随着波长的变化而变化，因此发生衰弱的目标外形通常也会随着波长的变化而略有不同。因此，解决目标衰弱问题的方法之一，就是在几种不同的无线电频率中周期性地从一个频率切换到另一个频率，从而提供频率分集。

13.4　检测概率

由于目标检测的随机性，其性能通常用概率来表示，而检测性能又受背景热噪声的限制。对于搜索雷达，最常用的概率是波束扫描出现光点的比例 P_d。这个比值是指对于一个给定距离上的给定目标，天线波束任何时候扫描到目标时雷达探测到该目标的概率（见图 13-21）。它也被称为单次扫描概率或单视概率，概率越高，对应的的距离就越近。

用来表示这个距离的符号是字母 R 再加上一个表示概率的下标。例如，R_{50} 表示检测概率为 50% 时的距离，而 R_{90} 表示检测概率为 90% 时的距离。

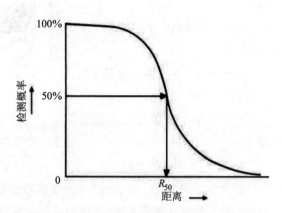

图 13-21　光点扫描比是指对于一个给定距离上的给定目标，当天线任意一次扫描到目标时雷达探测到该目标的概率

如何确定检测概率为 60% 的距离？这里有五个基本步骤，在后面会对其进行更详细的解释：

（1）确定一个系统可接受的虚警率；

（2）单独给每个门限检测器计算相应的虚警率；

（3）基于噪声统计特征，找出能够将虚警率限制在此值的门限设计值；

（4）确定当信号加上噪声有给定概率（本例中为 60%）超过门限时的积累信噪比平均值；

（5）计算能够得到这个信噪比的距离。

确定一个系统可接受的虚警率　虚警出现在雷达显示器上的平均概率（单位时间内虚警的数目）被称为虚警率（FAR）。两个虚警之间的平均时间被称为虚警时间 t_{fa}，它显然是虚警率的倒数。

$$t_{fa} = \frac{1}{FAR}$$

如果每隔几小时虚警才发生一次，那么它们甚至可能不会被雷达操作员注意到。然而，如果虚警每隔 1 s 发生一次，它们可能会导致雷达无法使用（见图 13-22）。什么是可接受的虚警时间，取决于具体应用。由于提高检测门限会减小最大探测距离，在需要远程探测的雷达中，使雷达方便操作往往比严格设置虚警时间更为必要。例如，在战斗机雷达中，一般认为 1 min 左右的虚警时间是可接受的。

计算虚警率 对于雷达门限检测器，两个虚警之间的平均时间与虚警率相关，其关系式如下：

$$t_{fa} = \frac{t_{int}}{P_{fa}N}$$

其中，

t_{fa}——系统的两个虚警之间的平均时间

t_{int}——雷达多普勒滤波器（加任何 PDI）的积累时间

P_{fa}——单个门限检测器的虚警率

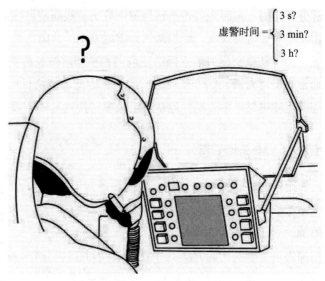

图 13-22 对于雷达操作员而言，虚警率没有实际意义，但是两次虚警之间的时间有实际意义

$N=$ 门限检测器的数目

如果你感到困惑，那么利用幸运 8 赌博进行类比可能会帮助你加深理解。在这个赌博游戏中，每当轮盘旋转到 8 时，8 钟警报就会响，在那个轮盘上的所有赌注停止下注，而每个下注的人都会得到一杯免费的香槟。

在赌博开始之前，自然地会产生这样一个问题：这个警报多久会响起？

计算这个问题很简单。轮盘上有 38 个格子（见图 13-23），平均每旋转 38 次球就会落在 8 号格子一次。如果两次旋转之间的时间是 3 min，那么对于每个轮盘，警报将每隔 38×3 min=114 min 响起一次。这个赌场有 5 个轮盘，所以在这个时间内警报会响起 5 次，或者说每隔 114 min/5 ≈ 23 min 响起一次。

图 13-23 平均每旋转 38 次就会指向 8 号格子一次

$$1个轮盘: 38\frac{转}{警报} \times 3\frac{min}{转} = 114\frac{min}{警报}$$

$$5个轮盘: 114\frac{min}{警报} \div 5 = 23\frac{min}{警报}$$

由于每次旋转的结果是完全随机的，警报当然不会等间隔地响起。有可能几分钟内就响起两次或三次，也有可能几小时一次也不响。但是，平均报警时间为 24 min。

除了香槟，8 钟警报和雷达显示器上的虚警的类比是直接的。轮盘旋转到 8 号格子的概率类似于其中一个雷达门限检测器的虚警率；两次旋转之间的时间类似于雷达多普勒滤波器的积累时间；而轮盘的数目类似于检测器的数目。

一般来说，对距离上每个可分辨的距离增量单元（距离门）都配有一个多普勒滤波器组，而对滤波器组中的每个滤波器都配有一个门限检测器。

用距离门的数目 N_{RG} 与每个滤波器组的多普勒滤波器数目 N_{DF} 的乘积代替前面距离方程中的 N，求解 P_{fa}，我们可以得到

$$P_{fa} = \frac{t_{int}}{t_{fa} \times N_{RG} \times N_{DF}}$$

例如，假设滤波器积累时间 t_{int} 为 0.01 s，雷达有 200 个距离门，对应每个波门的滤波器组有 200 个多普勒滤波器（见图 13-24）。为了将虚警时间 t_{fa} 限制在 90 s，我们不得不将每个检测器门限的虚警率设置为大约 10^{-9}。因此，

$$P_{fa} = \frac{t_{int}}{t_{fa} \times N_{RG} \times N_{DF}}$$

$$P_{fa} = \frac{0.01}{90 \times 200 \times 512} = 1.09 \times 10^{-9}$$

虚警率计算

问题

为了保证系统虚警时间少于 90 s，该如何确定雷达门限检测器的虚警率？

条件

　　滤波器积累时间：$t_{int} = 0.01$ s

　　距离波门的数目：$N_{RG} = 200$

　　每个滤波器组中滤波器个数：$N_{DF} = 512$

计算

$$P_{fa} = \frac{t_{int}}{t_{fa} \times N_{RG} \times N_{DF}}$$

$$P_{fa} = \frac{0.01}{90 \times 200 \times 512} = 1.09 \times 10^{-9}$$

图 13-24　在计算检测器虚警率时，两个虚警之间的时间将被限制在 90 s 内

设置检测门限　如第 10 章解释的那样，噪声超过目标检测门限的概率取决于门限相对平均噪声电平的设置。门限越高，噪声超过门限的概率就越小。

那么门限要设置得多高才能使 P_{fa} 不超过特定值，当然取决于噪声的统计特性。由于热噪声的性质众所周知，且在所有情况下基本相同，所以确定产生一个给定虚警率的门限就比较简单了。所谓的概率密度曲线给出了噪声的统计特性（见图 13-25），该曲线

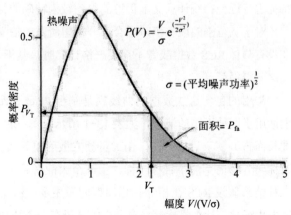

图 13-25　窄带滤波器输出噪声的概率密度曲线。平均噪声功率为 $\sigma^2 = kT_sB$，其中 kT_s 为积累噪声能量，B 为滤波器带宽 $1/t_{int}$

显示了在任意时刻，窄带滤波器输出噪声的大小都达到给定值的概率。

噪声超过检测门限的概率 V_T 等于以下两项的比值：一是图中 V_T 右侧曲线下的面积；二是图中曲线下的总面积。而由曲线的定义可知，这条曲线包含了所有可能的幅度，所以后者的值为 1。当然，这个概率就是虚警率 P_{fa}。

图 13-26 为图 13-25 中 V_T 右侧热噪声概率密度曲线下的面积随 V_T 变化的曲线。根据这条曲线，可以轻易地找出对于任何要求的 P_{fa} 所需的门限值。

确定信噪比 目标信号加上噪声超过门限的概率可以用类似的方法确定。对于典型的信噪比，图 13-27 画出了滤波器输出的概率密度，图中也画出了只有噪声时的概率密度曲线。在只有噪声的情况下，V_T 右侧代表的概率为 P_{fa}，而 V_T 右侧信号加噪声曲线下的面积则是检测概率 P_d。我们已经知道，与噪声的波动不

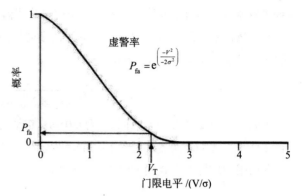

图 13-26 图 13-25 中门限电压 V_T 右侧热噪声概率密度曲线下的面积

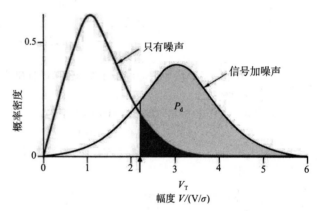

图 13-27 典型信噪比滤波器输出的概率密度。V_T 右侧曲线下的面积为检测概率 P_d。注意当增大 V_T 时，P_{fa} 会减小，而 P_d 也会减小

同的是，信号的波动是由 RCS 的变化而产生，没有一个简单的一般性特征描述方法，而且它还随着目标的不同和工作情况的不同而变化。然而，通过建立标准数学模型，对 RCS 的一般特征进行近似在统计意义上仍可能得到较为精确的结果。

对于宽范围的虚警率，适合部分模型所需的信噪比与检测概率的关系已经被计算出来了。在没有具体 RCS 数据或者不需要严格计算时，基于这些计算结果曲线可以使得找出所需的信噪比变得很简单。

常用的包含这些数据的曲线族是基于 Peter Swerling 的工作而画出的（见图 13-28）。它们适用于四种不同的情形，如表 13-1 所示。第一种和第二种情形假设目标与较大的（相对于波长而言）复杂目标一样，由大量独立散射单元组成，比如飞机。第三种和第四种情形假设目标与外形简单的小目标一样，由一个大散射单元和许多小独立散射单元组成。第一种和第三种情形假设 RCS 在相邻扫描周期间发生变化；第二种和第四种情形假设 RCS 在相邻脉冲间发生变化，比如螺旋桨或直升机的转子在一个脉冲重复间隔内运动了一个大的角度，从而改变了散射贡献叠加时的相位关系。而当计算飞机类目标的 RCS 起伏时，脉冲间变化的螺旋桨或

发动机风扇的贡献占比较小，而扫描间飞机姿态视角的变化可能很大，所以大多数雷达系统设计此时都会采用第一种情况假设。

使用这样的曲线，对于几乎任何特定的虚警率，都可以快速找到提供任何期望检测概率所需的积累信噪比。这些曲线除了在那些非常高或者非常低的概率值时（不能用简化模型表示）不适用，其他情况都非常适用。

计算距离　如果已经找到了提供期望检测概率所需的积累信噪比，那么获得这个信噪比的距离可以用前面推导的关于 R_0 的方程计算。为了使这个方程适用于这种情况，必须将噪声项 kT_s 乘以一个需要的信噪比：

$$R_{P_d} = \sqrt[4]{\frac{P_{avg}A_e\sigma t_{ot}}{(4\pi)^2(S/N)_{req}kT_s\lambda^2}}$$

其中，R_{P_d} 是检测概率为 P_d 时的距离，$(S/N)_{req}$ 是所需的信噪比。

13.5　积累检测概率

考虑到接近速度的影响，探测距离经常以积累检测概率的形式表示。积累检测概率是指当一个给定的接近目标达到一定距离时，至少被探测到一次的概率。

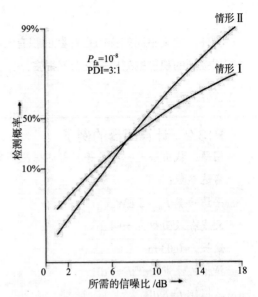

图 13-28　基于简化 RCS 模型的标准曲线（Swerling 曲线）使粗略确定所需的信噪比变得很容易（在多普勒滤波器的输出中会对信噪比进行评估）

表 13-1　Swerling 曲线的四种适用情形

情形	起伏		散射
	相邻扫描间	相邻脉冲间	
I	×		很多独立单元
II		×	
III	×		一个主要单元
IV		×	

积累检测概率 P_C 与单次扫描检测概率 P_d 相关，它们的关系式如下：

$$P_C = 1-(1-P_d)^n$$

其中，n 为扫描次数。$(1-P_d)$ 是一次给定扫描中没有检测到目标的概率；而 $(1-P_d)^n$ 是在 n 次连续扫描中没有检测到目标的概率，用 1 减去这个概率就是在 n 次扫描中至少有一次检测到目标的概率。

例如，如果 $P_d=0.3$，那么在一次扫描中检测不到目标的概率为 1-0.3=0.7。而在 10 次扫描中检测不到目标的概率为 $0.7^{10}=0.03$。因此，在 10 次扫描中至少一次检测到目标的概率为 1-0.03=0.97。

但是，实际概率的确定未必像这样简单。随着目标的接近，P_d 的值将增加。同样，实际概率的确定很大程度上依赖于目标截面积（也就是信号）是如何快速变化的。如果目标的接近速度足够快，使得不同扫描间的变化本质上是随机的，那么在经历几次扫描周期后，这种变化就趋于消失了。在前面的例子中，如果所述范围的 P_d 具有中等值，则 P_C 将迅速接近

100%。

另外，如果不同扫描间目标截面积有很小变化，并且目标碰巧处于深度衰弱状态，那么对相同距离的积累检测概率就会低很多。

P13.2　计算距离的例子

问题：找出给定脉冲多普勒雷达探测给定目标的概率为50%时的距离。

雷达参数：

平均功率 P_{avg}=5 kW

天线有效面积 A_e=0.4 m^2

波长 λ=0.03 m

接收机噪声系数 F=3 dB

总损耗 L=6 dB

目标：战斗机，在其正面的某恒定角度观察。雷达目标有效截面积 σ=1 m^2。

工作条件：雷达的立体扫描角度范围为方位角100°和仰角10°。雷达波束目标驻留时间 t_{ot}=0.03 s。

解决方案：只需要再添加两个值就可以计算距离，即所需的信噪比 $(S/N)_{req}$ 和噪声能量 kT_s。

由于目标不太大，并且以恒定角度从前面进行观察，所以在目标驻留时间 0.03 s 内，目标 RCS 不会随脉冲不同而波动。因此利用图 13-28 中 Swerling 曲线的情形 I 可以得到 $(S/N)_{req}$ 的粗略估计值，即对于 50% 的检测概率，信噪比大约为 10 dB。

噪声能量 kT_s 可以通过用接收机噪声系数 3 dB（系数为 2）乘以 kT_0 得到。因此，kT_s=8×10^{-2}。

把这些值代入到关于 R_{Pd} 的方程中（分母中包含了损耗 L），可得

$$R_{50} = \sqrt[4]{\frac{P_{avg}A_e\sigma t_{ot}}{(4\pi)^2(S/N)_{req}kT_s\lambda^2 L}}$$

$$R_{50} = \sqrt[4]{\frac{(5\times10^3)\times0.4^2\times1\times0.03}{158\times10\times(8\times10^{-21})\times0.03^2\times4}}$$

$$R_{50} = 1.51\times10^5 \text{ m} = 81.6 \text{ n mile}$$

雷达探测距离方程的各种形式

用来计算信噪比的各种方程很容易被混淆。为了帮助读者直接记忆，这里总结了其中四种形式的表达式。

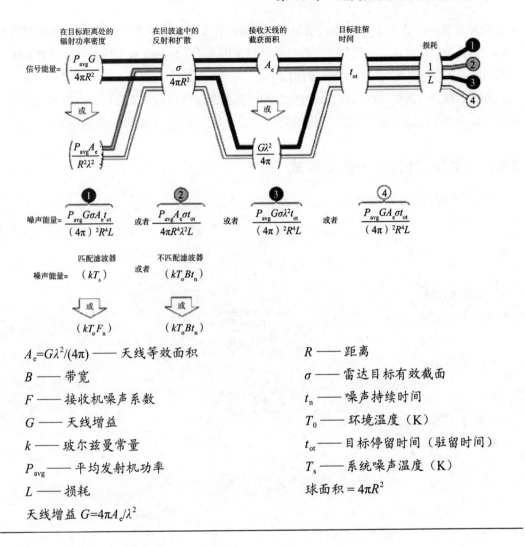

$A_e = G\lambda^2/(4\pi)$ —— 天线等效面积

B —— 带宽

F —— 接收机噪声系数

G —— 天线增益

k —— 玻尔兹曼常量

P_{avg} —— 平均发射机功率

L —— 损耗

天线增益 $G = 4\pi A_e/\lambda^2$

R —— 距离

σ —— 雷达目标有效截面

t_n —— 噪声持续时间

T_0 —— 环境温度（K）

t_{ot} —— 目标停留时间（驻留时间）

T_s —— 系统噪声温度（K）

球面积 $= 4\pi R^2$

13.6　小结

从信号能量和噪声能量的表达式可以推导出关于探测距离的简单方程，这个方程告诉了我们以下信息：

- 距离随平均发射功率的 1/4 次方、目标 RCS 和积累时间的增加而增加
- 距离随有效天线面积的平方根的增加而增加
- 减小噪声等效于成比例地增加发射功率

当应用于三坐标扫描这个特殊情形时，距离方程告诉我们的最重要结论是探测距离与频率无关，且通过使用最高可用平均功率和最大可用天线可使探测距离最大化。

即使考虑了所有影响信噪比的次要因素，由于噪声和 RCS 波动很大，距离方程仍然不能确定地告诉我们目标在什么距离上可被探测到。

因此，探测距离通常以概率的形式表示。用于扫描的最常用的概率为波束扫描出现光点的比例（也被称为单扫或者单视概率）。给定概率的探测距离可通过以下步骤确定：① 建立

可接受的虚警率；② 将目标检测门限设置得刚好可以实现这个概率；③ 找出能够提供所需目标检测概率的信噪比，当然这个过程可以通过使用基于目标标准数学模型曲线得到简化。然后用距离方程计算得到这个信噪比时的距离。

考虑到在高速接近过程中接近速度的影响，探测距离可以用积累检测概率的形式表示，而积累检测概率就是给定目标在达到给定距离之前，目标被至少探测到一次的概率。

13.7　需要记住的一些关系式

- 积累信噪比为 1 时的距离：

  点照射

$$R_0 \propto \sqrt[4]{\frac{P_{\text{avg}} A_{\text{e}}^2 \sigma t_{\text{ot}}}{kT_{\text{s}} \lambda^2}}$$

  三坐标扫描

$$R_0 \propto \sqrt[4]{\frac{P_{\text{avg}} A_{\text{e}} \sigma t_{\text{f}}}{kT_{\text{s}} \theta_{\text{a}} \theta_{\text{e}}}}$$

- 虚警时间：

$$t_{\text{fa}} = \frac{1}{\text{虚警率}} = \frac{t_{\text{int}}}{P_{\text{fa}} N}$$

  N= 门限检测器的数目

- 单个检测器的虚警时间：

$$P_{\text{fa}} = \frac{t_{\text{int}}}{t_{\text{fa}} \times N_{\text{RG}} \times N_{\text{Df}}}$$

  N_{RG}= 距离门的数目

  N_{Df}= 每组的多普勒滤波器数目

- 检测概率为 P_{d} 的距离：

$$R_{P_{\text{d}}} = \sqrt[4]{\frac{P_{\text{avg}} A_{\text{e}}^2 \sigma t_{\text{ot}}}{(4\pi)^2 (S/N)_{\text{req}} kT_{\text{s}} \lambda^2}}$$

  $(S/N)_{\text{req}}$= 所需的信噪比

- 积累检测概率 $P_{\text{C}} = 1 - (1 - P_{\text{d}})^n$

扩展阅读

J. V. DiFranco and W. L. Rubin, Radar Detection, SciTech-IET, 2004.

L. V. Blake, Radar Range Performance Analysis, Artech House, 1986.

P. Lacomme, J.-P. Hardange, J.-C. Marchais, and E. Normant, Air and Spaceborne Radar Systems: An Introduction, Elsevier, 2007.

D. K. Barton, Radar Equations for Modern Radar, Artech House, 2013.

Chapter 14

第14章 | 雷达接收机与数字化

AESA 辐射阵面（由 Selex ES 提供）

在雷达系统中，关于雷达接收机的构成没有一个普遍接受的定义。雷达接收机最常见的用途是接收雷达天线的输出信号（通常通过双工器），并将信号转换成可用于显示或后续数字信号处理单元能够处理的形式。

在现代雷达中，雷达系统的简单划分变得越来越困难。例如：一方面，接收机前端被越来越多地集成到相控阵天线中；另一方面，数字处理以前是一个单独的处理单元，现在被越来越多地集成到接收单元中。本章主要讨论经典意义上的接收机，同时也介绍几种最新的接收机类型。

雷达接收机有两种基本类型：脉冲接收机和连续波接收机。几乎所有的机载雷达都使用脉冲接收机，因为它们大多数都是收发分时共用同一个天线。脉冲接收机是本章的重点，它的制造更加困难和复杂。

根据系统类型和工作环境，接收机具有各种各样的设计要求，但整个系统都必须具备两个要素：灵敏度（检测小信号的能力，通常受热噪声限制）和选择性（抑制不想要的信号的能力，通常通过频率滤波实现）。

本章介绍雷达接收机设计的基本原理，然后通过几个完整的接收机系统例子，验证它们是如何协同工作的。

14.1 基本原理

机载雷达接收到的回波非常微弱，通常远低于热噪声电平，热噪声电平的典型值仅仅约为 10^{-15}W。雷达接收机的工作是放大这些微小信号，并将它们从背景噪声和杂波中滤除。在现代雷达中，这项工作需要进行大量的数字信号处理。本章主要讨论从输入射频（RF）信号到数字化输出的接收机的模拟部分，但也包括数字滤波的一些方面，这是现代雷达设计的一个重要组成部分。

除了基本的放大、滤波和数字化任务之外，接收机必须避免信号的任何污染或失真，因为这可能导致灵敏度的降低或误检测。

14.2 低噪声放大器

所有接收机的灵敏度都受到热噪声的限制，在雷达中，通常来自接收机的热噪声在所有噪声中占主体地位（与之对应的是来自外部的噪声源，如太阳）。雷达接收机的第一部分是低噪声放大器（LNA），在设计过程中要求使其灵敏度达到最佳，而低噪声放大器通常通过某种形式的双工设备连接到雷达天线。

低噪声放大器是决定接收机基本灵敏度的关键部件，由噪声系数 F 来描述，噪声系数的定义为

$$F = \frac{\text{SNR}_{\text{in}}}{\text{SNR}_{\text{out}}}$$

其中，SNR_{in} 是接收机输入端的信噪比，SNR_{out} 是接收机输出端的信噪比。

即使是最佳的低噪声放大器也会降低信噪比，但进行初始放大的目的是确保后续噪声源对噪声系数的影响最小。这通过弗里斯（Friis）关于级联噪声系数的公式可以看出：在级联放大器中，第一个放大器具有增益 G_1 和噪声系数 F_1，第二个具有增益 G_2 和噪声系数 F_2，第三个具有增益 G_3 和噪声系数 F_3，以此类推，总噪声系数 F 为

$$F = F_1 + \frac{(F_2 - 1)}{G_1} + \frac{(F_3 - 1)}{G_1 G_2} + \frac{(F_4 - 1)}{G_1 G_2 G_3} + \cdots$$

如果 G_1 很高，那么除 F_1 之外的所有其他项的贡献都可以忽略不计，这是设计一个良好系统的目标。系统噪声系数主要由接收机链路的第一级噪声系数决定。

在大多数现代系统中，使用的是基于砷化镓（GaAs）或氮化镓（GaN）的半导体低噪声放大器。这些组件彻底改变了雷达接收机的设计，其噪声系数大多为 1 dB，比早期系统性能改进了 10 倍左右。

当然，高增益也是有代价的。增益很高的器件（较大的 G_1）将缺乏线性，而低噪声放大器（LNA）的线性放大对于避免信号失真来说至关重要。因此，线性度和噪声系数之间的权

衡是接收机设计的重要因素。

在有源电扫阵列（AESA）雷达中，通常将 LNA 集成到阵列的每个发射 / 接收组件中，从而减少或消除每一个后续接收机对 LNA 的需求。任何给定的阵列都具有许多 LNA，在典型的机载 AESA 雷达中可能达到 1 000 个或更多。尽管这看似会导致更多的噪声进入雷达接收机，但实际上并非如此。单个单元的 LNA（具有足够的增益）将决定整个系统的噪声系数，这与常规接收机完全相同。

14.3　滤波

滤波是接收机设计中至关重要的一环，它涉及接收机设计的许多方面，其中最基本的一点就是确保接收到想要的信号，且信号损失最小，同时尽可能降低接收机输出端的噪声。滤波在下变频器和数字化部件的设计中起着至关重要的作用。

匹配滤波器　与电子战接收机的设计师不同，雷达接收机的设计师具有的有利条件是他们可以准确地知道发送了什么信号，因此，检测回波要比检测未知信号容易得多。此处的关键概念是匹配滤波器，它被设计成与发射的信号相匹配，从而最大限度地增大接收机输出端的信噪比。

匹配滤波器理论是雷达工程的一个主要分支，起源于 D. O. North 在 1943 年发表的论文。匹配滤波器接收机的本质是将已知信号（发射信号）与未知信号（接收信号）相关联，以检测未知信号中存在的已知信号。理想的匹配滤波器（时域特性）是发射信号的时间翻转副本形式。

无论什么样的发射信号都可以匹配滤波，如简单脉冲信号、线性调频信号、二进制编码序列等。这个原理很容易理解，以宽度为 τ 的简单矩形脉冲为例，简单脉冲的匹配滤波器的频率响应是脉冲的傅里叶变换。简单来说，这相当于带宽约为 $1/\tau$ 的滤波器。典型雷达脉宽可能为 1 μs，因此匹配的滤波器需要具有 $1/10^{-6}$ Hz 或 1 MHz 的带宽。这足以使脉冲通过而几乎没有损失，但又足够窄以使输出端的噪声最小。较窄的带宽将减少噪声，但也将减少信号，而较宽的带宽将导致过多的噪声通过。

理想的雷达接收机应在前端安装匹配滤波器，这将确保只有所需的信号才能进入雷达接收机，并将最大限度地提高灵敏度。遗憾的是，在实践中并不那么容易：在典型机载雷达（10 GHz）的载波频率上实现 1 MHz 滤波器非常困难，因为需要非常高的精度（相对频率而言），实现这一目标的现有技术都有很大的缺陷，很少使用。所以在实际中，这种窄带滤波通常在输入信号被降低到较低的频率之后使用。

14.4　下变频

几乎所有雷达接收机都采用下变频方式。尽管理论上讲没有必要都这样设计，实际中都是这么做的。

其基本思想是，将带有雷达调制信息的射频（RF）信号转换为较低的载波频率，称为中频（IF）f_{IF}，但不改变调制带宽。下变频过程由称为混频器的设备完成。

混频器（见图 14-1）是非线性设备，可以将两个信号相乘，在这种情况下，射频（RF）信号和一个称为本地振荡器（LO，简称本振）的固定参考信号相乘。我们可以很容易地看到这在数学上是如何实现的。

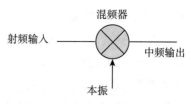

图 14-1　一个简单的混频器示意图：将射频（RF）输入和本地振荡器（LO）混合在一起，以提供中频（IF）输出

我们可以用它的载波频率 f_c 来表示 RF 信号，即

$$S=\sin(\omega_c t)$$

其中，$\omega_c = 2\pi f_c$，t 是时间。同样，在 f_c 处的 LO 信号是

$$S_{LO}=\sin(\omega_{LO} t)$$

那么将两个信号相乘的混频器的输出是

$$S \cdot S_{LO}=\sin(\omega_c t) \cdot \sin(\omega_{LO} t)$$
$$=\frac{1}{2}\{\cos[(\omega_c-\omega_{LO})t]-\cos[(\omega_c+\omega_{LO})t]\}$$

混频器的输出现在是两个信号：下边带信号的频率低于原始 RF 信号，频率为 $f_c - f_{LO}$；频率为 $f_c + f_{LO}$ 的为上边带信号。通常只需要下边带，所以上边带被滤除。下边带中心频率位于 f_{IF}（见图 14-2）。

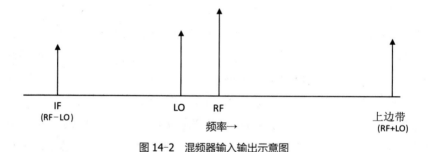

图 14-2　混频器输入输出示意图

P14.1　混频器

混频器是雷达接收机的关键部件。从数学上讲，它们可以被看作一种将两个信号相乘的装置，从而得到和频和差频。在实践中，这样的理想装置并不存在，但可以得到良好的近似值。

雷达中最常用的类型是双平衡混频器，它使用四个开关器件（二极管或晶体管）。一种高度简化的二极管环形混频器示意图如下图所示。

LO 信号馈送到二极管环的顶部和底部。实际上，由于使用非常高的幅度驱动

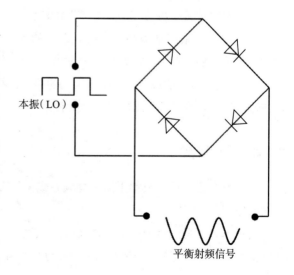

信号（与 RF 信号相比），因此 LO 信号近似为方波（驱动放大器中的饱和效应所致）。结果是一半时间二极管环的一边偏压为"开"，另一边偏压为"关"，这种情况在本振频率下不断翻转。

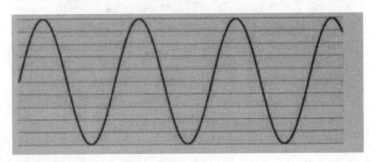

　　射频信号被均衡地馈送到二极管环的左右两个点；左侧点的信号与右侧点的信号相差180°。在本振的控制下，平衡射频信号的一个臂被偏置的二极管交替短路。这在射频电路中产生了一个复杂的波形，即混频器输出，它在期望的差频下包含一个强分量。然后将其滤除（使用此处未显示的其他组件）并馈送到接收机的下一级。

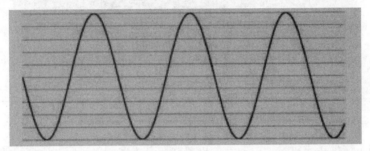

　　一个简单的例子是本振（LO）频率为 RF 信号的 1/3，即本振周期是射频周期的三倍。因此，对于上半本振周期（3/2× 射频周期），我们选择平衡射频信号的一个臂；对于下半本振周期，我们选择平衡射频信号的另一个臂。产生的波形每 3/2× 射频信号的周期重复一次；也就是说，它的频率是所需混频器输出频率的 2/3。

　　在实际设计中，混频器包含巴伦（平衡－不平衡信号）电路，它是一种可以接收不平衡信号（例如，同轴线路上的射频）并产生平衡输出以馈送给混频器的电路。巴伦电路通常也是通过 LO 完成的。

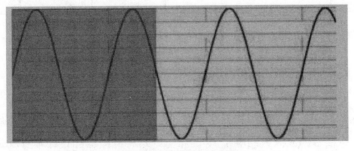

二极管环左侧点的射频信号

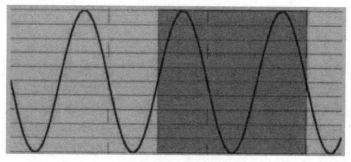

二极管环右侧点的射频信号

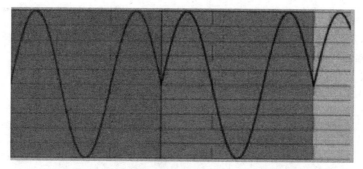

产生的信号，LO 为射频频率的 1/3，信号当前为 2/3 射频频率

镜像抑制 这种接收机设计中的一个重要问题是镜像频率响应。所谓镜像频率 f_i，其输入也会产生 f_{IF} 输出，其中 $f_i = f_c - 2f_{IF}$（对于下边带情况）。这是因为镜像频率处的信号与 $f_i - f_{LO} = -f_{IF}$ 的频率混合，与 f_{IF} 处的信号不可区分。因此，在该镜像频率下的任何信号将出现在混频器输出处的 IF 频带中，从而导致干扰（见图 14-3）。

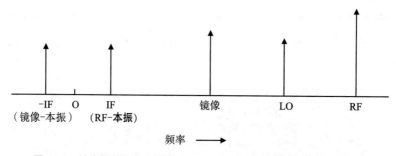

图 14-3 镜像频率信号可在混频后产生 $-f_{IF}$，与希望得到的 f_{IF} 不可区分

为了解决这个问题，非常重要的是在混频之前对射频信号进行滤波，以减小镜像频率处的输入。通常，将信号滤波到大约等于 IF 的带宽，这种滤波器的设计本身就是一个复杂的问题。此时，将通带内信号的任何与频率相关的幅度或相位失真降至最低很重要，否则，大带宽信号将被显著衰减。

互调　另一个问题是输入端不同信号之间的互调。就混频器而言，它将不同频率的任意两个信号相乘，并产生互调信号，不管信号出现在混频器的哪个端口。因此，如果两个频率（例如，需要的回波和干扰信号）存在于输入处而且相隔 IF，则它们将互相调制，并在 IF 处产生输出（当然还有与本振互调产生的混频信号）。在混频器之前滤波也可以消除这个问题，只要输入滤波器的带宽足够窄。使用高中频进行滤波更容易抑制这些信号。

在下变频器的设计中，一个简单的经验法则是在滤波之前将输入信号滤波到比混频器前更小的带宽。用一个例子来说明它是如何工作的。假设我们有一个工作在 10 GHz 载波频率的雷达，想把它转换成 3 GHz 的 IF，总的信号带宽是 1 GHz。我们使用 7 GHz 的本地振荡器，产生以 3 GHz 和 17 GHz 为中心的边带。然后放置一个以中频为中心、带宽为 1 GHz 的滤波器（2.5 GHz ～ 3.5 GHz），以去除上边带信号。

镜像频率为 4 GHz，7 GHz 上的干扰信号可能会在中频上产生有害的输出。但是，如果我们在混频器之前将输入信号滤波到 2 GHz（9 GHz ～ 11 GHz）的带宽，则可以在这些信号造成危害之前消除这些信号：任何可能的混频产物都将位于 IF 带宽之外（见图 14-4）。

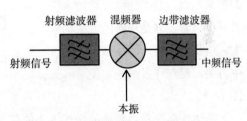

图 14-4　带有射频和中频滤波器的混频方案

零差拍接收机　这种接收机也称为直接变频或零中频接收机，是最简单的下变频接收机，其中 f_{LO} 等于 f_c。这种接收机可以直接下变频为基带（零中频）。尽管这很简单，但是这种接收机不遵循先前介绍的基本原理；在混频器的输入端需要一个零带宽滤波器。这种接收机可以在非常简单的雷达中找到，但是不适用于需要抗干扰的系统。

外差式接收机　也被称为超外差接收机，在这些下变频接收机中，f_{LO} 与 f_c 明显不同。这种类型的设计可以采用前述设计原则中的必要滤波。

多级下变频　通常需要把信号下变频到低 IF，以进行窄带滤波或模数转换。如果下变频在单级完成，则接收机更容易受到干扰。解决方案是进行多级下变频，并在每级进行滤波和放大，这遵循相同的原理：在混频之前进行滤波，但频率没有降至中频。这种方法有助于实际的滤波器设计，因为它避免了非常狭窄的分数带宽（滤波器带宽只占载波频率的很小一部分），这是难以实现的。

典型的 X 波段雷达接收机包括几个下变频级：第一步降至特高频（UHF）中频（几 GHz），然后降至甚高频（VHF）中频（几百 MHz），最后降到基带。

14.5　动态范围

动态范围是一个简单但经常被误解的概念，其关键问题是接收机在不失真条件下同时传输大信号与小信号的能力。

所有放大器都是非线性的，也就是说，输出并非始终是输入的简单倍数。因此，如果将信号施加到放大器，则不会简单地被放大，也会存在失真。输入到放大器的信号越大，输出失真也越大，只有小信号可以被失真很小地放大。这是一个不好的消息，因为失真的信号很容易导致错误的检测。其对策是确保放大器的线性足以应对可能遇到的最大信号，然而这样做意味着要增加放大器中晶体管的偏置电流，从而增加功耗，在需要大动态范围的场合，这是必须付出的代价。

有时也可以用其他办法。在雷达测距不存在模糊的情况下，可以在整个脉冲重复间隔（PRI）内改变接收机的增益，这就是所谓的灵敏度时间控制（STC），或称为扫描增益。这种方式之所以有效，是因为近距离的回波信号强，而远距离的回波信号弱。STC 只是给人一种大动态范围的假象，因为它不能同时通过大信号和小信号，只是在时间上区别放大。但是，这是一个非常有用的折中方案，已在许多系统中使用（见图 14-5）。

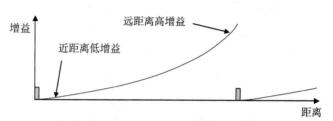

图 14-5　灵敏度时间控制使接收机增益随时间（或距离）的变化

雷达在存在距离模糊的情况下不能使用 STC。通常，此类雷达还采用高水平的多普勒处理。因此，必须从根本上解决对大动态范围的需求，否则，小目标信号将在大杂波信号产生的杂散信号中丢失，这会在接收机的放大器中产生高偏置电流和高功耗。

另一种方法是使用自动增益控制（AGC），这也会给人更大动态范围的错觉。但是，这种方法很有用，因为雷达回波信号电平随时间变化很大，而 AGC 提供了一种对此进行补偿的方法。

理想情况下，雷达可能需要 200 dB（10^{20}：1）的动态范围，以应对在任何情况下可能遇到的所有信号。但这是不切实际的，100 dB 的动态范围更贴近设计实际（尽管也不容易实现）。通常 100 dB 的动态范围与 100 dB 的 AGC 增益混合使用，是高性能雷达接收机中常见的一种折中方案。

AGC 系统可以测量雷达的工作环境并相应地调整增益，从而可以充分利用接收机的瞬时动态范围。这可以通过多种方式来完成，最简单的方式是为操作员提供增益控制。但是，大多数现代雷达系统中它都是自动完成的，使用背景信号的测量值来调整接收机增益。这些控制回路需要仔细设计，因为它们可能会被干扰系统利用，导致雷达灵敏度降低。

14.6　杂散信号和频谱纯度

多普勒雷达利用频谱分析从大杂波信号中分离小目标，这种雷达的一个重要问题是频谱纯度。通常，将发射信号和本振信号设计为在特定频率下为纯净单频；但实际上，由于生成方式的实际限制，它们在其他频率上也有分量。这些有害分量包括离散的杂散频率（或杂散）和宽带相位噪声。

典型的相位噪声图如图 14-6 所示，该图显示（对数坐标尺度表示的频率的函数）单位频带内的噪声功率谱密度,以载频以下 1 Hz 带宽内测量的 dB 数值表示。理想的纯净频率是在频率尺度上仅仅包含宽度为零的一条线,但没有任何一个实际的振荡器能达到这种状态。在距载波 1 000 Hz 的频率处,功率谱密度约为 –98 dBc / Hz。这意味着在典型的带宽为 100 Hz 的检测滤波器中,参考振荡器的噪声将比载频处低 78 dB (–98 + 10 lg100= –78)。这限制了雷达探测低多普勒

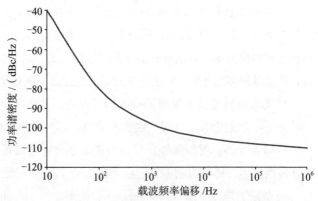

图 14-6 典型的相位噪声图,它显示了相位噪声功率谱密度是载波频率偏移的函数

偏移处小信号的能力。值得注意的是,窄带滤波通常有助于降低相位噪声的影响。

杂散分为两类:与信号相关的杂散(SRS)和与信号不相关的杂散(NRS)。前者的振幅可能随信号的存在而增加或减小,并且通常是在内部产生的;而后者往往是恒定的电平,这是由于接收机设计中的非线性引起的互调产物。

杂散与相位噪声的不同之处在于:杂散具有固有的窄带,因此改变雷达的滤波带宽几乎不会改变它们的电平(与相位噪声不同)。这是有害的,因为它们可能会看起来像假目标;相位噪声会提高雷达的噪声电平,从而降低雷达灵敏度。

控制杂散和相位噪声是雷达信号产生系统的主要工作,但保持足够的动态范围也很关键。消除其他虚假信号也是至关重要的,例如电源泄漏,以及系统内其他信号屏蔽不充分而造成的干扰。雷达接收机通常使用大量内部屏蔽来隔离接收机的敏感部件,因此大多数接收机内部看起来像一系列单独的金属盒(见图 14-7)。

图 14-7 典型的机载雷达接收机分开屏蔽的模块

14.7 数字化

早期的雷达接收机输出模拟信号,称为视频输出,直接输出到显示器,该模拟输出已经下变频到驱动显示器所需的频率。这种方法已经过时了;现在所有雷达在接收机输出端都采用某种形式的模数(A/D)转换器,这种数字化的输出极大地方便了后续的信号处理和显示处理。

A/D 转换器提供一系列数字值,这些数字值代表雷达接收机在不同时间间隔上的输出电压。通常,对输出电压进行周期性采样,并且在将采样值转换为数字形式时将其保存在采样保持(S/H)电路中。采样保持电路通常由一个保持电压的电容器和一个断开输入信号的电子开关组成。信号表示为二进制的数字形式,就可以在数字信号处理器中进行处理或用于驱动数字显示器。

最早的 A/D 转换器在下变频至低中频后对雷达输出（称为视频输出）进行采样。选择的采样率类似于雷达的测距门，因此采样序列表示雷达在不同距离下的输出。这种方法要求在 A/D 转换之前以模拟形式完成所有雷达脉冲匹配滤波。尽管此方法对于一小部分脉冲尺寸的雷达有效，但复杂的多功能雷达需要一定数量的滤波器，这些滤波器很容易增加接收机的复杂性。

现代 A/D 转换技术采用了更高的采样率，并在更高的中频处进行数字化。这样可以让雷达滤波更多地采用数字方式，这非常有益，因为数字处理易于重新配置且性能稳定。

从理论上讲，射频信号也可以直接数字化，也就是对输入信号直接进行数字化。但由于 A/D 转换技术性能，限制了雷达所需的大动态范围，因此不能对射频信号直接进行数字化。

奈奎斯特准则 香农（Shannon）和奈奎斯特（Nyquist）建立了采样数据系统的基本原理，证明了最小采样频率 f_s 由 $f_s = 2f$ 给出，f 表示信号最大频率。对更高频率的信号进行采样会导致混叠，即采样信号错误地显示为较低频率的现象。因此，在实际系统中，重要的是在采样保持和模数转换之前加入一个称为抗混叠滤波器的低通滤波器。

有效位数（ENOB） 在雷达中，动态范围至关重要。n 位的 A/D 转换可以表示 2^n 个电压值，原则上可以表示大约 $6n$ dB 的动态范围。但是，实际的转换器并不完美，并且实现的动态范围可能要比位数表示的低。转换器的 ENOB 是指转换器在线性和不存在杂散时达到特定指标水平的性能。ENOB 很难一概而论，但是通常比标称位数少两到三位。

最大输入频率 A/D 转换的另一个重要特性是，最大输入频率的选择必须与雷达信号的奈奎斯特准则相匹配。高频转换器具有较低的有效位数。这是由多种原因引起的，包括时间抖动的影响（在较高的频率下抖动变得更加明显）和难以足够快地构建与采样率相匹配的转换器的困难。在实际的雷达接收机设计中，为了实现所需的大动态范围和噪声性能，下变频结构和 A/D 转换器设计是一项复杂的权衡工作。

量化噪声 信号的数字化表示引入了一个额外的噪声成分，称为量化噪声。在功率方面，可以证明该噪声的功率为 $Q^2/12$，其中 Q 为电压量化间隔。为了保持接收机的噪声系数，必须在 A/D 转换器输出端准确表述系统的前端热噪声。如果我们设计接收机，使前端热噪声的平均电压值为 $2Q$，则量化噪声将比热噪声低约 16 dB，这基本可以确保后端噪声相比于本底热噪声来说可以忽略不计。

A/D 转换器的类型 A/D 转换器具有多种设计，其中最常见的两种是直接转换和逐次逼近。直接转换可能是最简单的概念，它包括大量的电压源，每个电压源等于每个可能的数字输出的值。通过大量比较器将输入信号与这些可能的电压中的每一个进行并行比较，可以非常快速地获得数字表示。此设计用于快速 A/D 转换器。缺点是比较器网络的复杂性将设计限制在大约 8 位，而 8 位系统需要 2^8 个比较器，其中每个额外的位会使复杂度和功耗增加一倍。相反，逐次逼近仅使用单个比较器将输入电压与逐次变窄的电压范围进行顺序比较。在每个后续步骤中，转换器都会将输入电压与内部数模（D/A）转换器的输出进行比较，该内部 D/A 转换器已设置为预期电压范围的中点。然后，将测得的误差用于下一步设置较小的范围。这种设计利用了这样一个事实：更容易构建精确的 D/A 转换器，并通过不断缩小电压范围来获得更高的分辨率和精度。缺点是此方法花费的时间限制了最大输入频率。

非相干雷达中的数字化　非相干雷达仅使用雷达接收信号的幅度信息，而不使用相位信息。因此，数字转换器仅需转换雷达接收机的输出电压，并进行后续处理。

通常，由于雷达接收机是线性的，所以数字输出与射频输入信号成正比。但是，在某些雷达设计中，在 A/D 转换之前使用对数放大器来压缩显示器上的动态范围。同样的功能可以通过采用非线性量化级的 A/D 转换器来实现，但是这种情况很少见。

相干雷达中的数字化　相干雷达在随后的多普勒处理中使用雷达回波信号的幅度和相位。为了用数字表示该复数量，必须计算出相角 φ 和幅值 A；或者更常见的是使用两个正交量，称为同相分量（I）和正交分量（Q）值。它们之间的关系是

$$I = A\cos(\varphi)$$

$$Q = A\sin(\varphi)$$

将雷达输出数字化以提供 I 和 Q 值，可以方便地与最终的下变频结合使用。在这种情况下，中频（IF）信号被分为两个相等的部分并馈送到两个并行的混频器中。本振（LO）信号被馈送给这两个信号，但在其中一路具有 90° 相移（见图 14-8）。两个单独的 A/D 转换器同时将两个混频器的输出数字化，提供 I 和 Q 值。这种方法仅需要低频 A/D 转换器，因此更容易实现所需的动态范围。但是，这是一个复杂的模拟设计，因为两个信号路径必须在增益、相位和延迟方面精确匹配。这在实践中几乎是不可能的，因此通常使用注入测试信号的复杂校准技术来计算适当的校正量。

获得相同结果的另一种方法是通过在中频上采样并使用数字下变频（见图 14-9）。

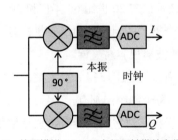

图 14-8　使用模拟 I/Q 下变频和基带数字化的接收机数字化结构

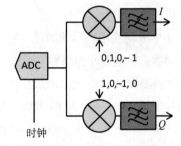

图 14-9　使用 IF 数字化和数字 I/Q 下变频的接收机数字化结构，可实现与图 14-8 的模拟设计相同的功能

在这种结构中，采用了单个频率更高的 A/D 转换器。然后，将其输出乘以本振（LO）的数字等效值，该数字等效值可以是一系列 0 和 +1、−1（这样就无须使用高速数字乘法器）。此方法使用希尔伯特变换。然后，就像在模拟系统中一样，对两个产生的数字数据流进行数字低通滤波，以产生 I 和 Q 输出。

这种设计在物理上比模拟方法简单，并且避免了对精确平衡电路或复杂校准的需求。但是，它需要更高速度的 A/D 转换器，这不可避免地具有较低的动态范围。对于相干系统，在模拟和数字下变频之间进行选择是一个复杂的权衡；但如今，A/D 转换器已得到改进，数字化结构也可以提供所需的性能水平。

现代中频数字转换器的一个示例如图 14-10 所示，它由一个带有表面贴装部件的双面印

图 14-10　中频数字下变频单元实物图

制电路板组成。较小的深色部件是 A/D 转换器，较大的银色部件是现场可编程门阵列（FPGA），它们完成数字下变频和数字滤波。

14.8　雷达接收机结构

随着机载雷达复杂性和功能的增加以及抗干扰需求的增长，人们开发了不同的接收机结构。当前的设计全部使用 14.1 节中所描述的部分或全部基本模块。

早期的机载雷达是非相干的：它们仅依靠雷达回波的幅度信息，而丢弃了相位信息。这些简单雷达中的接收机将雷达回波放大并下变频为较低的视频，对幅度进行校正，再显示给操作员；用检波二极管进行整流，丢弃相位信息。尽管这种雷达非常成功，至今仍在使用（以这样或那样的形式使用），但它的主要缺点（对于机载雷达来说）是它很容易在非常大的地杂波中丢失目标。

为了克服这个缺点，人们研制了相干雷达，这种雷达不丢弃相位信息，可以使用多普勒滤波将目标与杂波分开。在早期的系统中，这是通过使用大量的模拟滤波器来完成的，每个模拟滤波器都单独调谐到不同的多普勒频移上。遗憾的是，由于模拟滤波器只能在连续波（CW）信号上正常工作，因此该设计与脉冲雷达设计在很大程度上不兼容。

中断连续波雷达通过采用 50/50 的发射 / 接收占空比来部分解决此问题，从而允许使用模拟滤波器组，但这需要以损失大量信号为代价。这项技术已在 20 世纪 60 年代和 70 年代的许多机载雷达中成功应用。尽管如此，它仍然面临着一个重大的问题：由于接收机有一半的时间处于关闭状态，目标回波很容易丢失。此外，模拟滤波器很容易失调。

A/D 转换器在解决由大量地杂波回波造成的目标损耗问题上取得了重大突破。它们允许使用数字快速傅里叶变换（FFT）实现多普勒滤波器组，每个测距门都有一个独立的滤波器组。这避免了早期设计的所有主要缺点，直接消除了信号损耗，数字滤波器组可重复使用且稳定（不像以前的模拟处理器）。

此后，还有更多的进展，主要创新包括更高速度的数字化，这使滤波能够以数字的方式实现，且更加稳定，也更易重新配置。此外，多个并行接收信道支持先进的空间处理技术，用于抑制杂波和干扰。

14.9　脉冲非相干接收机

脉冲非相干接收机是机载雷达中使用的最简单的接收机，其典型的框图如图14-11所示。

图 14-11 中包括主要的混频和滤波步骤，为简单起见，省略了必要的中频放大器。雷达天线的输出信号通过射频（RF）滤波器馈送到接收机。射频滤波器的作用是限制输入信号的频段，防止产生不必要的混合信号进入低噪声放大器（LNA）。在混频到 UHF 中频之后，将不需要的混频边带滤除，然后进行第二下变频到视频（通常小于 100 MHz）。在检波器之前使

用固定的模拟脉冲匹配滤波器，脉冲匹配滤波器兼做滤波器，以去除不需要的边带信号。

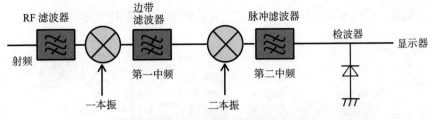

图 14-11　脉冲非相干接收机的典型框图

这种雷达通常只有一种脉冲宽度，因此此只需要一个脉冲匹配滤波器。如果雷达具有多种脉冲宽度，则需要不同的滤波器并在它们之间进行切换。

这种接收机通常具有相当差的噪声系数，可能为 10 dB 或更高。前端的低噪声放大器（LNA）将大大改善这个问题，在设计合理的接收机中，噪声系数可达到 3 dB。然而这需要注意整个信号路径上的细节，以确保滤波器和混频器的损耗可以适当地由放大器进行放大器补偿。

较早的非相干接收机简单地将检测到的视频馈送到模拟显示器，现在取而代之的是在接收机输出端插入 A/D 转换器（ADC），可以将数字化的视频信号方便地显示在任何合适的数字设备上，并以便于后续进行信号处理的形式存储。

14.10　脉冲相干基带数字化接收机

大多数现代机载雷达接收机是相干的，以支持先进的工作模式，包括杂波抑制和合成孔径雷达，图 14-12 所示是其一个典型的框图。

图 14-12 中包括主要的混频和滤波步骤，为简单起见，省略了必要的中频放大器。前端的低噪声放大器（LNA）通过提供足够的增益来降低系统的噪声系数，并使后级的级联噪声影响最小。信号经过两级下变频，并进行中频滤波。像在非相干接收机中一样，脉冲匹配滤波通常在 VHF 进行。信号被分成正交的两路（其中一路将本振信号移相 90° 后进行下变频），并分别进行抗混叠滤波和 A/D 转换，然后对获得的 I 和 Q 数据流进行数字信号处理。

虽然这种结构看起来简单而优雅，但实施起来却相对困难，因为它需要几种不同的本振信号、复杂的匹配电路以及（一般的）有源校准方案才能达到预期的性能。

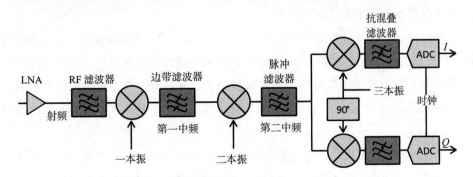

图 14-12　具有基带数字化功能的脉冲相干接收机框图

14.11 脉冲相干中频数字化接收机

更现代的相干接收机采用数字下变频。其典型框图如图 14-13 所示。

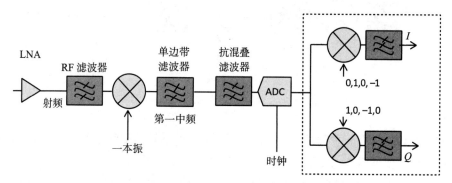

图 14-13 具有中频数字化功能的脉冲相干接收机框图

如前所述，前端的低噪声放大器（LNA）通过高增益来控制系统的噪声系数使噪声对各级电路影响最小，放大后的信号被单级不变频电路转换为高中频（通常为几 GHz）。经过单边带滤波器、抗混叠滤波器后，由高速 A/D 转换器（ADC）进行数字化。I 路和 Q 路信号的形成以及所有后续滤波都是在由用户自己定义功能的数字电路中实现的，如 FPGA 或可编程处理器，一般来说首选 FPGA，因为它可以以相对较低的功率消耗来提供高吞吐量的数字处理，不过不同系统可能采用不同的方法。

这种设计极大地简化了所需的模拟电路，并且避免了对复杂困难的模拟设计。现在可以用数字方式（例如，在图 14-13 所示的虚线边界内）完成脉冲匹配滤波，并且可以轻松地对其进行重新配置以支持各种脉冲波形，包括调制脉冲和编码脉冲（用于脉冲压缩）。

这种设计的问题是需要非常高速的 A/D 转换器。根据奈奎斯特准则，采样率必须超过最大输入频率的两倍，因此如果中频为 2 GHz，则 A/D 转换器将以 4 GHz 或更高的频率运行。如果我们需要一个好的动态范围，这将是一个挑战；但是幸运的是，有一个巧妙的方法可以使用较慢的 A/D 转换器。

欠采样 奈奎斯特准则适用于周期性信号，但除了其频率成分外，对其结构没有特殊的要求。对于脉冲雷达接收机，信号具有某些可以利用的特殊特性，因此实际上我们可以使用比奈奎斯特准则要求慢的速度进行采样。

雷达信号由一个有限带宽的信号组成，该带宽由雷达的距离分辨率决定，如果分辨率为 150 m，则所需的理论信号带宽仅为 1 MHz。该信号被调制到射频载频，并在下变频后变为中频信号。我们可以将中频信号假定为纯载波频率，并在其上叠加有限的窄带调制。原则上只需以两倍的脉冲带宽而不是中频的两倍来采样此信号，因此可以使用较低速度的 A/D 转换器。

实际上这并不是那么简单，它的工作效果取决于滤波的质量。要使用欠采样技术，抗混叠滤波器就成了以中频为中心的带通滤波器，而不是通常所设想的低通滤波器。如果只需要这些，事情就会相对简单，但实际上，A/D 转换器复杂详细的电路特性通常是限制因素。实用的 A/D 转换器有最大输入频率，超过该最大输入频率就会超过内部电路的带宽。因此，即使输入的是经过适当滤波的中频信号，A/D 转换器的低通特性也会抑制有用信号。同以往一样，实际设计是各种因素之间的复杂权衡，但是欠采样是一种重要而有效的技术。

这种类型的现代接收机的示例如图 14-14 所示。

图 14-14　具有中频数字化功能的实际脉冲相干接收机。下变频器和滤波组件位于上侧，数字组件位于下侧（由 SelexES 提供）

14.12　多通道接收机

大多数机载雷达采用几个并行的接收通道，早期的设计将这些技术用于单脉冲跟踪，在两个精确匹配的接收机中比较信号，并使用差值计算角度跟踪误差。

这种技术仍然被广泛使用，但是由于难以达到所需的性能，很少有人能找到精确匹配的模拟接收机。更多的现代设计是使用主动校准技术来测量和纠正误差，因此更加稳定和准确。

单脉冲接收机　这是最常见的类型，使用两个（或者三个）平行接收机：一个用于主天线和通道输出，另一个用于方位角和俯仰角差通道输出。在双通道设计中，方位角和俯仰角的差信号是时间复用的。单脉冲接收机通常是单通道接收机的直接复制。

保护通道接收机　在一些雷达中，在天线主瓣和旁瓣回波之间设置了一个保护通道。这里还要求主通道接收机和保护通道接收机在时间、幅度和频率方面保持良好的匹配，以便进行准确的比较，并抑制不需要的信号。最精密的保护系统将保护通道输出的幅度和相移量添加到求和通道中来进行对消，以消除不需要的信号，例如干扰机的干扰信号。

多通道接收机　这种思想可以扩展到具有数十甚至数百个通道的系统。自适应旁瓣对消是一种通用的保护信道对消方法，可以同时处理多个干扰信号，也可以扩展到杂波信号的对消。接收机阵列之间良好的均衡性是很重要的，因为当对消信号时，任何不均衡都会降低系统处理不需要的外部信号的能力。

多通道接收机的终极目标是为电子扫描阵列中的每个天线单元配备一个单独的接收机，这可以提供巨大的灵活性，虽然代价是大量的数字信号处理（以及成本）。这种方法目前对于大多数机载雷达仍然不切实际（尽管在一些天线单元数量有限的低频雷达中应用这种方法），但未来可能会变得越来越普遍。

14.13　特殊类型接收机

本节主要介绍两种特殊的雷达接收机。

调频连续波接收机　本章的大部分讨论都是关于脉冲接收机的，因为脉冲接收机是目前机载雷达中最常见的一种，主要是因为大多数机载雷达在发射和接收时共用相同的天线。然而，一些小雷达通常使用独立的发射和接收天线，因此能够使用连续波传输。实际上几乎所有这种雷达都采用调频连续波（FMCW），其中调制频率用于测距。

这种类型接收机的设计与前面讨论的相干脉冲设计差别不大，主要的区别在于现在的滤波是由调频带宽而不是脉冲带宽来定义的，在其他方面它们非常相似。

展宽式接收机　展宽式接收机是一种特殊类型的接收机，通常用于超高距离分辨率的雷达，例如合成孔径测绘雷达。展宽式接收机的结构使得带宽相对较小的接收机可以提供更宽的实际带宽。

如何实现这个技巧呢？其思路是交换时间和频率。展宽式雷达发射线性调频脉冲，其中载波频率在发射总带宽的范围内线性上升。例如，X 波段雷达可能会在 100 μs 的时间内将载波频率从 8 GHz 提升到 10 GHz，从而提供 2 GHz 的总带宽。但是，如果我们的接收机只有 100 MHz 的带宽，我们该如何应对？

解决方案是在回波信号预期的到达时间内，第一本振信号的变化率与发射信号的变化率相同，使得回波与本振信号频率的斜率平行，这样两个信号的差频保持恒定（对于相同距离上的回波信号而言），因此改变距离会导致第一个混频器产生不同的频率。如果正确完成此操作，则从混频器产生的信号带宽将保持在接收机的总带宽之内，从而可以通过对信号输出进行频率分析来实现非常精细的距离分辨率。局限性在于它只能在有限的范围内工作。

将时间转换为频率的技巧很容易在接收机中实现，（在相干接收机中）仅需要确保前端具有足够的带宽以传递完整信号，并能够适当地保持第一个本振信号的斜率。大多数复杂度取决于信号的产生和时序，而接收机几乎保持不变。

14.14　小结

雷达接收机的设计需要进行复杂的权衡。雷达接收机必须在有限的空间内达到很高的动态范围、低噪声系数和高频谱纯度，并且在许多情况下受限于基本物理极限。想要在雷达载波频率上进行简单而优雅的数字化设计，除了最简单的雷达外，对所有的雷达来说都是不切实际的，而且很可能一直如此。

实际的接收机设计都采用了某种形式的下变频，而滤波设计通常是决定接收机性能的关键因素。滤波必须在射频、中频处进行，以实现抗混叠和匹配滤波。

A/D 转换技术起着关键作用，现代设计允许越来越多的滤波以数字的方式完成，从而使系统更加稳定，并可以重复进行。其代价是对 A/D 转换器提出了非常严格的要求。

扩展阅读

H. T. Friis, "Noise Figures of Radio Receivers," Proceedings of the IRE, pp. 419–422, July 1944.

D. O. North, "An Analysis of the Factors which Determine Signal/Noise Discrimination in Pulsed Carrier Systems," Proceedings of the IEEE, Vol. 51, No. 7, pp. 1016–1027, July 1963.

P. P. Vaidyanathan, "Generalizations of the Sampling Theorem: Seven Decades after Nyquist," IEEE Transactions Circuits Systems I, Vol. 48, No. 9, September 2001.

H. Nyquist, "Certain Topics in Telegraph Transmission Theory," Transactions of the AIEE, Vol. 47, pp. 617–644, January 1928 (reprinted in Proceedings of the IEEE, Vol. 90, No. 2, pp. 280–305, February 2002).

J. B. Tsui, Digital Techniques for Wideband Receivers, SciTechIET, 2004.

M. I. Skolnik (ed.), "Radar Receivers," chapter 6 in Radar Handbook, 3rd ed., McGraw Hill, 2008.

J. B. Tsui, Special Design Topics in Digital Wideband Receivers, Artech House, 2009.

A-10 雷电 II 攻击机 (1977 年)

A-10 被称为"疣猪"，这是第一批飞行员给它起的绰号，因为它的外表不够引人注目。 围绕它的主要武器（GAU-8 复仇者，一个巨大的 30 mm 旋转加农炮），A-10 是专门为地面部队提供近距离空中支援而设计的。 其在低空的慢速机动能力，使其相比于比较快的喷气式飞机来说，更具有盘旋能力，可以更为准确地瞄准目标，虽然强大的机身和三重冗余系统使其格外困难。

Chapter 15

第 15 章 | 距离测量与距离分辨率

E-3D "哨兵" 预警机 AEW.1

迄今为止，最广泛使用的距离测量方法是脉冲延迟测距，它很简单并且可以非常精确，易于进行精确的时序测量。然而它没有直接的方法来确定接收回波属于哪个发射脉冲，因此测量在某些程度上是存在模糊的。

本章将详细介绍脉冲延迟测距，以了解如何实际测量目标距离并探讨测距模糊的本质。我们将看到如何在低脉冲重复频率（PRF）下避免模糊，并在较高 PRF 上解决模糊；然后我们将讨论称为"重影"的第二种类型的模糊，并研究如何消除它们；最后我们将简要介绍在单目标跟踪和使用电子扫描天线跟踪期间如何测量距离。

15.1 脉冲延迟测距

距离测量 绝大多数雷达采用脉冲工作方式，其中单个天线在发射和接收之间分时共用。脉冲雷达可以通过测量每个发射脉冲与接收目标回波之间的时间延迟来直接确定目标的距离（见图 15-1），往返时间除以 2，就可以得到脉冲到达目标所花费的时间。这个时间乘以传播速度即为目标的距离，其数学表达式为：

$$R=ct/2$$

其中，

R——距离

c——传播速度（光速）

t——往返传输时间

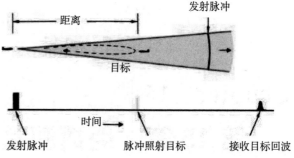

图 15-1　目标距离是通过测量发射脉冲和接收目标回波之间的延迟时间来决定的

通常，空气中的传播速度与真空中的光速（约为 3×10^8 m/s）相同。尽管在本书中我们经常使用公制单位，但雷达通常以其他单位显示距离，例如 n mile（海里，1 n mile = 1 852 m）。

一个有用的经验法则是：10 μs 往返传输时间对应 1.5 km 的距离。

如果你想更精确地计算距离，在第 4 章中给出了各种距离单位的光速。实际测量距离的方式随雷达的类型而变化。

简单模拟雷达　在早期的雷达中，包括今天仍在使用的许多雷达，目标距离是由操作员在显示屏上直接测量得的。在第二次世界大战期间，这种方法用简单的 A 型显示器获得了最生动的显示。A 型显示器使用了阴极射线管（CRT），在 CRT 中电子束反复扫过其表面（见图 15-2），在每次雷达发射脉冲时 CRT 开始新的扫描，在整个脉冲间周期内以恒定速率移动，并在该周期结束时再次"飞回"起点。每次扫描都称为距离扫描，光束跟踪的线称为距离跟踪。当接收到目标回波时它会偏转光束，导致距离轨迹上出现一个尖头脉冲。从轨迹开始到尖头脉冲的距离对应发射和接收之间的时间延迟，从而指示目标的距离。（随着强方向性雷达天线的采用，开始采用熟悉的圆形平面位置指示器类型的显示器，可以同时显示距离和角度；在这种情况下从尖头脉冲到中心的距离表示目标距离。）

复杂模拟雷达　雷达发展的下一阶段引入了距离门（又称距离波门）的概念，通过将接收机输出加到称为距离门的一组开关电路来测量距离（见图 15-3）。对应连续的距离增量单元，距离门依次打开，如 1 号波门，2 号波门，等等。目标距离是通过记录回波通过哪个波门或相邻的波门来确定的。

采用足够多的距离门来覆盖整个脉冲周期或感兴趣的距离范围，尽管该设计在当时是一个重大进步，但已被数字系统的出现所取代。

近似测距时间

距离单位	测距时间 /μs
1 n mile	12.4
1 mile	10.7
1 km	6.67
1.5 km	10.0

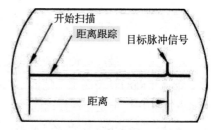

图 15-2　在简单的模拟雷达中，在操作员的显示器上测量距离。这里展示的是第二次世界大战时期雷达的 A 型显示器

数字雷达 采用数字信号处理时的距离测量在本质上与模拟雷达测距的方法相同，这是所有现代雷达中的标准测距方式。

雷达周期性地采集接收机视频输出的振幅（见图 15-4），并将其转换为数字形式。将采样保持电路与模数（A/D）转换器结合使用，可以在每个距离间隔上获得接收机输出的瞬时电平。这些量化数值存储在距离单元中，以用于后续的信号处理。在感兴趣的距离范围内，每一个距离增量都有一个单独的距离单元。

如第 2 章所述，若将接收到的信号转换为视频后使用多普勒滤波，接收机必须提供同相（I）和正交（Q）输出。因此在数字多普勒雷达中每个距离增量都会存储两个数值，这两个数值共同对应模拟系统中单个距离门通过的回波。（更多的现代系统可能采用

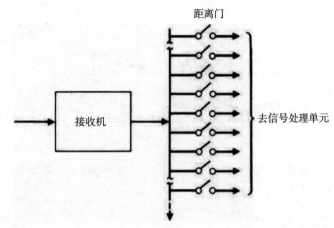

图 15-3 在复杂的模拟雷达中，距离门按顺序打开（开关关闭）。距离由目标回波通过的门来决定

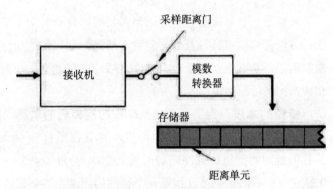

图 15-4 在数字雷达中，接收机输出通过距离门周期性采样。转换成一个数值后，每个样本都存储在一个单独的距离单元中

第 14 章中所述的更快的采样系统和数字下变频，但是，就本章所讨论的主题，这些更高级的技术与较老的方法是等价的。）

距离分辨率 采样间隔通常取决于脉冲宽度 τ（见图 15-5）。增大采样间隔可以降低系统的复杂性，但会导致信号丢失，并将进一步降低雷达的目标距离分辨能力。

为了实现脉冲的全部分辨潜力以及能够进行更精确的距离测量，可以在比脉冲宽度短得多的时间间隔内取样（见图 15-6），然后通过在相邻距离单元间进行数字插值来确定距离。例如，如果两个相邻距离单元中的数字相等，则假定目标位于两个距离单元所代表距离的最中间。基于采样率、信噪比和脉冲宽度，测量可以非常精确。

较高的采样率还可以最大限度地减少目标回波部分落入上一个采样间隔和部分落入下一个采样间隔时出现的信噪比损失，这种损失被称为距离门跨越损耗。实际上这种损失取决于所选的采样率和雷达脉冲滤波的特性（如第 14 章所述）。

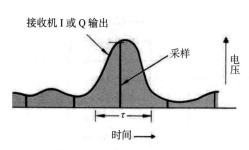

图 15-5　视频信号一般按脉冲宽度 τ 的顺序进行采样

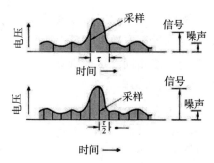

图 15-6　为了能够更准确地测量和尽量减少信噪比损失，可以在比脉冲宽度更短的时间间隔内采样，然后通过在采样值之间插值来计算取样范围

15.2　距离模糊

只要雷达能够探测到的最远距离目标的往返时间小于脉冲重复间隔，那么用脉冲延迟测距的方法便切实可行，且毫无问题。但是，如果雷达探测到一个目标的传输时间超过了脉冲重复间隔，那么在发射下一个脉冲之后，就可能会接收到前一个脉冲的回波，目标会错误地出现在比实际距离短得多的距离上。

模糊的本质　为了更准确地理解距离模糊的本质，让我们考虑一个具体的例子。假设脉冲重复周期 T 对应 50 km 的距离，并且在距目标 60 km 处接收到回波（见图 15-7）。该目标的延迟时间将比脉冲间隔时间长 20% 因为（60/50 = 1.2）。因此，直到发送第二个脉冲 $0.2T$（μs）后，才会接收到第一个脉冲的回波；直到发送第三个脉冲 $0.2T$（μs）后，才会接收第二个脉冲的回波，以此类推。

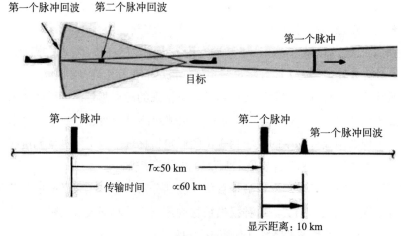

图 15-7　如果脉冲重复间隔对应 50 km，传输时间对应 60 km，则目标距离似乎只有 10 km

如果利用接收回波的时间与最近一个脉冲发送的时间差来测距，则目标将看起来只有 10 km（即 0.2×50 km）。实际上，无法直接判断目标的真实距离是 10 km、60 km 还是 110 km

或 160 km（见图 15-8）。出现这种情况的原因很简单，因为对雷达接收机而言，所有回波脉冲看起来都完全一样。

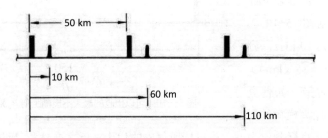

图 15-8　没有直接的方法可以判断真实距离是 10 km、60 km 还是 110 km

不仅如此，只要存在一种可能性：在大于 50 km 的范围内探测目标，雷达所探测到的所有目标的观测距离都将是模棱两可的，即使它们的真实距离可能小于 50 km。换句话说，如果雷达显示屏上任意一处目标亮点指示的距离大于 50 km，则每个目标亮点指示的距离均不明确，无法确定哪个尖峰代表较大距离的目标（见图 15-9）。因此，距离几乎总是模棱两可的，这一点经常被忽略。

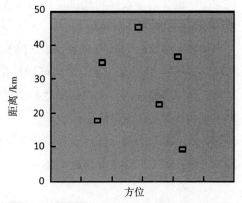

图 15-9　出现在该雷达显示屏上的任何目标的真实距离可能大于 50 km，因而所有距离都不明确

这在设计用于检测小型（低 RCS）飞机的军用雷达中可能是一个特殊问题。这样的雷达非常灵敏，由此它还可以接收来自更远距离的大型商用飞机的回波，由于距离模糊，它们可能被误判为近距离的小型目标。

单个目标回波的距离模糊程度取决于传播时间跨过的脉冲周期数，也就是说，它是通过记录发射脉冲与回波脉冲之间的脉冲重复间隔（例如，一个、二个、三个、四个）来确定的。在第一个脉冲重复间隔期间接收到的回波称为一次周期回波，在随后的周期中接收到的回波称为多次周期回波（MTAE）。

最大不模糊距离　对于给定的 PRF，可以接收到单次回波的最大距离称为最大不模糊距离（或者称为不模糊距离），通常用 R_u 表示。由于此时的信号往返传输时间等于脉冲重复周期，则有

$$R_u = cT/2$$

其中，

R_u——最大不模糊距离

c——电磁波传播速度

T——脉冲重复间隔

由于脉冲重复周期等于 1 除以脉冲重复频率 f_r，R_u 的另一个表达式是

$R_u = c/(2f_r)$

一个有用的经验法则是：R_u（单位为 km）等于 150 除以 PRF（单位为 kHz）（见图 15-10）。例如，如果 PRF 为 10 kHz，则 R_u 为 150/10（km）= 15（km）。

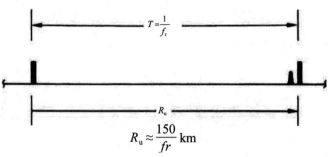

图 15-10　可以接收的最大不模糊距离 R_u 对应脉冲周期 T

距离模糊的对策　如何处理距离模糊取决于距离模糊的严重程度和误将远距离目标判定为近距离目标所付出的代价（反之亦然）。反过来，模糊严重程度取决于目标最大作用距离和脉冲重复频率（PRF）。通常，PRF 是由距离测量以外的因素所决定的，例如为杂波抑制提供足够的多普勒分辨率的需要。当然，不解决距离模糊的代价取决于雷达的具体工作情形。

显然，足够低的脉冲重复频率（PRF）能够使最大不模糊距离（R_u）超出任何需要检测目标的最远探测距离，从而消除可能存在的距离模糊（见图 15-11）。尽管把 PRF 设置为相对较低是可以接受的，但由于雷达截面积较大的目标可以在很远的距离内被探测到，所以将 PRF 设置得如此之低可能不切实际。

另外，对于预期的使用条件，检测到如此大目标的可能性很小，有时将它们误认为是近距离目标的后果可能并不那么重要。

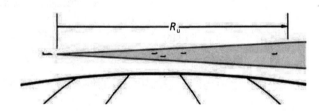

图 15-11　通过使 R_u 大于可以检测到任何目标的距离，就可以完全避免距离模糊

15.3　消除模糊回波

如果处在最大不模糊距离以外的目标不是我们所关注的，我们可以舍弃最大不模糊距离以外的目标回波（见图 15-12）。这个技术看似很难，实际上实现起来相对容易。

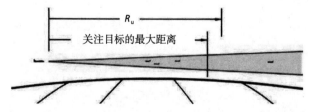

图 15-12　如果 R_u 大于所关注目标的最大距离，则可以通过消除大于 R_u 距离的所有回波来解决模糊问题

一种技术是 PRF 抖动（见图 15-13）。PRF 的任何变化都会导致 R_u 的变化。

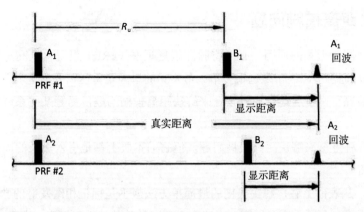

图 15-13　在 PRF 抖动时，如果改变 PRF，超出最大不模糊距离 R_u 的显示距离会相应变化：表明该目标是距离模糊的

因此，比 R_u 近的目标回波将始终出现在前一个发射脉冲的同一个时延之处；而比 R_u 远的目标回波将出现在前一个发射脉冲的不同时延之处。换句话说，近距离目标总是出现在同一个距离单元中，而远距离目标则会出现在对应脉冲的不同距离单元中。由于大多数实际雷达在目标接通时间内采用多脉冲积累技术，近距离目标比远距离目标积累效益更大，从而可以将它们区分开来。当然，这意味着需要提高雷达的检测门限，其代价是灵敏度降低。图 15-14 给出了这种效果的简单示例，其中使用了两个 PRF。

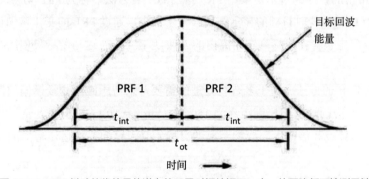

图 15-14　PRF 抖动的代价是将潜在的积累时间缩短了一半，从而降低了检测灵敏度

更好的技术是以区分的方式标记脉冲，最简单的方法是每个脉冲以不同的载频发射。实际上，这增加了 R_u，其有效的 PRF 是由相同发射频率的脉冲间隔确定的。这种称为频率捷变的方法非常有效，因为在每个有效周期内，雷达接收机仅对应发射脉冲的载频进行调谐。较远距离目标的回波具有不同的载频，并在接收机中被滤除。这种方法需要更复杂的发射机和接收机，但消除了与 PRF 抖动技术相关的损耗，如图 15-15 所示。

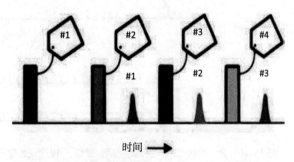

图 15-15　通过标记发送的脉冲，我们可以知道每个脉冲回波属于哪个发送脉冲；但是，除了频率调制之外，标记已被证明是不切实际的

15.4 解决距离模糊问题

出于某些与测距无关的原因，必须将脉冲重复频率（PRF）设置得很高，这样所关注目标的距离要比 R_u 远得多，经常是远很多倍。最常见的原因是雷达需要测量多普勒频率以抑制杂波。在这种情况下，雷达通常通过设计来解决距离模糊问题，尽管某些系统可能采用仅速度检测模式。

可以采用各种方法来解决距离模糊问题，但它们本质上都是引入更长的周期性来获取更长的不模糊距离。

标记脉冲 从表面上看，解决模糊的最简单方法似乎是标记相继发射的脉冲，即在某些更长的周期性模式（会增大模糊程度）中改变（调制）某些特性（幅度、宽度或频率）。通过寻找目标回波的相应变化，我们可以确定每个回波属于哪个发射脉冲，从而解决距离模糊问题。

但是由于某些原因，例如调幅情况下的机械故障、脉宽调制情况下的重叠（当雷达在发射而接收机不工作时，回波被部分接收或整体被屏蔽）和距离门跨越，这些方法中只有一种被证明是可行的——频率调制（参见第 17 章）。当与多普勒处理相结合用于空对空应用时，这种方法可能会非常复杂。同样，早期的模拟设计具有严重的局限性，主要是难以精确地重现所需的频率调制，在现代系统中，数字波形技术的出现在很大程度上解决了这一问题。

多 PRF 常用的解模糊技术是采用 PRF 抖动的扩展方法，称为 PRF 切换。它在 PRF 抖动之后，考虑当 PRF 改变时目标的显示距离改变了多少。通过 PRF 的变化量和目标显示距离的变化量，可以确定包含在目标真实距离内的 R_u 的总次数 n，这与游标尺使用的原理本质上完全相同。

举例说明确定 n 的方法。由于多普勒处理的需要，未考虑距离测量模糊的情况下，假定 PRF 为 15 kHz，对应的最大不模糊距离为 150/15（km）= 10 km。但是，雷达必须探测至少 75 km 的目标，或接近 8 倍最大不模糊距离的目标。毫无疑问，雷达还将探测到超出上述距离的目标。

当然，所有目标的显示距离将在 0 ～ 10 km 之间（见图 15-16）。为覆盖 10 km 的量程，采用 40 个距离量化单元，每个单元代表 250 m。

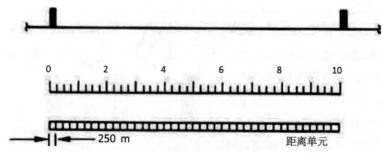

图 15-16 为了跨越 10 km 的测距间隔，提供了 40 个测距单元，其中每个单元代表 0.25 km 或 250 m 的距离增量

如果目标出现在 24 号距离单元中，则代表的距离为 24×0.25 km= 6 km（见图 15-17）。因此，我们推测目标可能的距离为：

6 km

$(10+6)\,km=16\,km$

$(10+10+6)\,km=26\,km$

$(10+10+10+6)\,km=36\,km$

$(10+10+10+10+6)\,km=46\,km$

$(10+10+10+10+10+6)\,km=56\,km$

为获得真实距离，我们切换到第二个 PRF 工作。为了使说明简单，我们将假定此 PRF 刚好比第一个 PRF 低一点点，从而使最大不模糊距离比第一个大 250 m（见图 15-18）。

当切换 PRF 时，目标的显示距离取决于目标的真实距离。如果真实距离为 6 km，则切换开关动作不会影响显示距离，目标将保留在 24 号距离单元中。

但如果目标真实距离大于最大不模糊距离 R_u，则每覆盖一次最大不模糊距离，目标的显示距离将向左移动 1 个距离单元，如图 15-19 所示。对于此处使用的 PRF，n 等于目标移动的距离单元数量。

解算距离　我们可以解算出目标的真实距离，方法是：① 计算目标移动的距离单元数量，② 将这个数量乘以 Ru，③ 将结果加上显示距离。

假设目标从 24 号距离单元（显示距离为 6 km）移动到 21 号距离单元，即存在 3 个距离单元的跳跃（见图 15-20），那么目标的真实距离为 $3\times10\,km+6\,km=36\,km$。

实际系统不会如此机械化地使用间隔不大的脉冲重复频率（PRF），但原理是相同的。

综上所述，我们可以得出以下

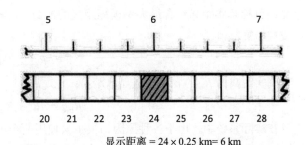

显示距离 $= 24 \times 0.25\,km = 6\,km$

图 15-17　出现在 24 号距离单元中的目标，显示距离为 6 km

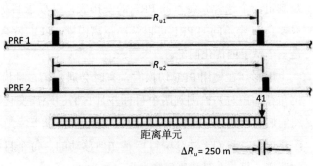

图 15-18　改变 PRF 使 R_u 增大 250 m

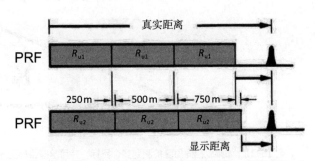

图 15-19　对于 R_u 包含在真实距离内的每个时间，当切换 PRF 时，显示距离将减小 250 m

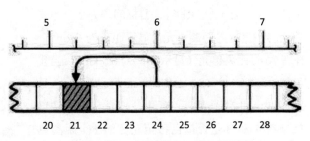

图 15-20　如果目标跳跃 3 个距离单元，则真实距离是 $3 \times 10\,km$ + 6km = 36 km

结论：目标真实距离包含最大不模糊距离的次数 n，等于显示距离的差值除以两个 PRF 带来的模糊距离差值。

$$n = \Delta R_{apparent} / \Delta R_u$$

真实距离为 R_u 的 n 倍加上显示距离：

$$R_{true} = nR_u + R_{apparent}$$

在实际系统中，由于各种原因，很少只使用两个不同的脉冲频率，主要原因是避免盲区。这种情况每隔一段时间发生，因为在脉冲发射过程中，雷达接收机必须被切断（被屏蔽）。为了避免这种周期性的盲区，可以采用不同的 PRF 来移动这些盲区。即保证目标在一个 PRF 上被屏蔽，而在另一个 PRF 上没有被屏蔽。但是，这种现象使解模糊机制无法正常工作。对策是制定一个包含 n 种不同 PRF 的安排表，并要求目标在较小的 m 种 PRF 组合上清晰可测。只要有 m 个不同的 PRF 可以解决距离模糊，我们就有了针对该问题的解决方案。实际上，这是一个棘手的优化问题。

重影 在使用 PRF 切换时，有时会遇到第二种模糊，称为重影。当同时（即在相同的方位角和仰角时）检测到两个目标并且它们的距离变化率几乎相等，以致无法根据多普勒频移将它们的回波分开（见图 15-21）。在这种情况下，当 PRF 切换且一个或两个目标移至不同的距离单元，我们无法分辨目标是如何移动的。每个目标似乎都有两个可能的距离，一个是真实距离，另一个是重影距离。

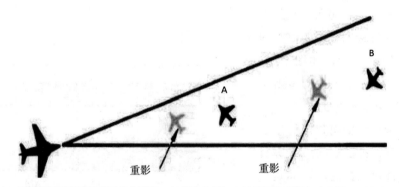

图 15-21　如果以相同角度检测到多个目标，并且这些目标无法根据多普勒频移分辨，则会出现重影问题

重影举例 图 15-22 显示了上面提到的位于同一组距离单元中的两个目标——A 和 B。当雷达工作在第一个 PRF 时，目标间隔为 2 个距离单元：A 在 24 号距离单元（显示距离为 6 km）；B 在 26 号距离单元（显示距离为 6.5 km）。当我们切换到第二个 PRF 工作时，目标出现在 22 号距离单元和 24 号距离单元中。但是我们无法直接判断 A 和 B 是否都已移至左侧的 2 个距离单元中，或者 A 是否仅停留原地而 B 是否已左移

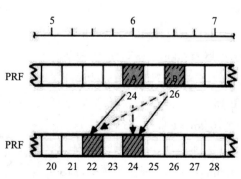

图 15-22　切换 PRF 后，是目标 A 和 B 分别移至 22 号和 24 号距离单元，还是目标 A 留在原处？

4 个距离单元并位于 22 号距离单元中。

因此，每个目标都有两个可能的真实距离（见图 15-23）。如果 A 和 B 都移动了 2 个距离单元，则真实距离为：

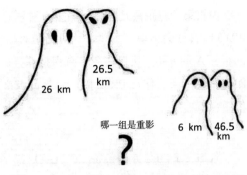

目标 A：(2×10) km + 6 km = 26 km

目标 B：(2×10) km + 6.5 km = 26.5 km

另外，如果 A 原地停留，B 移动 4 个距离单元，则

目标 A：(0×10) km + 6 km = 6 km

目标 B：(4×10) km + 6.5 km = 46.5 km

两对距离之中有一对是重影。

图 15-23 图 15-22 中所示的每个目标都有两个可能的真实距离

重影识别 可以通过切换到第三个 PRF 来识别重影（见图 15-24）。为了简化说明，我们假定 PRF3 比 PRF1 高，且最大不模糊距离刚好比 PRF1 减小 250 m，也就是说将其缩短 1 个距离单元（从 40 号到 39 号距离单元）。因此，当使用 PRF3 时，对任一目标，真实距离每超过一次最大不模糊距离，其回波位置都会较 PRF1 工作时右移 1 个距离单元。即与使用 PRF2 工作时左移的距离单元数相同。

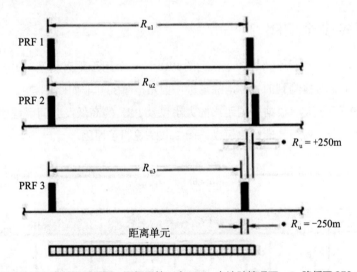

图 15-24 为了识别重影，添加了第三个 PRF。在这种情况下，R_u 降低了 250 m

假设我们切换到 PRF3，目标出现在 26 号和 28 号距离单元中（见图 15-25）。两对距离哪一对是重影呢？

从图 15-25 中可以看到，26 号距离单元位于 A 最初占据的距离单元右边 2 个单元处。同样，28 号距离单元位于 B 最初占据的距离单元右边 2 个单元处。因为当我们较早切换到 PRF2 时，一个目标出现在最初被占用的 A 距离单元左侧 2 个位置处，另一个目标出现在最初被占用的 B 距离单元左侧的 2 个位置，因此得出结论：两个目标的真实距离分别是 26 km 和 26.5 km，而另一对距离是重影。

如果第一对距离是重影，而第二对距离（6 km 和 46.5 km）是真实距离，则考虑切换到 PRF3 时目标会出现在哪里，这可能是有启发性的。在这种情况下（见图 15-26），由于 6 km 的目标 A 的 $n=0$，所以它会一直保持原样。由于 40 km 时 $n=4$，因此目标 B 会向右移动 4 个距离单元，当工作在 PRF2 时，目标回波必须向左移动相同的距离（对于这些特定的 PRF 取值组合）。

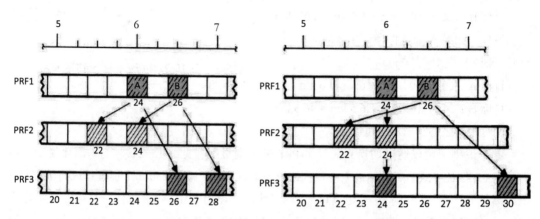

图 15-25 当雷达切换到 PRF3 时，目标跳到 26 号距离单元和 28 号距离单元。两个目标的 n 值必须为 2

图 15-26 如果 A 的真实距离为 6 km，那么当雷达切换到 PRF3 时它会保持原状，而 B 会向右跳 4 个位置

15.5 需要多少个 PRF？

到目前为止，似乎需要不超过 3 个以上的 PRF：一个用于距离测量，另一个用于解决距离模糊，第三个用于对检测到的目标消除重影。但是，事实并非如此。

解决模糊的 PRF 数 根据探测距离的大小以及 PRF 的高低及其间隔程度，可能需要多个 PRF（包括第一个在内）才能解决模糊。图 15-27 说明了原因。

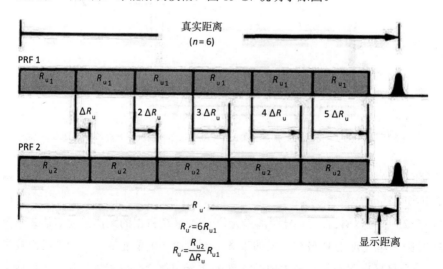

图 15-27 在此描述的距离不再通过在两个 PRF 之间切换来解决距离模糊。 由于 $5R_{u2}=6R_{u1}$，因此在切换 PRF 时显示距离不会改变。$R_{u'}$ 是该 PRF 组合的最大不模糊距离

在该示例中，对于 PRF1，真实距离是最大不模糊距离的 6 倍。很明显，两个 PRF 之间的不模糊距离差 ΔR_u 恰好满足以下条件：PRF1 对应的不模糊距离的 6 倍，等于 PRF2 对应的不模糊距离的 5 倍。因此，对于此处假定的目标距离（见图 15-28），当切换 PRF 工作时，目标显示距离保持不变，就像 $n=0$ 一样。

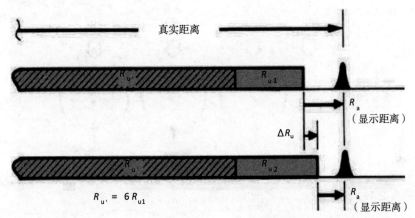

图 15-28　如果真实距离增加到超过 R_u'，则当切换 PRF 时，显示距离将改变，但（在这种情况下）仅改变对应于 $(n-6)$ 的量

如果真实距离 R_{ture} 足够长，可以使 $n=7$ 或更大，则当切换 PRF 时，目标的显示距离 R_a 将再次发生变化，但是该变化将仅指示 n 超过 6 的数量。这种特定的 PRF 组合扩展了最大不模糊距离，但达到 PRF1 不模糊距离的 6 倍后就不再进一步扩展（见图 15-29）。

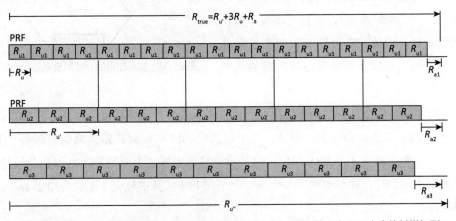

图 15-29　正如添加第二个 PRF 会增加从 R_u 到 R_u' 的不模糊距离一样，添加第三个 PRF 也会将其增加到 R_u''。对于 R_{u1}、R_{u2}、R_{u3} 和显示的任何一种组合，只有一个是可能的真实距离。它由三个显示距离 R_{a1}、R_{a2} 和 R_{a3} 的值唯一地表示

实际上，对于真实距离 R_{true} 的一般表达式为：

$$R_{true}=n'R_{u'}+nR_u+R_a$$

其中，$R_{u'}$ 是两个组合 PRF 的不模糊距离，n' 是真实距离包含 $R_{u'}$ 的次数，为了找到 n' 的值，我们必须切换到第三个 PRF。

借助图 15-29，可以看出，对于每个添加的 PRF，组合的不模糊距离增加的比率为（1）

添加的 PRF 的模糊距离 R_u 值除以（2）该 R_u 值与前一个 PRF 对应不模糊距离的差值（见图 15-30）。因此，如果三个 PRF 对应的不模糊距离分别为 3 km、4 km 和 5 km，则组合的不模糊距离是（3/1×4/1×5/1）km = 60 km。那么，解决距离模糊需要多少个 PRF，取决于所需的最大不模糊距离和各个 PRF 的 R_u 值。

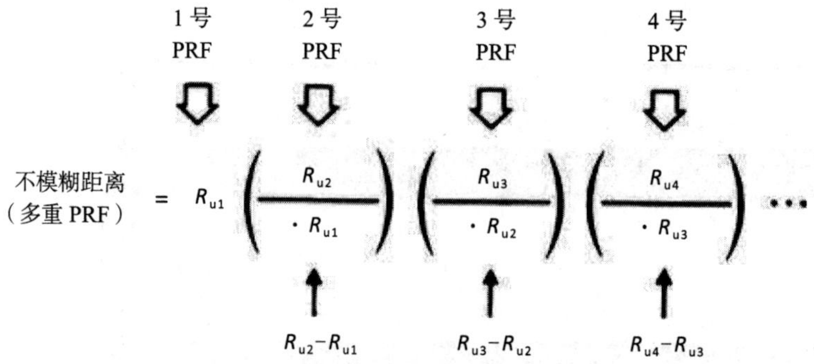

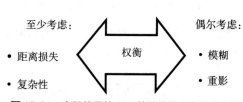

图 15-30　对于每一个额外的 PRF，组合的不模糊距离成比例增加，该比例即所添加的 PRF 的不模糊距离 R_u, 与它和前一个 PRF 的 R_u 之差的比值

消除重影的 PRF 数量　去除重影可能需要更多的 PRF。为了能够对两个以上检测目标的观察距离同时去重影，必须为每一个附加的目标增加一个 PRF。这样，如果单个 PRF 用于解决距离模糊问题，则采用 N 个 PRF 的雷达可以同时测量 $N-1$ 个目标的距离。

权衡　与 PRF 抖动一样，PRF 切换同样要付出代价。每个附加的 PRF 不仅减少了积累时间（因此减小了探测距离），而且还增加了机械设备的复杂性。因此，实际使用的 PRF 数量是成本、不模糊距离以及解决重影等问题的折中（见图 15-31）。

至少考虑：
• 距离损失
• 复杂性

权衡

偶尔考虑：
• 模糊
• 重影

图 15-31　实际使用的 PRF 数量总是一个折中方案

PRF 的最佳数量自然会随具体应用而变化。对于大多数战斗机雷达而言，所需的 PRF 足够低，使得 PRF 切换成为可能。通常，一个附加的 PRF 可以解决距离模糊，而另一个 PRF 则用于消除重影，总共 3 个 PRF 即可。但是由于其他因素（主要是盲区消除和杂波抑制），通常需要更多的 PRF，并且会使用 8 个或 9 个不同 PRF，其中任何 3 个组合用于解决距离模糊和消除重影。

测量精度　在 PRF 切换的设计中，距离单元的大小至关重要。在单个 PRF 中，测量距离越精确，越容易解决距离重影问题。但与以往一样，这也是一个折中方案：目标通常会在雷达驻留期间移动，并且如果距离门太小，则目标回波会跨越多个距离门，从而降低了灵敏度并进一步使测距复杂化。此外，信噪比也会影响距离测量的准确性。在设计 PRF 切换工作系统时必须仔细考虑这些因素。通常，实际雷达将加入附加 PRF 以确保其解决距离模糊的机制稳健、可靠。

15.6　增强型脉冲标记（高 PRF 距离门）

综合采用调频（FM）测距和常规的距离门选通是一种非常有效的技术手段。调频设计的局限性在于它们具有相对较差的距离分辨率，在高 PRF（HPRF）设计中（选择 PRF 以允许进行不模糊多普勒处理），其分辨率通常与 R_u 具有相同的数量级，可能只有 2 km 或 3 km。此时，更精确地测量距离并把空间上紧邻的目标区别开来显得尤为迫切。

在距离门 HPRF 设计中，这是通过在多个距离门上并行执行调频测距来实现的。基于调频测距可以实现比 R_u 更好的精度，在解决距离模糊的基础上，目标的精准距离等于跨越 R_u 的倍数再加上调频测距所获得的精细距离门测量值（见图 15-32）。

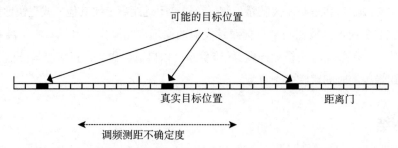

图 15-32　这种距离选通的 HPRF 是使用调频测距系统精确测量距离的一种方法

15.7　单目标跟踪

在单目标跟踪过程中，距离测量从两个方面得到了简化。

首先，仅需提供两个相邻的距离门（见图 15-33）。发射脉冲和打开距离门之间的时间延迟可以自动调整，以使两个距离门的输出相等，从而将它们对准目标。通过测量此延迟，可以精确确定目标的显示距离。在数字雷达中另一种更常用的技术，是对相邻距离门的输出进行插值，以获得相似的结果。

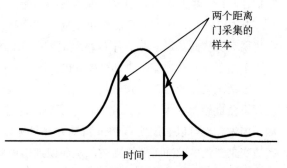

图 15-33　对于单目标跟踪，仅需要两个距离门。通过定位它们来使其输出相等，它们以目标为中心

其次，一旦解决了目标的距离模糊问题，就无须解决其他模糊问题。只需在显示距离上保持连续跟踪，就可以实现准确的跟踪。

但是，值得注意的是：这些技术可能会受到欺骗性干扰的影响，即试图用虚假的干扰回波来偷偷替换距离门。这种虚假回波可以被延迟，诱使受害雷达跟踪它；虚假回波也可以被关闭，使受害雷达丢失跟踪目标。实际系统通常比此处所描述的更为复杂，因此它们不那么容易对付。

15.8 电子扫描雷达

电子扫描雷达正日益成为机载雷达的标准配置，这种系统所具备的快速控制波束能力带来了许多优势，包括在距离测量和模糊问题的解决等方面。

当搜索新的目标时，电子扫描雷达可以采用任意经典波形以及上述任意距离测量技术。它可能会选择使用不同的波形，例如不具备距离解码能力的未调制的 HPRF 波形。这种方法的优点是虽然波形更为简单，却可使得雷达更为灵敏。

如果使用简单的未调制波形来进行初始检测，则电子扫描雷达可在已有初始检测结果的基础上，在初始检测方向上进行回头检视或是集中更多的时间，并采用上述任何合适的波形和测距方法，更改波形和进行距离测量。这样可以在更远距离上比其他方式更快地建立航迹。

此外，航迹更新可以按照与单目标跟踪类似的原理进行操作。目标真实距离是确知的，仅需更新变化量，不需要解决模糊问题。航迹更新可以自适应优化，仅需测量一些基本信息。这样就可以用最少的时间跟踪多个目标。

15.9 小结

对脉冲延迟测距来说，可以通过测量发射脉冲与回波接收之间的时延来确定距离。在早期雷达中，测量是在显示屏的距离轨迹上进行的。在复杂的模拟雷达中，测量是通过打开一系列距离门而实现的。数字雷达通过对接收机输出进行周期性采样，将采样转换为数值并将它们存储在一组距离单元中来实现等效的功能。

发射脉冲往返时间等于脉冲重复周期的距离，称为最大不模糊距离（R_u）。较远距离的目标出现在真实距离减去最大不模糊距离整数倍的位置上。因此，只要探测目标的距离大于最大不模糊距离，其视在距离都是模糊的。

对距离模糊的处理方式取决于其严重程度及测量模糊的代价。如果 PRF 足够低，可以使最大不模糊距离远大于所关注的目标距离，通过丢弃最大不模糊距离以外的目标回波来避免测距模糊。也可以通过使用 PRF 抖动并在目标显示距离范围内寻找相应的抖动，或者使用频率捷变来消除多脉冲跨越的回波，从而识别出模糊距离。

如果使用高 PRF，则必须解决距离模糊问题，这可以通过在两个或多个 PRF 之间切换并测量显示距离的变化（如果有的话）来完成。

如果同时检测到两个或更多目标，则每个目标可能显示有两个可能的距离，其中一个是重影。可以通过切换到其他 PRF 来消除重影。

除了增加复杂度之外，使用多个 PRF 还会降低探测距离。PRF 的最佳数量是成本、偶尔不得不解决的距离模糊和重影之间的折中。

脉冲延迟测距和调频测距的组合可能会非常有效，前提是调频测距足够精确，以使其能够解决脉冲延迟测距的距离模糊。

需要记住的一些关系如下：① 距离与时间关系：10 μs 对应距离 1.5 km，12.4 μs 对应距离 1 n mile。② 最大不模糊距离为 R_u/km = 150 /（PRF / kHz）。③ 在使用 PRF 切换解决距离模糊问题时：

$$R_{true} = nR_u + R_a , n = \Delta R_a / \Delta R_u$$

扩展阅读

E. Aronoff and N. M. Greenblatt, "Medium PRF Radar Design and Performance," in D. K. Barton, CW and Doppler Radars, Vol. 7, Artech House, pp. 261–276, 1978.

S. A. Hovanessian, Radar System Design and Analysis, Artech House, 1984.

P. E. Holbourn and A. M. Kinghorn, "Performance Analysis of Airborne Pulse Doppler Radar," in Proceedings of the IEEE International Conference RADAR '85, Washington DC, pp. 12–16, May 1985.

A. M. Kinghorn and N. K. Williams, "The Decodability of Multiple-PRF Radar Waveforms," in Proceedings of the IEEE International Conference RADAR '97, pp. 544–547, October 1997.

P. Z. Peebles, "Range Measurement and Tracking in Radar," chapter 11 in Radar Principles, John Wiley & Sons, Inc., 1998.

Chapter 16

第16章 | 脉冲压缩与高分辨率雷达

模糊函数的提出者 Philip Woodward

理想情况下，为了获得远距离探测和高距离分辨率，需要发射极窄脉冲宽度（高分辨率）和极高峰值功率（远距离）的信号。但是，实际上峰值功率是有限制的，探测距离不可能无限制提高。这种限制迫使雷达系统使用较长的脉冲来满足探测距离，但会损害距离分辨率。

脉冲压缩是解决这一难题的方法，在发射过程中对长的、峰值功率受限的脉冲进行调制，然后通过解调来"压缩"所接收的回波，通过提高平均功率来等效提高窄脉冲的峰值功率。本章介绍脉冲压缩的基本原理，以及各种类型的调制与编码，也即人们熟知的雷达波形。

16.1 脉冲压缩：有益的复杂化

脉冲压缩似乎使雷达工作不可避免地变复杂了。通过设置脉冲宽度，窄脉冲可以轻松提供所需的距离分辨率。对于近距离目标而言这种设置是可以接受的，但是对于远距离的探测目标，根据雷达方程（参见第13章）可以清楚地看出，这需要提升雷达的峰值功率，然而这又受到雷达发射机所能提供功率的实际限制。因此，对脉冲宽度进行必要的展宽需要权衡利弊，以设计合适的发射信号和接收滤波器来实现所需的雷达探测功能。还值得注意的是，利用回波来定位的哺乳动物似乎早在雷达工程师还没有想到的时候就已经开发出来了这种能力。

脉宽的困境 图 16-1 描述了发射一个短脉冲（峰值功率），并接收两个在距离上间隔很近的两个目标回波的情形。只要这两个目标之间的间隔大于脉冲宽度，就有可能将它们区分开来。但由于发射机峰值功率的限制，这种短脉冲方法严重限制了目标的最大可探测距离。

图 16-1 窄脉冲工作时，邻近目标可分辨，峰值功率限制了最大探测距离

为了扩展最大探测距离，需要将更多的能量"投射到目标上"。峰值功率是有限的，因此必须增加脉冲宽度。图 16-2 给出了一个示例，它说明了图 16-1 中的短脉冲在时间（脉冲宽度）上延长了 5 倍时的情况。这样，入射到目标并从目标反射的能量也增加了 5 倍，从而扩展了最大探测距离。但是，现在两个紧密相邻的目标之间存在着重叠，无法将它们彼此区分开来。这种问题的解决方案便是采用脉冲压缩技术。

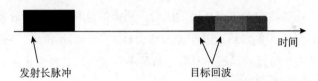

图 16-2 长脉冲提高了辐射能量，提升了探测距离，需要采用脉冲压缩来分离邻近目标

信号波形 在雷达中，信号波形就是雷达发射的信号，它可以是连续信号，也可以是脉冲信号。这里雷达波形的概念扩展为包括施加在脉冲上的调制，原则上这种调制可以是频率 / 相位、幅度或极化，尽管到目前为止频率 / 相位调制是最常见的。总的来说，脉冲压缩技术涉及调制脉冲波形的发射与对接收回波的滤波，其中滤波器需要与波形相干匹配。

设计波形时通常要考虑许多因素，包括：

- 调制脉冲的总能量（与接收回波的 SNR 有关）；
- 波形的时延区分度（针对距离分辨率和灵敏度）；
- 多普勒频移的影响；
- 低截获概率（针对潜在的对手）。

当脉冲幅度包络恒定时，脉冲能量将会最大化。波形的时延和多普勒特性统称为波形模糊度函数（参见第 11 章）。波形的截获概率取决于它是人工设计的还是自然产生的（噪声雷达是后者的一个示例）。

最常见的波形可以归为以下类别之一：调频波形（线性或非线性）或相位编码波形（二相或多相）。

线性调频（LFM）是所有波形中使用最广泛的技术，这是因为其在发射上容易实现，对多普勒频移稳健以及存在可用的名为拉伸处理（stretch processing）的宽带接收机滤波结构。但是，由于 LFM 匹配滤波产生相对较高的时延（距离）旁瓣，非线性调频（NLFM）和相位编码波形也可成为可能的替代方法。

匹配滤波器 如果回波被认为由一系列子脉冲或码片组成，且每个子脉冲或码片具有不同的相位，则可以看到当回波通过与发射波形相匹配的滤波器时实际发生的情况，如图 16-3 所示。尽管每个滤波器具有共轭相位（即发射信号关于实轴或水平轴的对称信号），但

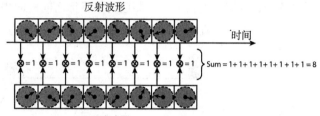

图 16-3 对于代表 8 个码片序列的波形，匹配滤波器将这些段建设性地组合起来，以产生 8 倍的处理增益（也称为脉冲压缩比）

匹配滤波器同样是一系列码片。如果将对齐的码片分段相乘，它们都将产生相同的值（此处，为简单起见，将其相位任意设置为 $e^{j0}=1$），以便它们进行有益的同相相加。

图 16-3 描绘了回波与匹配滤波器对齐时的精确时间点，此时在回波处将产生最大增益。在其他延迟移位处，则会观察到不同的现象。例如，图 16-4 说明了与图 16-3 所示的匹配情况相比，当回波在时间上仅移位 1 个码片间隔时，对齐的码片分段地相乘会产生一组彼此异相的相位值，因此在相加时会产生破坏性的组合，所得的总和（Sum）通常将比图 16-3 所示的匹配情况小得多。对于其他延迟，匹配滤波器会产生不同的相位集，它随后会产生不同的破坏性组合，它们是关于时延的函数，且对于每种不同波形，其特性也各异。

实际上，物理波形必须是连续的。对于图 16-3 和图 16-4 中的离散图示，可以将码片视为代表基本相位形态，使相邻码片在波形范围内（类似于匹配滤波器）以连续方式连接。当以这种方式考虑时，匹配滤波器的概念就扩展到所有类型的调频波形和相位编码波形。

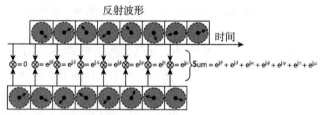

图 16-4 对于不在匹配点的延迟，回波段与匹配滤波器的相位序列不匹配，从而进行破坏性组合以产生较小的值（此处小于 8）

随着数字匹配滤波变得越来越普遍，需要对接收到的回波进行采样和对滤波器采用数字化表示。采样率的确定需要权衡，即在较高的计算复杂度和可接受的距离跨度（也称为距离限制）损失之间进行权衡，该距离跨度是由于回波没在精确匹配位置采样时发生的。

由单个回波（无多普勒频移）匹配滤波构成的连续时延系统，其响应实际上是发射波形的自相关。例如，图 16-5 说明了归一化的 LFM 脉冲的自相关，匹配点为 0 dB，且显示了理想脉冲压缩响应峰值旁瓣为 -13 dB（可以通过加权来降低旁瓣，参见 16.2 节的"幅度加权"部分）。

分辨率和距离旁瓣 类似于天线辐射方向图，匹配滤波器的主瓣是紧邻匹配位置的时延区域。以图 16-5 中的线性调频（LFM）脉冲的匹配滤波器响应为例，主瓣的宽度决定了距

离上两个紧邻目标是否可以分辨。因此，如果将匹配滤波器应用于图 16-2 中的两个目标所产生的回波（假设使用 LFM 波形对脉冲进行调制），则脉冲压缩后的输出将如图 16-6 所示。

因为脉冲压缩后输出比输入的脉冲宽度窄得多，所以这种变窄的主瓣宽度使得可以距离分辨率得以提高。现在，距离分辨率与波形带宽成反比，例如，30 cm 的距离分辨率对应大约 500 MHz 的波形带宽。

再次参考图 16-5，主瓣周围的较小峰称为距离旁瓣，对于 LFM（chirp）信号而言，最大旁瓣比匹配位置的值低约 13 dB，该值即为峰值旁瓣电平（PSL）。距离旁瓣是脉冲压缩需要权衡的要素，因为它们限制了雷达的灵敏度。例如，假如图 16-6 中描述的两个目标回波的接收功率有很大不同，则匹配滤波器响应看起来将像图 16-7 中所示那样，较高功率目标引起的距离旁瓣实际上可以掩盖低功率目标的主瓣。

多普勒效应和模糊函数 到目前为止，我们的讨论仅限于不存在多普勒效应的情况。多普勒效应是由雷达和雷达探测对象之间的径向运动所引起的频率偏移（有关详细讨论参见第 18 章）。例如，警用雷达通过测量来自移动车辆回波的频偏量，以测量其相对于雷达的速度。朝向雷达的相对运动会导致正频偏（较高频率的回波），而远离雷达的相对运动会导致负频偏（较低频率的回波）。

对脉冲压缩而言，运动引起的多普勒频移的影响是改变回波波形的相位历程，其效果取决于多普勒频移的大小和波形的具体特性，其结果是可以使匹配

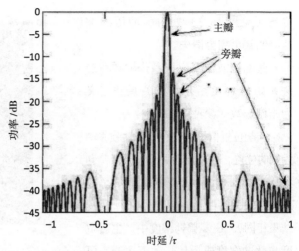

图 16-5 未压缩脉冲宽度为 τ 的 LFM 脉冲的匹配滤波器响应（波形自相关）说明了单个目标回波会导致时延域上出现的主瓣和旁瓣

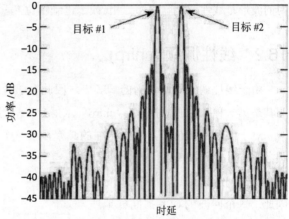

图 16-6 两个距离较近的目标，如果其回波具有相近的接收功率并且它们不太靠近，则可以分辨

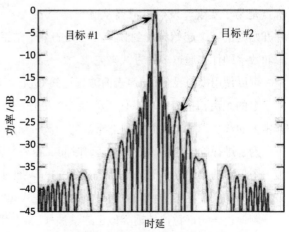

图 16-7 如果来自两个间隔较近的目标的回波具有完全不同的接收功率，则较小的目标可能会在较大目标的旁瓣之中丢失

位置（见图 16-3）处的脉冲压缩增益降低甚至完全消失。

匹配滤波器响应与多普勒频移的关系如图 16-8 所示，此关系被定义为模糊函数（参见第 11 章）。

匹配位置位于时延和多普勒频移均为零的位置。零多普勒剖面（沿多普勒频移 = 0 Hz 平面水平切割）揭示了波形的自相关特性（与图 16-5 中所示的结果相同）。在多普勒维度中，主瓣宽度与脉冲宽度成反比。远离主瓣，可以观察到一些距离 - 多普勒旁瓣。

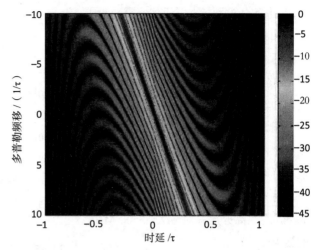

图 16-8　线性调频脉冲的延迟 / 多普勒模糊函数（以 dB 为单位的亮度标度）

在当前的雷达系统中，两个最常用的波形是线性调频脉冲和二相(或二进制相位)编码波形，下面概述它们各自的优点和缺点。

16.2　线性调频 (chirp)

由于线性调频类似于鸟的唧唧声，因此发明者们把这种调制形式称为"chirp"（啁啾）。因其是第一种脉冲压缩技术，"chirp"术语一直沿用至今，并且与脉冲压缩同义。

对于线性调频信号，发射脉冲的频率在其整个调制周期上以恒定速率增加［正向线性调频（up-chirp）］或降低［反向线性调频（down-chirp）］，见图 16-9。因此，每个回波的频率都同样地线性增加 / 减小。

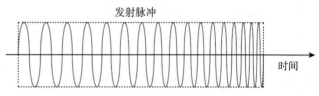

图 16-9　这里显示的是正向线性调频脉冲

LFM 实现　LFM 脉冲的主要优点是易于实现，发射机只需从脉冲开始处的某个起始频率到脉冲结束处的某个结束频率之间进行线性扫描即可，这可以在模拟和数字硬件中通过多种方式来完成。

可以使用模拟设备(如声表面波延迟线)进行滤波，但在现代系统中更常见的是数字滤波。对于窄的距离扫描带，可以使用称为拉伸处理的技术对线性调频进行解码，该技术可以容纳非常大的波形带宽，从而实现非常高的距离分辨率。

为了进行拉伸处理，将回波延迟时间（距离）转换为频率。因此，任一个距离的回波都对应一个恒定的频率，并且不同距离的回波可以通过由快速傅里叶变换有效实现的一组窄带滤波器来分隔（参见第 21 章）。通过测量发射信号和接收信号之间的瞬时频率差来确定距离。

顺便说一句，拉伸处理类似于连续波（CW）雷达使用的调频测距技术（参见第 17 章）。主要区别在于 CW 雷达是连续发射，并且发射机任一次扫频方向发生变化的周期是往返测距时间的许多倍。

P16.1 线性调频脉冲的拉伸处理

对于窄的扫描带（比如用 SAR 绘图，参见第 33 章），线性调频脉冲的调制一般是通过一种称为拉伸处理（stretch processing）或去斜（deramping）的技术来进行解码的。

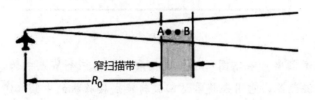

以正向线性调频 (up-chirp) 为例，当接收到一个扫描带的回波后，从参考频率（与发射频率一样以相同的速率提升）中减去该频率。

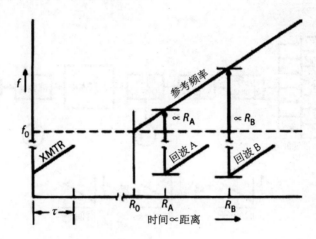

由于参考频率在回波接收的整个周期上持续增大，因此，参考频率与地面任一点处回波频率的差是恒定的。此外，正如上图中所看到的那样，如果我们从已获得的差异中减去参考频率的初始偏移 f_0，则结果与待扫描地带边缘上某点的距离 R_0 成正比，距离因此可以转换成频率。

考虑 4 个靠得很近的点的回波，可以看到相减后雷达在距离上获得了非常高的分辨率。尽管回波被接收到时，它们的脉冲回波几乎完全重叠，但其到达时间上的细微交错还是导致了明显的频率差异。

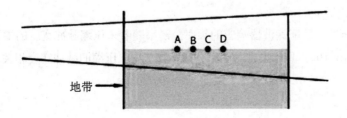

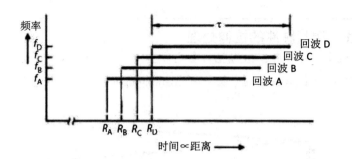

持续变化的参考频率可在下图所示的接收系统中的三个节点中的每一个节点处被减去：第一个节点是混频器，它用来将雷达回波转换成接收机的中频（IF）；第二个节点是同步检波器，它用来将 IF 放大器的输出转换成视频；第三个节点存在于视频数字化后的信号处理器中。此时，为对差频进行分类，将同步检波器的视频输出应用于一组用 FFT 实现的窄带滤波器。

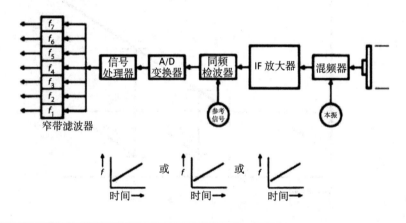

脉冲压缩比　LFM 的简洁性提供了一个方便的框架，可用来更好地解释脉冲压缩引起的处理增益和距离分辨率的提升。脉冲压缩比（参见图 16-3 示例中对因子 8 的解释）是未压缩脉冲宽度 τ 与压缩后脉冲宽度 τ_{comp} 的比值。前面的示例以调相子脉冲的形式解释了该现象，而对线性调频信号，我们则可以从频率灵敏度方面进行分析和考查。

如果根据频率差异对同时接收的来自两个距离略有不同的回波进行区分，则除了要求提供与频率成比例的时延外，还必须满足第二个要求：频率差必须足够大，以使滤波器能够分辨出信号。

如第 20 章所述，匹配滤波器响应的频率分辨率随着未压缩脉冲宽度的增加而增加（即频域变窄）（见图 16-10）。具体来讲，频率分辨率 Δf 与未压缩的脉冲宽度相关，即

$$\Delta f = 1/\tau$$

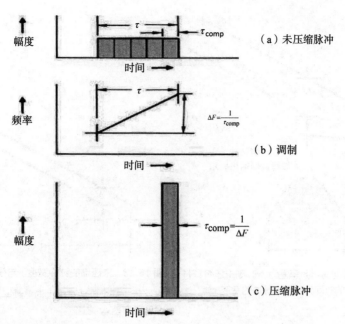

图 16-10　LFM 波形的未压缩脉冲宽度、线性调频调制带宽 ΔF 和压缩脉冲宽度之间的概念关系。压缩后的脉冲宽度对应图 16-5 中的主瓣

换言之，如图 16-11 所示，为使 LFM 匹配滤波器能够区分两个紧邻的回波，其时延信号的瞬时频率差必须达到或超过未压缩脉冲宽度 τ 的倒数。

此外，压缩后的脉冲宽度 τ_{comp} 是未压缩 LFM 脉冲中频率变化 Δf 所对应的那个时间段（见图 16-12）。扩展一下我们的思路，如果未压缩的 LFM 脉冲的频率以 $\Delta f/\tau_{comp}$（以 Hz/s 为单位）的速率变化，则在未压缩脉冲持续时间内，总的频率变化 ΔF 将等于该速率乘以未压缩的脉冲宽度 τ。

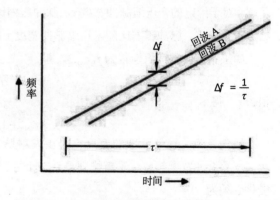

图 16-11　为了使滤波器解决两个同时接收的 LFM 回波，其频率的瞬时差（Δf）必须至少等于 $1/\tau$

频率变化率 $\Delta f/\tau_{comp}$ 被称为线性调频率（chirp rate）：

$$\text{线性调频率} = \Delta f/\tau_{comp} \ (\text{Hz/s})$$

频率的总变化（ΔF）是线性调频脉冲的带宽（bandwidth）：

$$\text{带宽} = \Delta F = \left(\frac{\Delta f}{\tau_{comp}}\right)\tau = \text{线性调频率} \times \tau$$

由图 16-13 所示的几何关系可以明显看出，脉冲压缩比 τ/τ_{comp} 等于 ΔF 与 Δf 的比值：

$$\text{脉冲压缩比} = \frac{\tau}{\tau_{comp}} = \frac{\Delta F}{\Delta f}$$

用 $1/\tau$ 代替 Δf，脉冲压缩比等于未压缩的脉冲宽度乘以 ΔF：

$$\text{脉冲压缩比} = \tau\Delta F$$

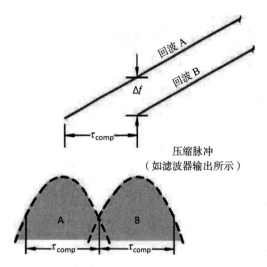

图 16-12 如果最小可分辨频率差为 Δf，则未压缩 LFM 脉冲的频率变化 Δf 的时间就是压缩脉冲的宽度 τ_{comp}

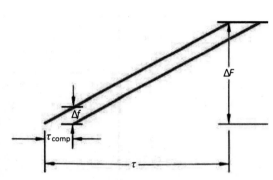

图 16-13 未压缩的脉冲宽度 τ 与压缩的脉冲宽度 τ_{comp} 之比等于整个脉冲宽度上的总频率变化量 ΔF 与最小可分辨频率差 Δf 之比

其中 $\tau \Delta F$ 也称为时间带宽积。

这种简单的关系（脉冲压缩比等于时间与带宽的乘积）使我们对线性调频信号有了很多了解。对于给定的未压缩脉冲宽度 τ，脉冲压缩比随着带宽 ΔF 的增加而直接增加；反过来，给定带宽 ΔF，脉冲压缩比随未压缩脉冲宽度 τ 的增加而直接增加。

如果将时间带宽积设置为 τ/τ_{comp}，即

$$\tau \Delta F = \tau / \tau_{comp}$$

消去 τ，得

$$\tau_{comp} = 1/\Delta F$$

换句话说，压缩脉冲的宽度完全由发射脉冲的带宽 ΔF 确定，即发射脉冲频率变化越大，压缩脉冲宽度越窄。重新排列最后一个方程式告诉我们，发射机频率（LFM 带宽）的总变化必须为

$$\Delta F = 1/\tau_{comp}$$

这种关系为实现任意波形所需带宽（对应距离分辨率）以及发射机的带宽要求提供了有用的基准。但是应该注意的是，这个等式只适用于线性调频信号，由于是线性频率扫描，它在每个频率上花费的时间（和功率）是相等的。不同的波形，若其在某些频率 r 比在其他频率上占用时间更长，或在整个频率上进行加权，则可能需要更高的带宽才能实现与线性调频相同的压缩脉冲宽度。

要建立线性调频脉冲有关参数的直接感受，请考虑如下几个代表性示例。

• 使用 LFM 提供与前面讨论的 8 阶匹配滤波器相同的压缩，即 $\tau/\tau_{comp}=8$，如果原始脉冲为 1 μs，则现在距离分辨率已提高到 18.75 m。这将可以分离除了非常紧凑的小型飞机编队之外的飞机目标。

• 假设为了提供足够的"目标能量"，雷达发射脉冲的宽度必须为 $\tau=10$ μs，为了提供理想的 1.5 m 距离分辨率，所需的压缩脉冲宽度 $\tau_{comp}=0.01$ μs。因此，脉冲压缩比必须为

$$\tau/\tau_{\mathrm{comp}}=10/0.01=1\ 000$$

为了获得 0.01 μs（10^{-8} s）的压缩脉冲宽度，在每个发射脉冲周期内，发射机频率 ΔF 的变化必须为 1／（10^{-8} s）=10^8 Hz，即带宽为 100 MHz。

由于未压缩脉冲的持续时间为 10 μs（10^{-5}s），因此发射机频率的变化率（线性调频率）将为 10^8 Hz／（10^{-5} s）=10^{13} Hz/s，即 10 000 GHz/s。这种设置等于在脉冲波形的持续时间内总线性调频偏移为 100 MHz。

顺便提及，这些数值解释了为什么拉伸处理仅适用于相对较窄的距离间隔。例如，间隔为 100 km 的测距时间为 13.3×50 μs= 665 μs。如果在这段时间内接收机本振频率以 10 GHz /s 的速率移位（见图 16-14），则总的频率移位将是 10 000 GHz/s×665×10^{-6} s = 6.65 GHz。在本书先前的版本中如此大的转变被认为是不切实际的，直到现在才开始发现有进入应用的可能性。

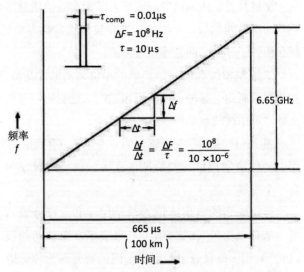

图 16-14　如果在 100 km 的距离间隔内使用拉伸处理来解码以 1 000 ：1 的压缩比调制的 10 μs 脉冲，则接收机本振将必须扫描 6.65 GHz

LFM 模糊函数　LFM 信号允许使用相对简单的方法来实现非常大的压缩比。为了评估 LFM 信号的性能，需要考虑其时延和多普勒特性，这些特性通过图 16-5 和图 16-8 中的模糊函数进行了说明。

LFM 信号的一个缺点是在距离维度上出现高旁瓣，这些高距离旁瓣推动了其他替代波形和滤波技术的发展。

另一个缺点是距离和多普勒频移（距离－多普勒脊）之间存在模糊，如图 16-8 所示。如果回波具有足够大的多普勒频移，也会导致在距离上发生偏移，以致因精度不足而造成目标丢失。但是，即使是采用简易接收机，通过把匹配滤波器调谐到不同的多普勒频移上，也可以实现对前述多普勒频移的容忍。

幅度加权　减小 LFM 距离旁瓣的一般方法是对波形进行幅度加权，以减小脉冲末端附近区域的功率。由于 LFM 的频率扫描特性，这种加权使得带宽边缘附近频率被忽略，基于时频转换，这将使得时域旁瓣降低（参见第 6 章）。

这种降低距离旁瓣措施所带来的副作用是发射功率减小，这直接影响到检测灵敏度。此外，由于外侧频率功率的降低（实际上也是带宽的降低），这种加权也会导致距离分辨率的降低。一个典型的妥协方案是使分辨单元大小也增加大约 50%，从而使得旁瓣电平在 -35 dB 至 -40 dB 之间或更小。

从实现的角度来看，如果需要使用高效率、非线性功率放大系统，则不能对发射脉冲进行加权。

一个常见的折中方案是，在发射标准 LFM 波形的同时应用加权接收滤波器。这种失配波形式，其优点是仍然可以实现最大的发射功率和有效功率的非线性放大。虽然会使波形和滤波器之间出现很小的失配损耗，但好在对于许多雷达应用仍是可以接受的。

16.3 相位调制

在这种类型的编码中，波形表示为离散的增量序列，每个增量对应一个调制到子脉冲（或码片）上的相位值。一组可能的相位值通常称为相位群。出于实际原因，通常希望子脉冲形状在相邻子脉冲之间是连续过渡的。

二进制相位调制 最简单的相位调制形式是将两个相反相位值（通常为 0° 和 180°）的相位群调制到子脉冲上。根据预定的二进制码，某些子脉冲段的射频相位偏移 180°（或 -1）。子脉冲可由载波频率的多种波长组成。

图 16-15 说明了三段编码的一个示例（因此，你可以轻松辨别相位，波长被任意增加到每个段仅包含一个周期的点。）

标记编码的常用速记方法是用 + 和 - 符号表示段。未移动的段（0°）用 + 符号表示，而移动的段（180°）用 - 符号表示。组成编码的符号称为位。数字位数表示编码的脉冲压缩比。

接收到的回波通过抽头延迟线（见图 16-16）传递，该延迟线提供的时间延迟等于未压缩脉冲的持续时间 τ。延迟线可以用模拟设备或数字方式实现。显然，二进制码波形的抽头延迟线是先前在图 16-3 和图 16-4 中显示的匹配滤波器的一种。

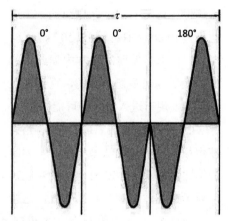

图 16-15 发射脉冲的二进制相位编码。脉冲被标记为段，并且某些段（此处为第 3 段）的相位反转

像发射脉冲一样，延迟线被分成几段，每段提供一个输出抽头，抽头都绑在一个输出端子上。在任何时刻，输出端子处的信号都对应接收脉冲在当前各段的和。

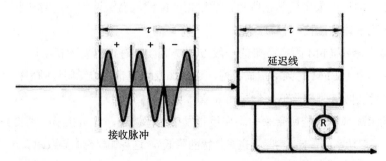

图 16-16 接收到的脉冲回波通过抽头延迟线滤波器。为脉冲的每个段提供单独的抽头。在此，第 3 个抽头加相位反转器 R，表示相移 180°

现在，在某些抽头中，插入了 180° 的相位反转器，它们的位置对应发射脉冲中相移段的位置。因此，当接收到的回波发展到完全填满延迟线的各段时，所有抽头的输出将同相位（见

图 16-17)。然后,它们的总和等于脉冲幅度乘以它所包含的段数。

要逐步查看二进制码脉冲的压缩方式,可以考虑一条简单的 3 段延迟线和 3 位编码,如图 16-15 所示。

假设接收到来自单个点目标的回波。最初,延迟线的输出为零。当回波的第 1 段进入线路时,输出端的信号对应该段的幅度(见图 16-18)。由于其相位为 180°,因此输出为 -1。

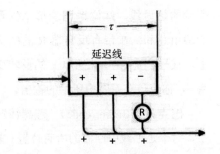

图 16-17 放置相位反转器 R,以便当脉冲完全填充延迟线时,所有抽头的输出将同相

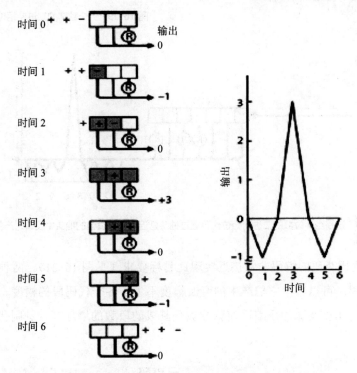

图 16-18 通过抽头延迟线的 3 位二进制相位调制脉冲的逐步输出过程

然后,第 2 段进入延迟线。现在输出信号等于第 1 段和第 2 段的总和。但是由于这两段的相位差为 180°,因此它们会抵消:输出为 0。

当第 3 段进入时,输出信号是所有 3 段的总和。在这一点上,第 1 段已经到达包含相位反转的抽头。因此,此抽头的输出与未移动的第 2 段和第 3 段的相位相同,从而 3 个抽头的组合输出是各段幅度的 3 倍:+3。

随着第 2 段和第 3 段通过延迟线,此过程继续进行。输出降至 0,然后变为 -1,最后再次返回至 0。

图 16-19 显示了一个更实际的示例。该编码有 7 位。假设没有损耗,压缩脉冲的峰值幅度是未压缩脉冲峰值幅度的 7 倍,并且压缩脉冲的宽度仅为其 1/7。

要了解编码为什么会产生这样的输出,将编码转移到一张纸上,然后将其滑过图 16-20

所示的延迟线，逐位地记录每个位置的输出总和。在带有反转器 R 的抽头上，减号－变为+，相反，+的反转变为-，你应该获得图中所示的输出。

巴克码（Barker code） 理想情况下，对于延迟线中回波的所有位置（中心位置除外），0°或 180°的组合输出将被抵消，并且不会出现距离旁瓣。

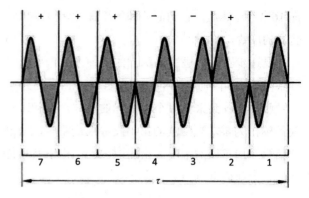

图 16-19　7 个数字的二进制相位编码

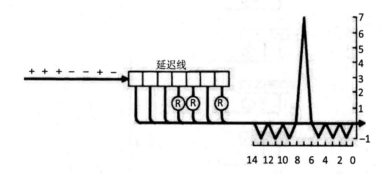

图 16-20　这是当 7 位数的二进制相位代码通过抽头延迟线并在适当的抽头中反转时产生的输出

一组被称为巴克码的编码非常接近实现此目标要求（见图 16-21）。两种这类编码已在上述示例中使用。可以看出它们产生的旁瓣幅度不大于各个代码段的幅度。因此，主瓣幅值与旁瓣幅值之比以及脉冲压缩比随脉冲被分割成的段数的增加（二进制代码中的位数）而增加。

巴克码

N		
2	+ － 或（＋＋）	
3	+ + －	
4	+ + + － 或（＋ － － －）	
5	+ + + － +	
7	+ + + － － + －	
11	+ + + － － － + － － + －	
13	+ + + + + － － + + － + － +	

注意：加号和减号可以互换
（＋＋－变为 － － ＋）；数字顺序可以颠倒
（＋＋－变为 － ＋＋）；括号中的编码是互补代码

图 16-21　巴克码非常接近不产生旁瓣的目标。但是最大的巴克码仅仅有 13 位

遗憾的是，最长的巴克码仅包含 13 位数字。随机二进制码可以是任何长度，尽管它们的旁瓣特性也相当好，但是不具备巴克码的这种理想特性。这样的代码需要耗时的计算机搜索，被称为最小峰值旁瓣编码。

补码（complementary code） 事实证明，4 位巴克码具有一项特殊功能，使我们能够构建更长的代码，甚至在某些条件下可以完全消除旁瓣。这源于 4 位码以及 2 位码具有互补形式。互补形式产生的旁瓣结构具有相反的相位（见图 16-22）。因此，如果用两种形式的编码交替调制连续的发射脉冲，并用它们各自的相应延迟线进行滤波，则连续脉冲的回波能够得到积累并消除旁瓣。

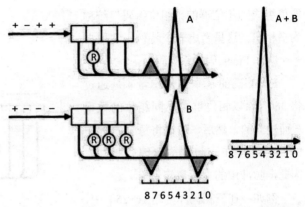

图 16-22 交替脉冲方式下从同一目标接收到的互补相位编码回波。压缩后回波相互叠加，时间旁瓣被抵消

此外，通过根据某种模式将互补形式编码链接在一起，可以构建更长的编码。如图 16-23 所示，两种 4 位码就是两种 2 位码的组合，而 2 位码正好是两个基本二进制数字 + 和 - 的组合。

与未链接的巴克码不同，链接的编码（也称为嵌套编码）会产生幅度大于 1 的旁瓣。但是，由于链接是互补的，这些较大的旁瓣与其他旁瓣一样，在执行相继脉冲累加时会消失（至少在没有多普勒效应时，情况会如此）。

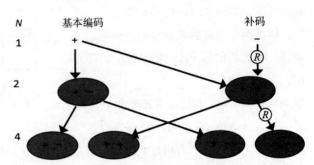

图 16-23 补码的形成方式。基本的 2 位编码是通过将基本二进制数字（+）链接到其补码（-）形成的。通过将基本二进制数字（+）链接到带有反号（+）的补码来形成互补的 2 位编码。基本的 4 位编码是通过将基本的 2 位编码（+-）链接到其互补的 2 位编码（++）形成的。通过将基本的 2 位编码（+-）链接到带有反号（--）的其互补 2 位编码，可以形成互补的 4 位编码，以此类推

多普勒灵敏度 与线性调频相比，编码调制对多普勒频移更为敏感。如果相位编码脉冲在以延迟线为中心时，所有脉冲子段都进行了有益的累加；而不在延迟线中心时其将相互抵消，则在脉冲长度上只能容忍非常微小的相位偏移。

10 kHz 的多普勒频移（f_D）对应的相移量为 $10\,000 \times 360$（°）/s 或 3.6（°）/μs。如果未压缩的脉冲宽度高达 50 μs（见图 16-24），则在脉冲持续时间内相移量为 180°，这将导致性能下降。为了使编码调制脉冲压缩有效，要么多普勒频移必须比较小，要么未压缩脉冲宽度必须相当小。

解决多普勒相位编码敏感性的一种方法是进行"多普勒调谐"，每一种"多普勒调谐"对应一组不同多普勒频移的延迟线匹配滤波器输出。尽管这种方法增加了对总体硬件（模拟滤波）或计算（数字滤波）的要求，但它确实具有避免线性调频的距离 - 多普勒模糊问题的好处。

补码的旁瓣消除特性对脉冲间多普勒频移非常敏感。当存在多普勒效应时，旁瓣不能很

好地降低，因此会残留旁瓣。

多相码 相位编码不仅限于 2 个相位增量（0°和 180°）。由 2 个以上可能值组成的相位群的"相位编码"统称为多相码。这里考虑一个特例，它取自一个叫作 Frank 码的系列码。

Frank 码的基本相位增量 ϕ 是通过将 360°除以相位群中不同相位的数量 P 而建立的。然后，通过将每个 P 段中的 P 组链接在一起来构建编码脉冲。因此，脉冲中的总段数等于 P^2。

例如，在三相码（见图 16-25）中，基本相位增量为 360°÷3 = 120°，相位分别为 0°、120°和 240°。编码脉冲包括 3 组，每组 3 段，总共 9 段。

根据两个简单的规则将相位分配给各段：① 每组的第一段的相位为 0°，即 0° ___ ___，0° ___ ___，0° ___，___ ；② 每组中其余段的相位以下式确定

$$\Delta \Phi = (G-1) \times (P-1) \times \phi$$

其中，G 为组数，P 为相位数，ϕ 为基本相位增量。

对于三相码（P=3，ϕ=120°，$P-1$=2），则 $\Delta \Phi = (G-1) \times 2\phi$。因此，第 1 组的相位增量为 0°，第 2 组的相位增量为 2ϕ，第 3 组的相位增量为 4ϕ。

用 ϕ 表示 $P = 3$ 编码的 9 位编码值是

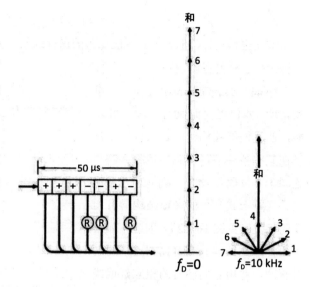

图 16-24 由于 10 kHz 的多普勒频移而导致的 50 μs 相位编码脉冲的抽头延迟线的峰值输出降低

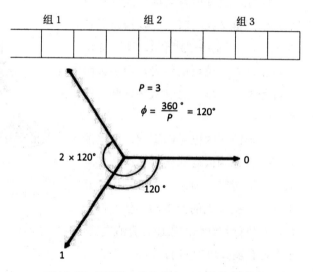

图 16-25 相位数 P 为 3 的 Frank 码的相位增量

第 1 组	第 2 组	第 3 组
0，0，0	0，2ϕ，4ϕ	0，4ϕ，8ϕ

用 120°代替 ϕ，并以 360°为模值，编码变为

第 1 组	第 2 组	第 3 组
0°，0°，0°	0°，240°，120°	0°，120°，240°

以与二进制相位编码回波相同的方式，使其通过抽头延迟线（或数字等效设备），则可以

对回波进行解码（见图 16-26）。唯一的区别是，抽头中的相移具有多个取值。

对于给定数目的段，Frank 码提供了与二进制相位码相同的脉冲压缩比，并且峰值增益与旁瓣幅值的比与巴克码相同。但是通过使用更多的相位（增加 P），可以使编码具有更大的长度 P^2。然而随着 P 增加，基本相位增量减小，从而使脉压性能对外部引入的相移（例如，发射机失真）更加敏感，并需要对未压缩的脉冲宽度和最大多普勒频移施加更严格的限制。

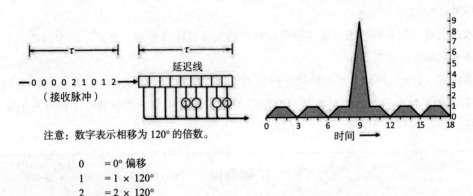

注意：数字表示相移为 120° 的倍数。

0　=0° 偏移
1　=1 × 120°
2　=2 × 120°

图 16-26　Frank 码的处理与二进制编码类似。抽头引入的相移补偿了编码脉冲对应段中的偏移。如果一段的相位偏移 1×120°，对应抽头增加偏移 2×120°，则总的偏移为 3×120°= 360°。这种相位关系与匹配滤波器一样

Frank 码是一类离散相位序列，可以看作线性调频信号的抽样例子。其他类似的编码还有扎多夫 - 楚码（Zadoff-Chu code）、"p"码，以及哥伦布码（Golomb code）。就像二相相位群的最小峰值旁瓣编码一样，Frank 码也要对任意长度和相位群的多相码进行耗时的计算机搜索。

二进制码得到广泛的使用，而多相码却受到更多的限制。其原因在于：二进制码在发射机中可以以相位连续的方式实现，而直到最近多相码才可以实现。码片过渡处的这些相位不连续性会产生频谱扩展，并且还可能限制实际发射机生成多相码波形时的保真度。但是多相码提供的设计自由度是新兴雷达功能的基础。我们将在第 45 章中进一步讨论这一话题。

16.4　小结

由于雷达发射机峰值功率受限制，脉冲压缩是提供足够探测能量，同时实现必要距离分辨率的一种方法。脉冲压缩包括发射调制波形和接收滤波两部分，并最终在距离上产生压缩回波。

最常用的脉冲压缩技术是线性调频（LFM）和二进制相位编码。

对于 LFM，每个发射脉冲的频率都会连续增加或减小。采用与波形匹配的接收滤波器可得到 $1/\Delta F$ 的压缩脉冲宽度，其中 ΔF 是波形的总频率变化（即带宽）。LFM 距离旁瓣可以通过接收机匹配滤波器的幅度加权来降低，但代价是降低了距离分辨率和存在失配损耗。

当仅关注窄的距离扫描带时，可以使用拉伸处理对线性调频进行解码，从而将距离转换为接收机频率。频率差异通过使用高效快速傅里叶变换实现的一组调谐滤波器来得到。使用 LFM 波形和拉伸处理，可以实现非常大的压缩比和很高的距离分辨率。LFM 对多普勒频移

不敏感，尽管这样的偏移会在距离上产生模糊。

在二进制相位调制中，每个脉冲都标记为多个子段，某些子段的相位相反。接收回波通过抽头延迟线传输，抽头延迟线具有与编码中的抽头相对应的相位反转关系。二进制码比LFM对多普勒频移更为敏感。

巴克码是二进制相位调制的一种形式，尽管最长的巴克码仅为13位，但主瓣与旁瓣之比等于脉冲压缩比。

通过交替发射补码（通过链式巴克码获得的）可以消除旁瓣。然而，这个特性几乎不能容忍多普勒频移的存在。

多相码（Frank码）也可以使用，但是由于相位增量较小，相比于二进制码，多相码对多普勒频移更为敏感。多相码容易产生相位不连续性，从而导致频谱扩展和对发射机失真的敏感。

扩展阅读

N. Levanon and E. Mozeson, Radar Signals, John Wiley & Sons, 2004.

M. I. Skolnik (ed.), "Pulse Compression Radar," chapter 8 in Radar Handbook, 3rd ed., McGraw Hill, 2008.

G. Brooker, "High Range-Resolution Techniques," chapter 11 in Sensors for Ranging and Imaging, SciTech-IET, 2009.

M. A. Richards, J. A. Scheer, and W. A. Holm (eds.), "Fundamentals of Pulse Compression Waveforms," chapter 20 in Principles of Modern Radar: Basic Principles, SciTech-IET, 2010.

Chapter 17

第 17 章 | 调频连续波测距

"侦察兵"调频连续波雷达（由 Thales 提供）

本章简要介绍调频（FM）测距的原理，解释如何考虑多普勒频移，以避免引入总的测量误差，以及如何处理与脉冲重复频率（PRF）切换类似的重影问题。最后简要分析采用调频测距可以获得的分辨率和精度。

17.1 基本原理

使用调频（FM）测距时，发射和接收之间的时间差（time lag）将被转换为频率差。通过测量得到这种时间差，就可以确定距离。

最简单形式下的处理过程如下：发射机的射频以恒定速率增加，因此相继发射的脉冲具有越来越高的射频。线性调制的持续时间至少是最远处重要目标双程传播时延的几倍（见图 17-1）。在此期间，可以测量出接收回波频率与发射频率之间的瞬时差。然后，发射机返回到起始频率，并重复该循环。

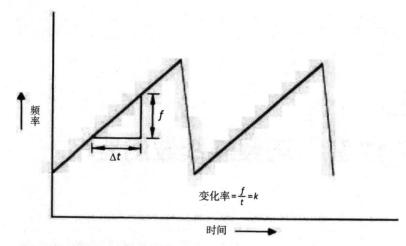

图 17-1　调频测距最简单的形式，是以恒定速率改变发射机频率，斜坡的长度通常是最大双向传播时延的数倍

图 17-2 展示了在静态情况下（例如，尾部追赶时，距离变化率为零）所测得的频率差与目标距离之间的关系。

在图 17-2 中，绘制了发射和接收频率相对于时间的曲线。扫频可以采用脉冲序列，在这种情况下，图上发射机频率的标识点代表了各个发射脉冲；扫频也可采用连续信号，在这种情况下，该技术称为调频连续波（FMCW）。发射与回波接收对应点之间的水平距离代表了电磁波双程传播

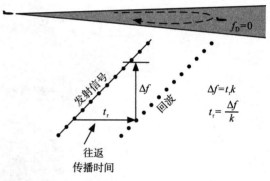

图 17-2　回波频率与接收回波时发射机频率之间的差 Δf 与双向传播时延 t_r 成正比

时延。发射与回波接收对应点之间的垂直距离，代表了目标回波频率与发射频率之间的频率差值 Δf。

可见，这种差异等于发射机频率的变化率（Hz/μs）乘以双向传播时延。通过测量频率差并将其除以速率（已知），我们可以得到双程传播时延以及距离。

例如，假设测得的频率差为 10 000 Hz，并且发射频率以 10 Hz/μs 的速率增加，则双程传播时延为

$$t_r = \frac{10\,000\,\text{Hz}}{10\,\text{Hz/μs}} = 1\,000\,\text{μs}$$

由于 6.67 μs 的双程传播时延对应 1 km 的距离，因此目标距离等于（1 000 / 6.67）km = 150 km。

17.2　考虑多普勒频移

实际上，该过程比前面描述的更为复杂，因为目标距离变化率很少为零，目标回波的频率不

仅等于发射脉冲的频率，还要考虑附加的目标多普勒频移。为了找到双程传播时延，我们必须将多普勒频移 f_D 添加到测得的频率差中（见图 17-3）。

恒定频率段 你可能已经猜到了，可以通过在每个周期结束时中断频率调制并在短时间发射一个恒定频率，这样就可以找到多普勒频移。在此期间，回波频率和发射机频率之间的差异将完全取决于目标的多普勒频移。通过测量该差异（见图 17-4），并将其添加到在倾斜段期间测得的频率差，我们可以找到电磁波双程传播时延，从而找到目标距离。

两斜率交替循环 事实证明，通过采用两个斜率调制周期，可以轻松地加上多普勒频移。第一斜率与刚刚描述的上升频率斜率相同。遍历后，频率以相同的速率降低，直到再次达到起始频率（见图 17-5）。然后重复该循环。

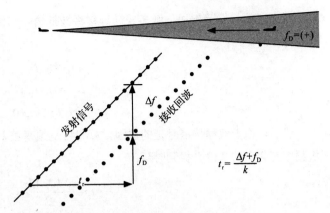

图 17-3 发射机和接收到的回波之间的频率差 Δf 减小了，减小的量等于目标的多普勒频移 f_D。为了找到双程传播时延，必须将 f_D 添加到 Δf 中

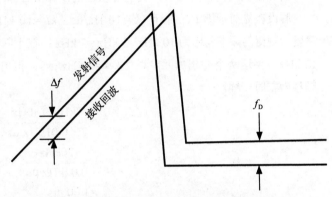

图 17-4 目标的多普勒频移 f_D 可以通过在调制周期中添加恒定的频率段来测量

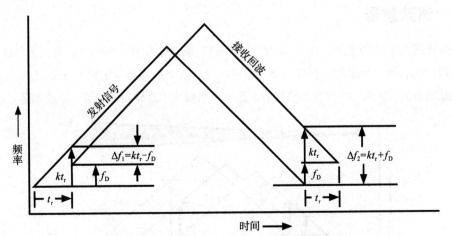

图 17-5 采用两斜率调制时，频率差在上升斜率时减小 f_D，在下降斜率时增大 f_D

如果目标正在靠近（即具有正的多普勒频移 f_D），则发射机频率与接收回波频率之间的差将在上升频率段减小 f_D，在下降频率段增大 f_D（如果目标正在远离，则结论相反）。因此，如

果将两个段的频率差相加，则多普勒频移将被抵消。当然，如果目标正在远离，则 f_D 偏移的符号将反转。

$$\Delta f_1 = kt_r - f_D$$
$$\Delta f_2 = kt_r + f_D$$
$$\Delta f_1 + \Delta f_2 = 2kt_r + 0$$

然后，由于双程传播时延的原因，总和将是频率差 kt_r 的 2 倍。可以通过将总和除以发射机频率变化率的 2 倍来找到时延：

$$t_r = \frac{\Delta f_1 + \Delta f_2}{2k}$$

其中，t_r 为电磁波往返时间；Δf_1 为上升频率段中发射机和回波频率之间的差异；Δf_2 为下降频率段中发射机和回波频率之间的差异；k 为发射机频率的变化率。

同样，知道传播时延后，我们可以轻松计算出目标距离。

假设在先前示例中，目标（$k = 10$ Hz/μs，$kt_r = 10$ kHz）的多普勒频移为 3 kHz。在上升频率段，测得的频率差应为 10 kHz –3 kHz =7 kHz；在下降频率段中，它应该是 10 kHz +3 kHz = 13 kHz。将这两个差相加并除以 2 k（=20 Hz/μs），得出的传播时延为 1 000 μs，就像多普勒频移为零时一样。

$$t_r = \frac{7\text{kHz} + 13\text{kHz}}{2 \times 0.01\text{kHz/μs}}$$
$$= \frac{20\text{kHz}}{0.02\text{kHz/μs}}$$
$$= 1\,000\text{μs}$$

尽管在本例和图示中，多普勒频移均为正，但其公式对负多普勒频移同样有效。

17.3　消除重影

如果天线波束同时包含两个目标，则可能会遇到像 PRF 切换一样的重影问题。在调制周期的第一段中将有两个频率差，在第二个周期中也将有两个频率差（见图 17-6）。当然，不论两个线段是倾斜的，还是一个线段是倾斜的，而另一个线段不是倾斜的，这一结论都是正确的。

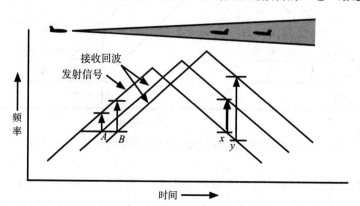

图 17-6　如果同时检测到两个目标，则将在周期的每段中测量两个频率差

为什么会有重影　尽管我们可以从频率／时间变化图中通过连续性看出哪些频率差属于同一个目标，但是雷达看不到这种连续性。正如在第 24 章中将详细说明的那样，要使雷达识别出较小的频率差异（如调频测距中通常会遇到的情况），它必须在相当长的一段时间内接收目标回波。从本质上讲，所有雷达观测到的是第一段末尾的两个频率差和第二段末尾的两个（可能不同的）频率差。

这可用图 17-7 来说明：其中，前两个频率差称为 A 和 B，后两个频率差称为 x 和 y，若没有其他信息，就无法确定如何对这些频率差进行配对：是 A 和 x 属于同一目标、还是 A 和 y 属于同一目标？

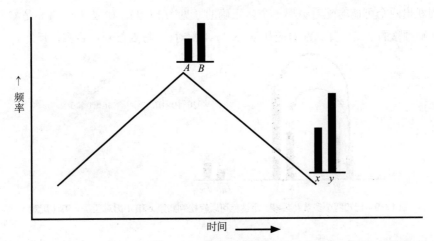

图 17-7　在每个段的末端，所有雷达看到的都是两个频率差，雷达无法判断 A 应与 x 还是 y 配对

识别重影　在容易遇到重影的应用中，可以通过在调制周期中增加另一段来消除重影，就像在使用 PRF 切换时通过添加另一个 PRF 来消除重影一样。

一个典型的三斜率周期包括等幅度递增和递减频率段（如我们刚刚考虑的）加上一个恒定频率段（见图 17-8），后者可以直接测量目标的多普勒频移。

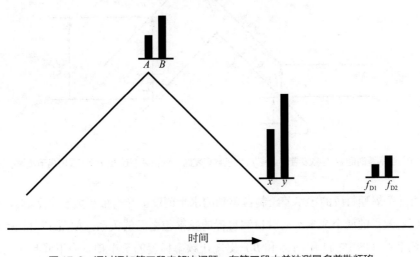

图 17-8　通过添加第三段来解决问题，在第三段中单独测量多普勒频移

没有直接将测得的多普勒频移与 A 和 B 或 x 和 y 配对的方法，但是通过多普勒频移可以很快找到 A 和 B 与 x 和 y 的正确配对。正如我们为正斜率段和负斜率段添加频率差时多普勒频移被抵消一样，当我们减去这些频率差时，传播时延也会被抵消。上述结果是多普勒频移的两倍：

$$\Delta f_2 = kt_r + f_D$$

$$-(\Delta f_1 = kt_r - f_D)$$

$$\Delta f_2 - \Delta f_1 = 0 + 2f_D$$

因此，通过从 x（或 y）中减去 A（或 B），并将结果与测得的多普勒频移进行比较，我们可以判断出两个可能的配对中哪一个是正确的（见图 17-9）。如果 $(x-A)$ 是测得的其中一个多普勒频移的 2 倍，那么配对应如下：x 与 A 配对；y 与 B 配对；否则，反之。

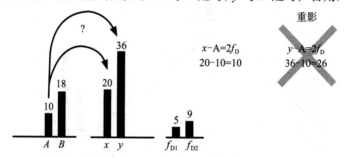

图 17-9 已知两个多普勒频移，雷达就可以轻松判断是 x 和 A 配对还是 y 和 A 配对

多普勒频移大于 kt_r 到目前为止，由于测距时间 kt_r 的原因，图 17-10 中的多普勒频移均小于频率差。这适于诸如测高仪的应用场景，但不适于空对空应用。为此，通常使发射机频率的变化率足够低，从而使 kt_r 的最大值仅为通常遇到的最高多普勒频移的一小部分。在这种情况下，在调制周期的频率上升部分，来自正在靠近的目标回波频率图如图 17-10 所示。

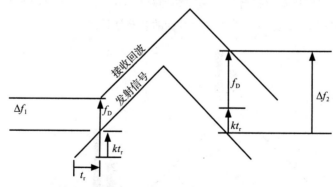

图 17-10 当测距时间 kt_r 导致多普勒频移 f_D 大于频率差时，回波频率在上升频率段内高于发射信号频率

如果将一个周期每段的频率差绘制在单独的水平刻度上（一个在另一个上方），则可以更清楚地看到所测得的两个或多个同时检测目标的频率差之间的关系，如图 17-11 所示。上升频率段的频率差（图 17-11 中的 A 和 B）出现在频率标度的负半轴，而下降频率段的频率差（x 和 y）出现在频率标度的正半轴。这些频率差可以通过绘制水平箭头来配对，它们之间的

长度对应在本周期第三段测量的多普勒频移。

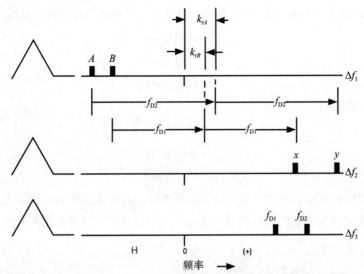

图 17-11　如果将每个斜率绘制在单独的水平刻度上，则可以更清楚地看到在上升和下降斜率期间测得的频率差之间的关系

在这种情况下，我们发现 y 和 A 之间相隔两个 f_{D2}，因此这两个频率差属于同一个目标，它们相邻的点对应目标 kt_{rA} 的双程传播时延所导致的频率差。

$$A+f_{D2}=kt_{rA}$$

类似地，x 与 B 相隔两个 f_{D1}，并且由于目标的传播时延 kt_{rB}，它们相邻的点对应目标 kt_{rB} 的传播时延频率差。

同时检测到三个目标　图 17-12 中绘制了三个目标的测量频率差，它们也可以轻松配对。将 C 与 x、y 和 z 进行比较，我们发现它与 z 的距离为 $2f_{D3}$。A 和 B 与 x 和 y 仍有两种可能的组合：A 与 x 和 B 与 y，或 A 与 y 和 B 与 x。但是使用 C 时，我们可以很容易地分辨出其中哪一个是重影，就像我们只检测到两个目标时一样。

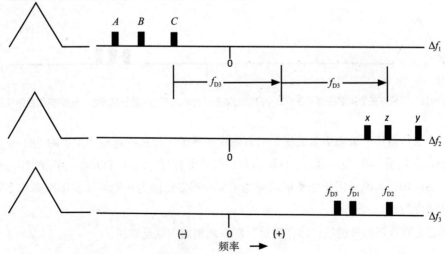

图 17-12　当同时检测到三个目标时，一旦频率差的一个组合已配对，其他频率就可以用与检测到两个目标时相同的方式进行配对

但是可能会出现距离和多普勒频移的某些组合，因此，A、B 和 C 与 x、y 和 z 可能就不止一组配对，图 17-13 说明了其中一种情况。此处显示的频率差可以很容易地进行如下配对：

$$A+2f_{D3}=y$$
$$B+2f_{D1}=x$$
$$C+2f_{D2}=z$$

另一组可能的配对为：

$$A+2f_{D2}=x$$
$$B+2f_{D3}=z$$
$$C+2f_{D1}=y$$

这些配对中的一个或另外一个指示的距离是重影，当只有三个 PRF 时我们无法分辨出哪个是重影。随着同时检测到的目标数量的增加，这些潜在的产生重影的组合数量虽然很少、但呈增加趋势。

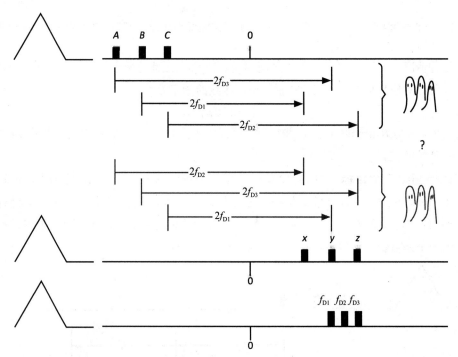

图 17-13　在只有三个斜率的情况下，三个目标的某些组合将留下无法解析的重影，但这些组合很少见

可以通过在循环中增加更多的斜率来消除这些重影。与脉冲延迟测距中的 PRF 一样，如果 N 为斜率的数量，则（$N-1$）个同时检测目标的所有可能组合可以同时消除重影。但是与脉冲延迟测距相比，调频测距的重影问题通常要少得多；因为在通常情况下距离和多普勒频移都不是模糊的。

重影总是有存在的可能性，通常采用三斜率调制周期就足够了。

17.4　性能

调频测距的精度取决于两个基本因素：① 发射机频率变化速率 k；② 频率差的测量精度。

k 的值越大，给定双程传播时延所产生的频率差就越大，频率测量的精度越高，则距离测量的精度就越高，目标的分辨率也会更高。

频率测量精度　频率测量精度随着测量时间长度 t_{int} 的增加而增加，t_{int} 即调制周期各段的长度（见图 17-14）。

在搜索操作中，段的长度受天线波束扫描目标所需的时间长度——波束的目标驻留时间 t_{ot} 的限制。

由于目标波束驻留时间通常是由其他因素决定的，因此调频测量周期中倾斜段的陡峭度（比率 k）成为距离测量分辨能力的控制因素。

坡度斜率 k　在诸如低海拔高度计之类的应用中，可以将 k 设置得足够高，以提供极其精确的距离测量（见图 17-15）。

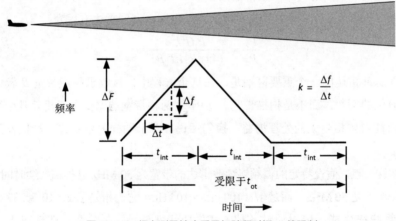

图 17-14　频率测量精度受目标驻留时间 t_{ot} 的限制

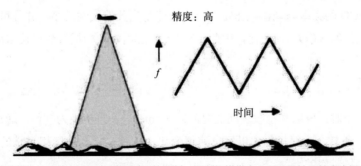

图 17-15　在高度计中，因为不受目标驻留时间的限制，调制扫描带宽可以设置地足够宽来提供高精度的测距

但是，正如将在第 27 章中详细说明的那样，在空对空应用中 k 值受到严格限制。随着 k 值的增加，地面回波（可能接收范围为几百千米）覆盖的频带越来越宽，尽管目标和杂波的多普勒频移可能有很大的不同（见图 17-16），但杂波很快就覆盖了目标。

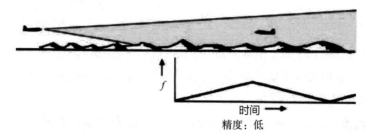

图 17-16　对于空对空应用，为避免地面回波污染整个多普勒频谱，必须使斜坡变浅，结果是测量精度降低

由于 k 值的限制，在这些应用中调频测距相当不精确，脉冲延迟测距可获得分米量级的精度，而调频测距则可获得千米量级的精度。但是在 k 值不受限制的应用中，调频连续波可以获得非常高的分辨率和精度，图 17-15 中所示的雷达高度计就是一个例子，另一个例子是用于车辆防撞或巡航控制的毫米波雷达。调频连续波测距也可以视作线性调频信号实现脉冲压缩处理的另一种替代方法，采用较大的时间带宽积波形，从而获得较高的处理增益。同时，也可以采用较低的峰值发射功率来获得低截获概率（LPI）特性。

雷达方程　与第 12 章中介绍的基本雷达方程相同，调频雷达方程为：

$$\frac{P_r}{P_n} = \frac{P_t G^2 \lambda^2 \sigma}{(4\pi)^3 R^4 k T_0 BF}$$

相比传统脉冲雷达的一个重要区别是，在这个方程中，接收机噪声带宽 B 较为合适取值是扫描持续时间的倒数，而不是扫描带宽。由于这两种带宽的比值可能相差几个数量级，因此调频雷达可能得到相当大的处理增益。换句话说，对于同样的信噪比，峰值发射功率可能会大大降低。

为了说明这一点，假设特定的调频连续波雷达的带宽为 50 MHz 且扫描持续时间为 100 μs，接收机噪声带宽不是 50 MHz，而是 1/（100 μs）=10 kHz，它们相差了 2×10^4 或 37 dB。

线性调频扫描生成　可以通过各种方式生成线性调频扫描信号，即使对于非常大的带宽，数字生成也越来越实用化。使用压控振荡器（VCO，由线性电压调谐进行馈电）也是可行的，只是，VCO 的频率与调谐电压特性不太可能是完美的线性关系，并且可能会随着温度和负载阻抗（提供给 VCO）而变化，因此，在 VCO 应用中，扫描线性化技术很有吸引力。

17.5　小结

使用调频测距时，发射和接收之间的时间差（time lag）将转换为频移，通过测量此频移，可以确定距离。通常，发射机频率以恒定速率变化，这种变化会持续相当长的一段时间，因此可以精确地测量频率差。

为了抵消目标多普勒频移对被测频率差的影响，可进行第二次测量。这可以在固定频率发射时完成，也可以在反向改变发射机频率时完成。然后从第一次测量结果中减去第二次测量结果。

为了解决同时检测到两个目标时所发生的模糊问题，可以进行第三次测量。一般需要 N

次测量才能分辨 (*N*-1) 个同时被探测目标。

对于远程目标探测应用，调频测距比脉冲延迟测距要复杂得多，而且精度要低得多，由此导致采用该方法的雷达的探测距离较近。

然而，调频雷达可提供充足的处理增益，使得对峰值发射功率的要求可能要比同类脉冲雷达低得多，这为调频雷达提供了有用的低截获概率（LPI）特性。

扩展阅读

H. D. Griffiths, "New Ideas in FM Radar," IEE Electronics and Communication Engineering Journal, Vol. 2, No. 5, pp. 185– 194, October 1990.

A. G. Stove, "Linear FMCW Radar Techniques," IEE Proceedings Part F, Vol. 139, No. 5, pp. 343–350, October 1992.

M. Jankiraman, Design of Multi-Frequency CW Radars, SciTechIET, 2008.

图波列夫图 -160"海盗旗"（1987 年）

　　图 -160 是一种超声速战略轰炸机，以用来应对美国空军 B-1 轰炸机项目。它能达到 2 马赫的速度，仅被失败的 XB-70——有史以来最快的轰炸机超越过。它是目前世界上最大的超声速战斗机，也是迄今仅有的可变后掠翼飞机。这里可以看到它由英国空军"龙卷风"F3 伴飞。

第四部分
脉冲多普勒雷达

帕纳维亚龙卷风战机 GR-4（1979 年）

　　龙卷风战机由 Panavia Aircraft GmbH 公司于 1979 年开发，该公司是由来自当时英国、西德和意大利的承包商组成的一家联合体。这是一种可变后掠翼多用途飞机，设计用于低空突防敌方的防御系统，但也可以充当多种角色，包括拦截、电子战和战斗机 / 轰炸机。龙卷风战机的 ADV 变型搭载 AI.24 Foxhunter 雷达，用于防空作战，能够在长达 160 km（100 英里）的距离上跟踪 20 个目标。

Chapter 18

第18章 | 多普勒效应

相对论多普勒效应：光波源以 $0.7c$ 的速度相对观察者向右移动

通过检测多普勒频移，雷达系统不仅可以测量距离变化率，还可以从静止杂波中分离出运动目标的回波，或得到高分辨率的地面图。因为这些都是当今许多雷达的重要功能，所以了解多普勒效应很重要。

本章通过波长的压缩或扩展以及相位的连续偏移详细地探讨多普勒频移，通过这种方法可以确定影响动目标回波和地面回波多普勒频移的因素。本章最后考虑半主动导弹观测目标回波多普勒频移的特殊情况。

18.1 多普勒效应及其产生原因

多普勒效应指的是由运动中的物体所辐射、反射或接收的波在频率上的偏移。如图18-1所示，从点源辐射出的波在运动方向被压缩，而在相反方向上被扩展。在这两种情况下，物体的速度越大，效应就越明显，只有与运动成直角的波不受影响。由于频率与波长成反比，波被压缩得越多，其频率就越高；反之亦然。因此，波的频率偏移与物体的速度成正比。

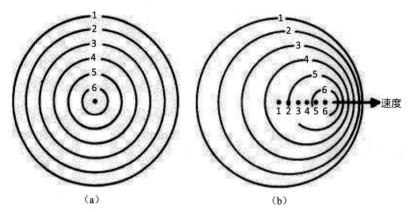

图 18-1　点源在静止（a）和运动（b）时所辐射的波在运动方向上被压缩，在相反方向上扩展，而在运动法线方向上不受影响

　　就雷达来说，雷达和被探测物体之间的相对运动产生了多普勒频移（见图 18-2）。如果雷达和反射物体之间的距离减小，波就会被压缩，它们的波长缩短了，频率就增加了。如果距离增加，效果则恰恰相反。

　　对于地基雷达来说，任何相对运动本质上都是由目标运动引起的。地面回波很少或根本没有多普勒频移（地面上的物体，比如被风吹动的庄稼或车辆，可能在移动，但是这一点暂时忽略不考虑）。因此，区分地杂波和飞机等运动目标的回波是比较简单的。

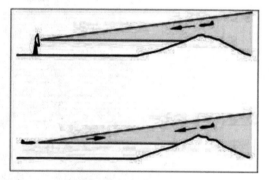

图 18-2　对于地面雷达，相对运动完全取决于目标运动。对于机载雷达，这是由于雷达和目标的相对运动所致

　　另外，对于机载或移动中的雷达，相对运动是由雷达或目标的运动或者是两者同时运动引起的。即使在诸如悬停直升机之类的飞机中，雷达也始终处于运动状态，因此目标回波和地面回波都具有多普勒频移。这使得从地面杂波中分离出目标回波的任务变得复杂，特别是当雷达和目标相对运动使得回波具有与杂波相同的有效多普勒频移时，这是因为脉冲多普勒雷达只能根据多普勒频移的幅度差异来区分目标和杂波。但在讨论该问题之前，我们要先考虑一下多普勒频移实际上是如何产生的。

18.2　多普勒频移产生的场合及方式

　　如果雷达和目标都在移动，则无线电波在传输过程中可能会在三处被压缩（或拉伸）：发射、反射和接收，图 18-3 描述了雷达正面接近目标这种简单情况下发生的波长压缩效应。

　　在这些简化的图中，略微弯曲的垂直线表示每个点上的平面波（侧视），在这些平面波上的波场相位是相同的，这些平面波被称为波前（wavefront）。图 18-3 展示的波前在正方向上具有最大强度的电场，换句话说，它们代表波峰（crest）。图 18-3 在所讨论的每种情况下都给出了连续的两个波前（波前 1，即 A、D、F、G；波前 2，即 B、C、E、H）。

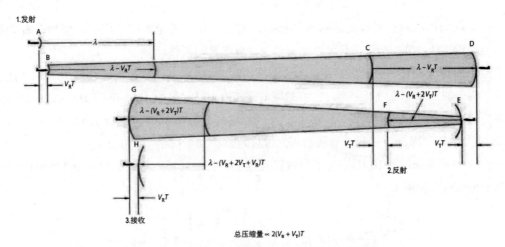

总压缩量 ≈ $2(V_R + V_T)T$

图 18-3　在发射、反射和接收过程中会发生波长压缩

为了便于阅读，这些图未按比例绘制。请注意，波长（相位相同的连续波前之间的间隔）只是大多数目标的长度的一小部分，例如在 X 波段，波长约为 3 cm，而像车辆这样的目标长度可能为几米。另外，由于光速为 3×10^8 m/s，因此在给定的时间段内，飞机的行进距离仅为电磁波行进距离中极小的一部分（仅几微米）。

雷达在发射第一个波前（红色）时位于 A 点，到发射第二个波前（蓝色）时，它已经前进到 B 点，波长减小的距离等于雷达速度 V_R 乘以两个波前发射之间的时间。当然，该时间是波的周期 T 或雷达频率 f 的倒数。因此，随着电磁波向着目标传播，波前之间的间隔为 $\lambda - V_R T$。

图 18-3 的上半部分描述了当电磁波被目标反射时发生的压缩。当第一个波前（红色）被反射时目标在 D 点，且第二个波前（蓝色）在 C 点。到第二个波前（蓝色）被反射时，目标已前进到了 E 点，波前从 C 点到达目标所必须经过的距离被缩短了，减少的量等于目标速度 V_T 乘以周期 T。同时，第一个波前（红色）的反射也行进了相同的距离（从 D 到 F）。但是目标的前进使该反射波前与第二个波前（蓝色）的反射之间的间隔减小了 $V_T T$，后者正准备离开目标。

因此，在反射波返回雷达时，其波前之间的间隔为 $\lambda - (V_R T + 2V_T)T$。

图 18-3 的下半部分描述了雷达对两个波前的接收。雷达接收到第一个波前（红色）时位于 G 点。第二个波前（蓝色）与其相隔一个压缩波长，但是到其被接收时，雷达已经前进到了 H 点。因此，在接收期间，该波长的压缩要另外加上距离 $V_R T$，这与发射时一样。

总之，波长被压缩的量等于两个速度之和的 2 倍乘以发射波周期 T。

$$总的压缩量 = 2(V_R + V_T)T$$

T 非常短，因此压缩非常小。对于 X 波段无线电波以及 300 m/s 的 V_R 和 V_T 而言，压缩量仅约为 12 μm。但是，由于 X 波段电波的射频频率很高（10 GHz），在 X 波段产生的频移为 40 kHz。

18.3　多普勒频移的幅度

尽管我们可以通过观察雷达系统和目标的相对运动所引起的波长压缩来感知多普勒效应，但是根据接收波的相位偏移可以更简单地计算多普勒频移。

频率即连续相移　你可能并不认为一个波的频率的变化等于相位的连续偏移。如图 18-4 显示了两个波 A 和 B 的 1 s 采样，它们的频率分别为 10 Hz 和 11 Hz。在 11 Hz 时，B 每秒比 A 多完成 1 个周期，换句话说，B 相对于 A 的相位每秒超前 360°（或 2π rad）。由于 A 每秒完成 10 个周期，因此 A 的每个周期的相位增益为 360°/10 = 36°（或 0.2π rad）。

将 B 的频率降低到 10 Hz，可以通过在连续的波前之间插入等效于相位 36° 的时间延迟来简单地实现（见图 18-5）。

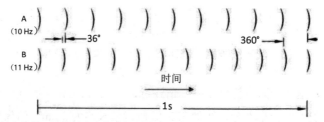

图 18-4　频率略微不同的两个波的波前，其差异等于连续的相位偏移，此处为每个周期 36°

只要波的相位不断偏移，频率偏移就会保持，但是如果相位偏移停止了，B 将会恢复为原始频率。通过沿相反方向移动相位，即减少波前之间的时间，我们就可以类似地增加波的频率。

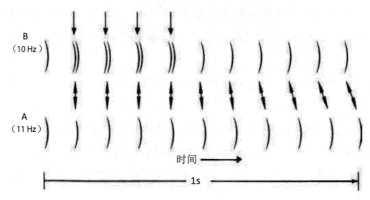

图 18-5　通过在波前之间插入 36° 相移，我们可以将频率降低 1 Hz（从 11 Hz 到 10 Hz），当插入被中断后，波将恢复其原始频率

从目标接收到的信号中的多普勒频移也是如此，但是在这种情况下，相位偏移不是通过任意插入或消除波前之间的时间增量得到的，而是无线电波从雷达到目标往返时间持续变化的结果（即往返传输时间的变化）。

多普勒频移的矢量表示　可以使用第 5 章介绍的矢量概念来可视化地表示雷达中的多普勒频移，图 18-6 中的简单矢量图描绘了接收波相对于发射波的相位，矢量 **T** 代表发射波，矢量 **R** 代表接收波（为更容易观察两个矢量之间的关系，假定雷达是连续发射的，尽管这不是必需的）。在任一时刻，接收波 **R** 的相位总是比发射波 **T** 的相位滞后一个往返传输时间（$t_{\text{π}}$）。

如果 t_{rt} 是整数个波长，则两个矢量将重合；如果 t_{rt} 是整数个波长减去半个波长，则 R 将比 T 滞后半圈。

让我们更加宽泛地假设 t_{rt} 是发射波周期的 100 000 倍加上某个 ϕ 的部分（见图 18-7）。尽管 R 的循环比 T 的循环落后了 100 000 次完整循环，但两者的相位差仅为一个完整循环（周期）的一部分，即 ϕ。

如果传输时间是恒定的（距离变化率 = 0），则相位延迟也是恒定的，并且角度 ϕ 将保持不变。因此两个矢量将以相同的速度旋转，发射和接收信号的频率将是相同的，换句话说，雷达和目标都没有移动，因此没有发生任何变化，在目标与雷达之间也就没有任何的相位差。

然而，如果传输时间略微减少，则总相位延迟将减小，从而减小角度 ϕ。如果传输时间继续减小（即减小距离），则 R 将相对于 T 逆时针旋转（见图 18-8），接收波的频率将大于发射波的频率。雷达与目标之间的

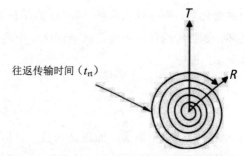

图 18-6　接收波的相位比发射波的相位滞后一次往返传输时间。往返分量每次穿过矢量 T 时，波前都旋转 360° 和最后一点角度 ϕ，即雷达与目标之间的剩余相位差

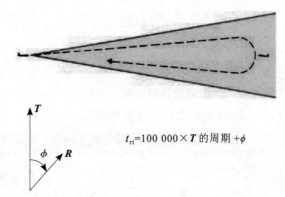

t_{rt}＝100 000×T 的周期 +ϕ

图 18-7　如果往返时间是发射波周期的 100 000 倍加上 ϕ 的部分，则接收波（R）与发射波（T）的相位仅相差 ϕ

距离变化会导致相位发生相应的变化，从而造成多普勒频移发生相应的变化。

在本质上，如果传输时间增加（正距离变化率），也会发生同样的事情。唯一的区别是相位的滞后加大，尽管 R 仍绝对按逆时针方向旋转，但 R 相对于 T 是顺时针旋转的，接收波的频率小于发射波的频率（见图 18-8）。

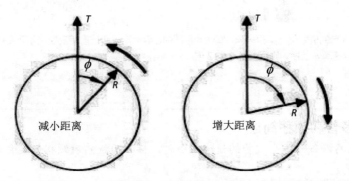

减小距离　　　　　　　　增大距离

图 18-8　如果距离减小，则 ϕ 将减小，从而导致 R 相对于 T 逆时针旋转、频率更高

发射波与接收波之间的频率差即目标的多普勒频移 f_D，与 ϕ 的变化率成正比。也就是说通过测量相位的变化，我们可以测量出目标与雷达之间的相对速度。

f_D 的公式推导　如果以每秒整数次循环（1 次循环 =2π rad=360°=1 周 / 秒）来测量相位

角的变化率，则多普勒频移（以 Hz 为单位）等于 $\dot\phi$。由于矢量 $\boldsymbol{R}$ 每次相对于矢量 $\boldsymbol{T}$ 做一次循环，到目标的往返距离 d 就会变化 1 个波长 λ，因此多普勒频移等于以波长为单位的 d 的变化率，即

$$f_{\mathrm{D}} = -\frac{\dot d}{\lambda}$$

负号说明以下事实：如果 $\dot d$ 为负（目标向雷达移动），多普勒频移为正。由于 d 是目标距离的 2 倍（$d=2R$），因此 d 的变化率（见图 18-9）是距离变化率的 2 倍（$\dot d=2\dot R$），则目标的多普勒频移是距离变化率与波长之商的 2 倍，即

$$f_{\mathrm{D}} = -2\frac{\dot R}{\lambda}$$

其中，

f_{D}——多普勒频移，Hz；

$\dot R$——距离变化率，m/s；

λ——发射波长，与 R 同单位。

由于波长等于光速除以电磁波频率，因此多普勒频移的另一种表达式是：

$$f_{\mathrm{D}} = -2\frac{\dot R f}{c}$$

其中，f 是发射波的频率，c 是光速。

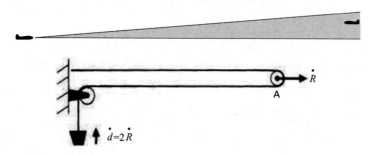

图 18-9　正如这个简单的机械类比实验一样，雷达到目标的往返距离以 2 倍的距离变化率而变化。如果皮带轮 A 以速率 $\dot R$ 右移，重物以速率 $\dot d$ 上移，则后者是 $\dot R$ 的 2 倍

P18.1　多普勒频移简述

每当目标距离以每秒半个波长的速率减小时，接收回波的射频相位就会每秒等效前进一个完整周期。所以

$$f_{\mathrm{D}} = \frac{-\dot R}{\lambda/2} = \frac{-2\dot R}{\lambda}$$

其中，

f_{D}——多普勒频移（当 R 减小时为正）

$\dot{R}$ —— 相对速度的径向分量（即距离变化率）

λ —— 波长

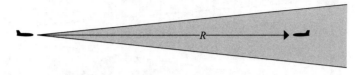

18.4　飞机的多普勒频移

雷达可以使用任何一个多普勒频移表达式来快速准确地计算目标的多普勒频移，我们以一个波长为 3 cm（$=3\times10^{-2}$ m）的 X 波段雷达为例，假设雷达以 300 m/s（$\dot{R}=-300$ m/s）的速度接近目标，则目标的多普勒频移为 $-2\times(-300$ m/s$)/0.03$ m $=20\,000$ Hz 或 20 kHz。

如果波长只有长度的一半，即以 1.5 cm 替代 3 cm，则相同的接近速度将产生 2 倍的多普勒频移（即为 40 kHz 而非 20 kHz）。

这些方程式同样适用于距离不断变大的目标，在这种情况下 f_{D} 为负号，表示回波的射频频率比发射机频率小 f_{D}（Hz）。

估算 X 波段雷达的多普勒频移的简单经验法则是：1 m/s 的距离变化率产生 70 Hz 的多普勒频移。根据此规则，接近速度为 300 m/s 的目标的多普勒频移为 300×70 Hz $=21$ kHz（见图 18-10）。如反用该规则，则多普勒频移为 7 kHz 的目标的距离变化率为 $7\,000/70$（m/s）$=100$ m/s。

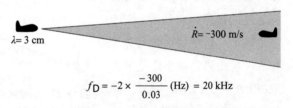

$$f_{\mathrm{D}} = -2\times\frac{-300}{0.03}\,(\text{Hz}) = 20\,\text{kHz}$$

图 18-10　通过表达式可以计算出任何目标的多普勒频移

对于其他波长，可以根据波长对应关系简单地对常数进行缩放。例如：对于 S 波段，每 m/s 为 21 Hz（$\lambda=10$ cm）；对于 C 波段，则为 42 Hz（$\lambda=5$ cm）。

当然，目标的距离变化率取决于雷达和目标这两者的速度。对于迎头逼近目标的雷达[见图 18-11（a）]，距离变化率是两个速度简单的大小相加：

$$\dot{R} = -(V_{\mathrm{R}}+V_{\mathrm{T}})$$

所以，

$$f_{\mathrm{D}} = -2\frac{\dot{R}}{\lambda} = 2\frac{V_{\mathrm{R}}+V_{\mathrm{T}}}{\lambda}$$

对于同向追尾目标[见图 18-11（b）]，距离变化率是它们之间的速度差。如果雷达的速度大于目标速度，则距离变化率将为负值（减小距离）；如果雷达的速度小于目标速度，则距离变化率将为正值（增大距离）；如果两个速度相等，则变化率将为零。

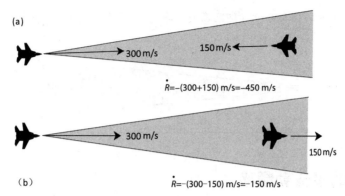

图 18-11 （a）对于迎头逼近的目标，距离变化率是飞机速度值的和；（b）对于尾追模式，距离变化率是飞机速度之间的差

对于更为一般的情况，即两个速度不在一条直线上，距离变化率是雷达速度和目标速度在雷达与目标连线上的投影之和，这通常称为相对径向速度。如图 18-12 所示，如果目标速度的投影朝向雷达，则距离将减小；但是如果情况并非如此，则距离是减小还是增大取决于两个投影的相对大小（正如在同一直线上尾追的情况）。

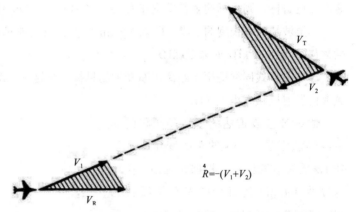

图 18-12 通常情况下，目标的距离变化率是雷达速度和目标速度在雷达与目标连线上的投影之和

因此，目标的多普勒频移会根据工作环境而有很大差异：迎面逼近时，目标的多普勒频移总是很高；而在尾追情况下，该数值通常较低；介于两者之间时，其值取决于视角和目标飞行的方向。

18.5 地面回波的多普勒频移

来自一片地面的回波的多普勒频移也正比于距离变化率除以波长，唯一的差别是这片地面的距离变化率完全归因于雷达自身的速度（见图 18-13）。

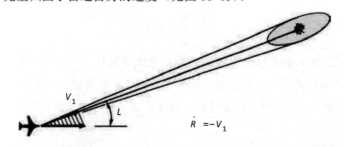

图 18-13 地面的距离变化率是雷达速度在指向该地面的视线上的投影值

因此，雷达的速度在指向地面的视线上的投影可以用 $-\dot{R}$ 代替。对于正前方的小块地面，此投影等于雷达的完全速度 V_R；对于正侧面或正下方的地面，投影为零；当介于这两者之间时，此投影等于 V_R 乘以 V_R 与到地面视线之间角度 L 的余弦。

因此，来自一块地面的回波的多普勒频移为：

$$f_D = 2\frac{V_R \cos L}{\lambda}$$

其中，

f_D——地面回波的多普勒频移，Hz

V_R——雷达速度，m/s

L——V_R 与到地面视线之间的夹角

λ——发射波长，m

例如，假设速度和波长关系为 $2V_R/\lambda = 10\ 000$（Hz），且回波是以 60° 的角度从地面接收到的。由于 60° 的余弦为 0.5，因此多普勒频移为 10 000（Hz）×0.5 = 5 kHz。

如果将角度 L 分解为方位角和俯仰角分量，那么我们必须用相对这块地面的方位角和俯仰角的余弦乘积替代上述方程中 L 的余弦（见图 18-14）。

$$f_D = 2\frac{V_R \cos\eta \cos\varepsilon}{\lambda}$$

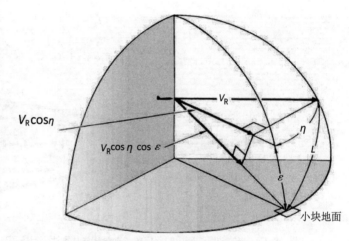

图 18-14 雷达速度 V_R 在到地面的视线上的投影用方位角 η 和俯仰角 ε 表示。V_R 在视线上的投影等于 $V_R\cos\eta\cos\varepsilon$

其中，

η——地面的方位角

ε——到地面的俯仰角

通常，地物回波不是从单块地面接收的，而是从许多角度不同的很多块地面接收的，因此地物回波涵盖的频率范围非常广泛。

最后，雷达与目标之间的相对径向速度可以为零或接近零。例如在侧视雷达中，目标和杂波有相同的多普勒频移，因此将更加难以区分。这就使得雷达研究人员要继续提高多普勒灵敏度，以便在尽可能广泛的条件下最大限度地分辨出目标。

18.6 半主动导弹所见的多普勒频移

半主动导弹根据目标散射信号进行导向追踪，而且目标由搭载在运载飞机上的雷达来照射。因此，导弹所见的目标多普勒频移可能与照射雷达所见的多普勒频移有很大的不同。

图 18-15 描述了两者共线的简单情况。从雷达到目标再到导弹的距离 d 的变化速率等于雷达速度加 2 倍的目标速度，再加上导弹速度 V_M：

$$\dot{d} = -(V_\mathrm{R} + 2V_\mathrm{T} + V_\mathrm{M})$$

导弹速度等于雷达速度加上导弹相对于雷达的速度增量，$V_\mathrm{M} = V_\mathrm{R} + \Delta V_\mathrm{M}$。通过这种替换，得到

$$\dot{d} = -(2V_\mathrm{R} + 2V_\mathrm{T} + \Delta V_\mathrm{M})$$

目标相对于雷达的距离变化率为 $\dot{R} = -(V_\mathrm{R} + V_\mathrm{T})$，且多普勒频移为 $-\dot{d}/\lambda$。因此，如用相对速度表示，则导弹所见的目标多普勒频移为

$$f_{D_\mathrm{M}} = \frac{-2\dot{R} + \Delta V_\mathrm{M}}{\lambda}$$

$$\dot{d} = -(V_\mathrm{R} + 2V_\mathrm{T} + V_\mathrm{M})$$

$$f_\mathrm{D} = -\frac{\dot{d}}{\lambda}$$

$$\dot{d} = \dot{R}_{\mathrm{R-T}} + \dot{R}_{\mathrm{M-T}}$$

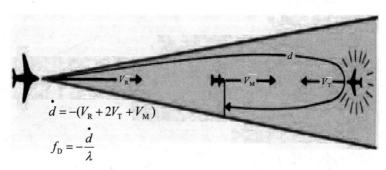

$$\dot{d} = -(V_\mathrm{R} + 2V_\mathrm{T} + V_\mathrm{M})$$

$$f_\mathrm{D} = -\frac{\dot{d}}{\lambda}$$

图 18-15　半主动导弹所见的目标多普勒频移与从雷达到目标再到导弹的距离 d 的变化率成正比

仅当速度全部在同一直线上且导弹处在雷达到目标的视线上时，上述方程式才适用。对于更一般的情况，从雷达到目标再到导弹的距离变化率等于目标相对于雷达的距离变化率加上目标相对于导弹的距离变化率（见图 18-16）。后者是 V_M 和 $-V_\mathrm{T}$ 在从导弹到目标的视线上的投影之和。也就是说我们再次看到，需要采用相对径向速度。

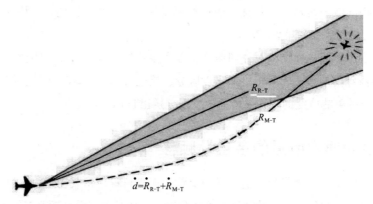

$$\dot{d} = \dot{R}_{\mathrm{R-T}} + \dot{R}_{\mathrm{M-T}}$$

图 18-16　到导弹距离的变化率是目标相对于雷达的距离变化率加上目标相对于导弹的距离变化率的和

最初，f_{DM} 可能相对较高。但是随着攻击的进行，f_{DM} 可能会大幅下降，特别是在导弹被拖入尾追状态时，如图 18-17 所示。

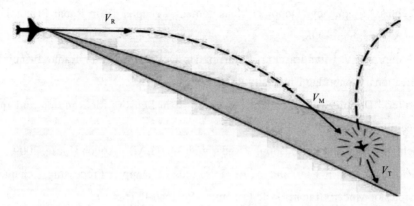

图 18-17　导弹所见的目标多普勒频移会随着攻击的进行而降低，特别是在导弹被拖入尾追状态时

18.7　小结

对于雷达回波而言，反射物体相对于雷达运动，多普勒效应可以被展示为由此引起的波前的聚集（或扩展）。因为频率等价于连续的相移，所以由此产生的频移等于无线电波传播的往返距离变化速率（每秒的波长），也就距离变化率与波长之商的 2 倍。

运动目标的距离变化率取决于雷达和目标的速度以及到目标的视线相对于雷达速度方向的角度。迎头逼近时，距离变化率通常大于雷达的速度；尾追时，距离变化率通常小于雷达速度。

地面回波的距离变化率仅取决于雷达的速度和与地面之间的角度。由于接收到的回波可能来自多个方向的多个小块地面，所以地面回波通常会覆盖一段较宽的频带。

18.8　应记住的重要关系式

- 目标的多普勒频移：

$$f_D = -2\frac{\dot{R}}{\lambda}$$

其中，$\dot{R}$ 为距离变化率，λ 为波长。

- 地面斑块的多普勒频移：

$$f_D = -2\frac{V_R \cos L}{\lambda}$$

其中，V_R 为雷达的速度；L 为到地面斑块的视角。

- 常用速度的 X 波段多普勒频移：

1 m/s = 70 Hz 多普勒频移

300 m/s = 21 kHz 多普勒频移

扩展阅读

P. Z. Peebles, "Frequency (Doppler) Measurement," chapter 12 in Radar Principles, John Wiley & Sons, Inc., 1998.

V. N. Bringi and V. Chandrasekar, Polarimetric Doppler Weather Radar Principles and Applications, Cambridge University Press, 2007.

G. Brooker, "Doppler Measurement," chapter 10 in Sensors for Ranging and Imaging, SciTech Publishing-IET, 2009.

D. C. Schleher, MTI and Pulse Doppler Radar with MATLAB®, Artech House, 2009.

M. A. Richards, J. A. Scheer, and W. A. Holm (eds.), "Doppler Processing," chapter 17 in Principles of Modern Radar: Basic Principles, SciTech-IET, 2010.

Chapter 19

第19章 | 脉冲信号频谱

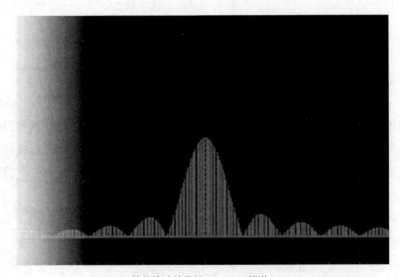

简单脉冲信号的 $(\sin x)/x$ 频谱

在第18章中，我们看到，雷达和目标之间的任何相对运动都会产生具有多普勒频移的回波。通过这种方式，多普勒效应提供了一种区分静止目标（如地面）和运动目标（如机动车辆、飞机等）的方法。为了利用这种效应，了解频谱是如何产生的非常重要，特别是与相干脉冲多普勒有关的频谱。

通过一些简单的实验，我们可以看到脉冲信号的频谱是如何与脉冲宽度、脉冲重复频率（PRF）和信号持续时间相关的。在这个过程中我们将开始明白什么是相干性，以及为什么它在多普勒雷达中如此重要。

为了深入了解要讨论的相互关系，我们可以考虑进行一系列简单的概念性实验，所需要的仅为两台设备（见图19-1）。首先你需要一台微波发射机，对于最初的实验来说，它只是由一个简单的振荡器组成。假设它输出的信号有一个恒定的幅度以及一个恒定的、高度稳定的波长，发射机有一个开关，通过它我们可以在任何需要的时刻开启或关闭发射机。所需的另一台设备是用来探测发射信号的微波接收机，此接收机不仅在任何给定频率[①]下都有很高的选择性，而且可以在非常宽的频段上进行选择。表头用于指示接收机输出的幅度。

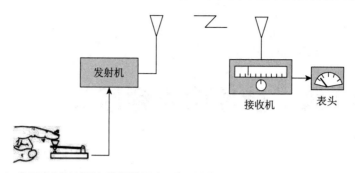

图 19-1　为了确定脉冲调制对射频的影响，使用微波发射机和接收机进行一系列简单的实验

19.1　带宽

为了找出决定脉冲信号带宽的因素，我们要做两个实验。

实验 1：连续波信号　在本实验中，为了搜索发射信号，连续波（CW）以频率 f_0 发射并在接收机的频率范围内缓慢调谐，每次调 1 Hz（见图 19-2）。正如已经预测到的那样，在单一频率 f_0 处，该信号在接收机上产生了强大的输出。尽管整个调谐频段都被搜索过了，但在任何其他频率上没有发现信号的踪迹。如果我们画出接收机输出幅度与频率的关系，那么它会是一条狭窄的垂线（1 Hz 宽）。

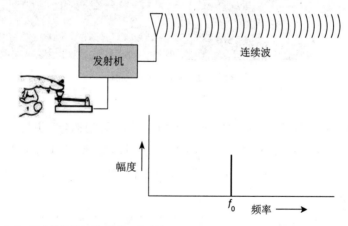

图 19-2　只有当连续波信号被调谐到某个单一频率上时，它才会在接收机上产生输出

实验 2：独立脉冲串　在本实验中，发射机周期性地开和关，以便发送具有恒定 PRF 的连续脉冲串（见图 19-3）。我们应当注意的是，尽管键控是精确的，但是连续脉冲的射频相位并不是相同的，而是在脉冲之间随机变化，这种情况等效于"非相干"雷达。

---

① 接收机的通带只有 1 Hz 宽；在此频带之外，其灵敏度可以忽略不计。

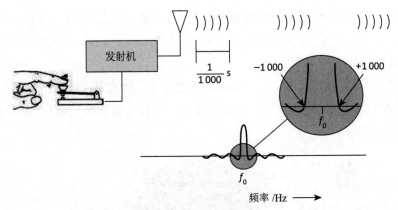

图 19-3　脉冲宽度为 10 ms 且 PRF 恒定的一串独立脉冲在接收机上形成 2 kHz 宽的连续输出

　　每个脉冲正好长 1 ms，虽然 1 ms 是很短的时间，但请记住，它比许多雷达的脉冲都要长 1 000 倍。雷达脉冲持续时间通常在 1 μs ～ 10 μs 范围内。

　　由于信号的平均功率较低（发射机在持续工作之前仅"开"了很小的一段时间），接收机的输出不像以前那么强，但它仍然在同一点出现了，即刻度盘上的 f_0。但是接收机输出与频率的关系图不像之前那么尖锐了，事实上，如果扩展这个图，我们可以看到它在从低于 f_0 1 kHz 到高于 f_0 1 kHz 的频率范围内是连续的。换句话说，零值到零值之间的带宽是 2 kHz。

　　该信号在这个频带以上和以下的连续频段内也会产生输出，这些频段只有中心频段的一半宽，这里的输出信号非常弱，且距离 f_0 越远，输出信号就越弱。接收机输出与频率的关系图（见图 19-4）和均匀照射线性阵列天线的辐射方向图形状相同，即形如 $(\sin x)/x$ 波形，造成这种情况的原因是均匀照射或恒定幅度。尽管这些频谱的旁瓣（又称副瓣）很重要，但我们暂时仅考虑中心频带。

　　这个中心频带的宽度可能由脉冲重复频率（PRF）或脉冲宽度决定，或者由这两者共同决定。为了查看它是否由 PRF 决定，我们可以在几个逐渐降低的 PRF 上重复进行实验。但是，除了因较低的占空比导致的接收机输出减小外，接收机的输出是不变的。对于简单发射机发射的信号类型，PRF 不会影响频谱。

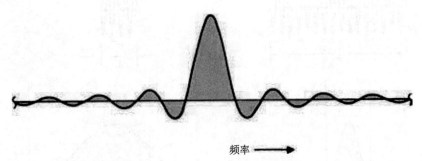

图 19-4　接收机输出与频率的关系图呈 $(\sin x)/x$ 的形状，旁瓣为中心波瓣宽度的一半，在主瓣的上方和下方延伸，延伸时幅度不断减小

　　如果将这一发现发挥到逻辑极限，将脉冲间的周期延长到几天，我们就可以进一步得出

结论：单个脉冲的频谱与独立脉冲串的频谱是完全相同的。因此，PRF 不能决定带宽。

那么脉冲宽度呢？为了找到带宽和脉冲宽度之间的关系，我们使用逐渐变窄的脉冲将实验重复了多次。最终脉冲宽度为 1 µs。

脉冲宽度变窄的结果是明显的。随着脉冲宽度减小，带宽急剧增加（见图 19-5）。对于 1 µs 的最终脉冲宽度，其频带从 f_0 以下的 1 MHz 扩展到 f_0 以上的 1 MHz，从零值到零值之间的总带宽为 2 MHz。

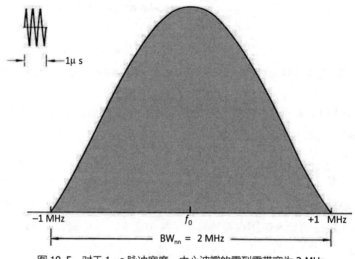

图 19-5 对于 1 µs 脉冲宽度，中心波瓣的零到零带宽为 2 MHz

2 MHz 频率就是 2 除以 1 µs，类似地，2 kHz 频率是 2 除以 1 ms。 因此，我们得出的结论是，独立脉冲串频谱波瓣的零点带宽为

$$BW_{nn} = \frac{2}{\tau}$$

其中，BW_{nn} 为零点带宽，τ 为脉冲宽度。例如，0.5 µs 脉冲的零点带宽为 2 ÷ 0.5 µs = 4 MHz（见图 19-6）。

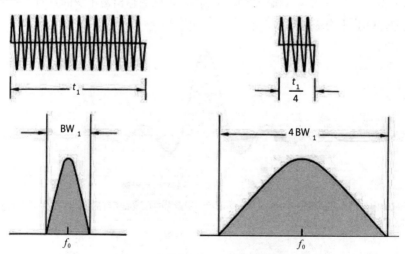

图 19-6 脉冲越窄，中心频谱波瓣越宽

但这就产生了一个严重的问题：如果在 X 波段内，对于 500 m/s 的接近速度，多普勒频移仅为 34 kHz，那么大多数机载雷达所遇到的多普勒频移将不超过几百 kHz。

如果脉冲信号的零到零带宽为几兆赫，大约是最大多普勒频移的 10 倍，多普勒频移就会因太小而无法区分。那么，脉冲雷达如何才能检测出多普勒频移呢？答案是不可能的，除非接收到的脉冲以某种方式进行相干。

19.2　相干性

在雷达中，术语"相干性"意味着从一个脉冲到另一个脉冲的信号相位具有一致性或连续性。研究相干性的一种方法是将连续波（CW）信号斩成若干个脉冲，如图 19-7 所示，脉冲斩波的开始点和结束点始终相同。通过

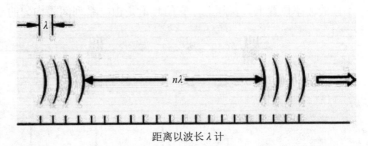

图 19-7　一般的相干形式是：第二个脉冲的第一个波前与第一个脉冲中相同相位的最后一个波前相隔整数个波长

这种方法，每个脉冲都与其他脉冲相位相干。在图 19-7 中，每个脉冲内的第一个波前都与前一个脉冲的最后一个波前相隔整数个波长。例如，如果波长恰好是 3 cm，则间隔可以是 3 000 000 cm、3 000 003 cm 或 3 000 006 cm 等，但不能是 3 000 001 cm 或 30 000 033.15 cm。

在实验 2 中，通过键控发射机的开关来形成脉冲，尽管键控是精确的，但各个脉冲的射频相位（即它们的"起始"相位）在脉冲之间是随机变化的，换句话说，发射信号是不相干的。如果考虑到 X 波段信号的周期仅为 1/10 000 μs，1° 相位仅为 1/3 600 000 μs，那么对于这一点也就不必感到惊讶了。

获得相干性　使用更精密的发射机可以实现相干性。多普勒雷达中最常用的发射机类型是主振功率放大器（见图 19-8），它实质上由一个振荡器和一个放大器组成，振荡器产生波长非常稳定的低功率信号，放大器将这个信号放大到发射所需的功率水平。振荡器连续运行；功率放大器通过键控开关来产生脉冲。尽管键控不如简单非相干发射机中那么精确，但只要脉冲是从连续波上切下来的，这些连续脉冲的射频相位就是完全相同的（见图 19-9）。因此，一个脉冲中

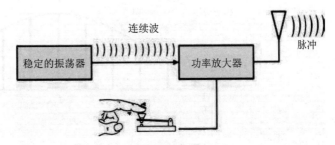

图 19-8　相干脉冲串可以使用主振功率放大器来产生。振荡器连续运行；通过键控放大器来产生脉冲

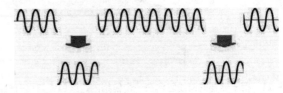

图 19-9　主振功率放大器的脉冲实际上是从连续波上切下来的，因此它们是相干的

的最后一个波前与下一个脉冲中的第一个波前之间的间隔总是等于波长的整数倍，所以脉冲是相位相干的。

实验 3：相干的效果　为了观察相干性对脉冲信号带宽的影响，我们再做一次实验 2，但这次使用的是主振荡器和功率放大器的组合。

变为相干传输后的效果非常明显（见图 19-10）。如果采用非相干传输，信号中心频谱的波瓣会分散在很宽的频带上；而当采用相干传输时，该频谱是和连续波几乎一样尖锐的峰值。但是它们之间有一个重要的差别：相干脉冲信号不只出现在一个频率上，而出现在许多不同的频率位置上。实际上，它的频谱是由一系列间隔均匀的线组成的。

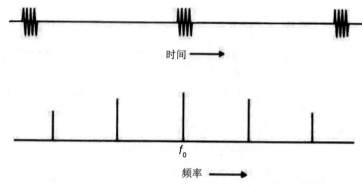

图 19-10　在均匀间隔的频率上，相干脉冲在接收机上产生输出

将该频谱与非相干信号的相应频谱（相同的 PRF 和相同的脉冲宽度）进行比较，我们有两点发现：首先，在相干信号产生输出的那些频率上，其幅度比非相干信号产生的输出强很多，这显然是因为能量被集中在狭窄的谱线中（能量必须去往某处）；其次，这些谱线所形成的"包络"（见图 19-11）与非相干信号频谱具有相同的 $(\sin x)/x$ 形状以及相同的零到零带宽（$2/\tau$）。

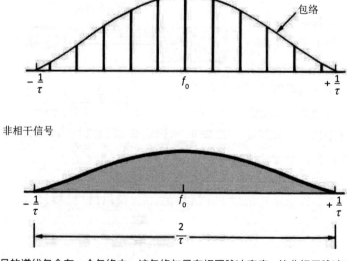

图 19-11　相干信号的谱线包含在一个包络内，该包络与具有相同脉冲宽度 τ 的非相干脉冲串的频谱具有相同的 $(\sin x)/x$ 形状

假设谱线间距与 PRF 有关，我们逐步提高 PRF，重复多次这个实验。随着 PRF 的增加，谱线之间的距离越来越远。在每种情况下，谱线间距都正好等于 PRF（见图 19-12）。

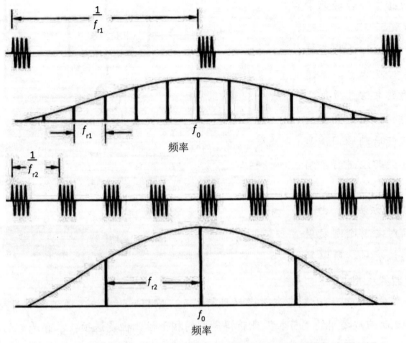

图 19-12 相干脉冲串的谱线间距等于脉冲重复频率（PRF）f_{r1} 或 f_{r2}

顺便说一句，我们应该注意的是，由于保持了恒定的脉冲宽度，随着 PRF 的增加，谱线的数量减少了。如果我们继续增加 PRF，最终将达到一个极点，此时所有功率都将被集中在一根单一的谱线上。这一点等效于实验 1 中发射连续波信号，其结果也是单一谱线。

我们从实验中得出的重要结论是：相干脉冲信号的频谱由一系列谱线组成，这些谱线出现在 f_0 任一侧与 PRF 相等的间隔上，且包含在呈 $(\sin x)/x$ 形状的包络内，而零值位于 f_0 左右 $1/\tau$ 倍处。

我们可以看到，除非脉冲串无限长（没有脉冲串可能如此），否则频谱线都具有有限的宽度。该宽度是脉冲串持续时间的函数。

P19.1 获取相干性的早期方法

在早期的机载多普勒雷达中，人们使用许多其他的技术来获取相干性，这主要是因为制作主振放大器的器件在当时过于昂贵。其中一些技术至今仍在使用。

在一种被称为注入锁定的方法中，简单的非相干发射机（如磁控管）的起始相位被"锁定"为注入磁控管腔内的

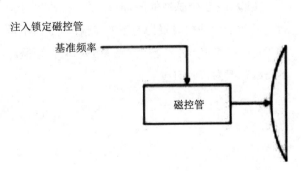

高稳定性低功率连续信号的相位。遗憾的是，使用注入锁定获得的相干性普遍低于所期望的程度。

在另一种被称为相干接收（COR）的方法中，根据连续生成的参考信号对每个发射脉冲的相位进行测量，然后在紧随其后的脉间周期内对接收到的回波进行恰当的相位纠正。

使用 COR 方法时，由于相位纠正只对之前刚刚发射的脉冲的回波有效，所以只有第一次的回波是相干的。

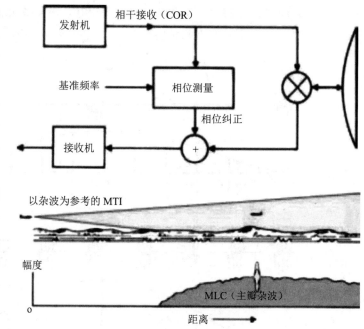

还有一种被称为非相干或杂波参考动目标显示（MTI）的方法，通过探测目标回波和同时接收到的地面回波之间的"节拍"来获得等效的相干性，但是这项技术有严重的局限性。

19.3 谱线宽度与脉冲串持续时间的关系

为了找到谱线宽度和脉冲串长度之间的关系，我们再进行两个实验。

实验 4：2 个脉冲的脉冲串 对于本实验，我们使用与前面相同的接收机和相干发射机，但保持 PRF 不变，并且只发射 2 个脉冲。结果如图 19-13 所示，该实验就是实验 3 的结果对于相同的 PRF 和脉冲宽度再重复一次。

当脉冲串的长度大于等于 1 000 个脉冲时，接收机的输出在 PRF 的每个倍数处急剧达到峰值。但是，当脉冲串长度只有 2 个脉冲时，接收机输出与频率的关系图几乎是连续的；输出仍在 PRF 的倍数处达到最大值，并在每个峰值的两侧下降，但仅在峰值之间的一半处达到零值；零到零"谱线宽"由脉冲串的重复频率 f_r（Hz）决定。

实验 5：8 个脉冲的脉冲串 使用相同的 PRF 和脉冲宽度重复进行实验，但是这次我们每次发射的脉冲数设置为原来的 4 倍：8 个而不是 2 个。尽管信号仍然在每个 PRF 倍数周围相当宽的频带上产生了输出（见图 19-14），但是谱线的宽度仅为原来的 1/4，或相对于 f_r（Hz）的谱线宽度为 $f_r/4$（Hz）。

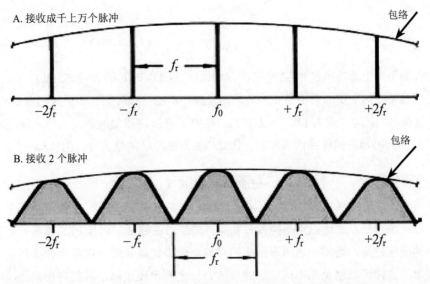

图 19-13 当接收到成千上万个脉冲时，频谱线又窄又尖；而当仅接收 2 个脉冲时，频谱线变宽直到它们连在一起

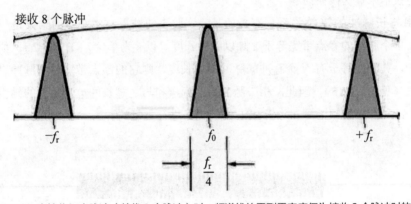

图 19-14 当接收 8 个脉冲（替代 2 个脉冲）时，频谱线的零到零宽度仅为接收 2 个脉冲时的 1/4

一般关系 从上述两个实验的结果中我们可以得出结论：谱线宽度与脉冲串中的脉冲数成反比。由于在接收 2 个脉冲的情况下谱线宽度等于 PRF，因此我们可以进一步得出结论：对于 N 个脉冲，谱线宽度等于 PRF 的 $2/N$ 倍，即

$$LW_{nn} = \left(\frac{2}{N}\right) f_r$$

其中，

LW_{nn}——零到零带宽

f_r——脉冲重复频率

N——脉冲串内的脉冲数

由于

$$f_r = \frac{1}{T}$$

所以

$$LW_{nn} = \frac{2}{NT}$$

例如，如果一个脉冲串包含 32 个脉冲，则谱线宽度为 PRF 的 2/32 或 1/16。

决定谱线宽度的主要因素不是脉冲数，而是脉冲串的持续时间。如果我们在 LW_{nn} 表达式中用 $1/T$ 替换 f_r，表达式变为 $LW_{nn} = 2/(NT)$。其中 T 是脉冲重复间隔，这一点就变得很清楚了，由于 N 是脉冲串内的脉冲间周期数，因此 NT 是脉冲串的总长度。由此得

$$LW_{nn} = \frac{2}{脉冲串时间长度（s）} Hz$$

如此一来，是记录回波的时间长度决定谱线的宽度（频率分辨率），而不是单个脉冲的持续时间。时间段越长，雷达识别不同多普勒频移的能力就越强。而且 PRF 越高，重复谱线之间的频率间隔就越宽。通常，该频率间隔的设置要能够使最高的预期多普勒频移小于第一次重复的频率，这样可以避免在不同运动速度的目标之间出现模糊。我们将在第 28 ～ 30 章中看到低 PRF、中 PRF 和高 PRF 操作模式，届时就会知道这种设置并不总是可行的，因而必须使用其他技术来解决模糊问题。

脉冲串与长脉冲的等效关系　有趣的是，实验 5 的结果与实验 2 的结果是一致的。在实验 2 中，单个脉冲的零点带宽等于 2 除以脉冲长度（以 s 为单位）：$BW_{nn}=2/\tau$。如果我们发送单个脉冲，其长度等于有 N 个脉冲的脉冲串的长度，则它的零点带宽将与脉冲串的零点带宽完全相同（见图 19-15）。因此，相干脉冲串的频谱和与之等长的单个脉冲的频谱之间的唯一差别在于：脉冲串的频谱是在等于 PRF 的间隔上进行重复的。

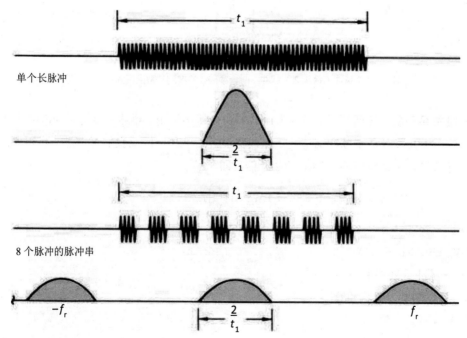

图 19-15　相干脉冲串的单根谱线与等长的单个脉冲的频谱，其不同之处仅在于：前者是在等于 PRF（f_r）的间隔上进行重复的

　　我们在此指出相干脉冲串的频谱和单个长脉冲的频谱之间的相似性，有两个原因：首先，这可以让我们更容易记住脉冲信号的频谱；其次，当我们在第 20 章解释脉冲的频谱时，它将会为我们的说明提供佐证。

19.4　频谱旁瓣

　　频谱旁瓣是怎样的呢？正如单个脉冲频谱的旁瓣处在主瓣两侧一样，零到零谱线一半宽度的副瓣也处在脉冲串频谱的每根"谱线"的两侧（见图 19-16）。谱线本身具有 $(\sin x)/x$ 的形状。

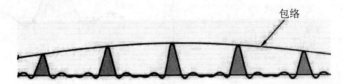

图 19-16　正如单个脉冲的旁瓣位于中心频谱波瓣的两侧一样，相干脉冲串的旁瓣也位于频谱中每根谱线的两侧

　　由于在雷达天线任意一次扫描过程中，从目标接收到的脉冲串的长度总是有限的，因此旁瓣对于雷达设计人员是一个重要问题。旁瓣通常在谱线间的间隙内，幸运的是，通过合理设计雷达信号处理器的多普勒滤波器，我们通常可以将旁瓣减小到可接受的程度。

　　从实验得出的结论　我们在插页 P19.2 中对从 5 个简单实验中得出的结论进行了总结。通过强调这些结论的重要性，我们来思考一下本章前面提出的问题：如果雷达脉冲的频谱宽度是最高多普勒频移的若干倍，那么脉冲雷达如何才能辨别出掩埋在强地物杂波中的极微弱目标回波的微小多普勒频移呢？

　　根据插入内容的描述，问题的答案足够清晰。如果满足了以下条件，脉冲雷达就可以很容易地辨别出这些多普勒频移：

- 雷达是相干的 [2]；
- PRF 足够高，高到谱线可以合理地分开；
- 脉冲串的持续时间足够长，长到谱线足够窄；
- 合理设计多普勒滤波器，以减少频谱旁瓣。

---

② 如果距离极长，雷达可以发射全相干的脉冲，但在无线电波传播介质会损失一些相干性。

P19.2 实验结果

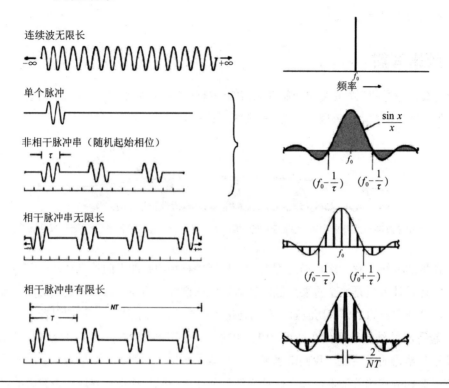

19.5 小结

以脉冲形式发射射频信号会显著改变信号频谱。恒定波长的连续波的频谱由一条单一谱线组成；而相同波长的单个脉冲的频谱则覆盖一定的频段，并具有 $(\sin x)/x$ 的形状，该频谱的中心波瓣的宽度与脉冲宽度成反比。如果脉冲与许多雷达中使用的脉冲一样窄，则主瓣可能会达到几兆赫宽。具有随机起始相位的脉冲串被认为是非相干的，它的频谱与单个脉冲的频谱形状相同。

相干性指的是连续脉冲的相位一致性或连续性，脉冲实质上是从连续波中剪裁下来的。

无限长的相干脉冲串的频谱由间隔等于 PRF 的若干谱线组成，这些谱线包含在一个包络内，该包络的形状与单个脉冲的频谱相同。如果相干脉冲串不是无限长的，则单根谱线具有有限的宽度，并且其形状与和脉冲串等长的单个脉冲的频谱相同。因此，谱线宽度与脉冲串的长度成反比。

19.6 应记住的重要关系式

• 对于单个脉冲：

$$零到零带宽 = 2/\tau$$

其中，

- τ —— 脉冲宽度
- 对于相干脉冲串：

$$谱线间隔 = f_r$$

$$零到零谱线宽度 = \frac{2}{N}f_r = \frac{2}{NT}$$

其中，

f_r —— 脉冲重复频率

N —— 脉冲串中的脉冲数

T —— 脉冲重复间隔，即脉冲间周期

扩展阅读

R. N. Bracewell, The Fourier Transform and Its Applications, 3rd ed., McGraw-Hill, 1999.

W. L. Melvin and J. A. Scheer (eds.), "Doppler Phenomenology and Data Acquisition," chapter 8 in Principles of Modern Radar: Basic Principles, vol. 1, SciTech-IET, 2010.

AgustaWestland AW101 梅林（Merlin）

　　Merlin 直升机由英国 Westland 直升机公司和意大利 Agusta 公司共同研制，可以用作海军通用直升机和 Westland 公司 Sea King 直升机的反潜战替代品。该直升机搭载的 Blue Kestrel 搜索和探测雷达具有 360°扫描能力并能探测最大 25 海里的目标。其某些变型还配备了反潜系统，通过处理来自声呐浮标的超声数据进行探测和瞄准。

$\mathfrak{Chapter}$ 20

第 20 章 | 脉冲频谱揭秘

英国海军的下一代直升机"野猫"（Wildcat）在为期三天的密集测试之前
在位于朴次茅斯的约克公爵号战舰上着陆

第 19 章介绍了脉冲相干发射对无线电波频谱的巨大影响，虽然仅记住那些关系式就够用了，但如果我们能够理解它们的形成原因，将会更加深入地了解雷达系统的工作。

本章将介绍这些原因。首先提出一个基本问题，即信号的频谱究竟指的是什么，我们会发现，这是问题的关键。接着，本章用两种截然不同的方式来解释脉冲信号的频谱：

（1）使用傅里叶级数，它是一种概念简单但功能强大的分析工具；

（2）通过对射频信号通过无损耗窄带滤波器时发生的物理变化进行分析。

以上两种解释的实质将会通过本章结尾给出的傅里叶变换用更加精确的数学术语来表示。傅里叶级数和傅里叶变换的数学介绍可以在第 6 章中找到。

20.1 频谱

频谱的定义　从广义上讲，信号频谱是指信号能量在可能的频率范围内的分布，它通常被描绘成幅度与频率的关系图（见图 20-1）。

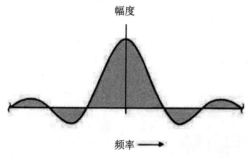

图 20-1 信号的频谱通常被描绘成幅度与频率的关系图

在第 19 章中，通过测量信号应用于高选择性接收机时产生的输出，我们获得了脉冲信号频谱的大致印象。接收机在一个宽频段上进行调谐，每次调谐 1 Hz。实际上，如果我们按照如下方法对频谱进行提炼，就可以用这些术语对频谱进行精确定义。我们不要设想把信号输入到一个其频率周期性变化的接收机，而是设想为把信号同时输入到无数个无损耗的窄带滤波器上，这些滤波器的频率间隔极其微小，覆盖了从零到无穷大的整个范围（见图 20-2）。这样一来，信号的频谱就可以描述为图 20-1 所示的滤波器输出幅度与滤波器频率的关系图了[1]。

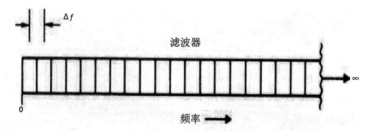

图 20-2 为了解释信号的频谱，我们可以设想信号被同时输入给无数个无损耗窄带滤波器，这些滤波器的频率间隔无限小

无损耗窄带滤波器的作用 无损耗窄带滤波器最形象化的机械模拟物，是真空中悬挂于无摩擦支点的钟摆（见图 20-3）。

滤波器的频率好比钟摆的自然频率，即钟摆在被偏转并可以自由摆动时每秒完成的循环周期数。

输入信号通过钟摆质心上的微型电动机施加到钟摆上。在这个电动机的轴上是一个偏心飞轮。电动机的速度应足以使飞轮在输入信号的每个周期内完成一次旋转。由于飞轮是不平衡的，呈正弦曲线变化的反作用力施加在了飞轮上[2]。这个力使钟摆左、右交替摆动，其效果类似于小孩"荡"秋千（见图 20-4）。

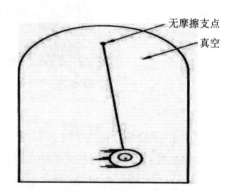

图 20-3 无损耗窄带滤波器类似于真空中悬挂在无摩擦支点上的钟摆。钟摆摆动的幅度对应滤波器的输出

滤波器的输出是输入信号持续时间内摆动所达到的幅度，也就是说，我们将一个给定自然频率的钟摆视为一个无损耗滤波器。

我们利用这种类比的方法就不难解释为什么即便最简单的交流信号也会具有宽频谱了。请考虑这样的情况：一个信号驱动飞轮以每秒 1 000 转的速度转动并持续 1/10 s 的时间。为

① 为了完全精确，我们除了绘制每个滤波器输出的幅度外，还必须标明它的相位。
② 更为准确的模拟物是悬挂在弹簧上的物体，因为弹簧的恢复力与位移成正比。但是，对于少量的位移来说，以钟摆为模拟物更接近实际。

了了解它的频谱是什么样的，我们把信号同时施加到无数个滤波器上，其中每个滤波器都是一个具有不同自然频率的钟摆。随着飞轮开始转动，所有的钟摆都开始摆动。每个钟摆所能达到的幅度取决于钟摆的自然频率。

对于钟摆频率恰好为 1 000 Hz 的情况（见图 20-5），飞轮每转一圈，摆幅会增加相同的量。摆动与飞轮所施加的呈正弦曲线变化的力保持同相。在经过 1/10 s 后，飞轮转动了 100 圈，此时钟摆摆动的幅度是输入完成其第一个循环周期时的 100 倍。

对于频率为 995 Hz（即比 1 000 Hz 小 5 Hz）的钟摆（见图 20-6），摆动以相同的方式开始增强。但是，由于钟摆的自然频率较低，摆动的相位逐渐落后于飞轮的旋转相位。因此，在每个循环内，钟摆动力和飞轮反作用力彼此抵消的时间会逐渐增加。当输入停止时，这个钟摆的摆动幅度大大小于频率为 1 000 Hz 时的钟摆幅度。尽管如此，摆动的幅度仍然很可观。

但是，对于频率为 990 Hz（即比 1 000 Hz 小 10Hz）的钟摆（输入信号第一个频谱零点的频率），摆动相位很快就落后了，以致在输入结束时摆动就衰减殆尽了（见图 20-7）。

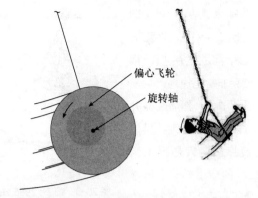

图 20-4　电动机驱动的偏心飞轮在输入信号的每个周期内完成一次旋转。反作用力类似于小孩"荡"秋千时产生的力

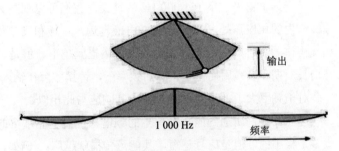

图 20-5　频率为 1 000 Hz 的钟摆的摆动与飞轮的反作用力同相并逐渐增大

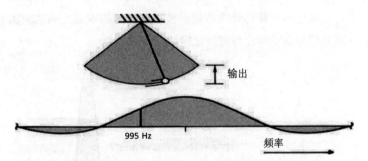

图 20-6　频率为 995 Hz 的钟摆的动力在部分时间内与飞轮的作用力是彼此抵消的，因此幅度的增长并不那么大

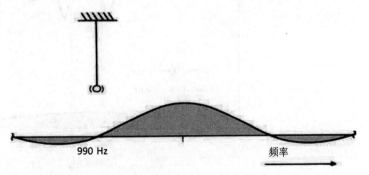

图 20-7　频率为 990 Hz 的钟摆的摆动在开始时不断增大，但在信号结束时会逐渐减弱至无

对于频率为 985 Hz（即比 1 000 Hz 小 15 Hz，在第一个旁瓣的中间）的钟摆，摆动的相位会非常迅速地落后，摆动会逐渐增大，然后衰减并在输入结束前再次增大。虽然摆动的最终幅度只是频率为 1 000 Hz 时的一小部分，但这一小部分还是颇为可观的，约为 21%（见图 20-8）。

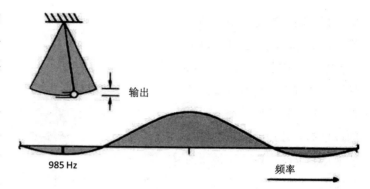

图 20-8　频率为 985 Hz 的钟摆的摆动会迅速落后，并在输入结束之前会再次增大

对于频率越来越小于 1 000 Hz 的钟摆，我们可以观察到类似的波瓣和零点的图形。在连续波瓣内的相应点处，波瓣离 1 000 Hz 越远，钟摆和飞轮相互抵消的总时间也就越接近它们相互协作的总时间，因此钟摆的最终振幅也就越小。但是，不管钟摆的频率下降多少，只有在增长周期和衰减周期完全相等的频率下，钟摆才会在输入结束时完全停止。

对于频率大于 1 000 Hz 的钟摆，其响应与此相似。

因此，我们所遇到的每个信号的频谱都覆盖了非常宽的频带。这些频率上的能量实际上大多是极小的，但是信号越短，其能量传播就越广。 例如，如果上述信号的持续时间减小至 1/10，则当输入结束时，每次钟摆摆动的相移仅是以前的 1/10。

这意味着在信号中心频谱波瓣任一侧的零点之间的距离会比之前大 10 倍（见图 20-9），并且信号能量的分布将成比例地变宽。

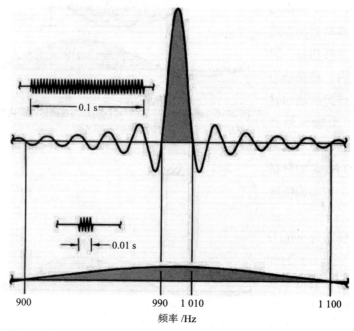

图 20-9　1/10 s 脉冲的完整频谱（上图）。虽然大部分能量集中在载频（1 000 Hz）上，但如果脉冲的持续时间减小到 1/100 s（下图），则中心频谱波瓣会独自在频段上扩展为 200 Hz 宽

按照这一推理，我们可以使用极简的无损耗滤波器图解模型。然而在这一点上，关于窄带滤波器我们应该再说明一个问题：无损耗滤波器在两个重要方面与我们熟悉的大多数滤波器有所不同。

首先，当滤波器频率输入为恒定幅度时，传统滤波器的输出会迅速增长到"稳态"值；而无损耗滤波器只要输入继续，其输出就会继续增长，毕竟这里没有损失（见图 20-10）！

其次，传统滤波器的输出在输入停止后衰减，而无损耗滤波器的输出将无限期保留其最后值，除非输出以某种方式被清除。

简而言之，我们可以认为无损耗滤波器能够完美地将某些输入信号分量的能量进行积累，这些分量具有和滤波器相同的频率。

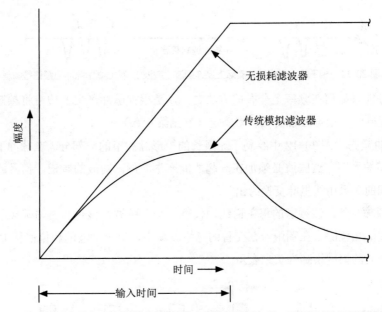

图 20-10　无损耗滤波器输出和传统模拟滤波器输出之间的差别表明，无损耗滤波器是理想的积分器

你可能认为这些都很好，但是，一个纯粹的正弦信号在每秒内完成一定数量的周期，它是如何能真正地在其他任意频率上有能量分量的呢？事实上，它的确做到了。为了明白这是为什么，我们必须更仔细地研究一下频率的定义。

"频率"的定义　正弦信号的频率指的是信号每秒完成的循环周期数，但是我们可以回忆一下，这个定义被严格限定为非调制的连续信号。

虽然我们通常并没有以这样的方式去考虑，但是雷达系统发射的脉冲无线电波实际上就是一个连续波（载波），其幅度由脉冲视频信号调制。换句话说，它是一个连续波信号，通过周期性地开和关来形成一连串的脉冲。脉冲具有单位振幅，脉冲之间间隙的振幅为零（见图 20-11）。

正如第 5 章所介绍的那样，任何的调幅无线电波都一定会有边带，每一个边带都包含无线电波的一部分能量。

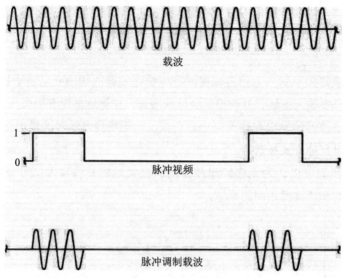

图 20-11　相干脉冲射频信号实际上是连续波（载波），其振幅由脉冲视频信号调制

解释脉冲能量如何在频率上分布的方法之一，是根据脉冲产生的边带将频谱可视化，这可以使用傅里叶级数根据边带的性质来确定（参见第 6 章）。

脉冲串的频谱　图 20-12 中绘制了无限长的矩形脉冲串的一部分。在脉冲下方是单个波的幅度与频率关系图，这些波必须加在一起才能产生波形，即波的频谱。信号的时间表示和频率表示之间的关系由傅里叶变换给出。

除了零频率线外，该频谱的每条谱线均代表一个正弦波，该正弦波与基频同时通过最大值。因此，波的相位隐含在图中，在交替的包络波瓣中，每个谐波的相位偏移 180°，这可以通过将这些谐波的幅度绘制为负来表示。

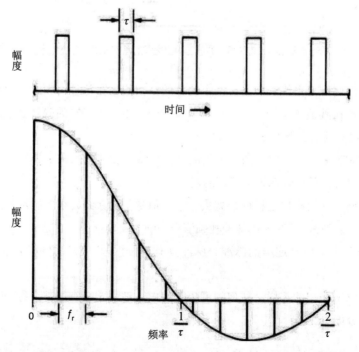

图 20-12　这些图形显示了无限长的矩形脉冲串的一部分以及该脉冲串的频谱

脉冲调制无线电波的频谱 在第 5 章中我们曾简略提及，当频率为 f_c 的载波幅度被频率为 f_m 的单个正弦波调制时，会产生两个边带。一个是高于 f_c 的频率 f_m，另一个是低于 f_c 的频率 f_m。

因此，当相干发射机的载波受到调制而形成一串脉冲时，如图 20-13 所示，用调制信号频谱中的每根谱线表示的正弦波会产生两个边带。

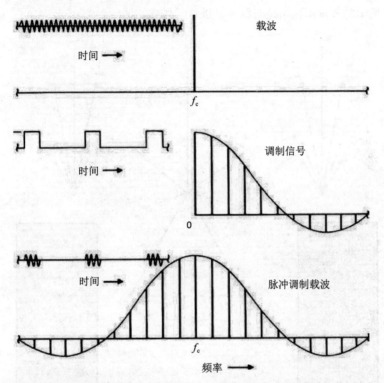

图 20-13 当连续载波受到调制而形成无限长的脉冲串时，视频信号的每个谐波都会在载频的上下产生一个边带

基波在载频的上下各产生一个边带 f_r（Hz），二次谐波会在载频的上下各产生一个边带 $2f_r$，并以此类推。零频率线在载频上产生输出，因此包络的频谱在载频的上下镜像对称，所产生的射频频谱与第 19 章实验 3 中所获得的关于连续相干脉冲串的频谱完全相同。

频谱线代表的含义 关于脉冲载波频谱有一个很难理解之处：每根单独的频谱线代表一个连续波。也就是说，每根谱线都是振幅恒定且频率恒定的波，这个波在从脉冲串起点到终点的时间内是连续不断的（见图 20-14）。当发射机只是在每个脉冲重

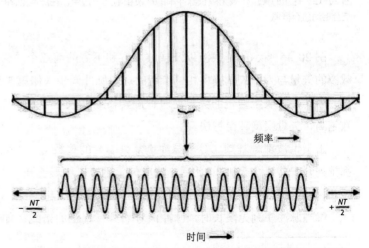

图 20-14 脉冲调制载波频谱中的每条线代表脉冲串长度的单一正弦波

复间隔的一小部分时间内工作时，这是怎么实现的呢？

基波及其谐波的幅度和相位使得它们在脉冲间歇期内可以完全抵消载波，以及相互对消。但是在每个脉冲的短暂存续时间内，它们结合在一起产生了具有载波波长和发射机全功率的信号。

图 20-15 所示的矢量图粗略地对脉冲串进行了描述。

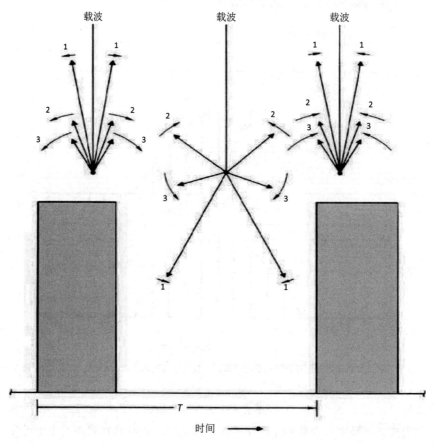

图 20-15 这里的矢量代表无限长脉冲串的载波和前几个边带。在脉冲期间内，它们结合增强；在脉冲之间，它们结合相消直至抵消

图 20-15 展示的是载波以及载波上方和下方的前三个边带如何组合产生发射脉冲。代表载波的矢量与为各矢量提供相位参考的选通脉冲同步（如第 5 章所述）。

因此，代表上边带的矢量逆时针旋转，而代表下边带的矢量顺时针旋转。单个边带的阶数越高，矢量就旋转得越快。

由于谐波都是基频（等于脉冲重复频率）的整数倍，因此在每个重复周期所有这些矢量都排列开来并组合叠加[3]。此后，反向矢量迅速以扇形展开，它们基本上指向相反，抵消了载波并相互对消，在下一周期开始时又会再次聚集在一起。

仅当脉冲序列无限长时，脉冲信号才具有真正的谱线。如若不然，谱线都是有有限宽度

---

[3] 图中没有给出表示奇数旁瓣中谐波的矢量，它们与其他矢量在相位上相差 180°。

的。傅里叶级数是如何告诉我们宽度是多少的？以单个脉冲的频谱为参考，可以非常简单地回答这个问题。因此，让我们首先来看一看傅里叶级数关于单个脉冲频谱能告诉我们些什么。

单个脉冲的频谱 严格来说，傅里叶级数仅适用于信号具有重复波形的情况，该波形可以假定为从时间开始到结束不间断地持续在重复。但是在某些情况下，即使该波形可能根本不是重复的，该假设也足够有效。

例如，该假设甚至在单个矩形脉冲的情况下也成立。让我们从图 20-16（a）中给出的脉冲连续重复形式开始吧。

在保持脉冲宽度恒定的情况下，若脉冲重复频率（PRF）逐渐降低，脉冲信号频谱的谱线就越来越靠近，见图 20-16（b）。包含它们的包络仍保持最初的形状，因此其形状只决定于脉冲的宽度。

如果这个过程继续下去，脉冲之间的时间延长到数周、数年、数个年代，乃至最终延长到无数个年代，则谱线之间的分离最终将消失，并且它们会融合成一个连续体。

这相当于只有一个脉冲，因此它具有一个连续的频谱，频谱的形状与连续重复波形频谱的包络完全相同，见图 20-16（c）。这就是在第 19 章的实验 2 中发现的单一脉冲的频谱。

顺便提一下，如果将上述逻辑进一步推进，我们就会得出有趣的结论：由于脉冲串无限长，这个单一脉冲是它的一部分，因此脉冲频谱中的每个点谱线都代表一个持续时间无

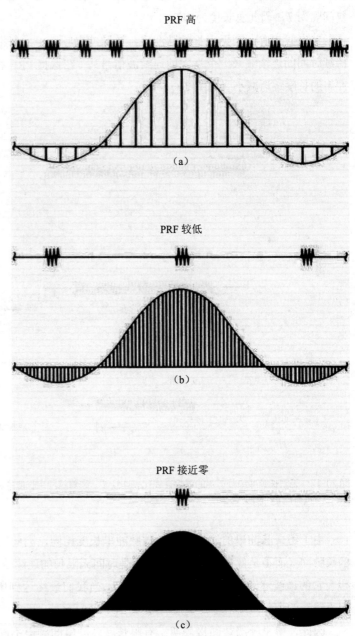

图 20-16 考虑一个无限长的连续脉冲串及其频谱，随着 PRF 的降低，频谱线会相互靠近；当 PRF 接近零时，频谱变为连续的

限长的连续波。这怎么可能？

当然，没有波能延伸到时间的尽头。但是，此处考虑的信号频谱与无限长的波所组成信号的情况是完全相同的。

因此，在对频谱特性进行建模时，这样长的波是否实际存在并不重要。在解决了这个问题后，让我们回到关于谱线宽度的傅里叶级数能告诉我们什么这个问题上来。

谱线宽度 知道了单一脉冲的频谱后，我们就可以轻松找到有限长度的脉冲串的频谱，如雷达接收到的目标回波。我们将要研究一个由 N 个脉冲组成的脉冲串的频谱，它的脉冲重复间隔为 T，因此总长度为 NT。

首先假想有一个无限长的脉冲串，该脉冲串频谱中的每根谱线代表具有单一频率和无限持续时间的连续波（一个真实的连续波信号）。在保持 PRF 和脉冲宽度不变的情况下，将脉冲串的长度逐渐减小（见图 20-17）。

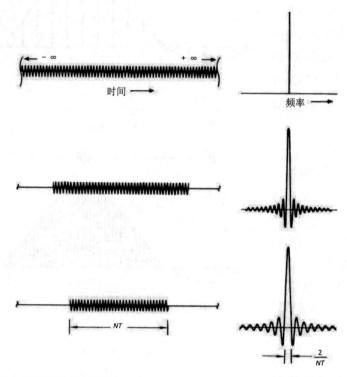

图 20-17 无限长脉冲串频谱中的单根谱线代表连续波。随着脉冲串长度的减小，这个波变为单一脉冲，其频谱变宽，线为 $(\sin x)/x$ 的形状

由于组成脉冲串的连续波信号与脉冲串长度相同，因此它们中的每一个现在都变为单一的长脉冲（而不是像一开始假设的那样是时间无限长的连续波）。随着这个脉冲长度的减小，代表它的谱线逐渐变宽为 $(\sin x)/x$ 的形状。当我们最终达到所讨论的脉冲串长度 NT 时，这根"线"的中心波瓣的零点宽度将等于 $2/(NT)$。

因此，傅里叶级数间接表明：有限长度脉冲串的频谱不同于无限长脉冲串的频谱，差别仅在于每根谱线具有 $(\sin x)/x$ 的形状。谱线的零到零宽度与脉冲串的长度成反比，即

$$谱线宽度 = \frac{2}{脉冲串长度}$$

这正是在第 19 章的实验 4 和实验 5 中我们所得到的谱线宽度。

20.2　从滤波器的角度解释频谱

如第 20.1 节所述，无损耗窄带滤波器积累信号能量的方式为：仅当信号频率与滤波器的调谐频率相同时，滤波器的输出才会形成较大的振幅。

从本质上看，滤波器通过感应输入信号相邻周期的相位变化相对于滤波器频率的接近相同的程度而工作。

将滤波器比作直尺　如果输入信号的波峰用一系列间隔等于 1 个波长的垂直线来表示，我们就可以把滤波器设想为用一把假想的直尺测量波峰之间的间距[④]。在这把直尺上，标记被刻在 1 个波长的间隔上，正好是滤波器的调谐频率。

如果滤波器正好被调谐到波的频率上，那么第 1 个标记就会与波峰对齐，所有的后续标记也将类似地对齐（见图 20-18）。

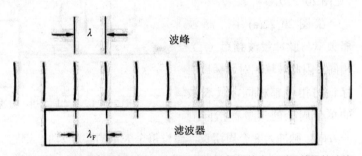

图 20-18　无损耗窄带滤波器可以被认为是用假想的直尺测量信号的波峰间距

如果滤波器被调谐到略微不同的频率上，那么超出初始频率的第 1 个标记将少许偏离下一个波峰；第 2 个标记将 2 倍偏离于随后的波峰；第 3 标记对应 3 倍，并以此类推（见图 20-19）。这些偏差对应滤波器所看见的信号单个周期的相位。偏差的逐渐增加量则对应从一个周期到下一个周期的相移增量。

现在，波的每个周期的幅度以及该周期相对于标尺上相应标记的相位都可以用矢量表示（见图 20-20）。窄带滤波器的作用就是对连续

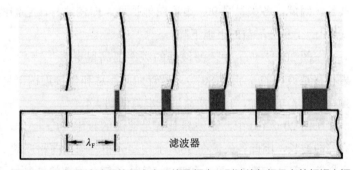

图 20-19　如果滤波器的频率高于信号频率，则波峰与标尺上的标记之间的相移会增加

周期的矢量进行积分（见图 20-21）：如果 n 个矢量指向同一方向，则它们表示的周期具有相同的相位，且总和将是矢量长度的 n 倍；如果它们的指向略有不同，则总和会减小；如果它们指向相反的方向，即周期相差 180°，那么它们将相互抵消。

---

④　由于 $f = c / \lambda$，直尺上的标记越密，频率就越高。因为这样的关系，我们可以把滤波器类比为直尺。

有了这种简单的类比，我们就可以分析第 19 章中进行的某些实验的结果了。

单一脉冲的频谱 前面已经说明，单一脉冲的频谱在 $2/\tau$（Hz）宽的频带上是连续的，其中 τ 是脉冲的宽度。为了弄清楚为什么会这样，我们用 4 个不同的标尺测量了一个 τ（s）长的脉冲。每个标尺代表一个调谐到不同频率的窄带滤波器，因此每个标尺都具有不同的间距标记（见图 20-22）。

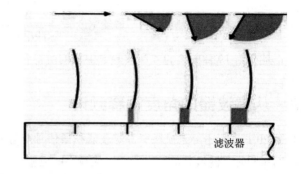

图 20-20 波的每个周期的幅度和相位可以由图中上部所示的矢量表示

在图 20-22(a) 中，滤波器频率与脉冲载波频率（f_c）相同。因此波峰相对于标尺上标记的相位都相同，代表波的单个周期的矢量都指向同一方向。脉冲为 8 个周期长，假设每个矢量的长度为 1，则它们的和为 8。

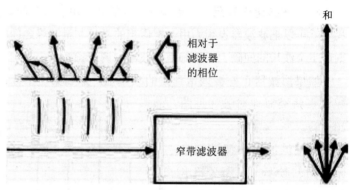

图 20-21 从本质上讲，该滤波器对连续周期进行矢量相加

在图 20-22（b）中，相同的脉冲被施加到具有更高频率（$f_c + \Delta f$）的滤波器上，波长标记靠得更近。因此，波峰的相位相对于标记逐渐位移，在脉冲的整个长度上，位移积累到 1/4 波长。因此，各矢量呈 90° 扇形向外扩展。即使这样，它们的和仍接近 7，换句话说，分量 Δf 引起了积分增益的小幅下降。

在图 20-22（c）中，滤波器的频率要高得更多（$f_c + 2\Delta f$）。现在，在脉冲长度上的总积累相移是波长的一半（180°）。尽管如此，总和仍接近调谐到 f_c 的滤波器的一半，即：随着频率偏离 f_c 的增加，积分增益进一步降低到 4.4。

在图 20-22(d) 中，滤波器具有足够高的频率（$f_c + 4\Delta f$），以至脉冲长度上的相移为 1 个完整的波长，因此各矢量在 360° 上均匀分布。当指向相反的方向时，第 1 和第 5 周期的矢量会抵消，第 2 和第 6、第 3 和第 7、第 4 和第 8 周期的矢量也是如此。脉冲在滤波器上不产生输出。换句话说，频率到达了脉冲频谱中零点的位置。

这个频率是多少？在脉冲持续时间内，调谐到零点频率的滤波器的振荡比脉冲载波多完成 1 个周期（见图 20-23）。脉冲持续时间为 τ（s），因此滤波器的频率是该持续时间的倒数，即比载波频率 f_c 高 $1/\tau$ 个周期每秒（Hz），因此零频率为（$f_c + 1/\tau$）。

遵循相同的推理方法，我们将在比 f_c 低 $1/\tau$ 个周期每秒（Hz）处发现一个零值（见图 20-24）。因此，单一脉冲的零点带宽为 $2/\tau$(Hz)，与第 19 章实验 2 中所观察到的完全一样。

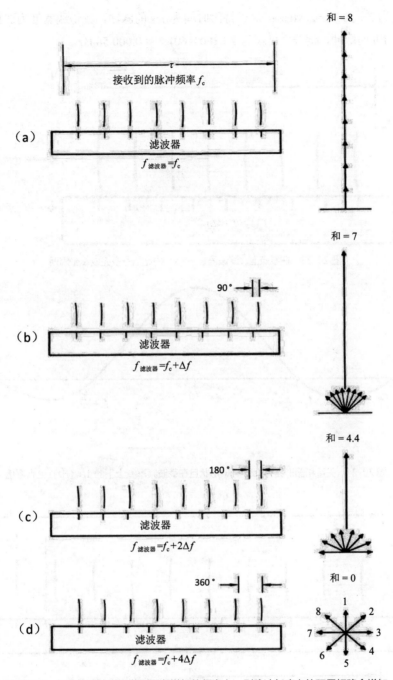

图 20-22　如果将滤波器调谐到逐渐增加的频率上，则脉冲长度上的积累相移会增加

　　滤波器有如此响应的原因是，频率差实际上是相位的连续线性偏移。当一个脉冲信号被施加到滤波器时，每秒的相移变化速率等于信号载率与滤波器频率之间的差。在单个脉冲的情况下，仅当该差异大到足以使整个脉冲持续时间内的总相移等于 1 个完整波长时，接收波的单个周期才会被完全抵消。脉冲越短（见图 20-25），满足该条件的频率差就必须越大；相反，脉冲越长，所必需的频率差就越小。因此，对于持续时间为 1 μs 的脉冲，中心频谱波瓣

的零点带宽为 $2 \div 10^{-6}$ s =2 MHz；对于持续时间为 1 s 的脉冲，频谱线宽度为 2 Hz；而对于持续时间为 1 h 的脉冲，谱线宽度仅为 $2 \div (60 \times 60)$ s $\approx 0.000\ 56$ Hz。

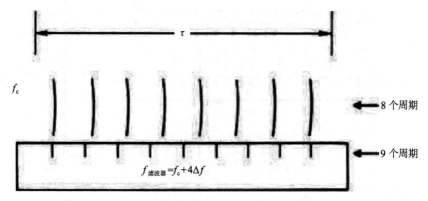

图 20-23　在零点上，滤波器在 τ（s）内比信号多完成 1 个周期

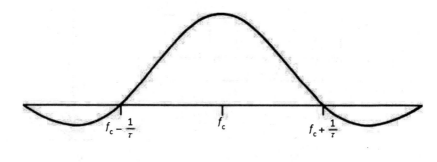

图 20-24　矢量和图形具有 $(\sin x)/x$ 形状且在载波频率 f_c 上下的 $1/\tau$（Hz）处有零值

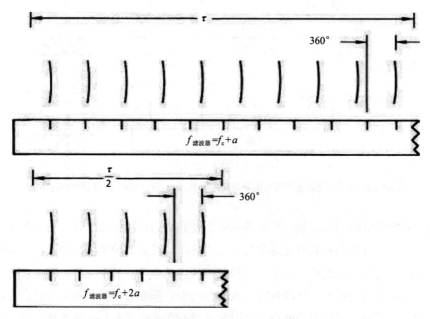

图 20-25　脉冲越短，在整个脉冲长度上产生 360°相移的频率差就必须越大

相干脉冲串的频谱　为了了解当对滤波器施加一系列相干脉冲时中心频谱波瓣零点宽度急剧减小的原因，考虑用单个矢量表示每个脉冲（见图 20-26）。

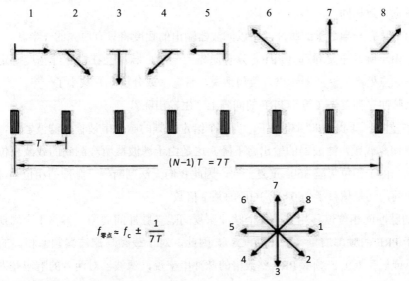

图 20-26　脉冲串中每个脉冲的幅度和相位可以用单个矢量表示。当脉冲串长度上的相移为 360° 时，频谱零点就会出现

现在，当脉冲串长度上的总相移为 1 个波长时，零点将出现。由于脉冲串比单个脉冲长很多倍，因此，要产生 1 个波长的相移，脉冲串情况下的频率差会比单一脉冲情况下的频率差小很多倍。

例如，假设有 1 个由 32 个脉冲组成的脉冲串（见图 20-27）。假设重复时间是脉冲宽度的 100 倍，脉冲串的持续时间大约是单一脉冲持续时间的 $31 \times 100 = 3\,100$ 倍，从而使谱线的零点带宽仅为单一脉冲的 $1/3\,100$。[5]

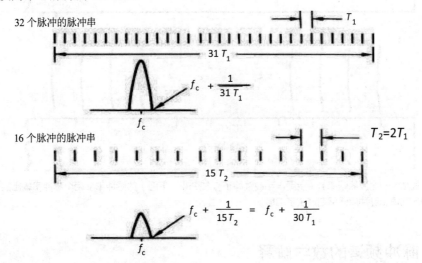

图 20-27　如果脉冲串中所有其他脉冲都被删除，则输出会减小，但带宽基本上保持不变

---

[5]　虽然脉冲串含有 32 个脉冲，但是只比 31 个脉冲间周期大 1 个脉冲宽度。

现在我们来考虑如果每隔一个脉冲删除一个脉冲会发生什么。因为脉冲串的长度基本相同，所以其余 16 个脉冲的矢量仍然以几乎相同的频率抵消，因此脉冲串的矢量几乎相同，因此零到零带宽大致相同。

但是由于只有一半数量的脉冲，所以滤波器输出的幅度将只有原先的一半。

此外，由于脉冲重复频率（PRF）只有原先的一半，脉冲会在由脉冲宽度确定的包络中两倍于原先频点处产生滤波器输出。换句话说，带宽（或分辨率）减小了一半。

为什么脉冲序列首先在等于 PRF 的间隔上产生输出呢？

谱线的重复　让我们来回想一下，当 1 个给定载频的脉冲串被输入滤波器时，随着滤波器调谐频率偏离载频，滤波器的输出将下降。这是由于滤波器所观测到的载波相位在脉冲间的差异所致。由于相位每隔 360° 重复一次，因此我们无法判断任一脉冲的相位是与前一个脉冲的相位相同，还是偏移了 360° 或 360° 的某个倍数。

360° 的脉冲间相位偏移相当于每个脉冲重复间隔（脉冲间周期）偏移 1 个周期，这对应于一个等于 PRF 的频率增量（见图 20-28）。因此，对于载频与滤波器频率相同的脉冲串以及载频高于或低于滤波器频率 PRF 整数倍的脉冲串来说，滤波器对两者的响应差别是非常小的。实际上，唯一的差别在于从一个周期到另一个周期每个脉冲持续时间内发生的相移。除非 PRF 的倍数很高，或者脉冲宽度占脉冲重复周期的很大一部分，否则滤波器相应差异都是很小的。换句话说，除非载频离脉冲宽度所确定的频谱包络的一端或另一端很近。

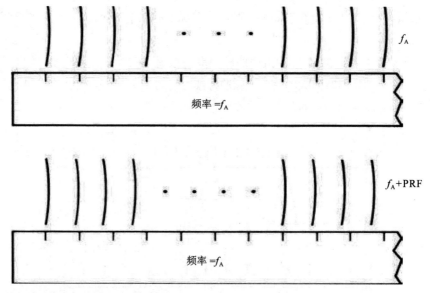

图 20-28　载频等于滤波器频率 f_A（上图）和载频等于 f_A 加 PRF（下图）的脉冲串。两个脉冲串输出的唯一差别是第 2 个脉冲串的每个脉冲内逐周期产生了相移

20.3　脉冲频谱的数学解释

以第 6 章介绍的傅里叶级数和傅里叶变换为基础，我们在插页 P20.1 中对脉冲信号频率进行数学推导。如果你对此不感兴趣，你可以略过这一部分而直接阅读"结果"部分。

P20.1 脉冲频谱的数学解释

在上文中我们用几种迥异的非数学方法解释了脉冲信号的频谱，虽然这些解释方法有利于理解，但是我们也可以以纯粹的数学方法更加严谨、简洁地诠释频谱。

因此，下面我们对一个简单的、规则矩形的脉冲信号进行数学推导。

首先，我们对推导进行简要的初步说明。

普通方法　本部分主要有两点内容：其一，脉冲调制载波信号数学表达式的推导，它是一个关于时间的函数，即 $f(t)$；其二，将该表达式从时域变换到频域，即进行信号的傅里叶变换。

脉冲调制信号的表达式是通过分别写出如下条件的表达式来推导的。

（1）无限长脉冲视频信号 $f_1(t)$，幅度为 1，脉冲宽度为 τ，脉冲重复间隔为 T，且脉冲重复频率（单位为 rad/s）为 ω_0，$\omega_0 = 2\pi/T = 2\pi f_r$。

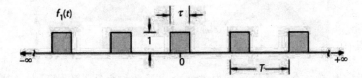

（2）信号 $f_2(t)$，幅度为 1 且持续时间等于由 N 个脉冲组成的脉冲串的长度，脉冲串内部脉冲的脉冲重复间隔为 T。

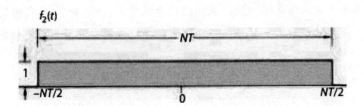

（3）无限长载波 $f_3(t)$，幅度为 A，且以 rad/s 为单位的频率为 ω_c，$\omega_c = 2\pi f_c$。

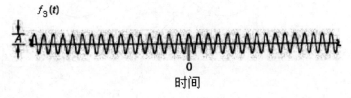

依据信号的脉冲宽度 τ 和脉冲重复间隔 T，通过计算傅里叶级数的系数 $(a_0, a_2, a_4, \cdots)$* 来获得脉冲视频信号 $f_1(t)$ 的表达式，并将这些数值代入级数计算公式之中。

注：* 通过把时间轴上的零点定位在其中一个脉冲的中心处，就可以把正弦项的系数减小至零（信号为偶对称）。

将前两个函数 $f_1(t)$ 和 $f_2(t)$ 相乘，就得出脉冲调制信号的公式。再与载波函数 $f_3(t)$ 相乘，由这个乘积就可以得出所要的脉冲调制载波 $f_4(t)$ 的公式了。

然后对该函数的傅里叶变换进行推导，就可得出脉冲调制信号的频谱。下面对两处推导要点进行简要概述。

推导的要点　在对视频脉冲信号计算傅里叶级数的系数时，关键运算是将表示信号的公式与表示谐波频率的 $\cos(\omega t)$ 相乘，谐波的系数即为待求值。如下图所示，当两个同相同频正弦波的瞬时幅度相乘时，其乘积对于每个周期的两个半区均为正值。（这一点对于余弦波也为成立。）

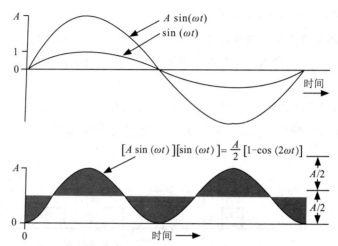

因此，如果乘积在一个完整的周期内被积分，那么积分结果除以周期（时间）即为两个波峰值幅度乘积的一半。如果其中一个波的幅度为1，那么该积分值就是另一个波峰值幅度的一半。

但是，如果两个波的频率不一致，乘积的符号就会在"+"和"−"之间交替。如果一个波的频率是另一个波的频率的整数倍，那么当乘积在较低频率波的周期内积分时，积分结果将为零。

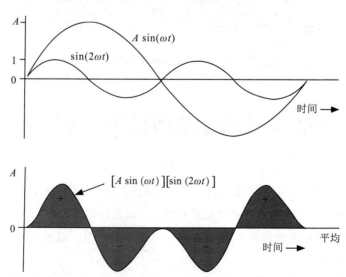

如此一来，对于连续重复的视频脉冲信号来说，通过将波形的数学表达式依次与 $\omega_0 t$，$2\omega_0 t$，$3\omega_0 t$，$\cdots$，$n\omega_0 t$ 的余弦相乘，然后对每一个乘积在波形重复时间 T 上积分，并除以 $T/2$，

就可以求出其对应各阶谐波的傅里叶级数的系数了。直流系数（即平均幅度）可以通过对波的表达式在周期 T 上积分，然后除以 T 来求出。

与此类似，在推导傅里叶变换时，可以通过将波的公式（时间函数）与 $\cos(\omega T) - j\sin(\omega T)$ 相乘，并对乘积进行积分来求出脉冲调制波中具有特殊频率 ω 的分量。在这种情况下，由于 ω 并不一定是调制波基频的整数倍，因此该乘积必须在脉冲串的整个持续时间内（从 $-NT/2$ 到 $+NT/2$）被积分。和傅里叶级数一样，直流分量通过在相同的周期内对信号波表达式单独积分，然后除以它的持续时间来求出。

在推导傅里叶变换时，正弦函数通常表示为指数形式。两种形式之间的关系已在第 5 章中用矢量说明过了，在下图中我们对其进行了总结。

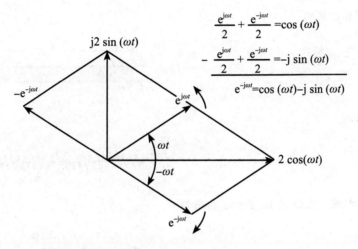

在进行推导时唯一需要知道的运算是，ωt 余弦的积分是 ωt 的正弦乘以 $1/\omega$ 且 $e^{-j\omega t}$ 的积分是 $-1/(j\omega)$ 乘以 $e^{-j\omega t}$，即

$$\int \cos(\omega t)\mathrm{d}t = \frac{1}{\omega}\sin(\omega t)$$

$$\int e^{-j\omega t}\mathrm{d}t = \frac{1}{-j\omega}e^{-j\omega t}$$

还有一点要记住：两个给定指数量相乘，其结果等于对应指数项相加。因此，

$$e^{j\omega t} \times e^{j\omega_0 t} = e^{(j\omega t + j\omega_0 t)} = e^{j(\omega + \omega_0)t}$$

记住如上这些表达式后，让我们来继续进行推导。下面进行脉冲调制载波表达式及其傅里叶转换的推导。

1. 连续的脉冲调制信号（表达为傅里叶级数）

$$f_1(t) = a_0 + \sum_{n=1}^{\infty} a_n \cos(n\omega_0 t) \qquad \omega_0 = 2\pi \frac{1}{T} = 2\pi f_r$$

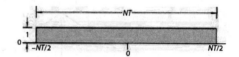

$$a_0 = \frac{1}{T} \int_{-\tau/2}^{\tau/2} dt = t \Big|_{-\tau/2}^{\tau/2} = \frac{\tau}{T}$$

$$a_n = \frac{2}{T} \int_{-\tau/2}^{\tau/2} \cos(n\omega_0 t)\, dt = \frac{2}{Tn\omega_0} \sin(n\omega_0 t) \Big|_{-\tau/2}^{\tau/2} = \frac{2}{Tn\omega_0} \left[\sin\left(n\omega_0 \frac{\tau}{2}\right) - \underbrace{\sin\left(n\omega_0 \frac{-\tau}{2}\right)}_{-\sin(-\alpha) = \sin\alpha} \right] = 2\frac{\tau}{T} \underbrace{\frac{\sin n\omega_0 \frac{-\tau}{2}}{n\omega_0 \frac{\tau}{2}}}_{\text{分子和分母与}\frac{\tau}{2}\text{相乘}}$$

$$f_1(t) = \frac{\tau}{T} \left[1 + 2 \sum_{n=1}^{\infty} \frac{\sin\left(n\omega_0 \frac{\tau}{2}\right)}{n\omega_0 \frac{\tau}{2}} \cos(n\omega_0 t) \right]$$

2. 持续时间脉冲调制

$$f_2(t) \begin{cases} = 1 & \dfrac{-NT}{2} \leqslant t \leqslant \dfrac{NT}{2} \\ = 0 & t < \dfrac{-NT}{2} \text{ 和 } t > \dfrac{NT}{2} \end{cases}$$

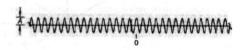

3. 未调制载波

$$f_3(t) = A \cos(\omega_c t)$$

4. 脉冲调制载波（表达式 1、2 和 3 的乘积）

$$f_4(t) = f_1(t) \cdot f_2(t) \cdot f_3(t)$$

$$= \frac{A\tau}{T} \left\{ 1 + 2 \sum_{n=1}^{\infty} \frac{\sin\left(n\omega_0 \frac{\tau}{2}\right)}{n\omega_0 \frac{\tau}{2}} \left[\cos(n\omega_0 t)\right] \right\} \cos(\omega_c t) \quad \frac{-NT}{2} \leqslant t \leqslant \frac{NT}{2}$$

$$= \frac{A\tau}{T} \left(\cos(\omega_c t) + \sum_{n=1}^{\infty} \frac{\sin\left(n\omega_0 \frac{\tau}{2}\right)}{n\omega_0 \frac{\tau}{2}} \left\{ \cos\left[(\omega_c + n\omega_0)t\right] + \cos\left[(\omega_c - n\omega_0)t\right] \right\} \right)$$

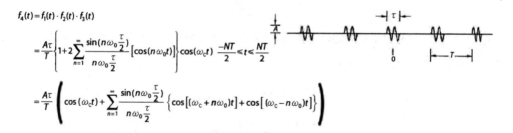

5. 脉冲调制载波的傅里叶变换

$$F(j\omega) = \int_{-\infty}^{\infty} e^{-j\omega t} f_4(t)\, dt$$

$$F(j\omega) = \frac{A\tau}{T} \left[\overbrace{\int_{-NT/2}^{NT/2} e^{-j\omega t} \cos(\omega_c t)\, dt}^{\textbf{①}} + \sum_{n=1}^{\infty} \frac{\sin\left(n\omega_0 \frac{\tau}{2}\right)}{n\omega_0 \frac{\tau}{2}} \left\{ \overbrace{\int_{-NT/2}^{NT/2} e^{-j\omega t} \cos\left[(\omega_c + n\omega_0)\right]t\, dt}^{\textbf{②}} + \overbrace{\int_{-NT/2}^{NT/2} e^{-j\omega t} \cos\left[(\omega_c - n\omega_0)t\right]dt}^{\textbf{③}} \right\} \right]$$

$$\bullet = \frac{1}{2} \int_{-NT/2}^{NT/2} e^{-j\omega t}(e^{j\omega_c t} + e^{-j\omega_c t})\,dt = \frac{1}{2}\int_{-NT/2}^{NT/2} e^{-j(\omega+\omega_c)t}\,dt + \frac{1}{2}\int_{-NT/2}^{NT/2} e^{-j(\omega-\omega_c)t}\,dt$$

$$= \frac{e^{-j(\omega+\omega_c)t}}{-2j(\omega+\omega_c)}\Bigg|_{-NT/2}^{NT/2} + \frac{e^{-j(\omega-\omega_c)t}}{-2j(\omega-\omega_c)}\Bigg|_{-NT/2}^{NT/2}$$

$$= \frac{e^{-j(\omega+\omega_c)NT/2} - e^{j(\omega+\omega_c)NT/2}}{-2j(\omega+\omega_c)} + \frac{e^{-j(\omega-\omega_c)NT/2} - e^{j(\omega-\omega_c)NT/2}}{-2j(\omega-\omega_c)}$$

$$= \frac{NT}{2}\left\{ \frac{\sin\left[(\omega+\omega_c)\frac{NT}{2}\right]}{(\omega+\omega_c)\frac{NT}{2}} + \frac{\sin\left[(\omega-\omega_c)\frac{NT}{2}\right]}{(\omega-\omega_c)\frac{NT}{2}} \right\}$$

$$\bullet = \frac{NT}{2}\left\{ \frac{\sin\left[(\omega+\omega_c+n\omega_0)\frac{NT}{2}\right]}{(\omega+\omega_c+n\omega_0)\frac{NT}{2}} + \frac{\sin\left[(\omega-\omega_c-n\omega_0)\frac{NT}{2}\right]}{(\omega-\omega_c-n\omega_0)\frac{NT}{2}} \right\}$$

$$\bullet = \frac{NT}{2}\left\{ \frac{\sin\left[(\omega+\omega_c-n\omega_0)\frac{NT}{2}\right]}{(\omega+\omega_c-n\omega_0)\frac{NT}{2}} + \frac{\sin\left[(\omega-\omega_c+n\omega_0)\frac{NT}{2}\right]}{(\omega-\omega_c+n\omega_0)\frac{NT}{2}} \right\}$$

$$F(j\omega) = \frac{A\tau N}{2}\left[\frac{\overset{\text{载波}}{\sin\left[(\omega+\omega_c)\frac{NT}{2}\right]}}{(\omega+\omega_c)\frac{NT}{2}} + \sum_{n=1}^{\infty}\overset{\text{包络}}{\frac{\sin(n\omega_0\frac{\tau}{2})}{n\omega_0\frac{\tau}{2}}}\left\{ \frac{\overset{\text{下边带}}{\sin\left[(\omega+\omega_c+n\omega_0)\frac{NT}{2}\right]}}{(\omega+\omega_c+n\omega_0)\frac{NT}{2}} + \frac{\overset{\text{上边带}}{\sin\left[(\omega+\omega_c-n\omega_0)\frac{NT}{2}\right]}}{(\omega+\omega_c-n\omega_0)\frac{NT}{2}} \right\} \right.$$

$$\left. + \frac{\sin\left[(\omega-\omega_c)\frac{NT}{2}\right]}{(\omega-\omega_c)\frac{NT}{2}} + \sum_{n=1}^{\infty}\frac{\sin(n\omega_0\frac{\tau}{2})}{n\omega_0\frac{\tau}{2}}\left\{ \frac{\sin\left[(\omega-\omega_c+n\omega_0)\frac{NT}{2}\right]}{(\omega-\omega_c+n\omega_0)\frac{NT}{2}} + \frac{\sin\left[(\omega-\omega_c-n\omega_0)\frac{NT}{2}\right]}{(\omega-\omega_c-n\omega_0)\frac{NT}{2}} \right\} \right]$$

结果 在上面的面板式插页 P20.1 中得到的最后一个公式是一个由 N 个规则矩形脉冲组成的脉冲串的傅里叶变换，脉冲串具有如下特性：

- 载波频率为 $\omega_c=2\pi f_c$；
- 脉冲宽度为 τ；
- PRF（角频率）为 $\omega_0=2\pi f_r$；
- 脉冲重复间隔为 T；
- 持续时间为 NT。

该变换由两个相似的多项式集合组成。第一个集合用于负频率部分；第二个集合用于正频率部分。

图 20-29 重复了该变换的正频率部分。其中方程式括号内的第一项表示中心频率（载频）的频谱；紧跟在求和符号之后的是 $(\sin x)/x$ 项，据此确定包容其他谱线的包络；其余项表示高于和低于载波的谱线。

通过将适当的值替代 N（脉冲数），我们就可以将相同的方程式应用于几乎任意长度的脉冲串。

该方程式下方是频谱图，描述了该频谱的幅值与单位为 rad/s 的频率的关系。它是通过对 ω 值的公式进行估算而获得的，为了将包络的整个中心波瓣包含在内，ω 值覆盖了足够宽的正频率范围。包络中的第一对零点出现在载波频率 ω_c 上下 $2\pi/\tau$（rad/s）处。在包络内部，谱线出现在载频的左右，且间隔等于 PRF，即 ω_0。每条谱线均为 $(\sin x)/x$ 形状，零点在谱线中心频率上下的 $2\pi/(NT)$ 处。[6]

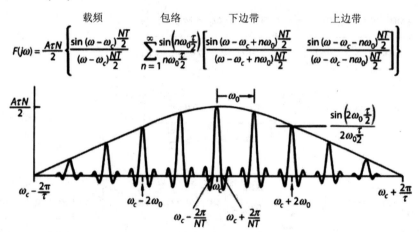

图 20-29　由 N 个脉冲组成的矩形串的傅里叶变换的正频率部分。脉冲宽度为 τ，载频为 ω_c，PRF 为 ω_0，脉冲重复间隔为 T

负频率项的意义　许多人对傅里叶变换的负频率分量感到困惑。它看起来确实很奇怪，但是具有完全合理的逻辑。

碰巧的是，负分量反映了载波为余弦波的信号变换与载波为正弦波的信号变换之间的差异。在余弦波变换（见图 20-30A）中，正如我们刚刚推导出的波形公式，负频率项的代数符号与对应的正频率项的符号相同。而在正弦波变换中，负频率项的符号（见图 20-30B）与对应的正频率项的符号相反。

---

[6]　2π 弧度等于 360°。

如果单独考虑信号，则负频率项没有任何意义，即它们对频率所表示的含义不能贡献任何的附加信息。由于 cos $(-\omega t) = \cos(\omega t)$，由余弦波变换的负频率项表示的能量仅会加到对应的正频率项所表示的能量上。此外，由于 sin $(-\omega t) = -\sin(\omega t)$，由正弦波变换的负频率项表示的能量同样仅加到了由正频率项表示的能量上。

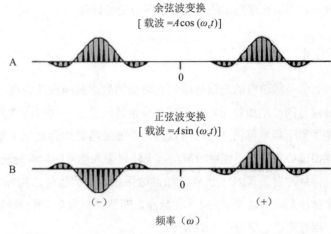

余弦波变换
[载波 $= A\cos(\omega_c t)$]

正弦波变换
[载波 $= A\sin(\omega_c t)$]

频率（ω）

图 20-30 载波为余弦波的信号与载波为正弦波的信号的频谱比较

但是，在信号已分解为 I 和 Q 分量的情况下，负频率项的确会贡献附加信息。当信号被转变到视频范围时，如果原始信号的频率低于频率转换所使用的参考信号的频率，则该信号的傅里叶变换将只有负频率项；如果原始信号的频率较高，则该变换将只有正频率项。

幅度代表的含义 我们有一个重要的问题要解答。到目前为止，所展示的所有频谱都是幅度与频率的关系图。但是，关于这个幅度与时域内信号波的幅度之间的关系，甚至它用什么单位来表示，我们都没有涉及。

通过检查傅里叶变换的第一项就可以澄清这个问题了，这一项确定了包络的峰值幅度：

$$\frac{A \tau N}{2}$$

因子 A 在此被定义为载波的峰值幅度。假设 A 为电压，则频谱为电压与频率的关系图。

更进一步说，由于功率与电压的平方成正比，因此通过对由傅里叶变换给出的振幅值进行平方运算，就可以获得脉冲信号的功率谱（见图 20-31）。

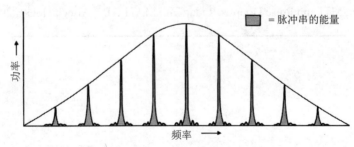

= 脉冲串的能量

功率

频率

图 20-31 若以信号的傅里叶变换所表示的振幅是电压，振幅平方与频率的关系图就是功率谱。其下面的面积对应该信号的能量

能量当然是功率乘以时间（请参阅第 6 章）。数学方法（Parseval 定理）表明：一个脉冲信号功率谱下的总面积等于该脉冲信号的总能量。因此，功率谱描述了信号的能量在频率上的分布。例如，通过测量功率谱中心谱线所涵盖的面积并将其除以功率谱所涵盖的总面积，

就可以知道在这根谱线内包含了多少信号能量。

20.4 小结

信号频谱指的是信号能量在可能的频率范围内的分布。一种解释这种分布的方法是设想将信号同时施加到无数个无损耗窄带滤波器上，这些滤波器的频率无限近地紧靠在一起并覆盖了整个频率范围。我们可以将每个滤波器设想为真空中悬挂在无摩擦支点上的钟摆，该钟摆由偏心飞轮的反作用力驱动，飞轮以输入信号的频率旋转。

脉冲射频（RF）信号，如雷达系统发射的信号，实际上是连续波（载波），其幅度在每个脉冲期间内被调制为 1，在脉冲之间被调制为 0。另一种解释频率上脉冲能量分布的方法是根据视频调制信号产生的边带。

我们可以通过将一系列具有适当的幅度和相位的正弦波（频率是这个波的重复频率的倍数）加在一起，再加上一个幅度适当的直流信号（傅里叶级数），如此构建连续的矩形脉冲串。当载波的幅度被脉冲波调制时，这些正弦波中的每一个都会在载频的任一侧产生边带。

为了求出单一脉冲的频谱，我们从无限重复的脉冲调制波开始，并将重复频率减小至 0（即，脉冲之间的时间是无限的）。然后，通过将包括脉冲调制波的每个正弦波视为单一脉冲（即脉冲串的长度）来求出有限长度的脉冲串的频谱。

脉冲载波的频谱也可以用载波相对于窄带滤波器调谐频率的渐进相移来解释。对于单个脉冲，滤波器输出中的零点出现在整个脉冲长度上的相移为 360° 之处。

扩展阅读

R. N. Bracewell, The Fourier Transform and Its Applications, 3rd ed., McGraw-Hill, 1999.

V. N. Bringi and V. Chandrasekar, Polarimetric Doppler Weather Radar Principles and Applications, Cambridge University Press, 2007.

D. C. Schleher, MTI and Pulse Doppler Radar with MATLAB®, Artech House, 2009.

麦道 F-15 鹰式战斗机（1976 年）

　　鹰式战斗机是一种双引擎空中优势战斗机，最初由麦道公司（现波音公司）制造。作为专门用于空中格斗的战斗机来说，鹰式战斗机因个头偏大受到非议，但该机型却位居当代最成功战机之列，有逾百次空战胜利且无损失。自 2007 年以来，美军约 200 架 F-15C 战斗机已换装 AN/APG-63(V)3 有源电扫阵列（AESA）雷达，而另一种对于红外搜索与跟踪（IRST）系统的升级目前正在研发中。

Chapter 21

第21章 | 多普勒检测与数字滤波

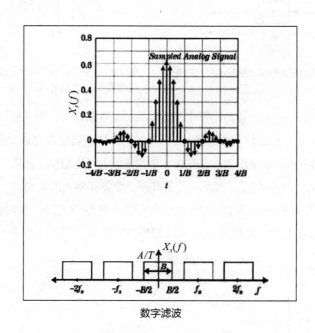

数字滤波

检测多普勒频移的三个主要原因是：① 分离或解析同时从不同目标接收到的回波；② 确定距离变化率；③ 分离或分辨来自单个物体的多个频率（例如，将飞机发动机涡轮叶片的旋转与机身的整体速度分离）。

本章首先描述使用一组多普勒滤波器来检测多普勒频移并检测它们之间的差异；其次考察关键的滤波方法，重点关注数字滤波器，最后回顾一些实现多普勒滤波器的较实用的问题。

21.1 多普勒滤波器组

雷达是如何同时探测许多不同来源的回波、然后根据多普勒频移的差别来对它们进行分类的呢？从概念上讲很简单，接收到的信号被输入到一组滤波器上，这组滤波器通常被称为多普勒滤波器组（见图21-1）。

每个滤波器都被设计成仅能通过1个窄的频带（见图21-2），理想情况下，只有当接收信号的频率落在其频带内时每个滤波器才会产生输出。实际上，由于滤波器旁瓣的存在，它可能会对载频在这个频带外的信号产生一些输出。如果回波是按距离和多普勒频移分类的，我们就要为每个距离增量（距离单元）提供一个单独的滤波器组。

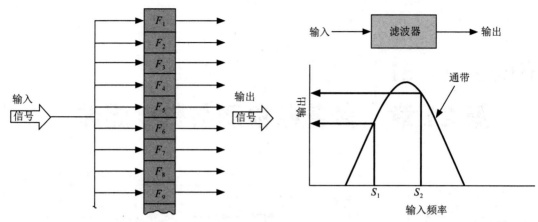

图 21-1　并行的滤波器组在频率域上分离接收到的信号　　图 21-2　每个滤波器只允许通过 1 个窄的频带（忽略旁瓣）。一个信号越靠近中心频率，输出就越大

　　滤波器组从较低的一端向上移动，每个滤波器的频率逐渐增大。为了使目标频率在横跨相邻滤波器时产生的信噪比损失最小，滤波器中心频率的间隔要使得通带可以重叠（见图 21-3）。因此，随着目标多普勒频移的逐渐增大，首先在 1 个滤波器上产生输出；接着，在这个滤波器和下一个滤波器上产生大致相等的输出；然后，主要在第 2 个滤波器上产生输出，并以此类推。

　　滤波器带宽　正如我们在第 20 章中所见，窄带滤波器通过对一段时间内施加于其上的信号进行积累来获得选择性，滤波器允许通过的频带宽度主要取决于积累时间 t_{int}。

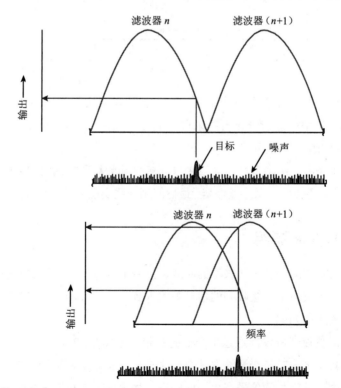

图 21-3　为了使信号位于 2 个滤波器中心频率之间时产生的输出损耗最小，2 个滤波器的通带是重叠的

在前面的章节我们已经讨论过时间宽度为 τ 的正弦信号（单个脉冲）的频谱是如何具有如图 21-4 所示的 $(\sin x)/x$ 形状的。图中的每个点都对应信号从 1 个窄带滤波器上产生的输出，该滤波器在整个脉冲存续时间内对信号进行积累。获得该图形的方法是逐步将滤波器调谐到可能存在的大量不同频率中的一个之上。

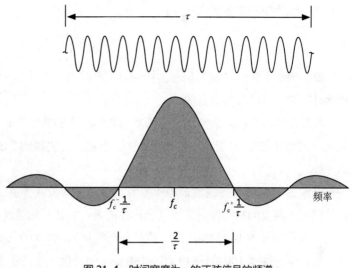

图 21-4　时间宽度为 τ 的正弦信号的频谱

使用上述方法（形式略有改动）我们可以简单地求出滤波器带宽和 t_{int} 的之间关系，如下所示：

- 保持滤波器的调谐不变，并逐步改变所施加的信号的频率；
- 限制滤波器的积累时间 t_{int}，并使信号至少和 t_{int} 一样长。

现在这个图形表示的不是输入信号的频谱，而是窄带滤波器的输出特性。

这个特性曲线的中心波瓣就是滤波器的通带，而中心波瓣的中心频率就是滤波器的谐振频率 f_{res}。由于此时的 t_{int} 直接对应于先前的 τ，因此滤波器的零点带宽就是 $2/t_{int}$（见图 21-5）。为了进行对比，图中的水平比例因子被调整为使零点的位置与图 21-4 相同。然而，请记住，脉冲宽度通常是微秒量级，而积累时间则通常是毫秒量级。

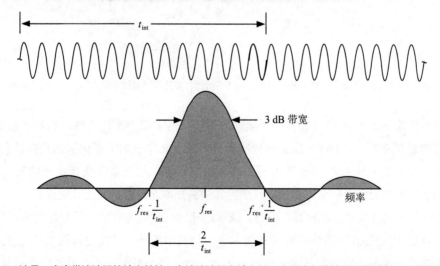

图 21-5　这是一个窄带滤波器的输出特性，在该滤波器上输入了一个至少与滤波器积累时间 t_{int} 一样长的信号

正如天线辐射图的主瓣那样，比零点带宽更有用的度量是滤波器带宽，它是中心波瓣在输出功率减小到其最大值一半时的中心波瓣宽度，即 3 dB 带宽。类似于均匀照射的天线，这

个带宽近似为零到零带宽的一半：

$$BW_{3dB} \approx \frac{1}{t_{int}}$$

要实现这个带宽，输入信号的持续时间必须至少等于 t_{int}。事实上，通常是根据最大可用积累时间来选择滤波器带宽的。

如果是脉冲雷达，为实现给定带宽而必须积累的脉冲数等于 t_{int} 乘以脉冲重复频率（PRF）。从这个关系式推导出的一个实用的经验法则是：滤波器的 3 dB 带宽等于 PRF 除以被积累的脉冲数。

滤波器组的通带 滤波器组需要有足够多的滤波器覆盖住所有可能的多普勒频段，也就是要覆盖所期望的目标速度范围（要记住的是，雷达只测量径向速度）。例如，如果预期的最大正多普勒频移为 100 kHz，最大负多普勒频移为 -30 kHz（见图 21-6），那么滤波器组的带宽 f_r 应该至少达到 100 kHz+30 kHz=130 kHz 的宽度，才能让所有的目标回波通过，而且雷达的 PRF 不得不大于 130 kHz，如图 21-6 所示。

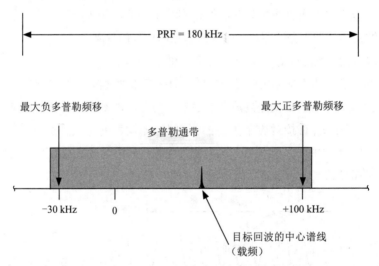

图 21-6　当 PRF 超出最大正、负多普勒频移之间的范围时，多普勒通带的宽度应足以覆盖这个频率范围

另外，如果 PRF 小于预期的多普勒频移的范围（为了减少距离模糊，通常必须如此），滤波器组的通带应不大于 PRF。原因是脉冲信号的谱线以等于 PRF 的间隔出现，且我们想要的是任何一个目标只出现在滤波器组通带内的 1 个点上。这是奈奎斯特定理的另一种表述方式：为了避免模糊，任何信号必须以至少为其最高频率 2 倍的频率进行采样。

取决于具体的目标多普勒频移，此时，落在通带内的谱线可能并不是目标的中心谱线（载频），它可以是中心谱线上方或下方（见图 21-7）谱线中的一个（如边带频率）。但是由于这些谱线是谐波相关的，所以它是哪一条并不重要。对于每个目标来说，重要的是有且只有一条谱线落在通带内。

图 21-8 描述了当通带宽度等于 PRF 或 f_r 时上述要求是如何被满足的。图中所示为目标回波频谱的一部分，对于这几个逐渐增大的多普勒频移中的每一个，图示情况正好是目标的

中心谱线（载频）位于图形之外。一个内部带有窗口的罩子叠加在了频谱上，它代表宽度为 f_r（Hz）的滤波器组的通带。

在图 21-8 的第一个图中，目标的一条谱线落在通带的低端。随着多普勒频移的逐渐增加，在随后的图中，同一根谱线在频带上出现得越来越远。在最后一张图中，多普勒频移足够高了，以至这根谱线实际上已处在通带高端之外；但下一个较低的频率谱线现在出现在通带的低端。

与此类似，无论我们把目标放在哪里，它总是会出现在通带内的某个地方。因此可以在发射机频率 f_0 上下移动通带而不引起任何问题。例如，在中低 PRF 雷达中，通带的宽度通常稍小于 f_r（Hz）并在频率上移动，以使通带位于通过天线主瓣接收到的地面回波的中心谱线和下一个较高谱线之间（见图 21-9）。通过这种方法，我们可以将静止杂波从运动目标中分离或分解出来（实际上为了简化设计，多普勒滤波器的频率不会改变，取而代之的是雷达回波的频谱相对于滤波器组进行了偏移，不过最终结果是一样的）。

滤波器的基本功能 滤波器实际上对相移（而非频率）更为敏感，因为多普勒频移实际上就是连续的相移。

最简单形式的模拟滤波器是由 1

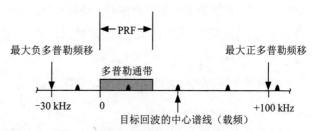

图 21-7 当 PRF 小于多普勒频移范围时，通带应不宽于 PRF，这样才能使目标只出现在频带内的一个点上

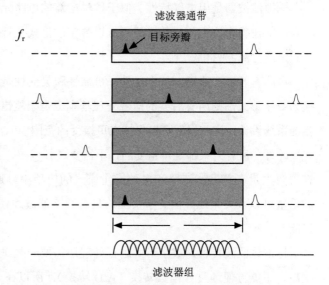

图 21-8 如果滤波器组的通带宽度等于或小于 f_r，则不管目标多普勒频移为多大，目标频谱中只会有 1 根谱线落在通带内

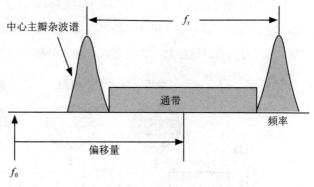

图 21-9 为了避免主瓣模糊，通带会偏离 f_0。

个电容器和 1 个电感器组成的调谐电路（见图 21-10）。如果一个电荷被放置在电容器上，电流通过电感器在电容器板之间来回涌动，交替地使电容器放电并以相反的极性再次对其充电。每秒完成这些循环的次数取决于电容器的电容和电感器的电感，这个循环次数被称为电路的谐振频率^①。电感器和电容器自然有一些损耗（电阻），因此，通带总是大于 $1/t_{int}$。损耗越低，通带越接近这个极限。

下面重点讨论现代雷达系统中广泛使用的数字滤波。

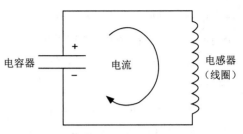

图 21-10　模拟滤波器是一个调谐电路，它的最简形式为 1 个电容器和 1 个电感器

21.2　数字滤波

模拟滤波器是用电气特性类似于数学运算的电路元件来实现的，而数字滤波器是用数字计算机的逻辑来实现的，数字计算机以数字的形式执行这些相同的运算。为什么要用这样的方式来进行滤波呢？

对此有若干个原因，但准确性、可靠性和灵活性是主要原因。一旦雷达回波被精确地转换为数字形式，则所有后续的信号处理基本上是无差错的（存在量化和舍入误差，但通过适当的系统设计，这些误差可以保持在可接受的范围内）。

此外，所有结果都是可重复的，不需要进行调整，性能也不会随着时间的推移而下降。在需要大量多普勒滤波器和多种操作模式的应用中，通过数字滤波后雷达所需设备的尺寸和重量可以被大大地降低。事实上，只有数字滤波才使当今许多先进的多模式机载雷达成为可能。

将雷达回波转换为数字形式进行处理还需要一些额外的操作。通常，雷达接收机的中频太高，不能方便地进行模数转换（A/D 转换），所以在一开始（见图 21-11），接收机输出向下转换到视频范围内的一个预设偏置频率上，该频率可能从零（直流电，或 DC）到几兆赫。由于这个信号是连续变化的，而其将要转换的数字信号必须是离散化的^②，所以信号必须以有规律的短时间间隔被采样。采样率同样由奈奎斯特速率决定，通常依据发射信号的调制带宽而取定（为此，信号必须以 2 倍的最高调制频率被采样）。最后，每个样本都必须转换成一个等效的二进制数，这些数字作为输入被输入到构成滤波器的计算机上。

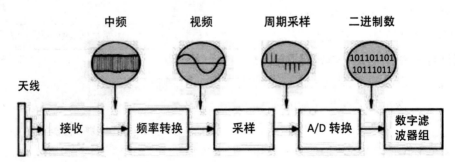

图 21-11　对于数字滤波，接收机的中频输出必须被转换为视频并被采样，然后转换为二进制数

---

① 谐振频率为 $\frac{1}{2\pi\sqrt{LC}}$，其中 L 和 C 分别为电感和电容。

② 时间不连续，也就是说每个数字的值是分离的，且与前一个数字的值不同。

转换成视频 雷达接收机的中频（IF）输出信号通过与参考信号比较而被转换为视频，参考信号的频率对应发射机频率 f_0。在某些情况下，我们要在参考频率上加一个偏移量，但我们假定这里没有偏移（即，IF 变为 0 Hz）。值得注意的是，随着模数（A/D）转换器性能的提高，在 IF 进行数字化变得越来越普遍。事实上对于较低的雷达频段，这种数字化可以在射频（RF）进行，由此而产生了全数字雷达的概念，这样的改进通常不会增加 A/D 转换的成本。

图 21-12 中的矢量图说明了三种典型情形下参考信号与目标产生的 IF 输出之间的关系。其中，照亮矢量的虚拟闪光灯与参考信号同步，从而使表示它的矢量保持固定。

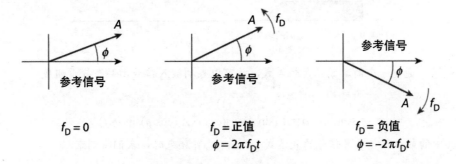

图 21-12 输入到同步检波器上的参考信号与目标回波产生的 IF 输出 A 之间的三种可能的关系

P21.1 同步检波器的工作原理

基本功能 同步检波器将经多普勒频移后的输入信号与未经多普勒频移的参考信号进行比较，并产生一个输出，该输出的幅度正比于输入信号的幅度 A 与输入信号相对于参考信号的相位的余弦 ϕ 的乘积。

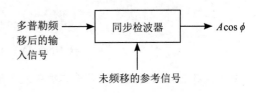

为了便于解释，我们在此假设参考信号的幅度为 k，角频率为 ω_0（rad/s）。

由于多普勒频移是一个连续的相移，在任何时刻，经多普勒频移后的输入信号都可以被认为具有等于参考频率 ω_0 的频率，但相对于参考信号在相位上偏移了 ϕ（rad）。

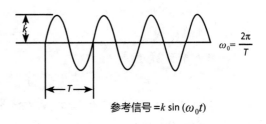

参考信号 $= k \sin(\omega_0 t)$

检波器的功能 检波器实质上就做了两件事：① 将输入信号的瞬时值乘以参考信号的瞬时值；② 将相乘所产生的信号施加给低通滤波器。

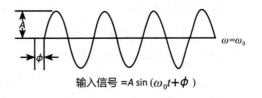

输入信号 $= A \sin(\omega_0 t + \phi)$

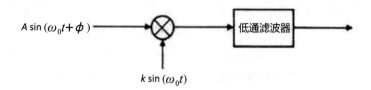

滤波器的通带足够宽，可以通过可能遇到的最高多普勒频移，但又足够窄，可以完全拒绝任何其频率达到或高于 ω_0 的信号。

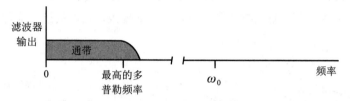

乘积法 通过一个简单的三角恒等式，就可以表明输入信号由两个分量组成：

$$\overset{(1)}{\qquad\qquad}\overset{(2)}{\qquad\qquad}$$
$$A\sin(\omega_0 t+\phi)=A(\sin\phi)\cos(\omega_0 t)+A(\cos\phi)\sin(\omega_0 t)$$

当其中的第 1 项与参考信号的表达式 $[k\sin(\omega_0 t)]$ 相乘时，我们得到乘积为

$$kA(\sin\phi)\cos(\omega_0 t)\sin(\omega_0 t)$$
$$=kA(\sin\phi)\sin(2\omega_0 t)$$

由于这个乘积具有 $2\omega_0$ 的高频，所以它所表示的信号被低通滤波器滤除了。

然而，当第 2 项与 $k\sin(\omega_0 t)$ 相乘时，乘积在数学上扩展为两项，即

$$kA(\cos\phi)\sin^2(\omega_0 t)$$
$$=kA(\cos\phi)\left[\frac{1}{2}+\frac{1}{2}\cos(2\omega_0 t)\right]$$

由于具有 $2\omega_0$ 的高频，上式第二项所表示的信号也被低通滤波器滤除了。那么，滤波器唯一的输出就是

$$\frac{kA}{2}(\cos\phi)$$

如果 k 等于 2，则

$$V_{输出}=A\cos\phi$$

其中，A 与输入信号的幅度成正比，ϕ 为信号相对于参考信号的相位。因为这是一个余弦函数，所以它被称为同相（I）输出。

参考信号相移 90° 如果我们移动参考信号的相位，即插入一个时延使加到检波器上的信号等于 $k\sin(\omega_0 t-90°)$，同样的输入信号将产生等于 $A\cos(\phi-90°)$ 的输出。由于任意角度减去 90° 后的余弦值等于该角度的正弦值，所以此时的输出电压与 ϕ 的正弦值成正比，即

$$V_{输出}=A\sin\phi$$

同样，A 与输入信号的幅度成正比，ϕ 是信号相对于未经频移后的参考信号的相位。由于这是一个正弦函数，它被称为正交（Q）输出。

在图 21-12 的第一个图中，目标信号频率等于 f_0，即没有多普勒频移。因此，表示目标回波的矢量也保持固定。角度 ϕ 对应目标信号相对于参考信号的相位。

在第二个图中，目标具有正的多普勒频移。因此，目标矢量逆时针旋转，ϕ 以与多普勒频移 f_D 成正比的速率增加。

$$\dot{\phi} = 2\pi f_D \,(\text{rad/s})$$

在第三个图中，目标的多普勒频移是负的，因此目标矢量顺时针旋转。同样，相位角 ϕ 的变化速率与多普勒频移成正比。

同步检波器电路将中频输出信号与参考信号进行比较（见图 21-13）。这个电路会产生一个输出电压，电压正比于接收信号的幅度与相对于参考信号的相位角 ϕ 的余弦的乘积，即

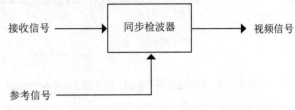

$$V_{\text{输出}} = A\cos\phi$$

其中，A 正比于接收信号的幅度，ϕ 为相位（见图 21-14）。

图 21-13　对于数字滤波，同步检波器将接收到的信号转换到视频范围

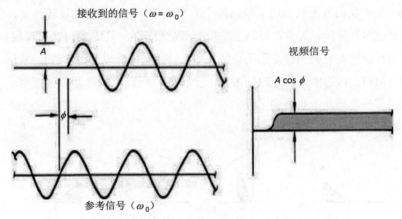

图 21-14　输出信号的幅度与接收信号相对于参考信号的相位余弦成正比

检波器的输出可以方便地可视化为接收信号的矢量在 x 轴上的投影（见图 21-15）。如果目标的多普勒频移为零，则输出电压 x 为常数。

它的准确值可能在 0 到 A 之间的任何位置，这取决于信号的相位。如果目标的多普勒频移不为零，则输出 x 是幅度为 A、频率等于目标多普勒频移的余弦波。

如果雷达是脉冲式的，则除非占

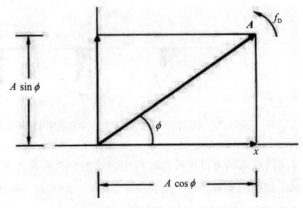

图 21-15　接收信号在单个同步检波器上产生的输出可以可视化为表示接收信号的矢量在 x 轴上的投影

空比非常高，每个目标回波产生的输出脉冲将只代表目标的视在多普勒频移 1 个周期的一小部分。

虽然如此，通过观察连续出现的多个脉冲，目标回波的幅度还是慢慢被揭示出来，且多普勒频移也可以被确定（见图 21-16）。

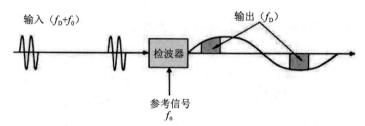

图 21-16　同步检波器的输出，图中的脉冲输入信号占空比为 25% 且视在多普勒频移等于半个 PRF

然而，由于 x 随着矢量的旋转而周期性变化，平均一半的接收能量（图 21-15 中的分量 $A\sin\phi$）被丢弃了。此外在一些应用中，停留在目标上的时间相比于多普勒频移的周期来说很短，所有的回波可能都是在 $\cos\phi$ 很小时被接收，由此导致无法探测到目标。

更重要的是，我们将无法知道矢量向哪个方向旋转。对于给定的旋转速率，无论矢量顺时针旋转还是逆时针旋转，矢量在 x 轴上的投影都是相同的（见图 21-17），仅根据这些投影，我们无法知道目标的多普勒频移是正还是负（即，目标是接近或远离雷达）。实际上在简单的动目标显示（MTI）雷达中，只处理回波的一个分量，所有的多普勒频移都显示为正，多普勒频谱中负的那一半被向上折叠到了正的那一半上。因此，多普勒频移为 $-0.25f_r$ 的目标也将显示为多普勒频移为 $0.25f_r$（见图 21-18）。

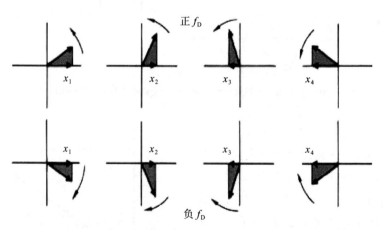

图 21-17　连续回波的检波器输出。单独的同相或正交分量对于正、负多普勒频移都是一样的

这些限制可以通过同时将中频输出施加到第二个同步检波器上来消除，这个检波器被施加了相同的参考信号，但相位滞后 90°[3]。因为（$\phi-90°$）的余弦等于 ϕ 的正弦，这个检波器

---

[3]　为了避免不平衡，我们可以使用单个检波器和 A/D 转换器来代用 I、Q 通道。采样速率必须加倍。

的输出电压正比于目标回波幅度与相对于未频移基准的相位角 ϕ 的正弦之积，这被称为 I/Q 检测，它能够确保振幅和相位都被测量。

$$V_{\text{输出 2}} = A \sin \phi$$

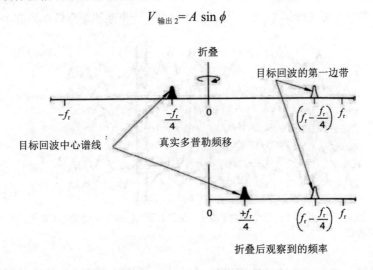

图 21-18 如果只处理目标回波的一个分量，多普勒频谱的负值部分将被折叠到正值部分

　　将 I/Q 检测可视化为表示目标回波的矢量在 x 和 y 轴上的投影是很方便的，如图 21-19 所示。如果 Q 检波器的输出 y 滞后于 I 检波器的输出 x，则矢量逆时针旋转，目标的多普勒频移为正。另外，如果 y 超前于 x，则矢量顺时针旋转，目标的多普勒频移为负。

　　I、Q 投影共同描述了完整的矢量。它们的矢量和等于矢量 A 的长度。

　　它们的比值及其代数表达式的符号，清楚地表示了相位角 ϕ，包含矢量旋转的速度和方向。

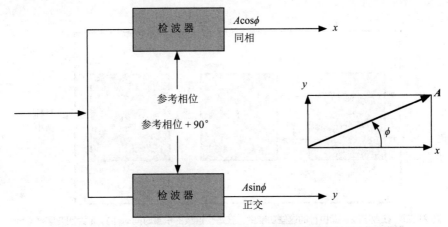

图 21-19 在正交双通道检波器系统中，正交通道的参考频率有 90° 相位滞后

　　视频信号采样　为了将 I 和 Q 检波器连续变化的输出转换为数字，我们必须以奈奎斯特速率对它们进行采样。由于输出变化很快，必须精确控制采样率，以免引入误差。根据雷达的设计，速率可能在每秒几十万到超过十亿个样本之间浮动，这种变化很大程度上取决于为了同时实现高距离分辨率和远程检测而施加在发射信号上的调制（参见第 16 章）。通常，雷

达会以距离像的形式从单一发射脉冲中形成若干相邻的样本（距离门或距离单元）。在选定的积累时间 t_{int} 内，距离像的形成会在连续的脉冲上重复，从而形成相邻分辨单元或距离单元的时间序列。更多细节可参阅第 14 章。图 21-20 给出了一个连续距离像序列的示例。

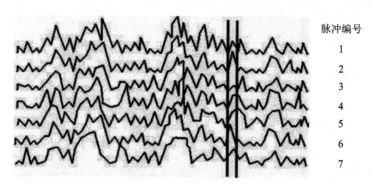

图 21-20 在这个距离像时间序列中，每个脉冲形成一个由许多距离门或单元组成的距离像。两个竖条显示单个距离门的时间历史回波值

形成滤波器 在每一个连续的积累时间 t_{int} 内，雷达处理器或计算机对距离像中的每个距离门形成一个多普勒滤波器组。

对于给定的距离门，滤波器组中的每个滤波器从 A/D 转换器接收相同的一组复数 (x_n, y_n) 作为输入（见图 21-21）。如果从目标接收到回波，则每一对数字都是一个信号样本的 I 和 Q 分量。我们根据这些分量可以确定幅度和相位，其中前者对应目标回波的功率，而频率（由后者推导得出）则对应目标的多普勒频移。滤波器的工作是对这些数字信号进行积分，如果多普勒频移与滤波器频率相同，其总和将会很大；反之则会很小。

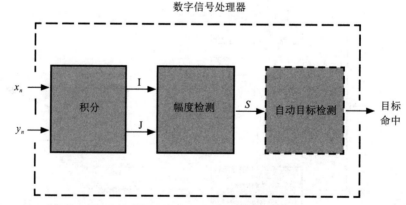

图 21-21 在数字滤波器执行的这些功能中，在每个连续的积累时间 t_{int} 内，S 为回波信号幅度

21.3 滤波器的输入

对于构成滤波器输入的样本所表示的内容，有一个切实的概念是很有帮助的。通过观察一个脉冲雷达的两个同步检波器在一条距离轨迹上的输出，我们就可以很容易地理解这个问题了。

显示在距离轨迹上的检波器输出 假设 I 检波器的输出被提供给一个示波器的垂直偏转电路，示波器上水平显示是距离轨迹。我们已经知道，I 的输出等于 $A\cos\phi$，其中 A 为幅度，ϕ 为目标回波相对于检波器参考信号的射频相位。雷达 PRF 为 8 kHz，回波从 4 个目标处接收到，它们的多普勒频移分别为 0、1 kHz、6 kHz 和 8 kHz。为了在距离轨迹上分离出每个目标的回波，目标被定位在逐渐增加的距离上（见图 21-22）。为了单独分析频率差的影响效果，我们假定接收回波的幅度都是相同的。

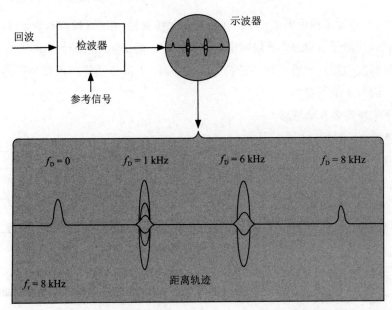

图 21-22 在距离轨迹上所显示的单通道同步检波器的输出中，从 4 个具有不同多普勒频移的目标接收到幅度相等的回波

尽管有相似之处，但 4 个目标产生的脉冲的高度却大不相同。某些脉冲的高度会波动，因为在任意单次距离扫描（脉冲周期）内，示波器上绘制出的目标点的高度都对应单个目标回波产生的检测器输出。由于在这种情况下，即使最高的多普勒频移的周期也比雷达脉冲的宽度长很多，所以每个脉冲实质上是在目标多普勒频移周期中的单个采样点样本。

对于零多普勒频移的目标，连续脉冲的高度是恒定的（见图 21-23）。由于目标回波与参考信号具有相同的频率，因此相对于参考信号，它们的相位不会在一个回波到下一个回波间发生变化。固定目标的检波器输出是脉冲直流电压。正如前面已解释的那样，这个电压的振幅可能在零和 $+A$ 或 $-A$ 之间的任何地方，这取决于目标回波的相位 ϕ（见图 21-24）。

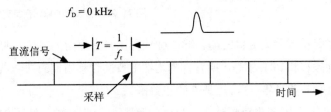

图 21-23 对于零多普勒频移，检波器输出为恒定幅度

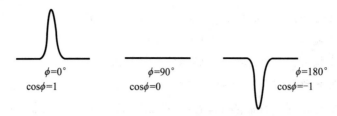

图 21-24 根据回波的射频相位，零多普勒频移时检波器输出的幅度可能是回波幅度 +1 和 -1 倍之间的任何值

同时提供 I 和 Q 通道的原因之一是为了消除这种可变性。由于 I 检波器的输出等于 $A\cos\phi$，且 Q 检波器的输出等于 $A\sin\phi$，所以对于所有的 ϕ 值，两个输出的矢量和的大小等于 A。

然而，从滤波的观点来看，当多普勒频移为零时，I 和 Q 采样的重要特征是它们各自的振幅不波动，因为 ϕ 是不变的。

我们接下来观察多普勒频移为 1 kHz 的目标（见图 21-25），它的脉冲幅度对于不同的脉冲来说波动很大。由于回波没有与参考信号相同的射频，所以它们相对于参考信号的相位会在不同脉冲之间变化，变化量是 360° 乘以目标多普勒频移与 PRF 的比率。在这种情况下（多普勒频移

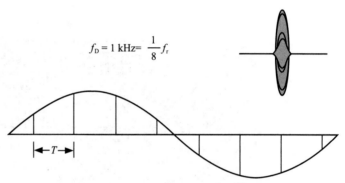

图 21-25 检波器输出在不同脉冲之间呈正弦曲线变化

1 kHz，PRF 为 8 kHz）这个比率是 1/8，多普勒频移波实际上就是在 360°×1/8 =45° 的间隔上被采样的（I、Q 样本的矢量和的大小等于 A，但是和的相位以等于多普勒频移的速率进行 360° 循环）。

对于多普勒频移为 6 kHz 的目标（见图 21-26），情况也是如此，唯一的差别在于采样间隔为 360° × 6/8 = 270°。

因此，检波器输出的幅度不仅波动很大，而且随着目标回波"滑"入和"滑"出参考频率的相位，采样将在正、负符号之间交替。

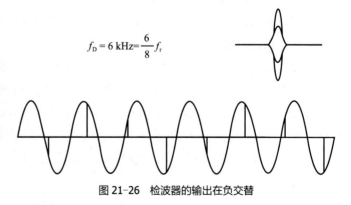

图 21-26 检波器的输出在负交替

但是，对于多普勒频移为 8 kHz 的目标，脉冲再次具有恒定的幅度（见图 21-27）。原因当然是因为多普勒频移和 PRF 相等，所有样本均在多普勒频移周期的同一点上获取。实际上，我们无法判断多普勒频移是零、f_r，还是 f_r 的整数倍。

同样，如果回波是从多普勒频移为 9 kHz 的目标处接收到的（见图 21-28），那么它产

生的脉冲将与多普勒频移为 1
kHz 的目标所产生的值以完全
相同的速率波动。此时，我们
观察到的频率是模糊的。

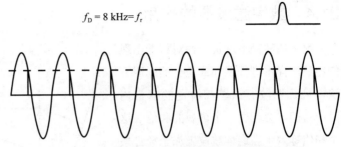

图 21-27　检波器的输出与零多普勒频移目标的输出相似

样本的矢量表示　我们可
以用同时显示 I、Q 检波器输
出的矢量图来简洁地表示位于
距离轨迹上与特定目标距离相
对应的某点的检波器输出（见
图 21-29）。矢量的长度与目
标回波的幅度 A 相对应。矢
量与 x 轴的夹角对应回波相对
于参考信号的射频相位。矢量
在 x 轴上的投影的长度 x 对应
I 检波器的输出；y 轴上矢量
投影的长度 y 对应 Q 检波器
的输出。

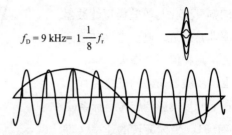

图 21-28　检测器输出的波动速率与多普勒频移为 1 kHz（9 kHz − 8 kHz）的目标完全相同

矢量以目标的视在多普勒
频移旋转，即目标的真实多普
勒频移，或者真实多普勒频移
加或减采样率的整数倍。如果
这个频率是正的（大于基准频
率），则矢量逆时针旋转（见图
21-30）；如果为负，则矢量顺
时针旋转。相位从一个样本到
另一个样本的步进量 $\Delta\phi$ 是 2π
（rad）、多普勒频移和采样间隔
的乘积：

$$\Delta\phi = 2\pi f_D T_s$$

其中，f_D 为视在多普勒频移，
T_s 为采样间隔。如果采样率等
于 PRF（在全数字信号处理器
中通常是这样），则 T_s 是脉冲
重复间隔（即脉冲间周期）T。

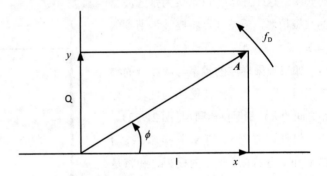

图 21-29　如果正弦波用矢量 A 表示，则 I 分量为矢量在 x 轴上的投影，Q 分量为矢量在 y 轴上的投影

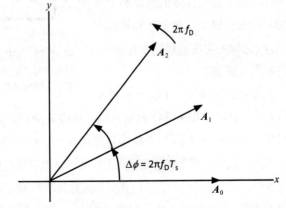

图 21-30　相位从一个样本到另一个样本的步进量 $\Delta\phi$ 与目标的多普勒频移成正比

21.4 数字滤波器的作用

数字滤波只不过是一种对相继出现的连续波样本进行累加或积分的聪明方法，只有当波的频率在给定的窄带内时，它们才会产生一个可观的和值（这个和值等效于当连续波被施加于窄带模拟滤波器时所产生的输出）。如果两个样本之间的幅度变化与等效模拟滤波器的谐振频率非常接近，则两者之和逐渐增大；反之，则和值不会增大。

实际上，滤波器所做的就是将样本矢量的 x 和 y 分量投影到旋转坐标系 (i, j)，见图 21-31。坐标旋转的速率（每秒转数）等于滤波器允许通过频带的中心频率。这个速率 f_f 可以认为是滤波器的共振频率，或滤波器将要被调谐到的频率。

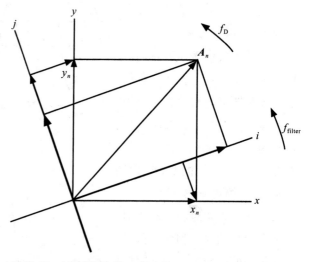

图 21-31　滤波器将矢量 A_n 的 x 和 y 分量投影到坐标系 (i, j) 上，该坐标系以滤波器被调谐到的频率旋转

如果被采样波的频率与滤波器的频率相同，则每个采样矢量 A 与旋转坐标系之间的夹角都保持相同（见图 21-32）。

因此，在接收到 N 个样本后，A 的 x 和 y 分量在 i 轴上的投影之和将是接收到单个样本后的 N 倍。j 轴上的投影之和也是如此。

另外，如果被采样波的频率和滤波器的频率相差足够大，则矢量和旋转坐标系 (i, j) 之间的角度将周期性地变化，投影将趋向于抵消。

在积累时间结束时，i 轴上的投影

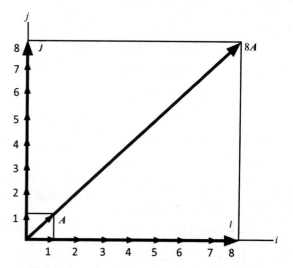

图 21-32　如果目标的多普勒频移和滤波器的频率相同，则在对 8 个脉冲进行积累后，矢量 A 在 I 和 J 上的投影的矢量和将是该矢量幅度的 8 倍

和 I 与 j 轴上的投影和 J 进行矢量相加。总的矢量和就是滤波器的输出。然后，I 和 J 会被清除，以便继续对接下来的 N 个样本重复进行上述积分操作。

如果想象我们正骑在旋转坐标系上，就可以很容易地把这个过程可视化了（见图 21-33）。我们可以看到，相对于 i 轴和 j 轴，真正的矢量旋转角 Φ，它只由被采样波频率和滤波器频率之间的差 Δf 决定。正如我们所见，如果 Δf 为零，那么每次采样时矢量都在相同的相对位置上；但是，如果频率不同，矢量就会处在逐渐变化的不同位置上（见图 21-34）。

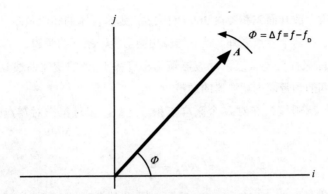

图 21-33　如果我们在旋转坐标系（i, j）上，我们将只能看到矢量 A 的旋转 Φ，这是由于被采样波和滤波器之间的频率差导致的

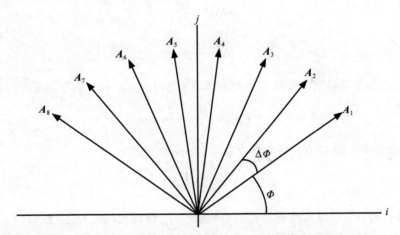

图 21-34　如果被采样波和滤波器的频率不同，连续样本的相位将相差 $\Delta\Phi$

连续位置之间的相位差 $\Delta\Phi$ 与频率差成正比，该关系以弧度（rad）为单位可以表示为：

$$\Delta\Phi = (2\pi T_s)\,\Delta f$$

其中：2π 是一圈的弧度数，T_s 为采样间隔，Δf 是被采样波与滤波器的频率之差。

从图 21-35 中的矢量图可以看出，如果频率差 Δf（$\Delta\Phi$）逐渐增大，矢量位置以越来越大的扇形散开，且采样对消的程度也会相应地增大。

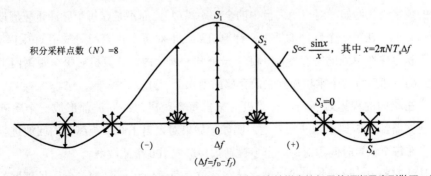

图 21-35　如果被采样信号和滤波器之间的频率差 Δf 增加，则表示连续样本的矢量将逐渐呈扇形散开，其和值 S 按 $(\sin x)/x$ 变化

矢量扇形很快就会散开而完整覆盖 360° 的位置，那么样本的和就是零，即到达滤波器特性曲线的一个零点。在这个零点之外，滤波器输出会历经一系列的旁瓣。

对于一个给定的采样信号幅度，滤波器输出幅度关于 Δf 的变化曲线具有 $(\sin x)/x$ 的形状，第一对零点之间的频带即为滤波器的通带。

因为 360° 等于 2π 弧度，在对 N 个采样点积分之后，出现第一对零点的 $\Delta\Phi$ 值就是 2π 除以 N：

$$\Delta\Phi_N = \frac{2\pi}{N}$$

通过代入之前推导出的 $\Delta\Phi_N(2\pi T_s \Delta f)$，就可以求出多普勒回波和滤波器在零点上的频率差 Δf，即

$$2\pi T_s \Delta f = \frac{2\pi}{N}$$

$$\Delta f = \frac{1}{NT_s}$$

积分采样点数 N 乘以采样间隔 T_s 就是滤波器积累时间 t_{int}。因此，零到零的带宽为

$$BW_{nn} = \frac{2}{NT_s} = \frac{2}{t_{int}}$$

$(\sin x)/x$ 曲线的 3 dB 带宽大概是零到零带宽的一半，因此

$$BW_{3dB} \approx \frac{1}{t_{int}}$$

如此一来，被积分的样本越多、采样间隔越长，t_{int} 就越大、通带也就越窄。

如上所述，如果被滤波器作为输入的是接收到的目标回波样本，则被采样信号矢量表达的幅度 A 将正比于目标回波的功率，那么滤波器的输出将正比于回波的功率与积累时间的乘积，因此也将正比于 t_{int} 期间内从目标接收到的总能量。如果目标的多普勒频移位于滤波器通带的中心，比例常数将会达到最大值。如果多普勒频移与其中一个零点频率相同，则该比例常数为零；否则，该常数将是某个中间值，具体数值由滤波器的 $(\sin x)/x$ 输出特性决定。

处理来自连续距离的回波　如果我们要处理来自不止一个距离门的回波，计算机就会接收到连续的数字流（例如，对应距离像中的全部距离门），而不是在每个脉冲重复周期内只接收一个输入数值。在第一个脉冲周期内，计算机连续地对每个距离门用数字 x_1 乘以 $\cos\Delta\theta$，并将各个乘积存储在单独的寄存器内。在下一个脉冲周期内，计算机对每个距离门用数字 x_2 乘以 $\cos(2\Delta\theta)$，然后将这个乘积加到之前存储的乘积上，并以此类推。

因此，在相同的积累时间内，计算机对来自每个距离门的回波都形成一个单独的滤波器，这些滤波器都调谐到相同的频率上。例如，如果对来自 100 个距离门的回波进行处理，计算机就会在每个积累时间内对每一个多普勒频移形成 100 个滤波器。

在简易处理器中，这个积也可以被存储在移位寄存器中（见图 21-36）。处理器的存储位置和距离门一样多。每当一个新的乘积形成时，那些已存储的和值就全部朝向一个方向移动

一个位置（图 21-36 中为向右），新的乘积项就将加入到已执行最末位溢出的求和运算中，且最终的和值就会存储在刚刚清空的内存位置上（在寄存器的左端）。

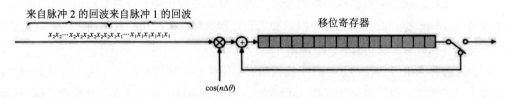

图 21-36　当处理来自连续距离增量的回波时，单个增量的和存储在移位寄存器中。每收到一个新数字，和就向右移动一个位置

由于我们到目前为止所考虑的简单滤波器只处理回波的一个分量，它们不能区分正的和负的多普勒频移。例如，如果滤波器的频率调谐到 10 kHz, 滤波器就会让频率为 f_0-10 kHz 的回波以及频率为 f_0+10 kHz 的回波通过。为了区分正、负多普勒频移，同相分量和正交分量都必须处理。那么，计算实质上是在两个并行通道中完成的。

P21.2　近似求解 $\sqrt{I^2+J^2}$ 的算法

求矢量的和 $\sqrt{I^2+J^2}$ 虽然看起来很简单，却是一个比较长的过程，因为平方根只能通过一系列迭代试验找到。

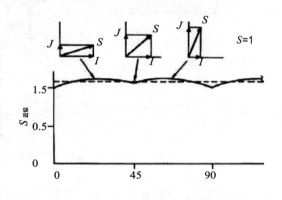

因此，为节省计算时间，$\sqrt{I^2+J^2}$ 的数值通常都是近似求解出来的。在几种可能的近似求解算法中，最简单的是如下的算法：

（1）从 J 中减去 I（或相反），求出哪个更小。

（2）较小的量除以 2。（这在二进制运算中很简单：只需将数字右移一个二进制位。）

（3）把结果加到较大的量上，则和近似为 $\sqrt{I^2+J^2}$。

近似值误差随相位 ϕ 变化，但它最多只是 1 dB 的一小部分。

对形成的每个滤波器都必须重复以上所有的计算（每对数值共运算 8 次乘法，考虑滤波器输出还需要 4 次加法运算）。如果对 32 对数值进行积分，则每个滤波器的计算量为 (8×32)+ 4 = 260。如果，例如在之前的例子中，处理来自 100 个距离单元的回波值，则在每个积累时间内必须为每个可能多普勒频率执行总共 260×100 = 26 000 次计算。

21.5　减小旁瓣

如前所述，数字滤波器的通带具有与线性阵列天线旁瓣（又称副瓣）相类似的旁瓣。除非采取措施减小这些旁瓣，否则在几个相邻多普勒滤波器的输出端上、或者当回波非常强时在相当一部分的滤波器组输出端上就会探测到特别强的目标回波。

幸运的是，天线旁瓣抑制技术对滤波器旁瓣同样有效。正如天线旁瓣是由阵列末端辐射器的辐射引起的一样，滤波器旁瓣是由脉冲串起点和末尾的脉冲所引起。通过渐进减小这些脉冲的幅度，频谱旁瓣就会被大大地降低。

这个过程称为幅度加权，在将数字化视频提供给多普勒滤波器之前进行（见图 21-37）。每次数字视频传送之后，表示各距离门回波的 I、Q 分量的数字将与加权系数相乘。这个系数会按照规定的模式在从一个脉冲到下一个脉冲时变化，对于要积累的每个脉冲串都要重复这个过程，如果这种模式选择得当，旁瓣就可以减小到一个可接受的水平。在此过程中，通带会稍微变宽，就像天线主瓣因为照射逐渐减弱而变宽一样。但是这通常只是为了实现减少旁瓣而所付出的小代价。

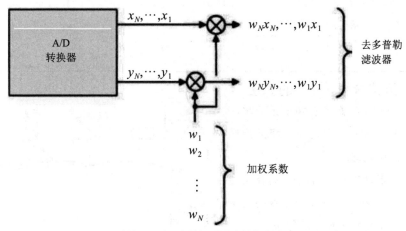

图 21-37 A/D 转换器的输出在被提供给多普勒滤波器之前与加权系数相乘

可接受的旁瓣电平是多少呢？当然，这取决于应用。图 21-38 给出了典型战斗机应用的加权滤波器的特性曲线，其中旁瓣从 −13dB 减小到了 −55dB。

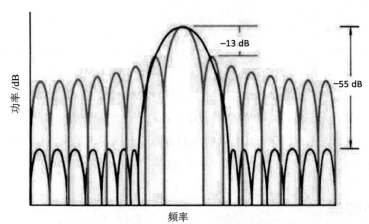

图 21-38 通过对典型多普勒滤波器的输入进行加权来减少旁瓣电平，要注意的是通带的展宽几乎是原始滤波器带宽的 2 倍

顺便说一句，即使多普勒滤波器的旁瓣已经被适当地减小了，一些回波还是会不可避免地进入旁瓣。因此，如果回波足够强，滤波器的输出中仍然可以检测到处在滤波器通带之外的回波。因此在雷达回波被输入到多普勒滤波器组之前，滤除强地面回波是必不可少的。

21.6　滤出真实信号

在前面的讨论中，我们考虑的是一种人为设计的情况，即提供给滤波器的数值表示的是来自单一目标的连续回波序列且除此之外再无其他。在现实世界中，回波可能同时来自多个目标，目标回波也可能伴随有很强的地面回波，有时候根本没有回波而只有噪声，滤波器要如何响应呢？

有许多数学软件包可用于在通用数字计算机上处理信号，一旦我们掌握了多普勒滤波器的实质，一个简单的方法就是"调用"快速傅里叶变换（FFT）程序，该程序将提取时域数据并将其转换为频域数据。

动态范围　滤波器的输入是所有同时接收到的信号瞬时值的代数和乘以之前的系统增益，该方法假设雷达接收机和信号处理器是线性的，并假定滤波器之前的各级接收和信号处理电路都不会饱和。正如对这些信号中的每一个信号单独进行积分，然后再把输出叠加起来一样，滤波器的输出都将是相同的。

例如，假设给定信号 S_1 的多普勒频移位于滤波器通带的中心，而较强信号 S_2 的多普勒频移位于外部（见图 21-39），两个信号所产生的输出之比将等于两个信号的功率比乘以滤波器在中心频率和 S_2 频率上的增益比。如果 S_2 比 S_1 高 30 dB，但滤波器在 S_2 频率上的增益比通带中心上的增益低 55 dB，则 S_1 产生的输出比 S_2 产生的输出高 55 dB–30 dB，即 25 dB。

该系统不仅要能够处理最大强度的信号，还要在任何时候都能提供足够宽的输出电平范围来探测输出中的微小差异，这个差异是因为同时存在的远处小目标接收到回波而引起，其

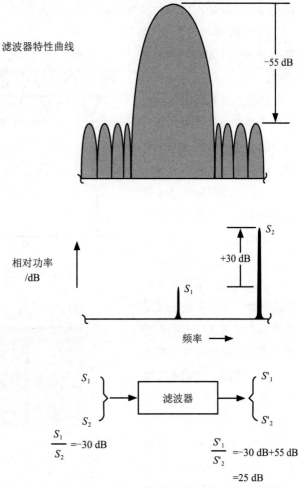

图 21-39　当两个频率不同的信号 S_1 和 S_2 被同时施加到被调谐为 S_1 频率的滤波器上时所发生的情况。虽然 S_1 的强度只有 S_2 的 1/1 000，但 S_1 产生的输出比 S_2 高 25 dB

解决方法是提供足够大的动态范围。

动态范围是指进入电路或系统的输入幅度的最小增量变化（它会使输出发生可辨识的变化）和输入在不使输出饱和（饱和点指输出对输入的进一步增加不再产生响应的那个临界点）的情况下所能达到的最大峰–峰值幅度之间的范围。如果超过了这个临界点，输出就变成了输入的失真表示。这个限制通常由 A/D 转换器的性能指标决定，因为 A/D 转换器在最大和最小回波电压之间可以分配的比特数是有限的。

在设计任何雷达的接收和信号处理系统时，提供足够的动态范围都是一个重要的考虑因素，而在必须检测多普勒频移的雷达系统中，这一因素至关重要。如果动态范围不足，不仅弱信号可能被强信号掩盖，还会产生杂散信号。这些信号（其频率可能与所接收的信号有很大的不同）可能会错误地被显示为明显的目标回波，或者干扰真实目标的检测。

噪声也可能存在。根据其相对相位的不同，落在滤波器通带中的噪声可能与目标信号结合，要么相长要么相消（或介于两者之间）。因此，由其他可检测目标产生的滤波器输出有时可能无法越过检测阈值，反之亦然。有时单独的综合噪声也可能超过阈值。大多数雷达系统设置为噪声触发 A/D 转换器的最低一位（或两位）。

杂散信号 杂散信号有两种类型：谐波和交调产物。

谐波是指其频率是另一个信号频率的倍数的信号。只要截去正弦波的顶部和底部，我们就可以演示当系统输出受到饱和限制时谐波是如何产生的，见图 21-40。

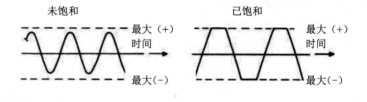

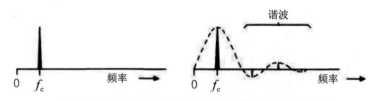

图 21-40　当信号的峰值幅度受到饱和限制时就会产生谐波

其结果是一个近似的方波，它由一系列正弦波组成，正弦波的频率是方波频率的倍数。如果系统通带足够窄，谐波可能位于通带之外，因此可能被滤除（见图 21-41）。否则，它们就可能会带来问题。

交调（交叉调制）是指一个信号被另一个信号调制。当两个或多个不同频率的信号的和受到饱和限制时，这种信号就会产生。交

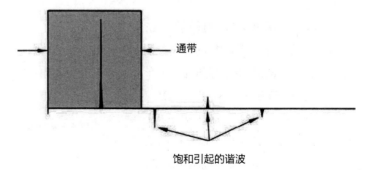

图 21-41　如果通带足够窄，由饱和引起的谐波可以被滤除

调的产物是边带,在高于和低于调制信号频率处均会出现交调。

因此,如果饱和信号的频率间隔很近,则不管通带的宽度如何,系统都会"放行"大量的交调产物。

避免饱和　我们可以通过避免饱和来防止谐波和交调产物的产生。

为此,在设计信号处理系统时,通常使平均信号电平尽可能低,以避免微弱信号在本地生成的噪声中丢失;然后我们还要提供足够的动态范围来防止强信号使系统饱和。通常,这种方法要在饱和度和低电平噪声之间进行权衡。

处理量化噪声　低电平噪声的问题由于所谓的量化噪声的存在而加剧,量化噪声是 A/D转换产生的,如果用有限步长(量化)的数值来表示连续可变的信号幅度,这个问题就是必然会产生的结果。

图 21-42 描述了线性变化信号的这种效应。该信号在经过数字化后实际上是两个信号的和:① 原始模拟信号的量化副本;② 峰值幅度等于最小有效位(LSD)一半的三角误差波。

如果原始信号是由来给定距离门的回波周期样本组成的,则一般不会产生简单的三角误差波。在 A/D 转换器参考电压的步长之间,连续采样落在某一点的概率和落在另一点的概率是一样的。因此,这种不受欢迎的数字化副产品或多或少是随机的,因此它通常被归类为噪声。

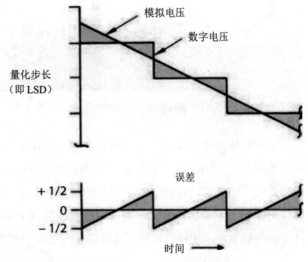

图 21-42　如果一个逐渐变化的电压用数字表示,则量化引起的误差波形为三角波,其峰值幅度等于最小有效位(LSD)的一半

A/D 转换器和处理器中的量化噪声设定了系统能够处理的信号电平下限。A/D 转换器能处理的最大峰值信号电压与量化误差电压的均方根值之比,是常用的 A/D 转换器动态范围性能评价指标[④]。

为了避免信噪比降低,应该使量化噪声相对整个系统噪声来说可以忽略不计。为此,输入信号的电平必须设置得足够高,使伴随信号的噪声电平大大高于量化噪声——理想情况下应高出 10 倍(见图 21-43)。

为了防止因强信号而饱和,动态范围必须相应地增大。这可能需要增加用于表示信号的数字的位数,或者用更聪明的方法来进行处理(例如,对较近距离处有较大回波信号的目标进行衰减),或者两者兼顾。

---

④　对于三角波,均方根值近似为 $(1+\sqrt{12}) \times LSD$。

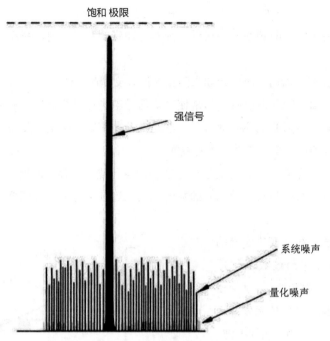

图 21-43　理想情况下，量化噪声将是系统噪声的 1/10 或以下；为了适应强信号，饱和极限要远远高于系统噪声

　　如果目标回波序列的接收与滤波器的积累时间不同步怎么办？假设一系列回波中的第一个回波是在 t_{int} 的中途收到的，雷达天线驻留在目标上的时间与多普勒滤波器积累时间之间的同步是完全随机的，目标回波序列中的第一个脉冲可能会和开始时一样在积累时间的中间抵达（见图 21-44）。因此，就平均而言，滤波器输出中的积累信号通常低于可能的最大值。在计算检测概率时，这种差异通常通过在距离方程中包含一个损耗项来表示（参见第 13 章）。

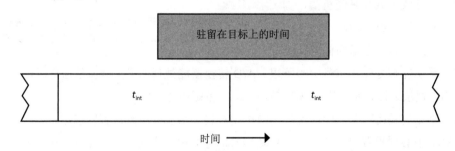

图 21-44　天线驻留在任一目标上的时间与滤波器积累时间 t_{int} 的同步是完全随机的

　　总之，正如我们在此所描述的那样，数字滤波器在现实生活中的应用是非常多的。如果避免饱和并且提前滤除了大部分的强地面回波，一个设计良好的数字滤波器就可以根据多普勒频移的差别从杂波和噪声中分离出目标回波，就像设计良好的模拟滤波器一样有效。

21.7　小结

　　为了根据多普勒频移对来自不同物体的雷达回波进行分类，接收机输出被输入到一组窄带滤波器上。如果还需要按距离分类，我们就要为每个距离增量提供一个单独的滤波器组。窄带滤波器的通带宽度主要由滤波器的积累时间决定，但损耗会随着增加。因此，当目标横跨两个滤波器时回波不会丢失，且通带会重叠。因此，目标频谱中只有一根谱线将落在滤波器组所覆盖的频带内，滤波器组的通带应不大于 PRF（脉冲重复频率）。

对于数字滤波，通过把接收机的中频输出加在一对同步检波器上，并且加上频率与发射机频率相对应的参考信号，我们就可以将中频输出转换为视频。检波器的输出代表了回波的 I 和 Q 分量，其中，我们需要用 Q 分量来保持多普勒频移。

在脉冲雷达中，采样对应模拟处理器中的距离选通。通过将每个样本的电压与一系列精确已知的逐渐升高的电压进行比较，就可以将其转换为二进制数。然后，这些数值被提供给能够实现滤波器功能的特殊用途的计算机或数字处理器。

数字多普勒滤波器接收一系列数值对作为其输入，如果接收到的是来自目标的回波，那么每一对数值都是矢量的 x 和 y 分量，这个矢量代表信号的一个样本，信号的幅度对应目标回波功率，且频率为目标的多普勒频移。滤波器的工作就是对这些数值进行积分，如果多普勒频移与滤波器频率相同，那么它们的和就会很大，否则就不会很大。

从本质上看，该滤波器将连续的 x 和 y 分量投影到以滤波器调谐频率旋转的坐标系上，然后分别对这些分量求和。在积累时间结束时，通过将两个和值矢量相加来计算出积分信号的大小。一个简单算法可用来进行积分，并求出矢量和的幅度（必须反复计算），这个算法被称为离散傅里叶变换（DFT）（参见第 6 章）。

对于给定长度和功率的脉冲串，滤波器输出与多普勒频移的关系图为 $(\sin x)/x$ 形状，它的峰值与脉冲串的总能量成正比，它的零值出现在中心频率两侧等于 $1/t_{int}$ 的间隔上。为了减小该图形的旁瓣，表示脉冲串的开端和末尾的脉冲的数值都应逐步缩小，这个过程叫作幅度加权。

除了非线性和饱和以外，当多个信号被同时接收时，滤波器的输出是相同的，就好像对信号分别进行积分并将结果进行叠加那样。由于接收脉冲串不能与滤波器的积累时间同步，因此滤波器的输出平均起来要小于潜在的最大值。

P21.3 要记住的重要关系式

- 滤波器通带：

  零到零带宽 = $2/t_{int}$

  半功率点之间的带宽 = $1/t_{int}$

  （其中 t_{int} 为滤波器积累时间）

- 为了形成具有 DFT 的滤波器，对每个样本需要进行的运算量：

  乘法：4

  加法：2

- 近似求解 $\sqrt{I^2+J^2}$ 需要的运算量：

减法：1

除以 2：1

加法：1

扩展阅读

V. N. Bringi and V. Chandrasekar, Polarimetric Doppler Weather Radar Principles and Applications, Cambridge University Press, 2007.

D. C. Schleher, MTI and Pulse Doppler Radar with MATLAB®, Artech House, 2009.

Chapter 22

第22章 | 距离变化率测量

"海鹞"战斗机的驾驶舱

在许多雷达的应用中仅知道目标相对于雷达的当前位置（角度和距离）是不够的，通常雷达必须能够预测目标在未来某个时间的位置。为此，我们还需要知道目标的角速率和它的距离变化率。

距离变化率一般可以用两种方法来确定：第一种方法称为距离微分法，根据被测距离随时间的变化来计算速率；第二种方法，也是较优的一种方法，就是利用雷达来测量目标的多普勒频移，而多普勒频移与距离变化率成正比。

在本章中，我们将对这两种方法进行简要介绍。

22.1 距离微分法

如果我们将目标距离绘制成关于时间的曲线，那么曲线的斜率就是距离变化率（见图22-1）。向下的斜率对应于一个负变化率，向上的斜率对应于一个正变化率。

确定斜率并由此得出距离变化率是很容易的。我们在图 22-1 上选取两个点，它们被微小的时间差异分隔开，并测量它们在距离上的差。用距离差除以时间差，我们就得到了距离变化率：

$$\dot{R} = \frac{\Delta R}{\Delta t}$$

其中，

$\dot{R}$ —— 距离变化率

ΔR —— 距离差

Δt —— 时间差

如果 ΔR 取为当前距离与 $\Delta t(s)$ 前的距离之间的差，则 $\dot{R}$ 对应当前的距离变化率。这个过程近似于微分（见图 22-2）[①]。

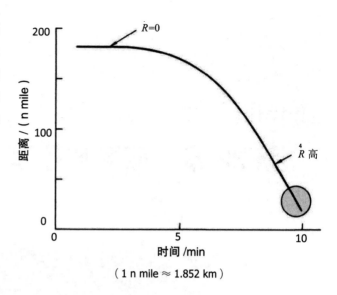

图 22-1 距离变化率 $\dot{R}$ 对应距离 - 时间曲线的斜率

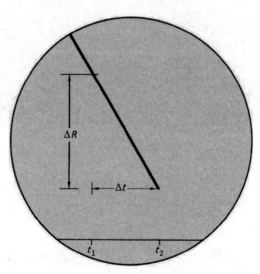

图 22-2 根据间隔时间量（Δt）很短的两点间的距离差可以求出距离曲线的斜率

实际上，当多普勒模糊度十分严重、以致通过检测多普勒频移无法直接测出距离变化率时，非多普勒雷达和多普勒雷达都是通过上面这种方式测量距离变化率的。简而言之，由雷达测量距离并根据在连续时间间隔上测得的距离来测量距离变化率。

如果距离变化率是不断变化的，Δt 越短、测得的距离变化率 $\dot{R}$ 就越接近于实际速率的变化，即测量速率滞后于实际速率的程度越小（见图 22-3），这一特性称为良好的动态

---

① 根据微分法，时间差（Δt）为无限小。

响应。

　　遗憾的是，在被测距离内总是会出现一定数量的随机误差（或"噪声"）。虽然噪声与距离本身相比很小，与 ΔR 相比却是相当可观的。事实上，Δt 越短，ΔR 越小，噪声对距离变化率测量造成的衰减程度也就越大（见图 22-4）。

　　对测得的距离变化率进行平滑可以减小测量噪声，但平滑的效果实质上和增加 Δt 是一样的。因此，这种距离变化率测量方法所获得的性能是在平滑跟踪和良好动态响应之间的一种折中。

　　当在不停止天线搜索扫描的情况下跟踪目标（边扫描边跟踪模式）时，动态响应会进一步受到

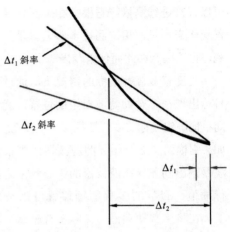

图 22-3　Δt 越短，测得的斜率就越接近真实距离变化率的变化

限制，因为 Δt 会延伸为整个扫描时间。如果雷达的距离测量灵敏度足够高，那么通过外推，在驻留时间内是可以得到有用的距离变化率估值的。

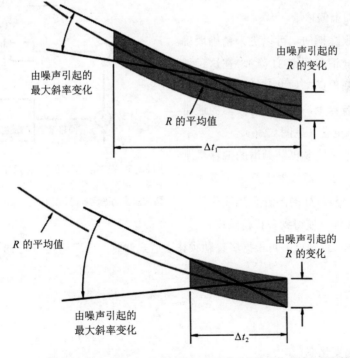

图 22-4　Δt 越短，被测距离内噪声引起的被测距离变化率与实际变化率的差异就越大

22.2　多普勒方法

　　以多普勒方法测量距离变化率更为常用，因为它能更准确地测定距离，当与数字信号处理结合使用时可以提供更大的灵活性。多普勒雷达不仅可以更精确地测量距离变化率，而且

可以直接进行测量。它根据相位而非目标位置变化来测量，相位测量本质上就是距离精测，也正因为如此而使精度提高了。

在没有多普勒模糊的情况下，通过标记目标出现在多普勒滤波器组的位置，就可以简单地确定目标的多普勒频移（见图 22-5）。如果它横跨了 2 个相邻的滤波器，则根据滤波器输出的差异在滤波器的中心频率之间进行插值，目标的多普勒频移就可以被确定了。在将多普勒频谱（又称多普勒谱）转变为滤波器组的频率时，我们必须保持对发射机频率 f_0 相对位置的准确跟踪。要测量多普勒频移，只需从目标的位置到对应 f_0 的频率倒着数。或者，如果多普勒频谱偏离 f_0，我们将主瓣杂波置于零频率处，然后计数到滤波器的底部并加上偏移量。

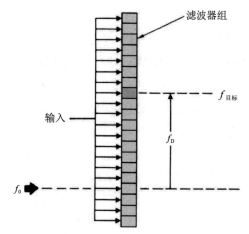

图 22-5　通过标记目标在滤波器组中的位置就可以确定目标的多普勒频移

在单目标跟踪期间，可以更为精确地确定多普勒频移（请参阅第 31 章）。在这种模式下，接收机输出通常被并行施加在 2 个相邻的多普勒滤波器上，这 2 个滤波器的通带在 -3 dB 点附近重叠（见图 22-6）。

自动跟踪电路使多普勒频谱的偏移量刚好足以使目标在 2 个滤波器上产生相等的输出，此偏移保持与目标的多普勒频移相等，然后通过测量此偏移便得到多普勒频移。

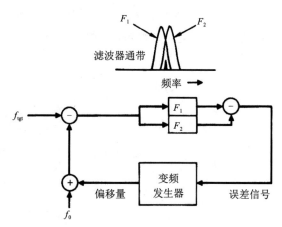

图 22-6　在单目标跟踪中，在目标的频率上增加一个偏移量，使其位于两个滤波器之间正中。然后通过精确测量偏移量来确定多普勒频移

距离变化率（或速度）可根据多普勒频移表达式计算，该表达式与第 18 章中推导出的公式相反：

$$\dot{R} = -\frac{f_D \lambda}{2}$$

其中，

$\dot{R}$ —— 距离变化率

f_D —— 多普勒频移

λ —— 波长

第 18 章中的经验法则也可以反过来使用。例如，对于波长为 3 cm 的 X 波段雷达系统，其距离变化率（m/s）近似等于多普勒频移（Hz）除以 70（或者，多普勒频移 = 距离变化率 ×70）。

但是，如何知道它是我们观测到的目标回波的载频，而不是该载频以上（或以下）某个

f_r 倍频的边带或混频频率呢？任何测量得到的多普勒频移及由此计算出的距离变化率都不可避免地是模糊的吗？

遗憾的是，答案是肯定的。然而，模糊是否严重，取决于 PRF 以及雷达系统和可能遭遇的目标之间的接近速度的大小。

1 fps（英尺每秒）相当于 20 Hz 的多普勒频移

1 m/s 相当于 70 Hz 的多普勒频移

22.3 潜在的多普勒模糊

为了理解不同 PRF 下多普勒模糊的意义，我们考虑如下的假设工作情境。

假设情境 我们假设雷达正在对正前方 120° 扇区内任意位置上的目标进行探测（见图 22-7），目标可能在任何方向上飞行。

它们的速度可能会变化，但预计不会超过 500 m/s，搭载了雷达的飞机的最大速度也是 500 m/s。

在这些条件下，雷达可能遇到的最大接近速度（即搭载雷达的飞机和目标以最大相对速度飞行时的速率）是迎头飞行（见图 22-8）。此时为 −500 m/s−500 m/s = −1000 m/s。在 X 波段，这个最大速率将产生大约 1 000×70（Hz）= 70 kHz 的多普勒频移[2]。注意，负号习惯上用于雷达和目标之间的相对速度。

因此，如果目标在最大方位角（60°）上并以最大速度飞离雷达，搭载雷达的飞机以其最小速度飞行，则最大分离速率出现。如果搭载雷达的飞机以 200 m/s 的速度飞行，这个最大分离速率将是

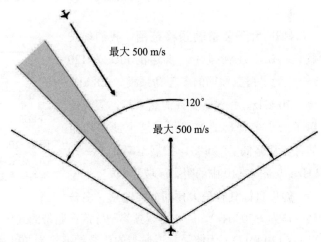

图 22-7 这个假设的情景说明了在什么条件下多普勒测量可能会显著模糊

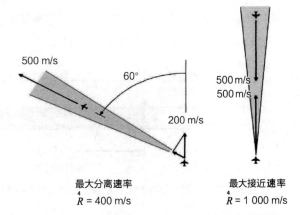

最大分离速率
$\dot{R}$ = 400 m/s

最大接近速率
$\dot{R}$ = 1 000 m/s

图 22-8 产生最大负多普勒频移（左图）和最大正多普勒频移（右图）的飞行几何图形

---

[2] 请记住：根据 $f_D = -\dfrac{2\dot{R}}{\lambda}$，负距离变化率（距离减小）引起正多普勒频移，反之亦然。

+500 m/s-(0.5×200 m/s)= 400 m/s。这样就产生了大约 -400×70（Hz）=-28 kHz 的多普勒频移。

因此，如果雷达没有遇到速度超过 500 m/s 或方位角超过 60°的有效目标，则最大正负多普勒频移之间的范围将为 70 kHz - (-28 kHz)= 98 kHz（见图 22-9）。

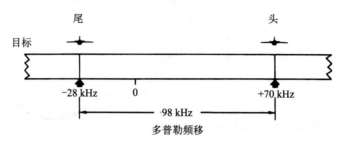

图 22-9　假设情景下的最大正负多普勒频移之间的范围

PRF 大于多普勒频移范围　我们现在假设，在上述情景中，雷达的 PRF 为 120 kHz。为了覆盖预期的多普勒频段（-28 kHz 至 + 70 kHz）并保留少许的剩余量，假设使用了一个多普勒滤波器组，这个滤波器组的带宽从略低于 -28 kHz 扩展至略高于 + 70 kHz（见图 22-10 中的阴影区域）。

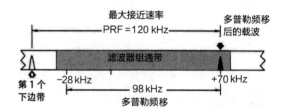

图 22-10　如果 PRF 超过最大正负多普勒频移之间的范围，则最快接近目标的载频将落在通带内，而最近的边带将位于该载频以下

如果目标具有最大预期分离速率（多普勒频移为 + 70 kHz），回波的载频将刚好落在通带的高频端。由于第 1 对边带与载频相隔 1 个 PRF（120 kHz），因此最靠近通带的边带频率将为 70 kHz -120 kHz = -50 kHz，这远低于通带的低端（在 -28 kHz 以下）。

同样，如果我们遇到一个具有最大预期负多普勒频移（-28 kHz）的目标，其回波的载频将刚好落在通带的低端（见图 22-11）。在这种情况下，最近的边带的频率为 -28 kHz +120 kHz = 92 kHz，远高于通带的上端（在 70 kHz 以上）。

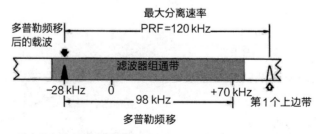

图 22-11　最大分离速率目标的载频同样会落在通带内，而最近的边带将位于载频以上

因此，如果 PRF 大于预期的最大正负多普勒频移之间的范围，那么在滤波器组上产生输出的唯一谱线就来自目标回波的载频。这个载频和发射机载频之间的差就是目标真实的多普勒频移。因此，我们可以得出这样的结论：如果 PRF 大于多普勒频移的范围，那么就不会存在显著的模糊。

　　然而，如果 PRF 小于最大正负多普勒频移之间的范围，情况就不是这样了。事实上这是经常出现的情况，因为 PRF 必须被设置得能够满足其他的作战需求，比如避免距离模糊。

PRF 小于多普勒频移的范围
我们假设在同样的假想情景下，最大预期正负多普勒频移的差仍为 98 kHz，而 PRF 降低到 20 kHz（见图 22-12）。现在，目标回波的载频与第 1 对边带之间的间隔，以及上下方连续边带之间的间隔，只有之前的 1/6 了。

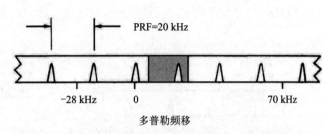

图 22-12　如果 PRF 小于最大接近速度的范围，雷达无法直接判断所观测的是载频还是它的谐波，因而多普勒频移测量是模糊的

　　为了使任何一个目标的回波只出现在通带内的 1 个点上，通带的宽度必须小于 20 kHz。但是，如果边带相距只有 20 kHz，那么无论通带在哪里，我们都无法直接区分出现在滤波器组输出中的目标回波是回波的载波还是对应一个边带，也无法区分它对应的是哪个边带，因此真实的多普勒频移是模糊的。为了确定目标的真多普勒频移并进而确定目标的距离变化率，必须解决模糊问题。

22.4　解决多普勒模糊

　　要解决多普勒模糊，就必须有某种方法来弄清楚：所观测到的目标回波频率和载频之间相隔的 PRF 倍数（如果有的话）是多少，如果倍数不太大，其值 n 就可以很容易确定。常见的方法有两种：距离微分法和 PRF 变换法。

　　距离微分法　通常，确定 n 的最简单方法是用微分法得到距离变化率的初始近似测算值，根据这个变化率可以计算出真实多普勒频移的近似值。通过从真实频率的计算值中减去观测频率，再除以 PRF，就可以得到 n 的值。

　　例如，假设 PRF 为 20 kHz，观测到的多普勒频移为 10 kHz（见图 22-13）。那么，真正的多普勒频移就是 -10 kHz 加上 PRF（20 kHz）的任意整数倍，最大可达 70 kHz。根据初始距离变化率测算值计算出来的真实多普勒频移近似值就是 50 kHz。这个频率和观测到的多普勒频移之间的差值是 50 kHz -10 kHz= 40 kHz。用这个差值除以 PRF，我们得到 $n = 40 \div 20 = 2$。因此，目标回波的载频与观测的多普勒频移相隔 2 倍的 PRF（见图 22-14）。

　　虽然我们在这个简单的例子中假设最初的距离速率测算值是相当精确的，但在实际中，这个数值可能并不特别精确。只要根据

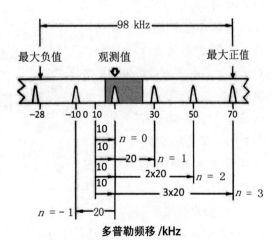

图 22-13　如果 PRF 是 20 kHz，观察到的多普勒频移是 10 kHz，那么真实多普勒频移可能是如下任意值：-10kHz、10kHz、30kHz、50kHz 和 70 kHz

初始速率测量值计算出的多普勒频移的误差小于 PRF 的一半，我们仍然有可能区分出载波在哪一个 PRF 区间内，从而知道数值 n 是多少。例如，最初计算出的"真"多普勒频移可能只有 42 kHz，几乎位于两个最接近的可能精确值（30 kHz 和 50 kHz）的正中（见图 22-15）。

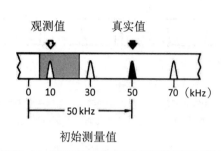

图 22-14 通过使用微分法进行初始测量可以确定真实的多普勒频移以及数值 n

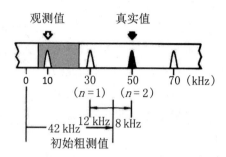

图 22-15 真实多普勒频移的初始测量不必特别精确。如果误差小于 PRF 的一半，仍然可以求出 n 的值

然而，这个初步计算出来的 42 kHz 粗略值仍是足够精确的，我们可以由此求出 n 的正确值。多普勒频移的初始计算值与观测值之间的差为 42 kHz-10 kHz=32 kHz。我们用这个差值除以 PRF，得到 n 的数值为 1.6（=32÷20）。如果我们把这个数值四舍五入为最接近的整数，则 $n = 2$。

我们只需要确定一次 n 的值，通过连续跟踪目标，真实的多普勒频移就会被连续计算出来，且精度很高，而且只要有观测到的频率就可以了。

PRF 变换法 n 的值也可以通过 PRF 变换技术来确定，这种技术类似于用来解决距离模糊所使用的技术（请参阅第 15 章）。从本质上看，这种技术在两个间距相对紧密的数值之间交替切换 PRF，如果目标的观测频率有变化，这个变化就会被记录下来。

切换 PRF 对目标回波的载频 f_c 没有影响。f_c 等于发射脉冲的载频加上目标的多普勒频移，与 PRF 完全无关。然而，对于 f_c 上方和下方的边带频率来说，情况就不是这样了。由于这些频率与 f_c 相隔若干个 PRF，当 PRF（即 f_r）发生变化时，边带频率也会相应地变化（见图 22-16）。

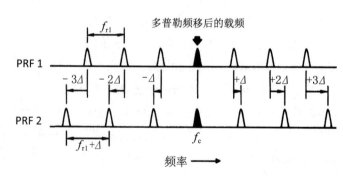

图 22-16 如果 PRF 改变，每个边带频率就会偏移载频 $n\Delta$，这个偏移量正比于 f_r 的倍数

一个特定的边带频率向什么方向移动，向上或向下，取决于两个因素：

（1）边带频率在 f_c 的上方还是下方；

（2）PRF 是增大还是减小。

如果 PRF 增大，上边带就会向上移动；如果 PRF 减小，上边带就会向下移动。反之，如果 PRF 增大，下边带就会向下移动；如果 PRF 减小，下边带就会向上移动。

观测到的多普勒频移会移动多少，也取决于两个因素：

（1）PRF 改变了多少；

（2）观测频率和 f_c 之间的间隔是 PRF 的多少倍。

如果 PRF 变化 1 kHz，则 f_c 两侧的第一组边带将移动 1 kHz，第二组移动 2 kHz，第三组移动 3 kHz，以此类推。如果 PRF 变化了 2 kHz，则每组边带将移动 2 倍的距离，并以此类推。

通过记录被观测到的目标多普勒频移的变化（如果有的话），可以很容易地发现 f_c 相对于观测频率的变化（见图 22-17）。

如果观测到的频率不变，则它就在 f_c 处。如果它变化了，则改变的方向决定了 f_c 是高于还是低于所观测到的频率。变化量告诉我们 f_c 距离观测频率有多少个 PRF。

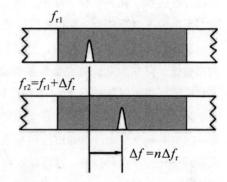

图 22-17　通过记录 PRF 切换时观测到频率的变化可以确定真实频率中包含的 f_r 的倍数（n）

因此，我们要得到回波载频 f_c 与观测频率之间差，就必须把 PRF 乘以因数 n，该因数为

$$n = \frac{\Delta f_{观测}}{\Delta f_r}$$

其中，

$\Delta f_{观测}$ —— 切换 PRF 时目标观测频率的变化

Δf_r —— PRF 变化量

例如，如果 PRF 增加（Δf_r）2 kHz 会使目标的观测多普勒频移增加到 4 kHz，则 n 的值为 $4 \div 2 = 2$。

为了避免当接收的回波同时来自多个目标时可能出现重影，PRF 必须在 3 个值（而不是 2 个值）之间切换，就像在解决距离模糊时一样。PRF 变换法的缺点是减小了最大探测距离。在实践中，PRF 甚至可能需要在 4 或 5 个值之间切换，这取决于雷达系统的角色和被探测目标的数量。

计算多普勒频移　在用上述两种方法之一确定了 n 的数值后，我们只要把 PRF 乘以 n，再把这个乘积加上观测多普勒频移，就可以计算出目标的真实多普勒频移 $f_{D真实}$ 了（见图 22-18）：

$$f_D = n f_r + f_{观测}$$

其中，

f_r —— 变换前的 PRF

$f_{观测}$ —— 观测的目标多普勒频移

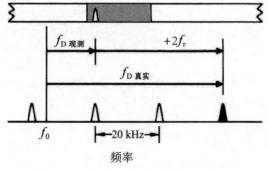

图 22-18　通过把 n 乘以 f_r 加入观测的多普勒频移计算出真实的多普勒频移（在此，$n=2$）

22.5　小结

目标的距离变化率可以通过连续测量其距离并计算距离变化的速率来确定，这是一个近似微分的过程。在另一种方法中，距离变化率可以通过测量目标的多普勒频移来确定。因为被测距离内不可避免地会存在随机误差，微分方法精度较低且动态响应较差。

多普勒方法不但非常精确，而且几乎是瞬时的，然而观测到的多普勒频移具有内在固有的模糊性。除非预期的最大正负多普勒频移之间的差小于 PRF（且偶尔将高速目标误以为低速目标的后果可以忽略不计），否则模糊问题就必须解决。

为了解决模糊问题，我们必须确定在观测频率和真实频率之间的差中所包含的 PRF 的倍数 n。如果 n 不太大，可通过用微分法初始测量距离变化率或切换 PRF，并观察所观测多普勒频移变化的方向和数量，就可以很容易地求出这个数值。

扩展阅读

P. Z. Peebles, "Frequency (Doppler) Measurement," chapter 12 in Radar Principles, John Wiley & Sons, Inc., 1998.

V. N. Bringi and V. Chandrasekar, Polarimetric Doppler Weather Radar Principles and Applications, Cambridge University Press, 2007.

D. C. Schleher, MTI and Pulse Doppler Radar with MATLAB®, Artech House, 2009.

通用原子 MQ-9"死神"(2007 年)

MQ-9"死神"(Reaper)(以前被命名为掠夺者 B) 是一种无人机 (UAV)，能够远程控制或自主飞行工作，主要由通用原子航空系统 (GA-ASI) 公司为美国空军开发。MQ-9 和其他无人机被美国空军称为遥控飞行器 / 遥控飞机 (RPV/RPA)，用以为他们的地面控制人员提供指示信息。

第五部分
杂波

洛克希德公司 SR-71 "黑鸟"（1966 年）

20 世纪 60 年代，由于地对空导弹精度和速度的提高，其他飞机都被淘汰，而 SR-71 "黑鸟"却轻而易举地逃脱了任何威胁。这是洛克希德公司的臭鼬工程部开发的一个黑色项目，是一种先进的远程、3 马赫以上的战略侦察机。休斯公司的 ASG-18 型拦截机是第一个设计配备脉冲多普勒雷达的拦截机。ASG-18 上被证明的概念后来被改进并并入后来用于 F-14、F-15 和 F-18 等休斯战斗机雷达中。

Chapter 23

第 23 章 | 地面回波的来源及其频谱

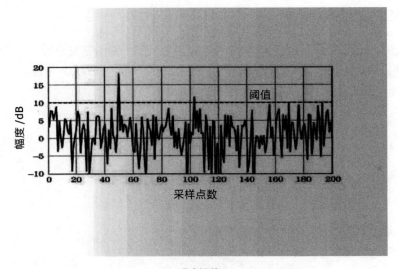

噪声阈值

机载雷达在探测感兴趣的目标时，几乎总是要苦于应付来自地表的无用回波（地杂波）。通常情况下，这类杂波的幅度较目标（如其他飞机）的回波要强很多。雷达设计人员必须采取适当的设计措施使地杂波最小化，并发明专门的检测技术以区分目标和杂波。

这一章，我们专门关注地表反射引起的地杂波问题，尽管其中许多通用理论对海杂波也同样适用。主要是确定天线波束形状、发射波形以及雷达平台高度和速度对地杂波的影响。

当主瓣能够照射到地面时，绝大部分杂波是经由雷达天线主瓣而接收的。但是，我们也需要了解旁瓣接收杂波的性质，因为当与小目标回波相比较时，旁瓣杂波的影响也十分显著。机载雷达中的一个特殊问题是高度线杂波（又称高度回波）问题，即经旁瓣接收的飞机正下方地物的回波。地杂波的分布区域如图 23-1 所示。

从地杂波中识别出目标回波的基本方法是进行多普勒分辨，并结合它们的相对幅度。对地基雷达应用场合，从杂波中分离目标相对简单。此时，由于雷达是固定不动的，所有地杂波的多普勒频移实际上均为零。然而，在机载雷达应用中，情况远非如此简单。因此，地杂波的多普勒频谱（即杂波在可能频带上的分布方式）及其与待检测目标多普勒频谱之间的相

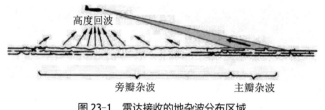

图 23-1 雷达接收的地杂波分布区域

互关系都将对雷达系统设计产生重大影响。我们需要了解不同条件下地杂波的幅度和多普勒频谱特性，并将其与变化态势下的典型目标特性进行比较。这将有助于我们更好地理解机载雷达性能，并且由此开发出能够辨别杂波和目标的方法。

为简单起见，我们假设雷达的脉冲重复频率（PRF）足够高，从而使多普勒模糊现象不会发生。多普勒模糊将使地杂波更加难以对付，对它的分析与讨论将在第 24 章进行。

23.1 地面回波的幅度

一般来说，地面回波与飞机回波的影响因素是相同的。对给定发射频率，雷达接收到的某一小块地面（见图 23-2）的回波功率为

$$P_r \propto \frac{P_{avg} G^2 \sigma^0 A_g}{R^4}$$

其中，

P_{avg} —— 平均发射功率

G —— 雷达天线在该地块方向的增益（G^2 为双程增益）

σ^0 —— 杂波反射率或归一化雷达截面积（NRCS）

A_g —— 地面分辨单元有效面积（杂波区域）

R —— 雷达到该杂波区域的距离

杂波反射率 σ^0 定义为该杂波区域单位面积的雷达截面积。

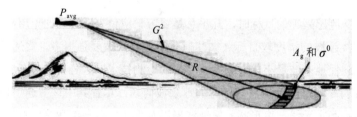

图 23-2 影响一小块地面地杂波功率的各种因素：天线双程增益、距离、照射地面单元的面积和后向散射系数 σ^0

将雷达所照射的地球表面建模为一个包含众多独立散射体的区域，这些散射体在该区域内均匀分布。试想，耕地、林地或植被等就是典型的例子。显而易见的是，散射信号的强度与被照射区域面积成正比，且不同类型地貌具有不同的反射率，对此接下来将详细讨论。在第 25 章中，我们将看到杂波反射率是如何在一个又一个分辨区域间起伏变化的。但是观测结果表明，对给定类型地物地貌，其单位面积杂波回波的平均功率是可以建模成一个常数的，具体的局部功率值在这个平均值上波动。因此，我们采用归一化雷达截面积（或后向散射系数）σ^0 这一指标来特征化描述不同类型地物的杂波。

若 σ^0 取值得当，它和某雷达照射地面单元面积的乘积就是该区域地物回波的雷达截面积（σ）。我们通常想要的是特定距离单元雷达回波中的杂波功率，此时在计算 σ 时，杂波区块面积就应取为由雷达方位波束宽度及其距离分辨率（可由压缩后脉冲宽度 τ_{comp} 计算）所共同决定的分辨单元的面积（见图 23-3）。大掠射角条件下，该面积由天线方位和俯仰波束宽度决定 [见图 23-3（a）]；较低掠射角时，该面积将由方位波束宽度和压缩后脉冲宽度决定 [见图 23-3（b）]。稍后我们将看到，雷达的角分辨率也可能受到其多普勒分辨率的影响，这一点在评估杂波单元有效面积 A_g 时应该被考虑到。

上述杂波单元有效面积的估计方法（见图 23-3）假设天线具有 "齐整的" 波束形状，即假设波束内天线增益为常数，且不考虑旁瓣的影响。后续我们将了解到，旁瓣对杂波多普勒频谱具有重要贡献。但是由于大部分后向散射能量由主波束接收，图 23-3 所示方法能够为大多数应用场合提供一个足够精确的杂波总能量估计结果。

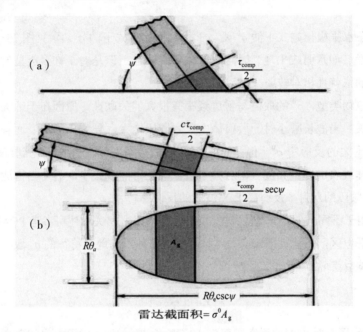

图 23-3　某小块地面的雷达截面积等于后向散射系数 σ^0，乘以分辨单元面积 A_g。对大掠射角（ψ），A_g 仅由雷达的多普勒分辨率和角度分辨率及 ψ 决定。一般来说，在掠射角较小时，A_g 还受到压缩后脉冲宽度 τ_{comp} 的限制

为了能够在不同条件下预测杂波背景中雷达的工作性能，我们需要给 σ^0 赋以合适的具体值，这些值一般都是基于对大量不同条件下的实测数据的具体分析得出的。多年来，诸多学者对构建和分析这些数据做出了贡献，由他们的工作可以得出，σ^0 与地物类型、掠射角、雷达频率以及极化方式有关。理想光滑导电平面没有后向散射，它就像一面完美的镜子，所有入射能量都会向前反射，但当表面具有一定粗糙度时，后向散射能量增加，前向散射能量减少。对于给定的粗糙度，σ^0 将随掠射角的变化而变化，如图 23-4 所示。在低掠射角条件得以满足时，对粗糙表面，其光滑度随着掠射角的减小而迅速增加，后向散射也将随之减小。单个散射体（如岩石、地表凸起物等）也可能相互遮挡，这也会降低后向散射。雷达电波掠

射角有一个范围，称为干涉区，当掠射角进入该区域时 σ^0 显著减小，参见图 23-4。当掠射角 ψ 增加时，σ^0 的值会增大，并在一个较大的角度范围内其值与 $\sin(\psi)$ 近似成正比，这就是所谓的平坦区。然后在非常高的掠射角（接近垂直入射）时，地面又几乎像镜子一样，产生一个非常大的准镜面后向散射，这就是我们在这些角度上通过旁瓣观察到有特别大回波响应（高度杂波）产生的原因（参见图 23-1）。

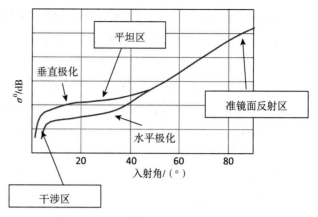

图 23-4 σ^0 随掠射角的变化情况

一般来说，水平极化方式下的 σ^0 要小于垂直极化方式下的 σ^0（参见图 23-4），尤其是在反射表面较平滑（如水面或平地）时这一现象特别明显。但是对于许多类型的其他地杂波，σ^0 对极化方式的依赖性相对较弱。

对于某些地物类型，σ^0 的取值与雷达频率有很大的关联性，原因在于地物表面的视在粗糙度与波长有关。当波长减小时，散射体电尺寸同比增大，导致相同的表面看起来更加粗糙了，由此获得更大的反射率 σ^0，但是这种频率依赖关系并不总会被观测到。对于另一些地物类型，如森林或农田等，其反射率对频率的依赖性可能就很小，甚至当雷达观测多山地区时，其在 VHF 频段的反射率反而高于 X 波段的反射率。

人们对适用于不同条件的 σ^0 值已进行了广泛的研究，相关综述可参考 POMR 的第 5 章。如前所述，在平坦区，σ^0 正比于 $\sin(\psi)$，而适用于各种不同地形特征的 σ^0 取值的粗略估计，可由常系数 γ 模型获得：

$$\gamma = \frac{\sigma^0}{\sin(\psi)}$$

表 23-1 显示了几种不同地形在频率为 10 GHz、掠射角为 10° 时 σ^0 的典型值，同时给出的还有它们对应的 γ 值。这些后向散射系数以 dBm²/m² 为单位，这意味着它是以分贝（dB）表示的雷达截面积（m²）与杂波单元面积（m²）的比值。由表 23-1 可知，小的反射率将导致后向散射系数出现大的负分贝数，而很大的反射率可使得后向散射系数的分贝数为正，例如城区的后向散射就是这样的。

表 23-1 典型后向散射系数举例

	σ^0 /（dBm²/m²*）	γ /（dBm²/m²）
水	−53	−45.4
沙漠	−20	−12.4
树木繁茂的地区	−15	−7.4
城市	−7	0.6

注：* 掠射角为 10°，频率为 10 GHz。

23.2 地杂波的多普勒频谱

主瓣回波 如果雷达天线是主瓣照向地面，如在高空向下探测或在低空飞行但不向上探测时，雷达将收到地表回波信号。即使是在高空飞行且直视前方时，雷达主波束的较低部分也可能与远处地面相交。依据前面所述方法，在已知后向散射系数的基础上应用雷达距离方程，就可以计算得到给定距离和方向上地杂波的平均幅度。除杂波幅度外，我们还对它可能存在的任何多普勒频移有兴趣。由于雷达位于移动平台之上，地表回波确实会有多普勒频移，其取值随具体的视线几何关系而变化。

多普勒频移与角度的关系。为了很好地理解主瓣回波的频谱特性，首先将主瓣照射地面想象成大量的独立的面元（见图 23-5）。记雷达速度矢量 V_R 和雷达至面元视线方向的夹角为 L，则雷达接收到该面元杂波回波的多普勒频移 f_D 与角度 L 的余弦值成正比，即

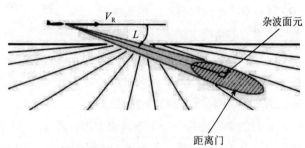

图 23-5 由主瓣照亮的区域可以认为是由许多小的面元组成的，每一个都以不同的角度观看

$$f_D = \frac{2V_R \cos L}{\lambda}$$

其中，

V_R —— 雷达运动速度 V_R 的大小

L —— V_R 与雷达至面元视线的夹角

λ —— 波长

每个面元的角度 L 不可能都一样，由此导致所有面元回波的共同作用将使得地杂波在频谱上占据一定的带宽。

当雷达天线直视前方时（见图 23-6），照射区域中心附近那些面元的回波（$L \approx 0$）的多普勒频移，非常接近其可能的最大值，即 $f_{Dmax} = 2V_R/\lambda$。而那些离中心较远的面元的多普勒频移会低一些。但是由于此时角度 L 很小，而对一个小的角度值，其余弦值十分接近1，所以当雷达直视前方时，主瓣杂波所占的多普勒带宽是相当窄的。

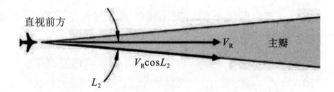

图 23-6 当雷达直视前方时，波束内所有视角的相对速度（临近速率）相差无几，由此 $\cos L_2 \approx 1$ 且 $f_D \approx 2V_R/\lambda$

对雷达来说，天线需要在水平和垂直两个平面进行扫描以测量目标的方位角和俯仰角（或俯视角，通常当天线指向航线水平面以下时俯视角为正）。当方位角和俯视角增加时（见图 23-7），角度 L 随之增大，对于所

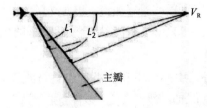

图 23-7 随着角度 L 的增加，波束中心各散射面元的 $\cos L$ 值减小，波束边缘散射面元之间的 $\cos L$ 值扩展增大

照射区域中心的那些面元，L 的余弦值会变小，回波多普勒频移降低。与此同时，对于区域边缘两侧的面元，其 $\cos L$ 值的差异拉大，由此将导致主瓣杂波所占多普勒带宽变宽。

为了使读者对这些关系有数值上的直观感受，图 23-8 绘制了 L 在 +90° 和 −90° 之间取值时，远离被照射区域中心的角度 L 的余弦值，其中垂直坐标给出了雷达速度为 250 m/s、波长为 3 cm 时其对应的多普勒频移。

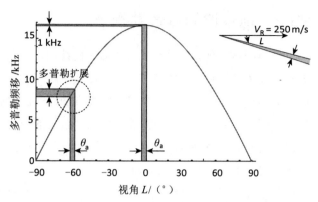

图 23-8　主瓣杂波多普勒频移随雷达视角的变化情况。其中 λ = 3 cm，V_R= 250 m/s；垂直条带表征当天线主瓣宽度 θ_a= 4°时的地杂波多普勒扩展情况

图 23-8 中所示的两个垂直条带，它们的宽度均为一个主瓣波束宽度，即 4°。位于正中的条带是天线方位角为 0° 时的结果，另一个条带是天线方位角为 60° 时的结果。（两种情况下天线的俯视角均为零，并且假设载机在很低的高度上飞行）。

当方位角度为 0° 时，地面回波的中心多普勒频移为 16.66 kHz；而当方位角增加到 60° 时，这个频率则只有 8.33 kHz 了——减小了一半（cos60° =0.5）。另外当天线指向角度变大时，回波所跨越的频带宽度（即多普勒扩展）会大很多。当方位角为 0° 时，照射区域边缘散射面元的多普勒频移（$f_{Dmax}\cos2°$）与中心处散射面元的多普勒频移（f_{Dmax}）非常接近，其差异在图中已无法看出，实际上其值大约为 10 Hz。然而由于余弦函数在大角度上变化得更快些，在方位角为 60° 时回波多普勒频移扩展略大于 1 kHz——f_{Dmax}（cos58° −cos60°）= 16.66×(0.53-0.47) ≈ 1 kHz。

波束宽度、速度及波长的影响　对于任意的天线方位角（或俯仰角），主瓣波束宽度越宽，则主瓣杂波的多普勒带宽越大。图 23-9 对图 23-8 中虚线圆框进行了放大显示，并给出了不同波束宽度下的结果比较。如果将波束宽度由 4° 增加到 8°，则天线角度为 60° 时的多普勒带宽将变为 2 kHz，是波束为 4° 时的 2 倍。

中心频率和多普勒带宽均与雷达运动速度直接相关（$f_{Dmax} \propto V_R$），即：若速度减小，中心频率和带宽也减小；速度增大，它们也增大。假设中心频率为 8 kHz，若此时速度增加 1 倍，则中心频率和频带上下边缘频率也都将加倍。由此不仅使得整个频带向上频移 8 kHz，其带宽也会变为原来的 2 倍（见图 23-10）。

此外，中心频率和多普勒带宽与波长成反比（$f_{Dmax} \propto 1/\lambda$），即：波长越长，多普勒带宽越窄，反之亦然。同等条件下，主瓣地杂波在 S 波段（10 cm）

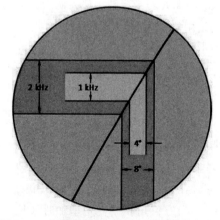

图 23-9　主瓣波束越宽，其杂波多普勒带宽越大

的多普勒带宽只有 X 波段（3 cm）的 3/10（见图 23-11）。

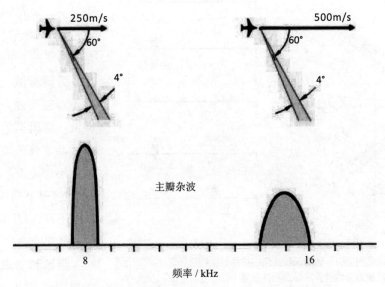

图 23-10　雷达运动速度加倍，中心频率和多普勒带宽均加倍

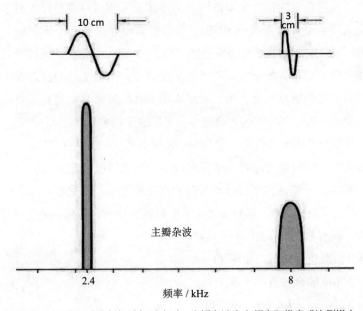

图 23-11　当雷达发射机波长减小时，主瓣杂波中心频率和带宽成比例增大

天线扫描的影响　典型机载雷达在搜索模式下，天线会在 ±70° 或更大的方位扇区内来回扫描。当其从一端扫到正前方时（见图 23-12），主瓣杂波谱向频率高端移动，同时被挤压成一条狭窄谱线。而当扫频继续向另一端进行时，主瓣杂波谱又会移回频率低端，并扩展到原来的宽度。

重要性　由于主瓣杂波的强度、频谱宽度及时变性，机载雷达在搜索飞机时对抗主瓣杂波十分困难。但是从另外的角度来看，对于雷达地形测绘来说这点却是有利的。对于后一种

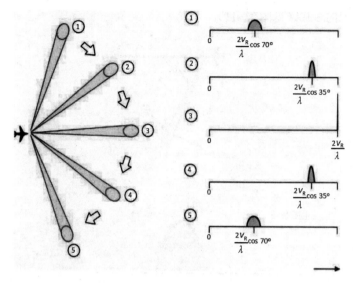

图 23-12　雷达搜索扫描时，随着天线波束的扫掠，主瓣杂波谱逐渐移动到最大频率值处并压缩为窄线谱，然后返回并复原

情况，主瓣杂波（回波）越强越好，其所占频带越宽，通过多普勒处理可能得到的角分辨率就会越高。

旁瓣杂波　雷达中一般并不希望通过天线旁瓣接收回波，即所谓的旁瓣杂波。除了高度线杂波之外，旁瓣杂波不像主瓣杂波那么集中（单位多普勒频移上的回波功率较小），但其所占频移范围则十分宽广。

频率和功率　天线旁瓣会在所有方向，甚至天线后方存在，尽管在某些方向上它们的增益值相当低，这一点已在第 8 章（方向性和天线波束）中做过详细讨论。需要指出的是，主瓣附近的旁瓣其最大增益可能只比主瓣小 20 dB 左右，而在较远处其最大增益可能比主瓣小 30 dB。尽管旁瓣增益可能远小于主瓣，但是与待探测小目标回波相比，旁瓣地杂波的回波功率仍然显得很大。因此无论雷达天线的具体指向如何，我们都必须关注来自前后左右各个方向的旁瓣杂波信号。当雷达与杂波之间距离减小时，旁瓣杂波将具有正的多普勒频移；反之当二者距离增大时，其多普勒频移为负值。旁瓣杂波多普勒频移的取值范围，从一个与雷达运动速度相对应的正频率值（即 $f_D = 2V_R/\lambda$）一直延伸到另一个同样大小的负频率值上（但是一定会小于发射频率）（见图 23-13）。

虽然雷达在任意方向的旁瓣辐射功率相对较小，其所照射区域却很大。正如我们将在第 24 章中见到的那样，由于雷达波形设计引起的距离模糊效应，在进行目标检测时远距离目标回波可能需要与近距离杂波竞争。即使主波束只照射远处地面，旁瓣回波也将包括较近距离地面反射的强杂波。同样的问题，在进行旁瓣杂波多普勒频谱分析时也会出现。如图 23-14 所示，由于一个小角度的余弦值几乎等于 1，如果雷达高度为 2 000 m，从 8 km（俯仰角 = 14°）处返回的旁瓣杂波，其多普勒频移仅比旁瓣杂波最大多普勒频移（$2V_R/\lambda$）低 3%。

综上所述，旁瓣杂波不仅具有较强大的功率，而且其多普勒频移具有相当宽的频带宽度。

对目标检测的影响　杂波对目标检测的干扰程度取决于雷达的频率分辨率。图 23-15

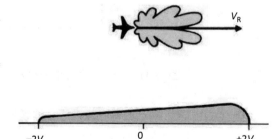

多普勒频移

图 23-13　雷达旁瓣辐射的全向性，旁瓣杂波多普勒频移的取值范围从一个与雷达速度对应的正值一直延伸到另一个同等大小的负值处

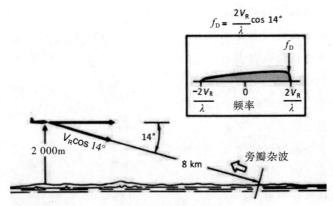

图 23-14　在雷达高度为 2 000 m 时, 距离 8 km 处地面的旁瓣杂波, 其多普勒频移几乎等于旁瓣杂波的最大多普勒频移

显示了基于距离和多普勒频移的差异决定雷达分辨能力的几何关系。在相同距离上回波在几何图上构成以雷达位置为中心一个球面。对于地杂波, 我们关心的是该球面与地平面的交叉线。类似的道理, 等多普勒频移的地杂波来源于地平面与一个围绕雷达速度矢量的锥面的交汇处。由于雷达速度矢量与锥面上每个点的夹角完全相同, 故锥面轮廓上每个点的多普勒频移也完全一样。

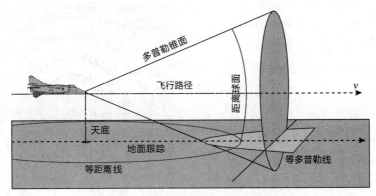

图 23-15　地面回波的等距离线和等多普勒线

等多普勒线也称为多普勒等高线, 如图 23-16 所示。就像地势图各等高线之间距离代表一个固定高程间隔一样, 等多普勒线之间的距离对应一个固定的多普勒频移间隔。

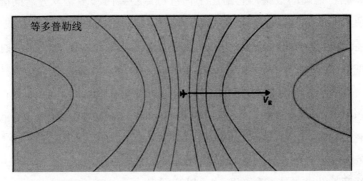

图 23-16　在地平面图上绘制的固定多普勒频移线, 即等多普勒线。每条线都对应一个雷达速度矢量锥面与地面的交汇

假设上述多普勒间隔即为某雷达可以分辨的多普勒频移的最小差异，即其多普勒分辨率。假设雷达仅依据多普勒频移区分目标和杂波，则落在旁瓣杂波之中的目标必须与整个条带内的地杂波竞争，这个条带由包含目标多普勒频移的两条等多普勒线围成。

由图 23-17 可以明显地看出，取决于具体的目标距离变化率，目标多普勒对应条带内的很多地杂波的距离可能比目标近得多。

为了便于大家深刻理解这一点，我们需要知道雷达回波的强度与距离的 4 次成反比。对于给定天线增益和后向散射系数，雷达从某个距离（如 1 km）处接收到的地表面元回波功率会比 10 km 处的同等大小面元强 $(10/1)^4$=10 000 倍（即 40 dB）。

若与此同时雷达还可进行距离分辨（如使用距离门），此时目标仅需要同上述杂波中的部分杂波进行竞争，这些杂波与目标位于相同的距离门之内，就像一个目标回波和另一个目标回波竞争一样。等距离线一般呈圆环状。图 23-18 给出

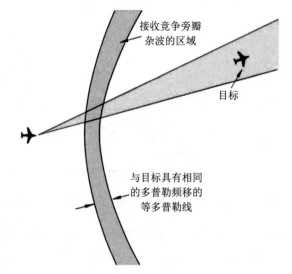

图 23-17　若雷达仅凭多普勒频移来区分目标回波和地杂波，则旁瓣杂波会产生严重影响

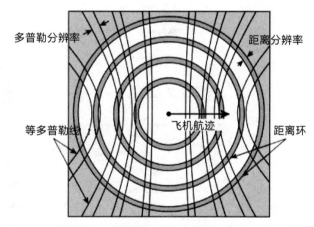

图 23-18　雷达距离 - 多普勒联合处理中的特定距离环和等多普勒线

了距离 - 多普勒联合处理的效果，它给出了任意特定距离门和多普勒分辨间隔的具体轮廓。特定距离上地杂波的多普勒频谱可以通过观察该距离门对应的系列等多普勒线得到。

影响旁瓣杂波强度的其他因素　除了距离以外，任何一块地表面元反射的旁瓣回波强度还取决于其他几个因素：一是该面元所在天线波束旁瓣的增益，对典型战斗机雷达，位于主瓣附近的第一旁瓣，其双程增益要比其他微弱旁瓣强 100 倍（20 dB）左右；此外旁瓣杂波的强度还与其照射面元具体的地物地貌组成有关，也就是和该处地面的后向散射系数有关，如前所述，随着掠射角的增加后向散射系数会增大。因此位于中等高度空域飞行的雷达所接收到的旁瓣地杂波可能最严重，尽管低空飞行时雷达更靠近地面。

结论　显然旁瓣杂波的影响程度取决于以下因素：

- 雷达的频率分辨率；
- 雷达的距离分辨率；
- 旁瓣增益；
- 雷达高度；
- 散射系数和掠射角。

同样，正如前面已经提到的，某些人造物体可能是极为重要的旁瓣杂波来源（参见本章结尾的单独讨论）。

高度线杂波　在飞机正下方通常有一大片区域，这片区域中每一个点与雷达距离近乎相等，由此导致它们所产生的旁瓣杂波在幅度–距离显示图中表现为一个显著尖峰（见图 23-19）。这种旁瓣杂波称为高度线杂波。

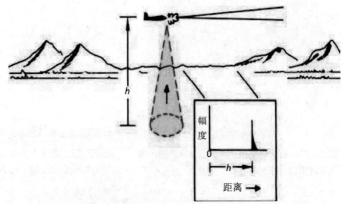

这个高度线杂波的回波距离等于雷达的绝对高度。

图 23-19　高度线杂波来自一个很大的区域，通常在非常近的范围内

相对强度　高度线杂波不仅比周围其他的旁瓣杂波强得多，而且可能与主瓣杂波一样强，甚至比主瓣杂波还强。这是由于产生高度线杂波的区域面积不仅非常大，而且经常处在距雷达非常近的距离上。此外还有一个原因我们之前提到过，此时雷达旁瓣接近垂直辐射，而垂直入射时的向散射系数 σ^0 一般会非常大。

图 23-20 很好地说明了这一点，图中雷达高度为 2 000 m，其下方为平地。当入射角为 θ 时，雷达到地面的斜距为 $h/\cos\theta$。即使 θ 取为 20°，其余弦值也仅略小于 1，此时斜距仅比高度（雷达垂直距离）多 125 m。除非雷达距离分辨率优于 125 m，否则该区域内的所有回波信号将处于一个距离单元内。

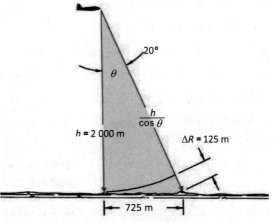

在入射角为 20° 时，若现在将其对应斜距绕垂直轴旋转一圈，则其在地面所围圆形区域的直径约为 1 450 m（见图 23-21），换算成面积约为 1.6×10^6 m²。雷达从这

图 23-20　在海拔 2 000 m 时，即使是在 20° 的入射角下，与地面的倾斜距离也只比海拔高 125 m

个区域接收到的所有后向散射回波，均处于距离为 2 km 的距离单元上，其中距离单元长度为 125 m，若以电波往返传播时间计，其值约为 1 μs。

此外，如前所述，在准垂直入射地面的后向散射系数一般均较大。尤其是当反射面为

水面时其值更是大到难以想象。因此，高度线杂波在幅度－距离关系图中显示为一个尖锐波峰。

多普勒频移 在幅度－频率关系图中，高度线杂波也会表现为一个尖峰，但不像幅度－距离关系图中那样剧烈，其原因如图 23-22 所示。

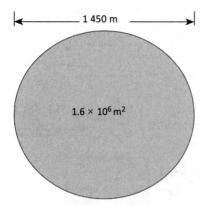

图 23-21 在 2 000 m 的高度上，20°的入射角环绕形成一个约 1.6 km² 的圆

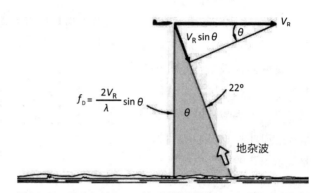

图 23-22 给定入射角 θ 下的回波多普勒频移，与雷达速度在斜距上的投影成正比，即为 $\sin\theta$

雷达速度 V_R 在斜距方向的投影等于 $V_R\sin\theta$，与余弦值不同，一个角度的正弦值在过零点时变化最快。当 $\theta=0$ 时杂波多普勒频移严格等于零，而当 θ 仅增加到 22° 时杂波的多普勒频移即可达到回波多普勒频移最大值（$2V_R/\lambda$）的近 40%。因此，上述圆形区域地面的杂波回波在幅度－距离关系图中可以产生一个尖锐波峰，而在幅度－多普勒频移关系图中却表现为一个宽的驼峰状频谱（见图 23-23）。

高度线杂波多普勒频谱一般都以零频为中心点，但是若飞行

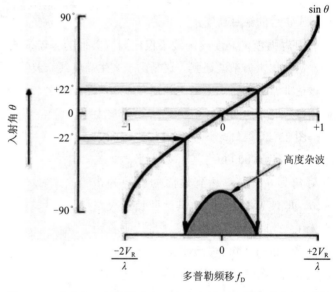

图 23-23 由于当 θ 通过零时 $\sin\theta$ 幅度变化最快，高度线杂波的多普勒频谱相对较宽

过程中雷达高度发生变化，则情况就不是这样的了，比如当飞机正在爬升、俯冲或飞越倾斜地形时。当飞机处于俯冲状态时，高度线杂波的多普勒频移为正值（见图 23-24）；反之当其处于爬升状态时，多普勒频移则为负值。尽管通常情况下这种频率变化量较小，但我们无法忽视它的存在。以飞机做 30° 倾角的俯冲为例，其高度的变化率等于雷达运动绝对速度的一半。

意义 尽管回波幅度较强，但高度线杂波较其他地杂波一般要更容易处理些，不仅是因为它处于一个相同的距离单元上，更重要的是这个距离单元是可以预测的。而且正如上面所

提到的，它的多普勒频移通常都位于零值附近，容易和目标回波多普勒频移区分开来。除非我们非常不幸地遇到一个尾随目标，它的临近速度为 0，即在追逐我们的时候始终保持恒定的距离。

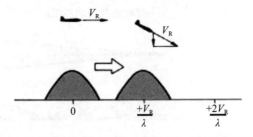

图 23-24　高度线杂波的多普勒频移通常较低，但当飞机俯冲时也可能相当高

23.3　杂波谱与目标多普勒频移的相互关系

在熟悉了主瓣杂波、旁瓣杂波和高度线杂波的特征后，现在让我们把目光转向复合后的杂波多普勒频谱，考察典型作战场景下它与典型目标回波多普勒频移之间的相互关系。同样我们还是假设 PRF 足够高，无多普勒模糊效应发生。

图 23-25 所示为相向飞行时目标回波和杂波在频域的对应关系。由于此时目标雷达的相对速度大于雷达对地速度，目标回波多普勒频移大于所有的地面回波。

图 23-26 所示为追尾飞行时二者之间的相互关系，此时雷达所测目标相对速度小于雷达对地速度，目标回波多普勒落在旁瓣杂波频带之内，具体位置如何取决于具体的目标临近速度。

在图 23-27 中目标的运动方向垂直于雷达视线，此时目标与主瓣杂波具有相同的多普勒频移。幸运的是目标只是偶尔会达到这样的几何关系，而且通常其持续时间会很短。

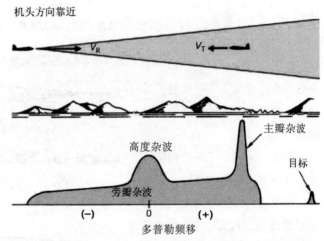

图 23-25　相向飞行时，目标多普勒频移大于任何地杂波多普勒频移

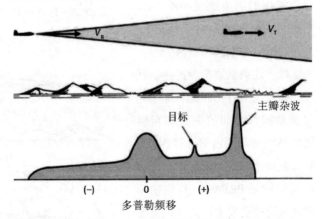

图 23-26　尾随飞行时，目标多普勒频移落入旁瓣杂波谱内

目标速度垂直于雷达视线

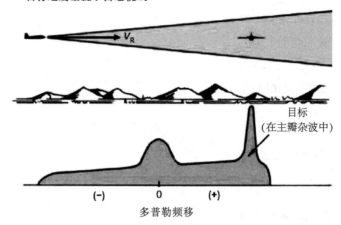

图 23-27　当目标速度垂直于雷达视线方向时，回波被主瓣杂波所遮蔽

在图 23-28 中，目标相对于雷达的临近速度为零，此时目标回波与高度线杂波的多普勒频移相同。

图 23-29 显示了两个速度不同的远离雷达飞行的目标：目标 A 相对于雷达的远离速度大于雷达对地速度（V_R），其回波多普勒频移出现在旁瓣杂波谱负频率端以外的清洁区；而目标 B 相对于雷达的远离速度小于 V_R，它的回波多普勒频移则会陷入旁瓣杂波谱负频率区域以内。

以上述典型情况为指导，几乎任何情况下目标回波和地杂波多普勒频移之间的关系都可以很容易地被刻画出来（见图 23-30）。但是请一定不要忘记，在雷达采用较低 PRF 时，多普勒模糊现象可能会发生，此时距离变化率完全不同的目标回波和地杂波可能拥有完全相同的多普勒频移。

零接近速度的尾部追逐

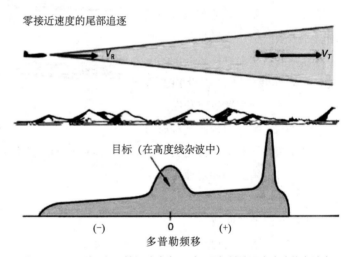

图 23-28　尾随飞行且接近速度为 0 时，目标被淹没在高度线杂波中

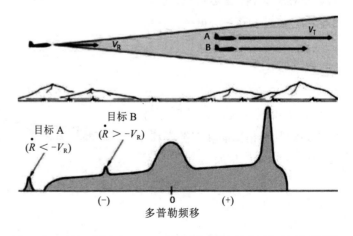

图 23-29　若相对速度小于 $-V_R$，则回波多普勒频移出现在旁瓣杂波谱以下清晰区处（目标 A）；否则，它出现在杂波谱的负频率端（目标 B）

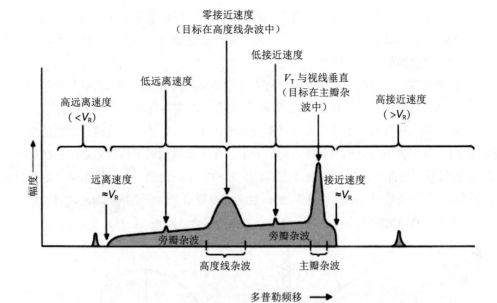

图 23-30　不同接近速度下目标多普勒频移与地杂波谱的相互关系（假定多普勒不发生模糊）

这种模糊效应导致的结果将在第 24 章讨论。针对本章所述各种作战场景以及因 PRF 过低而导致多普勒频移发生模糊时，如何运用信号处理技术从地杂波中分离目标信号，将是第 27 至 30 章的主要内容。

23.4　地面设施的散射回波

地球表面某些人造设施的回波强度可能十分巨大，举例来说，当你用一部 X 波段雷达径直照射一块面积只有 1 m² 的平滑金属标志牌时，其雷达截面积（σ）差不多能达到 14 000 m² 以上（见图 23-31）；而一架小型飞机在某些视角下的雷达截面积只有 1 m² 甚至更小。

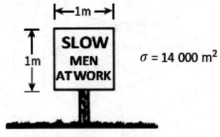

图 23-31　径直照射一个光滑平板，其雷达截面积非常大

对于这个事实，乍听起来可能觉得反常，但仔细思考一下就不会觉得有什么奇怪的了。标志牌是一个良好的镜面反射器，当它被雷达径直照射后，绝大部分入射能量会被反射回雷达方向，它就像一个瞄向雷达的天线，所有被它拦截的电磁能量都会被重新辐射回雷达。对于一部天线，我们知道它的方向性增益 G 可由下式计算：

$$G = \frac{4\pi A_e}{\lambda^2}$$

其中，A_e 为天线有效孔径面积，λ 为雷达波长。在 X 波段（$\lambda=3$ cm），一个 $A_e=1$ m² 的天线，其增益约为 14 000。将标志牌的面积乘以这个增益（1 m² ×14 000），你就可以知道，它的雷达截面积确实是 14 000 m²。

在清晨或傍晚，当日光正好照射在汽车风挡或山边小屋的玻璃上时，你经常会观察到强烈的反光现象。而标志牌这类平滑反射面，它们之所以能够产生强大的雷达回波，其机理与汽车风挡或小屋玻璃是大体一样的。

对标志牌这样的单平板反射面，要想将入射能量反射回雷达，要求入射角度接近垂直入射；若采用两个这样的平板，相互正交成90°，则在与二者连线垂直的平面内存在一个较大的角度范围，当入射角度位于该角度内时都会形成这样的反射效果，这两个平面构成后向反射面。此时，我们再增加一个反射面，则三者组合在一起就构成了角反射器，它在整个半球面的1/4角度范围内都具有后向反射特性（见图23-32）。顺便说一句，这也是自行车反光镜的工作原理。部分杂波源（如大型建筑物），经常会表现出类似于角反射器的散射特性，而诸如卡车等车辆，其散射特性则可视为多个角反射器的组合（见图23-33）。

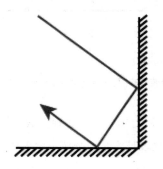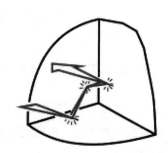

图 23-32　两平面所围成的角度可在较大角度范围内具备后向反射特性，三平面组成的角反射器可在更大范围上反射入射电磁能量

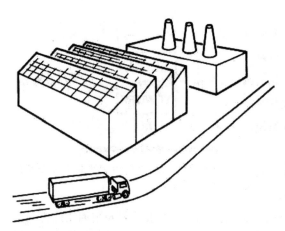

图 23-33　建筑物局部可形成角反射器，而一辆卡车相当于多个角反射器的组合

由于这些后向反射物的雷达截面积十分巨大，雷达接收到的它们产生的旁瓣杂波的强度接近甚至高于远处飞机从主瓣接收的回波。更为重要的是这些物体在空间中布局相对集中，即不同于其他连续分布式的地杂波反射源，它们是离散分布的。因此对任意的一个后向反射物，所有关于它们的回波来自几乎相同的距离单元并具有几乎相同的多普勒频移，在雷达看来它们造成的旁瓣杂波和从主瓣接收的飞机目标回波几乎没有什么差别。

当然由于这些物体都是人们建造出来的，在城区它们的数量要远比乡村地区多得多。但现在我们仍然会在几乎任何地方都可能遇到它们，比如在乡村地区、各种农场建筑（如大型谷仓或大棚等），都可能具有非常大的雷达截面积（见图23-34）；电力线塔架或风力发电设备等也会产生很强的回波信号。

图 23-34 即使在乡村地区，也可能存在众多的雷达截面积很大的建筑物

根据雷达应用功能的不同需要采取特殊措施来减少或消除这类物体的旁瓣杂波干扰。这些物体的主瓣回波通常都不是问题，因为通常它们在多普勒频移上与感兴趣目标明显不同，但是若该物体处于运动状态（如风力发电中的涡轮机叶片）或者具有很大的雷达截面积，其主瓣回波也可能会造成杂波干扰问题。

23.5 小结

地面后向散射特性，一般使用后向散射系数 σ^0 进行模型化描述，将它乘以对应的地面面元的面积，就可以得到对应的雷达截面积 σ。后向散射系数 σ^0 由掠射角、雷达频率、极化方式、地面电气特性、地面粗糙度以及地表物体的种类等因素决定。

最重要的地面回波——也是雷达地形测绘时唯一有用的回波——是通过天线主瓣接收得到的。当天线直视前方时，它的多普勒频移对应于雷达对地绝对速度。随着视角的增大，其多普勒频移不断减小，并逐渐展宽为一个较宽的频带。中心多普勒频移和多普勒带宽与雷达运动速度成正比，与工作波长成反比。

对于旁瓣接收到的地杂波，其多普勒频移在一个与雷达速度（$2V_R/\lambda$）相对应的正频率和同等大小的负频率之间变化。唯一的例外是，直接从飞机正下方接收的那部分（高度杂波）回波较为强烈，尤其当反射面是水面时。高度线杂波在幅度-距离关系图中表现为一个尖峰，而在多普勒频谱上则呈现为一个驼峰状宽带信号，且中心多普勒频移通常等于零。

地面上人造物体可能具有高度的后向反射特性，并能产生与主瓣接收的目标回波强度相当的旁瓣杂波。

若雷达的 PRF 足够高，多普勒模糊效应得以被消除，则存在一些目标，其多普勒频移足以使得雷达能够将它们与地杂波区分开来，这取决于目标相对于雷达的运动速度。只要目标远离或接近雷达的速度大于雷达自身的运动速度，目标回波多普勒频移就会落在地杂波多普勒频谱的外面；否则它们就必须与旁瓣地杂波竞争。只有当目标与雷达视线成直角飞行时，目标回波多普勒频移才会与主瓣杂波相同；当且仅当目标比雷达的接近速度为 0 时，目标回波与高度杂波才具有相同的多普勒频移。

然而，正如我们将在第 24 章要看到的那样，多普勒模糊现象会导致其距离变化率截然不同的目标回波和不感兴趣的地物回波，看起来具有完全相同的多普勒频移，这大大增加了从杂波中分离目标回波的复杂度。

扩展阅读

F. T. Ulaby and M. C. Dobson, Handbook of Radar Scattering Statistics for Terrain, Artech House, 1989.

W. C. Morchin, Airborne Early Warning Radar, Artech House, 1990.

F.E. Nathanson, J. P. Reilly, and M. N. Cohen, "Sea and Land Backscatter," chapter 7 in Radar Design Principles: Signal Processing and the Environment, 2nd ed., SciTech-IET, 1991.

G.Morris and L. Harkness, Airborne Pulse Doppler Radar, 2nd ed., Artech House 1996.

M. W. Long, Radar Reflectivity of Land and Sea, 3rd ed., Artech House, 2001.

M. I. Skolnik, "Radar Clutter," chapter 7 in Introduction to Radar Systems, 3rd ed., McGraw Hill, 2001.

J. B. Billingsley, Low-Angle Radar Land Clutter: Measurements and Empirical Models, William Andrew Publishing, 2002.

M. I. Skolnik (ed.), "Ground Echo," chapter 16 in Radar Handbook, 3rd ed., McGraw Hill, 2008.

M. A. Richards, J. A. Scheer, and W. A. Holm (eds.), "Characteristics of Clutter," chapter 5 in Principles of Modern Radar: Basic Principles, SciTech-IET, 2010.

Chapter 24

第 24 章 | 距离模糊和多普勒模糊
对地杂波的影响

E-3D 操纵台

在第 23 章中我们研究了地杂波的来源，并熟悉了它们的多普勒频谱（又称多普勒谱），然而当时我们并没有考虑距离模糊和多普勒模糊对地杂波的显著影响。虽然在前面的章节中我们已经对这两种模糊效应进行了详细讨论，但是相关讨论只涉及目标回波。当雷达在地杂波中搜索或跟踪目标时，杂波模糊与同样的目标回波模糊所造成的结果则是截然不同的。

就目标而言，我们关心的是目标本身以及它的距离或多普勒的真值。由于目标（如飞机）基本上是点散射源，模糊只是给出了目标的视在距离或多个可能的多普勒频移值，如果模糊现象不太严重，我们可以通过脉冲重复频率（PRF）变换等技术来解决它。

但是对于地杂波，我们感兴趣的是其在距离和多普勒频移上相对于目标回波的差异性，基于这点我们才能将杂波和目标回波分离开来。由于通常情况下地杂波来源分散，模糊现象的发生往往会减小这种差异性。

在本章中，我们将在简要介绍地杂波的分散特性之后，选择一种典型飞行场景，在距离和多普勒频移两个维度上考察模糊效应的影响，并由此看出它们是如何使得将目标回波从地杂波中分离出来的问题变得更加复杂的。

24.1 杂波的分散特性

正如我们在第 23 章中看到的那样，当雷达波束照向地面时通常会覆盖一个距离很大、角度很广的区域。此外由于雷达天线不可避免地存在着旁瓣，会辐射数量可观的能量（见图 24-1）。

因此，幅度各异的地杂波被雷达所接收，它们来自不同的距离和方向。由于雷达到地面某点的方向在很大程度上决定了该点相对于雷达

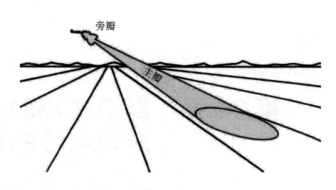

图 24-1 当天线主波束照向地面，它将在方位和距离上覆盖一个较大的区域。此外，还有旁瓣能量会从各个方向辐射到地面

的接近速度（雷达与地面某点之间距离的相对变化率），它们的回波也会覆盖一个较宽的多普勒频带（散射点的多普勒频移为 $f_D = 2V_r/\lambda$ Hz，其中 V_r 为速度，λ 则为波长）。

地杂波在距离和多普勒频移上的任何扩展必然会使得将目标回波从地杂波中分离出来变得困难。当距离和多普勒频移存在模糊时，地杂波将叠加到多个距离块和多个多普勒频段上，使得问题变得更加复杂了。接下来通过对一个典型飞行案例中的距离和多普勒频移分别进行考查可以很清晰地看出这种影响。

假设一架雷达载机在低空飞行，它从地表接收为数很多的回波信号。雷达天线以小的负俯仰角向下辐射，波束与飞行方向夹角约为 30°。雷达接收目标回波的多普勒频移由目标与雷达间的相对速度决定：若目标距离随时间减小，则目标被描述为具有接近速度，这意味着产生一个正的多普勒频移；而如果距离不断增加，则它被描述为具有远离速度（有时也可使用一个负接近速度）表示，此时多普勒频移为负值。

天线主瓣内含有两个空中目标，分别记为 A 和 B：目标 A 即将被雷达载机从后方赶上，它的接近速度较低；而目标 B 正迎头接近雷达，接近速度较高（见图 24-2）。

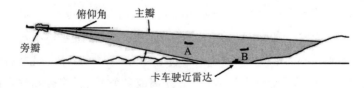

图 24-2 在典型飞行场景的侧视图中，目标包括低、高两种接近速度的飞机以及一辆卡车

为了更好地说明问题，将目标 A 设置在仅存在旁瓣杂波的距离上；而目标 B 则设置在既能接收主瓣杂波、又能接收旁瓣杂波的距离上（见图 24-3）。

主瓣照亮的地面单元内有一辆卡车，它朝向雷达运动，因此接近速度略高于它所行驶的地面。

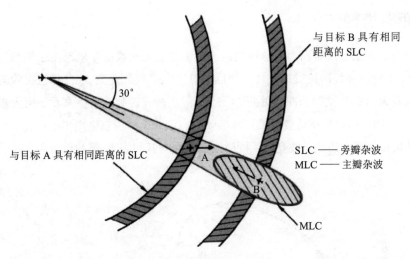

图 24-3　典型飞行场景（俯视图）：目标 A 位于仅存在旁瓣杂波的距离上，目标 B 则处在既存在主瓣杂波又存在旁瓣杂波的距离上

　　图 24-4 重复给出了该飞行场景的示意图，在其下方同步给出对应的雷达"真实"回波一维距离像。所谓距离像，指的是回波幅度随其距离变化的显示图，当然这里的距离特指雷达斜距，不是通常所理解的地表水平距离。我们注意到，旁瓣杂波从一个与雷达高度相等的距离开始向外延展，且随着距离的增加幅度迅速衰减。

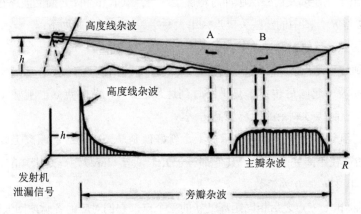

图 24-4　在该典型飞行场景的雷达真实距离像中，可清晰看出旁瓣杂波之上的空中目标 A，但空中目标 B 和卡车则被主瓣杂波掩盖

　　目标 A 的雷达回波明显高于旁瓣杂波，相比之下，目标 B 和卡车的回波则完全被更强大的主瓣杂波所掩盖。即使我们确切地知道应该去到哪里寻找这些目标回波，我们也无法仅依据幅度将它们从杂波中区分出来。

　　在该一维距离像的左端存在着一个强尖峰，这是高度线杂波，它的斜距等于飞机高度 h。

　　需要注意的是，脉冲发射期间接收机会被关闭，所以在脉冲发射完成之前将看不到任何回波信号，因此脉冲宽度决定了雷达所能探测目标的最小距离。

24.2　距离模糊

当下一个脉冲已经发射而当前脉冲的回波尚未被完全接收时，就产生了距离模糊问题。正如在第 11 章中已详细讨论过的那样，当回波脉冲从非模糊距离 R_u 之外被接收时，我们无法判断其究竟来自哪个发射脉冲（见图 24-5）；但从杂波抑制的角度来看，更为重要的是相隔距离等于 R_u 的回波会被雷达接收机同时接收到。由此得到当发生距离模糊时，目标回波不仅需要同其所在距离上的地杂波竞争，同时还需要同与其间隔 R_u 整数倍处距离单元上的地杂波竞争。

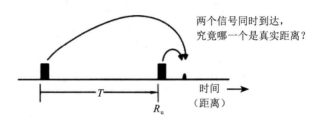

两个信号同时到达，
究竟哪一个是真实距离？

图 24-5　当前一个脉冲回波在后一个脉冲已经发射出去之后被接收到，就会出现距离模糊，对应脉冲重复间隔为 T，最大不模糊距离为 R_u

距离相隔 R_u 处回波的特性　为了说明距离模糊对接收机输出的雷达回波一维距离像的影响，图 24-6 给出了在连续发射三次脉冲时地面上三个点（a、b 和 c）的回波路径图，这三个点彼此的斜距均相差 R_u。图中的一些关键点（用大写字母箭头标出）如下：

A. 最远处的点 a 反射了脉冲 1 的回波。

B. 该回波到达次远点 b，此时 b 点正在反射脉冲 2 的回波。

C. 这两个回波一起向后传播，几乎同时到达最近点 c，此时点 c 也刚好在反射脉冲 3 的回波。三个回波一起传过剩余的距离回到雷达。

D. 它们同时到达并出现在雷达显示器上，就好像是从一个单一的距离上收到的那样，这三个点与点 c 的视在距离完全一样，其值都等于 R_c。真实（ture）距离是未知的，但将由 $R_{true} = R_c + nR_u$ 给出，其中 $n \geqslant 0$ 为整数。

片刻之后，a、b、c 三点之后相同距离处新的三个点，它们对应的各脉冲回波也将同时到达；再过片刻，从这些新点以外地方发出的回波也是如此，以此类推。

因此在距离发生模糊的情况下，雷达回波一维距离像实际上被分割成宽度为 R_u 的多个片段，并相互叠加在一起（见图 24-7）。雷达测量区间内任意给定点的真实距离 R_{true} 可由 $R_{true} = R_c + nR_u$ 计算；但遗憾的是，通常 n 是未知的。

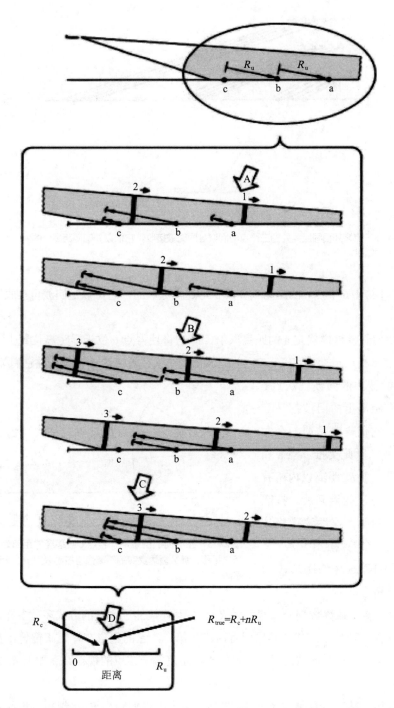

图 24-6　连续发射三个脉冲（标记为 1、2、3）后，地面三个点 (a、b、c) 反射回波的情况。这些点相互之间间隔一个最大不模糊距离 R_u

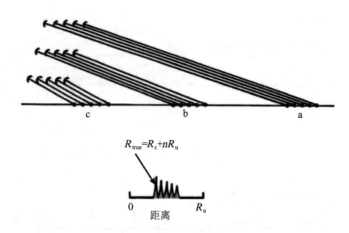

图 24-7　c、b 和 a 三点之外相同距离处的三个点的回波会同时被接收，它们以外相同距离处的另三个点，回波也是如此

距离区　图 24-6 中点 a 的距离或多或少是随机选取的，它可以是回波可接收区域内的任何距离。

现在让我们假设这样确定 a 的距离取值，即它将使得点 c 位于零距离位置上（在雷达天线处），那么点 c 和点 b 之间所有距离上的回波都是单次往返回波，也就是说它们都是当前（最近一次）发射脉冲的回波。从点 b 到点 a 的所有距离上的回波都是二次往返回波，它们一定是前一个发射脉冲的回波。以此类推，点 a 和点 a 之后又隔一个 R_u 距离以内所有点的回波都是三次往返回波。按照这样的方式，雷达一维距离像将被剖分为一个又一个的特定距离段（见图 24-8），我们称这样的距离段为距离区（或模糊区）。

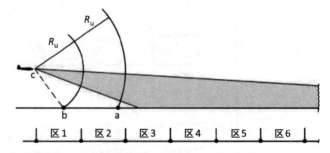

图 24-8　在前面的例子中，若点 c 被移至零距离处，点 b 和点 a 随之平移，那么雷达真实的距离像将被剖分为一个个称为距离区的子段

尽管将雷达真实距离像划分为宽度为 R_u 且相互连续的子区域的方式多种多样，但之所以选择距离区这样一种特定方式，其原因有两点：第一，它的起点在零距离位置，在实际应用中比较方便；第二，任何区域内任何一点的真实距离等于该点的视在距离加上 R_u 乘以该区域的区号。

我们都知道，脉冲重复频率（PRF）越高，最大不模糊距离 R_u 将越短，也就是说距离区会越窄。而距离区越窄，雷达真实距离像将会被剖分为更多的子段，同时意味着将会有更多的目标回波可能会同时到达。

在第 15 章我们已经了解：$R_u = 150\ \mathrm{km} \div (f_r/\mathrm{kHz})$，其中 f_r 为 PRF。举个例子，若 PRF 为 3 kHz，则距离区的宽度将是 50 km，如果可能接收回波的最远距离为 150 km，则雷达真实距离像将会被划分为三个区。

距离区的叠加 图 24-9 所示为上述典型飞行场景下雷达的真实距离像分解为三个距离区的效果，图中将来自区 2 和区 3 的回波显示在区 1 回波的下方，并且按照区域内相应距离值对齐。最下方显示的是复合叠加后的距离像，这将是出现在接收机输入端的回波图像。

如图 24-9 所示，叠加在目标 A 回波上的不仅有来自该目标自身距离上的旁瓣杂波，还有来自区 1 对应距离上更强的近程旁瓣杂波，以及来自区 3 对应距离上特别强的主瓣杂波。同样，叠加在目标 B 和卡车回波上的不仅有各自距离上的主瓣杂波，还有区 1 和区 2 对应距离上的旁瓣杂波。

随着 PRF 的增加，距离区将进一步缩窄，对于任意的目标回波，叠加在其上的杂波数量将会更多（见图 24-10）。如果 PRF 不受限制地增加，其极限状态就是雷达连续发射。此时目标回波必须与来自所有距离上的地杂波竞争。

显然，不模糊距离间隔越短，雷达根据距离差异从杂波中分离目标回波的能力就越弱，对使用其他手段（如多普勒差异）的依赖程度也就越大。

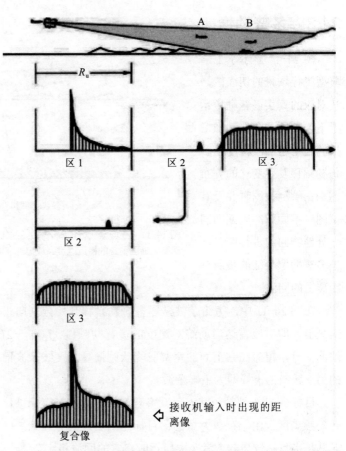

图 24-9　R_u 为信号可接收距离最大值的 1/3 时的结果。在某典型飞行场景下，距离像被划分为三个距离区。主瓣杂波在雷达所能看到的复合距离像中占据支配地位

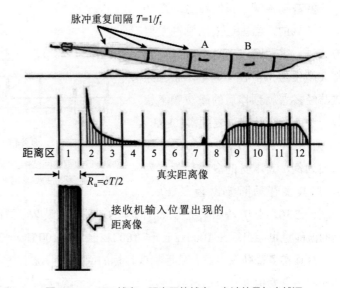

图 24-10　PRF 越高，距离区就越窄，杂波的叠加也越深

24.3 多普勒像

图 24-11 显示了上述典型飞行场景的切面图，其对应的真实多普勒像示于下方。所谓多普勒像，指的是雷达回波幅度随多普勒频移发生变化的分布图。在绘制该图时并没有试图对不同脉冲周期间同一处地物回波进行区分，该多普勒像表征的是所有距离上的回波。

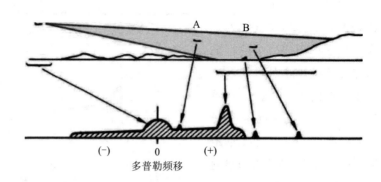

图 24-11　在典型飞行场景下雷达回波的真实多普勒像中，空中目标 B 和卡车因具有比地面更高的接近速度，故出现在清洁区

在图 24-11 中，旁瓣杂波从零多普勒频移开始分别向正、负频率方向扩展，直到达到其最大值，即对应雷达运动绝对速度的多普勒频移（$f_D = \pm 2V_R/\lambda$）。零频处的尖峰来自发射机泄漏信号，覆盖在它下面的宽阔驼峰状频谱是高度线杂波谱。靠近旁瓣杂波最大正值频率处的另一较窄的谱峰即为主瓣杂波。

目标 A 处于被超越状态，其多普勒频移处在旁瓣杂波区，但位置低于主瓣杂波对应的多普勒频谱区。由于存在大量的比目标距离更近的旁瓣杂波，因此，目标检测变得较为困难。尤其是当目标较微弱或者距离较远时，它的回波将比杂波小得多，该目标将无法被检测到。

目标 B 和卡车均与雷达之间处于相向运动状态，并且它们都处于雷达运动方向的正前方，因此其多普勒频移要比任何地杂波都高。如第 12 章所述，在检测它们时只需同接收机噪声进行竞争。

多普勒模糊　正如我们在第 20 章中学到的，当雷达采用脉冲发射方式时，雷达回波中每个组成要素都会产生边带多普勒分量，它在频域与经多普勒频移后的载波频率相隔一个或数个脉冲重复频率（PRF）f_r（见图 24-12）。以其中的高度线杂波为例，其本身的多普勒频移为 0，但其多普勒回波也会在 $\pm f_r$、

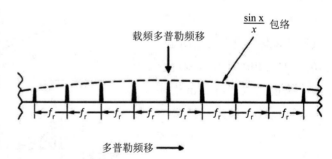

图 24-12　雷达回波中的每个谱分量都有其对应的边带谱，它们与经多普勒频移后的载频相隔整数倍 PRF

$\pm 2f_r$、$\pm 3f_r$、$\pm 4f_r$ 等频率上出现。同样的道理，假设某回波的真实多普勒频移为 100 Hz，但其回波能量也会出现在 100 Hz$\pm f_r$、100 Hz$\pm 2f_r$、100 Hz$\pm 3f_r$、100 Hz$\pm 4f_r$ 等频率处。

对真实多普勒像中每一处地物或目标的回波，情况也是如此（见图 24-13）。因此，完整的回波多普勒像以发射信号载频为中心，上下间隔 f_r 周期性地重复出现。真实多普勒像实际

上只起源于发射信号中心谱线的多普勒频移，因此，通常也被称为中心谱线回波。整个频谱或其部分分量（如主瓣杂波）的周期沿拓，则被命名为 PRF 谱线。

如果 f_r 足够高，周期延拓的多普勒频谱之间就会出现空隙，如图 24-14 所示。若目标多普勒频移恰好落在这个区域（也会以 f_r 倍数间隔发生模糊），则只需和接收机热噪声进行竞争就可被探测到。

但是，如果 f_r 小于地杂波的真实多普勒像的宽度（为减少或消除距离模糊，常常必须这样做），周期延拓的频谱之间必然发生交叠，此时观测到的地杂波谱的多普勒频移是模糊的。图 24-15 描述了这种情况，其中 f_r 仅为无模糊地杂波谱宽度的一半。在这种情况下，原本无模糊的地杂波谱被它上面和下面的周期延拓谱所混叠。为清楚起见，图中每个周期延拓谱都被绘制在单独的基线上。实际中，它们都将合并成一个单一的合成谱，如图 24-15 中最下方所示。

任何关于周期延拓谱分量之间的混叠，好比刚才所说的例子，都将导致雷达在进行动目标处理时，不管目标回波多普勒频移为何值，它一定会与地杂波通过相同的多普勒滤波器。例如，图 24-15 中的空中目标 B 和卡车，虽然这些目标的真实多普勒频移确实高于任何杂波，但在复合的多普勒像中，为了被检测到，两个目标都必须与旁瓣杂波竞争。

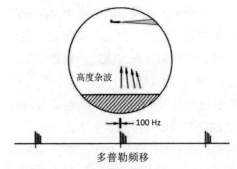

图 24-13　图中所示的部分高度杂波的谱分量，它们的频域间隔为 100 Hz。每根谱线均存在相隔数倍 PRF 的边带谱

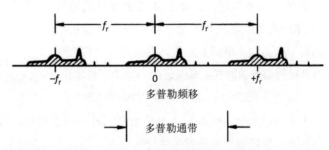

图 24-14　当 f_r 足够高时，即使最近的边带谱分量也将完全处于接收机通带之外

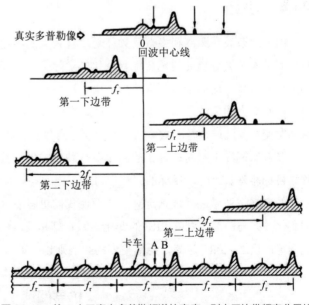

图 24-15　若 f_r 小于真实多普勒频谱的宽度，则由于边带频率分量的周期延拓和混叠合并，最终形成如图中底部所示的单一复合像

由于边带分量的多普勒频移是以 PRF 的整数倍偏离中心谱线回波的，因此回波复合多普

勒频谱中任何一个子频段与边带谱中对应宽度的那一段是完全相同的。如前几章所述，这正是我们在设计多普勒滤波器组时，通带宽度不需要超过 f_r（Hz）的原因。

真实多普勒像因周期延拓产生的混叠问题随着 PRF 的降低而日趋严重（见图 24-16）。从杂波抑制的角度来看，降低 PRF 有两个主要影响。首先，越来越多的旁瓣杂波堆积在相继出现的主瓣杂波谱之间。其次，也是更重要的，主瓣杂波谱越靠越近。由于主瓣杂波谱的宽度与 PRF 无关，降低 PRF 会导致主瓣杂波在接收通带中所占的比例越来越大，并导致高度线杂波以及近程旁瓣杂波在主瓣杂波的间隙中不断堆积。

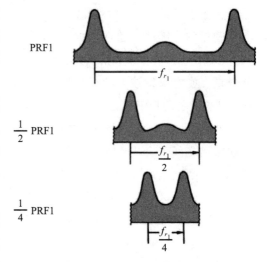

图 24-16　随着 PRF 的降低，周期延拓的主瓣杂波谱越靠越近，留给目标检测的谱空间越来越小

随着主瓣杂波在通带中所占比例的增加，基于多普勒处理，仅抑制主瓣杂波并同时保证不对目标回波有较大比例的抑制，将变得越来越困难。极限情况就是发生完全的重叠，此时主瓣杂波完全填满接收机通带。

显然，PRF 越低，多普勒模糊现象对地杂波的影响越严重。

24.4　小结

由于地杂波在距离和多普勒频移上均有较大的展宽，因此距离模糊和多普勒模糊使得将目标回波与杂波分离的问题更加复杂化。实际上，距离模糊效应将使得真实回波距离像剖分为多个子区域，这些子区相互叠加。由于这种叠加，与目标回波一同被接收的不仅包括其自身所在距离上的杂波，同时也包括其他距离区内相应距离上的杂波。随着 PRF 的增加，距离区越发变窄，区域重叠次数增加，从而使分离目标回波变得越来越困难。

多普勒模糊引起周期延拓的回波多普勒像发生混叠。因此，即使当杂波的真实多普勒频移与目标相差甚远时，目标的回波也可能不得不与该杂波进行竞争。提高 PRF 可使相继重复出现的主瓣杂波谱之间逐渐远离，从而使我们更容易分离目标回波信号。多普勒模糊随 PRF 的变化关系与距离模糊随 PRF 的变化关系正好相反。PRF 越低，多普勒模糊对地杂波的影响越严重；反之，PRF 越高，距离模糊的影响则越严重。

扩展阅读

W. C. Morchin, Airborne Early Warning Radar, Artech House, 1990.

G. Morris and L. Harkness, Airborne Pulse Doppler Radar, 2nd ed., Artech House, 1996.

C. M. Alabaster, Pulse Doppler Radar: Principles, Technology, Applications, SciTech-IET, 2012.

Chapter 25

第25章 | 杂波特性的表征

1989 年冬，北太平洋的风暴浪

在第 23 章和第 24 章中我们讨论了地杂波（又称地面回波）对机载雷达性能的影响，地杂波的强度可能非常强，以致引起较小目标的回波被其所掩盖。在某些情况下利用杂波与目标之间的相对多普勒频移，可以将目标回波从杂波之中分离开来；而在其他情况下，可能只能检测到那些回波幅度明显强于杂波的目标。

除了地杂波以外，来自海面、降水（雨、雪）、云、鸟和昆虫等物体的无用反射信号都可归为杂波的范畴，本章主要研究地杂波的相关特性，但其中所得的大部分结论对其他类型杂波也同样适用。

在第 23 章我们已经学到，地杂波强度由地面单个分辨单元面积 A_g 和归一化雷达截面积（NRCS）σ^0 决定，NRCS 的值具有很大的变化范围，其取值取决于地物类型以及掠射角、雷达波长和极化方式等多种因素。长期以来人们开展了广泛的 NRCS 值测量试验，其中的一些典型结果已在第 23 章中给出。这些测量结果可使用常系数 γ 模型描述，即在给定地物类型条件和掠射角 ψ 下，有如下的关系式成立：

$$\gamma = \frac{\sigma^0}{\sin\psi}$$

典型应用场景下的地杂波一般都很复杂，例如当应用场景为农垦区时，它可能既有大片的田野和树林，也会有树篱、道路、输电塔、岩石、车辆和农场建筑等，见图 25-0；城市中的情况将会更加复杂。为了在这些应用场景中对地杂波进行建模，通常需要将诸如建筑物、车辆和塔等离散散射源与田野和树林等分布式散射源区别对待。

海菲尔德（Hayfield）附近的农场

大山之中的风力发电机

伦敦塔附近的街区

图 25-0　地杂波场景：有树篱、树木、建筑物等起伏的田野；有风力发电机的林区；伦敦塔附近的街区

为了深入理解地杂波对雷达探测性能的影响并更好地进行雷达系统设计，我们需要更细致地研究这些地杂波的具体特性。对大型离散目标构成的杂波散射源一般会独立地对其进行建模分析，这一点稍后即将讨论到。而对于那些分布式杂波，我们不得不使用一种更具统计性的方法，以便描述我们在观察类似的地物地貌时能观测到信号的随机波动现象。这里值得特别指出的是，对于很多类型的地杂波，在雷达上观测到的杂波回波信号可能与热噪声很相似，关于热噪声及其对雷达探测性能的影响已在第 12 章中进行了说明。本章将围绕与之等价的一些特性参数研究杂波信号问题，并具体说明杂波和噪声在这些具体特性上的相似和不同之处。

理解分布式杂波信号特性的抓手是各种不同的杂波模型，在第 23 章中我们已经学习了使用 NRCS 模型预测杂波平均强度的方法。当雷达从一个杂波面元观察到下一个杂波面元时，实际的杂波信号幅度可能在均值上下有着相当大的波动。单个杂波面元的回波也可能因其内部物体的运动而随时间起伏；当雷达变换频率时它也会出现起伏变化。我们将对杂波的这种围绕均值的起伏特性进行建模分析。

25.1 杂波的随机噪声模型

在图 23-3 中已经看到，在给定距离和雷达波束指向条件下，地面回波（地杂波）的强度是如何由地面分辨单元面积 A_g 所确定的。在低掠射角条件下，A_g 由压缩后的雷达脉冲宽度 τ_{comp}（参见第 14 章）、雷达与地表面元的距离 R、天线方位波束宽度 θ_a 和掠射角 ψ 所共同决定。它的一个很好的近似值是

$$A_g = R\theta_a c(\tau_{comp}/2)\sec\psi$$

杂波面元在距离维的投影长度为 $c(\tau_{comp}/2)\sec\psi$，在方位维的投影长度为 $R\theta_a$，上述参数在特定场景下的典型值为：

$\theta_a = 2°$

$\tau_{comp} = 100$ ns

$\psi = 5°$

$R = 25$ km

由于 $\sec 5° \approx 1$，该面元在距离维的长度约为 $c(\tau_{comp}/2)\sec\psi = 3\times10^8$ m/s $\times(100\times10^{-9}$ s$)/2 = 15$ m，在方位维的长度为 $R\theta_a = (25\times10^3m)\times(2°\times\pi/180$ rad$) = 872$ m（注意，计算过程中的方位波束宽度需要采用弧度值）。

在诸如多石沙漠、田野或森林等典型地形地貌中，一块杂波面元内将包含很多能反射雷达信号的特征散射体，这些特征散射体可以是沙粒、石头、植物和树木等。所有面元反射的信号在雷达接收机中合成，其合成方式取决于它们各自的雷达截面积（RCS）以及它们各自相对于雷达的距离。如图 25-1 所示，同一杂波面元内的每个散射体的反射信号都有自己的振幅和相位，它们会以随机矢量相加的形式在雷达接收机前端进行合成。图 25-2 给出了数个散射体回波电压的矢量相加示意图（参见第 6 章）。

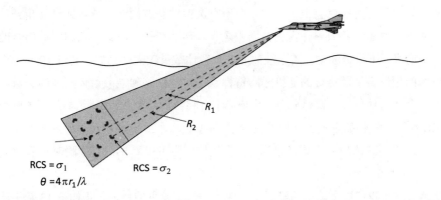

图 25-1 杂波面元中的多个散射体的回波信号均会进入雷达波束，每个散射体都有它自己的 RCS 和相位 θ，其中 θ 由该散射体与雷达的距离决定

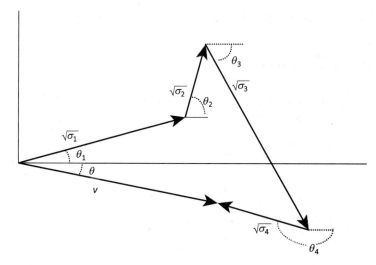

图 25-2 四个独立散射体回波电压的矢量相加，其振幅为 $\sqrt{\sigma_i}$），相位为 θ_i

　　每个散射体回波信号的振幅在雷达接收机中表现为电压，因此它与 $\sqrt{\sigma}$ 成正比，其中 σ 为该散射体的雷达截面积，它度量了该散射体往回反射功率能力的强弱。回波信号的相位 θ 则由雷达与散射体之间的距离以及雷达工作波长所决定。若散射体到雷达的距离为 R，则从该散射体到雷达的路径所包含的波长总数为 R/λ，而一个波长内的相位变化相当于 2π（rad）。则双程路径（从雷达到散射体然后再返回）上的总相位变化是 $\theta = 2 \times R/\lambda \times 2\pi = 4\pi R/\lambda$ rad。需要注意的是其中的波长 λ，以 X 波段和波长 3 cm 为例，相对距离上一个很小的变化就可以极大地改变给定散射体回波信号的相位值。现在我们开始考虑单个杂波分辨面元内的所有散射体，一般来说这些散射体的总数可能达到数百个或者数千个之多。雷达接收机所能观测到的合成信号就是所有这些散射体回波信号的矢量和，图 25-3 展示了 200 个这样的随机散射体回波信号矢量以及它们的矢量和。

　　如果雷达从不同视角观察同一区域，又或者它观察场景相似的相邻杂波面元，那么接收机得到的矢量和信号可能就会很不一样。在所有类似的杂波面元上或者所有视角条件下测得的回波功率平均值等于各散射体雷达截面积之和。然而在任一时刻，杂波回波信号的功率都可能在这个均值上下显著波动。若杂波面元内散射体数量较大（例如，超过 10 ～ 20 个），那么各散射体的相位将呈现良好的随机分布特性，在求解这些独立散射体回波的矢量和时适用中心极限定理，此时和矢量看起来会与热噪声十分相似。如图 25-4 所示显示了 500 个面积相同、NRCS 也相同的相邻杂波面元回波信号的功率（即图 25-3 所示和矢量振幅的平方值）的变化情况，这些杂波信号的平均功率为 1，但从该例中可以看出，功率瞬时值有时高达 5 或 6，有时又近乎为 0。

　　因此地杂波在我们这个简单的模型里呈现出类似于噪声的特征，正如第 12 章中所讨论的那样，对该类信号起伏特性的建模分析可采用概率密度函数（PDF）来实现。概率密度函数给出了任意时刻给定噪声（或杂波）振幅出现概率的图形化描述，我们已知噪声（或杂波）信号的振幅概率密度函数为瑞利概率密度函数。如图 25-5 所示，曲线下方阴影区域面积表示任一个杂波样本的振幅大于阈值 V_T 的概率。若 V_T 为雷达接收机检测门限，噪声或杂波超过该门限的概率就是虚警率 P_{fa}。当然，曲线下方区域的总面积（$V_T=0$ 时）必须等于 1。

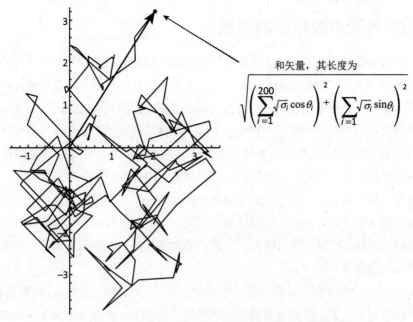

和矢量，其长度为
$$\sqrt{\left(\sum_{i=1}^{200}\sqrt{\sigma_i}\cos\theta_i\right)^2+\left(\sum_{i=1}\sqrt{\sigma_i}\sin\theta_i\right)^2}$$

图 25-3　一个杂波面元中的 200 个随机信号矢量及其合成结果

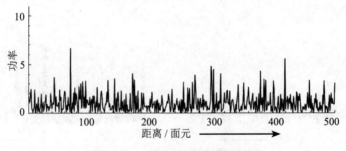

图 25-4　一个类似于噪声的杂波信号

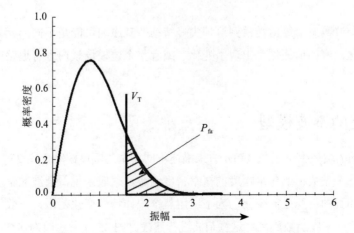

图 25-5　噪声信号的瑞利概率密度函数（对于阈值 V_T，虚警率为 P_{fa}）

稍后我们将运用该模型对杂波背景下目标检测的性能进行预测，就像在第 12 章中讨论噪声中的目标检测问题那样。

25.2 地杂波噪声模型的局限性

依据上述简易模型可以预测杂波将具有类似于噪声的幅度统计特性（依据中心极限定理，幅度服从高斯分布）。对于较大面积和均匀地表结构，如平坦的草地或茂密的森林等区域，噪声模型是一个很好的地杂波模型。有时当它被用于雨杂波建模时效果也非常好，原因可能是雨杂波来自大量球形雨滴的散射。但是在对地杂波信号的观测中我们经常会发现，实际杂波信号的幅度起伏范围比该简易噪声模型预测结果要大很多，造成这一现象的原因可能是 NRCS 在不同杂波面元之间发生了起伏波动。此时单个面元内的回波仍是大量独立散射体合成以后的结果，但问题是不同面元之间杂波的平均功率（定义为该面元内所有散射体雷达截面积的总和）发生了改变。此时，在雷达波束扫过不同面元过程中，后向散射回波信号有时会呈现"尖峰"特征。在这种应用场合下，由 σ^0 预测得到的 NRCS 仅能表示对所有局部波动进行平均处理以后的反射率。

在图 25-6 中对类似于噪声的地杂波信号和尖峰杂波信号的幅度（电压）特性进行了对比：两种信号在所有面元上求平均而获得的平均而幅值均等于 1；可以看出尖峰杂波信号的幅度经常能够达到该平均值的 6 倍，而类似于噪声的地杂波信号，其幅度最大值主体上位于平均值的 2 ～ 3 倍范围以内。

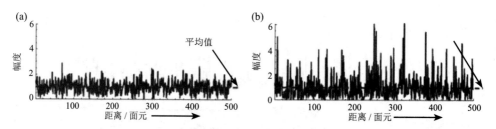

图 25-6　不同距离（单位可任意确定）上（a）噪声和（b）尖峰杂波的幅度变化情况，其中信号的幅度均值均为 1

在真实地杂波数据中经常观察到这种尖峰特征，其原因可能是不同面元之间地表局部反射率发生了变化，例如地面坡度出现了变化、或者整个建模场景内含有道路或孤立建筑物等特征散射体。

25.3 修正的杂波模型

我们用不同的概率密度函数（PDF）来描述不同类型的幅度波动，图 25-7 给出了图 25-6 所示噪声和尖峰杂波数据的包络幅度的概率密度函数。一般来说，杂波的幅度统计特性可能在类似的噪声和强的尖峰之间变化，为了适用整个统计特性变化范围，一般采用可以表征不同尖峰程度的概率密度函数族来对这些杂波进行建模。图 25-8 所示即为这样的一组概率密度函数，它们即为著名的 K 分布函数。在该分布中，尖峰由形状参数 v 表征，实际应用中它可在大约 0.1（非常尖锐）到∞（完全类似于噪声）之间取值。其他常用的分布族包括威布尔分布和对数正态分布（参见本章的面板式插页 P25.1），它们都有一个形状参数来调整尖峰度，以拟合观测数据。

需要指出的是，我们所采用的所有这些不同的模型表示方法都是为了帮助我们提升对雷达性能的理解以及设计出更好的信号检测处理算法。现实中很少长时间遵循一个选定的模型，但是无论如何，这些模型对于理解不同条件下雷达的大致性能很有好处。

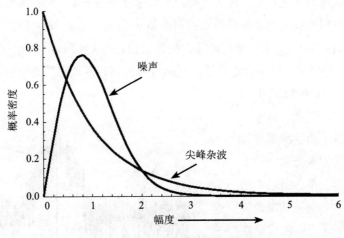

图 25-7 噪声和尖峰杂波 PDF 的比较

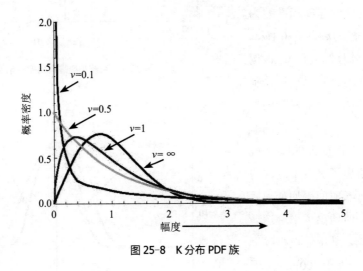

图 25-8 K 分布 PDF 族

25.4 地杂波的其他特性

到目前为止，我们对杂波特性的讨论包括杂波平均功率和杂波幅度在均值上下的起伏特性，其中杂波平均功率由 NRCS 和杂波分辨单元面积所决定，而它的幅度起伏特性可由一组 PDF 建模得到。实际上对地杂波而言，还有一些其他的特性可以将它与热噪声区分开来。

多普勒频谱 一个重要的杂波特性是它的多普勒频谱，这在第 23 章和第 24 章已进行过讨论，其中主要的结论是机载雷达地杂波多普勒频谱的形状主要由天线主瓣、旁瓣结构特征以及飞机的速度所决定。一个特殊的地杂波实例是在杂波面元内空间均匀分布的沙石的回波，此时若雷达位置固定，则该面元的后向散射回波将不会随时间而变化，因此不存在其自身固有的多普勒频谱。而当载机平台运动时，它将引起面元内各散射体产生不同的多普勒频移，由此引起该面元回波多普勒频谱的产生。此外有时杂波源本身也可能会随着时间运动，被风吹动的树木或植物就是一个很好的例子，在这种情况之下杂波拥有自身固有的多普勒频谱，尽管此时杂波源与固定安装的雷达之间的平均速度仍等于零。依据典型地杂波内部运动速度的分布情况可以大致给出速度谱谱宽的标准差 σ_v 约为 1 m/s，它对应的多普勒频谱宽度的标准差可按照 $\sigma_f = 2\sigma v / \lambda$（Hz）进行计算。在 X 波段，令 $\lambda = 3$ cm，可以得到 $\sigma_f = 2\times1$ m/s $\div$ 0.03 m $\approx$ 66 Hz。当采用机载平台进行雷达观测时，该固有多普勒频谱将引起主瓣杂波谱发

生额外的扩展，这在第 23 章中已进行过说明。请大家注意，热噪声的多普勒频谱在整个由脉冲重复频率 f_r 所确定的不模糊多普勒空间上是均匀分布的（参见第 24 章）。图 25-9 给出了杂波和热噪声功率谱的一个实例。如前所述，杂波谱呈高斯分布特征，多普勒频移的标准差等于 66 Hz，对应的速度标准差为 1 m/s，平均多普勒频移为 0 Hz，杂波噪声功率比为 20 dB。在该例子中 PRF 为 2 kHz，功率谱被绘制在 ±1 kHz 这样的一个不模糊的多普勒频移区间上。该图所示的功率谱是瞬时谱，含有较大的噪声成分。图 25-10 给出了对多个这样的瞬时功率谱进行长时间平均处理后的结果，图中同时给出了平台运动对杂波谱的影响，其中假设机载平台的运动速度 v 等于 100 m/s，天线方位波束宽度为 2° 且垂直指向飞机飞行方向。对应上述条件，天线旁瓣引起的谱扩展在理论上可达到 $\pm 2V/\lambda = 2\times100/0.03$（Hz）$\approx 6.6$

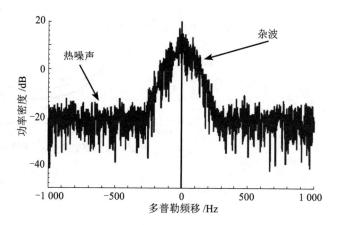

图 25-9　杂波和热噪声功率谱示例

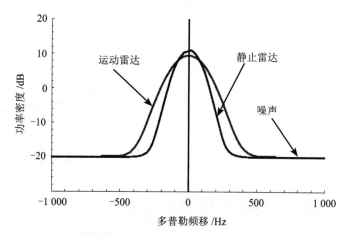

图 25-10　运动雷达和静止雷达上观测到的平均功率谱密度，由图可知平台运动会而引起杂波谱的额外展宽

kHz，但在本例中我们假设旁瓣杂波能量低于接收机噪声。

　　空间相关性　杂波的另一个不同于简单热噪声模型的特性是杂波信号的空间变化性。对

于标准的噪声模型，不同面元的杂波平均功率保持不变，但对于尖峰杂波，这一结论不再成立。此时虽然总体上杂波平均功率仍由 NRCS 决定，但本地平均功率则可能会在总体平均功率的基础上随机波动。这里的一个典型例子就是海杂波，它的本地平均功率会随波浪或涌浪的起伏而随机波动。对于地杂波而言，等效的情况可能就是地形地貌的局部起伏变化，例如图 25-11 所示的沙丘。

图 25-11　日出时分死亡谷国家公园里的梅斯基特（Mesquite）沙丘，该沙丘散射的杂波可以展现一种周期性的空间结构特征

图 25-12 所示是一个空间分布尖峰杂波的经典例子，注意将它与图 25-6（b）所示数据进行比较。二者具有相同的幅度统计特性和相同的平均功率，但不同之处在于后者在每个面元（距离单元）之间均随机起伏，这种空间结构特性可能对后续章节中要介绍的检测信号的处理产生影响。

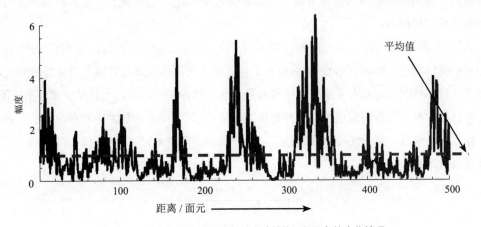

图 25-12　空间相关杂波幅度与距离（单位可任取）的变化情况

25.5　离散散射体

除刚才讨论的分布式杂波以外，大多数的地面应用场景也会包含有一定数量的离散分布物体，它们的回波也被归类为一种地杂波（已在第 23 章讨论过），一个具体的例子是面积为 1 m^2 的小平板，它在 X 波段的雷达截面积（RCS）可达 14 000 m^2 左右。因此很容易理解，一个有效 RCS 高达 10^6 m^2 的物体的反射回波几乎在任何时刻都能被雷达所观测到，如此大的离散散射源即使通过旁瓣进入雷达，它所引起的雷达接收机的响应完全可能和一架其 RCS 只有 1 m^2 的小型飞机从主瓣进入时的效果可比拟。对于这些孤立的离散散射体所反射的回波信号，我们不能轻易地采用概率模型去进行描述，而且它们的回波特征取决于雷达观测时的具体应用场景。在任何关于雷达性能的分析过程中，我们都必须把它们当作一个个独立存在的固定目标来对待。基于相关文献提供的分析结论，巴顿（2005）建议采用如下的经验数据来估计这类散射体在单位面积内的数量：在野外环境下，1 km^2 范围内，RCS 等于 10^4 m^2 的离散散射体的平均数量约为 0.2 个，RCS 等于 10^3 m^2 的离散散射体的平均数量约为 0.5 个，而

RCS 等于 $10^2 \, \mathrm{m}^2$ 的离散散射体的平均数量则为 2 个。为了更形象化地理解这些 RCS 值，我们举出两个实际的例子：一部农用拖拉机的 RCS 约为 $100 \, \mathrm{m}^2$；而一栋像仓库那样的大型建筑，其 RCS 就可能超过 $10^4 \, \mathrm{m}^2$。显然，在一些特定应用场合中，可能会遇到其密度要高得多的散射体，例如单部风力涡轮机的 RCS 就大于 $10^3 \, \mathrm{m}^2$，而它们的安装密度一般为每平方千米 $4 \sim 5$ 个；城市区域更是会被大量的这类超强散射体所占据。

25.6 对检测性能的预测

在第 12 章我们已经学习了如何在噪声背景下预测目标检测距离，利用雷达距离方程，给定目标 RCS、目标距离和相关雷达参数，就可以计算出可接收到的目标回波功率。同样的道理，如果我们知道接收机的噪声系数，接收机中噪声信号的能量也能够计算出，基于这些计算结果，我们可以估计出给定距离上一个目标的信噪比（S/N）。此外，为了确定该目标能否被检测到，还需要知道辨别目标所需的最小信噪比 $(S/N)_{\mathrm{req}}$，它取决于给定虚警率下我们希望达到的目标发现概率。

从第 12 章中我们还知道，$(S/N)_{\mathrm{req}}$ 取决于目标的起伏特性，而目标起伏特性可由各类 Swerling 模型描述。影响 $(S/N)_{\mathrm{req}}$ 的另外一个重要参数是雷达波束在目标上的驻留时间 t_{ot}，它决定了在目标检测时究竟有多少可用信号能量。对于脉冲雷达来说，它就是波束驻留时间（天线辐射目标的时间）内的雷达发射脉冲数量 N，$N = f_r t_{\mathrm{ot}}$，其中 f_r 为脉冲重复频率。

有了上述信息，对于热噪声背景且假设采用相参处理技术，目标检测距离 R_{P_d}（单位为 m）的计算表达式为

$$R_{P_d} = \left(\frac{P_{\mathrm{avg}} A_e^2 \sigma t_{\mathrm{ot}}}{(4\pi)(S/N)_{\mathrm{rep}} k T_s \lambda^2 L} \right)^{1/4}$$

其中，

P_{avg}——平均发射功率（W）

A_e——天线孔径（m^2）

σ——目标的 RCS（m^2）

t_{ot}——目标驻留时间（s）

$(S/N)_{\mathrm{req}}$——达到期望发现概率 P_d 所需的回波信噪比

k——玻尔兹曼常量（1.38×10^{-23} J/K）

T_s——接收机噪声温度（K）

λ——雷达波长（m）

L——系统损耗

对于杂波中的目标检测问题也可采用类似的方法。杂波面元的 RCS 为 $\sigma = \sigma^0 A_g$，若将其代入前述距离方程之中，我们就能得到噪声背景下杂波本身的最大可检测距离。然而，我们感兴趣的是杂波背景下的目标检测问题，而杂波在强度上通常比噪声强很多。尽管我们已经知道杂波在某些方面与噪声具有相似性，但此时进行检测性能计算的方法必须有所不同。

现在我们接收到的信号由三部分组成：目标回波、杂波和接收机噪声，此时我们不能再简单地将驻留时间 t_{ot} 代入到距离方程进行计算，而需要回到单个脉冲雷达作用距离方程这个基础上。即首先计算单个脉冲时的雷达检测性能，然后将我们的分析扩展到目标被照射期间多脉冲回波的联合信号处理上。首先对应三种信号组成成分，分别给出信噪比、杂噪比（C/N）和信杂比（S/C）的计算公式。其中单个脉冲的信噪比可表示为

$$S/N = \frac{PG^2\sigma^2\lambda^2\tau}{(4\pi)^3R^4T_sL_s}$$

其中，P 为雷达峰值功率（$P_{avg}=Pf_r\tau$），τ 为压缩前的脉冲宽度，L_s 是与目标信号有关的所有雷达系统损耗。

杂噪比为

$$C/N = \frac{PG^2\sigma^0A_g\lambda^2\tau}{(4\pi)^3R^4kT_sL_c}$$

其中，L_c 为与杂波信号有关的所有雷达系统损耗（通常取 $L_c \approx L_s$）。

信杂比为

$$S/C = \frac{\sigma}{\sigma^0A_g}\frac{L_c}{L_s} \approx \frac{\sigma}{\sigma^0A_g}$$

根据这些结果，我们可以进一步得到回波信号的信干比（SIR），即信号与杂波加噪声的功率比值：

$$\text{SIR} = \left(\frac{S}{C+N}\right) = \frac{(S/N)}{1+(C/N)}$$

单脉冲检测　利用上述方程，可以计算单个脉冲回波中杂波、目标和噪声总功率。对于单个脉冲回波的目标检测问题，这里所采用的计算方法与处理噪声时相类似。当 $C/N \gg 1$ 时，我们仍可采用处理热噪声问题时所用的方法，计算出由虚警率 P_{fa} 所确定的目标检测门限，但此时相关计算需要基于杂波幅度的 PDF 进行（见图 25-5）。若杂波可用前述噪声模型进行建模，则整个计算过程和处理噪声时一样；但是若杂波是尖峰的，就必须采用典型的尖峰杂波 PDF 进行等效的计算了。对于尖峰杂波，不同于可用简单噪声模型描述的那些杂波，我们需要设置一个比杂波平均强度更高一些的检测门限。由图 25-13 可见，为控制虚警，对尖峰杂波背景，检测门限要求更高一些。假设 K 分布 PDF 族能够代表可能遇到的所有杂波类型的统计特性，则可以算出随着尖峰度不断增加而需要采用门限的具体值。图 25-14 给出了对于 K 分布 PDF，不同形状参数 v 下虚警率 P_{fa} 随门限的变化情况。这些变化曲线显示，在要求的虚警率越小（即 $\lg P_{fa}$ 值越负）、需要的门限值越高。

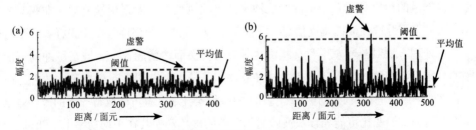

图 25-13　（a）噪声背景下的检测门限；（b）尖峰杂波下的检测门限

与此同时，在给定 P_{fa} 条件下，形状参数值越小、检测门限就越高。例如当 $P_{fa} = 10^{-6}$（即图 25-14 中 $\lg P_{fa} = -6$）时，噪声（$v = \infty$）背景下所要求的检测门限为 11 dB；而当背景为强尖峰杂波（$v = 0.1$）时则必须使用 25 dB 左右的门限值。对应雷达目标检测可能遭遇的各种杂波环境条件，检测门限的设置范围是相当大的。为控制虚警，在相同的 P_d 要求下，检测门限每提升 1 dB，被检测

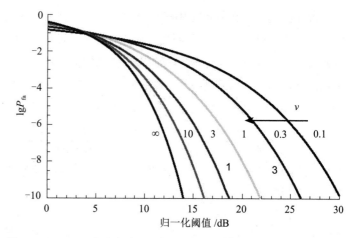

图 25-14 不同 K 分布杂波 PDF 下，$\lg P_{fa}$ 随杂波强度门限（被杂波平均功率归一化后的检测门限）的变化情况，$v = \infty$ 等效于热噪声，$v = 0.1$ 是强尖峰杂波

目标也需要比检测门限高出同样的强度。一个有用的经验法则是：达到 $P_d = 0.5$ 所需的 S/C 大约等于为达到所要求 P_{fa} 而设定的门限值除以杂波平均功率。精确的检测性能计算会相当复杂，且只能通过数值计算获得我们想要的答案。当杂波功率水平降低时，C/N 也随之降低，直至降到无杂波的情形，我们就又回到噪声背景下的目标检测问题。对于强杂波和无杂波之间的中间情况，我们仍可计算目标检测性能，但前提是已知杂波加噪声后的 PDF。

多脉冲检测 当波束驻留期间（目标被照射的一段时间内）的多个脉冲被用于检测时，我们还需要计算整个 t_{ot} 时间内信号处理的影响因子。当检测背景为热噪声时，在时间 t_{ot} 内（其间雷达发射 N 个脉冲）进行相参处理，其效果就是在快速傅里叶变换（FFT）滤波器的 N 个多普勒通道内平均分配噪声能量。这意味着经过相参处理后，在给定多普勒单元上，$S/N \propto t_{ot}$，正如上述关于 R_{P_d} 的计算方程所反映的那样。然而当检测背景为杂波时，在第 23 章和第 24 章中我们已经看到，杂波谱主要由与主瓣杂波相关的那些多普勒频移所限制，当然在较小的幅度电平上也受到旁瓣杂波的限制。如果目标运动得足够快、有一个足够高的远离或接近速度（即目标远离或接近雷达平台的速度足够快，回波多普勒频移大于任何地杂波的多普勒频移，参见 23-30），那么此时目标检测将只针对噪声进行，可使用上面给出的 R_{P_d} 计算方程进行计算。对于低远离或接近速度的目标，则必须首先计算有多少杂波落在与目标相同的多普勒单元之内，然后计算该多普勒单元中的 $S/(C+N)$，在此基础上采用和单个脉冲相同的方法，计算给定 P_{fa} 下的 P_d。

也可从能量的角度基于多个脉冲的回波来改善检测性能，即采用检测后（非相参）处理技术，它只能使用脉冲回波的幅度信息。正如第 10 章所讨论的那样，由于采样噪声信号的随机性，这种处理方法对热噪声中目标检测也很有效。然而，问题在于杂波在脉冲间可能也具有较强的恒定性，在这种情况下使用非相参脉冲积累技术所获得的有效信杂比改善已微乎其微。但若雷达采用脉间捷变频工作方式，则非相参积累技术是有可能取得一定的改善效果的，原因在于雷达频率的变化可能导致杂波脉间相关性的破坏，使其在平均功率上下随机波动。

25.7　小结

对杂波的精细建模是雷达的一个重要研究领域，在本章我们只触及了该问题的表面，并给出了一些可能有效的解决办法。在某些场合中存在一些相对简单的杂波模型，它们可以与实际情况符合得良好，并且具有适宜进行检测性能计算的显著优点。但是真实杂波的表现往往与这些简单模型显著不同，使用简单模型获得的性能预测结果可能会过于乐观。特别是真实杂波会表现出尖峰特性，这迫使雷达不得不设置更高的检测门限来维持可接受的虚警率水平。对于这种情况下的雷达性能分析，目前已开发出一些先进的 PDF 模型。多脉冲之间的相参处理技术可带来检测性能上的明显改善，其改善程度则取决于目标与杂波之间的相对速度差异。

本章确定了当设计从杂波中检测目标的雷达系统时需要注意的几个要点，总结如下：

（1）雷达功率：增加雷达峰值功率会增大 S/N 和 C/N，但不会影响 S/C。这意味着，若 $C \gg N$，那么增加峰值功率对检测性能无影响，检测性能由 S/C 所决定；如果 $C \ll N$，那么检测性能由 S/N 决定，增加发射功率可改善雷达性能。

（2）目标驻留时间 t_{ot}：对于相参检测，增大 t_{ot} 可增加 S/N，但它对 C/N 和 S/N 的影响情况则与杂波谱及目标多普勒频移有关。

（3）目标速度：目标速度对噪声中的目标检测没有影响（假设目标在被照射期间并未跨越距离门），但根据目标相对于杂波的多普勒频移值，它将对杂波中目标检测性能产生很大的影响。

（4）检测后积累：若单脉冲目标检测的背景主要由杂波组成，那么检测后积累的效果十分有限。这是因为，在波束驻留期间，杂波不同于热噪声，在脉间可能并未发生实质性的变化。

P25.8　杂波模型

图 25-8 给出了通常用于杂波幅度统计特性建模的 K 分布 PDF 族。该分布以及威布尔分布的一个特例就是瑞利分布，另一个常用来描述地杂波 PDF 的分布族是对数正态分布。对于杂波统计特性建模来说，没有所谓的"正确"分布，它们都是研究人员基于单一参数化描述广泛观测数据特性的需要而建立起来的数学模型。在设计雷达时，对合适杂波模型的选择可能取决于哪种模型被认为最符合雷达的预期工作环境。但是，必须始终牢记，这些模型来自典型杂波环境的扩展，对特定的某次试验中的真实回波，其结果可能和模型预测值有较大的不同。

对数正态分布　幅度 z 的对数正态分布 PDF 可表示为

$$p(z) = \frac{1}{z\sqrt{2\pi\sigma^2}} \exp\left(-\frac{(\ln[z]-m^2)}{2\sigma^2}\right), \ z \geqslant 0$$

其中，m 和 σ 分别为尺度参数和形状参数。该分布源自设定 lnz 为正态分布（或称高斯分布），且均值为 m，方差为 σ^2。图 25-15 给出了该 PDF 族的一些典型示例。

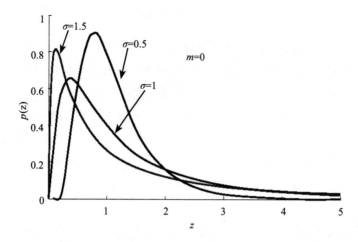

图 25-15 $m = 0$ 时和不同 σ 取值下的对数正态分布 PDF 簇，σ 较大表示杂波的尖峰性更强

威布尔分布 威布尔模型的 PDF 为

$$p(z) = \beta \frac{z^{\beta-1}}{\alpha^{\beta}} \exp\left[-(z/a)^{\beta}\right], z \geq 0$$

其中，a 为尺度参数，β 为形状参数。图 25-16 给出了该分布的一些示例。

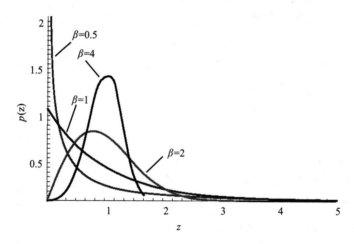

图 25-16 $a = 1$ 时的威布尔分布 PDF 族（$\beta=2$ 表示瑞利分布，$\beta=1$ 表示指数分布，$\beta < 1$ 表示尖峰杂波）

扩展阅读

F. E. Nathanson, with J. P. Reilly and M. N. Cohen, "Sea and Land Backscatter," chapter 7 in Radar Design Principles, 2nd ed., SciTech-IET, 1999.

M. W. Long, Radar Reflectivity of Land and Sea, 3rd ed., Artech House, 2001.

J. B. Billingsley, Low-Angle Radar Land Clutter: Measurements and Empirical Models, William Andrew Publishing, 2002.

D. K. Barton, Radar System Analysis and Modeling, Artech House, 2005.

M. I. Skolnik (ed.), "Sea Clutter," chapter 15 in Radar Handbook, 3rd ed., McGraw Hill, 2008.

M. I. Skolnik (ed.), "Ground Echo," chapter 16 in Radar Handbook, 3rd ed., McGraw Hill, 2008.

M. A. Richards, J. A. Scheer, and W. A. Holmes (eds.), "Characteristics of Clutter," chapter 5 in Principles of Modern Radar: Basic Principles, SciTech-IET, 2010.

K. D. Ward, R. J. A. Tough, and S. Watts, Sea Clutter: Scattering, the K Distribution and Radar Performance, 2nd ed., IET, 2013.

Mikoyan（米高扬）米格 -35(2013 年)

　　"Fulcrum-F"是一种 2 马赫以上空对空和空对地战斗机，正在由 Mikoyan 开发。它从米格 -29 的 Fulcrum-E（支点 - E）发展而来，目前有 10 架原型机在测试，被米高扬归类为 4++ 代喷气式战斗机。它包括 Phazotron Zhuk-AE 有源电子扫描阵列雷达，被认为对空中目标探测距离为 160 km，对舰船探测距离为 300 km。

Chapter 26

第 26 章 | 从杂波中分离地面动目标

坦克护卫队

26.1 引言

在前面的章节中，我们很少关注地面移动目标（如汽车、卡车和坦克等）的检测问题，除了明确指出空对地作战时通常要求低 PRF 之外，我们一直默认从地杂波中分离地面动目标（GMT）和分离空中动目标是相似的问题，都是利用多普勒频移上的差异性。然而这种假设只是部分正确的，许多地面动目标的径向速度分量很低，以致在空中运动平台上观测时目标回波会嵌入在主瓣杂波之中，传统的动目标显示（MTI）技术不足以将它们与主瓣杂波分离开来。

在本章，我们将在简要考察该问题之后介绍一些用于检测此类目标的雷达信号处理技术，这些技术都旨在减少平台运动引起的杂波谱扩展的影响，以改善对慢速移动目标的检测性能，避免目标回波落入主瓣杂波之中。最早的一种用于解决该问题的技术是偏置相位中心天线（DPCA）技术，此外还有陷波（或称杂波置零）技术。根据它们的标准实现形式，这两种技术均要求平台运动速度和天线波束指向已知，且需要对杂波谱特性做出特定假设。第三种技术是空时自适应处理（STAP），顾名思义，该技术根据观测杂波谱在空间（视线方向和范围）和时间上的实时变化，不断地进行处理算法的自适应调整。对实际的机载雷达系统，简单地判断动目标是否存在只是解决问题的一部分，我们还必须精确测量目标的位置。本章还将说明通常这些动目标检测技术是如何与精确的角度测量结合使用的，结合距离测量结果，就能获得目标在地面上的坐标。

26.2 "缓慢"运动目标的检测问题

在低 PRF 模式下检测动目标，无论该目标是在空中还是地面，首要问题就是分离目标回波和主瓣杂波（MLC）。正如第 23 章中所介绍的那样，通过使用足够长的天线（窄波束天线）和保持较低速度飞行，可以降低主瓣杂波的谱宽度，并使它们周期性重复的谱分量之间分得足够开，以提供一个较宽的无杂波区来检测动目标（见图 26-1）。现实中多普勒频移很可能是模糊的，具体情况视脉冲重复频率（PRF）的大小而定，但对于任何视在（模糊）多普勒频移落入主瓣杂波内的目标，通过在几个不同且相隔较大的值上切换 PRF，目标回波都可以周期性地被移动到无杂波区域。

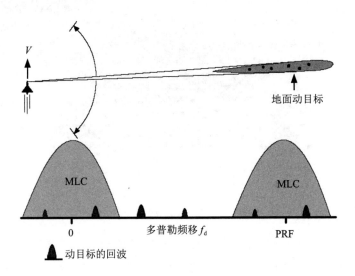

图 26-1 地面动目标的多普勒频谱，被用一些特定的技术来检测真实多普勒频移位于主瓣杂波（MLC）之中的那些目标

P26.1 天线相位中心

每副天线都有一个相位中心，它是空间中这样的一个点，即假设该点处存在全向的点馈源，它所接收到的来自场区内任意辐射源的信号在射频相位上与采用真实天线进行接收完全一致。

若对天线进行的加权处理（为了抑制旁瓣电平）具有对称性，则所有视角下该天线的相位中心保持不变。但若采用非对称的加权方式，例如单脉冲天线的半孔径，那么相位中心位置将随观测角的变化而变化。

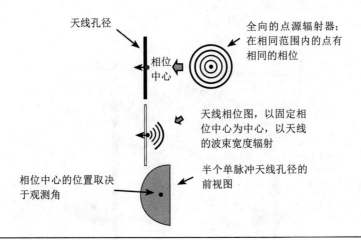

天线孔径

相位中心

全向的点源辐射器；
在相同范围内的点有
相同的相位

天线相位图，以固定相
位中心为中心，以天线
的波束宽度辐射

相位中心的位置取决
于观测角

半个单脉冲天线孔径的
前视图

　　然而若一个目标的径向速度分量很低，以至它的真实多普勒频移位于主瓣杂波内，则进行多少次的 PRF 切换也不能使目标回波脱离杂波区。为此在许多应用场合中必须要求雷达具备一种特殊的"慢动目标"显示能力，从理论上讲最简单的慢动目标显示技术就是 DPCA。

　　DPCA 这种技术基于这样的一个事实：地面回波的多普勒频移主要由飞机自身的运动速度决定（当然在此基础上也存在由杂波散射源自身运动引起的多普勒扩展，例如被风吹过的树木可能具备约 ±1 m/s 或 ±2 m/s 的速度扩展）。具体来说，这种频移表现为同一距离单元内的某个散射体回波相位在脉冲间的相位偏移，而它（实际上）是相邻脉冲重复间隔内雷达天线相位中心（具体定义见先前的彩页插图）前向移动的结果。

　　因此，对于任意两个相继出现的脉冲，在发送这样的脉冲对中的第二个脉冲之前，通过人为地反向偏置天线相位中心，可以消除地杂波的多普勒频移，这样第二个脉冲等价于在和第一个脉冲相同的空间点被发射。

　　那么怎样实现天线相位中心的反向偏置呢？方法之一是为雷达提供一种二分段侧视天线。通过调整飞机速度和雷达 PRF，使得在每个脉冲重复间隔内，飞机前进的距离精确地等于这两个天线段相位中心的间距（见图 26-2）。

　　然后，基于这两个分段天线交替发射这些相继出现的脉冲串：

脉冲 n 分配给前段天线，脉冲 $n+1$ 给后段天线；

脉冲 $n+2$ 又分给前段天线，脉冲 $n+3$ 又给后段天线，以此类推。

　　最终，每对相邻的脉冲（如脉冲 n 和 $n+1$）都将在空间中完全相同的点被发射出去。

　　每个脉冲的回波都由发射它的分段天线负责接收，对应任意一个距离 R，该分段天线相位中心处接收到的回波相位增量等于飞机速度 V 乘以距离为 R 时的电波往返传播时间 t_R。而若 V 为常数，则相邻两个脉冲的回波相位增量将完全相等。此时，对于地面上的任一点，不同脉冲的往返传播距离完全相同，也就是说它们的回波相位也会完全相同（见图 26-3）。

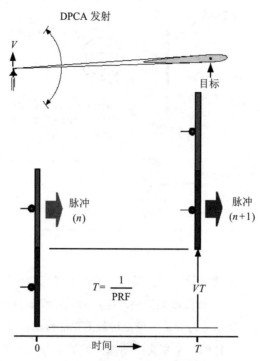

图 26-2　在 DPCA 中，雷达以相位中心各不相同的前后两段天线交替地发射脉冲。调整速度 V 和 PRF，使得雷达在脉冲间的前进距离 VT 精确地等于两段天线相位中心的间隔；如此一来，脉冲 n 和脉冲 $n+1$ 就会在相同的空间位置被发射

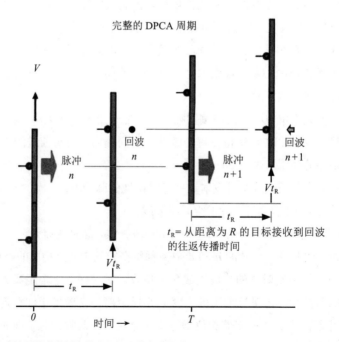

图 26-3　每个脉冲的回波由发射它的同一段天线负责接收。因此，脉冲 n 和 $n+1$ 的往返传播距离是相等的

　　因此，在每个距离分辨单元内将雷达接收机输出的数字视频信号通过一个简单的单延迟杂波对消器，即可实现地杂波的对消。如图 26-4 所示，单脉冲延迟对消器首先将脉冲 n 的回

波延迟一个周期 T，然后将其与
脉冲 $n+1$ 的回波相减。

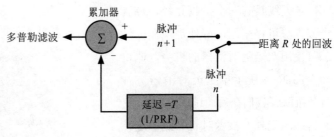

图 26-4　杂波对消器示意图

不同于地杂波的是，对于
运动的目标来说，由于径向速
度的存在，它相继返回的一系
列回波在相位上会有所不同。
因此它们不会被对消，而是产
生有用的输出信号。

虽然 DPCA 技术很有效，但它存在 4 个局限性：

（1）雷达 PRF 与飞机速度被绑定在一起了；

（2）对飞机平台及其天线的运动提出了极其严格的约束条件；

（3）两个分段天线及其对应接收通道的幅相特性必须具备良好的一致性；

（4）在任意时刻只有一半的天线孔径被有效利用。

其中，第 4 项限制可以通过调整飞
机速度和雷达 PRF 来部分缓解，通过调
整这两个参数，可以使得脉冲重复间隔
内相位中心只前进它们间隔的一半距离
（见图 26-5）。此时，整个孔径都可用于
发射，但接收仍只能使用半个孔径，这
是因为前段天线必须用于脉冲 n 的回波
接收，而后段天线则用于接收脉冲 $n+1$
的回波。

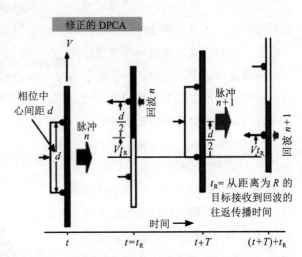

图 26-5　为了实现全孔径发射，速度 V 和 PRF 都需要进行调整，以使得雷达在脉冲重复间隔内的行程仅为两个相位中心间隔的一半。前段天线负责接收脉冲 n 的回波；脉冲 $n+1$ 的回波则由后段天线接收。因此，两个脉冲往返距离仍然相同

当采用全孔径发射时，虽然两个脉
冲实际上并不是从空间相同位置被发射
的，相同距离处的目标对它们的反射
回波的接收位置也并不相同，但经过
DPCA 技术的处理，其结果和相同距离
发射并接收两个脉冲是一模一样的。由
表 26-1 可知，在这两个脉冲收发过程中天线相位中心的总偏置量是完全相同的，因此，它们
到地面上任何一点的往返传播距离也是相同的——其效果和使用前后两段天线进行收发是一
样的。

表 26-1　全孔径发射时的 DPCA

脉冲	相位中心的偏置量		
	发射	接收	总和
n	0	$Vt_R+d/2$	$Vt_R+d/2$
$n+1$	$d/2$	Vt_R	$Vt_R+d/2$

若天线具有三个接收孔径，也有类似方法可以采用，好处是现在提供了可使用双延迟对消器的机会，即将两个图 26-4 所示单延迟对消器进行有效级联。我们在后面讨论 STAP（空时自适应处理）技术时将看到，这种思想可以推广到具有任意多个天线相位中心的情况。

陷波技术 与传统的 DPCA 分析方法相比，陷波技术的优势在于它不需要将雷达 PRF 参数与飞机速度绑定在一起，与此同时，它还可以放宽对飞机平台及天线运动特性的限制。在陷波技术中，抑制主瓣杂波而不抑制目标回波，主要是通过对目标径向速度分量的利用来实现的，尽管目标的径向速度可能会比较小。由于有了目标径向运动产生的多普勒频移，对于与目标 n 具有相同多普勒频移的杂波，它与雷达视轴之间的偏角 θ_n 和目标与雷达视轴之间的偏角略有不同（见图 26-6）。在图 26-6 中，侧视天线接收到的杂波多普勒频移由杂波散射体视轴偏角以及雷达平台运动速度所决定。当平台运动速度为 V、杂波视轴偏角为 θ_n 时，杂波的多普勒频移为 $\dfrac{2V}{\lambda}\sin\theta_n$。目标方位角为 $-\theta_t$，但它自身还有一个朝向雷达的径向运动速度 V_t，因此总的多普勒频移为 $\dfrac{2V_t}{\lambda} - \dfrac{2V}{\lambda}\sin\theta_t$。这样必然存在一个 θ_n 使得等式 $\dfrac{2V}{\lambda}\sin\theta_n = \dfrac{2V_t}{\lambda} - \dfrac{2V}{\lambda}\sin\theta_t$ 成立。因此，只要在雷达接收天线波束的 θ_n 角处设置一个凹口，则既可抑制杂波又能保证目标不受较大损失（见图 26-7）。

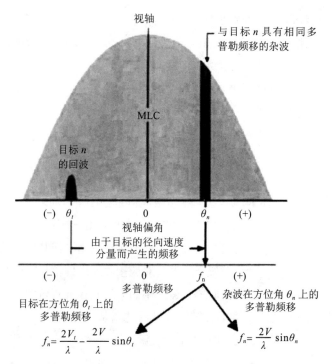

图 26-6 地面上缓慢移动目标的回波与主瓣杂波（MLC）之间的关系。由于目标的径向速度分量，与目标具有相同多普勒频移 f_n 的杂波从偏离视轴不同的角度而被接收

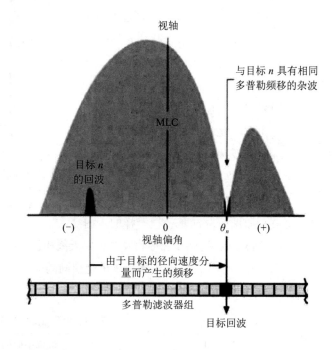

图 26-7 在天线接收方向图的 θ_n 角处设置一个凹口，以防止杂波对目标检测的干扰，选取 θ_n 的条件是该角度上进入雷达的杂波与目标 n 具有相同的多普勒频移。然后利用多普勒滤波将目标回波与来自其他方向的杂波分离开来

除此以外，我们还会通过多普勒滤波处理将目标 n 的回波与来自其他方向的杂波分离开来，好在它们具有不同的多普勒频移。

由于目标角度和径向速度通常无法事先预知，而且来自多个不同方向的多个目标回波可能同时到达，因此，必须为雷达的 N 个可分辨多普勒频移中的每一个都准备一个单独的陷波滤波器。实际应用中，为了避免在抑制杂波的同时误伤目标回波，陷波处理需要在多普勒滤波之后而不是在此之前进行。

P26.2　如何设计实现陷波滤波器

在二分段天线接收方向图中，假设偏离雷达视轴的角度为 θ_n。

（1）首先计算远场某点处的目标，以角度 θ_n 入射到天线，它到分段天线相位中心 A 和 B 的波程差为 Δd。

（2）将波程差 Δd 转换成相位差 ϕ：

$$\phi = \frac{2\pi}{\lambda}\Delta d = \frac{2\pi}{\lambda}W\sin\theta_n$$

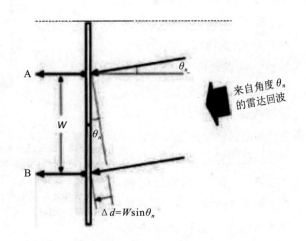

（3）从 π rad（180°）中将 ϕ 减去。在本示例中，为使得 A 和 B 处信号反相，我们拟对它们进行等值反相相位补偿。因此，将 $\pi - \phi$ 除以 2，得到相位旋转值 $\Delta\phi$，并使之对相位中心 A 和 B 输出信号的相位进行修正。如下图所示，这将使得两个相位中心处接收到的来自 θ_n 方向的回波的相位差 ϕ 增加至 180°。

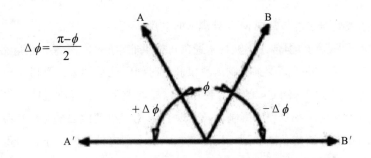

（4）对相位旋转后输出 A′ 和 B′ 求和。这样从 θ_n 方向接收的回波信号将完全被对消，从而使天线接收方向图在角度 θ_n 处产生一个凹口。

（5）若需要在雷达视轴另一侧产生一个这样的凹口，可反转这两个相位旋转角的方向。

这些陷波滤波器采用与比相法单脉冲角度跟踪系统类似的信号干涉处理技术（参见面板式插页 P26.2），通常结合经典 DPCA 技术并使用二分段电扫描天线实现。为保证很小的多普勒频移差异也能被分辨出来，一般会采用较长的积累时间 t_{int} 进行检测前积累。同时，为每段天线分配一个独立的接收和信号处理通道，以保证陷波处理在信号处理器中顺利完成。

图 26-8 所示为陷波处理的简略实现过程。对于通道 A 和通道 B 中的每个距离单元，首先都形成了一个独立的多普勒滤波器组。每对滤波器 n 输出相同距离 m 上的相同多普勒频移 f_n 的回波，然后沿相反的方向以角度 $\Delta\theta_n$ 进行相位旋转。这种旋转使两个天线段接收的雷达视轴偏角为 θ_n 处的地面回波相位相差180°。

相位旋转后的回波随后被相加在一起，其结果是 θ_n 角度上的地杂波被抵消，而目标从其他任何方向返回的多普勒频移同为 f_n 的目标回波则不会。

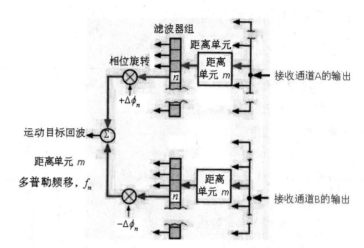

图 26-8　陷波技术的实现。接收通道 A 和 B 的视频输出被收集在距离单元内。对于每个距离单元 m，形成一个多普勒滤波器组。每个滤波器的输出通道 A 旋转 $+\Delta\phi_n$，而通道 B 旋转 $-\Delta\phi_n$。然后对旋转后的输出进行求和，在天线接收模式中 θ_n 处形成一个等效的凹口，而让多普勒频移为 f_n 的其他角度的目标回波通过

对于那些在接收机前端（在微波频率上）产生和差信号的单脉冲角度跟踪雷达系统来说，它们的和差通道输出的信号波束置零方式与本节的陷波方法类似。不同之处在于，它们不是通过相位旋转和求和运算，而是通过对相应多普勒滤波器 f_n 的输出进行加权求和来实现差波束输出方向图在 θ_n 角度上的置零而实现的。

很多地面目标也具有足够高的径向速度，可以落在杂波谱的无杂波清洁区中，因此，实际雷达系统中陷波处理通常与常规 MTI 处理分时共用。

陷波技术和 DPCA 的组合　陷波技术通常可提供非常好的主瓣杂波消除效果，但是在某些情况下（例如，当单帧时间受到限制，波束驻留时间因此被约束，而可实现的多普勒率分辨率不足时），陷波技术和 DPCA 的联合使用可以显著改善杂波抑制性能，与此同时，它对缓解 DPCA 技术对平台运动的严格限制以及实现 PRF 与飞机速度去耦合也有益处。

联合处理的实现方法与上述单独使用陷波技术的不同之处主要在于：对每个距离单元，两个接收通道的输出都设置了独立的多普勒滤波器组，且其中一组滤波器的输入信号需要被延迟一个脉冲重复间隔 T=1/PRF（见图 26-9）。

尽管可以期望通过对算法的深入研究进一步提升杂波抑制性能，但是请务必牢记，杂波抵消技术的基础是杂波散射体具有平稳性，这种抵消最终必将受到杂波"内部运动"的限制。

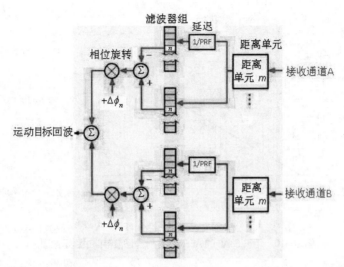

图 26-9　经典 DPCA 和陷波技术的结合。它减轻了 DPCA 对飞机和天线运动的约束，并且提高了波束驻留时间有限时陷波技术的杂波抑制性能

STAP（空时自适应处理） 如前所述，要想对每个多普勒单元生成一个方向零点，要求平台运动速度精确已知，并且需要假设地面某点的多普勒频移与它相对于飞行方向的波束指向角之间存在已知的确定关系。DPCA 和陷波技术都属于开环滤波技术，正如我们在 DPCA 相关讨论中提到的那样，这些技术并不一定局限在双相位中心天线系统上。理论上，为了实现不同多普勒频移和不同方向上的置零处理，我们也可以使用一个 N 阵元的阵列天线，比如采用有源电扫阵列（AESA）系统。

在实际应用中，飞机速度可能在不断地变化。而且，由于应用场景中地形坡度和高度等因素的变化，地面回波的多普勒频移与雷达视角之间的关系可能比前面假设的情况更加复杂。非常需要一种能够自适应于观测杂波谱且能动态调整每个多普勒频移滤波响应的杂波抑制系统。简易 DPCA 方法通常仅使用两个脉冲回波进行单延迟对消，陷波滤波器也仅使用两个阵元进行空间置零控制。如果我们有一个 N 阵元相控阵天线和 M 个待处理的回波脉冲信号，就可以同时在空域（方向零点滤波器）和时域（多普勒滤波器）上设计出更加复杂的滤波响应特性。这样的话，该滤波器就能在雷达视角变化时适应杂波谱的变化，这就是我们将要介绍的空时自适应处理（STAP）技术。

在典型的 AESA 应用中，N 个天线阵元中的每一个都既用于发射，也用于接收。当平台沿其轨迹移动时，每个阵元接收的连续 M 个脉冲回波被一起存储起来。和 DPCA 处理一样，AESA 雷达通常也沿着飞机航线侧向观测相关区域。接收回波信号的阵列布局如图 26-10 所示，图中显示的是一个五天线阵元的阵列和一个五脉冲回波的滤波器。每个阵元接收的时间间隔为 1 个脉冲重复间隔 T 的每个脉冲回波，都将在空时杂波滤波器中被加权求和。对每个雷达距离单元，上述空时处理算法都要进行一遍。空时滤波结束后，为了能够检测不同运动速度的目标，输出回波还要进行一次多普勒滤波处理。

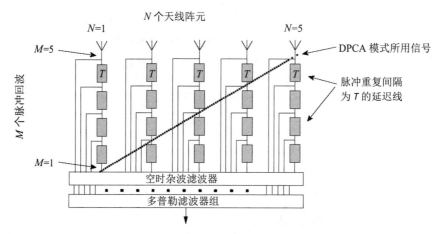

图 26-10　用于 STAP 的 AESA 雷达脉冲回波存储过程示意图

　　基于对空间（N 个天线阵元）和时间（M 个脉冲）信息的利用，采用对阵元脉冲回波进行适当加权的方法，可以构造出一个滤波器。凭借对上述观测数据的分析，该滤波器能够以自适应的方式（即与前述开环技术相反的闭环技术）来实现，且它将使得输出信号中杂波残留最小化。STAP 处理所得滤波器的响应函数（见图 26-11）实际上就是前述两脉冲陷波滤波器的扩展，不同之处是现在我们使用了更多的脉冲，它将支持我们获得更优的滤波器特性形状，并且允许我们检测更低速度的目标。若雷达天线在一个脉冲周期内的走动距离精确等于天线阵元间隔，则该 STAP 滤波器将获得和 N 脉冲 DPCA 系统完全相同的输出结果。见图 26-10，图中虚线所示即为五相位中心 DPCA 系统要使用的数据样本。图 26-11 中滤波器响应特性与陷波滤波器相同，但是新滤波器对杂波具有自适应性，而不像简单的陷波滤波器那样，需要预先为每个多普勒频移指定一个置零角度值。由图 26-11 还可以看出仅在多普勒或视角（空间）一个维度进行滤波时的滤波器响应特性。可以看出，两种情况下都无法检测到我们所需的慢动目标。

　　为自适应调整 STAP 滤波器参数，雷达会花费一些时间在一定数量的距离单元上收集杂波数据样本。为此需要假设所有这些数据样本中的杂波统计特性都是一致的。若杂波非常不均匀，那么即使采用 STAP 这样的一个闭环系统，雷达信号处理可能也很难估计出正确的滤波器响应特性。

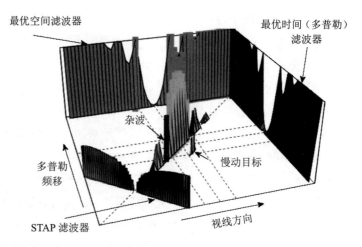

图 26-11　时空滤波器响应特性显示了它相比于单独进行空域或时域滤波的优势

26.3　精密角度测量

尽管 DPCA 和陷波处理可以将主瓣杂波中原本毫无希望的目标检测出来，但它们并不能告诉我们目标在天线波束中的具体角度位置。这是因为，尽管干扰目标的杂波的角度可以通过目标回波所在多普勒滤波器的频率来确定，但由于目标径向速度未知，其自身运动产生的多普勒频移也就无法知道，因此我们还是无法直接判断目标与该角度实际相差了多少。

在传统应用中，对于二分段天线及其对应的双通道接收系统，一般通过比较两个接收通道输出目标信号的相位或幅度信息来获得目标的精确方向。相比之下，慢动目标检测技术充分利用了两个通道的输出信号，将它们用于杂波抑制和目标检测。

因此，在需要进行精确角度测量时，通常采用一种三分段天线和三通道接收系统。如图 26-12 所示，接收通道 A 和 B 的输出被用来进行杂波抑制，它们组合在一起将形成一个新的等效相位中心，其位置位于 A、B 两天线相位中心的中间点；同样的道理，通道 B 和 C 也用于进行杂波抑制和目标检测，它们也会形成一个新的等效相位中心，其位置位于 B、C 两天线相位中心的中间点。

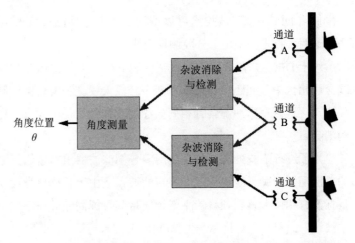

图 26-12　一种精确目标角度测量方法。杂波抑制和目标检测需要两个分段天线的接收回波，为确定目标在雷达波束内的具体角度，还需要增加使用第三个分段天线

对目标精确方向的估计，将基于回波到这两个等效相位中心之间的波程差以及它们两个输出信号的相位差来实现。

对一个 STAP 系统，在自适应滤除杂波的同时，它所使用的 N 阵元天线阵列也可像在单脉冲雷达（参见第 8 章）那样生成和差波束信号。

实用的地面动目标显示（GMTI）雷达不仅需要能够探测地面慢动目标，而且，为用户计，还需要在地图上准确地将它们的位置显示出来。前面介绍了如何检测慢动目标以及如何测量它们的距离和方位，这些测量值还需要从雷达观测坐标转换为地面坐标，如采用高度、纬度和经度进行标识，这要求雷达对其自身位置有着十分精确的了解，通常可通过全球导航卫星系统（GNSS，如 GPS 或 Galileo）以及精确的地面高程图或数字地形高程数据（DTED）来获得。有了这些额外信息的辅助，雷达才可以精确定位地面动目标。图 26-13 所示是一个 GMTI 雷达显示画面的例子，图中显示有很多在地面上移动的机动车辆，包含 9 min 时间内一个 40 km×35 km 区域内相关目标的完整历史轨迹，其间雷达完成了数次完整的天线周期扫描。采用两种颜色分别表示相对于雷达视线接近和远离的目标。平台朝向东北方向航行，扫描获得一大片狭长地带上的雷达点迹，直至到达海岸线处停止，这一点从该图的东北角甚少有点迹出现就可以明显看出来。虽然这不是雷达操作员的常用工作界面，因为他们通常对较短时间内独立物体的运动监测更感兴趣，但通过这种对大量地面目标数据的获取，道路交通网的通行密度很容易被测定，以便我们可以将主干高速公路从那些低等级且没什么车走的公路中区分出来。

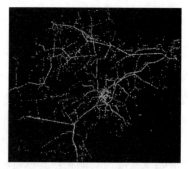

图 26-13　I-Master 机载雷达 GMTI 显示画面，从中可见道路上移动的车辆

26.4　小结

使用 DPCA 或陷波技术可以将其真实多普勒频移落入主瓣杂波区的目标与杂波区分开来，这两种技术均采用二分段侧视天线。

对于 DPCA，需要调整飞机速度和 PRF，以便雷达在脉冲重复间隔内的前进距离等于天线分段相位中心间距。通过前后两个分段天线交替发射雷达脉冲的办法，使得对于地面上的任意点，这两个脉冲都具有相同的往返传播距离，由此可以通过杂波对消器实现对主瓣杂波的消除。

为了进行陷波处理，首先使用多普勒滤波器组对雷达回波进行分类，然后为每个滤波器的输出配置一个天线接收方向零点滤波器。由于目标自身运动速度会引起多普勒频移，而与目标具有相同多普勒频移的主瓣杂波将和目标回波处在不同的方向上，因此可以在方向上将杂波置零而不至于对目标产生抑制作用。

将 DPCA 与陷波技术组合使用，比单独使用其中的任何一种技术都将具有更大的灵活性。陷波技术需要假设杂波多普勒频移与雷达视角之间的关系先验已知。但是，鉴于未知的地面高度变化以及其他异常情况的影响，实际情况往往并非如此。因此，这种开环方法是次优的，一种更为先进的闭环处理方式是 STAP。在 STAP 中，雷达使用天线接收阵列来估计杂波特性，并产生空时自适应的滤波器响应，以抑制所观测的杂波回波。

最后，一个实用的雷达系统必须不仅能够检测慢速运动的目标，而且还能估计它们在天线波束内的具体方位。当仅采用简单的双通道 DPCA 或陷波技术时，实现这种方位测量需要额外使用第三个天线阵元。STAP 采用类似的方法，可在适应杂波特性的同时生成所需的和差波束方向图。

扩展阅读

R. Klemm, "Introduction to Space-Time Adaptive Processing," IEE Electronics & Communication Engineering Journal, Vol. 11, No. 1, 1999, pp. 5–12.

M. I. Skolnik, "MTI and Pulse Doppler Radar," chapter 3 in Introduction to Radar Systems, 3rd ed., McGraw Hill, 2001.

R. Klemm, Principles of Space-Time Adaptive Processing, IEE, 2002.

第六部分
空对空作战

洛克希德 C-130K 大力神和维克斯 VC10

四引擎的 C-130 大力神在 1957 年首次服役，从那时起就被广泛用作许多不同的角色。图中所示为，英国空军一架 C-130K 和 1312 航班的一架 VC10 正在进行空对空加油训练。

Chapter 27

第 27 章 | PRF 和模糊

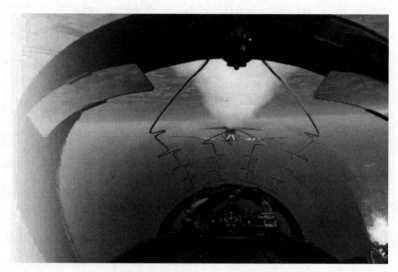

飞行员视角：英国空军"红箭"特技飞行表演队
在林肯市空军基地上空练习飞行

在脉冲雷达（特别是脉冲多普勒雷达）系统设计中，脉冲重复频率（PRF）的选择十分关键。在其他条件不变时，PRF 决定了观测距离和多普勒频移的模糊程度。反过来，模糊程度也决定了雷达直接测量距离和多普勒速度以及抑制地杂波的能力。在探测背景由杂波主导时，抑制杂波和通过有用目标的能力将严重影响雷达的整体性能。

本章研究机载雷达可使用的多种 PRF，并给出明显可能发生距离模糊和多普勒模糊的区域；提出低、中、高三种基本的脉冲工作模式，并讨论它们的优缺点。

27.1 主要考虑因素：模糊

脉冲重复频率（PRF）可以从几百赫到几十万赫不等（见图 27-1）。对于如此宽的频谱范围，雷达系统在给定条件下的效能发挥取决于许多因素，其中最重要的是距离模糊和多普勒模糊。

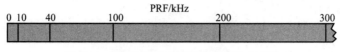

图 27-1　PRF 的范围可以从几百赫到几十万赫

距离模糊　为了消除距离模糊，来自最远可探测目标的回波必须是一次回波。换句话说，所有由一个发射脉冲引起的回波必须在下一个脉冲发射之前被接收。发生这种情况的距离范围称为一次距离区。因此，一次距离区的上界即为不模糊距离 R_u（见图 27-2）。然而，也有可能此时仍然能够检测到大 RCS 目标回波或是一次距离区外杂波（因为雷达脉冲继续前进）。因此，实际上雷达测距几乎总是模糊的。

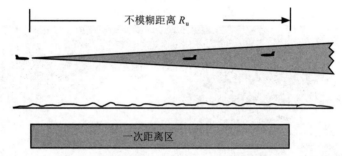

图 27-2　若所有一次距离区外回波都被抑制，这个区域就是一个不模糊距离区

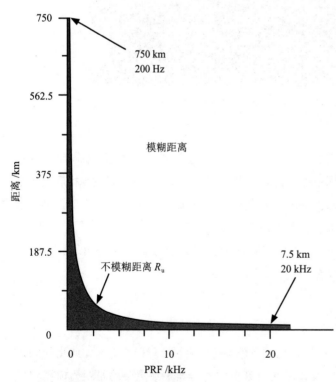

图 27-3　曲线下方的区域包含距离和 PRF 的各种组合，对于这些组合，目标的观测距离将是不模糊的。这里假定一次距离区以外的所有反射波均可以忽略不计或被抑制

诚然，若 PRF 设置得足够低，以致所要求的最大作用距离落在一次距离区以内，通过采用包括 PRF 抖动（参见第 15 章）等技术，更远距离上的距离模糊仍是可消除的。就本章我们所要讨论的目的，我们假设一次距离区即为最大不模糊距离以内区域。

一次距离区延伸的距离（km），大约等于 150 km 除以千赫（kHz）为单位的 PRF 数。图 27-3 给了该距离与 PRF 的关系曲线。曲线下方区域包含距离不模糊的各种 PRF 和距离的组合。曲线上方区域则为发生距离模糊的各种 PRF 和距离的组合。

要注意的是，随着 PRF 的增加，曲线下降速度很快。从 200 Hz 时的 750 km，下降到 8 kHz 时的 18.75

km 和 20 kHz 时的 7.5 km。

多普勒模糊　和距离一样，雷达所测多普勒频移本质上也是模糊的。但是，模糊的严重程度则取决于 PRF、波长以及最大远离速度和最大接近速度之差。最大接近速度是最快的目标接近速度。最大远离速度既可能来自相对雷达慢速运动的目标，也可以是来自雷达背面为天线旁瓣所接收地物杂波（SLC）的相对速度（见图 27-4）。当雷达用于战斗机时，最大远离速度通常是后者。该速度非常接近雷达载机的最大运动速度 V_R。

在杂波环境中当多普勒模糊产生时，PRF 和多普勒频移之间的关系如图 27-5 所示。

图 27-5 显示了典型飞行情况下的多普勒剖面，包括真实剖面（中心谱线频率）及其下一个较高的频域重复像（一次上边带图像）。两个剖面中对应点的间隔为一

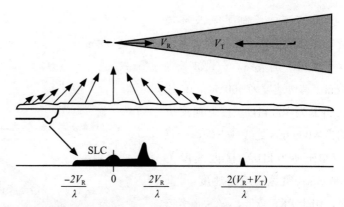

图27-4　最大远离速度通常是雷达后向接收到旁瓣杂波的地面远离的相对速度，最大接近速度是最快的接近目标的速度

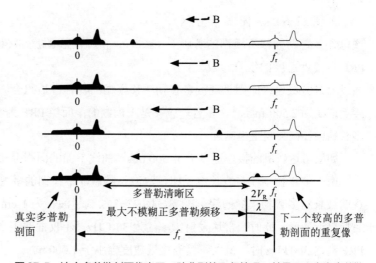

图27-5　这个多普勒剖面代表了一种典型的飞行情况，并显示了真实多普勒剖面及其在相隔一个脉冲重复频率处的重复像。随着速度的增加，目标通过多普勒清洁区，最终进入重复的负频率旁瓣杂波区。如由下向上第一幅图所示，这个重复出现的旁瓣杂波区以距离零多普勒一个 PRF 为中心。由此，在真实的多普勒旁瓣杂波中，目标将在相同的相对位置上出现模糊，单靠多普勒频移无法分辨。这为可探测的目标设置了一个不模糊的速度上限

个脉冲重复频率 f_r。高接近速度的目标（B）出现在最高实际杂波频率之上的清洁区。如果该目标的接近速度逐渐提高，则该目标将沿多普勒频移标度上移（往图的右侧）。最终，它移动到重复的旁瓣杂波谱中，但也将出现在真实的旁瓣杂波谱中，该频谱由 f_r 分隔。仅凭多普勒频移，即使它们的真实多普勒频移有很大的不同，雷达也无法将目标回波与旁瓣杂波分开。

因此，从杂波抑制的观点来看，目标所能拥有的最高不模糊多普勒频移（即该目标不必跟与它有不同真实多普勒频移的杂波竞争时的最高频率），应等于脉冲重复频率减去最大旁瓣杂波频率。如前所述，后一种频率与雷达的运动速度相对应。

$$最大不模糊多普勒频移 = PRF - \left(\frac{2V_R}{\lambda}\right)$$

图 27-6 中绘制了杂波环境中多普勒频移不模糊时最大接近速度与 PRF 的关系。假设波长为 3 cm，雷达速度为 500 m/s。曲线从 PRF 为 300 kHz、接近速度大约为 4 000 m/s 处线性下降，一直到 PRF 为 70 kHz、接近速度为 500 m/s（雷达的地面速度）。此时，由于 PRF 较低，最大正旁瓣和负旁瓣杂波频率重叠，曲线在此终止。

在图 27-6 中，曲线下方区域包含多普勒频移不模糊的各种 PRF 和接近速度的组合。反之，

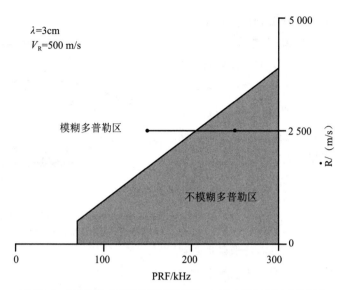

图 27-6　所观测的多普勒频移不模糊的 PRF 和目标接近速度的组合

曲线上方区域包含的则是观测多普勒频移模糊的各种参数组合。例如，当 PRF 为 250 kHz、接近速度为 2 500 m/s 时，多普勒频移是不模糊的；而当 PRF 为 150 kHz、接近速度不变时，多普勒频移则会发生模糊。

如果雷达载机的接地速度大于 500 m/s，曲线下面的面积会相应缩小；反之亦然。

由于多普勒频移与波长成反比，故波长越短，不模糊的多普勒频移范围就越有限。为了说明波长对多普勒模糊的深刻影响，图 27-7 绘制了波长为 1 cm 多普勒频移不模糊时的最大目标接近速度，此时，雷达发射频率约为 35 GHz。不仅曲线下方面积相对较小，而且即使在 PRF 高达 300 kHz 时，最大不模糊接近速度也小于 1 000 m/s。

然而，在波长为 10 cm（频率为 3 GHz）时，曲线下面的区域从 500 m/s（21 kHz 处）（见图 27-8）扩展到大约 13 500 m/s（300 kHz 处；超出了图中的范围）。

绘制曲线图　探测距离和多普勒速度的不模糊测量取决于所选择的 PRF 值。事实上，PRF 是雷达设计中的一个关键参数，必须谨慎选择，特别是对于高速飞行的喷气式飞机上使用的雷达系统。

图 27-9 显示了不模糊距离区和不模糊多普勒频移区（λ=3 cm，V_R= 500 m/s）。按照该图的比例绘制，不模糊

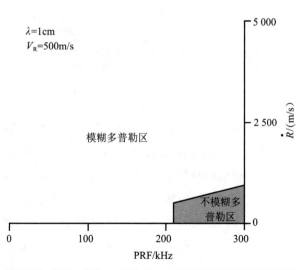

图 27-7　波长 λ 从 3 cm 减为 1 cm 引起不模糊多普勒频移区域的急剧减小

距离区相当狭窄，但不模糊多普勒频移区相对较宽。中间是一个相当大的距离和多普勒频移同时发生模糊的区域。

因此，对 PRF 的选择只能是一种折中。如果提高 PRF，即使超出一个较小的值，观测距离也可能出现模糊。同时，除非将 PRF 提高到一个比该值大很多的值，否则观测到的多普勒频移也会出现模糊。

虽然距离模糊和多普勒模糊都对杂波抑制造成困难，但它们对雷达系统操作的影响是完全不同的。事实证明，若将雷达系统设计成在大范围的 PRF 上工作，并依据当时的工作要求合理地进行 PRF 实时选择，上述困难几乎可以完全被克服。

27.2　三种基本类型的 PRF

因为 PRF 的选择对性能的影响非常大，所以机载雷达通常对所采用 PRF 进行分类。考虑到不模糊距离和不模糊多普勒频移区几乎是互斥的，因此规定了 PRF 的三种基本类型：低 PRF、中 PRF、高 PRF。

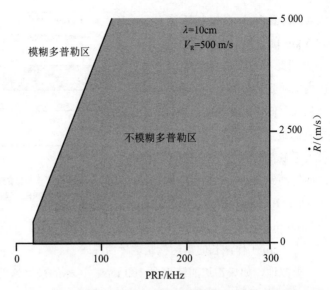

图 27-8　多普勒频移不模糊区域的急剧增加是由于波长增加到 10 cm

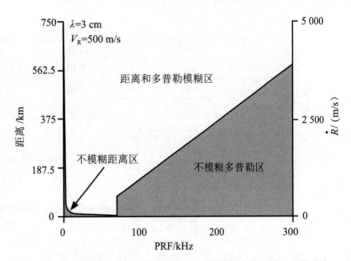

图 27-9　当不模糊距离区用相同的 PRF 比例绘制时，则可明显看出，PRF 的最好选择是进行折中

PRF 的三种基本类型不是根据 PRF 本身的数值大小来定义的，而是根据该 PRF 是否使观测距离或是多普勒频移发生模糊而定义。虽然确切的定义各不相同，但概念都是相似的。下面的描述被广泛使用，但是应该被视为指导而不是严格的限定。

- 低 PRF 是指所有被探测目标的距离都不模糊（目标位于一次距离区内）；
- 高 PRF 是指所有被探测目标的多普勒频移都不模糊的；
- 中 PRF 是指上述两个条件均不满足的 PRF，即距离和多普勒频移都是模糊的。

一个特定的 PRF 应当归入哪一类型，这在很大程度上取决于具体的工作条件。例如，PRF

为 4 kHz 意味着不模糊距离约为 37.5 km [$c/(2PRF)$]（见图 27-10）。因此，可以认为距离 37.5 km 以内探测到的目标是不模糊的，将其列入"低"PRF 类型。然而，如果目标最大距离超过 37.5 km，且最大正多普勒频移和负多普勒频移之间的间距大于 4 kHz，则同样这个 4 kHz PRF 将被视为"中"PRF。（以 100 m/s 速度飞行的战斗机携带一个 3 cm 工作波长的雷达就是这种情况。）

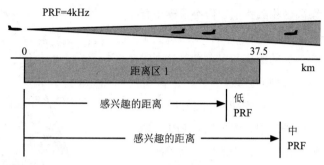

图 27-10 一个 4 kHz 的 PRF，若感兴趣的最大距离小于 37.5 km，则被称为"低"PRF；若感兴趣的最大距离超过 37.5 km，则认为是"中"PRF

类似地，如果雷达的速度是 100 m/s，目标的最大速度是 500 m/s（这样，最大接近速度为 600 m/s，见图 27-11），一个 20 kHz 的 PRF 对于 X 波段雷达（3 cm 波长）是"中"PRF，而对于 S 波段雷达（10 cm 波长）则是"高"PRF。

PRF 的类型

PRF	距离	多普勒
高	模糊	不模糊
中	模糊	模糊
低	不模糊	模糊

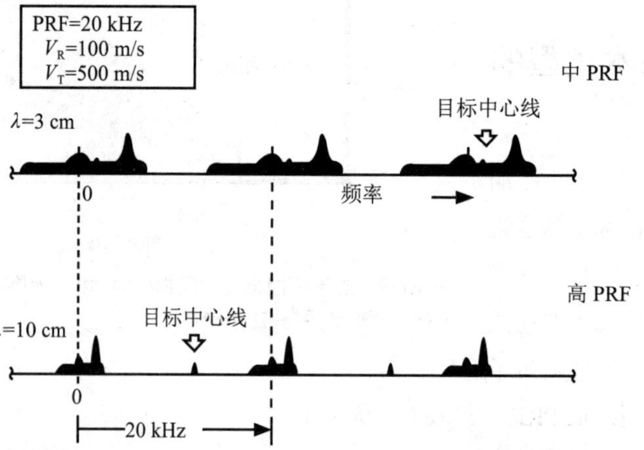

图 27-11 一个 20 kHz 的 PRF 在波长为 3 cm 时可能是"中"的，但在波长为 10 cm 时却是"高"的

实际上，对任何一个雷达波段来说，并非所有可能的 PRF 都会被使用（见图 27-12）。例如，在 X 波段，属于"低"类型的 PRF 通常在 250 Hz 到 4 000 Hz 之间；属于"中"类型的 PRF 在 10 kHz 至 20 kHz 之间；属于"高"类型的 PRF 则可能在 100 kHz 到 300 kHz 之间任意变化。

所有这些并不意味着 PRF 类型是没有实际价值的技术性问题。正好相反，雷达的发展历史和应用过程已经证明，这种分类是非常有用的。尽管在任何一种 PRF 类型中改变 PRF 的大小并不会从根本上影响雷达的设计，但从一种类型到另一种类型的改变则会从根本上影响系统设计对雷达信号处理的要求，并最终影响雷达的工作性能。

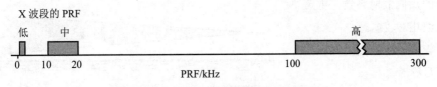

图 27-12　实际上，并不是所有 PRF 都会用到

低 PRF 工作模式　因为在低 PRF 时距离是不模糊的，所以这种工作模式具有两个重要优点。首先，可以通过简单的脉冲延迟法直接精确测量距离。其次，正如将在第 28 章中说明的那样，几乎所有的旁瓣回波都可以通过距离分辨率加以抑制（除了来自雷达截面积较大的点目标回波外）。

　　然而，除非主瓣杂波与目标在距离上分得开，否则只能根据多普勒频移的差异来抑制主瓣杂波。而且，因为低 PRF 时主瓣杂波谱宽占据了 PRF 的相当一部分，抑制主瓣杂波必然也会抑制掉落入主瓣杂波谱内的目标回波。如果波长足够长，雷达接地速度足够低（$f_d \propto V_R/\lambda$)，天线也足够大（$\theta_{3dB} \propto \lambda/d$)，则可使主瓣杂波频谱缩到很窄，此时，目标回波的可能损失尚可接受。

　　但是，大多数战斗机雷达所处的工作条件是波长短、天线小、潜在接地速度高。因此，如果 PRF 低到足以将一次距离区扩展到较远的距离（如 55 ～ 75 km），则不模糊的多普勒频谱将占据大部分的多普勒通带（见图 27-13）。因此，当杂波被抑制时，大部分目标区域的回波也会

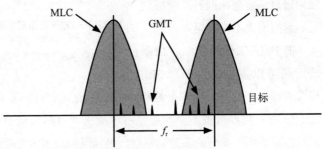

图 27-13　如果使 PRF 低到能提供适当长的不模糊距离，则大多数目标回波将和主瓣杂波（MLC）一起被抑制。此外，不能将地面动目标（GMT）和飞机目标直接区别开来

被抑制。此外，由于真实多普勒频移差异很大的目标回波被混叠在一起，雷达目标探测时不仅不可能解决多普勒模糊问题，而且也容易受到其他地面动目标的干扰。

低 PRF

优　点	缺　点
1. 空对空仰视和地图测绘性能好	1. 空对空俯视性能不好，大部分目标回波可能和主瓣杂波一起被抑制掉
2. 测距精度高，距离分辨率高	2. 地面动目标检测是个问题
3. 可采用简单的脉冲延迟测距	3. 多普勒模糊一般很严重而且无法解决
4. 可通过距离分辨率抑制一般的旁瓣杂波	

由于主瓣杂波问题很严重，目前对于使用短波长和相对较小天线的战斗机而言，在空空作战方式下，低 PRF 的使用主要限于主瓣杂波可以避免的场合：

- 在水面上空飞行且中到低入射余角场合时，此时，由于水面近似于镜面，具有相对较低的后向散射系数，主瓣杂波相对较弱。

- 以较高的海拔高度仰视搜索目标时。

- 当主瓣照射到最大感兴趣距离外的地面（见图 27-14），并且通过非多普勒分辨能够抑制一次距离区外杂波时。

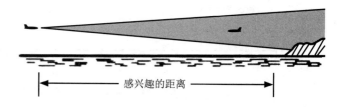

图 27-14 对于战斗机空对空作战模式，使用低 PRF 限于主瓣杂波不是问题的场合。例如，在水面上或在感兴趣距离内主瓣波束并不照射到地面的场合

对于地面测绘和合成孔径雷达（SAR）成像，低 PRF 是理想的（见图 27-15）。在 SAR 成像中，不模糊的多普勒频移观测也是必不可少的。令人高兴的是，PRF 通常可以做得足够使主瓣杂波频谱避免重叠，同时又能提供足够远的最大不模糊距离。

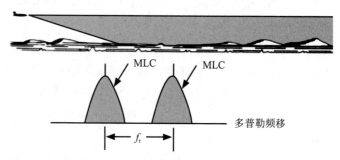

图 27-15 对于地面测绘雷达而言，低 PRF 所提供的不模糊测距性能是必不可少的。然而，对于 SAR 地图测绘来说，PRF 也必须足够高，使重复的主瓣杂波（MLC）不重叠

高 PRF 工作模式 主瓣杂波问题可以通过工作于高 PRF 模式来解决。此时，主瓣杂波频谱宽度仅占真实目标多普勒频带宽度的一小部分。因此，在高 PRF 时，主瓣杂波不会明显侵占可能出现目标的频谱区域。此外，由于工作于高 PRF 模式时消除了所有明显的多普勒模糊，因此可以根据多普勒频移抑制主瓣杂波，而不会同时抑制掉来自目标的回波。只有当目标飞行方向几乎与雷达的视线成直角时，其回波才会具有与杂波相同的多普勒频移并被抑制掉（即目标的实际径向速度很低，其测得的径向速度也非常低时）。

中 PRF

优　　点	缺　　点
1. 全方位性能好，即抗主瓣杂波和旁瓣杂波的性能都比较满意	1. 低、高接近速度目标的探测距离均受旁瓣杂波的限制
2. 容易消除地面动目标	2. 必须解决距离模糊和多普勒模糊
3. 有可能采用脉冲延迟测距	3. 需要采取特别措施抑制强地面目标的旁瓣杂波

以高 PRF 模式工作还有其他重要优势。其一，在中心谱线旁瓣杂波频率及其一次重复像之间，展现出一个没有杂波的区域（见图 27-16）。接近目标的多普勒频移正好位于这个区域。其二，可以通过直接检测多普勒频移而测量接近速度。其三，对于给定的峰值功率，只需提高

PRF 直到占空比达到 50%，就可以使平均发射功率最大化。在低 PRF 时也可以获得高占空比，但这需要增加脉冲宽度并采用大的脉冲压缩比，才能提供低 PRF 工作模式所必需的距离分辨率。

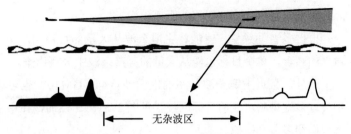

图 27-16　高 PRF 提供了一个可探测高接近速度目标的无杂波区

高 PRF

优　点	缺　点
1. 良好的鼻视能力（高接近速度的目标出现在无杂波频谱区内）	1. 对低接近速度的目标，探测距离可能因旁瓣杂波而下降
2. 通过提高 PRF 可以得到较高的平均功率（若需要，只要适当的脉冲压缩就可以使平均功率最大化）	2. 不能使用简单而精确的脉冲延迟测距法
3. 抑制主瓣杂波不会同时抑制掉目标回波	3. 接近速度为零的目标可能与高度杂波和发射机泄漏信号一起被抑制掉

高 PRF 工作的主要限制是在对付低接近速度的尾随方向目标时，旁瓣杂波会降低雷达的探测性能。与目标回波落入同一频率分辨单元的旁瓣杂波，其中大部分是从很近的距离上反射回来的，因此会非常强（见图 27-17）。

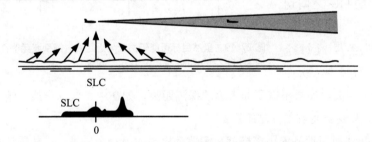

图 27-17　从低接近速度目标来的回波必须与旁瓣杂波竞争，而旁瓣杂波（SLC）大多来自近距离处

当载机在后向散射系数很大的地区上空进行中、低空飞行时，除非目标的雷达截面积很大或距离很近，否则目标回波可能会在杂波中丢失。此外，如果距离鉴别力很差或根本不具备距离鉴别力，零接近速度目标将会与高度杂波一起被抑制掉。

高 PRF 的另一个缺点是使脉冲延迟测距更困难。随着 PRF 的增加，距离模糊变得更严重。为了解决这个问题，雷达必须在很多 PRF 之间切换。

总的来说，当主瓣杂波是个问题，并且想对接近目标进行远距离探测时，高 PRF 的优点远远大于缺点。

中 PRF 工作模式　在同时存在主瓣杂波和强旁瓣杂波的情况下，中 PRF 工作模式被认为是一个为探测尾视目标提供良好的全方位覆盖的解决方案。如果要求的最大作用距离不是特别远，则 PRF 可设置得足够高，以便在主瓣杂波频谱的周期性频谱线之间提供足够的间隔，而又不会引起特别严重的距离模糊。

根据多普勒频移，就能将主瓣杂波从大量的目标回波中分离出来。通过距离和多普勒分辨率的结合，单个目标也能从大量的旁瓣杂波中分离出来。

此外，接近主瓣杂波频率的地面动目标（GMT），也可以和主瓣杂波一起被抑制掉，且不会过多地抑制可能的目标回波（见图27-18）。然而，在中PRF工作模式中将会同时出现距离模糊和多普勒模糊。

中PRF工作模式的距离模糊比高PRF工作模式的距离模糊更容易解决，因此有可能采用脉冲延迟测距。虽然多普勒频移是模糊的，但这种模糊是适度的，因而更容易分辨出。

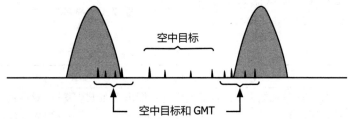

图 27-18　使用中 PRF 时，主瓣杂波的重复间隔足够宽，所以主瓣杂波和地面动目标回波都可以被抑制，但又不会过多地抑制空中目标回波

然而，由于存在距离模糊和多普勒模糊，迎头方向和尾随方向的目标将不得不与近距离旁瓣杂波竞争（见图27-19）。这个问题可以通过在几个不同的PRF之间切换来解决。

但是这样会导致每个PRF的积累时间减少，从而

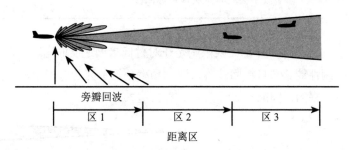

图 27-19　虽然目标可能仍然要与近距离旁瓣杂波竞争，但通过在几个不同的 PRF 之间切换，即可解决这个问题

限制了最大探测距离。如果不需要非常远的探测距离，如在中、低空作战、俯视状态或尾随追击时，通常可以达到足够的探测距离。

在中PRF工作时所遇到的距离模糊和多普勒模糊的另一个后果是：从雷达截面积大的地面目标返回的旁瓣回波可能是一个严重的问题。必须采取专门措施消除这些旁瓣回波，否则它们可能会与飞机目标相混淆。

27.3　小结

在X波段，机载雷达使用的脉冲重复频率范围从几百赫变化到几十万赫。一般来说，只有在PRF很低时，观测距离才是不模糊的，而且还要求一次距离区以外的所有反射回波都可被去除或忽略。相反，只有在PRF相当高时，多普勒频移才基本上是不模糊的。因此，选择PRF通常是一种折中。

本章描述了三类PRF：低PRF、高PRF、中PRF。一个具体的PRF属于哪一类型，将视使用情况而定。

所要求最大作用距离位于一次距离区时的 PRF，就是低 PRF。可以采用简单的脉冲延迟测距，而通过足够的距离分辨率，几乎可以完全消除旁瓣杂波。但对于安装在高速飞机上的战斗机雷达，多普勒模糊通常很严重，以致如果不同时抑制许多可能的目标回波，主瓣杂波就不能被抑制，而且地面动目标探测也可能是一个问题。

所有重要目标的多普勒频移都不模糊的 PRF，就是高 PRF。主瓣杂波可以被抑制而又不会抑制掉目标回波，因为此时存在一个无杂波区，在该区域内可以探测到正在接近的目标。通过提高 PRF 就可获得较高的平均功率。虽然高 PRF 对迎头目标性能很好，但由于距离模糊，旁瓣杂波可能会严重影响对尾随方向目标的探测性能。距离变化率可直接测得，但因为严重的距离模糊，脉冲延迟测距变得难以应用。

距离和多普勒频移都模糊的 PRF，就是中 PRF。但是，只要合理地选取多个 PRF 值，就比较容易解决模糊的问题。因此，尽管同时存在主瓣杂波和旁瓣杂波以及地面动目标，系统仍能提供良好的全方位性能。但是，近距离旁瓣杂波限制了最大探测距离，而雷达截面积较大的地面目标的旁瓣回波可能也是一个问题。

在许多应用中，距离模糊和多普勒模糊的解决仍然是一个挑战，这是一个值得研究的课题。

PRF 的类型

PRF	距离	多普勒
高	模糊	不模糊
中	模糊	模糊
低	不模糊	模糊

扩展阅读

G. V. Morris and L. Harkness, Airborne Pulse Doppler Radar, Artech House, 1996.

W. L. Melvin, J. A. Scheer, and W. A. Holm（eds.），"Doppler Phenomenology and Data Acquisition," chapter 8 in Principles of Modern Radar: Basic Principles, Vol. 1, SciTech-IET, 2010.

C. M. Alabaster, Pulse Doppler Radar: Principles, Technology, and Applications, SciTech-IET, 2012.

M. A. Richards, "Doppler Processing," chapter 5 in Funda mentals of Radar Signal Processing, 2nd ed., McGraw-Hill, 2014.

Chapter 28

第 28 章 | 低 PRF 工作模式

E-3A "哨兵"预警机的西屋（Westinghouse）AN/APY-1 雷达天线

根据定义，低 PRF 是指一次距离区（接收一次回波的区域）至少能延伸覆盖雷达设计处理的最大作用距离区时，雷达所采用的 PRF（见图 28-1）。在该区域以外不存在回波的情况下，观测距离不发生模糊。一次距离区的上界即为所谓的最大不模糊距离 R_u。

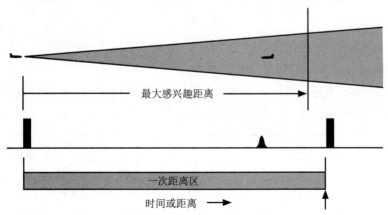

图 28-1 低 PRF 是指一次距离区至少延伸到雷达设计的最大作用距离时的 PRF

一般，低PRF的范围从大约250 Hz（R_u = 600 km）到4 000 Hz（R_u = 37.5 km）。可惜，在这些PRF作用之下，除非波长相对较长或是目标速度相对较低，雷达所观测到的多普勒频移都是严重模糊的。

低PRF对于大多数空对地应用［如地面动目标（GMT）探测和合成孔径雷达（SAR）］是必不可少的，并且在某些空对空应用（如预警）中优于中PRF和高PRF。但在战斗机上使用时，目标回波一般必须与主瓣杂波竞争，因而存在严重的局限性。

在本章，我们将详细地研究低PRF工作模式，看看此模式下如何将目标回波从地杂波中分离出来，以及如何进行信号处理，随后分析低PRF工作模式的优缺点，并探讨如何减轻这些限制因素的影响。

28.1 区分目标和杂波

为了了解将目标回波与地杂波区分开来所必须采取的措施，我们考查低PRF雷达对快速飞行飞机进行探测时所观察到的距离剖面和多普勒剖面。

距离剖面 如图28-2所示，在一次距离区内，观测距离为真实距离。高度杂波、旁瓣杂波和主瓣杂波都清晰可辨，就像来自目标A和B的回波一样，它们都在主瓣杂波之外。然而，目标C完全被主瓣杂波所遮蔽。目标D则超出了一次距离区，虚假地出现在近得多的距离上（如图中底部所示）。

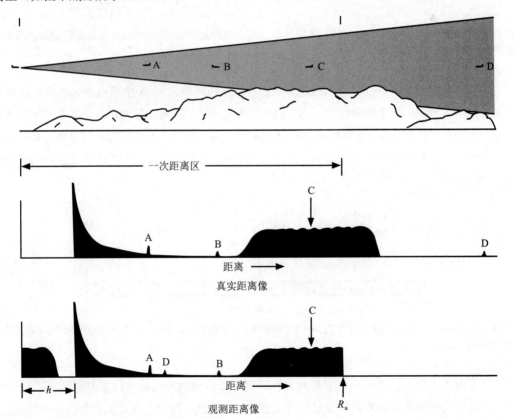

图28-2 在典型应用环境中，低PRF雷达的距离剖面。雷达在此距离剖面中观测到的距离一直直接对应于**真实距离**，直到最大感兴趣距离外

即便对剖面中旁瓣杂波单独出现的那部分粗略地观察一下，也可以立即看出（见图 28-3）：来自目标的回波通常比从目标所在距离处接收到的旁瓣杂波（SLC）强。

在接收机输出端观察到的距离剖面或许能更清楚地说明这一点（见图 28-4）。从图 28-4 可以看到：目标回波和旁瓣杂波的幅

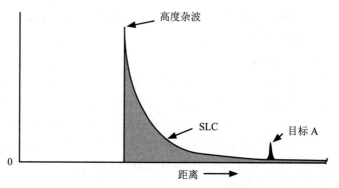

图 28-3　目标回波通常比目标所在距离处返回的旁瓣杂波（SLC）强

度几乎与剖面上接收到的强旁瓣杂波的距离无关。这一特征是灵敏度时间控制（STC）处理作用的结果，低 PRF 工作时一般都采用 STC。

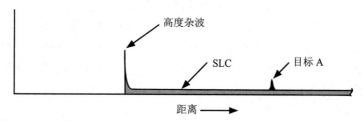

图 28-4　接收机输出端的距离剖面，灵敏度时间控制（STC）使输出的幅度与距离无关，从而避免因强的近距离杂波使接收机饱和

现在，如果我们将该剖面分割成许多增量单元（距离单元），每个增量单元与接收脉冲的宽度[1] 相当。此时，每个距离单元所包含的能量相互孤立，只要注意考查各个单元之间的幅度差别，就能将目标和旁瓣杂波区别开来（见图 28-5）。各距离单元及其幅度共同组成距离剖面。脉冲持续时间（发射脉冲的带宽）决定距离单元的大小，后者即等价为雷达系统的距离分辨率（参见第 16 章）。

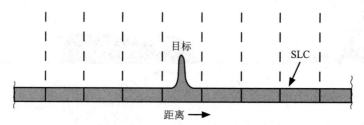

图 28-5　如果将距离分割成与发射脉冲宽度相匹配的窄增量（距离单元），则可以根据距离剖面中的幅度差异从旁瓣杂波中检测出目标回波

但是对于主瓣杂波情况则并非如此。在距离单元分隔回波只能使问题有所缓解。从目标所在距离处返回的主瓣杂波通常比目标回波强得多。而且，即便是从超出目标几个 R_u 的位置

---

[1]　若脉冲被压缩，则此处指压缩后的宽度。

返回的主瓣杂波，也可能比目标回波强。为了区分目标回波和同时接收到的主瓣杂波，我们必须利用多普勒频移上的差异。

多普勒剖面　由于在使用低 PRF 时，距离基本上是不模糊的，所以多普勒剖面的形状随着观察到的脉冲间隔内的点的位置不同而有相当大的变化。换句话说，来自不同距离单元（在距离剖面中）的回波，其多普勒剖面在特性上可能完全不同。

目标 C 所在距离单元上的多普勒剖面如图 28-6 所示。这一剖面最显著的特点是主瓣杂波频谱的周期性重复。重复周期等于脉冲重复频率 f_r。虽然主瓣杂波频谱可能很宽，但通常仍然称它们为谱线或 PRF 谱线。（中心谱线为载波频率，其他谱线则在边带频率之上。）

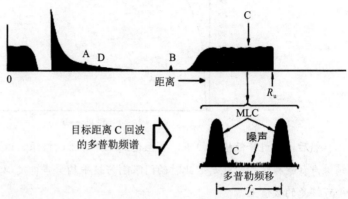

图 28-6　主瓣杂波（MLC）距离上的目标，只有当它的多普勒频移与杂波多普勒频移不同时，才能被探测到

P28.1　灵敏度时间控制

在低 PRF 工作下，通过所谓的灵敏度时间控制（STC），可使接收系统既不会因近距离的强回波而产生饱和，又不会对远距离的回波探测造成探测灵敏度下降。

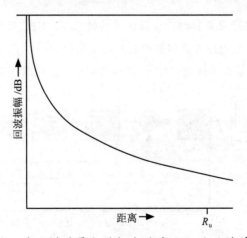

在各个脉冲被发射后，系统增益最初被极大地减小，然后随着时间的增加而增大，从而对雷达回波幅值随距离增大而下降形成匹配补偿。通常在 STC 处理时，在脉冲间隔周期结束前接收机增益就已经恢复至最大值状态。

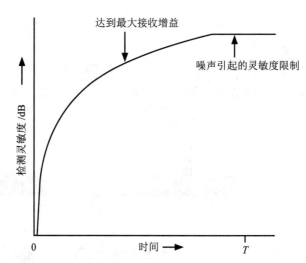

然后，通过降低检测门限，直至达到噪声背景的极限，以使得灵敏度进一步得到提高。所谓噪声背景极限指的就是：此时的门限刚好较平均噪声电足够高，从而能够将虚警率限制在一个可接受的数值上。

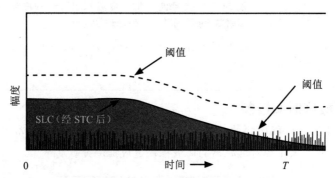

因此，在需要探测远距离目标所产生弱回波的情况下，STC 处理既能在远距离上提供最大的灵敏度，同时又避免了近距离强回波所引起的系统饱和。

STC 可以施加在雷达接收系统任何地方。不论在哪个地方使用，其作用都是防止后级饱和。

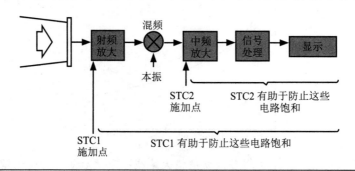

在相邻的两条 PRF 谱线之间，可以看到背景热噪声和目标 C。在此距离上的旁瓣杂波恰巧如此微弱，以至低于噪声水平。请注意，如果目标 C 的多普勒频移再低一些，目标 C 就可能被主瓣杂波所掩盖。

目标 B 也在一个相当远的距离上，其伴随的旁瓣杂波低于噪声水平。由于在这种特殊情况下，从目标 B 的距离上接收不到主瓣杂波，因此无论目标的多普勒频移是多少，它都会清晰地显现出来，它只需与背景噪声竞争。

在较近的距离内，如目标 A，旁瓣杂波比噪声强得多。尽管如此，由于伴随的旁瓣杂波和目标回波来自相同的距离处，所以目标出现在杂波的上方（见图 28-7）。

目标 D 是二次反射目标，因此是不需要的。虽然它有时会比伴随的一次反射的旁瓣杂波更强，但可以通过使用多个 PRF 或 PRF 抖动处理，即以不可预知的方式改变 PRF，从而消除模糊并使其不再被显示。

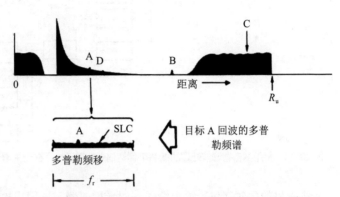

图 28-7　在较近的距离上，如目标 A，必须与旁瓣杂波（SLC）竞争。但由于目标与杂波的距离相同，所以目标回波比杂波强

图 28-8 显示了在高度杂波距离内的多普勒剖面，高度杂波一般分布在宽度超过大多数低 PRF 值的频带上。因此，在多普勒剖面中，对那些可接收到高度杂波的距离单元，很难将高度杂波与其他旁瓣杂波区别开。

由于高度杂波分布在如此宽的多普勒频段上，如果采用多普勒滤波器，只要目标的回波足够强大（因为此时目标距离非常近），就可以

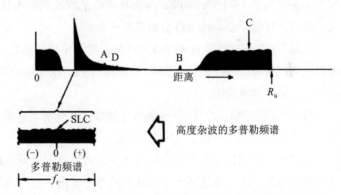

图 28-8　高度杂波所占的频带很宽，很难将它与其他旁瓣杂波区分开

在高度杂波上方检测到目标。当然，要使高度杂波的距离近，雷达的飞行高度必须很低才行。

图 28-9 放大显示了主瓣杂波所在距离处的多普勒频谱。为了消除杂波，不仅必须剔除中心谱线所在的频带，而且在整个接收机的中频带宽内还要抑制相隔 f_r 且带宽相同的一组频带，此时某些目标回波也可能与主瓣杂波一起被抑制掉。只有旁瓣杂波、噪声及（未被抑制的）目标回波被保留。根据幅度以及多普勒频移上的差异，就可以将目标回波从旁瓣杂波和噪声中分离出来。

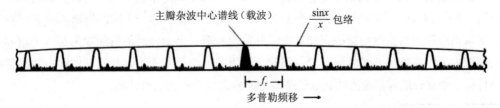

图 28-9　主瓣杂波距离上的多普勒剖面，由周期性重复的主瓣杂波谱组成，在主瓣杂波谱之间，存在着旁瓣杂波和目标回波

28.2　信号处理

处理回波的一种典型方法如图 28-10 中的框图所示。

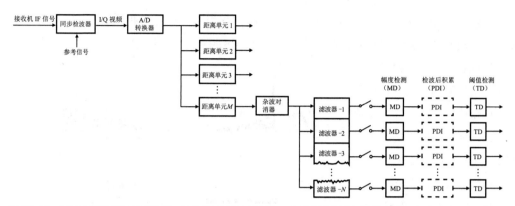

图 28-10　采用多普勒滤波处理的低 PRF 雷达信号处理系统。在无主瓣杂波需要处理时，杂波对消器可以省去

接收机的中频（IF）输出馈送到同步检波器，该同步检波器将中频回波转换为同相（I）和正交（Q）两路视频信号。送到同步检波器的基准信号频率可使主瓣杂波的中心谱线始终置于零频（直流）；因为当 PRF 改变时中心谱线的频率不变化，而其他谱线的频率会发生变化，由此，只有中心谱线分量会被提取出来。

模数（A/D）转换器对视频信号进行采样，采样间隔等于发射脉冲宽度[②]。于是，A/D 转换器的输出是对应连续采样距离单元中回波的 I、Q 分量的数据流。这些数据按距离增量依次存入不同的距离单元中。

为了削弱主瓣杂波，每个距离单元的数据都会通过各自的杂波对消器。与 A/D 转换器一样，每个杂波对消器都有 I、Q 两个通道。

为了减小残留在对消器输出端的主瓣杂波，噪声以及旁瓣杂波（目标必须与它们竞争），采用多普勒滤波器组来处理各个杂波对消器的输出。滤波器组用快速傅里叶变换（FFT）实现。滤波器组的带宽等于 PRF。对每个距离单元，将多个与脉冲序列相对应的回波进行从时域到频域的傅里叶变换，以便将移动的目标与静止（或近乎静止）的杂波分开。频率单元宽度由收集脉冲的总持续时间确定，单元数等于脉冲数。

每个多普勒滤波器的输出都加到门限（幅度）检测器。超过门限则被认为是目标。

该方法有三个方面值得详细阐述：① 杂波对消器是如何工作的；② 检测门限如何设置；③ 如何将主瓣杂波中心谱线保持在直流上。

杂波对消器　最简单的数字杂波对消器形式是，每个通道都包含一个短时存储器和一个加法器（见图 28-11）。存储器将 A/D 转换器收到的每个数据保存一个脉冲周期（$1/f_r$）。然后，加法器从当前收到的数据中减去存储数据，并输出差值。因此，对消器的输出对应于相邻脉冲间周期内某距离处回波的幅度变化。因此，如果杂波静止不变，则其将被消除；如果存在运动目标，则将表现为幅度波动。这种杂波对消器也称为延迟线对消器。

---

② 若使用脉冲压缩，则指的是压缩后的脉冲宽度。

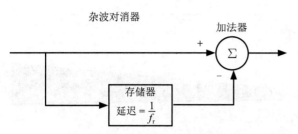

图 28-11　最简单形式杂波对消器，由短时存储器和加法器组成。存储器将信号保存一个脉冲间周期，而加法器从非延迟信号中减去延迟信号

对任一给定距离单元上的连续回波，所测量的是一个信号的瞬时采样值，其幅度与回波的幅度相对应，其频率为回波的多普勒频移。图 28-12、图 28-13 和图 28-14 显示了三个这种信号的连续采样结果，其对应多普勒频率分别为 0、f_r 和 $f_r/2$，所有的采样间隔都等于脉冲重复间隔 $1/f_r$。

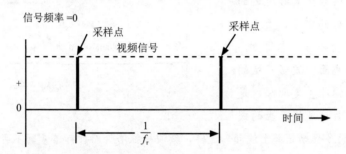

图 28-12　对频率为零的视频信号（直流信号）的采样，采样值具有相同的幅度和正负号

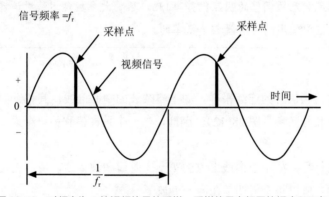

图 28-13　对频率为 f_r 的视频信号的采样，采样值具有相同的幅度和正负号

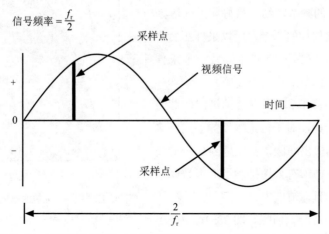

图 28-14　对多普勒频移为 $f_r/2$ 的视频信号的采样，幅度相同，正负号交替

P28.2　典型的延迟线杂波对消器

杂波对消器最初的应用是为地基雷达提供动目标显示（MTI），其最初的构造基于模拟器件。

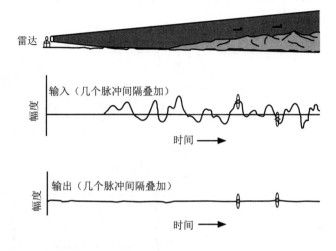

从相敏检波器输出的双极性视频信号通过一个延迟线（如石英晶体），延迟线引入一个与脉冲重复间隔相等的延迟。然后从未经延迟的信号中减去延迟后的信号。由于地面回波没有多普勒频移，本质上，在任何距离上由地面回波所产生的视频信号在相邻脉冲重复间隔内是恒定的。但是，由动目标产生的视频信号则在目标的多普勒频移上波动。这样，杂波被抵消，而目标信号则不会被完全抵消。

在机载预警雷达和早期战斗机雷达中，模拟对消器被用于提供 MTI。然而，数字对消器具有避免延迟不稳定和无须调整的明显优势。因此，尽管大多数延迟线对消器仍然是模拟的，但所有现代机载雷达中使用的对消器都是数字的。

对频率为零的视频信号的连续采样，如主瓣杂波的中心谱线，其相继的采样值具有相同的幅度和相同的正负号（参见图 28-12）。因此，当一个采样值和另一个采样值相减时，它们就对消了。

对频率为 f_r 的信号，如中心谱线上方的第一个主瓣杂波谱线，情况也是如此。由于采样间隔等于波形周期，所以每个周期都在同一点被采样（参见图 28-13）。

但是对于 $f_r/2$ 的频率，结果恰好相反。因为采样周期只是回波周期的一半，所以采样正负交替（参见图 28-14）。当一个采样与另一个采样相减时，其差值是单个采样值的 2 倍。

对于采样频率高于和低于 $f_r/2$ 的情况，此差值会逐渐变小。因此，对于恒定幅度的不同频率输入信号，对消器输出随频率变化呈倒 U 形曲线（见图 28-15）。倒 U 形有效地抑制了低多普勒杂波，允许快速移动目标被放大。

频率高于 f_r 时情况如何呢？图 28-16 用简单

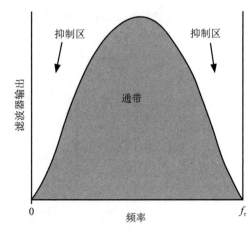

图 28-15　由一个简单的单延迟杂波对消器产生的输出（输入幅度恒定）

的相位图说明了这一点。当以一个给定的采样速率（在本例中是 f_r）对信号进行采样时，如果信号的频率是 f_r+f_D，则采样结果与频率为 f_D 时的采样结果完全相同。

如果信号的频率为 f_D 加上 f_r 的任意倍数，则情况仍然相同。

因此，对消器的输出特性从0（直流）向上以间隔 f_r 等间隔地重复着（见图28-17）。

输出趋近0的区域（直流以及 f_r 的倍数）被称为抑制（陷波）区。如果将任何一条主瓣杂波谱线放置在直流上（我们一般将中心谱线放在这里），则每条谱线都将落在抑制区内，杂波将趋于对消，杂波对消器由此得名。

简单对消器的陷波通常比杂波谱线窄得多。这意味着它们允许一些杂波通过，因此对消并不完美。未被对消的杂波称为杂波残留。但是，将抑制区扩大很容易。最简单的方法是将多个对消器串联在一起，称为级联。

如果抑制区做得足够宽，并且主瓣杂波集中在抑制区的陷波里，杂波就被极大地对消（见图28-18）。对消后的输出中将出现目标回波、旁瓣杂波和背景噪声，当然还有主瓣杂波残留。

紧随每一个杂波对消器的多普勒滤波器，不仅可消除大部分主瓣杂波残留，而且大大降低了与目标信号对抗的旁瓣杂波的幅值以及噪声平均电平。通过适当地设置目标检测门限，可以进一

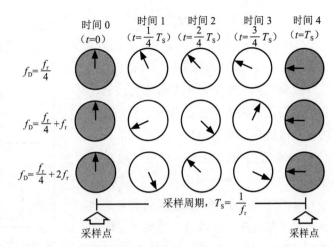

图28-16 如果目标的多普勒频移等于某个值 f_D，加上采样率 f_r 的整数倍，那么对消器的输出将与多普勒频移 f_D 相同

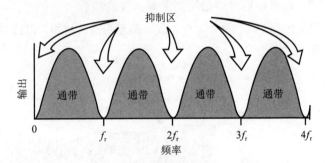

图28-17 杂波对消器的输出特性以间隔 f_r 从直流向上重复

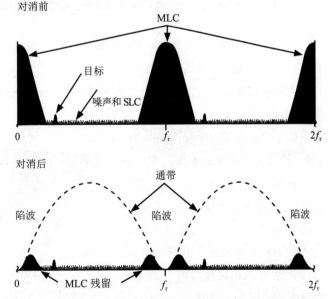

图28-18 如果杂波对消器的抑制区做得足够宽，主瓣杂波就会在很大程度上被对消。输出信号由主瓣杂波（MLC）残留、目标回波、旁瓣杂波（SLC）和噪声组成

步降低杂波和噪声产生虚警的可能性。

然而，也应该注意到，随着陷波凹口宽度的增加，也有可能会去除有用的动目标。换句话说，最小可检测速度增加了。这在检测切向运动目标和地面动目标时非常重要。

检测门限 对于每个多普勒滤波器，我们将门限（阈值）设置为一个预先确定的值，该值高于其两侧几个多普勒单元所对应滤波器的平均输出。如果"被测"单元的值较高，则显示为目标（见图28-19）。只要正确地选择门限偏移值并恰当地取平均，那么杂波穿越门限的概率可以降低到一个可接受的数值，同时为检测目标回波提供足够的灵敏度。

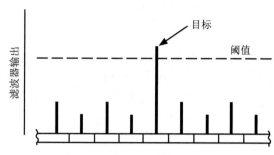

图 28-19 将每个滤波器输出的目标检测门限设置成远高于相邻滤波器的平均输出值，就可以使杂波穿越门限的概率降低到允许值

如果仔细观察已除去主瓣杂波的接收机输出的距离剖面，就会发现，随着距离的增加，最终旁瓣杂波将被淹没在背景噪声之中（见图28-20）。

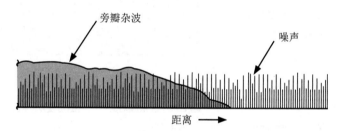

图 28-20 在距离剖面远端所看到的接收机输出，主瓣杂波被去掉，旁瓣杂波最终被淹没在接收机噪声中

在这个距离以外，噪声决定检测门限。因此，当采用低 PRF 时，检测距离通常不受旁瓣杂波的限制，而仅受背景噪声的限制。

跟踪主瓣杂波 主瓣杂波谱是连续变化的。随着天线视角的增大，频谱的中心频率在下降，频谱的宽度从几乎是一条直线展宽成一个宽的峰形隆起（见图28-21）。给定目标和飞机速度，中心频率会降低；因为此时目标相对切向运动，径向速度分量减小；随着观察角度的增大，频谱会变宽，这是因为波束内的径向速度范围增加了。随着雷达目标相对速度的增加，中心频率和宽度都会增加。

因此，为了使主瓣杂波谱总是处

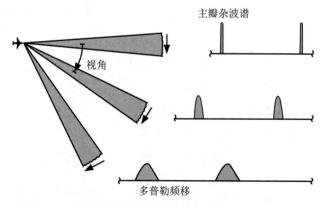

图 28-21 随着观察角度的增大，主瓣杂波谱加宽，频率下降

于杂波对消器抑制区内，由同步检波器所提供的频率偏移必须跟踪主瓣杂波中心频率的变化。已知天线视角和雷达接地速度，很容易预测杂波谱的中心频率。于是，通过适当调整加到同步检波器的基准频率，频率变化就能被跟踪（见图 28-22）。

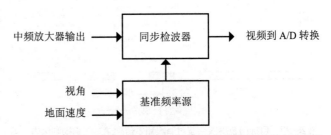

图 28-22　通过连续调整加到同步检波器的基准频率来解决视角和速度变化问题，就可以将主瓣杂波始终保持在杂波对消器的抑制区内

28.3　低 PRF 工作模式的优缺点

低 PRF 工作模式有很多优点，也有很大的缺陷。

这些优点是：

- 可用简单高精度的脉冲延迟法直接测量目标距离；
- 通过距离分辨可以在很大程度上抑制旁瓣杂波；
- 可使用 STC 提供宽的动态范围；
- 满足信号处理要求比较容易；
- 探测距离通常只受限于背景噪声。

主要缺陷如下：

- 如果目标多普勒频移使目标回波落入杂波滤波器的一个抑制区内，则雷达将无法检测该目标。
- 虽然雷达设计最大作用距离以内接收的都应是一次反射回波，但是，对于防止 R_u 以外强信号多次反射回波虚假地出现在雷达作用距离内，除了 STC 和视距遮挡外，几乎没有别的解决办法。当然，R_u 以外的主瓣杂波可根据多普勒频移加以抑制，就像抑制 R_u 以内的主瓣杂波那样。

在战斗机中，由于天线尺寸的限制，要求采用非常短的波长，以致多普勒模糊变得十分严重。这样，不仅不能直接测量接近速度，而且区分空中飞行目标和地面动目标都很困难。

28.4　缺陷的克服

本节讨论采取哪些措施可以克服低 PRF 的缺陷，如多普勒盲区、多次反射回波、低占空比以及地面动目标等。

多普勒盲区　或许，低 PRF 工作模式的最大缺陷是所谓的多普勒盲区。之所以这样称呼，是因为如果接收到的回波，其多普勒频移落入杂波对消器的抑制区内，则该回波也会被抑制掉，而这也会在目标回波多普勒等于 PRF 倍数处发生（见图 28-23）。

在低 PRF 情况下，目标的多普勒频移可能是 PRF 的许多倍，因此在跨度为 PRF 的频率区间中，目标将在某一点出现的可能性与在任何别的点出现的可能性是一样的。因此，目标在任何时间处于盲区的概率大致等于抑制区宽度与 PRF 的比值。

盲区

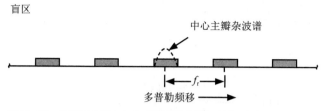

图 28-23　目标回波落入杂波对消器和多普勒滤波器组抑制区内。目标的真实多普勒频移位于其中一个频带之内，雷达视而不见

可以通过几种方法来降低这种概率。一种方法是简单地增加 PRF，从而将盲区扩展得更远。但是，PRF 可以被提高的程度受到最大检测距离的限制。例如，所需的最大检测距离是 37.5 km，导致 PRF 的上限为 4 kHz。

降低盲区严重程度的另一种方法是减小盲区宽度。当然，减小的程度受到主瓣杂波谱宽度的限制。主瓣杂波谱宽度可以用下列方法变窄：① 增加天线尺寸从而减小波束宽度，或是允许使用较短的波长。② 限制雷达载机的速度，从而减少主瓣杂波频率的扩散。③ 限制天线的最大视角，从而进一步减弱主瓣杂波频率的扩展。

在预警和监视用途的雷达系统中，雷达载机的飞行速度较低，盲区可以逐渐变小，使用大型天线时盲区并不是一个严重的问题。如图 28-24 的上半部分所示，对于天线长度为 3 m、速度仅为 150 m/s 的雷达，即使在最坏的情况下（方位角为 90°），其多普勒清晰区至少也与 PRF 低到 200 Hz 时的盲区一样宽。

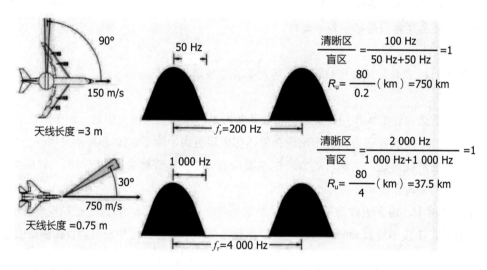

图 28-24　在可以使用大天线且雷达速度很低的情况下，多普勒清晰区与盲区之比足够大，所以盲区不是一个严重的问题。然而，在战斗机中，盲区迫使设计者采用较高的 PRF 或受限的视角，或二者均采用

然而，在战斗机使用的雷达中，天线尺寸受到限制，并且雷达速度可能很高，所以盲区可能会占据过多的多普勒频谱。除了增加 PRF，大概唯一的办法就是限制最大视角了。

如图 28-24 的下半部分所示，战斗机雷达的天线长度（直径）通常约为 0.75 m，战斗机最大速度很可能约为 750 m/s 或更高。只有通过将方位角限制为最大不超过 30° 并将 PRF 提升至 4 kHz，才能得到 1∶1 的清晰区与杂波区之比。通常，这样严格的方位角限制和如此高的 PRF 都不具有吸引力。因此，在主瓣杂波成为问题的战斗机应用中，一般采用中 PRF 或高 PRF 工作模式。

不论盲区有多么严重，我们都能在整个目标照射时间内充分地减小目标处于盲区中的概率。由于所有盲区都和零频率区相隔 PRF 的整数倍，所以我们可通过改变 PRF 而使盲区发生移动。因为中心谱线代表载频，所以它自然始终处于直流位置。从原理上讲，如果使用足够多、间隔很大的不同 PRF，我们就可以周期性地使多普勒频谱的每一部分不被覆盖（见图 28-25）。然而，由于目标照射时间是分配给不同的 PRF 的，所以切换 PRF 就降低了探测灵敏度。使用的 PRF 数目越多，灵敏度下降的程度也就越大。

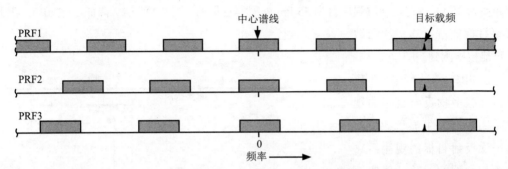

图 28-25　通过周期性地改变 PRF，可以移动盲区，从而在整个目标照射时间内，减小了任何一个目标处于盲区中的概率

一种常见的替代方法是使 PRF 在两个值之间抖动或扫描。如果这些数值选择恰当，就可以连续保持目标的接近速度落在感兴趣的受限范围中。例如，速度约为 1 马赫（约 340 m/s）的飞机，可以连续处于清晰区中。

如果目标的多普勒频移是已知的，那么通过适当地选择 PRF 可使目标保持在盲区以外。也就是说，适当选择 PRF，使盲区可跨过目标多普勒频率（见图 28-26）。通过用高 PRF 搜索模式检测目标，可获得所需的先验多普勒信息；此外，该信息也可用于在作用距离内跟踪目标。

如果主瓣杂波不是问题（比如，天线主瓣仅在要么比感兴趣距离近要么比感兴趣距离远的距离上截获到地杂波，或者根本截获不到地杂波），则可以通过不丢弃任何回波来避免盲区——也就是说，去掉杂波对消器并处理所有多普勒滤波器的输出。

在低空应用时（见图 28-27），一种可能的工作模式是：当搜索天线扫掠上半部时，雷达采用低 PRF（用于远程检测），此时不会遇到主瓣杂波；而在搜索天线扫掠下半部时，则采用中 PRF 或高 PRF（以便较好地抑制主瓣杂波）。

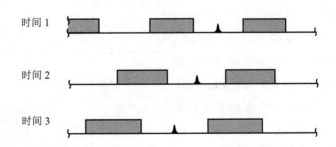

图 28-26　如果目标的多普勒频移是已知的，可以通过适当地改变 PRF 来使目标保持在盲区以外

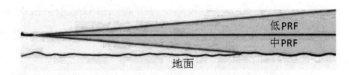

图 28-27　低空应用时的一种可能工作模式是在搜索天线扫掠上半部时使用低 PRF（此时波束不撞击地面），在搜索天线扫掠下半部时使用中 PRF

多次反射回波　借助 STC，可以在一定程度上缓解多次反射目标回波的问题。为了说明这一点，假设不模糊距离是 37 km。若收到 39 km 外的目标回波，其距离似乎为 2 km。然而，它的回波强度比相同雷达截面积和相同方位的 2 km 处目标的回波强度要弱得多，仅为其 $(2/39)^4$ 倍（减小 52 dB）。使用 STC 时，由于脉冲重复间隔初始部分的探测灵敏度大大降低，很可能不会检测到这个多余的目标。

另外，如果是在其他某个距离（如 72 km）处的目标，情况就不一定了。此时目标的观察距离为 35 km。它的回波强度将为 35 km 处同等目标的 $(35/72)^4$ 倍（降低 12.5 dB），因此只要目标够强，其多次回波仍可能被检测到。

当 PRF 发生经微变化时，这些多次反射目标的观察距离也会发生显著改变，而一次反射目标的观测距离却不变。因此，通过周期性地改变 PRF，并找出所观测目标的距离变化，就可以发现多次反射目标并阻止其到达显示器（见图 28-28）。

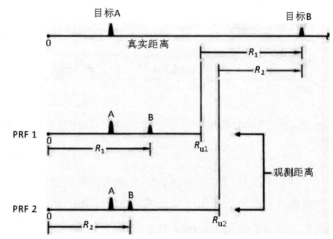

图 28-28　如果 PRF 发生了少量的变化，在不模糊距离 R_u 之外的目标的观测距离就会改变，但在一次距离区内的目标的观测距离不变

低占空比　在所用发射机的性能范围之内，通过发射很宽的脉冲，并使用大比例的脉冲压缩来实现所需的距离分辨率，则可以在低 PRF 条件下得到相当高的占空比（见图 28-29）。如果在没有主瓣杂波的情况下，相同平均功率下，低 PRF 雷达实际上可以比高 PRF 雷达获得更大的搜索探测距离。

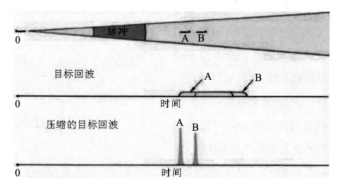

图 28-29　发射一个很宽的脉冲和使用大的脉冲压缩比，可以增大占空比，以获得希望的距离分辨率

这种差异是由于高 PRF 雷达因遮蔽所引起的损耗而造成的。所谓遮蔽，是指雷达在发射时因接收机被屏蔽而无法接收回波的现象。诚然，即使是在低 PRF 时，也会因为遮蔽而损失相当数量的回波。但低 PRF 时的遮蔽问题比在中 PRF 和高 PRF 时要轻微得多。

因为只要不与发射机正在发射的时刻同步地接收返回脉冲，就总有一部分脉冲会通过接收机。随着距离的增加，可通过的部分回波也增加。对于距离大于一个脉冲长度的目标，不会丢失任何回波。

当然，对低 PRF 雷达，只有在接收最大感兴趣距离上的目标回波的后沿，同时发射下一个脉冲的前沿时，才会发生上述所谓遮蔽问题。换句话说，此时，脉冲重复间隔至少必须比最远的感兴趣目标的回波往返时间长一个脉冲宽度（见图 28-30）。

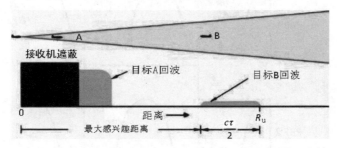

图 28-30　为避免遮蔽远距离目标，脉冲重复间隔至少必须比最远的感兴趣目标的回波往返时间长一个脉冲宽度

如果满足此要求，则在低 PRF 下运行的雷达系统可以使用高达 20% 的占空比，而不会产生重大的遮蔽损耗。相反，由于中 PRF 和高 PRF 有距离模糊，遮蔽的严重程度与收到回波的距离无关，遮蔽损失直接随着占空比增加而增大。

地面动目标　在空对地雷达中，地面动目标（GMT）检测可能是主要任务。但在空对空作战中，抑制地面动目标却变得必不可少。当作战空域下方的地面上有数百辆车正在行驶时，如汽车、卡车、火车等（见图 28-31），雷达可能会探测到比空中目标多得多的地面动目标。这些地面动目标可能会严重干扰显示，以致操作员无法从中分辨出真正感兴趣的目标，即使该目标已经被检测到并被清晰地显示出来。

图 28-31　在数百辆车正在地面运动的区域上空搜索飞机目标时，必须采取措施从雷达显示器上消除那些地面动目标

通过观察切换 PRF 对地面动目标观测多普勒频移的影响，就可以识别这些地面动目标。由于空中目标相对于地面速度较大，所以在低 PRF 下，飞机的观测多普勒频移一般等于其真实多普勒频移减去 PRF 的若干倍。因此，当切换 PRF 时，这些目标的观测多普勒频移通常会改变。然而地面动目标的速度则要低得多，它们的观测多普勒频移一般就是真实多普勒频移，因而是不变的（见图 28-32）。丢弃那些在切换 PRF 之后在相同多普勒滤波器中出现的超过门限的信号，就可以在很大程度上防止地面动目标出现在显示器上。

在空对地应用中，人们关注的是地面动目标而不是空中动目标，因此一般将上述方法反其道而用之：丢弃那些在切换 PRF 之后不在相同多普勒滤波器中出现的超门限信号，就可以使空中动目标不出现在显示器上。

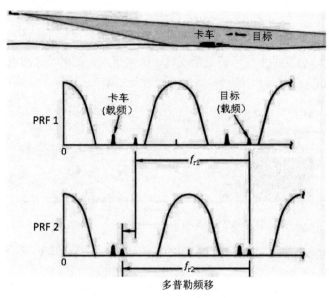

图 28-32　地面动目标一般可以与空中动目标区分开，因为如果稍微改变 PRF，地面动目标的观测多普勒频移不变

28.5　小结

在低 PRF 时，通过对消和多普勒滤波可以在很大程度上消除主瓣杂波。为了使主瓣杂波保持在对消器的抑制区中，偏置量必须随雷达速度和天线视角而改变。

通过组合使用距离门和多普勒滤波，可将旁瓣杂波、主瓣杂波残留和背景噪声降至最低。通常，最大探测距离仅受限于接收机噪声。

低 PRF 的主要缺陷是有多普勒盲区，多普勒盲区是多普勒频谱中目标观测多普勒频移与主瓣杂波频率相同的区域。各盲区的宽度与主瓣杂波谱线的宽度相同，盲区的间隔等于 PRF。尽管在大天线和低雷达速度情况下，这不是一个严重的问题，但是对于快速飞行飞机中的雷达，只有通过采用使最大作用距离 R_u 大大减小的高 PRF 或是限制天线的最大视角，才能有效减小盲区。

通过在间隔很宽的几个 PRF 之间进行切换，可以将整个目标照射时间内的目标处于盲区中的概率降至最低。或者，通过抖动或扫描 PRF 使多普勒频移在有限的范围内保持不模糊。第三种选择是通过恰当地选择 PRF，可保持一个已知目标的多普勒频移清晰。通过 PRF 抖动可能会识别出多次反射目标回波，然后可以将其丢弃而不显示。但是，PRF 切换和 PRF 抖动都会降低检测灵敏度。

低 PRF

优　点	不　足
空对空仰视和地图测绘性能好	空对空俯视性能不好，可能许多目标回波连同主瓣杂波一起被抑制掉
测距精度高、距离分辨率高	地面动目标的检测可能是个问题
可能采用简单的脉冲延迟测距	多普勒模糊通常太严重而无法解决
可以通过距离分辨抑制一般的旁瓣杂波	通常需要较高的峰值功率或大量的脉冲压缩

　　在战斗机应用中，严重的多普勒模糊使得飞行目标和地面动目标难以区分。通过丢弃位于多普勒滤波器组末端的大量滤波器的输出，或者通过观察在 PRF 稍微改变后目标是否出现在同一个多普勒滤波器中，可以缓解这一问题，但是代价是加宽了盲区。

　　由于有盲区问题，低 PRF 一般仅用于主瓣杂波可以避免的场合，或者可使用大天线且雷达速度很低的场合。

扩展阅读

G. V. Morris and L. Harkness, Airborne Pulse Doppler Radar, Artech House, 1996.

C. M. Alabaster, Pulse Doppler Radar: Principles, Technology, and Applications, SciTech-IET, 2012.

三菱 F-2 战斗机（2000 年）

日本航空自卫队（JASDF）的三菱 F-2 战斗机，是在日本技术研究和
开发研究所管理下，由洛克希德·马丁公司作为分包商而开发的。它装备了
J/APG-1 主动相控阵雷达，这是世界上首个在战斗机上服役的 AESA 雷达。

Chapter 29

第 29 章 | 中 PRF 工作模式

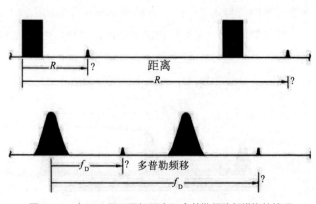

英国 Ferranti 公司的 "蓝雌狐"（Blue Vixen）脉冲多普勒雷达

如第 27 章所述，中 PRF 用于目标距离和多普勒频移都模糊的情况（见图 29-1）。实际上，PRF 在相当宽的频率范围内满足该定义，而实际使用的只是其低端部分。此外，随着雷达射频频率的提高，PRF 的最佳数值也将提高。对于 X 波段的信号，中 PRF 典型值的范围约为 8 ~ 16 kHz，略高于低 PRF 范围的上限，其中低 PRF 的上限在 2 ~ 4 kHz 之间。

在战斗机上，中 PRF 工作模式通常被认为是克服某些低 PRF 和高 PRF 缺点的手段。最初，为提高雷达处理主瓣杂波和地面动目标（GMT）的能力，采用了高于低 PRF 范围的 PRF。但相反的是，采用低于高 PRF 范围 PRF 的主要原

图 29-1 中 PRF 用于目标距离和多普勒频移都模糊的情况

因，则是提高雷达在后半球尾随接近（低接近速度）中抗旁瓣杂波的能力。

本章将进一步讨论中 PRF 工作模式，特别是从杂波中提取目标的方法，以及信号处理的方法；还包括抑制地面动目标、消除盲区、使得旁瓣杂波最小，以及抑制从旁瓣返回的雷达截面积特别大的地面目标回波等问题。

29.1　区分目标和杂波

为明确说明抑制地杂波的概念，现考虑雷达 PRF 为 10 kHz、最大感兴趣距离为 45 km 的典型飞行场景下的距离剖面和多普勒剖面。

距离剖面　图 29-2 上半部分显示了一个雷达，它照亮了地面上一个最大距离为 45 km 的区域。图 29-2 下半部分是雷达看到的真实距离剖面。

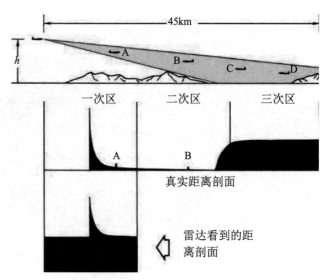

一次不模糊距离区的宽度由 10 kHz 的 PRF 确定，等于 15 km。因此，45 km 的最大距离实际上被分成三段，每段 15 km。

然而，如雷达所看到的，这三段回波叠加在一起且无法区分，三个 15 km 的雷达回波叠加在一起并显示在离雷达 15 km 的距离内。在这段回波中，来自三段区域的地杂波完全覆盖了观察到的距离区间。

图 29-2　一个典型飞行场景的距离剖面。PRF 将最大感兴趣距离分成三个距离区，但雷达看到的是这三个区叠加在一起而成的单个区域

主瓣杂波从这段距离间隔的一端延伸到另一端。而来自一次区较强的旁瓣杂波同样遮盖了雷达可以看到的大部分剖面，这种杂波的混合会导致雷达无法探测到任何目标。

除了在相对较弱的杂波中有非常大的目标外，雷达本身的距离分辨能力即使再强，也无法使目标回波与杂波分离。为抑制主瓣和旁瓣的杂波，我们必须使用多普勒频移检测法。

多普勒剖面　正如低 PRF 的情况，该剖面由一系列以脉冲重复频率 f_r 为间隔的主瓣杂波谱线组成（见图 29-3）。任意两条连续谱线之间，分布了绝大部分的旁瓣杂波（SLC）和绝大部分的目标回波（见图 29-4），而剩下的旁瓣杂波和目标回波则难以区分地与主瓣杂波混合在一起。

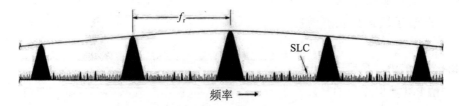

图 29-3　典型飞行状态下的多普勒剖面。主瓣杂波谱线之间的间隔比低 PRF 工作时的间隔宽得多（其他条件相同）

MLC 中心谱线

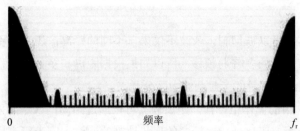

图 29-4　由雷达处理的多普勒剖面局部。多普勒频谱一般被移位到零频（直流）处的主瓣杂波（MLC）中心谱线上

抑制主瓣杂波　虽然低 PRF、中 PRF 的多普勒剖面相似，但存在一个重要的区别：在中 PRF 中，其他条件保持不变，主瓣杂波谱线相隔更远。因谱线的宽度与 PRF 无关，所以在它们之间有更多的可用于检测目标的"清晰"区。即使主瓣杂波很宽，也可以根据其多普勒频移加以抑制，且又不会过多地抑制掉来自真实目标的雷达回波。

抑制旁瓣杂波　由于距离模糊更加严重，抑制旁瓣杂波不像低 PRF 时那样简单。图 29-5 表示去掉主瓣杂波后的距离剖面。其中有两点需要注意：① 旁瓣杂波具有锯齿状；② 只有在杂波上方的近距离目标 A 可被辨别出来，而目标 B 和 C 仍不可见。

这一锯齿形状的形成，主要是由于一次区内的强旁瓣杂波被叠加到后续距离区的较弱回波上造成的（见图 29-6）。对于二次区中的被遮盖目标（目标 B）来说，它不但必须与来自其自身距离的旁瓣杂波竞争，还必须与一次区中来自对应距离的强得多的旁瓣杂波竞争。而三次区内的目标 C 和 D，不仅必须与

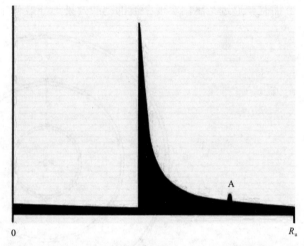

图 29-5　信号处理器所看到的主瓣杂波已被抑制的距离剖面，在杂波上方只有近距离目标可被辨别出来

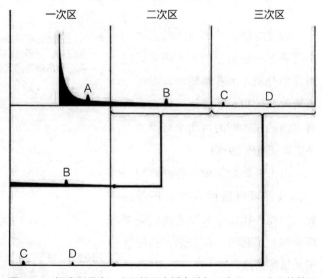

图 29-6　锯齿形是由一次区的强旁瓣杂波与二次区、三次区的较弱回波叠加而成的

来自其自身距离的旁瓣杂波竞争，还必须与一次区、二次区中来自对应距离的更强的旁瓣杂波竞争。

这一杂波基本上可以被抑制。杂波不仅来自不同的距离，还来自不同的方位角。因为不同方向的回波具有不同的多普勒频移，所以如果根据距离和多普勒频移对它们进行分类，就能将它们从目标回波和大量的旁瓣杂波中区分开来。

就像在低 PRF 中的操作中一样，距离分类可以通过距离门（距离采样）来完成。距离门可以提取来自某个固定距离处相对较窄的环状地带的回波。因为距离模糊的存在，每个距离门内的回波不只来自一个窄环，而可能来自多个窄环。另外，如前所述，一个或多个这样的窄环可能位于相对较近的距离上。

而且，通过距离门实现杂波抑制的效果十分显著（见图 29-7）。

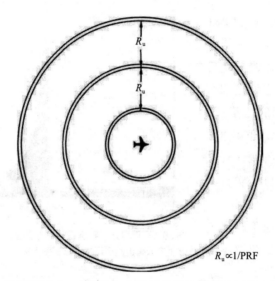

图 29-7　各距离门让来自一系列间隔 R_u 的环形区域的回波通过（图中只画出 3 个）

通过将每个距离门的输出加到多普勒滤波器组上，可实现多普勒频移的分类。多普勒滤波器组可以将所收到的相对于雷达速度来说具有定角的线之间的地面窄环杂波分离出来（见图 29-8）。

由于多普勒模糊的存在，每一个滤波器可以通过多个窄环的回波。然而，相比于通过距离门的旁瓣杂波，仅剩下一部分杂波会继续干扰目标回波。

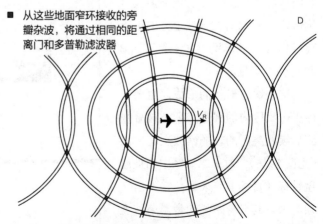

图 29-8　每个多普勒滤波器只接收通过单个距离门的全部旁瓣回波的一部分。该滤波器只通过一部分来自地面的回波，这些地面与雷达速度的夹角能够使得回波落在滤波器的通带内

29.2　信号处理

如图 29-9 所示，中 PRF 的信号处理与低 PRF 非常相似，但有以下三个主要区别：

（1）由于距离模糊影响了灵敏度时间控制（STC）的使用，需要采用自动增益控制（AGC）来防止 A/D 转换器出现饱和。

（2）为进一步抑制旁瓣杂波（中 PRF 工作模式将增大旁瓣杂波的积累），要求多普勒滤波器的通带非常窄。

（3）需要使用其他额外信号处理手段来解决距离模糊和多普勒模糊的问题。

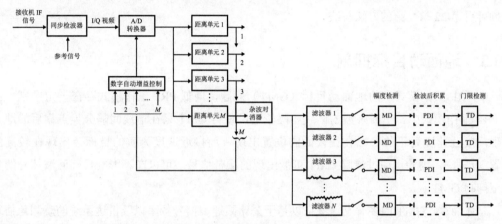

图 29-9　中 PRF 工作所需的信号处理框图。可选用杂波对消器，以减小动态范围，满足多普勒滤波器的需要。如果滤波器积累时间小于目标的驻留时间，那么可添加检波后积累（PDI）

在低 PRF 工作模式中，处理雷达接收机中频（IF）输出的第一步是移动多普勒频谱，使主瓣杂波中心谱线处于直流位置。另外，考虑到雷达速度和天线视角的变化，需要动态控制杂波中心谱的移动。这一过程通过同步检波器实现，其同相（I）和正交（Q）输出的采样频率与脉冲宽度[①]量级大致相同，从而实现输出数据的数字化。

为减小后续处理中所需的动态范围，一旦 A/D 转换器的输出被分到距离单元，下一步可选择去除每一距离单位内大量的主瓣杂波。这一步可通过杂波对消器实现（见图 29-10）。

将滤波器的输出输入到多普勒滤波器中，在每个积累周期结束时，检测每个滤波器的输出幅度。

随后，在目标驻留时间内，每个多普

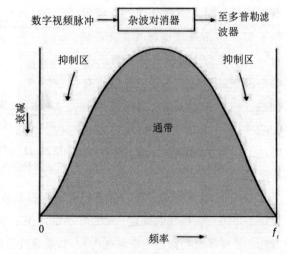

图 29-10　将接收机输出的数字视频输入到具有如图所示特性的简单杂波对消器，可抑制主瓣杂波

---

① 脉冲压缩时使用压缩后的脉冲宽度。

勒滤波器的积累输出将输入到各自的门限检测器，门限检测器的门限是自适应调整的，以保证杂波产生的虚警率低到可接受的程度。可基于杂波的平均电平进行门限设置，主要方法包括：① 对距离单元两侧的多个距离单元取平均；② 对单个多普勒频移两侧的多个单元取平均；③ 对该积累周期前后几个积累周期取平均；④ 以上几种方法的结合。总的来说，杂波背景下的最优平均方案不同于噪声背景下的最优平均方案。

当目标被雷达发现时，雷达中的目标距离主要取决于目标回波所在的距离单元。同样，雷达中目标的多普勒频移和接近速度取决于多普勒频移所在的多普勒滤波器。

雷达中目标的距离和多普勒频移会发生模糊，距离模糊可以通过改变 PRF 解决，多普勒模糊可用第 22 章介绍的方法解决。

29.3 地面动目标抑制

中 PRF 工作模式中的地面动目标（GMT）问题，同低 PRF 工作模式存在一定区别。在中 PRF 工作模式中，主瓣杂波的谱线相隔较远，使得 GMT 只在谱线间隔分界点靠后的地方出现。接近速度为正的目标会在较低的位置出现，而接近速度为负的目标会出现在较高的位置（$f_r - f_D$）。因此，通过滤除 GMT 可能出现的频带信号，可以在不影响目标回波信号的条件下抑制 GMT。

总体而言，GMT 的多普勒速度可以基于公路限速、信号频率以及雷达系统的观测角估算出来，这些参数可作为设置通带范围的标准。例如，大多数车辆的时速小于 110 km/h，对于 X 波段的雷达，1 km/h 的接近速度对应 18.75 Hz 的多普勒频移，所以，GMT 相对于主瓣杂波中心频率的最大多普勒频移为 2 kHz（110×18.75 Hz=2 062.5 Hz）。

GMT 相对于雷达的速度分量为正（正多普勒频移）或为负（负多普勒频移）时，通过分别丢弃频率低于每一主瓣杂波谱线（见图 29-11）中心上方 2 kHz 或高于每一主瓣杂波谱线中心下方 2 kHz 的所有回波，可以抑制 GMT 的回波。当 GMT 相对于雷达的速度分量为负时，上述方法也可以抑制残留的主瓣杂波。

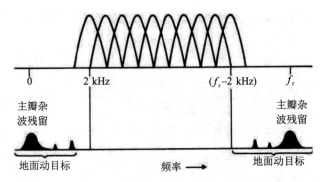

图 29-11 丢弃 0 kHz 至 2 kHz 之间以及（f_r-2 kHz）至 f_r 之间的回波，可消除经过杂波对消器的大多数（GMT）回波以及主瓣杂波残留

GMT 的最大预期多普勒频移相对于主瓣杂波多普勒频移的值，通常为 PRF 的可选范围设定了下限。假设我们确定一个设计准则，保证至少 50% 的多普勒频谱必须清晰，以便检测目标（目标多普勒频谱不在盲区内）。如果通过丢弃那些其频率在每条杂波谱线中心 2 kHz 以内的所有回波来消除 GMT（见图 29-12），则滤波器组的通带必须至少为 4 kHz 宽，为此，PRF 必须至少为（2+4+2）kHz=8 kHz。

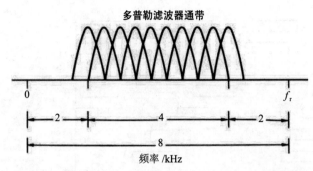

图 29-12　若为了去除地面动目标（GMT）而丢弃 4 kHz 的多普勒频移，则 PRF 至少必须为 8 kHz，这样才能保证 50% 的多普勒频谱是清晰的

考虑到多普勒频移同波长成反比（$f_D=2V/\lambda$），波长越短，最小 PRF 就越高；反之亦然。比如，若波长为 1 cm，则 110 km/h 的汽车对应的最大多普勒频移为 6 kHz，而不是 2 kHz。所以，若之前的设计标准使用了 1cm 波长的雷达系统，那么最小 PRF 为 $(6+12+6)$ kHz=24 kHz。

29.4　消除盲区

中 PRF 雷达同样存在盲区的问题，实际上由于距离模糊的存在，雷达盲区不但在多普勒频谱中存在，在距离搜索间隔中也存在。

多普勒盲区　由于主瓣杂波在多普勒频谱中所占的比例要小得多，所以在中 PRF 时多普勒盲区的严重程度要比在低 PRF 时低得多，因此可以通过在较少的 PRF 之间切换来消除多普勒盲区。但是，需要额外的 PRF 来解决距离模糊和消除重影。

通常，雷达循环使用一组相差较大的 PRF（见图 29-13）。如果目标回波在任意 3 个 PRF 中清晰可见，并超出了其检测门限，那么就会将目标判定为被检测目标。此方法可以解决距离模糊的问题。最佳的 PRF 个数随工作环境而改变，其中一种典型的波形称为 3∶8 波形，此波形包括 8 个 PRF，若其中有 3 个 PRF 可以清晰地检测出雷达回波，则

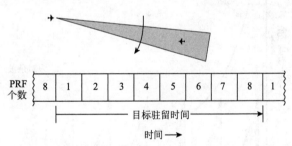

图 29-13　为消除盲区以及解决距离模糊问题，雷达循环使用一组相差较大的 PRF

认为存在目标。这一过程见图 29-14，在多普勒频移轴上的任何地方画垂线，将至少穿过 3 个 PRF 清晰区。

距离盲区　在距离盲区中，雷达将无法发现目标，其原因可能是雷达回波被同时接收到的近距离旁瓣杂波所淹没，也可能雷达处于发射的状态，此时接收设备被关闭，无法接收到目标回波。

此过程的产生可以参照图 29-15，图中画出了目标回波随距离的变化曲线，距离变化范围从几千米到感兴趣的最大距离（即远远超出区域 1 的不模糊距离），曲线上叠加了脉冲重复间隔中重复接收的旁瓣杂波。旁瓣杂波图的每一次重复，都代表了当目标处于不同的模糊距离时检测目标回波必须克服的杂波背景。

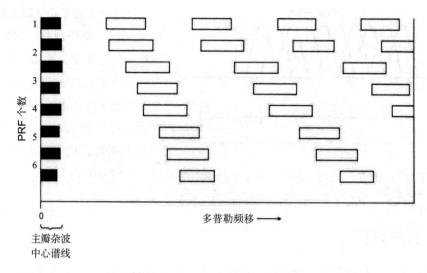

图 29-14　8 个宽间距 PRF 所对应的多普勒盲区。图中所示频率范围内的任一目标至少在 3 个 PRF 上是清晰的

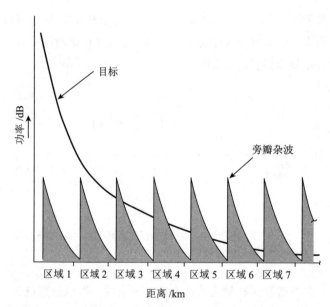

图 29-15　目标回波强度随距离的变化。目标必须与之竞争的旁瓣杂波的强度被叠加在图上，盲区出现在曲线重叠处

如果目标在一次或二次距离区中，目标回波强度将大于旁瓣杂波；而如果在三次距离区中，目标回波仍然较强，但小于同时存在的高度杂波和旁瓣杂波二者的峰值；如果目标在四次距离区中，目标回波只比小部分杂波强；以此类推。

在杂波强度大于或等于目标回波的距离区内，目标无法被发现，就好像目标回波被所接收的噪声淹没一样，目标处于雷达的盲区。所以，杂波强度越大，盲区越大。反过来，杂波强度又依赖于多种因素，包括旁瓣增益、地形类型以及雷达高度。

除了强旁瓣杂波会产生距离盲区外，遮蔽同样会产生盲区（见图 29-16）。当雷达处于发射状态时（或者在恢复接收状态的过程中），接收机无法接收到信号，在这段时间内目标的回波信号不能全部通过接收机（例如，目标距离总是 R_u 的整数倍），因此目标将无法被雷达检测到。若盲区非常小，则对目标检测没有影响。然而，如果脉冲宽度较宽，就会形成较大的盲区，而这种情况在某些中 PRF 雷达中较为常见。

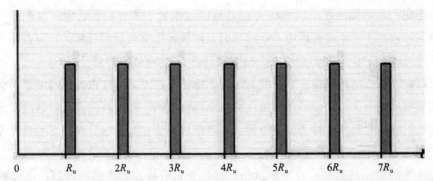

图 29-16　发射脉冲遮蔽导致的距离盲区。随着发射脉冲宽度的增大，其对盲区的影响需要加以重视

图 29-17 显示了典型雷达系统由于旁瓣杂波和遮蔽而产生的组合距离盲区。

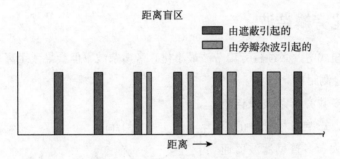

图 29-17　在典型的工作于中 PRF 的雷达中，由旁瓣杂波和遮蔽共同引起的组合距离盲区

如同多普勒盲区，雷达距离盲区的位置会随 PRF 的改变而发生变化。幸运的是，循环使用一组 PRF 可减少多普勒盲区，同样也可以减少距离盲区（见图 29-18）。

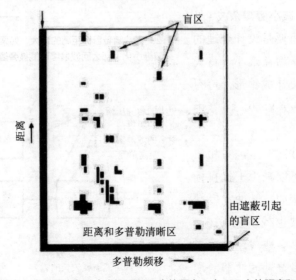

图 29-18　在该区域中，典型雷达在 8 个宽间距 PRF 中的至少 3 个 PRF 上的距离和多普勒都是清晰的

需要牢记的是，如果在一组 PRF 中，目标回波未处于多普勒盲区中，而在另一组 PRF 中，目标回波同样不在距离盲区中，此时仍旧无法保证能够检测到目标。只有在同一组 PRF 中，目标回波既不在多普勒盲区内也不在距离盲区内，才可以检测到目标。

如果目标的多普勒频移落在多普勒盲区内，即使不在距离盲区内，其回波也不会通过多普勒滤波器被检测出来。类似地，如果目标在距离盲区内，即使其回波可以通过多普勒滤波器，也会被同时接收到的旁瓣杂波淹没掉。旁瓣杂波会使检测门限升高，导致目标无法被检测到。

需要注意的是，前面关于盲区的讨论，都是针对目标搜索方面的问题，在实际的应用中，中 PRF 工作模式越来越重要，所以联合使用不同 PRF 工作模式来减小杂波的方法是一个很重要的发展方向。

29.5 最小化旁瓣杂波

中 PRF 工作模式中，必须将旁瓣杂波最小化。旁瓣杂波不但会导致距离盲区，同时也限制了雷达的最大检测距离。

考虑到绝大多数旁瓣杂波来自较近位置处的回波，影响目标检测的旁瓣杂波强度通常大于多普勒滤波器通带噪声，因此无论雷达的功率多高，目标 RCS 多大，如果目标的距离不断增大（见图 29-19），目标回波终将被杂波淹没。同时，杂波越强，目标被淹没的距离就越近。

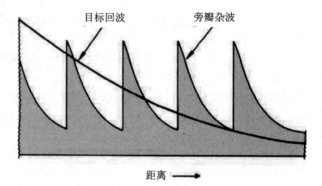

图 29-19 随着目标距离的增大，如果不采取特殊措施使得旁瓣杂波最小化，那么回波最终可能被旁瓣杂波淹没

有一些方法可以减小旁瓣杂波（见图 29-20），其中最重要是设计合理的雷达天线，使得旁瓣增益最小。将天线口径的辐射功率设计成锥形，可有效降低旁瓣增益（在第 8、9、10 章中有论述）。

减小雷达信号脉冲宽度，并相应缩小距离门，同样可以减少干扰目标回波的杂波数量。例如，脉冲宽度减小至 1/10，旁瓣杂波也减小至 1/10。当然，减小脉冲宽度会造成距离单元个数的增加，以及多普勒滤波器的增多（每个距离单元需要一组单独的多

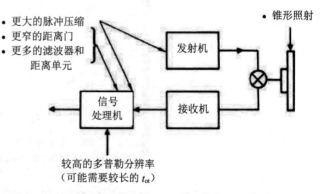

图 29-20 可采取的减小旁瓣杂波的措施

普勒滤波器）。信号处理能力的提高能有效减小旁瓣杂波，并提高目标的检测性能。由于减小脉冲宽度会减小发射信号功率，因此也将减小目标探测距离。脉冲压缩的方法可以克服这一问题（参见第 16 章）。脉冲压缩可以在实现高距离分辨率（窄距离单元）的同时，保持发射功率不变（见图 29-21）。为获取所需的距离分辨率，就需要实现足够的脉冲压缩。

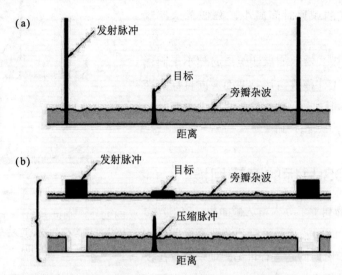

图 29-21 通过距离分辨率减小旁瓣杂波的两种方法：（a）发射峰值功率足够高的窄脉冲，以提供足够的探测范围；（b）发射具有相同平均功率的宽带脉冲并使用脉冲压缩，以获得需要的距离分辨率

缩小距离单元可以有效抑制影响目标检测的杂波，从而提高雷达检测性能。但是，距离单元的缩小量存在上限，实际缩小量在很大程度上取决于目标的物理尺寸。如果距离单元太窄，则一个目标会产生多个目标回波，使其在任何一个距离单元上的回波信号强度都小于门限电平，从而降低雷达检测能力。

提高多普勒滤波器的频率分辨率同样可以减小干扰目标回波的旁瓣杂波。为实现这一目的，多普勒滤波中脉冲积累的总时间需要延长（提高多普勒分辨率）。同样，在脉冲积累时间内，目标的多普勒频移范围决定了多普勒滤波器的频率分辨率的理论上限。通常，滤波器通带需要稍微大于多普勒频移范围，以尽量减小滤波器的交叠损失。多普勒频移的变化可能是在滤波期间目标或搭载雷达的飞机的速度变化所造成的（见图 29-22）。这种方法同样会提高对雷达信号处理的要求，需要在雷达信号处理器的设计和规范中加以考虑。

采用前述种种处理方法，在脉冲周期结束时，旁瓣杂波强度会减小到噪声量级（见图 29-23），目标的检测距离将仅受噪声的

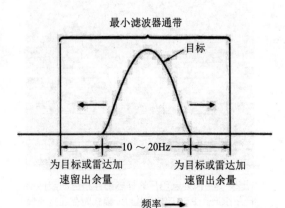

图 29-22 多普勒滤波器的通频带必须足够宽，以适应目标回波和积累期间的多普勒频移变化

影响。

在足够大的范围内切换使用 PRF，可以将无杂波区域左右移动，使得所有目标的探测距离最终仅受噪声影响。但 PRF 工作模式增多，会导致每个 PRF 工作模式的积累时间减少，降低雷达探测距离。

中 PRF 工作模式雷达的探测距离必然小于同样条件下的高 PRF 工作模式雷达对迎面方向目标的探测距离，也小于同样条件下主瓣杂波不成问题时的低 PRF 工作模式雷达的探测距离。

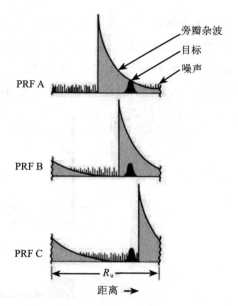

图 29-23　通过在足够多的 PRF 之间切换，呈锯齿状的旁瓣杂波就可左右移动，从而可从噪声背景中实际检测到每一个目标

29.6　大 RCS 目标的旁瓣回波

地面上建筑物和卡车等大雷达截面积（RCS）物体（见图 29-24）的回波，是旁瓣杂波非常重要的一个组成部分，本节对此问题进行讨论。地杂波存在较大变化，一般需要细心加以处理。当 RCS 较大的目标处于旁瓣中时，就如同目标处于主瓣中一样，每一距离单元都将存在强杂波。而此时如果 GMT 的多普勒频移落在滤波器组的通带内（通常出现在 GMT 处于旁瓣内的情况下），则检测到的多普勒频移与主瓣中的飞机目标没有区别。

由于这些无用的目标为点目标，没有合适的距离或多普勒分辨率能够降低它们被检测的可能性。相反，分辨率越高，旁瓣杂波的被衰减程度越大，这些点状杂波强于旁瓣杂波就越明显。

雷达在低 PRF 模式工作时容易受到此类目标的干扰，由于距离模糊更严重，在中 PRF 模式工作时则更容易受到干扰。因此，必须提供一些特殊手段，防止这些目标到达雷达显示器。

处理这些无用目标的一种方法，是为雷达提供一个防护通道。此通道由一个独立的接收机组成，接收机的输入由安装在主雷达天线上的一个小喇叭天线提供（见图 29-25）。

图 29-24　风力发电厂的静态部件和运动部件都产生杂波。由于工作于中 PRF 模式时存在距离模糊和多普勒模糊，所以雷达系统容易受到无用的地面目标的干扰

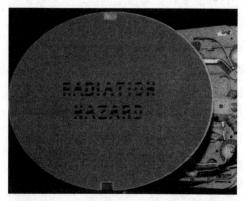

图 29-25　中 PRF 雷达的天线。注意防护接收机使用的喇叭天线

喇叭天线主瓣宽度足够宽，足以覆盖雷达天线主要旁瓣的照射范围，并且要求喇叭天线的主瓣增益大于雷达所有的旁瓣增益（见图 29-26）。

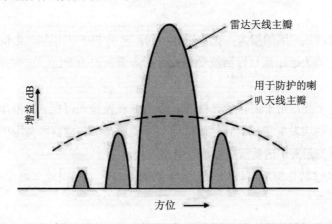

图 29-26　喇叭天线的主瓣增益大于雷达天线的旁瓣增益，但小于其主瓣增益

雷达旁瓣可以探测的所有目标都将被防护通道接收，并输出比雷达更强的信号。

而在其他通带内，雷达天线的主瓣增益远大于喇叭天线的增益，所以雷达主瓣内任何目标回波的强度将远大于防护通道内的信号强度。

所以，通过对比两个接收设备，并在防护接收机输出较强时抑制主接收机输出，就可以使旁瓣中的任何目标不出现在雷达显示设备中（见图 29-27）。[2]

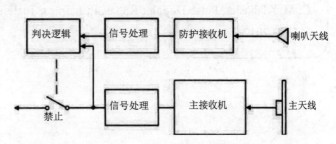

图 29-27　当防护通道和主接收通道同时探测到目标时，主接收机的输出被禁止

中 PRF 工作模式的优点和限制

优　点	限　制
全方位性能好，即抗主瓣和旁瓣杂波的性能较好	低、高接近速度目标的探测距离受旁瓣杂波的限制
易消除地面动目标	需要同时解决距离模糊和多普勒模糊
有可能采用脉冲延迟测距	需要采取专门措施抑制强地面目标的旁瓣杂波

29.7　小结

在中 PRF 工作模式中，PRF 需要设置得足够高，以实现主瓣杂波谱线分开足够远，从而

---

② 来自无用地面目标的主瓣回波也进入杂波对消器的抑制凹口中；如果该回波非常强，可检测到的一部分回波也可以通过。

在使得主瓣杂波和 GMT 可以被抑制的同时，又能够保留合理数量的目标回波。

经距离分辨和多普勒滤波的联合检测后，影响目标检测的旁瓣地杂波需要降低到一个可接受的水平。

由于主瓣杂波谱线间隔的增大，在数量少、间距宽的 PRF 工作模式之间转换可以极大地消除多普勒盲区。因为远距离目标回波受到较近的旁瓣杂波的干扰，这些旁瓣杂波的峰值造成了距离盲区。

如果杂波强度不强，用于消除多普勒盲区的 PRF 转换模式可极大地消除距离盲区，此方法也可有效减少雷达因发射造成的盲区。然而，即使不在多普勒盲区范围内，旁瓣杂波通常也将限制雷达的探测距离。这就需要应用低旁瓣天线。

提高距离和多普勒分辨率可以进一步减少旁瓣杂波，为了消除旁瓣中的大 RCS 地物回波，可使用防护通道。

扩展阅读

G. V. Morris and L. Harkness, Airborne Pulse Doppler Radar, Artech House, 1996.

C. M. Alabaster, Pulse Doppler Radar: Principles, Technology, and Applications, SciTech-IET, 2012.

Chapter 30

第30章 | 高 PRF 工作模式

奇努克驾驶舱

在高 PRF 工作模式中，所有重要目标的观测多普勒频移均是不模糊的，但观测距离一般是严重模糊的。

高 PRF 工作模式有三个主要优点：

（1）因为多普勒频移不模糊，在滤除主瓣杂波的同时，可以保留任何与杂波多普勒频移不同的目标回波。

（2）通过使用一个足够高的 PRF，杂波的谱线（实际为谱带）之间的间隔就足够大，从而在谱线间空出一个完全没有杂波的区域用于检测高相对速度（接近速度）的目标[1]（见图 30-1）。

图 30-1 高 PRF 工作模式将杂波谱线分开，空出一个将出现高接近速度目标的无杂波区

（3）通过增大雷达 PRF（而不是脉冲宽度）来增大发射机的占空比，从而无须使用脉冲压缩或很高的峰值功率就能够增大雷达的平均功率。

---

① 相对速度高于雷达接地速度的目标。

随着信号能量与背景噪声及杂波能量之间比值的增加，雷达的探测距离也将增加。因此，通过采用高占空比和高 PRF 的波形，雷达即使在杂波背景中也可获得较远的探测距离。然而，当遇到较强的旁瓣杂波时，因距离模糊的存在，低接近速度目标的探测距离也可能将减小。

本章将研究高占空比和高 PRF 的信号波形条件下，从地面回波中提取目标回波的方法。主要包括距离测量、遮蔽损失以及为提高低速目标检测性能可能采取的步骤等。

30.1 高 PRF 波形

典型的高占空比和高 PRF 的波形如图 30-2 所示，因为在发射时雷达接收机必须关闭，同时又因为双工器存在一个有限的恢复时间，发射机的最大可用占空比通常小于 50%。

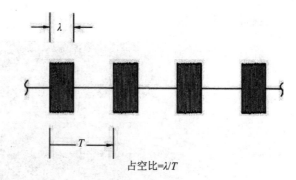

图 30-2 战斗机采用的具有典型高占空比、高 PRF 的波形，其占空比通常略小于 50%

对于 PRF，假如无杂波区（"多普勒清晰区"）包括所有重要的高接近速度的目标，PRF 必须大于下列两项之和：① 最高接近速度目标的多普勒频移；② 最高旁瓣杂波频率（取决于雷达运动的速度）。旁瓣杂波的最大多普勒频移为雷达速度与波长比值的两倍。目标多普勒频移是目标接近速度与波长之商的 2 倍（见图 30-3）。

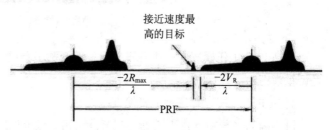

图 30-3 为了使非多普勒模糊区包含所有高接近速度的目标，PRF 必须超过最高接近速度目标的多普勒频移与最高旁瓣杂波频率之和

波长越短，杂波和目标的多普勒频移就越大，从而需要的 PRF 就越高。通常，战斗机的雷达工作在 X 波段时，PRF 为 100 kHz 到 300 kHz 量级。

30.2 提取目标的回波

为搞清目标回波和地杂波的区分问题，以及从地杂波和尽可能多地从背景噪声中提取目标回波的问题，让我们观察图 30-4 所示的典型飞行环境中的距离和多普勒剖面。

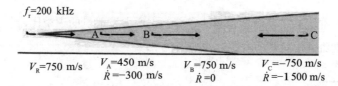

图 30-4 在典型飞行环境中，目标 A 具有低接近速度，目标 B 具有零接近速度，目标 C 具有高接近速度

假设雷达 PRF 为 200 kHz，占空比为 45%，雷达载机相对于地面的飞行速度为 750 m/s，雷达回波包括三个目标：目标 A 和 B 飞行的方向与载机方向相同，目标 A 的接近速度为 300 m/s，目标 B 的接近速度为 0 m/s，目标 C 以 1 500 m/s 的接近速度从远处逐渐接近雷达。

距离剖面　图 30-5 所示为典型飞行环境下的距离剖面。雷达观测到的距离剖面宽度 R_u 小于 0.75 km（$150 \div 200 = 0.75$，参见第 15 章）。这是因为，从回波被接收到的最大距离以外每隔 0.75 km 处来的回波都被压缩到这一狭窄的区域内。其中包括主瓣杂波、高度杂波、所有残留的旁瓣杂波以及发射机泄漏和背景噪声，而三个目标的回波将被淹没在这些信号之间，用多普勒频移来分辨回波几乎是唯一能够提取目标回波的方法。

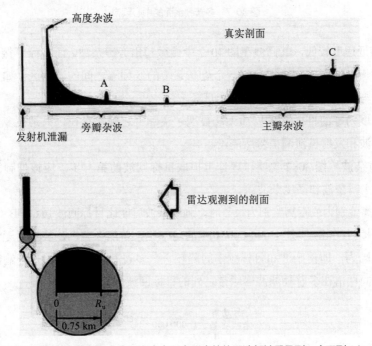

图 30-5　典型飞行环境下的距离剖面。实际上来自所有距离处的回波都被重叠到一个不到 1 km 宽的观察带中

多普勒剖面　图 30-6 所示为典型飞行环境下的多普勒剖面。与低 PRF、中 PRF 工作时一样，该剖面是所有雷达回波的全部真实多普勒频谱的混合，并以等于 PRF 的间隔重复显示。然而，高 PRF 与其余两种工作模式存在一个重要的区别。因为回波频谱的宽度小于 PRF，各个重复频率（频带）不重叠，因此不存在模糊。

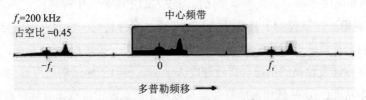

图 30-6　在典型飞行情况的多普勒剖面中，真实剖面的重复频带没有重叠在一起

中心频带在图 30-7 中有更为详细的表示。从图中可以识别出以下特征：发射机泄漏、高

度杂波、旁瓣杂波和主瓣杂波。旁瓣杂波区的宽度随雷达速度的变化而变化，主瓣杂波谱线的宽度和频率连续随天线视角和雷达速度的变化而变化。

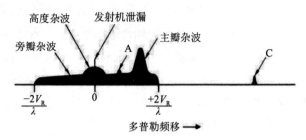

图 30-7 多普勒剖面的中心频带

目标 A 接近速度较低，其回波在图 30-7 中微微超出旁瓣杂波。而目标 C 接近速度较高，其回波处于旁瓣杂波区的高频端和下一个更高频带的低频端之间的清晰区。如果去除其他杂波，那么只需与热噪声竞争就可检测这个目标。

而接近速度为零的目标 B 的回波无法显现。实际上它确实存在，只是被多普勒频移同样为零的高度杂波和发射机泄漏信号所淹没。

抑制强地杂波　图 30-7 说明，理论上提取目标回波的第一步，应该抑制发射机泄漏和强地杂波——主瓣杂波和高度杂波。

在没有距离鉴别力或距离鉴别力很差时，强地杂波可能比目标回波强 60 dB（见图 30-8），因此必须滤除掉。60 dB 就是 1 000 000 ∶ 1 的功率比。单靠多普勒滤波器组无法滤除这么强的杂波，这是因为，即使杂波和目标频率间隔较大，多普勒滤波器组的带外输出衰减，不足以阻止杂波将同样落在多普勒滤波器频带之外的目标回波淹没。

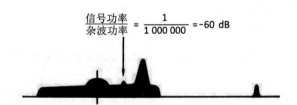

$$\frac{信号功率}{杂波功率} = \frac{1}{1\,000\,000} = -60 \text{ dB}$$

图 30-8 主瓣杂波和高度杂波的功率可能比目标回波强 60 dB

如果我们希望在旁瓣杂波区和多普勒清晰区中搜索目标，就必须将多普勒频移基本上为 0 的发射机泄漏和高度杂波分别从频率变化范围较大的主瓣杂波中抑制掉。

多普勒分辨率　一旦抑制了强地杂波，就可通过多普勒滤波将目标回波分离出来。多普勒滤波的作用对高接近速度目标和对低接近速度目标存在一些差别。

对于目标接近速度较高的情况（接近速度大于雷达相对于地面的速度），多普勒滤波器用来完成三个基本功能：① 从残留的所有旁瓣杂波和主瓣杂波中提取出目标回波。② 通过减小伴随任一目标回波的背景噪声的频谱宽度来减小目标回波必须克服的噪声含量（见图 30-9）。③ 将不同目标的回波分离出来，只要它们的多普勒频移区别较大。

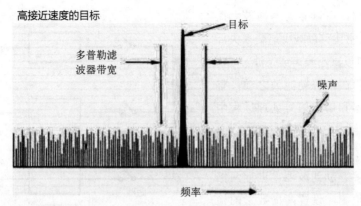

图 30-9　多普勒滤波器将高接近速度的目标从所有其他回波和几乎所有的环境噪声中分离出来

正是这种噪声最终限制了对高接近速度目标的最大探测距离。噪声降低得越多，探测距离就越远。

而对于接近速度较低的目标，多普勒滤波器同样可实现目标的分离，但是它不能完全将目标回波从旁瓣杂波中提取出来（见图 30-10），这是由于某些杂波与目标的多普勒频移相同，因此限制了低径向速度目标的检测能力。

因为距离模糊问题更为严重，干扰目标回波的杂波将比同等条件下中 PRF 工作模式更强。因此，高 PRF 工作模式通常用于旁瓣杂波相对明显的情况，接近速度较低的目标，其探测距离就较近。

距离门　在占空比接近 50% 的情况下，用距离门将不同距离的回波提取出来的可能性很小，甚至没有可能性。

然而，如果占空比远小于 50%（即脉间周期远大于脉冲宽度的两倍），则有机会使用附加的距离门（见图 30-11）。通过使用多个距离门，目标必须与之竞争的噪声或者旁瓣杂波就减小了。因目标未对准距离门中心而造成的信噪比或信杂比的损失就可能减少。占空比越低，增加距离门而实现的改善就越大。如果在增大峰值功率的同时保持平均发射功率不变，减小占空

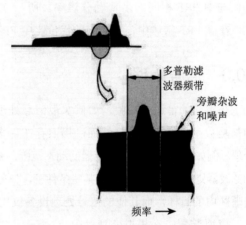

图 30-10　低接近速度的目标必须与周围的旁瓣杂波竞争，大部分旁瓣杂波可能来自接近目标的角度

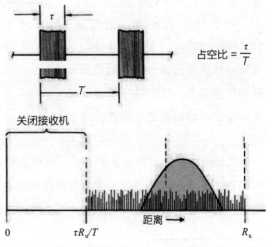

$$占空比 = \frac{\tau}{T}$$

图 30-11　如果占空比小于 50%，那么通过采用一个以上的距离门就可以减小与目标竞争的噪声或杂波

比和增加距离门，可以显著增加最大探测距离。减小占空比可以减少遮蔽损失，而增加距离门可以减小噪声或杂波。

因为距离门在多普勒滤波之前，整个多普勒滤波器和后续信号处理过程中的输入信号均由距离门提供（见图 30-12）。若将距离门从 1 个增加到 2 个，势必增加一倍的多普勒滤波器，进行两倍的滤波器幅度检测，设置两倍数量的检测门限，等等。此外，在 PRF 值非常高的情况下，需要更多的多普勒滤波器来提供与中 PRF 相同的多普勒分辨率。所以，在高 PRF 雷达中，距离门的代价比中 PRF 雷达高得多。

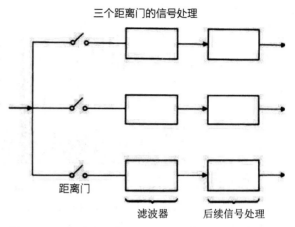

图 30-12　对于提供的每个距离门，都必须增加滤波和后续的信号处理部分

30.3　信号处理

在不同的雷达系统中，如何实现信号处理的功能，实际上有很大的不同。现在通常使用的都是数字式处理方法。然而，仍旧存在许多系统使用模拟信号或数字和模拟混合信号进行处理。例如，为减小 A/D 转换器的动态范围，初始的滤波器可能会采用模拟信号，而最终的多普勒滤波器则使用数字信号。在某些条件下，信号处理设备可能被设计为检测旁瓣杂波中或多普勒清晰区内的目标，而其他的信号处理设备仅用于检测多普勒清晰区内的目标。

模拟装置　在模拟处理器中，接收机的中频（IF）输出从一开始就被加到仅通过多普勒频移中心频带的带通滤波器（见图 30-13）。[2]

中心频带滤波器（见图 30-14）的输出在第二个滤波器中滤除多普勒频移为零的杂波（发射机泄漏和高度杂波）。与此同时，接近速度为零的目标回波也不可避免地被抑制。

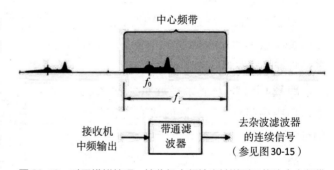

图 30-13　对于模拟处理，接收机中频输出被送到只能让中心频带通过的滤波器

然后，将整个多普勒频谱上移，以使主瓣杂波位于第二个滤波器的抑制凹口。与低 PRF 和中 PRF 工作模式一样，必须动态地控制这种频谱偏移，以匹配由于雷达速度和天线视角的变化而引起的杂波频率的变化。一旦主瓣杂波被抑制，反过来将多普勒频谱的中心再次对准

---

[2]　选择中心频带的原因是，信号绝大部分功率集中在这一频带内。其他频带的噪声也会被抑制，所以其他频带功率的损耗不是问题。

某固定的频率，就可应用相同的频谱偏移。

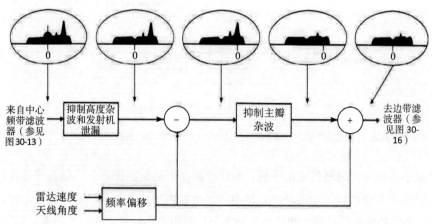

图 30-14　信号处理的前几步：① 已知高度杂波和发射机泄漏；② 进行频谱偏移，以跟踪主瓣杂波；③ 抑制主瓣杂波；④ 去掉频谱偏移

为防止目标区域的强回波造成后续电路的饱和，需要通过自动增益控制（AGC）来降低信号的相对幅度。为此，通常将多普勒频谱分为多个相邻子带（见图30-15），其中一个或多个子带可以跨越旁瓣杂波区，另外的一个或多个子带可以跨越多普勒清晰区。通过对每个子带分别采用自动增益控制，可以防止某一子带内的强回波导致其他子带的灵敏度降低。

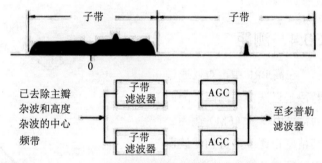

图 30-15　为避免由强信号引起的灵敏度降低，将回波分为采用自动增益控制（AGC）的子带

一旦信号电平经过均衡，这些子带将被重组，并加到一个很长的单一多普勒滤波器组上（见图 30-16）。

在每一个滤波器积累时间 t_{int}

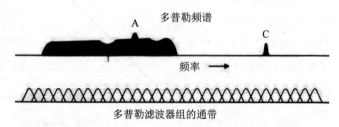

图 30-16　在滤除高度杂波、发射机泄漏和主瓣杂波后，雷达回波被加到多普勒滤波器组

末段，检测每个滤波器所建立起来的信号幅度。如果 t_{int} 小于雷达天线的目标照射时间，将整个目标照射时间内的检波器输出在检波后积累器（PDI）中完成积累。最终，每个多普勒滤波器的积累输出提供给各自的门限检测器。

数字装置　接收机的中频输出加到 I/Q（同相 / 正交）检波器（见图 30-17），然后 I/Q 检波器的视频输出由 A/D 转换器以等于已压缩的脉宽的间隔采样，或者通过希尔伯特变换实现数字解调。为防止信号饱和，在 A/D 转换器之前的放大器中采用了数字自动增益控制（DAGC）。

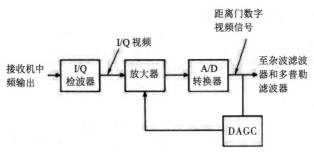

图 30-17 对于数字处理，I/Q 检波器输出以等于脉宽（已压缩）的间隔被采样并数字化。DAGC 可防止 A/D 转换器饱和

与模拟中心频带滤波器的输出不同，A/D 转换器所采集的样本中，包含了接收机中频放大器通过的全部多普勒频带中的功率。然而，由于功率包括了信号和噪声以及杂波，因此，采用 AD 转换器处理时的信噪比和信杂比基本上与采用中心频带处理时差不多。

A/D 转换后，数字信号处理过程基本上与模拟信号处理过程相似，但前者在自适应滤波中更加灵活。

30.4　测距

在高 PRF 中，难以通过脉冲延迟法实现测距，因此通常采用调频（FM）测距。其精度正比于多普勒滤波器组的频率分辨率与发射机频率变化率（$\dot{f}$）的比值（见图 30-18）。频率分辨率越高，$\dot{f}$ 越大，测距时间就越精确。频率分辨率大致等于多普勒滤波器的 3 dB 带宽，因此

$$测距精度 \approx \frac{\mathrm{BW_{3dB}}}{\dot{f}}$$

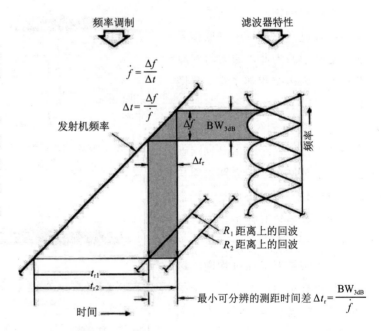

图 30-18　调频曲线的斜率（$\dot{f}$）和滤波器的带宽（$\mathrm{BW_{3dB}}$）决定了最小可分辨的测距时间差

为进行说明，我们设多普勒滤波器 3 dB 带宽为 100 Hz，发射信号的频率变化率 $\dot{f}$ 为 3 MHz/s，则可得到测距时间 t_r 精度为 100 Hz÷（3×10^6）Hz/s=33 µs。由于 12.4 µs 相当于 1 nm，因而此测距精度大约相当于 5 km。

可能有人认为，只要简单地减小滤波器的频谱宽度或增大 $\dot{f}$，就可以使得雷达测距达到任意精度。然而这两者均存在各自的极限。

滤波器频带受脉冲累积时间（$\mathrm{BW_{3dB}} \approx 1//t_{\mathrm{int}}$）的限制，而且对于三斜率调制来说，最大积累时间小于目标驻留时间的 1/3（见图 30-19）。因此，滤波器的可能带宽大致等于 $3/t_{\mathrm{ot}}$（Hz）。

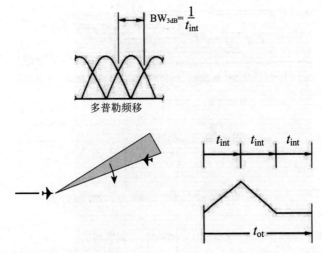

图 30-19 滤波器频带与积累时间成反比。对于三斜率测距，积累时间小于目标照射时间的 1/3

同样，f 受到杂波谱扩展的限制，这是因为杂波是从一个比较宽的距离范围内被接收到的。为了使杂波频谱扩展保持在一个可接受的范围内，距离变化所引起的雷达回波的调频频差，其最大值不能超过杂波最大多普勒频移的一小部分。

其原因如图 30-20 所示。图 3-20（a）中展示了雷达系统探测到两个远距离目标的过程。一个目标的多普勒频移较高；另一个目标多普勒频移相对较低，只略高于杂波多普勒频移。天线主瓣照射地面的距离很远。

在图 3-20（a）下面有三个目标的多普勒频移剖面（简称多普勒剖面）。第一个是目标和地杂波的多普勒频移剖面，见图 3-20（b）。

如果对应目标距离的调频频移与较高接近速度目标的多普勒频移相当，会发生什么情况？在图 3-20（c）中可以看到，主瓣杂波不但扩展到通常没有杂波的区域，而且还遮蔽了这两个目标。

在图 3-20（d）中，对应目标距离的频移只是多普勒频移的一小部分。虽然杂波会扩散，但没有影响对目标的检测。

对典型的战斗机应用而言，对滤波器最小带宽和发射频率最大变化率的限制，使得调频测距的精度为千米量级，比脉冲延迟测距要差。

虽然一般总是希望得到距离信息，但在搜索距离极远处目标时，距离信息并不是必需的，真正重要的是发现目标并掌握其行进方向，至于确定该目标在某给定方向上 200 km 处还是 300 km 处，可以稍后进行。

若要检测到目标，需要在调制周期的所有三个斜率上都进行目标检测，而每个斜率的积累时间仅为不进行调频测距下目标积累时间的 1/3，因此调频测距的代价是减小了探测距离。

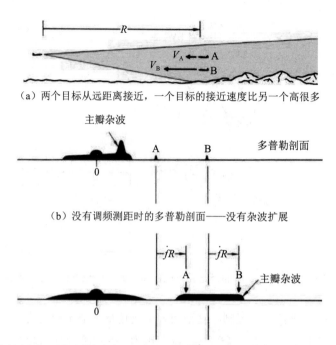

（a）两个目标从远距离接近，一个目标的接近速度比另一个高很多

（b）没有调频测距时的多普勒剖面——没有杂波扩展

（c）用大 f 值进行调频测距时的多普勒剖面，主瓣杂波频率扩展并散布在多普勒清晰区内，从而遮蔽了目标

（d）用小 f 值进行调频测距时的多普勒剖面，杂波扩散不大，目标仍留在多普勒清晰区内

图 30-20　杂波扩散限制了 f，发射机频率变化率对调频测距的影响。（a）两个目标从较远的距离接近，其中一个目标的接近速度更大。（b）多普勒剖面，无调频测距，无杂波扩散。（c）多普勒剖面，有调频测距，f 较大。主瓣杂波频率扩散和移位使得杂波进入多普勒清晰区，造成目标模糊。（d）多普勒剖面，有调频测距，f 较小，主瓣杂波频移较小，多普勒清晰区仅剩目标回波

　　因此，在需要探测极远距离的目标时，可以使用一种不测量距离的特殊模式，叫作速度搜索或脉冲多普勒搜索。在这种模式下，按距离变化率与方位角的变化关系显示目标（见图 30-21）。一旦发现目标，操作员可将工作模式转换为边测距边搜索模式，此时通过调频实现测距，同时距离－方位角显示屏上将显示目标信息。

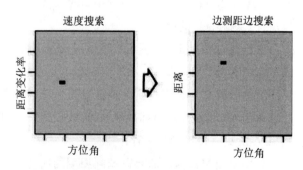

图 30-21　在测量最大距离的目标时，可以使用速度搜索模式；一旦发现目标，雷达将转换到距离搜索模式

30.5 遮蔽问题

当雷达工作在高占空比时，由于遮蔽而造成大量的目标回波丢失，其原因是：当雷达发射机处于发射状态时，接收机处于关闭状态，此时可能无法接收目标回波或只接收一部分的回波。

然而，遮蔽并不总是一个严重的问题，只有当目标所处的距离使接收机刚好在关闭期间接收其回波时，目标才会完全被遮蔽（见图30-22）。否则，至少有一部分的回波可以被接收到，并且随着收发时间重合度的降低，遮蔽损失也将减小。

即使如此，遮蔽还是降低了信噪比，并导致雷达作用距离范围内出现相当大的周期性缺口。幸好，

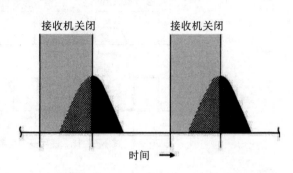

图 30-22　只要接收到的回波和接收机"消隐"的周期不完全一致，一部分回波就会通过

在搜索从极远距离处不断接近的目标时，我们关心的主要是积累探测概率，即目标到达给定距离之前，至少被看到一次的概率。而且，一旦发现目标的存在，并不需要对目标实现连续的探测，因为快速接近的目标并不会一直处于遮蔽距离内。随着距离的减小和信号强度的增加，作用距离范围内的间隙就会逐渐消失（见图30-23）。

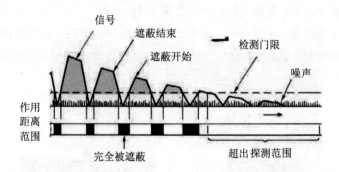

图 30-23　因遮蔽造成的目标回波信噪比变化。随着探测距离的减小，作用距离范围内的间隔也逐渐变小

在接近速度较低、几乎需要连续探测的场合，可以通过在几个不同的 PRF 之间切换来减少任意距离处目标被遮蔽的时间。单目标跟踪时，通过在合适的时间内周期性地改变 PRF，可以在很大程度上使目标处于清晰区。然而，当占空比很大时，作用距离范围内的间隙并不能轻易消除，特别是近距离处的间隙。而且，PRF 切换会引入一定损耗，导致多普勒清晰区中的最大探测距离减小。

降低占空比也可以减少遮蔽，但同样也会减小平均发射功率。然而，使用多个距离门可以对此进行补偿。例如，假设占空比从 50% 降低到 20%，但采用 4 个距离门（见图30-24）。如果峰值发射功率保持不变，将导致平均功率（总的接收能量）减小的倍数为0.2÷0.5=0.4。但是，从图30-24 中可以看出，对于 4 个距离门，在任一时间内信号必须与之竞争的噪声能

量也将以相同的倍数减小，因此这两个过程的影响可以相互抵消。对于一个不断接近的目标，信噪比的增加与接收机不被关闭时间的增加成正比。在这种情况下，信噪比增加的量级为 $0.5 \div 0.2 = 2.5$ 倍。

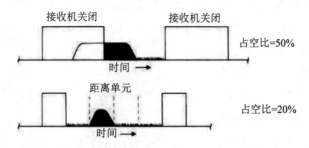

图 30-24 减小占空比，使用多个距离门，以减小遮蔽损失

因此，通过稍微降低占空比和采用多个距离门，不仅可以增加雷达的探测距离，同时使得因遮蔽造成的作用距离缺口相应地变窄。但是，正如之前所述，提供多个距离单元将大大增加系统的复杂度，从而也增加实现成本。

30.6 改善尾追性能

在严重的杂波环境下，可采用多种方法来提高接近速度较低的尾追目标的探测性能。由于问题的根源为旁瓣杂波，逻辑上第一步应当减小天线旁瓣。

对于给定的旁瓣电平，通过将多普勒滤波器频带变窄，可减少低接近速度目标必须与之竞争的旁瓣回波的数量（见图 30-25）。当然，此方法使雷达需要更多的滤波器，同时滤波器频带能减小到什么程度是有实际限制的。

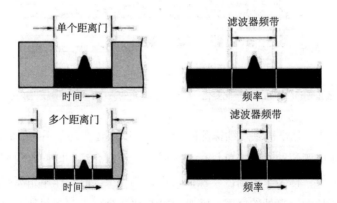

图 30-25 通过降低占空比和提供多个距离门或通过缩小多普勒滤波器的频带，可以改善信杂比，从而提高对低接近速度目标的探测性能

以更大的复杂度和更低的占空比为代价，通过缩小脉冲宽度和使用更多的距离门，可进一步抑制杂波[3]。即使如此，由于有发射机泄漏和高度杂波，雷达也探测不到接近速度为零的

③ 对于一个给定的占空比以及遮蔽程度，通过脉冲压缩可以进一步增大距离门，而不损失信号能量。

目标（追踪过程中相对距离保持恒定的那些目标）。

　　针对此问题，一种非常好的处理方法是：在探测前向远距离重要目标时使用高 PRF 工作模式，在需要同时探测前向远距离目标和尾追目标时，交替使用中 PRF 和高 PRF 工作模式。

　　实现这一点的有效方法如图 30-26 所示，在间隔的天线扫描线上交替采用高 PRF 和中 PRF 工作模式。在扫描线上的上一帧使用高 PRF 工作模式，而在下一帧使用中 PRF 工作模式；反之亦然。考虑到相邻的扫描线相互重叠，两种模式均可获得完整的立体角覆盖范围。若快速接近目标超出中 PRF 工作模式的范围，则可通过高 PRF 工作模式探测到。低接近速度的目标，以及任何工作在高 PRF 模式时可能被遮蔽的近距离目标，可通过中 PRF 工作模式实现探测。

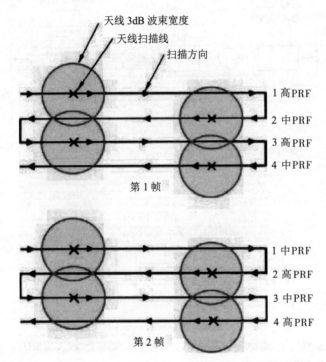

图 30-26　在搜索扫描间隔上，交叉使用高 PRF、中 PRF 工作模式，有助于在前向和尾向都实现最大的检测距离

　　当交替使用 PRF 时，通过仅处理落在多普勒清晰区中的回波，就可以大幅度降低高 PRF 方式的信号处理器的复杂度。当然，这一回波必须先从杂波中提取出来，其中杂波包括主瓣杂波、旁瓣杂波以及高度杂波。此过程可通过一个或多个宽带带通滤波器实现。通过自动增益控制后，信号将被输入到一组适当长度的多普勒滤波器组中（见图 30-27）。

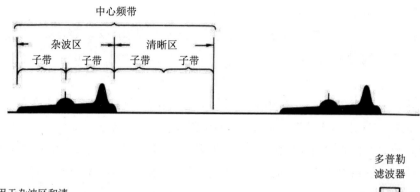

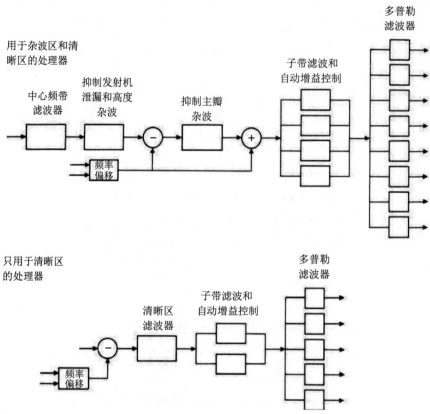

图 30-27 当中 PRF、高 PRF 工作模式交叉使用时，只处理多普勒清晰区的信号可以简化高 PRF 工作模式中的信号处理过程

30.7 小结

为使探测距离达到最大，战斗机通常采用高 PRF 波形，其占空比接近 50%。在为远程半主动导弹照射目标时，甚至可能采用更高的占空比。

为得到足够大的多普勒清晰区，PRF 通常至少应等于最大旁瓣杂波与最高接近速度目标的多普勒频移之和。而对于半主动导弹的制导，还应为导弹相对于雷达的接近速度留出余量。

一系列的滤波器可用来抑制发射机泄漏、高度杂波和主瓣杂波。而剩余的回波被分为多个子带，以便采用自动增益控制。然后将回波输入到多普勒滤波器组。如果目标的接近速度大于雷达相对于地面的速度，目标回波将只需与通过回波的同一滤波器中的噪声竞争。但是，如果目标接近速度小于雷达对地速度，那么目标回波必须与通过该滤波器的旁瓣杂波竞争，而其中大部分旁瓣杂波来自近距离处。

在许多高占空比的雷达中，唯一的距离门控制是通过关闭接收机来提供的。以增加设备复杂性为代价，通过使用多个距离门可以减小噪声和旁瓣杂波。

测距通常必须用调频测距来实现。因为发射机频率变化率受杂波谱扩散的限制，所以调频测距的精度较差。又因提升距离精度会降低探测距离，当需要获得最大的探测距离时，可以使用一种特殊的速度搜索模式，此模式中不测量目标的距离。

P30.1　半主动制导导弹照射目标

如果高PRF雷达的发射脉冲被用于半主动导弹制导，则PRF和占空比都可能高于其应用于搜索和跟踪时的情况。

增加PRF　因为导弹相对于飞机速度很高，其雷达探测到的目标多普勒频移通常高于机载雷达探测到的结果。为保证导弹探测到的速度模糊数据在可接受的范围内，必须在最大目标接近速度上加上导弹雷达相对速度的一半。

提高占空比　半主动制导雷达需要在较远的距离上发射。对于峰值发射功率固定的信号，探测距离随占空比增大而增大，因此希望尽可能提高占空比。然而，为实现目标搜索和跟踪，受遮蔽损耗的限制，普通雷达系统中可用的最大占空比通常小于50%。当雷达脉冲用于为导弹照射目标时，此限制可忽略。因为导弹离雷达较远，无须关闭接收机来防止发射机的发射信号泄漏到接收机。因此，如果需要导弹搜索目标时能够发现距离很远的目标，占空比可高于50%。当然，可接受的最大占空比仍受雷达遮蔽损耗的影响（这是双基雷达的特征，将在第43章进行叙述）。

从雷达直接接收信号会怎样呢?因为多普勒频移的存在，雷达发射信号的频率与目标回波信号不同，雷达制导设备可将二者分离。然而，在设计雷达时，必须注意尽量减少发射机噪声的辐射，因为其中一些噪声的频率与目标回波的频率相同。

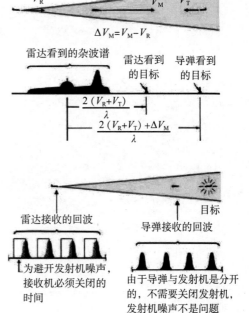

当工作在高占空比模式时，遮蔽损耗影响较大，通过切换 PRF 或者提供多个距离门可以减小这一损耗。但是 PRF 切换将降低在多普勒清晰区内的探测距离，而采用多个距离门将增大成本。

通过使用低旁瓣天线、提高多普勒分辨率以及增多距离门个数，可以提高低接近速度目标的探测性能。在天线扫描线上隔行交替使用高 PRF 和中 PRF 是一种有效的方法。

扩展阅读

G. V. Morris and L. Harkness, Airborne Pulse Doppler Radar, Artech House, 1996.

C. M. Alabaster, Pulse Doppler Radar: Principles, Technology, and Applications, SciTech-IET, 2012.

英国宇航公司海鹞式战机（1993 年）

　　海鹞式战机是从鹞式战机改进而来的垂直起降飞机，其原型鹞式战机于 20 世纪 50 年代末和 60 年代初开始服役于英国空军和海军。由 McDonnell Douglas 设计改进的 AV-8B 型飞机搭载 APG-73 雷达，并服役于美海军陆战队（USMC）。

Chapter 31

第31章 | 自动跟踪

位于 P-61 飞机鼻锥内的 SCR-720 雷达的圆锥扫描天线

本章将详细介绍跟踪被探测目标的方法。目标跟踪的实现需要雷达的硬件和信号处理过程相互配合并形成闭环系统。单目标跟踪（single-target tracking, STT）模式和边扫描边跟踪（track-while-scan，TWS）模式将在本章被详细介绍。在介绍跟踪技术之前，还需要介绍一些术语。

估计、准确度和精度通常被用于描述跟踪的不同方面。估计被用于评估以下参数值：① 干扰（如热噪声）环境下的可测量性（见图 31-1）；② 不能直接测量的参数值，例如距离变化率需要从一系列测量的距离结果中估计出来。

根据这一定义，所有雷达系统测量或计算的参数，无论精度多高，都只是估计值。

另外，两个需要区分的重要参数为准确度和精度。总体而言，二者都是描述测量质量的指标，在目标跟踪中涉及的参数包括距离、速度和方位。因此，它们的测量过程代表了雷达系统对目标真实参数的估计。

准确度表示测量值和真实值之间的接近程度，而精度则表示同一参数的多个测量值之间存在多大的变化。二者一起构成雷达系统中用于评估参数的基础。图 31-2 显示了一个例子，

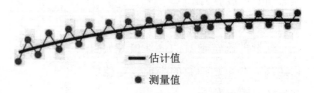

—— 估计值

● 测量值

图 31-1 任何被测参数的值都称为估计值

在这个例子中，准确度和精密度可以看成是完全不同的，并且（有时）是相互独立的。雷达跟踪需要同时实现高准确度和高精度。

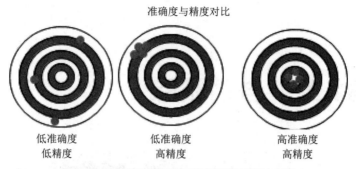

准确度与精度对比

低准确度　　　　低准确度　　　　高准确度
低精度　　　　　高精度　　　　　高精度

图 31-2　准确度和精度用于描述测量值的两个方面

目标跟踪中用到的另一个术语是鉴别率，用于测量函数的量化校准。通常它可以用硬件或软件输出的曲线来表示，曲线显示出跟踪误差中测量值与真实值之间的误差（见图 31-3）。曲线中线性部分的斜率就是鉴别率，它决定了测量的灵敏度。通常，斜率随着信噪比的增大而增大。

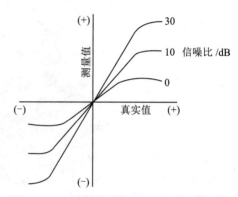

图 31-3　跟踪判决的性能可以用跟踪误差的测量值随真实值变化的归一化曲线表示。判决曲线线性部分越陡峭，测量值的灵敏度越高

鉴别率的一个重要特征是它是一个归一化、无量纲的参数。因此，无须准确测量电压和功率。而且，除了信噪比的影响，跟踪误差的测量值都不随信号强度而发生变化，同时与目标尺寸、距离、机动性以及雷达截面积（RCS）等参数相独立。

如果需要，可以通过预先计算来得到鉴别率。在整个跟踪过程中都使用鉴别率，以提高目标测量参数的估计精度，这些待测参数包括距离、多普勒频移、仰角和方位角等。

31.1　单目标跟踪

单目标跟踪可以提供连续、准确和实时的目标位置、速度和加速度结果（所有这些参数可能会不断发生变化）。为实现这一目标，需要使用单独的半独立跟踪环以测量距离、距离变化率（多普勒频移）以及角度。

跟踪环的功能　单目标跟踪环的基本功能可以分为 4 个：测量、滤波、控制和反馈（见图 31-4）。

测量即确定参数的最新值（如目标距离）与雷达参数的当前设定值的差异（即跟踪误差）。

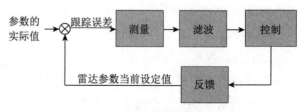

图 31-4　单目标跟踪环的基本功能

　　滤波是后续的处理过程，目的是减小由于目标闪烁、热噪声以及其他干扰源引起的随机变化（噪声）的影响。跟踪精度很大程度上依赖于滤波的效果。跟踪滤波器可以看作一个低通滤波器，其关键参数为截止频率和增益。这些参数将依据信噪比、目标潜在运动和雷达载机的实际运动等特征不断调整，以便减小噪声，同时不引入额外延迟（尤其在机动过程中）。

　　控制功能即根据滤波器输出进行计算，由此生成控制命令，以减小跟踪误差（尽可能接近零）。

　　反馈功能即将给定的命令加到硬件或软件的操作。反馈值和当前参数实际值的误差被反馈到输入端中，形成处理过程的闭环，使得整个过程可以不断重复。通过连续的迭代，可以实现非常高的跟踪精度。

　　提高距离估计精度　通过使用前波门和后波门技术可以提高雷达对单个目标的距离估计精度。将一个距离单元分为两部分（两个波门），其中一个波门相对于另一个波门移动了半个距离单元。此时一个目标将同时在前后波门中出现，如图 31-5 所示。

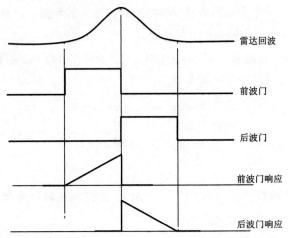

图 31-5　前波门和后波门技术提高了目标距离估计精度。在这一例子中目标在距离门（波门）的中间并由前波门和后波门的相等值表示

　　在此例中，目标位于距离单元的中间，使得前后波门的响应相同。如果位于前波门中的目标回波相对更多，则前波门的电压值将更大，此过程即为距离鉴别（见图 31-6）。因此，通过测量前后波门的电压差，可以更准确地估计目标位置，其精度优于距离分辨率所指的精度。

　　在距离跟踪环中执行距离判决，此过程参见图 31-4。

　　距离跟踪环　距离跟踪环用于测量目标当前的距离，并将距离门固定在目标回波的中心位置（为多普勒跟踪和角度跟踪隔离目标回波）。跟踪误差 E 与前后两次采样的差值 R_E 和 R_L 之差成正比。为保持距离门在目标回波的中心，距离鉴别主要依据测量两个距离门幅度之差 $R_L - R_E$ 来实现。测量值需要进行归一化处理，即将其除以二者的幅度之和。随后，采样时间作为 R_E 和 R_L 的差函数，需要促使距离门移动到回波的中心。

　　根据距离鉴别和上一个距离门的命令，距离滤波器可实现目标距离和速度的最好估计，同时实现加速度的测量，并生成一个新的距离门命令（见图 31-7）。

距离鉴别 ΔR
M=采样的测量值
E=跟踪误差=$2e$

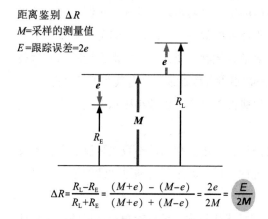

$$\Delta R = \frac{R_L - R_E}{R_L + R_E} = \frac{(M+e) - (M-e)}{(M+e) + (M-e)} = \frac{2e}{2M} = \boxed{\frac{E}{2M}}$$

图 31-6 距离跟踪误差与前后波门采样值幅度之差成正比，通过除以二者之和可以得到一个无量纲的误差比值，即距离鉴别值

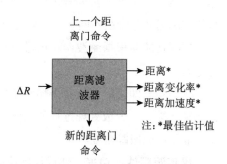

图 31-7 在距离滤波器的输入和输出中，ΔR 为距离鉴别值

距离门命令用于下一个目标回波被采样时对目标距离的预测。可通过跟踪滤波器最新的目标位置和速度进行推算，得到新的目标位置。

为执行距离门命令，预测的目标距离首先需要对雷达特性参数（如采样时间粒度）进行修正，并对接收机和低通滤波器脉冲拉伸而造成的脉冲波形失真进行校正。然后将预测结果转换为时间（从上述发射脉冲的下降沿或上升沿算起），从而估计下一个回波的到达时间（见图 31-8）。

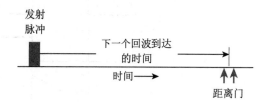

图 31-8 为了根据距离门命令确定距离门的位置，将预测距离转换为时间

提高多普勒估计精度 提高目标多普勒估计精度的方法理论上与提高距离定位精度的方法类似。用两个速度门（多普勒频移）替代两个距离门，以提高多普勒估计精度。

最简单的方法就是检查两个相邻的多普勒滤波器的交叉点[1]，两个滤波器分别称为低频滤波器和高频滤波器（类似于前波门和后波门）。速度门对准时的误差可以通过这些滤波器输出的差值体现。多普勒鉴别或速度鉴别的依据主要是两滤波器输出幅度之差 $V_H - V_L$，并通过除以其输出幅度的和进行归一化（见图 31-9），然后将计算结果输入到速度滤波器中。

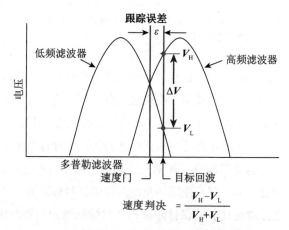

速度判决 $= \dfrac{V_H - V_L}{V_H + V_L}$

图 31-9 最简单的速度门是两个相邻多普勒滤波器的交点。速度的鉴别依据主要是，目标回波在两个滤波器产生的输出电压之差与两个电压之和的比值

---

[1] 通过积累前后两个距离单元中的采样，可形成两组独立的滤波器。速度门可以在其中一个或两个中形成。

多普勒滤波器或速度滤波器的功能几乎与距离滤波器相同，速度滤波器的输出比目标距离变化率以及距离加速度的估计结果更加准确。

多普勒（距离变化率）跟踪环 多普勒跟踪环从目标角度跟踪中提取出目标回波，其方法主要是将速度门保持在目标的多普勒频移中心处。

基于速度滤波器对最近的距离变化率和距离加速度的估计，产生速度门命令，该命令可预测目标多普勒频移的变化趋势。

速度门命令将被输入到可变射频信号振荡器中，该振荡器的输出与回波信号混频，从而改变回波信号频率，使得预测的目标多普勒频移处在速度门的中间。振荡器频率与速度门的固定频率之和，就是预测的目标多普勒频移（见图 31-10）。[2]

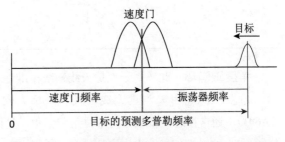

图 31-10 当振荡器将目标回波移到速度门中时，振荡器频率和速度门固定频率之和即为预测的目标多普勒频移

提高角度估计精度 第 1 章中介绍了三种确定目标位置时提高方位角估计精度的技术：顺序波瓣、幅度比较单脉冲、相位比较单脉冲。在本章中将仅讨论与跟踪有关的幅度比较单脉冲。这一技术中，天线的辐射方向图在其半功率点分裂成两个相互交叉的波瓣，如图 31-11 所示。同样，这一方法与前后波门跟踪和多普勒滤波器的原理相类似。

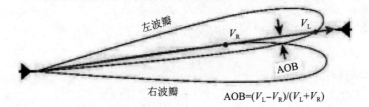

$$AOB=(V_L-V_R)/(V_L+V_R)$$

图 31-11 用于幅度比较单脉冲雷达的角度跟踪鉴别。天线波瓣越过天线轴线，所以波束偏移角（AOB）基本上与两个波瓣接收的回波电压差成正比

由图 31-11 可以看到，左右两个波瓣接收到的目标回波幅度之差 V_L-V_R 基本上与天线轴线（天线指向角）和目标所在方向角之间的差值成正比。将该差值除以两个幅度之和即产生一个与角度偏差大小相关的无量纲的方位角分量鉴别值。用同样的方法可以得到仰角分量的误差鉴别值。

P31.1 常用坐标系

距离和角度的测量只有相对于参考坐标系才有意义。这里列出了几种常用的坐标系。

---

[2] 如果 PRF 小于目标多普勒频移，n 倍的 PRF 将会被加到该频率之和上。

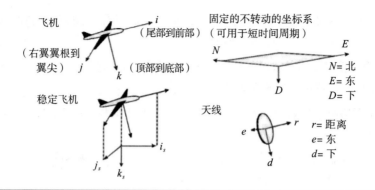

角度跟踪环　此环用于保持天线轴线精准地对准目标。常用坐标系见面板式插页 P31.1。

角度跟踪环用来测量天线轴线和目标方向之间的夹角。此夹角 ε 被称为波束偏移角（AOB），通常被进一步细分为方位角和仰角（见图 31-12）。

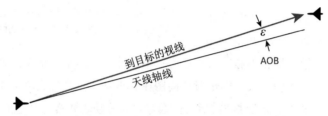

图 31-12　角度跟踪环测量的是目标方向和天线轴线之间的夹角

测量值中除了 AOB，还包括以下环境信息：

- 信噪比；
- 雷达载机速度；
- 目标距离和距离变化率；
- 天线当前角度变化率。

根据这些输入，滤波器产生以下三个量的最佳估计：AOB 的方位角分量和仰角分量，天线轴线到目标的角速率，以及目标的加速度（见图 31-13）。

为减小 AOB，保证天线轴线方向对准目标，滤波器将产生方位和仰角变化率控制命令。每一个控制命令均为以下两项的代数和：一是视线变化率的滤波器最佳估计值，二是与 AOB 分量的最佳滤波估计成正比的变化率。

这些变化率控制命令被送到天线稳定系统（见图 31-14）。该

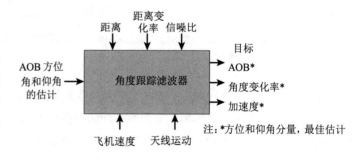

图 31-13　角度跟踪滤波器的输入和输出

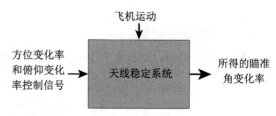

图 31-14　利用安装在天线上的陀螺仪建立方位轴和仰角轴，天线稳定系统根据方位轴和仰角轴的变化而改变天线姿态，从而使天线保持稳定

系统控制陀螺仪的进动变化率，陀螺仪则利用惯性建立天线的方位轴和仰角轴。

对于电子扫描天线，必须提供用于角度跟踪和空间稳定的转向命令。为了连续地校正飞行器姿态的变化，不管误差有多小，都将计算新的命令并以非常高的速率送到天线。

31.2 边扫描边跟踪

边扫描边跟踪（TWS）是扫描和跟踪的完美结合。为搜索目标，雷达需要重复扫描一个或多个条带（见图 31-15），且每一次扫描与其他扫描相互独立。一旦发现了目标，雷达就将目标的距离、距离变化率、方位角和仰角信息提供给操作员和 TWS 系统。对于任何一次检测，估计值统称为观测值。

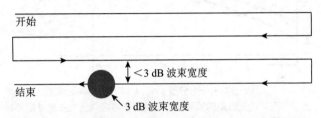

图 31-15　在典型的四条带的光栅扫描中，为防止遗漏目标，条带间隔小于 3 dB 波束宽度。因此，同一个目标可能被多个条带扫描到，这是 TWS 所需解决的问题之一

在纯搜索模式中，操作员必须判定当前扫描中检测到的目标是否与前一次或前几次扫描中检测到的目标相同。而在 TWS 中，这一过程将自动完成。

在连续扫描过程中，TWS 保持对每一个有效目标相对飞行路径的精确跟踪。这一过程由五步迭代完成：预处理，相关，航迹起始与终结，滤波，以及波门形成（见图 31-16）。

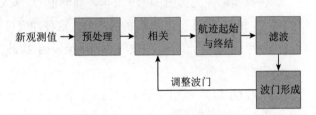

图 31-16　TWS 的处理过程包括五步

预处理　在此步骤中，对每个新观测值执行两个重要操作。第一，如果目标具有与上次扫描相同的距离、距离变化率、角度位置，则将两次观测的结果合并。第二，如果二者关联性不大，就将每次观测结果转变到一个固定的坐标系，如 NED（北东下）坐标系。为便于处理，角度估计结果通常用方向余弦表示，此时，角度估计是目标方向与 N、E 和 D 轴之间夹角的余弦。距离和距离变化率可以简单地通过乘以各自的方向余弦而投影到 N、E 和 D 轴上。

相关　这一步决定是否将一个新的观测值指派给一个已有的航迹。利用到当前时刻为止指派给该航迹的所有观测值，跟踪滤波器精确地将各跟踪参数的 N、E、D 分量扩展到当前的观测时间。然后，滤波器在下次观测时预测这些分量将为何值。

基于对滤波器输出的精确统计，在航迹预测的各个分量附近设置一个衡量测量值与预测值最大误差的波门，具体如图 31-17 所示。对于该航迹，如果下次观测值落入所有波门内，则将该观测值指派给这个航迹。

自然地，当接收到距离很近的一些观测值时，关联起来会出现冲突。为解决这一问题，通过将观测值所有分量的测量值和预测值之间的差进行归一化和组合，计算出每个观测值与航迹之间的统计距离。每个航迹都对准一个波门的中心（见图31-18），其半径依据测量值和预测值之间的最大可能统计距离而设定。

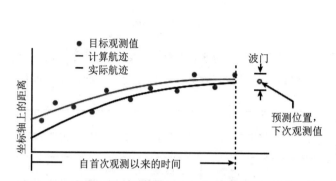

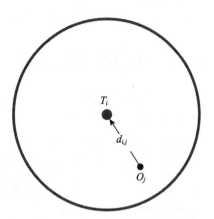

图31-17 目标参数的一个分量（N、E 或 D）的典型航迹。图中给出了在下次观测时刻的预测值，以及用于将观测值与航迹做相关处理的波门

图31-18 观测值 O_j 和航迹 T_i 相关联的波门。波门的大小与最大可能统计距离 $d_{i,j}$ 相关，一个有效的观测值可能产生于这次航迹

一种典型的冲突如图31-19所示，观测值 O_1 落入两个不同航迹（T_1 和 T_2）的波门内，观测值 O_2 和 O_3 都落入航迹 T_2 的波门内。这种冲突可用以下方法解决。

- 因为 O_1 是唯一落入 T_1 波门的观测值，而 T_2 波门内有观测值 O_2 和 O_3，所以将观测值 O_1 指派给航迹 T_1。

- 因为 O_2 到 T_2 波门中心的距离 $d_{2,2}$ 小于到 O_3 到该波门中心的距离，所以将观测值 O_2 指派给航迹 T_2。[3]

航迹起始和终结 当一个新的观测值（见图31-19中 O_4）没有落入波门内时，将暂时建立一个新的航迹。如果建立了新航迹，则在下次（或下下次）扫描中，第二次观测值就应该能与该航迹相关。如果未能成功建立关联，则该观测值将被判定为虚警并被删除。类似地，对于给定的扫描次数，如果没有新的观测值与现有航迹相关，则会删除该航迹。

滤波 这一过程与单目标跟踪时的滤波过程类似，根据每个航迹的预测值和测量值之间的偏差，对航迹进行更新，获得新的预测值，并导出对观测值和预测值的精确统计特性结果。

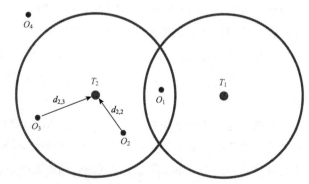

图31-19 这种典型的冲突发生在目标距离很近的情况下，T_1 和 T_2 的波门重叠，观测值 O_1 落入两个波门，而观测值 O_2 和 O_3 都落入航迹 T_2 的波门

---

[3] 这种情况的限制是：对于落入现有航迹波门内的观测值，不能产生新的航迹。相应地，由于已经将航迹 T_2 和另一个观测值（O_2）关联，因此观测值 O_3 将被舍弃。

波门形成　根据滤波器得到的预测值和精确的统计值，形成新的波门，并提供给相关处理环节。

作为滤波的结果，目标观测时间越长，新波门的定位精度就越高，从而计算航迹与真实航迹也就越接近。

31.3　跟踪滤波

跟踪滤波的作用是根据指派给某目标航迹的雷达测量值估计出其运动轨迹。因为其结果为一个估计值，所以存在测量误差和过程误差，但其主要目的是尽可能准确地确定目标轨迹。跟踪滤波通常通过预测和修正两个过程的结合来实现。图31-20 给出了跟踪滤波的组成要素。

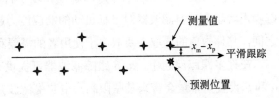

图 31-20　跟踪滤波缩小了测量值和预测值之间的差距

图 31-20 中的星号代表了以恒定速度运动目标的一系列测量值。滤波器根据测量值预测下一个回波中目标可能出现的位置（预测值），通过比较预测值和测量值，可以得到一个新的更为平滑的坐标位置，实现测量噪声和过程噪声的折中。该滤波过程可写作：

$$x_s(k) = x_p(k) + \alpha\left[x_m(k) - x_p(k)\right]$$

式中，$x_s(k)$ 表示 $t=k$ 时刻平滑跟踪后滤波得到的位置，$x_p(k)$ 表示 $t=k$ 时刻预测得到的位置（上一步得到的预测结果），$x_m(k)$ 表示测量所得的位置。参数 α 用来实现对滤波位置的控制，使滤波结果接近 $x_m(k)$ 或 $x_p(k)$，而后 $x_s(k)$ 将成为下一个跟踪滤波周期的预测结果。图 31-21 给出了 α 的变化对结果的影响。

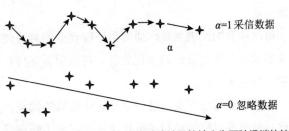

图 31-21　当 $\alpha=1$ 或 $\alpha=0$ 时跟踪滤波器的输出为两种极端的结果

当 $\alpha=1$ 时，$x_s(k)=x_m(k)$，滤波位置与测量值相同，所以轨迹实际仅为所有的测量值；与之相反，若 $\alpha=0$，$x_m(k)=x_p(k)$，将忽略测量值，轨迹可以是任意值；而当 α 在 0 到 1 之间，滤波器将同时利用测量值和预测值。

一种更好但更加复杂的滤波器为 $\alpha-\beta$ 滤波器，它不但使用了位置坐标，还利用了速度信息。

$\alpha-\beta$ 跟踪滤波器　前面的等式表示的是简单滤波过程，其输出总是滞后于基于之前测量的预测结果。而 $\alpha-\beta$ 滤波器则可以克服这一问题，其方法是添加一个额外的多普勒或速度信息。速度可表示为：

$$v_s(k) = v_p(k-1) + \beta(x_m(k) - x_p(k))/T$$

式中，$v_s(k)$ 表示滤波输出的速度，$v_p(k-1)$ 表示滤波器上一次输出的速度大小，T 表示两次数据更新之间的时间间隔。$x_s(k)$ 和 $v_s(k)$ 组合起来的公式被称为 α-β 跟踪滤波器方程，可以通过下式计算得到新的修正位置坐标：

$$x_p(k+1)=x_s(k)+v_s(k)/T$$

式中，$x_p(k+1)$ 为新的修正位置，它由上一时刻平滑后的位置和速度计算得到。上述这些方程一起组成了目前最常见的跟踪滤波器的核心——预测 - 修正。

α 和 β 的选择要在减小噪声敏感性和减小目标机动敏感性之间权衡。α 和 β 值越大，跟踪噪声就越大，但滤波器对目标机动的响应能力越强。典型的 α 和 β 取值通常介于 0.1 和 0.9 之间，具体数值的选取主要取决于使用者的需要和之后的系统设计要求。

在许多跟踪问题中，α-β 跟踪滤波器可提供充足的解决方案，然而，对于复杂情况，将 α 和 β 设置为常量会带来某些限制。卡尔曼滤波是 α-β 跟踪滤波的扩展，其中 α 和 β 被设置为变量，以使测量噪声和过程噪声的方差最小，卡尔曼跟踪滤波器也同样是基于预测 - 修正。

31.4 小结

对于单目标跟踪，半独立跟踪环通常可以提供距离、多普勒频移、方位角和仰角信息。每个环包括四个基本的功能：测量、滤波、控制和反馈。

距离跟踪误差通过前后两次采样的目标回波之差来实现测量，多普勒跟踪误差通过两个相邻多普勒滤波器的输出之差实现测量，而角度跟踪误差则通过两个天线波瓣接收回波之差实现测量。

每次测量的比例系数，通常用跟踪误差的测量值与真实值之间的关系曲线来表示，称为鉴别率曲线。其结果经归一化处理，可以使测量值在很大程度上与信号强度无关，无须精确测量信号电压或功率。

连续的测量值需要经过一个低通滤波器的滤波，该滤波器的增益和截止频率通常根据信噪比、潜在的目标运动和飞机自身运动状态不断进行调整，以在不引入额外延迟的情况下尽可能多地消除噪声。

在滤波器的输出端，经计算生成一个控制命令来减小跟踪误差，使其趋向于零。对于距离跟踪，控制命令基于雷达采样时刻进行调整；而对于多普勒跟踪，它根据接收信号的频率进行调整；对于角度跟踪，此过程主要依靠处理天线稳定系统的陀螺仪来实现。

在边扫描边跟踪模式中，通过对目标参数进行滤波，精确跟踪那些在连续搜索扫描中探测到的目标，这与单目标跟踪极其相似。对于每次跟踪，由滤波后参数所确定的波门被用来判定是否要对现有航迹进行更新，或者是否应产生新的航迹，以及是否删除任何现有航迹。

跟踪滤波器是平滑以及准确估计目标真实位置和航迹所必需的处理设备。α-β 滤波器和卡尔曼滤波器采用典型的预测 - 修正方法，在许多具备跟踪功能的雷达系统中很常见。

扩展阅读

E. Brookner, Tracking and Kalman Filtering Made Easy, Wiley, 1998.

S. Blackman and R. Popoli, Design and Analysis of Modern Tracking Systems, Artech House, 1999.

M. I. Skolnik (ed.), "Automatic Detection, Tracking, and Sensor Integration," chapter 7 in Radar Handbook, 3rd ed., McGraw Hill, 2008.

M. I. Skolnik (ed.), "Tracking Radar," chapter 9 in Radar Handbook, 3rd ed., McGraw Hill, 2008.

G. Brooker, "Tracking Moving Targets," chapter 14 in Sensors for Ranging and Imaging, SciTech-IET, 2009.

M. A. Richards, J. A. Scheer, and W. A. Holm (eds.), "Radar Measurements," chapter 18 in Principles of Modern Radar: Vol. 1, Basic Principles, SciTech-IET, 2010.

M. A. Richards, J. A. Scheer, and W. A. Holm (eds.), "Radar Tracking Algorithms," chapter 19 in Principles of Modern Radar: Vol. 1, Basic Principles, SciTech-IET, 2010.

W. L. Melvin and J. A. Scheer (eds.), "Multitarget, Multisensor Tracking," chapter 15 in Principles of Modern Radar: Vol. 2 Advanced Techniques, SciTech-IET, 2012.

第七部分
成像雷达

CARABAS II VHF SAR 成像雷达（1996 年）

    CARABAS 是一种试验性质的低频 SAR 雷达，工作于 20 ～ 90 MHz 频段，用于叶簇穿透（FOPEN），以探测森林中树冠以下的隐蔽目标。该雷达由瑞典国防研究机构 FOI 研制，并由 Rockwell TP86 Sabreliner 飞机搭载，服役于瑞典空军。图中明显可见，飞机上安装了两列超宽带天线。

Chapter 32
第32章 | 雷达和分辨率

五角大楼的合成孔径雷达图像（由Sandia实验室提供）

高分辨率成像雷达逐渐成为远程遥感和军事预警的必备工具。相对于低分辨率成像，高分辨率成像可以看到更多的细节，因而其功能更强大。中等分辨率的雷达仅能发现飞机等目标，并估计出目标的位置和相对速度。随着纵向分辨率（在飞机的飞行轨迹上）和横向分辨率（垂直于飞机的飞行轨迹）的提高，雷达可探测到目标上不同的部分，从而使雷达可以发现目标的更多细节。本章中将定义雷达图像分辨率，并介绍实现高纵向分辨率的方法。同时，较高的距离分辨率可使雷达获得高分辨率的二维图像。

一个雷达系统，若其分辨率远小于目标尺寸，则该雷达系统可以用来得到目标及其结构的散射图，即"雷达图像"。因为雷达发射机自带的相位相干特性，雷达图像将由带有幅度和相位的复数值构成。通常，在图像形成后即丢弃相位值，并将所得到的幅度显示为黑白图像。这类似于光学图像，但在频率和照射方向上存在差别。然而，如果分辨率足够高，就可从雷达图像上推断出目标的尺寸、形状、方向以及更多的细节特征。

形成雷达图像的方法和光学摄像的方法有很大不同，高分辨率雷达图像结合了高横向分辨率（距离向，雷达发射通过宽带信号获得）和高纵向分辨率（通过孔径合成得到）。目前，合成孔径雷达（SAR）已成为民用和军用遥感不可缺少的工具。

32.1 分辨率的定义

雷达成像的质量主要用雷达分辨两个相邻物体的能力来度量。这种能力通常用距离分辨率和分辨单元尺寸来描述。距离分辨率是雷达图像中两个回波面积相等的散射体可以被分离并仍然被识别为单个散射体的最小距离。散射体可以是两个独立的目标，如两架独立的飞机；也可以是一个目标上的两个部件，如一架飞机的机头、驾驶舱、发动机、机翼和机尾。散射体的间距通常用横向分量 d_r 和方位或纵向分量 d_a（与雷达视线正交的分量）来描述[①]。

分辨单元是边长分别为 d_r 和 d_a 的矩形（见图 32-1）。由于目标可以任意取向，d_r 和 d_a 通常设定为相等大小，从而使得分辨单元为正方形。然而，分辨单元又不一定是正方形，例如雷达的波束限制了雷达的角度分辨率，d_r 通常远小于 d_a。例如，在 X 波段（波长为 3 cm），一个 1m 天线的波束宽度为 30 mrad，在距离为 100 km 处，d_a 为 3km，远大于带宽为 500 MHz、精度为 30 cm 的 d_r。

严格地说，分辨单元并非轮廓分明的矩形（参见图 32-1），它是一种四角圆边的"矩形块"，其亮度在边缘上变暗。尽管如此，对于大多数雷达图像来说都假定其为轮廓分明的正方形。

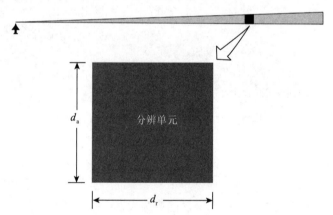

图 32-1 距离分辨率是指两个散射点可以被区分开的最小距离，分辨单元是一个矩形，其边长为距离分辨率 d_r 和方位分辨率 d_a

32.2 影响距离分辨单元尺寸选择的因素

影响距离分辨单元尺寸选择的因素主要包括：① 目标尺寸或散射点大小；② 产生图像所需的信号处理类型和处理量；③ 成本；④ 判读图像所需的工作量。不同成像应用所需的分辨率见表 32-1。

---

① 横向（垂直于飞机的飞行轨迹）分辨率，又称为射线分辨率，等同于常规雷达中的距离分辨率。同样，纵向分辨率也称为方位分辨率。

表 32-1　不同成像应用所需的分辨率

要分辨的地形特点	分辨率（分辨单元尺寸）
海岸线、大型城市和山脉轮廓	150 m
公路主干道、野外地形变化	20～30 m
道路细节：城市街道、大型建筑、小型飞机场	10～15 m
车辆、房屋、小型建筑	1～3 m

可分辨目标的尺寸　分辨单元的大小和雷达成像的选择主要根据应用场景而定。要分辨出分隔陆地和海洋的海岸线以及城市和山脉等地形的粗犷特征，分辨率为 150 m 左右即可；对于识别高速公路、农田以及森林，分辨率需要 20～30 m；对于识别城市街道、大建筑物和小机场等城市细节部分，分辨率需要大约 10～15 m；对于识别地面目标，包括车辆、房屋和小型建筑物，需要的分辨率更高（约为 1～3 m）。因此，雷达分辨率的选择与目标尺寸大小直接相关。总体而言，需要的距离分辨率通常为目标在某一方向上最小尺寸的 1/20～1/5 之间。

分辨率与目标和特征识别能力之间的关系如图 32-2 所示。图中显示了同一架飞机的两个轮廓。第一个飞机轮廓上叠加了一种以分辨单元划分的网格，其分辨单元尺寸为翼展的 1/5。另一个叠加的网格分辨尺寸为翼展的 1/20。旁边给出了两个分辨单元的雷达成像示意图。其中完全由轮廓填充的单元格显示为浅灰色；部分填充的单元格显示为深灰色阴影，且灰度与填充百分比相对应；没有填充的单元用黑色表示。对于这一形状的目标，当分辨率为主尺寸的 1/5 时，可以在一定程度上识别出目标的形状；而当分辨率为主尺寸的 1/20 时，可以清楚地看出这是一架飞机的形状。

在形成图 32-2 的过程中，假设了飞机的各个部分在雷达照射方向上具有相同的反射强度；而实际上，对于任意一种视角、无线电频率和极化的组合，在图像中只能观察到几个明亮的散射中心。因此，即使分辨单元为飞机尺寸的 1/20，飞机的形状可能仍难以识别。这是因为飞机相对雷达波长而言十分光滑，大部分反射能量前向散射，远离雷达而去。

然而，在后面章节中将看到，通过从不同方向、以不同的无线电频率和极化重复照射同一区域，可以显著提高目标的反射效果。通过这种方法，可以形成类似于图 32-2 所示的图像，从而能够识别单个目标的形状。在许多实际情况下，这仍难以实现，但所形成的目标不完整的图像仍然极其有用。

信号处理的要求　提高分辨率的限制之一是所要求的信号处理容量。图 32-3 所示的德国卡尔斯鲁厄局部区域的 SAR 成像图[2]细节十分清晰。然而，如果观测的区域十分大，则 SAR 图像的分辨率较低。图 32-4 所示为图 32-3 中标记矩形框内的区域。即使在这一片区域中，仍旧无法使分辨率达到最高。图 32-5 所示是图 32-4 中标记矩形框内的区域，此图显示的是 10 cm 的全分辨率，图中可以很好地显示出细节（如建筑物楼顶）的特征。对比这 3 幅图，可以发现，图 32-3 中甚至难以区分建筑物。

---

[2]　关于更多 PAMIR（相控阵多功能成像雷达）系统和高分辨率雷达成像的知识，可以参考：A. R. Brenner and L. Roessing, "Radar Imaging of Urban Areas by Means of Very High-Resolution SAR and Interferometric SAR," *IEEE Transactions on Geoscience and Remote Sensing* 46(10), pp. 2971–2982, 2008.

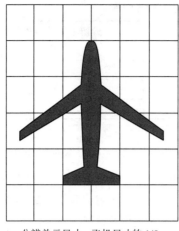

分辨单元尺寸：飞机尺寸的 1/5 　　　　　　对应图形

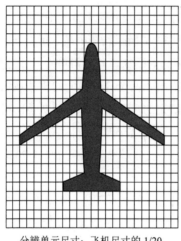

分辨单元尺寸：飞机尺寸的 1/20 　　　　　　对应图形

图 32-2　分辨单元尺寸对成像的影响。左边两个图是同一飞机的轮廓图，右边两个图是对应的雷达成像示意图。假设飞机的各个部分在雷达照射方向上的反射强度相同，当分辨单元为飞机尺寸的 1/20 时可以获得较好的成像效果

　　总体而言，为得到一个大小固定区域的 SAR 图像，如图 32-3 所示区域，信号处理量与每个区域分辨单元的数量成正比，如果分辨单元为正方形，计算量将与分辨率的平方成正比。因此，要使分辨率提高到 2 倍，单元的个数就要增加到 4 倍。然而，高分辨率对信号处理容量的要求将更高，因为此时对图像纠错的要求会更严格。

　　成本和数据管理　关于这个因素难以一言蔽之。随着距离分辨率的提高，雷达硬件和信号处理的复杂性及其数量均将显著增加，从而成本和处理时间也会增加。在某些特定条件下，进一步提高距离分辨率会使成本变得过于昂贵。不过，随着数字技术的进步，实现规定分辨率的成本将趋于减小。正如人们所期望的那样，成本和分辨率之间会达到平衡。某一区域内大量的分辨单元需要大的处理容量，这就需要合适的存储设备、数据转换器和计算资源。

　　对图像的判读　表面上看，当确定了所需的分辨率时，这项工作不需要再重点考虑，但实际情况则相反。这项工作决定了所需要的分辨率，而且影响着许多雷达参数的确定。无论分辨率如何，都必须重视对雷达图像的判读。

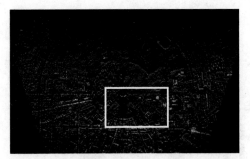

图 32-3　这是德国卡尔斯鲁厄部分区域的 SAR 成像图，通过 PAMIR（相控阵多功能成像雷达）系统实现。该雷达系统工作在 X 波段，由夫琅禾费（Fraunhofer）高频物理和雷达技术研究所（FHR）设计。由于成像区域较大，无法显示完整的分辨率

图 32-4　德国卡尔斯鲁厄的高分辨率 SAR 图像，通过 PAMIR 系统实现，该雷达系统与图 32-3 中的相同。同样，由于成像区域较大，无法显示完整的分辨率

图 32-5　德国卡尔斯鲁厄的高分辨率 SAR 图像，分辨率为 10 cm，通过 PAMIR 系统实现，该系统与图 32-3 中的相同，由夫琅禾费（Fraunhofer）高频物理和雷达技术研究所（FHR）设计

　　雷达图像中许多目标特征和地形特征，与其他图像（如光学图像）有很大区别。雷达波长越长，电波的散射特性与光波的差别就越大。因为雷达自身可以辐射电磁波，图像中的阴影总是远离雷达。正如我们所看到的，雷达作为一种相干传感器。这使得图像的像素中存在因散射点之间的相干作用而形成的颗粒状外观，这一现象叫作斑点（speckle）效应。

　　同时，一些其他的因素也会导致雷达图像存在某些特殊性，需要在判读图像之前对这些特殊性进行处理。例如，某单座攻击机以 1 440 km/h（400 m/s 或 1.2 马赫）的速度飞越乡村，需要飞行员对雷达图像进行快速判读，并在几秒时间内分析图像，从而完成其他飞行任务。为了使这项任务易于完成，雷达只进行小范围的地面成像。如果提高分辨率从而使得目标更加清晰，就需要相应地减小雷达成像范围。

　　通常有大量的雷达图像产生，卫星系统在几天内就要绘制大部分地球表面的地图。如此庞大的数据需要小心地管理，同时判读图像需要借助自动算法完成。然而自动算法的实现十分复杂，所以图像判读仍旧需要深入研究。分辨率需求和成像范围都会根据应用需要而变化，因此，其实现算法同样也会有很多变化。

32.3 高分辨率的实现

考虑到距离（横向）分辨率的提高相对于纵向分辨率更容易实现，首先对距离分辨率进行介绍。

距离（横向）分辨率 如第 11 章所述，雷达 1 μs 内的脉冲宽度对应的距离分辨率为 150 m。原则上，可以通过缩短脉冲持续时间来提高距离分辨率。例如，0.1 μs 的脉冲可以得到 15 m 的距离分辨率，0.01 μs 的脉冲可以得到 1.5 m 的距离分辨率，以此类推。

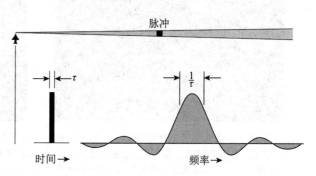

图 32-6 距离分辨率随脉冲宽度的增大而降低。脉冲宽度减小，需要的带宽增大

缩短脉冲持续时间首先受到发射机和接收机通带的限制。为了让大部分发射信号功率通过，3 dB 带宽必须为 $1/\tau$（Hz）数量级的频率，其中 τ 为信号脉冲宽度（见图 32-6）。这表明 0.01 μs 发射脉冲宽度，信号带宽需要在 100 MHz 数量级上。

信号带宽主要受雷达工作频率的限制。例如，对于频率固定的发射机，随着信号带宽的增大，最终会导致硬件难以设计制造且十分昂贵的情况。在特定条件下以粗略的方法计算，带宽是工作频率的 3% ～ 10%。因此，对于 X 波段（10 GHz）的信号，100 MHz 带宽是工作频率的 1%。当雷达工作频率为 1 GHz（L 波段）时，同样的带宽是工作频率的 10%。在所有的硬件设备中，天线和一些射频组件的带宽更加关键。

缩短脉冲持续时间的第二个限制是发射机的峰值功率和 PRF。若峰值功率和 PRF 一定，发射很窄的高距离分辨率脉冲信号，将极大地降低平均发射功率（峰值功率乘以占空比和 PRF）。这一问题可通过脉冲压缩来解决（参见第 16 章）。若脉冲压缩比为 1 000 ∶ 1，雷达系统的发射脉冲宽度为 10 μs，经脉冲压缩后仍旧可以得到 1.5 m 的距离分辨率（10 μs/1 000= 0.01 μs，或 100 MHz 带宽）。在本例中，脉冲压缩需要的带宽为 100 MHz。

方位（纵向）分辨率 如前所述，方位分辨率受到天线波束宽度的限制，具体大小为天线 3dB 波束宽度与距离的乘积。天线 3 dB 波束宽度基本上等于波长除以天线尺寸。因此，对于给定的距离，使用短波长和大尺寸天线就可得到好的距离分辨率。又由于波长越短，大气衰减越严重，对于远距离成像来说最小波长大约是 3 cm。而在飞机应用中，天线尺寸受到飞机运载能力的限制。因此，如果一副 3 m 的天线，其发射波长为 3 cm，则在 100 km 处的方位分辨率仅为 1 km。当然，如果最大感兴趣距离较短，且对分辨率的要求并不高，这样的天线尺寸就足够提供一个较窄的波束宽度，以满足测量精度要求。一个天线尺寸为 5 m、工作在 X 波段的侧视雷达系统，在 18 ～ 20 km 的距离上可识别海上浮油和小型船只。在 20 km 处，其分辨率为 120 m。这类机载雷达称为侧视机载雷达（SLAR）。图 32-7 展示了 SLAR 的成像图，图中可以识别出小型船只和浮油。同时，近程探测可以使用具有更高频率信号（波长更短）的雷达系统，从而得到更高的分辨率。

P32.1　计算方位分辨率（d_a）的例子

对于真实天线（参见第 8 章）：

$$\theta_{3dB} \approx \frac{\lambda}{L} \text{ rad}$$

$$d_a \approx \theta_{3dB} R = \frac{\lambda}{L} R$$

对于波长 λ =3 cm，天线长度 L=3 m，距离 R=100 km，可以得到：

$$d_a = \frac{0.03 \times 100\ 000}{3}(\text{m}) = 1 \text{ km}$$

总体而言，要得到足以识别远距离大尺寸目标的方位向分辨率，意味着需要非常大的天线尺寸或者可以抵抗大气损耗的高频率雷达。为解决这一问题，可采用相干雷达系统，并测量因雷达系统移动所造成的回波相位变化特征。

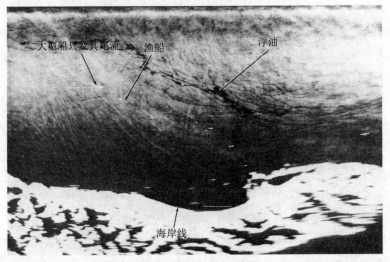

图 32-7　由雷达绘制的加利福尼亚州圣巴巴拉省的漏油图，该雷达具有 5 m 的真实波束侧视阵列，波长为 3 cm。飞机载着雷达沿着地图的顶部飞行，距海岸约 28 km。在 9 km 处，方位分辨率约为 54 m（由 Motorola 公司提供）

通过基于相位信息的信号处理技术，可以合成一个非常大的虚拟孔径，从而在纵向获得一个更高的分辨率。考虑一个在水平轨迹上直线飞行的飞机，该飞机携带一部 SLAR 雷达。随着飞机的不断前进，可以发射和接收一系列雷达脉冲。这些脉冲可以合成一个较长的虚拟或合成孔径（因此称为合成孔径雷达，即 SAR）。通过处理因雷达相对地面任一点位置不断变化而引起的相位变化，即可得到这个孔径。雷达照射地面某一点的总角度范围，决定了合成孔径的长度和方位分辨的精度。由于相位随时间的变化即表现为相邻脉冲回波之间的多普勒频移，因此可以使用多普勒处理技术形成 SAR 图像。

32.4　小结

雷达图像的质量与测量时分辨单元的大小有关。分辨率是否足够，主要取决于所能识别的最小目标的尺寸。

雷达分辨率受到信号处理容量、对图像的判读、数据管理和成本等因素的影响。利用脉冲压缩技术，可以在合理的峰值功率水平下获得良好的距离（横向）分辨率。利用短波长和长天线，或通过合成孔径处理，可提高方位（纵向）分辨率。

扩展阅读

D. R. Wehner, High-Resolution Radar, Artech House, 1995.

W. G. Carrara, R. S. Goodman, and R. M. Majewski, Spotlight Synthetic Aperture Radar: Signal Processing Algorithms, Artech House, 1995.

P. Z. Peebles, Radar Principles, John Wiley & Sons, Inc., 1998.

M. Soumekh, Synthetic Aperture Radar Signal Processing with MATLAB® Algorithms, Wiley, 1999.

C. J. Oliver and S. Quegan, Understanding Synthetic Aperture Images, SciTech-IET, 2004.

G. Brooker, "High Range-Resolution Techniques," chapter 11 in Sensors for Ranging and Imaging, SciTech-IET, 2009.

M. A. Richards, J. A. Scheer, and W. A. Holm (eds.), "An Overview of Radar Imaging," chapter 21 in Principles of Modern Radar: Basic Principles: Volume 1, Basic Concepts, SciTech-IET, 2010.

C. V. Jakowatz, D. E. Wahl, P. H. Eichel, D. C. Ghiglia, and P. A. Thompson, Spotlight-Mode Synthetic Aperture Radar: A Signal Processing Approach, Springer, 2011.

J. J. van Zyl, Synthetic Aperture Radar Polarimetry (e-book), Wiley, 2011.

W. L. Melvin and J. A. Scheer (eds.), "Spotlight Syntehtic Aperture Radar," chapter 6 in Principles of Modern Radar: Volume 2, Advanced Techniques, SciTech-IET, 2012.

W. L. Melvin and J. A. Scheer (eds.), "Stripmap SAR," chapter 7 in Principles of Modern Radar: Volume 2, Advanced Techniques, SciTech-IET, 2012.

W. L. Melvin and J. A. Scheer (eds.), "Interferometric SAR and Coherent Exploitation," chapter 8 in Principles of Modern Radar: Volume 2, Advanced Techniques, SciTech-IET, 2012.

Chapter 33

第33章 | 雷达成像方法

意大利 Selex ES 公司的 PicoSAR 系统

实现雷达成像的方法很多，不同的方法都有不同的用武之地，选择合适的成像方法通常需要根据用户需求而确定。本章介绍最常用和最有效的成像方法。首先介绍的是应用最广的合成孔径雷达（synthetic aperture radar，SAR）成像方法。

33.1 合成孔径雷达（SAR）

飞机和卫星在飞越地面时，其携带的 SAR 设备可对地面进行高分辨率成像。利用高性能光学成像设备（照相机）也可获取地面图像，其多项性能都高于 SAR。光学系统只需进行很少的信号处理，就可在整个可见光和红外频段得到高分辨率图像。同时，由于采用与人眼视觉相同的光谱来获取图像，因而光学图像更为直观明了。此外，光学系统是非相干成像系统，不会产生所谓的斑点（speckle）现象[1]。光学成像系统利用太阳光作为辐射信号，因而是被动

---

① 由于雷达是相干传感器，因此会产生斑点（又称散斑）。它表现为引起相长干涉和相消干涉的多个源的散射。这种干涉随着视角的很小变化而"闪烁"。它使 SAR 图像形成我们在第 32 章中所说的"颗粒状"外观。

成像系统；而雷达靠自身辐射信号能量实现成像，是主动成像系统。

但在很多方面 SAR 成像系统要比光学成像性能更为优越。因为雷达为主动成像系统，工作于电磁频谱的射频段，在白天或夜晚都可以成像，且微波频谱波长越长，雷达成像受云层遮挡的影响就越小，几乎可在任何气象条件下进行成像。

尽管 SAR 图像看起来不太直观，但可提供成像区域的更多信息。例如，低频段 SAR 图像可发现在可见光无法穿透的伪装网或植被树冠遮挡之下隐藏的大型目标。

SAR 系统还可实现远距离成像。机载 SAR 设备的最大成像距离取决于飞机飞行高度，因为飞行高度决定了地平线上的视界。当飞行高度为 15 000 m 时，最大成像距离约为 300 km。天基 SAR 成像设备位于更高的飞行轨道，实现地面成像的距离可达 7 500 km 左右。

SAR 刈幅式成像　假设飞机飞行轨迹为直线，飞行高度不变，雷达天线波束方向与飞机飞行方向垂直（见图 33-1）。雷达波束照射的地面为条带状区域，同时雷达也接收来自这一区域的回波信号。随着飞机向前移动，雷达波束所照射的区域也在不断前进，可以得到随飞机移动的连续刈幅图像。

在地面某一点进入和离开同一个雷达扫描波束时间间隔内飞机所移动的距离，称为合成孔径的最大长度（见图 33-2）。每一个不同复值回波信号组合在一起生成合成孔径并形成图像。随着飞机的移动，将不断合成新的、依次变化的合成孔径，从而得到飞行方向上的连续图像。

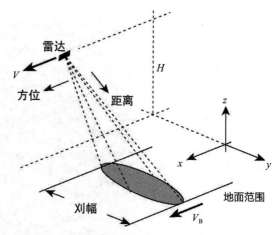

图 33-1　因为机载 SAR 雷达保持一定高度直线飞行，可获得沿着飞行方向的连续图像刈幅

为获得高距离（横向）分辨率，要求发射信号具有较宽的信号带宽。为获得高方位（纵向）分辨率，接收到的回波信号序列必须组合起来，以合成一个长天线。

由于雷达在运动，不同时刻位于不同位置接收散射回波，等效于雷达不动，空间中一个巨大天线的各点在同时接收散射回波，因此按顺序将雷达在不同位置处接

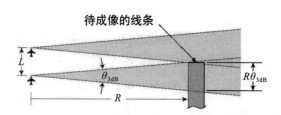

图 33-2　当飞机在图中下方位置时，待成像的线条进入波束照射范围内。当飞机到达图中上方位置时，待成像的线条离开了波束照射范围。随着飞机移动而构成合成天线阵列，每一条待成像的线条都通过这种方式不断进入、离开波束照射范围，这决定了最大合成孔径长度 L

收到的 SAR 回波存储起来，就等同于构成了一个非常长的线性天线阵列。将不同位置的回波收集起来，就构成一个阵列，称为合成阵列或合成孔径。合成孔径长度较长，使其有效方位波束宽度非常窄，因而可得到非常高的纵向分辨率。因此利用合成孔径得到高纵向分辨率，与高横向分辨率相结合（使用宽带波形，详见第 16 章），可以得到二维高分辨率图像。

孔径的合成也可以用多普勒频移来表示。实际天线的波束宽度有限，再加上飞机的运动，

导致地面上的点在进入和移出波束照射范围时所测多普勒频移发生显著变化。更具体地说，地面上的一个点在进入波束照射范围时，它与雷达之间的距离最大；当雷达与目标直接相邻时，该距离最小；而当该点随后离开波束照射范围时，该距离再次变为最大。因此，到地面一个固定点的距离在不断地变化。继而，这会导致在实际雷达波束照射一个目标的时间内所测得的相位不断变化。这一过程决定了孔径合成的相干处理时间，从而也决定着合成孔径的长度。

第 18 章中，我们介绍了随时间变化的相位等于多普勒频移。在地面上的点进入波束时，相位变化率最大，此时多普勒频移最高（见面板式插页 P33.1）。随着飞机的移动，当地面上的点到达波束中心位置时，距离或相位变化率为零，多普勒频移为零。当这个点离开波束时，多普勒频移重新达到最大，但方向与进入波束时相反。

SAR 刈幅式成像和方位（纵向）分辨率　在刈幅式 SAR 中，方位分辨率与天线的实际尺寸相关。实际上，更小的天线尺寸可以合成更长的阵列，其原因十分简单，因为任意地面条形区域的回波，被一个合成的阵列所接收，这一条形区域必须始终在波束照射范围内（参见图 33-2）。因此，在条形区域所在距离上，波束的真实宽度将等于合成阵列的最大长度。因此，越小的天线尺寸，其波束宽度越宽，就可以得到更长的合成阵列，也就可以得到更高的分辨率。

当天线尺寸一定时，如何计算分辨率大小呢？

在回答这个问题之前，需要考虑实际天线波束宽度和合成阵列波束宽度的区别。一个阵列同时具有单程方向图和双程方向图。单程方向图是基于信号发射过程中，偏离天线视轴任意一点与天线各阵元之间渐进式波程差而形成的（见图 33-3），这种阵列方向图形如 $(\sin x)/x$。双程方向图基于接收信号而形成，其机理与单程方向图相同。由于发射和接收过程中的相移相同，从本质上来说，双程方向图是复合的单程方向图，形如 $(\frac{\sin x}{x})^2$。

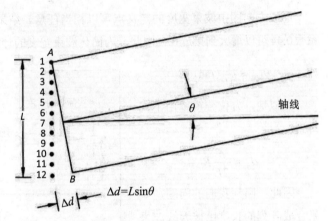

图 33-3　在信号发射过程中，由于连续阵列单元到观测点距离的逐渐变化，形成了阵列的单向辐射图

另外，合成阵列仅具有单程方向图。因为阵列的合成仅基于实天线所接收之一系列回波。这些回波被组合用于合成虚拟孔径，承担了类似天线阵元的角色。然而，因为每个阵元仅接收其自身发射信号的回波，阵元与阵元之间关于地面某固定点的回波相移相当于单个阵元到该点往返距离引起的相位差异。因此，合成阵列的双程方向图与 2 倍长度真实阵列的单程方向图形状相同，形如 $\frac{\sin(2x)}{2x}$（见图 33-4）。

真实阵列天线和合成阵列天线的增益方向图比较

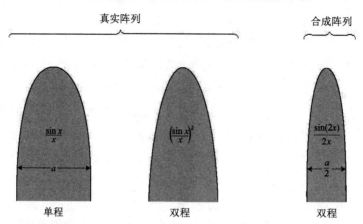

图 33-4 对比具有相同长度的真实阵列和合成阵列的主瓣，合成阵列具有双程方向图，因为该阵列仅由雷达回波合成而得

对于一个均匀照射的真实阵列，单程 3 dB 波束宽度是波长和阵列长度之比的 0.88 倍。因此，对于均匀照射的合成阵列，双程 3 dB 波束宽度为

$$\theta_{3\text{dB}} = 0.44 \frac{\lambda}{L} \ (\text{rad})$$

选取方向图中波束宽度的定义点可以相当任意。结果表明，将波束宽度取值降低 1 dB，系数 0.44 可以增大到接近 0.5。因此，为简化波束宽度的计算表达式，通常使用 4 dB 点[2]。例如，

$$\theta_{4\text{dB}} \approx \frac{\lambda}{2L} (\text{rad})$$

类似地，方位分辨率由下式得到：

$$d_{\text{a}} \approx \frac{\lambda}{2L} R$$

因此，回到我们的问题，如果合成阵列的长度已被天线波束宽度所限定，那么，该合成阵列的分辨率具体是多少？

若天线为线性阵列，其长度为 l，那么其单向 4 dB 波束宽度为 λ/l（见图 33-5）。将该表达式乘以距离 R，即为距离为 R 时对应的条形区域的最大长度 L_{max}。

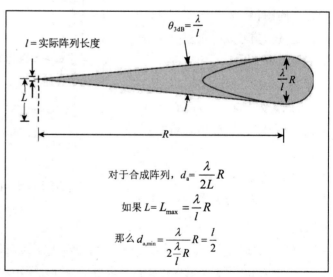

对于合成阵列，$d_{\text{a}} = \dfrac{\lambda}{2L} R$

如果 $L = L_{\text{max}} = \dfrac{\lambda}{l} R$

那么 $d_{\text{a,min}} = \dfrac{\lambda}{2 \dfrac{\lambda}{l} R} R = \dfrac{l}{2}$

图 33-5 最大合成孔径长度 L_{max} 受到真实波束宽度大小的限制，当距离为 R 时，合成阵列的方位分辨率为 $\dfrac{\lambda}{l} R$。此时方位分辨率等于真实天线长度的一半

---

② 4 dB 的条件经常被使用，但可能会看到标注 3 dB 的条件。无论哪种方法，简化后的 4 dB 无论在波束宽度还是方位分辨率中均可使用。

$$L_{\max} = \frac{\lambda}{l} R$$

将公式中 $L_{\max}$ 替换为 L，以计算方位角度分辨率 λ/l，我们可以发现，最小分辨距离 $d_{a,\min}$ 是真实天线长度的一半，即

$$d_{a,\min} = \frac{l}{2}$$

这就是刈幅式 SAR 成像的最优分辨率，此时，雷达波束与飞机飞行路径夹角固定。这是一个非常引人注目的结果，因为最优方位分辨率独立于波长等基本参数。更小的天线尺寸产生更好的方位分辨。然而，与此同时，更小的天线会造成灵敏度降低，从而减小雷达系统成像的最大距离。

P33.1 刈幅式成像的方位分辨率：多普勒方法

刈幅式 SAR 成像分辨率的限制可通过多普勒频移进行解释。刈幅式 SAR 成像使用一个与飞行方向成固定角度的波束。我们不妨假设波束方向与飞行方向垂直，如右图所示。沿着地面方向拖动波束，目标位于 P 点，先进入波束，然后出波束。在被波束照射的时间内，可以形成合成孔径。

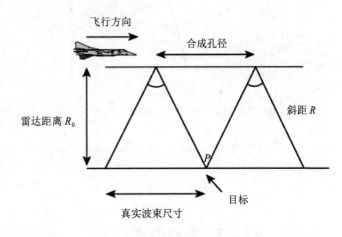

基于刈幅式成像的几何关系图形，相位在合成孔径上的变化可以从距离变化中推导而来。随着波束位置的变化，雷达到地面上一点的距离从 R 变化到 R_0，再变化回 R，目标到雷达的距离为：

$$R = (R_0^2 + x^2)^{1/2}$$

其中 x 是飞机在合成孔径成像时移动的距离。上式也可写成：

$$R = R_0 \left(1 + \frac{x^2}{R_0^2}\right)^{1/2}$$

$$R = R_0 \left(1 + \frac{x^2}{2R_0^2} + \frac{x^4}{8R_0^4} + \cdots\right)$$

只取前两项，可得

$$R = R_0 + \frac{x^2}{2R_0}$$

其相位可写成

$$\phi(x) = -\frac{2\pi}{\lambda} 2R$$

其中的负号表示随着孔径的增大，相位不断减小。将距离公式代入，可以得到

$$\phi(x) = \phi_0 - \frac{2\pi x^2}{R_0 \lambda}$$

其中，ϕ_0表示最小距离R_0时的相位。从上面的公式可以看出，合成孔径上的相位变化是关于x的二次函数，如下图所示。

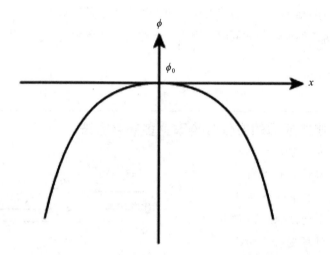

如第 18 章所述，相位随时间的变化率等于合成孔径时回波信号的多普勒频移。

$$f_d = \frac{1}{2\pi} \frac{d\phi}{dt}$$

因此

$$f_d = -\frac{2vx}{R_0 \lambda}$$

所以，合成孔径中多普勒频移随 x 的变化呈线性关系。下图为其示意图，此图让人联想到第 16 章脉冲压缩中的线性调频（LFM）的频率变化波形。

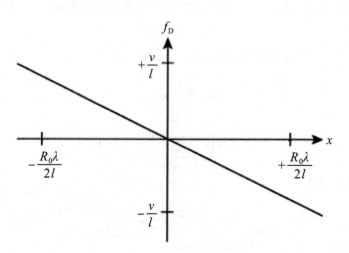

从多普勒角度介绍合成孔径原理，可以解释清楚所谓的最佳方位分辨率问题。

多普勒分辨率的极限与形成合成孔径的最大时间成反比。它等价于地面一块长度固定为 $d_{a,min}$ 区域所占用的多普勒带宽，这使得可分辨的最小距离表示为

$$d_{a,min} = \frac{R_0 \lambda}{2vT}$$

其中，v 表示飞机的速度，T 表示孔径合成时间，vT 表示合成孔径的长度。通过简单的几何运算，孔径合成时间表示为波束在 R_0 处的长度除以飞机的速度，即

$$T = \frac{R_0 \lambda}{vl}$$

其中，l 为真实天线的长度。

将 T 代入到 $d_{a,min}$ 公式中，可得到：

$$d_{a,min} = \frac{R_0 \lambda}{2v} \frac{vl}{R_0 \lambda} = \frac{l}{2}$$

可以发现，最小的刈幅式 SAR 成像分辨率等于天线孔径长度的一半。

33.2　聚束式 SAR

相比于刈幅式成像，聚束式 SAR 成像的分辨率可能更高。其成像通常为一个有限的范围。在聚束式 SAR 成像中，雷达波束方向不断变化，照射范围为一个固定的区域。因此，可以得到一个更长的合成孔径天线，从而得到更好的方位分辨率（见图 33-6）。然而，成像在缩小的区域范围内进行，仅限于波束在地面被拦截部分的大小。

总之，聚束式 SAR 与刈幅式 SAR 主要存在以下三点区别：

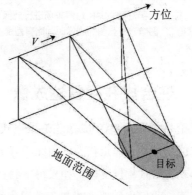

图 33-6　在聚束式 SAR 中，波束可以变换方向并连续照射在地面一个固定点上，因此可以合成更长的孔径

- 因为波束连续照射在需要成像的区域，合成阵列的长度（或多普勒处理时间）不再受到天线方位波束宽度的限制。
- 因为真实天线尺寸不再限制合成阵列的长度，可以在不缩减阵列长度的情况下增大天线尺寸。通过使用一个更大的天线，主瓣波束宽度降低，增益增大，信噪比（SNR）将相应地增大，但所付出代价是仅能得到一个"斑点大小"的较小区域像。
- 聚束可以填补目标或者物体后向散射点之间的空缺，由此提高图像的质量。而刈幅式 SAR 在照射目标（如停泊的飞机）时，接收到的回波仅为几个主要散射点的回波。考虑到飞机的尺寸和雷达的分辨率单元，这就使得飞机的形状不能如期望的那样轻松被识别。

通过使用聚束式 SAR，成像时波束的观测角度增多，可以得到更多散射点的回波，提高了成像效果，使得目标的图像更加完整。图 33-7（上图）为一个示例，可 360°成像（8 个通道聚束式 SAR），且图像可以被转换为 3D 效果。与图 33-7 下图中光学相片比较（拍摄时间略微有些差别），可以看出，聚束式 SAR 成像可以给出一些很有用的细节信息。

3D 图像，360°/8 通道，640 MHz 带宽，X 波段 SAR

可见光谱图像

图 33-7　综合利用聚束式 SAR 对停车场进行成像。成像时，飞机围绕着目标进行 360°盘旋，飞行轨迹为圆形，随后可以获得 3D 图像。两张图的成像时间略有差别，所以可能会略有不同

33.3　逆合成孔径雷达成像

无论是刈幅式 SAR 成像还是聚束式 SAR 成像，都需要一个不断移动的雷达平台，并要求目标或场景处于静止状态。因此，对于移动目标（如移动的汽车、轮船和飞机）无法成像。目标移动会导致相位变化，如果得不到补偿，将使得合成孔径时发生散焦，降低图像质量。

然而，我们也需要考虑以下情况：雷达系统处于静止状态，波束方向固定，然后观察一个移动目标。利用 SAR 成像的方法可以反向成像。假设一个飞机目标进入然后离开一个固定波束，并且其飞行轨迹与波束方向垂直，那么飞机进入波束的点为雷达多普勒最大的一点。而在波束中间位置，此时没有运动的径向分量，多普勒频移为零。随着目标离开波束范围，多普勒频移与进入时相反。

这种成像技术与刈幅式 SAR 成像方法相反，叫作逆合成孔径雷达（Inverse SAR，ISAR）成像。当然，ISAR 也可以对其他类型的目标成像，比如海上俯仰、滚动和偏航的舰船。船体在旋转时，位于船体上层的部分旋转速度更快，因此相位变化率更大，多普勒频移更高。同样，在 ISAR 中，多普勒信息可以用来实现成像，如同在 SAR 中一样，距离分辨率通过宽带

信号获得，而正交方向的分辨率由照射角度和目标照射时间决定[③]。

以雷达系统探测前后晃动的舰船为例，如图33-8所示。舰船上层建筑中高度更高的点（如P1），相比于较低的点（如P2），其相位变化率更高。换言之，在一个固定的周期内，雷达视角中P1的转动速度大于P2，其回波的相位变化率更高。因此，P1和P2之间所有点的回波相位变化率将呈现出差异性。由此不同高度点随距离变化形成多普勒距离曲线可用于成像，其中多普勒频移高的点为高度高的散射点，由此得到目标形状的一个大致轮廓（见图33-8）。

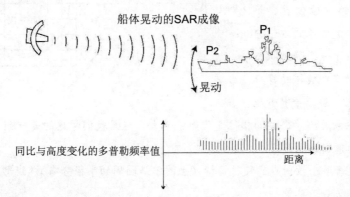

图33-8　在 ISAR 图像中，船体经历了晃动，此时，高度变化源于雷达视角中目标的角转运，由此雷达形成一段"轮廓式"图像

在 ISAR 图像中，方位分辨率 d_n 与多普勒滤波器 3 dB 带宽 BW_{3dB} 相对于目标旋转率 θ 的比值成比例。

$$d_n = \frac{BW_{3dB}}{2\dot{\theta}}\lambda$$

与传统 SAR 相比，ISAR 的横向距离维度不一定需要保持在水平面，但需要与目标转动轴相垂直。如果该转动轴线与雷达视线共线（也就是说无法从雷达处观测到目标转动），那将无法成像。

除了需要成像目标自身运动外，与传统 SAR 相比，ISAR 还具有另一个重要的不同点，如图33-9所示。

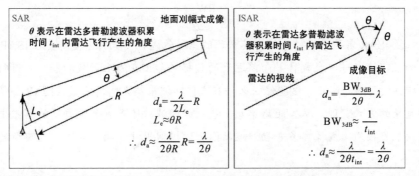

图33-9　在传统 SAR 中，方位分辨率 d_a 与角度 θ 和雷达相对于地面点在多普勒滤波器的积累时间 t_{int} 成反比。在 ISAR 雷达中，方位分辨率 d_n 与孔径合成时间（即 t_{int}）内目标转动角度 θ 成反比。

---

③　在 ISAR 中，没有目标前进方向，一般用与距离方向垂直的正交方向代替。

P33.2 ISAR 图像的方位分辨率

ISAR 的方位分辨率是雷达和目标之间角度变化率的函数。相位变化率的不同造成多普勒频移的变化。不同的多普勒频移对应目标不同的方位位置。多普勒分辨率将决定图像的方位分辨率。下图给出了一个静止状态的雷达系统照射正在旋转的目标的例子。散射点距离旋转中心越

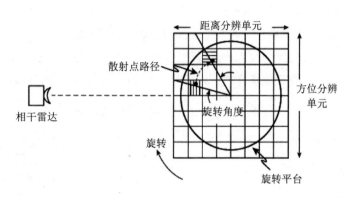

远，由静态雷达系统测量得到的相位变化率就越大。这里我们考虑的是一列由旋转中心出发并沿半径分布的散射体的情况。

对于一个包含多个散射点的旋转目标（上图中沿圆周的半径分布），线形分布散射点逆时针旋转，我们定义如下参量：

- θ 表示散射点旋转的角速度；
- d_n 表示方位分辨率；
- ΔR 表示由距离 d_n 量化表示的散射点的切向距离变化率增量：

$$\Delta R = d_n\, \theta$$

其造成的雷达回波多普勒频移的变化为：

$$\Delta f_D = \frac{2\Delta \dot{R}}{\lambda} = \frac{2 d_n \dot{\theta}}{\lambda}$$

雷达可处理的最小多普勒频差等于多普勒滤波器的 3 dB 带宽，因此

$$\frac{2 d_n \dot{\theta}}{\lambda} = BW_{3dB}$$

对上式简化可得到方位分辨率的表达式：

$$d_n = \frac{BW_{3dB}}{2\dot{\theta}} \lambda$$

搭载机载 ISAR 雷达系统的飞机有其自己的飞行轨迹。飞机的速度需要在 ISAR 成像时进行修正。如果雷达在对一个旋转并向前运动的目标（如正在海上行驶的船只）进行成像，则它需要对相位进行额外修正。这些修正必须在成像回波采集期间内完成。ISAR 图像可以采用一种相对直接的方式实现。从各距离单元上接收的回波被输入到多普勒滤波器组中，滤波器组的输出结果直接用于成像。多普勒滤波器组可通过傅里叶变换实现。这是典型的距离多普勒成像。

对于 SAR，在多普勒滤波器积累时间 t_{int} 内，雷达相对地面上某点转动的角度 θ 与方位分辨率 d_a 成反比。而对于 ISAR，在多普勒滤波器积累时间 t_{int} 内，目标转动的角度 θ 与方位

分辨率 d_n 成反比。

对于 ISAR，雷达系统不需要进行移动，只要目标和雷达之间存在一个不断变化的角度，即可成像。

图 33-10 给出了一个在舰船目标光学图像上叠加 ISAR 图像的例子。图中，舰船的上层结构在 ISAR 图像中显示为垂直高度，不同颜色表示散射强度的高低。两种图像之间的对应关系十分清晰。

图 33-10 ISAR 图像与舰船目标的上层结构之间的对应关系十分清晰（舰船的上层结构在 ISAR 图中显示为垂直高度）。不同颜色表示散射强度的高低：红，高；蓝，低。

33.4 干涉雷达（InSAR）

干涉雷达（InSAR）是采用干涉测量技术的合成孔径雷达（SAR），它可以高精度实现对不同地形高度的测量。与传统高分辨率 SAR 图像相结合，通过干涉高度测量可以得到三维地形图。利用星载雷达，InSAR 可以提供准确、高分辨率的全球地形图，并有着广泛的应用，其高度分辨率可达几米甚至几厘米。

原则上，多部独立的天线也可以应用于机载和星载 SAR 以用于高度维成像，但相对较小的物理尺寸严重限制了阵列的高分辨率。另一种选择是使用大的合成垂直阵列，在同一个成像的地方平行飞行，并不断提高飞行高度。因此，所有测量结果可以合成一个二维天线阵列。然而，这要求飞机在不同的高度飞行，才能最终形成二维合成孔径。在实际应用中，这种方法很难实现。

若利用雷达一次飞行后的结果合成一幅 SAR 图像，并在稍微不同的（上升）高度上合成另一幅图像。假设地面上没有发生任何改变，那么两幅图像的结果将基本相同。然而，二者存在一个重要的差别，主要表现为像素中相位的不同，而不是幅度的不同。每个像素上散射点回波为复数，既有幅度，也有相对相位。相位在 SAR 图像中并没有显示，但是在估计平面高度时相位作用较大。

SAR 图像中每个复数像素的相对相位主要跟雷达和散射点之间的距离有关。这一距离主要依赖于目标的高度。高度高的散射点比高度低的散射点距离雷达更近。因此，SAR 像素的相位主要受目标高度的影响。

对于通过重复、并行通道形成的两幅 SAR 图像，由于每个通道雷达扫描的距离不同，对应像素的相位也将发生改变。如果地面是平坦的，相位的差别可通过几何关系得到。然而，对于高度变化的地形，相位差是关于地面高度的函数。由于两个通道的飞行轨迹相对较近，可以假设它们之间的相位差仅由距离变化造成，并仅受到地面高度变化的影响。通过这种方法，两幅 SAR 图像中每个像素相位差可直接用于估计每个像素位置处地面的高度。图 33-11 给出了一个 3D SAR 成像的例子，地点位于加利福尼亚的死亡谷，地形通过 InSAR 估计得到。

这种地形图成像过程被称为相位干涉。这一技术可以准确评估地表高度。测量所得相位差主要源于 SAR 系统和地表之间的距离差。半个波长的距离将引起 2π rad 的相移。虽然相位差非常容易超过这一值，并引起测高模糊，但通过相位解缠的方法可以解决这一问题。如果相位差可以被准确地测量，那么距离差以及地表高度也能被准确估计，其精度可达厘米级，当然分米级更为常用。

图 33-11　加利福尼亚死亡谷（Death Valley）的 InSAR 图像

P33.3　InSAR

通过在成像刈幅范围内，确定从视线到每个分辨单元中心的仰角 θ_e，干涉雷达（InSAR）可以为三维成像提供海拔高度数据。由仰角 θ_e、雷达高度 H 以及到分辨单元的斜距 R，可以计算分辨单元的高度以及到雷达的水平距离。

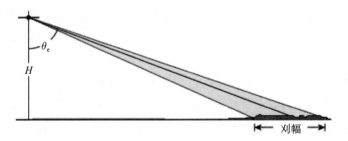

为了获得三维成像所需的海拔高度数据，SAR 需要测量在成像刈幅范围内，从视线到每个分辨单元中心的仰角 θ_e。

雷达决定了从视线到分辨单元的仰角 θ_e，类似于相位比较单脉冲系统决定了跟踪误差。如下图所示，两个天线在方位基线上分开相对较小的距离 B，并同时从点 P 接收雷达回波。基线按要求倾斜，以实现对需要成像的区域范围的照射。点 P 到两个天线的距离 R_1 和 R_2 之差，大致等于 B 乘以基线和视线间夹角 θ_L 的正弦。

两个天线接收到的相干雷达回波的相位与距离差成正比:

$$\Delta\phi = \frac{2\pi}{\lambda}(R_1 - R_2)$$

通过测量 $\Delta\phi$,可以计算视线到点 P 的仰角 θ_L 和 B。

InSAR 图像可以通过单个收发 SAR 系统重复测量来实现,也可以通过单发射机和两个位于不同地方的接收机在一次测量过程中实现。根据 R_1、λ 以及 B 的长度和斜率,可以直接从下图中单次测量($k=1$)或重复测量($k=2$)的几何关系推导出 ϕ 的方程。基于此方程,可以得到 θ_L 的表示式。

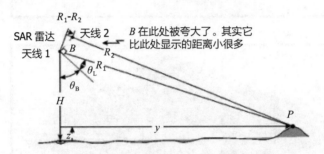

上图中展示了 InSAR 测量距离分辨单元中心 P 点处的高度 z 和水平距离 y 所需的参数。P 点和天线 1 的连线与垂直于基线的 B 线之间的夹角 θ_L,可通过测量两个天线回波的相位差得到,相位差是由两个天线到 P 点的距离差造成的。

$$\Delta\phi = \frac{2k}{\lambda}\left[R_1 - \left(R_1^2 + B^2 + 2R_1 B \sin\theta_L \right)^{1/2} \right]$$

$$\theta_L = \arcsin\left[\frac{\lambda^2\phi^2}{8(k\pi)^2 R_1 B} - \frac{\lambda\phi}{2k\pi B} - \frac{B}{2R_1} \right]$$

$k=1$ 表示单次飞行成像;

$k=2$ 表示两次飞行成像。

利用计算得到的 θ_L 计算仰角 θ_e,其大小等于 θ_L 与 θ_B 之和,θ_B 表示基线的法线与垂直轴线间的夹角。

$$\theta_e = \theta_L + \theta_B$$

通过 θ_e 和距离 R_1,即可求得 P 点的距离 y 和高度 z。

$$y = R_1 \sin\theta_e$$

$$z = H - R_1 \cos\theta_e$$

模糊及其分辨率　在成像刈幅范围内,随着距离的增加,距离差 R_1-R_2 以及 ϕ 将不断增大。由于波长相对较短,ϕ 的值将以 2π 为周期变化,从而形成模糊。

两个 InSAR 图像对准后,可计算像素之间的相位差,以形成一张干涉图。其过程如下面三张图像所示,该地点位于威尔士布雷肯山地区。最上面一张图为单个天线的回波获得的基本的 SAR 图像;中间的图像是对比得到的干涉图,通过计算两个天线回波对应的像素之间的相位差得到;最下面的图像为原始 SAR 图像 3D 地形图。图像由 DERA Malvern C 波段 InSAR 雷达成像得到。

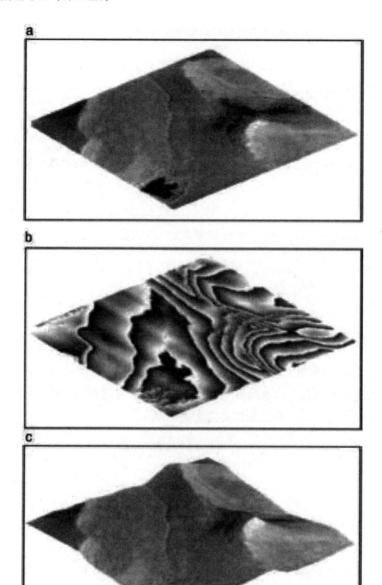

　　每次干涉图发生边缘交叉，ϕ 的值增大 2π（相位解缠），以去除模糊。然后可计算每个像素分辨单元的水平距离 y 和高度 z，即可完成地形图成像。

　　地形图的精度很大程度上依赖相位解缠的计算精度。假设 SNR 足够高，相位交叉边缘存在一定的距离，那么这是一个简单的过程。然而，如果遇到陡峭的山峰或阴影，其计算过程将变得复杂。陡峭的山峰可能会造成边缘相互覆盖，其阴影部分甚至可能会导致无法探测的现象出现。

　　可能的错误来源　　陡峭的山峰可能造成一些点的回波与附近距离更近的点的回波重叠，见下图。图中，山峰顶部与附近的小凸起有相同的斜距。其他的点可能因在阴影中而无法探测，雷达没有这些位置点的回波，因此无法测量其高度。

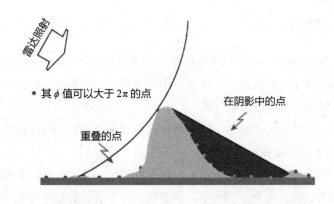

因此，InSAR 图像可以用来提供精确的大范围表面地形测量结果——实际上可覆盖绝大部分地球表面。除了生成 3D 地面图像，InSAR 还有许多其他用途。比如，因表面地形图精度较高，可用于探测一段时间内地形的变化。因此，InSAR 可用于监测地震影响、冰川微小运动、海岸侵蚀以及极地冰盖减少等地球物理现象。

虽然 InSAR 理论上可以获得厘米级高度估计，但存在许多情况使得精度降低。第一，在每次 SAR 成像飞行的数据获取过程中，需要知道精确的飞机运动轨迹。第二，传感器的相位测量精度要高（精确到几度之内或更高）。第三，如果通过重复平行飞行成像，所有相关参数要保持不变。每次飞行时，SAR 硬件，被雷达照射的地表，甚至大气条件都需要完全相同。当然，在实际中不可能实现，哪怕风拂过地表植被都会造成两个通道散射响应的不同。而上述的每一种情况都将降低 InSAR 的精度。换言之，InSAR 成像需要保证每次飞行时相关所有参数保持不变。如果这些条件无法满足，受到飞机湍流或者地形变化的影响，高度估计精度必然降低。

通过仔细的校准和测量，单通道 InSAR 的测量精度也可以非常高。或者，更为有效的是，飞机单次飞行并携带两部雷达用于形成 InSAR 图像，后者可以有效地减小环境变化造成的影响。两部雷达安装于飞机机身不同高度上，或平行安装在飞机机翼上。实际上，只有一部雷达用于发射信号，而回波分别被两副不同位置处的天线所接收。

然而，仍旧存在一种无法被这些方法克服的高度测量精度限制因素，更高的测量精度仍然难以获得。InSAR 声称可以测量所有分辨单元内地形的高度（每个像素上），但是每个单元内地面几乎都不是水平的。实际地表是粗糙的，存在斜坡并覆盖有植被。对于这种情况，单元内的高度应该如何判断？

考虑森林的情况，应该以树冠、底部还是中间某一点作为高度值？厘米级的精度此时并没有意义。一个 SAR 图像实际上代表所有个体（树叶和枝干）所有散射点的总和。换言之，SAR 图像中单个像素单元实际上本身即表现为不同高度分布。

因此，InSAR 提供的高度估计值为一个均值，其取值取决于单个像素单元内部各散射点幅度、位置的具体分布情况。然而，InSAR 仍不失为一种较好的 3D 成像方法，并且也已得到广泛应用。

33.5 极化 SAR

一幅标准的 SAR 图像可以提供照射区域内的散射地图，其中散射点的幅度通过灰度值体现。黑色通常用于表示没有散射点，白色用于表示最大散射幅度。散射点的幅度主要依赖于分辨单元内的物体的尺寸、结构和材料。

因为存在多种多样的物体特性，通过散射点幅度来推测一些特殊的信息较为困难，例如单个 SAR 像素内元素的物理构成。

然而，目标的散射强度跟照射电磁波的特性有密切关系，包括频率和极化。在某种频率和极化方式下具有较强散射幅度的地形，在其他条件下其散射幅度可能完全不同。因此，物体在频率和极化之间的散射响应提供了关于目标或地形类型的重要信息。通过后续分析，可以推测出成像区域更多的物理属性。

因此，SAR 系统有时将发射和接收都设计为不同的极化方式。这使得雷达可以测量目标的极化散射特性。例如，发射机发射一个垂直极化波，而接收机可以同时接收垂直极化和水平极化的回波；而下一个发射脉冲可以为水平极化，仍同时接收垂直极化和水平极化。因此，总共可以测量四种极化状态（VV、HV、HH 和 VH）。这种极化 SAR 系统可以提供一个区域内的四幅 SAR 图像，每幅图像对应不同的收发极化方式。

VV、HH 和 HV（或 VH，理论上二者测量结果相同）极化下的散射点幅度通常用于形成伪色彩图形。通过设定每种极化方式中回波幅度对应的颜色（红、蓝、绿）可以得到一幅综合的极化 SAR 图像。不同颜色使得地形的分类和识别更容易实现。

图 33-12 给出了一个农场的成像图，该雷达工作于 C 波段。图中，不同的农田用不同的颜色表示。颜色的不同是由极化回波强度不同造成的。此例中，红色为 HH，蓝色为 VV，绿色为 HV。因此，图中紫色主要由强 VV 和 HH 极化散射造成。绿色为一个重要的极化结果，表示反射时极化方式发生了改变，也可能表示农田中含有作物或裸土。

图 33-12 这种极化彩色复合 SAR 图像是由 DLR（德国宇航中心）的双极化 E-SAR 系统获取的

33.6 层析 SAR

层析 SAR 实质上是 SAR 应用的扩展。层析成像与其他的 SAR 方法相比并不常见，但其同样可以产生 2D 甚至 3D 的图像。

层析成像利用 SAR 传感器在不同的几何位置（不同的照射方向）上进行测量而实现。简单而言，如果对同一个区域两次合成孔径相互垂直，在两个合成孔径距离单元相交处，累加每个像素的复数值即可得到 2D 的图像。

许多从不同角度得到的合成孔径可以合并。然后通过类似于断层扫描（CT 扫描）的信号处理方式，这些孔径可以用来形成一幅完整的 SAR 图像。

层析 SAR 同样可以用于估计同一像素内散射点元素的垂直分布。这一方法可以用来判定植被层的厚度，或者楼房建筑的垂直高度和结构。层析 SAR 图像质量主要依赖合成孔径的数量。合成的孔径越多，图片质量越好。然而在合成孔径的时间内，环境的变化（如风吹树叶）可能会降低成像的质量。一个高分辨层析 SAR 成像的例子见图 33-13，图中跑道上飞机的形状十分清晰。

图 33-13　层析 SAR 成像示例：飞机在跑道停机坪上的图像

33.7　小结

雷达成像的方法很多。在较短的距离上，利用实波束天线即可获得适用许多高分辨率应用的方位分辨率，但为了识别远距离的大目标的形状，还需要在一段时间内，通过天线从回波中合成一个足够长的天线阵列，以获得足够的分辨率。而后者可以实现相当于数千英尺长的虚拟天线长度（1 英尺 =0.304 8 m）。

在实际操作中，SAR 具有许多强大的优势：

- 通过普通的小尺寸天线，在非常远的距离处也可以提供非常好的分辨率；
- 在需要的时候，可以提供高达几十厘米的分辨率；
- 得到的分辨率与距离独立；
- 通用性强。

孔径合成是通过在一定角度范围内观察目标并处理相移回波来实现的。

SAR、聚束式 SAR、ISAR、InSAR，层析 SAR 和极化 SAR 为最常用的雷达成像形式。

聚束式 SAR 可以获得更高的分辨率，但成像区域范围较小。ISAR 利用目标的运动形成图像，成像时雷达位置可以不变。距离分辨率可以通过发射宽带信号和脉冲压缩实现。方位分辨利用了雷达系统和目标或成像位置之间角度的变化信息。极化 SAR 提供了另一种区分不同目标和区域的方法。层析 SAR 可以获得较高的图像分辨率，而不需要使用宽带发射信号。

需要牢记的关系式
最小分辨率要求：

最小分辨率要求：

- 道路地图细节：$10 \sim 15$ m
- 形状：主要目标尺寸的 $1/20 \sim 1/5$

可达到的分辨率：

- $d_r = 150\tau$ m（τ 的单位为 μs）

  其中，τ 表示压缩后的脉冲宽度，所需带宽为 $1/\tau$

- $d_a \approx \dfrac{\lambda}{l} R$ （对于真实的天线）

- $d_a \approx \dfrac{\lambda}{2L} R$ （对于合成阵列）

  其中，l 表示天线长度（m），L 表示合成阵列长度（m）

扩展阅读

D. R. Wehner, High-Resolution Radar, Artech House, 1995.

C. V. J. Jakowatz, D. E. Wahl, P. H. Eichel, D. C. Ghiglia, and P. A. Thompson, Spotlight-Mode Synthetic Aperture Radar: A Signal Processing Approach, Springer, 1996.

M. Soumekh, Synthetic Aperture Radar Signal Processing with MATLAB® Algorithms, Wiley, 1999.

I. G. Cumming and F. H. Wong, Digital Processing of Synthetic Aperture Radar Data: Algorithms and Implementation, Artech House, 2005.

R. J. Sullivan, Radar Foundations for Imaging and Advanced Concepts, SciTech-IET, 2005.

M. A. Richards, J. A. Scheer, and W. A. Holm (eds.), "An Overview of Radar Imaging," chapter 21 in Principles of Modern Radar: Basic Principles: Volume 1, Basic Concepts, SciTech-IET, 2010.

J. J. van Zyl, Synthetic Aperture Radar Polarimetry (e-book),Wiley, 2011.

W. L. Melvin and J. A. Scheer (eds.), "Spotlight Synthetic Aperture Radar," chapter 6 in Principles of Modern Radar: Volume 2, Advanced Techniques, SciTech-IET, 2012.

W. L. Melvin and J. A. Scheer (eds.), "Stripmap SAR ," chapter 7 in Principles of Modern Radar: Volume 2, Advanced Techniques, SciTech-IET, 2012.

W. L. Melvin and J. A. Scheer (eds.), "Interferometric SAR and Coherent Exploitation," chapter 8 in Principles of Modern Radar: Volume 2, Advanced Techniques, SciTech-IET, 2012.

COSMO SkyMed（用于地中海盆地观测的小卫星星座）是一个由意大利研究部和国防部资助的地球观测卫星系统，由意大利航天局（ASI）负责实施。它既可用于军事目的，也可用于民用领域，包括震灾分析、环境灾害监测和农业制图。它由 4 颗完全相同的中型卫星组成，每颗卫星都配有一部 X 波段合成孔径雷达（SAR），位于太阳同步极轨道上，可以每天多次重复对感兴趣区域进行观测。

Chapter 34

第 34 章 | SAR 成像与处理

SIR-C 生成的 C 波段和 L 波段极化 SAR 图像，图中为中国长城

第 33 章中我们介绍了合成孔径雷达用于远距离成像时提高纵向分辨率的方法。雷达成像的基本原理建立于天线理论和信号处理理论的基础之上。合成孔径雷达（SAR）成像是应用最为广泛的雷达成像技术。因此，本章将深入探讨 SAR 成像原理，尤其是数字信号处理方面的基本方法。

前述内容中已做过介绍，SAR 在雷达向前运动过程中构建了等效的长天线列阵。每发射一个脉冲，雷达沿着飞行路径向前移动一个位置。利用固定指向一侧的小尺寸天线，通过积累连续发射信号的回波脉冲，可以合成一个非常长的侧视线性天线孔径。

34.1 非聚焦 SAR

研究简化的非聚焦 SAR 系统可以更加简单直观地理解合成孔径的基本概念。假设搭载 X 波段雷达系统的飞机保持恒定高度和速度，沿直线向前飞行。雷达天线波束指向侧下方的地面，与飞行方向的夹角保持 90°（见图 34-1）。

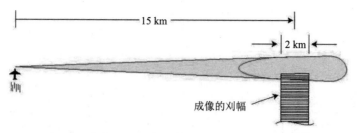

图 34-1　在 SAR 雷达系统中，天线方向与飞行方向成 90°角，雷达对距离 15 km 处、宽为 2 km 的刈幅进行成像

随着飞机向前飞行，天线波束照射地面的宽刈幅区域，并平行于飞行方向扫过地面。但只有较窄的一部分刈幅区域需要进行成像处理。距飞机 15 km 处的成像刈幅宽度约为 2 km。

机载 SAR 成像的指标要求为：纵向（方位）分辨率和横向（距离）分辨率均不超过 15 m。要在 16 km 距离上实现 15 m 的分辨率，SAR 需要合成的天线阵列孔径长度约为 15 m。

假设飞机相对于地面的飞行速度（飞机相对于地面的速度是指相对于地面的水平方向速度）为 300 m/s，脉冲重复频率为 1 kHz，雷达每发射一次脉冲，雷达天线相位中心沿飞行路径的位置前移 30 cm，相当于合成天线阵列的阵元间距为 30 cm（见图 34-2）。为了合成孔径长度为 15 m 的阵列，需要 50 个这样的阵元，即对连续 50 个发射脉冲回波进行组合处理。

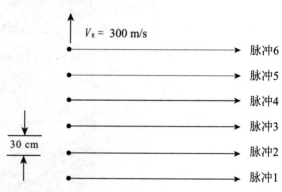

图 34-2　圆点代表发射脉冲时天线的中心位置，每个点即为合成阵列的一个阵元

在接收机输出信号被数字化之后进行回波信号的联合处理。一组距离单元分段序列被用来组成 2 km 长度的成像刈幅（见图 34-3）。在每次发射信号之后，该时间间隔内各个可解析的距离分段回波依次被累加到对应距离单元序列中。

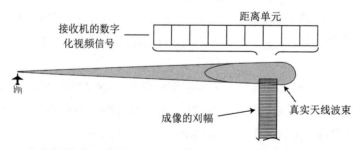

图 34-3　合成阵列的阵元所接收的回波，被累加到覆盖成像距离间隔的距离单元序列中

第一个脉冲的回波由阵元 1 接收，第二个脉冲的回波由阵元 2 接收，以此类推。合成阵列的波束形成过程，可理解为天线阵列接收地面某一点散射回波的过程。

由于雷达与地面成像点的距离远大于合成阵列的长度，因此可认为各阵元到这一小块被天线波束中心线（与飞行路径垂直）所照射地面之间的距离近似相同。由此，每个阵元接收到的地面射频回波信号的相位相等，所以在波束中心线方向回波信号同相叠加得到最大值（见图 34-4）。

另外，如果地面某位置点没有在波束中心线方向上，那么该点到各阵元的距离（或相位）将会产生一个连续的差值。在这种情况下，来自地面非波束中心线位置的回波，在各个阵元上将会产生不同的相位，因而产生时而增强和时而对消的干涉效应。这种回波积累后增大或抵消的干涉现象，将导致合成阵列天线的波束宽度（见图 34-5）远远小于真实天线的波束宽度（参见第 9 章）。

形成阵列所需的 50 个回波完成累加后，所得到的每个距离单元的数据组成了表示单个距离 / 方位分辨单元的总信号回波（见图 34-6）。因此，

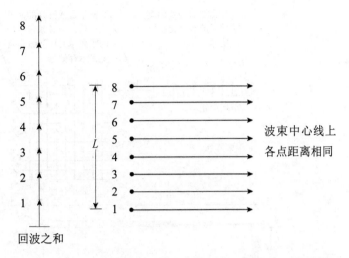

图 34-4　各阵元与天线波束中心线方向上的地面位置点之间的距离相同，因此其回波累加为同相叠加

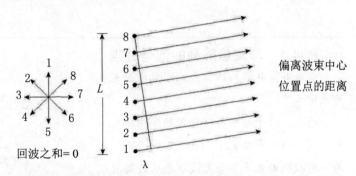

图 34-5　在偏离波束中心方向，某位置点到天线各阵元的距离不同，使得该点的回波积累后对消。图中所示是回波完全抵消的情况

这一组距离单元回波信号（像素）就表示了组成 2 km 成像刈幅宽度中各个分辨单元所反射的回波信号。此时，每个表示 2 km 成像刈幅的距离单元序列数据都被存入计算机存储器的相应位置中以用于显示（见图 34-7）。然后，信号处理器开始进行下一步的合成天线孔径处理，其波束覆盖的成像范围仍为 2 km 刈幅宽度，但波束位置将在刚完成成像位置的前面。由于每一次成像的结果都是图像中的一行，这种 SAR 信号处理的方法被称为逐行处理。

每当新一行数据被接收，显示存储器中的已处理数据下移一行，以为新数据腾出空间。随着飞机的不断向前飞行，在显示器屏幕上，操作员观察到的是一幅由上至下实时滚动的地图图像，就像透过飞机舷窗观察到地面不断向后飞逝那样。

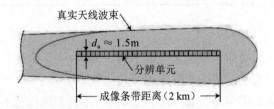

图 34-6　当 50 个回波脉冲信号完成累加后，每个距离单元（或像素）代表了单个距离 / 方位分辨单元的回波

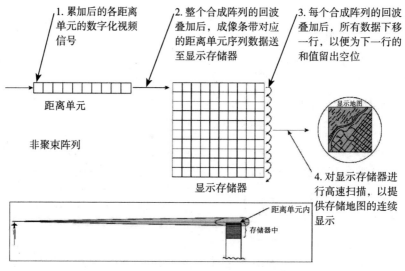

1. 累加后的各距离单元的数字化视频信号

2. 整个合成阵列的回波叠加后，成像条带对应的距离单元序列数据送至显示存储器

3. 每个合成阵列的回波叠加后，所有数据下移一行，以便为下一行的和值留出空位

距离单元

非聚束阵列

显示存储器

显示地图

4. 对显示存储器进行高速扫描，以提供存储地图的连续显示

距离单元内

存储器中

图 34-7　非聚焦阵列的简要合成步骤

P34.1　非聚焦阵列的信号处理

合成非聚焦阵列的信号处理数学公式可表示如下：

输入：对于每一个可分辨的距离单元 R_r，有 N 对数据 x_n, y_n（$n=1,2,3,\cdots,N$），每一对数据都表示单个天线单元从距离 R_r 处接收回波的 I 和 Q 分量。

累加求和：为了合成波束（方位处理），I 和 Q 分量需要累加求和。

$$I = \sum_{n=1}^{N} x_n \qquad Q = \sum_{n=1}^{N} y_n$$

幅度检测：计算并存储 I 和 Q 分量矢量和的幅度。

$$S = (I^2 + Q^2)^{1/2}$$

其中 S 表示在天线波束中心上距离 R_r 处单个距离单元的总的回波幅度。

右上图给出了每个距离单元回波的信号处理过程。图中没有画出幅度检波后亮度（灰度）显示过程。

信号处理的要求　在前面的讨论中，仅介绍了 SAR 信号处理单元的输入信号是数字化雷达回波信号。实际上，雷达回波数字信号是基带数字化 I、Q 分量（x_n, y_n）。构成距离单元的叠加信号为累加的复数分量 x_n 和 y_n（包括相位）的向量和，各距离单元中向量叠加后的幅度值被存入显示存储器。上面的面板式插页 P34.1 中简要介绍了合成一个简单的天线阵列的信号处理过程。需要注意的是，这些计算式和多普勒滤波器中零频通道处理公式完全一致。

非聚焦阵列的局限性　由于从成像区域到雷达之间的距离远大于非聚焦阵列天线的长度，从成像区域任意一点到各阵元的连线几乎是平行的。但阵列长度越短，方位分辨率不可避免会越差。

如果阵列长度接近雷达天线到成像区域的距离，则因其波前阵面是曲面，会造成成像区域内各点到各阵元的距离存在细微差别。即使天线波束中心线上的那些点，它们到各阵元的连线距离也不完全相同（见图 34-8）。考虑到雷达工作信号波长较短，即使这些非常小的距离差异，也会造成各阵元回波信号相位发生较大变化。

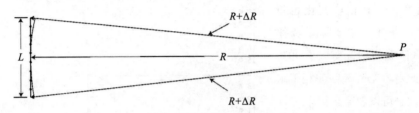

图 34-8　如果阵列长度 L 接近雷达天线到成像区域内任一点 P 的距离 R，那么点 P 到阵列最远端阵元的距离将明显大于到中心阵元的距离

由于非聚焦阵列不对相位误差进行补偿，因而在处理过程中会产生信号损耗，使图像对比度下降，从而降低成像质量。天线阵列孔径长度增大可以提高一定成像距离上的方位分辨率，但天线孔径长度的进一步增加会造成相位误差快速上升，反而会使成像性能下降。

成像质量下降首先表现在旁瓣相对于主瓣的幅度增加，天线孔径长度进一步增大，主瓣边沿的旁瓣数量也会增加（见图 34-9）。

如果阵列长度继续增大，这一效果更加明显，同时还会伴随主瓣增益增大趋势变缓的现象。

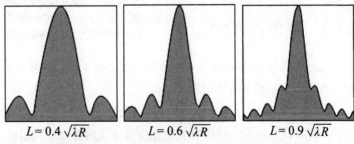

$$L = 0.4\sqrt{\lambda R} \qquad L = 0.6\sqrt{\lambda R} \qquad L = 0.9\sqrt{\lambda R}$$

图 34-9　随着阵列长度 L 的增大，在非聚束合成阵列的天线方向图中，可以看见旁瓣增益相对增大，旁瓣数量增加，并且旁瓣逐渐靠近主瓣

增益下降的原因可利用图 34-8 进行说明。图中给出了波束中心线上的某一点 P，与长度为 L 的天线阵列中各阵元的距离。点 P 与波束中心位置附近的阵元距离变化相对较小。但是随着阵元逐渐远离中心位置，其与点 P 之间的距离逐渐增大。随着阵列长度变长，最末段处阵元的接收回波的信号相位越来越滞后于其他阵元接收信号相位之和，使得相干积累效益下降。

关于非聚焦合成阵列天线主瓣增益相位渐变特性的详细说明如图 34-10 所示。图中各矢量表示由 27 个阵元组成的天线阵列中，各天线阵元从波束中心线上远处一点 P 所接收的回波信号。以中间的第 14 个阵元的回波相位为参考，给出了波束中心方向上的增益与信号相位和之间的对应关系。

位于阵列中部的几个阵元（9～19）的回波相位几乎完全相同，其累加和不会因没有聚焦而衰减，其相干叠加的效率基本为 100%。然而随着阵元离开中心的距离不断增大，其相位变化也将不断增大。第 4～8 个阵元和第 20～24 个阵元的相位变化了 90° 左右，因此对各个阵元回波相干求和的影响几乎可以忽略。第 1、2、3 个和第 25、26、27 个阵元接收回波相位出现负变化，会削减回波相干求和值。在图 34-10 所给定条件下，如果天线阵列由 21 个单元（4～24）组成，则可获得最大处理增益。

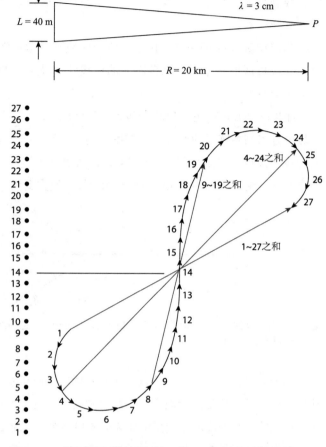

图 34-10　非聚焦阵列增益降低的示意图。图中的各点矢量表示天线各阵元从远处点 P 所接收的回波信号，其增益为各点信号的相干求和。在图示情况下，降低天线阵列长度可以扩大增益

34.2　聚焦式 SAR

通过聚焦式 SAR，可以克服阵列长度的限制，使阵列长度可以随着探测距离而增加，实现任意距离上的高分辨率成像。

如何实现聚焦　原则上，实现阵列的聚焦只需对每个阵元接收的回波信号的相位进行修正。如图 34-11 所示，每个阵元的相位误差（需要修正的相位差），与阵元到阵列中心的距离成正比：

$$相位误差 = -\frac{2\pi}{\lambda R}\delta_n^2$$

其中，δ_n 表示第 n 个阵元到阵列中心的距离，λ 为波长，R 为阵元到成像点的距离。

在某些情况下，先进行一组相邻阵元的回波信号预求和，不会影响其性能。通过改变求和结果的相位，可以有效减少计算量和存储需求。

为简化对聚焦式成像基本原理的描述，此处不对预求和进行说明。同时，假设合成的孔径长度、PRF、距离使得方位分辨率约等于阵元间距。

若不使用预求和，那么阵列聚焦处理需要许多行的存储单元空间来存储距离单元序列数据（见图 34-12）。每个新接收到的发射脉冲（对于一个阵元）回波信号将被存储在最上面一行。

当最远的一个距离单元的回波被接收后，所有数据都将向下移动一行，以便为下一个脉冲信号回波腾出存储空间，而与此同时，最下面一行的数据将被舍弃。

　　单个发射脉冲经压缩后的回波构成一个复向量。该向量中的每个采样样本值均与距离分辨率单元对应。距离单元的数量（复向量的长度）主要取决于 SAR 成像刈幅的宽度，其数值为成像刈幅的宽度除以距离分辨率 d_r。

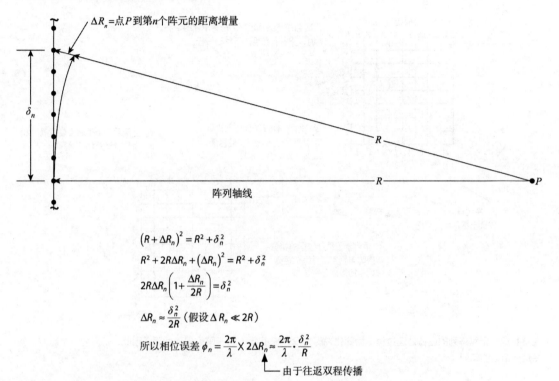

图 34-11　任一阵列单元接收到的回波信号相位误差正比于该单元至阵列中心距离 δ_n 的平方。ΔR_n 乘以 2，表示该单元至 P 点的信号往返双程传播所产生的相位变化

　　因此，每一个依次发射的脉冲（阵元）都会得到一个新的在距离单元上采样的回波复向量。为便于理解，图 34-12 用二维数组图来表示这个过程。在这个数据阵列中，水平方向上的序号代表距离单元，垂直方向的序号代表合成阵列的阵元（发射脉冲的序号）。

　　这个二维数组也可看成列向量的组合，每一个列向量对应一个距离单元。向量中的元素表示合成阵列的各阵元在某一距离单元上接收到的数据。对合成孔径的数据进行适当相移实现聚束，可以得到想要的方位分辨率 d_a，此外还有该分辨单元的回波信号强度。

　　然而，对应于合成阵列阵元数的列向量长度是有限的。合成孔径的长度（某一列向量元素的个数）的设定，主要取决于所需的方位分辨率 d_a（d_a 越小，合成孔径的长度越长）。方位分辨率越高，所需的合成孔径长度就要更长，并且均需要在预求和之前对图 34-11 所示的相位误差进行补偿。先进行相位补偿处理，再将补偿后的阵元数据进行累加，该过程称为方位补偿，通过该处理可以得到聚焦阵列。

　　信号处理系统重复对每一个距离单元对应的列向量进行补偿和累加处理，所得结果就是高精度的 SAR 图像行数据。这一行图像数据就是观测区域在距离维度上的图像，从刈幅的一端到另一端。但该图像只是飞行方向上一个视线下（合成孔径阵列的波束中心位置）的图像。换言之，它是沿着飞行方向正对合成阵列波束中心位置处的图像。

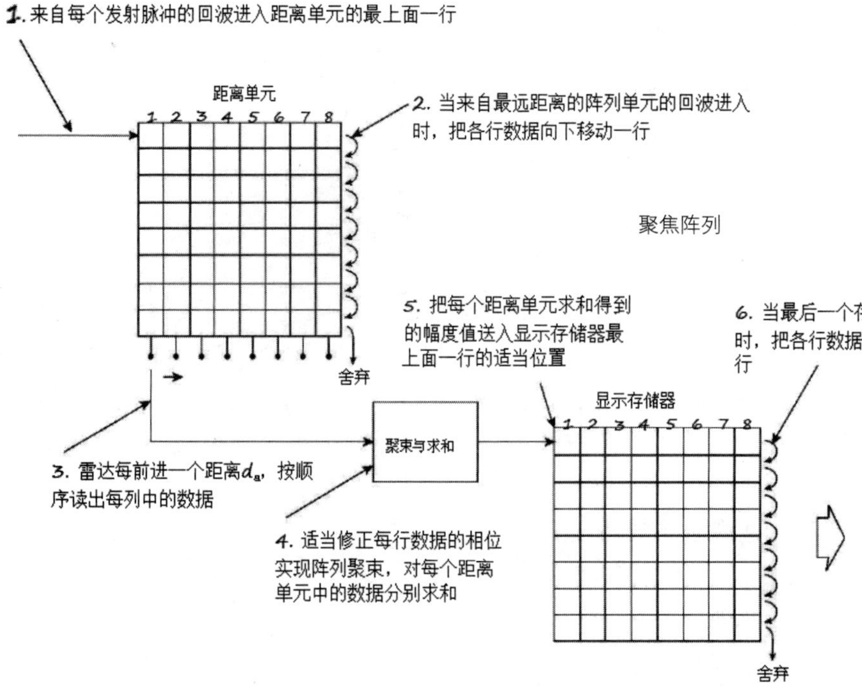

图 34-12 聚焦阵列的逐行处理过程。为简化说明，设分辨距离 d_a 等于阵列单元间距。因此，每发射一个脉冲，就合成一个新的阵列

为得到飞行方向下一行 SAR 图像数据，计算下一行距离单元的图像像素，只需要合成阵列在飞行方向上"移动"距离 d_a。因为在这个例子中假设了方位分辨率和合成阵列间距均为 d_a，因此合成阵列的移动实际上就是在阵列的最后加了一个阵元，并删除原来的第一个阵元。

对于 2D 数据阵列，在阵列移动时只需将列向量向下移动一个元素。列向量的起始位置增加了一个新元素，而列向量的最后删除了一个旧元素。这一新合成的阵列需要进行相位补偿，以实现聚焦并获得较高的方位分辨率。这一过程将在不同的距离单元内重复进行，并形成第二行 SAR 图像数据，由此得到沿着平行于飞行方向的新的 SAR 图像数据。此时的图像反映的是沿飞行方向前移一个分辨距离 d_a 位置的相关散射点的信息。

不断重复这一处理过程（每次移动合成阵列的一个阵元），刈幅式成像得到的 SAR 图像逐行地增加，而操作员在显示设备上可以看到 SAR 图像随着飞机向前飞行而滚动显示。成像刈幅的持续时间仅受雷达飞行轨迹长度或持续时间的限制。

34.3 SAR 信号处理

对于聚焦阵列的每个距离单元，在信号处理时，需要对每个阵元信号的相位进行补偿，

补偿的相位角度为 ϕ_n（见图 34-13）。

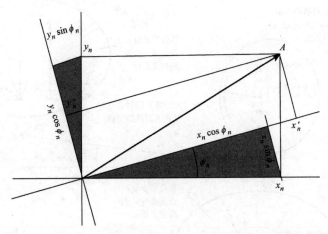

图 34-13 相位补偿前的 IQ 支路输入信号为 x_n 和 y_n。在相位补偿后，其输出信号为 x'_n 和 y'_n

相位补偿过程为：

$$x'_n = x_n \cos\phi_n + y_n \sin\phi_n$$

$$y'_n = y_n \cos\phi_n + x_n \sin\phi_n$$

N 个阵元的 x' 和 y' 需要分别进行累加：

$$X = \sum_{n=1}^{N} x'_n \quad Y = \sum_{n=1}^{N} y'_n$$

X 和 Y 的幅度可表示为

$$S = \sqrt{\left(X^2 + Y^2\right)}$$

信号处理的要求 为了得到更高的方位分辨率，每个阵元都是一系列合成阵列的一部分。首先，该阵元位于第一个合成阵列的最末尾，过了一段时间后该阵元移动到后续合成阵列的中间，并最终移动到最后一个合成阵列的第一个阵元。对于每一个合成阵列，该阵元的接收回波信号复数值均相同。但是该阵元位于不同位置时的相位修正存在差别。例如，当阵元位于合成阵列的中间时，相位不需要修正；而位于阵列两端时，其相位修正值最大。因此相位修正值只在 SAR 图像合成时使用。

P34.2 为何合成阵列中阵元间相移为真实阵列的 2 倍

线性阵列雷达天线利用天线阵元偏离天线视轴时所接收回波信号存在的连续变化相位差来实现其指向性。

当天线阵元间距相同时，偏离视轴方向相同角度，合成孔径天线所产生的相移是真实天线阵列的 2 倍。设雷达接收到远处 P 点的回波，其方向偏离视轴方向一个小角度 θ。

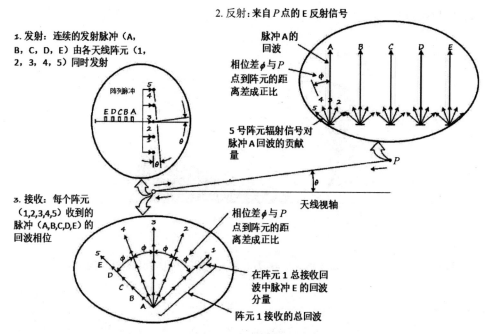

真实阵列　对于真实阵列，所有阵元是同时发射信号的。每次发射脉冲时，每个阵元发射的信号是同时到达 P 点的（尽管因每个阵元到 P 点的距离不同，会造成信号相位差异）。各阵元辐射信号到达 P 点的信号相位不同，会减小各阵元辐射信号在 P 点的叠加信号幅度。这种信号叠加效应使得天线的方向图为 $(\sin x)/x$ 形状。

但是，对于每个发射脉冲而言，各阵元辐射信号在 P 点的叠加信号的相位取决于从阵列中心到 P 点的距离。因此，只要天线中心位置没有发生变化，所有发射脉冲信号在 P 点的回波脉冲相位都是相同的。

各阵元接收的回波信号相位也因 P 点与各阵元之间的距离的不同而存在一定的相位变化。与发射过程一样，各阵元所接收信号的相位差将减小各阵元接收信号之和的幅度。

接收回波信号幅度的减小，加上 P 点反射信号幅度的减小，使双程传播天线方向图为 $(\sin x)/x$ 形状。但是相位差只是由反射回波从 P 点到各阵元的单程传播距离不同而引起的。

合成阵列　对于合成阵列而言，各阵元依次发射信号。第一个脉冲完全由第一个阵元发射和接收，而第二个脉冲完全由第二个阵元发射和接收，以此类推。因此，阵元间回波的相位差与阵元到 P 点之间的往返距离差成正比。

因此，除了天线视轴方向，合成阵列中各阵元依次接收到的回波信号相位差将是真实天线的 2 倍（2 倍相位差使合成阵列天线方向图为 $[\sin(2x)]/(2x)$ 形状）。

当然，各阵元间存在的 2 倍相位差在计算聚焦式 SAR 相位修正因子时需加以注意，同时在特定角度会出现栅瓣。

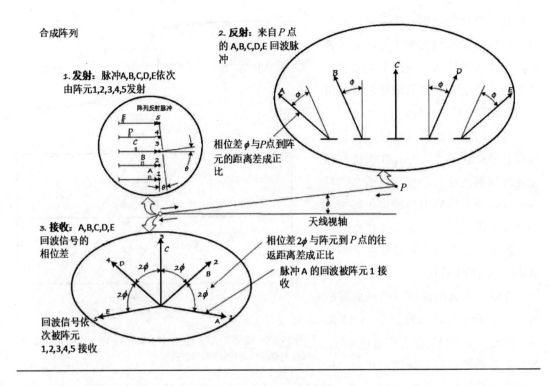

合成阵列

1. **发射**：脉冲 A,B,C,D,E 依次由阵元 1,2,3,4,5 发射

阵列反射脉冲

相位差 ϕ 与 P 点到阵元的距离差成正比

2. **反射**：来自 P 点的 A,B,C,D,E 回波脉冲

天线视轴

3. **接收**：A,B,C,D,E 回波信号的相位差

相位差 2ϕ 与阵列到 P 点的往返距离差成正比

脉冲 A 的回波被阵元 1 接收

回波信号依次被阵元 1,2,3,4,5 接收

减小计算量：多普勒处理　如果阵列长度较长，逐行聚焦处理需要的运算量非常大。雷达每发射一个脉冲，就需要对整个合成阵列内所有已接收的回波信号进行相位修正与求和处理。

也就是说，如果合成阵列有 N 个阵元，雷达每前进等于一个阵列长度的距离，就必须对每个距离单元进行（$N \times N$）次相位修正与求和处理。虽然运算量可采用预求和方法来减小，但其运算量仍旧十分巨大。

并行信号处理可同时得到 SAR 图像中的多行像素，而不是逐行处理的单行像素，因而可以大大降低运算量。采用并行处理时，不同方位角的回波将通过多普勒滤波器组实现分离。

多普勒频移与方位角的关系　在第 32 和 33 章中已经介绍，SAR 成像原理可用多普勒频移进行描述。由图 34-14 可见，雷达接收的地面某一点回波信号的多普勒频移是时间的函数。当该点位于前方较远距离时，其多普勒

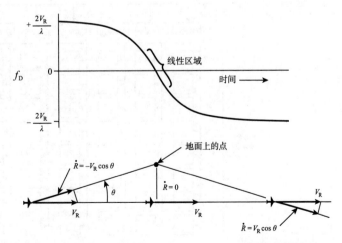

图 34-14　雷达在经过地面上某一点的过程中，其多普勒频移近于线性减小。多普勒频移为零时正好雷达与该点的连线垂直于雷达运动速度方向

频移接近雷达的速度且为正值。而当这个点位于后方较远距离时，其多普勒频移也接近雷达的速度但为负值。需要注意的是，多普勒频移的最大值受到天线波束形状的限制。

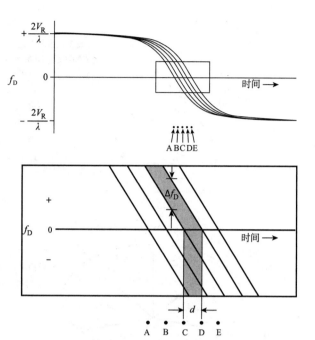

当雷达越过地面该点时，多普勒频移几乎线性减小，并且在雷达与该点连线与雷达运动速度方向成90°时为零。如果雷达的天线波束足够窄，并且波束朝向一侧，那么在该点位于波束范围内时其多普勒频移位于多普勒曲线的线性下降区。

与雷达之间距离相同的地面等间隔点的部分多普勒曲线如图34-15所示。可见，多普勒变化规律是相同的；各点多普勒频移的下降速率相同，只

图 34-15　地面等间隔点的部分多普勒曲线，其瞬时频率之差 Δf_D 与该点的方位距离 d 成正比

是时间上存在先后关系，因而在某一时刻不同点的回波多普勒频移存在细微差别。相邻点间的频率差对应两个点的方位距离间隔。因此，各点的回波信号可用其多普勒频移差异进行分选。

具体实现　尽管在 SAR 成像技术研究过程中提出了许多先进的处理方法，此处所介绍的方法主要说明其关键步骤。（实际上，各种文献资料中介绍了多种有效的 SAR 处理方法，其中最常用的是相位梯度算法。该方法及其他多种处理方法的详细内容参见"参考资料"所列。）SAR 信号处理的一般流程如图 34-16 所示。

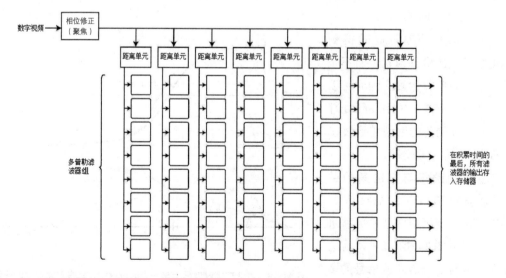

图 34-16　SAR 信号处理一般流程。完成聚焦相位修正后，回波按照距离单元进行分类。当接收到所有阵元的回波后，每个距离单元将采用各自的滤波器组

对回波脉冲的相位修正，可消除回波信号的多普勒线性变化特性，使地面各点的回波具有固定多普勒频移（见图 34-17）。此多普勒频移与该点方位角相对应，这从接收回波的飞行路径中心位置可以看出。

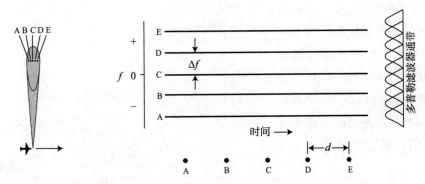

图 34-17　相位修正使地面各点的回波具有固定的多普勒频移，从而使多普勒滤波器可采用 FFT 滤波器结构

每当飞机飞行距离等于合成阵列长度时，就将合成一个阵列，对其回波进行相位修正（对每个距离单元）并通过多普勒滤波器组进行分选。因此，在每个阵列长度中，有多少个距离单元就有多少组多普勒滤波器。多普勒滤波器的脉冲积累时间等于飞机飞过合成阵列长度的时间。积累时间越长，多普勒滤波器的通带越窄（方位分辨率越好），也就需要更多的多普勒滤波器来覆盖系统的多普勒频移范围。

因为在脉冲积累时间内（对于地面上间隔均匀的点），输入滤波器的信号频率为常数且等频率间隔分布，因而可采用快速傅里叶变换（FFT）结构的滤波器并大大降低运算量。在完成脉冲累积，即雷达移动了整个天线阵列长度后，信号将被输入滤波器组中。每个滤波器组的输出表示同一距离分辨单元的回波信号列向量（对应该滤波器组构建时所在距离单元对应的距离，见图 34-18）。所有滤波器组的输出所构成的数据块直接存入显示器存储单元中指定位置。其间雷达又移动了一个合成阵列长度，并完成了回波积累和滤波器组构建，信号处理器重复进行下一组数据处理。

减少运算量　为便于对比，这里假定不进行预求和。

在多普勒处理中，有两处发生相位旋转，需要进行相位修正：① 回波聚焦时；② 多普勒滤波时。为实现聚焦，每个回波脉冲的距离单元都需要进行相

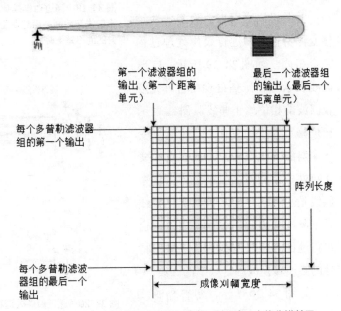

图 34-18　每个滤波器组的输出代表一列距离 / 方位分辨单元

位修正。第 21 章所述的由大量 FFT 滤波器所构成的多普勒滤波器组，其相位修正运算量是 $0.5N \log_2 N$，其中 N 为积累脉冲数。因此每个距离单元计算量为 $N + 0.5N \log_2 N$。而对于逐行处理过程，每个脉冲内的距离单元需要的计算量为 N^2。

为了直观表示运算量大小，假设合成阵列中的阵元数为 1 024 个，逐行处理实现相位修正运算量为 1 024×1 024=1 048 576。而并行处理算量为 1 024+512 log₂（1 024）=6 144。同样，加减法的运算量也减少了，因此其运算量减少至约 1/170。

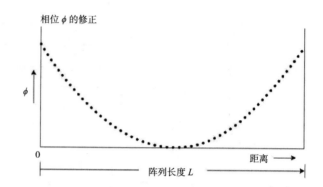

与常规阵列处理的相似性

从表面上看，多普勒滤波处理与传统阵列处理的基本原理完全不同，但其实不然。多普勒频移就是连续变化的相移。若信号的多普勒频移为 1 Hz，其相位变化为每秒 360°。如果脉冲重复频率为 1 000 Hz，则脉间相位变化为 360°/1 000 = 0.36°。从这一角度来看，多普勒变化特性表示为相位变化特性更容易理解一些。

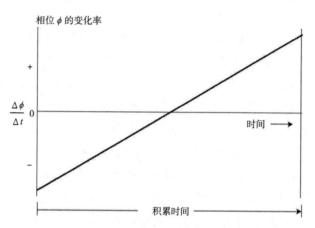

图 34-19　通过对连续脉冲回波的聚束相位修正，相位 ϕ 的变化率曲线与地面上点的多普勒特性曲线具有相同的斜率，但它是上升的而不是下降的

采用相位修正来消除多普勒频移变化特性，与逐行聚焦处理过程完全相同，如图 34-19 所示。U 形曲线表示逐行聚焦处理中各阵元接收回波的相位修正曲线，斜线表示相位修正因子的变化率。注意到变化率斜线与地面观测点的多普勒变化特性非常相似，只不过该变化率斜线是上升的，而多普勒变化斜线是下降的。因此，逐行聚焦处理也可将地面各点具有线性下降频率特性的回波转换成固定频率的回波。

如图 34-20 所示，多普勒滤波处理与逐行聚焦处理所合成的天线

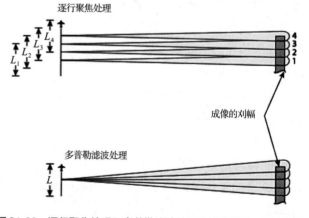

图 34-20　逐行聚焦处理和多普勒滤波处理的波束区别，在于波束原点不同

波束几乎完全相同,唯一的区别是雷达波束的原点不同。

在逐行聚焦处理中,雷达每移动一个方位分辨单元 d_a,就合成一个新的波束。而多普勒滤波处理中,雷达每移动一个合成天线阵列长度 L,每个多普勒滤波器组就合成一个新的波束。

逐行聚焦处理的每一个雷达波束都有相同的视角(在我们所举的例子中为 90°)。但由于雷达的位置向前移动,各波束在成像刈幅范围内只在波束半功率点上(3 dB 带宽区域)重叠。而在多普勒滤波处理形成的波束中,由于各波束的原点都在合成阵列的中点位置,各波束以 3 dB 带宽重叠方式辐射出去并覆盖成像刈幅宽度。

但是如何进行两种处理方式的方位分辨率比较呢?多普勒滤波 3 dB 带宽约等于信号积累时间的倒数($\mathrm{BW}_{3\mathrm{dB}} \approx 1/t_{\mathrm{int}}$)。如图 34-21 所示,在与雷达运动方向约成 90° 的侧横方向地面上的相邻两点,其回波多普勒频移之差等于雷达运动速度的 2 倍乘以该两点的方位角之差,再除以雷达信号波长:

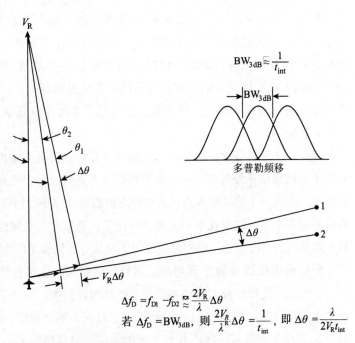

图 34-21 多普勒滤波器的 3 dB 带宽是信号积累时间的倒数。地面上不同两点回波信号的多普勒频移差 Δf_D 正比于这两个点的方位角之差 $\Delta\theta$。当 $\mathrm{BW}_{3\mathrm{dB}}$ 等于 Δf_D 时即可得到方位分辨率的表达式

$$\Delta f_\mathrm{D} = \frac{2V_\mathrm{R}\Delta\theta}{\lambda}$$

若 Δf_D 等于 $\mathrm{BW}_{3\mathrm{dB}}$ 并代之以 $1/t_{\mathrm{int}}$,可得到多普勒滤波处理合成天线波束宽度的表达式:

$$\Delta\theta = \frac{\lambda}{2V_\mathrm{R}t_{\mathrm{int}}}$$

其中,$\Delta\theta$ 为合成阵列的天线波束宽度,V_R 为雷达运动速度,t_{int} 为信号积累时间。

如图 34-22 所示,雷达运动速度和信号积累时间的乘积 $V_\mathrm{R}t_{\mathrm{int}}$ 就是雷达在积累时间内的位移,即合成阵列的长度 L。用 L 代替 $\Delta\theta$ 中的 $V_\mathrm{R} t_{\mathrm{int}}$ 并乘以距离 R,就可以得到方位分辨率:

$$d_a = \frac{\lambda}{2L}R$$

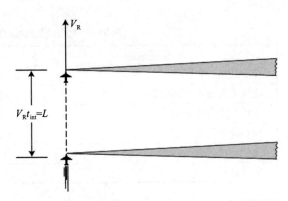

图 34-22 通过多普勒处理合成的阵列长度为多普勒滤波器积分时间内的飞行距离

这与逐行处理所得方位分辨率相同。所以，多普勒滤波处理和常规阵列处理是等效的，只不过是为了同一处理结果所采用的两种不同处理方法而已。

34.4　运动补偿与自动聚焦

在前述讨论中，一直假设搭载 SAR 设备的飞机都以恒定速度保持直线飞行；这种理想条件在实际应用中是不可能实现的。飞机在飞行中很容易受到大气湍流的影响，从而出现位置漂移和运动轨迹跳动等情况。由于整个 SAR 成像处理过程需要在相对较长的时间（1 ~ 10 s）内对接收雷达回波信号的细微相位差进行处理，因此需要对飞行轨迹的随机扰动和变化进行测量和修正。该参数测量可通过惯性导航系统（或采用 GPS 等其他导航跟踪系统）来实现。

在得到飞行轨迹数据的基础上，通过计算得到精确的相位修正值。这些相位修正参数被应用于雷达系统各处理单元中，从本地振荡器直到信号积累处理环节。例如，在进行预求和处理中，需对每个信号样本的预求和处理数据进行修正。用于 SAR 成像的运动补偿和自动聚焦的方法非常多，这里就不一一进行介绍了，需要深入了解的读者可查阅文末所列的文献资料。本节内容只讨论相位误差的主要来源及其对成像质量的影响。

无补偿相位误差的主要影响　常见的辐射源相位误差及其对雷达成像性能的影响见表 34-1。但也不能过分夸大这些相位误差的作用。例如，相对于合成阵列的中心位置，阵列两端的阵元信号相位误差为 114°，若不进行修正，则会造成合成阵列波束宽度展宽 10%；而对于 X 波段雷达信号，114° 相位误差的对应信号传播距离小于 1 cm，这就意味着在整个阵列中各阵元偏离理想阵列位置的距离只有 1 cm。相位不补偿的影响，主要是旁瓣电平的抬高和分辨率的降低。通常，总的随机相位误差（高频段）必须控制在 2° ~ 6° 之间，此时所造成的分辨率下降和旁瓣电平抬高才不会对成像质量产生较严重影响。但在 X 波段，6° 的相位误差等同于天线位置偏移为 0.025 cm；而合成阵列的长度可能为 1 km 甚至更长，因此要实现如此高精度的相位补偿是非常困难的。本节所列的相位误差因素都会造成相位补偿偏差，从而使聚焦式 SAR 的成像质量下降。但 SAR 图像质量下降的难题可采用自动聚焦处理方法得到解决。

表 34-1　相位误差及其对雷达成像性能的影响

主要来源	对成像影响
速度随机误差	抬高旁瓣电平
视线方向加速度随机误差	降低分辨率
飞机的非直线运动	降低天线峰值功率
设备处理误差	波束漂移（造成各部分图像增益不均匀）
简化近似处理	
大气扰动	

当相位补偿不够精确而导致聚焦不佳时，得到的 SAR 图像类似于没有调整好焦距时照相

机拍摄的照片。图像显得比较模糊，锐度和对比度都比较低。如果图像由照相机进行成像显示，可通过调整镜头焦距，直到图像变得清晰。大多数数码相机采用专用软件算法实时评估图像质量，以实现自动聚焦功能。相机利用软件分析计算出图像清晰度和对比度的数字量化指标，并自动调整焦距使该指标值达到最大，即图像成像质量最佳。

然而，当雷达飞越地面接收回波信号并处理而得到 SAR 图像后，已无法再倒回去重新调整硬件设置获取更好质量的图像。相反，自动聚焦处理首先把聚焦不佳的 SAR 图像看成真实图像，它是经过模糊滤波器卷积作用后图像质量下降而得到的图像，如果这一模糊滤波器的传输函数已知，理论上可采用去卷积处理来滤除图像模糊以恢复图像质量。但在实际应用中，这种模糊滤波器的传输函数是未知的，因为造成图像模糊的原因在于未知且无法补偿的随机相位误差。

SAR 成像的相位误差主要来自飞行方向上运动速度和垂直方向上加速度的随机扰动。然而，该随机扰动过程可采用相对简单的有限未知参量数学函数建立近似模型来描述。该函数的逆函数（去卷积）也同样取决于这些未知参数。因此，自动聚焦处理就转变成对复信号 SAR 图像进行最佳去卷积滤波处理，即通过不断调整去卷积滤波器的参数，直到一个或多个图像质量指标值达到最大。

例如，可选择图像对比度作为图像质量参考指标，其最佳去卷积滤波器就是使图像对比度达到最大值。这一过程需要多次试验 - 误差修正过程才能实现。去卷积后的 SAR 图像就是聚焦良好、清晰的图像。采用自动聚焦算法虽然不能得到完全聚焦的 SAR 图像，但可以有效提高 SAR 聚焦效果和图像质量，如图 34-23 所示。该自动聚焦处理用对比度作为图像质量指标来调整相位修正参数。自动聚焦处理对于提升图像清晰度非常有效，大大提高了图像的可判读性和可用性。

图 34-23　SAR 采用对比度作为图像质量指标来实现自动聚焦处理的实例，图像清晰度提升较为明显，大大提高了图像的可判读性和可用性

34.5　SAR 图像判读

图 34-24 所示图像看起来很容易被误认为是从头顶上高空飞过的飞机所拍摄的一幅地面照片，而且图片看上去是在天上没有云朵的白天拍摄的。再者，从两个烟囱长长的阴影判断，拍照时间应该是在日落或日出时，阳光从图像的下部方向照射。

如果这张图片是用照相机拍摄的，那么上述判读基本准确，但它实际上是一张 SAR 图像，其测量时间为晚上，空中被大量云层覆盖。雷达并非从头顶方向直接飞过，而是从该区域的侧面很远的地方飞过，距离大概有 100 km。而且，SAR 成像雷达的运动轨迹显然是从图中下部很远的地方经过图像所在位置，这一点可以通过两个烟囱的阴影位置发现。这些阴影并不是由阳光照射引起的，而是由雷达发射的电磁波信号传播造成的。与阳光照射类似，电磁波传播的阴影方向与雷达信号传播方向相同，这就说明了雷达发射信号源在图像下方的较远距离处。

当然，和光学成像的照片一样，高分辨率 SAR 图像可以对图像中的马路、建筑物、车辆等设施以及湖泊、山峰等自然地貌特征进行识别。但 SAR 成像不受成像时间（白天或晚上）限制，而且通常不受大气环境影响。此外，信号波长较长的低频 SAR（低于 L 波段）可以穿透伪装网和地面植被的遮挡，识别出光学成像无法发现的目标。例如，一队车辆停在树冠层下，无法用光学成像设备发现，如图 34-25 所示。而在甚高频（VHF）SAR 成像设备获取的图像中，该组目标显得十分清楚，因为甚高频电磁波可以穿透树冠层。

图 34-24　SAR 图像中长长的工厂烟囱雷达成像阴影（中间位置）。根据已知的雷达飞行高度，可计算出烟囱的高度，从而推断出工厂的类型

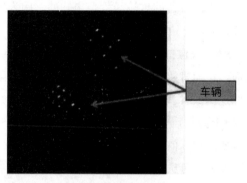

图 34-25　甚高频 SAR 图像中可发现停在树冠层下的车辆，而光学成像设备无法发现这些位置的目标

那么显而易见，SAR 图像的判读与光学图像（照片）的判读存在较大的差别。

因为条带式成像 SAR 采用侧视成像，高大物体对电磁波遮挡而造成的阴影位于远离雷达和飞机所在的方向。这对图像判读有重要意义，通过阴影的投影长度可以推算出物体的高度。例如，利用已知的 SAR 飞行高度和坐标，很容易推算出图 34-24 中两个烟囱的高度。

在不同时间获取的某一区域的多幅 SAR 图像中包含了非常有用的信息，即这些图像中出现的变化。对这些差异进行检测的过程，称为变化检测。变化检测包括图像幅度检测（非相干变化检测）和幅度相位联合检测（相干变化检测）两种方式。图34-26 给出了一个非相干变化检测的例子，其中在第一张图像中没有出现但在第二张图像中出现的目标用蓝色显示，在第一张图像中出现而在第二章图像内没出现的目标用红色表示，可以用口诀"红色消失，蓝色新增"来快速记忆。

第 33 章中已介绍了极化 SAR 雷达可提高成像图像在识别和理解目标方面的

图 34-26　非相干变化检测，其中第一张图像中存在而第二张图像中不存在的目标用红色表示，第二张图像中存在而第一张图像中不存在的目标用蓝色表示（彩图请扫二维码）

用处。一个散射体的极化响应取决于其结构和方向，因而可以通过极化 SAR 图像推断出目标的物理特性。例如，利用极化 SAR 图像常常可区分不同类型的植被、地表植物和土地，而这些在光学图像中都显示为绿地。图 34-27 给出了这一例子，图像中的不同颜色表示了不同植被覆盖的极化响应，因而可从中分辨出农作物和其他植被覆盖的地面。同样，各种人造设施具有与自然物体不同的极化响应特性，因而极化 SAR 也可以将二者分辨出来。

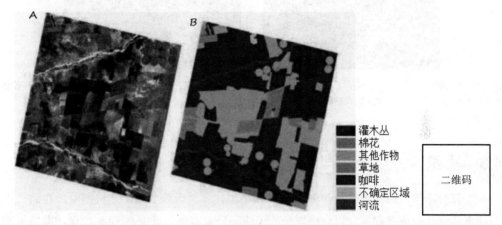

图 34-27　极化 SAR 图像用不同颜色表示不同的极化响应，因而可以区分农作物和其他图像特征

　　SAR 图像判读过程中存在的一个难点在于图像的斑点效应。与利用宽带可见光频谱的非相干光学成像不同，SAR 成像系统采用相干工作体制且成像中相位具有极其重要的作用（事实上 SAR 成像处理是基于信号相位测量的）。如第 33 章介绍的那样，同一距离单元内不同位置散射点的信号会产生干涉效应，造成该单元回波信号的增强或抵消，使该图像像素点出现极强或极弱的情况（或是在期间任意起伏）。

　　SAR 成像中存在的斑点效应对图像的总体影响，使其看上去似乎被噪声所干扰。由于图像的斑点是地面各位置点散射信号的干涉叠加造成的，因而无法通过增大发射功率来消除。相反，图像斑点可通过多幅独立获取 SAR 图像的非相干叠加求均值来消除。将一个长的合成孔径分成若干小区段，各区段可形成一幅方位分辨率较低的 SAR 图像，但可以通过求均值来减小由信号干涉引起的图像强度变化。同样，发射机的带宽可以分为几段，虽然图像分辨率会降低，但可得到多幅 SAR 图像。图 34-28 比较了一个简单的例子，其中左图为 1 次成像的 SAR 图像，右图为 32 次成像的均值图像。为更直接地说明比较结果，各次成像的分辨率相同。可见 32 张 SAR 图像的均值图像不仅更为平滑，而且可以从中更清楚地观察各散射点的结构。这是因为每 8 幅图像求一次均值可降低斑点噪声的方差，更好地估计散射点的均值，从而发现更多的物理特性。

　　对多幅 SAR 图像进行非相干累加求均值处理，称为多视 SAR 成像。在多视 SAR 成像中，降低斑点的代价是图像分辨率会下降。此外，也可以采用其他减少或去除斑点的处理方法，这些方法基于极小块图像幅度的均值估计，并将该小块周边区域的幅度设定为均值。

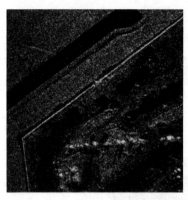

图 34-28 两幅图分别为同一地域的 1 次成像 SAR 图像和 32 次成像的图像均值。32 次成像的图像均值不仅更平滑（更少的斑点），而且可以更好地观察散射点的结构

34.6 小结

高方位分辨率（或距离分辨率）可通过将小型化雷达天线安装于飞机侧面，存储一段时间内的雷达回波并进行积累，以合成较长的天线阵列来实现。这就是 SAR 成像，即雷达连续发射的脉冲可以理解为合成阵列的各个阵元。

由于地面上的点到阵列末端阵元和阵列中间阵元的距离不同而造成的相位误差，限制了阵列的有效长度。这一限制可以通过相位修正来消除，即自动聚焦处理过程。

实现聚焦后，方位分辨率与探测距离无关，这可通过增加合成阵列的有效长度，使之与探测距离成比例来实现。

有时，通过对各组回波信号进行预求和并在求和后进行聚焦成像的相位修正，可以减少运算量。无论如何，采用 FFT 结构的多普勒滤波器组对相位修正后的回波信号进行积累处理，可大大减少运算量。

形成高清晰度 SAR 图像需要极高的雷达制造精度，并在 SAR 数据采集期间精确测量雷达的航迹。由于测量不精确而产生的相位误差，可采用自动聚焦处理算法得到一定程度解决。

对 SAR 图像的判读应认真细致地进行，因为雷达图像在很多方面与光学图像不同。

扩展阅读

D. R.Wehner, High-Resolution Radar, Artech House, 1995.

C. V.Jakowatz, D. E. Wahl, P. H. Eichel, D. C. Ghiglia, and P. A. Thompson, Spotlight-Mode Synthetic Aperture Radar: A Signal Processing Approach, Springer, 1996.

M. Soumekh, Synthetic Aperture Radar Signal Processing with MATLAB® Algorithms, Wiley, 1999.

C. J. Oliver and S. Quegan, Understanding Synthetic Aperture Images, SciTech-IET, 2004.

诺思罗普·格鲁曼公司的 RQ-4 全球鹰（1998 年）

RQ-4 全球鹰是一种无人驾驶飞机（UAV，简称无人机），通常用于高空侦察、监视和国土防御。该无人机携带 HISAR（休斯综合监视和侦察）探测系统，集成了工作于 X 波段的 SAR-MTI 系统。2001 年，一架全球鹰从爱德华兹空军基地连续飞行到澳大利亚爱丁堡空军基地，成为飞越太平洋的首架无人机。

Chapter 35
第35章 | SAR 系统设计

泰雷兹 I-master 雷达，条带式 SAR 成像图像，分辨率为 3 m，图中为高尔夫球场

与其他类型的雷达系统一样，合成孔径雷达（SAR）的设计，需要正确设置其基本工作参数，以实现其功能和战技性能。SAR 工作参数的设置并不是独立进行的，还需要考虑雷达所在飞机（航天器）平台的主要特性（如飞行速度和高度）。SAR 工作参数设置主要包括发射信号功率、信号带宽、实际孔径天线长度及脉冲重复频率（PRF）等。

35.1 SAR 距离方程

在第13章中已经介绍了雷达距离方程，它将雷达接收回波信号能量与发射信号功率联系起来：

$$接收回波信号能量 = \frac{P_{avg} G \sigma A_e t_{int}}{(4\pi)^2 R^4 L}$$

其中，

P_{avg}—— 平均发射功率

G—— 天线增益

σ —— 目标的雷达截面积

A_e —— 天线有效面积

t_{int} —— 积累时间

L —— 传播损耗

在 SAR 系统中同样也可得到类似的方程，称为 SAR 距离方程，现在介绍 SAR 距离方程与常规雷达距离方程的区别。

首先分析一下单次发射脉冲信号的回波脉冲信号能量，也就是合成阵列中单个阵元的情况。单个阵元发射脉冲能量 E_t^n 可表示为平均发射功率乘以积累时间（发射单脉冲时积累时间为脉冲持续时间）：

$$E_t^n = P_{avg} t_{int}$$

单个发射脉冲在单位分辨单元内的雷达截面积（RCS）用后向散射系数 σ^0（参见第 23 章）表示，其单位为 m^2/m^2。因此，雷达波束照射区域的后向散射雷达截面积 σ 可用后向散射系数乘以面积得到，即单个发射脉冲照射单个分辨单元内的总后向散射雷达截面积可以表示为

$$\sigma = \sigma^0 d_a d_r$$

其中，d_a 为方位分辨率，d_r 为距离分辨率。因此在雷达方程中，把 $P_{avg} t_{int}$ 和 σ 代入，单个发射脉冲照射单个分辨单元的接收回波信号能量可表示为

$$E_r^n = \frac{E_t^n G \sigma^0 (d_a d_r) A_e}{(4\pi)^2 R^4 L}$$

其中，G 是天线增益，A_e 是 SAR 实际天线的有效面积。

如果雷达回波信号是在合成阵列天线准确聚焦到该分辨单元时被接收，则相位修正后的相干积累所包含的信号能量等于每个发射脉冲回波信号之和：

$$E_r = \sum_{n=1}^{N} E_r^n$$

如果每个发射脉冲的天线增益、分辨单元的距离 R 及其后向散射系数基本满足独立分布条件（该假设也符合实际应用情况），则当发射脉冲数量为 N 时，合成阵列单个 SAR 图像分辨单元接收的总回波信号能量可表示为

$$E_r = \frac{E_t^n G \sigma^0 (d_a d_r) A_e N}{(4\pi)^2 R^4 L}$$

SAR 距离方程还有用其他 SAR 工作参数表示的多种不同形式。例如在第 33 章中，介绍了方位分辨率可表示为

$$d_a = \frac{\lambda}{2L_a} R$$

其中，L_a 为合成阵列的长度。将其代入到 SAR 距离方程中，则接收回波信号能量将与距离的 3 次方成反比：

$$E_r = \frac{\lambda}{2L_a} \frac{E_t^n G \sigma^0 d_r A_e N}{(4\pi)^2 R^3 L}$$

同样，阵列长度 L_a 等于飞机速度乘以积累时间，即 $L_a = V_R t_{int}$。发射脉冲个数 N 等于积累时间乘以脉冲重复频率（PRF），即 $N = PRF \times t_{int}$。将这些关系式代入上述方程，即可得到以脉冲重复频率（PRF）和雷达运动速度表示的另一种形式的雷达方程：

$$E_r = \frac{\lambda}{2V_R} \frac{PRF \times E_t^n G \sigma^0 d_r A_e}{(4\pi)^2 R^3 L}$$

最后，将天线增益和天线有效面积之间的关系式 $A_e = \lambda^2 G / (4\pi)$ 代入此方程，同样可得另一个常用的 SAR 雷达方程：

$$E_r = \frac{\lambda^3}{2V_R} \frac{E_t^n G^2 \sigma^0 d_r}{(4\pi)^3 R^3 L}$$

由该方程可得出以下结论：接收回波信号能量与波长的 3 次方成正比，与雷达的飞行速度成反比，与方位分辨率无关。从严格意义上来说，这是正确的。但同时必须权衡其他形式的 SAR 距离方程中各个参数相互影响，而且只根据几个基本参数来设计 SAR 系统是错误的。

此外，还需要在设计中注意该距离方程中的一些存在相互影响的参数。例如，飞机携带的雷达发射探测波束以实现成像，飞机飞行速度会影响 PRF 的选择，雷达信号波长将改变天线增益（对于长度固定的天线来说），方位分辨率将限制实际天线孔径尺寸（以刈幅式成像模式）从而降低实际雷达波束增益 G。

等效噪声系数 σ^0　与在第 13 章中介绍的发射探测波束的常规雷达类似，SAR 系统的灵敏度通常用信噪比（SNR）来表示。等效噪声系数 σ^0 用来将系统噪声强度表示为在成像分辨单元中具有理想的均匀反射特性的散射体所产生的等效后向散射信号强度。换言之，它就是在最远成像距离处的后向散射系数的值，此时，其取值等于系统噪声。因此，等效噪声系数 σ^0 越小，表示 SAR 系统的灵敏度越高。

等效噪声系数 σ^0 常用低矮草地等较低后向散射特性地形来近似描述，表示接收的回波信号刚刚高于系统噪声电平而能勉强正常成像时的情况。系统设计时，常设其大小为 -20 dB 左右。

35.2　SAR 模糊

如同任何雷达一样，SAR 成像处理中必须尽量避免回波发生模糊，以防止虚假目标对真实目标的干扰。如果在 SAR 设计中没有正确选择某些关键系统参数，可能会大大降低图像质量，甚至造成图像内容根本无法辨析。这些参数包括最佳 PRF、发射带宽和天线波束宽度。理想情况下，PRF 必须低于产生距离模糊的最高 PRF，但高于产生多普勒模糊的最低 PRF。根据天线理论，PRF 必须足够高，以确保合成阵列具有足够多的空间采样率，从而避免栅瓣的形成。要实现所需的高距离分辨率，就必须设定足够大的发射信号带宽；而要实现所需的高方位分辨率，就必须设定足够大的天线波束宽度。

避免距离模糊 通常，为避免距离模糊，同常规脉冲雷达一样（参见第27章），SAR 的最大成像距离就限定了其最大可用 PRF。更为典型的是，不模糊距离要求可通过设定 PRF 值满足以下条件来实现：每个发射脉冲的雷达波束照射的最远处地面的回波信号到达接收机的时间，刚好在下一个发射脉冲的雷达波束照射最近处地面的回波信号之前。换言之，不模糊距离 R_u 应至少大于雷达波束照射地面区域的斜边距离 R_{FP}（见图35-1）。

因而，当 PRF 取值满足下述条件时可实现不模糊成像：

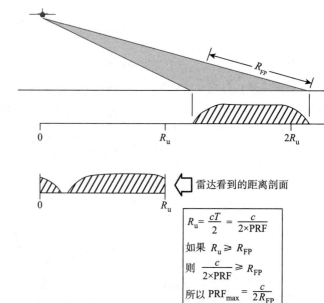

$$R_u = \frac{cT}{2} = \frac{c}{2 \times PRF}$$

如果 $R_u \geqslant R_{FP}$

则 $\frac{c}{2 \times PRF} \geqslant R_{FP}$

所以 $PRF_{max} = \frac{c}{2R_{FP}}$

图35-1 通过适当设定 PRF 值来满足不模糊距离要求

$$PRF_{max} = \frac{c}{2R_{FP}}$$

其中，c 为光速（3×10^8 m/s），R_{FP} 为雷达波束照射地面区域的斜边距离。

这一结果同样可通过侧视 SAR 的波束照射地面条带宽度来表示。由图35-1可见，条带宽度即为 R_{FP} 在大地平面上的投影，因而有：

$$条带宽度 = \frac{R_{FP}}{\sin \theta_i}$$

其中，θ_i 为雷达照射信号的入射角，表示雷达辐射电磁波传播方向与大地平面的夹角。因此 PRF 最大值可以表示为：

$$PRF_{max} = \frac{c \csc \theta_i}{2 \times 条带宽度}$$

如果只需对部分 R_{FP} 区域成像，则可采用更大的 PRF。当仅对 R_{FP} 区域中间一小段距离进行成像时，即使 PRF 接近最大值的 2 倍也可以避免距离模糊。

P35.1　PRF_{max} 计算的实例

计算在距离不模糊条件下的 SAR 系统最大 PRF 值：

- 成像距离范围可位于天线波束照射地面区域的任意位置
- 斜距 $R_{FP} = 50$ km
- 光速为 3×10^8 m/s

可得到计算结果：

$$\text{PRF}_{\max} = \frac{c}{2R_{\text{FP}}}$$

$$\text{PRF}_{\max} = \frac{3 \times 10^8 \text{ m/s}}{2 \times 50 \text{ km}} = 3\ 000 \text{ Hz}$$

避免多普勒模糊　在第 34 章中我们介绍了通过对具有不同多普勒频移的回波信号序列处理实现合成孔径天线的方法。在刈幅式成像 SAR 系统中，给定发射信号频率，回波信号的多普勒带宽由天线波束的水平宽度和飞机径向飞行速度决定。按照 PRF 对回波信号多普勒带宽进行采样，必须保证 PRF 至少大于最高多普勒频移的 2 倍，以满足奈奎斯特准则。也就是说，PRF 必须大于实天线主瓣前后沿照射地面所得回波信号多普勒频移的最大差值。

满足条件的最小 PRF 可表示为：

$$\text{PRF}_{\min} = f_{\text{D}_{\text{L}}} - f_{\text{D}_{\text{T}}}$$

其中，$f_{\text{D}_{\text{L}}}$ 和 $f_{\text{D}_{\text{T}}}$ 分别为主瓣前沿和后沿照射地面所得回波信号的多普勒频移（见图 35-2）。

由图 35-3 可得，若需要 PRF $> f_{\text{D}_{\text{L}}} \text{-} f_{\text{D}_{\text{T}}}$，则有

$$\text{PRF} > \frac{2V_{\text{R}}(\sin \varepsilon)(\sin \theta_{NN_{\text{A}}})}{\lambda}$$

所以，

$$\text{PRF}_{\min} \approx \frac{2V_{\text{R}}(\sin \varepsilon)(\sin \theta_{NN_{\text{A}}})}{\lambda}$$

当雷达天线的方位波束宽度较窄时，则有

$$\sin(\theta_{NNA}) \approx \theta_{NNA}$$

所以最小 PRF 可表示为

$$\text{PRF}_{\min} \approx \frac{2V_{\text{R}}\theta_{NN_{\text{A}}}}{\lambda}\sin \varepsilon$$

其中，

V_{R} —— 雷达运动速度

θ_{NNA} —— 实天线的零点方位波束宽度（以弧度表示）

ε —— 雷达方位视角

λ —— 雷达信号波长，与 V_{R} 单位相同

通常飞机的飞行速度约为 250 ～ 500 m/s。（若假设 $\theta_{NN_{\text{A}}} = 2\lambda / l$，其中 l 为实际雷达天线尺寸，则在雷达视角为 90° 方向上，$\text{PRF}_{\min} = 4V_{\text{R}} / l$。）

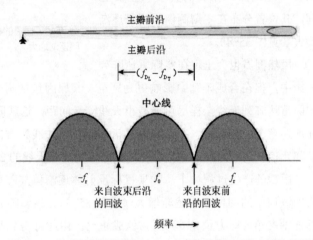

图 35-2　为避免多普勒模糊，PRF 必须大于实际天线主瓣的前后沿照射地面回波信号的多普勒频移最大差值

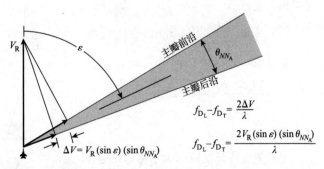

图 35-3　确定实际雷达天线主瓣前后沿回波信号的多普勒频移差值的几何关系

如果
$$\text{PRF} > f_{D_L} - f_{D_T}$$

那么
$$\text{PRF} > \frac{2V_R(\sin\varepsilon)(\sin\theta_{NN_A})}{\lambda}$$

所以
$$\text{PRF}_{\min} \approx \frac{2V_R(\sin\varepsilon)(\sin\theta_{NN_A})}{\lambda} \approx \frac{2V_R\,\theta_{NN_A}}{\lambda}\sin\varepsilon$$

栅瓣 也可从天线理论（参见第 9 章）来理解 PRF 最小取值的限制。在天线阵列理论中，合成天线阵列不发生测角模糊所需的最小 PRF 值取决于阵元间距 d_e，其大小等于雷达运动速度乘以脉冲重复间隔 $1/f_r$。类似于实际阵列天线，如果 d_e 大于雷达信号的半波长，则会产生栅瓣。栅瓣的幅度与主瓣相同，其位置分布在主瓣两侧，间隔逐渐增大（见图 35-4）。

图 35-4 栅瓣的幅度与主瓣相同，其位置分布在主瓣两侧，间隔逐渐增大

虽然栅瓣也会出现在实际雷达阵列天线中，但在合成阵列中影响更为严重，其原因包括两个方面。首先，因为合成阵列不能像实际雷达阵列天线一样尽可能减小天线阵元间距，这就限制了最大 PRF 的设定范围。其次，在前述章节中介绍过，在偏离雷达天线视轴（法线）方向的其他区域中的目标，合成阵列中各阵元接收到的回波信号相位差是实际雷达阵列天线的 2 倍。

栅瓣的产生过程如下。如果目标反射体逐渐偏离阵列天线视轴方向，则阵列中各阵元接收回波信号的相位差将逐渐增大（见图 35-5）。相邻阵元间的相位差与 2 倍阵元间距乘以目标视轴夹角（即方位角 θ）正弦值成正比。由此可得到我们已经非常熟悉的带有零点和旁瓣的天线方向图。

$\Delta\phi$ 表示相邻阵元之间接收回波信号的相位差，则

$$\Delta\phi = \frac{2d_e\sin\theta}{\lambda} \times 360°$$

如果 $\Delta\phi = n \times 360°$，那么

$$\frac{2d_e\sin\theta}{\lambda} = n\ (n = 1,2,\cdots)$$

且 $d_e = n\dfrac{\lambda}{\sin\theta}$。

但若天线阵元间距远大于雷达信号的半波长，随着目标与视轴间夹角（方位角 θ）的增大，阵元间回波信号相移将很快达到 $180°$，过了这一点之后，

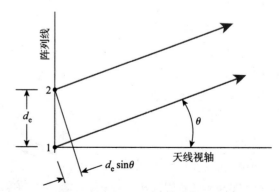

图 35-5 在某些特定的条件下会形成栅瓣。如果阵元间距 d_e 乘以目标所在方向与视轴间夹角 θ 的正弦值等于半波长的整数倍，则各个阵元从 θ 方向接收的回波信号相位相同

后续接收的波束回波信号的幅度又开始增大（$\sin[180°+\theta]=-\sin\theta$）。当目标方位角继续增大，阵元间回波信号相移达到 360°，此时所有阵元接收回波信号同相叠加，如同目标位于雷达天线主瓣中心方向一样。这就是第一个主瓣的"复制"波瓣，即第一个栅瓣。如果目标所在方位角继续增大，将会重复这一过程，直到出现下一个栅瓣。

在实际的雷达阵列天线中，栅瓣相对于主瓣的增益随着栅瓣所在的方位角增大而逐渐降低。但在合成阵列中，栅瓣随方位角增大而下降的速度要快得多。这是因为合成阵列是由实际雷达天线接收到的回波信号形成的，雷达接收的某一方向目标回波信号强度与天线在该方向上的发射和接收增益成正比。通常天线波束增益随着偏离主瓣中心方向的角度增大而迅速降低。如果能将第一个栅瓣的方位角提高得很大，那么通过该栅瓣接收的目标回波信号功率就可以忽略不计。SAR 在设计中通常采用这种方法实现栅瓣抑制。

实现不模糊距离成像对 PRF 的限制要求并不很严格。这就意味着 PRF 可以设置得足够高，以保证第一个栅瓣尽可能远离实际雷达天线的主瓣。如果这一要求无法实现，也可以将其设置在相邻旁瓣间的零点位置处（见图 35-6）。但栅瓣的位置不能比第一和第二旁瓣之间的零点更靠近主瓣（因为该零点与主瓣中心方向间的夹角 θ_N 等于 θ_{NN_A}，将第一栅瓣设置在该位置时得到的 PRF 即为 $\mathrm{PRF_{min}}$）。

为保证合成阵列各阵元之间的等间距分布特性，并确保相同长度的合成阵列所处理的脉冲个数一致，通常根据飞机在不同风速时的实际对地飞行速度来实时调整雷达的 PRF。

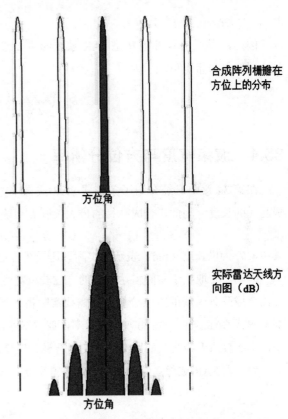

合成阵列栅瓣在方位上的分布

实际雷达天线方向图（dB）

方位角

方位角

图 35-6　可接受的最小 PRF 将第一个栅瓣设置在实际雷达天线第一和第二旁瓣之间的零点位置

35.3　信号带宽与距离分辨率

雷达系统的距离分辨率可表示为 $\Delta r = c\tau/2$，其中 τ 为压缩处理后的脉冲宽度，近似等于发射信号带宽 B 的倒数。因此，距离分辨率可表示为

$$\Delta r = \frac{c}{2B}$$

但是对于 SAR 应用而言，上述表达式得到的是斜向分辨率，而不是水平地面上的距离分辨率 d_r。实际的水平距离分辨率是斜向距离分辨率 Δr 在地面上的投影（见图 35-7）：

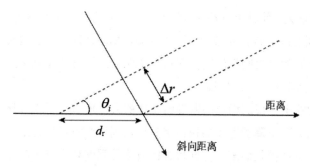

$$d_r = \frac{\Delta r}{\sin \theta_i}$$

因此，与发射实际波束的常规雷达类似，SAR 系统的距离分辨率取决于发射信号带宽，如果需要进行高分辨率成像就需要较高的发射信号带宽。在许多实际应用中，θ_i 接近 90°，所以 d_r 约等于 Δr。但对于星载 SAR 并非如此，其 θ_i 约为

图 35-7 距离分辨率 d_r 是斜向距离分辨率 Δr 在地面上的投影

45°，大大减小了距离分辨率。

因此，发射信号带宽 B 是 SAR 系统的主要参数之一。如果给定距离分辨率 d_r，所需的最小发射信号带宽可表示为

$$B_{\min} = \frac{c}{2\Delta r} = \frac{c \ \csc \ \theta_i}{2d_r}$$

35.4 波束宽度与方位分辨率

在第 34 章中已经介绍了条带式 SAR 成像中方位分辨率为 $d_a = \lambda R / (2L)$，其中 L 表示合成孔径的长度。因此，合成孔径的最大长度 L 可表示为：

$$L_{\max} = \theta_a R$$

其中，θ_a 为以弧度（rad）表示的实际雷达天线方位波束宽度。

因此，d_a 取决于实际雷达天线的方位波束宽度 θ_a。正如在之前 SAR 相关章节所介绍的，提高合成阵列天线的方位分辨率就需要实际雷达天线具有更宽的方位波束宽度。换言之，提高刈幅式 SAR 成像系统的方位分辨率，就要减小实际雷达天线长度 l。实际雷达天线孔径越小，用于合成天线孔径的回波信号的多普勒带宽就越宽（给定飞机飞行速度条件下）。

为获得 SAR 成像系统所需的方位分辨率 d_a，最小的实际雷达天线波束宽度 $\theta_a^{\min}$ 为

$$\theta_a^{\min} = \frac{\lambda}{2d_a}$$

因此，和距离分辨率与发射信号带宽成反比类似，方位分辨率与实际雷达天线的波束宽度成反比。

35.5 旁瓣抑制

脉冲压缩引起的距离旁瓣和孔径合成中形成的方位旁瓣，都会使合成孔径雷达（SAR）的性能下降。此外，图像中存在的运动目标也会产生方位旁瓣和距离旁瓣。这些旁瓣会在两个方面对雷达图像造成影响。首先，较强的旁瓣波束峰值可能使强目标两侧出现一连串逐渐变弱的假目标（见图 35-8）。这是因为主瓣波束接收的强回波目标信号也会被各个旁瓣波束所接收（旁瓣波束接收信号强度随着偏离主瓣角度的增大而逐渐减弱）。

其次，所有旁瓣波束接收功率之和（称为积累旁瓣回波）连同接收机噪声，将使 SAR 图像的变得更加模糊甚至无法辨识其局部细节内容。

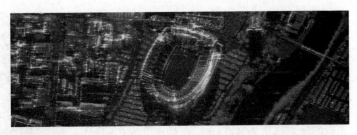

图 35-8　著名的俄亥俄州立大学体育馆的高分辨率 SAR 图像。图中显示，在对强回波目标成像时未被抑制的低阶旁瓣对图像的模糊效果

旁瓣回波信号积累的影响，可以从成像区域内多个没有回波信号的距离单元看出来，例如表面光滑的池塘，或者大片具有均匀后向散射特性的草地中央。在理想条件下，SAR 图像中没有回波信号的区域应为"黑色"，草地覆盖区域的回波为"白色"。但在对池塘区域进行成像时，处理后输出的信号为同时接收到的各个旁瓣回波信号加上噪声。如果该输出信号的功率接近周边成像区域的回波信号功率，那么在所成图像上该池塘形成的"孔洞"将被填充。如果没有采取减小旁瓣的措施，那么各个旁瓣接收信号的功率之和，差不多等于主瓣回波信号功率的 10%。这将造成相当大的对比度损失。例如在图 35-9 中，高速公路在成像图像中显示为灰色而不是黑色。

图 35-9　SAR 图像中旁瓣回波信号积累对图像细节的影响。高速公路是较为光滑的地面，其反射回波较弱；但在图像中显示为灰色的主要原因是噪声和旁瓣回波信号积累的影响

类似于实际雷达阵列天线，合成阵列的旁瓣杂波同样是由于合成阵列的有限长度而造成的。因此，合成阵列天线的旁瓣也可通过实阵列天线（参见第 9 章）中所采用的幅度加权修正法来解决。该方法通过对每个阵元的回波信号幅度进行加权而实现（按顺序发射脉冲的回波），最远端阵元的回波信号权重值小于中间阵元。当然，该方法所需的代价是稍稍降低方位分辨率。信号幅度加权在聚焦相位修正中很容易实现。

35.6　SAR 设计举例

由于 SAR 利用雷达的运动来实现高分辨率成像，因此雷达的装载平台必然是运动平台。最初，SAR 都是安装在飞机上。配备 SAR 成像雷达的 U-2 和 SR-71 等飞机，具有较高飞行高度和飞行速度，可以实现宽刈幅大面积地面成像。但在地球的曲率影响下，飞机最大飞行高度限制了机载 SAR 系统成像距离和覆盖范围的进一步提高。

SAR 成像系统的第二个发展阶段是在空间平台上的应用。1978 年 6 月，NASA 发射的海事卫星上安装了第一套星载 SAR 系统。此后，越来越多的空间 SAR 成像雷达逐步投入运行，甚至可以说 SAR 已成为侦察监视和遥感遥测领域不可或缺的工具。例如，2006 年加拿大太空局的 RADARSAT-2 卫星发射升空，2007 年欧洲投入运行了 TerraSAR-X 和 COSM-SkyMed 两套空间 SAR 系统。RADARSAT-2 卫星绕地飞行的轨道高度为 800 km，飞行速度为 7.5 km/s，携带了极为复杂的 SAR 系统，具有多种工作模式，刈幅扫描宽度为 108 km（侧视角度约为 45°），单视方位分辨率高达 7.9 m，地面距离分辨率为 25 m。该系统工作频段为 C 波段（5.4 GHz），信号波长为 5.6 cm，侧视角度为 45°，

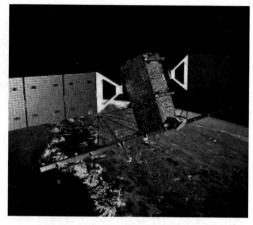

图 35-10　PADARSAT-2 卫星绕地飞行

雷达扫描刈幅边缘到中心的距离宽达 1 100 km。到 2013 年 1 月，RADARSAT-2 卫星已进入其第 15 年服役期（见图 35-10）。

　　从 RADARSAT-2 卫星的主要性能指标中可推断出部分技术参数。例如，发射信号带宽可通过前述章节的计算公式得到，约为 8.5 MHz：

$$B_{min} = \frac{c \csc q_i}{2d_r} = \frac{c \csc 45°}{2 \times 25m} \approx 8.5 \text{ MHz}$$

　　类似地，也可算出实际雷达天线的波束宽度约为 0.2°：

$$\theta_a^{min} = \frac{\lambda}{2d_a} = \frac{0.056 \text{ m}}{2 \times 7.9 \text{ m}} \approx 0.2°$$

　　由此可得实际雷达天线的孔径长度应小于 16 m（实际为 15 m）。注意下式中角度的单位已转换为弧度（rad）：

$$l_{max} = \frac{\lambda}{\theta_a^{min}} = \frac{0.056 \text{ m}}{3.54 \times 10^{-3}} \approx 15.8 \text{ m}$$

　　因前面提到了其方位分辨率为 7.9 m，由此可计算得到合成天线阵列的长度约为 3.9 km。

$$L = \theta_a^{min} R = 3.54 \times 10^{-3} \times (1\ 100 \text{ km}) \approx 3.9 \text{ km}$$

　　同时，因其沿轨道飞行速度为 7.5 km/s，合成单个阵列天线的时间约为 0.5 s。同样可计算出不模糊距离条件下的最大 PRF 为 2 kHz。

$$\text{PRF}_{max} = \frac{c \csc \theta_i}{2 \times \text{条带宽度}} = \frac{c \csc 45°}{2 \times (108 \times 10^3 \text{m})} \cong 2.0 \text{ kHz}$$

　　但是假设两个零点间波束宽度 θ_{NNA} 约等于波束宽度 θ_a 的 2 倍，则在多普勒不模糊条件下 PRF 应大于 1.9 kHz：

$$\text{PRF}_{min} = \frac{2V_R \theta_{NN_A}}{\lambda} \sin \varepsilon = \frac{2 \times (7.5 \times 10^3 \text{ m/s}) \times 2 \times (3.54 \times 10^{-3})}{0.056 \text{ m}} \times \sin 90°$$
$$\approx 1.9 \text{ kHz}$$

　　由此可见，不模糊距离和不模糊多普勒对 PRF 的要求值之间只有很小的差别，这说

明了在设计中仔细权衡各个参数的重要性。根据这些计算结果可以推断在这种工作模式下 RADARSAT-2 的 PRF 应为 1 950 Hz 左右，因其合成天线孔径的时间约为 0.5 s，合成阵列的阵元数量接近 1 000 个（PRF 乘以合成阵列的时间）。

虽然还有很多新一代 SAR 系统即将完成研制并投入使用，但并非全都是星载 SAR 应用系统。目前，机载 SAR 系统正逐步向无人机载 SAR（UAV SAR）发展。这些无人机载系统是理想的遥感监视设备，因为其滞空工作时间长，并采用无人遥控工作方式，可搭载更多类型的遥感监测设备载荷。UAV SAR 系统的典型例子是美国空军的全球鹰无人机（见图 35-11），其飞行高度接近 20 km，空中巡航速度约为 175 m/s。

图 35-11　由诺思罗普·格鲁曼公司制造、搭载 SAR 系统的美国空军全球鹰无人机

与 RADARSAT-2 主要担负地球表面成像监测任务不同，全球鹰系统用于完成军事侦察监视任务，其 SAR 系统刈幅式成像模式下的空间分辨率为 1 m，聚束成像模式下的分辨率达 30 cm，远远优于 RADARSAT-2 系统。但其条带式成像模式下的刈幅宽度较窄（9.25 km），它以较小的观测区域范围为代价来提高对观测区域的成像图像精细程度。全球鹰 SAR 系统的信号波长（3 cm）小于卫星 SAR 系统（TerraSAR-X 系统是个例外，其波长也为 3 cm）。

利用与 RADARSAT-2 类似的分析方法可以得到：

$$B_{\min} = \frac{c \csc q_i}{2d_r} = \frac{c \csc 45°}{2 \times 1 \text{ m}} \approx 212 \text{ MHz}$$

$$\theta_a^{\min} = \frac{\lambda}{2d_a} = \frac{0.03 \text{ m}}{2 \times 1.0 \text{ m}} = 0.015(\text{rad}) \approx 0.86°$$

$$l_{\max} = \frac{\lambda}{\theta_a^{\min}} = \frac{0.03 \text{ m}}{0.015} = 2.0 \text{ m}$$

$$L = \theta_a^{\min} R = 0.015 \times \sqrt{2} \times 20\,000 \text{ m} \approx 4.2 \text{ km}$$

$$\text{PRF}_{\max} = \frac{c \csc \theta_i}{2 \times 条带宽度} = \frac{c \csc 45°}{29.25 \times 10^3 \text{ m}} \approx 23 \text{ kHz}$$

$$\text{PRF}_{\min} = \frac{2V_R \theta_{NN_A}}{\lambda} \sin \varepsilon = \frac{2 \times 175 \text{ m/s} \times 2 \times 0.015}{0.03 \text{ m}} \times \sin 90° = 350 \text{ Hz}$$

与 RADARSAT-2 相比，全球鹰无人机飞行速度较慢，从而降低了最小 PRF 的要求。虽然两者的合成阵列长度相当，但全球鹰较低的飞行速度使其合成阵列所需时间超过 20 s。因此，即使取最小 PRF 值 350 Hz，较长的合成阵列时间也使阵元数量超过 7 000 个。而在这样长的时间内大气环境对空中飞行器运动参数的随机扰动非常大，其运动补偿处理也是不得不解决的关键难题。但全球鹰无人机 SAR 系统的作战应用方式，代表了 SAR 成像应用的发展方向。今后 SAR 系统也会向小型化方向发展，可搭载在微型无人机上，这些微型无人机远小于现有的捕食者无人机系统和全球鹰无人机系统。

35.7 小结

在合成孔径雷达设计中，必须正确选择主要的雷达参数，以满足实际使用需求。雷达参数的选择不能孤立地做出，而是和 SAR 系统搭载平台的飞行特性密切相关。

SAR 系统的某些参数可能会降低成像效果，因此需要进行仔细分析和权衡，其中最为重要的工作参数包括 PRF、发射信号带宽、天线波束宽度、旁瓣抑制特性等。

在设定系统 PRF 时应考虑两个主要因素的影响：

（1）最大值限制条件：在雷达波束主瓣照射的地面回波信号中不能出现距离模糊。

（2）最小值限制条件：在雷达波束主瓣照射的地面回波信号的频带范围内不能出现多普勒模糊。

按照天线理论，该最小 PRF 值刚好可使栅瓣位于实际雷达天线第一和第二旁瓣之间的零点位置。

合成阵列中较强的旁瓣可能导致在强回波目标两侧出现逐渐减小的假目标回波。所有目标旁瓣回波的叠加（即积累旁瓣回波），会导致成像图细节模糊，可通过幅度加权对此进行修正。

扩展阅读

J. C. Curlander and R. N. McDonough, Synthetic Aperture Radar: Systems and Signal Processing, John Wiley & Sons,Inc., 1991.

W. G. Carrara, R. S. Goodman, and R. M. Majewski, Spotlight Synthetic Aperture Radar: Signal Processing Algorithms,Artech House, 1995.

M. I. Skolnik (ed.), "Synthetic Aperture Radar," chapter 17 inRadar Handbook, 3rd ed., McGraw Hill, 2008.

C. V. Jakowatz, D. E. Wahl, P. H. Eichel, D. C. Ghiglia, and P. A. Thompson, Spotlight-Mode Synthetic Aperture Radar: A Signal Processing Approach, Springer, 2011.

第八部分
雷达与电子战

波音 EA-18G 咆哮者电子攻击机（2006 年）
咆哮者电子攻击机是在双座超级大黄蜂战斗攻击机的基础上发展而来的，装备了诺斯罗普·格鲁曼公司研制的电子战系统，配备了 AN/APG-79 有源电扫阵列（AESA）雷达和 ALQ-218 宽带接收机，可挂载多套 ALQ-99 电子干扰吊舱，担负对空和对地突袭作战行动的远距离防区外干扰和伴随式干扰任务。当新一代干扰装备（NGJ）系列产品完成研制后，将会替换咆哮者配备的 ALQ-99 电子干扰吊舱。

Chapter 36

第 36 章 | 电子战术语和概念

AN/ALQ-131 自卫式电子干扰吊舱

本章对电子战进行概述，包括基本术语、定义和概念。各部分内容将在后续章节中详细介绍。

36.1 电子战定义

电子战（EW）是为了削弱、破坏敌方电子设备的使用效能，以及保障己方电子设备效能得到充分发挥所开展的电磁频谱斗争。电子战覆盖了从极低频到可见光的整个电磁频谱，涉及陆、海、空、天所有平台。虽然电子战涉及面很广，但本章的主要研究重点在于电子战对机载雷达的影响以及飞机在面临雷达威胁时如何进行对抗。

电子战主要研究敌方所有用频电子装备，包括雷达、通信、光学 / 红外 / 激光制导武器及所有利用电磁辐射信号进行目标探测的设备。此外，电子战还包括如何防止作战中敌方对我方用频电子装备的干扰。

36.2　电子战分类

电子战包括电子支援（ES）、电子攻击（EA）和电子防护（EP）三大部分，如图36-1所示。早期所采用的一些分类名称目前在有些场合还在使用。当需要获取高精度电子信号分析参数时，ES仍可被称为电子支援措施（ESM）。典型例子是海军电子战系统，其ES系统获取的目标参数被用于支持武器瞄准。EA以前被称为电子对抗（ECM）。涉及杀伤性攻击的电子战技术过去被归类于武器系统，而现在已经被归为电子战的范畴。现在反辐射导弹、高能激光武器和高能微波武器都属于EA领域。EP过去被称为电子反对抗（ECCM）。

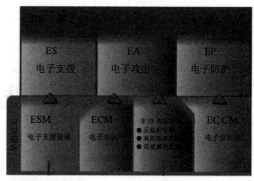

图 36-1　电子战（EW）三个组成部分 ES、EA 和 EP 的名称变化及其新增涵盖内容

36.3　电子支援

电子支援（ES）就是接收敌方用频装备的电磁辐射信号，获取敌方电子设备的技术参数和位置等情报，为实施电子干扰、电子防御和摧毁辐射源提供支援。开展电子对抗行动的关键在于能否截获敌方辐射信号，能否获取敌方所在的相对位置及其电子装备的工作模式和参数。虽然电子支援（ES）与信号情报（SIGINT）分析都通过截获和分析敌方辐射信号而获取信息，但由于二者作战使命不同，因而其装备所采用的天线和接收设备类型及信号处理方式都存在显著区别。ES 和 SIGINT 系统的基本原理框图如图36-2所示。

图 36-2　ES 和 SIGINT 系统都通过截获和处理敌方辐射信号，进行信号分析以获取所需信息，并将数据分发给其他用户。但两者所采用的天线和接收设备类型、信号处理方式不同

一般而言，通过 SIGINT 系统收集和分析敌方电子情报属于战略行动。SIGINT 可分为通信情报分析（COMINT）和电子情报分析（ELINT）两类。COMINT 通过侦收敌方通信信号以确定其作战态势和意图。ELINT 通过收集、分析关于敌方雷达和除通信设备以外的其他用频装备的详细信息，掌握敌方装备作战效能，并为电子对抗行动提供支撑。

ELINT　ELINT 的使命是掌握敌方装备的作战效能。为此，需要对敌方电子信号进行详细的参数测量、分析，以确定该信号是否来自我们所未知的敌方新研装备。对于敌方新研制装备，我们必须掌握其战技指标。对于雷达装备而言，我们需要掌握其探测距离、分辨率、角度跟踪速率等主要战技指标及其主要短板弱项。在截获敌方新型电子装备信号后，需要保存其原始数据以便于开展后续分析处理，提高分析结果的准确性，并基于多源截获信号进行相互验证以消除模糊数据。当分析结果的可信度满足使用要求后，就将该型装备的相关数据添加到电子情报数据库中，用于 EW 装备设计研制和战术辅助决策。ELINT 系统和雷达 ES 系统之间的相互关系如图 36-3 所示。

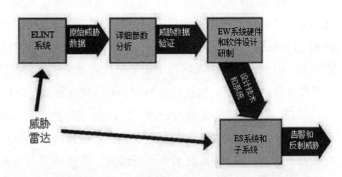

图 36-3 ELINT 系统进行非通信装备（主要是雷达）信号的详细分析，主要用于 EW 硬件和软件（包括威胁参数表）的设计研制，而雷达 ES 系统进行信号的实时分析处理（全自动）以支撑战术决策

ES 与 ELINT 系统的功能　与 ELINT 不同，ES 主要用于战术行动，因而实时处理能力是最重要的要求。雷达 ES 系统通过截获和分析敌方雷达信号，解算敌方位置信息，确定其工作模式和参数，判定敌方类型并确定对己方的威胁程度，其可允许的处理并获取相关信息的时间只有几秒。雷达 ES 系统截获并存储敌方信号数据的目的，在于掌握当前战场态势下敌方作战兵力的部署情况。因而通常称 ES 是面向作战行动的，其任务是在敌展开作战行动前采取电子对抗措施以削弱或破坏敌方电子装备作战效能。虽然部分 ES 系统也具备信号记录功能，但其性能指标与 ELINT 系统的信号记录功能完全不同，因而不可能用一套装备同时实现这两种系统的功能。

ELINT 系统侦收各类电子信号，通过分析来确定其主要参数，为 ES 系统的设计研制提供支撑。通过对探测系统、数据链系统所辐射信号的特性分析，还可确定该信号所关联平台及其武器系统的主要性能指标。

如表 36-1 所示，ELINT 数据采集和 ES 系统数据采集之间也存在显著差异。ELINT 系统的任务是实现远距离辐射源信号的接收处理，通常这些辐射源信号都是经过其他物体散射的微弱信号。因而，ELINT 系统应采用尽可能大的天线尺寸以获得较高的天线增益，并采用高灵敏度接收机以实现远距离信号截获能力。与此不同的是，ES 系统主要用于接收敌方雷达对被防护平台的跟踪信号或武器瞄准信号。一般来说，这些信号都是在敌方雷达天线对准被防护平台状态下辐射的近距离直达波，因而相对于 ELINT 系统而言，ES 系统的接收信号要强得多。所以 ES 系统可使用尺寸较小的低增益天线和灵敏度较低的接收机。

表 36-1 ES 与 ELINT 数据采集对比

ES 数据采集	ELINT 数据采集
仅需侦收少量数据，以确定雷达型号及其工作参数和模式	需侦收大量数据，以开展详细的信号特性分析
威胁数据库中已知的信号类型	未知信号，无可参考的先验知识
参数精度仅需满足目标识别需求	较高的参数精度，以开展装备战技性能分析

ELINT 和 ES 系统还有一个重要的区别，就是对信号截获和分析的时间要求不同。ELINT 系统可以利用很长一段时间进行信号采集、记录，然后进行事后分析。典型例子是星载 ELINT 系统，即使耗费了 6 个月时间才最终截获持续几秒的敌方新型雷达信号，也算是成效显著。因此，ELINT 系统可工作于窄天线波束宽度和接收机窄带接收模式，以提高接收灵敏度和参数测量精度，其代价是得到预期结果所需的时间较长。

但 ES 系统的任务是及时识别、定位敌方武器系统，以有效保护自身平台免受攻击。从确认目标到实施火力打击的时间最长也就几分钟，短则数秒。因此，ES 系统必须具备快速响应能力。这就要求 ES 系统的多组天线或天线阵列具备宽扇面，同时要覆盖或具备大扇区快速搜索能力，接收机具备全频带同时覆盖或宽带快速扫频能力。

ELINT 和 ES 系统对截获信号的分析要求也是不同的。ELINT 系统完成确认并存入数据库的截获信号，要求参数准确、完整、可用。通常，所截获的新型装备电子信号几乎没有可以参考的先验知识。我们想要掌握的信息是：敌方有什么样的装备，与之相关联的武器系统性能指标怎样，新型装备信号形式与原有装备到底存在哪些细微的不同。这就要求进行长时间、大量的数据收集记录和完整的数据分析处理。

而对于 ES 系统，它仅需在已知武器库中识别出当前时刻对我方构成威胁的武器系统类型。因此，只需侦收到较少的信号，就足以进行快速分析（几秒时间）得到主要特征参数，以识别敌方雷达及其相关联的武器系统。

态势感知 "态势感知"是可被应用于多个领域的通用术语。在移动平台（如飞机、舰船、坦克）中，通过态势感知，可提供敌我双方兵力的相对位置和态势情况。在现代系统中，态势感知所需的信息通常来自光学和电子传感器，或其他可用的信息资源。移动平台的指挥员利用这些信息优化机动方式、火力打击及抗敌方火力打击的策略。

在战略或非机动战术情景中，态势感知通常以地图为背景，为负责的指挥官提供所需的战场信息，包括敌我双方兵力的标识、位置和状态等信息。

雷达告警 当敌方雷达对我方进行搜索、跟踪和武器制导时，雷达 ES 系统担负雷达告警任务，以侦测敌方雷达并进行识别和定位。虽然武器打击才是真正意义上的威胁，但与武器系统相关的雷达信号就可等同于"威胁"：红色威胁是与敌方武器关联的雷达信号；蓝色威胁是类似于敌方的友方信号；灰色威胁是类似于敌方的中立方信号。

ES 的任务之一是正确识别侦收信号的威胁类型，并从信号数据库中剔除蓝色和灰色威胁信号，以便实施对敌方的电子攻击。显然，我们不希望误伤友军或中立方，但是这些信号的存在，不仅增加了需要进行分析的信号数量，同时因为这三类"威胁"信号之间的差异非常细微，也增加了系统处理的负担，大大提高了对敌方红色威胁信号识别的复杂性。

雷达告警接收机 雷达告警接收机（RWR）通过截获和分析敌方雷达辐射信号，确定敌方雷达及其关联武器系统的型号、位置和威胁等级。RWR 将截获信号的参数与敌方雷达数据库中所有（或多种）类型的敌方雷达信号参数进行比较，从而确定雷达型号、工作模式及相对位置。RWR 将这些信息实时地显示给机组或舰船操作人员，提示 EA 设备应采取的正确反应措施。机载 RWR 的简要原理框图如图 36-4 所示。

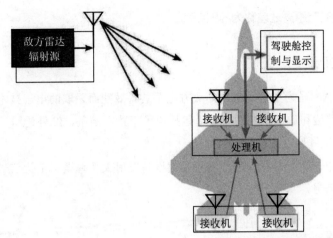

图 36-4　机载 RWR 利用多个宽覆盖天线截获来自敌方雷达的信号，根据接收信号确定雷达的类型和位置，并将相关信息显示给机组成员

特定辐射源识别　特定辐射源识别（SEI）系统不仅需要根据接收信号确定辐射源类型，还要确定该辐射信号所属的敌方作战平台，如装备了雷达的特定敌方舰船。图 36-5 所示系统对部分雷达信号参数进行了细微特征分析。然后将这些细微特征参数与数据库中记录的各平台搭载的雷达特征参数进行比较。当搜索到最佳匹配记录后，系统识别出搭载该型号雷达的具体平台。

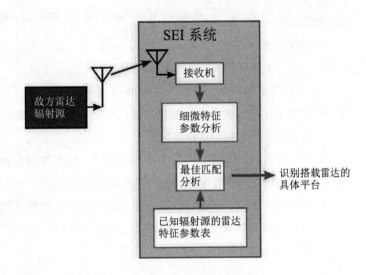

图 36-5　特定辐射源识别（SEI）系统可对雷达参数进行细微特征分析，以确定装载雷达的具体平台

雷达探测距离与目标捕获距离　ES 系统对雷达辐射信号的截获距离，主要取决于接收系统灵敏度、天线增益以及所侦测雷达装备的工作参数。雷达发现目标的最大作用距离可以通过雷达距离方程计算得到。实际应用中需要重点考虑的是 ES 截获距离与雷达探测距离的比值。

低截获概率（LPI）雷达，可在 ES 系统截获雷达辐射信号前就发现目标，如图 36-6 所示。满足该要求的 LPI 雷达也称为静默雷达，雷达探

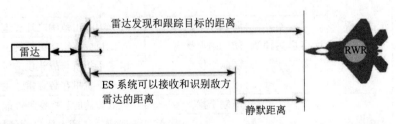

图 36-6　相对于目标被 ES 系统截获的距离而言，可在更远距离上发现和跟踪目标的雷达称为静默雷达，这两个距离之差称为静默距离

测距离和 ES 系统截获距离之差称为静默距离。

36.4 电子攻击

电子攻击（EA）是为了削弱或破坏敌方电子装备效能而采取的电子技术措施。电子攻击涵盖对敌方所有雷达和通信系统的攻击，包括电子干扰、箔条、红外诱饵、反辐射武器和高能辐射武器等技术手段。

电子干扰 电子干扰是指向敌方信号接收设备发射大功率调制干扰信号，使其无法正常接收和处理有用信号，如图 36-7 所示。表 36-2 按照干扰对象、干扰位置和干扰样式列出了用以降低敌方信息获取能力的几种干扰方式。

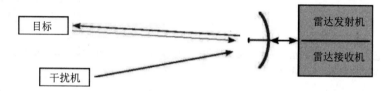

图 36-7 雷达干扰机对准雷达接收天线发射干扰信号，使其难以正常接收来自目标的反射回波信号

按干扰位置和样式的不同，电子干扰可分为以下几类：

（1）自卫干扰与远程干扰（如图 36-8 所示）。

- 自卫干扰：从平台自身向敌方雷达发射干扰信号，防止自身被敌方搜索雷达发现和跟踪或是被目标指示雷达锁定。
- 远程干扰：在与敌方雷达探测目标保持一定距离的其他位置上发射干扰信号。远程干扰既可以是防区外干扰，也可以是防区内干扰。
- 防区外干扰：在雷达目标探测距离以外对雷达实施干扰。其典型应用是电子干扰机在雷达所控制武器系统的火力打击范围之外对雷达实施远距离防区外干扰，如图 36-9 所示。

表 36-2 干扰方式分类

干扰方式			描　述
干扰对象	对雷达的干扰		降低敌方雷达发现或跟踪目标的性能
	对通信的干扰		阻止敌方组织有效的通信联络
干扰位置	与雷达探测目标同平台	自卫干扰	可以是压制干扰或欺骗干扰
	远离雷达探测目标	防区外干扰	在火力打击范围之外实施干扰
		防区内干扰	在比目标离雷达更近的位置上实施干扰
		随队干扰	电子干扰机与战斗攻击机混编
		改进型随队干扰	电子干扰机在敌方雷达主波束内实施干扰
干扰样式	压制干扰		降低雷达的目标探测性能
	欺骗干扰		造成雷达产生假目标信号，使之难以获取真实目标的距离和方位

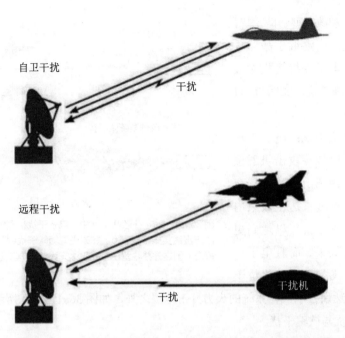

图 36-8　自卫干扰机安装在雷达探测目标上，而远程干扰机则从其他位置发射干扰信号

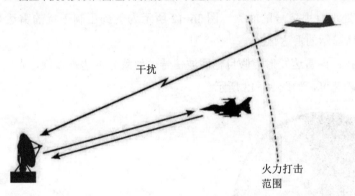

图 36-9　电子干扰机在敌方防空武器系统火力打击范围之外对雷达实施远距离防区外干扰

- 防区内干扰：将干扰设备部署在距离雷达较近的位置，其距离比雷达探测目标更近，或者远程控制无人机机动到有利战位时对敌方雷达进行干扰（见图 36-10）。

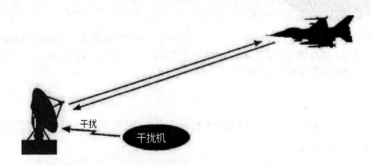

图 36-10　防区内干扰机被部署或机动到雷达较近距离处实施干扰，以提高其干扰效能

（2）随队干扰和改进型随队干扰。

- 随队干扰：由混编于战斗攻击机群的电子干扰飞机对敌方雷达实施干扰，如图36-11（a）所示。

- 改进型随队干扰：电子干扰机部署在比战斗攻击机群位置更远的距离上，并保持在敌方主要作战雷达主波束内对雷达实施干扰，以达到更好的干扰效果。而且电子干扰机盘旋飞行区域始终位于

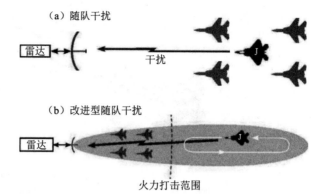

（a）随队干扰

（b）改进型随队干扰

火力打击范围

图36-11 （a）在随队干扰中，电子干扰机混编于战斗攻击机群对敌方雷达实施干扰；（b）在改进型随队干扰中，电子干扰机在火力打击范围之外并驻留在主战雷达天线波束内实施干扰

被干扰雷达所控制武器系统的火力打击范围之外，如图36-11（b）所示。

（3）压制干扰与欺骗干扰。

- 压制干扰：通过向敌方雷达和通信系统发射大功率干扰信号，从而有效降低敌方接收机接收处理有用信号的能力。图36-12所示为受到压制干扰的雷达平面位置显示器（PPI）所显示的雷达画面。

- 欺骗干扰：向雷达发射虚假目标回波信号，使敌方雷达难以判定真实目标的距离、方位和运动速度，如图36-13所示。

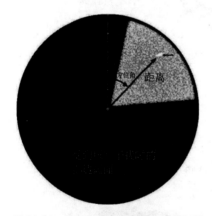

图36-12 压制干扰提高了雷达接收机输入端的干扰信号能量，使处理电路难以发现或跟踪目标。图中为受到压制干扰时的雷达画面

图36-13 欺骗干扰向雷达发射虚假目标回波信号，使敌方雷达难以判定真实目标的距离、方位和运动速度

上述这些干扰方式都可以采用非相参或相参干扰技术实现，但若要有效对抗相参雷达一般需要采用相参干扰的方式。

干扰的概念 首先必须理解，干扰是将干扰信号发射到目标设备（通信、雷达等）的接收机，以干扰其接收有用信号的能力。电子攻击中的两个重要概念是干信比和烧穿距离。二

者都可用来表征干扰效能。

干信比（J/S）是目标接收机输入端干扰信号与有用信号的功率比值，如图 36-14 所示。从图中可看出，干扰信号带宽（灰色）要比接收机带宽（黑色）宽得多，但只有接收机带宽内的干扰信号功率被用于干信比的计算中。

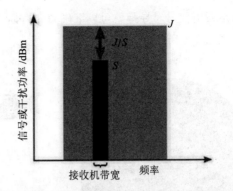

图 36-14　干信比是目标接收机接收到的干扰信号与有用信号的功率比值

烧穿距离是指在敌方施加电子干扰情况下雷达能够发现目标的最大距离，如图 36-15 所示。在这个距离上，可以说雷达"烧穿"了干扰。

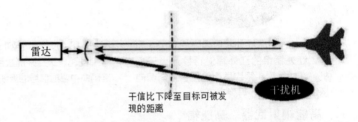

图 36-15　随着目标不断接近雷达，干信比不断降低。当距离接近到使干信比足够低时，雷达就可以发现目标，这一距离即为烧穿距离

箔条　箔条是小块铝箔或涂覆金属的玻璃纤维。箔条被裁剪成一定长度使其与雷达电磁波产生谐振，从而产生较强的雷达信号反射能力，如图 36-16 所示。过去，箔条被包装成一捆捆的箔条包，使用时由机组人员打开并抛撒到空中。现在则采用从飞机上发射箔条弹的形式将其投射到空中，并在气流的作用下在飞机

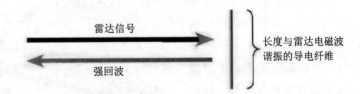

图 36-16　当箔条方向垂直于入射雷达电磁波并与雷达信号的极化方向相同时，被切割成特定的长度的箔条可与对应频率的雷达电磁波谐振而产生强烈的雷达反射信号

周围形成箔条云；或由安装在船上的火箭弹发射出去，并爆炸扩散成箔条云。此外，还可利用飞机或吊舱内的"快速切割"装置，将箔条材料切割成适当长度并投放到空中。

在空中大面积连续投放箔条，可以形成干扰走廊，掩护己方飞机突防；或者投放其回波特性与己方目标接近的箔条包，形成雷达诱饵，从而摆脱敌方雷达跟踪。

红外诱饵　红外诱饵用来防止飞机遭受红外制导导弹攻击。飞机发射红外诱饵后，在一定距离外产生具有强烈红外辐射特性的假目标。对于红外制导导弹的传感器而言，红外诱饵的红外辐射特性远大于飞机，造成导引头跟踪质心的位置逐渐偏向诱饵，使飞机摆脱导弹攻击，如图 36-17 所示。

反辐射导弹　反辐射导弹以敌方雷达辐射的电磁波为寻的制导信号，从而发现、跟踪并摧毁目标。反辐射导弹配备了威力巨大的战斗部，可以摧毁雷达天线及其附近所有设施。虽然该导弹也可用于攻击其他类型的辐射源，但它主要用来摧毁敌方机载或陆基雷达系统。只

要敌方雷达发射信号，导弹就可以准确命中目标。反辐射导弹攻击敌方陆基防空雷达的行动示意图如图 36-18 所示。

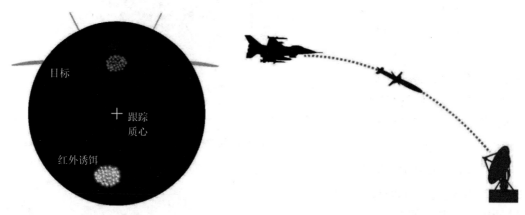

图 36-17　对于红外制导导弹的导引头而言，红外诱饵的红外辐射特性远大于飞机，造成导引头跟踪质心的位置逐渐偏向诱饵，使飞机摆脱导弹攻击

图 36-18　反辐射导弹以敌方雷达辐射的电磁波为寻的制导信号来发现、跟踪并摧毁目标。只要雷达发射信号，导弹就可以准确命中辐射信号的天线

高能辐射武器　高能辐射武器采用定向辐射高能量激光或微波脉冲来杀伤敌方人员或损坏敌方装备，其辐射信号功率要比干扰信号高出 3 个数量级以上。

高能辐射武器攻击可以摧毁敌方的作战平台，但目前其主要用途是用来摧毁敌方的传感器，如图 36-19 所示。电子干扰只能暂时削弱敌方电子装备性能；高能辐射武器可直接损坏敌方电子装备乃至摧毁敌方作战平台。

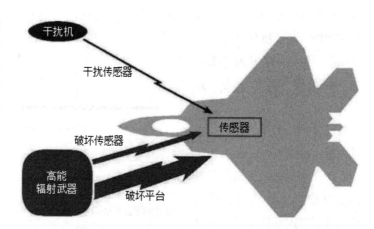

图 36-19　高能激光武器可摧毁敌方电子装备或作战平台，而高能微波武器可能用于损坏敌方电子装备。相对于干扰信号而言，高能辐射武器损坏电子装备所需的信号功率比电子干扰信号高出 3 个数量级以上，而摧毁作战平台所需的信号功率还要再高出 3 个数量级

高能辐射武器的另一个显著特点是以光速攻击敌方，而常规动能武器的攻击速度最快也不过几倍声速（又称音速）。

36.5　电子防护

电子防护（EP）并非用于保护作战平台，而是防护传感器等电子装备免受敌方电子攻击的影响。与 ES 和 EA 不同，EP 并不是一个独立的分系统；雷达和通信系统都会采用一系列技术手段来提高其抗干扰性能。EP 技术主要包括复杂体制信号调制技术、低旁瓣天线设计技术、自适应干扰对消技术，并可采用特定的抗干扰工作模式。常用 EP 技术如表 36-3 所示。

表 36-3　常用电子防护（EP）技术

EP 技术		说　明
雷达 EP 技术	抗旁瓣干扰	辅助天线和旁瓣对消电路
		天线波束赋形
	抗欺骗干扰	特殊处理电路
		复杂体制信号调制
	抗所有干扰	抗干扰工作模式
通信 EP 技术		扩频通信技术

36.6　诱饵

　　诱饵装置可产生假目标，用于迷惑敌方探测设备。前述的红外诱饵就属于热诱饵。物理模型（有时是充气式模型）可作为战场欺骗设施来干扰敌方对战场态势的判断，从而导致其采取错误的作战行动决策。而在电子战中，"诱饵"这一术语通常用来指可以使雷达产生假目标回波信号的装置。诱饵装置会使雷达显示大量假目标而难以确定真实目标，或诱骗导弹的导引头使之偏离预定攻击目标。

　　电子战中采用的诱饵类型可按照部署方式、使用效果及受保护平台等进行分类，如表 36-4 所示。诱骗式诱饵可干扰敌方导引头，使敌方导弹偏离所要攻击的目标。饱和式诱饵会产生大量虚假目标信号，使导弹制导系统饱和而无法识别真实目标。检测式诱饵会产生导弹制导信号，使一体化防空系统误以为遭受敌方导弹袭击，迫使其打开跟踪雷达进行防空反导作战，从而被我方反辐射导弹锁定并摧毁。

　　诱饵按照产生方式可分为无源诱饵和有源诱饵。角反射体是应用最广的无源诱饵，其特殊设计的结构形状可产生很强的雷达回波信号，如图 36-20 所示；有源诱饵的原理框图如图 36-21 所示，它利用信号接收和转发设备产生很强的人为制造雷达回波信号。诱饵的使用方法如图 36-22 所示，诱饵可以从飞机或舰船上采用投掷、拖曳、自航等方式部署，诱导敌方导弹制导系统偏离预定攻击目标。

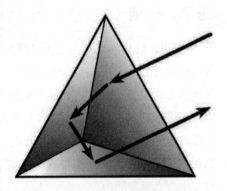

图 36-20　信号反射特性优越的角反射体是应用最广的无源诱饵，主要用于保护舰船或其他设施

表 36-4　诱饵的类型

类型（部署方式）	使用效果	受保护平台
投掷式	诱骗，饱和	飞机，船舶
拖曳式	诱骗	飞机
自航式	检测、诱骗和饱和	飞机，船舶

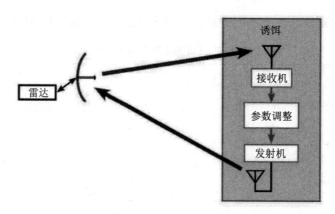

图 36-21 有源诱饵接收雷达信号，进行放大、参数调整和转发，由此产生类似目标回波散射的效果

图 36-22 诱饵拖曳式、投掷式和自航式等多种方式部署

36.7 小结

电子战（EW）可分为三大组成部分：侦收敌方电子辐射信号的电子支援；消除或减弱敌方作战能力的电子攻击；采用一定技术手段免受敌方电子攻击的电子防护。电子情报（ELINT）分析和雷达电子支援（ES）都需要侦收敌方电子辐射信号，但信号情报分析（SIGINT）需收集更多更准确的信号以开展信号特性精细分析，并掌握敌方装备的主要性能参数及其弱点。而雷达电子支援应用于战术作战行动，侦收信号的目的是进行威胁判定并做出快速作战响应以保护作战平台。电子战的另一重要任务是支撑电子作战辅助决策，即基于截获信号来描述敌方作战力量和能力。

雷达告警接收机（RWR）是一类专门的接收处理系统，用于快速截获并分析敌方雷达信号，判定与之关联的武器系统类型、位置及当前工作模式。

电子攻击（EA）是削弱或破坏敌方电子装备而采取的作战行动。电子干扰向敌方电子装备辐射杂波或假目标信号，使其无法接收有用信号或导致其从信号中获得错误信息。自卫干扰是指被探测目标自身向敌方雷达发射干扰信号。防区外干扰是指电子干扰机在火力打击范围外实施和完成电子干扰，以掩护战斗攻击机群实施突防。压制干扰向敌方雷达辐射大功率干扰信号，使其无法正常发现目标；欺骗干扰会造成敌方雷达难以获取真实目标的距离和方位信息。干信比（J/S）是敌方雷达所接收干扰信号功率与目标回波信号功率的比值。J/S 的减小正比于雷达与接近目标之间距离减小的平方。烧穿距离是敌方雷达在受干扰条件下可重新发现目标的距离。此外，电子攻击还包括箔条、红外诱饵、高能辐射武器和反辐射导弹等技术应用。

电子防护（EP）是电子装备用于降低敌方电子攻击效能所采用的技术措施，所保护的对象是电子装备而非作战平台。

诱饵具有与雷达探测目标类似的回波特性，用于诱骗敌方雷达系统。使用诱饵可产生大量假目标，导致导弹制导系统过载而无法识别真实目标；或是干扰导弹制导功能，使其偏离所要攻击的目标；又或者诱使敌方跟踪雷达开机，并被反辐射导弹摧毁。

扩展阅读

D. C. Schleher, Electronic Warfare in the Information Age, Artech House, 1999.

D. Adamy, EW 101: A First Course in Electronic Warfare, Artech House, 2001.

D. Adamy, EW 102: A Second Course in Electronic Warfare, Artech House, 2004.

D. Adamy, Introduction to Electronic Warfare Modeling and Simulation, SciTech-IET, 2006.

F. Neri, Introduction to Electronic Defense, 2nd ed., SciTech-IET, 2007.

A. Graham, Communications, Radar and Electronic Warfare, John Wiley & Sons, Ltd., 2011.

A. De Martinio, Introduction to Modern EW Systems, Artech House, 2012.

DOD, Chairman of the Joint Chiefs of Staff, Joint Publication 3-13.1, Electronic Warfare, January 25, 2007, available at: https://www.fas.org/irp/doddir/dod/jp3-13-1.pdf.

波音 RC-135 "铆钉" 电子侦察机（1961 年）

铆钉电子侦察机可截获敌方雷达和通信信号并进行精确定位。机载信号分析系统可实时获取电子侦察信息和电子支援信息并分发给作战指挥官和作战部队。主要电子装备包括 BAE 系统公司开发的 E&IS 雷达告警接收机（RWR）AN/ALR-94，AN/AAR-56 导弹红外和激光瞄准信号告警系统，以及诺斯罗普·格鲁曼公司 AN/APG-77 有源电扫阵列（AESA）雷达。AN/ALR-94 是被动雷达信号接收设备，配备了集成在机翼和机身上的由 30 余组接收单元组成的天线阵列，提供 360 全方位覆盖。

$\mathfrak{Chapter}$ 37

第 37 章 | 电子支援

2~18 GHz 正弦天线

电子支援（ES）是电子战的信号侦收分系统。只有掌握敌方雷达的信号特性，才能采取有效的干扰措施。ES 可接收敌方雷达、通信和数据链等装备辐射的电子信号，分析其工作参数，并将相关信息显示给机组成员。

ES 系统接收、识别并定位敌方辐射源，支持对敌电子对抗战斗模式开发和对抗措施提示。虽然侦收敌方通信和数据链也是 ES 的重要任务，但本章的重点是针对敌方雷达系统的 ES 行动。

由于 ES 主要实现信号侦收功能，因而本章将按照信号接收系统的基本组成框图逐步展开讨论。

37.1 电子战天线

雷达天线的相关内容已在第 8 章、第 9 章和第 10 章进行了详细介绍。本节主要讨论满足电子战需求的天线类型。这些天线被用来截获敌方雷达信号或向敌方雷达发射干扰信号，其性能指标要求与前述雷达天线存在较大差异。

天线的作用是将信号能量聚集以形成指向波束，用来描述天线在接收或辐射信号时对信号强度增强能力的因子称为天线增益。

全向均匀接收或辐射信号能量的天线称为全向天线，其天线增益被定义为1，即 0 dB。天线增益通常以 dBi 为单位，表示较全向天线高出的分贝值。

电子战装备常用的典型天线类型如表 37-1 所示，表中的左列为天线结构示意图，中间列为天线水平方向（俯仰）和垂直方向（方位）的方向图，右列为天线典型性能指标。需要注意的是，表中所列的只是典型指标参数，为满足电子战装备较大的带宽需求，所采用的天线参数可能超过表中所列的范围。

表 37-1　电子战装备采用的典型天线类型

天线类型	方向图	典型性能指标	天线类型	方向图	典型性能指标
偶极子天线	俯仰 方位	极化方向：平行于阵元方向 波束宽度：80°×360° 天线增益：2dB 信号带宽：10% 倍频程 工作频段：DC～微波	背腔螺旋天线	俯仰和方位	极化方向：左 / 右圆极化 波束宽度：60°×60° 天线增益：-15dB（频率低端）；+3dB（频率高端） 信号带宽：9～1 倍频程 工作频段：UHF～微波
单极子天线	俯仰 方位	极化方向：垂直极化 波束宽度：45°×360° 天线增益：0dB 信号带宽：10% 倍频程 工作频段：HF～UHF	溅散板天线	俯仰 方位	极化方向：任意方向 波束宽度：20°×20° 天线增益：20dB 工作频段：微波
对数周期天线	俯仰 方位	极化方向：垂直或水平极化 波束宽度：80°×60° 天线增益：6～8dB 信号带宽：10～1 倍频程 工作频段：HF～微波	抛物面天线 馈源	俯仰和方位	极化方向：取决于馈源 波束宽度：0.5°×30° 天线增益：10～55dB 信号带宽：取决于馈源 工作频段：UHF～微波
双锥天线	俯仰 方位	极化方向：垂直极化 波束宽度：20°~100°×360° 天线增益：0～4dB 信号带宽：4～1 倍频程 工作频段：UHF～毫米波	相控阵天线 阵元	俯仰 方位	极化方向：取决于馈源 波束宽度：0.5°×30° 天线增益：10～40dB 信号带宽：取决于阵元 工作频段：VHF～微波
喇叭天线	俯仰 方位	极化方向：线极化 波束宽度：40°×40° 天线增益：5～10dB 信号带宽：4～1 倍频程 工作频段：VHF～毫米波			

偶极子天线　偶极子天线主要用于相控阵，也广泛应用于测向（DF）天线阵列。测向天线阵列中的偶极子天线通常需要多个倍频程的宽频带工作能力，因而必须通过匹配网络来连接天线分系统与信号接收分系统，其插入损耗会大大降低天线增益，尤其在较低工作频段。

偶极子天线在垂直于阵元的方向上具有 360°全向覆盖范围，适合用作电子支援接收设备和全向干扰设备的天线。偶极子天线末端接地，可大大降低阵元间的相互干扰。

单极子天线 单极子天线用作接收天线阵列和干扰发射天线。单极子天线必须安装于接地面上工作，因此非常适合装配在飞机机身的顶部或底部用于通信、信号侦收或发射干扰信号。像偶极子天线一样，单极子天线也具有 360°方位覆盖范围。单极子天线在窄带工作方式下天线增益较高，并可以通过适当的匹配网络实现较宽的频率覆盖范围。当单极子天线需要覆盖多个倍频程的宽频带工作时，在较低工作频率下其天线增益显著下降。

对数周期天线 对数周期（LP）天线用于低频相控阵，也可用作抛物面天线的馈电天线。该天线由不同长度、不同排列间隔的偶极子单元组成，在较宽的频率范围内具备几乎不变的天线方向图。LP 天线的单元排列方向决定了天线线性极化方向，因而可设定成任何所需的线性极化方向。正交偶极子天线也可组成一个 LP 阵列，利用移相网络馈电来实现圆极化。

双锥天线 双锥天线主要用作机载干扰信号发射天线，安装在飞机或无人机（UAV）机身的水平位置上，采用垂直极化时具有 360°方位覆盖范围。其水平天线方向图与垂直安装的偶极子天线相似，但由于其垂直方向变窄而提高了天线增益。双锥天线还具有变极化工作特性，非常适合用来发射干扰信号。

背腔螺旋天线 背腔螺旋（CBS）天线广泛应用于雷达告警接收机（RWR）。此类天线的方向图为余弦平方形状，如同一个与天线表面相切的大球。这种天线的方向图具有优异的前后比。当采用 CBS 天线的 RWR 系统在进行测向时，相邻天线之间的接收信号的功率差（用 dB 表示），和信号与天线视轴之间的球面夹角呈线性关系。

由于已将各工作频率下相邻天线接收信号幅度差随角度变化的特性曲线 [dB/（°）] 存储在系统数据中，通过测量得到相邻天线接收外部雷达辐射信号的幅度差（dB），就可计算出雷达相对于飞机所在的方位角度。必须注意的是，由于天线在平台上的安装位置的不同会导致多径效应，造成天线增益线性变化特性的畸变（见图 37-1）。CBS天线通常具有多个倍频程的工作频带，在较低工作频率时天线增益显著下降。但在任一工作频率上的天线增益都是线性变化的。这些天线采用左 / 右圆极化方式。折合天线也可接收圆极化信号。

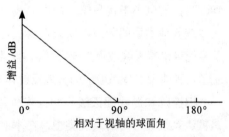

图 37-1 背腔螺旋天线的增益（以 dB 为单位）与相对于视轴的球面角呈线性函数关系

在飞机 RWR 应用中，CBS 天线在与飞机轴向成 45°的 4 个方向上安装，下视角度约为 15°（见图 37-2），安装位置通常位于机翼末端的前后缘，或在机翼根部并远离喷气发动机排气口。CBS 天线也可安装在飞机侧面的天线阵列上，将接收信号送至干涉仪测向系统进行处理。二维测向系统的天线阵列分布如图 37-3 所示。

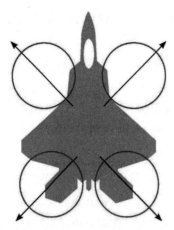

图 37-2　典型的 RWR 应用中，4 个背腔螺旋天线
与飞机轴向成 45° 角安装，下视角度约 15°

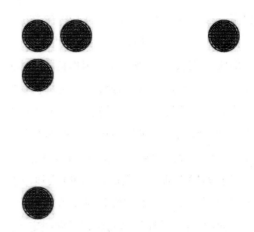

图 37-3　5 个背腔螺旋天线构成干涉仪测向系统
的垂直和水平天线阵列

喇叭天线　喇叭天线广泛用作相控阵和干扰设备。举例而言，AN/SLQ-32 舰载电子战系统采用扇形喇叭天线单元构成线性多波束天线阵列，实现电子支援信号接收和电子干扰信号发射。喇叭天线具有高增益、指向性好、前后比高等特点，其较宽的工作频率范围也可满足电子战使用需求。虽然喇叭天线也可应用于电子支援系统，但其更常用于电子干扰系统。喇叭天线具有矩形或圆形等多种形式，可实现各种极化方式。像许多其他类型的天线一样，如果工作频谱过宽，会使其天线增益产生较大变化。该天线在高频段增益最大，在低频段增益最小。

金属反射体天线　金属反射体天线具有较高的天线增益，早已应用于电子干扰机中，以实施远距离防区外干扰，其典型案例为 EA-6B 或 EF-18G 装备的电子干扰吊舱。馈电天线可采用喇叭天线或其他类型的天线，安装在斜板边缘使发射信号能量沿着天线波束指向方向辐射。图 37-4 展示了一种典型干扰吊舱中的金属反射体天线。

相控阵和抛物面天线　相控阵和抛物面天线是雷达系统最常用的天线类型，在本书的前述内容中已进行深入讨论。然而，电子战系统对天线

图 37-4　金属反射体天线安装在电子干扰吊舱的
前后端，实施远距离防区外干扰

工作频率范围的要求比对雷达的要求要高得多。因而当相控阵和抛物面天线应用于宽带电子战系统时，其效能明显下降，在最高工作频率时其增益最大，在最低工作频率时其增益最小。

应用电扫阵列天线是现代电子干扰装备的发展趋势，可对雷达实施多波束、瞄准式的干扰以提高干信比，尤为适用于远距离防区外干扰样式。

37.2　电子战接收机

每种接收机都有不同的优点和缺点。所以，大多数电子支援系统都配置了多种不同类型的接收机，在计算机控制下根据所接收信号类型的不同进行选择。电子战装备所使用的主要

接收机类型、灵敏度、典型应用及系统性能优缺点如表 37-2 所示。

表 37-2　EW 接收机的主要类型

接收机类型	灵敏度	典型应用	系统性能优缺点
晶体视频接收机	低	雷达告警接收机（RWR）	宽频带，响应时间快，单信号接收处理
瞬时测频接收机	低	雷达告警接收机（RWR）	最大频率覆盖范围可达一倍频程，单信号接收处理，只用于测频
超外差接收机	中到高	RWR，ELINT，ES，目标定位	从多个信号选一进行接收处理，适用于任意调制方式的信号
模拟信道化接收机	中到高	RWR，EW，复杂信号的侦察系统	多信号接收处理，适用于某些调制方式的信号
数字接收机	中到高	所有电子战和侦察系统	宽频带，响应时间快，单信号接收处理

晶体视频接收机　晶体视频接收机（CVR）是雷达告警接收机（RWR）最常用的接收机类型，其主要优点是在系统灵敏度较低的条件下还能保持较高的信号截获概率，主要适用于恢复非常强的脉冲信号。CVR 原理框图如图 37-5 所示。天线接收的射频脉冲信号被送至二极管检波器进行幅度解调，再被传送至对数视频放大器，经放大后送至处理机。二极管检波器是平方律检波器，其输出视频信号的幅度与所接收射频信号的功率成正比。

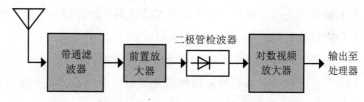

图 37-5　雷达告警接收机中的 CVR：用来接收雷达脉冲信号

二极管检波器的瞬时工作频带很宽，接收机工作带宽主要取决于输入端的前置带通滤波器。该滤波器带宽可以设置得较窄，但现在前置带通滤波器的带宽可以达到 4 GHz，覆盖了雷达主要工作频段（2 ～ 18 GHz）的 1/4。如果天线接收的射频信号包含多个频率分量，则经过二极管检波器后的输出视频信号是所有信号的叠加，无法区分每个信号的频率。

晶体视频接收机适用于具有低占空比的脉冲信号，当存在两个或更多个信号（如两个脉冲相互重叠）时，无法区分输出电压中的各个信号分量。

晶体视频接收机的灵敏度较低（在二极管检波器处约为 -40 dBm），增加了前置放大器后可提高到约 -65 dBm。可接收的信号脉冲宽度，短至 50 ～ 100 ns，长至几毫秒。

瞬时测频接收机　瞬时测频（IFM）接收机仅用于测量接收射频信号的频率，并转换为并行数字信号输出。IFM 接收机具有与 CVR 相近的灵敏度，常与多个 CVR 接收通道组合而构成 RWR 接收机。IFM 接收机可在 50 ns 内测量信号频率，非常适用于在密集信号环境中分离同一部雷达的辐射脉冲信号。IFM 接收机可在同一接收脉冲内进行多次频率测量，可有效检测调频信号或进行辐射源个体识别（SEI）。当两个或多个频率信号叠加在一起同时到达接收机输入端时，IFM 接收机不能实现信号频率测量，此时其输出为随机数值。

IFM接收机的最大工作频带宽度可达一倍频程，频率分辨率约为接收机带宽的千分之一。例如，对于工作频带宽度为 4 GHz 的 IFM 接收机，其频率分辨率约为 4 MHz。

超外差接收机　超外差接收机（SHR）用于电子战系统在密集信号环境中接收雷达和通信信号。如图 37-6 所示，超外差接收机利用可调谐预选器，从天线接收信号中选择某一频点或某一窄频段的射频信号，与本振（LO）信号一起送入混频器。本振信号频率被设定为高于或低于射频信号频率一个固定值。混频器输出信号为输入信号的和频信号、差频信号和其他组合频信号。中频（IF）放大器对混频器输出的射频信号与本振信号的差频信号进行带通滤波和高增益放大。

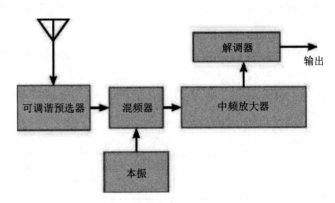

图 37-6　超外差接收机可在密集信号环境下分选出单个频点信号或某一窄频段信号

IF 放大器输出的中频信号送至检波器进行信号解调，得到视频脉冲信号或连续波（CW）等其他波形的视频信号。某些电子支援应用可能需要具有更大的瞬时 IF 带宽，比如宽中频数字信道化接收机。

超外差接收机可用于接收和处理任何调制方式的信号，决定其灵敏度的主要因素详见第37.3 节。一般来说，超外差接收机的灵敏度要比晶体视频接收机或瞬时测频（IFM）接收机高得多。

模拟信道化接收机　模拟信道化接收机由多路并行工作、覆盖不同频段的固定调谐接收机组成。各接收机工作频段构成模拟信道化接收机的连续覆盖工作波段，如图 37-7 所示。天线接收到的射频信号经多路功分器传输至各接收通道。每个接收信道包含一部完整的接收机并输出视频信号。有时每个接收信道只包括一个接收机

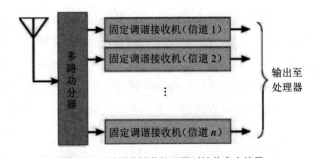

图 37-7　信道化接收机可同时接收多个信号

前级，并向第二级信道（接收机输出级）中输出一个频率范围。在这种情况下，当第一级信道中的某个信道有动作时，第二级信道就被分配来处理该信道信号。

模拟信道化接收机用于在密集信号环境中处理同时出现的多个信号。

数字接收机　数字接收机在电子战系统中的应用日益广泛，其典型原理框图如图 37-8 所示。模拟前端通过混频将某一频段射频信号转换为宽带中频（IF）信号，利用数字转换

器或模数（A/D）转换器将中频信号转换成数字信号。然后，采用可编程逻辑阵列（FPGA）、数字信号处理器（DSP）和一台专用计算机来实现接收机功能及对中频数字信号的各种分析功能。这些功能根本不可能在模拟域实现。在现代电子支援系统架构中，FPGA 主要实现数字化信道、检测、脉冲和连续波参数测量等任务，DSP 主要实现脉冲排序、DF 估计和脉冲串参数计算等任务，而专用计算机主要完成目标分类、识别和辐射源跟踪等功能。

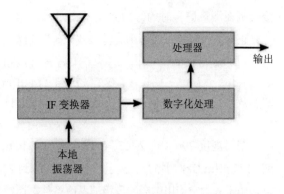

图 37-8　数字接收机将 IF 信号数字化，利用计算机完成信号接收和处理功能

数字转换器对输入信号带宽的不失真采样必须满足奈奎斯特（Nyquist）准则，即采样速率至少大于 2 倍信号带宽。例如，信号带宽为 1 MHz，采样速率必须至少达到 200 万个采样点每秒。采样位数决定了数字接收机的灵敏度和动态范围。重要的是，接收机的模拟前端和数字后端的灵敏度和动态范围必须相匹配。

37.3　接收系统灵敏度和动态范围

灵敏度　在第 12 章中已讨论了雷达探测距离。与雷达系统一样，电子支援系统必须在尽可能远的距离上发现雷达辐射信号。决定探测距离的因素之一是接收机系统灵敏度。灵敏度定义为接收系统正常实现战技指标规定任务所需的最小接收信号功率。对于电子支援系统而言，这意味着可正确识别所接收威胁信号的类型，确定与之关联的武器系统工作模式，并在满足精度指标要求条件下实现辐射源定位。此时，灵敏度定义为天线系统输出端、接收系统输入端的最小输入信号功率。

接收机系统灵敏度可由下式确定：

$$S = kTB + NF + \text{RF SNR}_{RQD}$$

其中，S 是以 dBm 为单位的系统灵敏度，kTB 表示系统热噪声，NF 是系统输入端噪声系数，RF SNR_{RQD} 是检波前信噪比。

三个灵敏度贡献因子的关系如图 37-9 所示。灵敏度是系统实现预定功能所需的最小的信号功率。最小可检测信号（MDS）是指一种信号强度等级，此时输入信号的噪声功率等于天线接收信号功率。

kTB　kTB 是接收机内部的系统热噪声，由分子运动引起，包含三部分：k 是玻尔兹曼常量，表示给定热力学温度（又称绝对温度）下每赫兹内的热噪声功率；T 是热力学温度；B 是

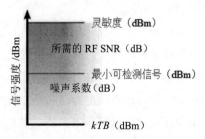

$S\,(\text{dBm}) = kTB\,(\text{dBm}) + NF\,(\text{dB}) + \text{SNR}\,(\text{dB})$

图 37-9　接收机灵敏度（dB）是热噪声、系统噪声系数和所需的检波前信噪比之和

接收机在测量信号时的等效系统带宽。

正常大气环境下，可用经验公式来确定 kTB。当环境温度为 290 K 时可由下式计算 kTB 的值：

$$kT = -114 \text{ dBm/MHz}$$

或者 $kTB = -114 \text{ dBm} + 10\lg[B/(1\text{MHz})]$

即等效系统带宽为 1 MHz 时，系统热噪声为 -114 dBm。该公式也可表示为：

$$kT = -174 \text{ dBm/Hz}$$

绝对温度 290 K 即为 17 °C 或 62.6 °F，但在大多数应用中都将 kT 取值为 -114 dBm/MHz 或 -174 dBm/Hz，因为当温度上升或下降达到 72.5 °C 或 130.5 °F 时，kTB 仅变化 1 dB。

由于外太空应用中会涉及极端温度条件，通常采用系统噪声温度而不用 kTB 计算系统灵敏度。

kTB 与灵敏度　由于 kTB 是影响系统灵敏度的重要因素，因此等效系统带宽的设定会直接对系统灵敏度产生影响。例如，系统等效带宽减小为原来的 1/10，可使系统灵敏度提高 10 dB。

噪声系数　系统噪声系数表示除了 kTB 以外系统产生的其他噪声分量的总和。噪声系数以输入信号为参照，通常被描述为：假定一个理想系统除 kTB 以外本身不产生其他任何噪声，当在理想系统输出端能够测出与当前实际系统相等的输出噪声功率时，必须在理想系统输入端所加的高于 kTB 的那部分输入噪声功率。

在系统中增加低噪声前置放大器可降低噪声系数，从而提高系统灵敏度。前置放大器对于改善系统噪声系数的作用取决于具体的接收机系统配置，通常只能将系统噪声系数做到比前置放大器噪声系数低 1 ～ 2 dB。

检波前信噪比　这是描述接收信号质量的量化指标。系统所需的信号质量取决于需要从接收信号中提取什么信息。典型应用所需信号质量水平如表 37-3 所示。

表 37-3　检波前信噪比要求

分 析 任 务	检波前信噪比要求
由专家系统进行信号分析	8 dB
计算机自动信号分析	15 dB
辐射源个体识别	25 ～ 35 dB
辐射源定位	-15 ～ +15 dB

在电子情报（ELINT）应用或高噪声背景环境中进行信号分析，需要借助技术专家的分析才能完成。

计算机自动分析的最佳例子是雷达告警接收机，可通过信号参数快速识别威胁雷达类型，并将相关武器系统的类型及位置显示给机组人员。

辐射源个体识别（SEI）需要对信号参数进行详细测量，因此通常需要高于一个或两个数量级的信噪比，以确保足够高的参数测量分辨能力。

辐射源定位可以采用求平均或其他技术来降低对系统等效带宽的需求。由此产生的处理增益可以提升系统有效通带宽度，进而提高系统灵敏度。

动态范围　接收系统的动态范围是指系统最小必需接收信号和最大可能接收信号的强度上的差值（以 dB 为单位），其中所谓最大可能接收信号必须要保证此时有效信号带宽内的小信号仍能正常被处理。电子支援系统需要具备相对较大的瞬时动态范围。这与具有自动增益控制（AGC）的雷达系统不同，电子支援系统必须实现强信号背景下对微弱信号的接收处理能力。AGC 电路用来降低接收机的输出增益以实现对强信号的接收处理。但是最具威胁的雷达信号可能比最强侦察信号弱很多。

在电子支援接收机中，所需的瞬时动态范围通常为 $60 \sim 70$ dB。对于宽带接收机，交调动态范围定义为两个信号不产生杂散响应时，其信号强度相对于灵敏度电平的增加量。

数字接收机的动态范围由模拟前端和数字电路的动态范围共同决定。在灵敏度和动态范围方面需要进行权衡。在接收机的数字部分中，动态范围取决于信号数字化时的采样位数。有效位数（ENOB）由能达到的实际动态范围确定，通常取小于 A/D 转换器输出位数的小数位数。最大信号的所有位都是 1；最小信号除了最低有效位是 1，其他位都是 0。数字动态范围可表示为：

$$DR = 20 \lg(2^n)$$

其中，DR 为动态范围，单位为 dB；n 为数字化位数。

37.4　单程电波传播

雷达和电子战领域之间明显的区别是，通常雷达信号的发射天线就是目标反射信号的接收天线（收发共用）。在电子战中，系统接收的电子辐射信号来自远处敌方雷达或通信装备的发射天线。在电子支援中，系统被用于拦截敌方雷达或通信系统信号。而电子干扰系统则产生特定干扰信号对准敌方接收设备发射，干扰其正常工作。因此，单程传播链路方程是掌握电子战概念的基础。

单程传播链路方程考虑了信号传播过程中的各个因素，给出了接收机输入端信号强度的计算方法。其最基本的形式可表示为：

$$P_R = P_T + G_T - L_P + G_R$$

式中，P_R 为接收信号功率（dBm），P_T 为发射信号功率（dBm），G_T 是发射天线增益 (dBi)，L_P 是传播损耗（dB），G_R 是接收天线增益（dBi）。

该方程的另一种形式是将发射信号功率和发射天线增益表示为有效辐射功率（ERP）：

$$P_R = ERP - L_P + G_R$$

其中，ERP 是有效辐射功率，单位为 dBm。

在电子战应用中还必须理解的另一个重要概念是：在上述讨论中，发射天线增益和 ERP 被假设为在接收天线的主波束方向上，而接收天线增益也被假设为在发射天线的主波束方向上。这一点很重要，因为收发天线通常不朝向彼此。电子支援系统中，敌方雷达和通信系统信号通常是在其发射天线旁瓣中被截获的。此外，电子干扰信号也常常只能被敌方雷达或通信设备接收天线的旁瓣所接收。

典型电子战系统单程传播链路如图 37-10 所示。

最适用于雷达系统和雷达电子支援 / 电子攻击系统的电磁波传播损耗模型是自由空间传播模型，也称为视距传播损耗模型或扩散损耗模型。自由空间传播模型便于进行快速近似计算，但在精确的系统性能指标评估中还必须考虑大气衰减、波导传播和其他传播因子的影响，尤其在毫米波（MMW）或更高频段应用中。应注意到的是，第 13 章中讨论的雷达距离方程正是基于该模型而得到的。自由空间传播损耗方程的数学表达式为：

$$L_P=(4\pi)^2d^2/\lambda^2$$

其中，L_P 为传播损耗，d 为收发天线之间的距离（m），λ 为信号波长（m）。

采用便于使用的对数形式，其表达式如下（单位为 dB）：

$$L_P=32.44\ \text{dB}+20\ \lg(d/\text{km})+20\ \lg(F/\text{MHz})$$

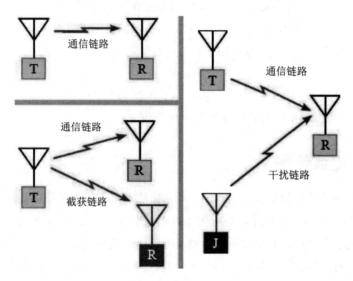

图 37-10　信号传播链路方程中的通信链路、截获链路和干扰链路

如果其中距离单位为英里（1英里 =1.609 km），则常数 32.44 换为 36.52；如果距离单位为 n mile（海里），则该常数换为 37.73。如果计算精度只需精确到 1 dB，则公式中的常数对应不同的距离单位可分别取为 32、37 和 38。

以频率和距离为参数，两个全向天线间的自由空间传播损耗的速查连线图如图 37-11 所示。该图的使用方法是在频率（MHz）和距离（km）之间画一条线，读取其所穿过中间直线的刻度值，即是以 dB 为单位表示的信号传播损耗。

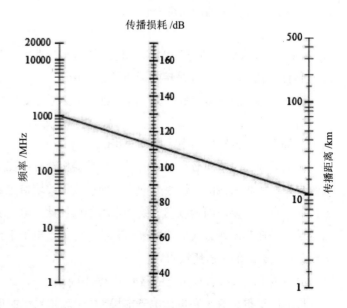

图 37-11　自由空间传播损耗取决于信号频率和传播距离

37.5　被动辐射源定位

电子支援系统最重要的任务之一是确定非合作辐射源目标的位置。理想条件下，要求电子支援系统的辐射源定位功能可覆盖所有方向，并能快速、准确进行辐射源定位。但在实际应用中，辐射源定位所采用的各种技术和方法需要进行权衡，以尽量满足作战需求。与雷达接收自身辐射信号的目标反射回波不同，电子支援系统截获的未知信号可能来自成千上万种雷达和通信装备，应在确定信号后再进行准确定位。被动辐射源定位的几种基本方法如图37-12所示。该图只是在二维平面上说明了辐射源定位的方法，然而在需要时，所有辐射源定位方法都可以扩展到三维空间。对辐射源进行定位方法包括：

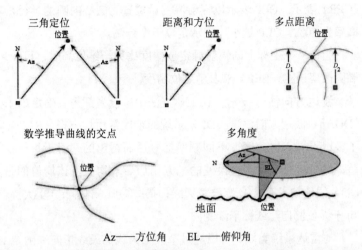

图 37-12　被动辐射源定位是根据所截获信号的方位和距离参数或通过使用数学曲线来确定辐射源相对于接收点的位置

- 三角定位；
- 根据相较一个已知位置的距离和方位进行定位；
- 多点距离交叉定位；
- 多条数学推导曲线交叉定位；
- 地面反射路径（多角度）的交叉定位。

三角定位需要在多个位置点测量同一信号的波达方向（DOA）。理想情况下，要求不同测量点相对辐射源的角度差为90°。实际应用中可采用平台移动实现辐射源三角定位，但定位所需的时间及精度主要取决于平台与目标之间的距离以及平台的运动速度。

距离方位定位也是雷达目标定位所采用的技术。在电子支援系统的应用中，由于无法确定截获信号的发射时间，因而不能通过测量信号传播时间（速度为光速）来确定距离。电子支援系统通过测量截获信号的信号强度，估算敌方发射信号的有效辐射功率（ERP），然后利用37.4节中的单程电波传播公式来计算目标的距离。由于敌方发射机的ERP无法准确估计，造成了对目标距离的测量精度较差。敌方雷达也可能会在实现战技指标规定的探测效能条件下，采用发射控制措施来尽可能降低其辐射信号功率。即使没有发射控制措施，雷达的ERP也会随着接收机相对雷达天线波束指向的不同而发生变化。

多点距离交叉定位可用于计算目标辐射源的位置，但此方法同样需要进行无源方式下的辐射源距离推算，因而其定位精度也比较差。

多条数学推导曲线交叉定位主要用于两种高精度辐射源定位场合，这部分内容稍后进行详细讨论。

如果机载电子支援系统可测量敌方辐射源的方位角和俯仰角，则可确定发射机到飞机的方向矢量。若此时确定辐射源位于地面，机载电子支援系统可以通过数字地图和飞机高度解算出信号传播路径与地面的交点，从而可确定辐射源所在位置。

辐射源的定位精度表示电子支援系统确定辐射源位置的准确度，通常以圆概率误差（CEP）表示。CEP 表示以辐射源测量位置为圆心的圆的半径，辐射源真实位置位于该圆内的概率为 50%。CEP 越小，表示定位精度越高。

当在一个坐标上的辐射源定位精度比另一维度高时，可使用包含真实位置概率为 50% 的椭圆概率误差（EEP）来表示定位精度。

波达方向估计技术 在上述方法中，很多都需要确定电子支援系统接收信号的波达方向（DOA）。波达方向测量（DF）系统的精度常用均方根（RMS）精度表示。这是 DF 系统测量了多组不同入射角度、不同频率信号后而得出的。对于每一次 DOA 测量，先求出其测量误差，然后将每一次测量误差的平方相加后求均值，该均值的平方根即为 RMS 误差。常见的 DOA 估计技术有：① 窄波束天线扫描；② 比幅测向；③ 沃特森－瓦特测向；④ 多普勒测向；⑤ 干涉仪测向，或称干涉测向。

与雷达系统类似，可以通过窄波束天线的天线指向来确定 DOA。天线按一定角速度转动进行目标搜索，接收到信号时天线所在的方向即为 DOA。这种方法可有效利用天线增益和指向性实现在密集信号环境中的信号接收和 DOA 估计。但天线扫描搜索时间较长，会造成高威胁信号截获时间延迟。这对于电子支援系统是个非常严重的问题，因为电子支援系统往往需要在几秒或更短的时间内发现并定位高威胁辐射源。尤其是在抗主动制导导弹打击时，电子支援系统必须尽可能快地发现、识别、定位来袭导弹并实施电子攻击措施，以防被导弹锁定和攻击。而被制导导弹锁定后，反锁定的实现则往往更为困难。

比幅测向是利用多副天线接收信号幅度的比较来确定信号 DOA 的方法，如图 37-13 所示。图中两副天线因不同的安装位置和天线波束指向，当接收来自同一个辐射源信号时，天线输出的接收信号幅度不同。根据两个接收信号的幅度差可计算得到 DOA，并可测量接收到的每个雷达脉冲信号的 DOA。因此，比幅测向方法属于单脉冲测向技术。

比幅测向方法的测向精度受天线工作时周边电磁背景影响较大。在理想的无干扰信号环境中，其 RMS 测向精度可达 3°～5°；在信号密集的复杂电磁环境中，如在作战飞机上时，其 RMS 测向精度只能达到 10°。

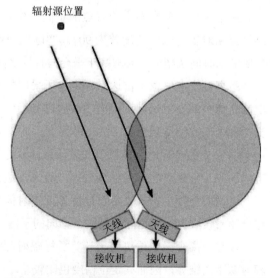

图 37-13 通过比较两副天线接收的信号幅度，可计算得到信号的波达方向（DOA）

沃特森－瓦特测向系统原理框图和增益响应如图 37-14 所示。这种测向方式具有 360°覆盖范围。其典型结构是用 4 个偶极子天线组成圆形阵列，圆的直径约为 1/4 波长。该测向系统有 3 台接收机，其中 2 台接收机由圆形阵列中的对向天线馈送信号。第三台接收机由圆形阵列中间的参考天线馈送，也可以由圆形阵列中的所有天线的输出叠加后馈送。

对两组对向天线阵列接收信号与参考天线信号的强度差进行比较，其结果是图 37-14（b）所示的心形图案。当另一组对向天线切换到对应接收机时，就可得到第二个心形图案。转动几次阵列天线后，可以得到一组心形图案，通过计算其交点就可得到接收信号的波达方向（DOA）。

沃特森－瓦特方法可用于接收甚高频（VHF）和特高频（UHF）频段各种调制方式的信号，其 RMS 精度通常可达到 2.5°。其灵敏度要求输入信号检波前 SNR 不低于 +10 dB，DOA 估计所需时间为 $1 \sim 2$ s。

多普勒测向方法的基本原理是：当天线朝向或远离信号辐射源移动时，会产生多普勒频移现象，使接收信号频率变高或降低。当接收天线围绕辐射源做圆周运动时，接收信号的多普勒频移按照正弦规律变化。

信号波达方向是多普勒频移正弦信号负向过零点时的天线指向。实际应用中，天线的移动可由圆形阵列天线（3 个或更多个单元）模拟实现，圆心处为固定的参考天线，如图 37-15 所示。接收机按顺序依次接收每一个天线单元信号，在切换时信号相位改变，由此来产生正弦波。

多普勒测向方法不适用于处理调频信号，因为多普勒频移可能与信号频率调制参数相同。该方法在 360°范围内的 RMS 方位精度约为 2.5°，输出 DOA 数据时间为 $1 \sim 2$ s。

在需要高精度 DOA 系统时，通常采用相位干涉法，通过两副天线接收信号的相位差来计算 DOA。干涉法的基本框图如图 37-16 所示，实现测向的关键是能准确测量辐射信号传播到两副天线路程差所引起的信号相位差。实际应用中可采用天线周边信号相位测量或系统实时校准等多种方法来消除系统相位误差。

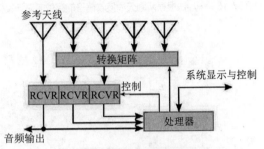

（a）沃特森－瓦特测向系统原理框图

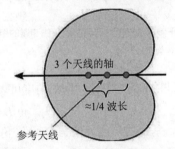

（b）沃特森－瓦特测向系统增益响应

图 37-14　沃特森－瓦特测向方法可测量 360°方向上所有调制类型信号的 DOA

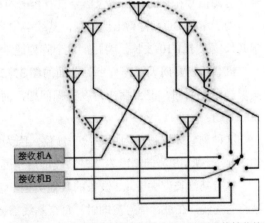

图 37-15　多普勒测向技术通过将圆形阵列天线接收信号依次转接至接收机，将信号与固定参考信号进行相位比较，以确定信号的波达方向

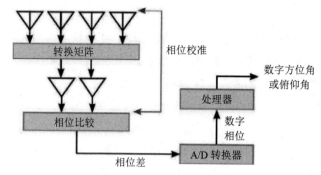

图 37-16　干涉法根据两副天线接收信号的相位差来计算信号波达方向

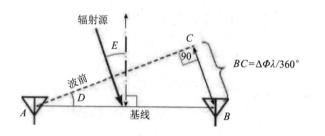

图 37-17　干涉测量三角形利用两副天线测量的相位差及形成的基线测量信号达波方向

以两副天线的连线为方向基线。信号波达方向（DOA）相对于方向基线的角度可用干涉测量三角形来确定，如图 37-17 所示。信号波前是指接收信号的等相位面，即点 C 与点 A 的信号相位相同。因此，两副天线（A 和 B）之间的信号之间的相位差与点 C 和 B 之间的相位差相同。波长可表示为：

$$\lambda = c/f$$

其中，λ 是波长，f 是频率，c 是光速。

一个波长的相位是 360°，所以波程差 C 到 B 的长度为：

$$BC = \Delta\Phi\lambda/360°$$

其中，$\Delta\Phi$ 是点 B 和 C 之间的相位差（即两副天线接收信号之间的相位差），λ 是接收信号波长。

信号波前和方向基线之间的角度可表示为：

$$角\ D = \arcsin(BC/AB)$$

注意，基线的法线方向与 DOA（角 E）之间的角度与角 D 相同。而系统处理后输出的结果就是角 E，因为法线方向上相位的单位角度变化率最大，可达到最佳的方向测量精度。

天线阵列中存在多对天线，可形成不同的方向基线，在对同一个信号 DOA 测量时得到多个测量值，以此可解决单基线测量中出现的前后向模糊问题；所谓前后向模糊，是因为外部辐射源信号和它的基线镜像信号具有相同的相位差而无法分辨。

为了避免 DOA 解算出现模糊，基线必须小于 1/2 波长，但若要获得足够精度，又必须要求其长度大于 1/10 波长。因此，单个阵列通常仅可覆盖 1～5 个倍频程。

机载干涉测向天线阵列参见前面的图 37-2。在每个线列天线阵的轴线上，最长的基线可实现高精度测向，但会存在角度模糊问题，而短基线（不超过 1/2 波长）则可解决这个角度模糊问题。

这种测量装置被称为单基线干涉仪，因为每次测向只用单个基线进行测量。在没有校准的情况下，RMS 测向精度为 2.5°，校准后精度可达 1°。

也有基维长度大于 1/2 波长的其他类型干涉仪，比如相关干涉仪，有很多个长度大于 1/2 波长的基线。在进行信号测向时，每个基线都会产生角度模糊，但该问题可以使用统计学方法解决，因为只有真正的 DOA 具有较高的相关系数。该方法可达到与单线干涉仪大致相同的精度。

另一种干涉仪是多基线精密干涉仪，它采用多个长度为数倍半波长的基线。由于在微波

和毫米波频段，天线接收单元
的外部结构直径大于信号波
长，因此天线单元间距要小于
半波长是无法实现的。在进行
DOA 解算的同时，利用求模
算法进行多基线解模糊处理。

该系统的测向精度比单基
线干涉仪高出 10 倍，主要用
于微波信号的测向，因为该频
段信号的波长较短，便于应用
尺寸合理的天线阵列。

精确定位技术 精确定位
技术可以确定辐射源的准确位
置，使得定位精度满足武器瞄准
的需求。此外，该技术还可用于
支持高精度无源测距。无源精确
定位技术包括时差定位（TDOA）
和频差定位（FDOA）两种。

时差定位测量同一辐射源
信号到达相距较远两部接收机
的时间。如图 37-18 所示，到
达时间差与两个信号空间传播
的路程差对应，与两部接收机
等路程差的点构成空间中的一
个特定的双曲面。

不同路程差构成的一系列
空间双曲面与某一平面（常使
用地球表面）的交线（双曲线）
如图 37-19 所示。这些双曲线
称为等时线。由于信号接收的
时间差为几纳秒，所以等时线
非常密集。例如，若时差测量
精度为 150 ns，则等时线间距
为 50 m。辐射源就位于其中
某一条等时线上。

如图 37-20 所示，如果在

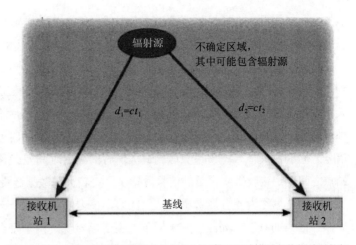

图 37-18　由信号到达两个接收位置的时间差可以确定两条传播路径的长度差

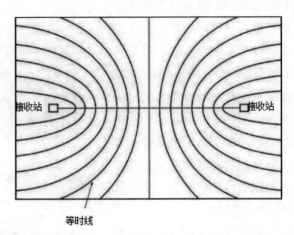

图 37-19　等时线填满整个空间，其上每个点都可能是具有特定到达时间差的辐射源位置

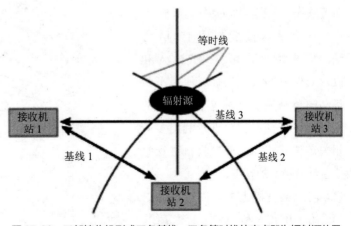

图 37-20　三部接收机形成三条基线，三条等时线的交点即为辐射源位置

三部接收机上测量波达时间，得到三条等时线，其交点即为辐射源所在位置，定位精度可达几米。

精确时间测量要求每部接收机都有高精度计时装置，可利用GPS授时来解决该应用需求。

脉冲信号的前沿是进行脉冲到达时间测量的最佳参考点。由于只需进行少量脉冲信号的到达时间测量，因而脉冲时间信息在不同站点间的传输对信道带宽的要求较低。然而，对于天线接收的模拟信号，必须在各接收机处进行数字化，然后将数据发送到同一站点进行相关处理。多部接收机在信号转换和传输过程中会产生不同的时间延迟，为此需要利用这些数字信号之间的相关性。相关系数达到最大值时的延迟时间差就是信号的到达时差（TDOA）。在站点之间传递接收数字化后的信号数据，需要较大的数据链带宽。

FDOA 也称为差分多普勒方法（DD）。该方法是由两个一定间距的移动接收机同时测量同一个信号的频率，如图 37-21 所示。由于辐射源到两个平台的信号传播路径和平台速度之间的偏移角不同，因此接收信号具有不同的多普勒频移。各接收机测量的接收信号频率送至同一站点进行相关处理，该方法对数据链带宽的要求较低。

不同位置辐射源信号到达两个站点的频率差可以用包含辐射源位置的空间曲面来表示，这些曲面与地平面的交线称为等频线。图 37-22 所给出的曲线是一种特殊情况，两个测量平台同向、同速移动。计算机可以处理两个测量平台以任意方向和运动速度移动时的测量数据。如果频率测量精度非常高，那么等频线间隔也将非常窄。

像 TDOA 一样，FDOA 方法需要三部接收机来确定辐射源的位置。三部接收机形成三条基线，得到三条等频线，其交点即为辐射源位置。

固定站点仅能使用 TDOA 方法，但机载平台可使用 TDOA 和 FDOA 两种方法。此时，使用不断运动的单基线在等时线和等频线的交点处确定辐射源位置。利用多点相关定位算法，三部接收机进行定位会具有更高的精度。

同一架飞机上的多副天线可以形成用于 TDOA 和 FDOA 的短基线。虽然单架飞机的短基线测量精度比

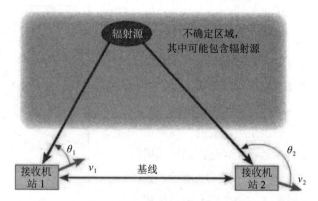

图 37-21　两部移动接收机将观察到具有不同多普勒频移的单个信号，因此，其接收频率存在差异

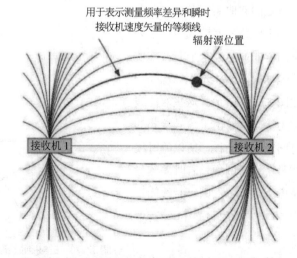

图 37-22　每条等频线表示具有不同频率差的辐射源位置

多架飞机天线构成的长基线测量精度要低，但其精度（包括被动测距）仍要比雷达告警接收机中常用的比幅测向或干涉测向系统要高得多。

37.6 搜索

电子支援系统的重大挑战之一是如何确定威胁信号的频率。虽然可用窄带扫频超外差接收机来实现信号频率测量，但其完成工作频段覆盖所需的搜索时间将导致截获概率（POI）相对较低。另一种测频方法是使用测频接收机。瞬时测频（IFM）接收机的搜索速度非常快，覆盖频带宽，但无法同时测量多个信号。图 37-23 所示方法可用来克服这个问题。当背景中存在连续波（CW）或高占空比信号（如，以高重频 [PRF] 模式工作的脉冲多普勒雷达）时，IFM 接收机不能在相同覆盖频段中测量脉冲信号的频率。可采用可调陷波滤波器从 IFM 接收机输入端滤除 CW 信号，以实现低占空比信号的频率测量。由窄带接收机（如 SHR）对陷波滤波器（包括其后沿）覆盖的频率范围进行搜索。

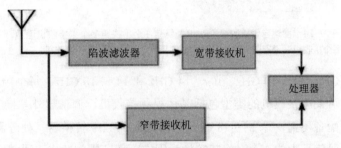

图 37-23　可调陷波滤波器从宽带 IFM 接收机的输入端滤除 CW 或高占空比信号，以实现低占空比信号频率测量。由 SHR 完成陷波滤波器对覆盖频段的搜索

新型电子战系统普遍采用数字信道化接收机来检测和处理多个同时到达信号以及高 PRF/CW 信号，分析它们脉冲信号调制方式，并实现精确测向和测距。在高脉冲密度和复杂电磁信号环境下，这些系统具有处理速度快、灵敏度高等优点。与其他电子支援 / 电子攻击系统一样，这些系统必须可支撑电子攻击行动，并可在存在同平台其他电子装备辐射的非理想环境中可靠工作。

37.7 雷达告警接收机

雷达告警接收机（RWR）的任务是在面临雷达制导武器攻击时，向机组人员发出警报，因而必须具备对雷达制导信号的快速检测能力，以便机组人员及时采取防御措施来抗击雷达制导武器的攻击。这意味着 RWR 系统必须配备全向天线，以接收所有方向的雷达辐射信号，其工作频段必须覆盖所有可能用于攻击己方平台的导弹制导雷达工作频率。理想情况下，RWR 最好能具备全天候、全方向、全频段信号接收处理能力，且具有足够高的灵敏度，以便在敌方导弹制导雷达能够检测或攻击我方平台的距离上截获雷达制导信号。同时，RWR 应能根据截获信号参数正确识别来袭导弹的类型及工作模式。

在实际应用中很难满足上述所有要求，需要在各个性能要求间权衡取舍，但是现代 RWR 的性能指标已相当接近上述要求。典型 RWR 系统的原理框图如图 37-24 所示。该框图以简化的系统组成来说明系统功能。实际应用中 RWR 系统的组成结构会非常复杂，而雷达制导技术

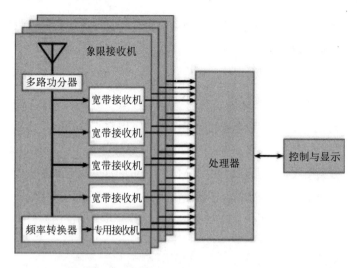

图 37-24　雷达告警接收机（RWR）具有 4 个（或更多个）接收机通道，每个接收机通道覆盖一个扇形区，都包括宽带接收机和专用接收机

的日益发展是导致 RWR 系统愈发复杂的重要原因。

图 37-24 所示系统有 4 副天线，每副天线主要覆盖一个象限（90°扇形区），但相邻天线之间有 1/2 象限的重叠区。这些天线通常采用 CBS 天线，可覆盖较宽的频率范围（通常为 2 ～ 18 GHz）。有的系统还配备覆盖毫米波频段的第二通道接收天线。每副天线输出的信号分成四个频段，常用的是 2 ～ 6 GHz、6 ～ 10 GHz、10 ～ 14 GHz 和 14 ～ 18 GHz。每个频段用一部接收机处理接收信号，可采用接收机的类型包括晶体视频接收机、调谐超外差接收机或数字接收机等。通常还需配备覆盖一个 2 ～ 18 GHz 频率范围的频率转换器。处理器控制频率转换器，选择 4 个频段信号中的一个，将其转换为固定频率范围的输出。通常频率转换器输出为 6 ～ 10 GHz，因为它小于一倍频程。频率转换器输出被馈送至接收 CW 或高占空比脉冲信号的专用接收机，该接收机可采用超外差接收机（SHR）、数字接收机或 IFM 接收机。实际应用中可将专用接收机与频率转换器设计成一个模块，以降低系统功率和重量，并减少接收机模块的数量和成本。在这种情况下，可以设置频率变换器，把信号下变频到更低的频率上，以减少传输损耗，也可使用光纤传输射频信号。

在图 37-24 所示的系统中，接收机的输出视频信号都被送至处理器。处理器利用宽带接收机的数据进行方向测量、脉冲参数测量、脉冲串分析以及专用接收机的选择和控制。处理器还完成信号分析、控制指令接收和显示驱动功能。

RWR 系统功能流程如图 37-25 所示。RWR 系统主要实现信号分析和辐射源定位两种功能。实际应用环境中 RWR 系统每秒接收的信号脉冲可达数百万个。处理器必须把每个接收脉冲分选归类成若干种类型。接收脉冲按频率（来自 IFM 接收机）、波达方向（来自辐射源定位功

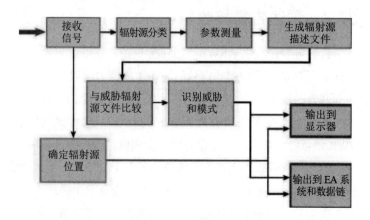

图 37-25　RWR 将接收到的脉冲与各个辐射源相关联，分析信号参数以形成辐射源描述文件，将其与威胁辐射源文件（TID 文件）进行比较，并输出辐射源的类型和位置

能）和到达时刻（如脉冲间隔）进行分类。分选出的信号参数包括：天线扫描方式、频率和信号调制特征。将接收到的每个信号参数与数据库中威胁信号参数值进行比较。该数据库也被称为威胁识别（TID）文件。与威胁雷达参数匹配的信号可被识别出来，并在 RWR 显示器上显示与该型雷达相关联的武器类型。

辐射源定位采用对 RWR 四副接收天线的信号进行比幅测向实现。两副天线接收到同一个信号，根据接收信号幅度的比值计算信号的波达方向。按照 37.4 节中介绍的接收功率方程，可由接收信号强度推算辐射源的距离。

注意，某些 RWR 系统采用干涉测向方法或其他更精确的辐射源定位方法，而不用比幅测向方法。

威胁信号相对于飞机或其他平台的位置示意图如图 37-26 所示。这是一种 RWR 使用的显示器类型，在显示屏上以图标形式标识出威胁类型及其相对于本机的位置。这些图标由计算机生成的，也可以是用户指定的任何标识符号。图 37-26 中的符号是最常用的。带斜线的三角形表示具备火控雷达瞄准的火炮，即自动防空（AAA）系统。双重三角形表示敌方作战飞机，其配备的雷达系统是空中拦截（AI）雷达。数字代表各种类型的防空导弹。如果其中一种威胁处于发射模式，则相应的符号会闪烁，各种符号增强处理可用来显示最高威胁等级（最危险）。

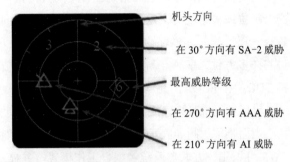

图 37-26　RWR 实时显示威胁类型、工作模式和辐射源位置

右侧标注（自上而下）：
机头方向
在 30° 方向有 SA-2 威胁
最高威胁等级
在 270° 方向有 AAA 威胁
在 210° 方向有 AI 威胁

37.8　小结

电子支援是电子战的信号侦收部分，负责截获敌方雷达信号，为有效的电子攻击提供情报支撑。

电子战与雷达系统的天线类型不同，通常需要更大的频率覆盖范围和更宽的天线波束。电子战系统主要采用的天线类型包括偶极子天线、单极子天线、对数周期天线、双锥天线、背腔螺旋天线、金属反射体天线、抛物面天线和相控阵天线。

电子战接收机也不同于雷达接收机，通常具有更宽的频率覆盖范围和多样化功能。有些接收机可以接收和解调单个信号，有些只能确定接收信号的频率，有些灵敏度虽低但可覆盖几倍频程的频率范围，有些可同时接收处理多个信号，有些可支撑特殊数据处理流程。电子战接收机的重要类型包括晶体视频接收机、瞬时测频接收机、超外差接收机、模拟信道化接收机和数字接收机。

接收机灵敏度是指在实现预定性能和功能指标的前提下可接受的最小信号强度。系统灵敏度由三个因素确定（以 dB 为单位）：热噪声（kTB）；噪声系数（由器件质量和系统设计决定）

和检波前信噪比。等效接收机噪声系数可用 –114 dBm/MHz 进行估算。系统带宽的减小会使接收机灵敏度成比例提高。也就是说，带宽减小至原来的 1/10，灵敏度可提高 10 dB。

接收机动态范围是系统可接收的最小信号强度与允许输入的最大信号强度的差值（以 dB 为单位）。数字接收机的动态范围（DR）可由下式进行计算：

$$DR = 20 \lg（数字化位数）$$

电波单程传播到达接收机输入端的信号强度可定义为：接收信号功率（dBm）= 有效辐射功率（dBm）– 传播损耗（dB）+ 接收天线增益（dB）。雷达电磁波频率范围内的信号传播损耗通常用自由空间电磁波传播损耗模型进行计算，即：损耗（dB）=32.44 dB+20 lg（以 km 为单位的传播路径长度数值）+20 lg（以 MHz 为单位的信号频率数值）。

被动辐射源定位采用三角定位、距离方位定位、多点距离交叉定位、多条数学推导曲线交叉定位或多角度交叉定位来实现。信号波达方向测量包括窄波束天线扫描、比幅测向、沃特森－瓦特测向、多普勒测向和干涉测向等多种方式。测向精度以 RMS 表示，该参数是通过将在多方位、多频点测量误差的平方相加求均值，再取其平方根而得到。精确定位技术包括 TDOA 和 FDOA，其定位精度可达几米。

可以通过窄带搜索或使用宽带频率测量接收机来确定辐射源的信号频率。

当面临雷达制导武器攻击时，雷达告警接收机（RWR）负责向机组人员发出警报。同时，RWR 可识别敌方武器系统类型、工作模式，并显示其相对于本机的位置。RWR 通过对接收信号的参数分析，以及将其特性参数与数据库中的威胁辐射源文件进行比对来实现威胁识别（TID）。其定位辐射源主要采用比幅测向或干涉测向技术。

扩展阅读

J. B. Tsui, Microwave Receivers with Electronic Warfare Applications, SciTech-IET, 2005.

J. B. Tsui, Digital Techniques for Wideband Receivers, SciTechIET, 2004.

R. G. Wiley, ELINT: The Interception and Analysis of Radar Signals, Artech House, 2006.

F. Neri, Introduction to Electronic Defense, 2nd ed., Chapter 4, SciTech-IET, 2007.

D. Adamy, EW 103: Tactical Battlefeld Communications Electronic Warfare, Artech House, 2008.

J. B. Tsui, Special Design Topics in Digital Wideband Receivers, Artech House, 2009.

E. J. Holder, Angle of Arrival Estimation Using Radar Interferometry, SciTech-IET, 2014.

Chapter 38

第38章 | 电子攻击

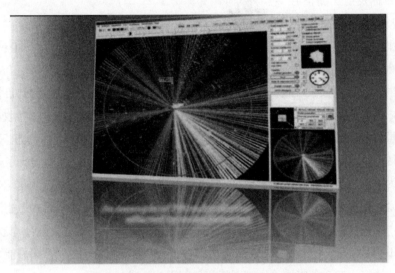

噪声干扰下的雷达 PPI（平面位置显示器）显示画面

    电子攻击（EA）是电子战中对敌方采取的行动，用以降低敌方武器的作战效能，包括发射箔条弹、红外干扰弹、辐射高能电磁脉冲以破坏敌方传感器的各种干扰措施。本章先介绍电子干扰，然后介绍其他 EA 手段。

    电子干扰的作战效能取决于敌我双方相对空间位置、敌方使用的信号类型以及 EA 系统采用的作战策略。虽然电子干扰也用于对敌方通信系统进行干扰，但本章讨论的重点是针对敌方雷达系统的 EA，即雷达干扰。

    应注意的是，第 39 章中将讨论的电子防护技术用来降低所有这些电子干扰技术的有效性。这需要采用特定的战术策略和 EA 系统功能，才可提高我方的抗干扰作战效能。

38.1 干扰位置部署

    电子干扰包括向敌方辐射无用信号以干扰敌方接收机的正常工作。到达敌方接收机的干扰信号必须有足够的信号强度，以阻碍敌方接收机接收有用信号而得到目标信息。干扰机可以位于待探测目标处或是其他位置。如果干扰信号是由雷达所要探测的目标发射的，即为自卫干扰（SPJ）或自遮蔽干扰（SSJ）。如果干扰信号来自其他位置，就是防区外干扰（SOJ）或防区内干扰（SIJ），通常称为远程干扰。还有一种干扰方式被称为随队干扰或护航干扰。在这种情况下，专用的电子干扰机与其他作战飞机混合编队飞行，干扰敌方雷达以防止作战编队受敌方武器系统的攻击。

自卫干扰 自卫干扰（SPJ）的信号传播路径如图 38-1 所示。干扰机位于雷达所要探测的飞机上。

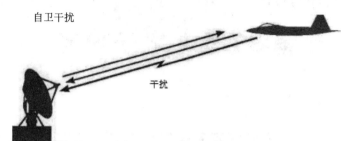

自卫干扰

干扰

图 38-1 作为雷达探测目标的飞机携带干扰机进行自卫干扰

雷达向目标发射探测信号并接收来自目标的反射回波（称为表面回波）。在脉冲雷达中，目标反射回波通常由发射雷达信号的同一部天线接收。自卫干扰机位于目标上，当雷达探测信号照射到目标时雷达天线指向目标，因而干扰信号可通过雷达天线主瓣方向（最大增益方向）被雷达接收机所接收。连续波雷达虽然采用收发分置天线，但回波信号和干扰信号也均可被雷达接收机天线所接收。

由于雷达天线的增益较高，大大提高了所接收干扰信号的强度，从而提升了干扰效果。而干扰信号为单程传播（从目标到雷达），其传播损耗与距离的平方成正比。雷达信号为双程传播（雷达到目标再返回到雷达），其传播损耗与距离的四次方成正比。再加上雷达天线较高的接收增益，因而雷达接收的干扰信号与回波信号强度的比值（干信比，J/S）较大。

由于自卫干扰（SPJ）具有相对较高的 J/S，可用来降低敌方雷达目标探测能力或防止被敌方跟踪雷达锁定。38.2 节将讨论压制干扰和欺骗干扰技术。

防区外干扰 防区外干扰（SOJ）的空间位置关系如图 38-2 所示。近距离作战的飞机目标位于雷达控制武器的有效射程内；而另一架携带远程电子干扰机的飞机在敌方武器有效射程外工作，以掩护作战飞机突袭，它搭载了比 SPJ 功能和性能更为强大的干扰设备。电子干扰机造价高，配备数量少，雷达截面积很大，并易受敌方"干扰自动跟踪"导弹的打击。因此，必须尽可能减少电子干扰飞机暴露在敌方武器火力打击范围内的机会。

防区外干扰的干扰机不在目标飞机上，敌方雷达天线并不指向干扰机，这意味着防区外干扰的信号不是从高增益雷达天线波束主瓣进入接收机的。因此，在后面 38.4 节关于干信比的计算中，

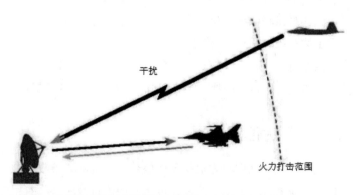

干扰

火力打击范围

图 38-2 防区外干扰电子干扰机在雷达制导武器火力打击范围之外实施干扰

就是设定干扰信号被雷达天线的旁瓣接收的。

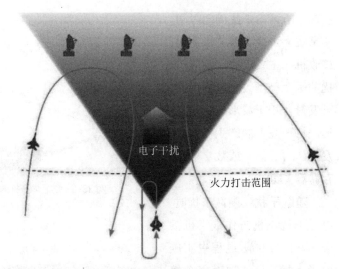

图 38-3 防区外干扰飞机的飞行路线始终在敌方火力打击范围外，干扰敌方多部雷达，掩护己方作战机群突袭

如图 38-3 所示，通常电子干扰飞机在实施防区外干扰（SOJ）时，其飞行路线尽可能接近敌方火力打击范围极限，并从作战机群进入敌防空区域时起就保持规划航路盘旋飞行，直到作战机群完成任务飞离敌方火力打击范围。还需注意，图 38-3 中所示的 SOJ 可同时掩护己方多批次编队突袭。SOJ 干扰设备的天线波束通常很宽，默认敌方雷达从旁瓣接收干扰信号，因此可在较大角度范围内同时干扰多部雷达。

因为 SOJ 干扰设备相对于被掩护飞机来说离敌方雷达更远，同时干扰信号从雷达天线旁瓣进入，所以 SOJ 难以实现自卫干扰所能达到的高干信比（J/S）。而较高的干信比是防止被跟踪雷达锁定所需要的，所以 SOJ 通常被用来防止己方目标被敌方雷达发现。如果要防止被敌方雷达锁定，就需要采用其他电子攻击技术。

与宽覆盖波束天线相比，现代干扰设备采用有源电扫阵列（AESA）天线，可同时向多部雷达发射更高功率的干扰信号，大大提高了防区外干扰的干信比，如图 38-4 所示。

防区内干扰 防区内干扰（SIJ）采用无人机或以其他方式机动至敌方雷达附近实施干扰，如图 38-5 所示。防区内干扰发射的干扰信号传输路径短，由于电磁波传播路径损耗正比于干扰机到雷达距离的平方，因此被雷达接收的干扰信号具有较大的干信比。

由于靠近敌方雷达，危险性较高，因此防区内干扰（SIJ）通常采用无人值守工作方式，通过无人机载、火炮投射或人工预先布设等方式

图 38-4 采用 AESA 天线的干扰设备，可产生多个高增益窄波束，同时对多部雷达发射干扰信号，以获得高干信比

实施。防区内干扰的信号可从雷达旁瓣或主瓣进入雷达接收机，主要取决于实施干扰的平台类型。防区内干扰可发射非相干波形或相干波形。相干波形的产生需要转发器（repeater）或数字射频存储器（DRFM）功能。

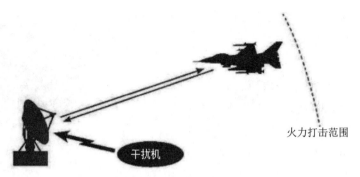

图38-5　防区内干扰通常由离雷达更近的无人机实施

随队干扰　随队干扰时电子干扰飞机与作战飞机混合编队，在突防过程中实施电子干扰，以实现对整个编队的掩护，如图38-6所示。随队干扰可充分发挥电子干扰机辐射大功率干扰信号的优势。由于电子干扰飞机随同

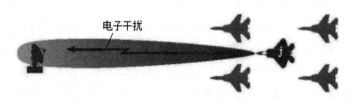

图38-6　随队干扰示意图

突袭机群编队飞行，其位置处于敌方雷达天线主波束覆盖范围内，可大大提高干扰信号的干信比。和防区外干扰一样，随队干扰的缺点在于电子干扰飞机造价高昂，但更易受攻击，尤其是在敌方雷达系统具有干扰自动跟踪功能时。

在第40章中将介绍具有发射干扰信号能力的机载诱饵系统的应用，这实际上也是一种随队干扰。

另一种方法是采用所谓的"改进型随队干扰"。在这种干扰方式中，电子干扰飞机飞向特别关键的敌方雷达并实施干扰，以保护己方关键的飞机或攻击机群。如图38-7所示，干扰飞机比被保护的飞机离被干扰雷达更

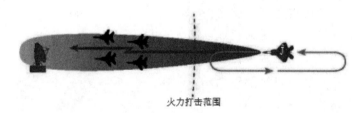

图38-7　改进型随队干扰将电子干扰机置于战斗攻击机群后方且位于敌方火力打击范围之外，在敌方雷达主波束覆盖范围内按照规划航路盘旋飞行，并对雷达实施电子干扰

远，但它位于特别有威胁的、正照射被保护目标的雷达天线的主波束覆盖范围内。干扰飞机伴飞时采用同样的飞行速度，但当它到达被干扰雷达制导武器的最大火力打击范围时转向。由于干扰信号从被干扰雷达的主波束进入，改进型随队干扰可以产生比干扰雷达旁瓣高得多的干信比。注意，改进型随队干扰还可以像普通的防区外干扰一样，通过干扰其他敌方雷达的旁瓣来掩护其他攻击机群。

P38.1　被干扰雷达接收机输出端的噪声干扰功率

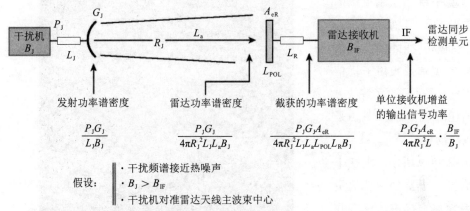

发射功率谱密度

$$\frac{P_J G_J}{L_J B_J}$$

雷达功率谱密度

$$\frac{P_J G_J}{4\pi R_J^2 L_a B_J}$$

截获的功率谱密度

$$\frac{P_J G_J A_{eR}}{4\pi R_J^2 L_J L_a L_{POL} L_R B_J}$$

单位接收机增益的输出信号功率

$$\frac{P_J G_J A_{eR}}{4\pi R_J^2 L} \cdot \frac{B_{IF}}{B_J}$$

假设：
- 干扰频谱接近热噪声
- $B_J > B_{IF}$
- 干扰机对准雷达天线主波束中心

当接收机增益为 1 时，其输出端的平均干扰功率为

$$P_{JR} = \frac{P_J G_J A_{eR}}{4\pi R_J^2 L} \cdot \frac{B_{IF}}{B_J} \quad (W)$$

P_J——干扰机的输出功率

G_J——干扰机天线在雷达方向的增益

A_{eR}——雷达天线的等效面积

B_{IF}——接收机中频放大器带宽

R_J——从干扰机到雷达的距离

B_J——干扰机的输出干扰信号带宽

L_J——干扰机馈线和天线的射频损耗

L_a——大气损耗（有关雷达工作频率和 R_J 的函数）

L_{POL}——天线极化损失

L_R——雷达天线和接收机前端射频损耗

L——总损耗，即 $L_J L_a L_{POL} L_R$

注：如果雷达天线没有对准干扰方向，A_{eR} 需要乘以一个系数，即干扰方向上天线增益与主波束中心处天线增益的比值。

38.2　干扰技术

压制干扰　压制干扰就是向雷达辐射干扰信号，以降低其处理目标反射回波信号能力的一种干扰形式。压制干扰常使用噪声调制信号，也可使用其他调制方式信号以干扰特殊功能的雷达。

如图 38-8 所示，压制干扰会使雷达显示屏布满杂波信号，淹没目标回波。该图为受到压制干扰时雷达平面位置显示器（PPI）所显示的雷达画面，压制干扰对于采用其他类型显示器或其他显示方式的雷达也会产生类似的干扰效果。

阻塞干扰 压制干扰的最简单形式是"阻塞"干扰。阻塞干扰就是发射包含雷达工作频段的宽频带噪声干扰信号，其优点是不需要了解敌方雷达的任何工作参数，缺点是干扰效率较差。

如图38-9所示，阻塞干扰的大部分干扰功率被浪费了，因为被干扰雷达仅接收工作带宽内的信号，且只在距离门脉冲时间内接收信号。干扰效率定义为雷达实际接收到的干扰信号功率与干扰机发射的信号功率的比值。

瞄准干扰 如果干扰机将发射噪声频率控制在覆盖雷达工作频率的窄带范围内，则称为"瞄准"干扰，如图38-10和图38-11所示。这种干扰方式具有较高的干扰效率，但必须确保己方在发射干扰信号的同时具有对敌方雷达信号的侦听能力；以便及时发现被干扰雷达是否改变了工作频率（详见38.4节所述）。

扫频瞄准干扰 扫频瞄准干扰采用扫频方式发射一组窄带噪声干扰信号覆盖敌方雷达的整个工作频段，如图38-12所示。这种干扰方式可覆盖整个雷达工作带宽，干扰效率高；但其干扰

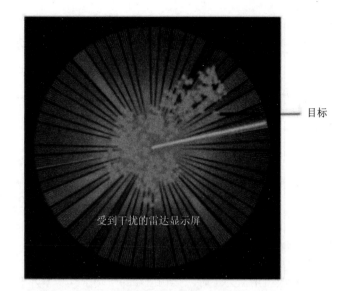

图38-8 压制干扰产生背景杂波，使雷达难以从接收目标回波中提取有用信息

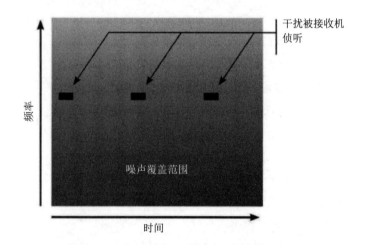

图38-9 阻塞干扰发射宽频带噪声干扰信号。由于被干扰的雷达只接收工作带宽内的干扰信号，且仅在回波信号到达的时间段内接收干扰信号，因而其干扰效率较低

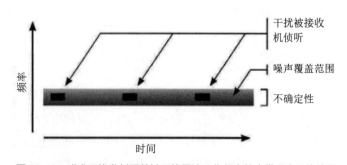

图38-10 瞄准干扰发射覆盖被干扰雷达工作频率的窄带噪声干扰信号

信号占空比达不到 100%，这意味着敌方雷达的部分探测脉冲信号不会受到干扰，或者对连续波雷达而言，可以正常接收部分周期的反射能量。

几种压制干扰方式的比较如图 38-13 所示。

欺骗干扰 欺骗干扰发射与敌方雷达目标回波信号类似的干扰信号，使被干扰雷达处理单元对目标位置和速度做出错误估计。欺骗干扰可用来保护其他场外设施，如第 40 章所述，产生这些威胁性目标的假目标回波信号。但这些技术只能用来降低敌方雷达所采用各种电子防护（EP）措施的作战效能，而不能将雷达的注意力在距离、方位和多普勒频移上从真实目标上移走。因此，欺骗干扰必然是一种自卫干扰，因为它需要目标信号的准确参数信号（亚微秒级）。

另一种相关的欺骗干扰技术是由远程干扰机（防区外或防区内）产生假目标信号。这些假目标信号不会造成跟踪雷达的目标丢失，但可使其处理和显示容量饱和，大大降低敌方雷达的作战效能。假目标信号具有脉冲压缩调制特性和多普勒频移分量，在某些应用中也可与雷达工作周期或雷达天线扫描周期同步。

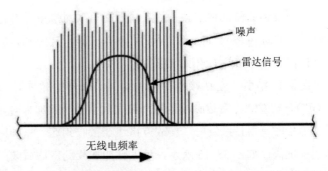

图 38-11　在瞄准式噪声干扰中，可通过设置干扰信号带宽稍宽于被干扰雷达的信号带宽来实现最大干扰效率。然而由于制造工艺的限制，瞄准式噪声干扰的发射信号带宽通常会更宽一些（3 ~ 20 MHz）

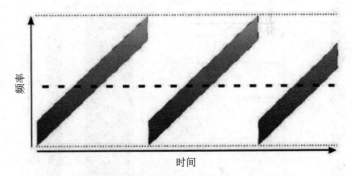

图 38-12　扫频瞄准干扰采用扫频方式覆盖被干扰雷达的整个工作频段

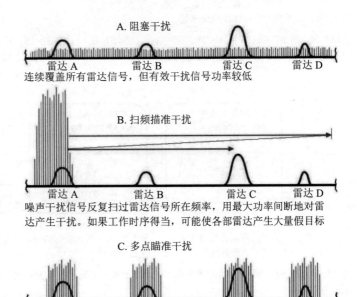

图 38-13　对多部不同工作频率的雷达实施干扰，多点瞄准干扰尽管需要较为复杂的射频信号切换功能，但其干扰效率最高

下面描述的前几种欺骗干扰方式不能有效对抗单脉冲体制雷达。因为单脉冲雷达通过单个脉冲处理即可得到目标方位信息，这些欺骗干扰方式只对多脉冲起作用，有些干扰方式甚至会提高单脉冲雷达的角度跟踪性能。

距离门拖引　雷达接收目标反射回波信号的脉冲时序图如图 38-14 所示。距离门拖引（RGPO）转发敌方雷达脉冲信号，放大功率并略微加大时延。然后，按抛物线或指数变化率增加信号时延后持续发射，使敌方雷达在接收到这一系列回波脉冲信号后，误以为目标转向并逐渐远离。如图 38-15 所示，延迟脉冲加载到雷达后波门，导致雷达距离跟踪电路测得的目标距离大于实际距离。干扰脉冲的延迟逐步增加到最大值后置零，并不断重复。这使得雷达无法对目标进行距离跟踪。图 38-16 所示从另一个角度来分析这个过程（称为距离门欺骗）。

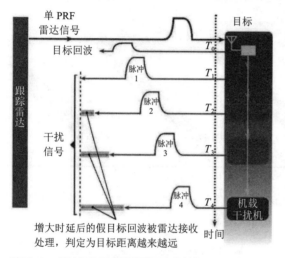

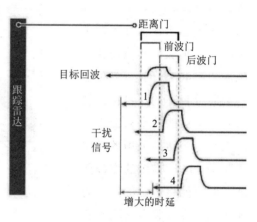

图 38-14　距离门拖引干扰转发雷达发射信号，增大功率，不断增大时延，以模拟目标远离雷达机动

图 38-15　距离门拖引干扰对雷达回波信号进行延迟、放大，增大了雷达后波门的信号功率，使雷达估算的目标距离远大于实际目标距离

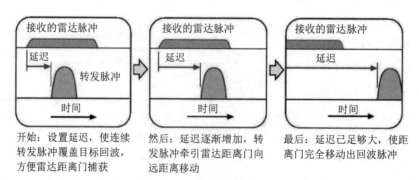

图 38-16　对于非相参雷达，距离门拖引可用转发装置实现。每当接收到雷达探测脉冲，转发装置向雷达发射延迟后的射频脉冲

应当注意，如果雷达采用对回波脉冲信号前沿的跟踪模式，则距离跟踪器将忽略延迟干扰脉冲并继续跟踪真实的回波脉冲，此时需要采取其他干扰技术。

距离门拖近　另一种方法（针对回波信号前沿跟踪）是使用脉冲重复频率（PRF）跟踪

器来预测后续雷达探测脉冲信号的到达时间，并且在探测脉冲照射目标的时间内，将脉冲提前一定时间量放大后向雷达发射，如图 38-17 所示。这种方法称为距离门拖近（RGPI）或距离门拖近干扰。干扰脉冲的提前时间量从零开始并以抛物线或指数变化率增加，使得目标看起来在向雷达逼近。通过提高雷达跟踪电路中的前波门信号功率，雷达距离跟踪得到的距离测量值要小于真实距离，如图 38-18 所示。

距离门拖近需要计算后续发射脉冲的延迟时间，对采用固定 PRF、参差 PRF 的雷达较为有效，但不适用于随机抖动 PRF 的雷达。

压制脉冲　虽然从名称上看，在本节中讨论的压制脉冲不属于欺骗干扰，但该干扰方式需要知道雷达探测信号照射到目标的确切时间。如图 38-19 所示，压制脉冲在雷达探测脉冲照射前开始，在探测脉冲之后结束。

图 38-20 所示为由多个压制脉冲组成的多距离单元压制干扰，主要用于随机抖动 PRF 雷达脉冲。压制脉冲干扰使雷达难以确定目标距离，比发射连续干扰具有更高的干扰效率。这种技术需要跟踪雷达的 PRF，对于随机抖动 PRF 的雷达，压制脉冲必须展宽，以覆盖多个脉冲重复间隔（PRI）的频率范围，这将降低其干扰效率。

反向增益干扰　非单脉冲雷达都是通过观测回波脉冲的幅度变化（相对于时间）来确定目标方位角和仰角的。例如，考查圆锥扫描天线的回波信号功率随时间变化曲线，如图 38-21 所示。可见，回波信号功率按照正弦规律变化，天线波束中心最接近目标时功率最大，波束离目标最远时功率最小。通过指向最大脉冲幅度的方向，天线被调整到使目标位于圆锥扫描中心轴线方向。

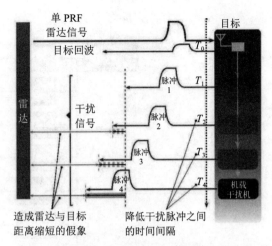

图 38-17　距离门拖近干扰首先产生与真实回波时间一致的大功率回波脉冲，在预测后续脉冲时序的基础上增加时间提前量，以模拟目标朝向雷达方向的机动

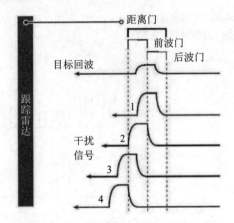

图 38-18　距离门拖近干扰的大功率干扰信号增加了雷达前跟踪波门的信号功率，使雷达估算的目标距离远小于实际目标距离

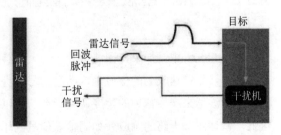

图 38-19　压制脉冲使雷达难以确定目标回波脉冲的到达时间，从而干扰其获得准确的目标距离信息

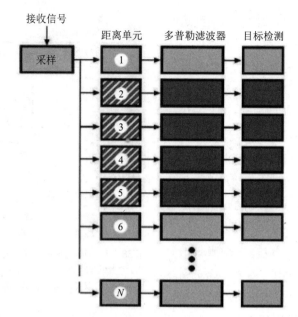

图 38-20 采用距离单元压制干扰时，干扰信号被设定落入一系列距离单元，这些距离单元覆盖了飞机被遮蔽的距离间隔，使雷达难以发现

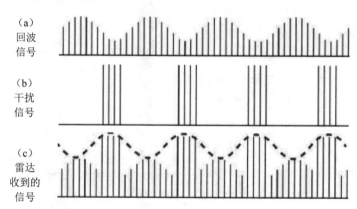

图 38-21 反向增益干扰是当雷达天线没有对准目标而使雷达回波脉冲功率较低时，发射大功率假目标回波脉冲进行干扰

在图 38-21 中，如果在回波信号（a）正弦轮廓的最低点发射一系列离散同步大功率脉冲信号（b），则雷达收到的信号是这两个信号的叠加信号，如（c）所示。由于雷达采用非常窄的跟踪滤波器来产生精确的角度调整指令，所以雷达跟踪电路无法及时发现信号幅度的突变。因此，雷达跟踪电路的响应就如同输入信号的相位反转。叠加在信号（c）顶端的虚线表示跟踪电路所响应的接收信号功率曲线，其结果是干扰了雷达正常的角度跟踪，使天线扫描波束的中心离目标越来越远。

反向增益干扰可用于各种雷达天线扫描方式，只是不能用于对抗单脉冲跟踪雷达。

AGC 干扰　自动增益控制（AGC）干扰就是发射大功率、低占空比的窄脉冲干扰信号。

雷达接收机都需要采用 AGC 来实现其所需的大动态范围。此外，AGC 还必须具有快启动 - 慢恢复的特性。因此，AGC 干扰脉冲将影响雷达的 AGC 电路，大大降低其前端增益，使雷达无法检测到天线扫描引起的接收回波脉冲幅度变化。锥扫雷达接收信号示意图如图 38-22 所示。图 38-22（b）中，雷达接收信号衰减得有些夸张，这是为了更明显地表示扫描幅度变化被减小了。

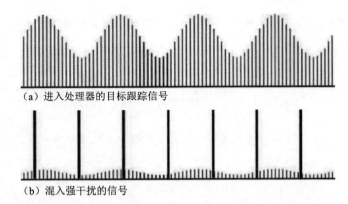

（a）进入处理器的目标跟踪信号

（b）混入强干扰的信号

图 38-22 AGC 干扰机发射大功率窄脉冲，影响雷达接收机的 AGC，降低雷达前端增益，使雷达难以检测到天线扫描产生的目标回波信号

速度波门拖引 连续波多普勒雷达的回波信号功率谱如图 38-23 所示。由于地物的相对运动特性，使回波信号谱中存在多个频率响应。速度波门设定于目标速度附近，以实现对目标的跟踪。如果在速度波门中出现大功率假目标信号，将被雷达频

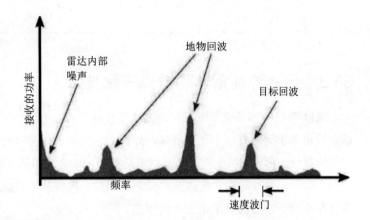

图 38-23 多普勒雷达可得到对应于地物和飞机目标的相对径向速度的回波多普勒频移分量。速度波门位于被跟踪目标的速度附近

率跟踪功能捕获，如果它偏离真实目标的回波信号频率，则雷达会判断目标速度已发生变化，认为当前跟踪结果不再是其真实值，从而中断对该目标速度的跟踪。该技术还可以用于干扰脉冲多普勒雷达。

P38.2 线性调频信号产生

信号通过行波管（TWT）所需的时间主要取决于电子束通过腔体的速度，也就是取决于电子枪的阳极电压。因此，可以通过调制阳极电压来改变行波管输出信号的相位 ϕ。

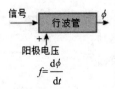

$$f = \frac{\mathrm{d}\phi}{\mathrm{d}t}$$

实质上，频率 f 就是相位的连续变化量。例如，相位每秒改变 360°，则频率为每秒一个

周期，即 1 Hz。因此，通过线性地增加行波管的输出相位，可以增加信号的频率。

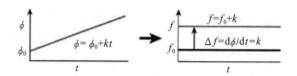

如果行波管输出相位以二次方率增加，则信号频率线性增加。

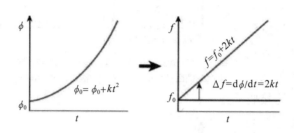

38.3 抗单脉冲雷达的欺骗干扰技术

编队干扰 如果两架飞机保持编队飞行并位于敌方雷达一个距离分辨单元内，雷达就无法分辨出该单元内有两个飞机目标，如图 38-24 所示。雷达会将两个目标当成一个目标，判定其位置位于两个飞机之间，且靠近雷达截面积较大的那架飞机。

在截获距离处，通常雷达分辨单元的切向距离分辨率要低于径向距离分辨率。因此，更容易在相对于雷达的某个角度上而不是在距离上保持编队队形。如果两架飞机用近乎相同的功率干扰雷达，则雷达将很难确定目标距离，飞机也更容易保持编队队形飞行。

闪烁干扰 闪烁干扰如图 38-25 所示。携带了干扰机的两架位于同一个雷达分辨单元内的飞机交替发射干扰信号，交替频率的选择准则是稍慢于平滑速度但稍快于雷达跟踪速度。如图 38-26 所示，由于干扰脉冲功率主导了回波脉冲功率，使导弹制导雷达交替跟踪发射干扰信号的飞机。当导弹越来越接近这两架飞机时，它必须用越来越高的转向速率才能在两架飞机之间切换跟踪目标。最终导弹会因转向角度过大，无法重新瞄准其中的任一架而远离目标。

图 38-24 如果编队飞行的两架飞机在同一个雷达分辨单元内，雷达就不能分辨出这两个目标

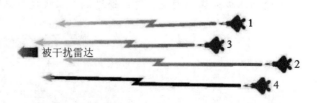

图 38-25 密集队形编队飞行的飞机协同交替发射闪烁噪声干扰，导致被干扰雷达估计的干扰中心方位不规则跳动

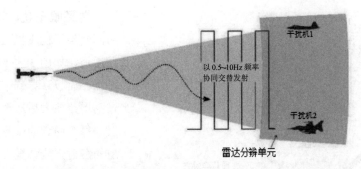

图 38-26　闪烁干扰由同一个雷达分辨单元内的两架飞机交替施放干扰，使被干扰的导弹制导雷达交替跟踪两架飞机。随着导弹和飞机之间距离的缩短，导弹最终将无法进行机动转向

地面反射干扰　地面反射干扰设备接收雷达探测信号脉冲，并进行高功率放大后重新向地面或水面发射，如图 38-27 所示。导弹或火炮制导雷达接收的信号为目标回波和低于飞机一定角度的地面反射信号的矢量叠加和。因此，攻击飞机的导弹或火炮将偏离到目标下方。

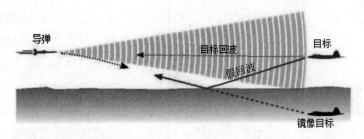

图 38-27　地面反射干扰。目标的向下倾斜天线通过地面反射假回波至导弹前，将导弹导引至虚假的镜像目标

交叉极化干扰　交叉极化干扰利用的是雷达天线波束的边缘效应。抛物面天线的前向反射几何结构、天线罩的曲率或相控阵雷达天线边缘 T/R 组件增益的下降，都会产生不需要的旁瓣。这些旁瓣与天线主瓣交叉极化，相对于主瓣来说，其增益较小，也称为康登（Condon）旁瓣，如图 38-28 所示。图 38-29 显示了天线接收正常信号与交叉极化响应信号的三维视图。如果干扰机发射大功率的、与雷达回波交叉极化的

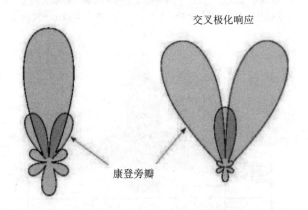

图 38-28　雷达容易被具有交叉极化旁瓣的交叉极化干扰攻击，因为它主导了与目标回波产生交叉极化的干扰信号

干扰信号，则康登旁瓣将会占据主导地位。单脉冲雷达将引导其中一个康登旁瓣指向目标，使得雷达天线（武器的瞄准点）很快偏离目标。图 38-30 显示了干扰机对线极化雷达是如何生成交叉极化干扰信号的。使用的类似技术对圆极化天线也可产生反向交叉极化干扰信号。

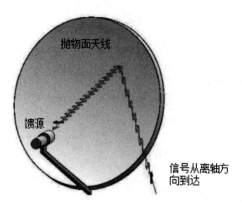

图 38-29 抛物面天线的前向反射形状，导致离轴信号在反射到天线馈源时，极化改变 90°

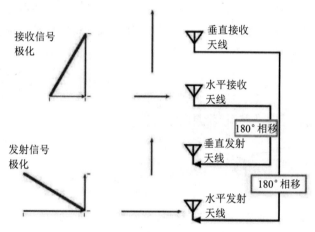

图 38-30 交叉极化干扰机用两副正交极化天线接收雷达信号，然后将它们进行 180 相移并重新发射出去，以产生交叉极化干扰信号

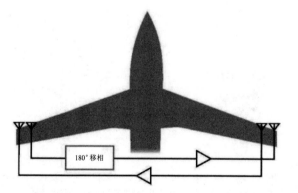

图 38-31 交叉眼干扰机由相隔很远的两副天线接收信号，经高增益放大后送至另一端的天线发射，其中一路信号经 180 移相

交叉眼干扰 交叉眼干扰采用同一架干扰飞机上的两个信号收发通道，如图 38-31 所示。每个通道由一副天线接收雷达信号，经过高增益放大后送至另一副天线发射。每个通道的接收天线与另一通道的发射天线并置，其中一个通道对信号进行 180°移相。收发天线之间的距离越大，由干扰信号产生的武器失效距离就越远。两个通道信号传输相位特性必须严格匹配，即使是信号传播路径长度的微小差异，也会大大降低干扰效果。相位相差 180°的两个发射信号会在单脉冲雷达接收天线输入端叠加抵消，使其难以确定回波信号的到达方向。然而，超过温度和动态范围的长电缆很难保持信号传输相位延迟的一致性。解决这一问题的一个很好的方案是在每个发射/接收位置共用一根电缆和一副天线（见图 38-32），放大器和移相器都位于机箱中，以实现严格的传输相位匹配。机箱中每个输入输出端安装有高速收发转换开关，其转换速度为纳秒级。因为被干扰雷达不能对快于其脉冲宽度几个数量级的脉冲做出反应，对它而言，来自两副天线的信号是同时到达的信号。

交叉眼干扰对雷达信号的影响是导致雷达信号的波阵面翘曲，但把两个传感器等效成单脉冲雷达接收天线就更容易理解，如图 38-33 所示。实际天线将具有三个或四个传感器，以实现二维跟踪引导。单脉冲雷达通过测量两个传感器接收的功率，用其差值（Δ）除以和值（Σ）来确定回波的到达方向。在和值响应的 3 dB 波束宽度内，差值响应是线性的。

如果对接收天线施加对消信号（两个干扰信号的相位抵消），可使和值小于差值。因此，差值除以和值，使雷达角度跟踪处理结果与真实情况正好相反，天线快速远离目标而非靠近目标。

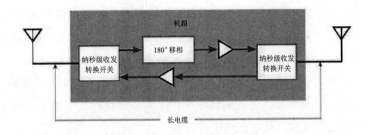

图 38-32 为解决长电缆传输相位的一致性问题，将放大器与纳秒级收发转换开关一起放置在机箱中，远距离放置的每两副天线均共用一根电缆，转换开关通过这根电缆实现收发信号的转换

干扰脉冲压缩雷达
在第 39 章中将讨论，脉冲压缩雷达采用特殊的信号调制方式，可降低干扰效果。为有效干扰脉冲压缩雷达，就必须采用匹配其信号调制方式的干扰信号，这可采用多种电路来实现，但是最有效的方法是使用直接数字合成器和数字射频存储器（DRFM）。脉冲压缩波形的

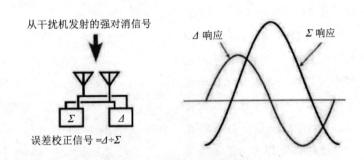

图 38-33 单脉冲跟踪雷达通过将多副天线的差值响应归一化为和值响应来进行引导

相关内容见第 16 章所述，干扰信号波形的相关内容见第 39 章所述。

P38.3 数字射频存储器

数字射频存储器（DRFM）是电子对抗技术发展的重要支撑，可以用于快速分析复杂接收波形和产生对抗波形的，大大提高干扰系统对复杂波形的干扰效能。

DRFM原理框图 如右图所示，DRFM将接收到的射频（RF）信号下变频为中频（IF）信号并数字化。数字化信号被存入存储器以传输到计算机。计算机进行信号参数分析，并调制成所需的干扰信号。调制后的数字信号又被转换成模拟IF信号并上变频为原频率的RF信号发射出去。系统下变频和

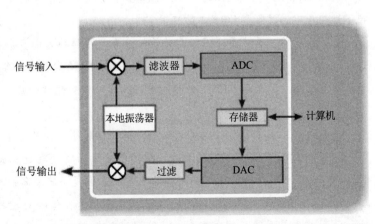

DRFM 对接收到信号进行数字化，送至计算机进行调制，转换为模拟信号并保持相位相干，然后发射出去

上变频时采用同一个本地振荡器，以确保变频过程中保持信号相位的相干性。

已在第14章中讨论过，DRFM的核心部件是模数（A/D）转换器（ADC），它必须支持2.5倍采样信号带宽的采样频率，同时输出 I 路（同相）和 Q 路（正交）数字信号，以得到数字化信号的相位信息。注意，因为DRFM需要重建信号，所用的2.5倍最高采样频率大于数字接收机中所需的2倍奈奎斯特采样速率。采样的数字信号通常具有较高位数，也存在单比特数字化或仅相位数字化的情况。

计算机对获得的信号进行分析，确定其调制特性和参数。计算机通常可以仅分析系统接收的第一个脉冲，就可用同样的调制参数或系统性改变调制参数产生后续的脉冲。

射频输出信号的数模（D/A）转换器（DAC）比 A/D 转换器（ADC）的位数更高，以确保重建 RF 信号时信号质量不降低。

宽带 DRFM 宽带 DRFM对可能包含多个目标信号的宽带中频信号进行数字化。干扰系统对需要进行干扰的频段进行扫频接收，并输出 DRFM 可以处理的宽带 IF 信号。如右图所示，下变频和后续上变频采用同一个系统本振以保证相位的相干性。DRFM 带宽主要取决于 A/D 转换器（ADC）的采样速率，在工作带宽中可能存

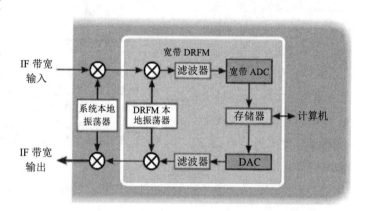

宽带 DRFM 可处理包含多个信号的宽频率范围

在多个信号，因而需要 ADC 具有优越的无杂散动态范围。为此需采用尽可能大的采样位数。宽带 DRFM 在电子对抗中的应用需求非常迫切，因为它可以处理宽频带调制信号和频率捷变信号，目前其应用主要受限于 A/D 转换器的技术性能。

窄带 DRFM 窄带 DRFM 只需要覆盖干扰机处理信号的带宽。因而现有 A/D 转换器的技术性能足以满足窄带 DRFM 的应用需求。

如下图所示，干扰系统将所需覆盖的频率范围转换为由多个窄带 DRFM 并行覆盖。输入信号通过功率分配器送至各个 DRFM。每个 DRFM 均被调谐到各自的信号频率并完成预定的干扰功能。然后，对各 DRMF 的模拟射频输出端进行信号合成，并转换（保持相干性）成原始频率信号。

应当注意，在窄带 DRFM 中杂散响应的影响较小，因为每个 DRFM 只包含一个信号。

DRFM 功能 DRFM 在处理脉冲压缩雷达方面特别有效。如第16章所述，雷达主要采用线性调频（chirp）和巴克码两种脉冲压缩技术来提高其距离分辨率。

- chirp 即对每个发射脉冲进行线性频率调制。在信号处理之前，接收机的压缩滤波器将信号时宽压缩成发射脉冲宽度的一小部分。如果干扰设备产生信号不具备这种频率调制特性，其有效干信比将按压缩因子减小。通过产生 chirp 干扰脉冲，

DRFM 可保持应有的干信比。

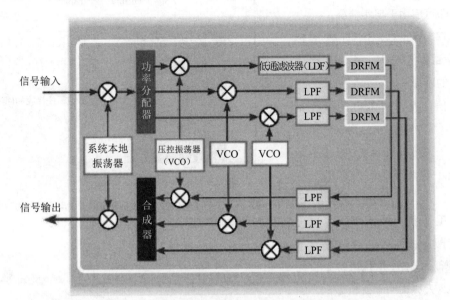

窄带 DRFM 仅处理一个信号,因而处理多信号应用时需要配备多个窄带 DRFM

- 巴克码脉冲压缩对编码序列中的每个脉冲均进行二进制相移键控(BPSK)调制。
  选择适当的移相抽头延迟线的抽头,可将接收脉冲信号压缩成只占 1 bit 编码长度。
  由于没有压缩所需的巴克码,干扰脉冲无法压缩,其有效干信比按编码比特数减
  小。DRFM 可以产生具有正确巴克码的干扰脉冲,从而保持应有的干信比。

DRFM 还可以产生多个相干干扰信号,每个信号占用脉冲多普勒雷达处理单元的一个处理信道,使得这种雷达也不能区分散布在多个多普勒信道上的干扰信号。

38.4 干扰方程

本节讨论的干扰方程适用于任何类型的雷达干扰。在后续讨论中,如果不加以特别说明,均假设雷达和干扰信号按照视距传播模型传播。在电磁波频率较低时或沿着地球表面传播时,则需采用不同的电磁波传播模型。干扰方程中不考虑云雨或大气衰减的影响,如果在特殊情况下需要考虑这些因素的影响,可在方程中增加相应的衰减因子。

干信比 被干扰雷达接收机接收到的干扰信号与目标回波信号的信号强度及带宽关系如图 38-34 所示。注意到,图中给出的信号电平指的是来自雷达天线送至雷达接收机的信号电平,其中雷达和干扰机的天线指向已考虑在内。

还须注意的是,天线接收的干扰信号带宽远大于雷达目标回波信号带宽,但干信比是雷达接收机带宽内干扰信号与回波信号的接收功率比。理想情况下,干扰机应将所有功率都集中到雷达接收机带宽中,但正如前面讨论的那样,现实情况往往并非如此。接收机带宽内的干扰功率与总干扰功率的比值定义为干扰效率。在下面的计算方程中,先假定干扰效率为 100%,

再将如此计算得到的干信比乘以效率因子即可应用于现实情况。

只有当雷达探测信号照射目标时才需要实施干扰，这是后续干扰方程的基础。

干信比是干扰效能的量化指标。对不同类型的雷达而言，不同类型的干扰方式都要求 J/S 不小于某个最小值才能达到预期的干扰效能。

自卫干扰 自卫干扰（也称为自遮蔽干扰）的相对位置如图 38-35 所示。由于干扰机位于目标上，雷达天线指向干扰机方向。因此，干扰信号通过雷达天线主瓣被接收，干扰方程由此可大为简化。此时干信比由下式给出：

$$J/S = \frac{\mathrm{ERP_J} \times 4\pi R^2}{\mathrm{ERP_S}\sigma}$$

其中，J/S 是干信比；$\mathrm{ERP_J}$ 是干扰信号有效辐射功率，$\mathrm{ERP_S}$ 是雷达有效辐射功率，单位均为 W；R 是雷达到目标的距离，以 m 为单位；σ 是目标的雷达截面积，单位为 m^2。

该方程可用 dB 形式表示为：

$$J/S = \mathrm{ERP_J} - \mathrm{ERP_S} + 71\ \mathrm{dB} + 20\lg(R/\mathrm{km}) - 10\lg(\sigma/\mathrm{m}^2)$$

其中，J/S 以 dB 为单位；$\mathrm{ERP_J}$ 和 $\mathrm{ERP_S}$ 的单位为 dBm；R 是雷达与目标的距离，单位为 km；σ 是目标的雷达截面积，单位为 m^2。

远程干扰 远程干扰的相对位置关系如图 38-36 所示。远程干扰包括防区外干扰或防区内干扰。远程干扰唯一的要求是干扰设备与目标不在同一个位置上。这意味着雷达到干扰机的距离不同于雷达到目标的距离，也意味着从雷达到干扰机的方位与雷达到目标的方位不同。假设雷达天线波束中心指向目标，而干扰则是通过具有平均增益的

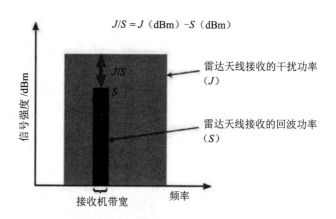

$$J/S = J\ (\mathrm{dBm}) - S\ (\mathrm{dBm})$$

雷达天线接收的干扰功率（J）

雷达天线接收的回波功率（S）

接收机带宽　频率

图 38-34　干信比是在雷达接收机带宽内，来自干扰机的干扰信号功率和目标回波信号功率的比值

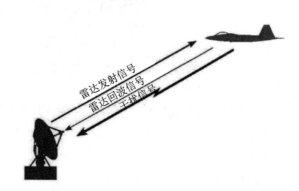

图 38-35　当雷达探测信号照射目标时，目标发射自卫干扰，因此雷达通过主波束接收干扰信号

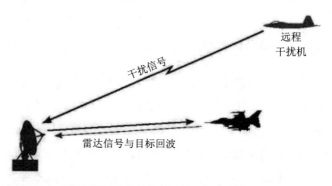

图 38-36　远程干扰机可以在除了雷达探测目标外的任何位置实施干扰。因此，雷达到目标的距离将与雷达到干扰机的距离不同，并且假定干扰信号由雷达天线旁瓣接收

雷达天线旁瓣进入接收机。这意味着远程干扰的 J/S 公式与自卫干扰公式有不同的形式：

$$J/S = \frac{\text{ERP}_\text{J} \times 4\pi R_\text{T}^4 G_\text{S}}{\text{ERP}_\text{S}\sigma R_\text{J}^2 G_\text{M}}$$

式中，J/S 是干信比；ERP_J 是干扰信号的有效辐射功率，ERP_S 是雷达有效辐射功率，单位均为 W；G_S 是雷达天线的平均旁瓣增益，G_M 为雷达天线的主瓣增益；R_J 是雷达与干扰机之间的距离，单位为 m；R_T 是雷达与目标之间的距离，单位为 m；σ 是目标的雷达截面积，单位为 m^2。

该方程也可用 dB 形式表示为：

$$J/S = \text{ERP}_\text{J} - \text{ERP}_\text{S} + 71\ \text{dB} - 20\lg(R/\text{km}) + 40\lg(R_\text{T}/\text{km}) - 10\lg(\sigma/\text{m}^2)$$

其中，J/S 以 dB 为单位，ERP_J 和 ERP_S 单位为 dBm，G_S 是以 dB 为单位的雷达天线平均旁瓣增益，G_M 是以 dB 为单位的雷达天线的主瓣增益，R_J 是雷达到干扰机的距离（km），R_T 是以 km 为单位的雷达到目标的距离，σ 是目标的雷达截面积（单位为 m^2）。

烧穿距离　虽然烧穿距离的定义为雷达在敌方干扰下可以重新发现目标的最大距离，但在实际制订作战计划时通常设定干扰机刚好不能保护目标时的干信比 J/S 来计算烧穿距离。因此，接下来采用最小干信比 J/S 来计算烧穿距离。

自卫干扰的烧穿距离　当安装在飞机上的干扰机由远而近地接近雷达时，雷达接收机接收到的干扰信号强度与干扰距离的平方成反比；而当飞机由远而近地接近雷达时，雷达接收机接收到的目标回波强度与目标距离的 4 次方成反比，如图 38-37 所示。因此 J/S 随着雷达与目标之间距离平方的减小而降低。烧穿距离的计算公式如下：

$$R_\text{BT} = \sqrt{\frac{\text{ERP}_\text{S}\sigma J/S_\text{RQD}}{\text{ERP}_\text{J} \times 4\pi}}\ (\text{m})$$

其中，R_BT 是雷达发现目标的烧穿距离，单位为 m；ERP_S 是雷达有效辐射功率，ERP_J 是干扰机有效辐射功率，单位均为 W；σ 是目标的雷达截面积，单位为 m^2；而 J/S_RQD 为雷达重新发现目标时的最小干信比。

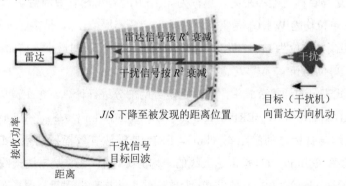

图 38-37　干信比随雷达与目标之间距离的减小而减小。雷达可以重新发现目标的最大距离就是烧穿距离

在以 dB 形式表示的计算公式中，通常分两部分进行计算。含距离项的 J/S 方程为：

$$20\lg(R_\text{BT}/\text{km}) = \text{ERF}_\text{S} - \text{ERP}_\text{J} - 71\ \text{dB} + J/S_\text{RQD} + 10\lg(\sigma/\text{m}^2)$$

式中，R_BT 是雷达发现目标的烧穿距离，以 km 为单位；ERP_S 是雷达有效辐射功率，单位为

dBm；ERP$_J$是干扰机有效辐射功率，单位为 dBm；σ 是目标雷达截面积，单位为 m^2，J/S_{RQD} 是以 dB 为单位的雷达重新发现目标时的最小干信比。

对应于所设定的 J/S 值，烧穿距离为：

$$R_{BT}=\text{antilog}\{[20\lg R]/20\}\text{（km）}=10^{[20\lg R]/20\text{(km)}}$$

其中，R_{BT} 是雷达发现目标的烧穿距离，以 km 为单位。注意，方程中"$20\lg R$"为输入数值。上述两个计算公式可以合并，尤其是在采用计算机进行计算时，只是为了讨论起来更清楚才将它们分别给出。

远程干扰的烧穿距离 如图 38-38 所示，雷达接收机接收到的回波信号功率与目标距离的 4 次方成反比。假定远程干扰设备固定不动，雷达接收机接收到的干扰信号功率保持不变，则 J/S 随着雷达与目标之间距离 4 次方的减小而降低。

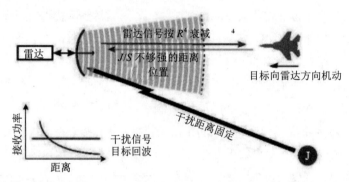

图 38-38　假设远程干扰设备固定不动，而目标逐渐靠近雷达，J/S 随着雷达与目标之间距离的减小而减小。烧穿距离就是雷达可以重新发现目标的距离

以下为远程干扰时烧穿距离的计算公式，即从雷达到目标的烧穿距离为：

$$R_{BT}=\sqrt[4]{\frac{\text{ERP}_S\sigma R_J G_M J/S_{RQD}}{\text{ERP}_J\times 4\pi G_S}}\text{（m）}$$

式中，R_{BT} 是雷达与目标之间的距离，单位为 m；ERP$_S$ 是雷达有效辐射功率，ERP$_J$ 是干扰机有效辐射功率，单位均为 W；G_S 是雷达天线的平均旁瓣增益，G_M 是雷达天线的主波束增益；R_J 是雷达干扰距离，单位为 m；J/S_{RQD} 是雷达重新发现目标时的最小干信比；σ 是受保护目标的雷达截面积，单位为 m^2。

在以 dB 形式表示的计算公式中，通常也是分两部分进行计算。含距离项的 J/S 方程为：

$$40\lg(R_{BT}/\text{km})=\text{ERP}_S-\text{ERP}_J-71\text{dB}-G_S+G_M+20\lg(R_J/\text{km})+J/S_{RQD}+10\lg(\sigma/\text{m}^2)$$

其中，R_{BT} 是雷达与目标之间的距离（km），ERP$_S$ 是雷达有效辐射功率（dBm），ERP$_J$ 是干扰机有效辐射功率（dBm），G_S 是雷达天线的平均旁瓣增益，G_M 是雷达天线的主波束增益，R_J 是雷达干扰距离（km），J/S_{RQD} 是以 dB 为单位的雷达重新发现目标时的最小干信比，σ 是受保护目标的雷达截面积（m^2）。

对应于所设定的 J/S 值，烧穿距离为：

$$R_{BT}=\text{antilog}\{[40\lg R_T]/40\}\text{（km）}$$

其中，R_{BT} 是烧穿时雷达与目标之间的距离，单位为 km。注意，该公式与自卫干扰不同，使用的是"$40\lg R_T$"。

38.5　间断观察

　　一些干扰方式在干扰过程中也需要侦收被干扰雷达的信号,以分析其工作参数。例如,瞄准干扰要实时掌握被干扰雷达的工作频率变化,以便及时改变干扰信号频率。干扰信号也会干扰到己方的电子支援(ES)接收机。因此 ES 系统需要在发射干扰信号时断开接收,或通过将干扰信号进行 180°相移后输入 ES 接收机来实现干扰抵消,但是飞机外部和周边物体的反射使得干扰抵消的效果很难做到尽善尽美。通常,间断观察就是为短时间停止干扰而设置一个非周期性的"观察"窗口。

38.6　箔条

　　箔条是长度约为半波长的偶极子(振子)细丝,将其抛洒到空中,可用来干扰敌方雷达。箔条弹和金属细丝的实物如图 38-39 所示。箔条可形成较强的背景杂波,以掩护己方飞机;或形成强回波假目标诱骗敌方雷达跟踪,使己方目标逃脱。如图 38-40 所示,每根箔条都是半波长偶极子,当其合理布置时(垂直于雷达信号的入射角并与雷达信号极化方向一致),将形成强反射回波信号。

图 38-39　箔条采用薄的金属涂覆的绝缘纤维制成,在一个很小的空间里可以存储数十亿条

　　单根金属箔条丝的雷达截面积(RCS)如图 38-41 所示。

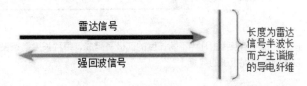

图 38-40　箔条偶极子采用金属涂覆的玻璃纤维或铝箔制成,当其长度等于雷达信号的半波长时会产生谐振,形成强反射回波信号

　　箔条可通过专门的发射器或火箭炮投掷发射箔条弹(箔条包)等多种方式使用。每个箔条弹包含多种不同长度的箔条,以应对特定几种雷达工作频点或覆盖所需的雷达工作频段,如图 38-42 所示。由图可见,每种长度的偶极子在其对应的谐振频率处具有最大的雷达截面积(RCS),但偏离谐振频率时其 RCS 将减小。

　　方向随机分布箔条云中,单个偶极子的平均 RCS 由下式给出:

$$\text{RCS}\,(\text{m}^2)=0.15\lambda^2$$

其中,λ 是谐振频率对应的雷达信号波长(m)。

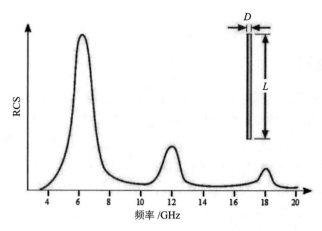

图 38-41 半波长在 6 GHz 处箔条的频率响应带宽。长度 L 与直径 D 的比值越大，RCS 峰将越窄。可采用几个不同长度的箔条来覆盖更宽的频带

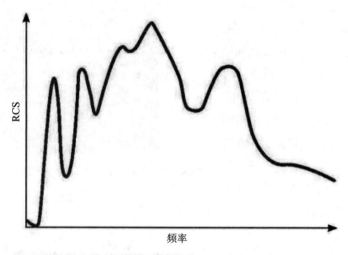

图 38-42 箔条弹由几种不同长度的偶极子组成，每种长度箔条在其谐振频率处产生 RCS 峰值。RCS 峰值的幅度取决于该长度偶极子的数量

表 38-1 给出了具有不同平均偶极子间距的箔条云 RCS 的估算公式。图 38-43 是雷达分辨单元的示意图。如果可以计算出雷达分辨单元内的偶极子数量，则可以根据偶极子的数量、单个偶极子的 RCS 以及偶极子平均间隔计算出箔条云的 RCS。

表 38-1 箔条云 RCS 与偶极子间距的关系

平均偶极子间距	箔条云 RCS
1 个波长	$0.925 N \times$ 一个偶极子的 RCS
2 个波长	$0.981 N \times$ 一个偶极子的 RCS
宽间距	$N \times$ 一个偶极子的 RCS

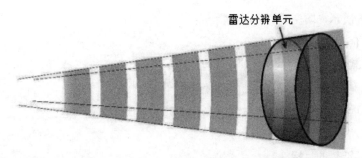

图 38-43　雷达分辨单元示意图。箔条云 RCS 是雷达分辨率单元中的偶极子数量乘以单偶极子 RCS 和平均偶极子间隔

图 38-44 总结了雷达分辨单元中箔条的影响。

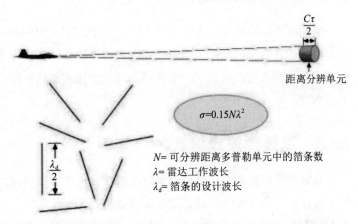

$\sigma = 0.15 N \lambda^2$

N= 可分辨距离多普勒单元中的箔条数
λ= 雷达工作波长
λ_d= 箔条的设计波长

当雷达信号照射到飘动的箔条云时将产生多普勒频移。当飞机发射箔条弹时，由于大气阻力使箔条云与飞机的速度产生差异，二者的多普勒频移不尽相同。可采取的一个解决方案是用飞机上的干扰机照射箔条云，箔条云中偶极子的运动将导致照射雷达的频率响应展宽。但脉冲多普勒雷达可以感知这种展宽，因而仍可区分出箔条云。

图 38-44　位置方向随机分布箔条云的雷达截面积 σ。由于箔条纤维轻而小，容易形成较大的雷达截面积

38.7　反辐射导弹

反辐射导弹攻击陆基雷达的示意图如图 38-45 所示。该导弹自动跟踪雷达辐射信号，它既可设定为跟踪预定区域的特定雷达信号，也可以按优先级列表自动搜索对象雷达。反辐射导弹跟踪天线旁瓣泄漏的信号能量，以此被导引至雷达所在位置。导弹越接近目标雷达，其导向精度越高，直至击中并摧毁雷达天线。

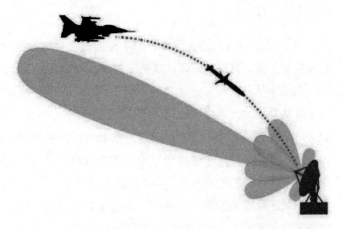

图 38-45　反辐射导弹通过跟踪天线旁瓣辐射信号来攻击陆基雷达

如图 38-46 所示，防空导弹可配备雷达信号跟踪制导系统，追踪机载雷达信号并摧毁目标。导弹以高仰角发射，攻击距离远大于引导雷达的作用距离。导弹从目标上空攻击装备了雷达的目标。

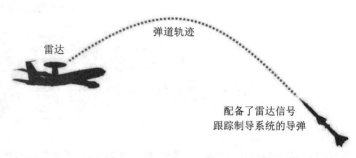

图 38-46 机载雷达可被配备了雷达信号跟踪制导系统的导弹所攻击

38.8 高能激光武器

高能激光武器也是一种电子战武器，它可以攻击远距离的机载雷达。如果其功率足够大，高能激光武器也可以发射激光束摧毁飞机；但如果只需损坏飞机上的雷达等传感器，则所需的功率要求大约可以降低 3 个数量级。高能激光武器的杀伤距离主要取决于波长、高度以及天气状况。

38.9 高能微波辐射武器

高能微波辐射脉冲信号可烧毁敏感的信号接收前端组件，以此达到损坏敌方传感器之目的。通常，高能微波辐射武器造成部件暂时失效所需的信号功率，大约比实施电子干扰高出 3 个数量级。如果想要造成设备永久损坏，则所需的辐射信号功率还要额外再增加 3 个数量级。

应对高能微波辐射武器的作战策略，是在雷达接收机前端配备过载保护电路，当雷达前端接收信号功率过高时，它会暂时将雷达接收机关闭。因此，在使用高能微波辐射武器攻击敌方电子装备时，要使其接收机输入端信号电平大于其最大可接收信号电平，但小于其保护电平。

38.10 小结

电子攻击（EA）是电子战（EW）中对敌方采取的行动，用以降低敌方武器的作战效能，包括电子干扰、发射箔条弹、红外干扰弹、辐射高能激光或电磁脉冲以破坏敌方传感器等。

电子干扰是向敌方雷达发射杂波信号以降低其作战效能，包括从被保护平台实施自卫干扰或者从其他地点实施远程干扰。远程干扰可以是在敌方武器范围外实施的远距离支援干扰，也可以是在比目标更靠近雷达的地方实施的近距离支援干扰。远程干扰通过雷达天线旁瓣进入接收机。此外，电子干扰也可由电子干扰机与作战飞机混编实施随队干扰，或将电子干扰机保持在敌火力打击范围之外实施改进型随队干扰。

压制干扰就是发射大功率噪声信号蒙蔽敌方雷达，可采用宽带阻塞干扰、瞄准干扰（确定敌雷达工作频率）或扫频瞄准干扰等多种形式。

欺骗干扰就是向敌方雷达发射类似于雷达目标回波的信号，使敌方雷达难以准确估算目标的距离、方位和速度信息。虽然假目标干扰等某些欺骗干扰可由其他外部平台实施，但用于对抗敌方跟踪雷达锁定的欺骗干扰必然是自卫干扰。一些欺骗干扰手段无法干扰单脉冲雷达，包括距离门拖引、距离门拖近、压制脉冲、反向增益干扰、AGC 干扰和速度波门拖引等。适于对抗单脉冲雷达的技术包括编队干扰、闪烁干扰、地面反射干扰、交叉极化干扰和交叉眼干扰等。

干信比（J/S）为敌方雷达接收的干扰信号功率与目标回波信号功率的比值。烧穿距离是指在干扰条件下雷达可以重新发现目标的最大距离。在进行作战任务规划中，烧穿距离可以设定为雷达能保护己方目标免受干扰影响所需最小干信比对应的雷达目标距离。

箔条是半波长偶极子反射体，发射到空中后可产生强回波信号以掩护己方飞机，或产生强反射假目标来诱骗敌方跟踪雷达远离其预定探测目标。箔条云的 RCS 取决于照射雷达分辨单元内的偶极子（假定方向随机分布）的数量。箔条云通常包括多种长度的偶极子，谐振于多个重要雷达工作频点或覆盖重要雷达工作频段。

反辐射导弹通过跟踪天线旁瓣辐射信号能量来摧毁陆基或机载雷达。

高能激光武器和高能微波辐射武器可以降低雷达的性能，当其功率更大时也可以摧毁雷达。

扩展阅读

R. N. Lothes, M. B. Zymanski, and R. G. Wiley, Radar Vulnerability to Jamming, Artech House, 1990.

F. Neri, Introduction to Electronic Defense, 2nd ed., SciTechIET, 2007.

通用动力公司 F-16 战斗机 (1978 年)
　　F-16 "战隼" 战斗机是主要用于夺取制空权的轻型作战飞机，现已成功发展成全天候多用途飞机。与所有现代飞机一样，多型 F-16 战机装备了电子防护能力很强的 APG-68 和 APG-80 雷达，使其能够在信号密集的复杂电磁环境中遂行作战任务。

Chapter 39

第39章 | 电子防护

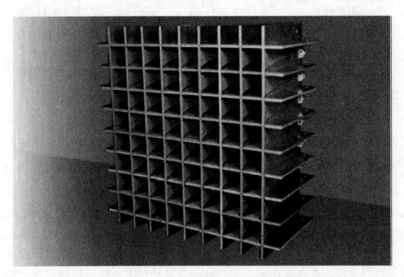

由 Vivaldi 印制元件构成的 144 单元双极性超宽带（UWB）阵列

39.1 引言

本章讨论电子战（EW）的第三个重要组成部分——电子防护（EP）。不同于电子战的其他两个组成部分（ES 和 EA），电子防护并不是一个独立的分系统，而是指使己方雷达和通信系统不易受敌方电子战技术（尤其是电子干扰）的攻击而采用的各种技术和方法。

在本章中，主要介绍雷达系统的电子防护。表 39-1 给出了电子防护所采用的主要技术及其应对的电子干扰类型。注意，虽然在前述的内容中讨论了单脉冲雷达、脉冲压缩雷达和脉冲多普勒雷达的雷达特性及主要功能，但这三种"技术"在雷达应用中不仅可实现特定功能，同时还使雷达具备较强的电子防护能力，因而也将它们列于表中。

第 8 章中讨论了雷达天线波束在确定目标方位和仰角时的作用。天线波束依次扫描需要覆盖的角度扇区，当波束扫到目标时，回波脉冲串的信号幅度迅速增大，这被称为"物体表面回波"。雷达检测到目标反射回波信号时的天线波束指向，就是目标相对于雷达的方位。另一种方法是接收多个不同波束指向天线的回波信号（通常为 3～4 个通道）来确定回波信号的到达角。该方法被称为"单脉冲测角"，通过比较每个目标回波脉冲在不同天线波束中的输出来确定回波信号的方位和仰角。如后续内容所述，这种测角方法使得某些干扰方式对单脉冲雷达无效。

表 39-1　电子防护特性及其对抗的电子战（EW）技术

电子防护技术	所对抗的电子战技术
超低旁瓣天线	所有旁瓣干扰和信号侦收
旁瓣对消	窄带旁瓣干扰
旁瓣匿影	宽带旁瓣干扰
抗交叉极化	交叉极化干扰
单脉冲雷达	距离和角度波门拖引，箔条，诱饵
脉冲压缩	无脉冲压缩信号调制的欺骗干扰
脉冲多普勒雷达	非相干干扰，箔条，目标分辨，尖脉冲 DRFM
前沿跟踪	距离门拖引
宽-限-窄电路	AGC 干扰，宽带调频
烧穿模式	所有干扰技术
频率捷变	瞄准干扰
重频抖动	压制脉冲干扰
干扰跟踪制导模式	所有干扰技术
自适应阵列	反辐射导弹
自适应波形	威胁信号识别
EP 处理	假目标，虚假航迹

第 2 章介绍了脉冲多普勒（PD）雷达。脉冲多普勒雷达是相干体制雷达，可实现每个目标回波脉冲的频率测量。如后续内容所述，脉冲多普勒技术不仅可以提高雷达的基本性能，还能显著降低部分电子攻击（EA）方法的效能。

第 16 章介绍了脉冲压缩对于提高雷达距离分辨率的作用。雷达距离分辨率定义为雷达可以分辨的两个目标之间的最小距离。由于施放诱饵等干扰方式能发挥预定效能的前提条件是雷达无法区分间距较小的多个目标，因此减小雷达距离分辨单元（称为脉冲压缩，PC），就可降低这些干扰方式的作战效能。电子防护通过采用不同技术来降低敌方电子干扰的效能，其中有些技术可直接用于降低敌方实施特定干扰（特定位置下）时的干信比（J/S），有些技术用来实现雷达的其他功能，但同时也能提高抗电子干扰的能力。电子防护技术也可通过使信号截获和识别的难度增大，从而降低敌方电子支援（ES）系统效能和对抗反辐射导弹。现在我们来讨论这些电子防护技术。

39.2　超低旁瓣天线

正如第 38 章中讨论过的，来自雷达旁瓣的干扰信号可使雷达探测效能下降，甚至淹没所有目标。因此，降低雷达天线旁瓣增益可有效降低雷达系统被敌方 ES 系统和 ELINT 系统截获、定位和干扰的概率，减小敌方实施远程干扰时的干信比，降低敌方电子攻击的效能。雷达天线的平均旁瓣增益如图 39-1 所示，请注意，图中旁瓣零点区域宽度较峰值区域宽度要窄得多，因此，平均旁瓣增益有较大抬升。天线主瓣增益与平均旁瓣增益的差值，可定义为旁瓣隔离度。

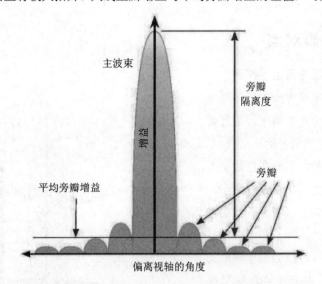

图 39-1　旁瓣隔离度是主瓣最大增益和平均旁瓣增益的差值

降低旁瓣增益对烧穿距离的影响如图 39-2 所示。

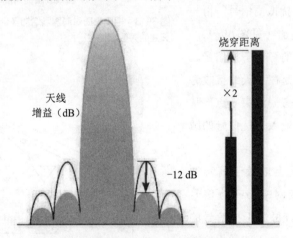

图 39-2　旁瓣增益减小 12 dB，烧穿距离增大 1 倍

表 39-2 列出了普通旁瓣、低旁瓣、较低旁瓣和超低旁瓣天线的平均旁瓣增益的典型值，与此同时，表中还给出了旁瓣隔离度的参考值。

表 39-2　降低的旁瓣增益

等　级	平均旁瓣增益	平均旁瓣隔离度
普通旁瓣	大于 -3dBi	> 30dB
低旁瓣	-3 ～ 10dBi	35 ～ 45dB
较低旁瓣	-10 ～ -12dBi	45 ～ 55dB
超低旁瓣	< -20dBi	> 55dB

当雷达检测到来自多个方向的干扰信号时，还可通过降低这几个方向上的旁瓣增益来实现进一步的防护。这就是旁瓣对消（又称旁瓣相消）和旁瓣匿影（又称旁瓣消隐）技术。

39.3 相干旁瓣对消

相干旁瓣对消器是雷达系统的一个组成部分，对于抗窄带旁瓣干扰信号非常有效。最常见的窄带旁瓣干扰信号是连续波（CW）噪声调制干扰。

为消除旁瓣信号，需要在雷达主天线附近增加辅助天线。如图 39-3 所示，在主天线的旁瓣方向上，辅助天线的增益比主天线要高一些。

雷达在接收信号时，如发现辅助天线的信号强度大于主天线接收信号强度，则判定该信号为旁瓣干扰。旁瓣干扰信号被辅助天线接收后，经半波长延迟或移相 180° 形成干扰抵消信号，再与主天线输出信号相叠加（见图 39-4），以此消除进入主天线的旁瓣干扰信号。换句话说，旁瓣对消是在主天线接收旁瓣干扰信号方向产生旁瓣波束零点，从而大大降低主天线对输入干扰信号的敏感性。

相位对消在本质上依赖于信号波长，因而旁瓣对消仅对窄带干扰信号（如调频噪声）有效。每个干扰信号的对消都由各自独立的辅助天线和相位对消单元来完成。

脉冲信号的频谱包含多个类似于窄带信号的频谱分量，因而处理单个脉冲信号就需要占用多个相干对消单元（在调频噪声干扰信号中加入脉冲就是一种对抗相干旁瓣对消的方法）。在这种情况下，实现旁瓣对消将面临更大的困难。

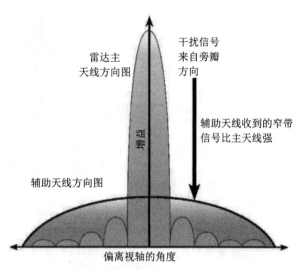

图 39-3　相干旁瓣对消器需增加多个辅助天线，其增益大于主天线的旁瓣增益

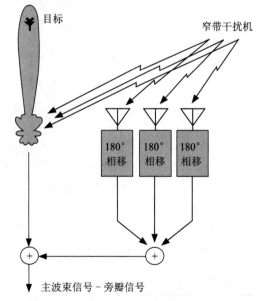

图 39-4　如果辅助天线接收信号强度大于主天线，则将辅助天线接收信号 180° 相移再与主天线接收信号叠加，实现对旁瓣干扰的消除

P39.1 如何消除旁瓣干扰

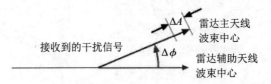

幅度差 ΔA 是由干扰方向上主天线波束增益和辅助天线波束增益的不同引起的。

相位差 $\Delta\phi$ 是由干扰信号到两个相位中心的距离不同引起的。

幅度调节：通过调节辅助天线的接收机增益，幅度差 ΔA 可被消除。

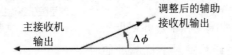

注意：在这个例子中，假设干扰机位于雷达天线的第一旁瓣方向上。因此，干扰相位在天线的输出端被反转。

相位调节：通过调节辅助接收机输出端的相移，相位差 $\Delta\phi$ 可被消除。

结果：辅助接收机输出的干扰信号与主接收机输出的干扰信号幅度相等，相位差180°，二者叠加后实现完全抵消。

从另一方面理解：使雷达天线旁瓣方向图在干扰机方向上形成一个凹口（notch）或零点。

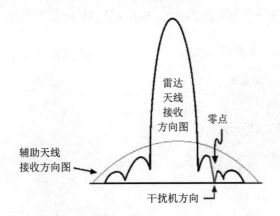

39.4 旁瓣匿影

旁瓣匿影用于从雷达接收信号中消除脉冲干扰信号。旁瓣匿影和旁瓣对消一样也需要图39-4中的辅助天线，但不同的是一部旁瓣匿影天线需要处理多个干扰信号。

在第 29 章中已详细讨论了旁瓣匿影的相关内容，我们知道，当辅助天线接收信号强度大于主天线接收信号强度时，判定雷达接收到的是旁瓣干扰信号。在出现旁瓣干扰脉冲的时间内，雷达接收机可以被关断（见图 39-5）。当多个干扰脉冲信号从不同方向进入旁瓣，也只需一套匿影设备来处理所有脉冲信号。

如果干扰设备发射的压制干扰脉冲掩盖了雷达目标回波脉冲，旁瓣匿影器将导致雷达无法接收自身的目标探测信号。对于远距离干扰而言，这需要干扰设备实时掌握雷达脉冲重复频率，并根据干扰机与雷达之间的距离精确计算发射干扰脉冲的时间。如果干扰脉冲太宽，相干旁瓣对消将需要被启用（当雷达具备此项功能时）。

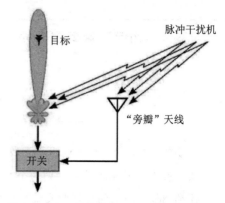

图 39-5　如果雷达旁瓣匿影辅助天线接收到的信号强于雷达主天线，即可判定为干扰信号，并在该信号脉冲持续期间使雷达主天线匿影

39.5　抗交叉极化

交叉极化干扰是指向单脉冲雷达发射交叉极化信号，它使雷达天线偏离所跟踪的目标。这种干扰技术的实现依赖雷达系统天线中存在交叉极化康登（Condon）旁瓣（参见第 38 章）。抗交叉极化电子防护技术，就是尽可能消除或最小化这些 Condon 旁瓣增益，使敌方交叉极化干扰失效（或使得干扰机为达效果不得不大幅提高干扰功率）。

采用和未采用抗交叉极化电子防护的 Condon 旁瓣对比如图 39-6 所示。应当注意的是，实际雷达天线有 4 个围绕主波束的 Condon 旁瓣，这里只展示了它们的二维图。

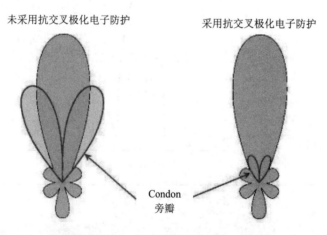

未采用抗交叉极化电子防护　　　采用抗交叉极化电子防护

Condon
旁瓣

图 39-6　Condon 旁瓣减小以后，降低了交叉极化响应，从而降低了交叉极化干扰的效果

这种形式的电子防护主要通过两种基本方法来实现：使用平面相控阵或采用极化滤波。在第 38 章中介绍过，Condon 旁瓣源自天线边缘处相控阵元的微分增益。因此，均匀照射的相控阵天线要么没有 Condon 旁瓣，要么 Condon 旁瓣很弱。与雷达回波极化特性相匹配的极

化滤波器，也可消除或尽可能减小进入雷达的交叉极化干扰信号。但在实际应用中这很难做到，因为难以达成对任意给定目标极化回波响应的良好匹配。

39.6　单脉冲雷达

单脉冲雷达通过对单个接收回波信号进行处理来得到目标距离、距离变化率和角度参数。该特点不仅使其具有良好的抗干扰性能，而且敌方采用的某些干扰方式反而能提高其目标跟踪能力。

例如，在第 38 章中讨论的距离门拖引、距离门拖近以及反向增益干扰等技术，都会向雷达发射比真实目标回波更强的干扰信号。实际上，这些干扰信号比目标回波信号包含了更准确、更可信的方位信息，反而提高了单脉冲雷达系统的角度跟踪能力。虽然单脉冲雷达易受距离欺骗干扰的攻击，但其更好的角度跟踪能力依然可以实现目标指示功能。

P39.2　抗距离门欺骗

对接收机输出信号进行微分处理，可在目标回波信号的前沿得到尖脉冲，使跟踪波门变窄并锁定在尖峰上，以免被距离门拖引干扰信号捕获和拖引至更远的距离。

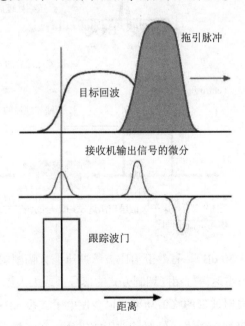

39.7　脉冲压缩

脉冲压缩不仅是提高雷达距离分辨率最为常用的技术（参见第 16 章），同时也能提高雷达系统的电子防护能力。脉冲压缩雷达通常采用线性调频脉冲（LFMOP），也称为"chirp"信号；或二进制相位编码脉冲（BPMOP），如"巴克码"。"chirp"信号也可以采用非线性调频或步进频率调制方式，而相位编码脉冲也可以采用其他编码方式。

无论采用哪一种脉冲压缩信号，都必须对发射脉冲进行调制，并在接收机中采用专用处理单元将接收回波脉冲压缩成窄脉冲。

例如，采用"chirp"信号的雷达接收机，对接收脉冲各部分赋予与其瞬时频率成正比的延迟时间，接收延迟随频率变化的斜率与发射脉冲频率时间变化规律相匹配，由此实现脉冲压缩。线性调频信号的调频斜率可以是正的，也可以是负的，频率偏移范围即为信号调制带宽。

当雷达发射信号是巴克码相位编码脉冲信号时，其中约有一半编码脉冲的相位与另一半编码脉冲反相。如第6章中介绍的，雷达接收机在脉冲压缩过程中，将接收目标回波信号与发射脉冲信号进行卷积。当卷积时延为零时，两个信号在时间上完全重合，巴克码序列的相位实现同相叠加，从而形成压缩脉冲。巴克码的独特相关特性使得卷积输出在其他时延处非常小。接收脉冲信号在时间上被压缩为发射脉冲编码的单个"码元"长度（"单个"码元时宽的倒数将决定调制带宽和距离分辨率）。

如图 39-7 所示，雷达接收机只在压缩脉冲时宽内处理信号。如果干扰信号与雷达信号调制方式不同，经过压缩处理后干扰信号的有效干扰功率按压缩比减小。正如我们在第16章中所介绍的那样，雷达信号的时宽带宽积决定了压缩比。时宽带宽积为未压缩时发射脉冲脉宽和信号带宽的乘积，典型雷达信号的时宽带宽积为

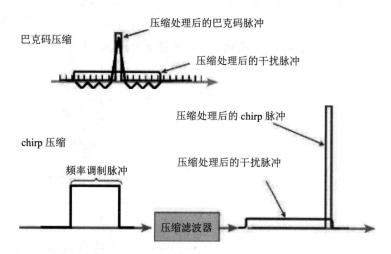

图 39-7 如果干扰信号与雷达发射信号的调制方式不匹配，则采用脉冲压缩技术可降低干信比

100 ～ 1 000 数量级（20 ～ 30 dB）。有效干信比被脉冲压缩大幅削弱。为克服这种干扰效率的损失，干扰机只能发射与雷达信号相同调制方式的信号，或大大提高干扰信号发射功率。

脉冲压缩降低了雷达发射波形的峰值功率，也会使电子支援（ES）检测问题更为棘手，使得电子支援设备对灵敏度要求更高。针对脉冲压缩雷达，在实施支援干扰（防区外干扰、随队干扰或防区内干扰）时需采用相干电子攻击（EA）手段，或提高非相干干扰的有效辐射功率（如使用高增益有源电扫阵列天线产生波束），以弥补脉压处理时巨大的干扰功率损失。而使用高增益波束的电子攻击又需要提高检测发现精度，以便将发射波束指向正确的威胁方向。

39.8　脉冲多普勒雷达

脉冲多普勒雷达信号处理的输出为"距离 – 多普勒分布图"，如图 39-8 所示。其中，频率单元表示一组窄带滤波器的输出，通常采用快速傅里叶变换（FFT）由频率信道化软件来实现；距离单元用来记录接收回波脉冲和发射脉冲的时差，这当然也就反映每个回波信号对应的距离。

距离 – 多普勒分布图使脉冲多普勒雷达具有多种抗干扰能力，主要包括：

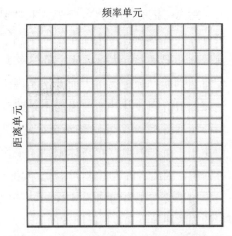

图 39-8　脉冲多普勒雷达信号处理单元输出的 "距离 – 多普勒分布图"

- 脉冲多普勒雷达可探测分离中的目标。脉冲多普勒雷达可检测到真实目标回波和距离门拖引产生的、具有一定延迟的假目标信号，通过计算和分析每个分离中目标的多普勒频移，判定哪个是真实目标回波，哪个是假目标回波（即干扰生成的目标）。

- 由于脉冲多普勒雷达的发射信号是相干的，目标回波通常只落入单个频率通道中。如果干扰信号由非相干噪声组成，它将很可能分散到多个频率通道中，因而干扰功率会被稀释。此外，通过检测噪声背景电平是否提高，可判定雷达是否已被敌方干扰。

- 箔条纤维在空中飘散，会导致其雷达回波信号频谱展宽。脉冲多普勒雷达可同时在多个多普勒处理通道检测到能量增大，由此判定敌方实施了箔条干扰，并将所产生的箔条云回波判定为假目标。

- 如果一个诱饵目标与真实目标载机分离，脉冲多普勒雷达可以检测到诱饵的空气动力学减速（除非它通过频率调制来模仿目标载机速度所产生的多普勒频移）。这也适用于飞机发射箔条弹的情况。

P39.3　陆基雷达如何抗干扰

（1）增大 ERP：采用更高的天线增益和（或）更大的发射功率。

（2）垂直三角法：对干扰源维持角度跟踪，并根据仰角、测得的目标高度和地球曲率图计算距离。

（3）多雷达三角法：利用一部或多部分布式雷达同时进行干扰角度跟踪，根据测得的角度和已知的雷达位置计算距离。

（4）双基地雷达辅助：主雷达在角度上跟踪干扰，用另一部协同定位雷达短暂地发射另一个频率信号，根据噪声频闪确定目标距离。

39.9 脉冲前沿跟踪

距离门拖引（RGPO）干扰对接收到的雷达探测脉冲进行时间延迟、放大并向雷达发射。图 39-9 所示的干扰信号脉冲把每个雷达探测脉冲向右移动（即增加时延），使雷达判断目标距离增大而无法实现距离跟踪。如果雷达跟踪目标回波脉冲的前沿而不是跟踪整个脉冲的能量中心（见图 39-9），雷达将不会看见延迟后的干扰脉冲。而由于干扰延迟电路存在休眠期，干扰脉冲一定迟于目标回波，因此，雷达将继续跟踪真实的目标回波。

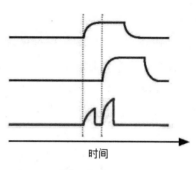

图 39-9　雷达系统采用回波前沿跟踪，它将忽略延迟的真实目标回波干扰复本

如果变为距离门拖近（RGPI）干扰模式，干扰机发射的假脉冲导致真实目标回波的前沿大幅前置，雷达将无法在距离上实现跟踪。

前沿跟踪还有一个特点是可对抗地面反射干扰，如图 39-10 所示。地面反射信号的路径长度较大，使得雷达可通过前沿跟踪来抑制该干扰信号。

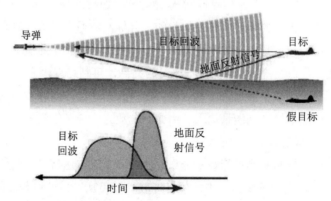

图 39-10　抗地面反射干扰：由于反射信号传播路径较远，因此接收到的反射信号滞后目标回波信号一定的脉冲宽度，因此采用前沿跟踪可对抗地面反射信号干扰

39.10 宽-限-窄电路

AGC 干扰发送一系列低占空比的强脉冲，使雷达自动增益控制（AGC）电路降低接收机增益，造成雷达接收处理的目标回波信号能量减少。敌方不断实施 AGC 干扰，最终会造成雷达无法发现目标回波。AGC 干扰脉冲通常需要具有较大的信号带宽。

如图 39-11 所示，宽-限-窄电

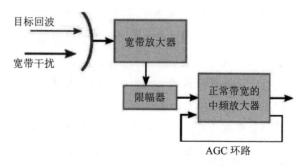

图 39-11　宽-限-窄电子防护技术采用的紧随一个宽带放大器限幅器来降低宽带信号功率，使得接收机 AGC 可以对正常带宽的信号进行响应

路是一种接收机设计技术，天线接收的脉冲信号先送至宽带放大器，其输出送至限幅器，对强干扰脉冲进行限幅。经限幅后的信号再送至与雷达信号带宽匹配、具有 AGC 功能的中频放大器，由此可防止强干扰脉冲影响 AGC 电路功能。

39.11　烧穿模式

干扰机在实施干扰时，雷达接收机输入端干信比会随着目标与雷达之间的距离减小而下降。

烧穿距离是雷达在干扰环境中可重新发现目标的最大距离。雷达的烧穿模式就是采用一定措施来提高雷达烧穿距离。一种方法是增加雷达发射系统的输出信号功率。通常，为避免雷达信号被敌方截获，在确保实现预定目标探测性能的前提下，雷达都会采用功率控制部件尽可能降低发射机输出信号功率。当采用烧穿模式时，可通过发射功率控制部件提高发射机输出信号功率。

另一种方法是提高雷达发射信号的占空比。雷达目标探测性能与目标回波信号能量成正比。当敌方实施干扰时，提高信号占空比可增大目标回波信号能量，因此可增大烧穿距离。

39.12　频率捷变

频率捷变是指在一些雷达系统中以脉间变频或脉冲串变频的方式改变发射信号频率，其主要目的是提升雷达的目标检测性能，如图 39-12 所示。不仅如此，频率捷变还能在多个方面降低敌方干扰效能。如果雷达采用伪随机脉间变频方式，则干扰机无法预测下一个雷达脉冲的工作频率（但雷达自己知道）。因此，所有可能的雷达工作频率都需要被压制，这就要求干扰信号功率覆盖整个雷达工作频段或覆盖雷达每个工作频点。因为每个脉冲雷达只使用其中一个频

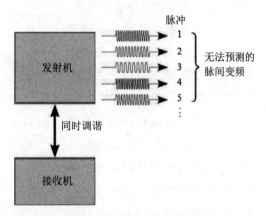

图 39-12　对于频率捷变雷达，干扰信号功率必须覆盖较宽的频率范围，因此降低了有效干信比

率，所以干扰机的有效干信比需要除以或雷达带宽被分割的总频带数。

另一个难点是压制干扰或欺骗干扰需要预测雷达后续探测脉冲的频率，因而它们均不能用于频率捷变雷达。

39.13　重频抖动

当雷达采用伪随机脉冲重复频率（PRF）发射信号时，就说它具有重频"抖动"功能（见图 39-13）。这意味着干扰设备无法准确预知下个脉冲的到达时间，因而可以抗距

离门拖近干扰。而对于压制脉冲干扰而言，此时它必须把压制脉冲展宽，以覆盖重频抖动范围。

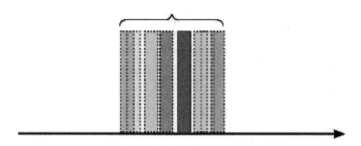

图 39-13　重频抖动采用伪随机重复频率，使敌方干扰设备难以预测后续脉冲的发射时间

39.14　干扰跟踪制导模式

许多现代导弹在雷达处理器检测到它被干扰时可以使用干扰跟踪制导工作模式。它们装载的脉冲多普勒雷达既可以处理目标回波，也能检测大多数类型的干扰。

为了实现干扰跟踪制导工作模式，导弹上配备了跟踪制导分系统，能够将导弹引导至干扰源。如图 39-14 所示，导弹以高仰角发射使其飞行高度很高，能够比采用雷达制导模式获得更大的火力打击范围。

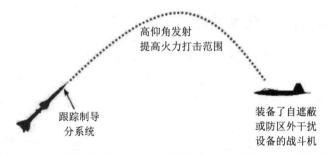

图 39-14　具备干扰跟踪制导功能的导弹可自引导至配备了主动干扰设备的战斗机

干扰跟踪制导模式使导弹可以对具备自卫干扰能力的战斗机、担负防区外干扰的电子干扰机进行远距离打击。

陆基雷达可确定干扰信号的来波方向，因而也具有"干扰信号跟踪"能力，如图 39-15 所示。当多部雷达进行多站点协同定位时，可用三角定位法确定电子干扰机的方位和距离。

39.15　自适应阵列

自适应相控阵雷达控制其天线阵列各阵元的信号相移，通过

图 39-15　当雷达波束扫描到干扰飞机时，雷达显示屏上会在干扰方向产生一道亮线（频闪）。雷达可据此干扰信号进行跟踪定位

使之在某个方向同相相加来形成一个指向目标方向的电扫描波束，也可以通过交替地在不同方向上同相相加来形成指向多个目标的多个波束。除了形成指向目标的波束外，还可通过调整相移，使某些方向上的信号相互抵消而形成波束零点，用于对抗来自多个方向的干扰信号，以降低敌方干扰的有效干信比。

如果多部雷达同时接收到干扰信号，则各雷达的自适应天线阵列可确定干扰信号的来波方向。这使得一体化防空系统能通过组网雷达三角定位法来确定远距离干扰源的位置。

39.16　自适应波形

电子支援（ES）分系统分析所截获的雷达辐射信号，以确定照射被保护平台雷达的类型，因而使机组操作员和自动电子对抗分系统知道敌方攻击所采用的武器类型并采用适当的应对策略。通过改变雷达信号波形，可使电子支援系统误判雷达型号。改变后的波形可以模仿另一种类型的雷达（如友方雷达而不是敌方雷达），这样就将不会被 ES 系统中的威胁辐射源识别分机选中。

39.17　EP 处理

扫描间关联分析可识别干扰信号生成的假目标运动航迹，并从雷达显示器和其他显示输出设备中剔除这些假目标航迹，使系统高效处理真实目标航迹。

39.18　小结

电子防护（EP）技术降低了敌方干扰设备的干信比，还可增大雷达系统的烧穿距离。

超低旁瓣天线使干扰设备更难对雷达系统进行侦测或干扰。旁瓣对消和旁瓣匿影分别通过窄带调制和脉冲调制来降低旁瓣干扰效能。抗交叉极化干扰电子防护则采用较低或没有交叉极化 Condon 旁瓣的天线。

单脉冲雷达利用单个目标回波信号即可解算出目标方位。因此，反向增益干扰不会降低其角度跟踪能力。事实上，从目标上发射的强自卫干扰信号反而会增强单脉冲雷达的角度跟踪能力。

如果干扰信号没有采用脉冲压缩调制，则脉冲压缩 - 处理可减小有效干信比。干信比下降程度取决于雷达信号的时宽带宽积。

脉冲多普勒雷达的信号处理方式，使之可分辨出两个逐渐远离的目标回波，以及带宽大于雷达接收机的干扰信号还有箔条干扰，使雷达不受大多数非相干干扰和箔条的影响。

抗 AGC 干扰技术也称为"宽 - 限 - 窄"，先对输入宽带信号进行限幅，然后进行 AGC 控制，以防止干扰信号影响雷达 AGC 电路的正常功能。

提高雷达系统的 ERP 或信号占空比，可增大雷达烧穿距离，即敌方实施干扰条件下可重新发现目标的距离。

频率捷变是指以伪随机模式改变雷达系统的工作频率，使干扰设备无法预测雷达后续发射脉冲信号的频率，迫使其发射的干扰信号必须覆盖更宽的频率范围，从而降低干扰效率。

重频抖动使干扰设备无法预测后续雷达脉冲的发射时间，可对抗距离门拖近干扰，并使压制干扰脉冲所需的占空比增大。

具有干扰跟踪制导功能的导弹，可控制导弹对携带有源自卫干扰机或防区外干扰机的飞机进行跟踪制导。在干扰跟踪制导工作模式下，导弹以高仰角发射并保持高空轨道飞行，其攻击范围远远超出地面雷达制导导弹的射程。

扩展阅读

F. Neri, Introduction to Electronic Defense, 2nd ed., Chapter 6, SciTech-IET, 2007.

道格拉斯 EB-66(1966 年)

　　EB-66 是美国空军的电子战飞机，由海军 A-3"天空战士"改进而来。改进之处包括去除折叠翼，增加弹射座椅和加装 Allison-J71 发动机。机组成员 7 人，机上装有 4 套雷达接收设备和 9 套（改进型为 20 套）干扰设备。该机型在越南战争中曾执行过电子支援任务和电子进攻任务。

Chapter 40
第40章 | 诱饵

具有光纤通信链路的大功率雷达干扰和诱饵系统

40.1 引言

    诱饵的三种基本用途是：产生大量假目标使雷达或一体化防空系统饱和；诱骗制导武器偏离攻击目标；诱导敌方采取有利于我方的行动。

    当投放饱和型诱饵时，如图40-1所示，诱饵的外观、辐射特性和反射特性都需要与真实目标几乎完全相同，这将耗费敌方雷达大量资源和时间用来区分真实目标和诱饵。在理想情况下，敌人无法分辨出诱饵，而把诱饵当成真正的目标进行处理。

    当发射诱骗型诱饵时，诱饵的特性应该

图40-1 诱饵可使防空系统趋于饱和，因为雷达需要耗费处理资源和时间来区分诱饵和真实目标

尽可能地看上去像真实目标。实现该目标的一种方法是使诱饵回波信号强于真实目标回波。在这种情况下，雷达将跟踪诱饵，逐渐远离真实目标，如图 40-2 所示。

装载有诱饵的无人机（UAV）可突入敌方领空，其诱饵载荷的辐射特性足够逼真，使得敌方搜索雷达看到它们时，会将 UAV 当作真实飞机目标处理并打开跟踪雷达。当跟踪雷达开机发射信号时，就容易被我方截获、定位和摧毁，如图 40-3 所示。

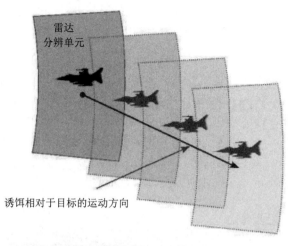

图 40-2　如果诱饵的雷达截面积（RCS）比真实目标大，且二者在同一个雷达分辨单元内，则雷达将跟踪诱饵

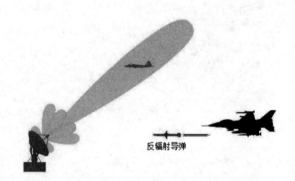

图 40-3　如果诱饵具备作战飞机的 RCS 特性，则可使搜索雷达将其识别为威胁目标并打开跟踪雷达。因而跟踪雷达很容易受到反辐射导弹的攻击

40.2　有源诱饵和无源诱饵

无源诱饵的材料、尺寸和形状使其具有较大的雷达截面积（RCS）。角反射器是最常用的无源诱饵，如图 40-4 所示。角反射器是一种后向反射器（retro-reflector），可将信号沿着入射方向反射回去（向着发射机），且覆盖角度范围大、信号增益高。无源诱饵设计时通过材料、表面特性和形状结构选择来产生尽可能大的 RCS。虽然无源诱饵具有很高的 RCS，但雷达还是可以通过多普勒频移

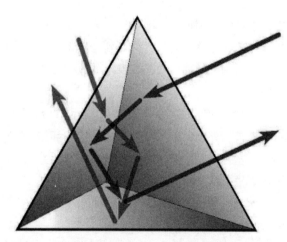

图 40-4　角反射器等无源诱饵，在宽角度范围内具有高 RCS

和回波距离展宽特性将其与目标区
分出来，从而降低了无源诱饵的干
扰效果。

　　有源诱饵利用内部放大电路可
产生比其物理尺寸大得多的 RCS，
如图 40-5 所示。有源诱饵接收雷
达发射的探测信号，并以一定的频
率、调制和幅度进行转发来模拟大
反射体的回波。如果需要，发射信
号频率可以偏离接收信号频率，如
此来模拟一个多普勒频移。

　　如果有源诱饵是直接转发装
置，其信号转发增益是固定的；如
果采用主振放大式诱饵，它将以固
定功率转发接收信号。两种情况下，信号转发增益都等于发射信号强度除以接收信号强度（含
天线增益）。

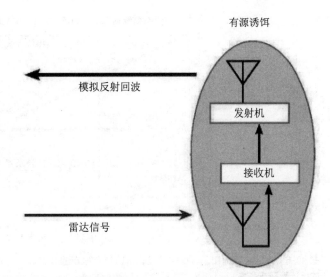

有源诱饵

模拟反射回波

发射机

接收机

雷达信号

图 40-5　有源诱饵接收雷达信号，进行高增益放大后转发出去，可产生比其物理尺寸大得多的 RCS

　　直接转发式诱饵可根据应用需求同时转发多部雷达信号，而主振式放大式诱饵只能转发
单部雷达信号。

　　有源诱饵可产生的雷达截面积（RCS）由下式确定：

$$\sigma \approx \frac{G\lambda^2}{4\pi}$$

其中，σ 为产生的 RCS，单位为 m^2；λ 为雷达信号波长，单位为 m；G 为转发增益。

　　以 dB 为单位的公式可表示为：

$$\sigma = 38.55\text{dB} + G - 20\lg(f/\text{MHz})$$

其中，σ 为产生的 RCS，单位为 dBsm（分贝平方米）；"38.55"是一个频率（而不是波长）常数，
通常取近似值 39；G 为转发增益，单位为 dB；f 为雷达工作频率，单位为 MHz。

　　直接转发式诱饵的增益是发射信号功率和接收信号功率之间的差值。如果诱饵具有固定
增益，则随着诱饵到雷达之间距离的减小，其产生的 RCS 是恒定值，直到诱饵内的放大器达
到饱和。此后，诱饵的 RCS 按距离的平方衰减。

　　主振放大式诱饵的发射信号功率是恒定的，因此其转发增益随着雷达到诱饵之间距离的
减小按平方衰减。

　　这两种情况如图 40-6 所示。虽然图中所列参数值是针对特定应用场景的，但有效 RCS
随距离变化的规律都是一样的。图中水平轴的距离值从左往右在递减，这符合实际应用中武
器不断逼近目标的距离变化特点。

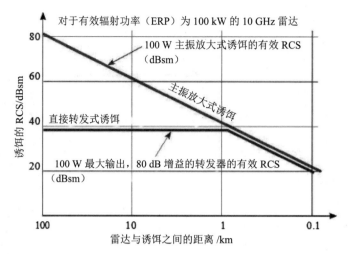

图 40-6　在放大器饱和前，直接转发式诱饵具有恒定的 RCS；主振放大式诱饵的 RCS 则在整个过程中随着距离的接近而不断衰减

40.3　诱饵的使用方式

有多种诱饵使用方式，三种常用于飞机电子防护的使用方式为：① 投掷式诱饵；② 拖曳式诱饵；③ 自航式诱饵。

上述三种使用方式都要求诱饵进入雷达分辨单元内，如图 40-7 所示。由于雷达无法分辨出同一个分辨单元中的两个目标，它能发现的目标是飞机和诱饵合而为一、位于二者之间的假目标。雷达探测到的假目标与诱饵和真实目标之间的距离与它们的 RCS 相对大小成正比。

当诱饵位于目标所在分辨单元内时，可以被跟踪雷达的跟踪波门捕获。如果在目标所在的分辨单元之外，则可以被处于搜索模式的跟踪雷达发现，但不能阻止跟踪雷达锁定目标。

图 40-7　如果目标和诱饵在同一个距离分辨单元中，则雷达将检测到一个位于二者之间的假目标，它与目标和诱饵之间的距离与二者的 RCS 成正比

投掷式诱饵　投掷式诱饵的基本原理和有源诱饵基本相同（参见图 40-5），因其工作持续时间短，可采用热电池为发射大功率信号提供所需电源。投掷式诱饵可以是直接转发式诱饵，也可以是主振放大式诱饵。POET 主振放大式诱饵如图 40-8 所示。诱饵在雷达距离单元中被激活，并捕获雷达跟踪波门，随着诱饵离开飞机，将跟踪雷达距离分辨单元带离目标。

GEN-X 诱饵是一种小型化、一次性投掷式抗射频威胁诱饵，它从辨别出的威胁（如机

图 40-8　美国海军和英国空军使用的有源投掷式诱饵——POET 主振放大式诱饵

载或陆基半主动雷达制导导弹）处接收信号，紧接着发射射频功率来对抗这一威胁。GEN-X 诱饵可以使用 CCU-63/B 或 CCU-136/A 弹射弹从 AN/ALE-39 或 AN/ALE-47 对抗分配器上发射。GEN-X 诱饵在设计之初主要用于美国海军战术飞机，后来也用于英国空军。RT-1489 型 GEN-X 诱饵长为 14.7 cm，直径为 3.4 cm，质量为 0.5 kg。

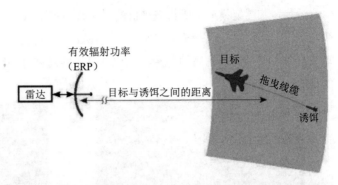

图 40-9　最初，拖曳式诱饵和目标飞机在同一个分辨率单元中，雷达只能看到一个目标。随着雷达之间距离的减小，拖曳式诱饵的强 RCS 特性将捕获雷达跟踪波门并逐渐偏离目标

此诱饵在雷达距离单元中被激活，并捕获雷达跟踪波门，随着诱饵离开飞机，将雷达距离分辨单元带离目标。

拖曳式诱饵　如图 40-9 所示，飞机利用拖曳线缆将诱饵拖曳在飞机后面飞行。线缆足够长，即使导弹击中诱饵，也能确保飞机的安全。如果最初拖曳式诱饵和目标飞机在同一个分辨率单元中，雷达只能看到一个目标。随着和雷达之间距离的减小，拖曳式诱饵的强 RCS 特性将捕获雷达跟踪波门并使之逐渐偏离目标。飞机接收雷达信号，并通过拖曳线缆中的光纤将干扰信号送至诱饵。

采用脉冲压缩可减小雷达距离分辨单元的大小。因为诱饵需要与飞机在同一个雷达分辨单元，以捕获雷达的跟踪波门，故实现较好的干扰效能并非易事。

如图 40-10 所示，拖曳式诱饵仅由放大器和天线组成。合理布置放大器的位置（拖曳线缆连接端之后）使诱饵 RCS 最优化。

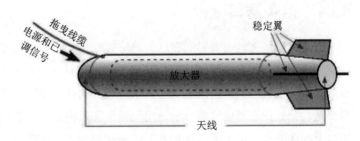

图 40-10　拖曳式诱饵仅由放大器和天线组成，拖曳线缆负责电源供电和已调干扰信号的传输

飞机通过拖曳线缆将放大信号所需的电源和待转发的已调干扰信号送至诱饵，其中，信号由光纤链路传输，功率由电缆传输。

图 40-11 所示的机载拖曳式诱饵被投射后，在诱饵到达拖曳线缆末端时自动加电工作。已调干扰信号、电源供电和机内自检（BIT）信号都经拖曳线缆传输。系统采用增益控制电路和特殊天线技术，以防止发射机和接收机之间的自激振荡干扰。任务完成不再需要诱饵时，可切断拖曳线缆丢弃诱饵。新型诱饵有可伸缩线缆，可实现诱饵回收和重复使用，并可控制拖曳线缆长度以优化干扰效果。投掷拖曳式诱饵也具有与前述标准投掷式诱饵相同的基本特点。

自航式诱饵　自航式诱饵可装载在无人机上或由普通飞机发射。不论在哪种情况下，诱饵有效载荷都需要模拟它所代表飞机的雷达截面积（RCS）、热辐射特性及其他相关特性。自航式诱饵的实例之一——微型空射诱饵（MALD），如图 40-12 所示。当飞机遭受敌方导弹末端攻击时发射诱饵，诱饵的各种特性比飞机更容易被导弹制导雷达锁定，从而实现保护飞机的目的。

图 40-11　F-16 使用的拖曳式诱饵及其发射装置，诱饵及拖曳线缆绞盘密封于弹体内

图 40-12　飞机发射所用微型空射诱饵（MALD），使雷达跟踪制导系统偏离所要攻击的飞机目标

可以远程发射多枚 MALD 来逼真地模拟己方战斗机的战斗飞行轨迹和电子指纹特征，使敌方一体化防空系统中的多部雷达误以为有多架飞机来袭。MALD-J 型不仅可作为诱饵使用，还可用于实施防区内干扰。MALD 和 MALD-J 具备长巡航工作时间，其质量小于 130 kg，最大飞行距离约为 900 km。

40.4　箔条诱饵

箔条可以从飞机上发射，它产生的假目标具有类似于真实目标的 RCS。箔条还可以用作诱饵，捕获敌方雷达跟踪波门，使其远离预锁定目标（参见第 36 章）。如图 40-13 所示，箔条既可以由飞机上的抛射装置发射，也可装在火箭弹中发射出去。但是飞机发射箔条的一个特点是，箔条弹散布成箔条云后速度迅速下降，因此与飞机回波信号的多普勒差异很大。解决这个问题的办法是采用干扰机发射信号照射箔条，这在某些作战场景中可以为上述多普勒差异提供一种修正。

由火箭弹向前发射

从抛射装置发射　　　用干扰机发射信号照射

图 40-13　箔条可作为诱饵破坏雷达系统对目标的锁定。用干扰机发射信号照射时可产生接近于目标信号的多普勒频移

40.5 小结

诱饵可用于完成三种任务：使敌方雷达或防空系统饱和；诱导敌方雷达远离其预定目标；使敌方采取一些有利于己方的行动（如启动跟踪雷达，使其可以被定位和攻击）。

无源诱饵通过尺寸、形状和表面特性设计来实现高 RCS 特性。有源诱饵通过放大和转发所接收到雷达信号来产生 RCS 假目标。

有源诱饵可以是具有固定转发增益的直接转发装置，也可以是对接收信号放大后再转发的主振放大式转发装置，转发增益是转发信号与接收信号功率之比。

直接转发装置具有恒定的 RCS，直到与雷达距离足够近而使得接收机饱和为止；而主振放大式诱饵产生的 RCS 则在全过程中随着与雷达之间距离的减小而减小。

机载诱饵分为投掷式、拖曳式和自航式三种。

箔条可用于干扰跟踪雷达对目标的锁定。但其多普勒频移与飞机相差较大，需采用干扰机发射信号照射箔条云以产生类似于飞机回波信号的多普勒频移。

扩展阅读

参见之前有关电子战（EW）章节的"扩展阅读"。

洛克希德·马丁公司 F-35 闪电 II 战斗机

F-35 闪电 II 战斗机是该公司正在研制的单座单发第五代多用途战斗机，可用于执行对地攻击、侦察和防空任务，并具有良好的隐身特性。F-35 闪电 II 战斗机包括三种主要型号：F-35A 为常规起降型，F-35B 为短距起飞和垂直着陆型，F-35C 为航母舰载型。由于 F-35 最为出色的关键作战性能是其优越的隐身特性，因而三种型号均会配备低截获概率（LPI）雷达。

Chapter 41
第41章 | 低截获概率（LPI）

F-16 AN / APG-80 雷达

本章中，低截获概率（LPI）是指雷达系统工作时所发射的探测信号被敌方侦收设备截获的概率很低。低探测概率（LPD）和低利用概率（LPE），也是同样的含义。

采用 LPI 技术的目的，是使雷达发射的信号功率低于敌方电子支援（ES）系统的信号截获门限，同时雷达能按照战技指标要求实现目标探测，即"可发现敌方目标但难以被敌方侦察"。LPE 是指雷达发射的信号虽然超过敌方截获门限，但其强度不足以进行目标识别。考虑特定情况：当雷达所探测目标配备了雷达告警设备时，雷达到告警接收机的距离与雷达到目标的距离相同，且告警接收机和目标都在雷达天线主波束中。因而采用 LPI 雷达的目的就是使雷达探测目标的距离大于敌方告警接收机的截获距离。有关 LPI 技术研究发展现状的文献资料见本章扩展阅读部分。

对于未来空战而言，LPI 是不可或缺的。常规作战飞机配备 LPI 雷达的主要需求是避免电子对抗威胁。低可探测性飞机在配备 LPI 雷达后具有极强的突防作战能力，使得敌方无法使用雷达侦察提示其战斗人员。无论常规作战飞机还是低可探测飞机，配备 LPI 雷达可降低其被反辐射导弹攻击的概率。

第 37 章中已介绍了各种侦察接收机类型以及用于进行辐射源定位的技术，如基于到达角（AOA）的三角定位法、基于到达时差（TDOA）的时差定位法和基于到达频差（FDOA）的频差定位法等。

本章将首先介绍防止敌方截获雷达信号的作战使用方法。其次，介绍雷达系统为实现低截获性能所采用的特定设计方法。最后，简要评估 LPI 雷达的设计制造成本并介绍 LPI 技术的未来发展趋势。必须记住，只有在给定敌方信号侦收设备特性和具体作战应用场景的条件下，才能评估雷达的 LPI 性能高低，也就是说某型雷达系统对某种接收机而言是 LPI 系统，但对其他类型接收机可能就不具有 LPI 特性。

41.1　工作方法

实现雷达 LPI 性能的最有效方法当然是雷达根本不发射信号，因而应最大限度地减少雷达开机工作时间，并在确保达到预定目标探测性能的前提下尽可能降低雷达辐射信号功率。

在执行空中隐蔽拦截任务时，飞行员应尽可能利用协同电子情报和侦察信息。经过周密的任务规划部署，在完成任务的整个过程中，机载雷达开机时间仅需几分钟甚至几秒钟。

在空对空作战中，实时战场态势感知是决胜的关键环节，飞行员应使用机载被动探测设备，例如 RWR 或 ESM 系统，IR 搜索跟踪设备或前视 IR 探测设备。当发现敌方目标时，因被动探测设备的目标定位精度无法满足武器瞄准的需求，需要雷达开机测量敌机的准确距离和方位以实施攻击；但应尽可能缩短雷达开机工作时间，并只在被动探测设备指引的目标所在方位进行窄扇区搜索。

41.2　设计方法

雷达系统对于给定目标的发现距离与发射信号功率的 4 次方根成正比，而信号侦收接收机截获雷达信号的距离与雷达发射功率的平方根成正比，因此信号侦收接收机相对于雷达在作用距离上有着巨大优势。但是，实际战场电磁环境包含了大量雷达和其他电子系统的辐射信号，雷达设计人员可利用这个有利条件实现低截获性能。

用积累处理实现低峰值发射功率（需采用脉冲压缩处理） 信号侦收接收机能否截获雷达信号，主要看能否根据截获信号的到达角、频率、PRF（从脉冲到达时间获得）、脉冲宽度等参数确定其来源。为满足这些要求，现有的侦收接收机主要检测单独的脉冲，因此，它只能实现很少的信号积累或者完全不能实现信号积累，且主要对峰值功率十分敏感。但对雷达则没有这些要求，因而可对接收回波信号进行较长时间相干积累，以大大降低实现目标检测所需的峰值功率，从而降低敌方对雷达信号的截获概率（见图 41-1）。今后在设计新型侦收接收机时，需要考虑利用脉冲积累技术来部分弥补 LPI 雷达设计的这一方面。

用增大带宽实现低峰值发射功率 该方法最初用于扩频通信系统，发射机和接收机使用已知的"扩频码"将功率分散在非常宽的频带内。由于侦收设备没有"扩频码"，其观察到的通信信号功率谱密度低于热噪声功率谱密度，所以完全不会发现该信号的存在。该方法

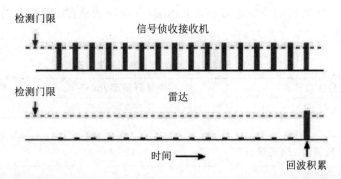

图 41-1　现役多数信号侦收设备并没有采用针对 LPI 雷达的技术手段，通常对接收脉冲进行单独检测，因而其灵敏度取决于雷达峰值发射功率。但雷达接收机可采用多个回波脉冲信号的相干积累，因而雷达性能取决于平均功率。通过增加相干积累时间，可以降低峰值发射功率

同样可以用于雷达，但必须考虑距离分辨率对信号带宽的依赖性，因为雷达相干处理带宽越宽，其距离分辨率越高：

$$\Delta R = \frac{c}{2B}$$

其中，c 是光速，B 是相干处理时间内的信号带宽（也称为其瞬时带宽）。可见，雷达系统不能像通信系统那样使用非常宽的带宽。

例如，为区分编队飞行、间距为 30 m 的两架战斗机，所需的信号带宽约为 5 MHz。图 41-2 显示了雷达距离分辨率与带宽的关系。

当雷达信号带宽 B 为 1 GHz 时，雷达距离分辨率为 15 cm，这意味着可分辨目标回波的距离间隔为 15 cm，即雷达距离分辨单元为 15 cm。此时，长度为 75 m 的目标回波将分布在 500 个距离分辨单元内。

如此，单个目标回波扩展分布到多个距离单元中，使单个距离单元的等效雷达截面积减小（从而使接收机所需的 SNR 降低）。因此雷达在设计中通常按照其功能来设置相应的距离分辨率，通常相干带宽小于 10 MHz（10 MHz 对应 15 m 的距离分辨率）。从这种意义上讲，现在还没有真正的"扩频"雷达，常规雷达都是所发即所收，其距离分辨率由信号带宽决定。因此对于 LPI 雷达设计人员而言，只要雷达的基本作战使命没有很大的改变，LPI 雷达信号的相干带宽也不可能发生太大变化（见表 41-1）。

战术雷达（如预警雷达、火控雷达、目标识别雷达、目标跟踪雷达、机载侦察雷达）的常规运用（如表 41-1

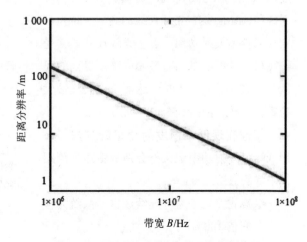

图 41-2　雷达距离分辨率和相干带宽的关系

中的应用 1 和 2），所需的信号带宽都小于 10 MHz；而一些具有成像模式的战术雷达和多功能雷达则需要很大的带宽（见表 41-1 中的应用 3）。

表 41-1　不同作战应用对雷达瞬时带宽的要求

距离分辨率要求	距离分辨率 /m	带宽 /MHz
1. 探测攻击编队飞行的战斗机	30	5
	60	2.5
2. 探测导弹（飞机发射后二者逐渐分离）	15	10
3. 船舶、车辆和飞机成像	0.5 ~ 1	150 ~ 300
4. 高分辨率成像	0.15	1 000

现代信号侦收接收机每个接收信道的瞬时带宽应这样选择：让可能被接收的最短雷达脉冲通过，并测量其到达时间和波达方向。另外，雷达接收机带宽要与发射信号的带宽相"匹配"。如果信号侦收接收机采用数字信号处理，则可采用不同带宽的信道同时对多部雷达信号进行并行处理。虽然雷达的相干带宽通常取决于其作战使命和主要功能，但频率捷变雷达（信号频率按相干处理时间间隔变化）可以用来使雷达信号占据更宽的频带，从而使信号侦收接收机更难以对其进行截获。

提高天线增益实现低峰值发射功率　相对于雷达告警接收机（RWR）而言，雷达系统的优势在于可采用强方向性天线，而 RWR 则不能。在发射过程中，天线的高增益同时对 RWR 和雷达有利；但在接收过程中，雷达天线的大有效孔径提供了非常高的增益，与低增益天线相比，达到相同检测灵敏度所需的发射信号峰值功率要低得多。

对抗侦收雷达天线旁瓣辐射的接收机
雷达天线除了大孔径、高增益的特点外，还具有非常高的主副比，这就加大了侦收接收机通过雷达天线旁瓣辐射来实现信号截获的难度，如 EA 系统接收机、陆基 DOA、ELINT 系统和 ARM。这些雷达天线的高增益特性可实现低峰值发射功率。雷达天线尺寸通常受到飞机尺寸的限制，而旁瓣的降低受到的限制相对较小。对于 LPI 雷达而言，天线最大旁瓣至少要比主瓣低 55 dB（见图 41-3）。

其他实现低峰值发射功率的方法　采用低峰值发射功率但又不会造成雷达探测距离下降的方法还有：

- 高占空比信号（连续波雷达系统为极限值 100%）；
- 低噪声系数接收机（侦收接收机也可具备相同的噪声特性）；

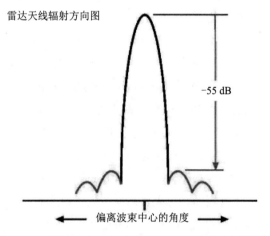

雷达天线辐射方向图

-55 dB

偏离波束中心的角度

图 41-3　侦收接收机主要通过雷达天线旁瓣泄漏来截获辐射信号，因此 LPI 雷达的旁瓣应尽可能低，一般要求主副比小于 -55 dB

- 低接收损耗。

注意，低发射损耗对于 LPI 雷达没有实际意义。这是因为，除非雷达探测最远距离处目标，否则不管发射损耗如何，其峰值功率仍能满足截获要求。

41.3　提升 LPI 性能的特殊方法

提升雷达 LPI 性能的特殊方法还包括功率管理、频率捷变（信号频率按相干处理时间间隔变化）、多波束多频点发射、波形参数随机化、仿敌方雷达信号波形等。

功率管理　功率管理的作用，是在可接受的最小距离上以最小裕度检测感兴趣目标时，最大限度地降低雷达峰值发射功率。当雷达和目标之间的距离变小时，功率管理系统也相应地降低发射功率。

粗略地看，雷达在探测目标时不可避免地会被该目标检测到。雷达为检测目标而发射的峰值功率 P_{det}，与到目标距离 R 的 4 次方成正比，即

$$P_{det}=K_{det}R^4$$

其中，K_{det} 是比例常数。然而，使得目标中的侦收接收机能检测到雷达的峰值功率 P_{int} 与到目标距离的平方成正比：

$$P_{int}=K_{int}R^2$$

其中，K_{int} 也是比例常数。下面举一个简单例子来说明功率管理的优越性。

例：抗截获。通过设置雷达峰值发射功率，使之刚好被控制在与两条检测曲线交点距离（见图 41-4 中的 R_{dmax}）相应的功率水平以下，并且随着雷达与目标之间距离变小而逐渐减小，这样就可以避免雷达信号被敌方侦收设备截获。上述结论适用于雷达跟踪目标应用场合，当雷达对给定扇区进行搜索时，则必须发射足够大的功率来确保尽可能大的探测距离。

通过积累时间、频率捷变、天线增益、信号占空比和接收机灵敏度等控制

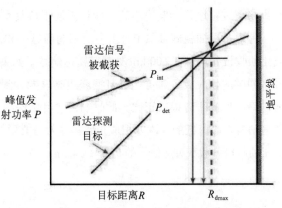

图 41-4　雷达发射功率与目标（侦收接收机）距离之间的关系示意图

措施来减小峰值发射功率，也可使因子 K_{det} 远小于 K_{int}。图 41-4 显示了在有效战术范围内，雷达检测目标以及侦收接收机检测雷达的峰值功率 P 与距离 R 的关系曲线。同样，侦收接收机设计中为应对 LPI 雷达，可以采用类似的技术和方法提高接收机灵敏度。

图 41-4 中两条曲线相交处的距离即为 LPI 设计距离。根据截获信号的单程距离方程和雷达目标检测的双程距离方程，可计算得到 LPI 设计距离。对于 RWR 应用（侦收接收机在雷达目标上），雷达接收机和侦收接收机输入端的信号功率可由下式表示。

雷达检测目标的功率

$$P_{\text{det}} = \frac{P_T G_T G_R \lambda^2 \sigma}{(4\pi)^3 R^4}$$

侦收接收机检测雷达信号的功率

$$P_{\text{int}} = \frac{P_T G_T G_{\text{int}} \lambda^2}{(4\pi)^2 R^2}$$

求解距离方程，并使截获距离与目标探测距离相同，则 LPI 设计距离可表示为

$$R = \left[\frac{P_{\text{int}}}{P_{\text{det}}} \frac{G_R \sigma}{4\pi G_{\text{int}}} \right]^{0.5}$$

如果将两种接收机实现预定功能所需的最小信号功率代入上述公式，就可以用接收机灵敏度来估算自由空间中的 LPI 设计距离。还可确定给定 LPI 设计距离所需的灵敏度的比值：

$$\frac{P_{\text{int}}}{P_{\text{det}}} = R^2 \frac{4\pi G_{\text{int}}}{G_R \sigma}$$

例如，为检测 RCS 为 10 m² 的目标，LPI 设计距离为 10 km，侦收设备采用增益为 1（0 dBi）的全向天线，雷达接收天线增益为 1 000（30 dBi），则根据上述方程，雷达相对于侦收设备的灵敏度比值为 125 636，即 51 dB。

回到图 41-4，最大 LPI 设计距离即为两条曲线交点处的距离，在该点对应的雷达发射功率下，雷达探测距离和 EW 截获距离相等。如果雷达发射功率增大并超过该点，则 EW 截获距离将超过雷达目标发现距离，即该雷达不再具有 LPI 性能。

考虑下页面板式插页 P41.1 中所列的问题 1 和问题 2。现在假设当雷达最大功率发射时，给定侦收设备可以在 600 km 处截获雷达信号。如果雷达发射功率从 5 000 W 降低到 0.076 W，那么同样的侦收设备对雷达信号截获距离只能达到 2.4 km。这是因为 ES 截获距离的减小与信号功率降低的平方根成正比。此时的雷达目标探测距离为 10 km，因为雷达探测距离的减小与发射信号功率降低的 4 次方根成正比。这就是典型的 LPI 应用：雷达的目标探测距离（10 km）大于侦收设备截获雷达信号的距离（2.4 km）。为了弥补这一不足，侦收设备的灵敏度需要提高至

$$20 \lg\left(\frac{10}{2.4}\right) = 13 \text{ dB}$$

在该方程中，对数要乘以 20，因为需提高的灵敏度与距离的平方成正比。

显然，功率管理对跟踪雷达的 LPI 性能是至关重要的。注意，除非雷达和目标距离很近，否则侦收设备截获雷达信号的距离总是大于雷达发现目标的距离。因此 LPI 技术通常用于近程跟踪雷达系统。由上例可见，功率管理系统控制发射功率的特点是步进小、控制精确而且控制范围非常大（上例中接近 50 dB）。

需引起注意的一点是：侦收设备能否截获雷达信号，取决于雷达的工作模式和侦收设备的性能。这两者在任一任务过程中都可能改变，在不同任务下也会改变。

例如，当跟踪雷达对某一特定距离方位目标进行小扇区搜索时，可设置峰值发射功率，使得雷达发现目标而不被目标的侦收设备所截获。但当警戒搜索雷达采用相同峰值发射功率

进行大范围目标搜索时，目标的侦收设备在很远距离处就能截获雷达信号，而雷达要在较近的距离处才能发现目标。在这种情况下，雷达探测距离由于雷达波束在目标上驻留的时间太短而减小。另一个例子是，雷达可能降低峰值发射功率进行目标探测，使雷达信号低于目标飞机的 RWR 检测门限。但即便如此，其信号还是可能被陆基侦收系统所截获，因为后者配备了大孔径、高增益天线和高灵敏度接收机。

脉冲压缩 仅通过发射窄脉冲，就可以实现雷达发射信号功率谱在宽频带内的均匀分布。但为了提高雷达 LPI 性能，需要降低发射信号峰值功率，由此又会导致在低平均功率下雷达无法在有效距离上探测目标。

用于解决这个两难问题的方法，是合理地发射大时宽脉冲，通过脉冲压缩编码对发射机信号进行相位或频率调制。

脉冲信号中心功率谱的 3 dB 带宽为：

$$BW_{3dB} = \frac{1}{\tau} \times 脉冲压缩比$$

其中，τ 是压缩前的脉冲宽度，脉冲压缩比是发射信号（压缩之前）脉宽与压缩处理输出信号脉宽的比值。例如，发射信号脉冲宽度为 1 ms，脉冲压缩比为 2 000，则对应的带宽为 2 MHz。如果雷达脉冲压缩比为 2 000，当雷达脉冲重复频率（PRF）为 1 000 Hz 时，发射信号占空比接近 100%，同时达到 75 m 的距离分辨率（根据前面的公式，可知 75 m 距离分辨率对应的相干带宽为 2 MHz）。

P41.1 功率管理

问题 1

5 000 W

|← 150 km →|

条件：雷达发射峰值功率 P=5 000 W，对给定目标的探测距离为 150 km。

问题：若仅需探测 10 km 处的同一目标，发射功率可降为多少？

解：雷达发射峰值功率与目标探测距离的 4 次方成正比。因此，峰值发射功率可减小到 0.099 W，即：

$$P_2 = P_1 \left(\frac{R_2}{R_1}\right)^4$$

$$= 5\,000 \text{ W} \times \left(\frac{10}{150}\right)^4 \approx 0.099 \text{ W}$$

问题 2

5 000 W

|←———— 550 km ————→|

条件：当峰值发射功率为 5 000 W 时，问题 1 中的雷达可被 550 km 处侦收设备检测到。

问题：当峰值功率为 0.076 W 时，雷达能被该侦收设备检测到的距离为多少？

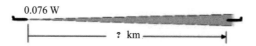

解：侦收信号为单程传播，截获距离与信号峰值功率的平方根成正比，则有

$$R_2 = R_1 \left(\frac{P_2}{P_1} \right)^{0.5}$$

$$= 550 \text{km} \times \left(\frac{0.076}{5\,000} \right)^{0.5} \approx 2.1 \text{ km}$$

相反，假如为满足雷达 LPI 性能所需的脉冲压缩比为 125 000，而实现雷达目标探测性能所要求的带宽为 2 MHz。为实现完整的脉冲压缩，积累时间必须等于压缩前脉冲宽度，即积累时间必须乘以一个因子（125 000 / 2 000=62.5）而增加到 62.5 ms。如果目标相对于雷达的飞行速度为 1 马赫（约 350 m/s），则积累时间内目标移动距离为 21.7 m。脉冲压缩时间内目标的运动将显著改变回波特性，并限制雷达脉冲压缩处理的能力。这就说明，雷达脉冲压缩比实际中会受到目标运动特性及其大小的限制。

当雷达接收信号并解码后，目标回波被压缩成窄脉冲，实现较高距离分辨率的同时保持目标回波信号的所有能量（见图 41-5）。但侦收设备不知道脉冲压缩信号的调制方式，无法实现雷达接收机那样的脉冲压缩处理，只能采用非相干积累去近似雷达所采用的相干积累处理。虽然这种非相干积累相较雷达相干积累有一定的信号处理损失，但其压缩处理增益仍可近似下降为压缩比的平方根。也就是说，如果侦收设备采用这种处理策略，雷达 LPI 的设计距离将按压缩比的 4 次方根减小。面板式插页 P41.2 中简要介绍了非相干积累对截获距离的作用。

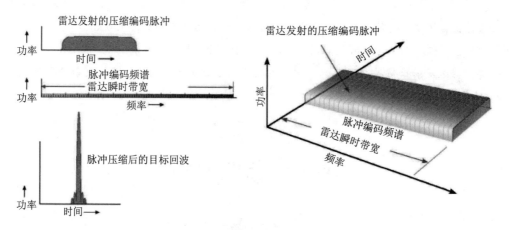

图 41-5　雷达发射的脉冲压缩编码调制脉冲，其功率谱分布在雷达整个瞬时带宽上，并提供满足雷达目标探测功能所需的距离分辨率。雷达接收的目标回波信号被压缩成窄脉冲，并包含了回波的所有信号能量

P41.2　非相干积累

如第 12 章和第 16 章所述，采用匹配滤波器，雷达可以实现积累增益，该积累增益几乎等于时宽带宽积。对于电子支援（ES）系统来说，匹配滤波器并不实用，因为其中有很多信号，而它们的特性事先不可知。再者，雷达感兴趣的主要是回波返回时间和多普勒频移的大小；而 ES 用户感兴趣的是信号的特征，以便对其进行识别。ES 系统可以通过使用非相干处理来获得一些积累增益。雷达中也采用过非相干处理。如果多个脉冲以随机相位被发射并从目标返回，则每个脉冲可由匹配滤波器处理后再进行相加。类似地，ES 系统可以将多个 LPI 雷达信号包络样本叠加在一起，以提高信号检测的概率。

当叠加信号样本数量巨大时，其输出和信号的统计分布接近正态分布，则相对于相干积累的积累损失近似为积累样本数的平方根。对于相干积累，信噪比（SNR）改善与参与积累的独立样本数 N 成正比，或者以 dB 为单位，SNR=10 lg N；而对于非相干积累，对于实际使用的检测概率和虚警率条件，信噪比增益大约为 5 lg N +5.5 dB。例如，对于 N=100，相干积累或匹配滤波器给出的输出 SNR 较输入 SNR 高 10 lg 100=20 dB；而非相干积累给出的输出 SNR 比输入 SNR 高大约 5 lg 100+5.5 dB=15.5 dB。本例中，相对于匹配滤波器，非相干积累的损失约为 4.5 dB。总之，对于非相干积累：

$$增益 \approx 3.55 \sqrt{B\tau} 或 5.5 \text{ dB}+5 \lg(B\tau)$$

ES 系统可以选择与雷达积累时间一样长的非相干积累，则相对于相干积累的损失为

$$损失 \approx 5 \lg(B\tau) -5.5 \text{ dB}$$

通过使用非相干积累，ES 系统可以扩展其对 LPI 雷达信号的检测距离。由于信号强度随着距离的平方而减小，采用该技术所导致的 ES 距离增加将约等于雷达时宽带宽积的 4 次方根。

多波束多频点发射　当雷达采用对立体空间区域进行目标搜索的工作模式时，由于对空域扫描周期的时间要求较高，无法通过增大相干积累时间来实现降低峰值功率的 LPI 要求。此时，可在多个工作频点上发射多个波束，以显著提高雷达天线波束在目标上的驻留时间。

例如，要在时间 T 内搜索空间区域 V，其角度范围表示为若干个雷达天线 3 dB 波束宽度，如果采用单波束扫描方式进行搜索，则波束最大驻留时间等于 T/V[见图 41-6（a）]。

另外，若该空间区域（V）被细分为 N 个扇区，并且使用不同频率的不同波束同时搜索每个扇区 [见图 41-6（b）]，则每个波束方向上的驻留时间可以增加 N 倍。如果增加相干积累时间，以达到所需的波束驻留时间（现在等于 NT/V），则任一给定波束方向上的发射峰值功率可以减小为 1/N。

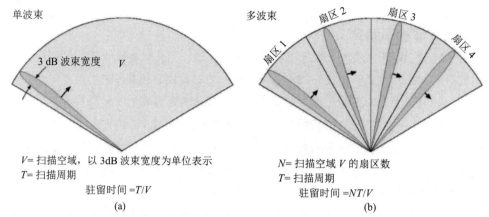

图 41-6　通过在不同频率上辐射多个波束可增大波束驻留时间。对于相同的检测灵敏度，波束数量增大 N 倍，峰值功率可降低 $1/N$。要注意的是，积累时间增加，目标运动距离也会增大到 N 倍

极端情况下，如果雷达处理吞吐量足够大，则可以产生足够多的发射波束来完整覆盖搜索空间（见图 41-7），就不再需要进行天线波束扫描了。此时，相干积累时间等于扇区搜索时间 T。但同时侦收设备的非相干积累时间也会增加到 N 倍，使得雷达在处理增益方面的优势从 N 减小到大约 $\sqrt{N}$。

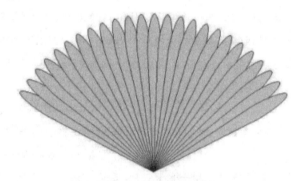

图 41-7　如果波束足够多，可覆盖整个搜索空间，就无须进行扫描，此时相干积累时间等于搜索周期

多波束扫描也可采取其他应用方式来获取处理增益。例如，在搜索空域时选择特定扇区进行搜索，或不同频点的每个波束都对整个空域进行搜索，即通过频率分集而不是通过增加积累时间来提高检测灵敏度。

波形参数随机化　从实际应用上考虑，在密集信号环境中，判断是否有效截获敌方雷达信号主要还是看该信号是否已被成功进行参数分选、分类与识别（见表 41-2）。因此，除了应尽可能降低雷达信号被侦收设备发现的概率之外，雷达信号还应具有抗分选和抗识别的能力。

表 41-2　侦收设备的基本功能

基 本 功 能	说　　明
检测	检测单个脉冲（峰值功率），进行少量脉冲积累或无积累，或是检测连续波（CW）信号
分选	在密集信号环境中，分选出特定辐射源的脉冲信号
参数分析：（脉冲和连续波）分类和识别	通过脉冲，脉冲串和 CW 参数分析，进行辐射源分类和识别；识别出辐射源类型；甚至进行辐射源个体特征识别

P41.3 伪随机编码脉冲压缩

伪随机编码脉冲压缩就是二进制相位编码，除周期重复性外，它的各种特征参数都具有随机性，主要优点如下：

- 码型数量庞大且易于产生；
- 可任意设定编码的长度以实现极高的信号压缩比。

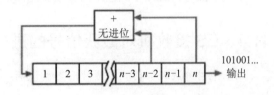

伪随机编码通常由具有两个或多个反馈支路的移位寄存器产生。

寄存器初值填充为 1 或 0。寄存器生成 1/0 编码长度为

$$N=2^n-1$$

其中，N 是指编码发生重复前的码元个数，n 为寄存器位数。如果采用 11 位寄存器，则 $n=11$，$N=2^{11}-1=2\,047$。

例如，采用 11 位寄存器，第 9 位和第 11 位码元反馈到输入端，可产生的编码长度为 2 047 位。通过改变反馈支路的连接关系，可以产生 176 种该长度的不同编码信号。这些码被称为最长编码，因为它们只在 N 位之后重复。其他反馈连接形式产生的编码在较少位数后会出现重复。改变特定的位模式就有可能影响侦收设备截获信号的性能（也可能不影响）。

注意，伪随机码比较容易被预测。如果通过收集到的情报已经掌握移位寄存器的长度和反馈支路连接关系，只要截获编码信号长度超过 2 倍移位寄存器长度，就足以预测整个编码序列。目前已有更安全的编码方式。

代码中的 0 和 1 表示雷达发射脉冲串中各脉冲信号的初相位分别为 0° 和 180°。

相位编码脉冲串

以所需脉冲串长度为间隔，控制寄存器移位，其输出数据可直接用于雷达信号的相位调制。

在对接收回波脉冲按照编码序列进行解码时，对脉冲串中的每个编码脉冲进行相干积累，输出脉冲幅度约为未压缩脉冲的 N 倍，时宽仅比脉冲串中单个码元的宽度稍宽。前述例子中的 11 位寄存器所产生的编码信号的脉冲压缩比约为

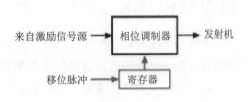

2000：1。注意，脉冲压缩输出信号旁瓣在时间轴上的出现位置具有随机变化性，但压缩后旁瓣低于主瓣的幅度倍数基本上等于编码长度的平方根。实际的随机编码脉冲信号有时也会出现令人讨厌的高旁瓣特性，具备较好旁瓣特性能力的伪随机码是巴克码，但遗憾的是，巴克（Barker）码对于雷达 LPI 设计来说位数又太短。（有关巴克码的相关内容见第 16 章）

雷达信号参数的随机化会造成侦收设备分类识别困难，对于那些依靠截获信号参数与威胁数据库参数进行比对，从而实现信号分类和识别的侦收系统，情况更是如此。

仿敌方雷达信号波形 伪装成敌方雷达信号波形也可干扰侦收设备信号分类。但是实现敌方雷达信号波形的模仿，不仅要求雷达具有相当强大的波形捷变能力，其工作频带宽度也必须能覆盖敌方雷达工作频段，同时还要能保证完成自身预定的探测功能。

41.4　ES 接收机对截获信号的进一步处理

用于信号分选和分类的主要波形参数包括：

- 到达角；
- 信号频率；
- 脉冲宽度；
- 脉冲重复频率。

仅用于分类的波形参数有：

- 扫描速率；
- 脉间调制；
- 脉内调制；
- 波瓣宽度；
- 极化方式。

除了到达角以外，上面列出的所有参数都可能会在不同相干积累周期内随机改变。如果回波脉冲串中的每个脉冲不能进行相干积累，则敌方雷达可能是采用了脉间频率捷变工作方式。

现代机载雷达可充分发挥波形捷变的优势，在灵活改变波形参数的条件下保持应有的目标检测灵敏度。此外，两架或多架战机协同作战（就是说，雷达交替照射目标，各战机都接收目标回波信号，见图 41-8），甚至可实现到达角的改变。

41.5　LPI 成本

采用 LPI 技术是有代价的，提升雷达 LPI 性能的各种方法都会增加雷达成本。在本章中，成本并非特指需要投入的经费成本，还包括 LPI 所占用的信号处理资源和处理时间。主要包括软件和硬件两个方面。主要的例外情况是发射机输出峰值功率会有所降低，可以节省一些成本。

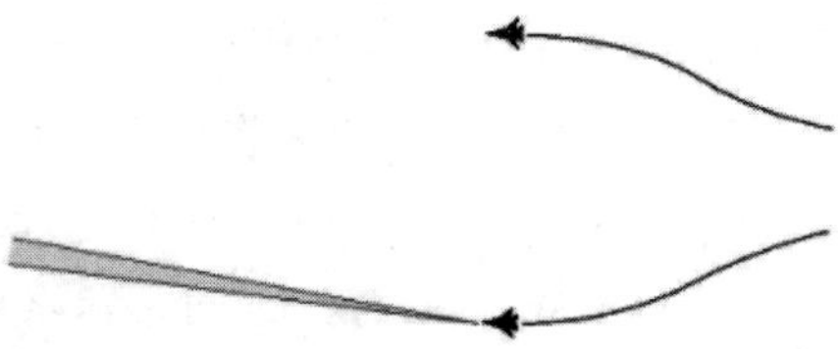

图 41-8　通过多机雷达协同随机交替发射探测信号，可改变雷达信号的到达角

但是，目前 LPI 所需的最大成本是数字信号处理吞吐量。例如，随着雷达瞬时带宽的增大，需要的吞吐量与待处理的距离单元数目成比例增加。

雷达通过采用脉冲压缩编码信号，大大提高了其信号带宽；带宽越宽，压缩脉冲就越窄。因此需要更多的距离单元来覆盖同样的时间间隔。吞吐量同样也随着同时发射波束数量的增大而上升。

实现宽瞬时带宽和同时多波束，所需吞吐量极大（20 世纪 90 年代后这些技术才得以应用）。但随着数字信号处理技术的飞速发展，这些 LPI 技术的应用成本正在迅速降低。

此外，某些作战应用中对雷达最大探测距离和战场态势感知的需求大于对 LPI 性能的需求，操作员可选择关闭功率管理功能，使雷达连续工作并搜索天线覆盖的任务空域。

41.6　LPI 技术的未来发展趋势

从长远发展来看，有一点是确定的：雷达设计者和信号侦收接收机设计者之间的对抗或竞争永远不会停止。LPI 技术的每一次提升，都会促进信号侦收技术的发展进步。LPI 设计者会继续利用相干处理方面的优势，这是信号侦收方所无法复制的。而信号侦收接收机设计者可以继续挖掘其信号单程传播的相对优势，以及更多地利用非相干积累技术。

也许 LPI 和信号侦收技术最大的性能提升将会出现在信号处理方面，这些是第 42 章讨论的主要内容。

41.7　小结

LPI 所采用的作战使用方法包括：限制雷达开机时间；尽可能利用协同情报和侦察信息；主要利用机载无源探测设备，且仅搜索目标所在的窄扇区。

针对侦收设备的主要特性，可采用的提升雷达 LPI 性能的技术方法包括以下几个方面：信号侦收设备进行单个脉冲检测处理，以实现信号分选和辐射源识别。

因此，采用增大相干积累时间实现低峰值发射功率，以及利用频率捷变降低电子支援系统的信号截获能力，都是降低电子支援系统接收灵敏度和提高雷达 LPI 性能的有效手段。

高天线增益、低旁瓣电平、高占空比和高雷达接收机灵敏度都可实现雷达低峰值发射功率。

进一步提高雷达 LPI 性能的方法还包括以下几种：

首先是功率管理，即降低峰值发射功率，使其略低于飞机侦收设备的有效截获门限，但略高于雷达发现飞机的检测门限。

其次还包括：（a）使用大量压缩比脉冲压缩处理技术；（b）多频点多波束同时发射，降低因搜索周期时间约束而带来的对积累时间的限制；（c）随机改变波形参数，使侦收设备对信号的分选和识别处理更为困难；（d）仿敌方雷达信号波形。

提高 LPI 性能所付出的代价是系统吞吐量的快速提高，但发射机低峰值功率发射也能降低成本。

扩展阅读

P. E. Pace, Detecting and Classifying Low Probability of Intercept Radar, Artech House, 2004.

R. G. Wiley, ELINT: The Interception and Analysis of Radar Signals, Artech House, 2006.

洛克希德 F-117 "夜鹰"（1983 年）

　　F-117A 源于 20 世纪 70 年代洛克希德臭鼬工厂开展的代号为"蓝色"的研制项目。该项目通过大量仿真模拟和计算机辅助设计，成功研制了具有良好空气动力学特性和低雷达反射特征的原型机。F-117 为单座双引擎对地攻击机型。F-117 于 1981 年首飞，1983 年列装，2008 年退役。

第九部分
特别专题和先进概念

联合攻击战斗机

联合攻击战斗机研制项目与隐形多用途战斗机 F-35 闪电 II 战斗机研制开发紧密相关。该项目的目标是研制配备高性能武器系统和电子装备的多用途战斗机，以取代现役的多个飞机系列。美国、英国、加拿大、澳大利亚和荷兰等多个国家都参与了该项目。

Chapter 42

第42章 │ 天线 RCS 缩减

在微波暗室中测量目标的 RCS

从机首方向看去，典型战斗机的雷达截面积（RCS）约为 1 m²，而低可侦测性飞机的 RCS 可能仅为 0.01 m²。即使一个相对较小的平面阵列天线，从视线方向看也有高达几千平方米的 RCS，除非采用特定的 RCS 缩减手段。由于飞机的雷达天线罩对无线电波是透明的，如果需要隐身，则必须采取措施来减小所安装天线的 RCS。

在本章中，我们将从反射源的角度介绍平面阵列天线，讨论采用哪些措施可减小或改善其影响，并说明为何要在电子扫描阵列（ESA，简称电扫阵列）中采取这些措施。然后，我们将研究如何避免布拉格波瓣问题，布拉格波瓣是当天线阵元间距远大于雷达工作波长时，在偏离视线一定角度上会产生的后向反射波瓣。最后，我们将简要讨论十分重要的对天线 RCS 预测值的验证问题。

42.1　平面阵列中的反射源

就当前我们的研究目的而言，平面阵列天线，无论它是机械扫描阵列（MSA）还是电扫阵列（ESA），都可方便地被视为由一个平板（称为基板）及其上面格栅状安装的辐射阵元所组成（见图 42-1）。

当敌方机载雷达信号照射到天线时，所产生的后向散射信号包含 4 个基本分量（见图 42-2）：

（1）基板的镜面反射，称为结构模式反射；

（2）由天线阻抗失配引起的接收信号反射，经天线辐射单元形成二次发射，称为天线模式反射；

（3）由天线阵列边缘的阻抗失配引起的信号反射（在基板和周边飞机结构之间），称为边缘衍射；

（4）结构模式反射和天线模式反射的随机分量之和，称为随机散射。

之所以要将随机散射单列出来，有以下两个方面的原因：首先，消除随机散射后，结构反射和天线反射更容易描述；其次，各类反射与缩减或控制它们的技术手段之间就能一一对应。

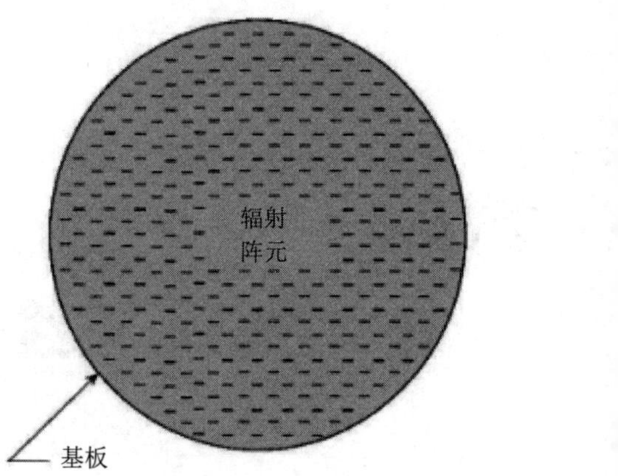

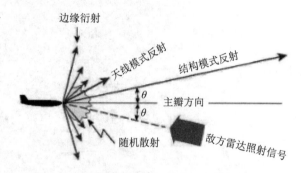

图 42-1　平面阵列天线，包括机械扫描阵列（MSA）和电扫阵列（ESA），都方便地被看成是一个包含格栅状安装辐射阵元的平板，该平板名为基板

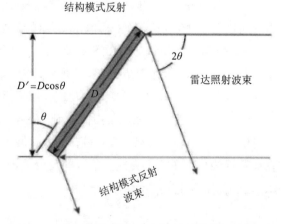

图 42-2　平面阵列天线的后向散射有 4 个组成分量。其中随机散射是结构模式反射和天线模式反射的随机分量之和

42.2　降低和控制天线 RCS

通过精细地设计与制造天线，可将其后向散射 4 个分量的影响尽可能降至最低或消除。

消除结构模式反射的影响　从图 42-3 可以看出，可以通过物理上将天线倾斜，使反射偏离雷达照射方向，就能控制镜像反射。虽然这不会减少反射信号，但可避免敌方雷达接收到反射信号。

电扫阵列天线安装在飞机的固定位置上，天线阵面一直是倾斜的，因而在入射电波的来波方向，飞机结构反射特性中只会存在无法消减的小"尖峰"分量信号被

图 42-3　将天线倾斜一定角度可消除结构模式反射的影响。虽然天线的倾斜必然会造成天线有效孔径减小，却以最小的代价大幅降低了天线被检测到的概率

反射回去。虽然倾斜会减小天线有效孔径面积、降低增益和展宽波束，却以最小的代价大幅降低了天线被检测到的概率。

最小化天线模式反射　在相同工作频率下，天线模式反射具有类似于雷达发射信号的方向图：主瓣及其周边的旁瓣（见图 42-4）。天线反射主瓣方向由照射信号的入射角及其在各阵元间产生的相移决定。从图 42-4 可以清楚地看出，这些反射无法通过天线倾斜来有效改善。

然而，通过采用最佳匹配的天线微波电路并对天线进行精心设计，可将天线模式反射尽可能地减小。在宽带 MSA 和无源 ESA 中，即使是来自天线内部电路的反射也必须消除，这可通过在馈线的适当位置接入隔离器（如环形器）来实现。

最小化边缘衍射　边缘衍射产生的后向散射与相同尺寸及形状的环形天线所产生散射大致相当。由于环形天线的尺寸通常是雷达工作波长的数倍，其后向散射方向图由许多从视线方向开始依次分散开来的波瓣组成（见图 42-5）。因此，边缘衍射也无法通过天线倾斜而改善，需要采用特殊方法尽量缩减。

某些天线在安装时，通过锐化基板边缘的形状，将衍射信号能量分散辐射到各方向，使之低于敌方雷达的检测门限，从而将边缘衍射的影响降至无害。

在另一些天线安装场景中，在天线边缘涂覆雷达吸波材料（RAM），使其阻抗平滑地下降至与周围结构相一致，达到减小衍射效应的目的。为有效实现这一技术，边缘包裹吸波材料的宽度至少应为最低雷达工作频率对应波长的 4 倍（见图 42-6），这将大大减小天线有效孔径面积，从而造成雷达探测威力下降。因此，必须在雷达探测性能和 RCS 特性之间进行仔细权衡。

无论如何，用来降低或消除边缘衍射影响的这些手段在 ESA 中已被广泛采用，因为 ESA 在飞机上总是固定安装而不会旋转的。

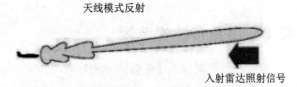

天线模式反射

入射雷达照射信号

图 42-4　天线模式反射的方向图和雷达发射入射雷达照射信号方向图类似。因为反射的方向由内部相移及照射信号的入射角确定，所以无法通过天线倾斜来有效改善

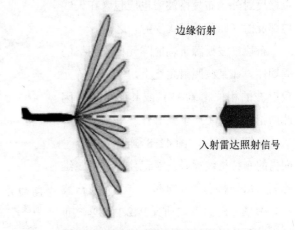

边缘衍射

入射雷达照射信号

图 42-5　边缘衍射产生的后向散射与相同尺寸及形状的环形天线相当。由于其天线直径比雷达信号波长大许多倍，后向散射会发散在许多方向上

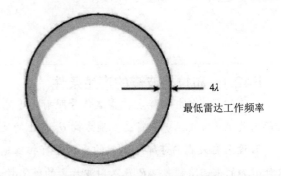

4λ

最低雷达工作频率

图 42-6　边缘包裹吸波材料的宽度至少应为雷达信号工作波长的 4 倍。考虑到机载雷达天线的尺寸，这会大大减小天线的有效孔径面积

最小化随机散射 结构模式反射和天线模式反射的随机分量可扩展到很宽的角度范围内（见图42-7），所以无法通过天线倾斜来改善。为将它们降低到可接受的水平，整个阵列中天线的微波特性必须高度一致，这对制造公差提出异常严格的要求。

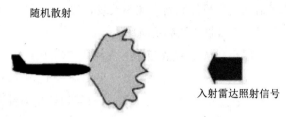

图 42-7 结构模式反射和天线模式反射的随机分量分布在很宽的角度范围内

42.3 避免布拉格波瓣

布拉格波瓣来自天线辐射阵元的后向反射，可被位于偏离天线法线方向特定角度 θ_n 上的雷达接收到（见图42-8）。取决于具体的天线设计方式，除了辐射阵元的直接反射外，布拉格波瓣也应包含在天线内部反射（即天线模式反射）之内。

布拉格波瓣源于辐射阵元栅格网络的周期性。在某些照射角度上，相邻阵元反射波的相位相差360°或其整数倍，因此同相相加产生一个强信号。

为简单起见，图42-8画出了单个平面内的布拉格波瓣。需要记住，对于二维阵列，水平和垂直方向都会产生布拉格波瓣。由稍后的面板式插页 P42.1 可见，布拉格波瓣相对视轴的夹角由辐射阵元间距和照射信号波长决定。阵元间距越大或雷达信号波长越短，布拉格波瓣越靠近视轴方向，且波瓣数量越多。

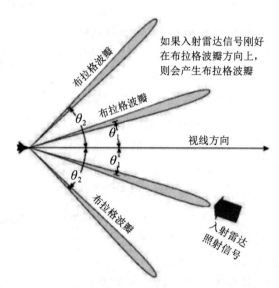

图 42-8 布拉格波瓣是反向反射的，如果阵元间隔大于照射波长的一半，就可以被位于偏离视轴方向特定角度 θ_n 的雷达接收到

P42.1 布拉格波瓣的产生条件

当阵列天线的相邻阵元被雷达信号照射时（见下图），如果远处辐射元 B（阵元 B）和近处辐射元 A（阵元 A）在雷达入射方向 θ_n 产生的反射信号同相，就会形成布拉格波瓣。

假设来自天线内部阵元之间的反射没有相位延迟，则产生布拉格波瓣的条件是：辐射元 B 处附加的来回路程差 ΔR 是入射波长 λ 的整倍数 n：

$$\Delta R = n\lambda$$

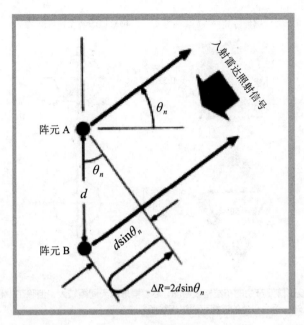

从图中可得到该路程差为：

$$\Delta R = 2d\sin\theta_n$$

其中，d 为阵元间距。因此，布拉格波瓣的出现方向和阵元间距的关系可表示为：

$$d = \frac{n\lambda}{2\sin\theta_n}$$

为了最小化天线的 RCS，第 1 个布拉格波瓣必须偏离其视轴 90° 以上，即 $n=1$，$\sin\theta_1=1$。将这些值代入上述等式得到：

$$d = \frac{\lambda}{2} \quad \text{（隐身）}$$

如同栅瓣一样，布拉格波瓣可以通过减小阵元间距使得第一波瓣偏离视线方向 90°。如上述 P42.1 所示，如果入射波长与雷达波长相同，这可以通过将间距设为半工作波长来实现。

但如果入射波长较短，则阵元间距必须按比例地减小。例如，假设雷达的工作波长为 3 cm，入射信号工作在 18 GHz（$\lambda=1.67$ cm），为了避免布拉格波瓣，阵元间距将须减小到 1.67 cm/ 2= 0.84 cm，稍大于雷达工作波长的 1/4。

如果阵元排列间距太小，使雷达制造成本过高，那么设计者还有三种选择，其中前两种相对简单。第一种选择是使用图 42-9 所示的菱形阵元，尽管阵元间距较大，但可消除布拉格波瓣影响。

第二种选择是在最关注的视轴上采用尽可能紧凑的阵元排列间距。

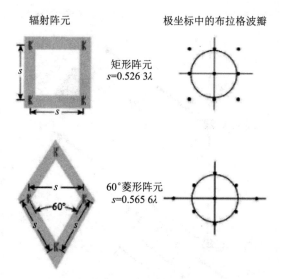

图 42-9　矩形阵元和 60 菱形阵元产生的布拉格波瓣图，尽管菱形阵元间距较大，但除了中心以外的所有布拉格波瓣均在可见（真实）空间以外，而中心处的波瓣可通过天线倾斜来改善

　　第三种选择（也是成本较高的选择），是阻止任何较短波长的信号到达阵列。一种实现方法是在天线阵列之前放置频率选择表面（frequency selective surface，FSS）（见图 42-10），它可使得雷达工作频段内所有波长的信号能够以很小的衰减通过，但是频带以外的所有信号都会被反射。FSS 可以安装在天线阵列的外部，或者直接嵌入天线阵面上。与结构反射一样，由于天线倾斜（FSS 倾斜），FSS 反射信号将被偏离到一个无关紧要的方向上。

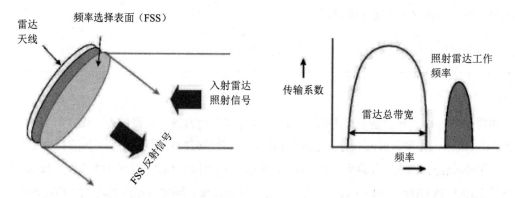

图 42-10　频率选择表面（FSS）等效于带通滤波器，可抑制工作频段以外的入射信号，解决了雷达工作频率较高，无法通过减小天线阵元间距来避免布拉格波瓣的问题

P42.2　频率选择表面（FSS）

　　FSS 是印制的周期性表面，根据等效电路进行设计，可具备类似于滤波电路的特定频率传输特性。

　　对入射电磁波来说，垂直金属条所构成的栅格相当于电感，而水平金属条所构成的栅格相当于电容。电容和电感的值取决于金属条宽度和间距与波长的比值。

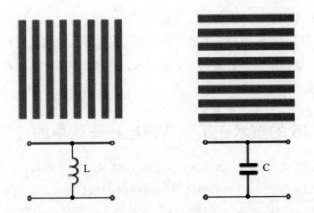

将垂直和水平栅格进行组合，这些表面可设计或等效于串联调谐电路或并联调谐电路，并具有频率选择特性。

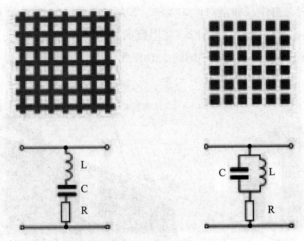

其他具有更为复杂频率响应特性的 FSS，可以通过更复杂的形状设计或采用多层结构来实现。

在实际应用中，FSS 由三层结构组成：上、下表面层为绝缘介质保护层，中间层是由栅格状金属材质组成的高频印制线路层。为使 FSS 有效工作，栅格状印制线路的间距不超过雷达最高工作频率信号波长的一半。

为研制可调谐带通天线罩，目前正进行可重构 FSS 的研究和开发。该技术的优点是可以在窄带上调谐，而不需要宽带 FSS，使得平台不易被敌方发现。目前还有一种处于研究阶段的可调谐 FSS 天线罩类似于电磁开关：打开状态时允许电磁波信号通过，断开状态时发射电磁波信号。当处于断开状态时，雷达天线罩变成反射镜面，将敌方入射雷达信号向其他方向反射，使雷达不工作时天线具有较低的散射截面积。这种开关天线罩的宽带工作特性（中心频率为 650 MHz，带宽为中心频率的 46%）和宽入射信号角度特性（入射角为 0°～60°）已经进行了初步测试验证。

42.4 减小 RCS 的技术在实际有源电扫阵列中的应用

上述用于减小有源电扫阵列（AESA）天线的雷达截面积（RCS）的技术，在近年来已经得到部署或用于装备升级。一个早期典型案例如图 42-11 所示，这是 F-111C 中采用的低 RCS 升级方案，不仅利用倾斜安装天线减少对敌方雷达信号的后向散射，还使用雷达吸波材料和天线护罩来减少来自 AESA 天线周围结构的散射。第一个真正投入实际应用的倾斜 AESA 天线是 F/A-18E/F "超级大黄蜂" 战斗机搭载的 Raytheon APG-79 AESA。这种雷达首次实现了同时进行空对空作战和空对地作战的工作模式。图 41-12 显示了 APG-79 天线采用雷达入射方向向上倾斜方式安装的情形。使用相同技术的其他国家的飞机包括俄罗斯 Mig-35、PAK-PA 和 "侧卫" 战斗机以及中国的 J-10B 战斗机。

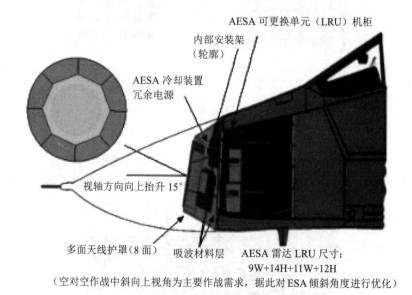

图 42-11 F-111C Block C-4 / C-5 的 AESA 多功能雷达升级换装示意图

作为雷达现代化改造计划（RMP）的一部分，B-2 "幽灵" 隐形轰炸机（见图 42-13）已换装了 AESA，其天线由超过 2 000 个的收发双通道模块组成。AESA 天线设计技术极大提高了雷达探测性能，且具有低雷达 RCS 特征。采用 AESA 天线提高了雷达并发功率，使未来的升级更为简便。服役 20 年的 B-2 隐形轰炸机以较低的代价实现了现代化改进，其花费并不高昂。AN/APQ-181 是可全天候工作的低截获概率雷达系统，可使 B-2 "幽灵" 隐形轰炸机安全地穿越最为严密的敌方防空火力网。

图 42-12　F/A-18E/F "超级大黄蜂" 搭载的 Raytheon APG-79 AESA

图 42-13　B-2 "幽灵" 隐形轰炸机可以穿透最复杂的防空网，其换装的 AN/APQ-181 AESA 雷达系统将隐身、探测距离、有效载荷和精确武器投送能力完美结合在一起

42.5　使用超材料进行遮蔽或隐身

过去几十年的研究促进了超材料的发展。这些超材料可以用来实现负折射率，允许电磁波穿过目标而不被散射，从而使得目标对雷达隐身。它们的物理结构与 FSS 类似，这些材料由周期性变化的格栅状排列结构组成（见图 42-14），可以应用于天线的设计以降低其 RCS。目前研究工作的难点在于设计出尺寸更薄、可覆盖在任意形状物体表面并在宽频带上具有隐身性能的隐身材料。

图 42-14　这种负折射率超材料阵列结构由铜制开环谐振器和多层玻璃纤维电路板上的微带印刷电路组成。整个阵列由 3 层 20×20 个单元组成，总尺寸为 10mm×100mm×100mm

42.6　天线预估 RCS 的测试验证

由于安装后的天线 RCS 受很多复杂因素影响，因此设计低 RCS 天线的关键步骤是对天线 RCS 预估值进行测试验证。

为此，通常需要构建一个或多个辐射孔径物理模型，称为"现象学模型"。通常，它们不仅包括天线辐射单元及其外壳，还包括内部前几级电路。在时间进度允许的情况下，该模型还需要与设计方进行交互以改进设计。

对模型和整个天线进行的测试包括：

- 辐射阵元级的闭环测试，用于分离和量化每个辐射阵元及其内部电路的复杂反射特性——通常称为查找测试。
- 区分不同角度依次测试整个阵列的反射方向图。
- 使用高分辨率的逆合成孔径雷达（ISAR）对天线阵列进行成像，用于发现某些特定角度下的强反射点，并确定边缘处理的有效性。

为准确评估安装后天线的 RCS，飞机机头部分的全尺寸模型（包含现象学模型）通常会在大型暗室中被测试（见图 42-15）。

图 42-15　在微波暗室中对战斗机的雷达天线 RCS 的预测值进行验证。测试时，天线罩中的天线被安装在低 RCS 测试平台上

42.7 小结

如果不采取特殊方法来降低平面阵列天线的雷达反射回波，其雷达截面积（RCS）可达数千平方米。平面阵列天线的反射包括有 4 种基本类型，可采取以下措施来改善或消除其影响：

- 来自基板的镜面反射（结构模式反射）——可以通过天线倾斜来消除。
- 由于天线内部阻抗失配引起的反射（天线模式反射）——可以通过尽可能减小失配来降低。
- 阵列边缘处的阻抗失配引起的反射（边缘衍射）——可在阵列边缘包裹雷达吸波材料，以平滑边缘波阻抗来减小反射，或者调整边缘形状来分散衍射能量。
- 结构模式反射和天线模式反射的随机分量之和（随机散射）——可通过严格控制制造公差来减小。

为了避免天线阵元等间隔排列方式引起的后向散射信号布拉格波瓣，阵元间距必须小于入射雷达信号波长的一半。如果入射波长比雷达工作波长更短，则要么需进一步减小阵元间距，要么在天线阵列外加频率选择表面（FSS），以滤除更短波长的入射雷达信号。

实际应用中影响天线 RCS 的因素非常复杂，需采用物理模型（现象学模型）对 RCS 预测值进行测试，机头部分的全尺寸模型通常在微波暗室中进行测试。

扩展阅读

E. F. Knott, J. F. Shaeffer, and M. T. Tuley, Radar Cross Section, SciTech-IET, 2005.

D. C. Jenn, Radar and Laser Cross Section Engineering, AIAA Education Series, 1995.

B. A. Munk, Frequency Selective Surfaces: Theory and Design, Wiley, 2000.

B. A. Munk, Finite Antenna Arrays and FSS, Wiley, 2003.

D.Lynch Jr., Introduction to RF Stealth, SciTech-IET, 2004.

E.F. Knott, Radar Cross Section Measurements, SciTech-IET, 2006.

J. B. Pendry, D. Schurig, and D. R. Smith, "Controlling Electromagnetic Fields," Science, Vol. 312, pp. 1780–1782, 2006.

J. B. Pendry, "Time Reversal and Negative Refraction," Science, Vol. 322, pp. 71–73, 2008.

E. F. Knott, "Radar Cross Section," chapter 14 in M. Skolnik (ed.), Radar Handbook, 3rd ed., McGraw Hill, 3rd ed., 2008.

Chapter 43

第43章 | 先进的处理器架构

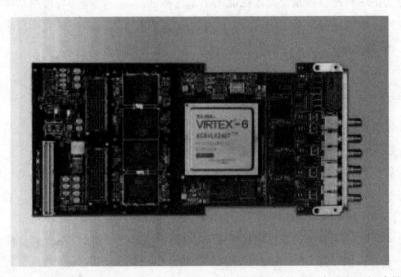

71620 模块是多通道高速数据转换器 XMC，用于通信、雷达和遥测的射频（RF）或中频（IF）接口连接

从目前已经讨论过的许多先进雷达技术来看，处理器架构似乎不大重要。然而事实上，迄今为止机载雷达的大部分先进能力只有在数字处理吞吐量大幅增加的情况下才能得到实现（见图43-1）。

1970年代，多模操作在战斗机中得以实现，它用130 MOPS（百万次运算每秒）的可编程信号处理器（PSP）取代了快速傅里叶变换（FFT）硬件处理器。直到1990年代中期，这些战斗机上使用的都是定制的基于离散线性不变系统（LSI）的数字信号处理器，后来使用定制集成电路（IC）

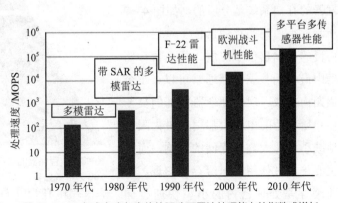

图 43-1　40年来在摩尔定律的驱动下雷达处理能力的指数式增长

或专用集成电路（ASIC）硬件设备。1980 年代，高速 ASIC 的发展又将吞吐量提高 4 倍，使得实时合成孔径雷达（SAR）处理成为可能。1990 年代，微处理器的处理能力至少提高了 30 倍。这极大地提高了现代战斗机（如 F-22 和欧洲战斗机）雷达的处理吞吐量，同时扩展了这些战斗机的性能和功能。

到 1990 年代后期，用于雷达信号处理的基于商用现货（COTS）处理模块的商用微处理器和数字信号处理器已经面世。由于处理能力的提高，标准处理模块的可用性以及航空电子设备对 COTS 接受程度的提高，使得可扩展和模块化雷达处理方法的使用成为可能。

可扩展、模块化、高功率处理的可用性，使先进的雷达能力切实可行，并使其能够与综合射频系统中的其他射频功能［包括电子反对抗（ECCM）和通信电子战（EW）功能］相结合。对更好的雷达和传感器系统处理性能的需求在持续增加，至少要与可用功率相匹配。其中的原因包括：成像分辨率要求的提高，成像面积要求的加大，数字化宽带要求的提升，对多功能和传感器融合的新要求，以及在无人机平台上的传感器使用。

43.1 基本处理器组成模块

我们首先考虑处理器的架构特征。用架构术语来描述，存储程序计算机的基本组成模块是控制器、数据通路、存储器、输入和输出系统。

控制器从指令和数据内存中获取数据并将数据存储到存储器中，同时还负责解释和解码所获取的指令，并用指令控制数据通路的操作。数据通路负责将数据路由到计算单元，执行计算，并在内存之间来回传输数据。

大多数处理器是同步的，并且依赖于一个时钟，该时钟通常是一个方波。所有的操作和数据的传输都是在时钟的上升沿或下降沿进行的，可能需要一个或多个周期。时钟的周期率以赫（Hz）或其倍数为单位，大多数现代处理器以 GHz（吉赫，即 10^9Hz）为其周期率单位。

存储器用于存储指令和数据。处理器的存储系统是分层的，如图 43-2 所示，小而快的存储器位于顶层，大而慢的存储器位于底层。处理器存储器中最快的数据存储通常可以在 1 个周期内完成。现代处理器内部的复杂性和所使用的电路大都用于最大限度地减小低速大容量存储的影响，而这主要是通过使用高速缓存来实现。高速缓存是处理器内的小型快速存储

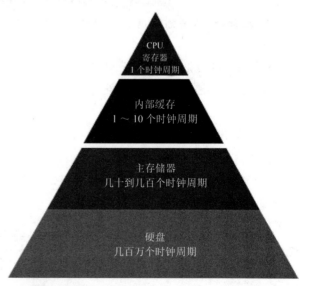

图 43-2 存储器的层次结构显示：内存的大小和速度可以相差 100 万倍或更多，从顶部的几百字节（B）和几百皮秒到底部的几太字节（TP）和几百微秒

器，它是主存储器内容的镜像。缓存依赖于局部引用规则，即下一个（条）需要的数据或指令很可能存储在最近访问数据或指令附近的内存地址中。处理器硬件和操作系统软件确保内部缓存内容反映未来可能需要的内容，并更新主存储器内容来反映高速缓存内容的变化。

输入和输出系统不仅提供了用户熟悉的键盘、鼠标和显示器的输入功能，还包括高速通信通道，以此来允许其他模块和存储器之间的数据及程序代码传输。

处理器指令周期。处理器执行程序的一个简单的过程如下：

（1）处理器基于地址从内存中获取指令。地址由控制单元计算。

（2）指令由控制单元解码，控制单元决定处理器下一步做什么。

（3）执行解码指令。该指令的一些选项包括：

- 从处理器寄存器中寻址存储器；
- 使用一个或多个处理器寄存器的内容来执行算术运算或逻辑运算；
- 如果指令是分支指令且某些条件允许，则计算一个程序计数器的新值。

（4）写入阶段。这一阶段的一些选项包括：

- 将在执行阶段执行的算术逻辑单元（ALU）所计算的结果写入一个寄存器；
- 在执行阶段，使用地址设置将寄存器写入主存储器；
- 从执行阶段中读取寻址的主存储器位置，并写入处理器寄存器。

架构分类。这种简单的处理器指令处理流针对一条指令每次执行一个操作，但在现代处理器中情况要复杂得多。在一个现实的系统中，程序员通常会使用涉及并行处理的编程模型。掌握一些描述架构并行性的基本术语是有益的。架构的一种常见分类方法是基于指令和数据的访问方式，称为 Flynn 分类法。它提供了 4 类基本的架构：

（1）单指令单数据（SISD）：在任何一个时钟周期内，处理器对一个数据流执行一条指令。例如，两个数值相加。

（2）单指令多数据（SIMD）：在任何一个时钟周期内，处理器对多个数据流执行一条指令。例如，两个向量相加。

（3）多指令多数据（MIMD）：在任何一个时钟周期内，处理器对多个数据流执行多条指令。例如，对一个向量进行标量乘法，并将另外两个向量相加。

（4）多指令单数据（MISD）：在任何一个时钟周期内，处理器执行多条指令，但仅在一个数据流上执行。例如，考虑两个矩阵元素的乘法：多条指令用来寻址多个存储器获得所需的操作数，而另一条指令指示运算单元进行乘法运算。

高级程序员看到的架构与实际硬件之间可能存在差异。这些差异可以通过高级语言编译器或硬件隐藏起来。

例如，硬件可能有一个指令流水线，用于检查相关指令是否可以被并行计算单元并行执行或终止。这种处理器硬件技术称为超标量调度技术。如果处理器能够一次启动 N 条指令，则称为 N 问题超标量架构（见图 43-3）。然而，从程序员的角度来看，这种并行处理的复杂性是可以隐藏的，其架构可能会呈现为 SISD。

Flynn 分类法也适用于多处理器应用场合。当今市场上的大多数处理器设备都是多核处理

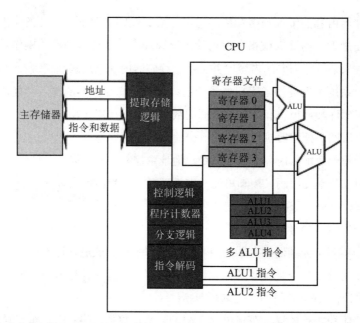

图 43-3　具有单指令多数据协处理器的单指令多问题超标量架构。控制逻辑能够确定是否可以同时执行多条指令，然后在一个时钟周期内解码和发出最多 3 条指令

器，可以对多个数据流操作多个指令流，因此可以认为是 MIMD。但是，程序员更常见的做法是为每个处理器编写一个线程程序，并在需要交换数据时在处理器之间进行同步。因此，以单程序多数据（SPMD）的形式来描述以这种运行方式的多处理器更为准确。

　　在标准商用微处理器设计中加入 SIMD 矢量处理硬件对雷达信号处理尤为重要。一个额外的 ALU 库由一个公共指令控制，每个 ALU 从寄存器文件中获得自己的数据流（见图 43-4）。

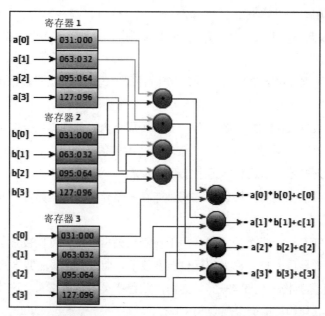

图 43-4　该示例展示了 SIMD 协处理单元在一个时钟周期内对 4 个浮点元素的 3 个向量执行向量乘法和加法。注意这需要具备多个读取访问权限的宽寄存器来支持同时计算

数的表示 计算机以二进制格式（1 和 0 的字符串）存储和操作它们的数值数据。数有各种各样的二进制表示形式，最常见的是无符号整型、有符号整型和浮点型。

- 无符号整型：表示非负整数。N 位可以表示从 0 到 2^N 的整数。
- 有符号整型：表示正整数和负整数。N 位可以表示从 -2^N 到 2^N-1 的整数。32 位可表示 -4 294 967 296 到 $+4$ 294 967 295 之间的整数。
- 浮点型：实数的二进制表示和近似值，可认为是科学记数法的二进制等价。32 位浮点数（单精度）的取值范围约为 $\pm 10^{-38} \sim \pm 10^{38}$，64 位浮点数（双精度）的取值范围约为 $\pm 10^{-308} \sim \pm 10^{308}$。

进位、舍入和动态范围 当执行算术运算时，存储结果所需的位数可能会增加。如果结果不能用可用的位数表示，那么结果中最重要的位可能被保留，而最低位可能被丢弃或四舍五入。这被称为重缩放（或重归一化）和舍入。对于整数运算，必须进行手动管理。在现场可编程门阵列（FPGA）中，必须明确地实现和控制重缩放和舍入硬件。用于重缩放和舍入的方法可能会显著影响结果。

浮点处理单元将自动执行重归一化，从而大大减轻了程序员的负担。大多数使用过科学计算器或电子制表程序的人都有这样的经历：我们不得不选择科学记数法格式来显示非常大或非常小的结果。

现在很多雷达处理都需进行浮点运算，且最好是双精度。在算法稳定性很重要的情况下，双精度非常有用，例如在恒虚警率（CFAR）计算，卡尔曼滤波和矩阵求逆中。与 32 位整数相比，双精度浮点提供了更高的精度和更大的动态范围。然而，其缺点则是双精度计算至少比单精度计算慢 60%。

早期阶段投入使用的雷达处理器中仍在采用整数处理，其中 FPGA 经常被用于提供高吞吐量、低延迟计算，例如在生成数字同相正交（I / Q）信号、数字下变频、滤波和 FFT 处理时。

P43.1 摩尔定律和互补型金属氧化物半导体（CMOS）

英特尔（Intel）公司的戈登·摩尔（Gordon Moore）在 1965 年提出了摩尔定律，预测集成电路上的晶体管数量将每年翻一番。因为他观察到自 1955 年以来，这一情况每年都会发生。他认为这一趋势可能会持续到 1975 年。1975 年，摩尔修正了他的定律，每两年翻一番，这一趋势一直持续到今天。

过去 30 年处理器能力呈指数式增长，其主要驱动力是互补型金属氧化物半导体（CMOS）的使用。

在处理器设计中引入高速 CMOS 可以提高速度（时钟频率）和门电路数。从 1985 年到 2005 年，处理器时

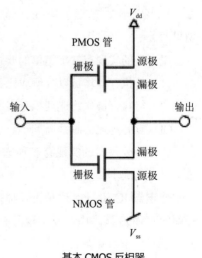

基本 CMOS 反相器

钟频率每年上升约 40%，处理器性能则提高 54%。从 2005 年起，最大时钟频率已经出现，但几乎全部在 4 GHz 以下。造成这种限制的原因是处理器功耗的增加再也无法控制了。

CMOS 电路的缩放。CMOS 提供了一种非常好的技术来实现电路尺寸的缩放。与其他技术相比，在几代 CMOS 之间重新设计晶体管的复杂性要小得多。用于表征一代 CMOS 的指标是所用晶体管的沟道长度。例如，当前一代 CMOS 采用的是 22 nm 技术。

各代 CMOS 之间的线性缩放因子大致为 0.7 ~ 0.8。例如，从 130 nm 到 90 nm 的缩放因子是 0.69，28 nm 到 22 nm 的缩放因子为 0.78。这几乎使得晶体管密度加倍，如 $1/(0.7^2) \approx 2$，即晶体管密度增大到约 2 倍。

几乎所有构建处理器所需的基本结构都是由晶体管制成的，其中主要是 CMOS 晶体管。常规的 CMOS 设计单元由更紧凑的晶体管补充，以创建高密度随机存取存储器（RAM）和用于非易失性存储的专用单元。英特尔 4004 处理器使用了约 2 500 个晶体管，英特尔 8086 处理器使用了约 29 000 个晶体管。

目前的多核处理器使用 30 亿～ 40 亿个晶体管。

43.2　低级别处理架构

可以在较低的实现级别上使用一些方法来提升处理速度。这些方法，在 FPGA 设计、数字信号处理器（DSP）和微处理器中实现。通过将许多这样的处理器集中起来使用，它们通常可在更高的级别上得到重复利用，以用来提供一个雷达或传感器处理器。所引入的方法是并行计算和流水线计算。我们将使用一个简单的例子来探索这些方法，即执行一个复杂的乘法。

流水线和并行性　从早期的计算和雷达处理开始，流水线就被用来增加算术吞吐量。这种技术接受更长的延迟时间（获得第一个结果所需的时间），以换取更高的计算吞吐量。流水线内部可以通过并行操作来提高速度，但这并不必需。例如，整数相乘可以被分成 8 个 5 ns 的阶段，延迟了 40 ns，但是在每个 5 ns 的周期中可能会有一对新的操作数和新的结果。

流水线的实现有三个简单的要求：

（1）待执行操作可以分解成比整体操作速度更快的小部分；

（2）待执行操作将连续执行多次；

（3）额外延迟的时钟周期不会引起任何问题。

如今，处理器的实现有多种选择来创建模块。具体选择哪一种，将取决于应用需求以及该选择下的成本和效益。

全定制 IC 设计　这种设计提供了最高性能、最低功率和最小尺寸的终极组合。然而在最新的 CMOS 技术中，要实现具有最高可用性能的大型定制 IC 设计，其设计成本非常高，并且只能用于每年数百万件的量产产品，或者只在没有其他数字逻辑能够提供足够的速度或功率性能时才使用。

自由逻辑阵列，ASIC 和门阵列　1970 年代末产生的半定制 IC 方法，允许设计者以 IC 的形式实现他们的处理电路，而不用承担定制集成电路的全部非批量性（nonrecurring）成本。这些半定制电路的最初版本是基于自由逻辑阵列（ULA）的。在这些器件中，晶体管或门电路被预置到晶片上并保存在存储器中。设计师完成电路设计，然后指定可用门电路之间的金属互连。其中的金属化层用于连接预先布置的晶体管或门电路，以创建所需电路（见图 43-5）。

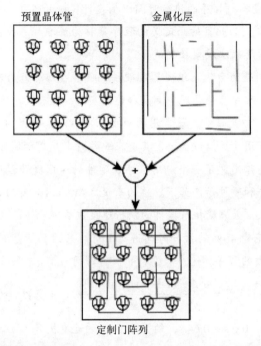

预置晶体管　　　　　金属化层

定制门阵列

图 43-5　在用户定义金属沟道门阵列的定制过程中，由设计电路原理图定义金属化层的掩模。金属化层提供了与在硅晶片上以标准化图案预先设置晶体管的连接

P43.2　处理器性能的度量

对处理器性能最有意义的度量，是真实环境下目标硬件上运行应用程序所需的时间。但是，在开发应用程序之前，很少使用这种方法。常用的指标很多，以下介绍的是最常见的那些，并且使用这些指标都应谨慎。

时钟频率（MHz，GHz）　这可能是最不准确的常见度量指标。处理器性能可能更多地取决于其架构或应用程序的性质。例如，特定微处理器上的处理器时钟频率从 500 MHz 增加到 1 000 MHz，但应用程序的总体运行时间才减少不到 15%（见稍后的 "Amdahl 定律"）。

百万条指令每秒（MIPS）　这种对处理器每秒能够执行多少个百万条指令的度量有两方面的误导。首先，对于不同的指令，大多数处理器在每条指令上使用的时钟周期也不同。取决于应用程序的指令组合方式，性能上可能会有很大差异。其次，许多处理器支持在一条指令中执行多个操作指令。例如，一条 SIMD 指令可以在一个周期内执行 16 个或更多的算术运算，但这只能算作 1 条指令，而不是 16 条。

百万次浮点运算每秒（MFLOP）　通常，这是一个处理器每秒可以执行百万次浮点运算的数量。这有时是通过假设指令在每个周期内可以执行的浮点运算的最大数量来计算的。例如，如果 SIMD 单元能够在 3 GHz 时钟的一个周期内进行 16 次浮点累加运算，那么 MFLOP 数将为 $16 \times 3 \times 10^3$ MHz 或 48 000 MFLOP。由于这里假设没有取指令，并且所有操作数都已在相应的寄存器中，所以这个数字在实践中永远不可能实现。此外，一些应用程序很少使用浮点数，因此以 MFLOP 也度量无法准确反映处理器性能。

基准测试程序　测量各种程序的执行时间以确定计算机的性能，这通常被认为是测量处理器一般性能的最佳方法。为此目的而定义的程序集称为基准程序套件。最初的许多程序都是人工操作的，如执行矩阵乘法或素数测试。

众所周知，计算机制造商会优化编译器或硬件，使其在综合基准测试中表现良好。为避免这种情况，现在的基准程序套件是现实测试和综合实例的组合。标准性能评估组织（SPEC）提供了一套有用的基准。截至目前，最常用的通用基准程序套件是 SPEC CPU2006。该套件中单个基准测试的结果可用于性能评估，尤其是在一些特定应用领域方面。

Amdahl 定律　该定律定义了一个应用程序或硬件的速度提升程度与具体应用程序或硬件构件改进的关系。软件和硬件示例如下。总的来说，Amdahl 定律可以帮助确定需在哪里加速处理，并支持以下观点：最频繁执行操作的执行速度应尽可能快。

示例 1　假设程序花费 40% 的执行时间进行 FFT。采用的方法是使 FFT 运行速度提高 10 倍，那么可以实现多大的程序加速？假设初始执行时间为 1 s。

$$改进后的运行时间 = \frac{受改进影响的运行时间}{改进量} + 未受影响的运行时间$$

运行时间 = 0.4 s/ 10 + 0.6 s = 0.64 s，约等于 56% 的速度提升。注意，即使 FFT 完全没有占用时间，运行时间也不能小于 0.6 s。

示例 2　处理器运行应用程序需要 10 s。为了加快应用程序的速度，一种方法是将处理器的时钟频率从 500 MHz 增加到 1 000 MHz。然而，处理器花费 80% 的时间访问主存储器，而访问速度不会改变。那运行时间将改善多少？像之前一样，

$$改进后的运行时间 = \frac{受改进影响的运行时间}{改进量} + 未受影响的运行时间$$

运行时间 = (10 s × 20%)/2+8 s=9 s，这相当于 10% 的性能提升。

随着时间的推移，基本阵列（预金属化）的电路范围从简单的门增加到包括更复杂的设备，如算术单元和小存储器。根据具体情况，这些也称为 ASIC 或门阵列。

这些器件在非经常性工程（NRE）中应用成本虽然仍然很高，但可能不到全定制设计的 1/10。

FPGA　定制处理电路演进的下一个发展是电可编程、可擦除的门阵列。这些器件具有可编程的互连信息，而不再是由昂贵的掩模组决定电路互连，其互连编程信息保存在设备内存中。这些器件固有的可编程性允许在现场对电路进行重新编程。因此，这种设备被称为

FPGA。随着 CMOS 工艺几何图形的缩小，制造定制或半定制集成电路掩模组的复杂性成本，从 1990 年代早期的大约 10 万美元增加到今天的数百万美元。这增加了 FPGA 在大批量器件之外的竞争优势。

　　FPGA 具有与定制 IC 设计相同的优势。通过利用 FPGA 中固有的硬件并行性结构（见图 43-6），设计人员可以实现快速整数处理，从而可以处理硬实时、高速流数据。例如，如果在雷达数据到达时需要处理其数字化的数据流，FPGA 可以提供除 ASIC/ 定制 IC 设计之外的唯一低延迟解决方案。FPGA 解决方案的其他优点包括：低 NRE 成本，FPGA 供应商包含有用的知识产权（IP）或复杂的电路块，以及对设计进行低成本修改的灵活性。FPGA 还提供在设计中嵌入微处理器的能力。FPGA 的缺点是：在同一技术节点（当前为 28 nm）上，与微处理器或 DSP 相比，FPGA 执行整数运算的时钟频率是其 1/5，执行单精度浮点运算的时钟频率是其 1/10。由于用于可编程路由资源的晶体管数量以及复制电路元件的要求，所以不管是否需要，就使用的门电路数量而言，FPGA 的效率可能是 ASIC 的 1/10 或更低，其单位成本和功耗都可以反映这一点。

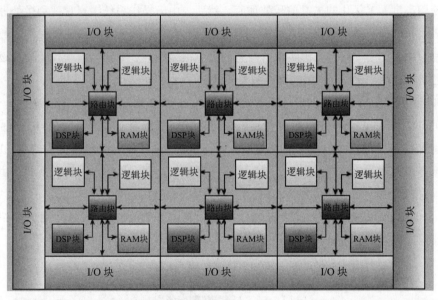

图 43-6　FPGA 内部结构。图中以简化形式有规则地显示了预定义元件（如逻辑块，RAM 块和 DSP 块等）的许多复制块。定制互连是通过对电气路由块编程来创建的。一个真正的 FPGA 可以有成千上万个所有这些基本元件

　　数字信号处理器（DSP） DSP 在 FPGA 和微处理器之间提供了一个折中方案，它提供多个内核，包含整数和浮点数运算，其时钟频率与微处理器相当。DSP 通常提供多个 SIMD ALU 和地址发生器，支持寻址多维阵列和采集 / 分发操作以及指令和数据的独立存储。这些设备加上 DMA（直接存储器访问）的广泛使用，使得 DSP 能够实现很高的单位周期操作数。为了实现高性能，DSP 设备需要精心地编程和优化。尽管有专门的优化编译器，但仍然使用设备模拟器来检查和改进操作。用在设备操作软件上的工作量通常比微处理器设计要高，而且代码通常不便于移植。DSP 的另一个优点是，与多核微处理器或大量使用的大型 FPGA 相比，它们可以提供更低功耗的解决方案。

嵌入式处理器 这些微处理器被嵌入到其他集成电路中，以提供可编程性。它们有 32 位和 64 位版本，支持多核和 SIMD 加速。这些器件是最常见的处理器形式，为手机、平板电脑和大多数家庭娱乐设备提供处理功能。仅 2012 年一年，就有超过 80 亿个 ARM 嵌入式处理器内核上市。嵌入式处理器可以采用多核设计，在编写本书时，8 个内核是最多的。这些器件的性能低于高端多核通用微处理器的 1/10，功耗则只有其 2%。目前最被寄予希望的应用之一是在 FPGA 和 DSP 中使用嵌入式处理器，从而允许这两种处理解决方案具有用高级语言编程的常规处理器接口。

微处理器 现代微处理器具有多个相同的微处理内核，每个内核都有单独的和共享的缓存。在撰写本书时，已经有 12 个内核的设备可用，并且这个数字在未来还会增加。为了支持这些内核，芯片面积的很大一部分被用于高速缓存，随着内核数的增加，用于缓存的芯片比例也会增加。

每个内核都有多个 ALU，包括提供信号处理能力和灵活执行雷达信号处理的 SIMD 协处理器。优化和矢量化编译器可以从这些器件中获得良好的信号处理性能。最佳信号处理通常都需要使用高度人工优化的矢量信号处理库。然而，由于操作系统缓存管理和微处理器操作系统的多线程特性，很难确保硬实时需求得到满足。此外，为了保持最好的性能，数据必须保存在缓存中，这会使信号处理实现对问题的大小很敏感。近期和当前一代微处理设备的另一个问题是热功耗，这可能会限制性能或需要液冷。

GPU 通用计算 GPU（图形处理单元）是在单个 IC 中实现大规模并行处理的一个例子。GPU 内可以有数百至数千个 ALU 并行运行，可以在较低级别上将其视为 SIMD 器件，或在较高级别上将其视为 MIMD 器件。实际上，硬件和软件对不同计算线程的支持是 GPU 编程与单核或多核处理器内核的区别。目前，大多数多核处理器，其每个内核支持两个由硬件支持的线程（超线程），而最先进的 GPU 所支持的线程将超过 16 000 个。

图 43-7 显示了具有 8 个构建块的 GPU 框图，其中每个构建块有 2 个流处理器组，每个流处理器组又包含 8 个流处理器。GPU 目前需要一个 X86 系列的 CPU 作为主机。

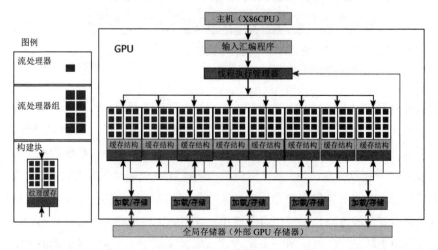

图 43-7 在这种通用 GPU 中，分层并行架构被缩小。最新的 GPU 有数百个构建块和数千个流处理器

如果 GPU 可以在其流处理器上维持较高的利用率，它就能够将多核微处理器的性能提高 10 ~ 100 倍。为此，所解决问题首先要高度并行化，必须允许对 GPU 全局存储器数据的串行访问与传输，而且与主机处理器的关联应保持在最低水平。GPU 的缺点在于高功耗，其消耗的功率可能是最大的微处理器的两三倍。

43.3 满足实时数据密度要求

大多数机载雷达系统在大多数工作模式下需要实时进行脉冲或脉冲串数据处理。这就意味着，处理数据所需时间应该少于收集数据所需的时间。这并不是说处理的延迟需要满足同样的要求。在第一次处理的数据出现在输出端之前，可能需要几个脉冲串时间，但在那之后输出速率将与输入速率相匹配。当然也有例外，例如，对于一些高分辨率聚束式 SAR，可能处理图像数据比收集数据需要更长时间，因此不能连续地对感兴趣的区域进行成像。

前面在单个计算中讨论的流水线和并行的概念现在可以应用于整个雷达处理链级别。适用于单个计算级别的底层规则在这里也同样适用，总体目标是保持数据在流水线中移动而不产生瓶颈。首要原则是在需要的地方提供足够的处理能力。然而，这一目标并不能完美地实现。处理流水线各阶段工作负载的差异，意味着处理器架构必须提供存储器缓冲，以消除这些吞吐量的不连续性。

另外，现代机载雷达需要雷达模式快速交替，这会在工作负载上产生显著变化，如 SAR 和地面动目标显示（GMTI）两种功能交替工作时那样。这将要求处理器具有快速重置的能力，并具有足够的内存缓冲，以消除数据速率上的差异。这样的模式交错可以做到对操作员无缝衔接，但这需要考虑到雷达定时器相关细节信号进行仔细设计。

表 43-1 显示了 1990 年代中期以来雷达处理器（第二代）的雷达流水线阶段、功能的分布以及每个阶段所需的处理能力。图 43-8 给出了框图和处理流程示例图。

表 43-1 第二代雷达处理器中的处理示例

单元	名称	功能	处理能力
RGC	接收机增益控制	通道和 IQ 形成，饱和检测，缩放，杂波频率测量	600 MOPS
TDP	时域处理器	数字下变频和抽取，杂波频率设置和滤波，脉冲压缩，功率，对数功率或振幅计算	2 400 MOPS
FFP	快速傅里叶处理器	多普勒处理，滤波，功率计算	1 800 MOPS
CFP	CFAR 处理器	区域平均，门限，检测的产生	1 600 MOPS
COP	相关处理器	检测时间和空间相关性，跟踪滤波	675 MOPS
DRM	显示刷新存储器	扫描和计划距离的转换，显示存储和生成	200 MOPS
QBM	四块大容量存储器	处理器缓存	—
DAP	数据处理器	多目标跟踪，目标识别，雷达控制，外部飞机系统接口，导航数据分布，传感器集成	400 MOPS

雷达数字处理器的设计可分为 4 代。

第一代（1980 年以前） 这一代处理器由长延迟的流水线处理器组成，在编程中几乎没有灵活性。其控制是硬连线的，雷达通常支持一些非常有限的功能。

第二代（1980 年代至 1990 年代中期） 这一代的处理器能够利用更高速度的 ASIC 技术来缩短流水线的延迟时间，并通过微处理器控制来提供更多的编程灵活性。对于这一代处理器，大多数组件仍然是定制设计的，为了获得高性能，需要定制背板和互连电路。这一代处理器使第一代真正的多模脉冲多普勒雷达成为可能。

在这一代中，设计可以高度模块化，同样的处理模块设计被多次使用。利用定制的 DSP ASIC 来定制模块的操作，使其在信号处理流水线内执行特定的流水线功能。

内存模块通常用于在处理器之间缓冲数据传输，这些板上的地址生成器可以支持数据传输期间的矩阵重组（转置、对角化和其他变换）功能。这样可以从各个处理模块中减少分散或收集的开销。

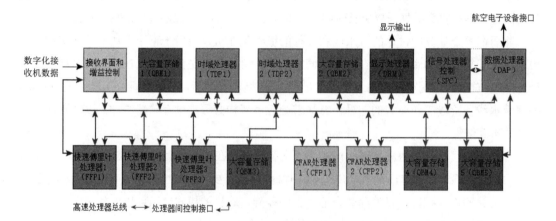

图 43-8　一种模块化的第二代流水线雷达处理器，具有功能特定的处理模块，符合通用模块规范并连接到公共总线

高速处理器间的总线用于支持在通用有线总线上进行极低延迟、多通道数据传输。最常见的 COTS 总线标准接口不具备雷达处理器所需的性能要求。

这种架构是为一些应用而设计的，虽然对这些应用而言已经足够，但仍存在架构缺陷。最主要的缺点是 ASIC 的功能定制特性限制了将资源重新部署到流水线重负环节的能力。例如，如果处理中快速傅里叶处理器（FFP）过载，而处理器中其他地方的未使用资源，例如恒虚警率（CFAR）处理器（CFP），就不能用于提高前者和整个雷达处理的性能。另一个缺点源于公共总线的使用，它限制了数据的同时传输。

第三代（1990 年代中期至 2000 年代初期） 这一代处理器进一步降低了定制硬件的需求。使用商用组件（包括具有 SIMD 信号处理单元和 FPGA 的通用处理器）来替代 ASIC。为通信市场开发的交换组件使快速灵活的数据网络得以实现，而无须使用定制组件，也不需要公共总线。更大的内存、更高的处理速率和不用特定功能的模块，提高了多功能性能并降低了软件开发成本。

图 43-9 显示了第三代雷达处理器架构。它的处理模块由三个相同的处理元件组成，每个元件都有一个到纵横交换机（交叉开关）的数据连接。纵横交换机允许在任意两个处理单元

之间建立双向数据路径，而不会阻断系统中的任何其他数据传输。

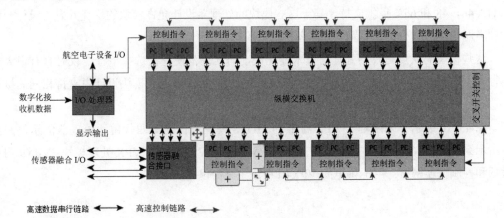

图 43-9 这种第三代雷达处理器架构在几乎所有的处理阶段使用相同的处理模块。使用交叉开关结构取代前几代的公共总线，支持更高速度的通信

这一代的设计使用了商业处理器、内存和交换机组件的加固版本来实现定制架构。该架构显示出规则得多的结构，其模块化的改进克服了第二代设计的主要缺陷。现在可以根据需要配置互连，并且处理器是通用的，而不是流水线特有的。

第四代（2000 年代初期以后） 从第三代处理器到第四代处理器的过渡不像前几代之间的过渡那样明显。这种架构的性能优势来自对商业处理器开发的快速跟踪和对高速通信商业标准的使用。

使用这种架构的主要挑战是对软件进行分区，以便在处理单元中最有效地利用多个处理器内核。这种设计既可以使用传统的高级语言，也可以借助高级设计工具和图形设计工具。

除了速度和性能的提高之外，第四代处理器与前几代处理器之间的主要区别，在于它们在军用现货（MOTS）模块中的使用，实现了传感器处理器。最新一代的处理器也使得扩展许多在线可更换单元（LRU）之间的处理成为可能。由于第四代架构的主要优点来源于其模块化，下一节将对其进行更详细的讨论。

43.4　模块化设计和容错

模块化设计为航空电子系统提供了巨大的操作、后勤和成本优势。即使在单个雷达系统范围内，对于特定的飞机类型，也可以实现模块化设计并获得许多好处。例如，1990 年代早期的第二代架构就显示出了许多这样的优点。

随着高性能、通用微处理器处理能力的提高，对特定功能硬件的需求已经降低。今天，除了要求最高的那些应用外，只有雷达处理器的前端才需要使用定制设计硬件。处理器模块的商业标准已发展到支持高速串行接口、交换结构标准以及满足军事环境规范的多种选择。这些模块的定义可作为 VPX 模块的美国国家标准 /VMEBus 国际贸易协会（ANSI/VITA）标准规范集，是对早期的 Versa Module Eurocard（VME）处理模块标准的补充。

这些新标准已经被开发用于更坚固的机械模块，并为具有更高温度的模块和液体冷却（VITA 46，48 和 65）提供支持。基于这些模块的处理器设计允许模块的快速开发、设计一致性和多源采购，减少了需后勤支持的备件储备量。

这些模块的缺点是底层处理器技术变化快，而其规范使得在选择串行协议时具有很大的弹性。不能保证 MOTS 或 COTS 模块供应商在两代或两代以上的模块设计中支持相同的接口配置或处理器配置。

图 43-10 展示了采用基于 VPX 标准的 MOTS 模块设计的第四代雷达处理器的示例。图中所示系统将在 VPX 机箱中占用 10 个插槽：VPX1 至 VPX8 用于 VPX 处理模块；VPX9 用于数据和控制交换网络；用于供电的 VPX10 在图中未给出。

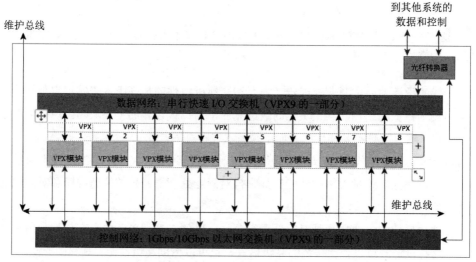

图 43-10　第四代雷达处理器对于所有单元都使用 VPX COTS 标准模块，并使用基于 COTS 交换机的符合开放标准的模块间通信

该处理器中的数据网络使用了一种称为串行快速 I/O 的标准，它允许灵活的互连拓扑以及通信中的冗余支持。同一个 VPX 模块还支持用于网络控制的多端口 10 Gbps 以太网交换机。有了足够数量的备用端口，这些交换机就可以支持处理器 LRU 机箱之外的拓展处理。

图 43-11 显示了图 43-10 中 8 个 VPX 处理模块中一个的框图。该处理模块由两个四核英特尔（Intel）微处理器组成，通过 PCIe 和 SRIO 接口连接，串行快速 I/O 和 10 Gbps 以太网通过机箱背板和 VPX9 中的交换机连接。

容错　机载雷达任务的关键性，要求雷达处理器具有很高的可靠性，即使在出现故障时也能正常工作。如果处理器用于支持其他传感器，那么这个要求将变得更加重要。

在传感器处理器中用来确保操作正确的主要方法是机内测试（BIT），其目的是双重的：① 检测发生的错误；② 尽可能准确地定位故障。处理器的所有部分将在上电时执行机内测试（PBIT），并通过定期或连续的、非初始化的机内测试（CBIT）进行补充。此外，操作员可以启动机内测试序列（IBIT）。

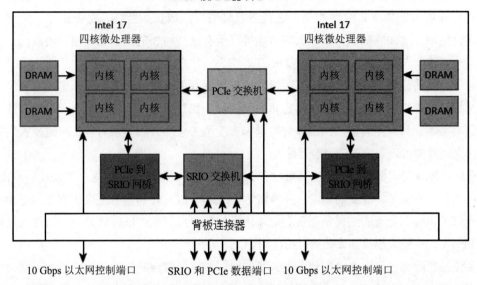

图 43-11　该基于 VPX 的处理器模块由两个四核 Intel 微处理器组成，通过 PCIe 和 SRIO 接口连接模块，串行快速 I/O 和 10 Gbps 以太网通过机箱背板和 VPX9 中的交换机连接

在早期的处理器设计中，当使用定制硬件时，设计将包括指定的硬件功能，以满足故障检测和位置要求。基于 COTS 设计的一个弱点是雷达设计者通常不能获得对 BIT 的硬件支持。在软件层面，COTS 模块制造通常为 PBIT 和 IBIT 提供软件 BIT 程序。编写 CBIT 软件，要使其能在可靠地检查十亿门微处理器运行的同时继续执行雷达处理，这并非易事。然而，仍有一些微处理器支持 CBIT。例如，大多数系统支持温度监控，对存储器和通信数据包执行错误检测和校正，并运行看门狗计时器来检测行为异常的程序或处理器。

鉴于故障检测的挑战性，现代模块化处理器在容错和隔离方面确实具有先天优势。模块化 COTS 设计的容错特性包括：

（1）相同的硬件模块和灵活的切换结构，便于隔离故障模块和切换备用部件。

（2）串行协议，如串行快速 I/O，支持故障检测和消息重路由（rerouting）。这可以通过在交换结构中包含冗余来进行补充。对于图 43-10 所示的 VPX 示例，可能包括一个额外的交换模块，以便在路由资源中提供冗余。

（3）具有足够的存储和处理能力的处理元件，用于存储关于其自身结构的详细信息（至组件级），执行详细的诊断，对设备进行智能重配置。

（4）支持虚拟机操作的现代处理器及其操作系统。虚拟机将执行程序与实际硬件隔离开来，从而将程序错误或其他故障的影响最小化。故障可以仅限于虚拟机，而不会导致更为一般的系统故障。然后，由管理操作系统来执行适当的恢复操作。

43.5　处理器发展的未来挑战

雷达和传感器中处理器的未来发展将会如何？

　　未来 10 年将是航空电子计算和通用计算领域的蓬勃发展期。对机载雷达来说，传统任务对处理能力的需求将继续增加。这些需求将来自广域长久监视、宽带工作、传感器融合、平台组网、认知感知、自治和人工智能等。所有这些增加的需求都是相互关联的，其中许多需求源于无人机对传感器的操作要求。

　　对于一般的计算，要有效利用不断增加的可用并行内核数量，需要进行重大改变来应对这个挑战。技术限制可能会导致摩尔定律的失效，为找到扩大处理能力增长范围的方法，各个层面都需要创新。不断增加的晶体管数量和密度所带来的去除废热问题，将迫使人们采用新方法主动冷却处理器内部的封装器件。

　　多传感器应用需要最大限度地利用现有孔径和天线，这就需要进行宽带多功能射频操作。由此产生了对宽带频率捷变的需求，并为雷达、ECM、ECCM 和信号情报侦察之间更紧密的耦合提供了机会。处理的结果是在雷达前端附近实现更高带宽的低时延处理，而这很可能依赖于 FPGA 性能的大幅提高或传统硅的使用。

　　多传感器融合已经在很多平台上展开了应用。传感器融合的定量和定性方面可能会发生重大变化。这在一定程度上是由于网络平台数据利用增加，传感器套件认知数据增长，以及为自治系统或人工智能系统提供数据等三个方面因素的作用。

　　认知感知将利用从雷达和其他传感器或平台获得的关于工作环境的信息，修改和优化包括雷达在内的传感器的运行方法。在认知感知和传感器融合之间有很大的重叠领域，从处理器的角度来看，其中一个区别是需要快速访问大型非易失性存储单元，以便对之前的已知数据进行处理。一个简单的例子就是在先前收集的数据和当前的 SAR 图像之间进行实时相干变化检测，但是这将会出现更多的机会和挑战。

　　无人机将在敌对环境中运行，其与基地之间的控制和数据通信可能会受到限制。它们需要在没有连续直接控制的情况下实现其任务目标的能力。这意味着它们必须能够执行飞行任务，并能够自主地对传感器进行最佳控制。这种能力对所有航空电子处理系统都具有重要意义。

　　技术变革　　摩尔定律现在仍然是有效的，但在撰写本书时预计，到 2022 年左右情况将不再如此。人们一致认为，CMOS 栅极的基本量子极限将出现在 5 nm 左右。大约在这个长度上，无论栅极电压的状态如何，量子效应都将导致电流流过栅极。实际上，在大约 8 nm 技术点上，制造可能就会变得困难。

　　如果达到 8 nm 的节点，晶体管数量应该是目前可用数量的 10 倍（见表 43-2）。假设从现在的 CPU 和 GPU 进行线性扩展，多核 CPU 将有 100 ～ 120 个内核，GPU 将有 25 000 个 CUDA 内核。基于保守估计，可能只有 10 倍的可用加速。

表 43-2　摩尔定律的外推

年份	特征尺寸 /nm	晶体管数量 / 亿个
2012	28	70
2014	22	110
2016	16	220
2018	11	450
2020	8	800

假设这些器件可以通过编程来实现内核的高利用率，它们还将需要增加 I/O 带宽，其可能速率至少是现在的 10 倍。这种带宽需求的增加需要硅光子学的进步。

较小尺寸的可靠性问题　由于 CMOS 几何尺寸的缩小，有人担心由于使用这些技术，可能会出现一些可靠性问题：

- 所使用的薄层的内在可靠性。
- 器件内潜在的局部极高散热，例如 28 mm GPU，其晶体管密度约为每平方毫米 1 200 万个。
- 宇宙辐射通过芯片而产生带电粒子误触发，导致单粒子翻转事件（SEU）的故障概率增加，这种事件在较小几何尺寸器件上更容易发生，因为更多的晶体管可以受到影响（更低的能量交换和更高的晶体管密度）。

43.6　先进发展

三维（3D）器件制造　随着英特尔推出 3D 晶体管，以及多家供应商将不同管芯（die）直接安装在彼此的顶部，在垂直轴上扩展器件制造的进程就已经开始了。除了增加组件的密度之外，未来的主要驱动因素可能是减小访问处理器（主）存储器所需的延迟（和功率）。硅光子接口在设备上普及之前，可能会有这么一段时间，通过处理器上存储器设备与内存的直接耦合来提高存储器的接口性能。

芯片的三维组装也可用于直接在 3D 器件堆栈内安装有源冷却层（微流体、热泵或热电偶）。这可以和硅上打印冷却与封装结构结合起来。

硅光子学　硅光子学是一种可以在硅上制造光学器件的技术，它可能与标准的 CMOS 门一起使用。这项技术刚开始可能用来比现在更快地传输芯片内外的数据。2020 年，每条光链路的数据速率可以达到 100 Kbps。同等情况下要求时钟频率 10 倍加速和先前预测内核数的 10 倍增加。

只要足够小型化，就可能用光学开关取代晶体管，用光波导取代电路。另一个潜在的质变是回归直接光学处理，其中波形产生、脉冲压缩、滤波、上下转换、卷积和 FFT 等，都可以作为光学功能来执行。

光学系统能够具有非常高的存储密度，并具备很高的访问速度和多次同时访问的潜力。如果能够实现这种潜力，则可以缓解由存储器速度层次结构引起的存储速度瓶颈。随着内核数量的增加，同时访问大型共享高速缓存的问题变得更加严重，而光学系统可能为该问题提供解决方案。

由于转换速度和传播时延的改善，上述这些变化的组合可以使性能提高一个数量级。

43.7　小结

在摩尔定律的驱动下，处理能力得到了极大的提升，现在仅使用 MOTS 或 COTS 标准硬件模块就可能实现极其强大的系统。这在处理器的模块化、灵活性和可扩展性方面提供了极大的好处。

可以在所有级别上使用并行处理和流水线来增加处理吞吐量。在计算级别上，必须注意确保数据可以毫无差距地提供给流水线，并且流水线中的各阶段是规则的。在雷达处理器流水线级别，必须具备一定的灵活性以在流水线内能够重新部署处理功率，并且必须提供足够的存储器和总线带宽以补偿内部吞吐量的变化。

FPGA、DSP 和微处理器解决方案都有各自的优点。在 FPGA 实现中，通常采用流水线方式处理需要整数处理的连续高速数据。微处理器可以提供一个统一的系统，该系统可以使用单精度和双精度浮点数进行高级语言编程，但是如果需要非常确定的时间性能，操作系统和缓存就可能导致问题。DSP 在 FPGA 和微处理器之间提供了良好的性能折中；但是相对于微处理器而言，DSP 的编程可能更困难一些。

要确定一个处理器解决方案是否有足够的处理吞吐量来工作，最可靠的方法是在真实环境下对目标硬件条件进行实现和测试。如果做不到这一点，则基于尽可能接近最终应用的基准程序套件进行预测，最能可靠反映处理性能。以最有效的顺序将数据移入和移出处理单元，可能需要比执行处理计算花费更长的时间。特别是，有效利用处理器数据缓存等高速存储器，会对性能产生关键性的影响。

在计算处理器性能或处理器加速设计时，应考虑执行所有步骤的时间，并使用 Amdahl 定律来确定哪些部分可以最节省时间。

未来处理器性能改进的主要阻碍是：控制晶体管密度增加所带来的功耗增长，按照处理器内核数量对输入 / 输出和存储器速度进行缩放。使用这种不断缩小的技术，会给设备的可靠性带来风险，而商用微处理器的使用降低了检测和定位故障的能力。

缩小 CMOS 尺度最终会受到量子效应的限制，可能会迫使 2022 年之前晶体管类型发生根本变化，但这一限制也可能会随着硅光子学的发展而被克服。

扩展阅读

J. Stokes, Inside the Machine, an Illustrated Introduction to Microprocessors and Computer Architecture, No Starch Press, 2007.

D. Liu, Embedded DSP Processor Design, Newnes-Elsevier, 2008.

J. L. Hennessy and D. A. Patterson, Computer Architecture, a Quantitative Approach, 5th ed., Morgan Kaufmann, 2011.

J. L. Hennessy and D. A. Patterson, Computer Organisation and Design, The Hardware/ Software Interface, rev. 4th ed., Morgan Kaufmann, 2012.

歼-20"威龙"（Chengdu J-20 Black Eagle）（2011 年）
据报道，歼-20"威龙"是成都飞机工业公司和沈阳飞机工业公司合作开
发的第五代隐形战斗机。预计在 2020 年之前服役（已于 2018 年列装——译
者注）。

Chapter 44

第44章 | 双基地雷达

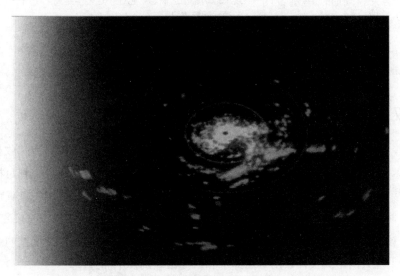

早期伦敦大学学院（UCL）双基地雷达实验（1982年）的 PPI 显示

44.1 基本概念

发射机和接收机共用一个天线的常规雷达称为单基地雷达。相比之下，发射机与接收机位于不同位置的雷达称为双基地雷达。尽管这种安排在技术上（特别是在发射机和接收机之间的同步方面）引入许多复杂性，而且更加昂贵，但是仍存在很多潜在优势。

双基地雷达可以改善对那些通过外形设计将能量散射到远离单基地雷达方向的隐形目标的探测性能。同时，由于双基地雷达接收机是无源的，这意味着不可能通过电子支援（ES）手段对其接收机进行定位。

对双基地接收机也很难部署对抗措施，因为它们的位置是未知的。因此，任何干扰必须分散在一定角度范围内，由此导致有效性降低。同样，双基地接收机也不易被反辐射导弹（ARM）攻击。双基地工作方式对于无人机（UAV）系统尤其具有吸引力，因为它们可以只携带接收机，笨重复杂和高能耗（power-hungry）的发射机可以易地放置。

20世纪30年代，一些最早的机载雷达实验都是双基地的，因为至少在当时不可能在机载系统中产生大功率雷达脉冲。

20 世纪 70 年代末 80 年代初的一个双基地雷达系统的例子是 SANCTUARY（圣堂），这是一个美国的双基地防空概念雷达，它使用远程的机载照射源和无源地面接收机（见图 44-1）。

本章将介绍双基地雷达的一些特点，并说明其中有多少是双基地几何结构的结果。同时，举例说明一些实用双基地雷达系统及其表现

图 44-1 SANCTUARY 是美国 20 世纪 70 年代末 80 年代初提出的双基地防空雷达概念。它在一定相持距离上使用一个机载照射源和无源地面接收机

情况；同时还将介绍无源双基地雷达技术，这种双基地雷达采用广播、通信或无线电导航发射机作为照射源以代替专用雷达发射机。

44.2 双基地雷达的特性

发射机、目标和接收机形成的双基地三角形如图 44-2 所示。从发射机到接收机的距离称为基线（L）。发射机和接收机相对于目标所成的角度为双基地角 β。发射机到目标的距离是 R_T，目标到接收机的距离是 R_R。在大多数安排中，双基地接收机会测量发射机直达波与目标回波之间的时延差，若 L 已知，则双基距离和（R_T+R_R）可计算得到。这种测量方式定义了一个椭圆，该椭圆以发射机和接收机作为两个焦点。这就与你小时候可能玩过的游戏完全一样：在板子上插入两个大头针，用一圈绳子和一支铅笔画一个椭圆。

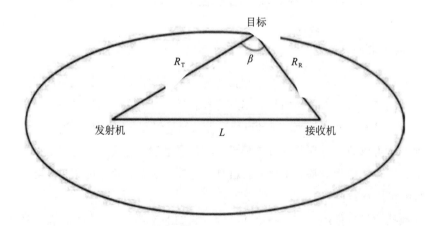

图 44-2 在双基地雷达几何中，对目标双基地距离和 R_T+R_R 的测量定义了一个椭圆，发射机和接收机位于其焦点处

P44.1　克莱因·海德堡（Klein Heidelberg）雷达系统

现代意义上第一个实用的双基地雷达是德国二战期间使用的双基地雷达系统——克莱因·海德堡。它利用来自英国东海岸的英国本土链雷达发射信号，这使得该双基地雷达完全无法被探测到，因此也不会受干扰和对抗措施的影响。事实上，盟军直到 1944 年 11 月才发现它。据报道，它对盟军飞机的探测距离超过 400 km，无疑比那个时代超前了几十年。

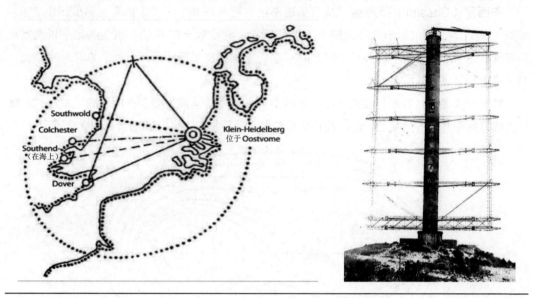

通常情况下，发射机或接收机（或两者都）可采用定向波束来确定目标在椭圆上的位置。然而，如果发射机信号是脉冲信号（通常都是这样），则会引入复杂性。因为接收天线波束必须瞬时指向目标回波方向，这就要求它能紧随脉冲在空间的传播而迅速转向。这个过程被称为脉冲跟踪。波束指向的变化是时间的非线性函数且变化非常快，为此必须采用电扫描，这肯定比机械扫描更复杂、更昂贵。

双基地接收机也必须与发射机同步。更具体地说，双基地接收机相关处理需要获取以下信息：① 发射机和接收机的位置；② 每个脉冲的传输时刻；③（如果发射机发射定向波束）发射波束的指向；④（如果使用相干处理）发射信号的相位。

如果发射源是合作发射源，则可以使用固定线路连接来获得上述同步信号。否则就必须通过接收直达波信号来获取信息，尤其是当其中的一个或两个平台都是机载平台时。全球定位系统（GPS）的使用将使同步和地理定位变得更加容易一些。

双基地雷达方程　双基地雷达的雷达方程推导与单基地雷达完全相同（参见第 12 章）。为了进行比较，同时列出这两个方程如下：

$$\frac{S}{N} = \frac{P_{\mathrm{avg}} G^2 \lambda^2 \sigma t_{\mathrm{ot}}}{(4\pi)^3 R^4 T_0 BF} \text{（单基地）}$$

$$\frac{S}{N} = \frac{P_{avg}G_{T}G_{R}\lambda^{2}\sigma_{B}t_{ot}}{(4\pi)^{3}R_{T}^{2}R_{R}^{2}kT_{0}BF} \text{（双基地）}$$

关键的区别是：① 天线增益 G^{2} 由分开的发射和接收天线增益 G_{T} 和 G_{R} 代替；② 分母中的 $1/R^{4}$ 因子由因子 $1/(R_{T}^{2}R_{R}^{2})$ 代替，对于给定目标，这意味着当目标与发射机和接收机等距时信噪比最低，而当目标靠近发射机或接收机时信噪比最高；③ 目标的单基地雷达截面积（RCS）σ，被双基地 RCS σ_{B} 代替。

卡西尼（Cassini）卵形线 从双基地雷达方程可以看出，固定信噪比等值线由 $R_{T}R_{R}=$ 常数（C），即卡西尼卵形线（见图 44-3）所确定。对于较小的 C 值，这些线趋于以发射机和接收机为中心的圆形区域；对于较大的 C 值，它们则趋于椭圆形；而对于非常大的 C 值，则又趋于一个更大的圆形。

然而重要的是，我们需要意识到：这些图形仅适用于全向发射和全向接收天线模式；如果天线方向图具有方向性的，则曲线轮廓由辐射方向图加权，并且其形状可能完全不同。

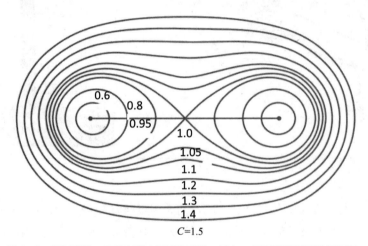

图 44-3 不同常数 C 下绘制的卡西尼卵形线，其中 C 相对基线长度进行了归一化

前向散射 对于基线上或接近基线的目标，无论目标位于基线的哪个位置，回波将与直达波信号同时到达接收机。此外，对于穿过基线的目标，多普勒频移为零，因为在这一点上，发射机目标距离与目标接收机距离以大小相等和方向相反的方式变化。这些考查因素表明，在双基地雷达应用中，距离分辨率和多普勒分辨率特性不仅取决于雷达波形，还取决于目标相对于发射机和接收机的位置。

目标双基地 RCS 正如之前提到的，双基地雷达的优点之一是它可以提供反隐身能力，因为目标通过形状设计或处理使其单基地 RCS 最小化后，可能反而有更大的双基地 RCS。但这并不容易验证，因为对相关目标双基地 RCS 的测量很难实现，而且这些目标当然是军事目标，其 RCS 数值极有可能是机密的。

对于非隐身目标，双基地 RCS 通常与其单基地 RCS 相当。早期对目标双基地电磁散射的理论研究，产生了双基地等效定理。该定理可表述为：目标在双基地角 β 下的双基地 RCS，与其在双基地角平分线处所测得的单基地 RCS 相同，其中计算等效单基地 RCS 所用之频率需要比双基地雷达实际使用频率高 $\sec(\beta/2)$ 倍。该理论的成立需要基于一系列假设：① 目标足够光滑；② 目标的任何部分不遮挡任何其他部分；③ 后向散射强度持续随角度而变化。在实践中这些条件并不总是能够满足，所以应该谨慎使用该定理，尤其是对复杂目标和在大双基地角 β 情况下。

如单基地特性一样，双基地目标 RCS 将在目标特征尺寸与雷达波长相当时增强（对于飞机目标，通常在 VHF 或 HF 频段）。对于特定雷达频率和几何结构，当构成目标的不同散射体（如飞机的机头、座舱、尾翼、引擎进气口）的贡献同相相加时，就会产生这种谐振效应。

但是，前向散射可以从本质上增强 RCS，即使对于隐形目标也如此。这将在目标位于或接近基线时产生，并且其效果可以用物理光学中的巴比涅（Babinet）原理来解释。假设在发射机和接收机之间放置一个无限大的屏障，那么接收信号为零。现在假设在发射与接收机之间的屏幕上剪出一个目标形状的孔。巴比涅原理表明：通过目标形状小孔衍射的信号，必定与目标衍射信号强度相等且方向相反，因为两个信号相加的结果必须为零（见图44-4）。

确定给定大小和形状的孔径衍射的信号是电磁学中的一个标准问题，并且简单孔径的计算结果是众所周知的。巴比涅原理意味

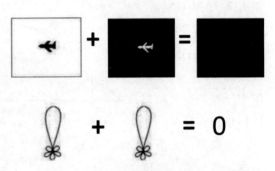

图44-4　应用巴比涅原理确定目标的前向雷达散射特性

着这些结果同时也给出了目标的前向散射 RCS，并且评估表明这可能比单基地 RCS 高几十分贝（dB）。乍一看这非常具有诱惑力，然而对于在基线上或接近基线的目标，其距离分辨率和多普勒分辨率都将很差。因此，前向散射可能对目标检测有好处，但将其用于定位和跟踪时将会困难得多。

前向散射的另一个问题是杂波分辨单元的面积（由于距离分辨率差）和杂波散射系数都很大，这意味着杂波回波信号也可能很大。因此，前向散射时目标检测很可能受到杂波限制而不是受到噪声限制。

双基地雷达还可能同时具有减少目标闪烁的效果，从而改善跟踪雷达的性能。闪烁指的是导弹寻的器中目标视在相位中心角度的偏移。它由寻的器分辨单元内两个或多个目标强散射体之间的相位干扰所引起。因此，随着目标方位角的变化，其视在相位中心也发生变化，从而增加寻的器角度跟踪误差并导致距离偏差。传统的缓解方法包括：减小寻的器分辨单元的大小来分辨个体散射源，或者是采用非相干积累或双基地工作方式来平滑回波。

对于任何为双基地雷达所推导的方程或理论结果，趋零检查使得 $\beta \to 0$ 或 $L \to 0$ 都应是合理的，即此时相关结果应该趋近于单基地雷达状态。如果没有，则可能出现了错误。

44.3　系统和结果示例

尽管双基地雷达有一定优势，但实际部署机载双基地雷达系统的例子很少；尽管近几年

出现了很多试验系统和组织了不少的试验，其中一些已在公开文献中报道。接下来的段落与图片给出了一些例子。

半主动导弹寻的 20 世纪 50 年代和 60 年代，双基地雷达的一个主要发展是半主动导弹寻的器，此时，可以将巨大、笨重且昂贵的发射机从小型易消耗的导弹上卸载下来，安装到发射平台之上。虽然这些寻的器是很明显的双基地雷达配置，导弹工程师却使用不同的词汇来描述其技术和操作，例如：半主动和双基地，照射器和发射机，后置参考信号和直达波信号。导弹和雷达行业一直来都是各自为政，只有偶尔的技术交流。一次这样的交流显著降低了导弹的终点距离误差，其方法是让导弹以超过 20°～30°的双基地角度接近目标，由此可有效降低目标闪烁，而这正是距离误差的主要来源。

图 44-5 使 用 美国海军 TALOS 防空系统解释这一概念。图中，以 25°～50°的仰角发射导弹。助推段结束后，火箭自动与导弹分离，冲压

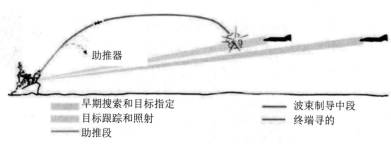

早期搜索和目标指定　　波束制导中段
目标跟踪和照射　　终端寻的
助推段

图 44-5　美国海军 TALOS 防空系统的作战概念

式发动机点火。接着在中段通过驾波制导方式，导弹在 60～70 kft 的高度（1ft=0.304 8 m）上巡航，以便实现远程攻击。中段巡航结束时，导弹会收到一个信号激活其半主动寻的系统并使能其战斗部。由于飞机飞行在明显较低的高度，TALOS 俯冲向目标，产生了大的双基地角，即图中一个夸张的近 60°的角。这种几何结构反过来减少了目标闪烁，因此降低了距离误差，往往达到直接命中目标的程度。然而有讽刺意义的是，减少目标闪烁的概念在当时是未知的，且工程师和操作人员将这种改进归结为良好的设计、维护和操作。图 44-6 展示了 TALOS 导弹本身。

双基地合成孔径雷达 第 32～35 章中描述的几乎所有的成像雷达技术，都可以通过在许多不同的配置结构下得到它们的双基地应用：发射机和接收机可

图 44-6　1958 年第一艘 TALOS 巡洋舰 USS Galveston（CLG-3）上的 TALOS 导弹

以是固定的、机载的或星载的，而合成孔径可以由发射机或接收机运动或者两者都运动来形成。图 44-7 展示了机载 X 波段双基地合成孔径雷达（SAR）系统的实验示例。在这里，发射机由一架飞机携带，接收机由一架直升机携带。目标场景是英格兰西南部的一个小村庄，双基地角约为 50°。在发射机和接收机之间使用原子钟进行同步。

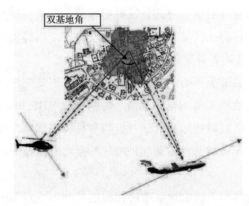

图 44-7　机载双基地 SAR 实验示例，其中展示了由飞机携带的发射机和由直升机携带的接收机之间的几何关系

P44.2　用于地面攻击的双基地 SAR

在画家展现的这幅战术双基地雷达演示（TBIRD）概念图中，一架远距离的装备了 SAR 的飞机（F-4，右上角）检测并照射一个目标（右下角），同时指定一个配备有双基地接收机的攻击机到目标区域（A-10，左中）。A-10 在无线静默中以其速度矢量直接获取并攻击目标。

右图是亚利桑那州华楚卡堡演示山的 10 ft 分辨率图像（1ft = 0.304 8 m）。

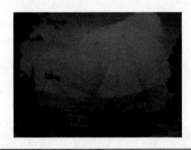
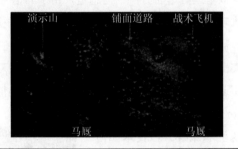

图 44-8 描绘了一个双基地 SAR 成像的例子。图像底部的两个目标都有两个阴影：一个在发射机的视线方向，另一个在接收机的视线方向。因此，如果阴影长度和形状被用作目标分类过程的一部分（参见第 47 章），则两个阴影就提供了两种单独的信息。

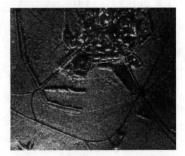

图 44-8　双基地 SAR 成像的一个例子。可以看到左下角和中下方的两个目标都有两个阴影

44.4　无源双基地雷达（PBR）

到目前为止，我们已经讨论的都是使用专用的合作雷达发射机作为照射源。然而，也可

以利用广播、通信或无线电导航信号等其他发射信号源。这些被称为机会辐射源，它们具有许多潜在的优势。例如，它们往往功率很高并被合理放置，以提供大范围覆盖。它们大多数是地面照射源，但也可以使用各种星载照射源。

使用这些信号的一个关键吸引力，是所产生的雷达可能是完全隐蔽的。无源双基地雷达可能允许使用部分传统雷达不常用的电磁频谱，特别是在 VHF 和 UHF 频段。而在防御应用中，这些频段较之于传统微波雷达频率对于对抗隐身目标有优势。由于发射机已经存在，成本和许可不是问题。由于无源双基地雷达（PBR）不会对电磁频谱造成任何额外的污染，因此也被称为绿色雷达。

但是，由于广播、通信和无线电导航中所使用信号波形不是明确为雷达使用而设计的，所以对于雷达而言可能远非最佳。了解波形对无源双基地雷达性能的影响非常重要，只有这样才能选择最合适的照射源，并以最优的方式处理所使用的相关信号波形。

VHF 频率调制（FM）和模拟电视之类的模拟调制信号不太合适，因为用作雷达信号时其性能时变，并且受到被调制信号的严重影响（例如，它是语音还是音乐，或者所播放音乐是否具有宽谱内容——对雷达应用来说，摇滚乐比独奏乐曲要好）。数字音频广播（DAB）和数字视频广播（DVB）之类的数字调制形式在这方面要好得多，因为信号更加像噪声，并且不依赖瞬时调制。当然，在许多国家，数字调制形式已经取代了广播和通信应用中的模拟调制。

无源双基地雷达的另一个问题是，由于其信号在时间上通常是连续的（100%的占空比），并且是大功率信号，所以直达信号干扰、多径干扰和其他同频干扰将会很严重，特别是在城市地区。需要采用相当复杂的处理技术来抑制这些信号，以使目标能被检测到。

事实上，迄今为止所建立和评估的所有无源双基地雷达系统，都在使用固定的地面接收机，利用 FM 收音机、电视机或其他更现代的类似功能数字设备。其中几个已经演示了可以对 100 km 或更长距离上的空中目标进行探测和跟踪。该技术如何与机载接收机结合起来，以应用于机载预警（AEW）或空对地监视，是当前学界十分感兴趣的研究课题。

图 44-9 显示了伦敦大学学院在这方面的一些初步研究成果。这里，双通道 VHF 接收机被安装在 Piper PA 28-181 轻型飞机上，将简单的偶极子天线捆绑在窗户里面作为参考通道和信号通道，从英国南海岸的 Shoreham 机场起飞。发射源是鲁特姆、水晶宫、

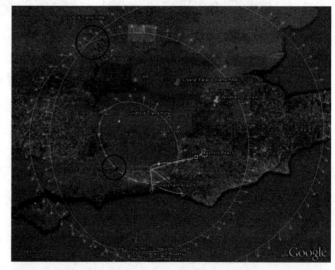

图 44-9　伦敦大学学院机载无源双基地雷达接收机的试验结果中，可以使用目标速度矢量来解决差分距离椭圆交点关联中存在的模糊问题

吉尔福德和牛津的 FM 广播电台，发射功率高达 250 kW。该系统的一个问题在于，接收机一定是在发射机的视线上，因此雷达接收机中直达信号的抑制要求可能要比地面系统更高。

图中显示了民用飞机目标的检测结果，根据差分到达时差（TDOA），每次都会给出了一个椭圆，目标必在这个椭圆上。目标速度矢量可由测量所得多普勒频移和已知的载机速度计算得出，这些信息都显示在椭圆轨迹所在位置附近。这些信息可被用于解析正确的目标位置（即去除重影），因为速度矢量在一个交点处一致，而在另一个交点处不一致。

虽然这些只是非常初步的结果，但它们展示了这种方法的潜力，我们对它将来在实际实用系统中的发展应用充满信心。

44.5　小结

尽管双基地雷达比单基地雷达更为复杂，但它具有许多潜在优势，主要在于其接收机是隐蔽的。虽然它的原理从雷达早期时代就为人所知，并且已经建立和测试了许多双基地实验系统，但实际投入使用的系统却很少。

双基地雷达的许多特性，源于由发射机、目标和接收机所构成的双基地三角几何关系。双基地雷达方程与单基地雷达方程的推导方式相同。关键的区别在于：① 天线增益 G^2 由分开的发射和接收天线增益 G_T 和 G_R 代替；② 分母中的 $1/R^4$ 因子被因子 $1/(R_T^2 R_R^2)$ 代替。双基地结构下的目标 RCS 比单基地 RCS 有明显的增加，特别是前向散射几何结构下。

双基地系统正开始在实际应用方面被引入。使用广播、通信或无线电导航信号（而不是专用雷达发射机）的无源双基地雷达有着很大的吸引力。最近的一份国防商业报告估计，未来十年无源双基地雷达的市场价值将达到 100 亿美元。

实用的无源双基地雷达系统通常是多基地的，但可以被视为多部双基地系统的集合。

扩展阅读

M. C. Jackson, "The Geometry of Bistatic Radar Systems", IEE Proceedings, Part F, Vol. 133, No. 7, pp. 604–612, December 1986.

N. J. Willis, Bistatic Radar, 2nd ed., SciTech-IET, 2005.

N. J. Willis and H. D. Griffths, Advances in Bistatic Radar, SciTech-IET, 2007.

H. D. Griffths and N. J. Willis, "Klein Heidelberg—The First Modern Bistatic Radar System", IEEE Transactions on Aerospace and Electronic Systems, Vol. 46, No. 4, pp. 1571–1588, October 2010.

H. D. Griffths and C. J. Baker, "Passive Bistatic Radar", chapter 11 in W. Melvin (ed.), Principles of Modern Radar, Vol. 3, Applications, SciTech-IET, 2013.

Chapter 45

第 45 章 | 分布式雷达和 MIMO 雷达

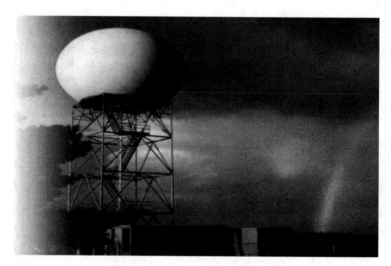

下一代气象雷达——NEXRAD 网络雷达的一个节点

在第 44 章中，我们看到双基地雷达是接收机与发射机位置不同的系统。在分布式雷达系统中，将有不止一部发射机或不止一部接收机被放置在相同或不同的位置。图 45-1 所示的通用分布式雷达网络，由一个单基地雷达系统（即发射机与接收机并置）和多部空间分布的接收机组成，它们一起构成了一个单一的相干网络。每部发射机或接收机称为一个节点，成对的节点将形成双基地或单基地结构配置。

45.1　基本概念

前面章节中介绍的许多概念可能适用于分布式雷达，但是在一个组合的形式下，问题就变得有些不同。事实上，由地理上分开的发射机和接收机所构成的网络，引入了许多复杂性，最突出的是发射机和接收机之间的同步。然而，雷达系统在一个地理区域的分布也带来了一些潜在的优势：

- 通过更有效地收集散射电磁辐射（能量），它提供了系统灵敏度方面的性能改进，可实现对目标的远程检测。

- 还可以收集远离单基地雷达接收机的散射能量，从而提高其探测隐身目标的性能。
- 如果接收机不与发射机并置，那么它们是无源的，因此电子支援方法无法对其进行定位。
- 分布式雷达系统表现为脆弱性降低（graceful degradation），因为系统任何一部分的物理或电子失效并不意味着所有性能的完全失效（就像单基地雷达那样）。
- 它可以使用类似于大型稀疏阵列的长基线技术来更精确地定位目标。
- 它使得目标可从许多不同视角被照射，有助于提高目标分类性能。

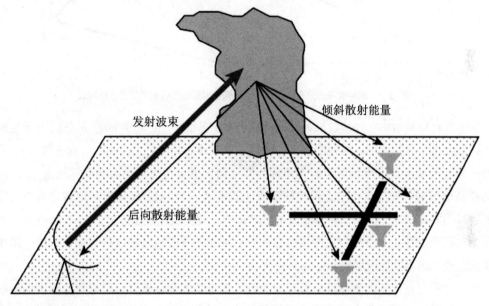

图45-1 这种通用分布式雷达拥有一个发射机/接收机单基地雷达节点和多个分布式双基地节点，作为一个单一的、同步的、相干的整体运行

　　原则上，分布式雷达系统可以部署在陆地、空中、太空或海洋（或这些的任何组合）的平台上。它们可以工作在不同的频带和很宽的距离范围。这里我们介绍几个固定的陆基雷达的例子来说明一些关键概念和工作模式。

　　然而，首先必须对多输入多输出（MIMO）雷达系统做一些说明。MIMO已经成为一个研究热点。它起源于通信，在通信领域，它主要作为一种严重多径环境抑制技术而被引入。MIMO有两种形式：相干MIMO和统计MIMO。在相干MIMO中，通过天线阵列单元组合形成多个输入和输出路径。因此，它们本质上嵌入了形成多样性单天线通道的能力，可以通过孔径合成来提高测角精度（参见第46章）。统计MIMO也使用多个输入和输出路径，但分布于更大的地理范围。换句话说，统计MIMO和分布式（或组网后的）雷达是很相似的，一定程度上可按所采用的处理方式随意区分相关概念。宽泛地说，MIMO系统通常使用非相干处理，而分布式系统使用相干技术。分布式系统可能也是一部分处理在接收节点中实现，一部分处理在中央处理器中实现。退一步讲，这些区别没有明确定义，反映了该研究领域的相对不成熟。

45.2 分布式雷达的特性

分布式雷达系统的特性是其几何结构的结果（见图45-2）。在分布式系统中，每部发射机是一个节点，每部接收机也是一个节点。

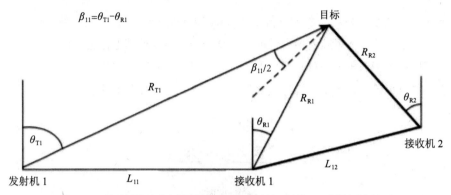

图 45-2　这种简单的分布式雷达几何结构由单部发射机和两部接收机组成

从接收机到发射机（或接收机）的距离称为节点基线 L_{mn}，其中 m 和 n 分别表示发射机节点或接收机节点的序号。收发节点可以并置（单基地对）或是空间分离（双基地对）。目标相对于发射机节点和接收机节点的夹角称为节点角。节点角等同于局部双基地角 β_{mn}，由特定的双基地发射机和接收机节点组合所形成。如果 $\beta_{mn}=0$，则退化为单基地雷达系统。发射机到目标的距离是 R_{Tm}，其中 m 表示发射机节点的位置；目标到接收机的距离是 R_{Rn}，其中 n 表示接收机的位置。一个分布式网络可能由一组独立的发射机和接收机组成，或由一组单基地雷达组成，也可以由两者混合组成。

目标在所有方向都散射能量。通过将接收机放置在多个位置上，可以收集更多的散射能量。正是这种固有特性导致了分布式雷达灵敏度和检测性能的提升。每个发射机 / 接收机对都可以被视为一个雷达系统。当发射机和接收机合置时，它们是单基地雷达系统；若发射机和接收机不在同一地点，则它们是双基地雷达系统。

图 45-3 描述了一个相干分布式雷达系统，由 3 部单基地雷达组成。所谓相干网络，是指有一个同步信号或时钟信号分布在整个网络中，这样在空间任意给定的一点上，返回到每部接收机的回波都能够保持同相。换句话说，分布式网络中的节点在时间和空间上彼此同步。这是理想的情况，在实践中很难实现。然而，我们仍将在完全相干性假设下介绍分布式雷达的基本原理。

对于图 45-3 所示情况，每部发射机产生 2 个双基地雷达路径和 1 个单基地雷达路径，目标散射的回波可以通过这 3 条路径被接收到。因此，使用 3 部发射机，总共有 9 条路径来收集散射能量。换句话说，这种分布式系统相当于 3 部单基地雷达和 6 部双基地雷达同时观测同一目标。请注意，该分布式雷达系统与 3 部独立的单基地雷达（只有 3 条路经）形成了鲜明的对比。多部发射机和接收机组成的分布式网络能够更有效地收集散射能量。这意味着与单基地雷达甚至若干单基地雷达相比（具有相同节点数量），系统灵敏度有一个全面性的提升，目标检测范围会因此而显著扩大。

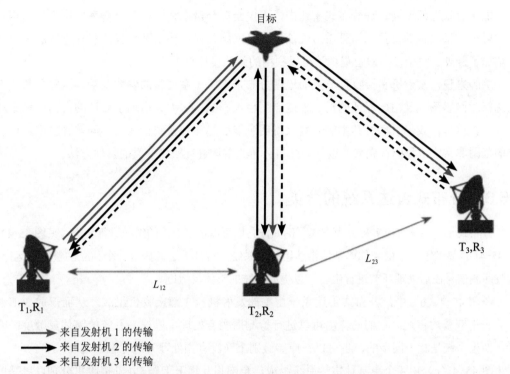

图 45-3　这个简单的分布式雷达系统由 3 个相干同步单基地雷达所组成。每部接收机可以从所有 3 部发射机接收信号，如图中发射机 / 接收机路径所示

为了实现上述改进，对于每个单基地对和双基地对，每部接收机在进行处理时需要以下信息：

- 发射机和接收机对的位置；
- 每个脉冲的发射时刻；
- 如果发射机有定向波束，则需要当前的发射波束指向角；
- 如果使用相干处理，则还需要发射信号的相位信息。

对于合置的发射机和接收机，与任一相干单基地雷达一样，在本地进行同步。然而，为了使整个分布式雷达完全相干，必须向网络的所有节点提供一个公共的本振信号。对于固定安装或小块局部网络，诸如光缆之类的陆地线路链路可以提供这样的同步信号。或者，可以经由全球定位系统（GPS）或本地等效设备来提供无线分发的同步信号。GPS 的核心是精确的定时信号，且几乎普遍可用。

在第 44 章中我们看到，无源双基地雷达通常采用网络结构形式。在无源雷达系统中，相干性的获得通过一种被称为相干接收的技术来实现的。这导致每个接收机节点都是局部相干，除非接收同步在所有的接收机之间进行，否则相位测量所需的定时信号将随接收机的不同而不同，网络也不会完全相干。这是部分相干分布式雷达系统的一种实例。部分相干分布式雷达系统的性能比相干系统差，但优于单基地等效系统。然而，硬件的复杂性和成本也相应地大幅降低。

正如双基地时那样，在分布式雷达中，当目标穿过基线时多普勒频移为零，因为发射机到目标的距离与目标到接收机的距离以大小相等而方向相反的方式变化。然而，不同的是此时在网络中有多条基线，相关结论仅适用于一个局部发射机 / 接收机对。最终，对性能的影响可能会有很大的不同。在分布式雷达中，不仅距离分辨率和多普勒分辨率取决于目标相对于发射机和接收机的位置，而且雷达性能也将是网络几何结构以及目标位置和速度的函数。这增加了额外的复杂性，但也提供了可以利用的新的设计自由度。

总的来说，发射机和接收机节点的地理分布带来了一系列新的参数变量，这些参数变量的选择对网络形式及由此保证的雷达性能产生巨大影响。这大大增加了设计的自由度和选择余地。在这里，我们只探讨其中的一些来说明可能引起各种系统行为的不同差异类型。可选择的范围非常广，我们首先来考察一些能将分布式雷达进行粗略分类的具体方法。

45.3 分布式雷达系统的分类

分布式雷达系统有很多种分类方式。例如，它们可以按照系统的组成进行分类（见图 45-4）。图 45-4（a）显示了一个由 4 部单基地雷达组成的系统，每部雷达都作为一个独立的整体在运行。接收回波信号在后处理环节进行组合，以提高系统的整体灵敏度。

在图 45-4（b）中，分布式雷达系统由 1 部发射机和 3 部接收机组成，从而形成 3 部独立的相干双基地雷达。它们的输出可以进行检测后融合处理，以提高系统的整体灵敏度。或者，如果系统是相干同步的，也可以在原始级别上（没有预处理）进行融合处理。

图 45-4（c）由 4 个单基地雷达系统组成，全部相互相干工作。4 部接收机分别以单基地和双基地方式接收 4 部发射机（$T_{X1} \sim T_{X4}$）的每一个反射信号。因此，有 4 条单基地雷达路径和 12 条双基地雷达路径，它们都可以同相处理，以使系统灵敏度最优化。为了实现这个目的，到达每部接收机的所有回波必须相干组合。

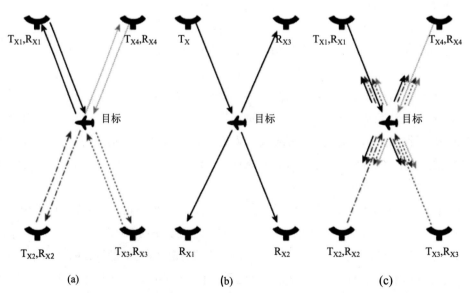

图45-4　3 种分布式雷达系统:（a）多个单基地雷达系统;（b）由 1 部发射机和 3 部接收机组成的多个双基地雷达系统;（c）完全相干的分布式系统，其中所有的发射机和接收机都是相互连接和同步的。T_{xm} 是发射机 m, R_{xn} 是接收机 n

分布式雷达系统内部的相干程度也是可以用来对其进行分类的特征。可以考虑两种不同的相干类型：① 整个系统的相干程度；② 系统内数据的组合级别。

　　组网后的雷达可以做到全空间相干和时间相干或是局部相干。在一个全空间相干分布式系统中，系统每个节点处射频（RF）信号的频率和相位在很长一段时间（大于观察持续时间）内是已知且稳定的。这意味着对于空间中任意给定的一点，每部接收机接收到的信号初相位都是相同的。这样可以将散射信号中包含的信息以最大效率进行整合，从而使灵敏度最大化。

　　这种系统设计的缺点是增加了系统复杂性和成本。为了提供同步，分布式时钟信号必须在整个网络上可用。另外，处理时必须明确每部接收机的位置，以便根据网络几何结构对每个信号进行相位校正。这是因为全相干分布式系统需要对信号射频相位进行响应，而不像单基地脉冲多普勒雷达那样在中频进行响应。接收机的准确位置对信号相位具有决定性作用，需要据此对整个网络进行一个调节，以确保其中每个节点都与其他节点同相。

　　考虑来自两部接收机的两个回波相干组合的情况。如果其中一部接收机位于距离另一部接收机 1/4 波长处，这两个相位就会反相相加并抵消。必须明确接收机在分布式网络中的准确位置来补偿由此引起的接收机间相位偏移，才能确保所接收信号可以同相叠加。

　　全相干分布式雷达系统的替代方案是局部相干系统。局部相干分布式雷达系统在单基地或双基地的每个发射机 / 接收机对上保持相干性，但在各接收机之间并不要求相干。信号仍然可以在发射机 / 接收机对之间进行非相干组合。由此产生的系统效率较低，灵敏度有所降低，但同等条件下仍高于单基地雷达系统。它在中频时恢复为相位相干，并且实现起来较全相干系统要简单得多。

　　分布式雷达还可以根据系统内数据组合的级别进行分类，部分取决于相干形式。分布式系统可以根据 4 个数据组合级别进行分类。这 4 个组合级别所代表的类型，依次具有越来越少的处理量，但也意味着越来越高的系统复杂度。4 个级别从高到低的顺序是：① 航迹；② 点迹；③ 检测；④ 原始数据。

　　航迹需要经过将原始（未处理的）数据处理为检测结果，再由检测结果关联得到点迹，然后由点迹形成和维持才能得到。正如我们在第 31 章中看到的，航迹是通过对目标在空间和时间上变化位置的测量与估计来获得的。可以在网络中的每个发射机 / 接收机对上建立航迹。融合每个接收机站点的航迹形成一个整体的集成航迹。这看起来简单明了，但实际上，不同的观测几何结构和多节点的雷达参数会额外引入的误差，对这些误差必须准确理解和加以控制，特别是当观测空间中存在许多目标时。

　　下一级别直接基于点迹进行组合处理，点迹数据由一系列检测结果而形成，检测数据超过判决标准即被认为是点迹。标准的判决准则是在 N 个处理间隔中 M 次检测到一个目标。点迹信息是形成航迹的关键一步。网络中的每个节点将点迹信息（如位置、速度、时间）发送到中央处理器，它们与来自所有其他节点的点迹进行组合。随着时间的推移，这些组合起来的点迹就形成了航迹。这样，分布式雷达网络在点迹关联过程中具有更大的基础性设计自由度，从而整体的跟踪性能会得到提高。

　　检测级组合所需的预处理则更少，从而产生更大的设计自由度，以及更大的性能提升空间。目标是否存在，由每个发射机 / 接收机对确定。检测数据随后被送到中央处理器，在那里进行组合以形成点迹，继而形成航迹。在这种情况下，单个节点的虚警率可以作为调节变量，使得尽管每个节点的检测性能可能无法单独优化，但是当点迹提取和航迹信息阶段完成时，整体跟踪性能将会更好。

在最低级别组合处理时，从每个单独发射机 / 接收机对中接收到的回波在没有进行任何处理之前直接被送到中央处理器，每组原始回波数据用一个标签来标识，以用于提示其发射机 / 接收机对相关特征信息，并随后进行组合处理。该种处理对于检测或跟踪可能是最优化的。在原始数据级别，数据可以进行相干组合，使系统灵敏度最优化。

一般来说，待组合的数据级别越低，对节点和中央处理器之间的数据传输要求就越严格。在原始数据级别，系统应该完全相干，而这需要一个分布式同步时钟信号。系统的复杂性和成本进一步增加。

分布式雷达也可以以其他方式进行分类，如有源或无源雷达系统。有源雷达系统是至少包括一个发射站的系统。无源雷达系统只有用于检测目标辐射的接收站。当然，分布式系统也可以由有源和无源部分组合而成。使用多个机会照射器的无源雷达系统，是分布式雷达系统具有巨大发展潜力的一个研究领域。

发射机和接收机可以是固定的，也可以是移动的；可以是地基的，也可以是机载（或星载）的。一般来说，分布式系统中移动的部分越多，系统就越复杂。

表 45-1 说明了雷达网络的各种分类和复杂程度，并说明了不同形式分布式雷达系统之间的区别。它显示了不同类型分布式雷达日益增加的复杂性，其中深灰色表示最简单的形式，浅灰色表示最复杂，其他表示中等的复杂性。

表 45-1 分布式雷达系统分类

	情况 1	情况 2	情况 3	情况 4	情况 5	情况 6
位置	固定	固定	固定	固定	固定和移动平台	移动平台节点
数据级别	航迹	航迹	检测	检测	原始数据	原始数据
相干性	非相干	非相干	非相干	相干	相干	相干
工作模式	N Tx, N Rx 单基地	1 Tx, N Rx 多基地	1 Tx, N Rx 多基地	M Tx, 1 Rx 多基地	M Tx, 1 Rx 多基地	M Tx, N Rx 多基地
分布	分散	分散	半分散	集中	集中	集中
评估	直接	多基地	有挑战性	复杂	很复杂	极为复杂

在情况 1 中，分布式雷达由 N 个固定位置单基地雷达组成。这种最简单的情况可以通过组合现有的独立相干单基地系统而得到。每部雷达独立运行，其处理后的航迹被发送到中央处理器并进行组合。在这种分布式系统中，复杂性和通信要求都很低，但是性能改进也很少。

在情况 2 中，有 1 个发射机和 N 个接收机。每个接收机与发射机分别相干。这也是一种非中心化的系统，在本地处理数据以形成航迹。然后，这些航迹结果被传送到中央处理器，并在那里融合形成最终的航迹。复杂性和通信的要求仍然很低，但发射机与接收机的分离提供了额外的设计自由度。

在情况 3 中，分布式雷达具有与情况 2 相同的组成形式，区别在于其局部处理和中央处理之间的平衡不同。在这里，局部处理仅形成检测结果。随后，检测结果被发送到中央处理器，用于形成航迹。这提供了额外的灵活性，例如，单个节点虚警率的动态调整可以用来提高整体跟踪性能。

在情况 4 和情况 5 中，系统拓扑结构分别是完全分布式和完全相干的。情况 5 引入了运动发射机或接收机的额外自由度。正如预期的那样，这将导致更好的总体性能，但是必须与显著的额外系统复杂性进行折中考虑。

在情况 6 中，雷达节点全部都安装在移动平台上。来自每个发射机 / 接收机对的数据在原始级别上相干组合，然后进行检测和跟踪处理。它提供了最大的性能灵活性和潜在的最佳性能，但对保持系统相干性提出了最严峻的技术挑战。例如，原始（未处理的）数据必须以高数据速率从各节点传输到中央处理器。

上述分类只用作指导，而绝非不可更改。然而，这些分类确实说明了由多个发射机和接收机分布形成雷达系统而产生的宽选择范围和新设计自由度。

45.4 分布式雷达方程

单基地和双基地雷达方程已分别在第 12 章和第 44 章中进行了介绍，它们在结构上非常相似。它们都被用于表示发射功率、目标散射功率和随后接收到的回波功率。为了与分布式雷达情况进行比较，在此对单基地和双基地形式的雷达方程进行重述。单基地雷达方程由下式给出：

$$\frac{S}{N} = \frac{P_{\text{avg}} G^2 \lambda^2 \sigma t_{\text{ot}}}{(4\pi)^3 R^4 L k T_0 F_{\text{n}}}$$

其中，

S —— 接收信号能量

N —— 噪声能量

P_{avg} —— 平均发射功率（W）

G —— 发射和接收天线增益

λ —— 波长 (m)

σ —— 目标的雷达截面积

t_{ot} —— 目标驻留时间 (s)

R —— 目标距离 (m)

L —— 损耗

k —— 波尔兹曼常数

T_0 —— 环境温度（K）

F_{n} —— 接收机噪声系数

在双基地情况下，从发射机到目标和从目标到接收机的不同路径必须分开表示，目标雷达横截面是双基地几何结构的函数。因此，双基地形式下的雷达方程是

$$\frac{S}{N} = \frac{P_{avg}G^2\lambda^2\sigma_{Bi}t_{ot}}{(4\pi)^3 R_T^2 R_R^2 L k T_0 F_n}$$

其中，

R_T —— 发射机到目标的距离 (m)

R_R —— 目标到接收机的距离 (m)

σ_{Bi} —— 目标的双基地雷达截面积

分布式雷达方程必须包括从发射机到目标到接收机所有可能的路径对。例如，图 45-3 所示的 3 部单基地雷达组成系统示例中，有 9 个这样的路径对。总信噪比通过在所有可能路径对（假设完全相干系统）上相加计算得到。因此，在包含 M 个发射机和 N 个接收机的双基地几何结构下，分布式雷达方程如下：

$$\frac{S}{N} = \sum_{i=1}^{M}\sum_{j=1}^{N}\frac{P_{avgTi}G_{Ti}G_{Rj}\lambda_i^2\sigma\, t_{otij}}{(4\pi)^3 R_{Ti}^2 R_{Rj}^2 L_{ij} k T_0 F_{nj}}$$

其中，

i —— 第 i 个发射机

j —— 第 j 个接收机

P_{avgTi} —— 第 i 个发射机发射的平均功率（W）

G_{Ti} —— 第 i 个天线的增益（与发射机相关联）

G_{Rj} —— 第 j 个天线的增益（与接收机相关联）

λ_i —— 第 i 个发射机发射的信号的波长

σ_{ij} —— 目标相对于对应发射机 / 接收机对的雷达截面积

t_{otij} —— 在第 j 个接收机处第 i 个发射机信号的目标驻留时间

R_{Ti} —— 从第 i 个发射机到目标的距离（m）

R_{Rj} —— 从目标到第 j 个接收机的距离（m）

L_{ij} —— 与发射机 / 接收机对相关的损耗

F_{nj} —— 在第 j 个接收机处的接收机噪声系数

分布式雷达方程表明：分布式系统较于单基地或双基地系统的总功率增益，等于分布式系统中发射机 / 接收机路径对的数量（假设总发射功率相同，所有其他参数相等）。如果分布式系统由多个单基地雷达组成，则相较于单个单基地雷达的总功率增益等于单个单基地系统数量的平方。通过参考图 45-3 所给出的示例可以很容易地验证这一点，3 个单基地系统产生 9 条路径对。

当计算任何雷达的检测性能时，必须仔细考虑系统的三维灵敏度。在单基地的情况下很简单，雷达位于球体的中心。图 45-5 显示了地面单基地雷达在 13 dB 信噪比限幅下的半空间三维曲线图。

现将单基地系统的发射机和接收机放置在不同的位置，而其他所有参数保持不变（见图 45-6）。换句话说，总发射功率（发射机功率和天线增益的组合）与接收机增益和噪声系数保持不变。

单基地探测三维包络

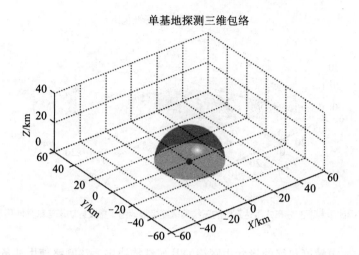

图 45-5 地基单基地雷达系统的三维灵敏度极限范围。其定义的信噪比截止值为 13 dB

双基地探测三维包络

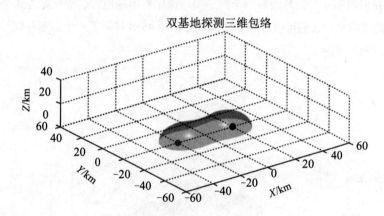

图 45-6 双基地雷达系统的三维灵敏度极限范围，信噪比门限取为13dB。等效于对图 45-5 所示单基地雷达的发射机和接收机进行重新定位，而所有其他参数保持相同

将发射机和接收机分开可大大改变灵敏度"气泡"的形状。从上往下看，它是一种上一章提到的卡西尼卵形线的形式。"气泡"关于地面的截面区域变大，但以高度覆盖率作为代价。因为系统的总发射功率恒定，"气泡"的总体积保持不变。发射机和接收机的位置决定了"气泡"的形状。随着它们越来越近，高度覆盖范围也越来越大，直到成为单基地时系统的高度覆盖达到最大值。

考虑下述的全分布式雷达示例，单基地情况下的发射和接收天线被分成 3 个位于不同位置的单基地雷达。总发射功率与前面讨论的单基地和双基地情况相同。假设该系统是全相干网络（见图 45-7）。

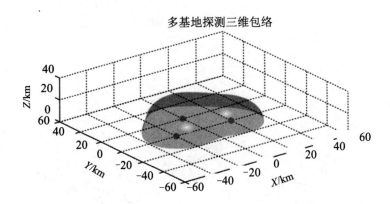

图 45-7 13 dB 信噪比限制下的分布式雷达系统的三维灵敏度极限范围。总发射功率与单基地和双基地情况相同

在图 45-7 中，灵敏度包络的形状由网络的几何结构决定。该网络使用 9 条发射 / 接收路径对来更有效地收集目标的散射能量。

现在给出我们的第 4 个也是最后一个例子中，原始的单基地雷达被配置为 3 个独立的发射机和 3 个独立的接收机。它们可以分布在任何地方，图 45-8 显示了一个矩形几何结构的例子，其节点之间有规则的间距。

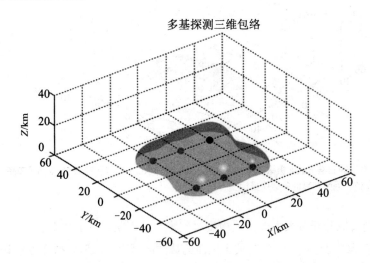

图 45-8 全分布式雷达系统的三维灵敏度极限示例，信噪比截止值 13 dB。总发射功率与之前单基地和双基地情况相同

在这里，灵敏度极限分布在更大的表面区域上，但是仍要以牺牲高度覆盖为代价。图 45-7 和图 45-8 演示了灵敏度立体形状随分布式雷达几何结构的函数变化关系。进一步结合每个发射机和接收机雷达参数自由度进行选择，其可能性几乎是无限的。

45.5 系统实例

分布式雷达系统的研究历史可以追溯到雷达发展应用的早期，并且对其的关注和思考随时代的发展发生过周期性的变化。俄罗斯和美国都对分布式雷达系统的早期发展做出过重大贡献，其他国家也参与发展了这些概念类型。

在俄罗斯，最早的分布式雷达 Vega 由 1 个发射节点和 5 个接收节点组成。它于 1936 年建成，用于对敌方飞机的侦查。然而，这个系统并没有进一步发展，最终退出使用。1957 年，他们利用多部空间分离单基地雷达组成分布式雷达系统，进行第一颗 Sputnik 卫星的跟踪。随后，俄罗斯经历了一段无源和有源 / 无源分布式雷达系统的大发展时期。Victor Chernyak 的书可为感兴趣读者提供更多的细节（见本章末扩展阅读）。

在美国，分布式雷达系统在对导弹弹道的精确测量中发挥了重要作用。这些系统由地面发射站和几个空间分离、精确布置的接收节点组成。一个例子是连续波（CW）干涉分布式雷达 Azuza，在 20 世纪 50 年代投入使用。Azuza 由 1 部发射机和 9 部接收机组成。

Navspasur（海军太空监视系统）是 1960 年投入使用的另一个 CW 分布式雷达系统例子。它通过布设电子围栏，来检测穿越美国大陆上空的轨道物体。该系统包括 3 组基站，每组包含 1 个发射节点和 2 个接收节点。1977 年，麻省理工学院林肯实验室开始开发一种网络雷达来改善战场监视、目标捕获和战斗管理。该实验系统展示了分布式概念的有效性。林肯实验室在 1978—1980 年在马绍尔群岛的夸贾林导弹测试区开发了多基地测量系统（MMS），用以收集双基地标记数据，并以非常高的精度跟踪再入目标。

许多国家进行过分布式雷达系统的进一步研发和实现。Jindalee（金达莱）超视距作战雷达网络（JORN）已在澳大利亚部署（见图 45-9）。该系统提供了对飞机和船舶的远程检测和跟踪。它包含两个合作但空间不相干的高频（HF）双基地雷达，并具有集中控制中心，称为 JORN 协调中心（JCC）。还安装了大量的信标和发声器网络，以作为频率管理系统的一部分。网络的各个部分位于广泛分散的地点，围绕着澳大利亚北部海岸线、岛屿和近海领土。

挪威国防研究机构开发了一种由几个双基地对组成的分布式雷达系统原型。它发展出了用于目标分类的参数检测提取改进方法，并使用实验 CW 雷达对直升机进行测试测量。

分布式雷达的概念也被用于民用。一个例子是在机场使用的地面运动导引和控制系统（SMGCS）。这是一种近程网络雷达系统，可根据特定机场的局部拓扑结构，采用多个模块达到满意的监视效果，其中的每个模块都至少具有 3 个安装在不同地点的单基地雷达站。这是分布式系统的一个很好的例子，该系统利用从发射机 / 接收机对获得的目标视距的增加，来提高系统的整体检测和跟踪性能。

罗马大学也提出了具有相似功能的分布式雷达系统。其子系统架构采用了一种称为微型雷达（因为它们的尺寸和质量很小）的近程雷达网络。雷达节点的数量取决于实际的机场拓扑结构，典型数量在 2 ～ 4 之间。该系统据称具有高距离分辨率、可以消除阴影、边扫描边跟踪处理时能进行图像处理等优点。

在另一个应用中，具有紧密间隔传感器的分布式雷达被用于自适应汽车巡航控制和防撞。随着低成本车载雷达技术的出现，大多数汽车将采用多台雷达传感器作为分布式信号收集器。该应用可能成为任何分布式雷达系统概念中最大和最重要的应用。

开发集成多个传感器的长期倡议主要由国家军事部门主导。一个例子是协同作战能力（CEC）。CEC 是美国海军用于战区防空的一个项目。其功能包括融合跟踪、精确目指和协同作战协调。一些先进的功能，如巡航导弹防御和战术弹道导弹防御，正在增加中。网络支持能力（NEC）概念的开发主要针对传感器的集成，以实现信息共享增强，态势感知能力提升，协同决策和同步行动的目的。

分布式概念的一个空基例子是 TechSat21（21 世纪技术卫星）。图 45-10 给出了 TechSat21 卫星群的想象图。这个美国的研究项目探索了用微型卫星群取代大的单个卫星执行同样任务的技术挑战和好处。

TechSat21 被概念化为一群自由浮动的卫星，每个卫星都可以发射自己的正交信号并接收所有的反射信号。该卫星群在 X 波段相干运行，可形成一个多阵元干涉仪，存在的缺点是具有大量栅瓣和显著杂波。为了解决该问题，新近提出了一种新的基于稀疏阵的角频空间模式合成方法，并利用仿真器对该方法及其杂波抑制效果进行了全面的评估。虽然 TechSat21 目前仍只是一个概念，但它说明了分布式雷达感知的潜力和力量。

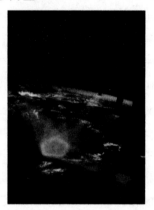

图 45-9　位于澳大利亚的部分 JORN 雷达系统　　　图 45-10　TechSat 21 天基分布式雷达概念

45.6　MIMO 雷达

如本章开头所述，MIMO 雷达有两种截然不同的概念形式：相干 MIMO 和统计 MIMO。这里我们将只描述统计 MIMO。对于 MIMO 雷达的构成没有严格的定义。在这里，通过一个通用的描述介绍 MIMO 的主要工作原理。这有助于表明，MIMO 是更一般化的分布式雷达的一部分，在某些情况下二者甚至是相同的。

MIMO 系统在发射和接收时使用多个节点。它们在不同的发射阵元上传送相互独立的数据（例如，$x_1, x_2, x_3, \cdots$）。在接收机处，MIMO 解码器在每个节点上被运行。分布式系统中的每个雷达接收节点可以接收来自任何一个发射节点的信号，并且这些信号可以包含也可以不包含多径。对于通用分布式 MIMO 系统，我们可以以矩阵形式写出一组方程：

$$r_1 = b_{11}x_1 + b_{12}x_2 + b_{13}x_3 + \cdots + b_{1N}x_N$$
$$r_2 = b_{21}x_1 + b_{22}x_2 + b_{23}x_3 + \cdots + b_{2N}x_N$$
$$\vdots$$
$$r_N = b_{N1}x_1 + b_{N2}x_2 + b_{N3}x_3 + \cdots + b_{NN}x_N$$

其中，b_{ij} 是信道权重。这些方程有效地将接收到的数据视为由矩阵方程表示的一组信道。存在的挑战是恢复单个数据流 x_i。为此，必须估计信道求逆矩阵 H，以用于恢复来自向量 r 的各个数据流。这等价于求解具有 N 个未知数的 N 个联立方程。

MIMO 概念可以以多种方式应用于雷达，并具有显著的优势。它可以：

- 通过矩阵求逆恢复原始信号，减小多径衰落；
- 减少由目标多重反射造成的衰落效应，它将造成回波大幅起伏并使得目标特征难以被检测；
- 分离出造成闪烁信号的散射体，即那些有名的跟踪干扰系统；
- 在严重杂波限制条件下将目标信号与杂波信号分离。

注意，MIMO 和全分布式雷达系统都使用所有可能的双基地信号路径，可以认为是等效的。然而，信号处理方式上可能会有一些差异。两者都需要一组可以在接收机中单独识别和单独处理的发射信号或波形，以获得最大效益。为此需要这些信号波形具有良好正交性，这意味着它们的联合模糊函数（如第 16 章所述，波形与自身相关）在距离－多普勒表面中心表现为一个尖锐的峰值。

而且，交叉模糊函数（波形与另一个波形相关）应该在距离－多普勒表面的任何部分处均不显示显著的增益。生成这种波形的最简单方法是使它们处于不同的工作频率之上，并且带宽不重叠；然后是在相同的工作频率和带宽下持续进行合适波形搜索。总的来说，MIMO 和分布式雷达（以及组网雷达和多基地、单基地雷达）是同一主题的不同变体。从根本上来说，空间分布式雷达带来了新的设计自由度，而这些才刚刚开始探索。

45.7　小结

分布式雷达系统通过使用位于不同位置的多个发射机和接收机，为雷达设计人员提供新的额外设计自由度。这可以产生许多显著的优点：改进检测、跟踪，甚至分类性能。然而，随着系统复杂性的增加，将不可避免地伴随着成本的增加。一些系统已经研发并投入使用，但这只是偶尔的几个个例罢了。雷达系统需要保持竞争优势，网络化所带来的潜力以及信号处理领域的快速发展表明，分布式雷达将进一步成熟，直到投入日常使用。

扩展阅读

V.S. Chernyak, Fundamentals of Multisite Radar Systems, Gordon and Breach Scientifc Publishers, 1998.

J. Li and P. Stoica, MIMO Radar Signal Processing, John Wileyand Sons, Inc., 2008.

W. Wang, Multi-Antenna Synthetic Aperture Radar, CRC Press, 2013.

洛克希德·马丁公司 F-22 "猛禽"（2005 年）

　　F-22 "猛禽"战斗机是作为一种空中优势战斗机而设计的，用以取代 F-15 "鹰"和 F-16 "战隼"。它是一种隐形飞机，目前在美国空军服役，包括对地攻击、信号情报和电子战等功能。F-22 配置有 AN/ALR-94 无源雷达探测器，由 30 多个天线共形安装进机翼和机身，提供全方位覆盖。

Chapter 46

第46章 | 雷达波形：先进概念

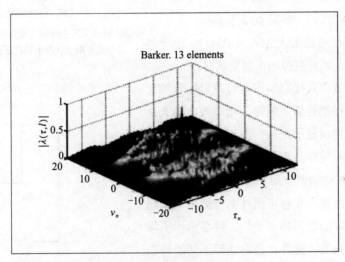

13位巴克码的模糊函数

在第 16 章中，作为一种远程目标探测下同时实现高距离分辨率和高目标能量的手段，已经对脉冲压缩的概念进行了介绍。可以发现，通过对发射脉冲进行调制和对接收回波进行滤波就可以实现这一目标。这里，我们讨论脉冲压缩的一些实际考虑，以及波形生成技术和自适应信号处理技术进步所带来的新能力。

46.1 实际考虑

脉冲压缩使用长脉冲，通常以峰值功率发射，但在频率或相位上进行调制。这种调制脉冲或波形的设计，使通过接收滤波能够实现检测所需的灵敏度和分辨率，并保证雷达探测在目标运动和外部干扰等因素影响下的稳健性。波形参数 (如脉冲宽度、带宽和调制结构) 的选择需要考虑由硬件决定的其他因素。本节将讨论这些问题，包括发射机的影响、对电磁干扰（EMI）的敏感性以及由于有限脉冲长度（脉冲重叠）而造成的自掩蔽问题。

发射机失真　射频发射机既放大雷达波形，又会使其产生失真。重要的是要了解这种失真的性质，并在雷达接收机中进行纠正。发射机有很多种类型，发射机的选择取决于雷达应用、系统架构和要使用的特定组件。雷达所生成信号波形需要通过发射机进行功率放大。波形的产生方式和发射机的设计，都会对发射波形的确定产生决定性影响（见图 46-1）。

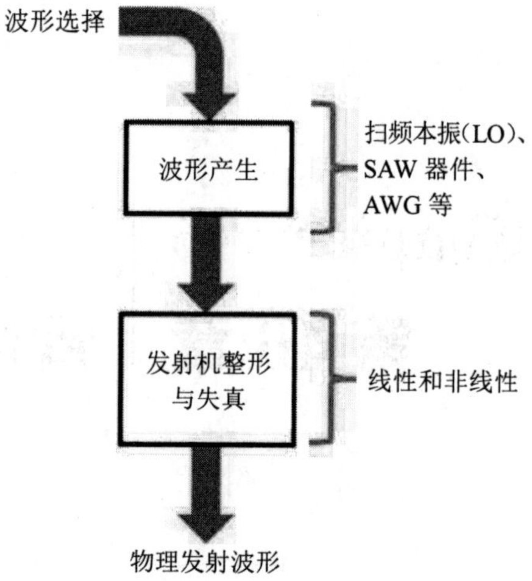

生成一个选用波形的最常见方法有：

- 采用扫频本振（LO），通常用于产生线性调频（LFM）信号；
- 采用声表面波（SAW）器件，可产生线性和非线性 FM 波形（参见 46.3 节）；
- 采用数字任意波形发生器（AWG），由于其巨大的灵活性而变得越来越受欢迎。

发射机功率效率直接影响雷达可发射能量的大小，从而决定了探测性能。然而，功率效率最大化会导致发射非线性问题的产生。波形产生方法与发射机的结合，将对发射波形产生两种形式的失真效应：线性失真（导致频谱整形）和非线性失真。

线性失真是由单个发射机组件的有限带宽引起的。其中每个组件的通带都不平坦，并显示出振幅波纹，导致振幅失真。此外，色散（即不同的频率以不同的速度在系统中传播）也会引入频率（或相位）失真。将这些影响最小化的一种方法是预失真，它能补偿随后的线性失真，从而产生具有所需指标的传输波形。

有限的发射机带宽也要求对波形进行带宽限制，至少限制在给定脉冲宽度可能达到的程度。因此，相位编码波形通常采用这样的方法来实现，即避免码相位值（码片）之间的突变，如图 46-2 所示。

非线性失真主要是由雷达功率放大器（波形在从天线发射到自由空间之前经过的最后一个组件）引起的。为了使效率最大化，功率放大器通常以最大增益（饱和状态）工作，其结果是任何的波形振幅调制都会出现非线性失真。

非线性失真的一个副作用，是由波形中不同频率分量成对相乘而产生交调信号。这些交调信号将引起波形频谱成分的扩展，导致频谱泄漏，从而增加了不同频谱"用户"之间相互干扰的可能性。总的来说，交调信号和发射机噪声，促使雷达的频谱覆盖范围增大，直接导致

图 46-1 产生特定的波形可能有不同的方法，这些波形都会在发射机内经过频谱整形和失真

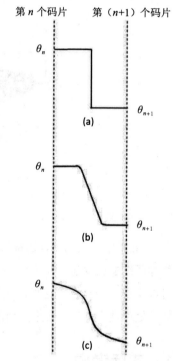

图 46-2 编码波形码片之间的相位转换：(a) 理想的实现方式，在发射机中将受到带限失真；(b) 使用内插相位转换；(c) 使用编码方案避免相位突变

相邻频谱区域的干扰（见图 46-3）。这种效应也被称为频谱再生。在日益拥挤的电磁频谱中，这种干扰是不允许的。因此，发射波形的设计应避免或至少尽量减少频谱再生。

电磁干扰 雷达系统既可能是电磁干扰的受害者，又可能是产生电磁干扰的罪魁祸首，在设计波形时必须考虑这两个方面。事实上，电磁干扰在频率选择和波形设计中一直是一个重要的考虑因素。当前，由于对电磁波谱的使用越来越多，使电磁干扰最小化的波形设计也变得愈发重要。

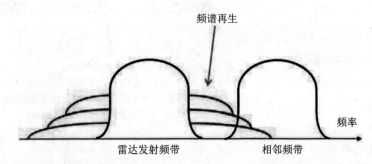

图 46-3 雷达频谱再生可能会在相邻频带产生干扰，这些频带上可能有其他频谱使用者

电磁干扰造成雷达系统问题的一个显著例子发生在低频频段，例如那些用于叶簇穿透（foliage penetration, FOPEN）的雷达。为穿透茂密的树叶，如森林和丛林，通常使用 20 ～ 1 200 MHz 的信号频率。FOPEN 雷达是一种高空间分辨率成像系统。为了获得高的距离分辨率，需要几百兆赫的带宽。然而，这些 FOPEN 雷达频带同样也被许多其他系统所使用，这些系统包括广播电台、通信系统和电视等。因此，FOPEN 系统会采用一些策略来避开那些分配给其他用户的电磁频谱。

避免电磁干扰正变得越来越具有挑战性。由于商业无线通信的普及，尤其是对无线视频流的需求，电磁频谱变得越来越拥挤。因此，雷达将苦于应对新的干扰源。增加的频谱拥塞将使波形设计进一步复杂化，并且随着频谱环境的变化，可能需要逐脉冲地修改波形。

雷达还必须符合各个国家确定的发射标准。这些发射标准规定了对发射信号的带内和带外频谱要求。带内频谱要求规定了所分配发射频带内频率上的允许发射功率。带外频谱要求一般以每 10 倍频程的频谱滚降速率的分贝数来表示。目前，雷达系统的通用标准是 20 dB/10 倍频程。然而，不断增加的频谱拥塞可能导致未来需要将滚降速率增加到 30 甚至 40 dB/10 倍频程。因此，未来的雷达系统设计和相关的波形设计很可能必须实现更为严格的谱包容度。

脉冲遮蔽 当雷达系统发射其波形时，接收机将被关闭以避免损坏。因此，在短时间内，雷达是"盲"的，这可能导致称为脉冲遮蔽的现象发生。脉冲遮蔽发生在非常短的距离上，并在由脉冲重复频率（PRF）决定的距离间隔上重复。这种重复使得脉冲遮蔽对于高 PRF 操作特别有问题，因为它会产生许多盲区。它对脉冲压缩也有影响，因此对检测性能也有影响，因为只有一部分波形可以在接收时被处理。

图 46-4 说明了第 n 个脉冲的回波如何在单个距离间隔内被遮蔽。对于被遮蔽回波 (a) 和 (c)，每个回波的一部分在接收机关闭时丢失。

图 46-5 显示了当波形为线性调频（LFM）信号时脉冲被遮蔽对脉冲压缩的影响。图 46-5 比较了来自一个完整的 LFM 回波 (a) 和一个 50% 被遮蔽的 LFM 回波 (b) 的匹配滤波器响应，其中 50% 被遮蔽的 LFM 回波仅接收到一半的波形。因为只有一半的波形存在，脉冲压缩（见第 16 章）的幅度增益减半。

从图 46-5 所示的主瓣宽度的增加也可以明显看到由此引起的距离分辨率的降低。50% 遮蔽的 LFM 回波只拥有原始波形的一半带宽，导致距离分辨率下降为原来的 1/2。

46.2 失配滤波

第 16 章介绍了匹配滤波器。匹配滤波器使接收机输出信噪比（SNR）最大化。在匹配滤波器中，距离旁瓣的大小完全由波形的特性决定。在本节中，将研究与匹配滤波不同的接收滤波形式。这些滤波器称为失配滤波器。它们的性能是波形和滤波器的函数，从而可提供更多的设计自由度。

频率加权 第 6 章讲到信号的功率谱密度是信号自相关函数的傅里叶变换。因此，可以通过对波形的频谱成分加权来降低频带边缘的功率，从而产生低（自相关）距离旁瓣。这种效果是通过使用标准加权函数来实现的，如汉宁窗、汉明窗、布莱克曼－哈里斯窗以及其他一些窗函数。

对于 LFM 波形，加权仅仅对发射脉冲开始与结束处的功率进行去加重，它们对应于远离带宽

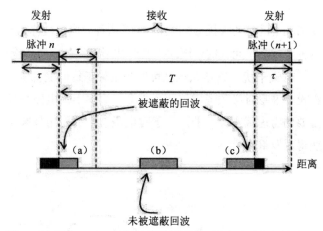

图 46-4 回波 (a) 和 (c) 由于到达接收机的时间与脉冲的发射时间重叠（接收机关闭时）而被遮挡。如果脉冲宽度与脉冲重复间隔（PRI）的比值 (τ/T) 增加，则更多的回波会出现被遮蔽

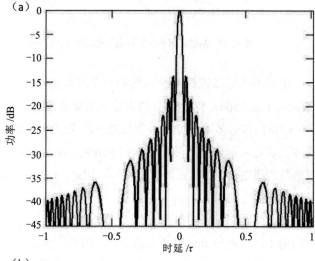

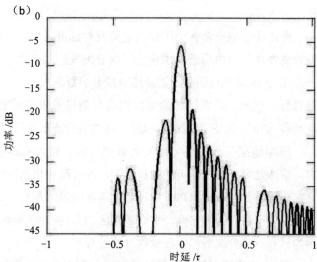

图 46-5 (a) 完整 LFM 回波的匹配滤波响应；(b)50% 被遮蔽的 LFM 回波的匹配滤波响应，可见在匹配点上损失 6 dB，距离分辨率下降为原来的一半

中心的那些频率。在这种情况下，接收滤波器仍然是一个匹配滤波器。虽然可以显著降低距离旁瓣（见图 46-6），但由于在频带边缘（相对于恒定包络 LFM）的能量已被去除，在接收的匹配点上存在总体性的灵敏度损失。距离分辨率也有一些降低（通常以低于峰值功率 3 dB 的主瓣宽度来衡量）。探测距离和距离分辨率的降低都是容许的，因为降低旁瓣有好处。例如，降低旁瓣有助于避免模糊，也能减少杂波。

优化失配滤波 另一种减少脉冲压缩旁瓣的方法是设计一种优化的失配数字滤波器。该滤波器的目标是产生高距离分辨率、低旁瓣和低失配损耗，从而不降低探测距离。理想情况下，对于某个特定延迟偏移量，优化的失配滤波器应该能够完美匹配；而对于所有其他延迟偏移量，滤波器输出应该为零（没有旁瓣）。滤波器的设计试图尽可能接近这个理想状态，数字滤波器（见图 46-7）只能近似脉冲情况，从而造成一定程度的失配损失。同样，在现实当中，旁瓣可以被减少但不能被消除。

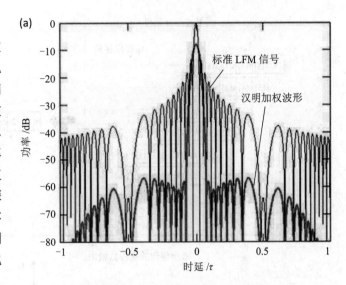

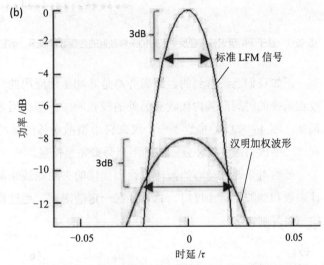

图 46-6 相比于标准线性调频 (LFM) 信号，汉明加权波形的匹配滤波器响应显著降低了距离旁瓣（上图），但代价是降低了距离分辨率（降低了约 1/2），并降低了约 8 dB 的振幅（下图）。总体检测损失明显小于 8 dB，因为加权也抑制了与回波竞争的噪声信号

这种滤波器的一种设计方法是使用时域信号 $s(t)$ 的频率响应 $S(F)$（即连续波形的傅里叶变换）。数字滤波器的系数由频率响应的倒数 $1/S(F)$ 得到。这种方法称为逆滤波器法。还有其他方法来实现这种优化的失配滤波器。

自适应脉冲压缩 随着高速计算能力的不断提升，对脉冲压缩进行数字化处理的趋势越来越明显（见图 46-7）。然而，脉冲压缩的数字实现不仅仅是简单地将模拟滤波器用对应的数字滤波器进行复制代替。随着处理速度的不断提高，可以应用自适应信号处理技术，进一步提高它们对干扰的灵敏度和稳健性。

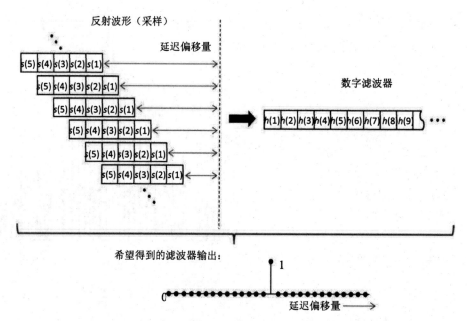

图46-7 基于不同延迟偏移量反射波形的采样数据的合理数学表示，得到的数字滤波器响应近似为一个延迟的冲激脉冲

正如我们已经看到的，距离旁瓣是脉冲压缩应用的一个限制因素。如果在与接收较弱回波相重叠的时间间隔内接收到另外的较强回波，那么后者的距离旁瓣可以掩盖较弱的回波。例如，图46-8（a）描绘了一个仅来自小型散射体的脉冲压缩回波；如果附近也存在一个强回波，则该弱回波将被强回波的距离旁瓣完全掩盖。

虽然可以通过精心的波形设计和优化的失配滤波来减小这些旁瓣，但在选择特定波形设计参数和滤波器自由度时，总是存在一定的限制。通过自适应的接收脉冲压缩则可以克服其中一些限制。

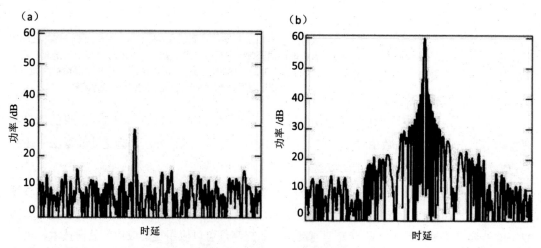

图46-8 强回波的脉冲压缩可以使雷达对弱回波不敏感：(a) 在有噪声情况下用 LFM 信号照射相对较小散射体时的匹配滤波器响应，(b)当存在附加的大散射体时，弱回波被强回波的距离旁瓣所掩盖

脉冲压缩的自适应性可用反馈（递归）结构来实现。用脉冲压缩滤波器的输出对滤波器进行修正，如图 46-9 所示。这种方法通常称为自适应脉冲压缩，类似于电子扫描天线中使用的自适应波束形成。

图 46-9 将自适应特性引入脉冲压缩来消除某些形式的干扰（包括距离旁瓣的自干扰），即以递归方式将脉冲压缩输出加入反馈

46.3 非线性调频波形

降低距离旁瓣也可以用新的扫频波形来实现，这种波形不同于 LFM，它在每个频率点上驻留的时间并不相等。换言之，频率随时间的变化是非线性的。本节讨论这些非线性调频波形的结构及特性。

频率加权的另一种方式 为了比较非线性调频（NLFM）和标准线性调频（LFM）的区别，图 46-10 显示了这两种波形瞬时频率随时间变化的曲线。两种波形具有相同的脉冲宽度 τ 和带宽 ΔF，然而，线性调频具有恒定的调频斜率，非线性调频则具有时变的调频斜率。因此，非线性调频在脉冲边缘频率上驻留的时间更少，这导致频谱两端频率的去加重。

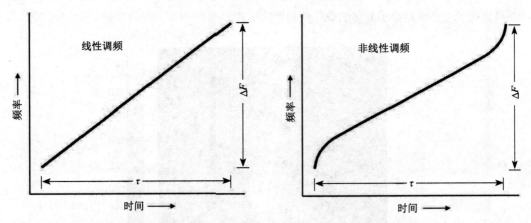

图 46-10 线性调频波形和典型非线性调频波形的时频关系。线性调频具有恒定的调频斜率（直线），而非线性调频具有时变的调频率，因此它在脉冲边缘频率上的驻留时间更少

作为举例，给定一个宽度为 1 μs 的脉冲，其时宽带宽积为 $\tau\Delta F = 64$，图 46-11 显示了线性调频脉冲波形和典型非线性调频脉冲波形的功率谱密度。非线性调频波形呈现出圆滑过渡的频谱特性，而线性调频的频率响应相对而言则平坦得多。

当非线性调频波形在匹配滤波器中被压缩时，其中一个优点是距离旁瓣要低得多，如图

46-12 所示。这一结果是非线性调频能量被集中到频谱中心的直接结果。相对于线性调频波形，非线性调频的距离分辨率有一些下降（主瓣展宽），这种下降也是由波形频谱成分的滚降造成的。另一个优点是非线性调频匹配滤波器输出在灵敏度上没有损失，因为脉冲内的所有能量都被使用了，因此探测距离没有减小。

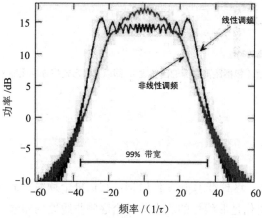

图 46-11 带宽和时宽积均为 64 的线性调频波形和非线性调频波形的功率谱密度。非线性调频波形频谱能量在频带中心更加集中，在频带边缘较为圆滑

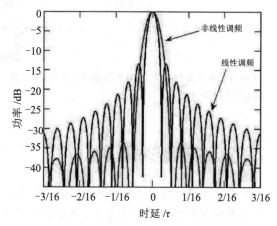

图 46-12 线性调频波形和非线性调频波形的匹配滤波器响应。非线性调频波形获得了更低的距离旁瓣，由于主瓣展宽，其距离分辨率有所下降，但是没有失配损耗

多普勒效应 在第 16 章中我们看到，线性调频信号的模糊图显示了距离和多普勒频移之间的线性关系（见图 46-13）。这种关系意味着线性调频波形能够容许不同的多普勒频移，这是由时延偏移量和多普勒频移之间的模糊性造成的。然而，对于非线性调频，时延和多普勒频移之间的关系则取决于具体的非线性扫频的形式。

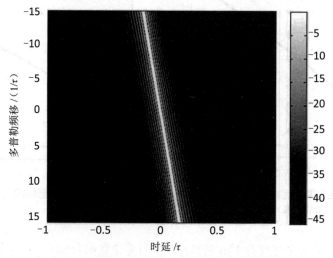

图 46-13 时宽带宽积为 64 的线性调频波形的模糊函数

线性调频和非线性调频波形都有菲涅耳波瓣，但当采用非线性调频波形和存在非零多普勒频移时情况更明显，模糊函数沿主时延－多普勒频移脊呈扇形展开（见图 46-14）。

波形设计　非线性调频波形的设计需要确定一个具体的非线性函数，该函数指定频率随时间变化的关系。非线性时频关系最常见的形式，是使用多项式相位函数或串接不同的分段线性调频信号来实现非线性调频波形。将非线性调频波形与接收机失配滤波相结合，也可以获得较好的性能。

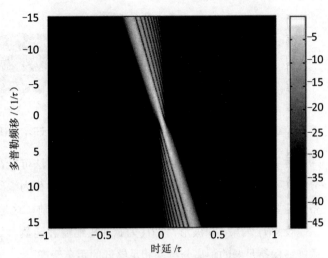

图 46-14　时间带宽积为 64 的非线性调频波形的模糊函数，菲涅耳波瓣沿主时延－多普勒频移脊呈扇形展开

46.4　波形分集

波形分集就是利用多种不同的波形设计来完成具体的雷达功能。这可以是为特定的应用场景选择最佳波形，也可以是持续进行波形特性的动态优化。在此，简要总结波形分集的一些相关问题。

支撑技术　波形分集最重要的技术支撑是宽带数字波形的产生。市场上可以买到的可编程数字波形发生器的带宽已经超过 1 GHz。这几乎允许任何波形的发射，且设计参数可以逐个脉冲地进行改变。这一技术正日益被应用到雷达系统，提供了更大灵活性，使波形适应任何特定的应用和工作环境。例如，它可以在探测范围内自适应地设置零点，从而避免不必要的电磁干扰。

通过与数字波束形成相结合，波形分集提供了额外的新设计自由度。数字波形的产生和波束的形成，使得从雷达回波中提取更多有用信息的能力得到更大提升。例如，可以更有效地降低与目标回波相竞争的杂波、干扰和噪声。波形分集也使新的处理概念，如多输入多输出（MIMO）雷达的实际运用成为可能。

多输入多输出（MIMO）雷达　MIMO 雷达有两种形式，在其中一种形式中，空间分离的发射机和接收机天线单元构成分布式雷达，如第 45 章所述。这种形式有时被称为统计 MIMO 雷达。这里考虑的是 MIMO 雷达的另一种形式，其天线单元被限制在单一体上（就像它们在有源电扫阵列 [AESA] 雷达中一样）。这种形式有时被称为相干 MIMO 雷达。然而，相干 MIMO 雷达采用不同的波形，而不是通过每个单元发射或接收相同波形来形成波束，如图 46-15 所示。

图 46-15 MIMO 雷达在不同的空间方向发射不同的波形，以便在接收机中为额外的分离通道所分离

对于同时发射的不同波形，实质上有两种方法可以在接收时将它们分离。一种是波形被分布在不同的频带上，即频率波形分集；另一种称为编码波形分集，波形可以占据相同的频带，但要进行编码，以便它们可以彼此区分。目前，这是一个热门的研究领域。

设 $s_j(t)$ 为第 j 个波形，$h_j(t)$ 为脉冲压缩滤波函数。如前所述，$s_j(t)$ 的匹配滤波器响应必须能够保持足够的距离分辨率和足够低的距离旁瓣。

波形选择在 MIMO 雷达应用时还必须满足一些额外的要求，即对于所有的时延偏移量，第 j 个匹配滤波器对第 k 个波形的响应要尽可能小，同样，第 k 个匹配滤波器对第 j 个波形的响应也要尽可能小。换言之，当波形之间互相关时，它们必须有一致的低输出。图 46-16 展示了一个编码波形分集方案，其中编码是简单的上调频或下调频的线性调频。因此，每一个波形都要经过一个上调频或下调频匹配滤波器的处理。

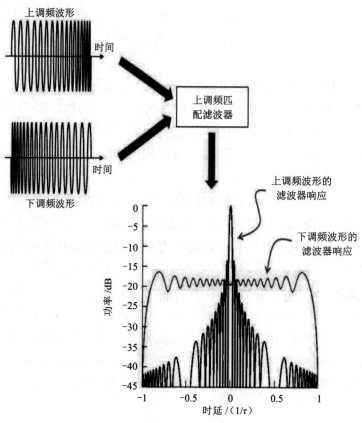

图 46-16 MIMO 雷达波形的分集取决于所使用的波形。这个例子描述了上调频线性调频匹配滤波器对上调频和下调频波形的不同响应情况

脉冲捷变　脉冲捷变指的是在相干处理间隔（CPI）内的不同时间（脉冲）使用不同的波形。这种方案可以被认为是波形时间分集。脉冲捷变提供了一种扩展雷达不模糊范围的替代方法。

如第 15 章所述，当下一个脉冲的接收时间内接收到前一个发射脉冲的回波时，就会产生距离模糊，如图 46-17 所示。

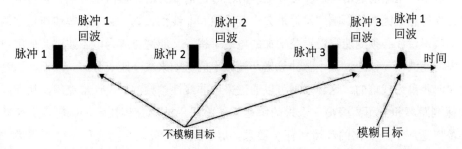

图 46-17　当一个 CPI 内的每个脉冲波形调制相同时，最大不模糊距离由相邻脉冲之间的间隔决定（注意：模糊的目标可以用脉冲重复频率抖动来消除）

因为在通常条件下，CPI 时间内的每个脉冲都使用相同的波形，所以回波对应哪个脉冲是不明确的，即产生距离模糊。如图 46-18 所示，每个捷变脉冲都用完全不同的波形进行调制，这可以是不同的频率或不同的调制码，目的是使匹配滤波后的波形能够充分分离。

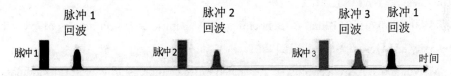

图 46-18　当 CPI 内的每个脉冲使用不同波形时，最大不模糊距离取决于再次使用相同波形之前的脉冲数。如果波形是足以分离的，那么脉冲 1 的远回波就可以相应地被识别出来

波形优化　用于波形优化的两个最突出的指标是匹配滤波器输出的峰值旁瓣电平（PSL）和平均旁瓣电平（ISL）。由图 46-19 可知，峰值旁瓣电平是最大旁瓣相对于主瓣的值，平均旁瓣电平是所有旁瓣总面积与主瓣面积的比值。虽然这两个指标都可以度量距离旁瓣的各个方面，但是峰值旁瓣电平可以被看作最坏情况下旁瓣响应的度量，而平均旁瓣电平提供了一个综合性度量。在确定对分布回波（由分布杂波源产生）的波形适用性时，平均旁瓣电平特别有用。

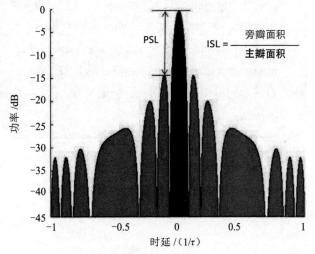

图 46-19　波形匹配滤波器响应的峰值旁瓣电平（PSL）和平均旁瓣电平（ISL）的度量，通常用于波形优化

当使用这些指标来评估波形时，重要的是波形结构要与雷达将要传输的实际物理波形非常接近。换言之，发射机失真的影响也应该考虑在内。

46.5　小结

在评估脉冲压缩的适用波形和接收处理方法时，需要考虑波形产生方法、发射机以及频谱环境特性等相关因素的影响。发射机会引起线性和非线性失真，必须理解和纠正这两种失真。雷达波形设计必须既能耐受日益增加的电磁干扰，又能避免成为电磁波谱其他用户的干扰源。失配滤波器可以通过减小脉冲频谱两端频率的影响来减小距离旁瓣。然而，这是以减小最大探测距离为代价的。这种限制可以通过采用非线性调频波形设计来克服，从而同时实现最大探测距离和低距离旁瓣。未来的雷达系统将采用波形分集技术。这需要进行动态波形设计，以适应不断变化的环境和任务要求。这些系统还可以利用各种不同工作模式，如MIMO 和脉冲捷变，从而最大限度地利用所有可用的设计与使用自由度。

扩展阅读

N. Levanon and E. Mozeson, Radar Signals, John Wiley & Sons, Inc., 2009.

M. A. Richards, J. A. Scheer, and W. A. Holm (eds.), Principles of Modern Radar: Basic Principles, SciTech-IET, 2010.

M. Wicks, E. Mokole, S. Blunt, R. Schneible, and V. Amuso (eds.), Principles of Waveform Diversity and Design, SciTech- IET, 2011.

W. L. Melvin and J. A. Scheer (eds.), "Advanced Pulse Compression Waveform Modulations and Techniques", chap ter 2 in Principles of Modern Radar: Advanced Techniques, SciTech-IET, 2012.

W. L. Melvin and J. A. Scheer (eds.), "Optimal and Adaptive MIMO Waveform Design", chapter 3 in Principles of Modern Radar: Advanced Techniques, SciTech-IET, 2012.

W. L. Melvin and J. A. Scheer (eds.), "MIMO Radar", chapter 4 in Principles of Modern Radar: Advanced Techniques, SciTech- IET, 2012.

F. Gini, A. De Maio, and L. K. Patton, Waveform Design and Diversity for Advanced Radar Systems, IET, 2013.

Chapter 47
第 47 章 ｜ 目标分类

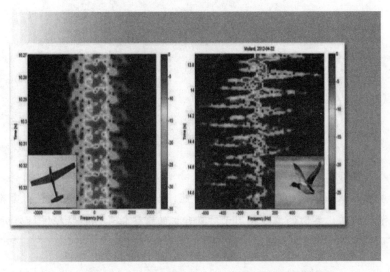

一架小型无人机（左）和一只野鸭（右）的 K 波段微多普勒信号

　　长期以来，全天时、全天候、全地域目标探测和定位的能力，使雷达成为军事和民用领域的关键传感器。然而，可靠区分不同目标（如客机和战斗机）的能力已被证明要难得多，而且传统方法依赖于熟练的操作人员和需要目标配合的独立设备，如敌我识别（IFF）。尽管在过去几十年中相关领域已取得了稳步进展，但在目标非合作情况下能够自动做到目标识别仍是一个十分困难的挑战。

　　在本章，我们以高分辨率合成孔径雷达（SAR）图像中的车辆检测与识别为例，讨论非合作目标分类的原理。但是请注意，SAR 图像并不是雷达目标分类的唯一实现手段。例如，一维高分辨率距离像（HRRP）在分类运用中也特别有用，特别是对于空中目标。另一个重要的空中目标分类技术是利用雷达回波中的喷气发动机调制（JEM）特征，详见面板式插页 P47.1。对于海上目标，一个关键的考虑是如何表征目标所在处的海杂波环境。

P47.1 喷气发动机调制

通过对喷气发动机旋转压气机叶片所产生的雷达回波调制效应的利用，一种特别精致的技术可以被用来识别空中目标。这被称为喷气发动机调制目标识别。

喷气发动机有若干个压缩级，每个压缩级有不同数量的叶片。旋转压气机叶片以特有的方式调节雷达回波。对于有 N 个叶片、旋转周期为 T 的单转子，其回波谱的形式如下图所示：

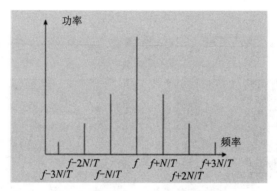

综合引入其他转子的贡献，回波多普勒频谱可提供了一个独特的指纹特征，可以识别出具体的引擎类型，从而识别出飞机的类型。当然，多引擎飞机的情况要稍微复杂一些。由于主旋翼和尾桨的旋转，类似的流程可用于对直升机的雷达信号调制特征进行分析与识别。

47.1 引言

雷达目标分类是一个非常大的主题，但通过以 SAR 图像目标识别的为例可以简明地突出其中许多关键思想，这将是本章所要采用的方法。

典型的 SAR 图像如图 47-1 所示，其中包括了已被标记出来的直升机。我们知道，雷达信号的波长通常为厘米级，所以其散射行为与可见光非常不同，可见光的波长在 $400 \sim 800nm$ 之间。

图 47-1 一个典型的高分辨率 SAR 图像，其中直升机已被标记

在简要概述分类相关术语之后，本章将讨论雷达目标现象学对分类器设计影响，检测和分类处理链，分类支持数据库构建，以及目标分类系统性能评估等系列问题。最后，还将着重点讨论雷达目标分类领域存在的一些关键挑战。

47.2　分类术语

用于目标分类的术语可能非常混乱，北大西洋公约组织（NATO）给出的 AAP-6 术语和定义词典，能够为相关术语提供一个稍微精确些的定义。在 AAP-6 中，SAR 图像目标分类过程被视作一个越来越精确细分的子类体系。分类过程的 6 个主要步骤如下：

- 检测，将目标从场景中的其他对象中分离出来；
- 分类，给目标一个元类，如飞机或轮式车辆；
- 识别，指定目标的类别，如战斗机或卡车；
- 辨识，给出目标的子类，如米格 29 战斗机或 T72 坦克；
- 特征识别，考虑类别变化，如不带燃料桶的米格 29 PL 或 T72 坦克；
- 指纹识别，更精确的技术分析，如带侦察吊舱的米格 29 PL。

当然，这些步骤之间的界限不可能对所有的问题和目标都是固定的，因此重要的是这些术语有更广泛的用法。特别是，这些定义导致了"分类"这个词只用于描述元类分离的过程，但是工程师们（在本章中也是）更经常使用它来描述将目标分配到不同类别的一般过程。

还应该注意的是，空中目标分类经常被称为非合作目标识别（NCTR），而地面目标的分类则经常被称为自动目标识别（ATR）。

47.3　目标现象学

图 47-2 所示为一幅 10 cm 分辨率的 SAR 图像，其中包含了一些车辆。这些单个目标具有不同的特征，因此原则上应该可以对它们进行分类。然而，它们与光学图像中的目标非常不同。例如，图中突出表现出了的车辆显示一些复杂的、周期性的散射结构特征。这辆车是一台皮卡车，其敞篷车厢部分的多径反射造成了所观察到的上述图像结构特征。

图 47-3 提供了多径反射的另一个示例。它显示了一个炮管指向一侧的坦克图像。图中，炮管在三个不同的距离内出现了三次。最明亮的炮管图像来自直接反射，它的距离最近；第二个炮管图像是由于地面反射电磁波照射到炮管上并返回到雷达而形

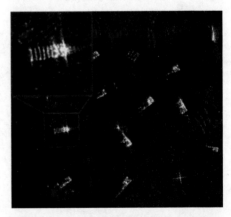

图 47-2　10 cm 分辨率聚束式 SAR 图像和其中的复杂目标散射现象，其中的周期结构是多径反射的结果

成的（或者反之亦然）；第三个炮管图像的结果显示，其回波是经地面反射后照射到炮管，再反射回地面，最后反射到雷达。

另一个 SAR 图像的特有现象是对成像几何结构的微小变化极度敏感。在图 47-4 中，照射角（箭头所示）在整个图像序列中变化很小，但是目标的某些特征（如飞机机翼的后边缘）在整个序列中表现出非常明显的差异变化。这个方位角依赖性是如此之强，以致当观察方向仅相差几度时，目标也可能看起来完全不同。

图 47-3　来自坦克炮管的多径反射：直接路径（最亮）、二次反射和三次反射炮管的图像

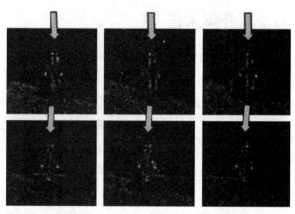

图 47-4　对成像方位角的敏感性导致飞机机翼后缘在几度的视角变化空间内出现和消失

　　另一个需要考虑的问题是，与光学图像不同，雷达可以明确地测量距离，这将对目标分类产生一些特定的影响（见面板式插页 P47.2）。不要指望雷达图像看起来像光学图像一样，因为它们包含的信息不同。SAR 图像是成像几何、雷达参数和雷达散射机制等复杂现象共同作用的结果。为了实现一个稳健的自动目标识别（ATR）系统，在分类器设计时必须考虑到这一点。

P47.2　叠加与遮蔽

　　雷达是一种能够测量距离的主动成像系统。这对出现在二维 SAR 图像中的三维目标产生特殊影响。可以通过简单的例子看到雷达能量如何与目标和地面相互作用，从而产生叠加效应和自遮蔽。

　　如右图所示，雷达图像是通过计算散射雷达能量的物体的

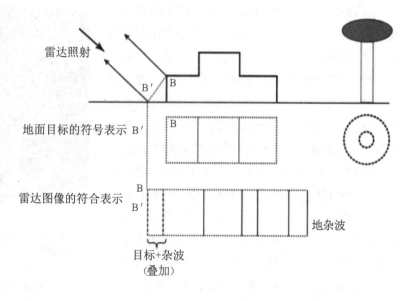

距离而形成的。特别地，目标上的 B 点和地面上的 B′ 点处在相同的距离上，因此这两个点的反射将被放置在图像中的相同位置。

　　在下面各图中，B′ 点和 A 点之间的地面反射以及 B 点和 A 点之间的目标反射，将占据相同的区域。这被称为叠加，结果是目标和杂波相互重叠。在 B 点和 C 点之间、C 点和 D 点之间、D 点和 E 点之间的目标区域会发生进一步的重叠，这将产生最终图像中目标的各个部

分回波的复杂叠加。

雷达成像的另一个特征是自遮蔽，这是由于在 E 点和 G 点之间雷达与目标之间没有视线能够进入而造成的。这个内阴影将遮蔽目标自身部分区域，但是具体那部分被遮蔽则根据目标相对于雷达的方向而变化。

在目标的后面也有一个阴影，同样是由相关区域不在雷达视线范围内造成的。特别地，目标到 H 点阻挡了雷达能量到达地面。

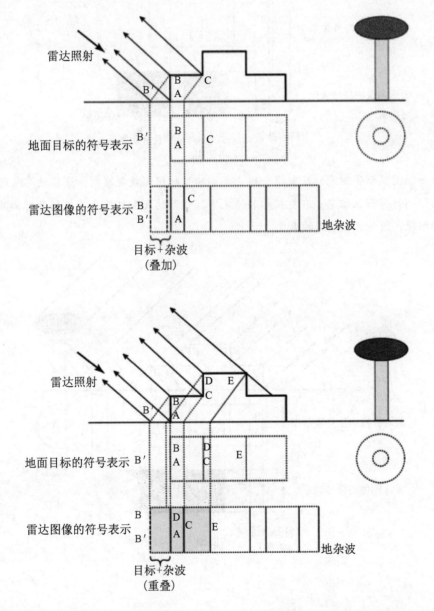

目标的阴影可以提供目标形状的信息，因此阴影属性可以用于目标识别过程。但是，需要注意的是，H 点在图像中有可能被重叠；因此，阴影的范围并不可以直接转化为物体的高度。另一个需要考虑的是，地面与目标相分离的物体在图像中也可以与目标相互作用。

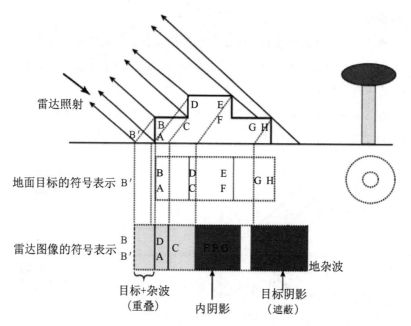

最后一幅图显示了树冠的反射将会阻止全部的目标阴影被观察到，这将破坏从阴影的形状测量的任何目标形状信息。在更极端的情况下，树冠的反射可能会覆盖到目标回波，从而破坏目标图像，增加目标识别的难度。

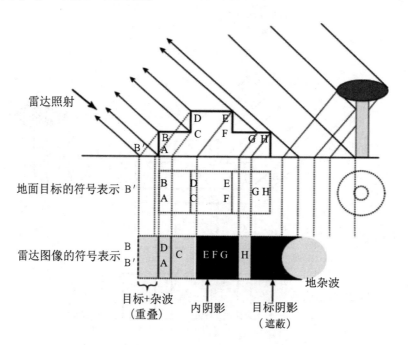

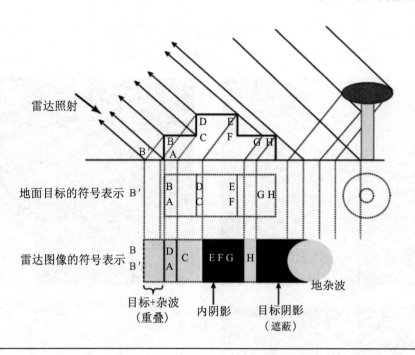

雷达照射

地面目标的符号表示　B′

雷达图像的符号表示　B
　　　　　　　　　　　B′

地杂波

目标+杂波
（重叠）

内阴影

目标阴影
（遮蔽）

47.4　目标分类处理链

　　预选　目标识别过程中首先要完成的任务是检测场景中的潜在目标。这个任务本身可以包含若干个阶段，在这些阶段中确定候选检测目标，并过滤掉不符合潜在目标标准的目标。这个过程通常被称为预选。

　　检测　第一个预处理阶段是执行单个像素检测，该检测将像素标记为比相邻背景像素更亮的像素。所幸在雷达图像中，构成目标的许多金属结构会产生强烈的雷达回波。通常情况下，当中心像素明显比周围的杂波更亮时，使用滑动窗口和统计测试来进行标记。当对周边杂波进行统计描述时，通常会排除被检测像素的保护环（或掩模），以避免来自目标像素的污染。图 47-5（a）为该检测算法应用于某一开阔区域，内含多辆车辆合成孔径雷达（SAR）图像时的检测结果，其中的插图说明了检测算法。

　　凝聚　在检测阶段可获得多个单像素检测点。然后使用凝聚算法将属于同一潜在目标的检测关联起来。产生凝聚的一种方法是使用如图 47-5（b）中插图所示的简单规则。白色所示的探测结果已分配给各凝聚点，其中已确定了 4 个疑似目标。黑色方框中心的阴影检测已经发起下一个疑似目标的凝聚处理。所有其他的阴影检测点都被分配给这个凝聚点。黑色方框表示已经达到了预定义的聚类大小限制。该算法现在将继续进行下一个未凝聚（黑色）检测检测结果的处理。图 47-5（b）的主体部分显示了聚类处理后目标分布情况。

　　去除孤立杂波点　最后一个预选阶段是根据简单的度量标准（如聚类大小和平均功率）来检查每个凝聚点。这样就有可能去除一些候选目标，因为它们更有可能是离散的杂波（如树木），而非人造目标。然后，将余下的凝聚目标向前传递到分类阶段。在图47-5（c）中，潜在目标被标上了"十"字。可以看到，来自植被和诱饵（黄色箭头所指示）的凝聚点已被消除。

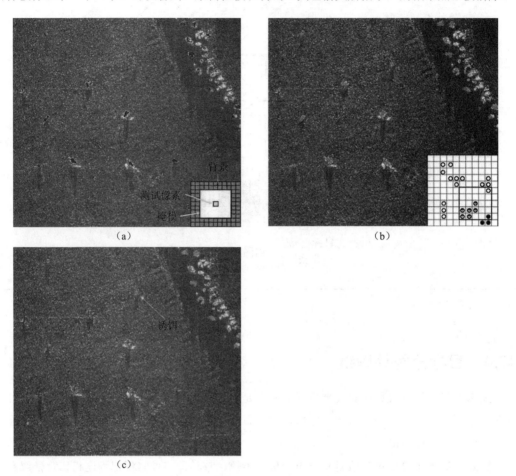

图47-5 （a）在图像上滑动一个窗口（详见右下角插图），如果中心像素明显比周围的背景杂波亮，则对其进行标记；（b）基于简单生成规则（见插图）的凝聚算法的凝聚结果；（c）采用简单措施去除独立杂波点，用"+"标记潜在的目标，植被凝聚点和一个诱饵目标被去除

P47.3 分类技术

一旦特征已被提取，就可以使用模式识别领域的许多分类技术进行目标识别。因为这些技术非雷达所特有的，所以了解它们如何工作很重要。

从概念上讲，所测得的特征值可以在一个特征空间中被表示出来，特征空间的维数与可用的特征数相同。例如，右图中有两个特征。分类的任务就是简单地画出最佳的决策边界来分离不同目标类，"最佳"的含义是最大化正确分类和最小化不正确分类。

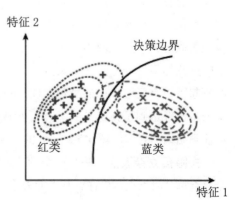

如果特征值在特征空间的分布的密度可以用概率密度函数来建模（例如，使用下图相关特征点分布轮廓所示的二维高斯分布），那么就可以定义一个最佳的统计决策器。这就是贝叶斯分类器。

然而，精确的统计模型可能很难构建。另一种方法是简单地将被测目标的类视为与特征空间中最接近的训练实例的类相同，即采用最近邻（NN）法。如右图所示：基于训练数据（点），特征空间被区分为两类不同区域，分别使用深浅两种颜色表示。异常值可能会导致错误的分类结果（例如，

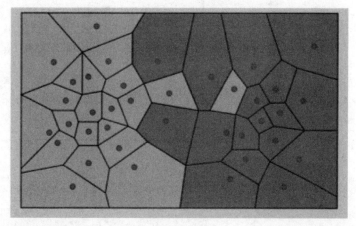

最右边的浅色部分），但是这可以通过使用 k 最近邻（kNN）算法来解决。在这种方法中，被测目标的类被认定为 k 个最邻近训练用例中的主导类，其中 k 是一个适当选定的整数。

另一种方法是使用多层感知机（MLP）神经网络"学习"决策边界。MLP 由多层节点或神经元组成，如下面的示例所示。第一层的节点数量与特征维度相同，最后一层的节点数量与类的数量相同。每一层的所有节点都连接到下一层的所有节点，并通过非线性函数加权传递它们的值。来自训练集的示例被送至第一层，以对 MLP 进行"训练"（即，自适应调整权值），这样就会使得只有对应正确类的输出节点才被"激活"（fire）（其值接近 1）。

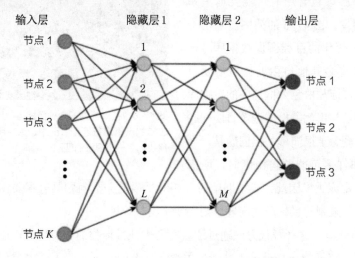

支持向量机（SVM）的基本工作原理是，通过寻找具有最大分离能力的线性边界来最大化两个类之间的边界，如下图所示。这里假设两类之间互不重叠，但是通过推广 SVM 产生的"软"边界方法也可对重叠类进行处理。

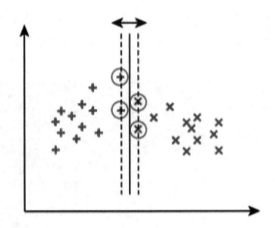

分类器的选择将取决于决策边界的复杂性、引入新类所需的灵活性和计算成本。然而，特征的选择是成功进行基于特征的分类的关键。

模板匹配 一旦通过预选而识别出候选目标，分类过程就可以开始了。一种方法是尝试将每个候选目标与系统已知的各种目标的图像数据库（模板）进行匹配。这种方法如图47-6 所示。

由于雷达图像随成像几何关系的变化非常大，因此数据库必须包含所有可能几何关系下的目标示例图像。图 47-6 的插图显示了一个涵盖方位 360° 变化的目标图像数据库。一般来说，仰角和许多其他自由度也应需要包括在内。被测试目标与白色方框选中的数据库条目不匹配，但是与黑色方框所选条目匹配。

模板匹配在概念上很简单，但问题是，当有许多目标类和许多可能的自由度时，所需

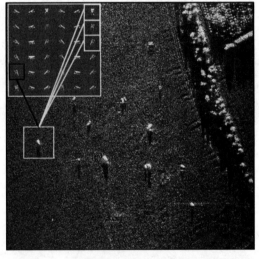

图 47-6 在模板匹配中，目标与数据库中包含的先前收集的示例进行匹配。图中，黑色所示的数据库条目找到了一个很好的匹配

的数据库可能非常庞大。因此，模板匹配对于相对受限的分类问题具有重要作用，但是对于具有较少约束条件限制的目标分类问题，则需要采用另一种方法。

基于特征的分类 这种替代方法通过测量特征表征目标类的独特属性，避免了对大型图像数据库的需求。特征的选择是分类性能的关键。标准的特征可分为三大类：几何特征；纹理特征；对比度特征。

几何特征包括长度、宽度、面积、目标长宽比、质心转动惯量。傅里叶系数也可以包括在这一类中，因为它们本质上描述了目标边缘的高频分量特征。图 47-7 说明了如何在 SAR 图像中使用长度和宽度测量结果，来分离主战坦克（MBT）、人员输送装甲车（APC）和支援车辆。

纹理特征的示例是像素强度及其熵的标准差和空间相关长度，它们可以表征目标像素强度的随机性。基于对比度的特征包括分形维数（用于测量目标范围内顶部散射体的空间分布）以及加权秩填充比（用于测量功率集中在几个亮散射体的程度）。一旦定义了一组特征，就可以使用模式识别领域的标准技术来进行分类。

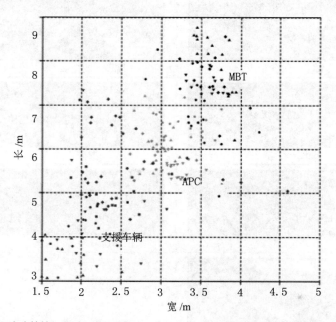

图 47-7　长度和宽度等特征可用于表征目标类。在该例中，使用这些特征可以很好地分离出三种类型军车

利用上述标准特征可以得到合理的分类水平。然而，在确定目标变化条件下最稳健特征方面，与目标的潜在物理结构（如主要散射体的位置）直接相关的特征可能是最稳健的。

47.5　数据库和目标建模

SAR 图像数据库选项　目标分类需要有感兴趣目标的大样本图像数据库。然而，由于雷达图像的易变性，建立这样一个数据库是一个巨大的挑战。例如，需要多次昂贵的成像飞行才能获得足够的数据来描述目标特征随成像几何关系的变化。

国防部高级研究计划署（DARPA）在 20 世纪 90 年代第一次进行了这种大样本数据收集试验，提供了移动和固定目标获取与识别（MSTAR）数据集。图 47-8 显示了该数据库中的一些军用车辆及其对应的 SAR 成像示例。在该数据库中，所有方位角和多种不同仰角条件下的图像都可得到，为了捕获雷达成像的巨大可变性，目标集包括多种军用目标变型和民用车辆。

尽管 MSTAR 数据库具有广泛性，但考虑到真实世界的全部变化特性，显然不可能收集涵盖所有可能遇到工作环境下的实际数据。因此，必须在很大程度上使用其他方式来填充数据库。

一种选择是将感兴趣的车辆放在转台上。这提供了一个可控的成像场景，其中雷达是静止的，并且可以通过旋转转盘来引入相对运动。然后使用逆合成孔经雷达（ISAR）技术进行成像。重要的是要注意到，这样的图像可能不能完全代表现场实测目标图像。特别是，考虑到目标处的背景杂波，因此，在目标与地面相互作用方面，该种方法获取的图像可能不具有代表性。

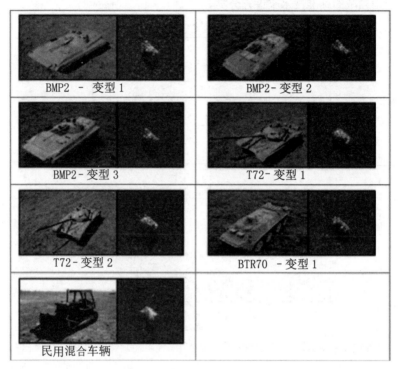

图 47-8　这些来自 MSTAR 数据库的示例 SAR 图像，显示了多个目标的变型和一个混合车辆

第二种选择是使用感兴趣车辆缩比模型的成像结果，此时，必须恰当增大雷达频率，以模仿全尺寸测量时的雷达目标间相互作用。这种方法对空中目标识别尤其适用，因为此时感兴趣目标倾向于具有少量的散射中心和很少的变化，建模要求是可以实现的。

然而，对于地面目标来说，该方法的效果较差。从雷达成像角度来看，地面目标将具有更复杂的结构，且地面目标识别需要更高的清晰度（如不同炮塔的位置）和更多的目标变型模板。这意味着建模要求往往高得让人望而却步。

SAR 图像仿真　收集真实数据的替代方法是使用模拟仿真技术，利用计算机辅助设计（CAD）模型预测目标的雷达散射特性。雷达信号的传播及其与目标的相互作用通常需要求解麦克斯韦方程，这是很有挑战性的科学问题。

然而，雷达目标分类时通常使用高频频段工作的雷达系统。也就是说，与散射结构相比，波长较小。此时，基于几何光学（GO）和物理光学（PO）的射线追踪法，麦克斯韦方程近似解可有效获得。

图 47-9 示出了射线追踪法的基本原理，一束射线朝向目标传播，而目标则由具有大量小平面组成的 CAD 模型进行描述。对于每条射线，计算基于几何光学的反射路径，直到该射线停止与场景相互作用或达到了某个给定的最大反射次数为止。

这可用图 47-10 来说明。对于最终的反射，使用物理光学而不是几何光学理论描述，散射是漫反射，射线在所有方向传播。特别考虑那些传播回雷达的射线。对所有射线都重复上述操作，由此可构建接收信号。

更复杂的求解方法还可以包括图 47-10 所示的边缘衍射。图 47-11 显示了一幅模拟 SAR 图像及其所使用的 CAD 模型。图中包含了导致炮管产生多个成像的多径效应。

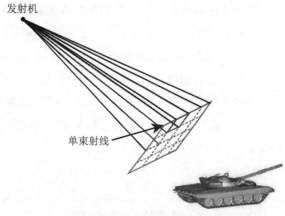

图 47-9　一束射线向目标 CAD 模型传播。计算基于几何光学的反射路径，直到该射线停止与目标的相互作用

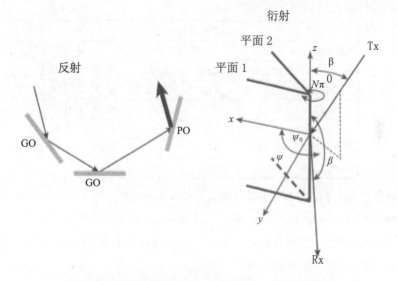

图 47-10　根据多重反射和衍射计算 CAD 模型组成平面的相互作用

图 47-11　计算全体合成孔径的回波并送至 SAR 处理器进行处理，以获得目标的模拟 SAR 图像

一个关键的问题是，CAD 模型的精度如何影响模拟仿真的准确性，进而如何影响分类性能？如果分类性能严重依赖于有一个非常精确的 CAD 模型，这就不太可能是一个稳健的解决方案，因为场景中的实际目标可能与 CAD 模型表现出很大的不同。

此外，还有如何获得 CAD 模型的问题。如果有真实车辆可用，则可以使用激光扫描技术来给出精确的 CAD 模型。然而，如果无真实车辆可用，可能需要从有限数量的照片中生成 CAD 模型。此时，需要了解 CAD 模型保真度对分类性能的影响，及其与模型精度的关系。

P47.4 性能评估：混淆矩阵

通常，使用混淆矩阵来评估目标分类性能。下图显示了四分类问题的混淆矩阵示例，其中，2 类是友好车辆（蓝色，Blue），另 2 类是敌对车辆（红色，Red）。假设最初每个类别有 100 个目标示例样本。

真实类	ATR 系统输出				
	声明				
	Blue1	Blue2	Red1	Red2	PCC
Blue1	0.78	0.03	0.06	0.13	0.78
Blue2	0.01	0.95	0.02	0.02	0.95
Red1	0.10	0.03	0.83	0.04	0.83
Red2	0.02	0.01	0.03	0.95	0.95
PCL	0.86	0.93	0.88	0.83	

主体中的条目显示了给定真实类目标被认为相关类的比例。对于完美的分类器，主对角线下的条目都将是 1（即 100% 的分类），而所有除对角线以外的条目都应为 0。

设 i 为真正的目标类，j 为判定的目标类。设 T_i 为真实类是 i 的目标个数，N_{ij} 为真实类是 i 但被认为是类 j 的目标的个数，则

$$P_{ij}=N_{ij}/T_i$$

是真实类 i 的目标被声明为 j 类的比例。这是混淆矩阵中的一项。对于真实类 i，正确分类（PCC）的概率是 P_{ii}，如上表的右侧所示。

被认为是 j 类的目标数为

$$D_j=\sum_i P_{ij}T_i$$

所以被认为是 j 类但真实是 i 类的目标的比例为

$$Q_{ij}=N_{ij}/D_i$$

更具有操作性的相关性能指标是正确标定概率（PCL），即被声明为给定类的目标真正是该类成员的概率，由 Q_{jj} 给出。PCL 在混淆矩阵的底部显示，并清楚地表明了另外一种情况。例如，目标在 95% 的时间内被认为是 Red2 目标，然而，一个被认为是 Red2 的目标实际上也是该类成员的情况只占据 83% 的时间，即 100%×95/（13+2+4+95）≈ 83%。

当被测目标包含分类器所不知道的两类车辆，即分类器已发生混淆时，PCC 和 PCL 之间

的这种区别变得更加明显。这种情况下的典型结果如下表所示。

真实类	ATR 系统输出				
	声明				
	Blue1	Blue2	Red1	Red2	PCC
Blue1	0.78	0.03	0.06	0.13	0.78
Blue2	0.01	0.95	0.02	0.02	0.95
Red1	0.10	0.03	0.83	0.04	0.83
Red2	0.02	0.01	0.03	0.95	0.95
Conf1	0.24	0.28	0.22	0.27	N/A
Conf2	0.28	0.16	0.31	0.25	N/A
PCL	0.55	0.65	0.56	0.57	

可以看出，PCC 没有变化，但是 PCL 受到了显著的影响。现在认为是 Red2 类的目标只有 57% 的时间是真正属于 Red2 类，且对所有类的效果都相似，即 $100 \times 95/(13 + 2 + 4 + 95 + 27 + 25)$。

这突出了一个重要的问题。分类器被强制要求必须将每个目标分类为 4 类中的一个，即使它面临数据库之外的目标类型。然而，如果添加使用一个未知类判决向，则仍可使用下表显示出其性能。

真实类	ATR 系统输出					
	声明					
	Blue1	Blue2	Red1	Red2	Unknown	PCC
Blue1	0.70	0.01	0.00	0.12	0.17	0.70
Blue2	0.00	0.95	0.01	0.00	0.04	0.95
Red1	0.09	0.01	0.79	0.02	0.09	0.79
Red2	0.01	0.01	0.02	0.95	0.02	0.95
Conf1	0.04	0.01	0.00	0.03	0.93	N/A
Conf2	0.04	0.00	0.07	0.04	0.85	N/A
PCL	0.80	0.96	0.89	0.82	N/A	

可以看出，随着以前低置信度的正确声明现在被宣布为未知，PCC 值将减小。然而，PCL 在强制决策情况中得到了显著改善。例如，Red2 的 PCL 现在是 82%，即 $100 \times 95/(12 + 0 + 2 + 95 + 3 + 4)$。

另一个突出的实际问题是一些错误声明可能比其他错误声明具有更严重的影响。例如，如果红色被分类为蓝色，则一个敌方攻击可能无法避免；然而，如果蓝色被分类为红色，则可能会发生自相攻击。因此，将关键错误概率（PCE）包含在 j 类的声明中非常重要：

$$PCE_j = \sum_{i \in CE_j} N_{ij} \Big/ D_j$$

其中，CE_j 是 j 类声明下的关键错误分类集。PCE 如下表所示，以评估虚假声明的影响。例如，如果认为是 Red2，那么如果真正的类是蓝色类或其中一个混合类，则将导致一个关键错误。PCE 为 16%，即 $100 \times (12 + 0 + 3 + 4)/(12 + 0 + 2 + 95 + 3 + 4)$。

真实类	ATR 系统输出					
	声明					
	Blue1	Blue2	Red1	Red2	Unknown	PCC
Blue1	0.70	0.01	0.00	0.12	0.17	0.70
Blue2	0.00	0.95	0.01	0.00	0.04	0.95
Red1	0.09	0.01	0.79	0.02	0.09	0.79
Red2	0.01	0.01	0.02	0.95	0.02	0.95
Conf1	0.04	0.01	0.00	0.03	0.93	N/A
Conf2	0.04	0.00	0.07	0.04	0.85	N/A
PCL	0.80	0.96	0.89	0.82	N/A	
PCE	0.11	0.02	0.09	0.16	N/A	

另一个考虑是各类别的阶数（order of battle），也就是各类别实体出现的可能性大小。在这个例子中，假设红色目标样本是蓝色和混合的 10 倍。下表中的混淆矩阵条目已被调整，以便每个红色目标有 1 000 个样本、其他目标有 100 个样本时的性能。

真实类	ATR 系统输出					
	声明					
	Blue1	Blue2	Red1	Red2	Unknown	PCC
Blue1	0.70	0.01	0.00	0.12	0.17	0.70
Blue2	0.00	0.95	0.01	0.00	0.04	0.95
Red1	0.09	0.01	0.79	0.02	0.09	0.79
Red2	0.01	0.01	0.02	0.95	0.02	0.95
Conf1	0.04	0.01	0.00	0.03	0.93	N/A
Conf2	0.04	0.00	0.07	0.04	0.85	N/A
PCL	0.40	0.81	0.97	0.96	N/A	
PCE	0.57	0.17	0.01	0.02	N/A	

由图可知，这不会改变 PCC，但对 PCL 和 PCE 有很大的影响。对于 Red2 声明，PCL 现在为 96%，即 $100 \times 950/(12+0+20+950+3+4)$,PCE 为 2%，即 $100 \times (12+0+3+4)/(12+0+20+950+3+4)$。在这种情况下，认为是红色类更有可能，但认为是蓝色类几乎没有什么可能。

可以看到，混淆矩阵提供了一个表征分类器性能的有力手段，但考虑到所有因素是很重要的。这里介绍了其中的一些重要的考虑因素，但绝不是详尽无遗的。

尽管有这些注意事项，CAD 模型仿真仍是地面目标数据库生成的重要手段，因为此时，需要获取目标在不同参数下的大量变化样本。然而，真实雷达数据在可用情况下也可以使用，通过模拟数据来填充实际数据覆盖中的空白之处。

47.6 小结

来自车辆的雷达反射显示出特定的现象学特征，与光学特性完全不同，必须被加以利用。SAR 成像目标分类首先通过预筛选识别出潜在的人造物体，然后通过模板匹配或基于雷达目标特征将其分配给具体的类，并且使用标准模式识别技术最终的目标类别。目标分类必须使用大样本量数据库，依靠 CAD 模型的特征预测结果可用来补充有限的实际数据。分类性能可以使用混淆矩阵进行评估，但实际使用中有许多问题。

适应成像几何关系变化和地面车辆可选装部件（如炮塔的连接或外部燃油箱附件）所引起的雷达图像的巨大变化，是雷达目标分类的一个永恒挑战，这关系到示例图像数据库的稳健迁移使用问题。

日常性的性能评估是未来发展的另一关键领域。建立和运行一个雷达分类系统是非常昂贵的。是否可以根据雷达参数、成像几何、感兴趣的目标和场景来评估一个雷达分类器的潜在性能？这种目标分类理论可以节省巨大的成本，却是极具挑战性的。

当前的雷达目标分类通常集中在雷达成像上。然而，场景（如附近的通信线路）可以提供附加的信息。此外，已知的军事行为以及其他来源信息，例如其他传感器或地理空间信息系统可以用于分类类别的确定。这种情境信息的开发也是需要进一步发展的领域。

最后，随着目标分类技术的成熟，不可避免地会产生欺骗这类系统的发展趋势，因此未来需要考虑关于目标分类系统抑制和欺骗的全系统技术。

扩展阅读

P. M. Woodward, Probability and Information Theory, with Applications to Radar, Pergamon Press, 1953 (reprint Artech House, 1980).

R. O. Duda, P. E. Hart, and D. G. Stork, Pattern Classification, 2nd ed. Wiley-Blackwell, 2000.

V. N. Vapnik, The Nature of Statistical Learning Theory, 2nd ed., Springer, 2000.

C. J. Oliver and S. Quegan, Understanding Synthetic Aperture Radar Images, SciTech-IET, 2004.

P. Tait, Introduction to Radar Target Recognition, IET, 2005.

D. Blacknell and H. D. Griffiths (eds.), Radar Automatic Target Recognition and Non-Cooperative Target Recognition, IET, 2013.

泰雷兹"守望者" WK450 (2010 年)

泰雷兹"守望者"系统是一种无人机 (UAV)，用于全天候的情报、监视、目标捕获和侦察 (ISTAR)，交付给英国军队。

Chapter 48

第48章 | 新兴雷达发展趋势

一种伏翼小蝙蝠根据其对目标场景的感知发出声音信号，其模糊函数
以一种认知的方式随时间变化。未来的雷达系统将会模仿这种行为

48.1 引言

迄今为止，提高雷达性能的重点主要集中在提高灵敏度和分辨率上。灵敏度提供了更好的检测范围，而分辨率使得雷达能够观察到更多细节（如为了目标分类）。正如我们在本书中所看到的，这些已经取得了相当大的成功。远程探测和高分辨率成像已经普遍实现。然而，其结果是，区分感兴趣目标和其他物体变得比目标检测问题更重要。与此同时，数字技术的不断进步使得几乎每一个雷达参数，特别是雷达波形，都可以在每个脉冲上改变。这是波形分集课题的基础，为提高雷达性能和开拓新的应用领域创造了许多新的可能性。

在这里，我们只讨论一些正在从研究阶段进入开发阶段的发展趋势。特别是那些已经开始对雷达设计产生影响的技术进步。然后我们继续来看闭环处理的应用（其大部分灵感来源于自然界的回声定位系统）将如何促成雷达领域的新变革。事实上，回声定位是自然界中蝙蝠、鲸鱼和海豚等哺乳动物使用效果很好的一种技术。虽然这些哺乳动物的感觉能力根植于声学，但它们能有效地"用声音观察"，并表现出许多雷达系统十分需要的特征。

48.2　技术趋势

也许在所有影响并将继续影响雷达系统设计的技术发展趋势中，最重要的是数字技术。数字技术的发展趋势如下：

（1）增加动态范围和更高速的模拟数字转换器；

（2）以越来越快的速度提高处理能力；

（3）提高内存容量和访问速度；

（4）降低成本。

数字技术提升的效果在发射和接收雷达子系统的设计中已经很明显。

例如，在发射端，可以几乎无限自由地编程产生波形。频率、调制、振幅、带宽和 PRF 都可以高精度地选择并通过数字波形发生器编程来实现。此外，这些设计参数可以动态更改，以便发出的每个脉冲可以具有非常不同的具体要求。

在接收端，模数转换器（A/D 转换器）的位置越来越接近天线。现在，中频（IF）数字化已几乎成为常态，而不再是像以前那样在基带进行数字化。数字处理所带来的更大的灵活性，可以用来克服模拟电路的局限性。这已经导致了更好的通用性和系统性能的全面提高。

被称为"软件定义"的研究性雷达系统已经开始出现。"软件定义"的意思是雷达工作模式可以用软件编程，而且至少在原理上可以几乎瞬间改变，例如在逐个脉冲的基础上。这种向数字控制和参数可编程发展的趋势很可能导致全数字雷达的出现。文献中多次报道了较低工作频率下这种系统的出现，较高频率的软件化雷达系统似乎将紧随其后。

然而，对于许多雷达应用来说，A/D 转换器的动态范围仍然经常不够用。大带宽应用需要高的 A/D 转换速度。在快 A/D 转换速度下获得高的 A/D 转换动态范围则更加困难。高距离分辨率要求非常快的 A/D 转换速度，但是其动态范围要求不太容易满足。这种同时要求大动态范围和高速 A/D 转换的两难处境，可能会延缓全数字高频宽带雷达的出现。

另一种技术趋势是电子扫描（简称电扫），它几乎与雷达的发明一样古老。尽管电扫的寿命很长，但它还远未普及，通常只出现在复杂且昂贵的军事系统中。当前电扫已经成功地用于产生低旁瓣波束，还可以实现自适应波束形成，即同时高增益地观测目标和抑制干扰源；可以同时支持多种工作模式，如搜索和跟踪等。然而，电扫系统的应用发展得相对缓慢。造成这种情况的主要原因是复杂度、成本和难以宽瞬时带宽工作的共同结果。一些现有的电扫雷达系统使用诸如子阵列甚至机械扫描等技术来帮助降低复杂度和成本。然而，这些障碍正在逐步被消除，存在许多技术允许超宽带全数字阵列在阵元级实现数字化。一些设计驱动因素，如更有效地使用电磁频谱资源的需求，可能最终会促使人们从成本平衡向电扫系统倾斜。

电扫描与先进的数字技术相结合，使雷达进入了一个新的时代。电扫意味着雷达"波束"可以随时指向任何地方。现在，当波束从一个位置指向到另一个位置时，几乎所有的雷达设计变量都可以被改变。这种结合使得电扫描能够支持多种不同任务,从而实现真正的"多功能雷达系统"。图 48-1 简要介绍了多功能雷达可能将要执行任务的广泛范围。

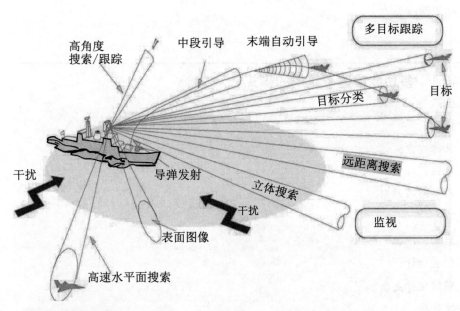

图 48-1　多功能相控阵雷达可以执行大量任务。资源管理器必须对不同的任务进行优先排序,以便首先执行最关键的任务,并以最有效的方式使用雷达资源

　　然而,这就提出了一个雷达波束何时指向何地,以及如何优化雷达设计参数以最好执行给定任务的问题。这个简单问题所引发的重要且带根本性的研究课题正在影响着当前雷达的研究方向,并可能会一直持续下去。

　　这个电扫雷达系统产生了新研究主题即为资源管理,其目标是通过部署雷达资源来最有效地完成一项或一组任务。这主要通过波形和波束指向的设计来实现。在如何安排雷达发射信号以及决定部署哪些雷达资源方面已经花费了大量精力。雷达自己做决定的概念被嵌入到电扫和数字处理中。在未来,基于接收回波探询的自适应反馈技术将为未来的发射信号设计提供信息。接下来的几节中我们只讨论电扫数字雷达系统的几个有限方面。

48.3　雷达资源管理

　　雷达资源管理是对有限的雷达资源进行有效分配,以确保雷达能以最优的方式完成一项或一组任务。事实上,电子扫描雷达只有在系统可用的有限时间内优化配置资源,才能发挥其全部潜力。换句话说,如果雷达必须同时向多个不同方向发送一系列探测脉冲,它可能就没有足够的时间去发送执行跟踪任务脉冲。因此,必须决定何时观测和往哪里观测,并确定任务优先级。大多数雷达资源管理方法将这个主题分为以下 3 个单独的类别:

　　(1)自适应轨迹更新;

　　(2)自适应搜索扫描;

（3）调度。

最近，人们试图利用跟踪和搜索性能指标作为优化的基础，从而作为确定和分配雷达资源的基础依据。

P48.1　多功能雷达系统中的模式

监视：

- 探测；
- 立体搜索；
- 查证；
- 移交给跟踪器。

跟踪：

- 启动、维护、终止；
- 位置估计；
- 跟踪文件更新。

导弹引导：

- 中程修正。

特征解译：

- 杂波中检测；
- 分类。

雷达资源管理任务　雷达资源管理在确定雷达系统当前应执行何种任务方面起着中心作用。这种任务首先可以在较高的层次上设定，例如规定在一个指定区域或空间内对所有目标的检测与跟踪等。然后可以将这些任务进一步细化为子任务，例如要求所有的目标跟踪都必须达到预设的误差边界以内。如上述面板式插页 P48.1 所示，一部电子扫描雷达系统可以执行很多种可能的任务。

一项雷达任务可能具有固有的时间依赖性，并且可能必须随着任务的展开而被重新定义。目标可能不断在进入和离开覆盖区域范围，因此需要检测和跟踪的目标数量也随时在变化。资源调度时，面对可能存在的大量目标，有大量的雷达变量、大量的任务要被执行。这意味着雷达资源管理面临的优化问题是一个极具挑战性的问题。

前面的插页 P48.1 说明了一些雷达模式，它们对发射波形设计和发射波波束指向提出各自不同的要求。一旦资源管理器做出决定，它就必须为某项任务的执行分配一个时间段，在这个时间段上波形将被发射和接收。每个波形需要选择不同的雷达参数，如调制方式、功率、频率、带宽和 PRF。波形参数的选择和分配作为时间的函数，可以通过多种不同的方法来完成。一种方法是将雷达设计参数视作待执行任务功能来加以权衡。例如，可以使用以下步骤：

（1）确定要执行的功能（例如，检测、跟踪或分类）；

（2）确保目标能够在足够的信噪比下被检测到；

（3）为功能分配雷达资源；

（4）根据可用的时间线检查资源分配；

（5）权衡分配；

（6）确保根除了不可行的模式。

　　然而，这并没有考虑到这样一个事实，即不同的任务可能有不同的优先级，不同的覆盖区域也可能有不同的优先级。事实上，这些优先级很可能决定雷达资源的详细分配和时间安排，以便首先执行最优先和时间紧迫的任务。在某些情况下，需要执行的任务可能太多，无法同时兼顾所有任务。在这种情况下，最低优先级、最不紧迫的任务将被搁置。当然，任何雷达不能完成的任务都必须标记给操作员。

　　雷达资源管理分类　雷达资源的分配分为三大类：

　　（1）基于规则，以小场景类型和任务为变量预先确定行为规则，并将其编程写入雷达系统。例如，可以预先为搜索和跟踪单独定义波形，但不规定它们的具体参数。还可以预先定义搜索时间和跟踪时间。

　　（2）自组织，雷达本身根据操作员设置的需求评估场景，自行在飞行过程中决定波形选择和波束指向参数，以及它们在雷达时间轴上的分配。这种方法可以不断地检查和重新指定雷达波形、搜索或跟踪所花费时间等。

　　（3）混合系统，一些系统参数预先确定，而其他参数则由雷达动态选择。因此，混合方法是上述方法 1 和 2 的组合，部分基于规则，部分自组织。

　　目前大多数电子扫描雷达系统在为不同模式分配时间的方式上都非常基于规则的。未来的系统将学会根据自身对环境的感知理解来调整性能，它们将据此来修改波形参数和波束指向，以优化其实现给定任务的能力。这是电子扫描雷达的一个充满挑战性和活力的研究领域，并将在未来一段时间内继续进行。

　　雷达资源管理行动　图 48-2 显示了作为雷达资源管理一部分的行为和信息的流程。有一些输入可以帮助设置所要执行的任务。资源管理器的工作是将这些转换为雷达系统将执行的活动。图中所示的许多不同组成部分仅构成资源管理的一部分，因此可以预见整个资源管理过程将会多么复杂和庞大。除了感知环境之外，雷达还可以从各种其他来源接收信息，例如地理信息系统、数据库以及其他来源。这些

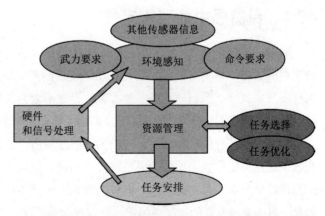

图48-2　调度程序将分配在特定时间执行的每个雷达任务，确保首先分配最高优先级的紧迫任务。然后，系统重新评估该场景，以检查任务进展如何、哪些任务正在执行、哪些任务已经完成，为下一个资源管理周期做准备

外部来源信息必须融入尽可能准确的场景图中，以便执行指定的任务。然后，资源管理器确定要执行哪些任务以及如何最好地执行这些任务。

一旦识别并指定了雷达任务，就必须将它们调度到队列中。这是任务调度程序的任务（参见图 48-2）。

雷达资源管理器的角色 图 48-3 显示了电子扫描雷达系统的体系结构，其中，突出显示了资源管理器的作用。

雷达资源管理器和硬件、信号处理之间紧密耦合，因为，这决定着雷达参数可以重新分配的速率。而资源管理器与外部数据源和需求设置之

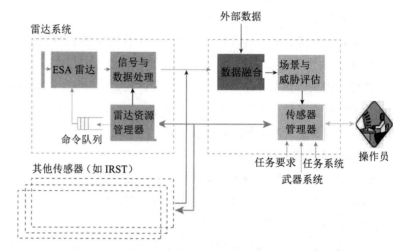

图 48-3　雷达资源管理器 (RRM) 在整个电子扫描雷达系统体系结构中的设置

间的联系则较为松散，因为它们之间的交互发生在较慢的时间尺度上。

总的来说，资源管理是一个正在发展中的研究领域，在真正找到所谓的最佳系统之前还有很长的路要走。对于雷达来说，也许最大的挑战是正确和准确地解释回波，以便它拥有尽可能最佳的信息来重新设置未来发射参数。这只能由雷达系统自身来完成，因为雷达参数能在 1 ms 的时间内发生改变。对雷达回波精确而完整的解释，为本章其余部分阐释自适应和认知感知提供了需求牵引。

48.4　自然界中的回声定位

蝙蝠、鲸鱼和海豚以它们将回声定位作为日常活动的能力而闻名，这是它们作为一个物种生存的关键。事实上，它们已经成功地使用回声定位超过 5 000 万年，并且已经磨炼出使用这项技术执行一系列非凡任务的本领。也许不太为人所知的事实是，人类也能进行回声定位，而且有些盲人已经变得非常精通。蝙蝠能够在密集杂乱的环境中寻找食物；它们的"目标"有些是固定的，有些是移动的。它们的"杂技表演"非常特别，经常发生在至暗之地。海豚在水下的回声定位能力如此敏锐，以致它们被美国海军"招募"来搜寻水雷。尽管它们使用的是声音信号而不是电磁信号，但它们完成雷达以外任务的能力使它们成为一个合适的研究对象，目的是激发新的和改进的雷达处理理念与方法。基于这些原因，"仿生"雷达研究是一个非常活跃的领域，很可能产生影响未来雷达系统设计的新见解。在这里，我们研究回声定位蝙蝠的一些特征，以说明所使用的技术。

波形　蝙蝠、海豚、鲸鱼和人类都使用某种形式的舌击（tongue-click）来产生信号。所发出信号采用脉冲形式，脉冲长度一般为 1 ms 左右，重复频率约在 100 Hz 量级，主要用于导航和目标分类（例如，选择和获取猎物）。

从雷达的视角来观察，十分有意义的是，它们经常使用的一种技术是调整脉冲重复频率（PRF），使目标距离总是不模糊的。如图 48-4 所示，其中黑点是蝙蝠靠近树篱飞行时部分时刻下的位置。

黑点周围的圆圈表示一次回波距离区的范围，该范围被不断调整为不超过它们到障碍物的距离，在本例中这个障碍物是蝙蝠飞行时旁边的树篱。蝙蝠还会根据飞行昆虫的翅膀拍动来调整 PRF，以此作为一种识别手段。这种依据当前主

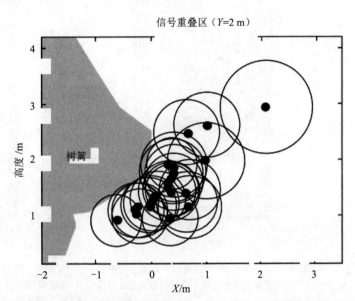

图 48-4　这显示了蝙蝠如何动态调整其呼叫的脉冲重复频率，从而使信号重叠区 (SOZ) 不超过到达树篱的距离

导环境连续不断调整 PRF，在雷达中并不常见。相反，在雷达应用中，要么选择少量 PRF 中的一个，要么使用多个 PRF 扩展不模糊距离。

蝙蝠以一种尚未被雷达采用的方式进行着信号波形的调制。此外，在整个活动（如选择和捕获猎物）的过程中，调制方式随时间而变化。具体的调节方式在不同的蝙蝠物种之间有相当大的差异，而且在同一个物种内，根据所承担的特定任务其方式也会不同。蝙蝠会发出任何形式的调制波形，从接近恒定频率的纯音，到接近双曲调制的时频轮廓结构。更精确地说，蝙蝠常常在一个脉冲内发出一组谐波相关调制信号。可以是一组纯音音调，也可以是一组双曲调幅信号，或者是二者的组合，如图 48-5 所示。这些波形的另一个特点是其中不同分量的功率也不尽相同。产生这些波形结构的具体原因尚不清楚，是目前仍在研究的课题。然而，由于它们是数百万年进化优化的结果，一定有一些原因，目前看来，这些波形结构，似乎有助于蝙蝠完成导航和识别任务。

这些波形的另一个特点是，不同的谐波成分在频率上充分隔离，它们以不同的波束宽度被发射。更高的频率具有更窄的波束宽度（较短的波长除以一个固定的"孔径"长度）。也许这有助于区分不同频率上具有不同反射特性的目标？或者，它可能是区分不同角度目标的一种方法？我们只能推测，但它表明了对生物系统的分析如何有助于激发新的思维，从而为未来的雷达研究提供思路。

蝙蝠在执行"任务"时，其波形参数会不断变化。例如，用于"一般监视"的 PRF 通常比用于拦截猎物的 PRF 低 1/4 ～ 1/3。此外，蝙蝠的波形调制是不断变化的。在截击和捕获

猎物之前的最后一个阶段，恒定频率分量（参见图48-5）几乎消失了，留下了 3 个更陡峭的双曲谐波，如图48-6 所示。

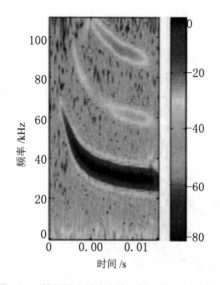

图 48-5　蝙蝠发出的声音信号的声谱图。图中显示了 3 个谐波相关成分，每个成分都有双曲成分和恒频成分

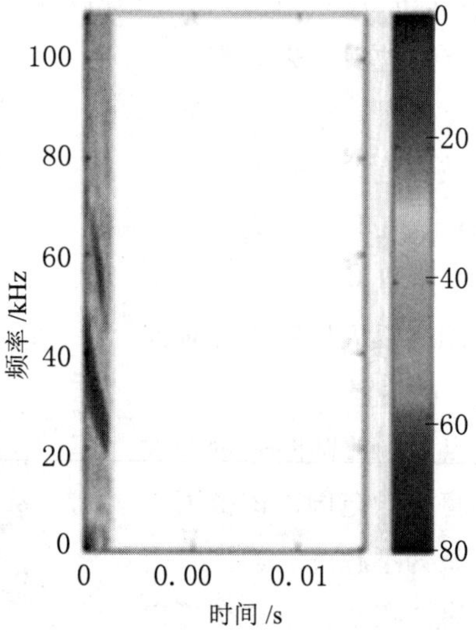

图 48-6　蝙蝠发出的声音信号的声谱图，显示在攻击猎物的最后阶段 3 个与谐波相关的成分。注意，在图 48-5 所示的脉冲的后半部分，没有明显的恒频分量

图 48-6 还显示，波形的持续时间大大缩短。其中一个原因是蝙蝠在发射波形时消耗能量。因此，当它靠近目标时，检测所需的信号强度降低，因此可以使用更短的脉冲。第二个原因，通过缩短波形持续时间蝙蝠避免了"遮蔽"损失。正如我们在第 45 章中看到的，这是机载雷达中非常理想的波形变化方式。脉冲宽度调制提供了一个额外的变量，可以用来最小化遮蔽的影响。

因此，蝙蝠在选择和捕获猎物的过程中调整其 PRF 和波形调制。此外，蝙蝠还在不断地调整自己的轨迹。蝙蝠很少直接飞向它的猎物。更典型的是，它会环绕目标，似乎是通过使用不同方向发射的脉冲来探测信息。它能通过收集更多的信息来证实目标确实是一种营养来源吗？要回答这些问题还需要进一步研究；但很明显，蝙蝠是通过回声定位来观察世界的，而且这种方法非常有效。

总的来说，蝙蝠不断地调整许多（如果不是全部的话）在其控制下的波形参数，包括它与被探查对象之间的方向。可以合理地假设，它是根据从前一个脉冲中提取的信息做到这一点的。换句话说，它正在询问它的环境并做出改变，以提高它在这个环境中执行任务的能力。在这方面，蝙蝠是自适应系统和回波定位系统相结合的一个很好的例子。现在，研究人员开始研究具备回声定位能力的哺乳动物的认知能力，这可能会为雷达系统如何改进甚至扩展到新的应用领域提供进一步的重要线索。

48.5　全自适应雷达

现在的技术能让所有的雷达参数在逐个脉冲基础上变化。在前一节中我们已经看到，这在自然回声定位系统中应用效果很好。直觉告诉我们，应该为一个给定雷达功能选择更好（也许是最优）的参数。事实上，在本书中我们已经针对特定应用完成过这项操作。一个例子是雷达 PRF 的设置。根据应用情况的不同，可以将其设置为低、中或高。然而，我们使用的还只是固定的一个参数组，它们仅对单一应用场景尽可能接近最优。所选参数在所有情况下都最优的可能性非常低，更不用说在多种应用情况下。然而一种自适应方法为迭代达到最优参数设置提供了基础，其参数能随前一个脉冲所收集信息而函数变化。

因此，关于最佳参数选择（和重新选择）的问题就出现了。有一些相当基本的内含条件。首先，必须由雷达自身完成，因为 PRF 如果太高，人类无法逐个脉冲地进行干预。其次，它意味着雷达系统本身必须了解它所照射的场景，以及清楚地了解要执行的任务或功能。只有掌握了这些信息，雷达才能选择最佳参数。连续性的雷达参数优化是全自适应雷达的目标。

考虑一个雷达单目标跟踪的示例。雷达系统的任务是跟踪已经探测到的目标。它通过不断地将雷达波束峰值指向目标，以保持最精确的跟踪。可以设置雷达测量到的位置与预测位置之间的最大差异。雷达测量误差在很大程度上由探测性能决定，而探测性能又在很大程度上由信噪比决定。因此，自适应雷达可能有一个控制回路（见图 48-7），其中雷达参数被调整，以保持期望的信噪比（即目标检测性能）。因此，如果目标回波开始衰减，雷达系统会将其解译为信噪比的降低。然后，它可能通过增加发射机功率（或脉冲宽度或 PRF 或一些参数的组合）做出反应，自动纠正这一点。也可能存在一些必须遵守的约束条件。这些约束条件可能是由于发射机占空比的限制或不模糊测距的需求而引起的，这些也必须加入到自适应反馈概念中。

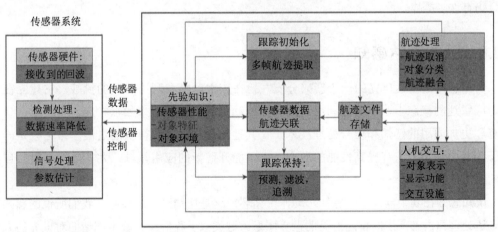

图 48-7　自适应雷达跟踪系统处理过程的原理示例，该系统利用传感器和目标场景的先验知识，动态、持续地调整雷达参数以优化雷达性能

然后，自适应雷达可能会有一个控制回路（参见图 48-7）。在该回路中，雷达参数被调整，以保持期望的信噪比（目标检测性能）。

一种完全自适应的方法还允许减少 PRF 等参数。例如，当目标在直线和稳定的航线上飞行时，航迹更新的频率可以降低，而性能几乎没有损失。这样可以更加灵活地部署雷达资源。换句话说，全自适应雷达处理也可以在雷达资源管理中发挥不可或缺的作用。的确，那些由雷达参数软件控制的功能和雷达性能之间的交互正在急剧增加。

自适应雷达波形设计和优化也开始寻找自己的方法进入目标分类领域。这些原则与跟踪雷达例子中描述的类似，只不过成功的标准现在是分类性能而不再是检测性能。在检测中，好的波形设计是具有适当的距离分辨率和多普勒分辨率，同时具有较低的旁瓣。波形设计的目标是实现一个可确保可靠检测性能的信噪比。这可以通过反馈系统实现，即不断进行设计优化，直到达到预期的检测性能。在自适应分类中，反馈的目的是选择优化分类性能的波形设计，而这并不一定是实现最佳检测的波形设计。

接下的某些观点可能被认为是违反直觉，直觉中，具有高分辨率和低旁瓣的波形应该能提供高分辨率一维距离像（HRRP）或具有最佳参数的雷达成像。然而，这里我们仍然是在假设，雷达作为一个在射频频谱上使用电磁辐射的相干传感器，它看世界的方式，如我们习惯于在可见光频谱上使用非相干成像来看和解释这个世界一致。对这些问题，我们目前的认识还很贫乏，但传统的雷达思维正受到挑战，简单的演示已显示性能会得到改善。也已证明，我们需要更好地理解雷达目标照射方式和目标特征信息提取能力之间的关系。同样，旨在提取类型特征信息的接收回波处理，其方法也有很大的改进空间。同样，我们可以得出结论，自适应方法可以获得显著的好处。

总的来说，全自适应雷达只是刚刚作为一个研究课题出现，但它是一个令人兴奋的课题，因为它在多种方式改善雷达性能和提高单一雷达可执行任务范围方面具有很大的潜力。与电子扫描技术相结合，增强雷达能力的可能性似乎是无限的，但在真正实现这一潜力之前，仍有许多挑战。

48.6　认知雷达感知

认知感知是雷达研究的一个新兴分支，旨在应对解释和利用回波的挑战。它建立在全自适应雷达的概念上，但通过利用人类和其他动物的认知形式来加以扩展。事实上，认知计算和更加通用的感知和信号处理技术正在其他相关学科中取得快速进展。雷达只是一个例子，其中认知方法有提高性能的潜力，也可能开辟新的应用领域，尤其是那些需要自主性的领域。

认知感知在其中嵌入了"感知－动作"循环，这是认知过程的核心。我们所说的感知是指雷达处理器内部产生的雷达看见的世界图像。这类似于我们在大脑中创造的对世界的人为感知。因此，雷达感知可能就是空中飞机的一种映射。

一旦产生了足够准确的感知，它就可以作为决策的基础。在空中交通管制中，这个决策可能是调整飞机的位置，使它们保持适当的安全间隔。动作部分通过指令提供，将飞机重新定位到所需位置。目前这种感知－动作活动由空中交通管制员执行，他们提供了相关必要的认知操作。然而，原则上这项任务也可以通过雷达处理器自动向飞行员发出指令来完成。这类认知系统是否会成为空中交通管理系统的一部分，取决于许多因素（不仅仅是公众可接受的因素）；但它确实表明，雷达系统离能够在更自主的基础上运行不远了。

认知雷达感知与自适应反馈并驾齐驱。它包括接收回波为未来波形设计提供指导。它还包括雷达平台和照射方向的重新定位。此外，它还暗示了一些更微妙的要求，例如显式地产生和利用记忆。

记忆是认知的基本组成部分，但在雷达信号处理中一般不使用记忆信息。记忆的产生可以发生在许多不同的层次上。例如，前面的脉冲和后来的探测可以用来确认监视雷达中的一个检测。基于先前经验或任务的长期记忆可以用来创建目标特征数据库，以帮助分类。事实上，这样一个数据库可以不断进行更新。也许未来的雷达系统需要终身学习！第三方数据库（包括互联网资源）也可提供记忆源。例如，地理信息系统（GIS）中的地图可用于绘制机载雷达的最佳轨迹，使某些方面的性能最大化。

还可以看出，雷达本身需要能够理解和响应其对环境的感知。可能的情况是，它必须在毫秒级发射脉冲的时间尺度上执行相关操作。

认知雷达感知也从对自然系统认知的观察中得到启示。认知处理架构可能如图48-8所示。这个架构有很多特征在本书其他地方讨论的例子中没有见过，例如多重反馈环路，多个并行处理，记忆的动态产生和使用，感知和行动之间的联系（感知-动作循环），以及永久训练和学习的要求。

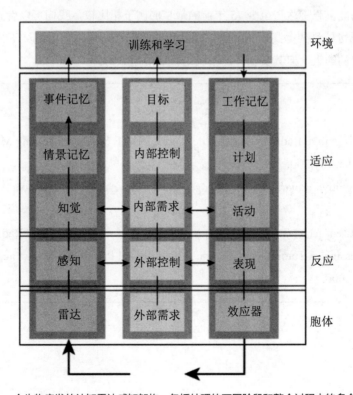

图48-8 一个生物启发的认知雷达感知架构，包括处理的不同阶段和整个过程中的多个反馈回路

认知感知为提高性能提供了巨大的潜力空间，但同时也提出了重大的技术挑战。在现有的空间中，我们只能对认知感知做一个大概的描述。这几乎没有涉及回波处理的无数种选择，以及为了可靠决策将其转换为易解释图像的方法路径。在这个问题上取得多大进展还有待观察，但其应用潜力带来了振奋人心的可能性。例如，如果一个雷达系统能准确成像和理解周围环境，那么将会带来更大的自主权。也许一架比小鸟还小、由 GPS 和雷达共同导引的微型飞机，就可以执行一项对一栋损坏严重、无法人为调查的建筑物内部进行调查的任务。也许雷达将在实现无碰撞自动驾驶中发挥至关重要的作用。这些和其他的例子都是不可能的吗？也许是，也许不是。

48.7 其他趋势

将这些想法更进一步，与第 45 章的分布式雷达概念相结合，我们可以想象一个认知雷达网络，它采用多基地平台，同时利用地面机会辐射源，并根据目标场景及其任务动态地完成自身配置。这里面存在很多挑战性问题，包括地理定位和同步，网络节点之间的通信，以及对这样一个网络的控制和管理等。

48.8 小结

将现代多功能机载雷达与至少 75 年前的最早的例子相比较，我们可以看到它的复杂程度和性能都有了不可估量的提高，我们可以满怀信心地期待这一趋势会持续下去。虽然我们总是受到物理定律的约束，但其实唯一的限制是我们的想象力。

扩展阅读

S. Haykin, "Cognitive Radar: A Way of the Future," IEEE Signal Processing Magazine, Vol. 23, No. 1, January 2006.

J. Guerci, Cognitive Radar: The Knowledge-Aided Fully Adaptive Approach, Artech House, 2010.

G. Capraro, A. Farina, H. D. Griffiths and M. C. Wicks, "Knowledge-Based Radar Signal and Data Processing: A Tutorial Introduction," IEEE Signal Processing Magazine, Vol. 23, No. 1, January 2006.

第十部分
典型雷达系统

在本部分中，我们简要描述一些典型雷达系统的基本性能和特征。在这个安全意识日益增强、商业竞争日趋激烈的时代，关于先进雷达系统技术的公开信息相对较少。我们的材料主要来源于技术文献和互联网开源信息。本书介绍的许多概念都体现在这些典型雷达系统中，希望你能从中得到有用的内容。如果你有更详细的开源信息，欢迎你将它们发给我们，我们将在后续版本中进行更新。组成本部分的各章如下：

波音 E-3 "哨兵"（1977 年）

　　E-3 "哨兵"（通常称为预警机）基于波音 707 机身，采用独特的旋转天线罩，可为指挥官提供预警信息，以获得和保持对战场态势的控制。E-3 使用西屋公司的 AN/APY-1 和 AN/APY-2 无源电扫阵列雷达系统，可以提供对陆地和水面的监视。雷达探测的信息可以发送到多个指挥和控制中心，包括敌方和友方飞机、舰艇的位置和航迹信息。

Chapter 49

第 49 章 | 机载预警和控制系统

"海王" AEW 直升机

49.1 机载预警和控制系统简介

机载预警和控制（AEW&C）系统主要包括两部分：

（1）机载雷达系统：用于远距离探测目标，包括飞机、船只和车辆。

（2）指挥和控制系统：指挥战斗机和攻击机的攻击。

指挥和控制系统的功能与空中交通管制员的角色有些相似，主要负责管理本地空中交通，以确保任务成功。AEW&C 飞机既可用于空中防御作战，也可用于空中进攻作战，通常装备了先进的高性能雷达系统，具有高机动优势。AEW&C 系统兼具空中平台和雷达探测的特点，能够引导战斗机到达目标位置，并对敌军直接攻击。高空平台最大的优势是雷达可探测的目标距离非常远。例如，美国海军使用航母上的 AEW&C 飞机来保护其舰载指挥信息中心（CIC）。

AEW&C 系统也称为机载预警（AEW）系统和机载警戒与控制系统（AWACS）。

现代 AEW&C 系统装备的脉冲多普勒雷达，其探测距离可达 400 km，这意味着它可以足够早地发现地空导弹，从而提前部署反制措施。单架 AEW&C 飞机（又称预警机）在 9 km 高度探测时，其威力范围超过 312 000 km^2，3 架预警机即可覆盖整个中欧。在空对空作战中，预警机可以通过通信链路与友军飞机协同作战，有效扩展友军飞机的传感器覆盖范围，减少友军雷达的开机时间，增加其射频隐身能力。

图 49-1 E-3"哨兵"预警机

图 49-1、图 49-2 和图 49-3 给出了 3 个现役预警机示例。美国空军的 E-3"哨兵"预警机和日本自卫队的 E-767 预警机均采用圆形天线罩。天线罩安装在飞机机身上方，该设计布局可获得全方位视角，保证雷达系统的最优覆盖能力。瑞典空军萨博 340 预警机系统采用细长天线罩结构，其中包含一个侧视天线。该方案会在一定程度上限制雷达的方位覆盖范围，但是通过飞机的灵活机动仍然能够产生全方位的探测图像。其他预警机系统还包括英国海军的"海王"AEW 系列，最早服役于 1982 年，目前仍在服役。

图 49-2 飞越富士山的日本 E-767 预警机

49.2 E-3 预警机雷达

APY-2 是美国空军 E-3 预警机（即 AWACS）的机载预警雷达。在 9 km 飞行高度上，该雷达能够探

图 49-3 瑞典空军萨博 340 预警机系统

测 400 km 外的低空和海面目标，800 km 外的同高度目标，以及地平线以外的目标。图 49-4 给出了 AWACS 可探测的空中和地面目标的覆盖区域。

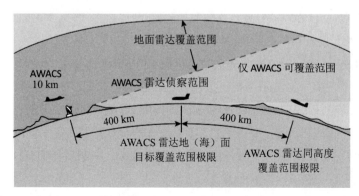

图 49-4 在 9 km 高度，AWACS 能探测到 400 km 外的海面和低空目标，以及 800 km 外的同高度目标

应用　APY-2 雷达工作在 S 波段（3 GHz）。雷达天线采用 8 m×1.5 m 的平面阵列天线，俯仰方向实现电子扫描，安装在一个旋转天线罩中，转速为 6 r/min（见图 49-5）。

在 APY-2 雷达中，移相器主要用于仰角波束转向，同时用于俯仰扫描时接收波束的指向偏移，即通过补偿远距离目标发射和接收脉冲的时间差实现俯仰波束的调动。APY-2 天线具有极窄的方位波束宽度，其激励采用幅度锥来减小旁瓣电平。

图 49-5　AWACS 天线由 28 个开槽波导管、28 个互易铁氧体仰角波束转向移相器和 28 个低功率非互易波束偏移移相器组成

APY-2 雷达发射链由固态前置驱动器（其输出功率随天线仰角的增加而增加）、行波管（TWT）中功率放大器和大功率脉冲调制双速调管放大器组成。为了提高系统可靠性，整个发射链采用双冗余备份设计。在极低噪声（HEMT）接收机前置放大器之后，有两个独立的接收通道：一个用于距离门脉冲多普勒操作，另一个用于简单的脉冲雷达操作。

数字处理部分由一个信号处理器和一个数据处理器完成，信号处理器包括工作在 20 MHz 的 534 个流水线门阵列，数据处理器包括 4 个精简指令集计算（RISC）中央处理器（CPU）。

工作模式　APY-2 雷达有 4 种主要工作模式：

- 高 PRF 脉冲多普勒距离搜索，用于检测地杂波中的目标；
- 高 PRF 脉冲多普勒距离搜索，加之以额外的俯仰扫描和目标俯仰测量；
- 低 PRF 脉冲雷达搜索，采用脉冲压缩，杂波不是问题时，用于探测远距离处地平线以下目标；
- 低 PRF 脉冲雷达搜索，用于探测水面舰船，具有极限脉冲压缩和自适应处理能力，可通过已存储的地图来调整海杂波和大片地面回波的变化。

上述模式可以交叉运行，从而实现全高度范围内的飞机检测或者飞机、舰船同时检测。此外，还提供对 ECM（电子对抗）源的无源检测模式。

每次 360° 方位角扫描可以划分为 32 个不同的扇区，每个扇区可以分配不同的工作模式和设定不同的工作条件。

ASTOR "哨兵" R1 (2005 年)

"哨兵"（最初是 ASTOR - 机载防区外雷达) 是英国 SAR/ GMTI 平台，采用的双模雷达是雷声公司 ASARS-2 的衍生产品，安装在一架改装的庞巴迪环球快车飞机上。2009 年 2 月，它第一次在阿富汗上空执行任务，有 5 名乘员，包括 2 名训练有素的图像分析人员，可以为地面指挥官提供近实时、远程、全天候战场情报，用于广域监视、侦察、目标成像和跟踪。

Chapter 50

第50章 | 侦察和监视雷达

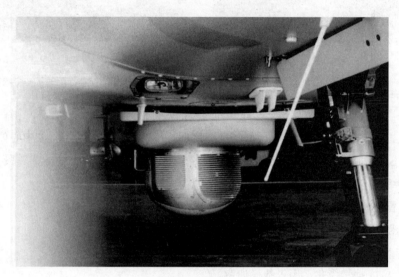

泰雷兹 I-Master 雷达

50.1 有人系统

联合星 联合星（Joint STARS）是一种远程、长航时、空对地监视和战斗管理系统，搭载在美国空军 E-8C 飞机上。联合星系统的高功率脉冲多普勒雷达，工作高度达 12 800 m，可以在一个相对安全的位置探测敌方纵深区域，并利用高分辨率 SAR（合成孔经雷达）测绘和动目标显示（MTI）进行车辆探测和跟踪，监视固定和移动目标。

该雷达采用一个长 8 m、旋转稳定、波导开槽的侧视无源电扫阵列（ESA）天线，雷达天线罩安装在机身前部（见图 50-1），长度约为 9 m。雷达在方位上采用电子扫描，在俯仰上采用机械扫描。雷达天线

图 50-1　联合星采用的三段式无源 ESA 雷达，其在方位上采用电子扫描，在俯仰上采用机械扫描，安置在机身前部 9m 长的天线罩内（图片由美国空军提供）

可旋转，从而实现飞行路线左边或右边的全覆盖。多信号处理器负责雷达的数据处理。雷达的数据和信号处理器由机载分布式处理系统控制，该系统包括 18 个分处理器，分别对应 17 个操作员工作站和 1 个领航员 / 操作员工作站，所有系统均安置在 E-8C 飞机的机舱里（见图 50-2），机舱长 43 m。

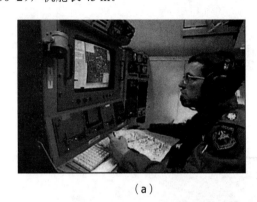 

（a）　　　　　　　　　　　　　　　（b）

图 50-2 （a）领航员工作站，是 18 个操作员工作站之一；（b）每个操作员工作站都配备了一个数字处理器，属于联合星的分布式处理系统

为了从主瓣杂波中分辨出具有极低径向速度的目标，该雷达采用了相位中心偏置技术（如第 26 章所述）。为了精确地确定目标的角度信息，雷达天线在纵向上细分为 3 段（相关原理参见第 26 章）。

联合星雷达有 3 种主要工作模式：

- 高分辨率 SAR 成像模式，用于检测和识别静止目标；
- 广域 MTI 监视模式，用于态势感知；
- 扇区 MTI 搜索模式，用于战场侦察。

顾名思义，MTI 模式用于定位、识别和跟踪移动目标。当被跟踪的车辆停止时，雷达几乎可以立即生成车辆及其周围环境的高分辨率 SAR 图像。

这 3 种模式可灵活选择或交叉使用。用 MTI 检测到的目标显示为移动目标，其可以叠加在数字地图或雷达的 SAR 图像上，并且能以可选择的速度进行存储和回放。

操作员可以分辨出车队中的单个车辆，甚至可以确定哪些车辆是轮式的，哪些车辆是履带式的。

雷达数据加密后通过高度抗干扰的数据链转发到无数的陆军地面控制站上。

"哨兵" R1 "哨兵" R1 是一个英国的 SAR/GMTI 系统，由改进型庞巴迪环球快车飞机搭载，该飞机是一种超长航程、高空飞行的双引擎喷气式商务飞机。"哨兵" R1 之前被称为 ASTOR（机载防区外雷达）。5 名机组人员中包括 2 名飞行员、1 名指挥官和 2 名图像分析人员。该雷达是雷声公司 ASARS-2 的衍生产品，后者搭载于 U-2，具有 SAR 和 GMTI（地面动目标显示）工作模式，其雷达天线为一个 4.6 m 长的有源扫描阵列，安装在机身前部的独木舟形雷达罩中（见图 50-3 和图 50-4）。

图 50-3　"哨兵"R1 的雷达系统安装在机身下方的长独木舟形天线罩内。可以看到的飞机顶部的天线罩是塔康通信天线罩

图 50-4　"哨兵"R1 可为英国空军提供远程战场情报、目标成像和跟踪能力

SAR 工作模式具有条带式和聚束式两种，其中聚束式（SAR）用于目标识别和跟踪，其分辨率为 0.3 m。GMTI 工作模式可以在大范围内跟踪移动的目标车辆。

由于在高空和相当远的距离上，雷达平台能够保持在相对安全的区域，同时对目标区域具有很好的"俯视"角度。SAR/GMTI 雷达可识别敌方目标的位置和规模，提供其速度和运动方向的信息。图像数据通过安全的数据链实时传输到地面处理站。雷达信号处理器将数据转换成图像，传送到其他地区。该系统具有定向数据链和广播数据链，可与现有的 U-2R、联合星和指挥控制网络实现互操作。

50.2　无人系统

TESAR　TESAR（战术长航时合成孔径雷达）是一种 Ku 波段的条带测绘 SAR 雷达，具有 0.3 m 分辨率连续成像能力；在"捕食者"和陆军"蚊蚋"飞机上，其聚束式成像的分辨率为 30 cm。该图像数据被压缩后通过 Ku 波段数据链发送到"捕食者"地面控制站。重组后的图像以滚动方式显示在 SAR 工作站的显示器上。当图像滚动时，操作员可以选择正方形图像块（5 000 m 海拔处对应约 800 m× 800 m 区域）进行查看（见图 50-5），以便在工作站上使用。图像数据被连续记录，可供进一步的离线检查。

该雷达有两种工作模式。模式 1 提供了一个无中心的条形图。地图中心随着飞机的运动而运动。模式 2 是经典的条带模式，在预定场景的中心线上成像，与飞机运动无关。当斜视 ±45°时，在 25 ~ 35 m/s 的接地速度下，刈幅宽度为 800 m；当速度超过 35 m/s 时，刈幅宽度随地面速度的增加而成比例地减小。

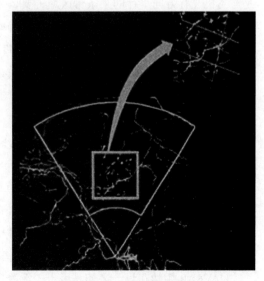

图 50-5　地面动目标的显示

TESAR 系统（见图 50-6）搭载于"捕食者"无人机上，飞行前可加载一系列预先计划的任务命令，从而实现自主运行，这些命令也可以在飞行中进行更改。压缩后的和连续的 SAR 图像不可在 LOS/UHF 模式中使用，只能在 1.5 Mb/s 的 Ku 波段宽带数据链上通过卫星中继传输到地面控制站（GCS）解压后使用。

STARLite STARLite 是一种轻型、紧凑的 SAR/GMTI 雷达系统（见图 50-7），由诺斯罗普·格鲁曼公司设计和制造，可装载于一系列无人机（UAV）系统上。该雷达具有条带式和聚束式两种工作模式，是 TESAR 系统的衍生产品。

图 50-6　TESAR 雷达搭载于"捕食者"无人机上　　图 50-7　正在进行飞行测试的 STARLite 雷达系统

STARLite 雷达具有 4 种灵活的战术侦察模式：

- 合成孔径雷达（SAR）；
- 地面动目标显示（GMTI）；
- 组合动目标显示（DMTI）；
- 海上动目标显示（MMTI）；

该雷达具有两种 SAR 模式：条带模式和聚束模式。在条带模式下，雷达图像区域要么是与飞机飞行方向平行的某条带区域，要么是与飞机飞行路径无关的指定地面区域；在聚束模式下，雷达对特定的地面区域产生高分辨率图像。在 GMTI 模式下，雷达探测的地面动目标可以根据其位置显示在数字地图上。MMTI 模式可对水上目标实现类似的功能。DMTI 模式可实现对地面移动人员的检测。STARLite 的设计与标准地面控制站兼容。地面站配置有相应的硬件和软件工具来控制雷达，并记录和显示所接收到的 SAR 图像和 GMTI/DMTI 目标信息，以增强其态势感知和战场管理能力。

UAVSAR NASA 的 UAVSAR（无人机 SAR）是一种 L 波段雷达，安装在悬挂于飞机（如"湾流"III 型飞机）下面的吊舱中（见图 50-8），也可由无人机携带。该系统能够进行极化成像。此外，通过飞越同一区域两次，可以通过干涉模式产生三维图像。

侧视 UAVSAR 设备的主要目标是精确绘制与自然灾害（如火山和地震）相关的地壳形变地图。地形信息采用相位测量技术，即对目标区域的两次或两次以上的测量而实现。该系统工作频率约为 1.26 GHz，雷达图像之间具有高度相关性。极化捷变有利于地形和土地使用的分类。

UAVSAR 雷达在设计之初是用于干涉测量的 L 波段小型极化雷达。雷达设计时安装在一个外部非加压吊舱中，由此也就具备搭载在其他平台（如"捕食者"或"全球鹰"无人机）上的潜力。该雷达的初步测试是在"湾流"III 型飞机上进行的，该飞机经过改装后装备了雷达吊舱，并配备了由 NASA 德莱顿飞行研究中心开发的精确自动驾驶功能。

UAVSAR 雷达可通过检测海面粗糙度的变化以及海面厚浮油表层电导率的变化来探测石油泄漏（见图 50-9）。相比于周围环境，机场跑道看起来会特别光滑平整；与此类似，雷达将已发生石油泄漏的海面"视为"较光滑区域（雷达图像较暗），而将无石油泄漏的海面"视为"较粗糙区域（雷达图像较亮）；因为照射在光滑表面上的雷达波束，其大部分能量将以镜面反射的方式远离雷达天线。UAVSAR 的高灵敏度及其他能力，使得雷达系统第一次能够区分厚油和薄油之间的差异。

图 50-8 NASA UAVSAR 安装在"湾流"III 型飞机下方的吊舱中

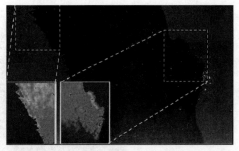

图 50-9 NASA UAVSAR 于 2010 年 6 月 23 日采集的 Deepwater Horizon（深水地平线）钻井平台石油泄漏的图像

Chapter 51

第51章 | 天基雷达系统

ERS-1 卫星对直布罗陀海峡的 SAR 成像（欧洲航天局提供）

传统的太空对地观测主要用于科学和国防目的。然而，目前的数据和信息产品——特别是合成孔径雷达（SAR）图像——已被越来越多地用于各种重要的科学和商业领域，例如食品和自然资源企业、保险公司和政府机构等。新卫星系统的出现能够产生更高质量的数据，促使公共部门和商业部门更好地利用对地观测图像。新的 SAR 系统能够全天时、全天候地提供更加详尽的图像，并能够更快、更可靠地将图像传送回地面。

51.1 RADARSAT-2

RADARSAT-2（见图 51-1）是加拿大研发的低地球轨道（LEO）卫星，星上载有对地观测 SAR 系统，由加拿大 MDA 公司与加拿大航天局（CSA）合作开发，于 2007 年 12 月发射。RADARSAT-2 卫星的前身是非常成功的 RADARSAT-1 卫星，后者于 1995 年发射，直到 2013 年 3 月才停止工作，远远超过其设计寿命。虽然 RADARSAT 系统能够全球覆盖，但其重点任务是海洋监视、冰情监测、灾害管理、环境监测、资源管理和极地测绘。

图 51-1 RADARSAT-2 卫星。太阳能电池板及其下面的 SAR 天线清晰可见

RADARSAT-2 代表了地球观测 SAR 系统的发展，从 1978 年 NASA 的 SEASAT 系统，到现在欧洲航天局的 ERS-1、ERS-2 和 ENVISAT 系统。其中，很多卫星都使用了灵活的电扫天线，具有宽幅测绘和（或）高分辨率模式，并能够以多种极化方式工作。

与 RADARSAT-1 卫星一样，RADARSAT-2 卫星也携带一个 C 波段（5.3 GHz）SAR 系统。本书第 35 章曾以 RADARSAT-2 的 SAR 系统为设计示例，参阅那部分内容就能理解雷达参数是如何由所期望的性能参数来确定的。

RADARSAT-2 的 SAR 系统具有多种工作模式，包括标准模式（刈幅宽度为 100 km，分辨率为 25 m），精细模式（刈幅宽度为 50 km，分辨率为 10 m）和扫描 SAR 模式（刈幅宽度为 500 km，分辨率为 100 m）。图 51-2 显示了在 2011 年 3 月海啸摧毁福岛之前，日本仙台的 RADARSAT-2 图像。

图 51-2 海啸摧毁福岛之前的日本仙台的 RADARSAT-2 图像

RADARSAT-2 的后继卫星系统——RADARSAT 星座计划于 2018 年发射（已于 2019 年 6 月成功发射——编辑注）。表 51-1 总结了 RADARSAT-1、RADARSAT-2 和 RADARSAT 星座的参数对比，给出了极化能力和多种工作模式的发展情况。

表 51-1 RADARSAT-1、RADARSAT-2 和 RADARSAT 星座的参数对比

	RADARSAT-1	RADARSAT-2	RADARSAT 星座
雷达中心频率	5.3 GHz	5.405 GHz	5.405 GHz
雷达带宽	30 MHz	100 MHz	100 MHz
SAR 天线尺寸	15 m × 1.5 m	15 m × 1.5 m	6.75 m × 1.38 m
极化方式	HH	HH, VV, HV, VH	HH, VV, HV, VH, 复合极化
极化隔离度	>20 dB	>25 dB	>28 dB
质量	679 kg	750 kg	约 400 kg
轨道高度	793 ~ 821 km	798 km	592.7 km
轨道倾角	98.6°	98.6°	97.74°
轨道周期	100.7 min	100.7 min	96.4 min

51.2 TerraSAR-X

TerraSAR-X（见图 51-3）是德国的地球观测卫星，其主要载荷是一个 X 波段（9.65 GHz）合成孔径雷达（SAR），该雷达具有多种不同工作模式，使其能够记录不同刈幅宽度、分辨率和极化方式的图像。通过这种方式，TerraSAR-X 可提供迄今为止世界上最好的天基观测能力。该卫星任务的总体目标是不断提供高价值的 X 波段 SAR 数据，以用于研发、科学和商业应用。该系统具有 1 m、3 m 和 18.5 m 的图像分辨率，其中高分辨率模式用于对特定区域的精

密观测，低分辨率模式能够覆盖更大的区域。成像极化方式可快速切换。

TerraSAR-X 是一个极地地球轨道卫星，轨道高度为 514 km。该卫星采用 5 m 长的有源阵列天线，雷达波束可以在垂直于飞行方向的 20°～60° 范围内进行电子扫描。与传统的机械天线波束相比，TerraSAR-X 雷达可以从卫星轨道上观测更多的地面目标。TerraSAR-X 自 2008 年 1 月 7 日起全面投入运行。图 51-4 显示了该卫星生成的印度尼西亚布罗莫山的图像。

这种 X 波段 SAR 系统的 3 种不同工作模式分别为：

- 聚束模式：覆盖 10 km×10 km 的区域，图像分辨率为 1～2 m；
- 条带模式：30 km 宽的条带，图像分辨率为 3～6 m；
- 扫描 SAR 模式：100 km 宽的条带，图像分辨率为 16 m。

TerraSAR-X 的主要雷达工作参数见表 51-2。

对于两个固定间隔的天线，每个天线与地面上被观测点的距离略有不同，利用距离差可以计算出被观测点与参考平面的高度差（高程）。通过对大量点进行观测，可以创建数字高程模型（DEM）。实际上，距离差是根据雷达回波信号的时间差确定的。通过分析回波信号的相位差，能够将高程的测量精度提高至亚厘米级。

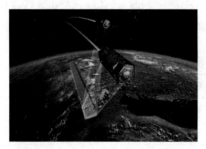

图 51-3　在 TanDEM-X 任务中两颗 TerraSAR-X 卫星组队环绕地球运行

图 51-4　TerraSAR-X 生成的印度尼西亚布罗莫山的图像

表 51-2　TerraSAR-X 工作参数

参 数 名 称	参 数 值
雷达载频	9.65 GHz
脉冲重复频率（PRF）	2～6.5 kHz
信号带宽	150 MHz, 300 MHz（高级模式）
极化方式	HH, HV, VH, VV
天线高度	0.7 m
天线长度	4.8 m
数据访问倾角范围	15°～60°
条带 / 扫描 SAR 模式倾角范围	20°～45°
聚束模式倾角范围	20°～55°
距离分辨率	300 MHz 带宽下为 0.65 m（高级模式）
方位分辨率	1～16 m，取决于工作模式、倾角和极化方式

这种技术称为雷达干涉测量法（参见第 33 章）。由于 TerraSAR-X 只有一个天线，为了获取地球的三维图像，卫星必须在略有不同的轨道上飞行两次。因此，TerraSAR-X 是以固定时间间隔记录的两幅图像来确定高程的，这样做有一个缺点：在这段间隔内地球表面发生的任何变化（如降雨、植物生长，甚至风引起的运动）都可能导致两幅图像的相关性弱化，进而导致成像不准确。然而，TanDEM-X 项目突破了这一限制，它由两颗几乎完全相同的 TerraSAR-X 卫星近距离组成编队飞行。由于卫星之间的最大距离仅为 600 m，记录两幅图像的最大时延仅为 0.08 s（几乎为同时），因此数字高程模型的精度不再依赖记录时间。

TanDEM-X 项目的主要目标是生成精确的地球地形图。目前，地球上大部分区域的高程模型存在分辨率低、不一致或不完整的问题，这主要源于它们通常基于不同的数据来源和调查方法。TanDEM-X 旨在弥补这些不足，为众多科学和商业应用提供高程模型。这两颗几乎完全相同的雷达卫星在大约 500 km 的高度上绕地球轨道飞行，已经开始对地球表面进行测绘。

51.3　COSMO–SkyMed

COSMO-SkyMed（用于地中海盆地观测的小型卫星星座）是一个用于地球观测的空间系统，由意大利航天局（ASI）和意大利国防部（MoD）委托和资助，是一颗军民两用的端到端对地观测卫星，其产品和服务应用广泛，如风险管理、科学、商业应用以及国防和情报应用。

该系统由 4 颗中型近地轨道卫星组成，每颗卫星都配备了一个 X 波段的多模高分辨率合成孔径雷达（SAR），并配备了数据采集和传输设备。由于对图像尺寸和空间分辨率有不同需求（如电扫能力，见图 51-5），COSMO-SkyMed 的 SAR 有多种工作模式：

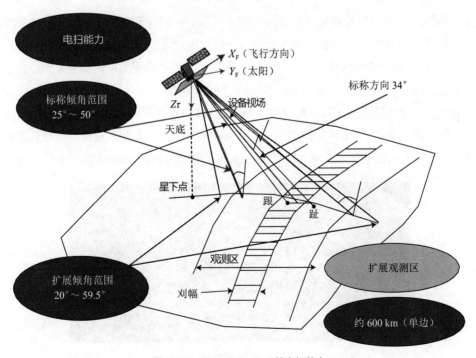

图 51-5　COSMO-SkyMed 的电扫能力

- 聚束模式，小幅成像图片具有米级分辨率；
- 两种条带模式，具有米级分辨率，其中一种是双极化模式；
- 两种扫描 SAR 模式，中到低分辨率（100 m），用于大刈幅图像。

这 4 颗卫星能够形成干涉式轨道构型（见图 51-6），将两个串行雷达的测量数据组合使用即可生成三维 SAR 图像。

对上述工作模式的总结如表 51-3 所示。

图 51-6　在轨的 4 颗 COSMO-SkyMed 卫星之一

表 51-3　COSMO-SkyMed 的 SAR 工作模式

工 作 模 式	图像尺寸	PRF /kHz	脉宽 /μs	脉冲带宽 /MHz（近距离～ 远距离）
聚束模式	11km × 11km	3.148 ～ 4.117	70 ～ 80	18.2 ～ 400
条带 Himage 模式	40	2.906 ～ 3.874	36 ～ 40	65.64 ～ 138.6
条带 PingPong 模式	30	2.906 ～ 3.632	30	14.77 ～ 38.57
宽域扫描 SAR 模式（3 个相邻子域）	100 × 100	2.906 ～ 3.632	30 ～ 40	32.74 ～ 86.34
超宽域扫描 SAR 模式（6 个相邻子域）	200 × 200	2.906 ～ 3.632	30 ～ 40	8.86 ～ 23.74

聚束模式　在数据采集期间（在方位和仰角平面上）调整天线的照射场景，比标准的条带侧视图的照亮时间更长，增加了合成天线的长度，因此增加了方位分辨率（以牺牲方位覆盖范围为代价）。在"增强聚束模式"中，通过电扫扩大照射的范围，使得波束中心位于成像点中心附近。图 51-7 为南非开普敦的绿点球场的 SAR 图像。

条带模式　当卫星平台移动时，探测区域形成了一条被照亮条带。除了 SAR 系统本身仪表占空比（约 600 s）的限制外，在方位上采集数据几乎没有限制，形成的条带长度可超过 4 500 km。条带模式又可分为两种实现模式：Himage 模式和 PingPong 模式。

图 51-7　COSMO-SkyMed 示例：南非开普敦绿点球场的增强聚束模式 SAR 图像

在 Himage 模式下，雷达发射／接收构型不随时间变化，允许在全多普勒带宽（由天线方位波束宽度确定）内接收每个地面点回波。Himage 模式的条带宽度约为 40 km，对应的数据采集时间约为 6.5 s。

PingPong 模式则从 VV、HH、HV 和 VH 极化中选择两种，并交替使用，使用条带测量成像方式来完成图像采集。在这种极化突变方式下，方位上仅有部分合成天线长度可用，进而导致方位分辨率降低。PingPong 模式的刈幅宽度和方位长度约为 30 km，相应的数据采集时间约为 5.0 s。

扫描 SAR 模式　扫描 SAR 模式的刈幅由天线波束周期性地步进到相邻子带而得到，能够覆盖更广的范围，但图像的空间分辨率较低。由于方位上只有部分合成天线长度可用，导致方位分辨率进一步降低。

在这种模式下，雷达对一组带状地形回波数据进行采集，因此在方位上几乎是无限的（除了大约 600 s SAR 仪表占空比的限制）。扫描 SAR 模式也有两种实现方式：WideRegion 方式和 HugeRegion 方式。

在 WideRegion 方式下，图像采集在 3 个相邻的子带上进行分组，在距离和方位上能够覆盖约 100 km 的地面，对应的采集时间大约为 15.0 s。

在 HugeRegion 方式下，图像采集在 6 个相邻子带上进行分组，在距离和方位角方向上能够覆盖约 200 km 的地面，对应的采集时间约 30 s。

欧洲战斗机"台风"（2003 年）

　　"台风"是一种单座双引擎鸭式三角翼多用途战斗机。它由 BAE 系统公司、空中客车集团和阿莱尼亚·马基公司联合设计和制造。它于 1994 年首飞，目前服役于英国空军、奥地利空军、意大利空军、德国空军和沙特空军。

Chapter 52

第52章 战斗机雷达与攻击机雷达

达索（Dassault）"阵风"战斗机雷达

52.1 AN/APG–76

AN/APG-76（见图 52-1）是工作在 Ku 波段的多模脉冲多普勒雷达，最初由 Westinghouse Norden 系统公司为以色列的 F-4 幻影 2000 战斗机而开发，用于空对空、空对地精确瞄准和武器导引。其扩展能力的型号已经在美国海军 S-3 反潜机和美国空军 F-16 战斗机的仿真格斗中进行了评估。

能力 AN/APG-76 雷达能够同时进行 SAR 测绘和地面动目标探测与跟踪，系统由三段式机扫平面阵列天线、4 个低噪声接收机和信号处理通道组成。该雷达的特点包括：

图 52-1 F-16 战斗机机头中的 AN/APG-76 雷达系统

- 可进行远程多分辨率 SAR 成像；
- 可对前半球内的目标进行全速率地面动目标检测；
- 自动跟踪地面正在移动和曾经移动的目标；
- 自动检测和定位旋转中的天线。

AN/APG-76 雷达的天线有 7 个接收端口，分别为：和端口、方位差端口、俯仰差端口、保护端口和 3 个干涉端口。在空对地模式下，和信号通过一个通道处理，3 个干涉信号通过其余 3 个通道处理。

地面动目标显示（GMTI）和地面动目标跟踪（GMTT） 雷达系统采用干涉式陷波和跟踪技术，在 ±60° 方位视场范围内探测并精确跟踪径向速度为 2 ~ 30 m/s 的地面动目标。

地杂波的抑制方法是将一个干涉天线段接收的回波信号减去另一个干涉天线段的加权回波信号。这是在双程天线方向图主瓣内对所有频率上的多普勒滤波器输出进行处理而获得。

对于有杂波和无杂波区域，自适应恒虚警率（CFAR）检测的阈值是分开独立确定的。满足 M/N 检测准则的目标，以动目标符号显示在 SAR 图像上正确的距离方位位置。

刚开始实施时，雷达采用 5 个并行的矢量处理器和 2 个标量数据处理单元。所生成地面图像有多种分辨率选择，分别应用于真实波束、多普勒波束锐化和 3 m 分辨率 SAR 成像。该雷达还开发了 1 m 和 0.3 m 分辨率 SAR 模式，连同广域监视模式一起进行了测试。测试时，高分辨率 SAR 图像被嵌入到一个马赛克中，以便于持续监视、跟踪动目标。

52.2　AN/APG-77

AN/APG-77（见图 52-2）是 F-22 战斗机的雷达，采用有源电扫阵列（AESA，又称有源相控阵）天线和固态辐射组件，大大提高了灵活性和可靠性。该雷达大约有 2 300 个模块，据说能够跟踪 240 km 内 RCS 为 1 m² 的目标。

AN/APG-77 AESA 雷达针对 F-22 的空中优势和预定打击行动而设计。该雷达每秒变频超过 1 000 次，可降低被截获的概率。

AN/APG-77 是一种多模脉冲多普勒雷达，可以满足 F-22 隐身战机的空中优势和对地精确打击要求。

图 52-2　APG-77 有源电扫阵列雷达具有极高的波束捷变能力，能够满足 F-22 的低 RCS 要求，并具备多种可扩展能力

F-22 可装备 6 枚 AMRAAM 导弹或者 2 枚 AMRAAM 导弹加 2 枚 1 000 磅的 GBU-33 滑翔炸弹，另外还装有 2 枚"响尾蛇"红外导弹和 1 门 20 mm 多管炮。所有这些武器都内置，以保持小的 RCS。此外，4 个外部挂架还可携带更多的武器或油箱。

AN/APG-77 雷达具有非合作目标识别（NCTR）模式，这可以通过采用逆合成孔径雷达（ISAR）形成精细波束并生成目标的高分辨率图像来实现。飞行员可以将目标图像与存储在数据库中的实际图像对比验证。该雷达还具有广泛的低截获概率（LPI）特征，采用一个通用集成处理器（CIP）进行信号和数据处理。

两个 CIP 负责为 F-22 的所有传感器和航空电子设备进行信号和数据处理，处理器单元仅有两类。其中一类 CIP 负责雷达、光电和电子战系统，另一类 CIP 负责剩余的航空电子设备。这两类 CIP 具有相同的背板和插槽，可供 66 个模块使用。初始时，第 1 类和第 2 类 CIP 分别仅填装了 19 个和 22 个插槽，使得航空电子能力还剩余 200% 的增长空间。

52.3　Captor-M

Captor-M 雷达是多用途战斗机——欧洲战斗机"台风"的主要传感器,它能够在超出敌方武器系统的有效范围之外探测、识别目标,并选出高优先级目标进行攻击,同时能够抵御严重的电子干扰。

Captor-M 由欧洲雷达(EuroRADAR)联盟制造。SELEX Galileo 公司是该联盟的主承包商,德国的 Cassidian 公司和西班牙的 Indra 公司为其合作伙伴。

Captor-M 雷达(见图 52-3)是一个工作在 X 波段的电子扫描雷达系统,与"台风"武器系统集成,它具备如下特征:

图 52-3　Captor-M 雷达安装在欧洲"台风"战斗机的机头上

- 远程探测和跟踪;
- RAID 评估和目标识别;
- 灵活、强大、有效的 ECCM(电子反对抗);
- 可用于超视距(BVR)武器;
- 同时多目标交战;
- 利用智能自动化减少飞行员的工作量;
- 与其他航空电子设备传感器紧密集成。

该雷达有多种工作模式:

- 同时 / 交替的 A/A 和 A/G 雷达模式;
- 空对空搜索和跟踪,以及边扫描边跟踪;
- 空对地实波束地形图,以及用于监视和侦察的高分辨率模式;
- 地面动目标显示、搜索和跟踪;
- 海面搜索;
- 通过对雷达资源的有效管理来减少飞行员的工作量。

对于远程(超视距)作战,Captor-M 雷达会根据当前情况自动选择合适的模式。远程搜索通常选择低脉冲重复频率（LPRF），下视模式下通常使用高脉冲重复频率（HPRF）。当同时需要远程搜索和下视，或者同时需要距离和速度数据时，系统采用中等脉冲重复频率（MPRF）。此外，Captor-M 雷达还可以对一系列目标自动进行边扫描边跟踪（TWS）。该系统采用数据自适应扫描（DAS）改善选定目标的跟踪质量，同时减少不必要的天线移动。在近距格斗时，Captor-M 将自动调整其模式，以实现高精度单目标跟踪。

52.4 AN/APG-81

AN/APG-81（见图 52-4）是一部先进的机载雷达系统，安装在 F-35 隐身战斗机上，是 F-22 战斗机 AN/APG-77 雷达的后继型号。除了拥有和 AN/APG-77 雷达相同的空对空模式外，AN/APG-81 还具有用于高分辨率成像、多个地面动目标检测和跟踪、作战识别、电子战和超高宽带通信的先进空对地模式。AN/APG-81 天线工作在 X 波段，其阵面由 1 200 个固态模块组成，俯仰角和方位角可覆盖 ±70°。

图 52-4　F-35 机头上的 AN/APG-81 AESA 雷达

为提高可靠性，AN/APG-81 使用固态技术并舍弃了机械活动部分，采用"可更换组件"，更便于维修或硬软件模块升级。通过这种方式，AN/APG-81 雷达的全寿命周期成本远低于其先前型号，F-35 上的有源阵列的预期使用寿命几乎是 F-35 机身寿命的 2 倍。

52.5 AH-64D 阿帕奇直升机上的"长弓"雷达

"长弓"（Longbow）雷达是 AH-64D 阿帕奇攻击直升机的火控雷达（见图 52-5），工作在毫米波波段，具有反应快速、隐蔽性好、分辨率高等优势。该雷达安装在直升机主旋翼桅杆上，在地形掩蔽下，该雷达可以先探出并在几秒钟内对 90° 扇区进行扫描，然后再隐藏起来。

图 52-5　"长弓"雷达可以隐藏在树冠等遮挡物后面，仅探出毫米波雷达天线罩。该雷达可以快速探测、分类超过 100 个移动或静止目标，并进行优先级排序

　　在这短暂时间内，"长弓"雷达可以探测、分类 100 多个移动和静止的地面目标、固定翼飞机以及移动和盘旋的直升机，并进行优先级排序。该雷达能够以极低的虚警率将紧密相邻的同类目标识别出来。

　　随后，"长弓"雷达会向机组人员展示 10 个高优先级目标（见图 52-6），并自动向一枚射频制导导弹或一枚半主动激光制导"地狱火"导弹提供指示，以瞄准第一优先级目标（见图 52-7）。导弹发射后，系统会立即指示下一枚导弹瞄准第二优先级目标，以此类推。

图 52-6　AH-64D 两个驾驶舱位置都提供了可完全互换的平板彩色显示器

图 52-7 AH-64D 可携带多种弹药: 16 枚射频制导导弹或半主动激光制导"地狱火"导弹和 76 枚 70mm 折翼火箭弹（或者两者组合使用），以及多达 1 200 发的 30 mm 弹药

该雷达还具备障碍告警功能，提醒飞行员注意人造建筑物、塔楼等导航危险信息。雷达数据显示在飞行员的夜视头盔上和两驾驶舱的彩色通用平板显示器上。

RAH-66 科曼奇直升机将使用即将推出的升级版"长弓"雷达，该直升机使用与阿帕奇相同的毫米波雷达和"地狱火"导弹，将拥有许多更先进的特性，如拥有更小的天线等。